CHAOLINJIE REDIAN LIANCHAN JIZU JISHU CONGSHU

超临界热电联产机组技术丛书

锅炉及辅助设备

《超临界热电联产机组技术丛书》编委会 编

中国电力出版社
CHINA ELECTRIC POWER PRESS

内 容 提 要

《超临界热电联产机组技术丛书》详细介绍了超临界供热机组的结构、原理和特性，丛书包括《锅炉及辅助设备》《汽轮机及辅助设备》《发电机及辅助设备》三个分册。本书是《锅炉及辅助设备》分册，以350MW超临界供热机组的锅炉及辅助设备为基础，详细介绍了超临界锅炉的整体布置、主要汽水设备、材料与阀门、燃烧设备与达标排放、空气预热器、主要风机、制粉系统及其设备、吹灰器和测温探针、水质控制、启停与运行调整，以及锅炉安全监察等内容。

本书可供超临界热电联产机组锅炉专业人员培训使用，也可供与锅炉专业相关的人员参考。

图书在版编目（CIP）数据

锅炉及辅助设备/《超临界热电联产机组技术丛书》编委会编．—北京：中国电力出版社，2021.2
（超临界热电联产机组技术丛书）
ISBN 978-7-5198-4722-7

Ⅰ.①锅…　Ⅱ.①超…　Ⅲ.①火电厂—锅炉②火电厂—锅炉—附属装置　Ⅳ.①TM621.2

中国版本图书馆CIP数据核字（2020）第104492号

出版发行：中国电力出版社
地　　址：北京市东城区北京站西街19号（邮政编码100005）
网　　址：http：//www.cepp.sgcc.com.cn
责任编辑：刘汝青（010-63412382）　董艳荣
责任校对：黄　蓓　朱丽芳　常燕昆
装帧设计：赵姗姗
责任印制：吴　迪

印　　刷：三河市万龙印装有限公司
版　　次：2021年2月第一版
印　　次：2021年2月北京第一次印刷
开　　本：787毫米×1092毫米　16开本
印　　张：34
字　　数：848千字　3插页
印　　数：0001—2000册
定　　价：148.00元

《超临界热电联产机组技术丛书》

编委会

前言

超（超）临界燃煤发电技术是一种先进、高效的发电技术，与常规燃煤发电技术相比，优势十分明显。目前，我国新建的燃煤发电机组普遍采用超（超）临界发电技术，若该技术与先进的供热技术相结合，其效果更加明显。

太原第一热电厂始建于1953年，是国家“一五”期间重点工程项目之一，经过六期建设，共有16台燃煤锅炉、13台汽轮发电机，装机容量达到1461MW。除了发电和向附近化工企业供热外，还承担太原市2300万m^2的居民冬季供暖。几十年来，太原第一热电厂向太原地区源源不断地输送电能和热能，促进了经济社会发展，为太原市集中供热作出了重要贡献。

随着太原城市建设的快速发展，太原第一热电厂已从以往的郊区变为城市中心区，成为环境敏感区域。为了解决城市的污染问题，太原第一热电厂于2017年4月实施关停重建，规划在清徐县建设4×350MW超临界热电联产机组，在完成发电的同时，冬季向太原市居民供热。目前，太原第一热电厂重建工作正在有序推进，国家能源局已将太原第一热电厂重建项目列入山西省“十四五”发展规划。在项目重建期间，为了满足培训工作的需要，更好地帮助员工了解、学习、掌握超临界热电联产机组的生产技术和管理水平，充分发挥超临界热电联产机组优势，特成立《超临界热电联产机组技术丛书》编委会，组织相关专业技术人员进行广泛调研和资料收集，编写了《超临界热电联产机组技术丛书》。

本丛书包括《锅炉及辅助设备》《汽轮机及辅助设备》《发电机及辅助设备》三个分册。本书为《锅炉及辅助设备》分册，以350MW超临界供热机组的锅炉及辅助设备为基础，详细介绍了超临界锅炉的整体布置、主要汽水设备、材料与阀门、燃烧设备与达标排放、空气预热器、主要风机、制粉系统及其设备、吹灰器和测温探针、水质控制、启停与运行调整，以及锅炉安全监察等内容。

《锅炉及辅助设备》全书由石占山编写，由乔宪堂、文二小、刘中平、贾瑞平、丁仲英、孙雷、周尚周、周捷、郭毅、宋纯瑞、赵勇等校对审稿。在编写过程中，参编人员付出了辛勤的劳动，兄弟电厂、制造厂及科研院所的技术人员给予了大力支持和帮助，在此表示感谢。

由于时间、条件及编者能力所限，不妥之处在所难免，恳请批评指正。

编者

2020 年 10 月

目录

第一章

超（超）临界供热机组简介

在电力工业发展过程中，为提高燃煤机组效率，节约能源，减少有害气体排放，人类不断探索新的燃烧发电技术。从燃煤发电技术的发展趋势分析，提高效率和降低排放的方法有两种。一种方法是利用煤化工中已经成熟的煤气化技术，将煤气化，采用燃气-蒸汽联合循环技术，实现高效清洁发电，此技术提高能效的前景很好，但因系统相对复杂而造成投资高的问题需要解决；另一种方法是通过提高常规发电机组的蒸汽参数来提高机组效率，即采用超（超）临界机组。超（超）临界机组蒸汽参数越高，热效率也越高。热力循环分析表明，在超（超）临界机组参数范围条件下，主蒸汽压力每提高 1MPa，机组的热耗率就可下降 0.7023%，发电煤耗可降低 2.012g/kWh；主蒸汽温度每提高 10℃，机组的热耗率就可下降 0.3064%，发电煤耗可降低 0.88g/kWh；再热蒸汽温度每提高 10℃，机组的热耗率就可下降 0.306%，发电煤耗可降低 0.88g/kWh。在一定的范围内，如果采用二次再热，其热耗率可较采用一次再热的机组下降 1.4%～1.6%。

从电站锅炉经历的不同的发展阶段来看，随着电站锅炉参数的不断提高，发电机组的效率稳步上升，表 1-1 列出了锅炉蒸汽参数与机组效率及供电煤耗的关系。目前，我国的现役机组多数是亚临界机组和超临界机组，新建机组几乎全是超临界机组，超临界机组都装有烟气脱硫、脱硝和高效除尘装置，其排放效果与燃用天然气、石油等发电的机组一样，可实现超低排放。因此，推广超（超）临界机组是我国电力发展的方向。

表 1-1　　锅炉蒸汽参数与机组效率及供电煤耗的关系

序号	机组类型	蒸汽压力（MPa）	蒸汽温度（℃）	机组效率（%）	供电煤耗（g/kWh）
1	中压机组	3.5	435	27	460
2	高压机组	9.0	510	33	390
3	超高压机组	13.0	530/535	35	360
4	亚临界机组	17.0	540/540	38	324
5	超临界机组	25.5	567/567	41	300
6	高温超临界机组	25.0	600/600	44	278
7	超超临界机组	30.0	600/600	48	256
8	高温超超临界机组	30.0	700	57	215
9	超 700℃机组	30.0	>700	60	205

第一节　超（超）临界机组发展

超（超）临界火电技术属于高新技术，超（超）临界火电机组的研制和生产，反映和代表一个国家工业化的水平。随着科学技术的进步和材料技术的发展，超（超）临界汽轮机的主蒸汽温度达到700℃即将成为现实，研发高效率、高可靠性超（超）临界火电机组现已成为国际上先进火电技术的发展趋势。因此，各国都在积极研发超（超）临界技术，研究成果各有所长，现对主要研究成果做一简要介绍。

一、国外超（超）临界机组的发展状况

美国是发展超（超）临界机组发电技术最早的国家，并且超临界和超超临界机组是同时开发的。20世纪50年代初，美国就开始从事超（超）临界技术的研究，其中最具有代表性的超超临界机组是美国PHILO电厂6号机组和EDDYSTONE电厂1号机组。这两台机组的参数分别是31MPa/610℃/565℃/538℃，容量为125MW，1957年投运；34.5MPa/650℃/565℃/565℃，容量为325MW，1959年投运。机组投运后在运行中都暴露出不少问题，最主要的是奥氏体钢的使用问题。奥氏体钢比铁素体钢具有更高的热强性和抗高温氧化及抗腐蚀性，但同时也存在膨胀系数大，热导性差，晶间腐蚀、应力腐蚀敏感和异种钢焊接等诸多问题，运行2.5万h就出现大量裂纹，需大量更换承压设备，其主要原因是过分依赖奥氏体钢，阻碍了超（超）临界技术的进一步发展。从20世纪60年代开始，美国重点发展超临界机组，美国的一些公司如GE及西屋公司分别将超临界技术转让给日本和欧洲，使超临界机组研发有了广泛的基础，在此阶段，各国不断研发新型铁素体钢，发达国家纷纷致力于耐热新钢种的研究开发，一些改良型铁素体和奥氏体耐热钢相继研发成功，这些钢种具有良好的热强性、抗高温氧化性、抗腐蚀性和焊接性，得到国际权威机构认可，为超临界机组的发展创造了条件。20世纪80年代，世界各国着手研制开发可实际运行的超超临界机组，到1985年，美国超临界机组的运行可靠性和可用率指标已经达到甚至超过了相应的亚临界机组水平，大大提高了机组的经济性、可靠性、运行灵活性。

随着常规超临界机组技术的成熟及新型铁素体、奥氏体合金钢的开发，在环保及提高经济性目标的驱动下，从20世纪90年代开始，进入了以日本和欧洲为代表的新一轮超超临界机组的发展阶段。在保证机组高可靠性、高可用率条件下，采用更高蒸汽参数和更大机组容量是该发展阶段的主要特点。许多国家正在进行蒸汽温度高达700℃的超超临界机组的开发，主要目标是使燃煤电厂净效率由47%提高到52%，同时降低燃煤电厂的投资成本。

二、我国超（超）临界机组的发展情况

我国是世界上最大的发展中国家，我国电力工业总体水平与国外先进水平相比有较大差距，能耗高和环境污染严重是目前我国火电机组中存在的两大突出问题，并成为制约我国电力工业乃至整个国民经济发展的重要因素。因此，提高发电机组的热效率，实现节能降耗及降低污染排放是我国电力工业发展中的一项紧迫任务，为了迅速扭转我国火电机组煤耗长期居高不下的局面，缩小我国火电技术与国外先进水平的差距，发展国产大容量超（超）临界火电机组十分必要。超（超）临界发电机组是未来几十年我国电力工业生产的主要机组形式。随着我国国民经济的不断迅速发展，对电力市场的需求越来越大，同时对环保和控制污染排放的要求也越来越高，积极发展高效、节能、环保的超超临界火电机组势在必行。如果

我国 600MW 和 1000MW 等级的燃煤机组采用超超临界参数，将蒸汽压力提高到 30MPa，蒸汽温度提高到 593℃，供电标准煤耗可降低至 275g/kWh，发电净效率可达 43.5%。比同容量亚临界机组的煤耗减少约 30g/kWh，按年运行 5500h 计算，一台 600MW 超超临界机组可比同容量亚临界机组节约标准煤 6 万 t/年。另外，超临界发电技术可以采用先进的排放物控制技术，以尽量降低有害排放物，这些技术包括烟气脱硫技术（FGD）、低 NO_x 燃烧技术、选择性催化还原技术（SCR）、选择性非催化还原技术（SNCR），使二氧化硫、氮氧化物、二氧化碳及粉尘等污染物排放大大减少。采用超（超）临界燃煤发电技术对于节约资源消耗、保护环境、实现可持续发展具有十分重要的意义。

我国超（超）临界机组的发展走的是一条引进、消化、试制和改进提高的道路，先引进国外成熟的技术和设备进行深入试验研究，逐步实现国产化。

1. 超临界机组的引进

20 世纪 80 年代，我国开始引进超临界机组，从技术性、经济性以及机组配用材料方面考虑，起步容量为 600MW，参数压力为 24～26MPa、温度为 538～566℃、一次中间再热。例如，我国首次引进的超临界机组华能上海石洞口第二电厂一期工程 2×600MW 机组主要参数为 24.2MPa/538℃/566℃，该机组具有 20 世纪 90 年代初期的国际先进水平，于 1992 年 6 月 12 日和 1992 年 12 月 26 日两台机组分别完成连续 72h 满负荷试运转。引进瑞士和美国设备，锅炉为一次中间再热、平衡通风、露天布置，水冷壁为螺旋式、单炉膛Ⅱ形、后部双流程布置，运行方式为复合变压燃煤直流锅炉。炉膛总高度为 62.125m、深为 16.576m、宽度为 18.816m，炉膛设计截面热负荷为 4.77MW/m^2，设计容积热负荷为 0.123MW/m^3。该机组投运后安全性与经济性均好于预期，为我国超临界机组的发展打下了良好的基础。

2. 超临界机组的生产制造

随着我国引进超临界火电机组的成功运行，在发电设备的设计和制造方面都有了很大的进步和发展，为加速我国大型超临界火电机组的研制步伐和实现批量生产，提供了必要的条件和基础。我国首座 600MW 超临界国产燃煤机组安装在华能沁北电厂，该机组锅炉由东方锅炉（集团）股份有限公司引进日本巴布科克日立公司技术制造（DG1900/25.4-Ⅱ1 型锅炉），汽轮发电机采用哈尔滨汽轮机有限责任公司引进日本三菱公司技术制造（CLN600-24.2/566/566 型汽轮发电机）。该机组技术指标先进，设计供电煤耗为 297.3g/kWh。华能沁北电厂一期工程 2× 600MW 机组于 2002 年 9 月 1 日 开工建设，第一台机组于 2004 年 11 月 23 日 1 时 17 分顺利通过 168h 试运行并投入商业运行，该机组的顺利投运，标志着我国火力发电进入超临界时代。

3. 超超临界机组的生产制造

为了进一步提高火电机组的效率，我国于 2002 年把开发超超临界机组列为国家 863 重大项目攻关计划，2003 年原国家经贸委和科技部都把超超临界机组列入国家重大技术装备研制计划，哈尔滨、上海和东方三大动力集团陆续引进国外先进超超临界机组的生产技术。我国超超临界机组的制造虽然起步较晚，但发展迅速，三大动力集团生产的超超临界机组相继投产发电。

我国首台超超临界机组安装在华能玉环电厂，该机组于 2004 年 6 月 28 日开工，2006 年 11 月 28 日正式投入商业运行。华能玉环电厂一期 2×1000MW 机组是国家“十五”863

计划“超超临界燃煤发电技术”课题的依托工程，也是我国超超临界国产化示范项目。锅炉是由哈尔滨锅炉有限责任公司引进日本三菱公司技术生产的超超临界直流炉，采用垂直上升水冷壁、一次中间再热、平衡通风、固态排渣、Π形布置、单炉膛、反向双切圆燃烧，炉膛容积为28000m^3，最大连续蒸发量（BMCR）为2953t/h，出口蒸汽参数为27.56MPa/605℃/603℃。汽轮机和发电机由上海电气集团股份有限公司供货，均由德国西门子公司提供技术支持。汽轮机采用超超临界、一次中间再热、单轴、四缸四排汽、双背压、凝汽式、八级回热抽汽，额定功率为1000MW，参数为26.25MPa/600℃/600℃。发电机铭牌功率为1000MW，冷却方式为水-氢-氢，额定电压为27kV，F级绝缘，功率因数为0.9。另外，哈尔滨锅炉有限责任公司在完成玉环电厂1000MW超超临界锅炉制造的基础上完成了我国首台国产600MW超超临界机组的设计、制造，该锅炉安装在华能营口电厂，于2007年8月31日正式投入商业运行。

东方电气集团股份有限公司生产的1000MW华电国际邹县发电厂四期工程7号超超临界机组于2005年4月28日开工，2006年12月4日正式投入商业运行。该机组锅炉是由东方锅炉股份有限公司引进日本巴布科克日立公司技术生产的变压运行直流炉，采用单炉膛、一次再热、平衡通风、前后墙对冲燃烧、运转层以上露天布置、固态排渣、全钢构架、全悬吊结构Π形锅炉；采用正压直吹式制粉系统，每台锅炉配6台双进双出钢球磨煤机；烟风系统按平衡通风设计，空气预热器为三分仓转子回转式；每台锅炉配置2台三室四电场静电除尘器，除尘效率大于或等于99.7%；除渣系统采用刮板捞渣机将炉渣直接输送至渣仓，经汽车外运；除灰方式采用正压浓相气力输送、灰库储存、汽车转运。汽轮机为东方汽轮机厂生产的超超临界、一次中间再热、单轴、四缸四排汽、双背压、凝汽式汽轮机；汽轮机具有八级非调整回热抽汽。发电机为东方电机股份有限公司生产的三相同步汽轮发电机。

上海电气集团股份有限公司生产的1000MW上海外高桥电厂三期工程7号超超临界机组于2005年9月23日开工，2008年3月26日正式投入商业运行。该机组的锅炉是由上海锅炉有限责任公司引进阿尔斯通公司技术，采用单炉膛、一次中间再热、四角切圆燃烧方式、平衡通风、固态排渣、全钢悬吊塔式结构、露天布置燃煤锅炉；采用带循环泵的启动系统，一路疏水至再循环泵，另一路接至大气扩容器中。48只直流式燃烧器分12层布置于炉膛下部四角，在炉膛中呈四角切圆方式燃烧。汽轮机和发电机由上海汽轮发电机有限公司引进西门子公司技术生产，高压缸采用单流圆筒形汽缸，设计进汽压力为27MPa，进汽温度为600℃，高压缸共14级，采用了小直径多级数、全三维变反动度叶片、全周进汽的滑压运行模式。中压缸积木块（M30）也是典型的反动式结构。低压缸采用双流积木块（N30），汽缸为多层结构，可减少缸的温度梯度和热变形。

三大动力集团生产的1000MW超超临界机组投产发电，标志着我国已经掌握了超超临界机组发电技术，为我国发电技术赶超世界先进水平奠定了基础。

三、超（超）临界机组可靠性、经济性及环保排放

1. 可靠性

随着超（超）临界机组存在问题的逐步解决，超（超）临界机组的可靠性明显提高。国内外多台机组多年的运行表明，超（超）临界机组的可靠性达到了亚临界机组的可靠性水平，有的超（超）临界机组的可靠性超过了亚临界机组。

2. 经济性

超（超）临界机组的经济性明显优于亚临界机组。亚临界机组的蒸汽压力及蒸汽温度为

17MPa/540℃，机组效率为38%，供电煤耗为324g/kWh；超临界机组的蒸汽压力及蒸汽温度为25.5MPa/567℃，机组效率为41%，供电煤耗为300g/kWh；超超临界机组的蒸汽压力及蒸汽温度为30MPa/600℃，机组效率为48%，供电煤耗为256g/kWh；正在研发的高温超超临界机组，其温度达到700℃以上，机组效率可达57%以上，供电煤耗为215g/kWh。

3. 环保排放

随着超（超）临界机组的效率不断提高，废物排放明显减少；机组效率每提高1%，二氧化碳的排放就会减少2%；另外，超（超）临界机组均采用先进的脱硫、脱硝及除尘技术，使污染物的排放明显减少。

四、超超临界机组的发展方向

为进一步降低能耗和减少污染物排放，在材料工业发展的支持下，超（超）临界机组正朝着更高参数和更大容量的方向发展。目前在超超临界机组中容量最大的已达到1300MW，效率最高的已达到49%，充分显示了超超临界技术的成熟性和推广前景。国外超超临界机组参数发展的近期目标是主蒸汽压力为31MPa，蒸汽温度为620℃，并正在向更高参数的水平发展。许多国家已经开始发展下一代高效超超临界机组，主蒸汽温度将提高到700℃，再热蒸汽温度达720℃，相应地主蒸汽压力将从目前的30MPa左右提高到35～40MPa，循环效率可达50%～55%或更高。总之，超（超）临界发电技术的发展是通过新材料的研究向着高参数、大容量和高效率发展。

1. 欧洲发展方向

欧盟于1998年1月启动“AD700”先进超超临界发电计划，该计划由40多个欧洲公司资助，目标是建立35MPa/700℃/720℃等级的示范电站，结合烟气余热利用、降低背压、降低管道阻力、提高给水温度等技术措施，使机组的效率达到50%以上。

2. 美国发展方向

美国于2001年启动先进超超临界发电技术研究计划，以增强美国锅炉制造业在国际市场中的竞争力，目标是开发蒸汽参数为38.5MPa/760℃/760℃等级的火电机组，机组的效率达到49%以上。

3. 日本发展方向

日本于2000年开始“700℃级别超超临界发电技术”可行性研究，2008年正式启动“先进的超超临界压力发电”项目研究，目标是开发蒸汽参数为35MPa /700℃/720℃等级的火电机组，最终将再热蒸汽温度提高到750℃，机组的效率达到48%以上。

4. 我国发展方向

我国超超临界机组的研究与应用发展迅速，600MW机组基本上已经应用了超临界或超超临界锅炉，而1000MW的机组全部采用超超临界参数，我国已引进并成功制造了1000MW超超临界发电机组，只有做好超超临界发电技术的消化、吸收、优化及改进提高才能做到可持续发展。

我国于2011年6月24日正式启动700℃超超临界燃煤发电技术研发计划，通过对700℃超超临界燃煤发电技术的研究，使超超临界燃煤发电技术的供电效率达到48%～50%，供电煤耗可再降低40～50g/kWh，二氧化碳排放减少14%，为电力行业的节能减排开辟新路径。

第二节　超（超）临界锅炉简介

随着新材料研发、加工工艺的进步和人们对水蒸气特性认识的提高，电站锅炉的发展经历了低压、中压、高压、超高压、亚临界、超临界和超超临界的发展过程。各种形式电站锅炉分类如下：低压锅炉出口压力小于2.45MPa，出口温度小于400℃；中压锅炉出口压力为2.94～4.98MPa（我国电站锅炉规定出口压力为3.83MPa），温度为450℃；高压锅炉出口压力为7.8～10.8MPa（我国电站锅炉规定出口压力为9.83MPa），温度为540℃；超高压锅炉出口压力为11.8～14.7MPa（我国电站锅炉规定出口压力为13.7MPa），温度为540℃，少数为555℃；亚临界锅炉出口压力为15.7～19.6MPa（我国电站锅炉规定出口压力为16.7MPa），温度为540℃，少数为555℃；超（超）临界锅炉出口压力大于22.64MPa，出口温度为538～700℃（根据超临界锅炉的发展趋势，有些资料进行如下划分：超临界锅炉出口压力为25.4MPa，温度为569℃；高温超临界锅炉出口压力为25.0MPa，温度为600℃；超超临界锅炉出口压力为30MPa，温度为600℃；高温超超临界锅炉出口压力为30MPa，温度为700℃）。

锅炉按照工质在蒸发受热面内流动的推动力可分为自然循环锅炉和强制循环锅炉两大类。自然循环锅炉蒸发受热面内工质流动是依靠汽水的重度差实现的；而强制循环锅炉蒸发受热面内工质流动是借助水泵提供的动力完成的。强制循环锅炉又分直流锅炉、复合循环锅炉和多次强制循环锅炉3种。其中多次强制循环锅炉是在自然循环锅炉的基础上发展而来的，它与自然循环锅炉有很多相似之处（如装有汽包），不同之处是多次强制循环锅炉装有强制循环泵，依靠强制循环泵使工质在蒸发受热面内循环流动，循环倍率较低。复合循环锅炉是在直流锅炉的基础上发展而来的，它与直流锅炉有很多相似之处，与直流锅炉的主要区别是装有分离器和再循环泵。复合循环锅炉又分为部分负荷再循环锅炉和全负荷再循环锅炉。部分负荷再循环锅炉是指在启动和低负荷时按再循环原理工作，高负荷时按直流原理工作，通常在65%～80%BMCR时进行两种工况切换；全负荷再循环锅炉是指在各种工况下（含额定工况）都按再循环原理工作，其循环倍率为1.2～2，也称低倍率循环锅炉。

超（超）临界机组的发展是以超（超）临界锅炉的发展水平为标志，发达国家超（超）临界锅炉的开发较早，技术较成熟。我国研发超（超）临界锅炉较晚，但根据我国国情在自主研发的基础上走出了一条引进、消化、吸收和改进提高的道路，迅速缩短了我国与发达国家在研发超（超）临界锅炉方面的差距。

超临界锅炉与非超临界锅炉的划分以水的临界压力为界，两者的主要区别是：水在非超临界锅炉中依次经过加热、蒸发和过热三个阶段；而在超临界锅炉中只有加热和过热两个阶段，当工质达到一定温度（拟临界温度）时瞬间由水变为蒸汽，在加热过程中非水即汽，均为单相流动。至于超临界锅炉和超超临界锅炉只是参数与效率有所差异，并无本质性区别。

由于超临界锅炉的工作压力大于水的临界压力，所以超临界锅炉只能采用直流锅炉和部分负荷再循环锅炉。部分负荷再循环锅炉与直流锅炉的结构及布置方式基本相同，不同之处是部分负荷再循环锅炉装有再循环系统，在锅炉启、停及低负荷时，启动再循环泵，进行锅水再循环，提高水冷壁内工质流速，确保锅炉安全经济运行，可将部分负荷再循环锅炉看作特殊的直流锅炉。因此，超（超）临界锅炉均为直流锅炉。

一、直流锅炉

直流锅炉是指给水在给水泵压头的作用下，依次流过热水段、蒸发段和过热段后，一次性全部变成过热蒸汽的加热装置。直流锅炉于20世纪20年代诞生于德国，20世纪50年代才在小型锅炉中开始应用。随着热工自动化技术和化学水处理技术的日益成熟，特别是超（超）临界机组的广泛应用，直流锅炉已成为电站锅炉的主流炉型。

（一）直流锅炉的特点

直流锅炉与汽包锅炉比较有以下特点。

1. 本质特点

工质一次通过各受热面，强迫流动，循环倍率为1；没有汽包，各受热面之间无固定分界线。

2. 水冷壁中工质流动特点

（1）受热不均对流动影响较大。

（2）水动力具有多值性。

（3）可能发生脉动现象。

（4）给水泵压头大。

3. 传热过程特点

在水冷壁中工质干度 从0逐渐升高至1，因此第二类传热危机一定会在亚临界直流锅炉中出现。

4. 热化学过程特点

无排污手段，要求给水品质高。

5. 自动调节特点

直流锅炉对自动调节系统要求高，主要原因如下：

（1）负荷变动时，直流锅炉的蓄热能力较低，依靠自身锅水和金属蓄热或放热来减缓蒸汽压力波动的能力较小。

（2）直流锅炉必须同时调节给水量和燃料量，以保证物质平衡和能量平衡，才能稳定蒸汽压力和蒸汽温度。因此，直流锅炉对燃料量和给水量的自动控制系统要求高。

6. 启动过程特点

装有启动系统，启动速度快，在启动中必须建立启动流量和启动压力。

7. 设计、制造、安装特点

（1）直流锅炉适用于任何压力。

（2）蒸发受热面可以任意布置。

（3）节省金属。

（4）制造安装方便。

（二）直流锅炉蒸发受热面主要形式

直流锅炉从诞生至今，经历了不断完善的发展过程，主要体现在锅炉蒸发受热面（水冷壁）的结构形式和汽水系统两个方面，从早期采用的形式到现代采用的形式有了很大改进。

1. 早期直流锅炉采用的形式

早期直流锅炉的基本形式有水平围绕上升管圈式（拉姆辛式）、垂直管屏式（本生式）

和垂直-水平回带管圈式（苏尔寿式），见图 1-1。

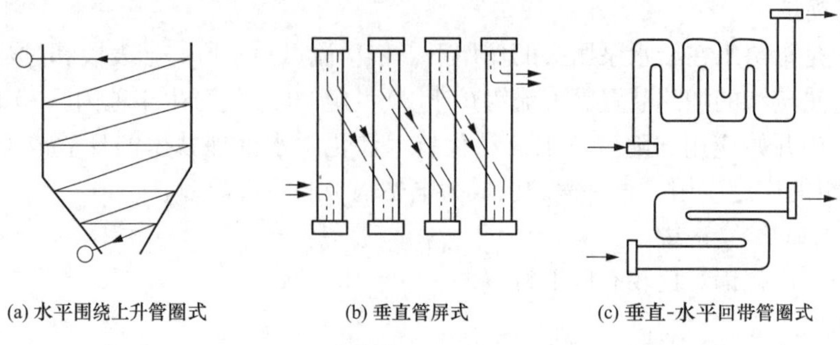

图 1-1　直流锅炉水冷壁的基本形式

（1）水平围绕上升管圈式（拉姆辛式）。水平围绕上升管圈式由苏联拉姆辛提出，并首先在苏联使用，因此也叫拉姆辛式，水冷壁由许多根平行管组成的管带沿炉膛四周围绕，其中三面水平，一面倾斜，管带盘旋上升，见图 1-1（a）。水平围绕上升管圈式的主要优点是无（不受热的）下降连接管，不用（或少用）中间集箱，金属消耗较少；炉膛宽度和深度方向热负荷的不均匀不会造成水冷壁的热偏差；每根水冷壁管子很长，有利于水动力的稳定；适用于机组的滑压运行，便于管圈疏水和排气。主要缺点是组合率低，现场安装工作量大；用于特大型锅炉时，沿炉膛高度吸热不均会影响各管之间的热偏差。

（2）垂直管屏式（本生式）。垂直管屏式首先在德国本生型锅炉使用，也叫本生式，见图 1-1（b）。垂直管屏式的主要优点是安装组合率高；制造方便，且易制成膜式水冷壁；支吊方便；对容量的适应性好，特别适合于大型锅炉。缺点是压力变动时，中间集箱内工质状态变化会引起汽水分配的不均，对滑压运行的适应性差；多次串联的管屏具有较多的中间集箱和不受热的下降管，金属消耗较多；管屏间吸热的均匀性差，对多次上升管屏，其相邻管屏间的温差较大，严重时会造成膜式水冷壁撕裂。

（3）垂直-水平回带管圈式（苏尔寿式）。垂直-水平回带管圈式由瑞士苏尔寿公司首先采用，也叫苏尔寿式，见图 1-1（c）。垂直-水平回带管圈式的主要优点是布置方便；无（不受热的）下降连接管，金属消耗较少。主要缺点是两集箱间的管子很长，有时可达数百米，易形成热偏差，且不利于自由膨胀；制造困难，不适合采用膜式结构；不易疏水和排汽。

2. 现代直流锅炉采用的形式

随着锅炉向大容量、高参数发展，以及膜式水冷壁的采用，直流锅炉在早期形式的基础上，充分利用各自优势，形成了现代直流锅炉采用的形式。主要形式有螺旋水冷壁、一次垂直上升水冷壁及炉膛下部为螺旋水冷壁、上部为垂直上升水冷壁 3 种。

（1）螺旋水冷壁。螺旋水冷壁是在水平围绕上升管圈式和水平回带管圈式基础上发展而成的，这种锅炉水冷壁由若干根水冷壁管组成管带，沿炉膛四面倾斜上升，无水平段，各管带均匀地分布在炉膛四壁，任一高度上所有管带的受热几乎完全相同，炉膛四周热负荷不均不会增大工质热偏差，热偏差较小；根据需要可获得足够高的工质质量流速，可减轻传热恶化的影响。工质焓值较高的管段处在热负荷较低的炉膛上部，对防止管壁超温有利，无下降管及中间集箱，金属耗量小。但是，由于大锅炉沿炉膛高度管带中各管之间热偏差较大，制造安装困难，工作量大，悬吊困难，所以一般用于容量较小的直流锅炉（300MW 以下）。

（2）一次垂直上升水冷壁。一次垂直上升水冷壁是在垂直管屏式水冷壁的基础上由美国拔拍葛公司首先生产的产品，简称通用压力（UP型）锅炉。这种锅炉的给水一次流经四周水冷壁，没有下降管，沿高度各区段之间设有混合器，用以消除平行管子间的热偏差，系统简单，流动阻力小，可采用全悬吊结构，水力特性较为稳定，适合于大容量的直流锅炉（700MW以上）。

（3）炉膛下部为螺旋水冷壁、上部为垂直上升水冷壁。这种布置方式是螺旋水冷壁和一次垂直上升水冷壁的结合体，集中了螺旋水冷壁和一次垂直上升水冷壁的优势，在两者的结合处通过集箱连接，适合于容量为300～900MW机组的直流锅炉。

（三）直流锅炉的水动力特性

直流锅炉的水动力特性是指直流锅炉蒸发受热面内工质的压降与流量的关系，是直流锅炉蒸发受热面设计和运行必须考虑的问题。由于直流锅炉蒸发受热面内工质的流动为强迫流动，其水动力特性不同于自然循环的流动特性，具体表现为水动力不稳定性（多值性）和蒸发受热面中流体脉动。多值性是静态不稳定水动力特性，脉动是动态不稳定水动力特性。

蒸发受热面管路压降 Δp 略去加速度压力降后可表示为

$$\Delta p = \Delta p_{lz} + \Delta p_{zw}$$

式中 Δp_{lz}——流动阻力损失；

Δp_{zw}——重位压头，工质上升流动为“+”，下降流动为“－”。

在自然循环锅炉中，蒸发受热面管路压力降 Δp 中，以重位压头 Δp_{zw} 为主；在直流锅炉中，蒸发受热面管路压力降 Δp 中，以流动阻力损失 Δp_{lz} 为主，重位压头 Δp_{zw} 只在垂直管屏中才考虑。

1. 水动力不稳定性（多值性）

在蒸发受热面进出集箱两端压差一定的条件下，管内可能出现多种不同的流量，即水动力特性出现多值性，这样的流动特性是不稳定的。流量小的管子，管内对流换热系数小，冷却差，管壁温度高，有可能造成炉管失效损坏。

（1）水平管圈蒸发受热面的水动力特性。水平管内工质压降为

$$\Delta p = \Delta p_{lz} = \Delta p_{rs} + \Delta p_{zf}$$

式中 Δp_{lz}——流动阻力损失；

Δp_{rs}——摩擦阻力损失；

Δp_{zf}——局部阻力损失。

当蒸发管进水欠焓 Δh 大于此值时，就会产生不稳定的流动；当蒸发管进水欠焓 Δh 小于此值时，流动是稳定的。根据 Δh 可求得边界进水焓和边界进水温度。

1）影响水平管圈蒸发受热面的水动力特性因素。影响水平管圈蒸发受热面的水动力特性因素有压力、工质进口欠焓、热负荷、热水段阻力。

2）防止水平管圈蒸发受热面水动力不稳定的措施。根据影响水平管圈蒸发受热面的水动力特性因素，在设计和运行中采取相应的防止水平管圈蒸发受热面水动力不稳定的措施：①提高锅炉工作压力；②提高蒸发受热面（水冷壁）的进水温度；③水冷壁入口处装节流圈；④提高水冷壁入口的质量流速（采用小管径）；⑤蒸发受热面（水冷壁）加装中间集箱。

（2）垂直管屏蒸发受热面的水动力特性。垂直管屏中重位压头影响不能忽略，管子两端

压降 Δp 为流动阻力损失 Δp_{lz}和重位压头 Δp_{zw}之和，即

$$\Delta p = \Delta p_{lz} + \Delta p_{zw}$$

$$\Delta p_{zw} = H_{rs}\rho_{rs}g + H_{zf}\rho_{zf}g$$

式中　H_{rs}、H_{zf}——热水段、蒸发段高度；

ρ_{rs}、ρ_{zf}——热水段、蒸发段密度。

重位压头 Δp_{zw}对流动特性的影响取决于它在总压降所占的比例，当管屏高度及其他条件不变时，随着工质流量的增加，蒸发管内沸点的位置往上移动，重位压头 Δp_{zw}增加。因此，重位压头 Δp_{zw}的存在有利于流动的稳定，一般不会发生水动力的不稳定。但是，管屏内可能产生类似于自然循环锅炉受热面内工质的停滞和倒流。由此可见，当质量流速增加时，垂直管中重位压头的影响减少，这时的水动力特性趋向于水平管圈的水动力特性，但比水平管圈的水动力特性要好；当质量流速小时，受垂直管中重位压头的影响大，这时的水动力特性趋向于自然循环锅炉的水动力特性，蒸发受热面内有可能发生工质的停滞和倒流。

当锅炉低负荷时，垂直管屏蒸发受热面可能发生工质的停滞和倒流。经过理论推导可知，当出、入口集箱之间的压差大于管内工质为水时的重位压头时，就不会发生工质的停滞和倒流；并且增加蒸发管的流动阻力损失 Δp_{lz}有利于防止工质的停滞和倒流；而工质的流动阻力损失 Δp_{lz}随流量的增加而增大，随管子截面或管子直径的增加而减小。因此，防止垂直管屏蒸发受热面发生工质停滞和倒流的措施有：

1）提高管内设计流量，使锅炉在低负荷时也能保持所需要的质量流速；

2）采用较小管径的管子，使管子的流通截面减小，从而使流动阻力增大；

3）减小管子间的吸热不均，使各管子中工质的重度大致相同。

2. 蒸发受热面中的流体脉动

蒸发受热面中的流体脉动是指受热面内工质流量呈周期性波动的现象，不论是水平围绕管圈式还是垂直管屏式都可能发生脉动。

（1）蒸发受热面中流体发生脉动的原因。产生脉动的外因是某些管子在蒸发开始段受到外界热负荷变动的扰动；内因则是该区段工质及金属蓄热量发生周期性变动。原因是在开始段附近交替地被水或汽水混合物所占据，工质温度、局部压力及放热系数的变动改变了工质和金属的蓄热量。例如，该处局部压力升高时，水和金属的储热量增加，蒸发量减少；该处局部压力降低时，储蓄在水和金属的热量释放出来，使蒸发量增加。上述过程重复进行，形成蒸发受热面中流体的脉动，脉动时进水量、产汽量及管壁温度都发生周期性变化，见图1-2。

在垂直蒸发管屏中，由于重位压头是出、入口集箱压降组成部分，尤其是低负荷时更加明显，对脉动影响很大，并且重位压头变化比流量脉动滞后某一相位角。

（2）脉动种类。脉动种类有管间脉动、屏间脉动和整体脉动 3 种表现形式。

1）管间脉动。在并联工作的管子之间，某些管子的进口水流量时大时小，当一部分管子的水流量增大时，另一部分管子的水流量却在减小。与此同时，管子出口的蒸汽量也在进行周期性的变化。当管子进口的水流量最大时，出口的蒸汽流量最小，进口水流量和出口蒸汽流量的脉动之间存在几乎 180°的相位差，水流量的脉动幅度要比蒸汽流量的脉动幅度大。

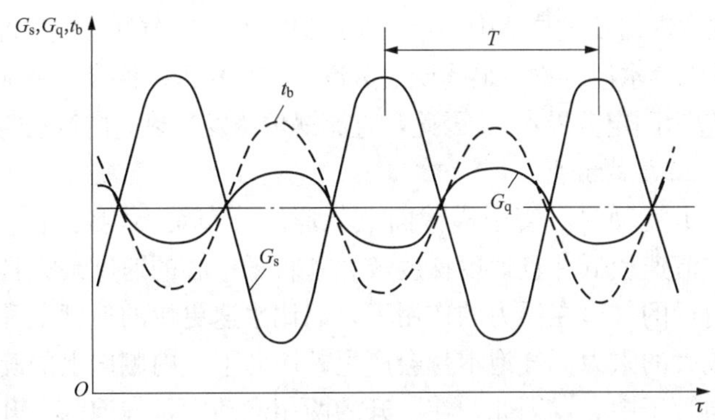

图 1-2　进水量、产汽量及管壁温度的脉动情况

G_s—进水量；G_q—产汽量；t_b—管壁温度；τ—时间；T—周期

当脉动幅度较大时，管子内的最小流量可能比正常流量小几倍，也可能出现负流量。但是，整个管组的进水量和蒸汽量变化不大。管间脉动一旦发生，就会以某一频率持续下去，脉动频率与管子结构、受热情况及工质参数有关。

2）屏间脉动。在并联的管屏之间也会发生与管间脉动相似的现象，发生屏间脉动时所有管屏的总流量及总压降并无显著变化，但各管屏间却发生了脉动。

3）整体脉动。整体脉动也称为全炉脉动，是指全部并联管屏中流量同时发生周期性波动。发生整体脉动时各并联水冷壁入口处的水流量发生相同周期的波动，蒸汽流量、蒸汽温度及蒸汽压力也发生相应的波动，整个锅炉参数处于周期性波动状态。发生整体脉动是因为使用特性曲线比较平缓的离心式给水泵造成的，当给水量、燃料量、压力剧烈变化时，会引起整体脉动。整体脉动的特点是振幅是变化的，没有严格的周期，逐步衰减。

（3）脉动的危害。由于流量的脉动，引起了管内工质压力和温度周期性变化，同时引起热水段、蒸发段、过热段的周期性变化，对锅炉的危害很大，特别是管间脉动和屏间脉动发生时很难监测，其危害更大。

1）在管子热水段、蒸发段、过热段的交界面处，交替接触不同状态的工质，时而是不饱和的水，时而是汽水混合物，时而是过热蒸汽。且这些工质的流量周期性变化使管壁温度发生周期性变化，以致引起金属管子的疲劳破坏。

2）由于过热段长度周期性发生变化，出口蒸汽温度也发生周期性变化，蒸汽温度不易控制，甚至引起管壁超温。

3）脉动严重时，由于受工质脉动性流动的冲击作用力和工质汽水比体积变化，所以可能引起管内局部压力周期性变化，造成管屏的机械振动，引起管屏的机械应力破坏。

（4）防止脉动的措施。为了防止产生脉动，一般从设计及运行两个方面采取措施。

1）设计方面。在受热面结构上应尽量使并列管的长度、直径等几何尺寸相同；采用较小管径，保证管圈进口的质量流速；加节流圈，增大热水段阻力；逐步扩大受热面的管径；在蒸发段增加中间集箱，中间集箱促使压力均衡，减少蒸发段阻力。

2）运行方面。运行中确保燃烧工况的稳定和炉内温度场的均匀；启动时应保持足够的启动流量和一定的启动压力。

（四）直流锅炉蒸发受热面中工质的流型与传热

直流锅炉工质在省煤器及过热器中为单相水或单相汽，工质的受热情况相对简单，在蒸发受热面内工质由水变为汽水混合物，最终变成蒸汽，并且从汽水混合物变成蒸汽无固定分界点（自然循环锅炉的汽包为固定分界点）。因此，直流锅炉蒸发受热面内流动与传热比较复杂。

1. 蒸发受热面中工质的流型

水在垂直管内向上流动时，管子横截面上流速的分布是不均匀的。由于水有一定的黏性，所以靠近管壁的流速较低并且速度梯度较大，管子中心的速度最大且梯度为零。当水中含有蒸汽时，管壁附近的气泡在浮力的作用下，以比水速更快的速度上升。受水速梯度的影响，气泡外侧受到较大的阻力，气泡本身会产生外侧向下、内侧向上的旋转运动。旋转引起的压差会把气泡推向管子中心。因此，在上升的两相流动中，气泡的上升速度比水快，并且气泡相对集中于管子中央流速较大的区域。在水平或接近水平管内的两相流动中，气泡将偏向管子的上部。两相流动的速度越小，这种倾向越明显，严重时汽水会分层。

由上述分析可以看出，在管内汽水两相流动中，汽与水不是均匀混合的，它们的速度是不一样的。由于汽水混合物中含汽率和流速不同，两相组成的流型也不一样。不同的流型会影响到流动阻力和传热，流速的大小和传热的强弱也会影响到流型。下面以垂直上升蒸发受热面沿周界均匀受热为例进行分析。

垂直上升蒸发受热面均匀受热时，工质的流型和传热变化情况见图 1-3。过冷水（未达

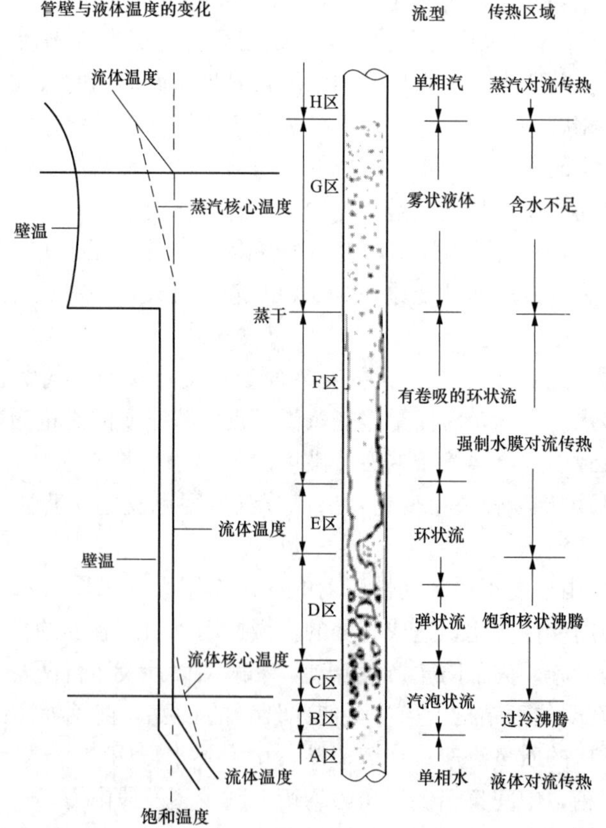

图 1-3　垂直上升蒸发受热面均匀受热时，工质的流型和传热变化情况

到饱和温度的水）由下口进入，完全蒸发后由上口排出。当受热不太强时，A 区为单相水的对流传热，水温低于饱和温度，管壁温度稍高于水温。在 B 区贴近壁面的部分水已沸腾生成气泡，但管内的大量水仍然达不到饱和温度。当生成的气泡脱离壁面与大量的水混合时又被冷凝成水。在此区内壁温高于饱和温度，进行过冷核态沸腾传热。C 区的水已经达到饱和温度，过渡到饱和核态沸腾的传热，此后生成的汽不会再被凝结，因此沿流动方向的含汽率逐渐增加，气泡分散地混在水中，这种流动组织称为气泡状流型。在 D 区，小气泡在管子中心聚合成大汽弹，形成弹状流型。汽弹与汽弹之间有水层，当汽量逐渐增多使汽弹相互连接时，就形成中心为汽流而周围有一圈水膜的环状流型。在 E 区，环状流的后期，蒸汽流速增大，使中心汽流中带有小水滴，同时周围的水环逐渐变薄，形成环状带液滴的流型。在 F 区，环状水膜变薄后的导热能力很强，可能不再发生核态沸腾而成为强制水膜对流换热，热量由管壁经强制对流的水膜传至水膜与蒸汽核心之间的表面，就在此处进行蒸发。在 G 区，当水膜完全被蒸发，即所谓“蒸干”后，就进入液雾流型区，这时虽然汽流中仍有不少小水滴，但它们对管壁已没有良好的冷却作用，传热开始恶化，管壁温度突然飞升；随着汽流中水滴的蒸发，工质流速增大，壁温逐渐下降；在蒸汽过热区，随着蒸汽温度逐渐上升，管壁温度又逐渐升高。在 H 区，工质已成为单相蒸汽，蒸汽与管壁之间进行对流传热。

2. 汽水两相流体的传热恶化

锅炉蒸发受热面虽然位于炉膛内的高温区（热负荷较大），但其内部工质为水或汽水混合物，工质温度较低，放热系数较大，蒸发受热面能够得到良好的冷却；但是，随着外界条件或工质状态的改变，工质的放热系数快速减小，壁温迅速升高的现象使两相流体的传热恶化。壁温升高幅度与外界热负荷、工作压力及工质流速等有关。

（1）汽水两相流体的传热恶化类型。两相流体的传热恶化按其发生时含汽率的高低可分为第一类传热恶化和第二类传热恶化。

1）第一类传热恶化。由于受热增强，气泡产生的速度超过气泡脱离的速度，在金属管壁与水之间形成一层气泡，把水和管壁隔开，即由核态沸腾变成膜态沸腾（含汽率低并靠近壁面），管壁温度突然升高的现象叫第一类传热恶化，见图 1-4。发生第一类传热恶化的主要原因是外界热负荷高于临界热负荷，临界热负荷的大小与压力、工质流速、该处的含汽率及管径有关，发生第一类传热恶化是局部问题。

2）第二类传热恶化。由于管壁上的水膜被蒸干，管壁温度突然升高的现象叫第二类传热恶化，见图 1-5。第二类传热恶化不同于第一类传热恶化，在含汽率很高时即使热负荷不高也会发生，只不过热负荷较低时壁温上升较少而已，关键参数为含汽率。发生传热恶化时，蒸发受热面管壁温度升高，升高的幅度超过允许值时会影响蒸发受热面的安全。因此，在锅炉设计及运行中应选择合理的参数，如压力、流量、热负荷等，并尽量减小热偏差。

（2）汽水两相流体传热恶化的防止措施。

1）保证蒸发受热面质量流速。提高质量流速是改善蒸发受热面传热工况，降低壁温的有效措施，同时也有利于蒸发受热面水动力工况的稳定，并能减小或消除热偏差。因此，在设计和运行中应保证质量流速，防止发生传热恶化。

2）采用内螺纹蒸发受热面或扰流子。采用内螺纹蒸发受热面或受热面内加装扰流子可

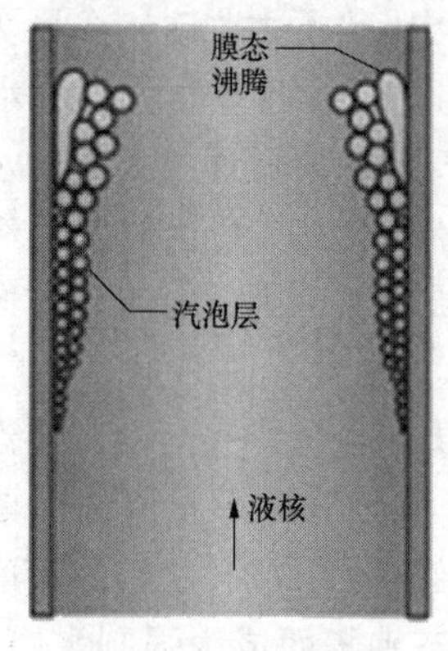

图 1-4　膜态沸腾

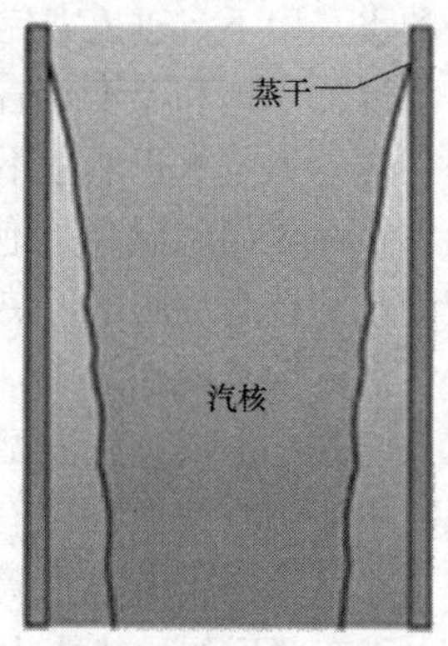

图 1-5　蒸干

以推迟或消除传热恶化。当工质流过内螺纹管或扰流子时，发生强烈扰动，将水压向壁面，强迫气泡脱离壁面并被水带走，从而破坏膜态汽层，防止膜态沸腾的发生。采用内螺纹蒸发受热面或扰流子后会增加流动阻力，而且工艺比较复杂。

3）合理分配炉膛热负荷。将炉膛燃烧器沿高、宽方向尽可能拉开，或增加燃烧器的个数，降低每个燃烧器的功率，使热负荷分布均匀。

3. 蒸发受热面中热偏差

热偏差是指并列管组中，由于各管子的结构尺寸、内部阻力系数和热负荷各不相同，每根管子中蒸汽的焓增也就不同，这种现象叫做热偏差。通常热偏差用热偏差系数表示，即

$$\varphi=\frac{\Delta h_{\mathrm{p}}}{\Delta h_{\mathrm{pj}}}=\frac{\eta_{\mathrm{q}}\eta_{\mathrm{H}}}{\eta_{\mathrm{C}}}$$

式中　φ——热偏差系数；

Δh_{p}——某个偏差管内工质的焓增；

Δh_{pj}——整个管组平均工质的焓增；

η_{q}——受热不均系数；

η_{H}——受热面结构不均系数；

η_{C}——流量不均系数。

（1）直流锅炉蒸发受热面中热偏差特点。直流锅炉工质在水冷壁中全部蒸发，热偏差会加剧水冷壁传热恶化，由于水冷壁出口工质温度已过热，所以水冷壁热偏差对水冷壁管子安全有很大的影响。

（2）影响蒸发受热面中热偏差的因素。

1）热力不均匀的影响。锅炉炉膛中沿宽度方向烟气的速度场、温度场和热流密度的分布不均匀是造成水冷壁并联管组吸热不均匀的主要原因，热力不均匀与机组容量，炉内燃烧、流动工况，燃烧器布置和运行方式，负荷变化及煤种变化等有关。

2）流量不均匀的影响。

a. 水阻力对流量不均匀的影响。在水平管圈中流动阻力远远大于重位压头，故重位压头忽略不计，经理论推导可得

$$\eta_C = \frac{G_p}{G_{pj}} = \sqrt{\frac{Z_{pj} \cdot v_{pj}}{Z_p \cdot v_p}}$$

式中 G_p——某管圈的工质流量；

G_{pj}——整个管屏工质的平均流量；

Z_{pj}——整个管屏的平均阻力系数；

Z_p——某管圈的阻力系数；

v_{pj}——整个管屏工质的平均比体积；

v_p——某管圈工质的比体积。

上式中的阻力系数与受热面的结构及运行条件有关，如管子长度、管子内径公差、管内壁粗糙度以及运行中管内壁的结垢情况都会影响其阻力系数。各并联管中工质平均比容的差别主要是因受热不同而引起的，吸热多的管子工质的焓值和平均比热容较大，使工质流量下降。因此，受热不均不仅本身导致热偏差，而且还通过流量不均加剧热偏差。

b. 重位压头对流量不均匀的影响。对于垂直蒸发管屏，重位压头对并联管的影响很大。重位压头的影响类似于自然循环自补偿作用的影响，使重位压头有减轻或改善流量不均的作用；重位压头占流动阻力比例越大，其影响越大，流量不均越小。决定重位压头占总流动阻力比例的因素是质量流速，它取决于锅炉的负荷。负荷增加，重位压头在总阻力中所占份额减少，即锅炉在高负荷时，重位压头作用减小，流动特性表现出强迫流动特性。当锅炉在低负荷时，重位压头在总阻力中所占份额增大，重位压头作用增大，流动更多地表现出自然循环特性。在负荷较低时，有可能出现流动的停滞和倒流。

3）受热面结构不均的影响。受热面结构不均的影响如管子长度、管子内径公差、管内壁粗糙度都会影响其阻力系数，通过水阻力产生影响。

（3）减小蒸发受热面热偏差的措施。

1）在蒸发受热面入口加装节流圈。在蒸发受热面入口加装节流圈后可改善各管间的流量不均匀性。另外，在蒸发受热面入口加装节流圈还能消除水动力的多值性和流体的脉动，但节流孔径应大于6mm，以防止堵塞。

2）管圈中采用较高的质量流速。在其他条件不变时，提高质量流速，管壁温度降低，允许存在较大热偏差（相当于减小了热偏差的危害）。

3）将蒸发受热面分成若干并联管组。这一方法可减少每一管带的宽度，以减小每一管带的受热不均匀性。

4）减少管屏的焓增并使工质进行中间混合。减少管屏的焓增并使工质进行中间混合可以减小管子之间出口工质温度的差值以及管子壁温的差值，使工质进行充分混合之后再均匀地分配到下一管屏中。

5）组织好炉内燃烧。运行中合理调节风煤比例，确保燃烧工况稳定，火焰位于炉膛中心。

二、超临界锅炉的特点

超临界锅炉均为直流锅炉，具有与亚临界直流锅炉类似的特性。另外，由于超临界锅炉工作压力超过水的临界压力，所以其结构、特性及所使用的材料等与亚临界直流锅炉相比较有以下特点：①超临界锅炉工作压力高，水冷壁的吸热量大，水冷壁内工质温度高，对水冷壁材料要求更高；②超临界水不同于普通水的物理特性和热力特性，在拟临界温度附近的大比热容区工质的比容、导热系数及黏度等参数发生剧烈变化，易造成水动力不稳定；③在大比热容区以外，工质的比热容迅速减小，管壁温度升高，容易产生传热恶化；④超临界锅炉启动和停运过程中要经历三个运行阶段，即低负荷阶段、亚临界直流运行阶段和超临界直流运行阶段，各个阶段各有特点，特别是状态变化时易发生异常；⑤为保证启、停及低负荷运行时的质量流速，超临界锅炉均装有启动系统。下面对超临界锅炉的特点作一说明。

（一）超临界水的物理、化学性质

通常情况下，水以蒸汽、液态和冰三种常见的状态存在，且属极性溶剂，可以溶解包括盐类在内的大多数电解质，对气体溶解度则大不相同，有的气体溶解度高，有的气体溶解度微小，对有机物则微溶或不溶。当水的压力和温度达到或超过水的临界温度（T_c=374.15℃）和临界压力（p_c=22.064MPa）时，称为超临界水。超临界水的液体和气体没有区别，完全交融在一起，成为一种新的呈现高压高温状态的液体。水的存在状态见图 1-6 所示。

在超临界条件下，水的各种物理化学性质（如氢键、密度、黏度、热导率、扩散系数、介电常数、溶解度等）发生了很大的变化，超临界水的这些性质随着温度、压力的变化而改变，超临界水能与非极性物质完全互溶，也能与空气、O_2、CO_2、N_2 等完全互溶，但无机盐在超临界水中的溶解度很低。超临界水与常态水的性质相比有很大的差异，这些差异将会对设备的腐蚀与结垢产生不同的影响。为防止超临界机组设备的腐蚀与结垢，应充分了解超临界水的特性。

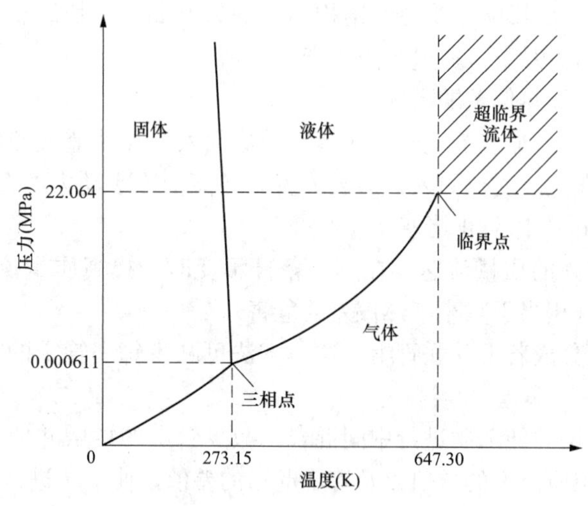

图 1-6　水的存在状态

1. 超临界水的氢键

水的一些宏观性质与水的微观结构有密切联系，它的许多独特性质是由水分子之间氢键的键合性质来决定的，因此，要研究超临界水，应了解处于超临界状态下的水中的氢键。

通过对水结构的研究可知，水的结构具有随温度、压力和密度的变化而变化的规律，温度对氢键总数的影响极大，温度升高能快速地降低氢键的总数；在室温下，压力增加时只能稍微增加氢键的数量，同时稍微降低了氢键的线性度。当水的温度升高至接近临界温度时，水中的氢键有一个显著的降低，饱和水蒸气中的氢键的增加值等于液相中氢键的减少值，并

且饱和水蒸气中的氢键较多，液相中氢键较少（约占总量的17%）。水的氢键度（X）和温度（t）的关系可表示为

$$X=(-8.68\times10^{-4})(t+273.15)+0.851$$

上式描述了温度在7～526℃、密度在0.7～1.9g/cm³范围内X的数值，表征了氢键对温度的依赖性，表明在较高的温度下，氢键在水中仍可以存在。

2. 超临界水的介电常数

常温、常压水，由于存在强的氢键作用，水的介电常数较大，约为80。但随着温度、压力的升高，水的介电常数急剧下降。在130℃、密度为900kg/m³时，水的介电常数为50；在260℃、密度为800kg/m³时，水的介电常数为25；而在临界点，水的介电常数约为5，与己烷（介电常数为2）等弱极性溶剂的值相当。总的来说，水的介电常数随密度的增加而增大，随压力的升高而增加，随温度的升高而减少。介电常数的变化会引起临界水溶解能力的变化，例如：当水在673.15K、30MPa时，其介电常数为1.51，相当于标准状态下一般有机物的介电常数值，此时水就难以屏蔽掉离子间的静电势能，溶解的离子便以离子对形式出现。超临界水表现出更近似于非极性有机化合物，成为对非极性有机化合物具有良好溶解能力的溶剂；相反，它对于无机物质的溶解度则急剧下降，导致原来溶解在水中的无机物从水中析出。

3. 超临界水的离子积

水的离子积与密度和温度有关，但密度对其影响更大。密度越大，水的离子积越大，在标准条件下，水的离子积是1×10^{-4}，在超临界点附近，由于温度的升高，使水的密度迅速下降，导致离子积减小。例如：水在450℃和25MPa时，密度为0.17g/cm³，此时离子积为$1\times10^{-21.6}$，远小于标准条件下的值。而在远离临界点时，温度对密度的影响较小，温度升高，离子积增大，在100℃、密度为1g/cm³时，水将是高度导电的电解质溶液。

4. 超临界水的黏度

液体中的分子总是通过不断地碰撞而发生能量的传递，主要包括：

(1) 分子自由平动过程中发生的碰撞所引起的动量传递。

(2) 单个分子与周围分子间发生频繁碰撞所导致的动量传递。

黏度反映了这两种碰撞过程发生动量传递的综合效应，正是这两种效应的相对大小不同，导致了在不同区域内水黏度的大小、变化趋势不同。一般情况下，液体的黏度随温度的升高而减小，气体的黏度随温度的升高而增大。常温、常压液态水的黏度约为1.05×10^{-3} Pa·s，是水蒸气黏度的100倍。而超临界水（450℃、27MPa）的黏度约为2.98×10^{-3} Pa·s，这使得超临界水成为高流动性物质。

5. 超临界水的热导率

液体的热导率在一般情况下随温度的升高略有减小，常温常压下水的热导率为0.598W/(m·K)，临界点时的热导率约为0.418W/(m·K)，变化不是很大。

6. 超临界水的扩散系数

超临界水的扩散系数虽然比过热蒸汽的小，但比常态水的扩散系数大得多，如常态水（25℃、0.1MPa）和过热蒸汽（450℃、1.35MPa）的扩散系数分别为7.74×10^{-6}cm²/s和1.79×10^{-3}cm²/s，而超临界水（450℃、27MPa）的扩散系数为7.67×10^{-4}cm²/s。

水在密度较高的情况下，扩散系数与黏度成反比。高温、高压下水的扩散系数除与水的黏度有关外，还与水的密度有关。对于高密度水，扩散系数随压力的增加而增加，随温度的增加而减少；对低密度水，扩散系数随压力的增加而减少，随温度的增加而增加，并且在超临界区内，水的扩散系数出现最小值。

7. 超临界水的溶解度

在超临界状态下水中只剩下少部分氢键，意味着水的行为与非极性压缩气体相近，而其溶剂性质与低极性有机物相近似，因而碳氢化合物在水中通常有很高的溶解度。例如，在临界点附近，有机化合物在水中的溶解度随水的介电常数减小而增大。

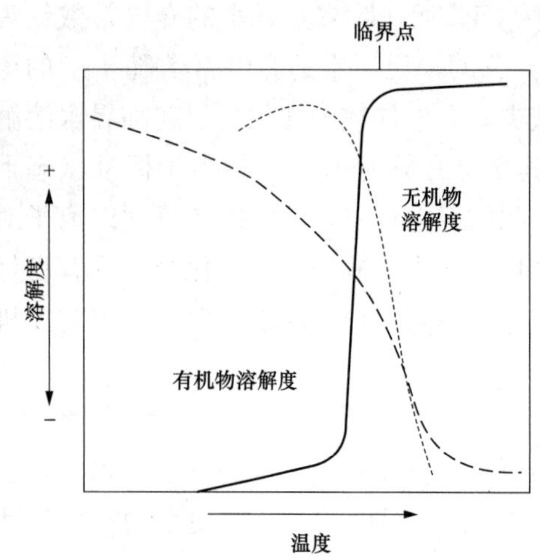

图 1-7　有机物和无机物在超临界水氧化条件下的溶解度曲线

在 375℃以上，超临界水可与气体（如氮气、氧气或空气）及有机物以任意比例互溶。无机盐在超临界水中的溶解度（与有机物的高溶解度相比）非常低，随水的介电常数减小而减小，当温度大于 475℃时，无机物在超临界水中的溶解度急剧下降，无机盐类化合物则析出或以浓缩盐水的形式存在。图 1-7 所示为有机物和无机物在超临界水氧化条件下的溶解度曲线。

8. 氧化反应

超临界水具有的溶剂性能和物理性质使其成为氧化有机物的理想介质。水在亚临界区域随温度的升高，分解效率增大。

当有机物和氧溶解于超临界水中时，它们在高温下的单一相状况下密切接触，在没有内部相转移限制和有效的高温下，动力学上的快反应使氧化反应迅速完成，碳氢化合物氧化产物为 CO_2 和 H_2O，杂核原子转化为无机化合物，通常是酸、盐或高氧化状态的氧化物，而这些物质可与其他的无机物一起沉积下来，磷转化为磷酸盐，硫转化为硫酸盐。

（二）超临界状态下水和蒸汽的热力特性

水在加热过程中，当压力低于临界压力时，随着压力的提高，水的饱和温度相应随之提高，汽化潜热减小，水和汽的密度差也随之减小；当压力提高到 22.064MPa 时，汽化潜热为零，汽和水的密度差也等于零，该压力称之为临界压力，水在该压力下加热到 374.15 ℃时，即全部汽化成蒸汽，该温度称为临界温度（即相变温度）；当压力大于临界压力时称超临界，超临界压力与临界压力情况相似，当水被加热到相应压力下的拟临界温度时全部汽化。因此，超临界压力下水变成蒸汽也不再存在汽水两相区，在超临界压力对应的拟临界温度由水直接变为干饱和蒸汽。由此可知，超临界压力直流锅炉中，由水变成过热蒸汽经历了两个阶段，即加热和过热，而工质状态由未饱和的水变为干饱和蒸汽，然后变为过热蒸汽。

1. 超临界区水的拟临界温度

在压力高于临界压力的情况下，当压力恒定时，水的定压比热并非随温度变化呈单调变化关系，而是随着温度的升高，定压比热值开始增加，在某一温度下达到最大值，随后随温度增加又开始减小，最后接近一常数，定压比热最大时的温度称为拟临界温度，在此温度下水变成蒸汽。随着压力的增加定压比热最大值所对应的温度也升高，在临界区域压力与拟临界温度有一定的对应关系。

西安交通大学动力实验室以IAPWS-IF97公式为框架，利用临界区的赫姆霍兹自由能为基本方程进行推导计算，推导出了计算临界区水的拟临界温度系列方程，将计算结果绘制成图1-8，最后给出了拟临界温度 T_{cri} 和压力 p 的关系式，即

$$T_{cri}=558.12118+4.61398p-0.02407p^2$$

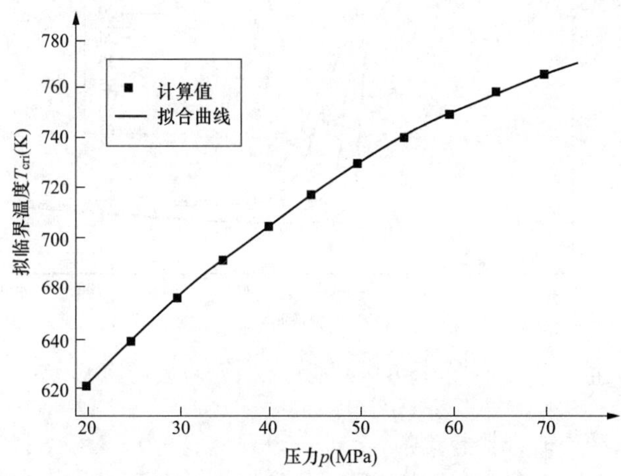

图1-8 拟临界温度与压力的关系曲线

2. 超临界水的比定压热容特性

在水的临界温度和临界压力下，水的比热容无穷大。水在超临界压力下，对应一定压力也存在一个大比定压热容区，在该区内水的物理性质发生剧烈复杂的变化，比定压热容随温度的增加而飞速升高，在该压力对应的拟临界温度处达到极限值，随着温度的继续升高，比定压热容迅速下降，然后稳定在一定范围内，见图1-9。从图1-9可以看出，随着压力的增加，比定压热容最大值所对应的温度向高温方向移动，并且比定压热容峰值在拟临界温度处最大，与临界温度偏离越远，峰值越小。因此，超临界机组选择参数时要大于临界压力(22.064MPa)一定的数值，以防止拟临界温度靠近临界温度时产生比定压热容最大值，形成传热恶化。

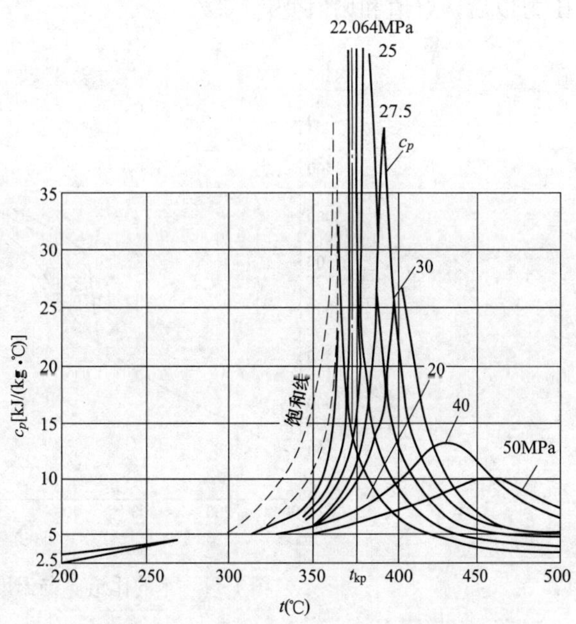

图1-9 超临界压力下水的比定压热容特性

c_p—比定压热容；t—温度；t_{kp}—临界温度

3. 超临界水的导热系数

在临界区域附近，工质导热系数剧烈变化，导热系数的变化是单方向的，随着温度的增加，导热系数急剧降低，然后又缓慢增加，在压力低时变化更为剧烈，见图 1-10。

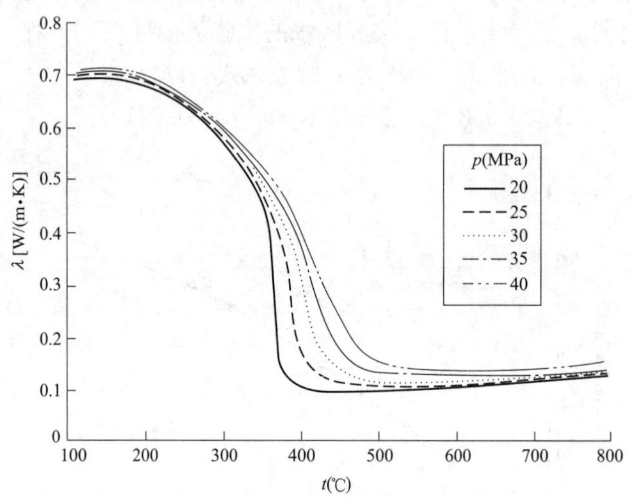

图 1-10　水的导热系数 λ 随温度 t、压力 p 的变化关系

4. 超临界压力水蒸气的比焓和比熵

在临界区当压力恒定时，随着温度的增加比焓和比熵急剧增加；随着压力的增加比焓和比熵变化最大的点向高温方向移动，见图 1-11 和图 1-12。从图 1-11、图 1-12 可以看出，临界压力和超临界压力在相变点附近，当温度稍有变化时，焓值和熵值变化很大，但是超过一定压力以后，焓值和熵值变化减缓。

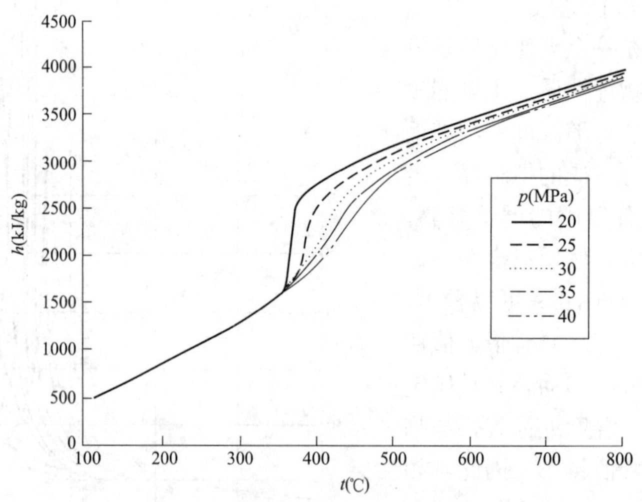

图 1-11　水的比焓 h 与温度、压力的关系

5. 超临界压力水蒸气的比体积

当温度小于 350℃时，水的比体积基本为一定值。在临界区域，压力恒定时，水的比体

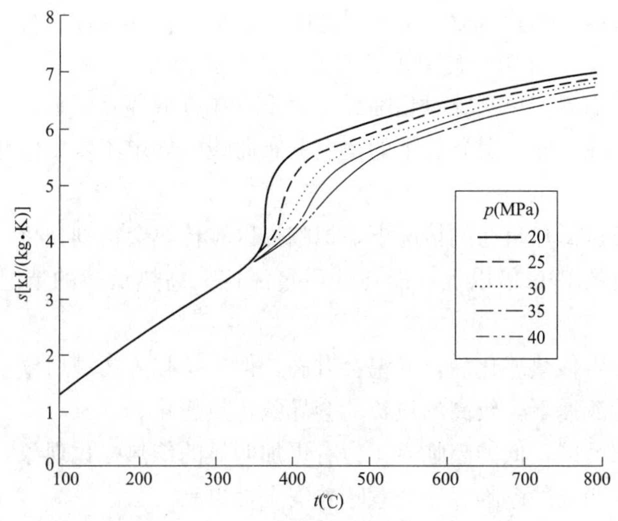

图 1-12　水的比熵 s 与温度、压力的关系

积随温度升高急剧增加；而随着压力的增加，比体积开始急剧升高，向高温方向移动，且比体积升高的幅度减小，见图 1-13。

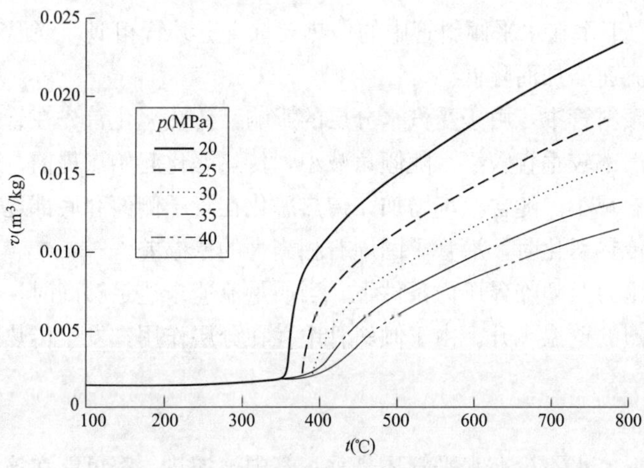

图 1-13　水的比体积 v 与温度、压力的关系

从以上分析可知，水在拟临界温度附近的比定压热容区内各参数将会发生急剧变化，压力越高，参数变化最大点就向高温区推移。水的比体积急剧变化必然导致膨胀量增大，从而引起水动力不稳定或类膜态沸腾。在比定压热容区外，工质比热很小，因而温度随吸热变化很大。因此，在超临界锅炉设计和运行中，严格控制燃烧器附近水冷壁的吸热量，使比定压热容区避开受热最强的区域。

（三）超临界压力下的传热恶化

水在超临界压力下加热时，没有沸腾现象，只发生两个单相的相变（非水即汽），发生相变时水的比热很大，管壁与工质的换热情况好于亚临界工况，管壁温度随工质温度均匀上升，应该不会发生亚临界压力下的传热恶化。但是，超临界锅炉在实际运行中多次发生由于传热恶化而导致的水冷壁爆管事故，下面对超临界锅炉的传热特性进行分析说明。

1. 超临界压力下水在方形环腔中垂直上升的传热特性

西安交通大学超临界传热试验对超临界压力下水在方形环腔中垂直上升的传热特性进行了试验分析，得出了在不同工况条件下的壁温分布曲线，确定了发生传热恶化的起始点、最大壁温飞升值及其位置，试验结果如下：

（1）在高质量流速低热负荷的情况下，拟临界区域传热会得到强化，传热系数会出现峰值，其值可达正常值的 2.5 倍以上；而在低质量流速、高热负荷的情况下，会发生传热恶化，壁温飞升。

（2）超临界下发生传热恶化后，壁温会升高，但过拟临界区域后壁温将逐渐恢复正常。

（3）在同一质量流速下，较高的热负荷会导致传热恶化。

（4）在超临界压力区，低的超临界压力有更加明显的传热强化现象，传热恶化会提前发生，且更加剧烈，说明高的超临界压力意味着安全性更高。

2. 超临界压力下水在水平倾斜管中的传热特性

西安交通大学超临界传热试验室对超临界压力下水在水平倾斜管中的传热特性进行了试验分析，得出了在不同工况条件下的壁温分布曲线，确定了发生传热恶化的起始点、最大壁温飞升值及其位置，管子内壁超温峰值和最小放热系数，管子上、下壁温差等，试验结果如下：

（1）超临界压力下水在水平倾斜管中的传热与垂直上升管相似，壁温飞升值随热负荷增加而增加，随质量流速增加而降低。

（2）在小倾角倾斜管中，由于受汽水分层的影响，传热恶化首先在管子顶部发生，且传热恶化起始点的含汽率较垂直管小。随倾角减小，传热恶化起始点提前。随压力增加，倾角对临界含汽率的影响减小。随含汽率增加，传热恶化在管子侧面和底部逐步发生，因此，在倾斜管中，在发生传热恶化时，沿管子圆周有相当大的壁温差。

（3）在近临界压力及超临界压力条件下，当质量流速未达足够高时，在倾斜管内可发生传热恶化，引起强烈的壁温飞升。由于倾斜管中存在分层作用，发生传热恶化的质量流速较垂直管要高许多。

3. 类膜态沸腾

在超临界压力下，水不论在水平管还是垂直管中被加热，都可能在该压力对应的拟临界温度附近发生管壁温度的飞升，即传热恶化，发生传热恶化的位置和幅度与水的质量流速和加热负荷有关，这种传热恶化与亚临界压力的膜态沸腾相类似，通常称为类膜态沸腾。一般认为，类膜态沸腾主要是由于浮力效应引起。在质量流速较小时，浮力作用起主导作用，壁面附近的流体温度高，密度小，而在主流体区域温度低，密度高；在拟临界区域，这种密度差会非常大。由于超临界压力下水无蒸发段，所以类膜态沸腾发生时管壁温度的飞升幅度比亚临界状态下发生的膜态沸腾要小，并且很快恢复正常。尽管如此，由于超临界锅炉水冷壁的总体温度较高，所以在超临界锅炉的设计和运行中，必须避免类膜态沸腾的发生。超临界压力下质量流速和热负荷对传热恶化的影响见图 1-14 和图 1-15。

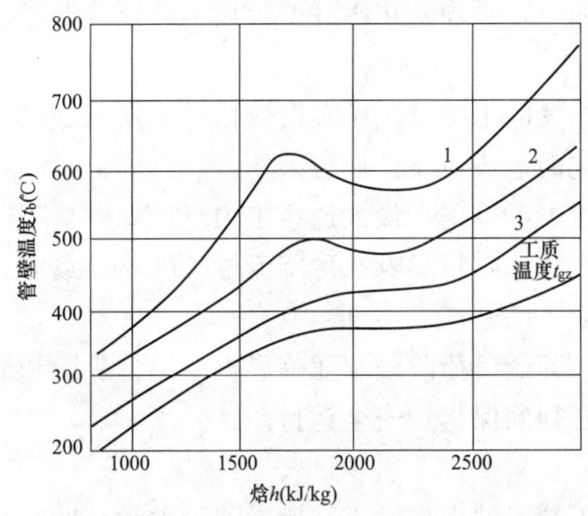

图 1-14　超临界压力下质量流速对传热恶化的影响

工质压力 $p=22.5$MPa；热负荷 $q=700$kW/m^2；

1—工质密度 $\rho_W=400$kg/(m^2·s)；2—$\rho_W=700$kg/(m^2·s)；

3—$\rho_W=1000$kg/(m^2·s)

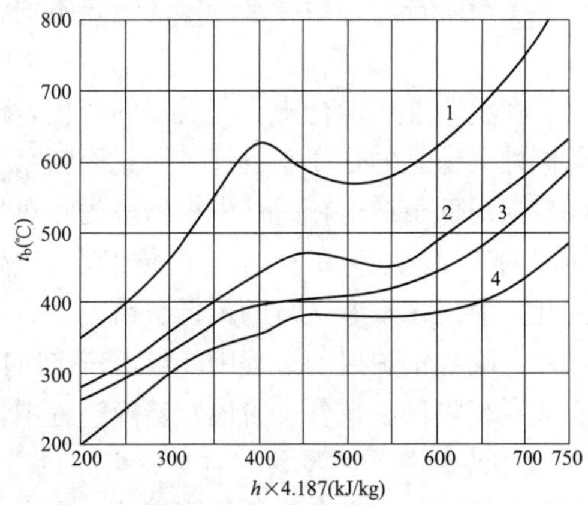

图 1-15　超临界压力下热负荷对传热恶化的影响

$p=23$MPa，$\rho_W=400$kg/(m^2·s)

1—$q=698$kW/m^2；2—$q=6580$kW/m^2；

3—$q=465$kW/m^2；4—$q=349$kW/m^2

（四）超临界压力锅炉水冷壁的布置

超临界压力锅炉水冷壁一般采用上下两级布置，炉膛上部水冷壁和炉膛下部水冷壁之间装有混合集箱。炉膛下部水冷壁处于热负荷较高的区域，该区域水冷壁多采用管径较小的内螺纹管。因炉膛上部水冷壁处于热负荷较低的区域，所以通常采用管径较大的光管垂直管，见图 1-16。

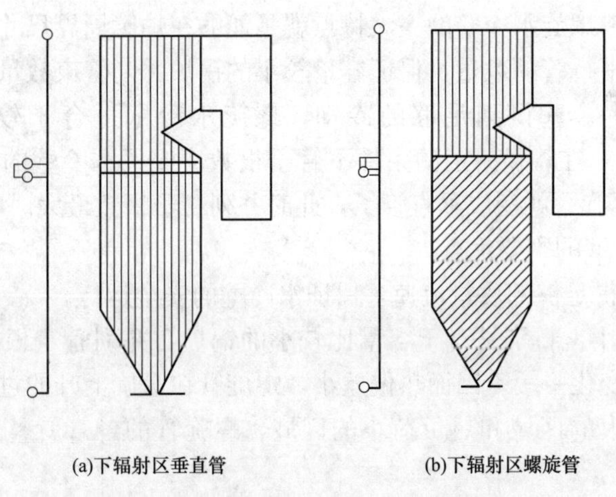

图 1-16　超临界锅炉水冷壁的布置方式

1. 水冷壁设计和运行中需要解决的问题

(1) 随着负荷降低，工作条件极为恶劣的水冷壁中，质量流速也随之下降，在直流方式下，工质流动的稳定性受到影响，为了防止出现流动的不稳定，必须限定直流运行的最低质量流速。

(2) 在进入临界压力点以下低负荷运行时，与亚临界机组一样，必须重视水冷壁管内传热恶化的问题，要防止发生膜态沸腾导致水冷壁管超温爆管。

(3) 负荷降低后，炉膛水冷壁的吸热不均将加大，必须防止水冷壁吸热不均导致温度偏差增大。

(4) 在整个变压运行中，蒸发点的变化，使相变区水冷壁金属温度变化，必须做好水冷壁及其刚性梁体系的热膨胀设计，防止因频繁变化而造成承压件疲劳破坏。

(5) 锅炉低负荷运行时，省煤器段的吸热量减少，按锅炉最大连续出力（BMCR）工况设计布置的省煤器在低负荷时有可能出现出口处汽化，它将影响水冷壁流量分配，导致流动工况恶化，应确定干态运行的最低负荷。

(6) 超临界锅炉启动过程中要经历三个阶段，即低负荷阶段、亚临界直流运行阶段和超临界直流运行阶段。在各个阶段及转换过程中，必须确保锅炉安全运行。

2. 超临界锅炉水冷壁的种类与特点

炉膛周界尺寸是由燃烧条件决定的，它取决于炉膛的净热输入、燃料的种类和特性、燃烧器的形式和布置。对垂直管水冷壁而言，炉膛周界长度、管子直径、管间节距决定了它的质量流速的大小。在一定的炉膛周界情况下，如采用垂直布置的水冷壁管，其管子根数基本固定，管子直径不能过细，为了保证水冷壁管子的安全，必须保证一定的工质流量，垂直水冷壁的质量流速大小是受到严格限制的。炉膛周界尺寸的增加与锅炉容量的增加是不成正比例的。因此，容量较小的直流锅炉水冷壁往往存在着单位容量炉膛周界尺寸过大以及水冷壁管子难以保证足够的质量流速的问题。超临界锅炉水冷壁主要有螺旋式，一次垂直上升式，下部为螺旋式、上部为垂直上升式 3 种。每种水冷壁各有特点。一般小容量锅炉采用螺旋式，大容量锅炉采用一次垂直上升式，中型容量锅炉采用下部为螺旋式、上部为垂直上升式。

(1) 螺旋水冷壁。螺旋水冷壁的一大特点就是能够在炉膛周界尺寸一定的条件下，通过改变螺旋升角来调整平行管的数量，保证容量较小的锅炉并列管束数量较小，从而获得足够的工质质量流速，使管壁得到足够的冷却，螺旋水冷壁适合于较小容量机组（小于300MW）的直流锅炉。在管径一定的条件下管子根数决定了水冷壁的质量流速，当螺旋角达到最大值 90°时，螺旋管就变成垂直管了，此时并列管子根数最大。

1) 采用螺旋水冷壁的主要优点。

a. 能根据需要获得足够的质量流速，保证水冷壁的安全运行。

b. 管间吸热偏差小，特别是对于容量比较小的锅炉，并列管子根数少，同时由于沿炉膛高度方向的热负荷变化平缓，因而热偏差小，螺旋管在盘旋上升的过程中，管子绕过炉膛整个周界途经热负荷大的区域和热负荷小的区域，螺旋管的各管就整个长度而言吸热偏差很小。

c. 为了减少热偏差，垂直上升水冷壁进口要按照沿宽度的热负荷分布设计节流圈。节流圈不仅增加了水冷壁的阻力，而且节流圈对不同的负荷表现出的特性有差别，给水冷壁的设计带来复杂性。由于螺旋水冷壁吸热偏差很小，所以可以不设置水冷壁进口的分配节流圈，使水冷壁管的阻力大大降低。

d. 螺旋水冷壁在变压过程中可以解决低负荷时汽水两相分配不均的问题，同时它能在低负荷时维持足够的质量流速，适合于变压运行。

2) 采用螺旋水冷壁的缺点。

a. 因为螺旋水冷壁的承重能力弱，所以需要专门的炉膛悬吊系统。

b. 螺旋管圈水冷壁的螺旋冷灰斗、燃烧器水冷壁套以及螺旋水冷壁至垂直水冷壁的过渡区等部件结构复杂，制造困难，螺旋水冷壁制造成本高。

c. 螺旋水冷壁炉膛四角需要进行大量单弯头焊接对口，工地吊装次数增加，因而给工地安装增加了难度和工作量。

d. 螺旋水冷壁管子较长，阻力较大，增加了给水泵的电耗。

（2）一次垂直上升水冷壁。大容量机组（700MW 以上）的超临界燃煤锅炉水冷壁设计成一次垂直上升式。

1）一次垂直上升水冷壁的优点。

a. 工质质量流速低，阻力损失小，与螺旋管水冷壁相比，给水泵电耗下降 2%～3%。

b. 结构设计制造简单，炉膛易于支吊，现场焊接工作明显减少，维修方便，水冷壁容易更换。

c. 启动或负荷变化时热应力较小，不需用复杂的张力板结构。

d. 具有较好的正向流动特性（流量随热负荷增加），在各种负荷下水动力特性比较稳定。

e. 灰渣易脱落，结渣倾向小。

2）一次垂直上升水冷壁的缺点。

a. 管间吸热的均匀性差，容易产生热偏差。

b. 压力变动时，易引起流量分配不均，必须在水冷壁入口装节流圈，对滑压运行的适应性差。

c. 小容量锅炉使用垂直水冷壁时，管子必须采用小管径，易发生堵塞。

（3）下部为螺旋水冷壁、上部为垂直上升水冷壁。这种布置方式是螺旋水冷壁和垂直上升水冷壁的结合体，集中了螺旋水冷壁和垂直上升水冷壁的优点，在两者的结合处通过集箱连接，适合于容量为 300～900MW 机组的直流锅炉。

（五）超临界锅炉的启动系统

超临界锅炉启动（或停运）过程中要经历低负荷方式、亚临界直流运行方式和超临界直流运行方式，每种运行方式各有特点，为确保各种运行方式的安全，必须设计安装锅炉启动系统。

1. 启动系统的作用

（1）建立启动压力和启动流量，保证给水连续地通过省煤器和水冷壁，保证水冷壁的冷却和水动力的稳定性。

（2）回收锅炉启动初期排出的热水、汽水混合物、饱和蒸汽以及过热度不足的过热蒸汽，以实现工质和热量的回收。

（3）在机组启动过程中，实现锅炉各受热面之间以及锅炉与汽轮机之间工质状态的配合。单元机组启动过程初期，汽轮机处于冷态，为了防止温度不高的蒸汽进入汽轮机后凝结成水滴，造成叶片的水击，启动系统起到固定蒸发受热面和过热器受热面的分界点，实现汽水分离的作用。从而使给水量调节、蒸汽温度调节和燃烧量调节相对独立，互不干扰。

（4）一般情况下，启动系统设置有保护再热器的汽轮机旁路系统。但近年来为了简化启动系统，实现系统的快速、经济启动，并简化启动操作，有的启动系统不再设置保护再热器的旁路系统，而以控制再热器的进口烟气温度和提高再热器的金属材料的档次来保证再热器的安全运行。

2. 启动系统的种类

启动系统分外置式启动分离器系统和内置式启动分离器系统两种。外置式启动分离器系统是指只在机组启动和停运过程中投入运行，而在正常运行时解列于系统之外；内置式启动分离器系统指在锅炉启停及正常运行过程中，汽水分离器均投入运行，所不同的是在锅炉启停及低负荷运行期间，汽水分离器为湿态运行，起汽水分离作用；而在锅炉正常运行期间，汽水分离器只作为蒸汽通道。内置式启动分离器系统又分扩容器式、带再循环泵式和疏水换热器式 3 种。

（1）扩容器式。分离器疏水流到扩容器回收箱，在机组启动疏水不合格时，将水排入地沟；疏水合格后，排入凝汽器进行工质回收，也可将疏水排入除氧器，既回收工质，又能加热除氧器内的水，见图 1-17。

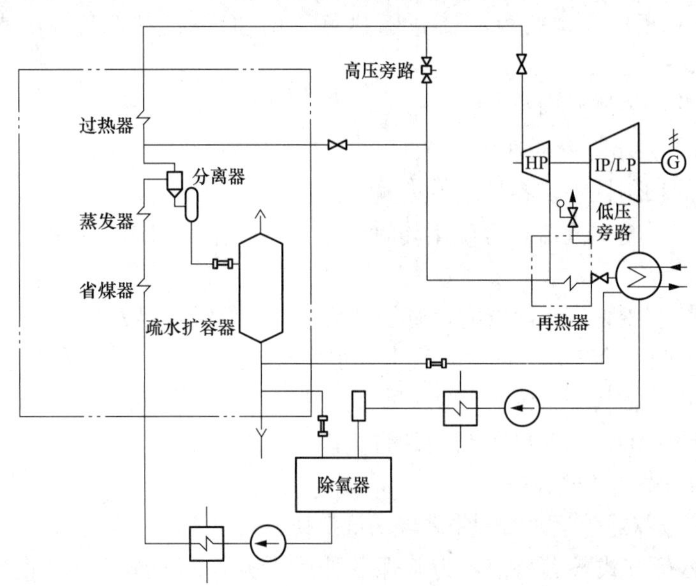

图 1-17　超临界锅炉的扩容器式启动系统

HP—高压缸；IP—中压缸；LP—低压缸

（2）带再循环泵式。分离器疏水流到扩容器回收箱，在机组启动疏水不合格时，将水排入凝汽器进行工质回收；疏水合格后，用再循环泵将疏水打入水冷壁进行再循环，实现工质和热量的回收。带再循环泵式按循环泵在系统中与给水泵的连接方式分为串联和并联两种形式，部分给水经混合器进入再循环泵的称为串联系统，给水不经再循环泵的称为并联系统，见图 1-18。

1）再循环泵与锅炉给水泵并联有以下特点：不必使用特殊的混合器，当再循环泵故障时不会对给水系统造成危害；再循环泵充满饱和水，一旦压力降低有汽化的危险；当分离器干湿态运行工况转换时，需要再循环泵启停操作；再循环泵需设置最小流量管路及暖管管路。

2）再循环泵与锅炉给水泵串联有以下特点：启动和低负荷运行时，不但能回收全部工质，还可 100%回收疏水热量；可有效缩短冷态和温态启动时间，相比于简单疏水扩容启动系统，当冷态启动时，点火至汽轮机冲转时间可缩短 70～80min，温态启动可缩短 10～20min；可降低给水泵在启动和低负荷运行时的功率；当再循环泵故障时，也可以不带泵启动；进入再循环泵的水来自分离器或锅炉给水管，可以两者同时供水；这样的布置使得在各种启动过程中，总是有水流过再循环泵，泵的流量恒定，锅炉给水的欠焓可增加再循环泵的净吸入压头；当分离器由湿态转向干态时，疏水流量为零，但此时再循环泵能从给水管道中得到足够的流量，可保证分离器平滑地从干态转向湿态，无须在此时进行循环泵的关停操作。

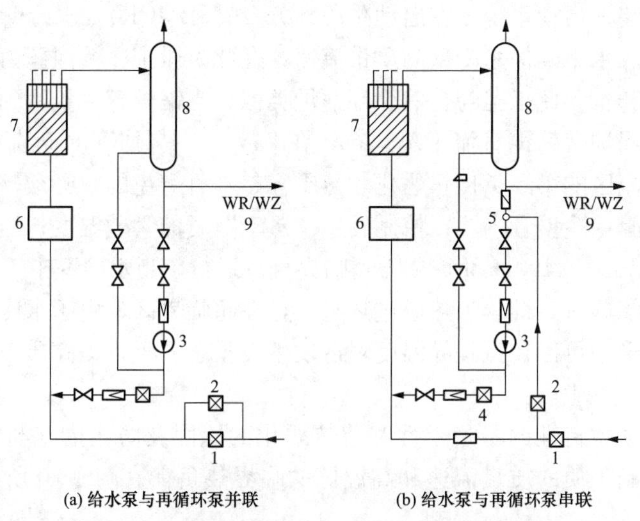

图 1-18 超临界锅炉的带再循环泵式启动系统

WP/WZ—去高、低压放水阀

1—给水调节阀；2—旁路给水调节阀；3—再循环泵；4—流量调节阀；5—混合器；6—省煤器；7—水冷壁；8—启动分离器；9—疏水和水位调节阀

（3）疏水换热器式。分离器放水通过热交换器加热锅炉给水，热交换器的疏水排入除氧器水箱，使得热量和工质得以回收，见图 1-19。

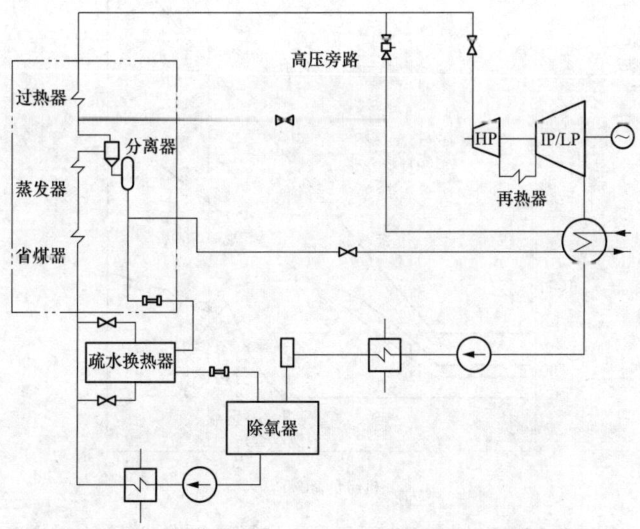

图 1-19 超临界锅炉的带疏水换热器式启动系统

（六）超临界锅炉的水动力特性

亚临界直流锅炉的水动力特性表现为流动的不稳定性和液体脉动，在超临界压力下直流锅炉的水动力特性也具有流动的不稳定性和液体脉动。但是，由于超临界锅炉的工作压力高，大大缓解了直流锅炉的水动力不稳定性和液体脉动。尽管如此，在超临界锅炉的设计和运行中必须防止流动的不稳定性和液体脉动，特别是在拟临界温度附近的大比热容区工质的比体积、导热系数及黏度等参数发生剧烈变化，易造成水动力不稳。

超临界锅炉均装设启动系统，在启动阶段（0～25%BMCR），水冷壁通过启动系统靠锅水再循环或扩容器放水来确保水冷壁的质量流速，在此阶段水冷壁内压力较低，水冷壁出口为该压力对应的饱和水，此工况与自然循环锅炉类似；当锅炉蒸发量达到水冷壁最小质量流速对应的流量时，锅炉变为纯直流工况运行，在 25%～71%BMCR 负荷范围内为亚临界直流运行，亚临界直流区的第二类传热恶化“蒸干”是不可避免的，必须控制“蒸干”发生在热负荷较低的上炉膛水冷壁管内，以控制发生“蒸干”时的管壁温度；当锅炉蒸发量继续增加时，锅炉负荷在 71%～100%BMCR 为超临界直流运行，当水冷壁中工质达到相变点后单相水直接变成干饱和蒸汽，继续加热成过热蒸汽，在超临界区，由于水冷壁管间吸热和流量分配的偏差，某些管中可能在拟临界温度附近发生类膜态沸腾，提高质量流速或降低热负荷可防止类膜态沸腾的发生。

超临界锅炉水动力特性的不稳定性和传热恶化的原因及防止措施与亚临界直流锅炉类似，设计时必须控制工质的质量流速和高温区的临界热负荷。图 1-20 所示为三菱重工给出

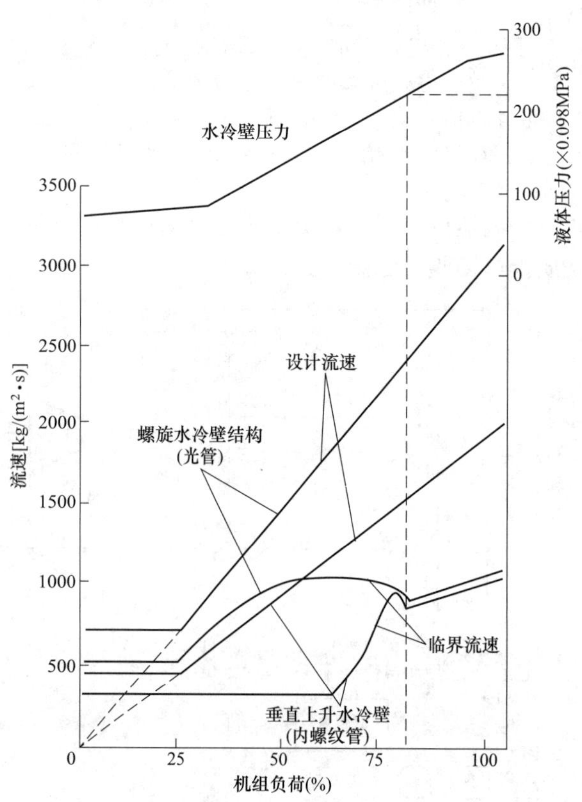

图 1-20　超临界锅炉采用螺旋水冷壁（光管）与垂直上升水冷壁（内螺纹管）的临界流速与设计流速的关系

的超临界锅炉采用螺旋水冷壁（光管）与垂直上升水冷壁（内螺纹管）的临界流速与设计流速的关系，应首先考虑最低直流工况的质量流速必须高于此工况下的临界质量流速，然后推出其他工况的质量流速。

（七）国内超临界锅炉的现状

随着我国超临界火电机组的成功运行，国内各大动力集团在电站设备设计和制造方面的技术、经验和能力都有了很大的进步和快速发展，为加速我国大型超临界火电机组的研制步伐和实现批量生产提供了必要的条件和基础。

1. 我国超临界锅炉的生产情况

我国有许多企业生产超临界锅炉，主要生产企业有哈尔滨锅炉有限公司、东方锅炉股份有限公司、上海锅炉有限公司、北京巴布科克·威尔科克斯有限公司和武汉锅炉股份有限公司，这些企业的技术路线、合作方式及生产情况见表 1-2。

表 1-2　　　　我国超临界锅炉生产情况

生产企业	超临界锅炉技术合作方	超超临界锅炉技术合作方	合作方式
哈尔滨锅炉有限公司	三井巴布科克	三菱重工（MHI）	技术引进
东方锅炉股份有限公司	巴布科克日立公司（BHK）	巴布科克日立公司（BHK）	技术合作，成立合资公司
上海锅炉有限公司	阿尔斯通公司（ALSTON）	阿尔斯通公司（ALSTON）	技术转让
北京巴布科克·威尔科克斯有限公司	美国巴布科克·威尔科克斯公司（B&W）	美国巴布科克·威尔科克斯公司（B&W）	技术合作，成立合资公司
武汉锅炉股份有限公司	阿尔斯通公司（ALSTON）		技术合作，成立合资公司

2. 超临界锅炉的燃烧方式

锅炉按燃烧方式可分为层燃炉、室燃炉（又称煤粉炉）、旋风炉和沸腾燃烧炉（即循环流化床燃烧锅炉）4 种。超临界锅炉的燃烧方式以室燃炉为主，也有少数采用循环流化床燃烧锅炉。根据燃烧器出口气流的特征室燃炉燃烧器分为旋流燃烧器和直流燃烧器两类，这两类燃烧器各有特点，我国超临界锅炉都有使用。旋流燃烧器一般布置在炉膛的前、后墙或两侧墙，其出口气流一边旋转，一边向前做螺旋式运动，旋转气流喷入炉膛后自由扩展，形成带旋转运动的扩展射流，它可以是几个同轴射流的组合，也可以是旋流射流和直流射流的组合。其特点是扩散角越大，回流区就越大，射流出口段湍动也越大，后期混合较差，射流较短，适合于高挥发分的煤种，如烟煤和褐煤。直流燃烧器一般布置在炉膛的四角，其出口气流为直流射流或直流射流组，其几何轴线同切于炉膛中心的假想圆，形成四角布置切圆燃烧方式，各个角上燃烧器喷出的煤粉气流进入炉膛后迅速被点燃而着火，其特点是着火条件好，煤种的适应范围广。

3. 超临界锅炉的布置形式

锅炉的布置形式是指锅炉炉膛（及其中的辐射受热面）与对流烟道（及其中的各种对流受热面）之间的相互关系及相对位置，锅炉的布置形式与锅炉容量、锅炉参数、燃料性质等有关，我国超临界锅炉主要采用 Π 形布置及塔式布置，也有少数采用 T 形布置及 W 形布置。

（1）Π 形炉。

1）优点：简单、紧凑；引风机、送风机及除尘器可布置在地面；锅炉构架较低，可采用钢筋混凝土结构；水平烟道可以用比较简单的方式悬吊受热面；尾部烟道中烟气下行，便于清灰，有自吹扫作用；各受热面易于布置成逆流方式，以加强对流换热；检修方便。

2）缺点：烟气从燃烧室进入对流烟道要转弯，使烟气的速度场、温度场及飞灰浓度分布不均匀，加剧受热面的磨损；占地面积大。

（2）塔式炉。塔式炉下部为炉膛，上部为烟道，对流受热面布置在对流烟道内，锅炉本体形成一个塔形，由于它取消了转向室，使烟气在进入对流受热面时不改变流动方向，又消除了燃烧室高度和尾部烟道高度不相称的矛盾，所以它是燃烧褐煤或多灰分烟煤和多灰分贫煤的最佳炉型，此外锅炉烟道有自通风作用，烟气阻力有所降低。其缺点是空气预热器、引风机、除尘器等设备位于锅炉顶部，这将使锅炉钢架承受荷载加重，结构复杂，金属耗量大，造价高，设备安装和检修难度加大。因此，现代大型锅炉均采用改良型塔式布置（也称半塔式布置），这种布置形式只是将原塔式布置作少许变动，即把空气预热器、引风机及除尘器等分层低位布置在燃烧室后部，用垂直烟道连通上部的省煤器和下部的空气预热器，而引风机和除尘器则布置在炉后地面上。

（3）T形炉。T形炉金属耗量大，管道连接复杂，占地大。只有燃用劣质煤，需布置较多对流受热面时，才采用该炉型。

（4）W形炉。W形炉由美国福斯特惠勒公司首创，该种锅炉可以燃用不易燃烧的煤种，但在燃烧过程中火焰中心温度较高，形成较多氮氧化物，环保排放压力较大。

第三节　超临界机组供热

随着我国电力工业的迅速发展，超临界机组已成为我国电力生产的主力机组。但是，由于许多小容量供热机组的停产及供热需求的不断增加，供热市场供不应求，使超临界机组的供热成为必然。超临界机组自身具有经济高效及污染物排放量低等明显优势，实施供热后其优势更加明显。2016年国家发展改革委为了提高能源利用效率，促进热电产业健康发展，解决我国北方地区冬季供暖期空气污染严重、热电联产发展滞后、区域性用电用热矛盾突出等问题，下发了《热电联产管理办法》，指明了超临界机组的供热方向，各发电企业都积极开展超临界机组供热工作。

一、热电联产与热电联产机组

热电联产是指发电厂既生产电能，又利用汽轮发电机做过功的蒸汽对用户供热的生产方式，即同时生产电能和热能的工艺过程，与分别生产电能和热能的方式相比较，可节约燃料，以热电联产方式运行的火电机组称为热电联产机组。对外供热的蒸汽是抽汽式汽轮机的调整抽汽或背压式汽轮机的背压排汽，压力通常分为0.78～1.28MPa和0.12～0.25MPa两个等级。前者供工业生产，后者供民用采暖。因为热电联产的蒸汽没有冷源损失，所以能将热效率提高到85%，比大型凝汽式机组的效率高得多。

热电联产是目前能源利用效率最高的方式，每10MW热电联产装机容量与热电分产相比较，每年可节约标准煤1万t。热电联产是我国供热的基础，承担着社会责任和义务，对节约能源和改善环境作用巨大，既可独立运行，也可并网运行。

发达国家发展热电联产已达到较高水平，热电联产在保持高效发电的基础上，取代工业锅炉，既满足各种热负荷，保证热力供应的高效性，还能作为吸收式制冷机的工作蒸汽，生产6～8℃冷水用于空调或工艺冷却以及海水淡化，大大扩展了热电联产的热利用范围。

热电联产机组按其汽源可分为背压式热电联产机组和抽汽式热电联产机组，背压式热电联产机组的全部蒸汽都是热电联产；抽汽式热电联产机组只有抽汽供热部分才是热电联产（凝汽发电部分则不是热电联产），可见抽汽式热电联产机组实质上是背压式热电联产机组和凝汽式发电机组的结合体。由于背压式热电联产机组和抽汽式热电联产机组的供汽方式不同，其运行方式也不相同。

1. 背压式热电联产机组的运行方式

（1）生产的热量与电量之间相互制约，不能独立调节。一般是按热负荷要求来调节电负荷。

（2）热负荷变化时，电负荷随之变化，难以同时满足热负荷和电负荷要求。

2. 抽汽式热电联产机组的运行方式

（1）热、电生产有一定的自由度，因为在规定范围内热、电负荷可以各自独立调节，所以它对热、电负荷变化适应性较好。

（2）因为双抽汽式供热机组对工业用热、采暖及电负荷之间的独立调节范围更大，所以它对热、电负荷变化的适应性更强。

二、超临界机组供热现状

我国火电机组有70%以上为纯凝汽机组，纯凝汽机组的蒸汽经汽轮机做功后冷凝成凝结水，再经回热后进入锅炉，锅炉产生的蒸汽再进入汽轮机中做功，在循环过程中需要放出大量的冷凝热，这些冷凝热大多数排入大气，在排放过程中不仅造成大量热量和水的浪费，还造成了环境污染。另外，随着我国工业化和城镇化建设的迅速发展，工业用汽和居民集中供热的需求量很大，使用小型供热锅炉不仅效率低，而且污染严重。为降低火电机组冷源损失，满足日益增长的工业用汽和居民集中供热的需求，实现节能减排，我国正积极采用新建热电联产机组或改造已建成的纯凝汽发电机组进行热电联产，提高机组的经济性。例如，我国首台超临界350MW冬季居民集中供热机组于2009年12月20日在华能长春热电厂投入运营；我国首台350MW超临界双转子高背压热电机组于2016年7月在中国华电集团哈尔滨发电有限公司投产发电；我国首台单机容量为600MW超临界抽凝供热发电机组于2011年1月在石狮鸿山热电厂投产发电；我国首台单机容量为1000MW超超临界抽凝供热发电机组于2009年12月2日在天津北疆电厂投产发电，在发电的同时，形成600t/h的工业蒸汽供给海水淡化装置。由于超临界机组供热技术具有经济性好及污染物排放量低的优势，超临界机组进行热电联产潜力巨大，下面对超临界机组进行热电联产的主要方式作一介绍。

1. 用热泵技术回收电厂冷凝热

火力发电厂冷凝热通过晾水塔或空冷岛排入大气，形成巨大的冷端损失，是火力发电厂能源使用效率低下的主要原因，不仅造成能量和水的浪费，同时也严重地污染了大气。随着热泵技术的发展，特别是溴化锂吸收式热泵的问世，使得发电机组冷凝热回收成为可能。

（1）热泵。热泵技术是近年来在全世界备受关注的新能源技术，人们所熟悉的泵是一种可以提高位能的机械设备，比如水泵主要是将水从低位抽到高位。而热泵是一种能从自然界的空气、水或土壤中获取低品位热能，利用电力或者其他形式的高品位能量做功，提供可被人们所用的高品位热能的装置。热泵可分为增热型（第一类热泵）和升温型（第二类热泵）两种。增热型热泵是利用少量的高温热源（如蒸汽、高温热水、可燃性气体燃烧热等）为驱动热源，产生大量的中温有用热能，即利用高温热能驱动，把低温热源的热能提高到中温，从而提高了热能的利用效率，增热型热泵的性能系数大于1（一般为1.5～2.5）；发电厂常用增热型热泵，回收循环冷却水中的热量。升温型热泵是利用大量的中温热源产生少量的高温有用热能，即利用中低温热能驱动，用大量中温热源和低温热源的热势差，制取热量少于但温度高于中温热源的热量，将部分中低温位热能转移到更高温位，从而提高了热源的利用品位，升温型热泵性能系数总是小于1（一般为0.4～0.5）；集中供热站常用升温型热泵，提高供热效率。

目前，吸收式热泵使用的工质为 $LiBr\text{-}H_2O$ 或 $NH_3\text{-}H_2O$，其输出的最高温度不超过150℃，升温能力 ΔT 一般为30～50℃。$LiBr\text{-}H_2O$ 的制冷温度只能用在0℃以上，$NH_3\text{-}H_2O$ 的制冷温度为+1～−45℃。

（2）溴化锂水溶液的性质。溴化锂（LiBr）的性质与NaCl（食盐）相似，属盐类，有咸味，呈无色粒状晶体；熔点为442～547℃，沸点为1265℃，在常温或一般高温下可以认为是不挥发的；溴化锂水溶液是由固体的溴化锂（作为溶质）溶解在水溶剂中而成；20℃时溴化锂溶解度为111.2g，溶解度的大小与溶质和溶剂的特性有关，还与温度有关，一般随温度升高而增大，随温度降低而减小；供热泵应用的溴化锂，一般以水溶液的形式供应，浓度介于30%～65%之间；溴化锂水溶液为无色透明液体，有咸味，无毒，pH值大于8；因为溴化锂溶液对普通金属有腐蚀作用，尤其在有氧气存在的情况下腐蚀更为严重，但在真空环境下对金属没有腐蚀性，所以热泵必须在真空下工作；溴化锂溶液中水蒸气分压力很低，它比同温度下纯水的饱和蒸汽压力低得多，因而溴化锂水溶液具有强烈的吸湿性，能够吸收温度比它低得多的水蒸气。

（3）增热型热泵的工作原理。增热型热泵是一种以高温热源（蒸汽、高温热水、燃油、燃气）为驱动热源，溴化锂溶液为吸收剂，水为蒸发剂，利用水在低压真空状态下低沸点沸腾的特性，提取低温热源（如废热水）的热能，通过回收转换制取高品位热水。增热型热泵由蒸发器、吸收器、发生器、冷凝器及辅助设备组成，见图1-21。

1）余热的提取。余热的提取在蒸发器内进行，此过程类似于酒精泼在皮肤上的蒸发现象。主要原理是水在不同的压力下对应的蒸发温度不同。在蒸发器内为真空状态，利用水在负压状态下低沸点沸腾的原理，从壳程顶部喷淋下来的液态水接触传热管的表面时，吸收管程内流动的废热源（余热热水）热量，在低温下沸腾，产生的蒸汽进入吸收器，完成热量的提取回收，见图1-22（a）。

2）余热的转移。余热的提取是在吸收器内进行，此过程类似于浓硫酸与水结合放出大量热量的现象。主要原理是溴化锂浓溶液具有极强吸水放热性。在吸收器内，利用溴化锂浓溶液的强吸水性，顶部的溴化锂浓溶液吸收来自蒸发器的水蒸气，进而提高溶液的温度，溶液在与传热管接触时，加热传热管内流动的载热介质（供热热水），实现了所吸收的废热的热量转移，同时溴化锂溶液由浓变稀，不再具有吸水性，见图1-22（b）。

3）吸收工质的浓缩。吸收工质的浓缩在发生器内进行，此过程类似于熬粥。主要原理是一定压力条件下，不同物质（水与溴化锂）的蒸发温度不同。在发生器内，利用驱动蒸汽

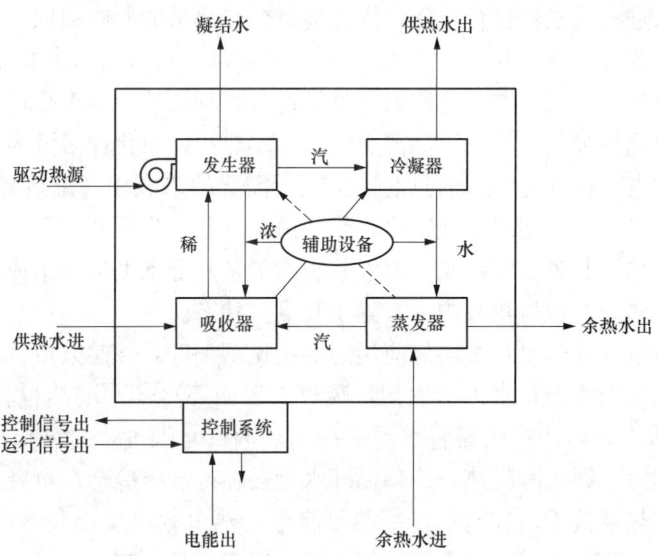

图 1-21 增热型热泵示意

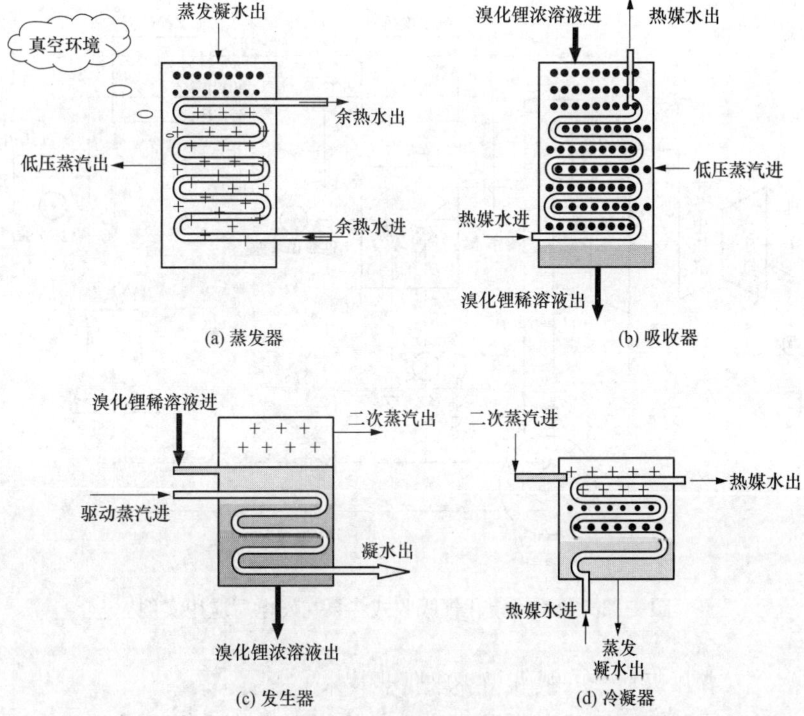

图 1-22 增热型热泵原理

产生的热量，对来自吸收器的溴化锂稀溶液进行浓缩，产生的浓溶液又具有强吸水性，继续进入吸收器吸收水蒸气，同时产生的水蒸气进入冷凝器，见图 1-22（c）。

4）热媒介质的二次加热。热媒介质的二次加热在冷凝器内进行，此过程是汽水换热器的热交换。主要原理是热传递原理。在冷凝器内，利用来自发生器的高温水蒸气的凝结潜热，对来自吸收器的载热介质（供热热水）进行再次加热，最终对外输出所需要的热水。蒸汽凝结后产生的水进入蒸发器进行蒸发，继续进行余热热量的回收提取，见图 1-22（d）。

（4）溴化锂吸收式热泵在电厂的应用。凝汽式发电厂循环冷却水的储热量（废热）很大，并且发电厂具有丰富的汽源，这些条件特别适合于利用蒸汽型溴化锂吸收式热泵进行集中供热。蒸汽型溴化锂吸收式热泵以高温蒸汽为驱动热源，溴化锂溶液为吸收剂，水为制冷剂，回收凝汽式发电厂循环冷却水的热能，制取所需要的采暖用高温热媒（热水），实现从低温向高温输送热能。蒸汽型溴化锂吸收式热泵由蒸发器、吸收器、发生器、冷凝器和热交换器等主要部件及抽气装置、屏蔽泵（溶液泵和冷剂泵）等辅助部件组成。抽气装置抽除了热泵内的不凝性气体，并保持热泵内一直处于高真空状态。

蒸汽型溴化锂吸收式热泵在发电厂应用的实例见图 1-23，该热泵以汽轮机抽汽为驱动热源，溴化锂浓溶液为吸收剂，水为蒸发剂，吸收电厂循环冷却水的热量将集中供热 60℃的回水加热到 90℃以上，再用换热器将水温提高到热网供水温度，对城市集中供热。热泵对电厂冷却循环水制冷，回收冷凝热，冷却循环水无需在冷却塔冷却，可减少能耗、水耗及其他运行费用。利用热泵技术回收电厂冷凝热可将电厂热电效率提高到 80％以上，既是一项节能工程，也是一项环保工程，是电厂节能减排、提高效益的有效途径，在热电厂中具有极大的应用推广价值。

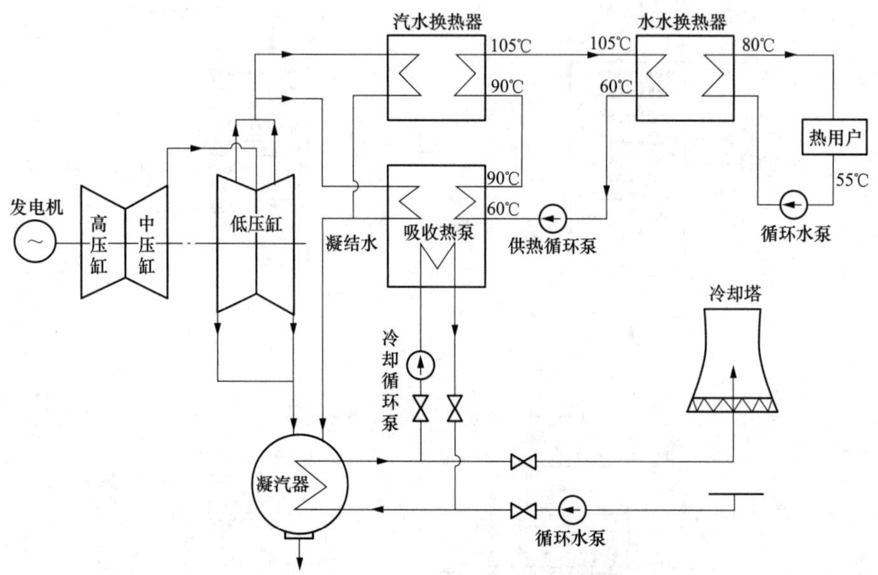

图 1-23 蒸汽型溴化锂吸收式热泵在发电厂应用实例

2. 低压缸“双背压双转子互换”循环水供热技术

低压缸“双背压双转子互换”循环水供热是机组在供热运行工况时，使用动静叶片级数相对较少的高背压低压转子，凝汽器运行压力较高（背压为 40～45kPa），对应排汽温度提高至 80℃左右，利用循环水供热；机组在非供热运行工况时，将原纯凝转子和末级、次末级隔板恢复，排汽背压恢复至原设计背压（4.9kPa），完全恢复至纯凝机组运行工况。高背压循环水供热时全部停用汽轮机冷却设备（循环水泵、冷却塔），汽轮机排汽完全由城市热网循环水进行冷却，汽轮机排汽冷源损失全部被利用，汽轮机热效率则由 41％上升至 97％。

（1）低压缸“双背压双转子互换”循环水供热的应用。由于低压缸“双背压双转子互换”循环水供热技术经济适用，所以该技术已在新建的350MW超临界机组中得到应用，许多具备集中供热条件的纯凝机组也在改造中，改造内容包括汽轮机低压缸的通流部分（包括低压转子、动叶、静叶、汽封、支撑轴承等）、凝汽器、热网、循环水、辅机冷却水、凝结水精处理、配电设备及热工自动化等。改造后，每年供热前后机组需分别更换两次低压转子。

在采暖供热前，停机解体汽轮机低压缸，安装高背压转子及隔板，原末级及次末级隔板安装位置加装导流环；将原凝汽器循环水切换为城市热网循环水，在采暖期高背压运行，将排汽余热用于集中供热，以提高机组供热能力。为尽可能满足一级热网与二级热网的换热要求，循环水供热采用串联式两级加热系统，热网循环水首先经过凝汽器进行第一次加热，吸收低压缸排汽余热，然后再经过供热首站蒸汽加热器完成第二次加热，生成高温热水，送至热水管网通过二级换热站与二级热网循环水进行换热，高温热水冷却后再回到机组凝汽器，构成一个完整的循环水路，机组纯凝工况下所需要的冷水塔及循环水泵退出运行，将凝汽器的循环水系统切换至热网循环泵建立起来的热水管网循环水回路，形成新的换热交换系统。凝汽器背压从4.9 kPa升至40～45kPa，低压缸排汽温度由30～40℃升至75～78℃（背压对应的饱和温度）。经过凝汽器的第一次加热，热网循环水回水温度由60℃提升至70～75℃，然后经热网循环泵升压后送入首站热网加热器，将热网供水温度进一步加热后供向一次热网，见图1-24。

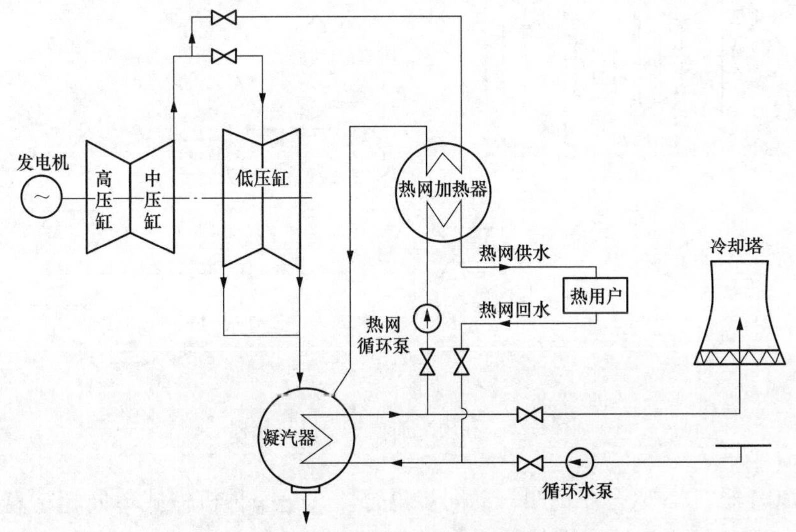

图1-24 双背压双转子互换集中供热流程

机组在结束采暖供热后，停机解体低压缸，将纯凝低压转子装回，恢复原循环水泵及冷却塔运行，汽轮机运行方式完全恢复至纯凝工况。

（2）低压缸“双背压双转子互换”循环水供热效果。经过对实施汽轮机低压缸“双转子双背压互换”循环水供热改造的机组试验进行分析，高背压循环水供热工况时，汽轮机冷源设备退出运行，机组冷源损失为0，汽轮机热效率达95%～98%；不同试验工况下的热耗率在3670～3780kJ/kWh，平均热耗率在3710kJ/kWh，对应的发电煤耗率为140g/kWh，不论是安全性还是经济性均能达到预期的效果，具有显著的经济效益和社会效益。

3. 凝抽背（NCB）技术

凝抽背（NCB）技术是将汽轮机的低压转子轴端通过3S离合器与发电机转子或汽轮机中压转子连接，低压缸可在线并列或解列，使汽轮发电机组可在纯凝、凝抽和背压3种工况下运行，以满足热用户的需要。

（1）机组布置方案。常规汽轮发电机组的发电机布置在低压缸外侧，采用凝抽背（NCB）技术时发电机有两种布置方案。第一种方案是发电机布置在汽轮机机头，见图1-25。这种布置方式的优点是便于检修时拆卸发电机转子，缺点是由于发电机位于机头，汽轮机机头的管道（如主蒸汽管、套装油管、轴封供汽管、轴封漏汽管、抽汽管道等）必须布置在发电机基座下方，而发电机下方需布置主封闭母线、发电机定子冷却水管、发电机氢冷器冷却水管和发电机本体润滑油管等，已占用基座下方大部分空间，使机头管道布置非常紧张。第二种方案是发电机布置在中压缸和低压缸之间，这种布置方式可以避开机头管道与发电机下方封闭母线交叉布置，汽轮机机头侧的管道布置与常规机组相同，主厂房布置的难度降低；缺点是发电机检修拆卸转子困难。

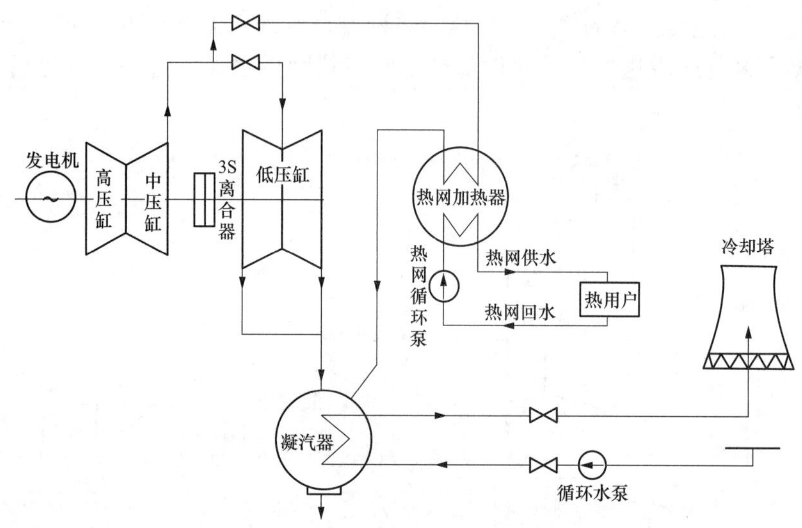

图1-25　利用凝抽背集中供热流程

（2）3S离合器。3S离合器也叫自动同步离合器，是一种机械式单向超越离合器，它的接合/脱开只依赖于输入、输出端的转速变化自动进行切换。

1）自动同步离合器的工作原理。自动同步离合器是一种通过棘轮棘爪定位、齿轮传递功率的离合器，它由输入法兰、输出法兰和滑移组件三大部分组成。输入法兰与汽轮机低压转子相联，输出法兰与中压转子（或发电机转子）相联，滑移组件是离合器内部的滑动部分，它能够轴向双向滑移，从而实现了离合器的接合/脱开，通过离合器的接合/脱开来实现汽轮机低压缸的投运及脱离。

2）离合器的工作过程。当高、中压转子工作而低压转子不工作时，自动同步离合器处在脱开位置。当高、中压转子工作而低压转子从不工作转入工作时，打开低压缸的进汽阀门，低压转子的转速升高，当低压转子的转速升到与高压汽轮机的转速同步并预超越时，离合器接合。实现高、中、低压转子共同带动发电机进行发电。在中、低压转子接合的过程中，虽然整个轴系的转速很高，但是他们之间的相对转速差却很小，接合中功率传递很平稳，不会产生较大的冲击。当需要低压缸退出工作时，关闭低压缸的进汽阀门，使得低压转子的转速降低，当低压转子的转速小于高、中压转子的转速时，离合器脱开。低压转子与中压转子（或发电机转子）断开并惰走，实现只有高、中压转子带动发电机运行。脱开的过程是在中、低压转子出现了转速差时发生的，它们之间的相对转速差很小，也不会发生较大的冲击。

（3）带3S离合器的汽轮机各个工况切换过程。

1）纯凝工况下的机组启动。纯凝工况下，机组的启动总体来说是同轴启动，如果分轴启动则会增加启动的复杂性。启动时，为了使低压转子的转速处于可控状态，必须有另一路蒸汽（辅助蒸汽或旁路蒸汽、0.3～0.5MPa、350℃左右）通入低压缸帮助低压转子升速，保证低压转子与高压转子同步，从而保证离合器一直处于啮合状态。当整个轴系的负荷达到10%左右时，通入低压缸去帮助低压转子升速蒸汽就停止供给。

2）背压工况切换至抽凝工况。由于低压缸处于备用状态，温度较低，需采用辅助蒸汽对低压缸进行冲转、暖机，当低压转子暖机结束后，开启低压启动阀门，采用中压排汽使低压缸升速至3000r/min，3S联轴器啮合并锁定；逐步开启中低压连通管阀门，关闭低压启动阀门，投入低压旁路阀联锁，投入由低压缸抽汽加热的低压加热器，汽轮机切换为抽凝工况运转。

3）抽凝工况切换至背压工况。逐步打开抽汽蝶阀并关闭中低压连通管阀门，闭锁低压旁路阀，3S联轴器解列；解列由低压缸抽汽加热的低压加热器，汽轮机切换为背压工况运转。

4）热网发生事故停运时低压缸的运行方式。冬季背压运行，如果热网发生事故甩热负荷时，应直接停机。甩热负荷时，抽汽止回门迅速关闭，汽轮机主汽门、调节汽门、再热主汽门和再热调节汽门也迅速关闭，此时中压缸排汽压力若升高，则安全门打开，泄压。

如果不直接停机，必须设置中压排汽旁路，此时即使立即启动低压缸也来不及消化中压缸的排汽量，低压缸的启动和升负荷是一个缓慢过程，需要15～30min，在启动低压缸时需要对空排出一部分蒸汽。

5）机组背压运行的启动方式。机组背压运行的启动方式相对较简单，只要机组具备启动条件，热网压力又正常时，就可以冲转和启动，此时连通管上的蝶阀不开启，低压缸不启动，但是冷凝器仍需要事先启动起来，用小循环水泵维持真空，接收机组启动时的疏水，低压缸的轴封供汽也要事先投入，维持低压缸的真空。

（4）凝抽背（NCB）机组的经济性。超临界机组采用3S离合器方案后，与同容量（350MW超临界机组）以凝抽方式热电联产机组相比，平均供热煤耗减少1.63kg/GJ，发电煤耗减少约14g/kWh，机组的热效率提高约10%，经济性好。

4. 供热方式比较

每种供热方式都有各自的优点，必须在适合的条件下应用，现对各种供热方式分别进行说明，见表1-3。

表 1-3　　各种供热方式比较

供热类型	凝抽机组	背压机组	双转子	凝抽背	热泵
技术条件	成熟	成熟	成熟	设计试验	成熟
取热部位	汽缸抽汽	汽缸排汽	汽缸排汽及抽汽	汽缸排汽	循环水及汽缸排汽
投资情况	低	低	高	高	高
热负荷要求	无	负荷大，参数高	负荷大，参数低	负荷大，参数低	参数低
运行经济性	较高	高	高	高	高
供热调节性	好	差	差	好	好
机组容量	不限	用户要求	用户要求	不限	不限
其他			供热前后更换转子		

由于供热机组的容量受当地热负荷的限制，同时考虑供热的安全性和经济性等因素，目前城市集中供热优先选择 350MW 超临界机组。

第二章

350MW 热电联产机组锅炉

随着超临界技术的不断发展，超临界机组的参数越来越高，机组的类型也越来越多，超临界机组热电联产越来越普及。为了便于介绍，下面以某 350MW 热电联产机组锅炉为例，对超临界热电联产机组的锅炉作一详细说明。该锅炉是北京巴布科克·威尔科克斯有限公司按美国 B&W 公司 SWUP 锅炉技术标准设计的，一次中间再热、平衡通风、固态排渣、全钢构架、半露天布置Ⅱ形超临界锅炉，锅炉配有无循环泵的内置式启动系统。锅炉本体包括炉膛、水平烟道、竖井烟道、两套脱硝装置及两台空气预热器；炉膛周围为水冷壁（水冷壁下部为螺旋式，上部为一次垂直上升式），炉膛上部为屏式过热器；水平烟道周围为水冷壁和包墙过热器，内部布置有高温过热器和高温再热器；竖井周围为包墙过热器，由隔墙将竖井分成竖井前烟道和竖井后烟道，竖井前烟道内布置有低温再热器，竖井后烟道内布置有低温过热器和省煤器；脱硝装置采用选择性催化还原技术；空气预热器为转子旋转式。锅炉启动系统由两个汽水分离器、一个贮水箱及放水阀等组成，汽水分离器布置在锅炉前侧大包内，贮水箱位于炉膛前方。锅炉采用正压直吹式制粉系统，配置了 3 台双进双出钢球磨煤机、6 台耐压式称重给煤机和两台离心式一次风机；锅炉采用墙式燃烧，24 个低 NO_x 双调风旋流燃烧器分 3 层布置在炉膛前墙和后墙，8 个燃尽风喷口（OFA）布置在炉膛前墙和后墙低 NO_x 双调风旋流燃烧器的上方，24 个乏气喷口对称布置在炉膛左侧墙和右侧墙；锅炉采用固态排渣，炉膛底部装有 1 台网带式干渣机；锅炉采用平衡通风，炉膛负压维持在 −100～−200Pa，装有两台轴流式引风机和两台轴流式送风机。锅炉尾部烟道装有两台干式电除尘器、一套脱硫装置及一台湿式电除尘器。干式电除尘器为双室五电场低低温干式静电除尘器，一～四电场为普通静电除尘器，五电场为移动电极；脱硫装置为单塔双循环，采用石灰石-石膏湿法烟气脱硫；湿式电除尘器位于脱硫装置与烟囱之间，采用卧式布置；从空气预热器出来的烟气经干式电除尘器、脱硫装置及湿式电除尘器，达到超低排放标准，经烟囱排大气。

锅炉与 350MW 凝抽式供热汽轮机相匹配，采用滑压运行方式。在纯凝汽工况下，锅炉额定出力工况（BRL）对应汽轮机额定负荷工况（TRL），对应的发电机功率为 350MW；锅炉最大连续出力工况（BMCR）对应汽轮机调节阀全开工况（VWO）。为了便于分析发电机组的性能，现将相关内容说明如下。

1. 锅炉各种设计工况

（1）锅炉最大连续出力工况（BMCR）。锅炉最大连续出力工况（Boiler Maximum Continue Rate，BMCR）是指锅炉在额定蒸汽参数、额定给水温度，并使用设计燃料、安全连续运行时能达到的最大蒸发量。在设计热力计算中输入该值，确定锅炉各受热面、管子规格、材料、热力参数等。

（2）锅炉额定节能出力工况（ECR）。锅炉额定节能出力工况（Economize Continue Rate，ECR）是指锅炉在额定蒸汽（包括再热器入口蒸汽）参数、额定给水温度、使用设计燃料并保证效率时所规定的蒸发量。通常为锅炉考核工况。

（3）锅炉额定出力工况（BRL）。锅炉额定出力工况（Boiler Rated Load，BRL）是指汽轮机在夏季高背压、补水率为3%，锅炉为保证机组带额定电功率下的工况。BRL工况应处于锅炉热效率最高的负荷区内，通常也是锅炉热效率保证工况。

（4）最低稳定燃烧负荷工况（BMLR）。最低稳定燃烧负荷工况（Boiler Minimum stable Load without auxiliary fuel support，BMLR）是指锅炉不投辅助燃料助燃的最低稳定燃烧负荷，它一般表示锅炉燃烧稳定性（常用其与锅炉最大连续出力之比表示），也称为最低稳燃负荷率。

（5）高压加热器全部切除工况（THO）。高压加热器全部切除工况（Turbine High pressure heater Out，THO）是指在高压加热器全部停运时，锅炉的蒸汽参数保持在额定值，各受热面不超温，蒸发量能满足汽轮机达到额定出力。

2. 汽轮机各种设计工况

（1）汽轮机额定负荷工况（TRL）。汽轮机额定负荷工况（Turbine Rated Load，TRL）是指在额定的主蒸汽及再热蒸汽参数、背压为11.8kPa（绝对压力）、补给水率为3%及回热系统正常投入条件下，扣除非同轴励磁、润滑及密封油泵等的功耗，保证在寿命期内的任何时间，都能安全、连续的在额定功率因数、额定氢压（氢冷发电机）下的发电机输出功率。汽轮机额定负荷工况与锅炉额定出力工况（BRL）相对应，也称为铭牌工况，该工况下的进汽量称为铭牌进汽量。

（2）汽轮机热耗率验收工况（THA）。汽轮机热耗率验收工况（Turbine Heat Acceptance，THA）是指在额定主蒸汽及再热蒸汽参数下，主蒸汽流量与额定功率的进汽量不相同，考虑年平均水温等因素规定的额定背压、补给水率为0及回热系统正常投入，扣除非同轴励磁、润滑及密封油泵等的功耗，在额定功率因数、额定氢压（氢冷发电机）下发电机端输出的功率，其值与额定功率相同，并且制造厂能保证在寿命期内安全连续地运行。该热耗率一般作为汽轮机验收保证值。汽轮机热耗率验收功率与锅炉经济负荷（ECR）相对应。

（3）汽轮机最大连续功率（TMCR）。汽轮机最大连续功率（Turbine Maximum Continuous Rating，TMCR）是指在额定的主蒸汽及再热蒸汽参数下，主蒸汽流量与额定功率的进汽量相同，考虑年平均水温等因素规定的额定背压、补给水率为0及回热系统正常投入，扣除非同轴励磁、润滑及密封油泵等的功耗，在额定功率因数、额定氢压（氢冷发电机）下发电机端输出的功率。该功率为制造厂的保证功率，并能在保证的寿命期内安全、连续地运行。

（4）汽轮机调节汽阀全开工况（VWO）。汽轮机调节汽阀全开工况（Valve Wide Open，VWO）是指汽轮机在调节汽阀全开，额定蒸汽参数、额定背压、回热系统正常投运，机组连续运行的工况。一般在VWO下的进汽量至少应为额定进汽量的1.05倍，此流量应为保证值。汽轮机调节汽阀全开工况与锅炉最大连续出力工况（BMCR）相对应。

3. 锅炉、汽轮机典型工况的关系

（1）锅炉ECR对应于汽轮机THA，锅炉BRL对应于汽轮机的TRL，锅炉BMCR对应于汽轮机 VWO 工况。

(2) 锅炉考核工况一般指锅炉额定节能出力工况（ECR）或锅炉对应于汽轮机热耗验收工况（THA），它是考核锅炉设计、制造、调试、安装、辅机设备等水平的重要工况，锅炉效率在该工况下最高。锅炉额定节能出力工况（ECR）对应于汽轮机热耗率验收工况（THA）。有些锅炉制造厂将热力计算书中锅炉额定节能出力工况直接采用 THA 表示。

(3) 在机组实际运行中，当汽轮机真空下降或其他原因时，为满足机组发额定电负荷，锅炉有可能会短时间在最大连续出力工况运行；汽轮机为避免调节级超压，一般不会在汽轮调节阀全开工况（VWO）下运行。

4. 设计煤种与校核煤种

设计煤种是锅炉厂在设计时所采用的煤种，锅炉厂依据此数据进行锅炉的初步设计和热力计算；确定锅炉的主要运行参数、性能数据、受热面结构形式和布置；这个煤种是电厂运行时最常用的煤种；在燃用设计煤种时，必须保证锅炉的性能满足设计要求。校核煤种是锅炉热力计算校核时用的煤种，保证锅炉能够安全运行和最基本性能的最低煤质要求；燃用校核煤种时，不能保证锅炉的设计性能要求，锅炉厂通常用校核煤种来验证锅炉的整体设计是否存在偏差、在煤质偏离的情况下锅炉能否安全运行。

锅炉在最大连续出力工况时，蒸发量为 1098t/h，过热蒸汽出口压力为 25.4MPa，锅炉主要参数见表 2-1～表 2-5。

表 2-1 锅炉规范

项　目	单　位	BMCR	BRL
锅炉型号	B&W B-1098/25.4-M		
燃烧方式	对冲燃烧		
过热蒸汽流量	t/h	1098	1066
过热蒸汽压力	MPa	25.4	25.33
过热蒸汽温度	℃	571	571
给水温度	℃	287	285
再热蒸汽流量	t/h	897	868
再热蒸汽入口压力	MPa	4.213	4.062
再热蒸汽出口压力	MPa	4.033	3.888
再热蒸汽入口温度	℃	313	309
再热蒸汽出口温度	℃	569	569
NO_x 排放保证值①	mg/m^3	400	400

① 标准状态（温度为 273K、压力为 101325Pa）下的干烟气，O_2=6%。

表 2-2 锅炉设计煤种和校核煤种

序号	名称	符号	单位	设计煤种	校核煤种
1	收到基碳	C_{ar}	%	52.16	47.98
2	收到基氢	H_{ar}	%	2.34	2.25
3	收到基氧	O_{ar}	%	3.14	2.23

续表

序号	名称	符号	单位	设计煤种	校核煤种
4	收到基氮	N_{ar}	%	0.80	0.66
5	收到基硫	S_{ar}	%	1.38	1.55
6	收到基灰分	A_{ar}	%	33.78	39.63
7	收到基水分	M_t	%	6.40	5.70
8	空气干燥基水分	M_{ad}	%	0.74	1.14
9	干燥无灰基挥发分	V_{daf}	%	13.84	15.49
10	收到基低位发热量	$Q_{net,ar,p}$	MJ/kg	18.96	17.64
11	哈氏可磨性系数	HGI		65	63
12	二氧化硅	SiO_2	%	56.13	55.22
13	三氧化二铝	Al_2O_3	%	31.43	30.75
14	三氧化二铁	Fe_2O_3	%	5.012	5.649
15	氧化钙	CaO	%	2.013	2.452
16	氧化钛	TiO_2	%	1.102	0.916
17	氧化钾	K_2O	%	1.106	0.938
18	氧化钠	Na_2O	%	0.667	0.539
19	氧化镁	MgO	%	0.524	0.501
20	三氧化硫	SO_3	%	0.685	0.975
21	其他		%	1.33	2.06
22	灰变形温度	DT	℃	＞1500	＞1500
23	灰软化温度	ST	℃	＞1500	＞1500
24	灰半球温度	HT	℃	＞1500	＞1500
25	灰流动温度	FT	℃	＞1500	＞1500

表 2-3　　设计煤种 BMCR 工况热力计算结果

项目		单位	参数	项目		单位	参数
锅炉规范	过热蒸汽流量	t/h	1098	热损失	干烟气热损失	%	4.37
	过热蒸汽压力	MPa	25.40		燃料中 H_2 及 H_2O 热损失	%	0.28
	过热蒸汽温度	℃	571		空气中水分热损失	%	0.08
	再热蒸汽流量	t/h	897		不完全燃烧热损失	%	2.16
	再热蒸汽压力（入口/出口）	MPa	4.213/4.033		散热损失	%	0.17
	再热蒸汽温度（入口/出口）	℃	313/569		未计损失	%	0.20
	排污率	%	—	环境	环境温度	℃	20
	给水温度	℃	287		大气压力	MPa	0.1009
热平衡	锅炉计算效率	%	92.74		大气相对湿度	%	65
	排烟温度（未修正）	℃	126	汽水系统	过热器一级喷水量	t/h	32.9
	燃料消耗量	t/h	165		过热器二级喷水量	t/h	32.9

续表

项目		单位	参数
汽水系统	过热器三级喷水量	t/h	—
	再热器喷水量	t/h	—
	过热器/再热器喷水温度	℃	287/190
烟风系统	空气预热器进/出口过量空气系数		1.18/1.25
	进/出空气预热器烟气量	t/h	1369/1438
	空气预热器进/出口烟气温度（考虑漏风）	℃	375/122
	空气预热器进/出口一次风温	℃	28/329
	空气预热器进/出口二次风温	℃	23/348
	空气预热器进/出口一次风量	t/h	230/179

项目		单位	参数
烟风系统	空气预热器进/出口二次风量	t/h	979/962
	入磨煤机调温风量	t/h	67.5
	一/二次风再循环风量	t/h	0/0
	空气预热器出口烟气含尘量（标准状态）	g/m^3	46
	烟气密度（标准状态）	kg/m^3	1.339
灰渣	飞灰/沉降灰/大渣份额		0.85/0.05/0.1
	飞灰/沉降灰/大渣流量	t/h	49.4/2.9/5.8
燃烧系统	投运磨煤机台数/燃烧器只数	台/只	3/24
	要求煤粉细度 R_{90}	%	7.0

名称	单位	屏式过热器	后屏过热器	末级过热器	高温再热器	低温再热器过渡管组	低温再热器	低温过热器出口管组	低温过热器	省煤器（前烟道）	省煤器（后烟道）
烟气入口温度	℃	1299	1150	1069	1006	885	850	833	765	—	537
烟气出口温度	℃	1150	1086	1029	914	867	376	804	540	—	379
介质入口温度	℃	487	509	544	459	437	313	491	443	—	287
介质出口温度	℃	526	544	571	569	459	437	499	491	—	319
烟气平均速度	m/s	—	9.5	11.4	13.6	11.5	10.0	8.5	9.8	—	8.4
烟气流量	t/h	1357	1357	1357	1357	1357	486	883	883	—	883

表 2-4　　设计煤种 BRL 工况热力计算结果

项目		单位	参数
锅炉规范	过热蒸汽流量	t/h	1066
	过热蒸汽压力	MPa	25.33
	过热蒸汽温度	℃	571
	再热蒸汽流量	t/h	868
	再热蒸汽压力（入口/出口）	MPa	4.062/3.888
	再热蒸汽温度（入口/出口）	℃	309/569
	排污率	%	—
	给水温度	℃	285
热平衡	锅炉计算效率	%	92.80
	排烟温度（未修正）	℃	125
	燃料消耗量	t/h	161
热损失	干烟气热损失	%	4.33
	燃料中 H_2 及 H_2O 热损失	%	0.27
	空气中水分热损失	%	0.07
	不完全燃烧热损失	%	2.16
	散热损失	%	0.17
	未计损失	%	0.20

项目		单位	参数
环境	环境温度	℃	20
	大气压力	MPa	0.1009
	大气相对湿度	%	65
汽水系统	过热器一级喷水量	t/h	32.0
	过热器二级喷水量	t/h	32.0
	过热器三级喷水量	t/h	—
	再热器喷水量	t/h	—
	过热器/再热器喷水温度	℃	285/188
烟风系统	空气预热器进/出口过量空气系数		1.18/1.25
	进/出空气预热器烟气量	t/h	1335/1403
	空气预热器进/出口烟气温度（考虑漏风）	℃	371/121
	空气预热器进/出口一次风温	℃	28/326
	空气预热器进/出口二次风温	℃	23/344
	空气预热器进/出口一次风量	t/h	227/177
	空气预热器进/出口二次风量	t/h	951/933

续表

项目		单位	参数	项目		单位	参数
烟风系统	入磨调温风量	t/h	68.5	灰渣	飞灰/沉降灰/大渣份额		0.85/0.05/0.1
	一/二次风再循环风量	t/h	0/0		飞灰/沉降灰/大渣流量	t/h	48.3/2.8/5.7
	空气预热器出口烟气含尘量（标准状态）	g/m^3	46.1	燃烧系统	投运磨煤机台数/燃烧器只数	台/只	3/24
	烟气密度（标准状态）	kg/m^3	1.339		要求煤粉细度 R_{90}	%	7.0

名称	单位	屏式过热器	后屏过热器	末级过热器	高温再热器	低温再热器过渡管组	低温再热器	低温过热器出口管组	低温过热器	省煤器（前烟道）	省煤器（后烟道）
烟气入口温度	℃	1290	1142	1062	998	878	843	825	758	—	534
烟气出口温度	℃	1142	1078	1020	907	860	370	797	537	—	376
介质入口温度	℃	487	509	544	459	436	309	490	443	—	285
介质出口温度	℃	526	544	571	569	459	436	499	490	—	317
烟气平均速度	m/s	—	9.2	11.1	12.5	11.2	10.0	8.3	9.5	—	8.2
烟气流量	t/h	1325	1325	1325	1325	1325	482	853	853	—	853

表 2-5　设计煤种 THA 工况热力计算结果

项目		单位	参数	项目		单位	参数
锅炉规范	过热蒸汽流量	t/h	1009	汽水系统	过热器一级喷水量	t/h	30.3
	过热蒸汽压力	MPa	25.20		过热器二级喷水量	t/h	30.3
	过热蒸汽温度	℃	571		过热器三级喷水量	t/h	—
	再热蒸汽流量	t/h	830		再热器喷水量	t/h	—
	再热蒸汽压力（入口/出口）	MPa	3.892/3.727		过热器/再热器喷水温度	℃	282/186
	再热蒸汽温度（入口/出口）	℃	307/569	烟风系统	空气预热器进/出口过量空气系数		1.18/1.25
	排污率	%	—		进/出空气预热器烟气量	t/h	1274/1340
	给水温度	℃	282		空气预热器进/出口烟气温度（考虑漏风）	℃	367/119
热平衡	锅炉计算效率	%	92.83		空气预热器进/出口一次风温	℃	28/325
	排烟温度（未修正）	℃	124		空气预热器进/出口二次风温	℃	23/341
	燃料消耗量	t/h	154		空气预热器进/出口一次风量	t/h	220/170
热损失	干烟气热损失	%	4.30		空气预热器进/出口二次风量	t/h	899/881
	燃料中 H_2 及 H_2O 热损失	%	0.27		入磨煤机调温风量	t/h	71.2
	空气中水分热损失	%	0.07		一/二次风再循环风量	t/h	0/0
	不完全燃烧热损失	%	2.16		空气预热器出口烟气含尘量（标准状态）	g/m^3	46.0
	散热损失	%	0.17		烟气密度（标准状态）	kg/m^3	1.339
	未计损失	%	0.20	灰渣	飞灰/沉降灰/大渣份额		0.85/0.05/0.1
环境	环境温度	℃	20		飞灰/沉降灰/大渣流量	t/h	46.1/2.7/5.4
	大气压力	MPa	0.1009	燃烧系统	投运磨煤机台数/燃烧器只数	台/只	3/24
	大气相对湿度	%	65		要求煤粉细度 R_{90}	%	7.0

续表

名称	单位	屏式过热器	后屏过热器	末级过热器	高温再热器	低温再热器过渡管组	低温再热器	低温过热器出口管组	低温过热器	省煤器（前烟道）	省煤器（后烟道）
烟气入口温度	℃	1274	1127	1046	993	863	829	812	743	—	527
烟气出口温度	℃	1127	1063	1006	992	846	370	784	531	—	369
介质入口温度	℃	486	508	544	461	438	307	489	445	—	282
介质出口温度	℃	525	544	571	569	461	438	498	489	—	314
烟气平均速度	m/s	—	8.6	10.5	11.9	10.6	10.0	7.6	9.1	—	7.6
烟气流量	t/h	1264	1264	1264	1264	1264	486	788	788	—	788

第一节 锅炉主要设备及系统

锅炉为Ⅱ形布置，采用整体悬吊结构，锅炉的各种载荷由支吊架作用于顶部板梁和钢梁上，通过顶部板梁和钢梁将载荷传给钢架柱。

一、锅炉钢架

锅炉为全钢结构，半露天布置，顶部设置轻型屋顶盖。锅炉运转层标高为 12.60m，采用混凝土平台。锅炉钢架承受的载荷主要有静载荷、活载荷、地震载荷、风载荷等。静载荷包括锅炉本体载荷（含金属、水、灰等）、空气预热器载荷、汽水管道载荷、烟风道载荷、煤粉管道载荷、除灰设备载荷、电缆竖井及桥架载荷、炉前运转层平台静载荷和脱硝设备载荷等。锅炉钢架主要由柱、梁、顶部板梁、垂直支撑、水平支撑和平台楼梯等几部分组成。柱与梁、柱与垂直支撑、梁与垂直支撑采用高强螺栓连接，水平支撑之间采用焊接连接。

1. 锅炉钢架柱网

锅炉钢架柱网的布置满足锅炉本体及附属设备的支吊、安装、运行和维护所需的空间和通道的要求，钢架柱网平面布置见图 2-1。沿炉深方向设 7 排钢柱，总跨距为 62.4 m，从炉前向炉后依次为 9.9、7.5、10.5、11、10.5、13m。沿炉宽方向设 5 列钢柱，总跨距为 34m，从炉左向炉右依次为 7.4、9.6、9.6、7.4m；根据空气预热器的布置，K5 的内排柱拉出布置（不与 K1～K4 的内排柱对齐）。沿炉宽方向，B2 与 B4 之间的间距为 19.2m，主要是根据炉顶护板的宽度、刚性梁及风箱的宽度等确定；B1（B5）与 B2（B4）间距 7.4 m，主要是根据二次风道及长伸缩吹灰器的布置确定的。

2. 柱底板、地脚螺栓和地锚框

锅炉钢架柱脚采用地脚螺栓铰接连接，柱底板标高为－1.00m，与垂直支撑相连的柱底板布置了剪力板用于传递水平力，地脚螺栓由地锚框定位，地锚框埋置于钢筋混凝土基础短柱内，便于地脚螺栓的安装。

3. 梁柱布置

根据锅炉本体运行、检修及管道支吊等的需要，锅炉钢架共设了 17 层平台（不含顶部板梁）。考虑载荷传递和结构自身稳定的需要，设置了 7 层水平刚性层（由梁和水平支撑组成），标高分别为 12.6、16.9、28.6、39.2、50.4、60.6、73.8m（此层为顶部板梁层水平

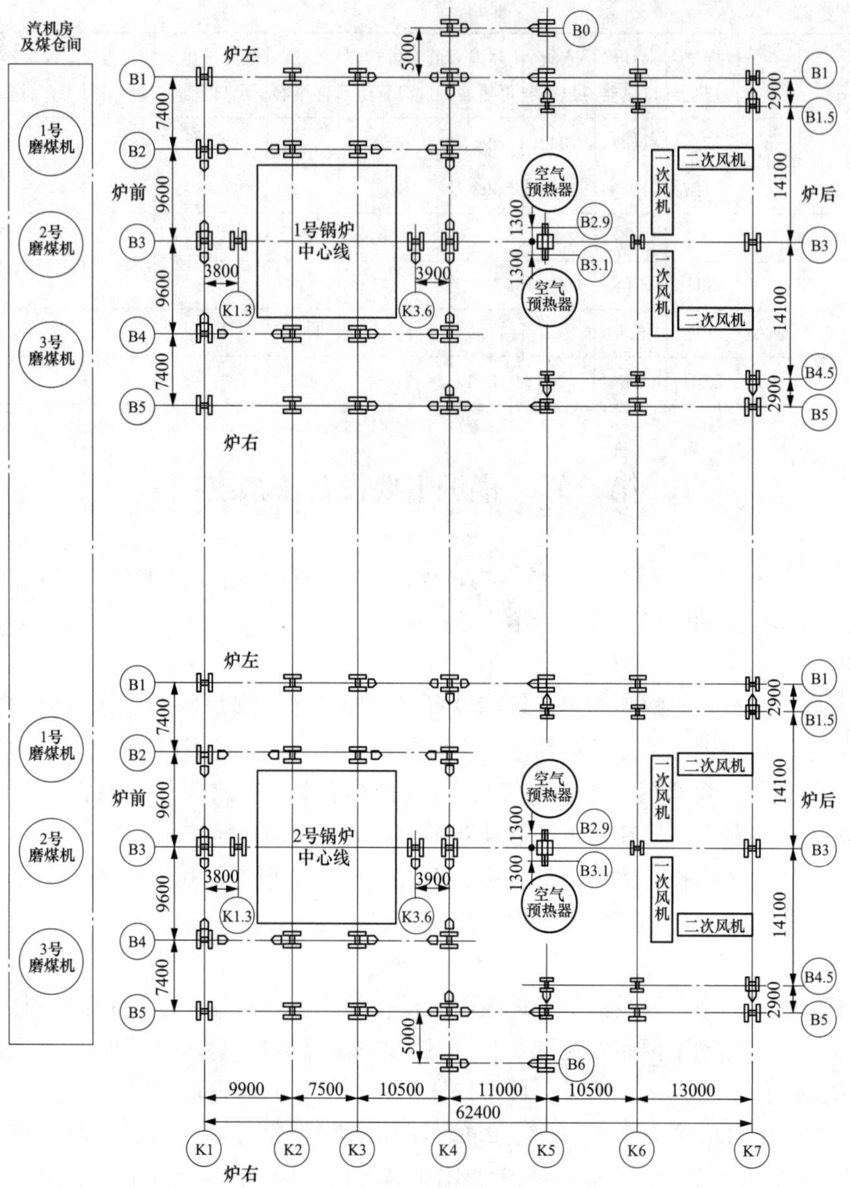

图 2-1　钢架柱网平面布置

支撑）。

4. 支撑布置

在 B1、B2、B4、B5、K1、K4、K5、K7 八个立面内设置连续的从柱底到柱顶的垂直支撑，以形成一个稳定的空间构架，在地震和风力作用时将水平力传至基础。垂直支撑的布置同时考虑了避让管道和吹灰器等设备及通行的需要。刚性层内水平支撑的布置尽量沿锅炉钢架周围形成连续的闭合结构，是维持结构稳定和确保安全的重要部件。锅炉止晃装置将锅炉本体和水平支撑连接为一个体系，以防止锅炉在有地震及风等产生的水平力作用时晃动。

5. 顶部板梁

锅炉各部件的质量通过吊杆作用于顶部板梁上，由顶部板梁将大部分载荷传给钢架柱。顶部板梁主要由大板梁、小板梁、水平支撑及吊点梁组成，顶梁标高定为 73.80 m。其中 3 根大板梁分别位于 K2、K3、K4 排柱的 B2～B4 列柱轴线之间，梁高分别为 3.1、3.6、3.9m。3 根大板梁长度均为 20.14m；质量 K2 为 39t，K3 为 49.5t，K4 为 63t。

6. 平台楼梯

根据运行和维修的需要，设置了 17 层栅格平台，11 层电梯停靠层（标高分别为 0、5.6、12.6、20.4、28.6、36.0、39.4、50.4、55.8、60.60、64.0m）。

锅炉钢结构主要采用的材料是 Q345B、Q235-B 及 Q235-A，主要构件的接头采用高强度螺栓摩擦型连接，次要构件的安装接头采用焊接连接。高强度螺栓的规格为 M22。整个锅炉本体及其管道均采用悬吊方式，受热时向下膨胀；脱硝装置及空气预热器采用支承方式，受热时向上膨胀。

二、锅炉本体设备及锅炉汽水系统

锅炉本体由炉膛、水平烟道和竖井烟道组成，汽水分离器及贮水箱布置在炉前，锅炉本体布置见图 2-2。炉膛由四周的水冷壁和顶部顶棚围成，水冷壁的下部为螺旋膜式结构，上部为垂直膜式结构，两种水冷壁之间采用中间集箱过渡，水冷壁中间集箱标高为 37933mm，炉膛长 14108.7mm、宽 12908.7mm、标高为 7000～63000mm；炉膛下部为冷灰斗，冷灰斗标高为 7000～15347mm；炉膛中部为燃烧区，在该区域水冷壁外侧布置了大风箱（标高为 16145～27745mm）和燃尽风箱（标高为 30895～34195mm），大风箱内标高 23795mm 和 20305mm 处各有一层隔板将大风箱分成 3 部分，分别与 3 层燃烧器相对应，燃尽风箱与燃尽风燃烧器相对应；炉膛上部为燃尽区，在该区域布置了前屏过热器，炉膛出口折焰角上方布置了后屏过热器。竖井烟道由四周的包墙和顶部的顶棚围成，隔墙将竖井分成竖井前烟道和竖井后烟道，竖井前烟道内布置了低温再热器，竖井后烟道内布置了低温过热器和省煤器；竖井前烟道和竖井后烟道底部各装有一组烟气调温挡板，通过调节竖井前烟道和竖井后烟道内的烟气量来调节再热蒸汽温度，竖井前烟道和竖井后烟道的烟气流过调温挡板后汇合在一起，经过 3 次转向进入选择性催化还原（SCR）反应器进行烟气脱硝，选择性催化还原反应器位于 K6 与 K7 柱之间，标高为 31800～47400mm，脱硝后的烟气经过布置在竖井灰斗下的两台回转式空气预热器进行热交换，最终经过除尘及脱硫后排入大气。水平烟道是炉膛和竖井烟道的连接通道，由折焰角的底部水冷壁、水平烟道左（右）前侧墙水冷壁、水平烟道左（右）后侧包墙及顶棚围成，高温过热器和高温再热器布置在水平烟道内。

为了使锅炉运行时能按预定的三个方向膨胀，锅炉设有膨胀中心。该膨胀中心位于锅炉顶护板上（标高为 69700mm），炉膛后墙水冷壁中心线前 915mm，距左右墙水冷壁中心线 7047.35mm 处。膨胀中心作为锅炉各部位膨胀量和管子应力与柔性分析的计算基点，膨胀中心的设定有利于实现良好的锅炉密封，特别是炉顶密封。

锅炉汽水系统由许多设备组成，根据介质的状态和流动顺序，可分成水系统、启动系统、过热蒸汽系统和再热蒸汽系统，下面将各系统的主要设备作一简单介绍。

（一）水系统

水系统包括给水管道、给水阀、省煤器、集中下降管、水冷壁及其连接管道等，见图 2-3。

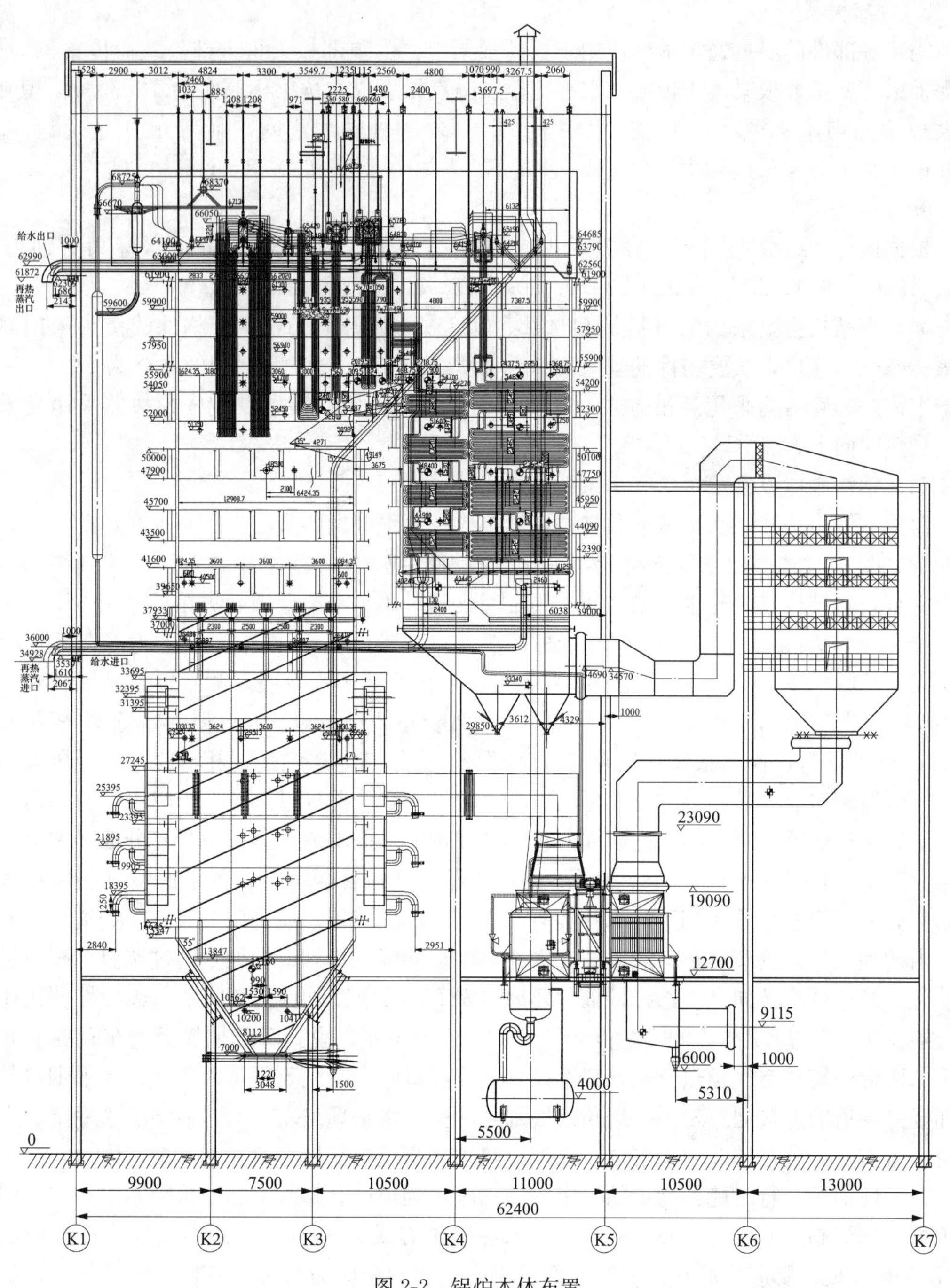

图 2-2　锅炉本体布置

1. 给水管道和给水阀

给水管道上装有给水主阀（GS001），给水旁路管道上装有给水旁路阀（GS002、GS004）和给水旁路调节阀（GS003）；给水主阀 GS001 为电动闸阀；给水旁路调节阀 GS003 为气动调节阀，给水旁路阀 GS002 和 GS004 为电动闸阀。

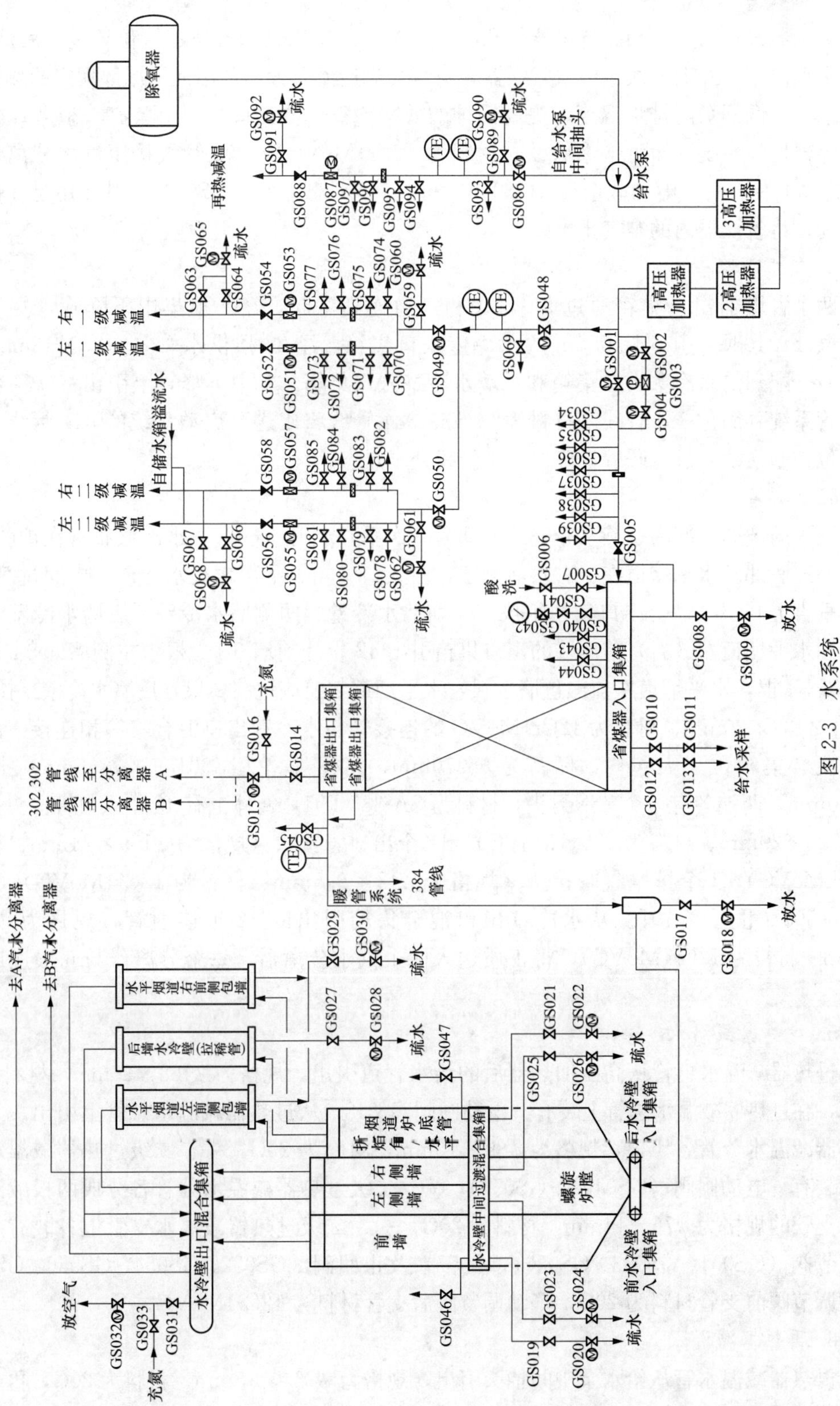
除氧器
给水泵
自给水泵中间抽头
再热减温
1高压加热器
2高压加热器
3高压加热器
省煤器入口集箱
省煤器出口集箱
酸洗
给水采样
放水
疏水
左一级减温
右一级减温
左二级减温
右二级减温
自储水箱溢流水
302管线至分离器A
302管线至分离器B
充氮
暖管系统
384管线
去A汽水分离器
去B汽水分离器
放空气
水冷壁出口混合集箱
水平烟道左前侧包墙
后墙水冷壁(拉稀管)
水平烟道右前侧包墙
前墙
左侧墙
右侧墙
折焰角/水平烟道底
水冷壁中间过渡混合集箱
螺旋炉膛
前水冷壁入口集箱
后水冷壁入口集箱

图 2-3 水系统

2. 省煤器

省煤器包括入口集箱、省煤器管和出口集箱，入口集箱和省煤器管位于竖井后烟道内，出口集箱位于竖井上方大包内。省煤器管与烟气成逆流布置，利用锅炉尾部烟气的热量来加热给水，降低锅炉的排烟温度，提高锅炉的效率。省煤器出口集箱上装有一根 ϕ51×8mm 的省煤器排气系统（简称 302 管线，材料为 12Cr1MoVG），302 管线接至汽水分离器。在 302 管线上装有一个电动截止阀（GS015）和一个手动截止阀（GS014），其作用是在锅炉上水期间，将省煤器内的空气排出。

3. 集中下降管

两个省煤器出口集箱通过 90°弯头和三通连到一起，经一根集中下降管（ϕ431.8×55mm、SA-106C）引到标高 7m 的水冷壁入口集箱，经 28 根供水管（ϕ133×18mm、SA-106C）分配到前水冷壁入口集箱和后墙水冷壁入口集箱。集中下降管上引出一 ϕ51×9mm 的暖管系统（简称 384 管线，材料为 20G），384 管线将水送至启动系统的 341 管线（贮水箱水位控制系统）进行暖管，确保 341 管线处于热态。

4. 水冷壁

锅炉的炉膛下部为螺旋水冷壁，上部为一次垂直上升水冷壁。水冷壁布置在炉膛四周、水平烟道底部及水平烟道左（右）前侧墙，由入口集箱、下部螺旋水冷壁、中间过渡集箱、上部垂直上升水冷壁及出口集箱组成。从前墙水冷壁、两侧墙水冷壁、后墙水冷壁（拉稀管）和水平烟道左（右）前侧墙的出口集箱引出 42 根［前墙 5+5 根，左侧墙 6+4 根，右侧墙 6+4 根，水平烟道左前侧包墙 2 根，水平烟道右前侧包墙 2 根，后墙水冷壁（拉稀管）8 根］ϕ133×20mm、材料为 12Cr1MoVG 的连接管与水冷壁出口混合集箱相连接。水冷壁出口混合集箱位于大包内，标高为 68370mm，筒体规格为 ϕ501.9×71.5mm，长度为 10480mm，两端各有一个球形封头，材料为 SA-335 P91，筒体上有 42 个入口管接头（规格为 ϕ133×20mm、材料为 12Cr1MoVG）、12 个出口管接头（规格为 ϕ159×24mm、材料为 12Cr1MoVG）、1 个排空气管接头（规格为 ϕ42×6.5mm、材料为 12Cr1MoVG）及 6 个 M42-ϕ508（Ⅱ型）吊耳。从水冷壁出口混合集箱引出的 12 根连通管（规格为 ϕ159×24mm、材料为 12Cr1MoVG），将工质送入两个汽水分离器（每个分离器与 6 根连通管相连）。

5. 过热器减温水

过热器减温水总管从高压加热器后的给水管道引出，规格为 ϕ168×25mm，材料为 SA-106C，在过热器减温水总管上装有一电动闸阀 GS048；从过热器减温水总管上引出一、二级过热器减温水分管各 1 根，规格为 ϕ89×16mm，材料为 20G，一、二级过热器减温水分管上各装有一电动闸阀（GS049 及 GS050）；一、二级过热器减温水分管各分成两根减温水支管，支管的规格为 ϕ76×14mm，材料为 20G，一、二级过热器减温水支管上各装有一个气动调节阀（GS051、GS053、GS055、GS057）及止回阀（GS052、GS054、GS056、GS058），气动调节阀前支管材料为 20G，气动调节阀后支管材料为 12Cr1MoVG。

6. 再热器减温水

再热器减温水管从给水泵中间抽头引出，规格为 ϕ76×7.5mm，材料为 20G，再热器减温水管装有一个电动闸阀 GS086、一个气动调节阀 GS087 和一个止回阀 GS088。

（二）启动系统

1. 启动系统的作用

直流锅炉点火时，为了防止水冷壁内工质流动的不稳定和水冷壁管壁温度超过允许值，必须保证炉膛水冷壁管中的流量大于最小流量值。锅炉炉膛水冷壁管所需的最小流量值为30%BMCR（即341t/h）。在锅炉蒸发量小于炉膛水冷壁的最小流量时，水冷壁出口为汽水混合物，而水是不允许进入过热蒸汽系统的，因此，必须在过热器前设置一个启动系统将多余的水排掉。启动系统的主要作用就是在锅炉启动、低负荷运行（蒸汽流量低于炉膛所需的最小流量时）及停炉过程中，维持炉膛水冷壁内的最小流量，以保护炉膛水冷壁管，同时满足机组启、停及低负荷运行时对蒸汽流量的要求。启动系统的另一个作用是在锅炉冷态清洗时，为清洗水返回给水系统提供了一个流通通道。

锅炉采用内置式分离器（分离器与过热器之间无隔离阀门），启动系统按全压设计，无循环泵启动系统。

2. 启动系统的构成

锅炉的启动系统由汽水分离器、贮水箱、阀门、水位控制管道（341）、暖管系统管道（384）、启动系统蒸汽集箱及附件等组成，见图2-4。当锅炉蒸发量小于炉膛水冷壁的最小流量时，给水经炉膛水冷壁加热后流入汽水分离器，汽水分离器将汽水混合物分离成汽和水，水从分离器底部排入贮水箱，贮水箱底部的水通过341管道排入疏水扩容器，由疏水泵排入冷凝器，贮水箱的水位由341阀控制；分离出的蒸汽进入启动系统蒸汽集箱，然后由启动系统蒸汽集箱引出管送入锅炉过热蒸汽系统加热，最后由主蒸汽管道引出。当锅炉蒸发量大于炉膛水冷壁的最小流量时，锅炉处于直流运行状态，启动系统变成汽水通道（处于热备用状态）。

（1）汽水分离器。锅炉配有两个内置式汽水分离器，汽水分离器位于锅炉前侧大包内，汽水分离器采用立式布置。汽水分离器筒体为圆柱形，球形封头，筒体材料为SA-335P91，规格为ϕ744.5×71.5mm，直段长为2800mm；封头材料为12Cr1MoVG。当汽水混合物沿筒体切向进入分离器后，旋转形成的离心力使汽水分离，分离出的蒸汽从启动系统蒸汽集箱流向过热器，分离出的水排到贮水箱。为防止分离出的蒸汽带水，在蒸汽出口设有阻水装置；为防止分离出的水中带蒸汽，在排水口设有消旋器。分离器入口管的规格为ϕ159×24mm，材料为12Cr1MoVG；分离器底部排水管的规格为ϕ219×35mm，材料为12Cr1MoVG；分离器上部排汽管的规格为ϕ325×45mm，材料为12Cr1MoVG。

（2）贮水箱。锅炉配有一个贮水箱，贮水箱位于炉前两个分离器的下方，用于收集两个汽水分离器的排水。贮水箱筒体为圆柱形，球形封头，筒体材料为SA-335P91，筒体规格为ϕ744.5×71.5mm，直段长为18300mm，封头材料为12Cr1MoVG。贮水箱筒体上设有两个进水管接头、一个341疏水管接头、一个387暖管疏水管接头及两个手孔装置，此外还设有压力、温度及水位测点。贮水箱顶部设有排汽管，用于排放分离器排水带进来的蒸汽，在贮水箱底部排水口上方设有消旋器（与分离器内的消旋器一样）。贮水箱入口管的规格为ϕ219×35mm，材料为12Cr1MoVG；贮水箱底部排水管的规格为ϕ245×35mm，材料为12Cr1MoVG；贮水箱上部排汽管的规格为ϕ245×50mm，材料为12Cr1MoVG。

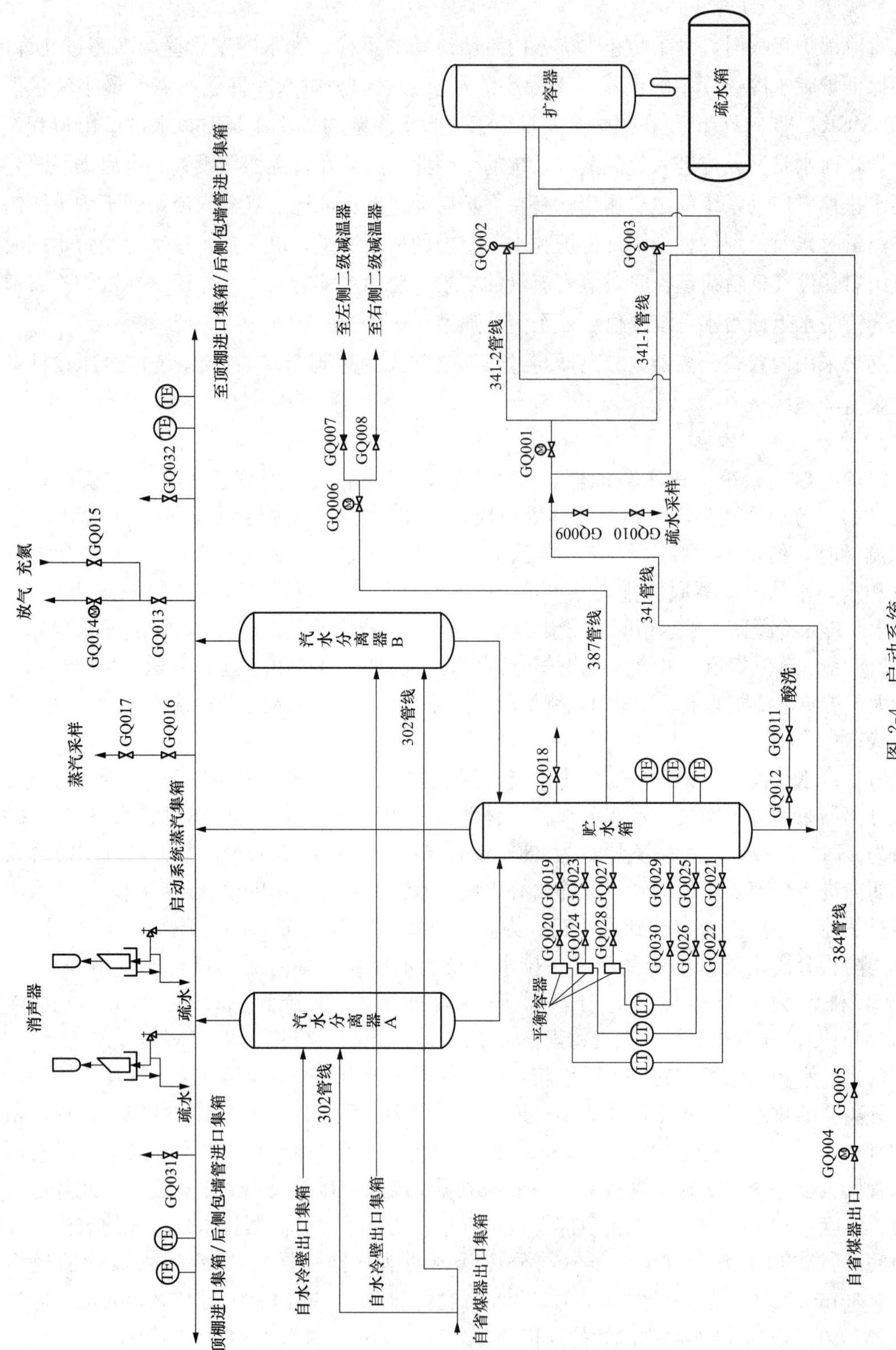
扩容器
疏水箱
GQ002
GQ003
341-2管线
341-1管线
GQ001
GQ009
GQ010
疏水采样
341管线
至左侧二级减温器
至右侧二级减温器
GQ006
GQ007
GQ008
387管线
至顶棚进口集箱/后侧包墙管进口集箱
TE
GQ032
放气
充氮
GQ014
GQ015
GQ013
汽水分离器B
302管线
蒸汽采样
GQ017
GQ016
启动系统蒸汽集箱
GQ018
贮水箱
GQ012
GQ011
酸洗
消声器
疏水
汽水分离器A
平衡容器
GQ020
GQ019
GQ024
GQ023
GQ028
GQ027
GQ030
GQ029
GQ026
GQ025
GQ022
GQ021
LT
384管线
GQ005
GQ004
自省煤器出口
GQ031
顶棚进口集箱/后侧包墙管进口集箱
自水冷壁出口集箱
自省煤器出口集箱

图 2-4　启动系统

（3）水位控制系统（341 管线）。水位控制系统实际上就是贮水箱的排水系统，贮水箱内的水进入 341 总管，再经过 341-1 支管和 341-2 支管进入扩容器。341 总管规格为 ϕ245×35mm，材料为 SA106C，341 总管上装有一电动闸阀 GQ001（DN250，CL2500）；341-1 支管和 341-2 支管规格为 ϕ194×28mm，材料为 SA106C，341-1 支管上装有一角式气动调节阀 GQ003，341-2 支管上装有一角式气动调节阀 GQ002。当锅炉产汽量低于炉膛所需的最小流量时，将启动系统投入运行，给水经省煤器和水冷壁加热后进入汽水分离器，分离出的水通过 341 管道排入疏水扩容器，贮水箱的水位由 341-1 支管和 341-2 支管上的调节阀控制；当锅炉产汽量大于炉膛所需的最小流量时，锅炉处于直流运行状态，启动系统变为汽水通道。

（4）暖管系统（384 管线）。从集中下降管引出一管道将水送至启动系统的水位控制系统，使水位控制系统处于热备用状态，该管道称为暖管系统（384 管线）。384 管线规格为 ϕ51×9mm，材料为 20G；384 管线上装有一电动调节阀 GQ004 和止回阀 GQ005（DN40，CL2680）。当启动系统停运，锅炉处于直流运行时，调节阀 GQ004 打开，暖管系统从集中下降管引出少量温度较高的水流经高水位控制阀回到贮水箱，使 341 管线处于热备用状态；随着负荷的升高，该阀的有效压差增加，阀门逐渐关小。

（5）疏水控制系统（387 管线）。当启动系统停运后，来自暖管系统的热水被收集到贮水箱中，使贮水箱的水位不断升高，为此在贮水箱和过热器二级喷水减温器喷水管之间布置了一根疏水管线，将疏水送至过热器二级减温器，该疏水管线称为疏水控制系统。疏水总管线一分为二，分别送往左右两侧的二级喷水减温器，疏水总管线和疏水支管线的规格均为 ϕ51×10mm，材料为 12Cr1MoVG。疏水总管线上装有一电动调节阀 GQ006，两疏水支管线上分别装有一止回阀 GQ007 及 GQ008（DN40，CL4500）。

（6）启动系统蒸汽集箱。锅炉蒸发量小于炉膛所需的最小流量时，分离器为湿态运行，分离器及贮水箱的排汽进入启动系统蒸汽集箱，然后送到过热器。启动系统蒸汽集箱的规格为 ϕ406.4×60mm，材料为 12Cr1MoVG；分离器排汽管的规格为 ϕ325×45mm，材料为 12Cr1MoVG；贮水箱排汽管的规格为 ϕ245×50mm，材料为 12Cr1MoVG。启动系统蒸汽集箱上装有一个电动排汽阀 GQ014 及两个 HCA-118W 型安全阀，以防止系统超压。

（三）过热蒸汽系统

过热蒸汽系统由包墙过热器、低温过热器、前屏过热器、后屏过热器、高温过热器、各连接管道及附属设备构成，见图 2-5。

1. 包墙过热器

从启动系统蒸汽集箱引出的蒸汽分成 3 路，第一路去顶棚过热器入口集箱，第二路去水平烟道左后侧包墙过热器入口集箱，第三路去水平烟道右后侧包墙过热器入口集箱。这 3 路从启动系统蒸汽集箱分开，至竖井隔墙入口集箱汇合在一起。

（1）第一路流程。第一路流程是启动系统蒸汽集箱（ϕ406.4×60mm、12Cr1MoVG）引出 16 根连接管（ϕ133×20mm、12Cr1MoVG）依次经过顶棚过热器入口集箱、顶棚、顶棚过热器出口集箱（竖井后包墙入口集箱）和竖井后包墙进入竖井后包墙出口集箱。从竖井后包墙出口集箱引出 3 条支路：第一支路经过导汽管、竖井左后侧包墙入口集箱、竖井左后侧包墙、竖井左后侧包墙出口集箱、导汽管进入竖井隔墙入口集箱；第二支路经过导汽管、

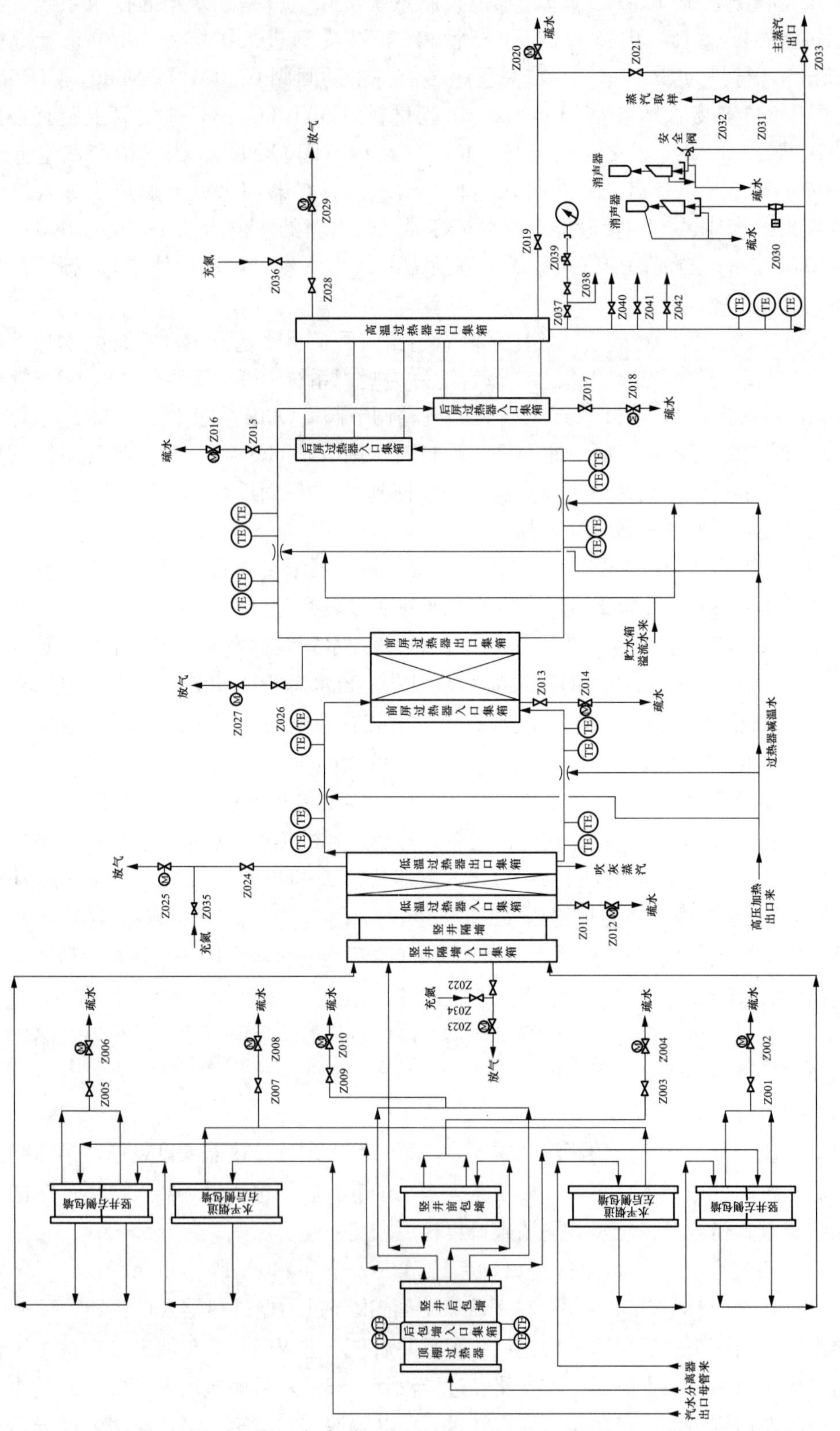
高温过热器出口集箱
后屏过热器入口集箱
前屏过热器出口集箱
前屏过热器入口集箱
低温过热器出口集箱
低温过热器入口集箱
竖井隔墙
竖井隔墙入口集箱
竖井前包墙
竖井后包墙
后包墙入口集箱
顶棚过热器
主蒸汽出口
蒸汽取样
安全阀
消声器
疏水
放气
充氮
吹灰蒸汽
贮水箱溢流水来
过热器减温水
高压加热器出口来
汽水分离器出口母管来
TE

图 2-5　过热蒸汽系统

竖井右后侧包墙入口集箱、竖井右后侧包墙、竖井右后侧包墙出口集箱、导汽管进入竖井隔墙入口集箱；第三支路经过导汽管、竖井前包墙入口集箱、竖井前包墙、竖井前包墙出口集箱、导汽管进入竖井隔墙入口集箱。3 条支路汇合于竖井隔墙入口集箱。

（2）第二路流程。第二路流程是从启动系统蒸汽集箱引出 2 根连接管（ϕ133×20mm、12Cr1MoVG）进入水平烟道左后侧包墙入口集箱，经过水平烟道左后侧包墙、水平烟道左后侧包墙出口集箱、导汽管、竖井前左侧包墙入口集箱、竖井前左侧包墙、竖井前左侧包墙出口集箱、导汽管进入竖井隔墙入口集箱。

（3）第三路流程。第三路流程与第二路流程对称布置在锅炉右侧，这里不再重复介绍。

上述 3 路流程的蒸汽在竖井隔墙入口集箱汇合后，经过竖井隔墙散管和膜式管进入竖井隔墙出口集箱（低温过热器入口集箱），从竖井隔墙出口集箱进入低温过热器。

2. 低温过热器

低温过热器布置在竖井后烟道内吸收烟气的热量。低温过热器与烟气成逆流布置，由低温过热器蛇形管和出口部分组成。

3. 低温过热器至前屏过热器导汽管

从低温过热器出口集箱左右各引出一根导汽管至前屏过热器入口集箱，导汽管规格为 ϕ431.8×75mm，材料为 12Cr1MoVG。为调节蒸汽温度，在左右导汽管上各设置了一个喷水减温器（过热蒸汽一级喷水减温器）。

4. 前屏过热器

前屏过热器位于炉膛上部，属半辐射式过热器，由入口集箱、前屏和出口集箱组成。

5. 前屏过热器至后屏过热器导汽管

从前屏过热器出口集箱左右两端各引出一根导汽管至后屏过热器的两个入口集箱（左右交叉），导汽管规格为 ϕ449.5×81.5mm，材料为 12Cr1MoVG。为调节蒸汽温度，在左右导汽管上各设置了一个喷水减温器（过热蒸汽二级喷水减温器）。

6. 后屏过热器

后屏过热器位于折焰角上方，顺流布置，属半辐射式过热器，由入口集箱、入口分集箱、后屏和出口分集箱组成。

7. 高温过热器

高温过热器位于折焰角上方水平烟道内，顺列布置，属对流式过热器，由入口分集箱、高温过热器屏及出口集箱组成。

8. 主蒸汽管道

主蒸汽管道是从高温过热器出口集箱至汽轮机高压缸入口的连接管道，高温过热器出口集箱与主蒸汽管道之间用过渡接头连接，主蒸汽管道规格为 ϕ452×66.5mm，材料为 P91，在主蒸汽管道上装有一个水压试验堵阀（Z033）、一个电磁泄压阀（Z030）和一个安全阀（HCA-11W-C12A）。

（四）再热蒸汽系统

为了提高机组循环热效率，350MW 超临界机组采用一次中间再热循环，从锅炉来的主蒸汽在汽轮机高压缸做功后，送回到锅炉再热器再次加热以提高温度，然后送入汽轮机中压缸继续膨胀做功。再热蒸汽系统包括再热冷段蒸汽管道、低温再热器、高温再热器及再热热段蒸汽管道，见图 2-6。

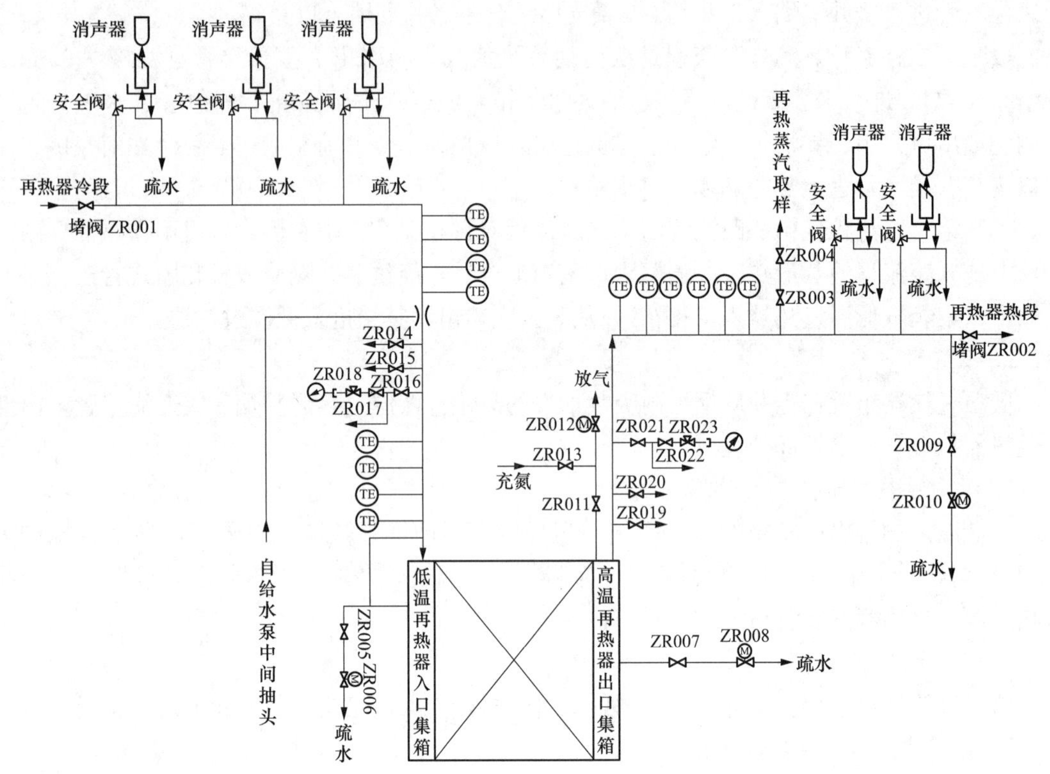

图 2-6　再热蒸汽系统

1. 再热器冷段蒸汽管道

再热器冷段蒸汽管道是从高压缸排汽口至低温再热器入口集箱之间的连接管道，规格为 ϕ711.2×22mm，材料为 20G，从左侧进入低温再热器入口集箱，再热冷段蒸汽管道上装有 1 个水压试验堵阀 ZR001、3 个安全阀（HCI-46W-C）及 1 个再热器喷水减温器。

2. 低温再热器

低温再热器位于竖井前烟道内，逆流布置，由入口集箱和低温再热器管组成。

3. 高温再热器

高温再热器位于水平烟道内，属对流式受热面，由高温再热器管和出口集箱组成。

4. 再热器热段蒸汽管道

再热器热段蒸汽管道是从高温再热器出口集箱至汽轮机中压缸入口之间的连接管道，规格为 ϕ711.2×22mm，材料为 SA-335 P91。再热热段蒸汽管道上装有两个安全阀（HCI-69W-C12A-C）和 1 个水压试验堵阀（ZR002）。

锅炉正常运行时，省煤器和水冷壁内的工质是水，过热器和再热器内的工质是汽；锅炉水压试验时，整个锅炉的汽水系统内全部充满水，两种情况下的锅炉水容积见表 2-6。

表 2-6 锅炉水容积

序号	名 称	水压试验水容积（m^3）	正常运行水容积（m^3）
1	省煤器系统	40	40
2	水冷壁系统	45	35
3	过热蒸汽系统（含包墙）	100	
4	再热蒸汽系统	156	
5	启动系统	14	8
6	锅炉范围内管道	8	8
7	锅炉水容积合计	363	91

三、锅炉辅助设备

除了锅炉本体外，锅炉还有许多辅助设备，辅助设备在锅炉运行中具有十分重要的作用。根据辅助设备的功能可以归纳为给水系统、制粉系统、燃烧系统和风烟系统等，下面按各个系统对锅炉辅助设备作一介绍。

1. 锅炉给水系统

锅炉给水系统包括给水泵、高压加热器及给水管道。每台机组设置 2 台 50%容量汽动给水泵和 30%容量电动给水泵（启动给水泵，两台机组共用一台），锅炉启停时通过给水旁路的气动调节阀控制给水流量，正常运行时通过改变汽动给水泵转速调节给水量。除氧器来的给水经过给水泵升压和高压加热器升温后进入给水管道。锅炉采用单线进水，给水系统共装有 3 台高压加热器，给水管道规格为 ϕ406.4×45mm，给水旁路管道规格为 ϕ273×30mm，材料均为 15NiCuMoNb5。

2. 制粉系统

锅炉共装有 3 套正压直吹式制粉系统，制粉系统的主要设备包括 3 台双进双出钢球磨煤机、6 台耐压式称重给煤机、6 个原煤仓、两台离心式一次风机和两台离心式密封风机。锅炉制粉、燃烧及风烟系统见图 2-7。每套制粉系统配备 1 台磨煤机、两台给煤机和两个原煤仓；一次风机的作用是向制粉系统提供一次风，正常情况下两台均运行；密封风机的作用是将一次风机出口的冷风升压后送至制粉系统各密封点，防止煤粉泄漏，正常情况下一台运行，另一台备用。每套制粉系统对应 8 个燃烧器（共 24 个燃烧器），锅炉最大连续出力工况（BMCR）时 3 套制粉系统同时运行（无备用）。

3. 燃烧系统

锅炉采用墙式燃烧，共有 24 个 HPAX-ED 型煤粉燃烧器（其中 12 个燃烧器的二次风顺时针旋转，另外 12 个燃烧器的二次风逆时针旋转），分 3 层布置在炉膛的前墙和后墙，每层 8 个燃烧器（前后墙各 4 个）。24 个乏气喷口布置在炉膛的左侧墙和右侧墙，从燃烧器煤粉浓缩装置分离出来的淡相风粉混合气流送到乏气喷口，淡相风粉混合气流在乏气喷口燃烧，此处为富氧区，可防止侧墙结焦。在前、后墙上层燃烧器的上方 6m 处，布置了一层双通道 OFA 喷口，前后墙各 4 个，确保煤粉燃尽，以防炉膛结焦和腐蚀。锅炉制粉、燃烧及风烟系统见图 2-7。

每只 HPAX-ED 型煤粉燃烧器均配备一套油枪点火装置，每套油枪点火装置上均装有一个点火器和一支油枪，油枪的油喷嘴采用简单机械雾化，24 支油枪的总出力为锅炉

BMCR 所需热量的 20%。

来自磨煤机的一次风煤粉气流经过煤粉管道输送到 HPAX-ED 型煤粉燃烧器入口弯头前，先通过一段偏心异径管加速，大多数煤粉由于离心力作用沿弯头外侧内壁流动，在气流进入一次风浓缩装置之后，使 50%的一次风和 10%～15%的煤粉分离出来，经乏气管引到乏气喷口喷入炉膛燃烧，其余的 50%一次风和 85%～90%的煤粉由燃烧器一次风喷口喷入炉内燃烧。浓缩后一次风的煤粉浓度提高，从而降低了煤粉着火所需的着火热，有利于煤粉的着火与稳燃。

HPAX-ED 型煤粉燃烧器配有双层强化着火的调风机构，从分隔仓环形风箱来的二次风分两股进入到内层和外层调风器，内层二次风产生的旋转气流可卷吸高温烟气引燃煤粉，外层二次风用来补充煤粉进一步燃烧所需的空气，使之完全燃烧。内、外层二次风的旋转方向是一致的，二次风的旋流强度可以通过改变轴向叶片和切向叶片的角度加以调整，其旋转气流能将炉膛内的高温烟气卷吸到煤粉着火区，点燃煤粉并使之稳定燃烧。采用这种分级送风的方式，不仅有利于煤粉的着火和稳燃，增强燃烧器对煤质变化的适应能力，同时也有利于控制燃烧时 NO_x 的生成。

锅炉采用固态连续排渣，炉膛冷灰斗下装有一台干式网带排渣机，从炉膛底部排出的渣经排渣机和碎渣机排入渣仓。

4. 风烟系统

风烟系统配有两台三分仓转子回转式空气预热器、两台单动叶可调式轴流送风机、两台双级动叶可调式轴流引风机、两台离心式变频调速一次风机和两台离心式火焰检测冷却风机；为了达到环保要求，配备了脱硝、脱硫及高效除尘设施，见图 2-7。经送风机升压的二次风送入空气预热器加热，加热后的二次风进入布置在炉膛四周的环形大风箱，从煤粉燃烧器和 OFA 喷口送入炉内助燃。经一次风机升压的一次风分为两部分，一部分经空气预热器加热成为热一次风，另一部分作为调温风（冷一次风），调温风与热一次风混合后进入磨煤机，对磨煤机内的煤粉进行干燥和输送，从磨煤机出来的煤粉气流经煤粉管道和燃烧器喷入炉膛内燃烧，煤粉在炉膛内燃烧放热后生成热烟气。

从炉膛出来的热烟气依次流经炉膛顶部的屏式过热器和布置在水平烟道内的高温过热器和高温再热器，然后向下进入竖井，分别流经竖井前烟道的低温再热器及竖井后烟道的低温过热器和省煤器，经过两次转向进入烟气脱硝装置。烟气脱硝装置采用选择性催化还原（SCR）工艺，SCR 反应器布置在省煤器与空气预热器之间的高含尘区域。脱硝后的烟气经烟道引入回转式空气预热器，烟气经空气预热器冷却后进入烟气余热回收利用装置。每台锅炉设置 4 台烟气余热回收利用装置，布置在干式静电除尘器入口烟道内，通过余热回收利用装置的烟气进入两台电除尘器。电除尘器为双室五电场低低温干式静电除尘器，第五电场为移动电极，以保证除尘效率大于 99.97%，经过电除尘的烟气进入两台引风机。引风机为双动叶可调轴流式引增一体式，其作用是排出燃烧产生的烟气并维持整个烟气系统的正常压力。脱硫装置采用单塔双循环石灰石-石膏湿法烟气脱硫，脱硫效率大于 99.2%，以保证烟囱出口 SO_2 排放浓度小于 35mg/m^3（标准状态），从脱硫系统出来的烟气进入湿式静电除尘器。每台炉配置 1 台湿式静电除尘器（配机械式除雾器），以保证烟囱出口粉尘排放浓度小于 10mg/m^3（标准状态），从湿式静电除尘器排出的烟气经烟囱排大气。

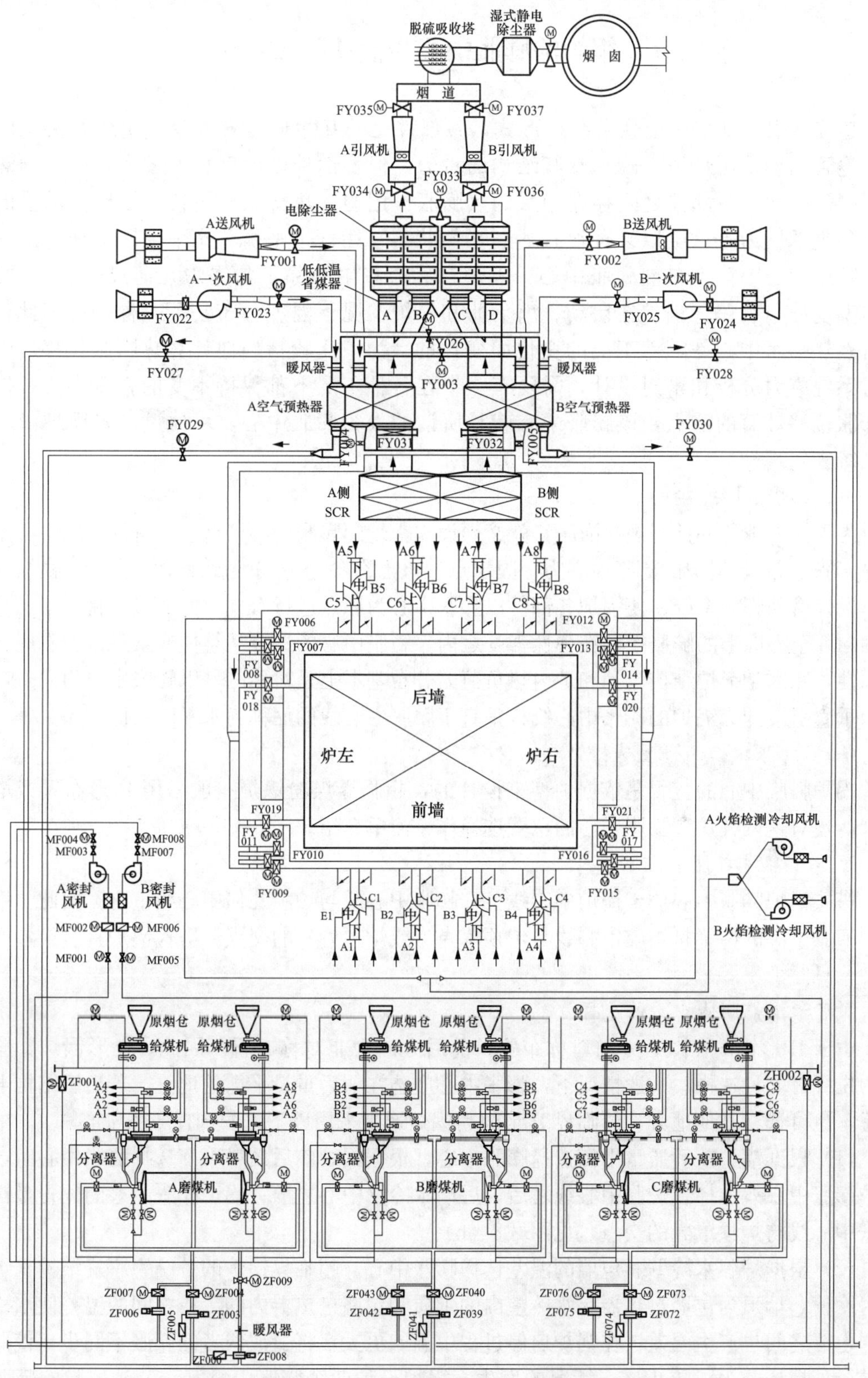

图 2-7 锅炉制粉、燃烧及风烟系统

第二节　锅炉的膨胀中心与滑动膨胀系统

超临界锅炉都采用全悬吊结构形式，各部件之间互相连接形成有一定位置关系的整体。尽管锅炉采用悬吊方式承受其结构的重力，但各部件因温度相差较大，产生的热膨胀不同。因此，各部件之间存在相互的热膨胀作用力。热膨胀作用力、结构件承受的重力和各支承反力等总会以某种形式达到平衡状态。在这个平衡状态下，锅炉理论上存在一个膨胀中心，称为自然膨胀中心。锅炉自然膨胀中心除了与锅炉几何尺寸有关之外，还与温度分布有关，锅炉在启动、满负荷和停炉工况下温度分布是不一样的。因此，锅炉自然热膨胀中心是随着工况的变化而变化的。为了比较精确地计算热膨胀位移，以便进行系统应力分析和密封设计，需要有一个在各种工况下都保持不变的膨胀中心，作为热膨胀位移计算的零点，该膨胀中心就是所谓的人为膨胀中心，可通过设置锅炉滑动膨胀系统来实现。

一、锅炉的膨胀中心

为了使锅炉各部件有规律膨胀，就必须设立锅炉的膨胀中心（这里所讲的膨胀中心是指人为膨胀中心），锅炉的膨胀中心为一固定点，该点在各个方向的膨胀量均为零。根据膨胀规律设计滑动膨胀系统，使锅炉各部件以膨胀中心为原点进行有规律的膨胀。将水平、垂直和轴向 3 个方向上的膨胀控制在弹性强度之内。膨胀中心的选择从整体或某一截面看应具有对称性，原因是锅炉结构设计和炉内热负荷的分布基本上是对称的。以膨胀中心为原点，向下的垂直引线即为锅炉的膨胀中心线；垂直于膨胀中心线的面称为水平膨胀面。

（一）膨胀中心的位置选择

锅炉膨胀中心的位置是依据炉型来设计的，超临界煤粉锅炉一般采用Ⅱ形布置或塔式布置，现对这两种炉型膨胀中心的位置选择作一简单介绍。

1. 塔式锅炉膨胀中心的选择

塔式锅炉膨胀中心位于锅炉中心线上，膨胀中心线与炉膛几何中心线重合。因此，塔式锅炉膨胀中心的位置是炉膛中心线与炉顶罩壳（或炉顶管）的交点，塔式锅炉具有最佳的对称性，见图 2-8（a）。

2. Ⅱ形锅炉膨胀中心的选择

由于Ⅱ形锅炉在左右方向对称布置，前后方向为非对称布置。因此，Ⅱ形锅炉膨胀中心的位置有多种选择。一般情况下，膨胀中心应选在前后重量平衡的地方，若出于结构上的考虑，也可选在其他地方。超临界Ⅱ形煤粉锅炉通常采用以下方法选择膨胀中心。

（1）根据锅炉前后质量平衡选择膨胀中心。根据锅炉前后质量平衡选择膨胀中心时，将锅炉膨胀中心线选择在炉膛中心线之后，后墙水冷壁中心之前；锅炉膨胀中心的位置是锅炉膨胀中心线与炉顶罩壳的交点，见图 2-8（b）。

（2）根据炉膛水冷壁和包墙的温差选择膨胀中心。超临界锅炉的炉墙为膜式结构，炉膛为水冷壁，烟道为包墙过热器，水冷壁内的工质和包墙过热器内的工质之间的温差使水冷壁管和包墙之间也产生温差，在锅炉启停过程中温差更大，将造成两者的膨胀不同步，使两者的结合处损坏。为了防止这一情况的发生，锅炉设计两个膨胀中心，一个是炉膛的膨胀中心，位于后墙水冷壁中心之前；另一个是水平烟道和竖井的膨胀中心，位于后墙水冷壁中心

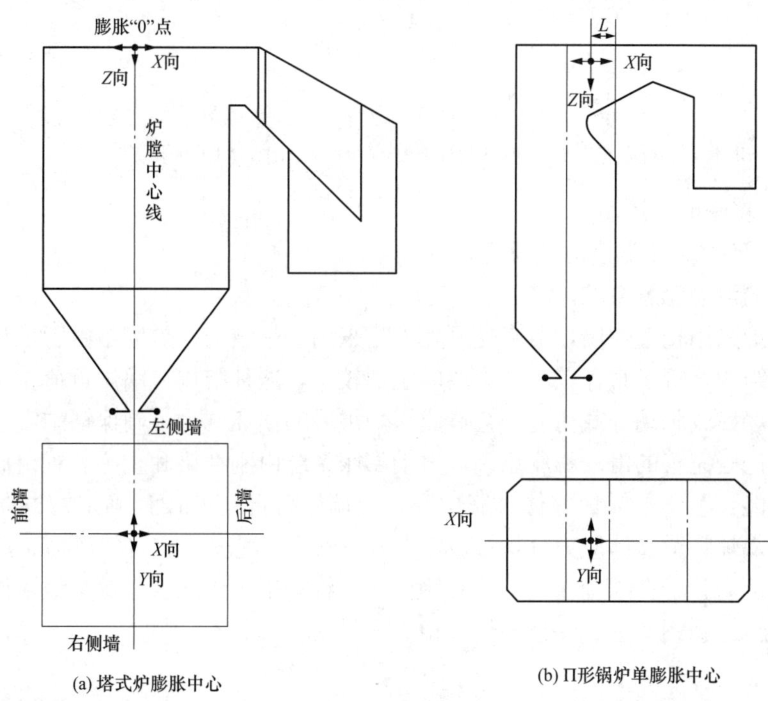

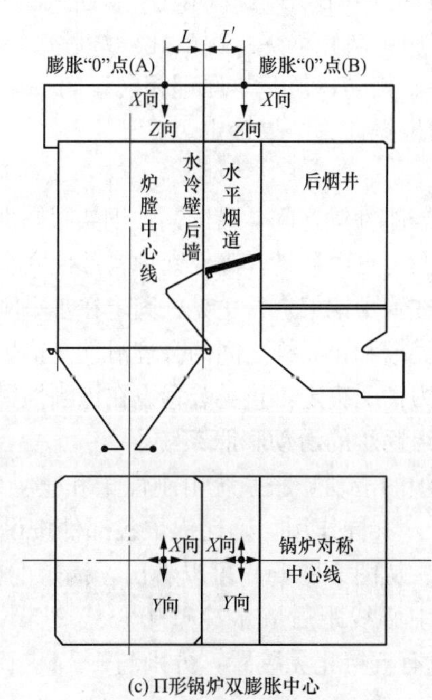

图 2-8 锅炉膨胀中心

之后。从锅炉的整体性考虑，这两个膨胀中心应尽可能靠近，见图 2-8（c）。

（二）锅炉膨胀量

锅炉以膨胀中心点为基准，向下和向水平方向膨胀。膨胀量大小与距膨胀“0”点距离和温度场分布有关。膨胀量的估算式为

$$\Delta L = 1.2\frac{(t_2 - t_1)}{100}L$$

式中　ΔL——膨胀量，mm；

$\frac{1.2}{100}$——每米金属温度升高100℃膨胀1.2mm，mm/(m·℃)；

t_1、t_2——膨胀前、后温度，℃；

L——部件在 t_1 温度时的长度，m。

二、锅炉的滑动膨胀系统

超临界锅炉采用轻型炉墙，所有受压元件均采用悬吊结构，炉墙是由管子和扁钢焊接成的密封膜式壁结构，管子直径较小，炉墙的刚性较差，这种结构在锅炉负荷变化或遇到自然风力、地震、爆燃或脉动等载荷时，会造成锅炉炉墙的损坏，为了确保锅炉安全运行，超临界锅炉设计了比较完善的滑动膨胀系统，滑动膨胀系统由刚性梁和止晃装置组成。滑动膨胀系统有以下功能：①建立锅炉整体膨胀中心，使墙管各部位按设计确定的方向有规律地膨胀，以便进行锅炉管道整体应力分析；②防止由于锅炉工况变化、自然风力、爆燃、地震或脉动等，损坏炉墙管子；③确保外载荷有序传递，将炉本体周围管道及其他附件的载荷通过导向节点正确传递到钢架上，保持锅炉平稳、无晃动，膨胀不受阻。

1. 刚性梁

刚性梁布置在炉膛和烟道四周，作用是将锅炉炉墙连成一个整体，增加锅炉炉墙的刚性，并使锅炉炉墙合理有序膨胀，防止锅炉工况变化、炉膛爆燃及地震时造成炉墙损坏。不同锅炉厂的刚性梁设计方案各不相同，但基本原理相同；同一锅炉不同部位的刚性梁结构也不相同，在设计刚性梁时必须根据计算结果确定。

2. 止晃装置

止晃装置布置在锅炉钢架与刚性梁之间，借助锅炉钢架限制由刚性梁连成一个整体的锅炉炉墙发生水平晃动，在垂直方向可自由移动，确保锅炉各部件安全有序膨胀。止晃装置由止晃槽和止晃杆组成，止晃槽固定在锅炉钢架上，止晃杆固定在水平刚性梁上，止晃槽和止晃杆之间预留一定的间隙，以确保止晃槽和止晃杆之间的合理滑动。锅炉的炉膛和烟道均有一定数量止晃装置，具体数量由锅炉受力情况决定，止晃装置设在该刚性梁对应炉墙的膨胀中心。

三、350MW热电联产机组锅炉的滑动膨胀系统

350MW热电联产机组锅炉的滑动膨胀系统由刚性梁和止晃装置组成，刚性梁组成的框架式结构和止晃装置相互配合，共同作用，确保锅炉各部件按设计要求有序膨胀，合理传递载荷，刚性梁的布置见图2-9。从图2-9（a）可以看出，锅炉的膨胀中心位于大包顶部（标高为69700mm）炉膛左右墙中心线距后墙水冷壁中心线915mm处，锅炉刚性梁分为上、中、下三部分。整个锅炉共设有五层止晃装置，分别与1、4、19、20、26号刚性梁相连接。

（一）上部刚性梁

上部刚性梁包括炉膛上部垂直水冷壁及包墙过热器连接的刚性梁，各刚性梁所处的位置不同，其作用及结构也有所不同。上部刚性梁多数是水平刚性梁，只有少数为垂直刚性梁。

1. 上部水平刚性梁

上部水平刚性梁通过各固定装置与垂直墙管连接，每根刚性梁与墙管之间最多可有一个固定点（锚点），其余位置均可按一定方向滑动，以满足墙管的膨胀与收缩。

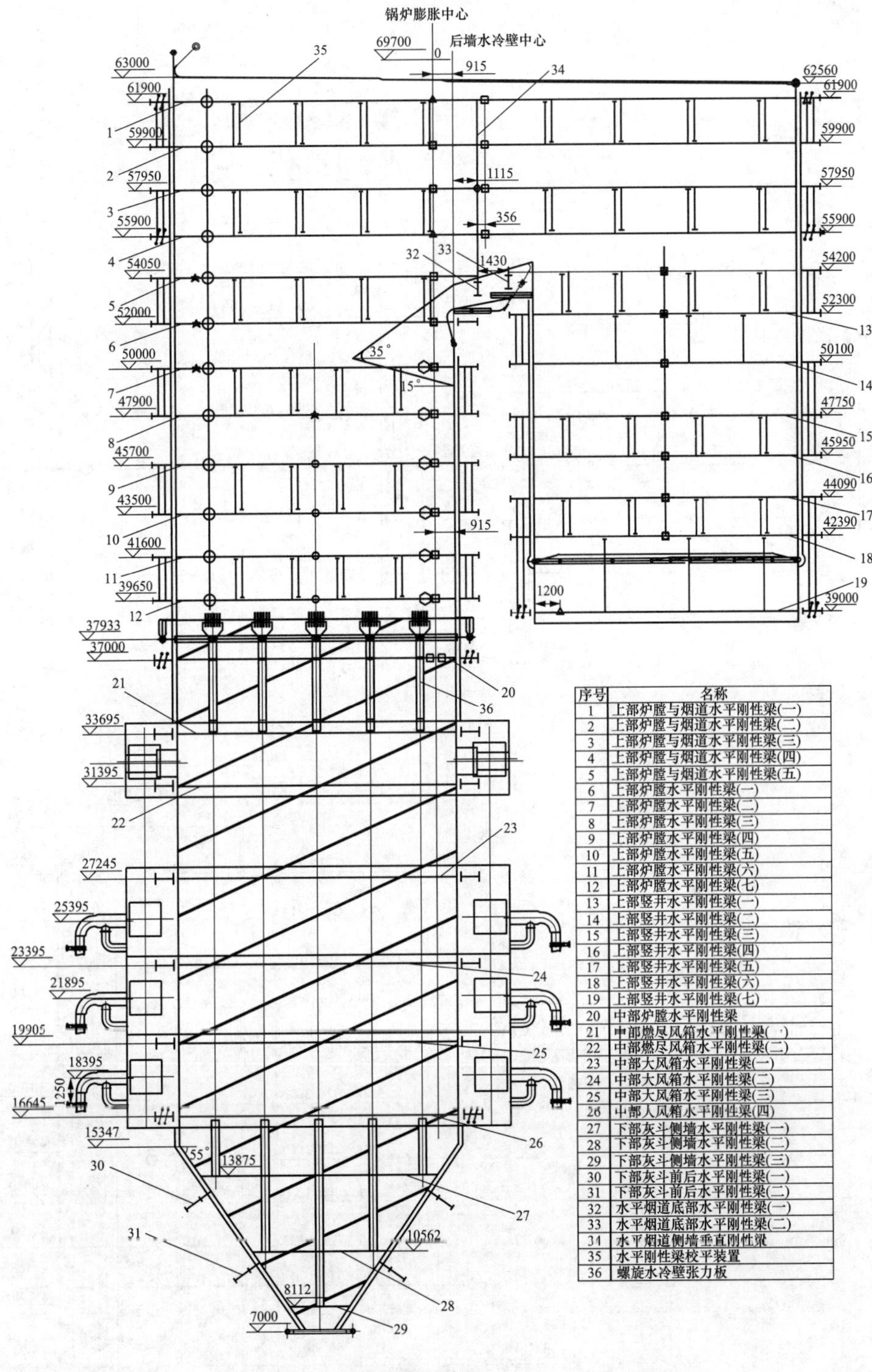

序号	名称
1	上部炉膛与烟道水平刚性梁(一)
2	上部炉膛与烟道水平刚性梁(二)
3	上部炉膛与烟道水平刚性梁(三)
4	上部炉膛与烟道水平刚性梁(四)
5	上部炉膛与烟道水平刚性梁(五)
6	上部炉膛水平刚性梁(一)
7	上部炉膛水平刚性梁(二)
8	上部炉膛水平刚性梁(三)
9	上部炉膛水平刚性梁(四)
10	上部炉膛水平刚性梁(五)
11	上部炉膛水平刚性梁(六)
12	上部炉膛水平刚性梁(七)
13	上部竖井水平刚性梁(一)
14	上部竖井水平刚性梁(二)
15	上部竖井水平刚性梁(三)
16	上部竖井水平刚性梁(四)
17	上部竖井水平刚性梁(五)
18	上部竖井水平刚性梁(六)
19	上部竖井水平刚性梁(七)
20	中部炉膛水平刚性梁
21	中部燃尽风箱水平刚性梁(一)
22	中部燃尽风箱水平刚性梁(二)
23	中部大风箱水平刚性梁(一)
24	中部大风箱水平刚性梁(二)
25	中部大风箱水平刚性梁(三)
26	中部大风箱水平刚性梁(四)
27	下部灰斗侧墙水平刚性梁(一)
28	下部灰斗侧墙水平刚性梁(二)
29	下部灰斗侧墙水平刚性梁(三)
30	下部灰斗前后水平刚性梁(一)
31	下部灰斗前后水平刚性梁(二)
32	水平烟道底部水平刚性梁(一)
33	水平烟道底部水平刚性梁(二)
34	水平烟道侧墙垂直刚性梁
35	水平刚性梁校平装置
36	螺旋水冷壁张力板

(a)锅炉侧墙刚性梁布置

图 2-9 刚性梁的布置（一）

┰ —立柱滑动端 ┸ —立柱固定端 ○ —内绑带与水冷壁（包墙）锚点 □ —刚性梁与内绑带锚点

△ —（止晃层刚性梁）内绑带与水冷壁（包墙）锚点 ◇ —垂直刚性梁固定点 ⬡ —受压翼缘加强板

☆ —具有不平衡力时内绑带与水冷壁的锚点 —止晃挡块及拉杆

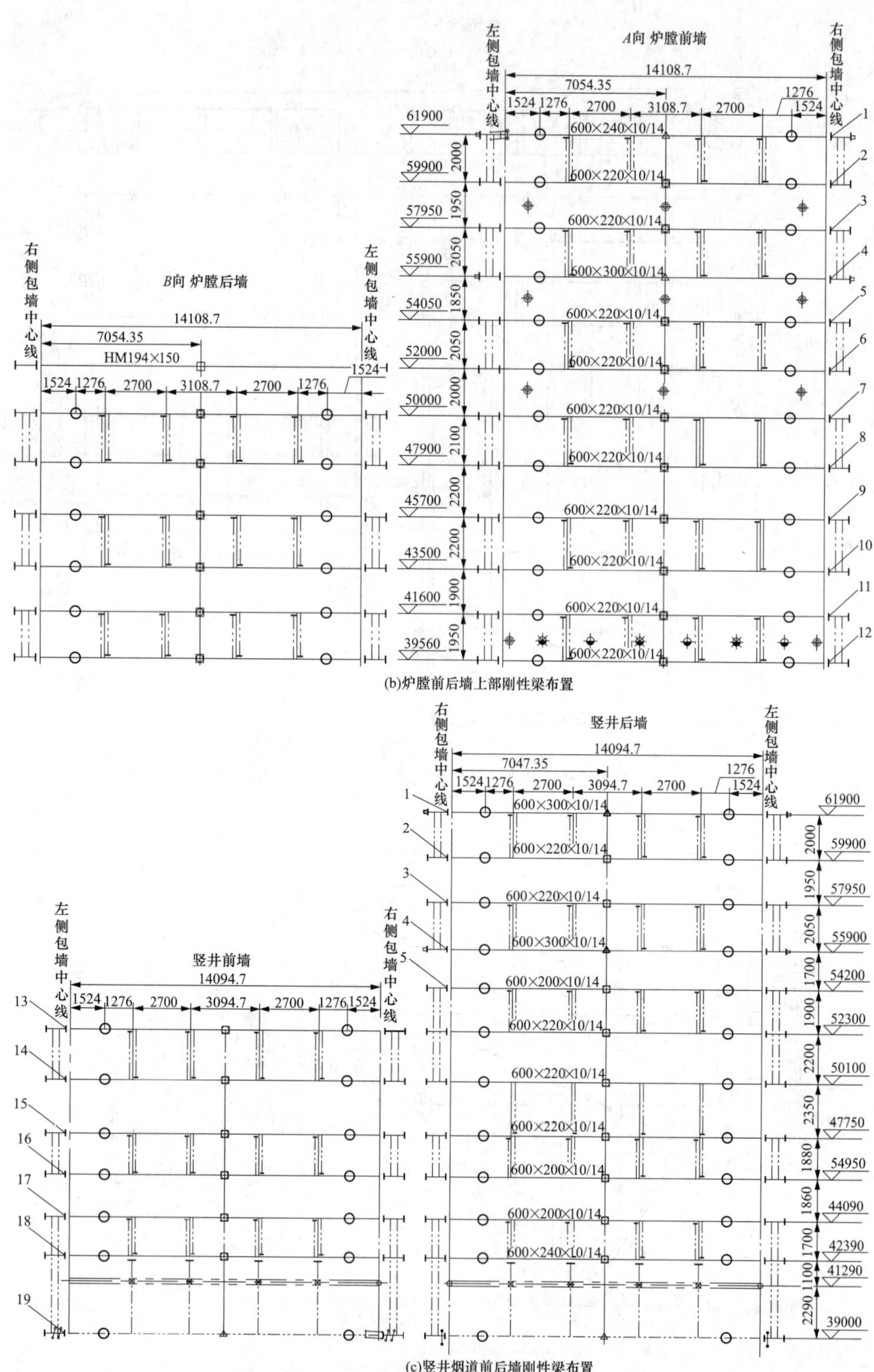

(b)炉膛前后墙上部刚性梁布置

(c)竖井烟道前后墙刚性梁布置

图 2-9　刚性梁的布置（二）

⊤—立柱滑动端　⊥—立柱固定端　○—内绑带与水冷壁（包墙）锚点　□—刚性梁与内绑带锚点

△—（止晃层刚性梁）内绑带与水冷壁（包墙）锚点　◇—垂直刚性梁固定点　⬡—受压翼缘加强板

☆—具有不平衡力时内绑带与水冷壁的锚点　—止晃挡块及拉杆

(1) 上部刚性梁与墙管的连接。由于墙管与上部刚性梁之间的温差较大，两者借助内绑带（内绑带为长条形钢板）进行连接。墙管与内绑带之间以及内绑带与刚性梁之间的连接方式有固定连接和滑动连接两种。固定连接通常采用焊接或螺栓固定，两者连接之后成为一体，固定连接点也叫锚点；滑动连接通常采用固定销或固定夹连接，两者连接之后可在一定的范围内相对移动。

1) 墙管与内绑带之间的连接。墙管与内绑带之间的连接方式有固定连接和滑动连接两种。

墙管与内绑带之间的固定连接方法：内绑带与墙管的固定处装有一定数量的衬垫，衬垫先焊在墙管上，使墙形成平面，然后将内绑带与衬垫焊接，形成内绑带与墙管的固定连接；这种连接方式的特点是墙管与内绑带固定在一起（焊接）。

墙管与内绑带之间的滑动连接方法：将两个固定架焊在墙管鳍片上（有的焊在管子上），内绑带紧贴墙管放在两固定架之间，将固定销穿入固定架后由固定销和墙管夹住内绑带，形成内绑带与墙管的滑动连接；这种连接方式的特点是在固定点两侧的墙管与内绑带在水平方向可以自由滑动，并且内绑带与固定架在垂直方向留有一定间隙，使墙管与内绑带在垂直方向的间隙范围内也可以滑动。

2) 水平刚性梁与内绑带之间的连接。水平刚性梁与内绑带之间的连接也有固定连接和滑动连接两种。

水平刚性梁与内绑带之间的固定连接方法：内绑带与刚性梁的固定处装有一固定横板，固定横板一端与内绑带相焊，另一端与刚性梁相焊，形成水平刚性梁与内绑带的固定连接；这种连接方式的特点是将水平刚性梁与内绑带用固定横板固定在一起（焊接）。

水平刚性梁与内绑带之间的滑动连接方法：将支撑立板一端焊接在内绑带上，另一端紧靠水平刚性梁，并在支撑立板的上下各焊一刚性梁固定夹，用刚性梁固定夹和支撑立板夹住水平刚性梁的边缘，形成水平刚性梁与内绑带的滑动连接；这种连接方法的特点是，水平刚性梁与内绑带在水平方向可以自由滑动，并且刚性梁固定夹与水平刚性梁的边缘在垂直方向留有一定间隙，使水平刚性梁与内绑带在垂直方向的间隙范围内也可以相对滑动。

垂直墙管与水平刚性梁的连接见图 2-10。

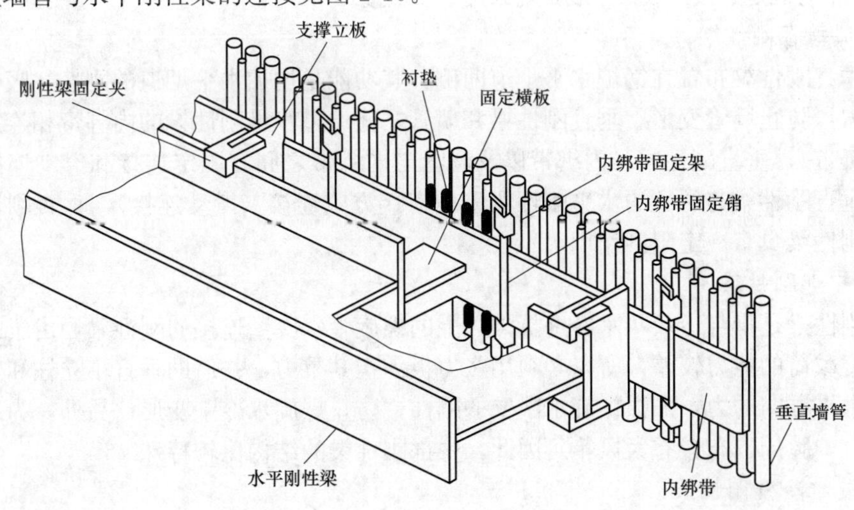

图 2-10 垂直墙管与水平刚性梁的连接

(2) 上部水平刚性梁的角部连接。同一标高相邻两面墙的水平刚性梁之间通过角部连接装置相连，角部连接装置由护板、护板卡、角部支撑板、连接板、端板及销轴组成，两个护板成直角焊接后与内绑带搭接，并用护板卡将护板夹住，构成滑动连接（护板卡上下成对安装，一端焊在墙管上，另一端夹住护板），角部支撑板焊接在两个护板上，两个端板分别焊在两水平刚性梁端部，角部支撑板和端板由连接板通过销轴连接，使同一标高相邻两面墙的水平刚性梁相连接。上部水平刚性梁的角部连接见图 2-11。

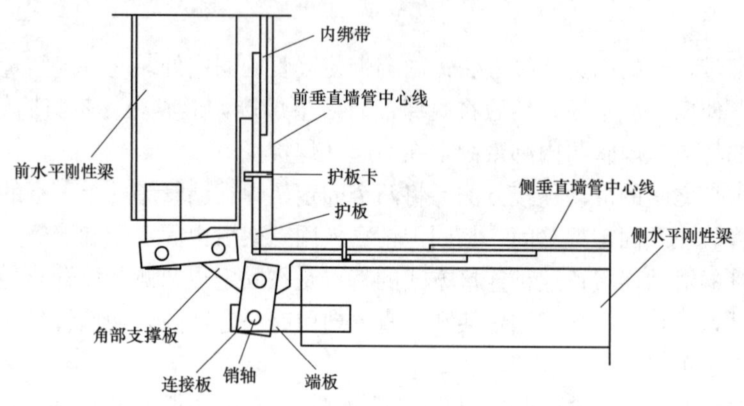

图 2-11 上部水平刚性梁的角部连接

(3) 上部水平刚性梁的校平装置。水平刚性梁设在墙管外侧，刚性梁重心远离墙管中心线，必然对墙管产生附加弯矩，增加了管子的弯曲应力，为了抵消此附加应力，在相邻层水平刚性梁之间设有校平装置，使刚性梁保持水平，同时对水平刚性梁起支撑作用。校平装置是设在不同标高相邻水平刚性梁之间的连接固定水平刚性梁的装置，校平装置与刚性梁的连接方式有滑动连接和固定连接两种：固定连接是指校平装置两端均与水平刚性梁焊接固定；滑动连接是指校平装置一端与水平刚性梁焊接固定，另一端水平刚性梁采用插入方式连接。当校平装置两端的水平刚性梁与墙管之间都有固定连接时，采用滑动连接；当校平装置一端的水平刚性梁与墙管之间有固定连接，另一端的水平刚性梁与墙管之间没有固定连接时，采用固定连接。由于锅炉的水平刚性梁与墙管之间都有固定连接，故校平装置均采用滑动连接。

2. 上部垂直刚性梁

上部垂直刚性梁布置在锅炉水平烟道两侧，其功能是增加水平烟道的刚性，吸收墙管垂直方向的力，防止墙管变形。垂直刚性梁和墙管之间通过水平刚性梁的内绑带相连接（没有专门的内绑带），垂直刚性梁与内绑带以及墙管与内绑带之间有固定连接和滑动连接两种连接方式。垂直刚性梁与两侧的水平刚性梁采用搭接方式连接（滑动连接），垂直刚性梁对两侧的水平刚性梁具有一定限制作用。

（二）中部刚性梁

中部刚性梁是指与冷灰斗水冷壁折点以上的螺旋管水冷壁连接的刚性梁，由于螺旋水冷壁承受垂直载荷的能力较差，所以必须用张力板承担其重力，并借助垂直小立柱和水平刚性梁来承担水平方向的力，加强螺旋水冷壁的刚性，防止螺旋水冷壁变形；另外，为了便于燃烧器配风，炉膛周围布置有大风箱。因此，中部刚性梁的结构比较特殊。

1. 螺旋水冷壁刚性梁

(1) 张力板。由于螺旋水冷壁承受垂直载荷的能力较差，所以通常采用焊接张力板来加强，使螺旋水冷壁和焊在鳍片上的垫块及张力板形成一体，共同将垂直载荷传递到炉膛上部的垂直水冷壁上，见图 2-12。螺旋水冷壁的张力板和垂直水冷壁墙管内绑带的作用有相似之处，也有明显的区别：内绑带水平布置，为一根长条形钢板，一般与墙管之间只有一处固定连接，不承受墙管的重力；张力板垂直布置，通过垫块与螺旋水冷壁焊接，螺旋管水冷壁的重力由张力板承担。

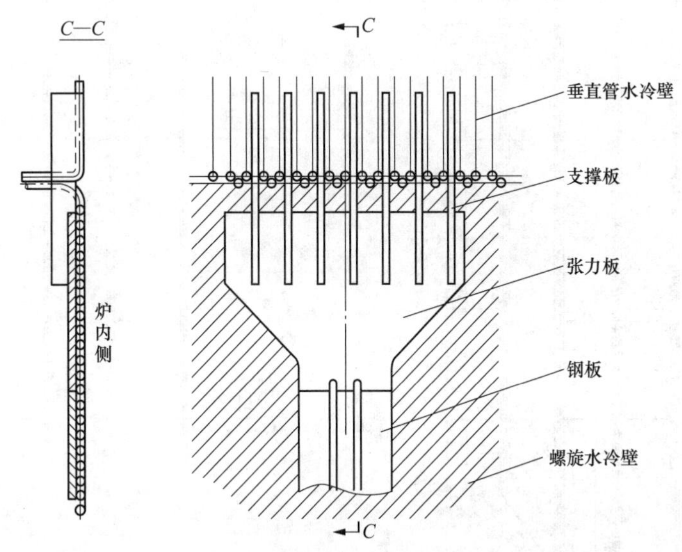

图 2-12　螺旋水冷壁管的张力板

螺旋水冷壁四周各布置 5 条张力板，张力板从垂直水冷壁的过渡区一直向下延伸到螺旋水冷壁垂直墙下端，见图 2-13。在过渡区张力板为手掌型，然后与焊接于垂直水冷壁鳍片上的手指型支撑板连接，将载荷传递到上部垂直水冷壁。

每条张力板由 2～3 根平行的钢板组成，每根钢板的一侧通过垫块与螺旋水冷壁焊接，另一侧可自由滑动。垫块的材料与水冷壁相同，作用是传递载荷和热量。由于前后墙和侧墙的载荷不同，前后墙与侧墙的张力板的钢板数量稍有差别，材料均与水冷壁相同，张力板的连接处采用 V 形坡口全焊透。张力板的设计和布置不仅考虑了承受的载荷，也考虑了在不同工况下的螺旋水冷壁和张力板间的温差引起的热应力以及因炉膛内的烟气压力波动而产生的弯曲应力。前后墙的张力板由两根平行的钢板组成，钢板的宽度为 120mm、厚为 26mm，两钢板的间距为 38mm，每根钢板的一侧通过垫块与螺旋水冷壁焊接；左右墙的张力板由 3 根平行的钢板组成，两边钢板的宽度为 120mm，中间钢板的宽度为 80mm、厚为 26mm，相邻两钢板的间距为 38mm，每根钢板的一侧通过垫块与螺旋水冷壁焊接。

(2) 水平刚性梁与小立柱。螺旋水冷壁的重力由张力板承担，但张力板无法承受螺旋水冷壁水平方向的力；因此，螺旋水冷壁外侧装有水平刚性梁与小立柱，以承受螺旋水冷壁水平方向的力。螺旋水冷壁的水平刚性梁与垂直水冷壁的水平刚性梁相似；小立柱垂直布置，位于张力板外侧，与张力板及水平刚性梁连接；螺旋水冷壁水平方向的力通过张力板和小立柱传至水平刚性梁。刚性梁与螺旋水冷壁墙管的连接方式有 3 种：一是刚性梁与螺旋水冷壁墙管直接相连，二是刚性梁通过张力板与螺旋水冷壁墙管相连，三是刚性梁通过小立柱和张力板与螺旋水冷壁墙管相连。

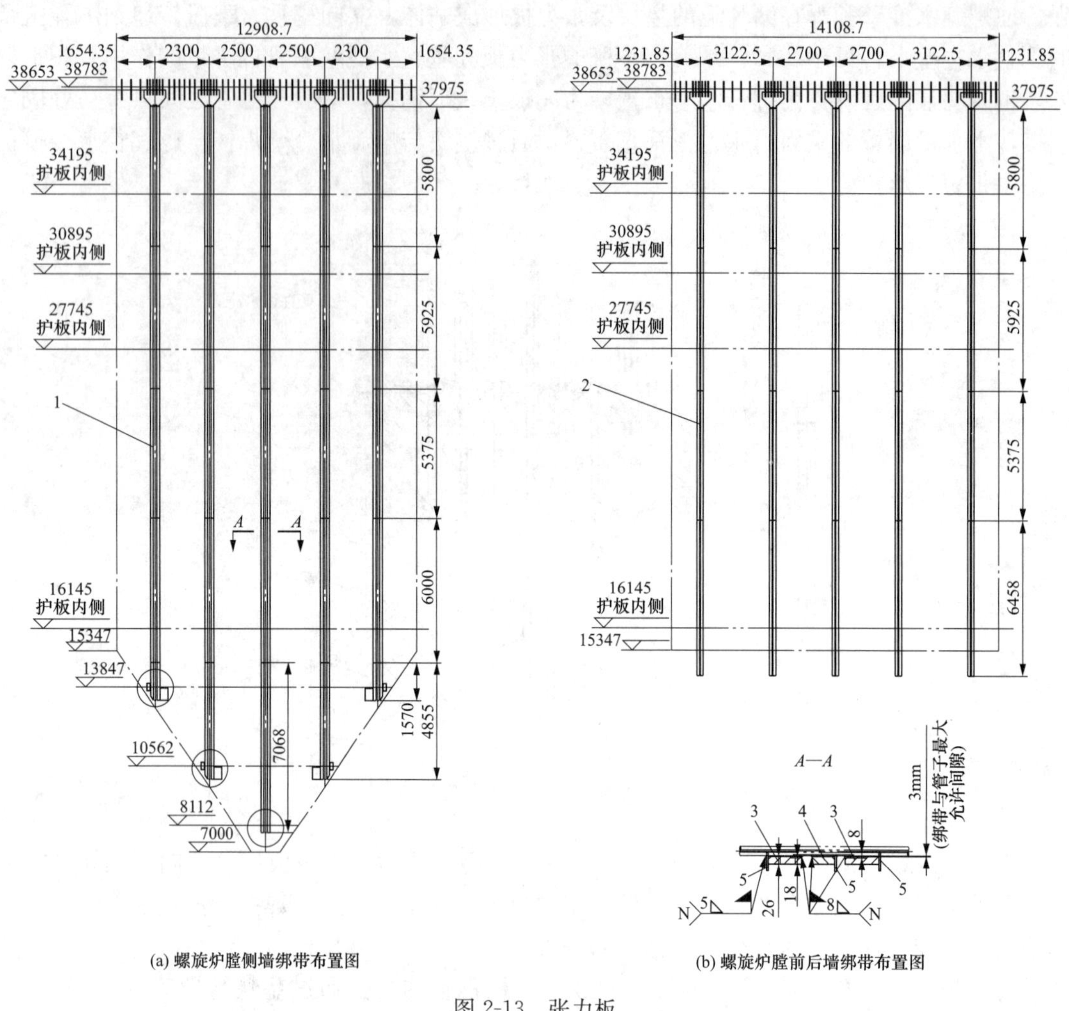

(a) 螺旋炉膛侧墙绑带布置图　　(b) 螺旋炉膛前后墙绑带布置图

图 2-13　张力板

1—侧墙张力板；2—前后墙张力板；3—两边钢板；4—中间钢板；5—定位扁钢

(3) 水平刚性梁的角部连接。螺旋水冷壁水平刚性梁的角部连接有两种，一种是风箱外刚性梁的角部连接，这种角部连接与垂直墙管水平刚性梁的角部连接相似，由护板、角部支撑板、连接板、端板及销轴组成，由于螺旋水冷壁无内绑带，两个护板借助垫块焊接在螺旋水冷壁上，角部支撑板焊接在两个护板上，两个端板分别焊在两水平刚性梁端部，角部支撑板和端板由连接板通过销轴连接起来，形成一个完整的刚性梁体系；另一种是风箱内刚性梁的角部连接，由于风箱内的刚性梁为组合结构，这种角部连接是同层相邻刚性梁直接采用铰接，与螺旋水冷壁无关。

2. 锅炉大风箱

早期生产的锅炉都是用热风管道将空气预热器出口的热风送到各个燃烧器，通常一根热风管道供一个（或几个）燃烧器，由于每根热风管道的长度和走向很难完全相同，造成每根热风管道的流动阻力不同，使得每个燃烧器的入口风压很难完全相同；即使同一根热风管道供风的不同燃烧器，位于前面燃烧器的风道内流速比位于后面燃烧器的风道内流速高得多，位于前面燃烧器入口的动压高而静压低，位于后面燃烧器入口的动压低而静压高，造成同一根热风管道供风的两个燃烧器的入口风压不同。在这种情况下，运行中要对每个燃烧器的风量进行单独调整才能满足燃烧要求，负荷一旦变化各燃烧器的风挡板又得重新调整，实际运行中很难保持燃烧最佳工况。为了解决这一问题，现代大型锅炉普遍采用大风箱提供二次风。

锅炉大风箱是将锅炉的二次风箱布置在炉膛四周，将所有燃烧器都布置于大风箱内，空气预热器出口热风经对称的两侧风道与大风箱连接，由于大风箱的流通截面大，流速低，流动阻力和动压小，使每个燃烧器入口的风压差减小到可以忽略不计的程度，只要每个燃烧器风挡板的开度相同，就可确保每个燃烧器的风量相等，给燃烧调整带来了很大方便。当锅炉负荷变化时，只要调整风机的出力，就可使大风箱内每个燃烧器的配风量同步均匀地变化，以满足低氧燃烧时对燃烧器配风量调整的要求。锅炉大风箱有利于燃烧器配风，但使该区域刚性梁布置及炉墙密封比较复杂。风箱、刚性梁布置见图 2-14。

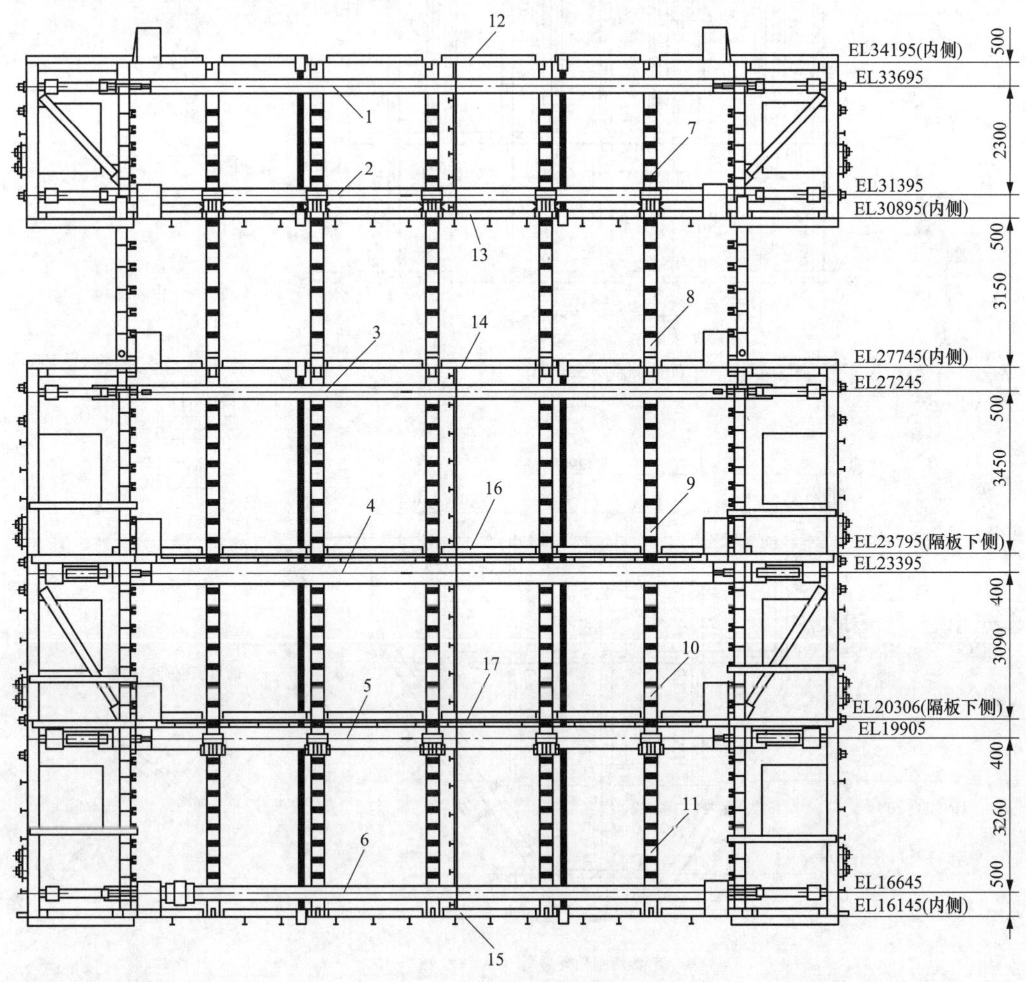

图 2-14 风箱、刚性梁布置

1—21 号刚性梁；2—22 号刚性梁；3—23 号刚性梁；4—24 号刚性梁；5—25 号刚性梁；6—26 号刚性梁；7—21～22 号刚性梁之间小立柱；8—22～23 号刚性梁之间小立柱；9—23～24 号刚性梁之间小立柱；10—24～25 号刚性梁之间小立柱；11—25～26 号刚性梁之间小立柱；12—燃尽风箱上部连接；13—燃尽风箱下部连接；14—大风箱上部连接；15—大风箱下部连接；16—风箱上层隔板；17—风箱下层隔板

（三）下部刚性梁

下部刚性梁是指与锅炉冷灰斗折点至水冷壁入口集箱之间水冷壁相连接的刚性梁，侧墙装有3层下部水平刚性梁，前后墙装有两层下部水平刚性梁，见图2-15。由于冷灰斗处的水

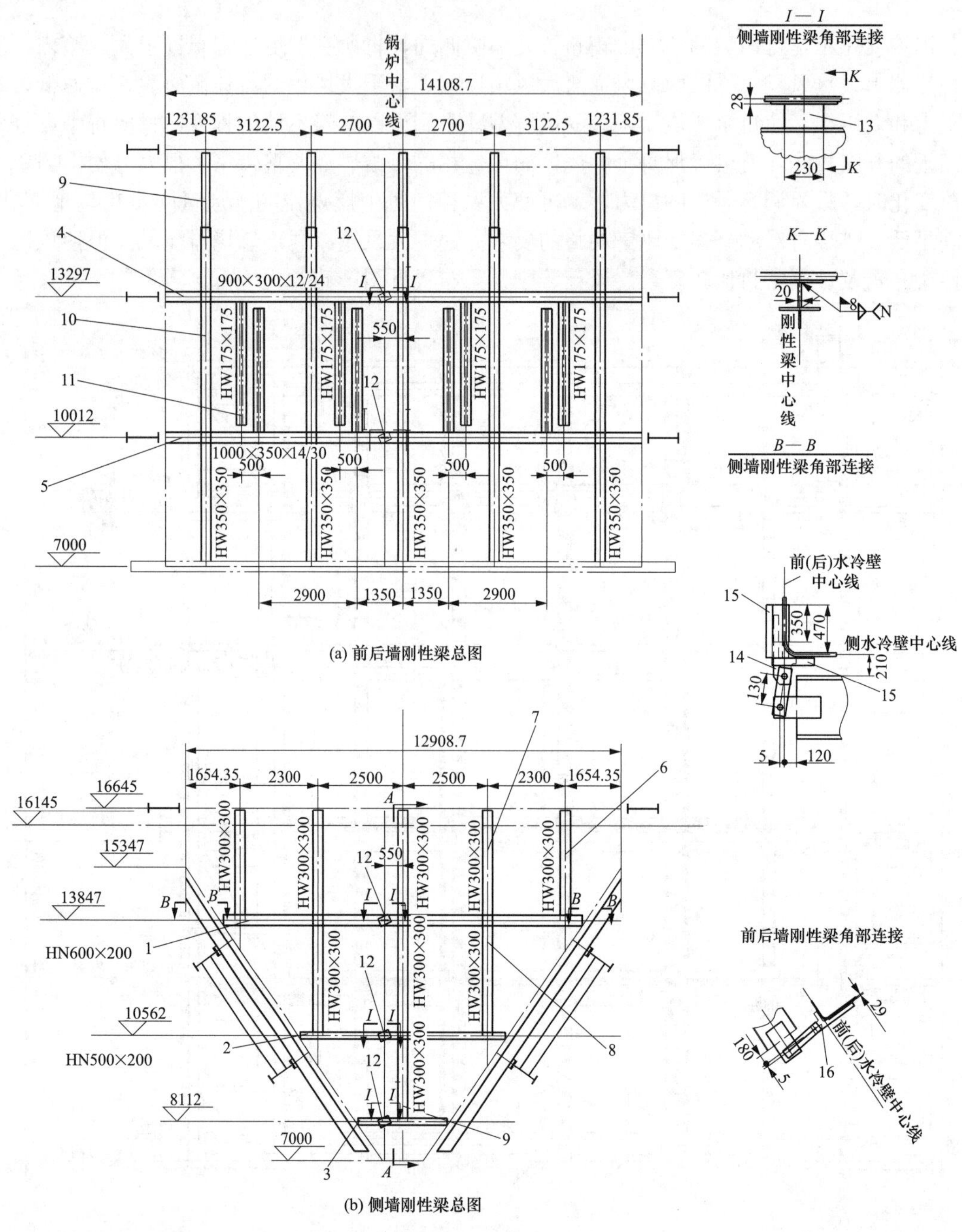

图2-15　下部刚性梁

1—侧墙下部刚性梁（一）；2—侧墙下部刚性梁（二）；3—侧墙下部刚性梁（三）；4—前后墙下部刚性梁（一）；5—前后墙下部刚性梁（二）；6—前后墙小立柱（一）；7—前后墙小立柱（二）；8—前后墙小立柱（三）；9—侧墙小立柱（一）；10—侧墙小立柱（二）；11—侧墙小立柱（三）；12—刚性梁锚点；13—钢板；14—侧墙角部连接；15—板拼槽钢；16—前后墙角部连接

冷壁为螺旋管，并且侧墙水冷壁布置于垂直平面，前后墙水冷壁布置于与水平方向成55°角的平面。因此，侧墙下部刚性梁与中部刚性梁的结构相似，前后墙下部刚性梁与中部刚性梁的结构不同。

1. 侧墙刚性梁

两侧墙各装有3层水平刚性梁，分别为27、28、29号刚性梁，各层水平刚性梁之间通过小立柱连接，水平刚性梁和小立柱的连接方法与中部刚性梁和小立柱的连接方法相似。

2. 冷灰斗前后墙刚性梁

冷灰斗前后墙各装有两层水平刚性梁，分别为30、31号刚性梁。由于冷灰斗螺旋管的前后墙在标高15347mm处有55°折角，所以前后下部刚性梁与侧墙下部刚性梁不同，主要表现在以下几个方面：一是张力板到标高为14387mm处终止，二是小立柱到标高为14747mm处与张力板形成铰接，三是在前后墙每根张力板下端内侧与冷灰斗前后墙上对应安装的一斜柱焊接（斜柱与水平成55°角），四是冷灰斗折角以下的前后墙螺旋水冷壁用支撑钢板固定。支撑钢板与张力板相对应，前后墙各5根。支撑钢板的规格为32mm×152mm×9900mm，支撑钢板上端与螺旋水冷壁之间有一扣式连接，扣式连接以下为24个插销连接。前后墙下部刚性梁见图2-16。

四、锅炉的膨胀测量

锅炉本体装有34个三向膨胀指示器测量各部位的膨胀情况，各膨胀指示器的安装位置及膨胀量见表2-7。

五、锅炉膨胀系统的安装与维护注意事项

锅炉各部位的有序膨胀是靠膨胀系统的正常工作实现的，若锅炉膨胀受阻会使锅炉墙管应力增加；当应力增加到一定程度时会造成锅炉墙管泄漏。由于锅炉建成后膨胀系统被保温材料和护板覆盖，即使膨胀系统异常也很难发现；如果安装过程中把关不严，将会后患无穷。因此，在锅炉安装和锅炉检修时，必须保证锅炉膨胀系统的安装质量。

（1）安装水平刚性梁之前，必须先将墙管校正，再安装刚性梁。不能用水平刚性梁来校正墙管，否则刚性梁附件安装困难，致使膨胀受阻，影响锅炉正常膨胀。

（2）在刚性梁固定夹150mm区域内，不得焊接其他零件，以免发生卡塞，影响墙管膨胀。

（3）水平刚性梁安装完成后，安装保温前要检查刚性梁固定夹与水平刚性梁翼缘的间隙是否与图纸相符。必须抽出刚性梁固定夹位置的临时垫片，不得遗漏，垫片抽出后，如刚性梁固定夹与刚性梁翼缘间的间隙错误时，必须进行校正。防止墙管和水平刚性梁之间发生膨胀受阻，导致锅炉在运行时引起墙管撕裂。

（4）安装刚性梁角部结构时，必须要保证角度要求，保证连接板两销轴孔的偏移量。如果角部结构开孔过大或销轴过小，需要更换以保证安装质量，防止由于销轴孔和销轴间隙过大，角部无法持续传递受力，引起炉膛压力波动时产生振动。如果连接板或端部开孔过小，无法正常安装销轴时，可以机械加工扩孔，不允许火焰切割扩孔。

（5）所有导向装置的整套结构应有足够的强度，焊接牢固，无歪斜、变形、损坏等。

（6）膨胀指示器应安装牢固，刻度要清晰、正确。指针应有很好的刚性，其尖端与刻度板面可保持5mm的间隙，检修后应校正到零位，并做好零位标记。

（7）检查膨胀中心各层止晃装置连接构件与墙管的连接情况，如有脱焊、变形的应进行修复和加固，同时检查炉顶各吊点的膨胀间隙和方向，应符合设计要求。

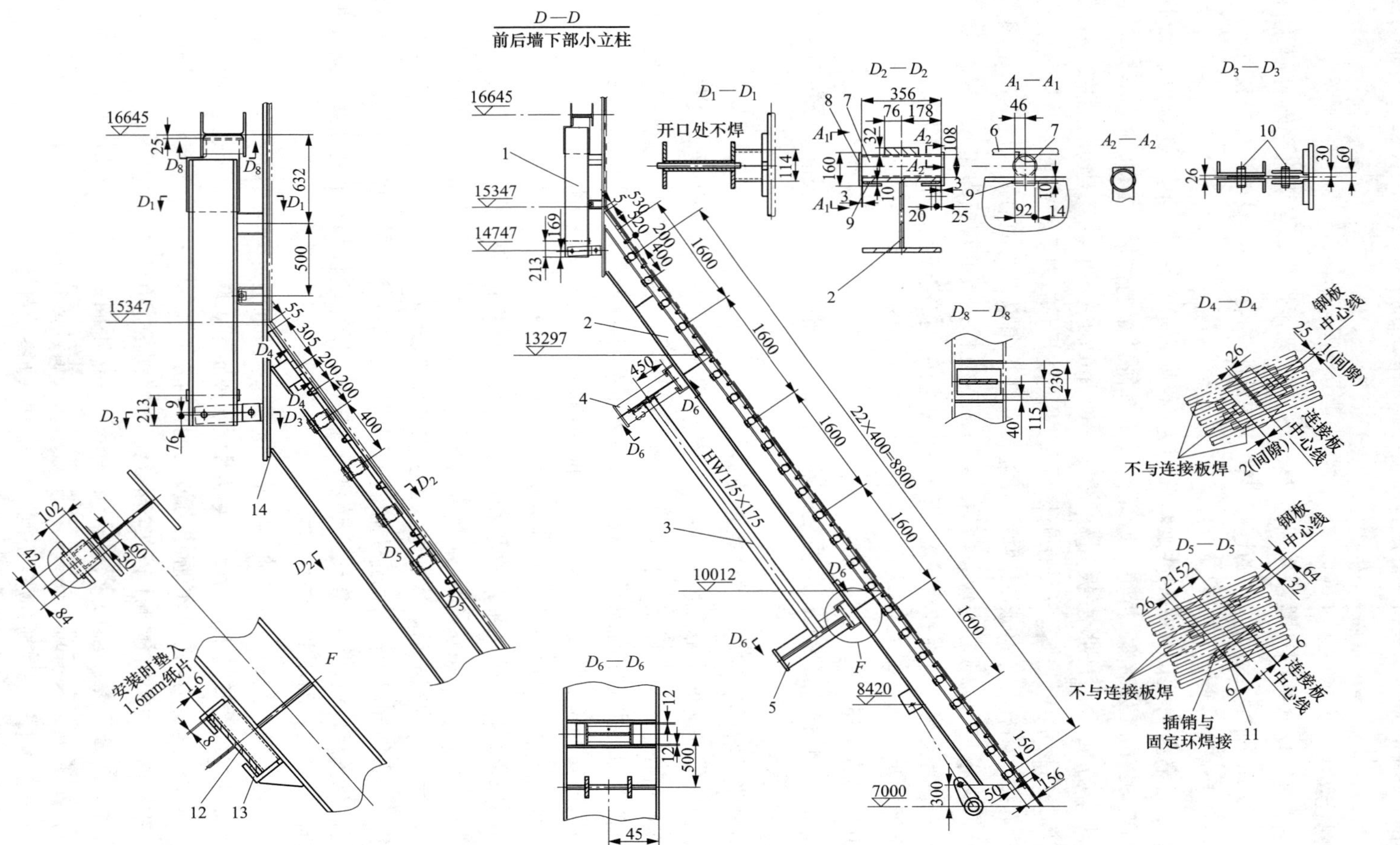

图 2-16　前后墙下部刚性梁

1—前后墙下部刚性梁小立柱；2—前后墙下部刚性梁斜柱；3—前后墙下部刚性梁校平装置；4—前后墙下部水平刚性梁（30 号）；5—前后墙下部水平刚性梁（31 号）；6—内绑带；7—钢管（ϕ108）；8—角钢；9—垫板；10—销轴；11—插销；12—方钢；13—板钩；14—连接板

表 2-7　　　　锅炉膨胀指示器的安装位置及膨胀量　　　　mm

序号	安装位置	方位	膨胀量		
			X（前后）	Y（上下）	Z（左右）
1	上层燃烧器	左前	−94	−294	−33
		左后	31	−294	−33
		右前	−94	−294	33
		右后	31	−294	33
2	中层燃烧器	左前	−94	−317	−33
		左后	31	−317	−33
		右前	−94	−317	33
		右后	31	−317	33
3	下层燃烧器	左前	−94	−337	−33
		左后	31	−337	−33
		右前	−94	−337	33
		右后	31	−337	33
4	燃尽风燃烧器	左前	−94	−240	−33
		左后	31	−240	−33
		右前	−94	−240	33
		右后	31	−240	33
5	水冷壁入口集箱	左前	−40	−389	−44
		左后	−23	−389	−44
		右前	−40	−389	44
		右后	−23	−389	44
6	下降管下端		−14	−347	51
7	包墙入口集箱	左前	26	−160	−33
		左后	95	−160	−33
		右前	26	−160	33
		右后	95	−160	33
8	省煤器入口集箱	右侧	34	−165	33
9	贮水箱下端		62	−129	1
10	竖井灰斗下部	左前	67	−220	11
		左后	87	−220	11
		右前	67	−220	31
		右后	87	−220	31
11	再热器入口集箱	左侧	34	−165	−33
12	再热器出口集箱	左侧	12	−23	−49
13	过热器出口集箱	左侧	−2	−24	−49

(8) 刚性梁与墙管之间的空隙应填充和压实硅酸铝棉，并使其与壁面和角部的保温层结合严密，但不得有卡涩现象。

第三节　锅炉的支吊系统

大型锅炉采用全悬吊方式，通过支吊系统将设备吊挂在顶部板梁上。支吊系统的作用是合理承受设备的自重，确保设备的应力在允许范围内；增加设备的稳定性，避免过大的挠度变形和振动；控制和约束设备热位移的大小或方向，并承受由此而引起的力和力矩。支吊系统由各种支吊架组成。

一、支吊架的构成

支吊架由管道连接部件（简称“管部”）、功能件、中间连接部件（简称“连接件”）和承载结构生根部件（简称“根部”）4 部分组成。

1. 管部

管部是指支吊装置与管道直接连接部件，按支吊架与管道的连接方式管部可分为整体型和非整体型两种。整体型管部连接件（如吊板、支腿及不带管夹的支座、托座、管座等）与管道铸造、锻造或焊接成整体，通常选用与管道材料相同（或相当）的材料制作管部连接件；焊接式管部连接件增加了焊接和焊缝检验工作量，是不推荐使用的结构型式，通常只用于次要的碳钢管道上；但在特殊情况下（如限制角位移的限位装置等）就不得不采用焊接式管部结构。非整体型管部连接件（如管夹、管箍、管卡、管托等）采用夹持或支托的方式与管部连接并传递管道载荷；非整体型管部连接件安装方便，容易调整，可大大减少现场施工工作量，缩短建设周期，是广泛推荐使用的结构型式。

2. 功能件

功能件是实现各种类型支吊架功能的部件。例如，承重支吊架的恒力弹簧组件和变力弹簧组件、振动控制装置的减振器和阻尼器等都是常用的功能件。

3. 连接件

连接件是用于连接管部、功能件和根部的部件。连接件按其连接方式可分为夹持式、焊接式、螺纹连接式、销（轴）孔式、埋（嵌）入式、滚滑式等类型。

4. 根部

根部是与承载结构直接相连的部件。通常情况下，尽量将管道支吊装置直接固定（生根）在承载结构上。

二、支吊架的载荷

支吊架的载荷是指作用在支吊架的力和力矩，管道在工作过程中，支吊架的载荷包括管子重量、阀门的重量、管件的重量、保温材料的重量、管内介质的重量（一般只考虑液体的重量，气体的重量忽略不计）、弹簧支吊架作用于弹簧的附加力、弹簧支吊架的转移载荷、滑动支架的摩擦力、管道热胀冷缩热位移产生的力和力矩、设备热位移产生的力和力矩、介质产生的作用力（如排气管和安全阀产生的排放反力）等。通常把支吊架的载荷分为工作载荷、安装载荷和结构载荷 3 类。

1. 工作载荷

工作载荷是管道正常工作时（热态），按支吊架布置情况分配给该支吊架的载荷。对于不承受附加力和力矩的支吊架（如恒力吊架），工作载荷就是该支吊架工作时的实际载荷。工作载荷是计算支吊架其他载荷的基础。

2. 安装载荷

安装载荷是管道处于安装状态时（冷态），支吊架承受的管道自重。它与工作载荷的差别在于，管道在热态和冷态时的自重载荷的转移变化。例如，对于向下热位移的弹簧支吊架，安装载荷小于工作载荷；对于向上热位移的弹簧支吊架，安装载荷大于工作载荷；而恒力支吊架的安装载荷和工作载荷相等。

3. 结构载荷

结构载荷是修正后的工作载荷加上同时作用于支吊架的有关附加力和力矩。锅炉设计时，应按结构载荷选用支吊架。对附加力和力矩（除工作载荷以外的所有力和力矩），应根据不同支吊架型式和具体的使用条件分别考虑，取其中对支吊架结构最不利的组合。

三、支吊架的分类

管道由冷态到热态时，由于温度升高而膨胀，支吊架的支吊点产生相应的移动，这就是支吊点的热位移。管道的热胀一般是受到制约的，管道引起热胀应力可能导致管道局部位置的热应力超标，为防止这一情况发生，可采用补偿装置补偿和选用合理的支吊架。选择合适的补偿装置，结合管系自身柔性产生弯曲和扭转变形实现自补偿；选择支吊架时，应根据支吊架的垂直热位移的大小和方向确定支吊架的类型，支吊架按其作用分为承重、限制管道位移、控制管道振动三大类。

（一）承重支吊架

承重支吊架就是承担设备重量的支吊架，按其承力方式分为支架、吊架两种；按其是否允许垂直方向的管道热位移分为刚性支吊架和弹性支吊架。

1. 刚性支吊架

刚性支吊架是用以承受管道自重载荷，并约束管系在支吊点处垂直位移的吊架。刚性支吊架适用于没有垂直热位移或垂直热位移很小的场合，当垂直热位移较大时，如果采用刚性支吊架，可能造成支吊架脱空，起不到支吊架应有的作用；或者由于支吊架处的热胀力过大造成管道应力和设备受力超标，以及支吊架载荷过大使支吊架难以承受，在这种情况下，必须选用弹簧支吊架。通常情况下，支点垂直位移小于 2.54mm 时可用刚性支吊架。刚性支吊架由管道连接部件、中间连接部件和承载结构生根部件三部分组成，与弹性支吊架相比，没有功能件。刚性支吊架能承受较大的载荷，保持管道位置不下沉，增强管道系统的刚性和减少管子的振动。

2. 弹性支吊架

支点垂直位移大于 2.54mm 时采用弹性支吊架，弹性支吊架又分为变力弹簧支吊架和恒力弹簧支吊架。管道在支承点处有垂直位移，且载荷变化率允许大于 6%时，应选用变力弹簧支吊架；当要求载荷变化率不大于 6%时，应选用恒力弹簧支吊架。

（1）变力弹簧支吊架。变力弹簧支吊架（简称弹吊）主要用于有垂直位移的动力管道或设备的支吊，图 2-17 所示为变力弹簧支吊架结构。

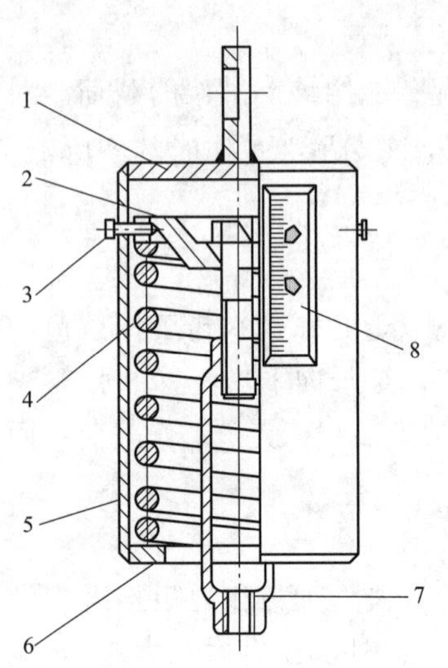

图 2-17　变力弹簧吊架结构

1—顶板；2—弹簧压板（兼指示用）；3—锁定销；4—弹簧；5—弹簧罩壳；6—底板；7—花兰螺母；8—铭牌

变力弹簧支吊架按弹簧的形式可分为圆柱螺旋弹簧式和碟形弹簧式两种，按整定方式可分为整定式和简易式两种。简易式弹簧支吊架的弹簧全变形量较小，且不设载荷（或位移）指示牌和行程锁定装置，这种弹簧组件可用于垂直位移不大和不需作精确的载荷及位移计算的地方。对于重要的热力管道，如锅炉的四大管道（给水管道、主蒸汽管道、再热器入口管道及再热器出口管道）以及管内压力较大的管道，必须采用整定式弹簧支吊架，且一般都使用圆柱螺旋式弹簧。整定式弹簧支吊架组件应设有载荷和行程指示牌，并预先设定“热”和“冷”态位置的标志。弹簧组件装有防止弹簧过应力或脱载的限位设施和水压试验用的锁定装置，按支吊架冷态载荷整定并锁定。

变力弹簧支吊架的荷重随管子垂直位移的变化而变化，管道在温度变化等原因发生位移时，会受到弹簧支吊架的附加力，垂直位移越大，支承力的变化也越大，弹簧支吊架适用于管道垂直位移不太大的地方。通常所说的变力弹簧支吊架主要是指整定式弹簧支吊架，可变弹簧支吊架标准载荷为 35～240627N，行程小于 120mm。

1）变力弹簧支吊架的分类。变力弹簧支吊架通常有以下 4 种分类方法：NB/T 47039—2013《可变弹簧支吊架》以 TD 型分类，华东电力设计院《管道支吊架手册》以 TH 型分类，西北电力设计院《管道支吊架手册》以 T 型分类，各系列的基本特性相同。现以 TD 型变力弹簧支吊架为例介绍，TD 型变力弹簧支吊架按安装方式的不同可分为 A、B、C、D、E、F、G 7 种型式，见图 2-18。

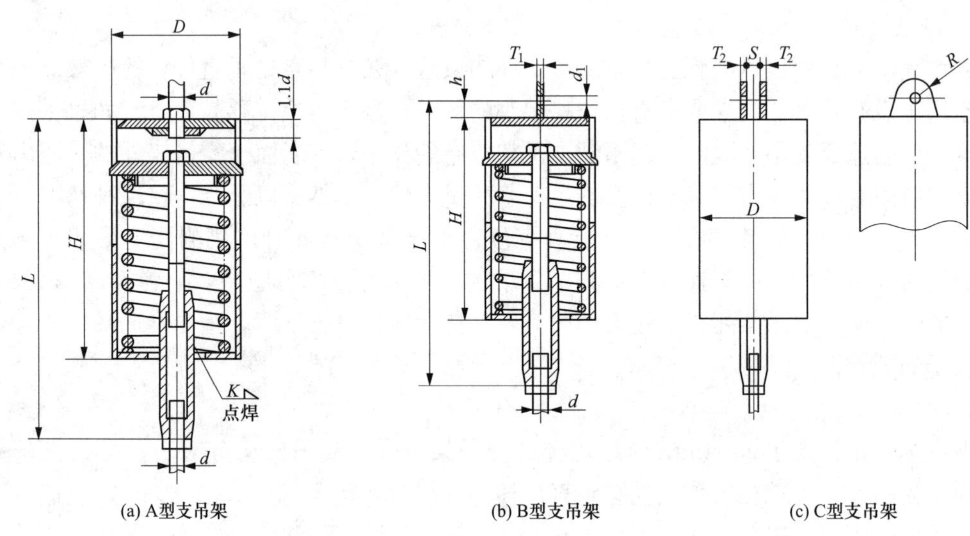

(a) A型支吊架　(b) B型支吊架　(c) C型支吊架

图 2-18　变力弹簧支吊架（一）

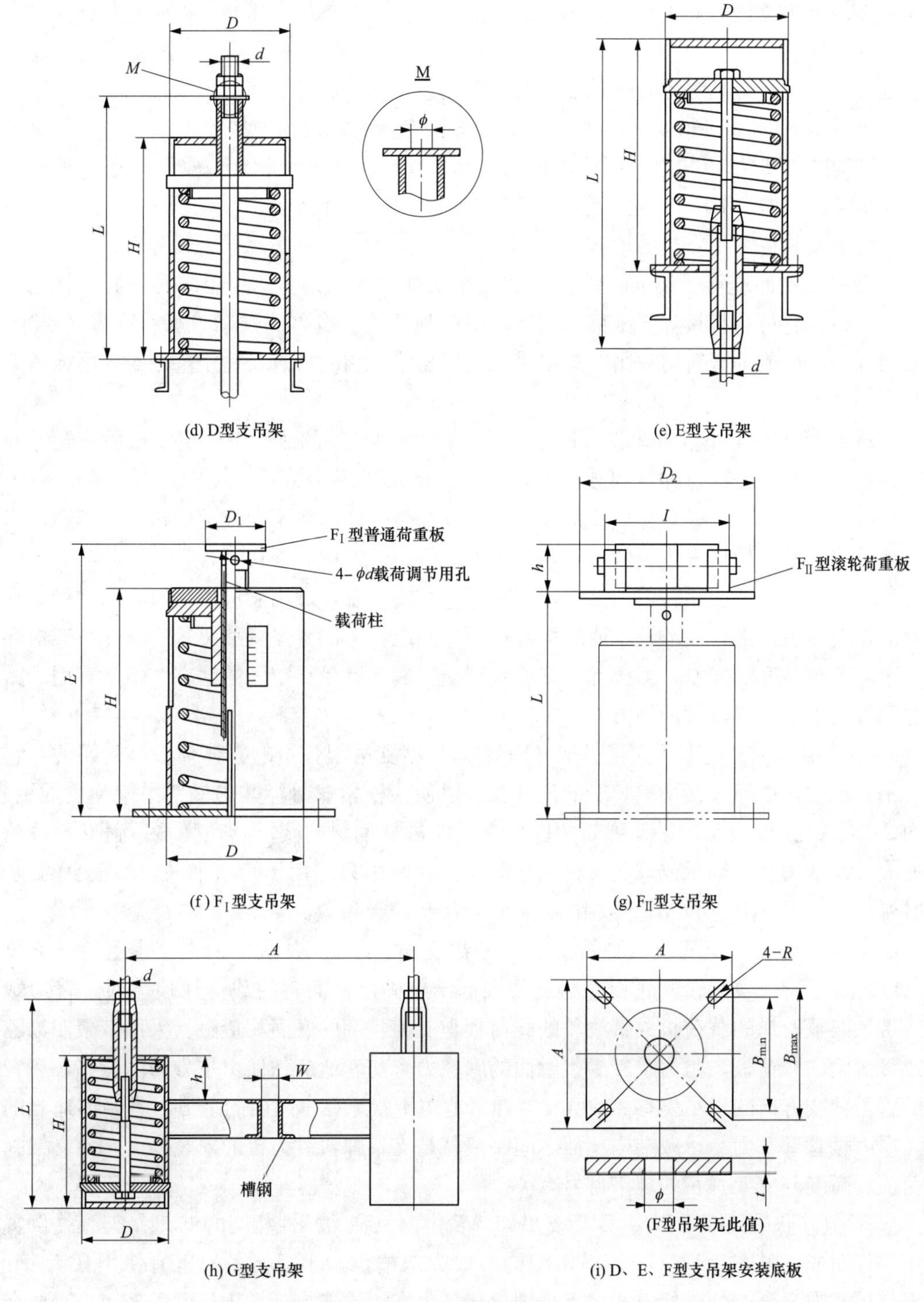

图 2-18 变力弹簧支吊架（二）

a. 螺纹型中间连接吊架（A 型）。A 型支吊架弹簧顶部有一阴螺纹，可与上部的螺纹吊杆相连，适用于安装位置比较宽裕的地方，见图 2-18（a）。由于它的顶部和底部都与螺纹拉杆相连，所以能安装在便于检查之处。在吊架密集地区的弹簧吊架，其弹簧组件可设置在相同的标高，使布置整齐美观。与其相连的上部吊杆在与根部机构连接处，应配置允许吊杆摆动的部件（如吊环螺母或球面与锥面垫圈组件），以免管道水平位移时，吊杆受力弯曲。在上下螺纹连接处应有足够的旋合长度并要配置锁紧用的薄螺母，在安装调整后将其锁紧。

b. 单吊板中间连接吊架（B 型）。B 型支吊架弹簧的顶部为一块单眼吊板，可与直接焊于根部结构的 U 形吊板相连，也可倒过来与水平管道单吊杆长管夹或垂直管道双吊杆长管夹相连，见图 2-18（b）。因此，它的布置比较紧凑且连接件较少，是较常用的结构型式，特别适用于安装位置不宽裕的地方。

c. 双吊板中间连接吊架（C 型）。C 型支吊架弹簧的顶部为两块单眼吊板和圆柱销，见图 2-18（c）。它可与直接焊于根部结构的单眼吊板相连，也可倒过来与水平管道（或弯管）单吊架焊接吊板或垂直管道双吊杆焊接吊板直接相连。它的特点及适用范围与单吊板吊架弹簧基本相同。

d. 吊杆调节型上下连接吊架（D 型）。D 型支吊架弹簧的压盖上固定一根载荷管并伸出壳体顶板，螺纹吊杆穿过弹簧和载荷管，直接用螺母来调节载荷，见图 2-18（d）。由于它是直接搁置在梁的顶面或管部横担的底面，所以弹簧壳体固定不动或随横担一起移动，当管道水平位移时螺纹吊杆发生偏斜，不再与吊架弹簧组件的中心线相吻合，吊杆载荷与弹簧载荷也产生差异。为适应吊杆偏斜（一般不超过 4°）的要求，载荷管应有足够大的内径，在载荷管的顶端应装设推力关节轴承或球面及锥面垫圈组件。D 型弹簧吊架适用于支吊架根部与管部之间净空高度受限制，而根部上部或管部横担底部有足够空间的地方，但不宜用于露天布置和管道水平位移较大的地方。

e. 松紧螺母调节型上下连接吊架（E 型）。E 型支吊架弹簧的壳体顶板是封闭的，它的载荷吊杆长度比中间连接吊架弹簧的吊杆长，以便让松紧螺母能露出搁置吊架弹簧的钢梁，见图 2-18（e）。与 D 型支吊架弹簧相同，为适应吊杆偏斜的要求，在弹簧压盖支承载荷吊杆处应装设推力关节轴承或球面及锥面垫圈组件。否则只能用于管道水平位移很小的地方。E 型支吊架适用范围与 D 型基本相同，但它可用于露天布置。

f. 支架（F 型）。F 型支架弹簧安装于支架管部的下方，从底部向上支承管道，见图 2-18（f）、图 2-18（g）。它的底板应与支架根部结构固定，而它的载荷柱顶端通过普通载荷板、带聚四氟乙烯的载荷板或带滚轮的载荷板与支架管部的底面相接触。采用带聚四氟乙烯板或带滚轮的载荷板，是为了减少接触面的摩擦力。前者适应任何水平方向的位移，后者适应沿管道轴线方向的水平位移。F 型支架弹簧适用于管道在承载面的上方，且距离适当的地方。原因是管部底面与承载结构顶面之间距离就是支架弹簧载荷板的安装高度，而支架弹簧载荷板的高度与支架弹簧的规格型号有关。

g. 横担并联吊架（G 型）。G 型支吊架弹簧由两只弹簧特性相同的 E 型吊架弹簧倒置和横担连接而成，见图 2-18（h）。横担结构一般为双槽钢，小规格吊架也有使用 T 型钢的。横担与吊架弹簧壳体的连接方式大多采用焊接，也有螺栓连接。横担长度可随用户需要在一定范围内变化。G 型支吊架弹簧适用于水平管道双吊杆吊架。它可节省安装空间和缩短横担长度，还能保证两只吊架弹簧的弹簧特性相同。

2）变力弹簧支吊架的选用原则。从变力弹簧支吊架的分类可知，A、B、C 型支吊架为悬吊型，吊架上端用吊杆生根，下端用松紧螺母和吊杆连接管道；D、E 型支吊架为搁置型，底座搁置在梁或楼板上，下方用吊杆悬吊管道；F型支吊架为支撑型，座于基础平面或钢结构上，顶部支撑管道，F型支吊架分为普通型和带滚轮型两类，当管道水平位移大于6mm时，建议采用带滚轮型或采用聚四氟乙烯板；当管道上方不能直接悬挂弹簧吊架或没有足够的高度，且管道有水平位移以及载荷超出系列范围时，可采用G型吊架，使用G型吊架应以计算载荷的一半作为选择吊架编号的依据。通常按以下原则选择变力弹簧支吊架：①荷重变化不应超过工作荷重的25%；②弹簧的安装荷重或工作荷重不应大于弹簧的最大允许荷重；③弹簧串联安装时，应选用最大允许荷重相同的弹簧；并联安装时，应选用相同的型号，其荷重由两侧弹簧平均承担；④在弹簧特性能承受支吊架的冷态载荷和热态载荷，而且载荷变化系数不超过规定值的前提下，力求选用较小规格的弹簧；⑤根据生根部位的结构形式和管道的空间位置结合各种类型弹簧的特点，选定弹簧支吊架的形式。

3）变力弹簧支吊架型号的编制方法。根据NB/T 47039—2013《可变弹簧支吊架》的规定，第一组字母表示变力弹簧支吊架代号，第二组数字表示支吊架工作位移范围系列（30、60、90、120），第三组字母表示支吊架型式（A、B、C、D、E、F1、F2、G），第四组表示支吊架编号（0～24）。例如，TD30A7表示允许工作位移范围为30mm、上螺纹悬吊型的可变弹簧吊架、7号。

（2）恒力弹簧支吊架。恒力弹簧支吊架（简称恒吊）根据力矩平衡原理设计，在许可的负载位移下，负载力矩和弹簧（或重锤）力矩始终保持平衡。对用恒吊支承的管道和设备，在发生位移时，可以提供恒定的支承力，因而不会给管道设备带来附加应力。

1）恒力弹簧支吊架的特点。恒力弹簧支吊架有以下特点：

a. 当弹簧支吊点存在位移时，弹簧载荷始终保持不变。

b. 弹簧安装载荷和工作载荷相同，可用于受力要求苛刻的场合。

c. 可满足较大的位移量，当管道系统内某吊点的热位移大于60mm时，宜选用恒吊来支承，以避免管道系统产生弯曲应力及应力转移。

2）恒力弹簧支吊架的构成。恒力弹簧支吊架主要由圆柱螺旋弹簧、固定框架、回转框架及运动机构、调节装置、弹簧罩筒等组成，图2-19所示为恒力弹簧支吊架的典型构成。

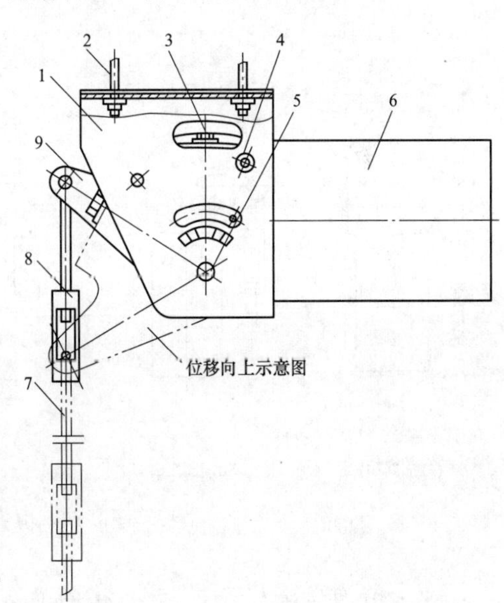

图2-19　恒力弹簧支吊架的典型构成

1—固定框架；2—生根螺栓；3—调整螺栓；4—固定销轴；5—主轴；6—弹簧罩筒；7—吊杆螺栓；8—松紧螺母；9—回转框架

3）恒力弹簧支吊架的分类。根据NB/T 47038—2019《恒力弹簧支吊架》的规定，恒力弹簧支吊架按型式不同分为平式（PA、PB、PC、PE）、平座式（PD）、立式（LA、LB、LC、LE）、立座式（ZA、ZB）4种，见图2-20。

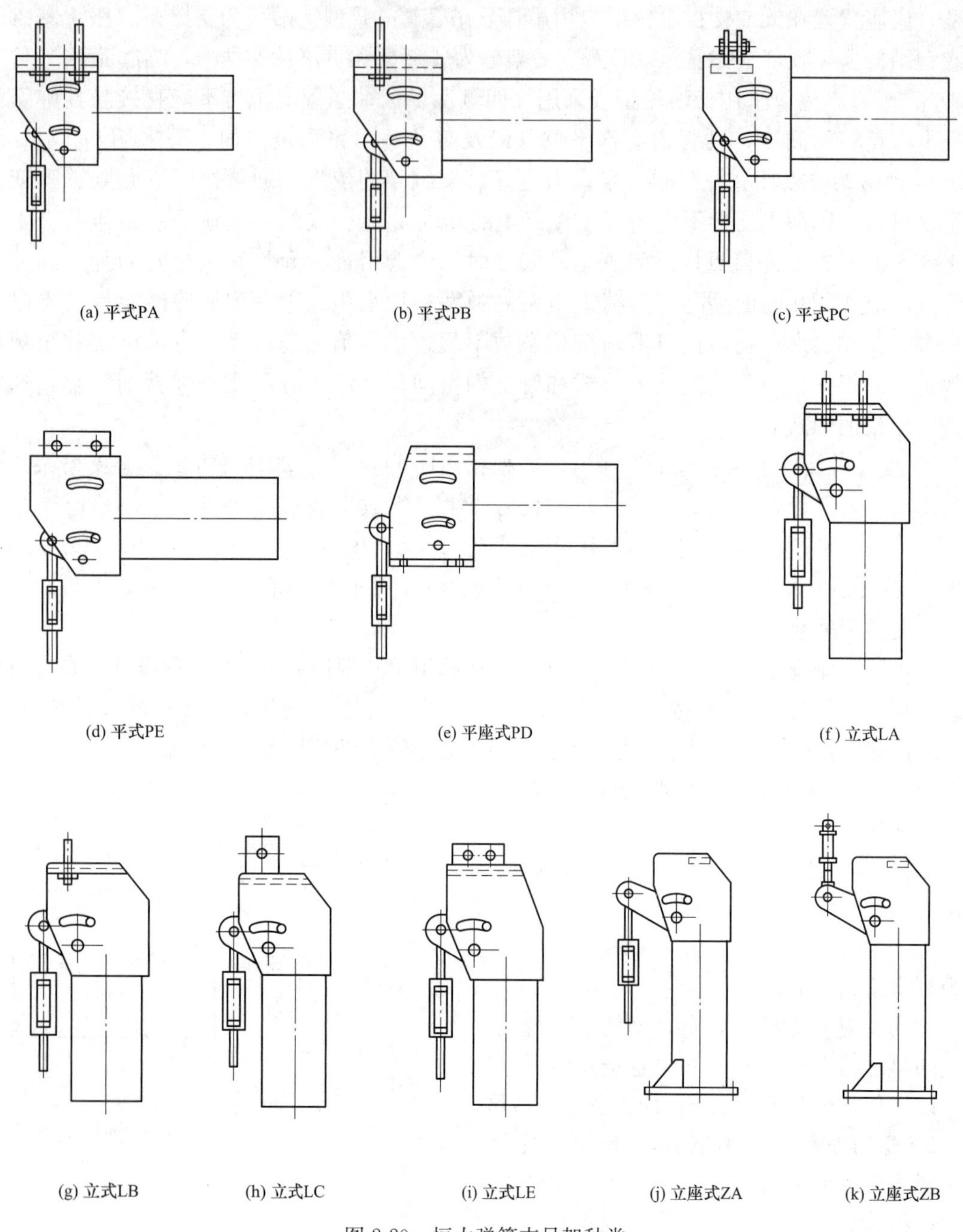

图 2-20　恒力弹簧支吊架种类

a. 平式恒力弹簧支吊架。平式恒力弹簧支吊架分 PA、PB、PC、PE 4 种，载荷范围为 123～364120N，位移范围为 50～400mm。PA 型固定框架顶板用双螺纹吊杆与支承构件连接，悬吊下面管道和设备；PB 型固定框架顶板用单螺纹吊杆与支承构件连接，悬吊下面管道和设备；PC 型固定框架顶板用单孔耳板与支承构件连接，悬吊下面管道和设备；PE 型固定框架顶板用双孔耳板与支吊构件连接，悬吊下面管道和设备。

b. 平座式恒力弹簧支吊架。平座式恒力弹簧支吊架只有 PD 一种，载荷范围为 1597～

364120N，位移范围为60～400mm。PD型固定框架底板安装在支承构件上，悬吊下面管道和设备。

c. 立式恒力弹簧支吊架。立式恒力弹簧支吊架分LA、LB、LC、LE 4种，载荷范围为123～29936N，位移范围为50～400mm。LA为固定框架顶板用双螺纹吊杆与支吊构件连接，悬吊下面管道和设备；LB为固定框架顶板用单螺纹吊杆与支吊构件连接，悬吊下面管道和设备；LC为固定框架顶板用单孔耳板与支吊构件连接，悬吊下面管道和设备；LE为固定框架顶板用双孔耳板与支承构件连接，悬吊下面管道和设备。

d. 立座式恒力弹簧支吊架。立座式恒力弹簧支吊架分ZA和ZB两种。ZA为弹簧罩筒底板安装在支承构件上，悬吊下面管道和设备，载荷范围为1098～83133N，位移范围为80～400mm；ZB为弹簧罩筒底板安装在支承构件上，支承上方的管道和设备，载荷范围为1098～99754N，位移范围为60～400mm。

4）恒力弹簧支吊架型号的编制方法。根据NB/T 47038—2019《恒力弹簧支吊架》的规定，标准恒力弹簧支吊架的型号由下列5个部分组成：第一组字母表示支吊架的型式代号（一个汉语拼音字母加一个英文字母）；第二组数字表示支吊架的编号/载荷（标准载荷可以省略）；第三组数字表示支吊架的标准位移值（具有双向位移吊架，表示总位移量）；第四组数字表示支吊架的位移方向，S表示位移向上，X表示位移向下（S=××，X=××，表示双向位移）；第五组字母与数字表示支吊架的吊杆螺纹规格（用M公称尺寸×螺距表示）。例如，PA35-150/18200X-M30（或PA35-150X-M30）表示形式为PA型、编号为35号、标准位移范围为150mm、标准载荷为18200N，平式A型恒力弹簧支吊架，位移方向向下，下接吊杆螺纹规格为M30。

5）选用恒力弹簧支吊架的注意事项。

a. 选择恒力弹簧支吊架时，应考虑支吊架本身需要的安装空间尺寸、管道和设备的布置要求。平式恒力弹簧支吊架适用于水平空间较大的地方；立式恒力弹簧支吊架适用于水平空间不大以及需要吊架垂直布置的地方；座式恒力弹簧支吊架适用于需要将支吊架安置在支撑构件上面、上支或下吊管道的地方。

b. 根据吊装（或固定）方式，恒力弹簧支吊架可分为双吊点吊架、单吊点吊架和座式支吊架。双吊点吊架固定牢固；单吊点吊架布置方便，安装时如遇障碍物，可以自由旋转，以避开障碍；座式支吊架可根据需要直接安置在支撑构件上面，但PD型需要较大的水平空间。

c. 各种恒力弹簧支吊架的吊杆相对于垂直方向允许有4°的摆动，以使吊架适应管道的水平位移。当管道从安装状态变到工作状态时，如果水平位移较大，恒力弹簧支吊架的吊杆应具有足够的长度以适应管道的水平位移。

d. 在选用恒力弹簧支吊架之前，应计算出支吊点从安装状态到工作状态的最大垂直位移量。

e. 当支吊载荷较大，单个恒力弹簧不能满足要求，或支吊点位于立管时，可选用两个相同规格的恒力弹簧并联安装；恒力弹簧不推荐采用串联。

管道在水压试验后，升温之前拔下固定销轴，使恒力弹簧进入正常工作状态。

（二）限制管道位移支吊架

限制管道位移支吊架分为导向装置、限位装置和固定支架。

1. 导向装置

导向装置是用于引导管道位移方向或要控制管道沿轴线转动的设备，对于水平管道它一般承受管道的重量，而对于垂直管道它不承受管道的重量。由于导向装置引导管道按一定的方向移动，它同时就具有了限制管道角位移的作用。导向装置可限制管道侧向位移，防止管件承受弯矩，增加管系的侧向稳定性。

2. 限位装置

限位装置是用于限制管道某一方向（或某些方向）位移的设备，它不承受管道的重量。限位装置可调整管道的应力分布、减小管道对设备的推力和简化管道支吊架的设计。不同结构型式的限位装置可限制管道某一方向或两个方向的线位移，也可同时限制某一、二个乃至三个方向的角位移。限位装置可以增加管系的稳定性，合理分配管系的位移。

3. 固定支架

固定支架是将管道在支吊点处完全约束而不产生任何线位移和角位移的刚性装置，实际上它是限位装置的一个特例。

（三）控制管道振动支吊架

控制管道振动支吊架分为减振装置和阻尼装置。

1. 减振装置

减振装置是用来控制管道低频高幅晃动或高频低幅振动，并且对管系的热胀或冷缩有一定约束作用的装置。减振装置采用弹簧减振器，其原理为弹簧预压在减振器壳体内，当管道无位移时，该预压产生的预紧力由减振器内部承受，不传递到管道上。当管道振动产生的振动力小于减振器的预紧力则减振器呈刚性，如产生的振动力大于减振器的预紧力时，则管道将发生位移，直至弹簧的反力与振动力相等。由此可见，只要减振器的预紧力大于管道可能产生的振动力，就能消除管道的振动；即使减振器的预紧力小于管道可能产生的振动力，也可减小管道的振动。

2. 阻尼装置

阻尼装置是用来承受管道地震载荷或冲击载荷，控制管系高速振动位移，同时允许管系自由热胀冷缩的装置。阻尼装置采用液压阻尼器，借助特殊设计的阻尼阀，对管道或设备的位移速度做出灵敏的反应，在管道或设备发生振动时，在1～33Hz频率范围内，阻尼器可以将直接作用在管道或设备上的冲击力转移到建筑结构上去；在管道或设备正常工况下，液压阻尼器允许管道或设备自由位移，不会给管道或设备带来附加的应力。

四、350MW热电联产机组锅炉的支吊系统

350MW热电联产机组锅炉采用悬吊式结构，锅炉本体吊挂在锅炉顶部板梁上，其他设备通过锅炉各层钢架进行独立支吊。锅炉的支吊系统设计时，必须根据锅炉各部件的膨胀情况及所处的位置选择合适的支吊方式。

（一）锅炉本体设备的支吊

由于锅炉的膨胀零点位于炉顶，各设备的吊点也位于锅炉顶部，各吊点的垂直膨胀很小，故锅炉本体设备的支吊多数采用刚性支吊架（个别部位采用简易式变力弹簧支吊架）。

1. 省煤器的支吊

（1）省煤器入口集箱的支吊。省煤器入口集箱位于竖井内灰斗上方，其支吊方式是通过竖井左右侧墙的支承钢板支承，支承钢板固定在竖井左右侧墙的护板上，将重力传给竖井侧包墙。为了确保省煤器入口集箱准确定位，在省煤器入口集箱右侧支吊处有 4 个抗扭块，抗扭块与钢板配合起到防扭作用，见图 2-21。

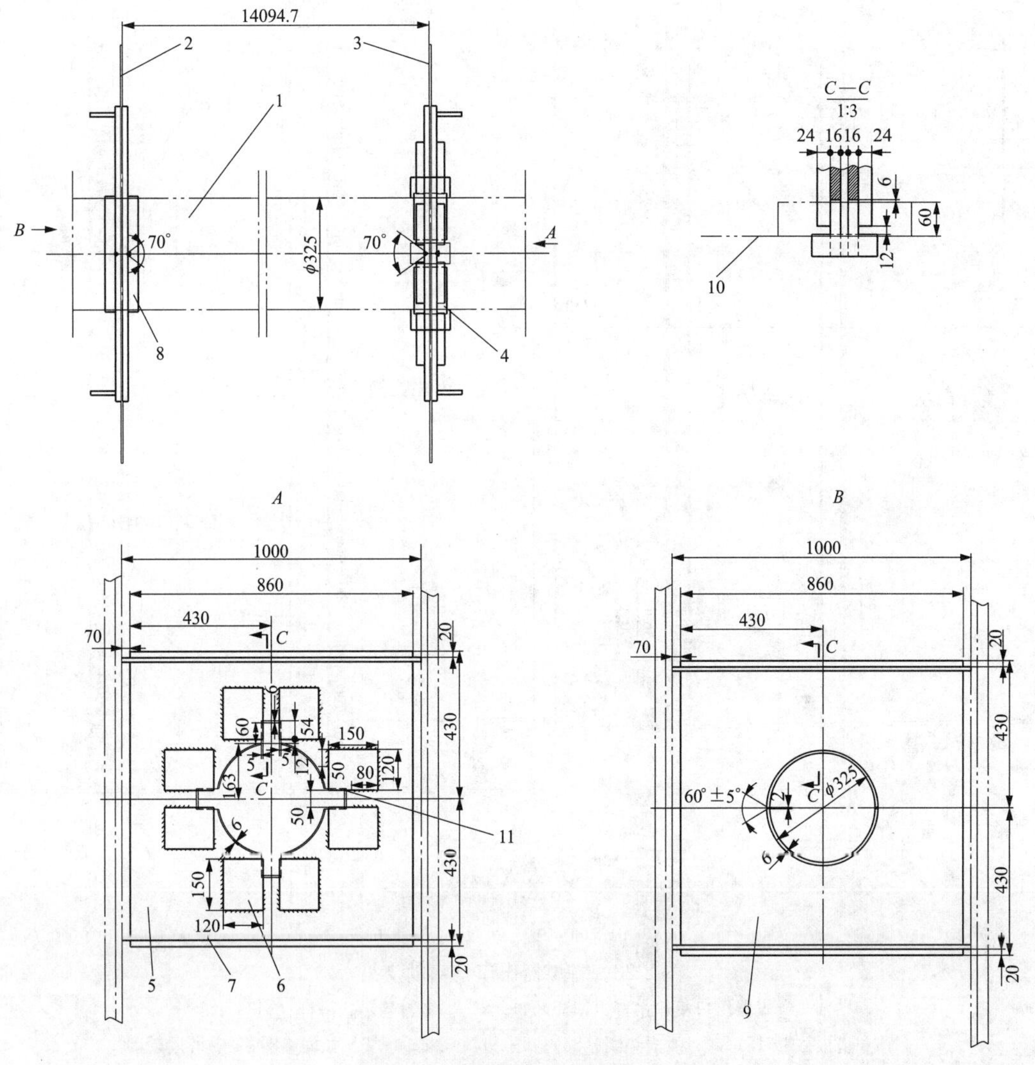

图 2-21 省煤器入口集箱的支吊

1—省煤器入口集箱；2—灰斗左侧上护板；3—灰斗右侧上护板；4—右侧垫圈；5—右侧支承钢板；6—右侧钢板；7—钢板；8—左侧垫圈；9—左侧支承钢板；10—省煤器进口集箱外表面；11—抗扭块

（2）省煤器管及出口集箱的支吊。省煤器与低温过热器位于竖井后烟道内，沿炉宽布置各有 125 列。其中，121 列省煤器由 120 根省煤器悬吊管悬吊在两个省煤器出口集箱上，再用 32 个刚性吊架（M85×4，Ⅳ型）将两个省煤器出口集箱悬吊在锅炉顶部板梁上；其余 4 列省煤器由 4 根悬吊管悬吊，再通过 4 个刚性吊架（M36，Ⅳ型）将 4 根悬吊管直接悬吊在锅炉顶部板梁上。这种布置将悬吊管错开，便于检修时通行。省煤器出口集箱的支吊见图 2-22。

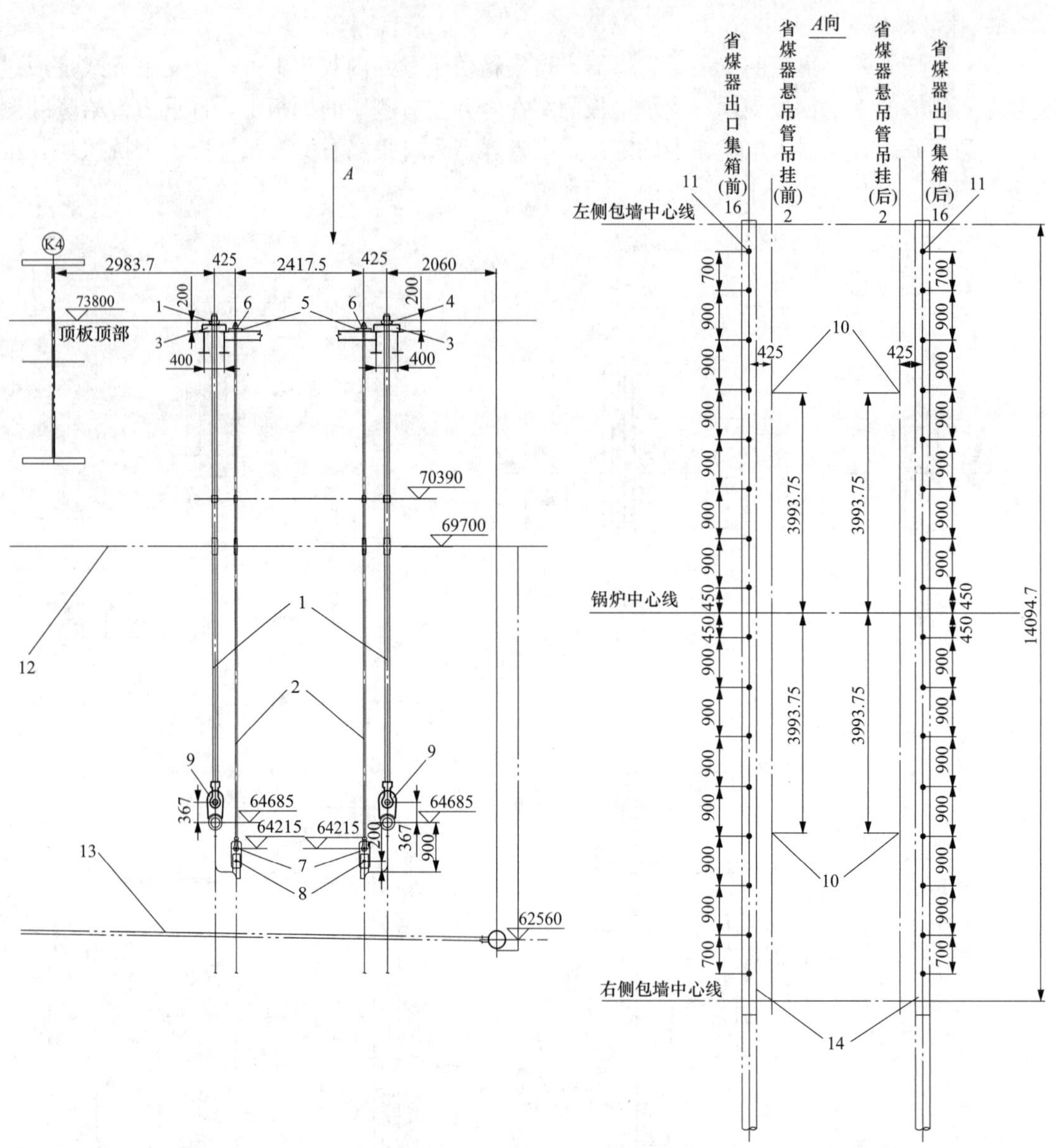

图 2-22　省煤器出口集箱的支吊

1—省煤器出口集箱吊杆（M85×4）；2—省煤器悬吊管吊杆（M36）；
3—垫板（85-15）；4—弧面垫圈（85）；5—垫板（36-6）；6—弧面垫圈；7—吊板；
8—轴销；9—省煤器出口集箱吊耳；10—悬吊管吊点；11—省煤器出口集箱吊点；
12—大包顶护板；13—顶棚过热器；14—省煤器出口集箱

2. 集中下降管的支吊

从两个省煤器出口集箱引出的两根管合并成一根集中下降管引至水冷壁入口集箱，集中下降管垂直距离长，热膨胀量大，共设有 4 处支吊，见图 2-23。合并前的分管水平段各有一个支吊点，采用 TD90D18 型变力弹簧支吊架，管部为吊耳，管部标高为 64685mm，吊杆为 M36，根部标高为 73800mm；合并后的集中下降管在倾斜段有一个支吊点，采用 HDC52-224/180000-M42 型恒力弹簧支吊架，管部为吊耳，管部标高为 56140.6mm，根部标高为

60890mm；在合并后的集中下降管垂直管上端有一个支吊点，采用两个并列 HDC52-224/180000-M56×4 型恒力弹簧支吊架，管部为非接触管托，管部标高为 46350mm，根部标高为 53370mm。

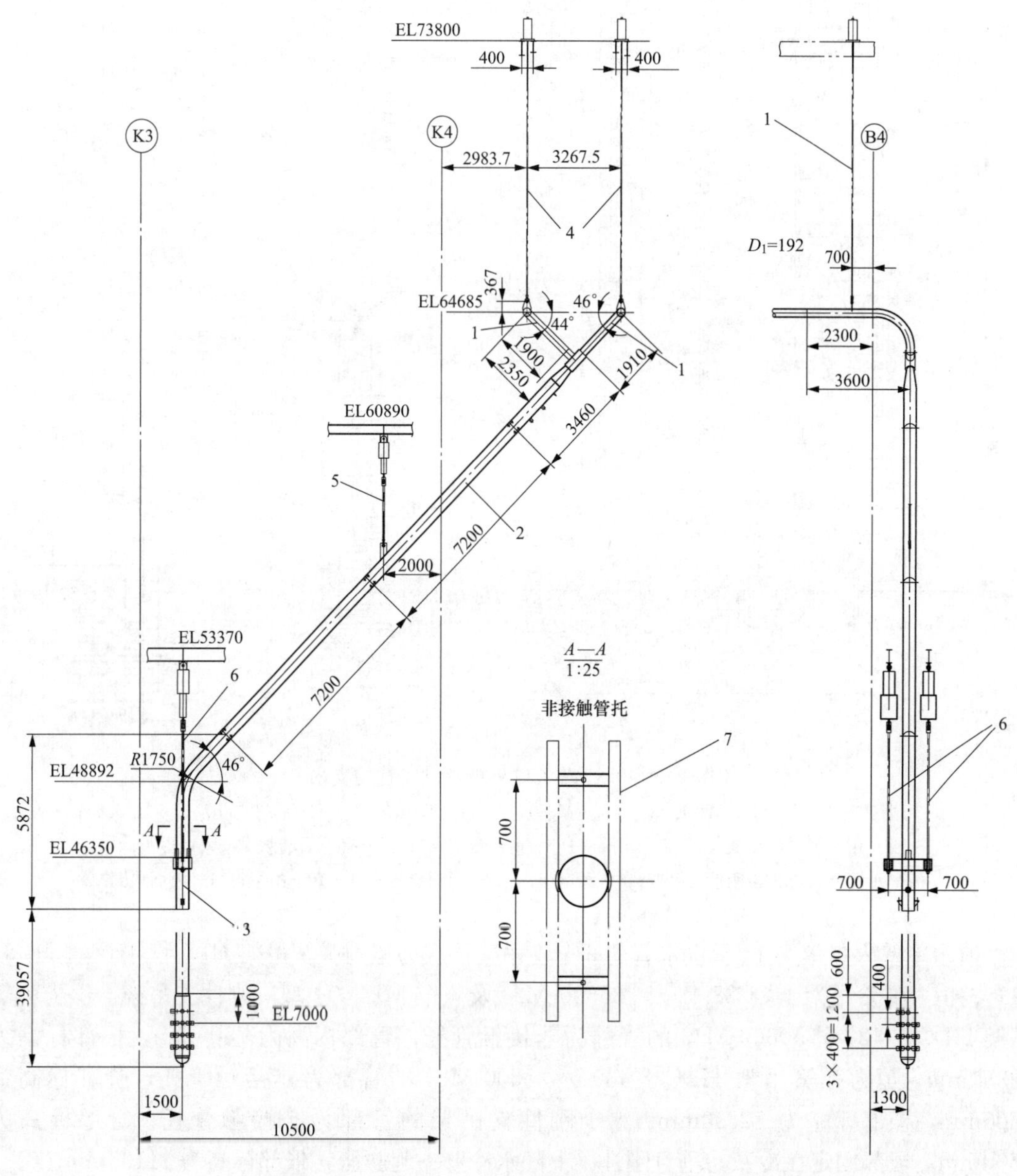

图 2-23 集中下降管的支吊

1—下降管分管；2—集中下降管斜管；3—集中下降管垂直段；4—下降管分管支吊架；5—集中下降管斜管支吊架；6—集中下降管垂直管支吊架；7—管托

3. 水冷壁入口集箱及供水管的支吊

集中下降管在标高 7m 处经 28 根供水管分配到前后墙水冷壁入口集箱，28 根供水管分两组，前后墙水冷壁入口集箱各有 14 根供水管，前水冷壁入口集箱的 14 根供水管较长，用 6 个支吊架，后墙水冷壁入口集箱的 14 根供水管较短，用 5 个支吊架，见图 2-24。

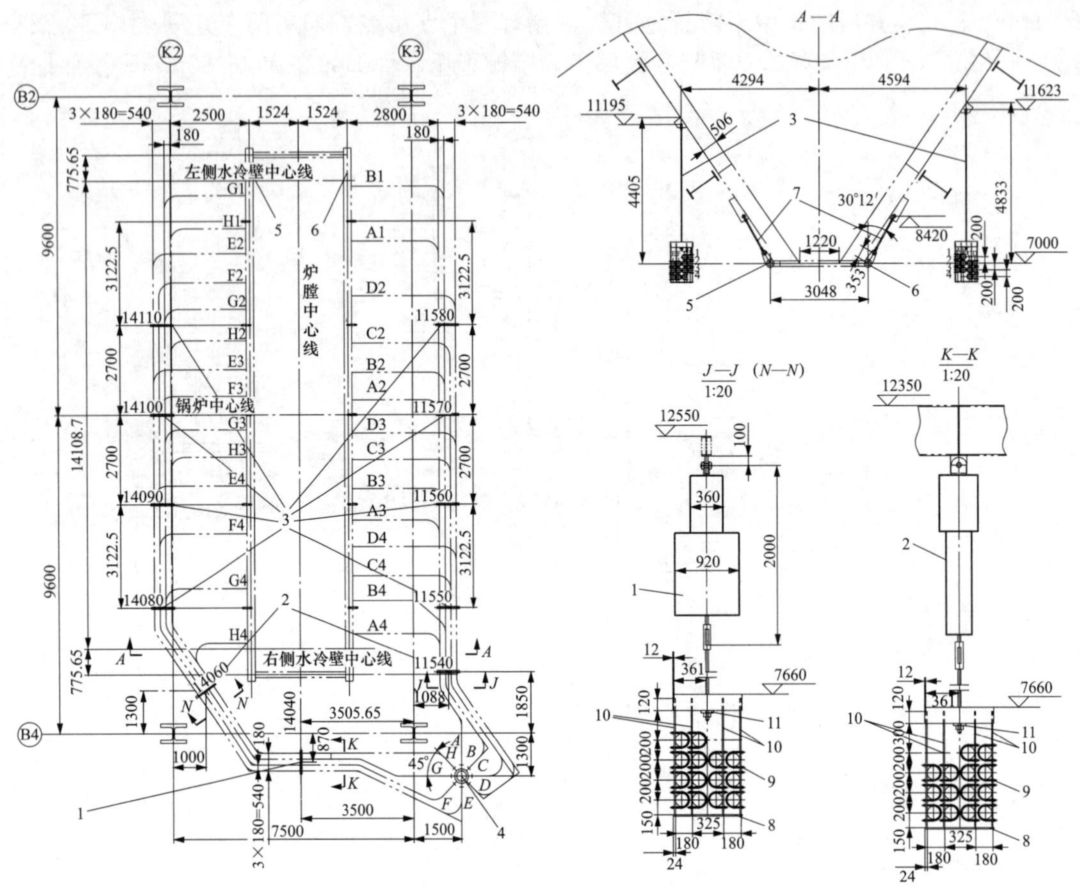

图 2-24　水冷壁入口集箱及供水管的支吊

1—恒力弹簧支吊架（HDC41-420↓/50000-M30）；2—恒力弹簧支吊架（HDC38-430↓/35500-M24）；3—供水管刚性吊架；4—集中下降管；5—前水冷壁入口集箱；6—后墙水冷壁入口集箱；7—水冷壁入口集箱刚性支吊架；8—固定板；9—U形螺栓与螺母；10—吊板；11—弧面垫圈

前水冷壁入口集箱 14 根供水管的 6 个支吊架依次为恒力弹簧吊架 HDC41-420↓/50000-M30、恒力弹簧吊架 HDC38-430↓/35500-M24 及 4 个 M24（Ⅰ型）刚性支吊架。恒力弹簧吊架 HDC41-420↓/50000-M30 的管部为非接触管托，管部标高为 7600mm，根部标高为 12350mm；恒力弹簧吊架 HDC38-430↓/35500-M24 的管部为非接触管托，管部标高为 7600mm，根部标高为 12550mm；4 个刚性支吊架的管部为非接触管托，管部标高为 7600mm，根部固定在冷灰斗垂直刚性梁上随水冷壁一起膨胀，根部标高为 11195mm。

后墙水冷壁入口集箱 14 根供水管的 5 个支吊架依次为恒力弹簧吊架 HDC38-430↓/35500-M24 及 4 个刚性支吊架，各支吊架的固定方式与前水冷壁入口集箱的 14 根供水管的固定方式相同。

前后墙水冷壁入口集箱各有 5 个支吊点，采用 M36（Ⅰ型）刚性支吊架，管部为吊耳，管部标高为 7305mm，根部固定在冷灰斗垂直刚性梁上随水冷壁一起膨胀，根部标高为 8420mm。

4. 水冷壁的支吊

后墙水冷壁（拉稀管）直接用支吊架支吊，前墙和两侧墙水冷壁都通过各自的出口集箱用支吊架支吊。由于水冷壁的支吊点均在炉顶，其垂直膨胀量很小，除角部支吊架和后墙水冷壁（拉稀管）支吊架装有弹簧外，其余的支吊架都采用刚性支吊架。水冷壁及出口集箱支吊点的布置见图2-25。

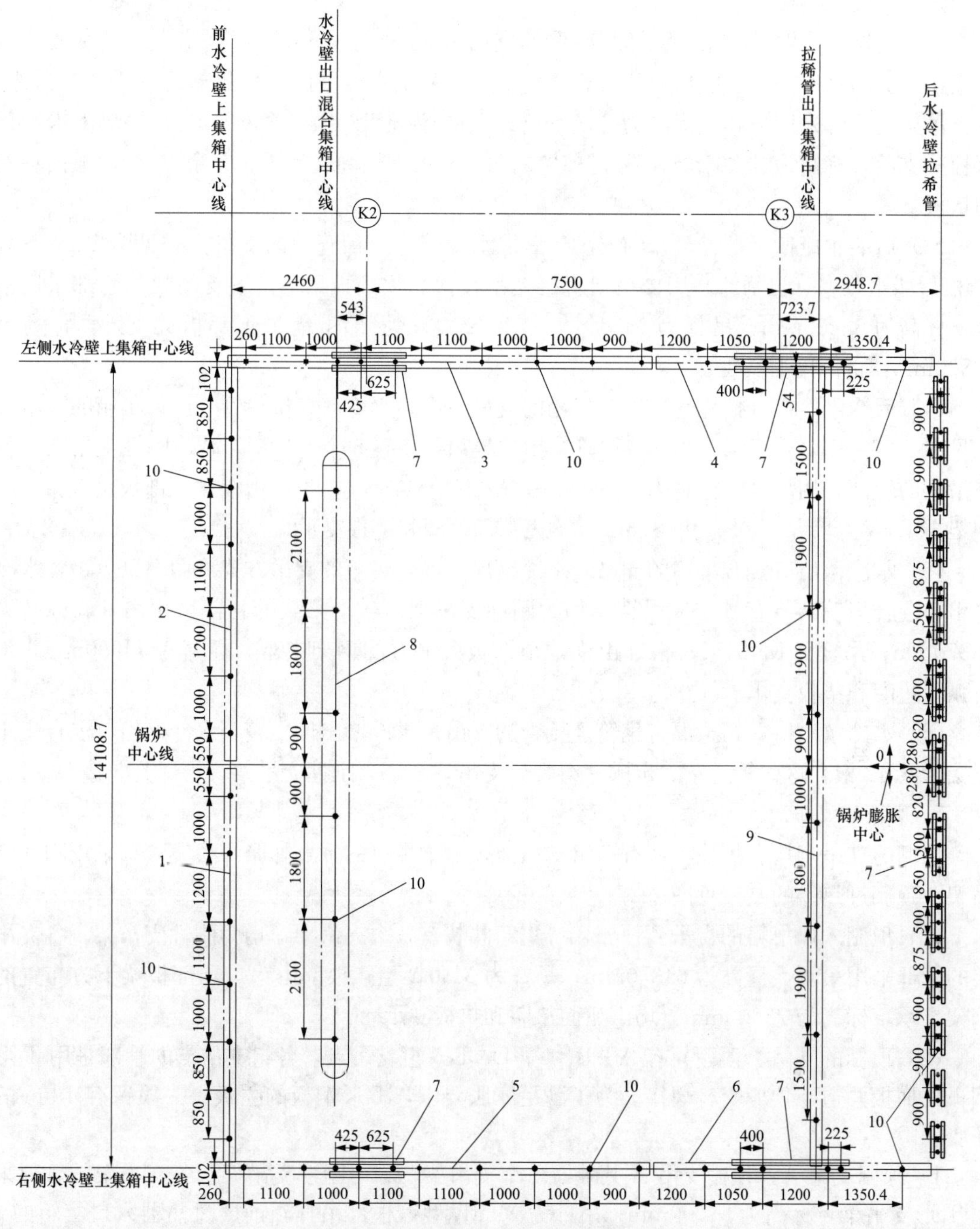

图2-25 水冷壁及出口集箱支吊点的布置

1—前墙水冷壁出口集箱（右）；2—前墙水冷壁出口集箱（左）；3—左侧墙水冷壁出口集箱（前）；4—左侧墙水冷壁出口集箱（后）；5—右侧墙水冷壁出口集箱（前）；6—右侧墙水冷壁出口集箱（后）；7—吊杆支架；8—水冷壁出口混合集箱；9—后墙水冷壁（拉稀管）出口集箱；10—水冷壁吊点位置

(1) 前水冷壁的支吊。前水冷壁的支吊方式见图 2-26 (a)，前水冷壁有两个出口集箱，每个集箱装有 7 个支吊架。各支吊架的管部采用吊耳，标高为 64100mm；吊杆为 M85×4；根部由锅炉顶部板梁支承，标高为 73800mm，靠近侧墙的两个支吊架用弹簧支承，其余 5 个用弧面垫圈和垫板支承。

(2) 侧墙水冷壁的支吊。侧墙水冷壁的支吊方式见图 2-26 (b)，侧墙水冷壁有两个出口集箱。侧墙水冷壁出口前集箱装有 8 个支吊架，侧墙水冷壁出口后集箱装有 4 个支吊架。各支吊架的管部采用吊耳，标高为 63790mm；吊杆为 M85×4 (M64×4)；根部由锅炉顶部板梁支承，标高为 73800mm，靠近前墙的两个支吊架用弹簧支承，其余 10 个用弧面垫圈和垫板支承。

(3) 后墙水冷壁（拉稀管）的支吊。后墙水冷壁（拉稀管）的支吊方式见图 2-26 (c)，31 根后墙水冷壁（拉稀管）用支吊架直接支吊在锅炉顶部板梁上。各支吊架的管部采用吊耳，标高为 63400mm；吊杆为 M56×4 和 M72×4；根部由锅炉顶部板梁支承，标高为 73800mm，全部用弹簧支承。

(4) 后墙水冷壁（拉稀管）出口集箱的支吊。后墙水冷壁（拉稀管）出口集箱的支吊方式见图 2-26 (d)，后墙水冷壁（拉稀管）出口集箱共装有 8 个支吊架，均为刚性支吊架。各支吊架的管部采用吊耳，标高为 64800mm；吊杆为 M42×4；根部由锅炉顶部板梁上布置的钢架支承，标高为 73600(74050)mm，均由弧面垫圈和垫板支承。

(5) 水冷壁出口混合集箱的支吊。水冷壁出口混合集箱的支吊方式见图 2-26 (e)，水冷壁出口混合集箱共装有 6 个支吊架，均为刚性支吊架。各支吊架的管部采用吊耳，标高为 68370mm；吊杆为 M42×4；根部由锅炉顶部板梁上方的钢架支承，标高为 74050mm，均由弧面垫圈和垫板支承。

(6) 水冷壁出口集箱至混合集箱连接管的支吊。水冷壁出口集箱至水冷壁出口混合集箱连接管共 42 根，这些管道按一定顺序组合后支吊，全部为刚性支吊架，管部为非接触管托。

5. 顶棚的支吊

顶棚的支吊点均在炉顶，共有 7 组支吊架，由于吊点的垂直膨胀量很小，均采用刚性支吊架。顶棚过热器的支吊见图 2-27。

(1) 顶棚入口集箱的支吊。顶棚入口集箱共装有 8 个支吊架，均为刚性支吊架。各支吊架的管部采用吊耳，标高为 64370mm；吊杆为 M30Ⅳ型；根部由锅炉顶部板梁下方布置的钢架支承，标高为 73600mm，均由弧面垫圈和垫板支承。

(2) 顶棚的支吊。顶棚共有 A、B、C、D、E 5 组支吊点，各组支吊点的管部是用 T 形钢板的横板两边与顶棚交替焊接。为了满足膨胀要求，T 形钢板的立板每一段留有 4mm 的膨胀间隙。

1) 顶棚支吊 A。顶棚支吊 A 共装有 8 个支吊架，均为刚性支吊架。各支吊架的管部采用 T 形支吊梁，标高为 63000mm；吊杆为 M56Ⅳ型；根部吊挂在前屏过热器入口集箱的 8 个吊耳上，标高为 64830mm。

2) 顶棚支吊 B。顶棚支吊 B 共装有 8 个支吊架，均为刚性支吊架。各支吊架的管部采用 T 形支吊梁，标高为 63000mm；吊杆为 M48Ⅳ型；根部吊挂在下方后屏过热器入口集箱和减温器的 8 个吊耳上，标高为 64370mm。

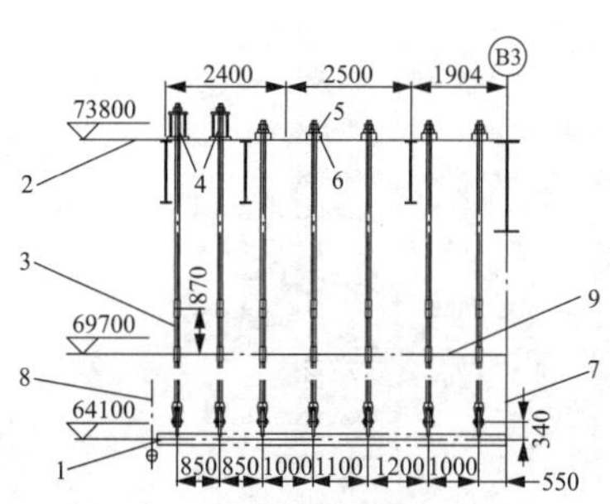

(a) 前墙水冷壁的支吊方式

1—前墙水冷壁出口集箱(左)；2—顶部板梁；3—吊杆(M85×4)；4—弹簧；5—弧面垫圈；6—垫板；7—锅炉中心线；8—左侧墙水冷壁中心线；9—大包顶护板

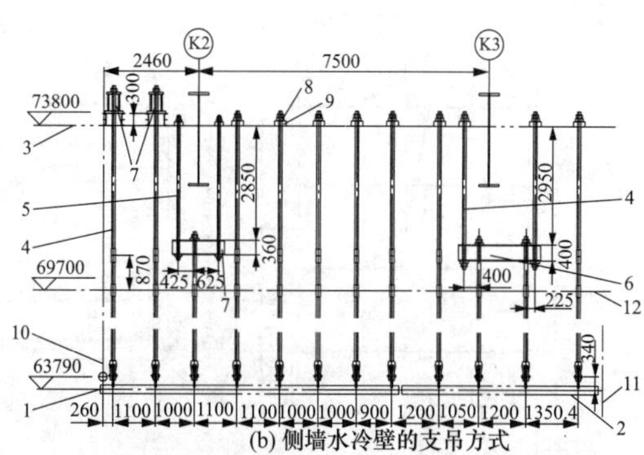

(b) 侧墙水冷壁的支吊方式

1—侧墙水冷壁出口集箱(前)；2— 侧墙水冷壁出口集箱(后)；3—顶部板梁；4—吊杆(M85×4)；5—吊杆(M64×6)；6—弹簧；7—吊杆吊架；8—弧面垫圈；9—垫板；10—前墙火冷壁中心线；11—后墙水冷壁中心线；12—大包顶护板

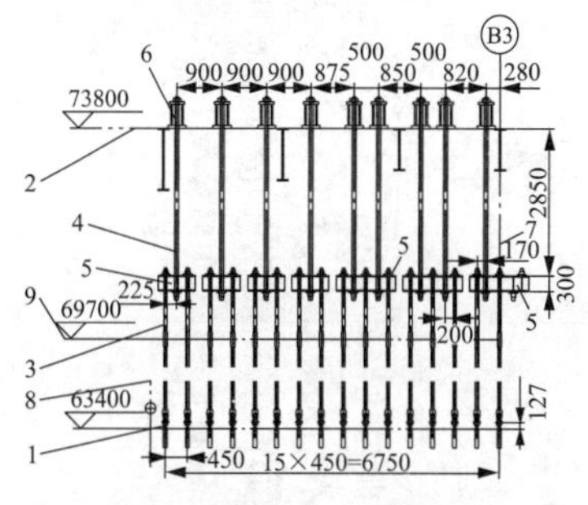

(c) 后墙水冷壁(拉稀管)支吊方式

1—后墙水冷壁前屏管吊耳；2—顶部板梁；3—吊杆(M56×4)；4—吊杆(M72×4)；5—弧面垫圈；6—垫板；7—锅炉中心线；8—左侧墙水冷壁中心线；9—大包顶护板

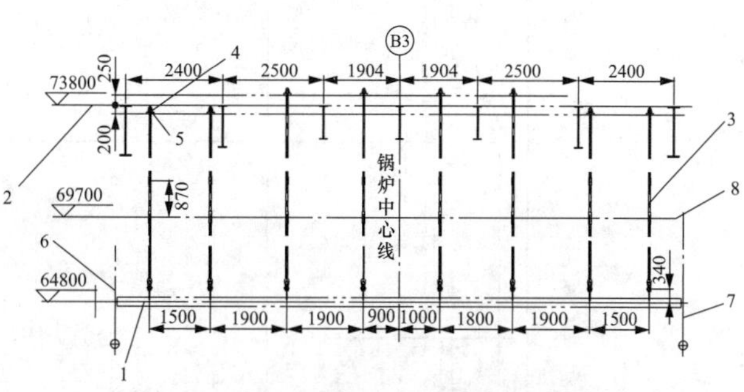

(d) 后墙水冷壁(拉稀管)出口集箱的支吊方式

1—后墙水冷壁出口集箱；2—顶部板梁；3—吊杆(M42)；4—弧面垫圈；5—垫板；6—左侧墙水冷壁中心线；7—右侧墙水冷壁中心线；8—大包顶护板

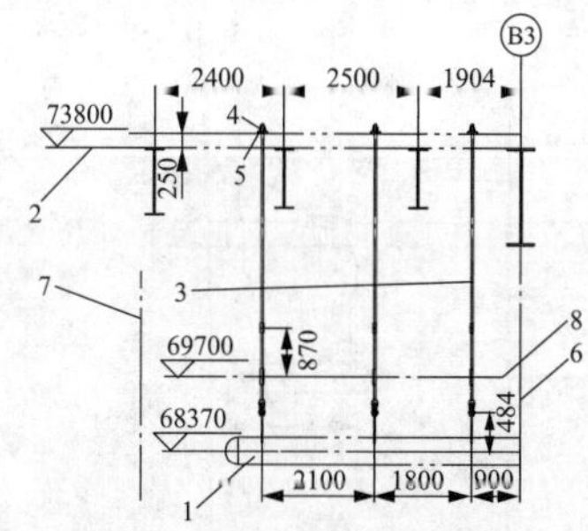

(e) 水冷壁出口混合集箱的支吊方式

1—水冷壁出口混合集箱；2—顶部板梁；3—吊杆(M42)；4—弧面垫圈；5—垫板；6—锅炉中心线；7—左侧墙水冷壁中心线；8—大包顶护板

图 2-26 各墙水冷壁的支吊立式

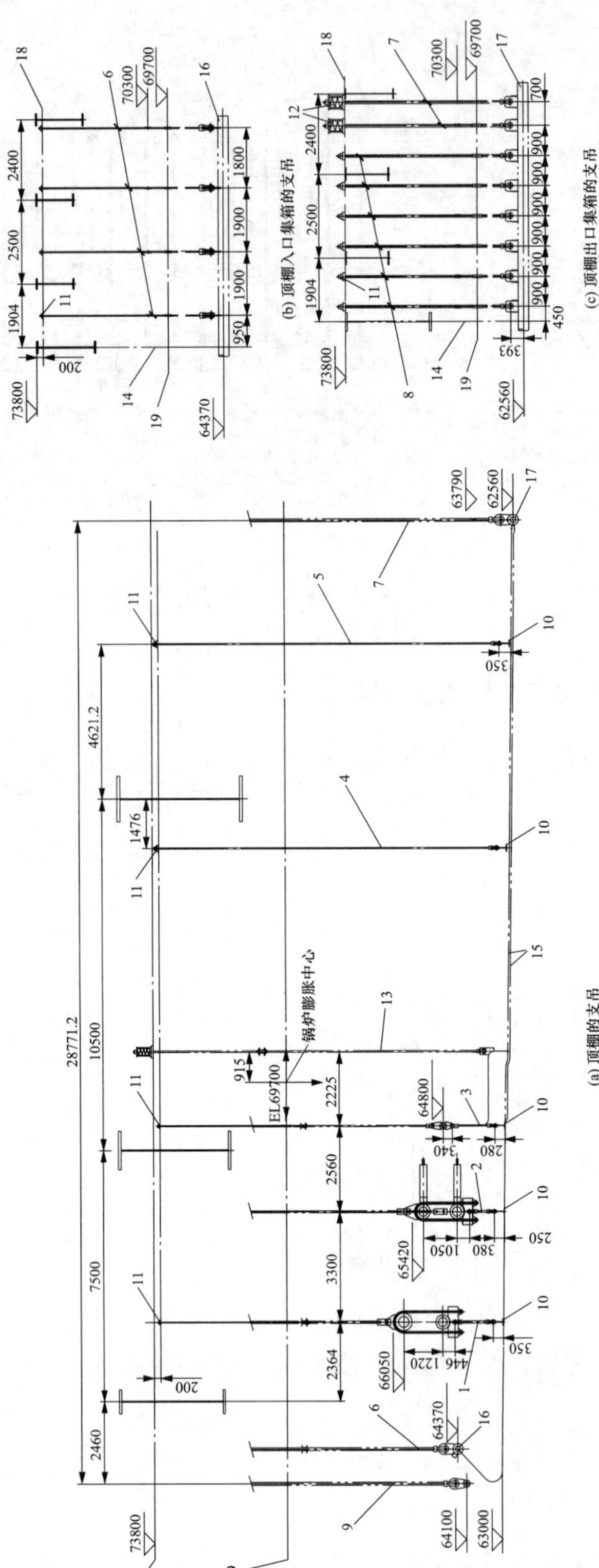

图 2-27　顶棚过热器的支吊

1—吊杆 A(M56×4)；2—吊杆 B(M48)；3—吊杆 C(M42)；4—吊杆 D(M56×4)；5—吊杆 E(M48)；6—顶棚管入口集箱吊杆（M30）；7—顶棚管出口集箱两边吊杆（M72×4）；8—顶棚管出口集箱中部吊杆（M64×4）；9—前墙水冷壁出口集箱吊杆（M85×4）；10—T形钢板（顶棚管支吊架管部）；11—弧形垫圈；12—弹簧；13—后墙水冷壁（拉稀管）吊架；14—锅炉中心线；15—顶棚管；16—顶棚管入口集箱；17—顶棚管出口集箱；18—顶部板架；19—大包顶护板

3）顶棚支吊 C。顶棚支吊 C 共装有 8 个支吊架，均为刚性支吊架。各支吊架的管部采用 T 形支吊梁，标高为 63000mm；吊杆为 M42Ⅳ型；根部吊挂在后墙水冷壁（拉稀管）出口集箱 8 个向下的吊耳上，标高为 64800mm。

4）顶棚支吊 D。顶棚支吊 D 共装有 4 个支吊架，均为刚性支吊架。各支吊架的管部采用 T 形支吊梁，标高为 62560mm；吊杆为 M56×4Ⅳ型；根部由锅炉顶部板梁下方的钢架支承，标高为 63600mm，均由弧面垫圈和垫板支承。

5）顶棚支吊 E。顶棚支吊 E 共装有 4 个支吊架，均为刚性支吊架。各支吊架的管部采用 T 形支吊梁，标高为 62560mm；吊杆为 M48Ⅳ型；根部由锅炉顶部板梁下方的钢架支承，标高为 63600mm，均由弧面垫圈和垫板支承。

（3）顶棚出口集箱的支吊。顶棚出口集箱共装有 16 个支吊架，各支吊架的管部采用吊耳，标高为 62560mm；吊杆为 M64×4(M72×4) Ⅳ型；根部由锅炉顶部板梁支承，标高为 73800mm，靠近侧墙的 4 个支吊架用弹簧支承，其余 12 个用弧面垫圈和垫板支承。

6. 竖井包墙的支吊

竖井包墙的支吊是指竖井前包墙、竖井隔墙、竖井侧包墙及竖井后包墙的支吊，各包墙通过各自的集箱由支吊架支吊在锅炉顶部板梁上，见图 2-28。

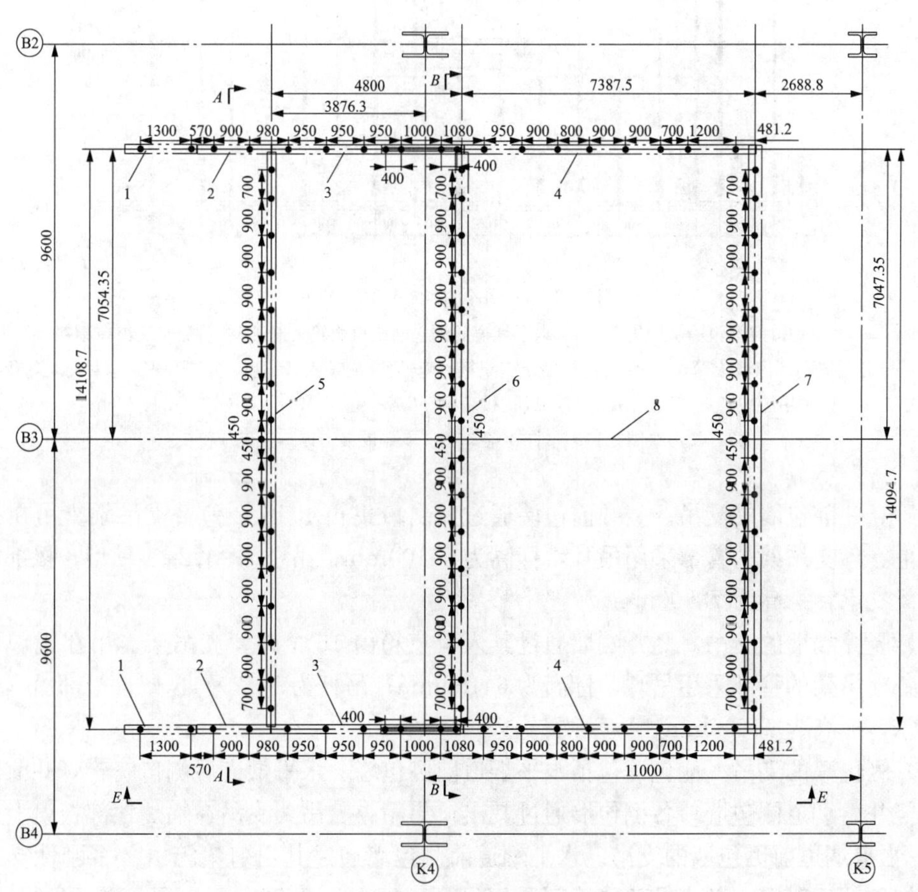

图 2-28 竖井包墙的支吊（一）

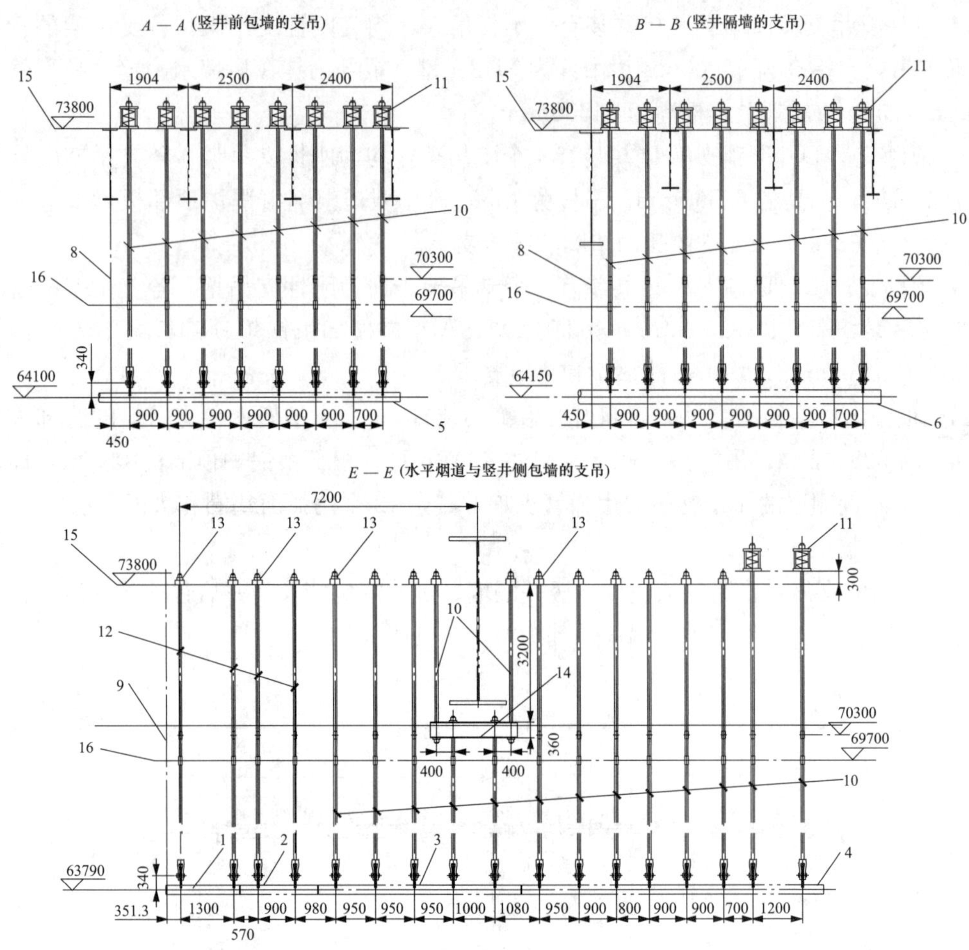

图 2-28　竖井包墙的支吊（二）

1—水平烟道前侧包墙出口集箱；2—水平烟道后侧包墙出口集箱；3—竖井前侧包墙出口集箱；4—竖井后侧包墙出口集箱；5—竖井前包墙出口集箱；6—竖井隔墙入口集箱；7—竖井后包墙入口集箱；8—锅炉中心线；9—后墙水冷壁中心线；10—吊杆 M72×4；11—弹簧；12—吊杆 M56×4；13—弧形垫圈；14—吊杆支架；15—顶部板梁；16—大包顶护板

（1）竖井前包墙的支吊。竖井前包墙通过其出口集箱由 16 个弹簧支吊架支吊在锅炉顶部板梁上。各支吊架的管部采用吊耳，标高为 64100mm；吊杆为 M72×4Ⅳ型；根部由锅炉顶部板梁支承，标高为 73800mm。

（2）竖井隔墙的支吊。竖井隔墙通过其入口集箱由 16 个弹簧支吊架支吊在锅炉顶部板梁上。各支吊架的管部采用吊耳，标高为 64150mm；吊杆为 M72×4Ⅳ型；根部由锅炉顶部板梁支承，标高为 73800mm。

（3）侧包墙的支吊。侧包墙包括水平烟道前侧包墙、水平烟道后侧包墙、竖井前烟道侧包墙与竖井后烟道侧包墙，各侧包墙通过其出口集箱由支吊架支吊在锅炉顶部板梁上。

1）水平烟道前侧包墙的支吊。水平烟道前侧包墙通过其出口集箱由 2 个刚性支吊架支吊在锅炉顶部板梁上。各支吊架的管部采用吊耳，标高为 63790mm；吊杆为 M56×4Ⅳ型；根部由锅炉顶部板梁支承，标高为 73800mm，均由弧面垫圈和垫板支承。

2）水平烟道后侧包墙的支吊。水平烟道后侧包墙通过其出口集箱由2个刚性支吊架支吊在锅炉顶部板梁上。各支吊架的管部采用吊耳，标高为63790mm；吊杆为M56×4Ⅳ型；根部由锅炉顶部板梁支承，标高为73800mm，均由弧面垫圈和垫板支承。

3）竖井前烟道侧包墙的支吊。竖井前烟道侧包墙通过其出口集箱由5个刚性支吊架支吊在锅炉顶部板梁上。各支吊架的管部采用吊耳，标高为63790mm；吊杆为M72×4Ⅳ型；根部由锅炉顶部板梁支承，标高为73800mm，均由弧面垫圈和垫板支承。

4）竖井后烟道侧包墙的支吊。竖井后烟道侧包墙通过其出口集箱由8个支吊架悬吊在锅炉顶部板梁上，各支吊架的管部采用吊耳，标高为63790mm；吊杆为M72×4Ⅳ型；根部由锅炉顶部板梁支承，靠近后包墙的2个支吊架用弹簧支承，标高为74100mm，其余6个用弧面垫圈和垫板支承，标高为73800mm。

（4）竖井后包墙的支吊。竖井后包墙通过其入口集箱由16个支吊架支吊，顶棚的出口集箱就是竖井后包墙的入口集箱，竖井后包墙的支吊方式见顶棚的出口集箱的支吊。

7. 过热器的支吊

过热器的支吊包括低温过热器、前屏过热器、后屏过热器、高温过热器、各过热器集箱及各过热器集箱之间连接管道的支吊。过热器的支吊点多数在炉顶，由于吊点垂直膨胀量很小，除高温过热器出口集箱两端的4个支吊架装有弹簧外，其余的支吊架都采用刚性支吊架。

（1）低温过热器及出口集箱支吊。低温过热器管的支吊方式与省煤器的支吊方式相同，由悬吊管支吊。低温过热器入口集箱（即竖井隔墙出口集箱）由竖井的隔墙支吊，随竖井隔墙一起膨胀，低温过热器管组由省煤器悬吊管支吊，支吊方式与省煤器的支吊相同。低温过热器出口集箱的支吊方式见图2-29，共装有10个支吊架，均为刚性支吊架。各支吊架的管部采用吊耳，标高为65190mm；吊杆为M56×4（Ⅳ型）；根部由锅炉顶部板梁上的钢架支承，标高为73800mm，均由弧面垫圈和垫板支承。

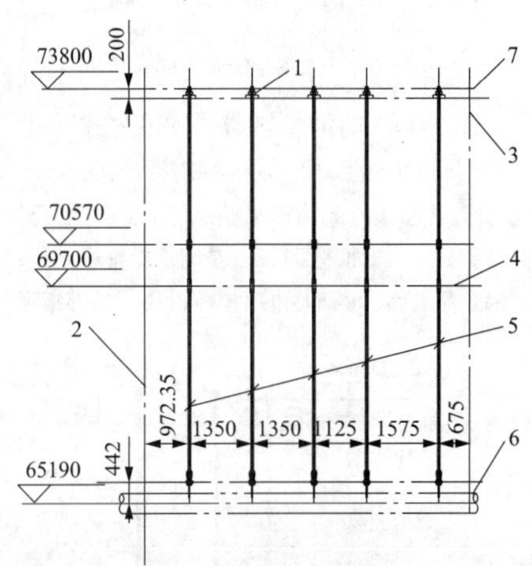

图2-29 低温过热器出口集箱的支吊方式
1—弧面垫圈；2—左侧水冷壁中心线；3—锅炉中心线；4—大包顶护板；5—吊杆M56×4（Ⅳ型）；6—低温过热器出口集箱；7—顶部板梁

（2）低温过热器至前屏过热器之间连通管的支吊。低温过热器出口集箱至前屏过热器入口集箱之间连通管较长，设有专门的支吊架。吊架设在锅炉两侧，每侧各有3个吊架，均为刚性支吊架。各支吊架的管部采用吊耳，标高为64830mm；吊杆为M48（Ⅳ型）；根部由锅炉顶部板梁下方的钢架支承，标高为73600mm，均由弧面垫圈和垫板支承。

（3）前屏过热器管屏的支吊。锅炉共有8片前屏过热器，前屏过热器分前后两组布置在前屏过热器集箱的前后两侧，每组前屏过热器采用各自的支吊架，支吊方式完全相同。前屏过热器的支吊方式见图2-30，每组前屏过热器由两根槽钢夹持固定，并由吊杆吊挂在锅炉顶部板梁上。前屏过热器集箱的前后两侧各有8个支吊架，均为刚性支吊架。各支吊架的管部标高为63604mm；吊杆为M64×4（Ⅵ型）；根部由锅炉顶部板梁下方的钢架支承，标高为73600mm，由弧面垫圈和垫板支承。

(4) 前屏过热器集箱的支吊。前屏过热器的出口集箱位于入口集箱的正上方，前屏过热器的出口集箱和入口集箱共同支吊，见图 2-31。前屏过热器集箱共装有 8 个支吊架，均为刚性支吊架。各支吊架的管部采用吊耳，这 8 个吊耳均位于前屏过热器出口集箱上，标高为 65190mm；吊杆为 M72×4（Ⅳ型）；根部由悬吊在锅炉顶部板梁下方的钢架支承，标高为 73600mm，均由弧面垫圈和垫板支承。前屏过热器入口集箱由 7 个 U 形吊杆吊挂在前屏过热器出口集箱上，前屏过热器入口集箱下方有 8 个吊耳，吊耳通过 8 个吊杆吊挂下方的顶棚过热器。

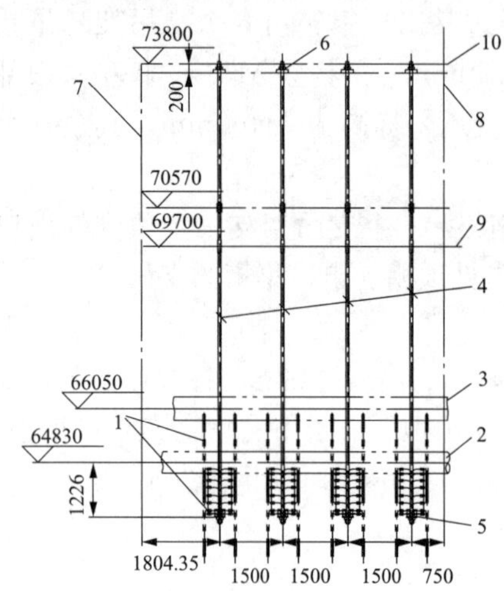

图 2-30　前屏过热器的支吊方式

1—前屏过热器管；2—前屏过热器入口集箱；3—前屏过热器出口集箱；4—吊杆 M64×4(Ⅳ型)；5—吊架；6—弧面垫圈；7—左侧水冷壁中心线；8—锅炉中心线；9—大包顶护板；10—顶部板梁

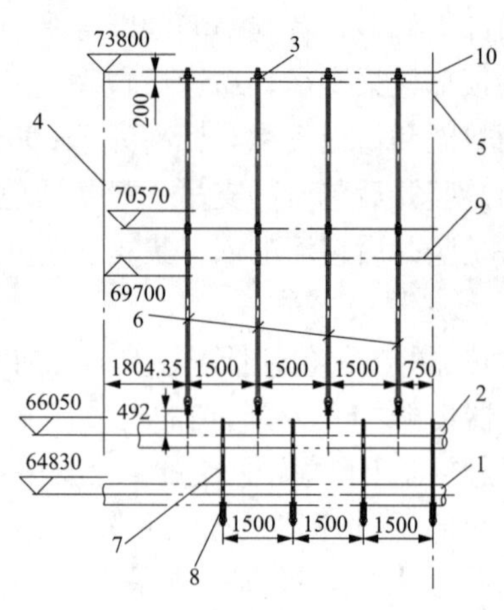

图 2-31　前屏过热器入出口集箱的支吊

1—前屏过热器入口集箱；2—前屏过热器出口集箱；3—弧面垫圈；4—左侧水冷壁中心线；5—锅炉中心线；6—吊杆 M72×4(Ⅳ型)；7—U 形吊杆；8—U 形吊杆支架；9—大包顶护板；10—顶部板梁

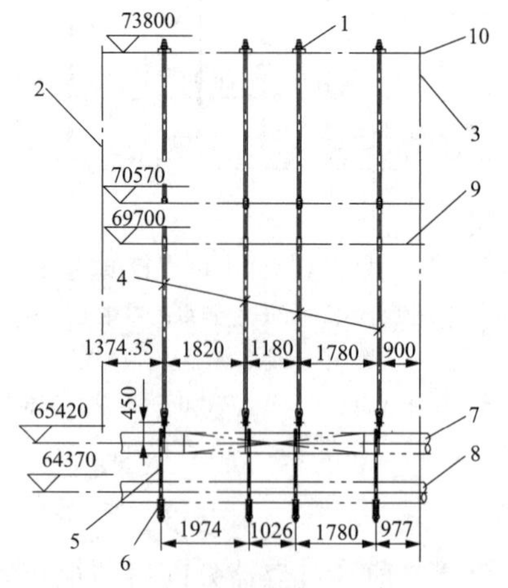

图 2-32　后屏过热器入口集箱的支吊

1—弧面垫圈；2—左侧水冷壁中心线；3—锅炉中心线；4—吊杆 M72×4(Ⅳ型)；5—U 形吊杆；6—U 形吊杆支架；7、8—后屏过热器入口集箱；9—大包顶护板；10—顶部板架

(5) 后屏过热器入口集箱的支吊。后屏过热器有 2 个入口集箱，位于锅炉大包内，上下布置，上方后屏过热器入口集箱和减温器共有 8 个刚性支吊架，见图 2-32。支吊架的管部采用吊耳，这 8 个吊耳均位于上方后屏过热器入口集箱和减温器上，标高为 65420mm；吊杆为 M72×4（Ⅳ型）；根部由锅炉顶部板梁上的钢架支承，标高为 73800mm，均由弧面垫圈和垫板支承。下方后屏过热器入口集箱和减温器由 8 个 U 形吊杆和支架吊挂在上方后屏过热器入口集箱和减温器上。另外，下方后屏过热器入口集箱和减温器有 8 个向下的吊耳，吊耳通过 8 个吊杆吊挂下方的顶棚。

(6) 后屏过热器入口分集箱的支吊。后屏过热器共有 23 个入口分集箱，入口分集箱一端与后屏过热器入口集箱相连，另一端为平端封头，每个后屏过热器入口分集箱由一个刚性支吊架定位，见图

2-33。支吊架的管部采用吊耳，吊耳均位于后屏过热器入口分集箱上，标高为64370(65420)mm；吊杆为M36（Ⅶ型），在标高为68420mm处通过吊架转换，吊杆变为M42（Ⅵ型），吊杆数量变为12根；根部由锅炉顶部板梁下方的钢架支承，标高为73600mm，均由弧面垫圈和垫板支承。

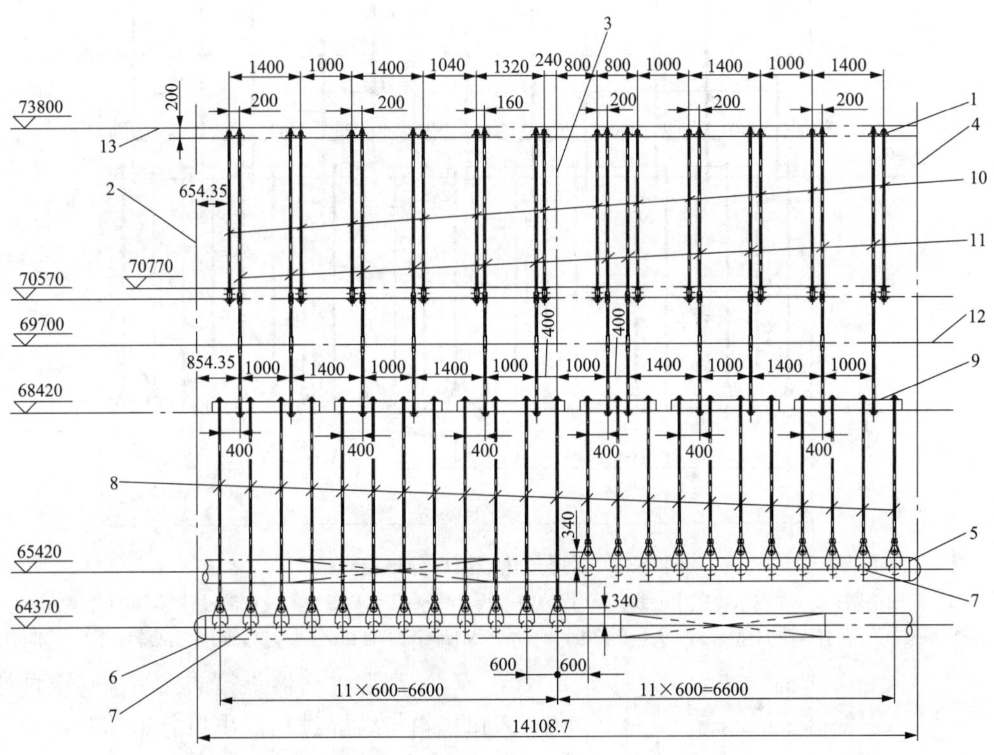

图2-33 后屏过热器入口分集箱的支吊方式

1—弧面垫圈；2—左侧水冷壁中心线；3—锅炉中心线；4—右侧水冷壁中心线；5、6—后屏过热器入口集箱；7—后屏过热器入口分集箱；8—吊杆M36（Ⅶ型）；9—吊杆吊架；10—吊杆M36（Ⅰ型）；11—吊杆M42（Ⅵ型）；12—大包顶护板；13—顶部板架

（7）后屏过热器出口分集箱的支吊。后屏过热器管由后屏过热器的出、入口分集箱定位。后屏过热器出口分集箱与入口分集箱相对应，同为23个，后屏过热器出口分集箱一端为平端封头，另一端与高温过热器入口分集箱焊接，每个后屏过热器出口分集箱由一个刚性支吊架定位，见图2-34。支吊架的管部采用吊耳，吊耳均位于后屏过热器出口分集箱上，标高为63910mm；吊杆为M42（Ⅶ型），在标高为68420mm处通过吊架转换，吊杆变为M42（Ⅳ型），吊杆数量由23根变为12根，为了避开锅炉顶部板梁，在标高为70770mm处通过吊架转换，吊杆变为M36（Ⅰ型），吊杆数量由12根变为24根；靠近两侧墙各有两组支吊架的根部由锅炉顶部板梁下方的钢架支承，标高为73600mm，其余8组支吊架的根部由锅炉顶部板梁上方的钢架支承，标高为74050mm，均由弧面垫圈和垫板支承。后屏过热器由后屏过热器的出、入口分集箱吊挂。

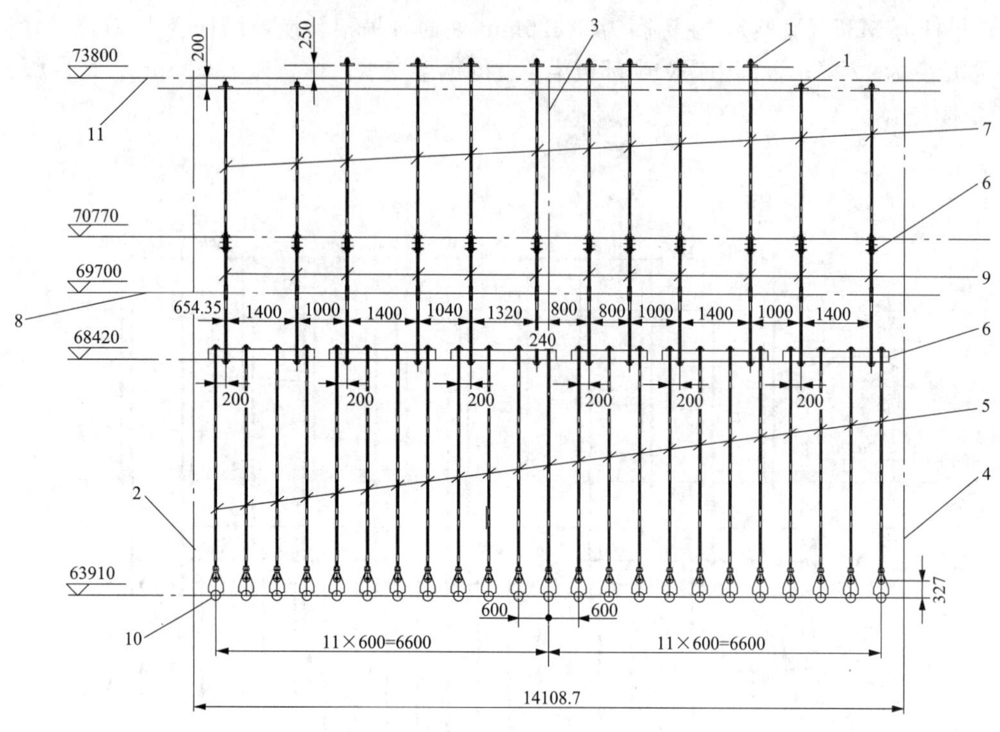

图 2-34　后屏过热器出口分集箱支吊

1—弧面垫圈；2—左侧水冷壁中心线；3—锅炉中心线；4—右侧水冷壁中心线；5—吊杆 M36（Ⅶ型）；6—吊杆吊架；7—吊杆 M36（Ⅰ型）；8—大包顶护板；9—吊杆 M42（Ⅳ型）；10—后屏过热器出口分集箱；11—顶部板梁

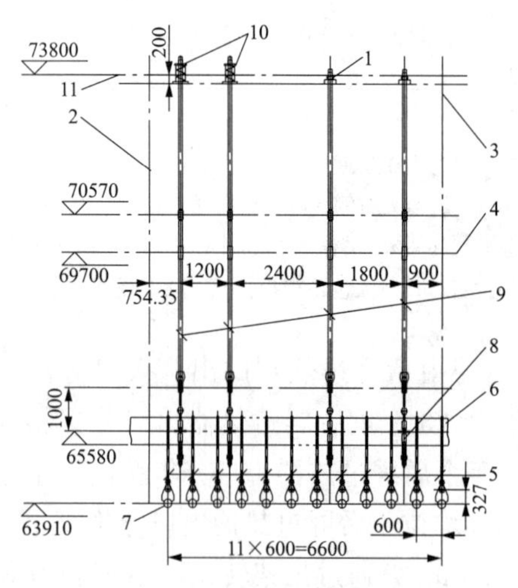

图 2-35　高温过热器集箱的支吊

1—弧面垫圈；2—左侧水冷壁中心线；3—锅炉中心线；4—大包顶护板；5—U 形吊杆；6—高温过热器出口集箱；7—高温过热器入口分集箱；8—高温过热器出口集箱管托；9—吊杆 M85×4（Ⅳ型）；10—弹簧；11—顶部板梁

（8）高温过热器集箱的支吊。高温过热器入口集箱与后屏过热器出口分集箱相对应，同为 23 个分集箱，其一端与后屏过热器出口分集箱焊接，另一端为端盖；高温过热器出口集箱为一个整体大集箱，位于高温过热器入口分集箱上方；高温过热器无专门吊架，由高温过热器的入口分集箱和出口集箱吊挂；高温过热器、入口集箱及出口集箱一同支吊在锅炉顶部板梁上，见图 2-35。高温过热器出口集箱由 8 组支吊架支吊，由于出口集箱温度高，管壁厚，材料等级高，故各支吊架的管部采用非接触式管托，标高为 65580mm，每个吊点处集箱两侧各有一个抗扭块，抗扭块与管部钢板配合起到防扭的作用；吊杆为M85×4（Ⅳ 型）；根部由锅炉顶部板梁的钢架支承，标高为 73600mm，靠近侧墙的两组支吊架用弹簧支承，其余 6 组用弧面垫圈和垫板支承。高温过热器 23 个入口分集箱通过 23 个 U 形吊杆（M42）吊挂在高温过热器出口集箱上，每个高温过热器入口分集箱有两个吊耳与U形吊杆相配合。

8. 再热器的支吊

再热器的支吊包括低温再热器、高温再热器及各再热器集箱的支吊，再热器的支吊点多数在炉顶，其垂直膨胀量很小，支吊架都采用刚性支吊架。

(1) 低温再热器入口集箱的支吊。低温再热器入口集箱位于竖井内灰斗上方，其支吊方式是通过左右侧支承钢板支承，支承钢板固定在竖井左右侧墙的护板上，将重力传给竖井侧包墙。为了确保低温再热器入口集箱准确定位，在低温再热器入口集箱两侧支吊处各有4个抗扭块，抗扭块与钢板配合起到防扭作用，见图2-36。

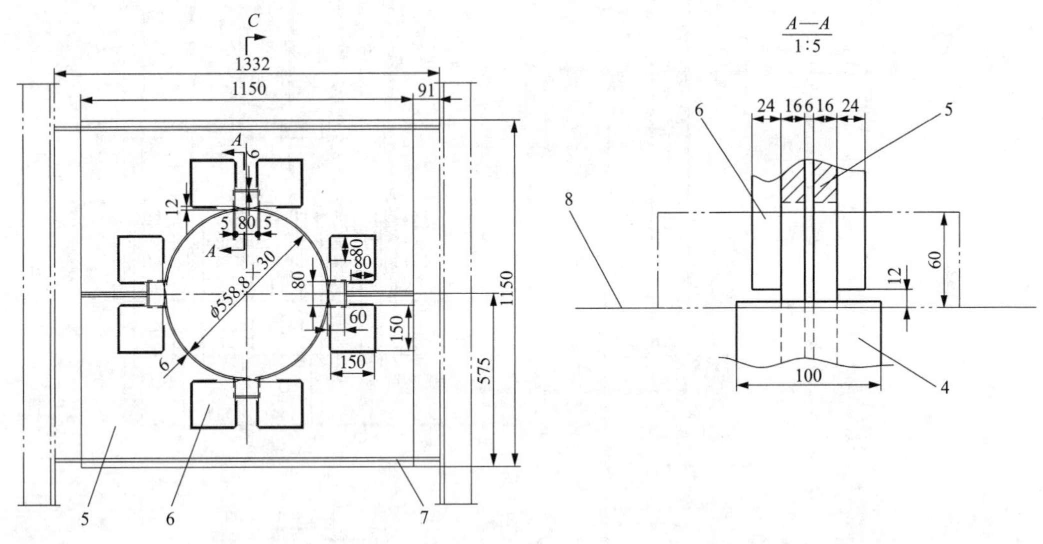

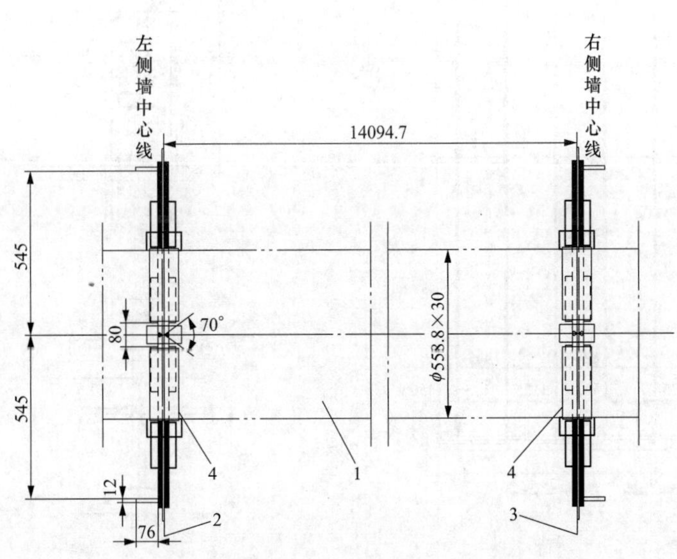

图2-36 低温再热器入口集箱的支吊

1—低温再热器入口集箱；2—灰斗左侧上护板；3—灰斗右侧上护板；4—垫圈；5—支承钢板；6—钢板150×150；7—钢板76×1332；8—低温再热器进口集箱外表面

（2）低温再热器的支吊。低温再热器支承在烟道竖井前包墙和隔墙支座上，由烟道竖井前包墙和隔墙支吊，随烟道竖井前包墙和隔墙一起膨胀。

（3）高温再热器与出口集箱的支吊。高温再热器与出口集箱的支吊见图 2-37，每列高

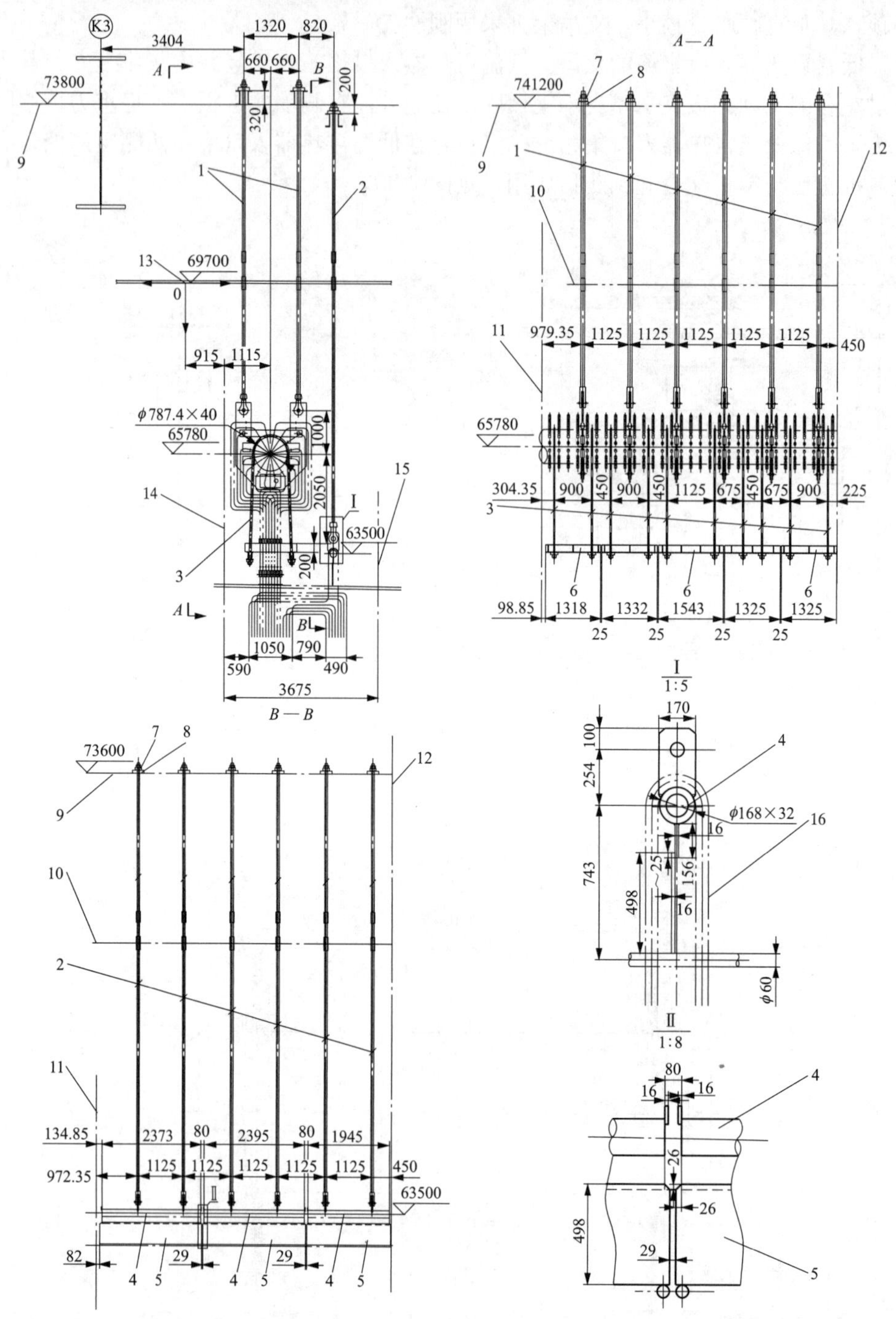

图 2-37　高温再热器与出口集箱的支吊

1—吊杆 M72×4(Ⅳ型)；2—吊杆 M56×4(Ⅳ型)；3—U 型吊杆；4—管式吊挂梁（ϕ168×32)；5—钢板；6—吊架；7—弧面垫圈；8—垫板；9—顶部板梁；10—大包顶护板；11—左侧墙包墙中心线；12—锅炉中心线；13—锅炉膨胀中心；14—后墙水冷壁中心线；15—竖井前包墙中心线；16—悬吊管

温再热器管排的入口段由一根高温再热器管作为悬吊管穿出顶棚绕过管式悬吊梁，将高温再热器管排的入口段吊挂在管式悬吊梁上，管式悬吊梁分6段，每段管式悬吊梁由两个刚性支吊架支吊。支吊架的管部采用吊耳，吊耳焊在管式悬吊梁上，标高为63500mm；吊杆为M56×4（Ⅳ型）；根部由锅炉顶部板梁的钢架支承，标高为73600mm，均由弧面垫圈和垫板支承。

高温再热器的出口段与出口集箱一起支吊，高温再热器出口集箱由12组刚性支吊架支吊，由于出口集箱温度高，管壁厚，材料等级高，故各支吊架的管部采用非接触式管托，标高为65780mm，每个吊点处集箱两侧各有一个抗扭块，抗扭块与管部钢板配合起到防扭的作用；吊杆为M72×4（Ⅳ型）；根部由锅炉顶部板梁的钢架支承，标高为74120mm，采用弧面垫圈和垫板支承。高温再热器的出口段由20个U形吊杆吊挂在高温再热器出口集箱上。

（二）锅炉启动系统的支吊

锅炉启动系统是锅炉重要组成部分，该系统较长，并且锅炉启停过程中需进行锅炉循环方式的转换，故锅炉启动系统的支吊比较复杂，采用了承重支吊架、导向支吊架和减振支吊架，见图2-38。

1. 启动系统蒸汽集箱的支吊

启动系统蒸汽集箱位于大包内，标高为68725mm，由于垂直膨胀很小，故用5个刚性吊架支吊，刚性吊架支吊的管部为吊耳，标高为68725mm；第一、三、五个刚性吊架的吊杆为M42（Ⅳ型），第二、四个刚性吊架的吊杆为M56×4；根部由锅炉顶板钢架支承，标高为73800mm，用弧面垫圈和垫板支承。启动系统蒸汽集箱的两端各有一个X向阻尼器和一个Z向阻尼器，X向阻尼器根部标高为68725mm，Z向阻尼器根部标高为73800mm。

2. 汽水分离器的支吊

锅炉的两个汽水分离器位于大包内前侧，呈左右布置在启动系统蒸汽集箱的正下方，其重力由启动系统蒸汽集箱三通传到刚性吊架，在标高为65500mm处装有Y向阻尼器。

3. 贮水箱的支吊

贮水箱的上端装有一双杆刚性支吊架承受贮水箱的重力，支吊架的管部为吊耳，吊耳位于贮水箱的上封头顶部，标高为67300mm；根部由锅炉顶部板梁支承，标高为73800mm，用弧面垫圈和垫板支承。在标高为58200mm和50400mm处各装有一个XY向限位装置，对X向和Y向限位；在标高为56200mm处装有一个XY向阻尼器。

4. 贮水箱排水管（341管线）的支吊

贮水箱排水管线比较长，膨胀量大，支吊架的种类和数量较多。贮水箱排水管（341管线）在标高为18400mm处分成两条支路，一条支路为341-1管线，另一条支路为341-2管线，两条支路经各自的角式气动调节阀降压后进入扩容器。

（1）341总管线的支吊。341总管线的支吊共有9个单杆弹簧恒力支吊架（序号为16～24）、1组双杆弹簧恒力支吊架（序号为25）、5个单杆弹簧变力支吊架（序号为26～30）、一个X向限位器（序号为38）、一个Y向限位器（序号为37）、一个XY向限位器（序号为40）。

（2）341-1支管线和341-2支管线的支吊。341-1支管线和341-2支管线的支吊方式基本

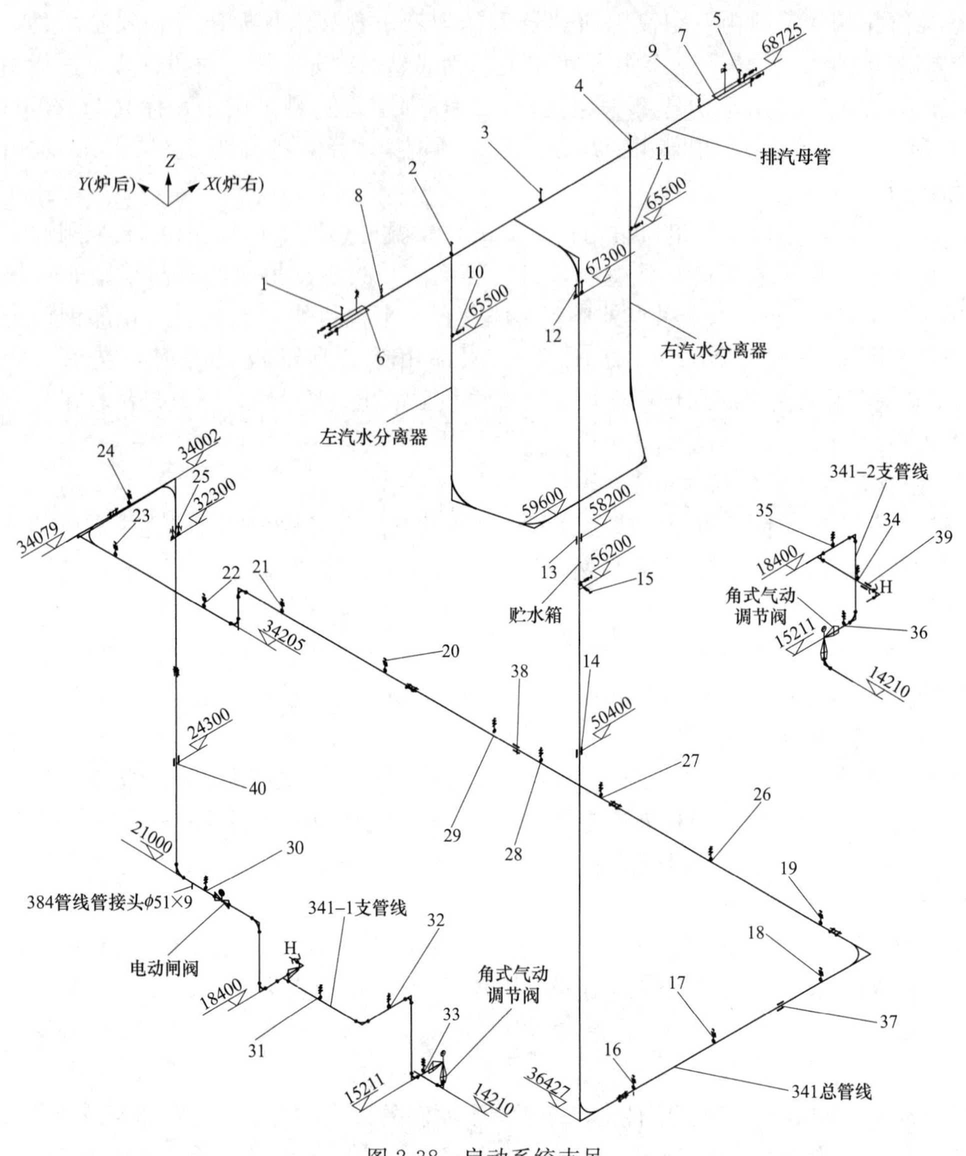

图 2-38　启动系统支吊

1～5—单杆刚性支吊架；6、7—X 向阻尼器；8、9—Z 向阻尼器；10、11—Y 向阻尼器；12—双杆刚性支吊架；13、14—XY 向限位装置；15—XY 向阻尼器；16～24—单杆弹簧恒力支吊架；25—双杆弹簧恒力支吊架；26～36—单杆弹簧变力支吊架；37—Y 向限位器；38、39—X 向限位器；40—XY 向限位器

相同，341-1 支管线有 3 个单杆弹簧变力支吊架（序号为 31～33），341-2 支管线也有 3 个单杆弹簧变力支吊架（序号为 34～36），341-2 支管线上还装有一个 X 向限位器（序号为 39）。

根据启动系统的总体布置和各支吊点的膨胀情况选用不同的支吊架，这些支吊架共同作用，确保启动系统安全稳定。启动系统各支吊架的相关参数见表 2-8。

（三）四大管道的支吊

四大管道的管径大、管壁厚、跨距长、管内工质的压力（或温度）高，各管道的安全性要求十分严格，必须保证各管道的合理支吊。

表 2-8　　启动系统各支吊架的相关参数

编号	标高（mm）		载荷（N）			冷态位移（mm）			热态位移（mm）			吊架形式/弹簧安装相对压缩值（mm）	设计温度 T_j（℃）
	管部	根部	安装	工作	结构	Δx	Δy	Δz	Δx	Δy	Δz		
16	36427	39200	−18359	−18359	−25703	−1	1	−3	10	71	−146	双孔吊板连接立式恒吊	333
17	36427	39200	−4692	−4692	−6569	−1	0	−10	26	29	−133	双孔吊板连接立式恒吊	333
18	36427	39200	−10978	−10978	−15369	−1	0	−21	46	−21	−111	双孔吊板连接立式恒吊	333
19	36200	39200	−9638	−9638	−13493	−2	0	−22	64	−25	−81	双孔吊板连接立式恒吊	333
20	36200	39200	−10568	−10568	−14795	3	1	24	−31	59	65	双孔吊板连接立式恒吊	333
21	36200	39200	−9943	−9943	−13920	6	1	24	−43	79	86	双孔吊板连接立式恒吊	333
22	34205	39200	−10303	−10303	−14424	5	1	23	−39	95	86	双孔吊板连接立式恒吊	333
23	34205	39200	−8724	−8724	−12214	5	1	19	−20	113	80	双孔吊板连接立式恒吊	333
24	34079	39200	−6961	−6961	−9745	5	1	15	0	101	77	双孔吊板连接立式恒吊	333
25	32300	35000	−18974	−18974	−26564	3	2	13	9	67	71	双孔吊板连接立式双杆恒吊	333
26	36200	39200	−9209	−11245	−15743	−2	1	−11	56	−4	−39	单拉杆变力弹簧吊架/75	333
27	36200	39200	−10620	−10737	−15032	−1	1	4	26	17	−1	单拉杆变力弹簧吊架/34	333
28	36200	39200	−13059	−10782	−15095	1	1	17	−7	38	33	单拉杆变力弹簧吊架/84	333
29	36200	39200	−13059	−10782	−15095	1	1	17	−7	38	33	单拉杆变力弹簧吊架/84	333
30	21000	24300	−34888	−30836	−43170	−2	−1	13	−11	−13	25	单拉杆变力弹簧吊架/109	333
31	18400	20400	−14690	−13160	−18424	5	2	9	−15	−25	15	单拉杆变力弹簧吊架/73	333
32	18400	20400	−1442	−1237	−1732	9	4	5	−8	−32	18	单拉杆变力弹簧吊架/61	333
33	15211	18000	−18252	−16261	−22765	1	1	2	0	−15	7	单拉杆变力弹簧吊架/31	333
34	18400	20400	−1304	−1097	−1536	−1	4	7	−8	−18	18	单拉杆变力弹簧吊架/51	333
35	18400	20400	−4818	−4034	−5648	0	4	3	−8	−9	24	单拉杆变力弹簧吊架/77	333
36	15211	18000	−18113	−14858	−20801	−1	1	1	−1	7	12	单拉杆变力弹簧吊架/31	333
37	36427	36427		2024		−1	0	−16	37	0	−122	Y 向限位器	333
38	36200	36200		3418		0	1	15	0	34	26	X 向限位器	333
39	18400	18400		±2000		0	4	8	−8	−20	17	X 向限位器	333

注　表中编号为图 2-38 中的编号。

1. 给水管道的支吊

锅炉给水管道的规格为 ϕ406.4×45mm，材料为 15NiCuMoNb5，标高为 36000～40245mm，给水管共有 8 个支吊架（其中，6 个单杆恒力弹簧吊架、1 个单杆变力弹簧吊架和 1 个单杆刚性吊架），见图 2-39。给水管道各支吊架的相关参数见表 2-9。

表 2-9　　给水管道各支吊架的相关参数

编号	标高（mm）		载荷（N）			冷态位移（mm）			热态位移（mm）			吊架形式/弹簧安装相对压缩值（mm）	T_j（℃）
	管部	根部	安装	工作	结构	Δx	Δy	Δz	Δx	Δy	Δz		
1	36000	38470	−23895	−23895	−33454	−8	−1	2	31	−32	98	双孔双耳板连接立式恒吊	288
2	36000	38970	−25862	−21014	−36206	6	−1	2	39	−14	53	单杆变力弹吊/(72+72)	288
3	36000	38470	−28341	−17449	−39678	4	−1	0	47	4	0	单拉杆刚性吊架	288
4	36600	38588	−29526	−29526	−41336	1	−1	−1	56	30	−78	双孔双耳板连接立式恒吊	288
5	36000	38670	−24423	−24423	−34192	0	−1	−1	60	46	−119	双孔双耳板连接立式恒吊	288
6	36000	38970	−32647	−32647	−45706	−1	−1	−1	61	70	−164	双孔双耳板连接立式恒吊	288
7	36000	38970	−41921	−41921	−58689	−1	−1	0	59	83	−181	双孔双耳板连接立式恒吊	288
8	40245	42874	−18906	−18906	−26468	0	0	0	46	91	−171	双孔双耳板连接立式恒吊	288

注　表中编号为图 2-39 中的编号。

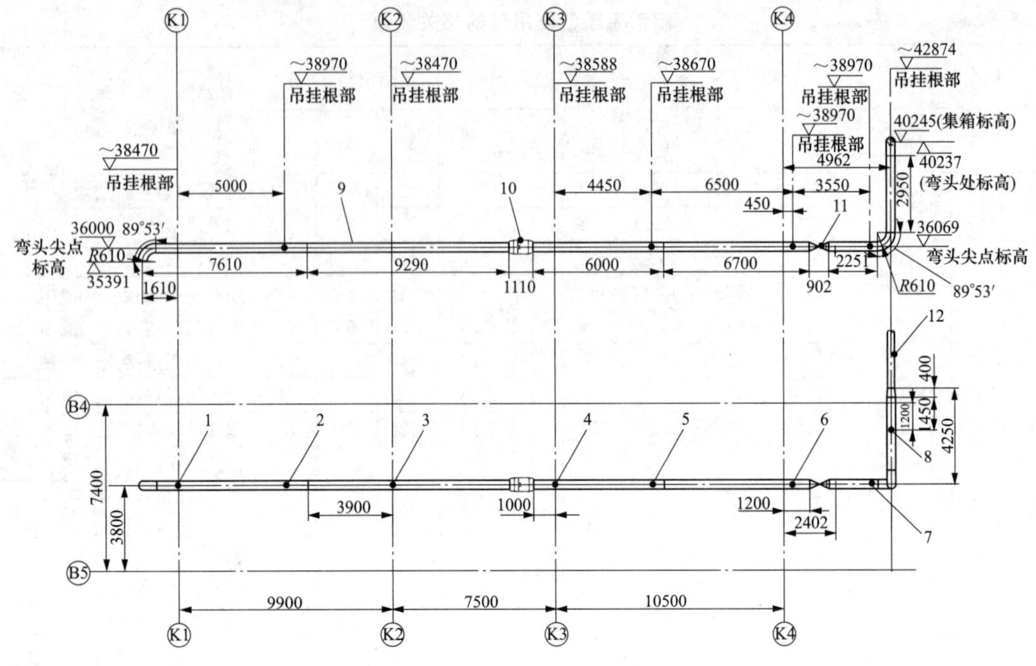

图 2-39　给水管道的支吊

1、4、5、6、7、8—单杆恒力弹簧吊架；2—单杆可变力弹簧吊架；3—单杆刚性吊架；9—给水管道；10—流量喷嘴；11—止回阀；12—省煤器入口集箱

2. 主蒸汽管道的支吊

主蒸汽管道的规格为 ϕ452×66.5mm，材料为 SA-335P9，标高为 63135～65580mm，主蒸汽管共有 3 个单杆变力弹簧吊架、1 个单杆刚性吊架及 1 个 Z 向阻尼器，见图 2-40。主蒸汽管道各支吊架的相关参数见表 2-10。

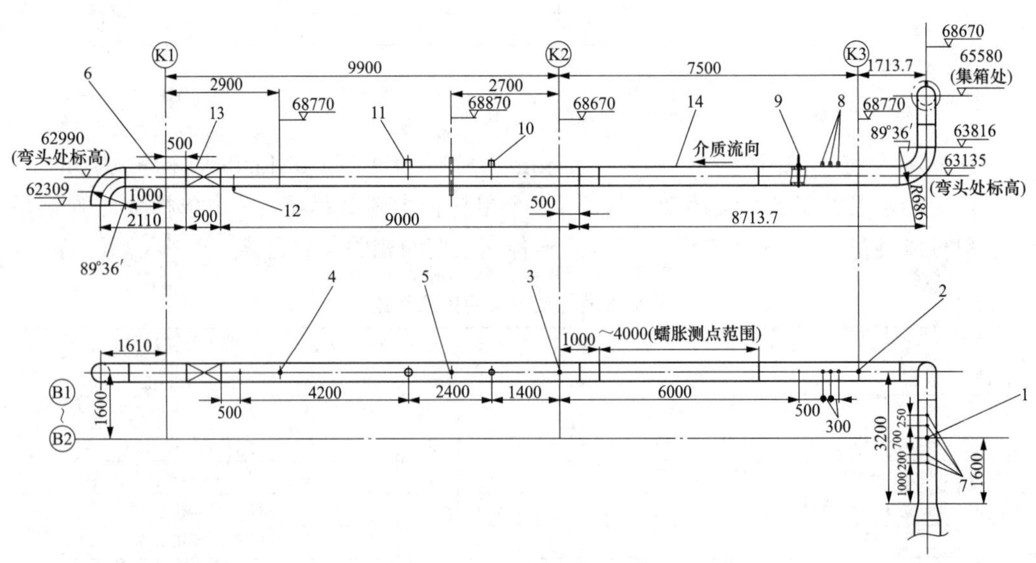

图 2-40　主蒸汽管道的支吊

1、2、3—单杆可变力弹簧吊架；4—单杆刚性吊架；5—Z 向阻尼器；6—主蒸汽管道；7—压力测点；8—温度测点；9—蒸汽取样；10—PCV 阀；11—安全阀；12—疏水管；13—水压堵阀；14—蠕胀测量段

表 2-10　　主蒸汽管道各支吊架的相关参数

编号	标高（mm）		载荷（N）			冷态位移（mm）			热态位移（mm）			吊架形式/弹簧安装相对压缩值（mm）	T_j（℃）
	管部	根部	安装	工作	结构	Δx	Δy	Δz	Δx	Δy	Δz		
1	65580	68670	－6220	－7950	－20737	0	－1	－1	－40	25	－31	单杆变力弹吊/36	576
2	63135	68770	－37418	－45488	－70841	1	0	－1	－76	－18	－38	单杆变力弹吊/（22＋44）	576
3	63135	68670	－39899	－52505	－80150	2	0	0	－63	－70	－15	单杆变力弹吊/10	576
4	63135	68770	－71728	－16441	－107592	3	0	0	－44	－119	0	单杆刚性吊架	576

注　表中编号为图 2-40 中的编号。

3. 再热器入口管道的支吊

再热器入口管道的规格为 ϕ711.2×22mm，材料为 A672B70CL32，标高为 35862～40245mm，再热器入口管道共有 2 个单杆变力弹簧吊架、3 个单杆恒力弹簧吊架、2 个阻尼器及 1 个 Y 向限位，见图 2-41。再热器入口管道各支吊架的相关参数见表 2-11。

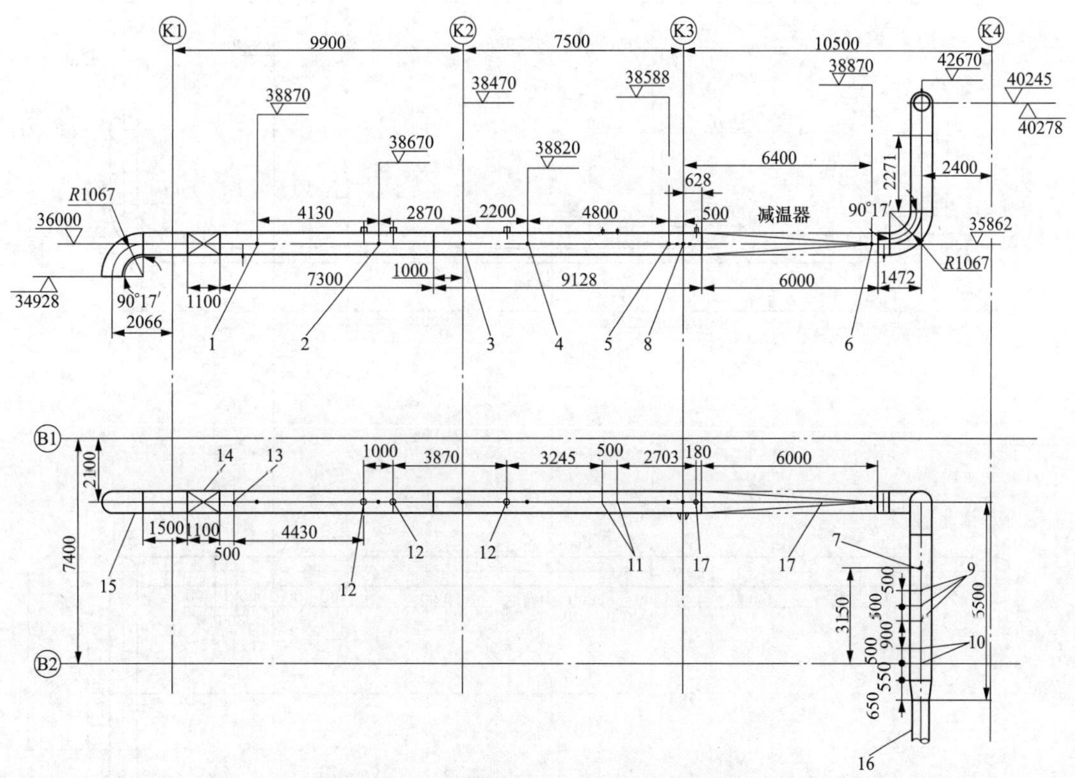

图 2-41　再热器入口管道的支架

1、3—单杆可变力弹簧吊架；2、4—阻尼器；5、6、7—单杆恒力弹簧吊架；8—Y 向限位器；9—压力测点；10—温度测点；11—蒸汽取样；12—安全阀；13—疏水管；14—水压堵阀；15—再热器入口管；16—低温再热器入口集箱；17—减温器

表 2-11　　再热器入口管道各支吊架的相关参数

编号	标高（mm）		载荷（N）			冷态位移（mm）			热态位移（mm）			吊架形式/弹簧安装相对压缩值（mm）	T_j（℃）
	管部	根部	安装	工作	结构	Δx	Δy	Δz	Δx	Δy	Δz		
1	36000	38870	−33856	−33277	−75074	−7	0	−2	−61	−62	−1	单杆变力弹吊/34	333
3	36000	38470	−34256	−41740	−89676	−4	0	−4	−65	−32	−50	单杆变力弹吊	333
5	36000	38588	−30047	−30047	−71420	−1	0	−4	−69	−2	−112	单杆恒力弹吊	333
6	36000	38870	−35052	−35052	−83541	2	0	−2	−72	27	−171	单杆恒力弹吊	333
7	40245	62670	−27625	−27625	−65168	0	0	−1	58	46	−168	单杆恒力弹吊	333
8	36000	36000	2328	20736	44386	0	0	−3	−69	0	−116	Y 向限位器	333

注　表中编号为图 2-41 中的编号。

4. 再热器出口管道的支吊

再热器出口管道的规格为 ϕ750.3×31.5mm，材料为 SA-335P9，标高为 63155～65780mm，再热器出口管道共有 3 个单杆可变力弹簧吊架、1 个 Z 向阻尼器及 1 个单杆刚性吊架，见图 2-42。再热器出口管道各支吊架的相关参数见表 2-14。

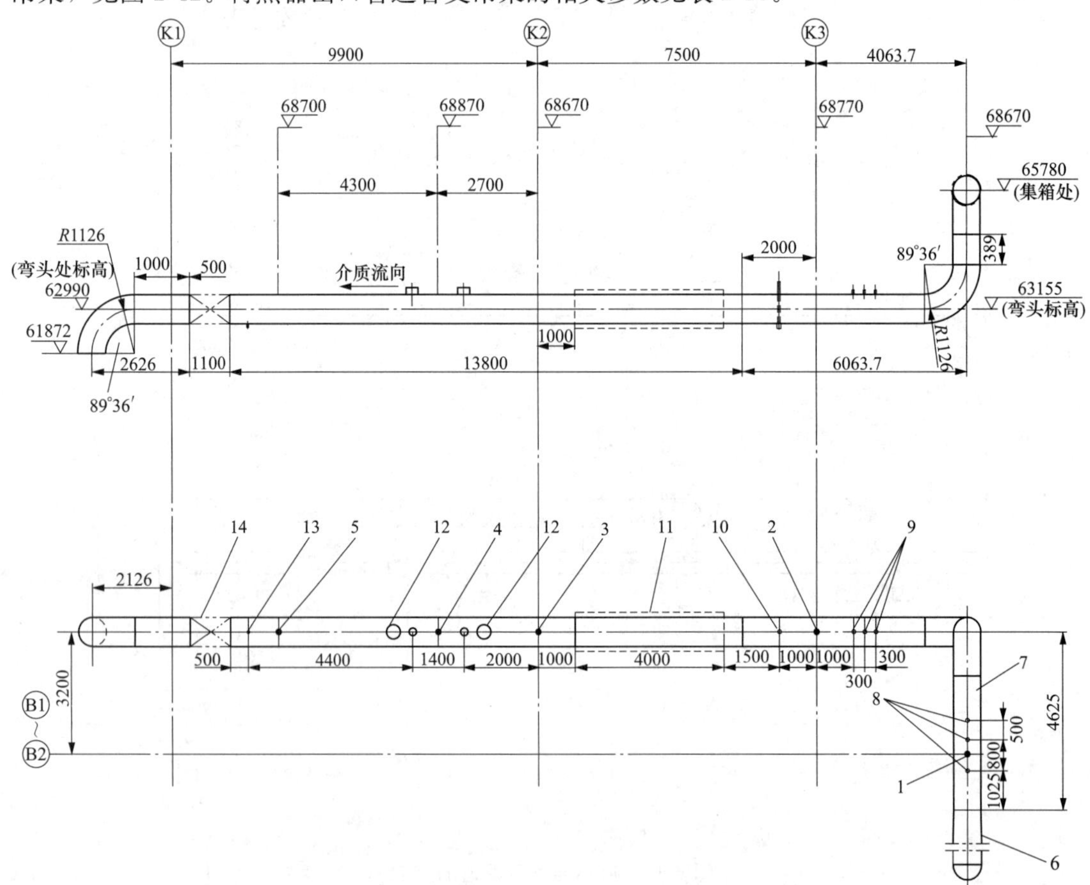

图 2-42　再热器出口管道的支吊

1、2、3—单杆可变力弹簧吊架；4—Z 向阻尼器；5—单杆刚性吊架；6—高温再热器出口集箱；7—高温再热器出口管道；8—压力测点；9—温度测点；10—蒸汽取样；11—蠕胀测量段；12—安全阀；13—疏水管；14—水压堵阀

表 2-12　　再热器出口管道各支吊架的相关参数

编号	标高（mm）		载荷（N）			冷态位移（mm）			热态位移（mm）			吊架形式/弹簧安装相对压缩值（mm）	T_j（℃）
	管部	根部	安装	工作	结构	Δx	Δy	Δz	Δx	Δy	Δz		
1	65780	68670	－39964	－50000	－150000	0	0	0	－67	12	－23	单杆变力弹吊/22	574
2	63155	68770	－47668	－57472	－110000	1	0	－1	－68	－23	－34	单杆变力弹吊/(20＋39)	574
3	63155	68670	－33761	－43269	－135000	0	0	0	－30	－74	－15	单杆变力弹吊/16	574
5	63155	68770	－98544	－15711	－200000	0	0	0	9	－123	0	单杆刚性吊架	574

注　表中编号为图 2-42 中的编号。

五、支吊架的检查与日常维护

随着火电机组向高参数、大容量发展，支吊架在管系中作用越来越重要。因此，一方面在机组建设期间，要重视支吊架安装和调试工作，使支吊架达到设计要求；另一方面，在机组投运后，加强支吊架的检查管理，定期对支吊架系统进行检查。重点检查以下项目。

（1）检查管道位置是否符合安全技术规范和现行国家标准的要求。

（2）检查管道与管道、管道与相邻设备之间有无相互碰撞及摩擦情况。

（3）检查管道是否存在挠曲、下沉以及异常变形等。

（4）检查支吊架是否脱落、变形、腐蚀损坏和焊接接头开裂。

（5）检查支吊架与管道接触处有无积水现象。

（6）检查恒力弹簧支吊架位移指示是否越限，冷热态标记是否有明显变化。

（7）检查变力弹簧支吊架是否异常变形、偏斜和失载。

（8）检查刚性支吊架状态是否异常。

（9）检查吊杆及连接配件是否损坏或异常。

（10）检查转（导）向支架间隙是否合适，有无卡涩现象。

（11）检查阻尼器、减振器位移是否异常，液压阻尼器液位是否正常，是否有漏油现象。

（12）检查承载结构与支撑辅助钢结构是否明显变形，主要受力焊接接头是否有宏观裂纹。

（13）检查有无失载或脱载（由于非正常原因引起承载支吊架完全失去载荷的现象）。

（14）检查有无超载（超过支吊架设计最大额定载荷的现象）。

由于管道支吊架经一段时间运行后，管线的形态、位置以及支吊架弹簧等部件的性能可能发生一定变化，均会发生支吊架损坏、过载、欠载及位移受阻等问题，造成管道局部区域应力增高和对端点（或设备）推力增大的情况，将影响到设备运行的安全性。因此，对异常情况要及时检查并及时处理，必要时进行调整或更换不合格的支吊架。

第四节　锅炉尾部烟道振动原因及防振措施

随着电站锅炉向大容量高参数发展，锅炉的炉膛尺寸增加，尾部烟气流速也有所增高，很可能在锅炉尾部受热面管束产生由于卡门涡流激励而诱发的振动。振动发生时，锅炉附近一定范围内可感觉有低沉的轰鸣声，长时间振动会对振源附近的锅炉设备造成疲劳破坏。

一、尾部烟道振动原因

发生尾部烟道振动的原因是由于烟气横向流过尾部受热面管的两侧，而产生不稳定的旋涡脱落所致。如图 2-43 所示，由于管子两侧旋涡交替产生脱离，使两侧的烟气阻力不相同，并有周期性的变化。在某一瞬间，阻力大的一侧，烟气速度较慢，静压较高，而阻力较小的一侧即旋涡脱离的一侧，烟气速度较快、静压较低，因而在阻力较大的一侧产生一个垂直于流向的推力（升力）。当一侧的旋涡脱离后，在另一侧产生旋涡（情况恰好相反），产生一个垂直于流向而与上述相反的推力（升力）。正是由于这种交替改变方向的横推力，促使尾部受热面管在与流向相垂直的方向上形成激励，其激励频率就是卡门涡流形成或脱离的频率。

旋涡脱离频率 f_s 主要取决于烟气的速度 v 和尾部受热面管的直径 d，尾部受热面管横向绕流旋涡脱离频率的计算公式可写为

$$f_s = Srv/d$$

式中　Sr——斯特劳哈尔数。

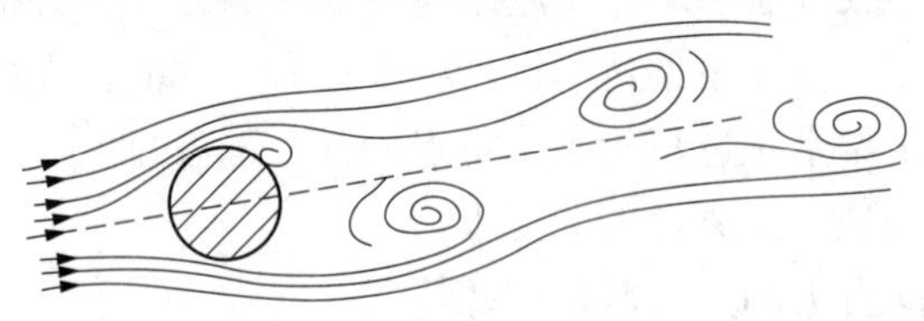

图 2-43　圆柱体后尾流中的卡门涡流

电站锅炉尾部烟道受热面管排一般为顺列布置，管排中的旋涡脱落机理要比单根管子的情况复杂得多，但其基本原理是一样的。

图 2-44 给出了适用于顺列管排布置的一组曲线，曲线图表示 Sr 与管子横向节径比 $x_t = t/d$ 的关系。并且用管子纵向节径比 $x_L = L/d$ 作为参数。从图 2-44 中可方便地查出斯特劳哈尔数 Sr，从而可快速地计算出旋涡离落频率 f_s。

当卡门涡流频率与锅炉尾部烟道的气柱声学固有频率 f_n 接近时，卡门涡流会激起气柱的振动，即发生共振。用 L 表示烟道宽度，λ 表示波长，n 表示烟道两侧之间的半波数。由图 2-45 可看出 $L = n(\lambda/2)$，也就是说基本波的波长是烟道宽的一半，第二谐波的波长等于烟道宽，第三谐波的波长为烟道宽的 1.5 倍，……，根据声波频率的基本方程（$f = c/\lambda$），可得声学固有频率为

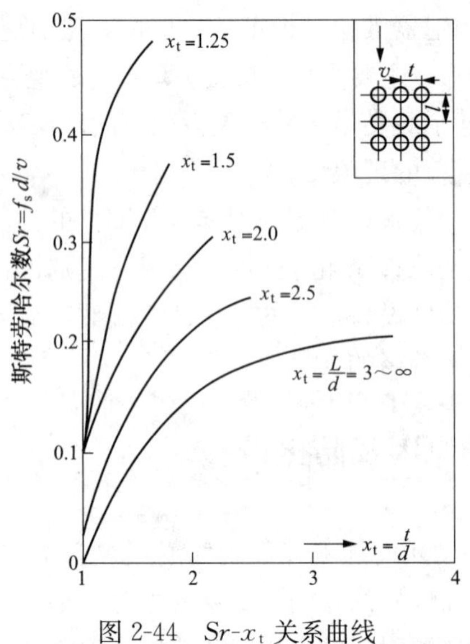

图 2-44　Sr-x_t 关系曲线

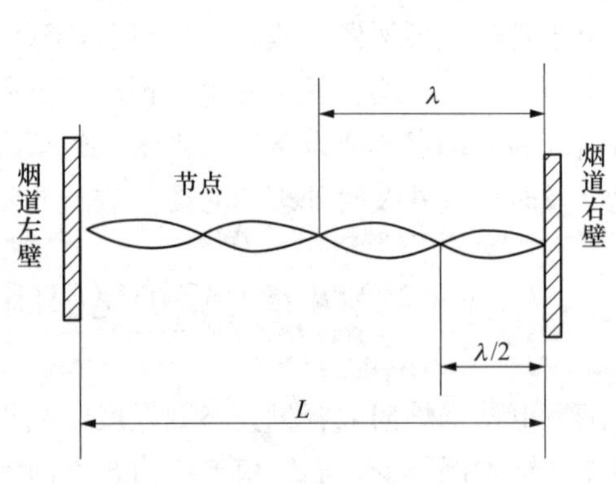

图 2-45　烟道宽度与波长关系

$$f_n=\frac{nc}{2L}$$

式中 n——谐波的阶次（$n=1$，2，3，…），当 $n=1$ 时的固有频率称为基本频率 f_1。

烟气中的声速通常可写为

$$c=\sqrt{gKRT}$$

式中 c——声速；

K——比热比；

R——气体常数（与烟气成分有关）；

g——重力加速度；

T——绝对温度。

气柱固有频率的简化式为

$$f_n=\frac{10n\sqrt{T}}{L}$$

防止卡门涡流激起振动的方法是在气柱振动波的波峰和波谷处加装隔板，使气柱失谐。

二、锅炉尾部烟道振动计算与防振措施

根据锅炉满负荷运行时受热面的入口烟气温度、出口烟气温度、平均烟速、炉膛宽度及管排尺寸可查得斯特劳哈尔数 Sr，可根据 $f_s=Srv/d$ 算出卡门旋涡脱离频率。

估算烟道气柱固有频率，取受热面的平均烟温，先根据 $f_n=\frac{10n\sqrt{T}}{L}$ 算出基频 f_1，再用 $n=f_s/f_1$，算得 n 值。

为了避开声学共振，可依据 n 值将共振烟道用防振隔板分隔成 $n+1$ 个较小的烟道，以提高烟道的声振频率，避开共振区。防振隔板的形状见图 2-46。

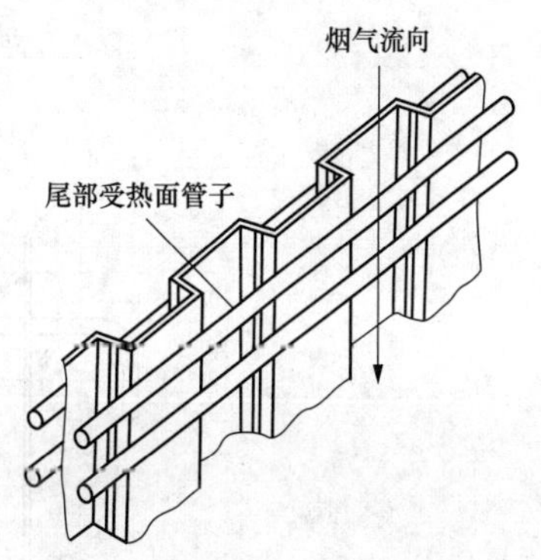

图 2-46　防振隔板的形状

实践证明，锅炉尾部烟道的烟速以及燃煤的成分对尾部烟道振动起了重要作用。由于燃煤的灰分不同，当灰分较大时，为防止受热面磨损过大，所以要使烟速降低，而灰分小时则烟速相对较高；对于不同成分的烟气，烟气中的声速不同，导致烟道的声学驻波频率也不同。

根据锅炉的设计参数，按以上方法经过计算，锅炉竖井的谐波的阶次 n 为 2，竖井内应安装 3 道防振隔板。由于竖井前后烟道的结构不同，防振隔板安装位置也不相同，图 2-47 所示为竖井前烟道防振隔板的安装位置与结构，图 2-48 所示为竖井后烟道防振隔板的安装位置与结构。竖井前烟道内为低温再热器管，3 道防振隔板的位置分别位于距左侧包墙 3391.1、6091.1、8141.1mm 处；竖井后烟道内上部为低温过热器管，下部为省煤器管，3 道防振隔板的位置分别位于距左侧包墙 3616.1、6316.1、8003.6mm 处。竖井前烟道和竖井后烟道内防振隔板的结构及固定方法相同，防振隔板由许多 U 形小隔板焊接而成，整个防振隔板用圆钢 U 形夹固定在管排上。

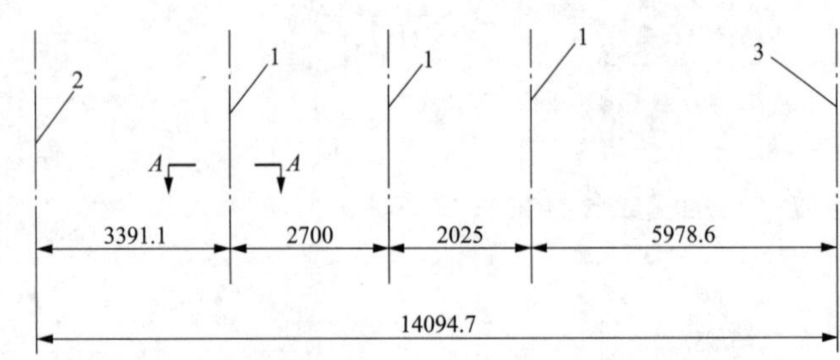

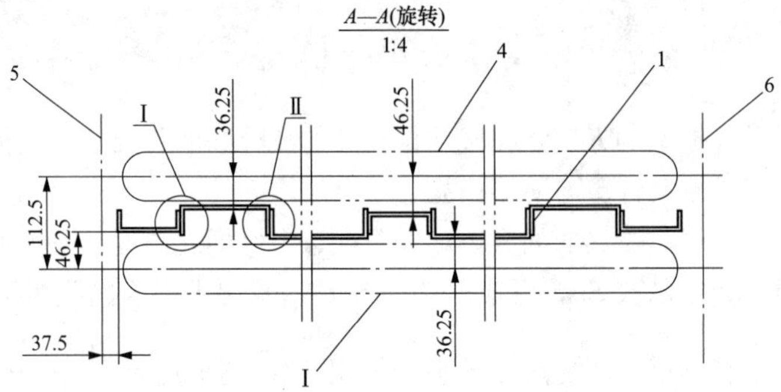

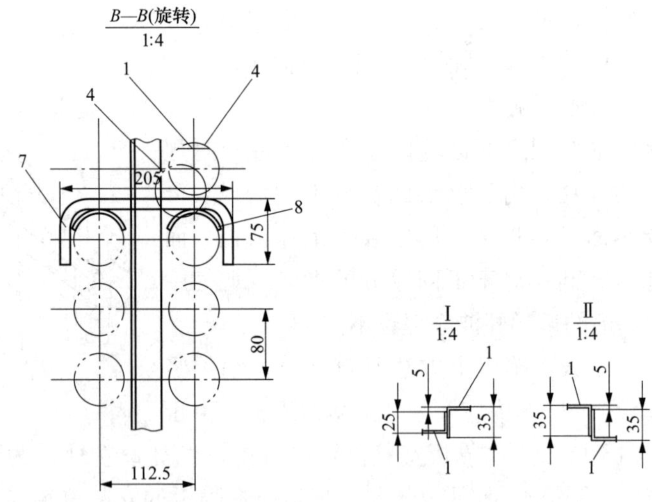

图 2-47　竖井前烟道防振隔板的安装位置与结构

1—防振隔板；2—左侧包墙；3—右侧包墙；4—低温再热器管道；5—前包墙；6—竖井隔墙；7—圆钢 U 形夹；8—弧形垫板

竖井后烟道低温过热器与省煤器防振隔板位置

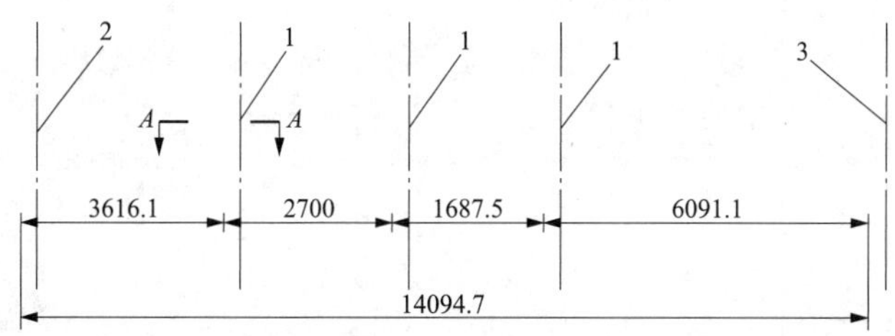

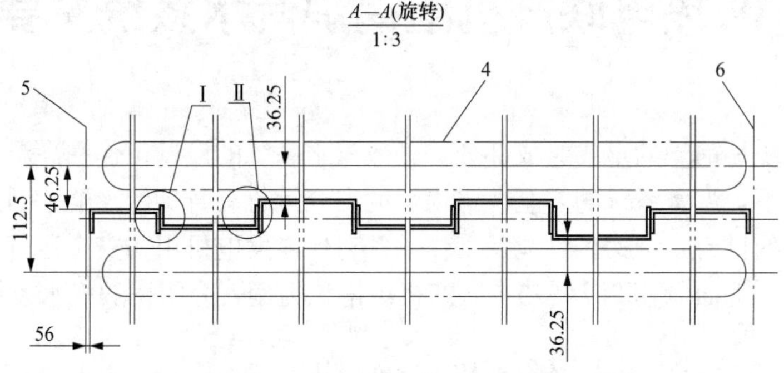

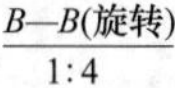

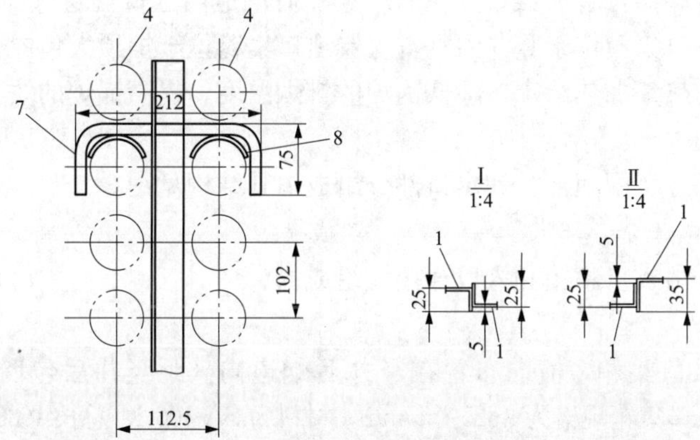

图 2-48 竖井后烟道防振隔板的安装位置与结构

1—防振隔板；2—左侧包墙；3—右侧包墙；4—低温过热器（或省煤器）管道；
5—竖井隔墙；6—后包墙；7—圆钢 U 形夹；8—弧形垫板

第三章

350MW 热电联产机组锅炉汽水系统主要设备

锅炉汽水系统是锅炉的重要组成部分，多数汽水系统的设备工作在高温、高压及烟气冲刷的恶劣条件之下，汽水系统的安全性对锅炉的安全运行有直接的影响。因此，了解和掌握汽水系统各设备的材料、结构、性能及工作条件对保障发电机组的安全运行和设备检修都有十分重要的意义。下面以 350MW 热电联产机组锅炉为例，介绍锅炉汽水系统主要设备。

第一节 省 煤 器

锅炉采用光管省煤器，省煤器布置在锅炉竖井后烟道内（低温过热器下方），与烟气成逆流布置；省煤器入口集箱位于竖井内，省煤器出口集箱位于炉顶大包内。省煤器的作用是吸收锅炉尾部烟气的热量加热给水，降低锅炉的排烟温度，提高锅炉的效率。

一、省煤器结构

省煤器由入口部分、中间部分和出口部分组成，其结构见图 3-1。

（一）省煤器入口部分

省煤器入口部分由入口集箱和入口连接管组成。

1. 入口集箱

省煤器有一个入口集箱，横向布置在竖井后烟道内（距竖井后包墙 3350mm，标高为 40245mm）。省煤器入口集箱规格为 ϕ325×55mm，材料为 SA-106C，总长 16300mm。筒体上装有 248 个省煤器管接头（ϕ51×7mm，材料为 SA-210C），两个 ϕ152 的手孔堵；左侧为端盖封头，端盖厚度为 65mm，材料为 SA-105C；右侧与给水管道相连接，还装有一个放水管接头（ϕ76×14mm，材料为 20G）、一个酸洗管接头（ϕ108×16mm，材料为 SA-106C）、5 个采样管接头（ϕ25×5mm）、4 个抗扭块及两个热电偶管座。省煤器入口集箱由竖井后烟道侧包墙支承。

2. 入口连接管

省煤器入口连接管位于竖井后烟道内、入口集箱上方标高为 40245～41925mm 的区域，共 248 根；入口连接管一端与省煤器入口集箱的管接头连接，另一端与省煤器中间部分相连接。省煤器入口连接管规格为 ϕ51×7mm，材料为 SA-210C，共 125 列，左数第 62、64 两列各为一根，其余 123 列为每列两根。

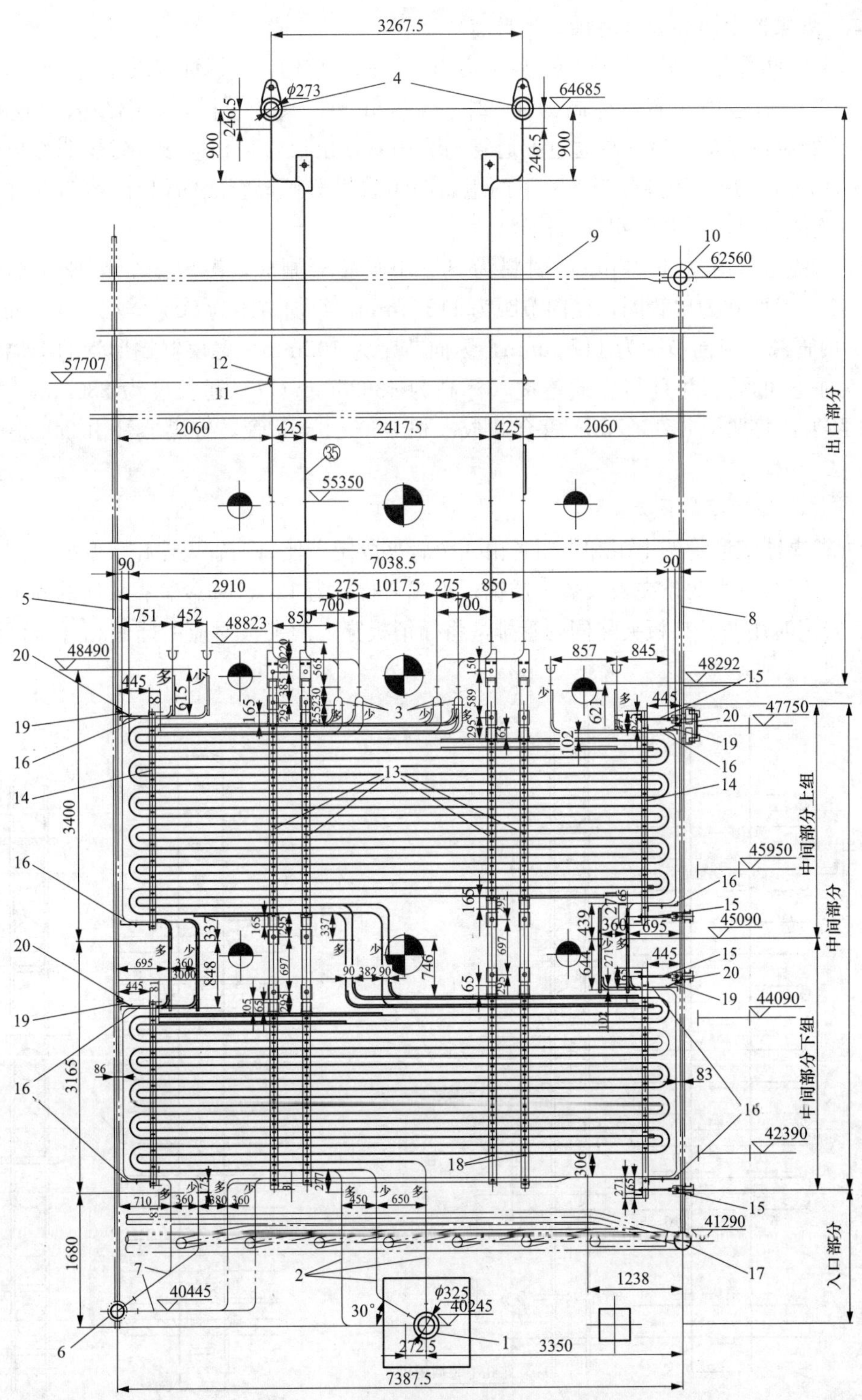

图 3-1 省煤器

1—省煤器入口集箱；2—省煤器入口连接管；3—省煤器三通；4—省煤器出口集箱；5—竖井隔墙；6—低温过热器入口集箱；7—低温过热器管；8—竖井后包墙；9—顶棚过热器；10—顶棚过热器出口集箱；11—夹板钩；12—梳形定位板；13—悬吊管夹；14—夹持管夹；15—拉杆装置；16—防磨板；17—竖井后包墙出口集箱；18—插销板；19—多孔均流板；20—板钩

（二）省煤器中间部分（省煤器蛇形管）

省煤器中间部分水平布置在竖井后烟道内，呈蛇形结构，习惯称省煤器蛇形管。省煤器蛇形管垂直于后包墙布置，标高为 41925～48025mm，共 248 根，一端与入口连接管在 40245mm 处对口焊接，另一端通过三通管与悬吊管（出口管）相连接。省煤器蛇形管以标高为 45090mm 的焊口为界分为上、下两组，两组省煤器蛇形管之间留有 1287mm 的空间，用垂直管连接过渡，以便于吹灰与检修。

省煤器蛇形管由 ϕ51×7mm、材料为 SA-210C 钢管制成，沿炉宽布置 125 列，其中：左数第 62、64 两列为单管圈，横向节距为 112.5mm，纵向节距为 306（或 102）mm；其余 123 列为两管圈，横向节距为 112.5mm，纵向节距为 102mm。省煤器蛇形管的上端由水平布置变为垂直布置，并且与三通连接（标高为 48025mm）。三通长度为 230mm，材料为 SA-234WPC，将两根 ϕ51×7mm 管合并成一根 ϕ60×9mm 管，省煤器管由 248 根合并成 124 根。

1. 省煤器蛇形管的固定

每列省煤器蛇形管的上组和下组各由 4 个管夹固定，使每列省煤器蛇形管处于同一垂直平面内，每组管夹由两条夹板及数个插销板组成，材料为 12Cr1MoV。省煤器的固定管夹见图 3-2。安装时用两条夹板夹住同列管排，将插销板穿入两夹板对应的插销孔并将插销板与

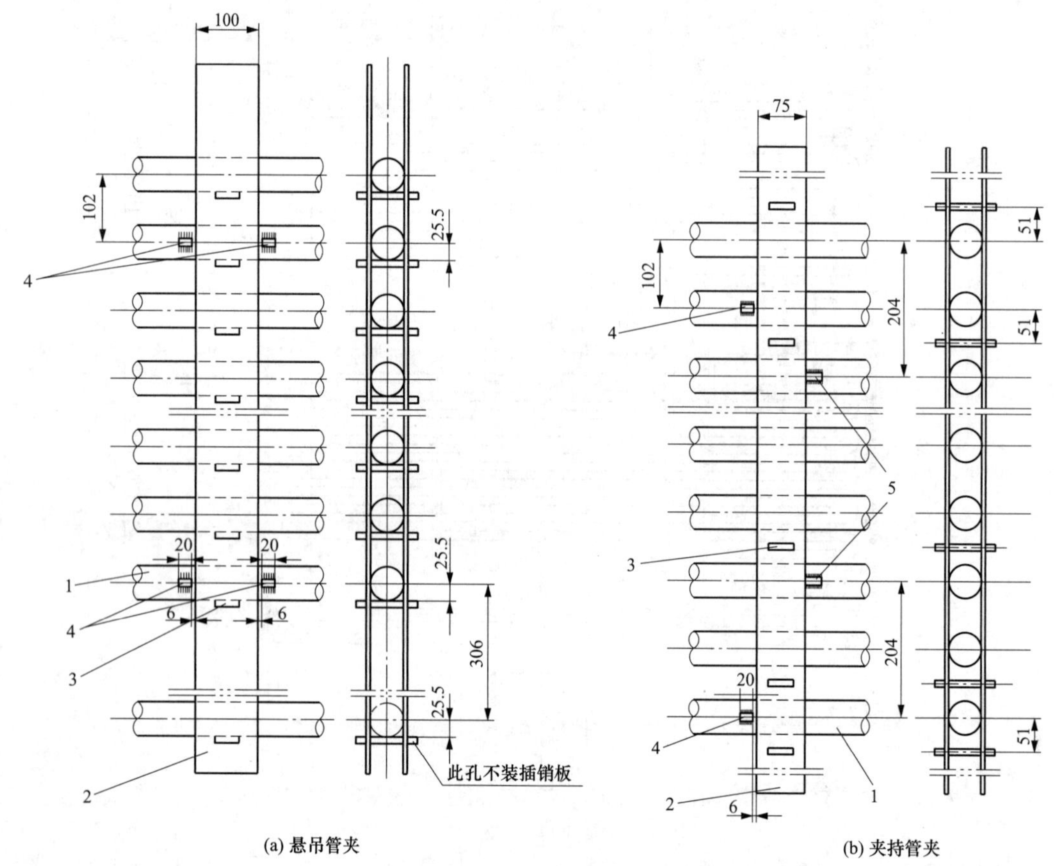

图 3-2　省煤器的固定管夹

1—省煤器管；2—管夹；3—插销板；4—圆钢；5—圆弧板

夹板焊接。中间两组管夹对管排起夹持、定位和支吊的作用，称为悬吊管夹；两侧管夹对管排只起夹持的作用，称为夹持管夹。因此，两种管夹的结构也有所区别，悬吊管夹的夹板宽100mm，每根省煤器管下均有一插销板支撑；夹持管夹的夹板宽75mm，每隔两根省煤器管下方有一插销板，并且插销板与省煤器管子之间有间隙，插销板对省煤器管子只起夹持功能（无支吊与定位功能）。

为了确保每列省煤器蛇形管之间的距离均匀，将125列省煤器蛇形管分成11组，中间一组5列，左右两侧各5组（每组12列），每组省煤器蛇形管之间在管夹的上下两端用定位板连接。另外，每组省煤器蛇形管上下两端各用两根拉杆装置将靠近后包墙的管夹与后包墙连在一起，拉杆装置的一端用销轴连接，另一端用螺帽和半圆垫圈固定，以防止省煤器晃动。

2. 省煤器蛇形管的悬吊

省煤器蛇形管由每列管排中间两组悬吊管夹的插销板支承，插销板将重力传至管夹的夹板，夹板将重力传给省煤器出口管（悬吊管），经悬吊管、省煤器出口集箱及吊架悬吊在锅炉顶板上。

3. 省煤器蛇形管的防磨装置

（1）防磨板和多孔均流板。省煤器蛇形管处于竖井后烟道的尾部，温度较低，飞灰颗粒较硬，并且省煤器蛇形管的管子布置很密，烟气流通截面小，烟气流速高，极易造成省煤器蛇形管的磨损，有效的防磨措施就显得非常重要。具体措施是在省煤器弯头与后包墙和竖井隔墙处安装防磨板和多孔均流板，使烟气的浓度和流速均流，减小飞灰磨损。防磨板一端固定在省煤器夹持管夹的端部，另一端为自由端；多孔均流板一端挂在板钩上，另一端放置在防磨板上。

（2）蒸汽吹灰区域防磨瓦。为了防止蒸汽吹灰时吹损省煤器管子，在蒸汽吹灰区域内的管子及每组省煤器上层管子均加装防磨瓦，防磨瓦为半圆弧形，每个防磨瓦用两个圆弧形压板固定，并且必须与管子良好接触。

4. 省煤器的防振隔板

为了防止运行中发生省煤器振动，省煤器装有3组防振隔板，将竖井后烟道分成4部分。防振隔板由3mm厚的0Cr18Ni9制成，通过ϕ12的圆钢U形夹固定在省煤器第二排管上，防振隔板的位置与结构见第二章第四节。

（三）省煤器出口部分

省煤器出口部分由出口连接管和出口集箱组成。

1. 出口连接管（悬吊管）

省煤器出口连接管是指三通出口管至省煤器出口集箱之间的管段，共124根，62列垂直布置（每列两根），标高为48258～64685mm。由于省煤器出口连接管对低温过热器和省煤器起悬吊作用，所以省煤器出口连接管也叫悬吊管。悬吊管规格为ϕ60×9mm，材料为SA-210C，前排悬吊管距竖井隔墙2060mm，后排悬吊管距竖井后包墙2060mm，两排悬吊管之间的距离为3267.5mm，每列悬吊管悬吊两列省煤器蛇形管（中心的5列省煤器蛇形管由中间的两列悬吊管悬吊）。为了保证悬吊管的定位，在57707mm处焊有夹板钩，夹板钩上装有梳形定位板，梳形定位板对悬吊管起定位作用。

2. 出口集箱

省煤器有两个出口集箱（与两排悬吊管相对应），位于大包内，标高为64685mm，规格

为 ϕ273×45mm，材料为 SA-106C，总长 14420mm。每个筒体上装有 62 个省煤器管接头（ϕ60×9mm，材料为 SA-210C），左侧为端盖封头，端盖厚度为 60mm，材料为 Q245R，右侧与出口管道相连接，并且装有一个排气管接头（ϕ51×8mm，材料为 12Cr1MoV）。省煤器出口集箱上部有 16 个吊耳，通过 16 个吊杆悬吊在锅炉顶板上。

二、省煤器的技术规范

省煤器的技术规范见表 3-1。

表 3-1　　省煤器的技术规范

序号	项目	内容	单位	规范（数据）	备注
1	省煤器整体	形式			非沸腾逆流
		设计压力	MPa	30.34	
		设计入口温度	℃	285	额定出力
		出口温度	℃	318	额定出力
		金属壁温	℃	371	
		受热面积总计	m^2	6453	
2	省煤器入口集箱	数量	个	1	
		规格	mm	ϕ325×55	
		材料			SA-106C
		总长	mm	16300	
		标高	mm	40245	
		工作压力	MPa	28.80	额定出力
3	省煤器入口连接管	管子数量	根	248	
		规格	mm	ϕ51×7	
		材料			SA-210C
		标高	mm	40245～41925	
4	省煤器中间部分（蛇形管）	管子数量	根	248	
		规格	mm	ϕ51×7	
		材料			SA-210C
		标高	mm	41925～48025	
		列数	个	125	
		管圈数	根	2	第 62、63 单根
		横向节距	mm	112.5	
		纵向节距	mm	102	
		入口烟气流速	m/s	9.0	额定出力
		出口烟气流速	m/s	8.4	额定出力
5	省煤器三通管	数量	个	124	
		规格	mm	2×ϕ51×7 合并为 1×ϕ60×9	
		材料			SA-235WPC
		标高	mm	48025～48255	

续表

序号	项目	内容	单位	规范（数据）	备注
6	省煤器出口连接管	管子数量	根	124	
		规格	mm	ϕ60×9	
		材料			SA-210C
		标高	mm	48258～64685	
		列数	个	62	
		横向节距	mm	225	
7	省煤器出口集箱	数量	个	2	
		规格	mm	ϕ273×45	
		材料			SA-106C
		总长	mm	14420	
		标高	mm	64685	
		工作压力	MPa	28.57	额定出力

第二节 水 冷 壁

在锅炉的发展历史中，最初水冷壁的作用是为了降低炉墙温度（保护炉墙），提高运行的可靠性；随着锅炉技术的发展，机组参数的提高，水冷壁已成为锅炉的主要受热面。采用膜式水冷壁是为了获得良好的炉膛密封效果，减少炉膛漏风；随着膜式水冷壁的广泛使用，其优势逐渐显现，例如炉墙质量轻、便于采用悬吊结构、钢架和地基大大简化、建设成本明显下降等。因此，锅炉采用了膜式水冷壁，锅炉本体为全悬吊结构。

一、水冷壁的结构

水冷壁布置在炉膛四周、水平烟道底部及水平烟道前侧墙。下部水冷壁为螺旋式，属双管带结构，共有前后两个回路，两个回路的连接布置方式相差180°；上部为一次垂直上升式；螺旋水冷壁和垂直上升水冷壁之间由中间集箱和连接短管连通，并用固定连接装置（垫块、指板及张力板等）将上下两部分连成一个整体，构成了锅炉的炉膛（燃烧室）。炉膛深度为12908.7mm，宽度为14108.7mm，总高为56000mm（由前后墙水冷壁入口集箱中心线到炉膛顶棚管中心线），见图3-3（见文后插页）。

炉膛各墙水冷壁与各自的出口集箱连接，由吊架悬吊在锅炉顶板上，实现了炉膛整体的全悬吊。为了增加水冷壁的刚性，水冷壁的外侧用刚性梁固定，并设计了合理的滑动膨胀系统，具体结构见第二章第二节。

（一）下部螺旋水冷壁

炉膛下部采用螺旋水冷壁，可在同样的炉膛周界长度下减少水冷壁管的数量，从而在采用合理管径的情况下获得更高的质量流速。由于每一根管子都从炉膛底部开始沿炉膛周界螺旋上升到水冷壁中间集箱，所以每一根管子所经过的炉膛热负荷区几乎相同，吸热量相近，使螺旋水冷壁的工质出口焓均匀，工质热偏差极小，可避免个别水冷壁管因热偏差过大导致的超温问题。炉膛下部燃烧器区域的螺旋水冷壁采用多头内螺纹管，大大推迟和避免了传热恶化的发生，使水冷壁安全运行所需要的最低质量流速明显降低，减少了水冷壁的压降和给水泵的功耗。

1. 水冷壁入口集箱与引出管

水冷壁有两个入口集箱，分别位于炉膛前后墙标高为7000mm处，规格为ϕ245×60mm，材料为SA-106C，总长16000mm，两入口集箱之间用两根连通管（ϕ168×25mm，材料为SA-106C）相连接。筒体上装有224个水冷壁管接头（ϕ32×6mm，材料为15CrMoG）、14个进水管接头（ϕ133×18mm，材料为SA-106C）、两个连通管接头(ϕ168×25mm，材料为SA-106C)、两个手孔装置（ϕ152mm，Ⅰ型）和5个吊耳（M36-ϕ245，Ⅰ型）。左右两侧为端盖封头，端盖厚度为46mm，材料为Q245R。每个入口集箱通过5个吊杆悬挂在前、后墙水冷壁刚性梁上，与水冷壁一起向下膨胀。224根水冷壁入口管与水冷壁前入口集箱相连接，左端第1～214根接入前墙冷灰斗水冷壁（其中：左端第1～173根的初始螺旋上升角度为58°35′，左端第174根的初始螺旋上升角度为55°，左端第175根的初始螺旋上升角度为48°，左端第176根的初始螺旋上升角度为39°，左端第177根的初始螺旋上升角度为30°，左端第178～214根的初始螺旋上升角度为23°35′)；左端第215～224根接入右侧墙，初始螺旋上升角度为23°35′。另外的224根水冷壁入口管与水冷壁后入口集箱连接，连接方式与水冷壁前入口集箱相同，但方向旋转了180°，见图3-4和图3-5。

2. 螺旋水冷壁

螺旋水冷壁与水冷壁入口管相对应，共448根布置于锅炉的冷灰斗及四面炉墙，标高为7000～38738mm，见图3-5。从图3-5中可以看出，螺旋水冷壁分成116组现场组装而成，两侧墙水冷壁均以23°35′的螺旋角度上升；前后墙左侧1～177根开始以各自初始螺旋角上升的水冷壁管和由两侧墙绕到前后墙冷灰斗斜坡平面左侧后，以58°35′的角度螺旋上升的水冷壁管在冷灰斗斜坡平面上升到一定位置后，全部变成与其他水冷壁螺旋上升角度（23°35′）一致的螺旋角上升。螺旋上升水冷壁由ϕ32×6mm钢管和扁钢焊接而成，螺旋上升角度为58°35′的膜式水冷壁中心线节距为48mm，螺旋上升角度为23°35′的膜式水冷壁中心线节距为44.88mm。冷灰斗折角（与水平成55°角，标高为15347mm）以下水冷壁螺旋管圈内壁为光管，标高为15347～34783mm范围内螺旋水冷壁的内壁为内螺纹管，从标高为34783mm至水冷壁中间集箱的螺旋水冷壁内壁为光管。水冷壁管和扁钢材料均为15CrMo。

3. 螺旋式水冷壁的介质流程

螺旋式水冷壁是从水冷壁前入口集箱和水冷壁后入口集箱各引出224根水冷壁管，沿冷灰斗及炉膛四周螺旋上升至4个水冷壁中间集箱，水冷壁中间集箱位于前、后、左、右各炉墙外侧，见图3-6。在图3-6中，左上的EF-24T表示24根螺旋水冷壁，从前墙入口集箱开始绕炉膛上升，进入前墙水冷壁中间集箱；其他类同。从水冷壁前入口集箱引出的224根水冷壁管中，最左侧的24根水冷壁管沿冷灰斗和炉膛螺旋上升进入了前墙水冷壁中间集箱，左数第25根至131根（共107根）水冷壁管沿冷灰斗和炉膛螺旋上升进入了右侧墙水冷壁中间集箱，左数第132根至224根（共93根）水冷壁管沿冷灰斗和炉膛螺旋上升进入后墙水冷壁中间集箱；从水冷壁后入口集箱引出的224根水冷壁中，最左侧的24根水冷壁沿冷灰斗和炉膛螺旋上升进入后墙水冷壁中间集箱，左数第25根至131根（共107根）水冷壁沿冷灰斗和炉膛螺旋上升进入左侧墙水冷壁中间集箱，左数第132根至224根（共93根）水冷壁沿冷灰斗和炉膛螺旋上升进入前墙水冷壁中间集箱。

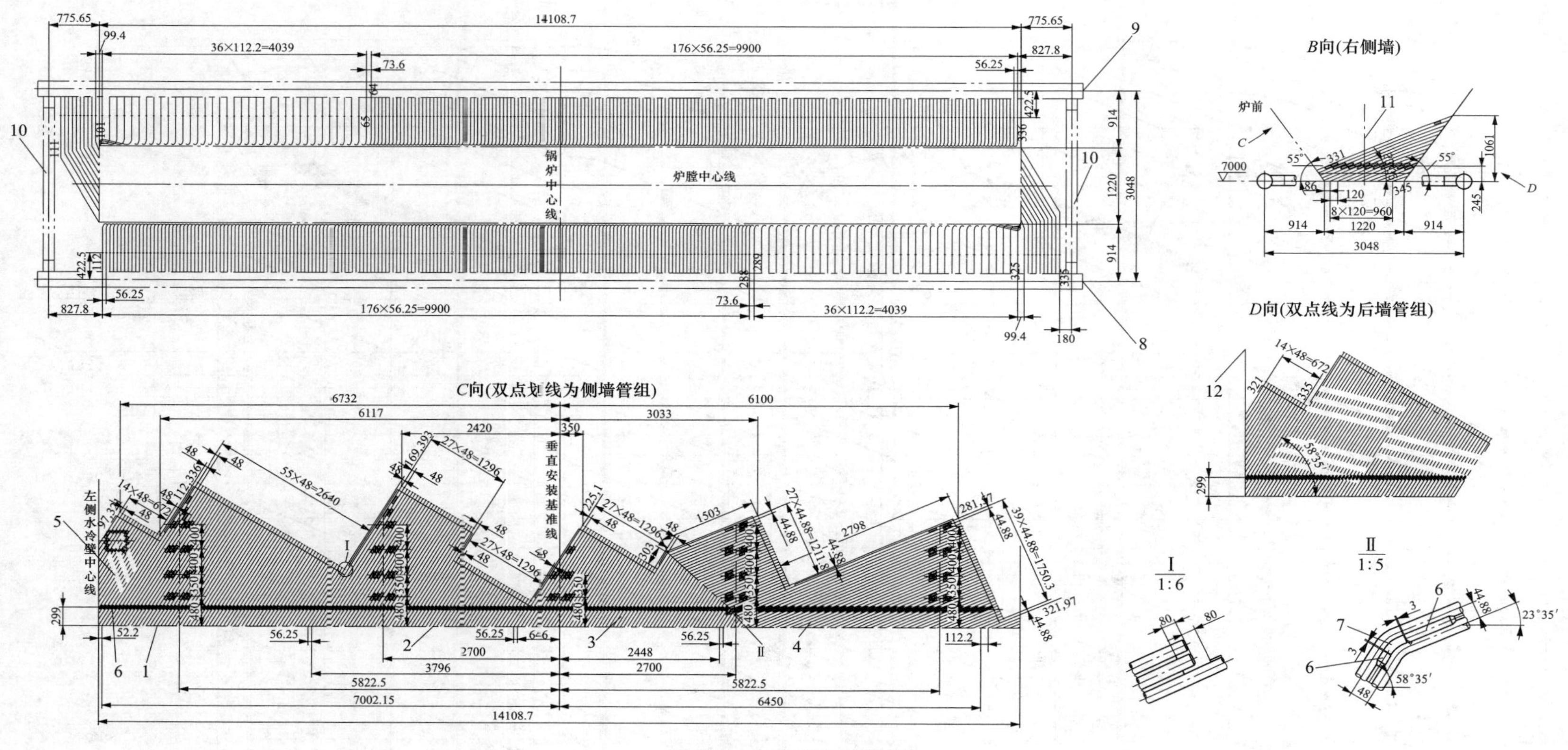

图3-4 水冷壁入口集箱

1—第一组水冷壁入口管；2—第二组水冷壁入口管；3—第三组水冷壁入口管；4—第四组水冷壁入口管；5—第五组水冷壁入口管；6—填板；7—钢板；8—前水冷壁入口集箱；9—后墙水冷壁入口集箱；10—水冷壁入口集箱连通管；11—炉膛中心线；12—右侧水冷壁中心线

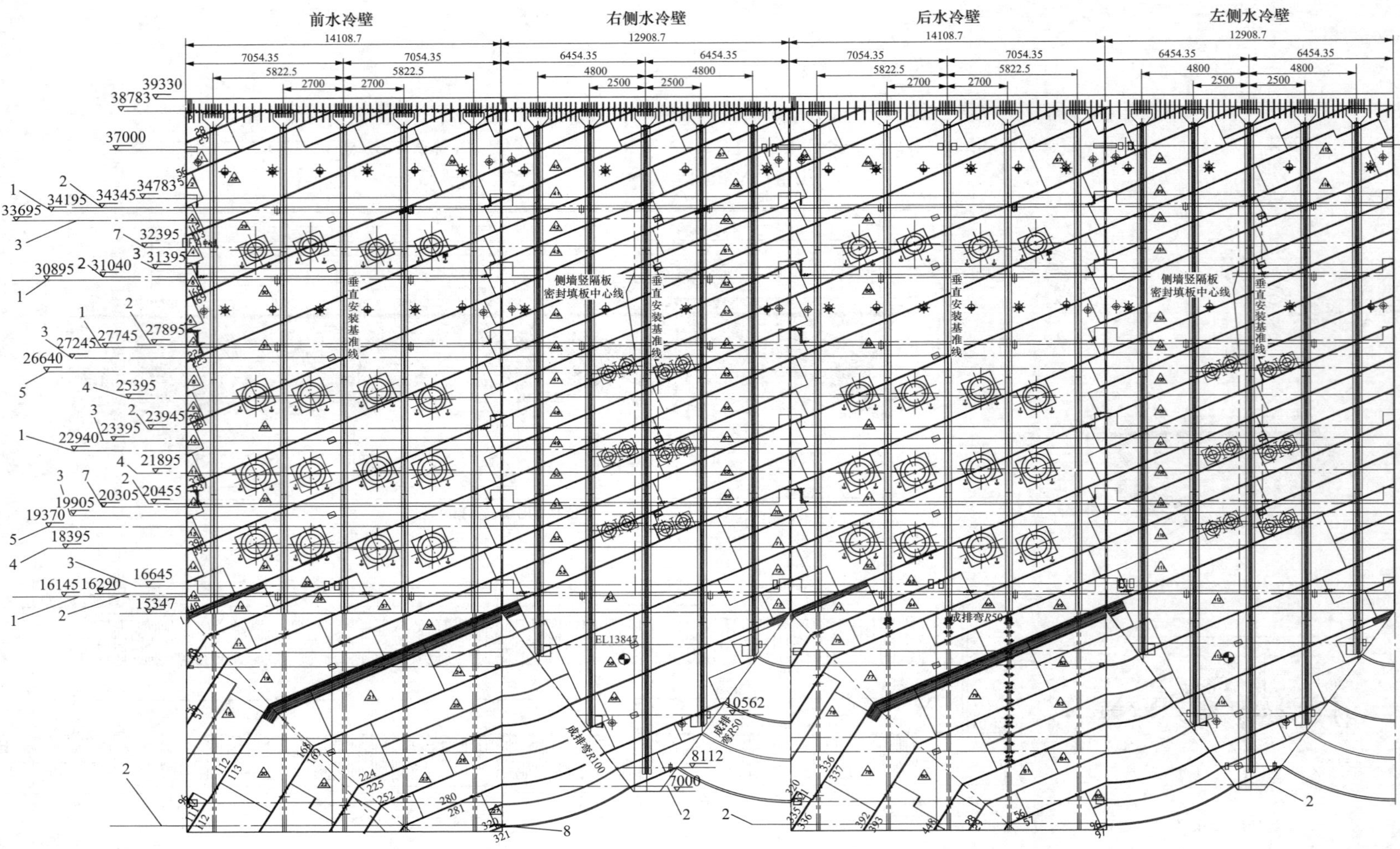

图 3-5　螺旋上升水冷壁展开图

1—风箱护板内侧；2—密封填板中心线；3—刚性梁中心线；4—燃烧器中心线；5—乏气喷口中心线；6—风箱隔板下侧；7—OFA燃尽风中心线；8—填板

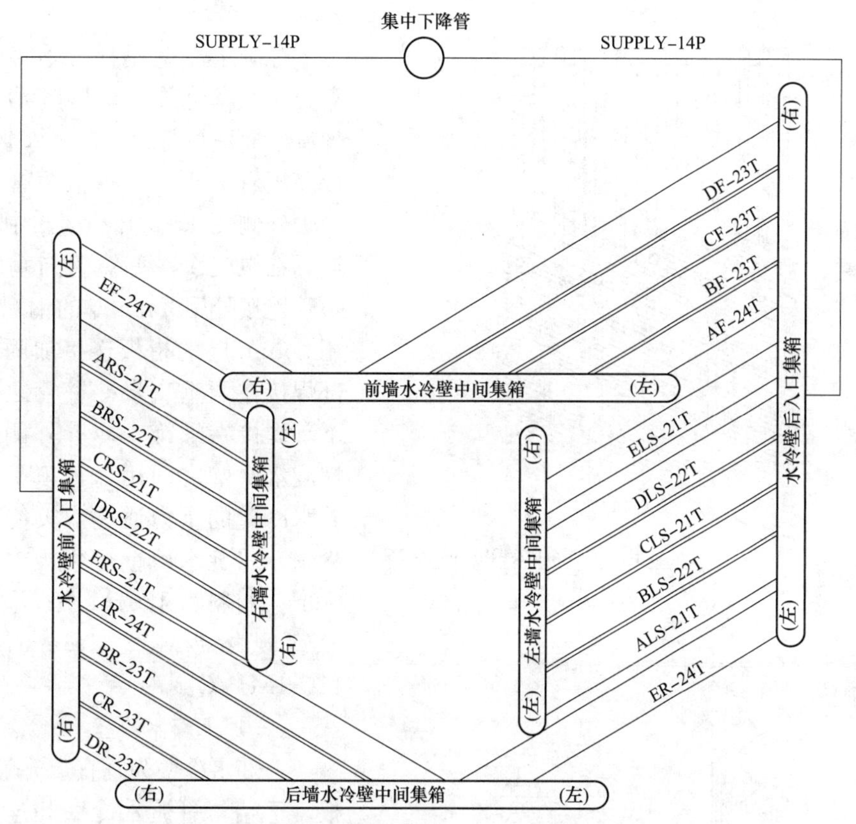

图 3-6 炉膛下部螺旋式水冷壁的介质流程

P—连接管；T—水冷壁；SUPPLY—供水管

A、B、C、D、E、F—序号；RS—右侧墙；LS—左侧墙；F—前墙水冷壁中间集箱；R—后墙水冷壁中间集箱

（二）过渡水冷壁

过渡水冷壁是指螺旋水冷壁与垂直上升水冷壁的过渡连接部件，位于螺旋水冷壁与垂自管冷壁之间，标高为 37933～39330mm，由螺旋水冷壁短管、水冷壁中间集箱及垂直水冷壁短管组成。见图 3-7。中间集箱是螺旋水冷壁的出口集箱，也是垂直水冷壁的入口集箱。螺旋水冷壁与垂直水冷壁的连接应有良好的密封和合理的支吊。

1. 水冷壁中间集箱

锅炉共有 4 个水冷壁中间集箱，前后左右墙各一个，水冷壁中间集箱标高为 37933mm，规格为 ϕ273×45mm，材料为 12Cr1MoVG，集箱中心线距水冷壁墙中心线的水平距离为 660mm。集箱两端各有一个端盖（ϕ273×45/62mm，材料为 12Cr1MoVG），集箱筒体有 3 个手孔装置（ϕ180mm）、1 个连通管接头（ϕ25×5mm，材料为 12Cr1MoVG）和 1 个放水管接头（ϕ51×8mm，材料为 12Cr1MoVG）。前、后墙水冷壁中间集箱长 14280mm，前墙水冷壁中间集箱与 117 根螺旋水冷壁短管和 233 根垂直水冷壁短管相连接；后墙水冷壁中间集箱与 117 根螺旋水冷壁短管和 235 根垂直水冷壁短管相连接。左、右侧墙水冷壁中间集箱长 13100mm，分别与 107 根螺旋水冷壁短管和 214 根垂直水冷壁短管相连接。

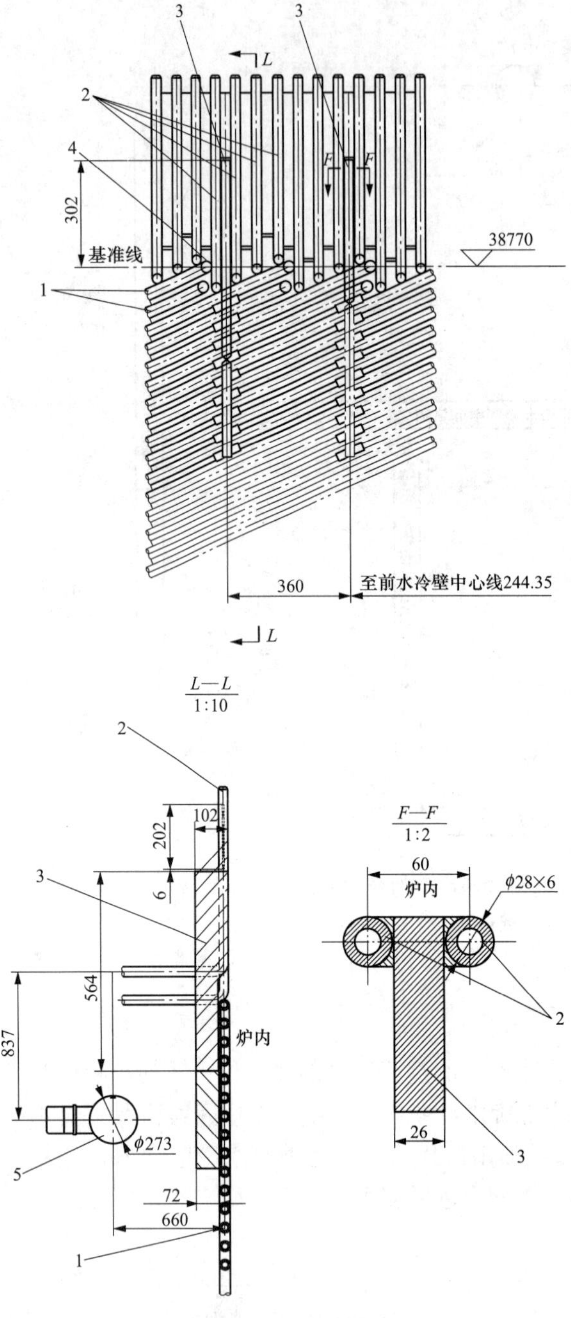

图 3-7　螺旋水冷壁与垂直水冷壁的连接

1—螺旋水冷壁短管；2—垂直水冷壁短管；3—指板；4—密封板；5—水冷壁中间集箱

2. 螺旋水冷壁短管与垂直水冷壁短管

螺旋水冷壁短管与垂直水冷壁短管分组交叉布置（见图 3-7），每两根螺旋水冷壁短管为 1 组，每 4 根垂直水冷壁短管为 1 组，每根短管在交界处向炉外侧转 90°离开炉墙与中间集箱相连。在螺旋水冷壁短管与垂直水冷壁短管连接处用 8mm 厚的钢板密封，并用 26mm 厚的指板连接加固，指板上部焊接在两垂直水冷壁管之间，指板下部焊接在螺旋水冷壁外侧，指板与螺旋水冷壁之间用扁钢填平焊接。螺旋水冷壁的重力通过指板传至垂直水冷壁。螺旋水冷壁短管规格为 ϕ32×6mm，材料为 15CrMoG；垂直水冷壁短管规格为 ϕ28×6mm，材料为 12Cr1MoVG。

（三）上部水冷壁

上部水冷壁为垂直上升管，共 896 根，下端与过渡水冷壁相连，上端与水冷壁出口集箱连接。上部水冷壁左、右两侧墙对称布置，结构相同；由于后墙水冷壁与水平烟道相连，故后墙上部水冷壁结构比较特殊。

1. 前墙上部垂直上升水冷壁

前墙上部垂直上升水冷壁由 233 根 ϕ28×6mm 光管（材料为 12Cr1MoV）和 32×8mm 扁钢（材料为 15CrMoG）焊接而成，管间节距为 60mm，标高为 39330～64100mm，由 10 个管组现场组装而成，前墙上部垂直水冷壁下端与 233 根过渡水冷壁相连接，上端与两个前墙水冷壁出口集箱连接。前墙水冷壁出口集箱规格为 ϕ219×50mm，材料为 12Cr1MoVG，长度 6884（6944）mm，标高为 64100mm，集箱两端各有一个端盖（规格为 ϕ219×50mm，材料为 12Cr1MoVR），集箱筒体上有 116（或 117）个水冷壁管座（规格为 ϕ28×6mm，材料为 12Cr1MoVG）、5 个出水管座（规格为 ϕ133×20mm，材料为 12Cr1MoVG）及 7 个吊耳（M85×4-ϕ219 Ⅱ型）。

2. 后墙上部水冷壁

后墙上部水冷壁由235根ϕ28×6mm光管（材料为12Cr1MoV）和32×8mm扁钢（材料为15CrMoG）焊接而成，管间节距为60mm。为了便于折焰角处与侧墙连接，后墙上部水冷壁比前墙上部水冷壁多2根。后墙上部水冷壁从标高为39330mm垂直上升至49149mm，与水平成15°角向炉膛内延伸，在距后墙水冷壁中心线4271mm处向上转130°，并向后墙水冷壁延伸形成折焰角。在到达后墙水冷壁中心线处向下转20°继续以与水平成15°角向竖井延伸，至竖井前包墙标高54655mm处形成水平烟道炉底管，向下转135°后与两个水平烟道炉底管出口集箱相连，见图3-8。水平烟道炉底管出口集箱规格为ϕ219×45mm，材料为12Cr1MoVG，长度6935(6995)mm，标高53670mm，两端各有1个端盖（规格为ϕ219×45mm，材料为12Cr1MoVR），集箱筒体上有117（或118）个水冷壁管接头（规格为ϕ28×5.5mm，材料为12Cr1MoVG）及4个出水管接头（规格为ϕ133×20mm，材料为12Cr1MoVG）。从两个水平烟道炉底管出口集箱各引出4根出水管（共8根，规格为ϕ133×20mm，材料为12Cr1MoVG），分成3路。第一路是左数第二根出水管引至水平烟道左前包墙入口集箱，第二路是右数第二根出水管引至水平烟道右前包墙入口集箱，第三路是剩余的6根出水管引至后墙水冷壁（拉稀管）入口集箱。

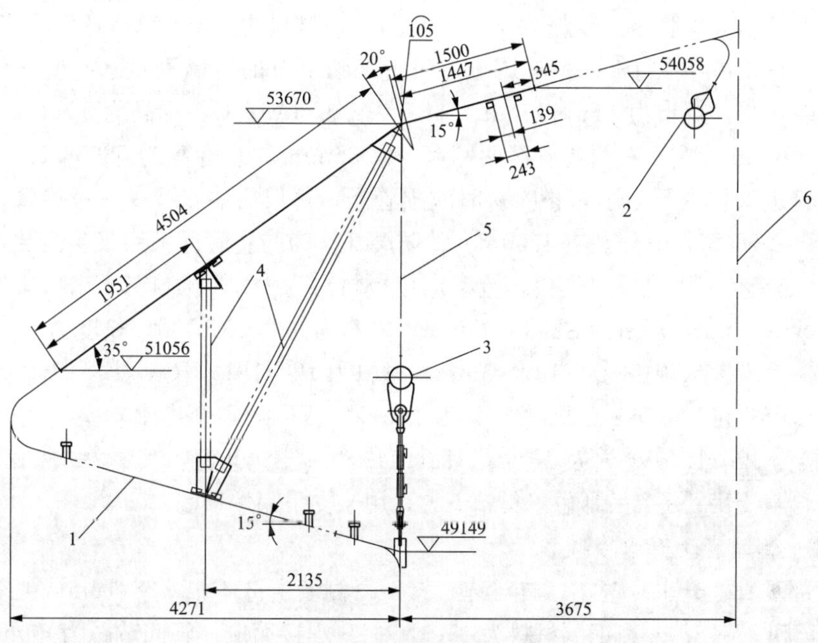

图3-8 折焰角水冷壁

1—拆焰角后墙水冷壁；2—水平烟道炉底管出口集箱；3—后墙水冷壁（拉稀管）入口集箱；4—支撑；5—后墙水冷壁中心线；6—前包墙中心线

（1）水平烟道左前侧包墙。水平烟道左前侧包墙位于水平烟道左前墙，下方与1个入口集箱相连，上方与1个出口集箱相连。水平烟道左前侧包墙入口集箱规格为ϕ219×45mm，材料为12Cr1MoVG，长度为1786mm，标高为52487mm，集箱两端各有一个端盖（规格为ϕ219×45mm，材料为12Cr1MoVR），集箱筒体上有33个管座（规格为ϕ28×5.5mm，材料为12Cr1MoVG）、1个放水管座（规格为ϕ51×8mm，材料为12Cr1MoV）及1个进水管座（规格为 ϕ133×20mm，材料为 12Cr1MoVG）。水平烟道左前侧包墙标高为 52487～63790mm，由 33 根 ϕ28×5.5mm 光管（材料为 12Cr1MoVG）和 29×6mm 扁钢（材料为 15CrMoG）焊接而成，管间节距为 57mm。水平烟道左前侧包墙出口集箱规格为 ϕ219×45mm，材料为 12Cr1MoVG，长度为 1818mm，标高为 63790mm，集箱两端各有一个端盖（规格为 ϕ219×45mm，材料为 12Cr1MoVR），集箱筒体上有 33 个管座（规格为 ϕ28×5.5mm，材料为 12Cr1MoVG）、2 个出水管座（规格为 ϕ133×20mm，材料为 12Cr1MoVG）及 2 个吊耳（M56×4-ϕ219 Ⅱ型）。

（2）水平烟道右前侧包墙。水平烟道右前侧包墙位于水平烟道右前方，与水平烟道左前侧包墙对称布置。

（3）后墙水冷壁（拉稀管）。后墙水冷壁（拉稀管）位于炉膛出口与水平烟道结合处，由一个入口集箱、31 根后墙水冷壁（拉稀管）和一个出口集箱组成。由于后墙水冷壁（拉稀管）的间距较大，以便于烟气通过。入口集箱位于炉膛拆焰角下方（炉外），标高为 50987mm，规格为 ϕ245×50mm，材料为 12Cr1MoVG，长度为 14000mm，集箱两端各有一个端盖（规格为 ϕ245×50mm，材料为 12Cr1MoVR），集箱筒体上有 31 根后墙水冷壁管座（规格为 ϕ76×6mm，材料为 12Cr1MoVG）、1 个放水管座（规格为 ϕ51×8mm，材料为 12Cr1MoV）、6 个进水管座（规格为 ϕ133×20mm，材料为 12Cr1MoVG）及 27 个向下的吊耳（M56×4-ϕ245 Ⅱ型），该吊耳用于悬吊折焰角下方的后墙垂直水冷壁。后墙水冷壁（拉稀管）共 31 根，规格为 ϕ76×16mm，材料为 12Cr1MoVG，标高为 52487～63790mm，管间节距为 450mm（左、右两边管至两侧墙 304.35mm），在标高为 53358.5mm 处穿过水平烟道炉底管进入炉内。为了防止吹灰时吹损管子，每根后墙水冷壁（拉稀管）在标高为 54700、56940、58050mm 处装有 1200mm 的防磨瓦。为防止管间节距发生变化，在标高为 58067.5mm 处装有一排梳型定位板，梳型定位板材料为 1Cr20Ni14S2。出口集箱位于大包内，标高为 64800mm，规格为 ϕ219×45mm，材料为 12Cr1MoVG，长度为 14000mm，集箱两端各有一个端盖（规格为 ϕ219×45mm，材料为 12Cr1MoVR），集箱筒体上有 31 根后墙水冷壁管座（规格为 ϕ76×6mm，材料为 12Cr1MoVG）、8 个出水管座（规格为 ϕ133×20mm，材料为 12Cr1MoVG）及 16 个吊耳（M42×4-ϕ219 Ⅱ型，其中，8 个吊耳位于集箱上方，用于自身支吊；8 个吊耳位于集箱下方，用于支吊锅炉顶棚）。

3. 侧墙上部垂直上升水冷壁

侧墙上部垂直上升水冷壁左、右对称布置，每侧墙由 214 根 ϕ28×6mm 光管（材料为 12Cr1MoV）和 32×8mm 扁钢（材料为 15CrMoG）焊接而成，管间节距为 60mm，标高为 39330～63790mm，由 10 个管组现场组装而成，侧墙上部垂直上升水冷壁下端与 214 根过渡水冷壁相连接，上端与两个侧墙水冷壁出口集箱连接。左、右侧墙水冷壁各有两个出口集箱，集箱规格为 ϕ219×50mm，材料为 12Cr1MoVG，长度为 7712（5072）mm，标高 63790mm，两端各有一个端盖（规格为 ϕ219×50mm，材料为 12Cr1MoVR），集箱筒体上有 128（86）个水冷壁管座（规格为 ϕ28×6mm，材料为 12Cr1MoVG）、6（4）个出水管座（规格为 ϕ133×20mm，材料为 12Cr1MoVG）及 8（4）个吊耳（M85×4-ϕ219 Ⅱ型）。

4. 炉膛上部垂直水冷壁的介质流程

炉膛上部垂直水冷壁的介质流程如图 3-9 所示。

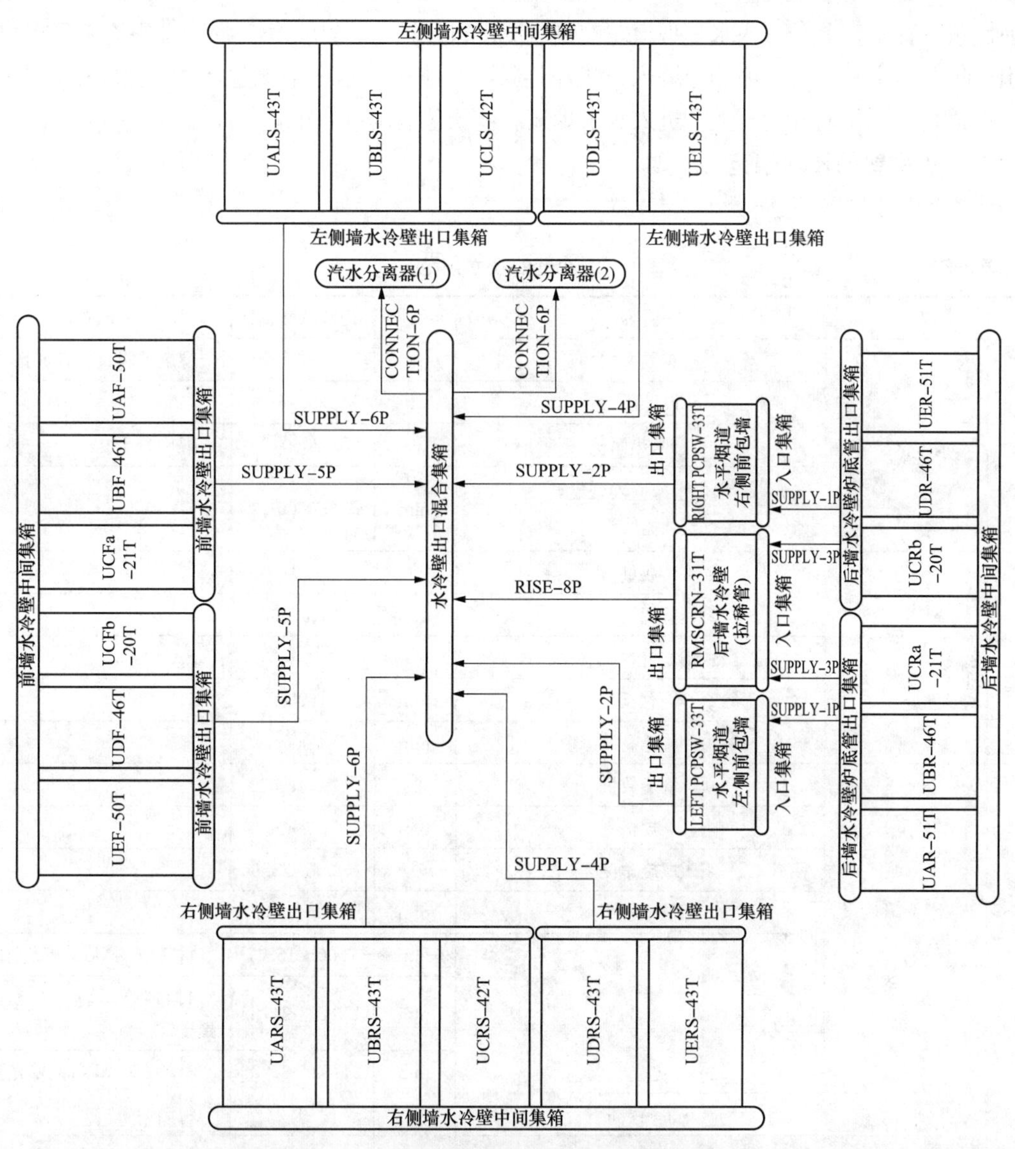

图 3-9 炉膛上部垂直水冷壁的介质流程

A、B、C、D、F、a、b—序号；U—垂直向上；F—前墙；R—后墙；RS—右侧墙；LS—左侧墙；P—连接管；T—水冷壁；SUPPLY—供水管；RISE—上炉膛引出管；CONNECOTION—混合集箱与分离器连接管；PCPSW—水冷壁侧包墙管；RWSCRN—后墙水冷壁（拉稀管）

从水冷壁中间集箱引出 896 根水冷壁管构成上部水冷壁（前墙 233 根、后墙 235 根、左侧墙 214 根、右侧墙 214 根），前墙及两侧墙上部水冷壁均垂直上升，分别进入各自的两个出口集箱。后墙上部水冷壁比较特殊，首先垂直上升，然后向炉内延伸，形成炉膛折焰角；再向炉外延伸，形成后墙炉底管；最后进入两个后墙炉底管出口集箱。从后墙炉底管出口集箱引出的管子分成 3 路，第一路由 6 根连接管将后墙水冷壁炉底管出口集箱与后墙水冷壁（拉稀管）入口集箱连接，从后墙水冷壁（拉稀管）入口集箱引出 31 根后墙水冷壁（拉稀管），穿过水平烟道进入后墙水冷壁（拉稀管）出口集箱（1 个）；第二路由 1 根连接管将炉底管出口集箱与水平烟道左前侧包墙入口集箱连接，从水平烟道左前侧包墙入口集箱引出 33 根水平烟道左前侧包墙管垂直上升进入水平烟道左前侧包墙出口集箱（1个）；第三路由1根连接管将炉底管出口集箱与水平烟道右前侧包墙入口集箱连接，从水平烟道右前侧包墙入口集箱引出33根水平烟道右前侧包墙管垂直上升进入水平烟道右前侧包墙出口集箱（1个）。

二、水冷壁的技术规范

水冷壁的技术规范见表3-2。

表3-2　　水冷壁的技术规范

序号	项目	内容	单位	规范（数据）	备注
1	水冷壁整体	布置形式			螺旋炉膛+垂直炉膛
		设计压力	MPa	30.16	
		总受热面积	m^2	2750	螺旋管1495
		锅炉水冷壁入口集箱至顶棚管距离	mm	56000	
2	水冷壁入口集箱	数量	个	2	
		规格	mm	ϕ225×60	
		材料			SA-106C
		总长	mm	16000	
		标高	mm	7000	
3	下部螺旋管水冷壁	管子数量	根	448	
		规格	mm	ϕ32×6	
		螺旋角度	(°)	58.6、23.6	
		管子中心距离	mm	48、44.88	
		标高	mm	7000～15347	材料15CrMoG内壁光管
			mm	15347～34782	材料SA-213T12内壁内螺纹管
			mm	34782～37933	材料15CrMoG内壁光管
4	水冷壁中间集箱	集箱数量	个	4	每墙一个
		规格	mm	ϕ273×45	
		材料			12Cr1MoVG
		标高	mm	37933	
5	前墙上部水冷壁垂直管	数量	个	233	
		规格	mm	ϕ28×6	
		材料			12Cr1MoV
		管子中心距离	mm	60	
		标高	mm	39330～64100	
		出口集箱数量	个	2	
		出口集箱规格	mm	ϕ219×50	
		出口集箱材料			12Cr1MoVR
		出口集箱标高	mm	64100	

续表

序号	项目	内容	单位	规范（数据）	备注
6	侧墙上部水冷壁垂直管	数量	个	214	
		规格	mm	ϕ28×6	
		材料			12Cr1MoV
		管子中心距离	mm	60	
		标高	mm	39330～63790	
		出口集箱数量	个	2	
		出口集箱规格	mm	ϕ219×50	
		出口集箱材料			12Cr1MoVR
		出口集箱标高	mm	63790	
7	后墙上部水冷壁垂直管及折焰角下半部	数量	个	235	
		规格	mm	ϕ28×6	
		材料			12Cr1MoV
		管子中心距离	mm	60	
		标高	mm	39330～51056	
8	后墙上部水冷壁折焰角上半部及水平烟道炉底管	数量	个	235	
		规格	mm	ϕ28×5.5	
		材料			12Cr1MoV
		管子中心距离	mm	60	
		标高	mm	51056～54655	
		炉底管出口集箱数	个	2	
		炉底管出口集箱规格	mm	ϕ219×45mm	
		炉底管出口集箱材料			12Cr1MoVG
		炉底管出口集箱标高	mm	53670	
9	后墙水冷壁（拉稀管）及水平烟道前侧包墙	后墙水冷壁（拉稀管）入口集箱数	个	1	
		后墙水冷壁（拉稀管）入口集箱规格	mm	ϕ245×50	
		后墙水冷壁（拉稀管）入口集箱材料			12Cr1MoVG
		后墙水冷壁（拉稀管）入口集箱标高	mm	50987	
		后墙水冷壁（拉稀管）数量	根	31	
		后墙水冷壁（拉稀管）规格	mm	ϕ76×16	
		后墙水冷壁（拉稀管）材料			12Cr1MoV
		后墙水冷壁（拉稀管）节距	mm	450	
		后墙水冷壁（拉稀管）标高	mm	52487～63790	
		后墙水冷壁（拉稀管）出口集箱数	个	1	
		后墙水冷壁（拉稀管）出口集箱规格	mm	ϕ219×45	
		后墙水冷壁（拉稀管）出口集箱材料			12Cr1MoVG
		后墙水冷壁（拉稀管）出口集箱标高	mm	64800	
		前侧包墙入口集箱数	个	2	左右各1个

续表

序号	项目	内容	单位	规范（数据）	备注
9	后墙水冷壁（拉稀管）及水平烟道前侧包墙	前侧包墙入口集箱规格	mm	ϕ219×45	
		前侧包墙入口集箱材料			12Cr1MoVG
		前侧包墙入口集箱标高	mm	52487	
		前侧包墙管数	根	33	
		前侧包墙管规格	mm	ϕ28×5.5	
		前侧包墙管材料			12Cr1MoV
		前侧包墙管间节距	mm	57	
		前侧包墙管标高	mm	52487～63790	
		前侧包墙出口集箱数	个	2	左右各1个
		前侧包墙出口集箱规格	mm	ϕ219×45	
		前侧包墙出口集箱材料			12Cr1MoVG
		前侧包墙出口集箱标高	mm	63790	

三、水循环计算结果汇总

水循环计算结果汇总见表3-3。

表3-3　　水循环计算结果汇总

序号	名　称	单位	BMCR	75%THA	30% BMCR	THO
1	计算煤种		设计	设计	设计	设计
2	主蒸汽流量	t/h	1098	733	329	882
3	主蒸汽温度	℃	571	571	555	571
4	给水温度	℃	287	264	220	193
5	再热器流量	t/h	897	616	279	854
6	再热器入口温度	℃	313	318	313	316
7	再热器出口温度	℃	569	569	533	569
8	水循环计算用喷水	%	6	6	6	6
9	分离器出口压力	MPa	26.70	18.37	8.29	25.79
10	下炉膛出口最高工质温度	℃	423	404	400	405
11	下炉膛出口最高管子平均壁温	℃	473	458	455	452
12	下炉膛出口最高管子外壁壁温	℃	502	481	466	480
13	下炉膛最高管子平均壁温	℃	473	458	455	452
14	下炉膛最高管子外壁壁温	℃	502	481	466	487
15	上炉膛出口最高工质温度	℃	482	480	550	465
16	上炉膛出口最高管子平均壁温	℃	508	507	574	493
17	上炉膛出口最高管子外壁壁温	℃	520	515	577	503
18	上炉膛最高管子平均壁温	℃	508	507	574	493
19	上炉膛最高管子外壁壁温	℃	528	524	577	514

续表

序号	名　称	单位	BMCR	75%THA	30% BMCR	THO
20	水冷壁侧包墙出口工质温度	℃	439	420	451	421
21	水冷壁侧包墙管子平均壁温	℃	456	438	469	438
22	水冷壁侧包墙管子外壁壁温	℃	463	443	471	444
23	后墙水冷壁（拉稀管）出口工质温度	℃	440	423	459	423
24	后墙水冷壁（拉稀管）平均壁温	℃	493	472	502	474
25	后墙水冷壁（拉稀管）外壁壁温	℃	526	495	512	506

第三节　锅炉启动系统主要设备

锅炉启动系统主要设备包括汽水分离器、贮水箱和蒸汽集箱等。启动系统的功能：在锅炉启动（或停运）过程中，由于给水量大于蒸汽量，且锅炉压力低于临界压力，启动系统将进入分离器内的汽水混合物进行分离，分离出的蒸汽送入过热器，分离出的水经贮水箱、排水管及角式气动调节阀等排走，以确保水冷壁的安全运行；在锅炉正常运行时，启动系统为介质通道，处于热备用状态。

一、汽水分离器

锅炉配有两台立式内置汽水分离器，位于锅炉前侧大包内，通过汽水分离器的出口排汽管固定于启动系统蒸汽集箱下方，标高为63767～67627mm，见图3-10。汽水分离器布置在水冷壁与过热器之间，在锅炉启动（或停运）过程中，分离器湿态运行时，对进入分离器的汽水混合物进行有效分离，其功能与自然循环锅炉的汽包相似（锅炉正常运行时，汽水分离器为蒸汽通道）。汽水分离器结构为圆柱形筒体，球形封头，筒体材料为P91，规格为ϕ744.5×71.5mm，直段长为2800mm，封头材料为12Cr1MoVG；每个分离器筒体上部设有6个与水平面成15°夹角、向下倾斜的切向入口管接头，当汽水混合物沿筒体切向进入分离器后，旋转形成的离心力使汽水分离（入口略向下倾斜切向进入分离器的结构设计有利于汽水分离）。分离出的蒸汽经分离器的出口排汽管进入启动系统蒸汽集箱，分离出的水从分离器底部排到贮水箱。在分离器内部设有汽水分离环和消旋器，汽水分离环是一个位于分离器顶部的钢环，直接焊接在上封头内侧，其作用是防止水从引出管随蒸汽一起流出；消旋器位于分离器底部，为交叉板式结构，用肋板固定在分离器内壁上，消旋器用来抑制漩涡的形成，减少排水带汽。另外，分离器上还设有手孔装置和壁温测点等。分离器6根入口管的规格为ϕ159×24mm，材料为12Cr1MoVG；分离器底部排水管的规格为ϕ219×35mm，材料为12Cr1MoVG；分离器上部排汽管的规格为ϕ325×45mm，材料为12Cr1MoVG。

二、贮水箱

贮水箱布置在炉前两个分离器的前下方，标高为41989～61649mm，用来收集汽水分离器的排水。贮水箱为圆柱形结构，球形封头，筒体材料与汽水分离器一样，同为P91，筒体规格为ϕ744.5×71.5mm，直段长为18300mm；上下封头为球形封头，封头材料为

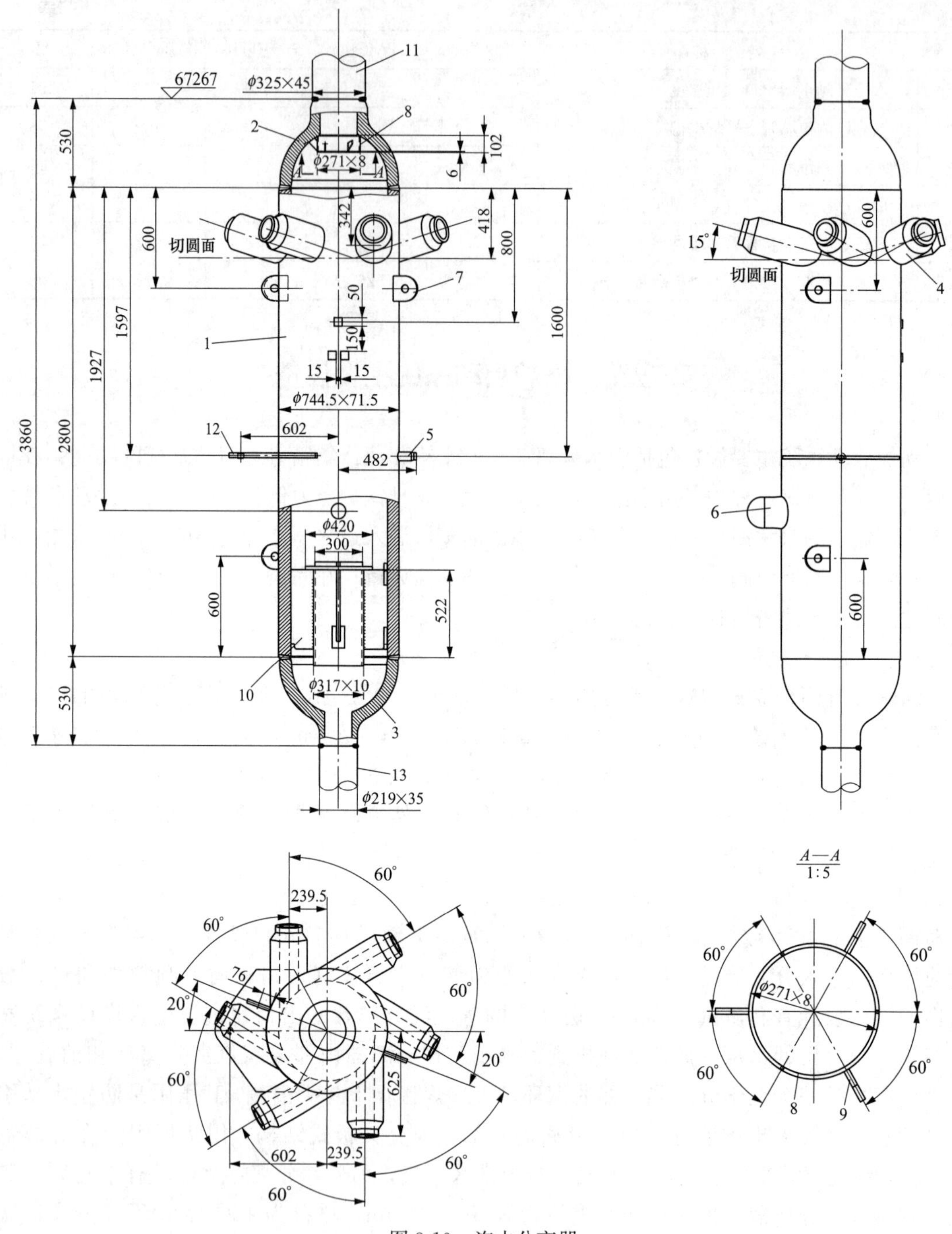

图 3-10　汽水分离器

1—筒体；2—上球型封头；3—下球型封头；4—进水管接头（ϕ159）；5—302 省煤器排汽管接头（ϕ51）；6—手孔（ϕ180）；7—安装吊耳；8—分离环；9—支撑板；10—消旋器；11—蒸汽引出管；12—止晃耳板；13—排水管

12Cr1MoVG，见图 3-11。贮水箱筒体上设有两个进水管接头、1 个疏水管接头、1 个暖管疏水管接头及两个手孔装置，此外还设有压力、温度及水位测点。贮水箱顶部设有排汽管，用于排放分离器排水带进来的蒸汽，在贮水箱底部设有消旋器（与分离器内的消旋器一样）。

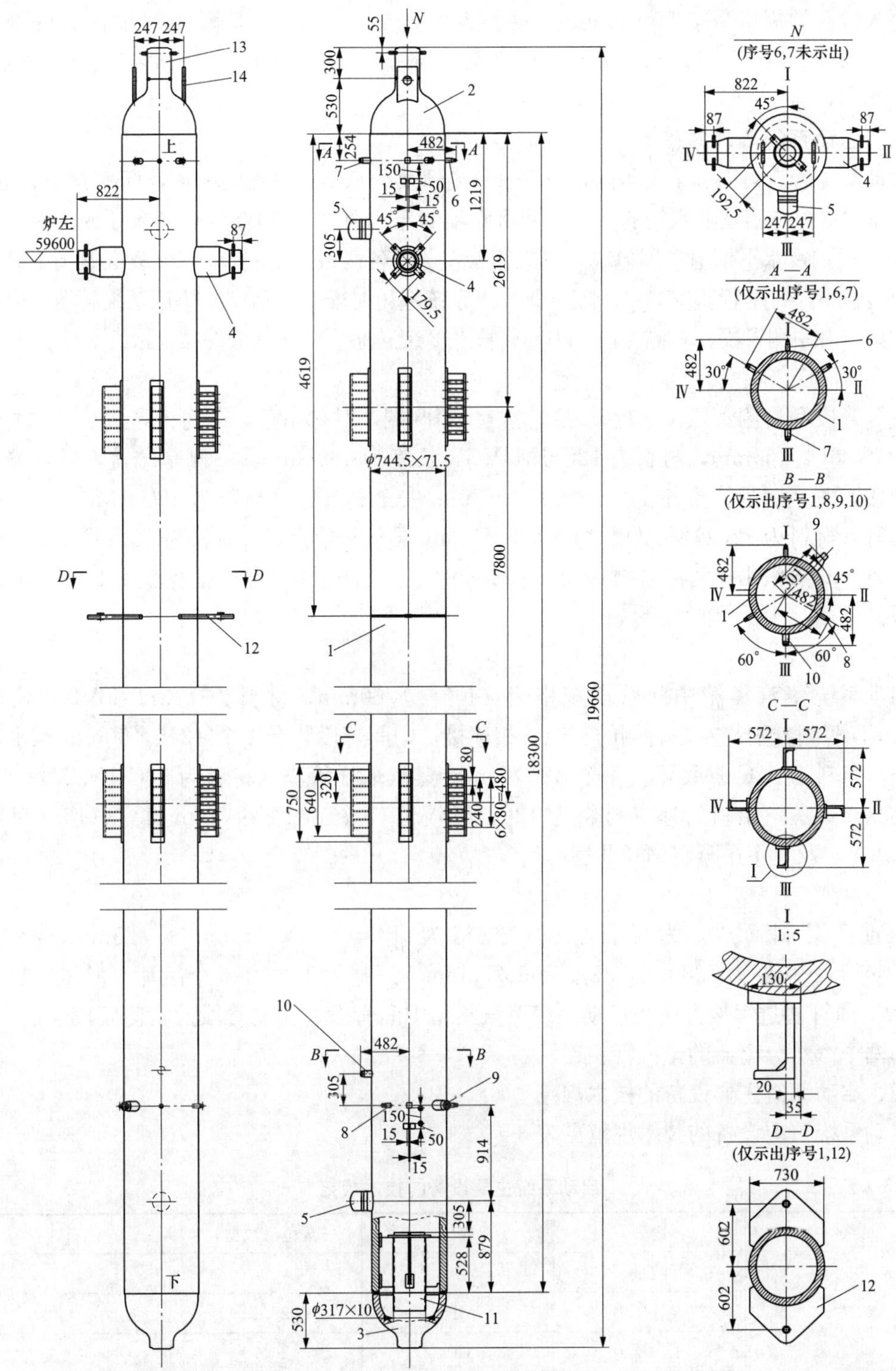

图 3-11 贮水箱

1—筒体；2—上球型封头；3—下球型封头；4—进水管接头（ϕ219）；5—手孔（ϕ180）；6—压力表管接头（ϕ24）；7—上水位管接头（ϕ42）；8—下水位管接头（ϕ28）；9—热电偶管座；10—387 暖管疏水管接头（ϕ51）；11—消旋器；12—止晃耳板；13—排汽管（ϕ245）；14—安装吊耳

贮水箱入口管的规格为 ϕ219×35mm，材料为 12Cr1MoVG；贮水箱底部排水管的规格为 ϕ245×35mm，材料为 12Cr1MoVG；贮水箱上部排汽管的规格为 ϕ245×50mm，材料为 12Cr1MoVG。

三、启动系统蒸汽集箱

启动系统蒸汽集箱位于大包内，与汽水分离器及贮水箱的排汽管相连，标高为 68725mm。其作用是收集分离器及贮水箱的蒸汽，并将收集的蒸汽通过 20 根蒸汽管送入顶棚过热器入口集箱（16 根）及水平烟道后侧包墙入口集箱（左、右各两根）。在启动系统蒸汽集箱上装有两个安全阀管座，每个管座安装一个安全阀，当系统超压时安全阀动作，防止系统超压。启动系统蒸汽集箱由左侧管段、右侧管段、中间管段及 2 个三通管共 5 部分焊接而成。

1. 左侧管段和右侧管段

左侧管段和右侧管段位于启动系统蒸汽集箱两端，对称布置，结构相同。左、右侧管段规格为 ϕ406.4×60mm，材料为 12Cr1MoVG，长度为 4690mm，一侧是端盖，另一侧与三通管连接，左、右侧管段各装有 1 个 ϕ78×8mm 安全阀管座（材料为 12Cr1MoV）、1 个热电偶套管（材料为 12Cr1MoV）、1 个 ϕ25×5mm 压力采样管座（材料为 12Cr1MoV）、4 个 ϕ133×20mm 蒸汽出口管座（材料为 12Cr1MoV）、一个吊耳（M42Ⅱ型）及 4 块 X 向阻尼器吊板。

2. 中间管段

启动系统蒸汽集箱中间管段规格为 ϕ406.4×60mm，材料为 12Cr1MoVG，长度为 7280mm，两侧分别与左、右侧的三通管相连接，中间管段装有 1 个 ϕ245×50mm 贮水箱排汽管座（材料为 12Cr1MoV）、1 个 ϕ25×5mm 蒸汽取样管座（材料为 12Cr1MoV）、12 个 ϕ133×20mm 蒸汽出口管座（材料为 12Cr1MoV）、1 个 ϕ42×6.5mm 排空管座（材料为 12Cr1MoV）及 1 个吊耳（M42Ⅱ型）。

3. 三通管

三通管锻制而成，为异径三通，规格为 T425mm×425mm×325mm，材料为 12Cr1MoVG，长度为 720mm，高度为 662.5mm，三通管上方有 1 个吊耳（M56×4）。两个 T 形三通管通过焊接方法将启动系统蒸汽集箱中间管段、左侧管段及右侧管段连成一体，并且与两个汽水分离器的排汽管相连。

四、启动系统主要设备的技术规范

启动系统主要设备的技术规范见表 3-4。

表 3-4　启动系统主要设备的技术规范

设备	内容	单位	规范（数据）	备注
汽水分离器	数量	个	2	
	设计压力	MPa	28.10	
	工作压力	MPa	26.70	
	筒体规格	mm	ϕ744.5×71.5	
	筒体长度	m	2.8	
	筒体材质			P91
	封头材料			12Cr1MoVG

续表

设备	内容	单位	规范（数据）	备注
汽水分离器	总长度	m	3.86	
	进水口数量	个	6	
	进水口规格	mm	ϕ159×24	12Cr1MoVG
	疏水出口数量	个	1	
	疏水出口规格	mm	ϕ219×35	12Cr1MoVG
	蒸汽出口数量	个	1	
	蒸汽出口规格	mm	ϕ325×45	12Cr1MoVG
	汽水分离环数量	个	1	分离器顶部分离环
	汽水分离环规格	mm	ϕ271×8×102	直径×厚度×高度
	省煤器排气管数量	根	1	
	省煤器排气管规格	mm	ϕ51×8	12Cr1MoVG
贮水箱	数量	个	1	
	设计压力	MPa	28.10	
	工作压力	MPa	26.70	
	筒体规格	mm	ϕ744.5×71.5	
	筒体长度	m	18.3	
	筒体材质			P91
	封头材料			12Cr1MoVG
	总长度	m	19.66	
	进水口数量	个	2	
	进水口规格	mm	ϕ219×35	12Cr1MoVG
	疏水出口总管数量	个	1	
	疏水出口总管规格	mm	ϕ245×35	12Cr1MoVG
	疏水出口支管数量	个	2	
	疏水出口总管规格	mm	ϕ194×28mm	SA106C
	蒸汽出口数量	个	1	
	蒸汽出口规格	mm	ϕ245×50	12Cr1MoVG
疏水扩容器	数量	台	1	
	设计压力	MPa	1.0	
	耐压试验压力	MPa	1.7	
	设计温度	℃	250	
	容积	m^3	54	
	内径	mm	3000	
	高度	mm	8608	
	材质			Q345R（壳体/封头）
	壳体与封头厚度	mm	14	

续表

设备	内容	单位	数值	备注
疏水箱	设计压力	MPa	1.0	
	耐压试验压力	MPa	1.41	
	设计温度	℃	250	
	数量	台	1	
	内径	mm	2600	
	高度	mm	6404	
	容积	m^3	30	
	材质（壳体/封头）			Q345R
	壳体厚度	mm	12	
疏水泵	数量	台	2	
	型号			CZ125-400
	型式			离心式
	流量	m^3/h	200	
	扬程	m	50	
	电动机额定功率	kW	55	
	额定电压	V	380	
	额定转速	r/min	1485	

第四节　过　热　器

锅炉设有包墙过热器、低温过热器、前屏过热器、后屏过热器和高温过热器，各过热器位置不同，其结构与换热方式各不相同。

一、包墙过热器

包墙过热器主要是为了适应锅炉悬吊结构和敷管式炉墙，在锅炉顶部、水平烟道和竖井烟道四周，像膜式水冷壁那样布置过热器，以确保锅炉的严密性，减少漏风，并能大幅减少炉墙质量。为了防止相邻包墙之间的连接处产生过大的热应力，必须严格控制各相邻包墙内蒸汽的温差。因此，包墙过热器的设计与布置比较复杂，涉及的范围广、面积大。

（一）包墙过热器的布置

从启动系统蒸汽集箱引出的蒸汽分成 3 路，第一路去顶棚管入口集箱，第二路去水平烟道左后侧包墙入口集箱，第三路去水平烟道右后侧包墙入口集箱。上述 3 路蒸汽经过相应的包墙过热器后至竖井隔墙入口集箱汇合在一起，包墙过热器与炉膛四周的水冷壁共同构成了锅炉本体完整的炉墙。包墙过热器的布置见图 3-12。

1. 第一路流程

第一路流程是从启动系统蒸汽集箱（ϕ406.4×60mm、12Cr1MoVG）引出中间的 16 根连接管（ϕ133×20mm、12Cr1MoVG）进入顶棚管入口集箱（ϕ325×80mm、12Cr1MoVG）；从顶棚管入口集箱引出 188 根顶棚过热器管（中间 186 根 ϕ60×8mm、12Cr1MoVG，两侧各

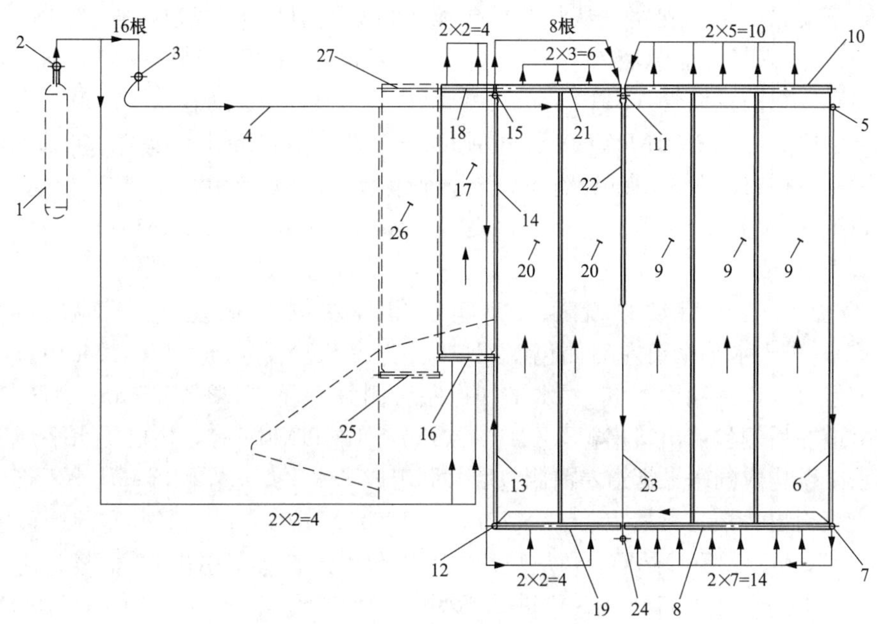

图 3-12 包墙过热器的布置

1—汽水分离器；2—启动系统蒸汽集箱；3—顶棚过热器入口集箱；4—顶棚；5—顶棚过热器出口集箱；6—竖井后包墙；7—竖井后包墙出口集箱；8—竖井左（右）后侧包墙入口集箱；9—竖井左（右）后侧包墙；10—竖井左（右）后侧包墙出口集箱；11—竖井隔墙入口集箱；12—竖井前包墙入口集箱；13—竖井前包墙膜式管；14—竖井前包墙散管；15—竖井前包墙出口集箱；16—水平烟道左（右）后侧包墙入口集箱；17—水平烟道左（右）后侧包墙；18—水平烟道左（右）后侧包墙出口集箱；19—竖井左（右）前侧包墙入口集箱；20—竖井左（右）前侧包墙；21—竖井左（右）前侧包墙出口集箱；22—竖井隔墙散管；23—竖井隔墙膜式管；24—竖井隔墙出口集箱；25—水平烟道左（右）前侧包墙入口集箱；26—水平烟道左（右）前侧包墙；27—水平烟道左（右）前侧包墙出口集箱

1 根 ϕ51×7mm、12Cr1MoVG）向后经过炉膛顶部、水平烟道顶部及竖井顶部进入顶棚管出口集箱（ϕ325×75mm、12Cr1MoVG），构成了锅炉的炉顶；从顶棚管出口集箱引出 125 根竖井后包墙管（ϕ51×7mm、12Cr1MoVG）向下进入竖井后包墙管出口集箱（ϕ219×45mm、12Cr1MoVG），构成了竖井后包墙。从后包墙出口集箱引出 3 条支路，第一支路从后包墙出口集箱到竖井左后侧包墙入口集箱，第二支路从竖井后包墙出口集箱到竖井右后侧包墙入口集箱，第三支路从后包墙出口集箱到竖井前包墙入口集箱。

（1）第一支路。第一支路是从竖井后包墙出口集箱引出 7 根连接管（ϕ133×20mm、12Cr1MoVG）进入竖井左后侧包墙入口集箱（ϕ219×45mm、12Cr1MoVG）；从竖井左后侧包墙入口集箱引出 65 根竖井左后侧包墙（ϕ42×5.5mm、12Cr1MoVG）进入竖井左后侧包墙出口集箱（ϕ 219×45mm、12Cr1MoVG），构成了竖井左后侧墙；从竖井左后侧包墙出口集箱引出 5 根连接管（ϕ133×20mm、12Cr1MoVG）进入竖井隔墙入口集箱（ϕ325×60mm、12Cr1MoVG）。

（2）第二支路。第二支路是从竖井后包墙出口集箱引出 7 根连接管（ϕ133×20mm、12Cr1MoVG）进入竖井右后侧包墙入口集箱（ϕ219×45mm、12Cr1MoVG），布置方式与第一支路相同（位于右侧），构成了竖井右后侧墙。

(3) 第三支路。第三支路是从竖井后包墙出口集箱引出10根连接管(ϕ133×20mm、12Cr1MoVG)进入竖井前包墙入口集箱(ϕ219×45mm、12Cr1MoVG);从竖井前包墙入口集箱引出125根前包墙管(ϕ51×7mm、12Cr1MoVG),并在通过水平烟道时变成125根散管(ϕ51×11mm、12Cr1MoVG)穿过顶棚进入竖井前包墙出口集箱(ϕ219×45mm、12Cr1MoVG),构成了竖井前包墙;从竖井前包墙出口集箱引出8根连接管(ϕ133×20mm、12Cr1MoVG)进入竖井隔墙入口集箱(ϕ325×60mm、12Cr1MoVG)。

2. 第二路流程

第二路流程是从启动系统蒸汽集箱引出最左侧2根连接管(ϕ133×20mm、12Cr1MoVG)进入水平烟道左后侧包墙入口集箱(ϕ219×50mm、12Cr1MoVG),从水平烟道左后侧包墙入口集箱引出33根水平烟道左后侧包墙管(ϕ42×5.5mm、12Cr1MoVG)进入水平烟道左后侧包墙出口集箱(ϕ219×50mm、12Cr1MoVG),构成了水平烟道左后侧包墙,与水冷壁构成的水平烟道左前侧包墙共同组成了水平烟道左侧墙;从水平烟道左后侧包墙出口集箱引出2根连接管(ϕ133×20mm、12Cr1MoVG)进入竖井左前侧包墙入口集箱(ϕ219×45mm、12Cr1MoVG),从竖井左前侧包墙入口集箱引出43根竖井前左侧包墙管(ϕ42×5.5mm、12Cr1MoVG)进入竖井左前侧包墙出口集箱(ϕ219×45mm、12Cr1MoVG),构成了竖井左前侧墙;从竖井前左侧包墙出口集箱引出3根连接管(ϕ133×20mm、12Cr1MoVG)进入竖井隔墙入口集箱。

3. 第三路流程

第三路流程是从启动系统蒸汽集箱引出最右侧2根连接管(ϕ133×20mm、12Cr1MoVG)进入水平烟道右后侧包墙入口集箱(ϕ219×50mm、12Cr1MoVG),与第二路流程对称布置在锅炉的右侧。

4. 竖井隔墙

包墙过热器第一、二、三路流程的蒸汽在竖井隔墙入口集箱汇合后,从竖井隔墙入口集箱引出125根竖井隔墙散管向下穿过顶棚进入竖井;竖井隔墙散管低温过热器和低温再热器的蛇形管上部(标高为54757mm处)变成膜式结构,膜式结构的竖井隔墙继续向下,进入竖井隔墙出口集箱(也是低温过热器入口集箱),膜式结构的竖井隔墙穿过竖井时,将竖井分成前、后两部分。

(二) 包墙过热器的结构

包墙过热器的结构与受热方式与膜式水冷壁相似,由光管与扁钢焊接成膜式结构,受热方式多数为单面受热,同样应严格控制其升(降)温速度,防止形成过大的热应力。包墙过热器的刚性较差,必须用刚性梁固定,并设计合理滑动膨胀系统,具体结构见第二章第二节。

1. 顶棚过热器

顶棚过热器位于炉膛、水平烟道及竖井的顶部,由一个入口集箱、顶棚和一个出口集箱组成。

(1) 入口集箱。顶棚过热器入口集箱位于炉顶前上方大包内,标高为64370mm,规格为ϕ325×80mm,材料为12Cr1MoV,长度为13795mm,两端各有一个端盖(规格为ϕ325×80mm,材料为12Cr1MoVR),集箱筒体上有188个顶棚管座(其中186根规格为ϕ60×8mm,2根规格为ϕ51×7mm,材料均为12Cr1MoVG)、2个前屏定位管座(规格为ϕ51×

7mm，材料为 12Cr1MoVG）、1 个后屏定位管座（规格为 ϕ51×7.5mm，材料为 12Cr1MoVG）、16 个蒸汽入口管座（规格为 ϕ133×20mm，材料为 12Cr1MoV）及 8 个吊耳（M30-ϕ325Ⅱ型）。

（2）顶棚。顶棚布置在锅炉顶部，由 188 根管子和扁钢焊接而成。其中，左右侧靠水冷壁的第一根顶棚管规格为 ϕ51×7mm，其余 186 根顶棚管规格为 ϕ60×8mm，材料均为 12Cr1MoVG。顶棚在炉膛顶部为单层膜式布置，管节距为 75mm；为了便于布置受热面穿墙管，顶棚在水平烟道及竖井顶部变为双层布置，上层为膜式布置，下层是光管，两层管中心线之间的垂直距离为 63mm，两层管之间通过圆钢隔段焊接。

顶棚有大量管子穿过，从前往后分别为前屏过热器出入口管、后屏过热器出入口管、高温过热器出入口管、后墙水冷壁（拉稀管）、高温再热器出口管、高温再热器悬吊管、竖井前包墙出口管、竖井隔墙入口管、低温过热器出口管及省煤器出口管，在穿管处顶棚管制成弯管，以便于穿墙管穿过。锅炉顶棚布置复杂，必须保证锅炉顶棚与其他受热面之间良好密封，并且能够合理膨胀。炉顶密封包括穿墙密封以及顶棚与炉墙之间的密封。穿墙密封是在炉顶穿墙处将顶棚管弯曲避让并制成鳍片管，穿墙管首先垂直穿过顶棚鳍片管，然后在鳍片上打上耐火材料，再用高冠板结构进行金属密封，见图 3-13。顶棚与炉墙之间的密封包括顶棚与前墙水冷壁、侧墙水冷壁、侧包墙以及后包墙的密封等。顶棚与前墙水冷壁的密封见图 3-14（a），顶棚管从入口集箱下方引出后转弯成水平布置，转弯处与前墙水冷壁需要密封，在前墙水冷壁和顶棚焊有两排填板，使管排形成一平面，下层填板排在一起，并在其上部填入耐火材料，然后在上层填板处用扁钢焊接形成密封，为了防止该密封损坏，在顶棚上焊有钢板，该钢板搭在前墙水冷壁管之间，并用限位块限位。顶棚与侧墙水冷壁的密封见图 3-14（b），在侧墙水冷壁上焊有一排填板，使管排形成一平面，该平面与顶棚之间用圆钢焊接形成密封。顶棚与侧包墙的密封见图 3-14（c），在侧包墙上焊有一排填板，使管排形成一平面，该平面与顶棚之间用扁钢焊接形成密封。顶棚与后包墙的密封见图 3-14（d），用密封钢板将顶棚及出口集箱焊在一起形成密封。

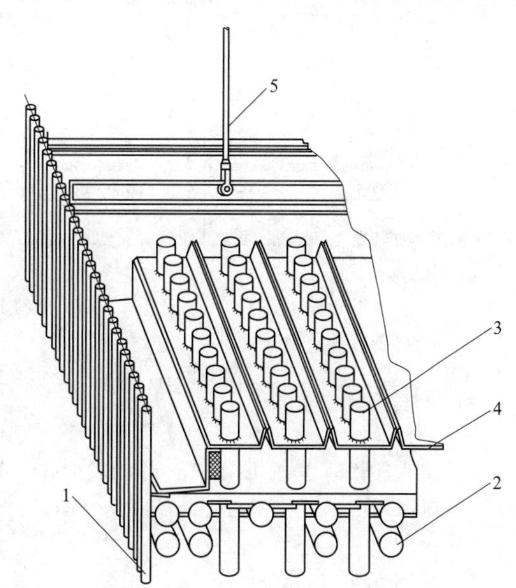

图 3-13 顶棚与穿墙管的密封

1—侧墙管；2—顶棚管；3—穿墙管；4—高冠板；5—吊架

（3）出口集箱。顶棚过热器出口集箱位于炉顶后上方大包内顶棚与后包墙交界处，标高为 62560mm，规格为 ϕ325×75mm，材料为 12Cr1MoVG，长度为 14170mm，两端各有一个端盖（规格为 ϕ325×75mm，材料为 12Cr1MoVR），集箱筒体上有 188 个顶棚管座（其中 186 根规格为 ϕ60×8mm，2 根规格为 ϕ51×7mm，材料均为 12Cr1MoVG）、125 个后包墙管座（规格为 ϕ51×7mm，材料为 12Cr1MoVG）、4 个手孔装置（ϕ152Ⅱ型）及 16 个吊耳（其中，中间的 12 个吊耳为 M64，两侧各有两个吊耳 M72）。

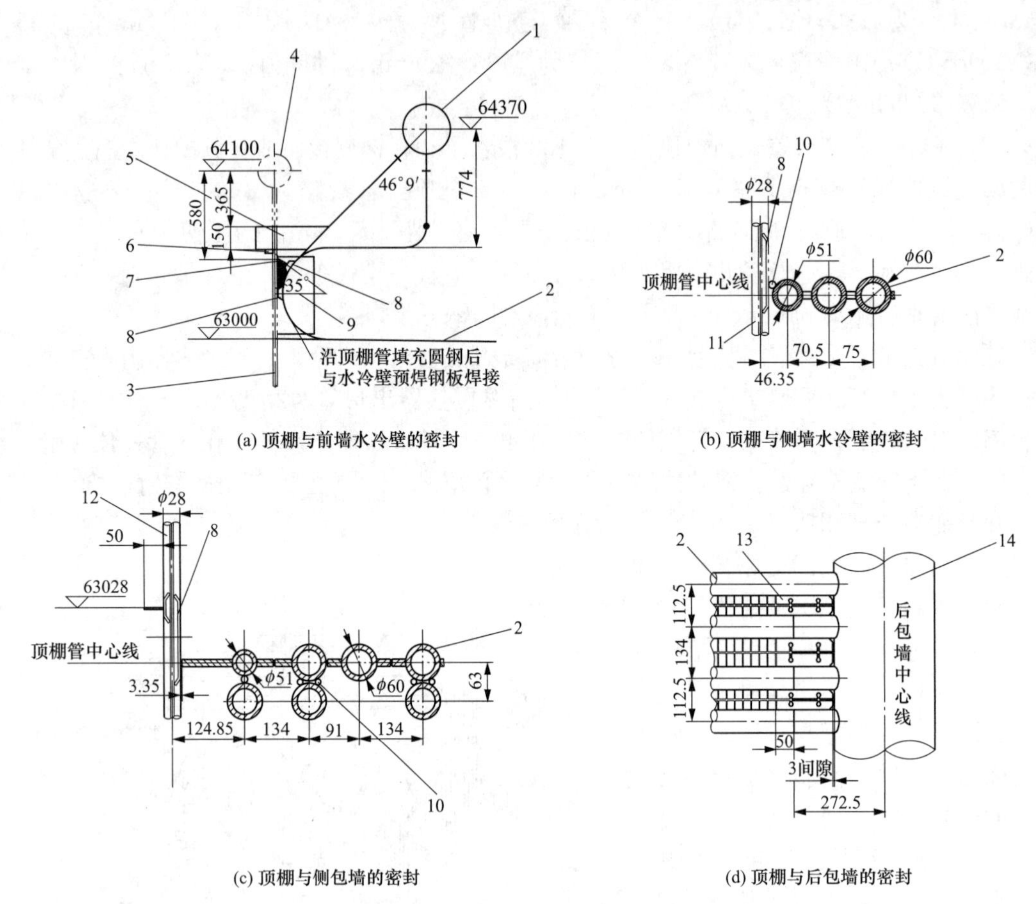

图 3-14　顶棚与炉墙的密封

1—顶棚过热器入口集箱；2—顶棚管；3—前墙水冷壁；4—前墙水冷壁出口集箱；5—钢板；6—限位块；7—扁钢；8—填板；9—耐火材料；10—圆钢；11—侧墙水冷壁；12—侧包墙管；13—密封钢板；14—顶棚过热器出口集箱

2. 后包墙过热器

后包墙过热器由后包墙和 1 个出口集箱组成（后包墙过热器入口集箱就是顶棚过热器的出口集箱）。

后包墙由 125 根光管和扁钢焊接而成，标高为 41290～62560mm。光管规格为 ϕ51×7mm，材料为 12Cr1MoVG；扁钢的规格为 61.5mm×6mm，材料为 12Cr1MoVG；管节距为 112.5mm。后包墙过热器出口集箱位于锅炉竖井烟道后墙下方，标高为 41290mm，规格为 ϕ219×45mm，材料为 12Cr1MoVG，长度为 13855mm，两端各有一个端盖（规格为 ϕ219×45/40mm，材料为 12Cr1MoVR），集箱筒体上有 125 个后包墙管座（规格为 ϕ51×7mm，材料为 12Cr1MoVG）、2 个放水管座（规格为 ϕ51×8mm，材料为 12Cr1MoVG）及 24 个蒸汽引出管座（规格为 ϕ133×20mm，材料为 12Cr1MoVG）。

3. 竖井左（右）后侧包墙过热器

竖井左（右）后侧包墙过热器左、右侧对称布置，各由 1 个入口集箱、竖井左（右）后侧包墙和 1 个出口集箱组成。

竖井左（右）后侧包墙过热器入口集箱位于锅炉竖井左（右）后侧墙下方，标高为

41290mm，规格为ϕ219×45mm，材料为12Cr1MoVG，长度为7464mm，两端各有1个端盖（规格为ϕ219×45/40mm，材料为12Cr1MoVR），集箱筒体上有65个竖井左（右）后侧包墙管座（规格为ϕ42×5.5mm，材料为12Cr1MoVG）、1个放水管座（规格为ϕ51×8mm，材料为12Cr1MoVG）及7个蒸汽引入管座（规格为ϕ133×20mm，材料为12Cr1MoVG）。竖井左（右）后侧包墙由65根光管和扁钢焊接而成，标高为41290～63790mm，光管规格为ϕ42×5.5mm，材料为12Cr1MoVG；扁钢的规格为70.5mm×6mm，材料为12Cr1MoVG；管节距为112.5mm。竖井左（右）后侧包墙过热器出口集箱位于锅炉竖井左（右）后侧包墙上方，标高为63790mm，规格为ϕ219×45mm，材料为12Cr1MoVG，长度为7348mm，两端各有1个端盖（规格为ϕ219×45/40mm，材料为12Cr1MoVR），集箱筒体上有65个竖井左（右）后侧包墙管座（规格为ϕ42×5.5mm，材料均为12Cr1MoVG）、5个蒸汽引出管座（规格为ϕ133×20mm，材料为12Cr1MoVG）及8个吊耳（M72×4-ϕ219Ⅱ型）。

4. 竖井前包墙过热器

竖井前包墙过热器由1个入口集箱、前包墙和1个出口集箱组成，见图3-15（见文后插页）。竖井前包墙过热器入口集箱位于竖井前墙下方，标高为41290mm，规格为ϕ219×45mm，材料为12Cr1MoVG，长度为13834mm，两端各有1个端盖（规格为ϕ219×45/40mm，材料为12Cr1MoVR），集箱筒体上有125个前包墙管接头（规格为ϕ51×7mm，材料为12Cr1MoVG）、2个放水管座（规格为ϕ51×8mm，材料为12Cr1MoVG）及10个蒸汽引入管座（规格为ϕ133×20mm，材料为12Cr1MoVG）。前包墙由膜式管和散管两部分组成，标高为41290～64100mm；膜式管由125根光管和扁钢焊接而成，标高为41290～54357mm，光管规格为ϕ51×7mm，材料为12Cr1MoVG，扁钢的规格为61.5mm×6mm，材料为12Cr1MoVG，管节距为112.5mm；前包墙膜式管内侧鳍片上装有10道低温再热器支撑座，支撑座标高分别为42483、43203、43923、46143、46863（材料为ZG230-245）、49033、49753（材料为ZG15Cr1MoV）、50473、52610、53330mm（材料为ZG1Cr18Ni9）；前包墙在标高为54357mm处，由膜式包墙变为散管（光管）穿过水平烟道，以便烟气从水平烟道进入竖井烟道，散管的标高为54357～64100mm，规格ϕ51×11mm，材料为12Cr1MoVG，125根散管分成61列布置，靠近左右侧墙各一列以及中间一列每列3根，其余58列为每列两根，每列的管子之间用3层圆钢焊接固定，管子横向节距为225mm，管子纵向节距为75mm，在标高为54350mm和60550mm处装有防磨板，防止吹灰器吹损管子，散管穿过顶棚进入出口集箱。竖井前包墙过热器出口集箱位于锅炉大包内，标高为64100mm，规格为ϕ219×45mm，材料为12Cr1MoVG，长度为13950mm，两端各有1个端盖（规格为ϕ219×45/40mm，材料为12Cr1MoVR），集箱筒体上有125个前包墙管座（规格为ϕ51×11mm，材料为12Cr1MoVG）、8个蒸汽引出管座（规格为ϕ133×20mm，材料为12Cr1MoVG）及16个吊耳（M72×4-ϕ219Ⅱ型）。

5. 水平烟道左（右）后侧包墙过热器

水平烟道左（右）后侧包墙过热器左、右侧对称布置，各由1个入口集箱、水平烟道左（右）后侧包墙和1个出口集箱组成。

水平烟道左（右）后侧包墙过热器入口集箱位于锅炉水平烟道左（右）后侧墙下方，标高为53500mm，规格为ϕ219×50mm，材料为12Cr1MoVG，长度为1776mm，两端各有1

个端盖（规格为 ϕ219×50/38mm，材料为 12Cr1MoVR），集箱筒体上有 33 个水平烟道左（右）后侧包墙管座（规格为 ϕ42×5.5mm，材料为 12Cr1MoVG）、1 个放水管座（规格为 ϕ51×8mm，材料为 12Cr1MoVG）及 2 个蒸汽引入管座（规格为 ϕ133×20mm，材料为 12Cr1MoVG）。水平烟道左（右）后侧包墙由 33 根光管和扁钢焊接而成，标高为 53500～63790mm；光管规格为 ϕ42×5.5mm，材料为 12Cr1MoVG；扁钢的规格为 15mm×6mm，材料为 12Cr1MoVG；管节距为 57mm。水平烟道左（右）后侧包墙出口集箱位于水平烟道左（右）后侧包墙上方，标高为 63790mm，规格为 ϕ219×50mm，材料为 12Cr1MoVG，长度为 1869mm，两端各有一个端盖（规格为 ϕ219545/38mm，材料为 12Cr1MoVR），集箱筒体上有 33 个水平烟道左（右）侧后包墙管座（规格为 ϕ42×5.5mm，材料为 12Cr1MoVG）、2 个蒸汽引出管座（规格为 ϕ133×20mm，材料为 12Cr1MoVG）及 2 个吊耳（M56×4-ϕ219Ⅱ型）。

6. 竖井左（右）前侧包墙过热器

竖井左（右）前侧包墙过热器左、右侧对称布置，各由 1 个入口集箱、竖井左（右）前侧包墙和 1 个出口集箱组成。

竖井左（右）前侧包墙过热器入口集箱位于竖井左（右）前侧墙下方，标高为 41290mm，规格为 ϕ219×45mm，材料为 12Cr1MoVG，长度为 4989mm，两端各有 1 个端盖（规格为 ϕ219×45/40mm，材料为 12Cr1MoVR），集箱筒体上有 43 个竖井左（右）前侧包墙管座（规格为 ϕ42×5.5mm，材料均 12Cr1MoVG）、1 个放水管座（规格为 ϕ51×8mm，材料为 12Cr1MoVG）及 2 个蒸汽引入管座（规格为 ϕ133×20mm，材料为 12Cr1MoVG）。竖井左（右）前侧包墙由 43 根光管和扁钢焊接而成，标高为 41290～63790mm；光管规格为 ϕ42×5.5mm，材料为 12Cr1MoVG；扁钢的规格为 70.5mm×6mm，材料为 12Cr1MoVG；管节距为 112.5mm。竖井左（右）前侧包墙过热器出口集箱位于竖井左（右）前侧包墙上方，标高为 63790mm，规格为 ϕ219×45mm，材料为 12Cr1MoVG，长度为 4833mm，两端各有一个端盖（规格为 ϕ219×45/40mm，材料为 12Cr1MoVR），集箱筒体上有 43 个竖井左（右）前侧包墙管座（规格为 ϕ42×5.5mm，材料为 12Cr1MoVG）、3 个蒸汽引出管座（规格为 ϕ133×20mm，材料为 12Cr1MoVG）及 8 个吊耳（M72×4-ϕ219Ⅱ型）。

7. 竖井隔墙过热器

竖井隔墙过热器位于竖井内，将竖井分成前后两部分，由 1 个入口集箱、竖井隔墙和 1 个出口集箱组成，见图 3-15（见文后插页）。

竖井隔墙过热器入口集箱位于锅炉竖井上方大包内，标高为 64150mm，规格为 ϕ325×60mm，材料为 12Cr1MoVG，长度为 13966mm，两端各有 1 个端盖（规格为 ϕ325×60/62mm，材料为 12Cr1MoVR），集箱筒体上有 125 个竖井隔墙管座（规格为 ϕ57×10mm，材料为 12Cr1MoVG）、1 个排气管座（规格为 ϕ42×6.5mm，材料为 12Cr1MoVG）、24 个蒸汽引入管座（规格为 ϕ133×20mm，材料为 12Cr1MoVG）及 16 个吊耳（M72×4-ϕ325Ⅱ型）。竖井隔墙由散管和膜式管两部分组成，标高为 40445～64150mm；散管共 125 根，标高为 54757～64150mm，规格为 ϕ51×11mm，材料为 12Cr1MoVG，125 根散管分成 61 列布置，靠近左右侧墙各一列以及中间一列每列 3 根，其余 58 列为每列两根，每列的管子之间用 3 层圆钢焊接固定，管子横向节距为 225mm，管子纵向节距为 75mm；散管在标高为

54757mm处变为膜式结构，膜式管由125根光管和扁钢焊接而成，标高为40445～54757mm，管子规格为ϕ51×7mm，材料为12Cr1MoVG，扁钢的规格为61.5mm×6mm，材料为12Cr1MoVG，管节距为112.5mm；竖井隔墙膜式管的前侧鳍片上装有10道低温再热器支撑座，支撑座标高分别为428433、43563、45783、46503、47223（材料为ZG230-245）、49393、50113（材料为ZG15Cr1MoV）、52250、52970、53690mm（材料为ZG1Cr18Ni9）。竖井隔墙过热器出口集箱位于竖井下方的烟道内，标高为40445mm，距后包墙的水平距离为7387.5mm，规格为ϕ325×65mm，材料为12Cr1MoVG，长度为14020mm，两端各有1个端盖（规格为ϕ325×65/60mm，材料为12Cr1MoVR），集箱筒体上有125个竖井隔墙管座（规格为ϕ57×7.5mm，材料为12Cr1MoVG）和250个低温过热器入口管座（规格为ϕ51×7mm，材料为15CrMoG）。竖井隔墙过热器出口集箱也是低温过热器的入口集箱。

二、低温过热器

低温过热器布置在锅炉竖井后烟道内，与烟气成逆流布置，吸收尾部烟道烟气的热量，低温过热器与省煤器的列数、管径和横向节距相同，这种布置方式有利于烟气流动。低温过热器由入口部分、中间部分和出口部分组成（入口管与出口管为垂直布置，中间部分为水平布置），见图3-16。

（一）低温过热器入口部分

低温过热器入口部分由入口集箱和入口管组成，低温过热器入口集箱就是竖井隔墙出口集箱，竖井隔墙出口集箱已在前面做过介绍，下面主要介绍入口管。

从低温过热器入口集箱引出250根低温过热器入口管，这250根低温过热器入口管在竖井后烟道内分成前后两组，每组125根沿竖井后烟道的宽度方向与省煤器的列数相对应；两组低温过热器入口管围着对应的省煤器蛇形管，沿省煤器蛇形管弯头外侧向上延伸，利用省煤器的夹持管夹将省煤器蛇形管与低温过热器入口段固定在一起；250根低温过热器入口管从125列省煤器蛇形管前后两侧延伸至省煤器蛇形管上方，在标高为48490mm处，除第62和64列的其他123列共246根低温过热器入口管与246个三通管（三通管规格为1×ϕ51×7-2×ϕ51×7mm，长度为230mm，材料为15CrMoG）连接，将246根低温过热器管变成492根；第62和64两列的4根低温过热器入口管没有与三通管连接，规格与材料不变；因此，低温过热器入口管在标高48720mm处由250根变成了496根。低温过热器入口管标高为40445～48720mm，管子规格为ϕ51×7mm，材料为12Cr1MoVG。

（二）低温过热器中间部分（低温过热器蛇形管）

低温过热器中间部分水平布置在竖井后烟道内省煤器上方，其结构与省煤器蛇形管相似，也叫低温过热器蛇形管。低温过热器蛇形管垂直于前后墙水平布置共496根，标高为48720～55153mm，在48720mm处与低温过热器入口管焊接，在标高为55153mm处（水平管向上转90°弯成垂直管）与低温过热器出口管相连接。为了便于吹灰与检修，低温过热器蛇形管在标高为51838mm处（焊口）分成上、下两组，两组之间留有1389mm的空间，用垂直管连接过渡。

低温过热器蛇形管由ϕ51×7mm、材料为15CrMoG钢管制成，沿竖井后烟道的炉宽方向布置125列，其中：左数第62、64列为两管圈，横向节距为112.5mm，纵向节距为306（或204或102)mm；其余123列为4管圈，横向节距为112.5mm，纵向节距为102mm。

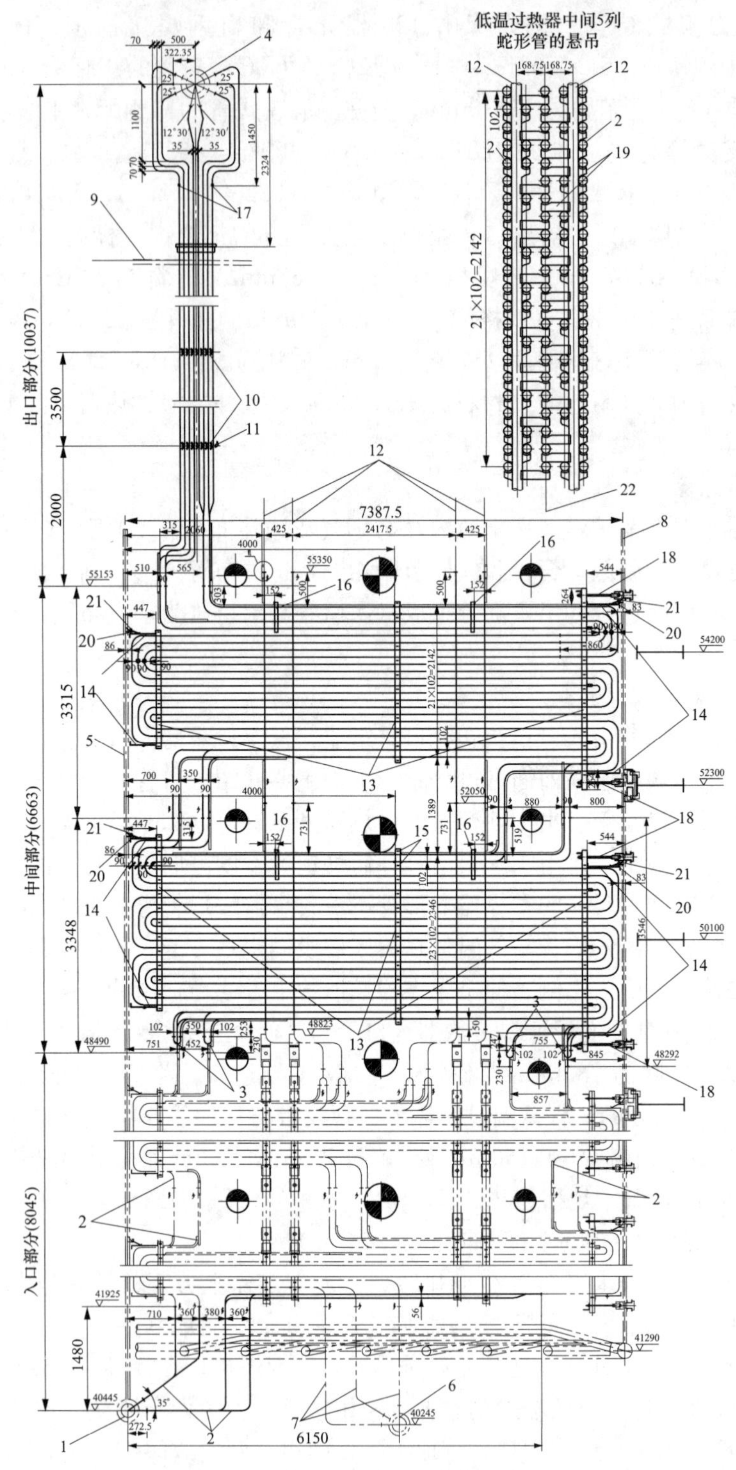

图 3-16　低温过热器

1—低温过热器入口集箱（竖井隔墙出口集箱）；2—低温过热器入口管；3—低温过热器三通；4—低温过热器出口集箱；5—竖井隔墙；6—省煤器入口集箱；7—省煤器入口管；8—竖井后包墙；9—顶棚过热器；10—固定夹；11—梳形定位板座；12—悬吊管；13—夹持管夹；14—防磨板；15—插销板；16—定位夹；17—壁温测点；18—拉杆；19—管钩；20—多孔板；21—板钩；22—锅炉中心线

1. 低温过热器蛇形管的固定

低温过热器蛇形管共125列，每列的上组和下组各由3组管夹固定（固定方式与省煤器蛇形管的夹持管夹相似），使每列低温过热器蛇形管处于同一垂直平面内，每组管夹由两条夹板及数个插销板组成，材料为1Cr7SiAl。安装时用两条夹板夹住同列管排，将插销板穿入两夹板对应的插销孔并将插销板与夹板焊接。为了确保每列低温过热器蛇形管排之间的距离，将125列低温过热器蛇形管分成13组，中间一组为9列，靠近两侧墙两组每组8列，其余10组每组10列，每组低温过热器蛇形管排之间在管夹的上下两端用定位板连接。另外，每组低温过热器蛇形管上下两端各用两根拉杆装置将靠近后包墙的管夹与后包墙连在一起，拉杆装置的一端用销轴连接，另一端用螺帽和半圆垫圈固定，以防止低温过热器晃动。

2. 低温过热器蛇形管的悬吊

低温过热器蛇形管的重力由悬吊管（省煤器出口管）通过管钩承担，悬吊管共124根，62列垂直布置，每列两根，每列悬吊管悬吊两列低温过热器蛇形管（中心5列低温过热器蛇形管由两列悬吊管悬吊），每列低温过热器蛇形管的每根水平管有前后两个吊点。

3. 低温过热器蛇形管的防磨装置

低温过热器蛇形管与省煤器蛇形管所处的位置相似，竖井内烟气温度较低，飞灰颗粒较硬，并且管子布置很密集，烟气流通截面小，烟气流速高，为了防止低温过热器蛇形管磨损，采取了与省煤器基本相同的防磨措施，但由于低温过热器蛇形管所处的温度较高，所用的防磨材料（0Cr18Ni9）耐高温性能比省煤器的防磨材料更好。

4. 低温过热器蛇形管的防振隔板

为了防止运行中低温过热器蛇形管发生振动，低温过热器蛇形管装有3组防振隔板，将低温过热器蛇形管处的竖井后烟道沿宽度方向分成4部分。低温过热器蛇形管的防振隔板由3mm厚的0Cr18Ni9制成，通过ϕ12的圆钢固定在低温过热器蛇形管第二排管上，防振隔板具体位置见第二章第四节。

（三）低温过热器出口部分

低温过热器出口部分由出口管和出口集箱组成。

1. 出口管

低温过热器出口管共496根，62列垂直布置，每列8根，横向节距为225mm，纵向节距为70mm，管子规格为ϕ51×7.3mm，材料为12Cr1MoVG，标高为55153～65190mm，入口与低温过热器蛇形管相连，出口与低温过热器出口集箱相连。每列低温过热器出口管在与低温过热器蛇形管连接的焊口上方2000mm和5500mm处各设有一固定夹，以确保每列8根管固定在一起。为了保证每列管排之间的距离，将62列低温过热器出口管分成11组，每组5～6列，在下面的固定夹处用11个梳形定位板固定。

2. 出口集箱

低温过热器有一个出口集箱，位于大包内，标高为65190mm，规格为ϕ424×76.5mm，材料为12Cr1MoVG，总长为14358mm。筒体上装有496个低温过热器出口管座（ϕ51×9.3mm，材料为12Cr1MoVG），一个排空管座（ϕ42×8.5mm，材料为12Cr1MoVG），一个吹灰蒸汽管座（ϕ76×14mm，材料为12Cr1MoVG）及10个吊耳。

三、前屏过热器

前屏过热器位于炉膛上部，标高为50833～64830mm，属于半辐射过热器。前屏过热器由1个入口集箱、8个前屏和1个出口集箱组成，如图3-17所示（见文后插页）。

（一）入口集箱

前屏过热器入口集箱位于锅炉大包内，标高为64830mm，规格为ϕ431.8×75mm，材料为12Cr1MoVG，长度为11930mm，集箱两端与进汽管相连，集箱筒体上有224个前屏过热器入口管座（规格为ϕ51×7mm，材料为12Cr1MoVG）、2个前屏定位管的出口管座（规格为ϕ51×12mm，材料为12Cr1MoVG）、1个后屏定位管的出口管座（规格为ϕ51×12mm，材料为12Cr1MoVG）、1个放水管座（规格为ϕ51×9mm，材料为12Cr1MoVG）及8个吊耳（该吊耳是用于吊挂集箱下方的顶棚过热器，故吊耳在集箱下方）。入口集箱通过7个U形支吊架吊挂在位于其正上方的出口集箱上，这样布置结构紧凑合理。

（二）前屏

前屏布置在炉膛上部，共8个前屏，每个前屏有14个管圈，屏与屏间的节距为1500mm，同屏中相邻管子节距为58mm，每个屏分前后两组。根据管内蒸汽温度的高低和管子热负荷的大小，不同部位的管子其壁厚和材质有所不同。前屏过热器管采用独特的发卡式结构，每个屏出入口集箱同一侧对应位置相连接的下降段和上升段形成的U形弯依次均匀布置。在发卡式结构中因屏中各管圈的结构基本相同，使同屏各管圈之间的热偏差大大减小。前屏的每根管分为炉外入口段（规格为ϕ51×7mm，材料为12Cr1MoVG）、炉内下降段（规格为ϕ51×7.5mm或ϕ51×8mm，材料为T91）、弯管（规格为ϕ51×7.5mm，材料为TP347H）、炉内上升段（规格为ϕ51×8.5mm或ϕ51×8mm，材料为T91）和炉外出口段（规格为ϕ51×6.5mm，材料为T91），各分界为管圈的焊口。炉内下降段的管段编号为(1)(3)(4)(6)(8)(10)(12)(17)(19)(21)(23)(25)(26)(28)，炉内上升段的管段编号为(2)(5)(7)(9)(11)(13)(14)(15)(16)(18)(20)(22)(24)(27)，这些管段的材料均为T91，根据各管段的计算壁温不同，管子的规格稍有差异。炉内下降段编号为(1)(6)(8)(10)(12)(17)(19)(21)(23)(28)的管段规格为ϕ51×7.5mm，编号为(3)(4)(25)(26)的管段规格为ϕ51×8mm；炉内上升段编号为(7)(9)(11)(13)(14)(15)(16)(18)(20)(22)的管段规格为ϕ51×8mm，编号为(2)(5)(24)(27)的管段规格为ϕ51×8.5mm。管壁和材料的变化是由管子所处的工作环境确定。

1. 前屏的固定

前屏过热器位于炉膛上方，各屏间的距离大，必须采取有效的固定措施，防止前屏晃动。前屏的固定包括同屏管子的固定和相邻屏之间的固定。

(1) 同屏管子的固定。同屏管子的固定采用夹持管固定和管箍固定两种方式。夹持管固定是利用同屏两边缘的两根管子交叉换位，将两边缘管之间的其他管子夹持固定，同屏两边缘的两根管子分别在标高为58033mm和53893mm处两次交叉换位。管箍固定是用耐热钢(0Cr23Ni13)做成的两个梳型半圆弧卡箍将管屏夹紧固定在一起，管箍分长管箍和短管箍，在管屏下部装有一个长管箍，在同屏两边缘的两根管子交叉换位处装有短管箍。

(2) 相邻屏之间的固定。相邻屏之间利用定位管对各管屏进行固定。前屏有两根定位管，前后两组各1根，分别对集箱两侧的两组前屏定位，两根定位管分别从顶棚过热器入口集箱的左右两侧引出，经顶棚穿入炉内，与8个前屏连接定位后穿出顶棚引到前屏过热器的入口集箱。定位管分炉前段、炉内段和炉后段，炉前段规格为ϕ51×7.5mm，材料为12Cr1MoVG；炉内段规格为ϕ51×9.5mm，材料为SA-213T92；炉后段规格为ϕ51×12mm，材料为12Cr1MoVG。定位管与两边缘的两个前屏采用滑动块和U形卡连接，与中间6个前屏分别利用管夹连接。

2. 前屏的支吊

每个前屏由两个吊架悬挂在锅炉大梁上，两个吊架位于前屏过热器集箱两侧，每个吊架通过一对夹板梁将前屏的炉外段固定后悬挂在吊架上。

（三）出口集箱

前屏过热器出口集箱位于锅炉大包内入口集箱的上方，标高为66050mm，规格为ϕ522.5×96.5mm，材料为12Cr1MoVG，长度为11964mm，集箱两端与出汽管相连，集箱筒体上有224个前屏出口管座（规格为ϕ51×6.5mm，材料为T91）、1个排空管座（规格为ϕ42×8.5mm，材料为12Cr1MoV）及8个吊耳（在集箱上方），出口集箱通过8个吊架悬吊在锅炉顶板上。

四、后屏过热器

后屏过热器位于炉膛出口折焰角上部，标高为52135～65420mm，顺流布置，同时吸收辐射热和对流热，属半辐射式过热器。后屏过热器由2个入口集箱、23个入口分集箱、23个后屏和23个出口分集箱组成，如图3-18所示。

（一）入口集箱与入口分集箱

1. 入口集箱

后屏过热器的2个入口集箱位于锅炉大包内，上、下布置，标高分别为64370mm和65420mm，规格为ϕ439.5×75mm，材料为12Cr1MoVG，长度为7923mm，集箱一端与进汽管相连，另一端为球形封头。上方入口集箱筒体上有11个后屏入口分集箱，1个放水管座（规格为ϕ51×9mm，材料为12Cr1MoVG）及5个向上的吊耳；下方入口集箱筒体上有12个后屏入口分集箱，1个放水管座（规格为ϕ51×9mm，材料为12Cr1MoVG）及5个向下的吊耳。

2. 入口分集箱

后屏过热器入口分集箱规格为ϕ219×50mm，材料为12Cr1MoVG，长度为1000mm，一端与后屏过热器入口集箱相连，另一端为ϕ219×50/46mm平端封头（材料为12Cr1MoVR，端封头上有1个检查孔），筒体上有9个后屏管座（规格为ϕ51×6.5mm材料为T91）和1个M36-ϕ219Ⅱ型吊耳。

（二）后屏

后屏过热器屏位于锅炉折焰角上方，共23个后屏，每个后屏有9个管圈，屏与屏间的节距为600mm，每个屏中相邻管的节距为65mm。根据管内蒸汽温度的高低和管子热负荷的大小，不同部位的管子其壁厚和材质有所不同。外圈3根管从入口分集箱的管座向下穿过顶棚至标高为55320mm（焊口），材料为T91，壁厚为7mm；从标高为55320mm处（焊口）经弯管后一直向上穿过顶棚至标高为63155mm处（焊口），材料为TP347H，壁厚为6.5mm；标高63155mm（焊口）以上是100mm过渡短管，材料为T91，壁厚为7mm；在标高63255mm处（焊口）与出口分集箱管座连接。内圈6根管从入口集箱的管座向下穿过顶棚至标高为55320mm处（焊口），材料为T91，壁厚为6.5mm；从标高为55320mm处（焊口）经弯管后一直向上穿过顶棚至标高为63255mm处（焊口），材料为T91，壁厚为7mm；在标高63255mm处（焊口）与出口分集箱管座连接。

1. 后屏的固定

后屏位于炉膛出口，该处烟气温度高，各后屏间的距离较大，采用了与前屏相似的固定方法，包括同屏管子的固定和相邻屏之间的固定，以防止后屏过热器晃动。

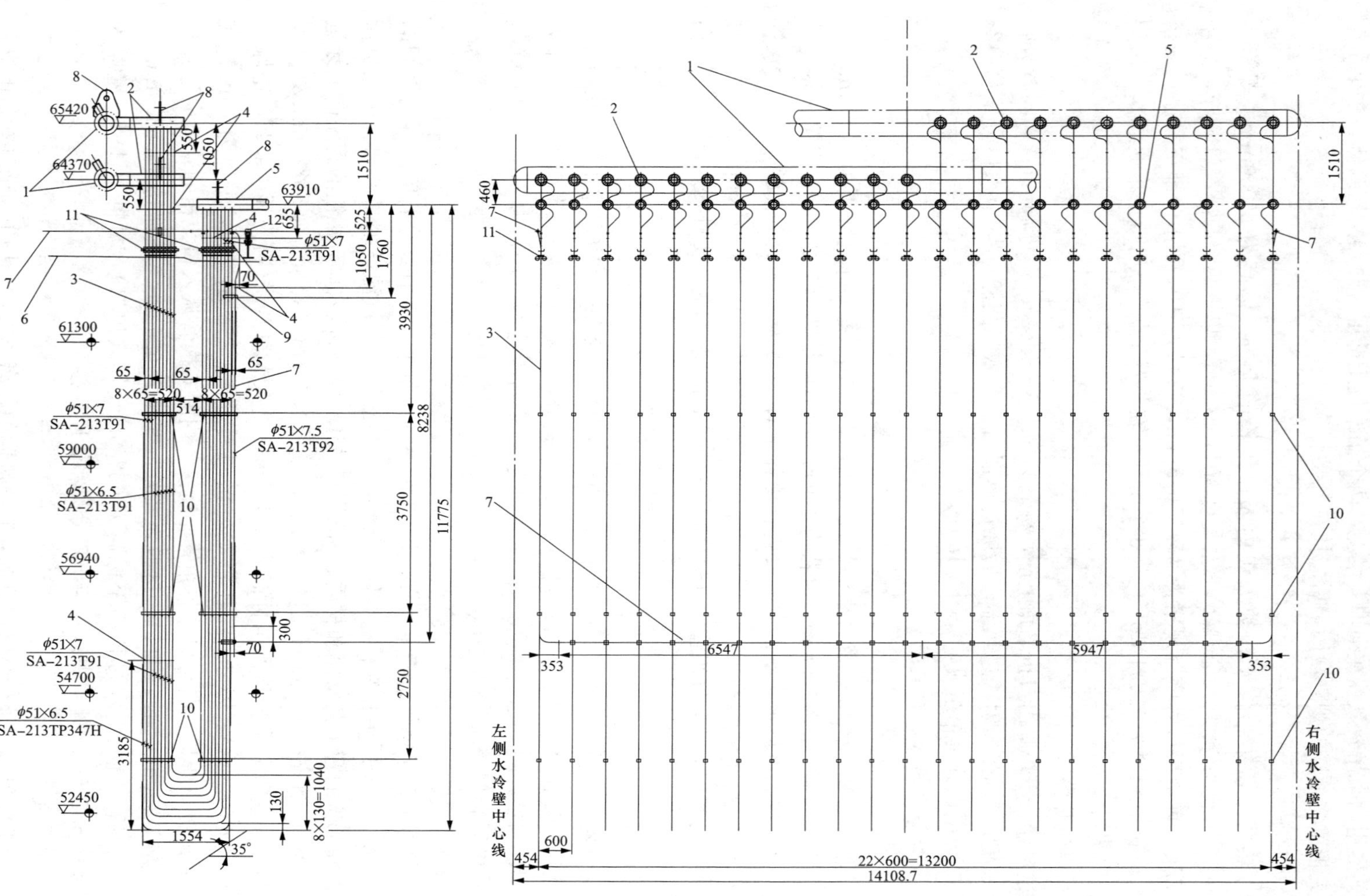

图 3-18　后屏过热器

1—后屏过热器入口集箱；2—后屏过热器分集箱；3—后屏；4—焊口；5—后屏过热器出口分集箱；6—顶棚；7—后屏定位管；8—吊耳；9—短管箍；10—长管箍；11—穿墙密封；12—顶棚吊架

(1) 同屏管子的固定。后屏设有3层管箍，标高分别为60000、56259、53500mm，管箍的结构和固定方式与前屏相同。

(2) 后屏之间的固定。后屏之间利用定位管对后屏进行固定。后屏有一根定位管，该定位管从顶棚过热器入口集箱引出，与右侧第一列后屏管一起经顶棚穿入炉内，将23列后屏连接定位，然后与左侧第一列后屏一起穿出顶棚引到前屏过热器的入口集箱。根据定位管内温度的高低，采用了不同的材料和管壁厚度，炉前段规格为$\phi51\times7.5$mm，材料为12Cr1MoVG；炉内段规格为$\phi51\times9.5$mm，材料为T92；炉后段规格为$\phi51\times12$mm，材料为12Cr1MoVG。定位管与靠近炉墙的两个后屏采用管箍连接，与中间21个后屏利用管夹连接。

2. 后屏的支吊

后屏借助出口分集箱和入口分集箱吊挂在锅炉顶板上。

(三) 出口分集箱

后屏过热器共有23个出口分集箱（与入口分集箱相对应），位于锅炉大包内，标高为63910mm，后屏过热器出口分集箱与高温过热器的入口分集箱焊接在一起。后屏过热器出口分集箱规格为$\phi194\times36$mm，材料为P91，长度为1000mm，一端与高温过热器入口分集箱焊接，另一端为$\phi194\times36/42$mm平端封头，筒体上有9个后屏出口管座（规格为$\phi51\times7$mm，材料为T91）和1个M42吊耳。

五、高温过热器

高温过热器位于炉膛出口折焰角上部，后屏过热器之后，标高为53222～65580mm，属对流式过热器。高温过热器由23个入口分集箱、沿炉宽布置的46个高温过热器屏和1个出口集箱组成，如图3-19所示。

(一) 入口分集箱

高温过热器入口分集箱位于锅炉大包内出口集箱下方，共23个，与后屏过热器出口分集箱焊接连通，标高为63910mm，规格为$\phi194\times36$mm，材料为P91，长度为1400mm，一端与后屏过热器出口分集箱焊接，另一端为端盖（端盖上有1个检查孔）。筒体上有10个孔（规格为$\phi28/\phi51.5$，深为19mm）和2个M42吊耳，M42吊耳通过U形吊杆将高温过热器入口分集箱吊挂在高温过热器的出口集箱上。

(二) 高温过热器屏

高温过热器位于锅炉折焰角上方，后屏过热器之后，共46个高温过热器屏，屏与屏间的节距为300mm，同屏管子之间节距为70mm，每屏布置5根管，为了减小各管的热偏差，管子在转弯处交叉布置，从炉前数第(1)(2)(3)(9)(10)根为入口管，第(4)(5)(6)(7)(8)为出口管，(1)与(6)对应、(2)与(7)对应、(3)与(8)对应、(9)与(4)对应、(10)与(5)对应。由以上分析可知，从前数第(1)(2)(3)根入口管与第(6)(7)(8)根出口管形成的U形回路为顺流布置，其余的U形回路为逆流布置；因此，高温过热器为混流布置。管子外径为$\phi51$，不同部位的管子壁厚和材质有所不同。从炉前数第(1)(2)(3)根管从入口分集箱向下穿过顶棚至标高为55722mm处（焊口），材料为T91，壁厚为8mm；从标高为55722mm处（焊口）向下经弯管后变成前数第(6)(7)(8)根向上至标高为55047mm处（焊口），材料为TP347H，壁厚为7mm；从标高为55047mm处（焊口）向上穿过顶棚至标高为63287mm处（焊口），材料为TP347H，壁厚为7.5mm；从标高为

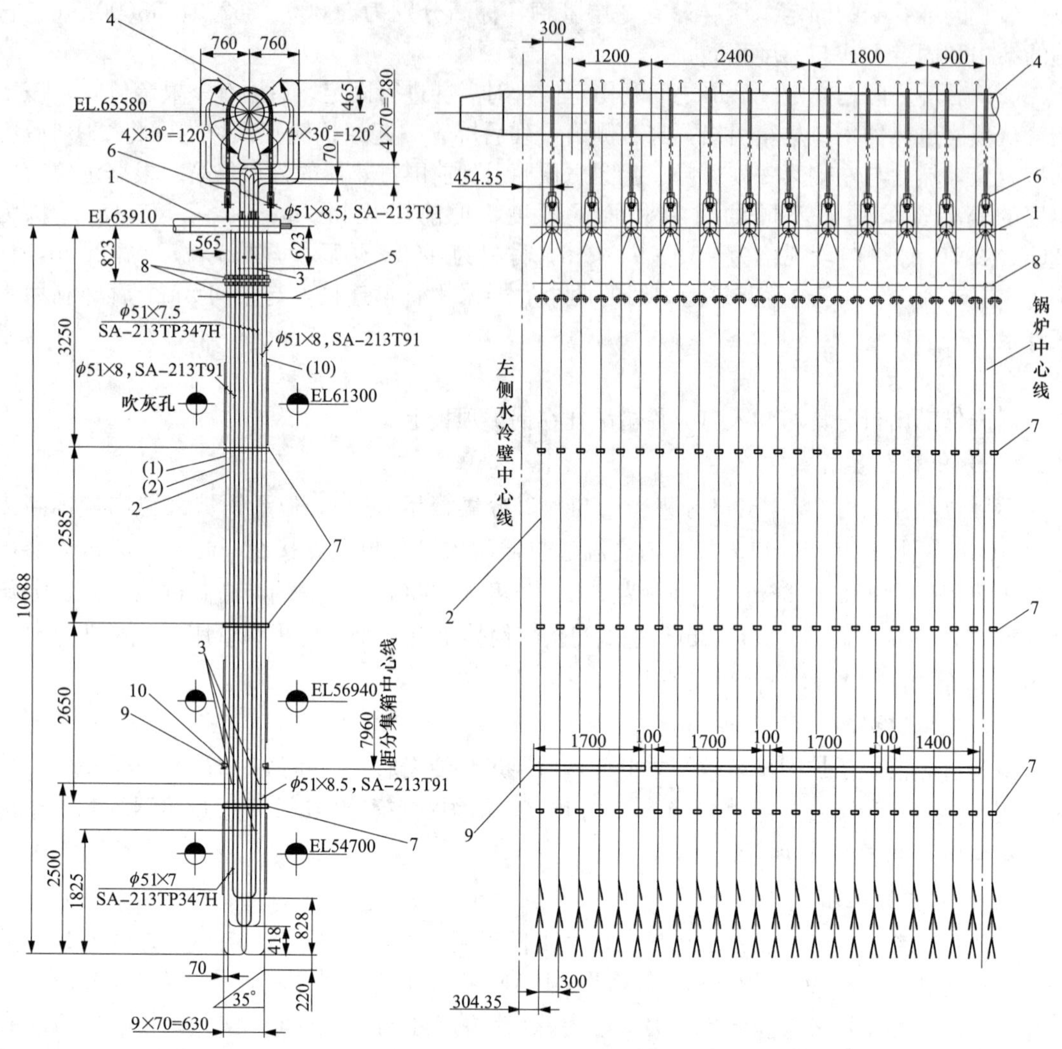

图 3-19　高温过热器

1—高温过热器入口分集箱；2—高温过热器屏；3—焊口；4—高温过热器出口集箱；5—顶棚；6—U 形吊杆；7—管箍；8—穿墙密封；9—定位钢板；10—U 形卡

63287mm 处（焊口）向上至出口集箱，材料为 T91，壁厚为 8.5mm。从炉前数第（9)(10）根管从入口分集箱向下穿过顶棚至标高为 55722mm 处（焊口），材料为 T91，壁厚为 8mm；从标高为 55722mm 处（焊口）向下经弯管后变成前数第（4)(5）根向上至标高为 55047mm 处（焊口），材料为 T91，壁厚为 8.5mm；从标高为 55047mm 处焊口向上穿出顶棚至标高为 63287mm 处（焊口），材料为 TP347H，壁厚为 7.5mm；从标高为 63287mm 处焊口向上至出口集箱，材料为 T91，壁厚为 8.5mm。

1. 高温过热器屏的固定

高温过热器屏的固定包括同屏管子的固定和相邻屏之间的固定。

(1) 同屏管的固定。高温过热器屏设有 3 层管箍，标高分别为 60660、58075、55425mm，管箍的结构与固定方式与前屏相同。

（2）相邻屏之间的固定。由于高温过热器屏所在位置烟气温度已相对较低，相邻高温过热器屏之间采用钢板定位，定位钢板标高为55950mm，材料为0Cr23Ni13，厚度为20mm，宽度为75mm。8条定位钢板将46列高温过热器分为8组，定位钢板与每一列管排的外侧第一根管用U形夹（材料为0Cr23Ni13）固定，U形夹与定位钢板焊在一起。

2. 高温过热器屏的支吊

高温过热器屏由入口分集箱和出口集箱支吊。

（三）出口集箱

高温过热器有1个出口集箱，位于锅炉大包内，标高为65580mm，规格为ϕ626.5×101.5mm，材料为P91，长度为14400mm，集箱一端是球形封头，另一端为过渡接头[ID422×100-ID317.5×60（ID为内径），材料为P91]。集箱筒体上有230个高温过热器屏出口管座（规格为ϕ51×8.5mm，材料为T91）、1个排空管座（规格为ϕ42×8mm，材料为SA-182F91）、1个疏水管座（规格为ϕ51×9mm，材料为SA-182F91）、16个抗扭块（焊在集箱筒体上，材料为SA-182F91）及8个U形支吊架。

六、过热器的技术规范

由于各过热器工作环境不同，技术规范差异较大，现将各过热器的技术规范列于表3-5。

表3-5　过热器的技术规范

名称	内容	单位	数值	备注
顶棚过热器	入口集箱数量	个	1	
	入口集箱规格	mm	ϕ325×80	
	入口集箱材料			12Cr1MoV
	入口集箱长度	mm	13795	
	顶棚管数量	根	188	
	顶棚管规格	mm	ϕ51×7/ϕ60×8	鳍片管
	顶棚管材料			12Cr1MoVG
	顶棚管中心间距	mm	75	
	出口集箱数量	个	1	
	出口集箱规格	mm	ϕ325×75	
	出口集箱材料			12Cr1MoV
	出口集箱长度	mm	14170	
	顶棚过热器受热面积	m^2	419	
后包墙过热器	后包墙管数量	根	125	
	后包墙管规格	mm	ϕ51×7	鳍片管
	后包墙管材料			12Cr1MoVG
	后包墙管中心间距	mm	112.5	
	出口集箱数量	个	1	
	出口集箱规格	mm	ϕ219×45	
	出口集箱材料			12Cr1MoV
	出口集箱长度	mm	13855	

续表

名称	内容	单位	数值	备注
竖井后烟道侧包墙过热器	入口集箱数量	个	2	左右各一
	入口集箱规格	mm	ϕ219×45	
	入口集箱材料			12Cr1MoV
	入口集箱长度	mm	7464	
	竖井后烟道侧包墙管数量	根	65	左右各 65
	竖井后烟道侧包墙管规格	mm	ϕ42×5.5	鳍片管
	竖井后烟道侧包墙管材料			12Cr1MoVG
	竖井后烟道侧包墙管间距	mm	112.5	
	出口集箱数量	个	2	左右各一
	出口集箱规格	mm	ϕ219×45	
	出口集箱材料			12Cr1MoV
	出口集箱长度	mm	7348	
竖井前包墙过热器	入口集箱数量	个	1	
	入口集箱规格	mm	ϕ219×45	
	入口集箱材料			12Cr1MoV
	入口集箱长度	mm	13834	
	竖井前包墙管数量	根	125	
	竖井前包墙管规格	mm	ϕ51×7/ϕ51×11	鳍片/光管
	竖井前包墙管材料			12Cr1MoVG
	竖井前包墙管间距	mm	112.5	鳍片管
	出口集箱数量	个	1	
	出口集箱规格	mm	ϕ219×45	
	出口集箱材料			12Cr1MoV
	出口集箱长度	mm	13950	
水平烟道后侧包墙过热器	入口集箱数量	个	2	左右各一
	入口集箱规格	mm	ϕ219×50	
	入口集箱材料			12Cr1MoV
	入口集箱长度	mm	1776	
	水平烟道后侧包墙管数量	根	33	左右各 33
	水平烟道后侧包墙管规格	mm	ϕ42×5.5	鳍片管
	水平烟道后侧包墙管材料			12Cr1MoVG
	水平烟道后侧包墙管间距	mm	57	
	出口集箱数量	个	2	左右各一
	出口集箱规格	mm	ϕ219×50	
	出口集箱材料			12Cr1MoV
	出口集箱长度	mm	1869	

续表

名称	内容	单位	数值	备注
竖井前烟道侧包墙过热器	入口集箱数量	个	2	左右各一
	入口集箱规格	mm	ϕ219×45	
	入口集箱材料			12Cr1MoV
	入口集箱长度	mm	4989	
	竖井前烟道侧包墙管数量	根	43	左右各43
	竖井前烟道侧包墙管规格	mm	ϕ42×5.5	鳍片管
	竖井前烟道侧包墙管材料			12Cr1MoVG
	竖井前烟道侧包墙管间距	mm	112.5	
	出口集箱数量	个	2	左右各一
	出口集箱规格	mm	ϕ219×45	
	出口集箱材料			12Cr1MoV
	出口集箱长度	mm	4833	
竖井隔墙过热器	入口集箱数量	个	1	
	入口集箱规格	mm	ϕ325×60	
	入口集箱材料			12Cr1MoV
	入口集箱长度	mm	13966	
	竖井隔墙管数量	根	125	
	竖井隔墙管规格	mm	ϕ57×10/ϕ57×7.5	光管/鳍片
	竖井隔墙管材料			12Cr1MoVG
	竖井隔墙管间距	mm	112.5	鳍片管
	出口集箱数量	个	1	
	出口集箱规格	mm	ϕ325×65	
	出口集箱材料			12Cr1MoV
	出口集箱长度	mm	14020	
低温过热器	设计压力	MPa	27.75	
	受热面积	m^2	7226	
	出口蒸汽温度	℃	486	
	管子数量	根	250/496	
	列数	列	125/62	
	横向节距	mm	225/112.5	
	纵向节距	mm	70/102	
	管子规格	mm	ϕ51×7.0/7.3	
	管子材质			12Cr1MoVG/15CrMoG
	质量流速（BMCR）	kg/(m^2·s)	1359	
	平均烟速	m/s	10	
	出口烟气温度	℃	537	

续表

名称	内容	单位	数值	备注
低温过热器	入口烟气温度	℃	739	
	最高计算工质温度	℃	498	
	最高金属壁温	℃	510	
	出口集箱数量	个	1	
	出口集箱规格	mm	ϕ424×76.5	
	出口集箱材料			12Cr1MoVG
	出口集箱长度	mm	14358	
前屏过热器	设计压力	MPa	27.41	
	入口集箱数量	个	1	
	入口集箱规格	mm	ϕ431.8×75	
	入口集箱材料			12Cr1MoVG
	入口集箱长度	mm	11930	
	受热面积	m^2	692	
	出口蒸汽温度	℃	518	
	列数	列	8×2	
	横向节距	mm	1500	
	纵向节距	mm	58	
	质量流速（BMCR）	kg/(m^2·s)	1336	
	屏式过热器后烟气温度	℃	1156	
	管子规格	mm	ϕ51×7.0～ϕ51×8.5	
	横向节距	mm	1500	
	纵向节距	mm	58	
	材质			12Cr1MoVG/T91/TP347H
	入口烟气温度	℃	1309	
	出口烟气温度	℃	1156	
	最高计算工质温度	℃	550	
	出口金属壁温（平均）	℃	572	
	最高金属壁温	℃	594	（屏底）
	出口集箱数量	个	1	
	出口集箱规格	mm	ϕ522.5×96.5	
	出口集箱材料			12Cr1MoVG
	出口集箱长度	mm	11964	
后屏过热器	设计压力	MPa	27.23	
	入口集箱数量	个	2	
	入口集箱规格	mm	ϕ439.5×75	
	入口集箱材料			12Cr1MoVG

续表

名称	内容	单位	数值	备注
后屏过热器	入口集箱长度	mm	7923	
	受热面积	m^2	863	
	列数	列	23	
	质量流速（BMCR）	kg/(m^2·s)	1359	
	后屏过热器前烟气温度（BMCR）	℃	1156	
	后屏过热器后烟气温度（BMCR）	℃	1095	
	后屏过热器底部烟气温度（BMCR）	℃	1126	
	管子规格	mm	ϕ51×6.5～7.0	
	横向节距	mm	600	
	纵向节距	mm	65	
	材质			T91/TP347H
	平均烟速	m/s	9.2	
	出口烟气温度	℃	1095	
	入口烟气温度	℃	1156	
	出口工质温度（BMCR）	℃	536	
	最高计算工质温度	℃	555	
	出口金属壁温（平均）	℃	580	
	最高金属壁温	℃	580	
	出口集箱数量	个	23	
	出口集箱规格	mm	ϕ194×36	
	出口集箱材料			P91
	出口集箱长度	mm	1000	
高温过热器	设计压力	MPa	27.06	
	工作压力	MPa	25.40	
	入口集箱数量	个	23	
	入口集箱规格	mm	ϕ194×36	
	入口集箱材料			P91
	入口集箱长度	mm	1400	
	出口蒸汽温度	℃	571	
	受热面积	m^2	926	
	列数	列	46	
	横向节距	mm	300	
	纵向节距	mm	65	
	质量流速（BMCR）	kg/(m^2·s)	1347	
	末级过热器前烟气温度（BMCR）	℃	1064	
	末级过热器后烟气温度（BMCR）	℃	1021	

续表

名称	内容	单位	数值	备注
高温过热器	管子规格	mm	ϕ51×7～ϕ51×8.5	
	材质			T91/TP347H
	平均烟速	m/s	10.8	
	出口烟气温度	℃	1021	
	入口烟气温度	℃	1064	
	最高金属壁温	℃	601	
	出口集箱数量	个	1	
	出口集箱规格	mm	ϕ626.5×101.5	
	出口集箱材料			P91
	出口集箱长度	mm	14400	

第五节　再　热　器

再热器是超临界锅炉的重要设备，锅炉装有两级再热器，一级为低温再热器，另一级为高温再热器，两级再热器在竖井上部与水平烟道连接处直接连通。

一、低温再热器

低温再热器位于竖进前烟道内，逆流布置，标高为40245～58960mm，由入口、中间及出口三部分组成，见图3-20。

（一）入口部分

低温再热器入口部分包括入口集箱和入口管。

1. 入口集箱

低温再热器入口集箱横向水平布置于竖进前烟道内，其中心线的标高为40245mm，距竖井前包墙中心线的水平距离为14765mm，规格为ϕ558.8×30mm，材料为SA-106C，长度为16400mm，集箱一端是球形封头，另一端为进汽口。集箱筒体上有496个低温再热器入口管座（规格为ϕ60×4mm，材料为SA-210C）、1个放水管座（规格为ϕ51×5mm，材料为20G）、8个抗扭块（焊在集箱筒体上，材料为20G）及3个手孔装置。

2. 入口管

低温再热器入口管共496根，规格为ϕ60×4mm，材料为SA-210C，一端与入口集箱相连，另一端与低温再热器中间部分相连。

（二）中间部分（低温再热器蛇形管）

低温再热器中间部分水平布置在竖井前烟道内，其结构与省煤器蛇形管相似，称为低温再热器蛇形管。低温再热器蛇形管位于标高为41990～54790mm的区域，分4组布置，分别在45190、48390、51590mm处焊接，每两组之间留有1580mm的空间以便于吹灰与检修，相邻两组之间用垂直管连接过渡。低温再热器蛇形管与入口管相对应，共496根，管子规格为ϕ60×4mm，下3组材料为SA-210C，第四组材料为15CrMoG，管子共125列，顺

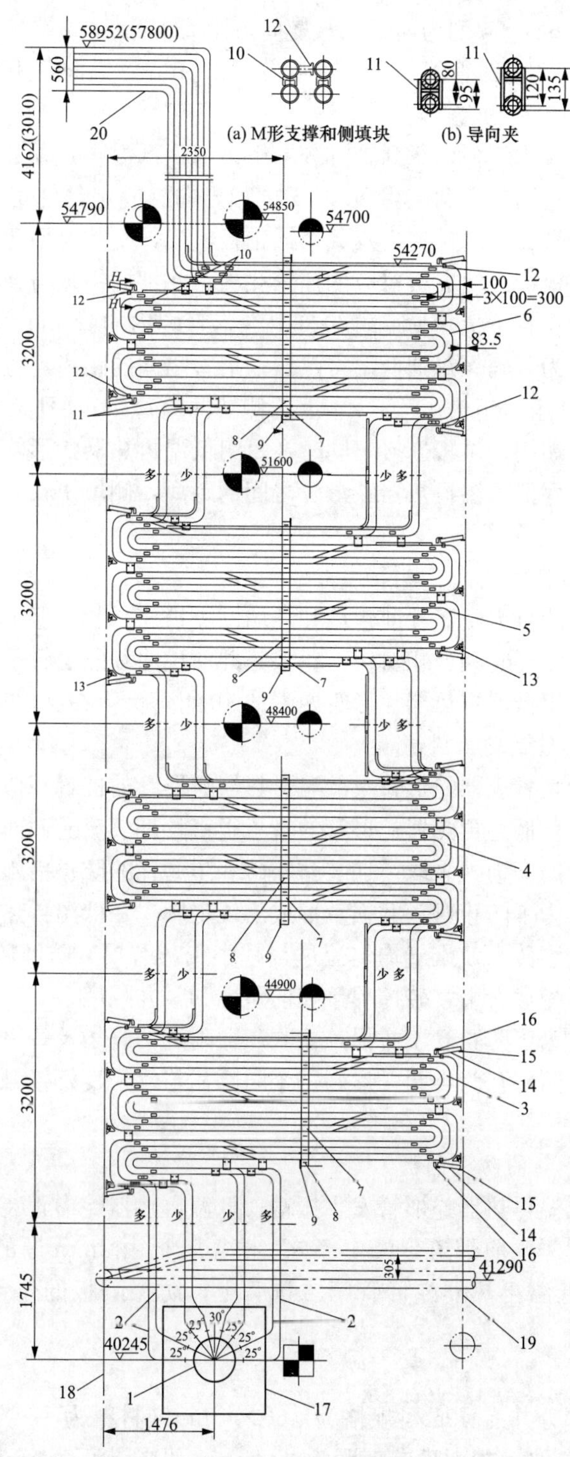

图 3-20 低温再热器

1—低温再热器入口集箱；2—低温再热器入口管；3—低温再热器第一组蛇形管；4—低温再热器第二组蛇形管；5—低温再热器第三组蛇形管；6—低温再热器第四组蛇形管；7—夹板；8—插销板；9—定位板；10—M形支撑；11—导向夹；12—侧填块；13—支撑座；14—防磨砖；15—砖撑；16—砖卡；17—集箱抗扭装置；18—前包墙；19—隔墙；20—低温再热器出口管

列布置，其中，左数第 62、64 列为两管圈，横向节距为 112.5mm，纵向节距为 80（或 120 或 160）mm；其余 123 列为四管圈，横向节距为 112.5mm，纵向节距为 80（或 120）mm。

1. 低温再热器蛇形管的固定

低温再热器蛇形管共 125 列，每列管排分 4 组，每列低温再热器蛇形管的每组管子有 3 处固定，中间用一组管夹固定，两端用 M 形支撑和导向夹固定，使每列低温再热器蛇形管处于同一垂直平面内。管夹由两条夹板及数个插销板组成，安装时用两条夹板夹住同列低温再热器蛇形管，将插销板穿入两夹板对应的插销孔内，并把插销板与夹板焊接在一起；M 形支撑和导向夹的一端焊在管子上，另一端为自由端，管圈内的管子用 M 形支撑，管圈之间的管子用导向夹支撑。为了确保每列低温再热器蛇形管之间的距离，将 125 列低温再热器蛇形管分成 11 组，中间 9 组每组为 11 列，靠近两侧墙两组每组 13 列，每组低温再热器蛇形管之间在管夹的上下两端用定位板连接，同时在每组低温再热器蛇形管上层和下层管子之间都装有两个侧填块，以保证低温再热器蛇形管之间的距离，侧填块长 48mm，一端焊在管子上，另一端为自由端。

2. 低温再热器蛇形管的支撑

低温再热器蛇形管的重力由竖井前包墙和隔墙的支撑座承担，竖井前包墙和隔墙为 125 根，正好与低温再热器蛇形管列数相对应，每根竖井前包墙和隔墙管子上装有 10 个支撑座，支撑座呈圆弧形，将 4 组低温再热器蛇形管两端的 10 组弯头落在支撑座的圆弧形座中。

3. 低温再热器蛇形管的防磨装置

低温再热器蛇形管与省煤器蛇形管及低温再热器蛇形管的位置相似，竖井内烟气温度较低，飞灰颗粒较硬，并且低温再热器蛇形管的管子很密，烟气流通截面小，烟气流速高，为防止低温再热器蛇形管的磨损，采取了加装防磨砖和防磨瓦的防护措施。

（1）加装防磨砖。为了防止弯头磨损及形成烟气走廊，在低温再热器弯头与竖井前包墙和中间隔墙之间装有防磨砖，使烟气均匀流过，减小飞灰磨损。防磨砖用砖卡和砖撑固定，砖卡焊接在低温再热器蛇形管上，砖撑焊接在前包墙和竖井隔墙上。

（2）加装防磨瓦。为了防止管子磨损，在吹灰器附近的管子及每组低温再热器蛇形管上层管子均加装防磨瓦，防磨瓦为半圆弧形，每个防磨瓦与管子良好接触后用两个圆弧形压板固定。

4. 低温再热器蛇形管的防振隔板

为了防止运行中低温再热器蛇形管发生振动，低温再热器蛇形管装有 3 组防振隔板，将低温再热器蛇形管处的竖井前烟道分成 4 部分，防振隔板由 3mm 厚的 0Cr18Ni9 制成，通过 ϕ12 的圆钢固定在低温再热器蛇形管第二排管上，防振隔板的位置与结构见第二章第四节。

（三）出口部分

低温再热器出口部分共有 496 根规格为 $\phi60\times4$mm（材料为 12Cr1MoVG）的出口管，分成 62 列垂直布置，每列 8 根，横向节距为 225mm，纵向节距为 80mm，标高为 54790～57800mm 和 54790～58952mm 两种，这两种结构相间布置，以便于安装。低温再热器出口部分的入口端与低再蛇形管相连，低温再热器出口部分在标高为 57240～57800mm 或 58392～58952mm 范围内转 90°角变成水平布置向炉膛方向延伸，在竖井上部与水平烟道连接处低温再热器出口部分的出口端和高温再热器相连。低温再热器出口管设有一固定夹，以确保每列

8根管固定在一起。为了保证每列管排之间的距离，将62列低温再热器出口管分成11组，每组5～6列，每组用1个梳形定位板固定。

二、高温再热器

高温再热器位于水平烟道内（高温过热器之后），标高为54320～65780mm，属对流式受热面。高温再热器由62个高温再热器屏和1个出口集箱组成，如图3-21所示。

（一）高温再热器屏

高温再热器与低温再热器出口管直接连通，高温再热器与低温再热器出口管一样共496根，62个高温再热器屏，每个高温再热器屏由8根管组成，屏间节距为225mm，每个屏中的管间节距为70mm。为了保证再热蒸汽对高温再热器屏的有效冷却，在与低温再热器出口管对接时管子规格由ϕ60×4变成了ϕ51×4mm，材料为12Cr1MoVG。为了减小各管的热偏差，高温再热器屏采用了比较特殊的布置方式，其流程如下：上方的4根管转90°角垂直向上至顶棚，其中第4根管作为悬吊管穿出顶棚，在标高为63500mm处绕过一ϕ168的悬挂梁后垂直向下穿过顶棚进入炉内，与另外3根管一起在顶棚下方转90°角水平向前延伸21000mm，转90°角垂直向下延伸至水平烟道底部，经U形弯头后垂直向上穿出顶棚进入高温再热器出口集箱；下方的4根管转90°角垂直向下至水平烟道底部，经U形弯头后垂直向上至顶棚下方转90°角水平向前延伸1000mm，转90°角垂直向下延伸至水平烟道底部，经U形弯头后垂直向上穿出顶棚进入高温再热器出口集箱。从高温再热器屏的流程可以看出，多数管子为逆流布置，但在烟气温度最高处为顺流布置，这种布置方式既有利于换热，又可避免超温。高温再热器管子直径为ϕ51，由于各个部位计算壁温不同，沿管子流程采用变壁厚和变材质以满足要求。上方的4根高温再热器入口管规格为ϕ51×4mm，材料为12Cr1MoVG，转90°角垂直向上至标高为61035mm处（焊口），4根管子材料变为T91（规格为ϕ51×4mm）；继续向上延伸至顶棚过热器下方，转90°角水平向前延伸21000mm，转90°角垂直向下延伸至标高为61035mm处（焊口），4根管子材料变为TP347H（规格为ϕ51×4mm）；继续向下延伸至水平烟道底部，经U形弯头（由于最内圈弯头的弯曲半径小，为了保证最内圈弯头的质量，最内圈弯头的壁厚为4.5mm）后垂直向上穿出顶棚至标高63191mm处（焊口），4根管子材料变为T91（规格为ϕ51×4mm）；继续向上直至高温再热器出口集箱。下方的4根高温再热器入口管规格为ϕ51×4mm，材料为12Cr1MoVG，转90°角垂直向下至水平烟道底部，经U形弯头（由于最内圈弯头的弯曲半径小，为了保证最内圈弯头的质量，最内圈弯头的壁厚为4.5mm）后垂直向上至标高为59035mm处（焊口），下数第1、2根管子材料变为T91（规格为ϕ51×4mm），继续垂直上升至标高为61035mm处（焊口），下数第3、4根管了材料也变为T91（规格为ϕ51×4mm）；4根管继续垂直上升至顶棚下方转90°角水平向前延伸1000mm，转90°角垂直向下延伸至标高为61035mm处（焊口），4根管子的材料变为TP347H（规格为ϕ51×4mm）；继续向下延伸至水平烟道底部，经下部U形弯头（由于最内圈弯头的弯曲半径小，为了保证最内圈弯头的质量，最内圈弯头的壁厚为4.5mm）后垂直向上穿出顶棚过热器至标高为63191mm处（焊口），4根管子材料变为T91（规格为ϕ51×4mm）；继续向上直至高温再热器出口集箱。

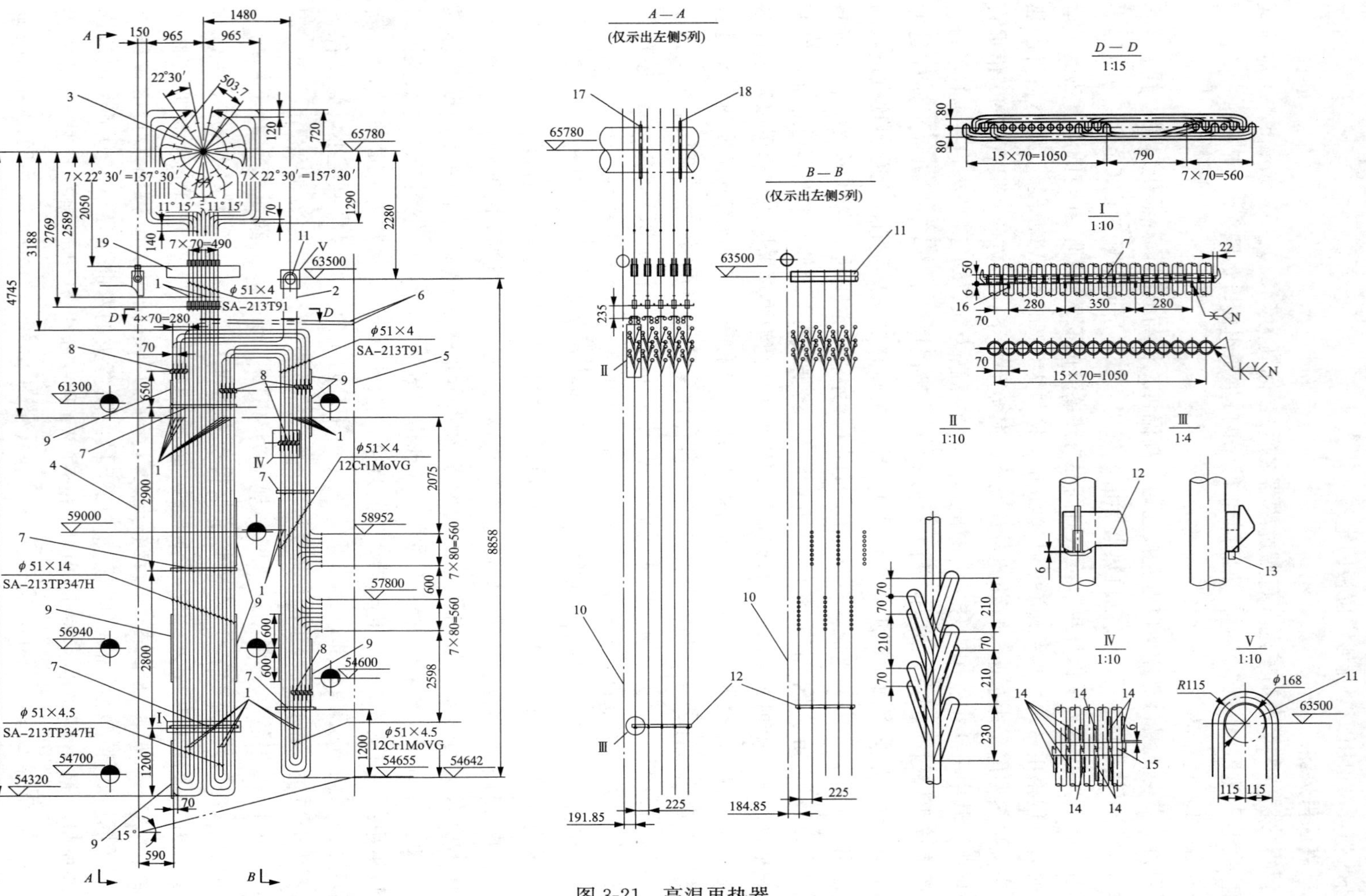

图 3-21　高温再热器

1—焊口；2—悬吊管；3—出口集箱；4—后墙水冷壁（拉稀管）；5—竖井前包墙管；6—顶棚；7—管箍；8—短管夹；9—防磨瓦；10—水平烟道左后侧包墙；
11—高温再热器悬吊梁；12—梳形定位板；13—挡圈；14—瓦板；15—联锁支撑环；16—圆钢；17—高温再热器屏高温段U形吊架；18—出口集箱吊架；19—固定夹

1. 高温再热器屏的固定

高温再热器屏的高温段和中温段分别进行固定，固定方式包括同屏管子的固定和屏之间的固定。

（1）同屏管子的固定。高温再热器屏的高温段设有 3 层管箍，标高分别为 55520、58320、61220mm，管箍的结构和固定方式与前屏过热器相同；另外，在标高为 61520mm 和 61170mm 处各设一个小管夹。高温再热器屏的中温段设有两层管箍，标高分别为 55842mm 和 59690mm，管箍的结构与固定方式与高温再热器屏高温段相同；另外，在标高为 56142、60585、61585mm 处各设一个短管夹。

（2）屏之间的固定。由于高温再热器与高温过热器所处的位置相似，高温再热器屏之间的固定与高温再热器屏之间的固定方式相同，采用梳型定位板固定。高温再热器屏高温段梳型定位板安装在高温段第一根，标高为 55520mm；高温再热器屏中温段梳型定位板安装在中温段第一根，标高为 55842mm。

2. 高温再热器屏的支吊

高温再热器屏的高温段先用固定夹固定（固定夹位于高温再热器出口集箱下方，标高为 63730mm），然后通过 20 个 U 形吊架吊挂在高温再热器的出口集箱上，出口集箱由 12 个支吊架悬挂在锅炉顶板上；高温再热器屏中温段由 62 根管子穿过顶棚利用一 ϕ168 的悬挂梁支吊，悬挂梁由 12 个吊架悬挂在锅炉顶板上。

（二）出口集箱

高温再热器有 1 个出口集箱，位于锅炉大包内，标高为 65780mm，规格为 ϕ787.4×40mm，材料为 P91，长度为 14700mm，集箱一端是球形端盖，另一端用过渡接头（ϕ787.4×40mm/ID685.8×30mm，材料为 P91）与再热蒸汽母管连接。集箱筒体上有 496 个高温再热器屏出口管座（规格为 ϕ51×4mm，材料为 T91）、1 个排空管座（规格为 ϕ42×5mm，材料为 SA-182F91）、1 个疏水管座（规格为 ϕ51×5mm，材料为 SA-182F91）、24 个抗扭块（焊在集箱筒体上，材料为 SA-182F91）及 12 个 U 形支吊架。

三、再热器的技术参数

再热器的技术参数见表 3-6。

表 3-6 再热器的技术参数

名称	内容	单位	数值	备注
低温再热器	设计压力	MPa	5.17	
	出口工质温度（BMCR）	℃	457	
	入口集箱数量	个	1	
	入口集箱规格	mm	ϕ558.8×30	
	入口集箱材料			SA-106C
	入口集箱长度	mm	16400	
	受热面积	m^2	9284	
	管子数量	根	496	
	管子规格	mm	ϕ60×4	
	管子列数	列	125	

续表

名称	内容	单位	数值	备注
低温再热器	布置方式		顺列布置	
	横向节距	mm	112.5/225	
	纵向节距	mm	80/120	
	材质			15CrMoG/SA-210C
	平均烟速	m/s	9.6	
	入口烟气温度	℃	800	
	出口烟气温度	℃	373	
	最高金属壁温	℃	510	
高温再热器	设计压力	MPa	5.17	
	出口蒸汽温度	℃	569	
	受热面积	m^2	2814	
	管子数量	根	496	
	管子列数	列	62	
	横向节距	mm	225	
	纵向节距	mm	70	
	管子规格	mm	ϕ51×4.0	
	材质			12Cr1MoVG/T91/TP347H
	平均烟速	m/s	11.9	
	出口烟气温度	℃	825	
	入口烟气温度	℃	988	
	最高金属壁温	℃	635	
	出口集箱数量	个	1	
	出口集箱规格	mm	ϕ787.4×40	
	出口集箱材料			P91
	出口集箱长度	mm	14700	

第六节　减　温　器

锅炉运行中必须严格控制各级受热面的蒸汽温度，当蒸汽温度超过设计值时，将使受热面超温，造成受热面金属材料的组织恶化，强度降低。超临界锅炉正常负荷（锅炉蒸发量大于炉膛水冷壁的最小流量）运行时，锅炉处于直流运行模式，启动系统处于热备用，蒸汽温度主要是通过调节燃料和给水的比例来控制；超临界锅炉在启、停过程或低负荷（锅炉蒸发量小于炉膛水冷壁的最小流量）运行时，启动系统投入运行，锅炉汽水分离器处于湿态运行模式，无法通过调节燃料和给水的比例来控制蒸汽温度，蒸汽温度调节方式与汽包炉一样，利用喷水减温器调节蒸汽温度。因此，超临界锅炉除了装有完善的燃水比调节系统外还配有喷水减温系统。

锅炉蒸汽温度主要通过调节燃水比控制，另外还有两级过热蒸汽喷水减温器和一级再热蒸汽喷水减温器。锅炉正常运行时，蒸汽温度主要是通过调节燃料和给水的比例来控制，用过热蒸汽喷水减温器对过热蒸汽温度进行微调，用改变进入竖井前烟道的烟气量对再热蒸汽温度进行微调；锅炉在启、停过程或低负荷运行时，主要利用两级过热蒸汽喷水减温器和再热蒸汽喷水减温器调节蒸汽温度。另外，再热蒸汽喷水减温器还有一个重要的功能是在事故状态下用作事故喷水紧急降温，以保护再热器，因此，再热蒸汽喷水减温器也叫事故喷水减温器。

喷水减温器的工作原理是通过减温水调节阀控制减温水流量和压力，减温水经止回阀进入减温器雾化喷嘴，由于减温水与减温器内的蒸汽存在压差，产生雾化动力，减温水经喷嘴离心发散后，将减温水雾化成极细的液滴喷出，与蒸汽主管道的高温过热蒸汽瞬间混合，实现蒸汽减温的目的。减温器的种类较多，根据现场条件，过热蒸汽一级减温器的减温水与蒸汽压差较小，一级减温器采用文丘里型；过热蒸汽二级减温器及再热蒸汽减温器的减温水与蒸汽压差较大，过热蒸汽二级减温器及再热蒸汽减温器采用直套筒型。

一、过热蒸汽减温器

1. 过热蒸汽一级喷水减温器

过热蒸汽一级喷水减温器采用文丘里型，布置在低温过热器出口集箱到前屏过热器入口集箱的管道上，左右各一套，设计最大减温水量为22.9t/h，过热蒸汽一级喷水减温器见图3-22。文丘里喷水减温器由筒体、文丘里套筒、喷嘴装置、套管、定位圈、挡块和支撑块组成。筒体规格为ϕ431.8×75mm，材料为12Cr1MoVG，长度为4000mm，标高为64830mm，两端分别与蒸汽管焊接；文丘里套筒规格为ϕ262×10mm，喉部直径为ϕ160，材料为2Cr1MoVG，长度为3810mm，文丘里套筒由定位圈、挡块和支撑块固定在筒体内；喷嘴装置由固定座、入口管、喷头、隔板及指示块组成，固定座、套管、隔板和入口管材料为12Cr1MoVG，入口管规格为ϕ70×11mm，喷头材料为ZG15Cr1MoV，孔径为ϕ24，喷嘴装置通过固定座焊在管座上，指示块中心线与筒体中心线平行。

2. 过热蒸汽二级喷水减温器

过热蒸汽二级喷水减温器采用直套筒型，布置在前屏过热器出口集箱到后屏过热器入口集箱的管道上，左右各1套，设计最大减温水量为34.4t /h，见图3-23。直套筒型喷水减温器与文丘里型喷水减温器的结构相似，由筒体、直套筒、喷嘴装置、套管、定位圈、挡块和支撑块组成。筒体规格为ϕ449.5×81.5mm，材料为12Cr1MoVG，长度为4000mm，标高为64370mm和65420mm，两端分别与蒸汽管焊接；直套筒规格为ϕ262×10.5mm，材料为2Cr1MoVG，长度为3824mm，直套筒由定位圈、挡块和支撑块固定在筒体内；喷嘴装置由固定座、入口管、喷头、隔板及指示块组成，固定座、隔板和入口管材料为12Cr1MoVG，入口管规格为ϕ70×11mm，喷头材料为ZG15Cr1MoV，孔径为ϕ22，喷嘴装置通过固定座焊在管座上，指示块中心线应与筒体中心线平行。

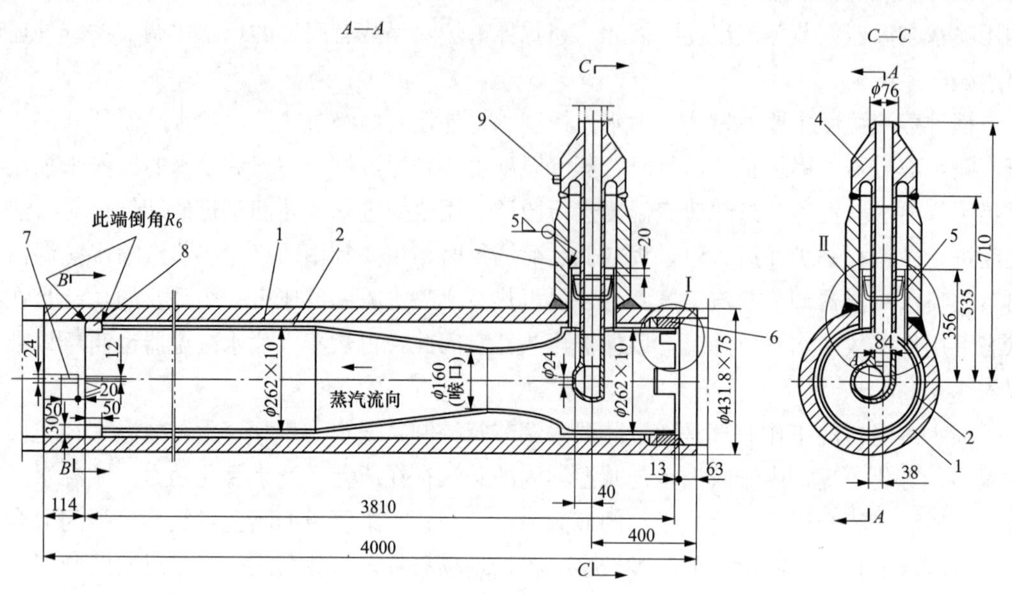

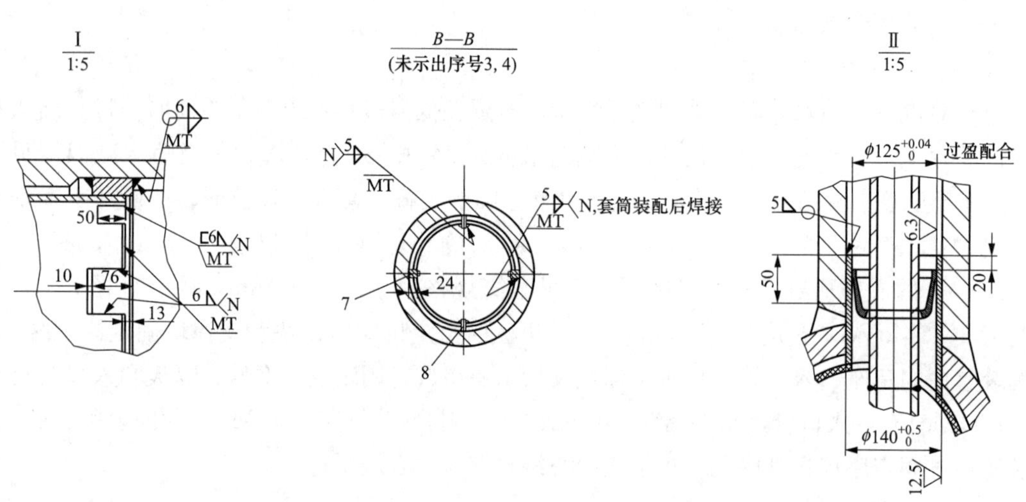

图 3-22　过热蒸汽一级喷水减温器

1—筒体；2—文丘里套筒；3—管座；4—喷嘴装置；5—套筒；6—定位圈；7—挡块；8—支撑块；9—指示块

二、再热蒸汽喷水减温器

再热器入口装有一直套筒型喷水减温器，即再热蒸汽喷水减温器，布置在低温再热器入口集箱前的蒸汽管道上，该喷水减温器结构与过热蒸汽二级喷水减温器相似，设计最大减温水量 18.50t/h，见图 3-24。再热蒸汽减温器由筒体、直套筒、喷嘴装置、套管、定位圈、

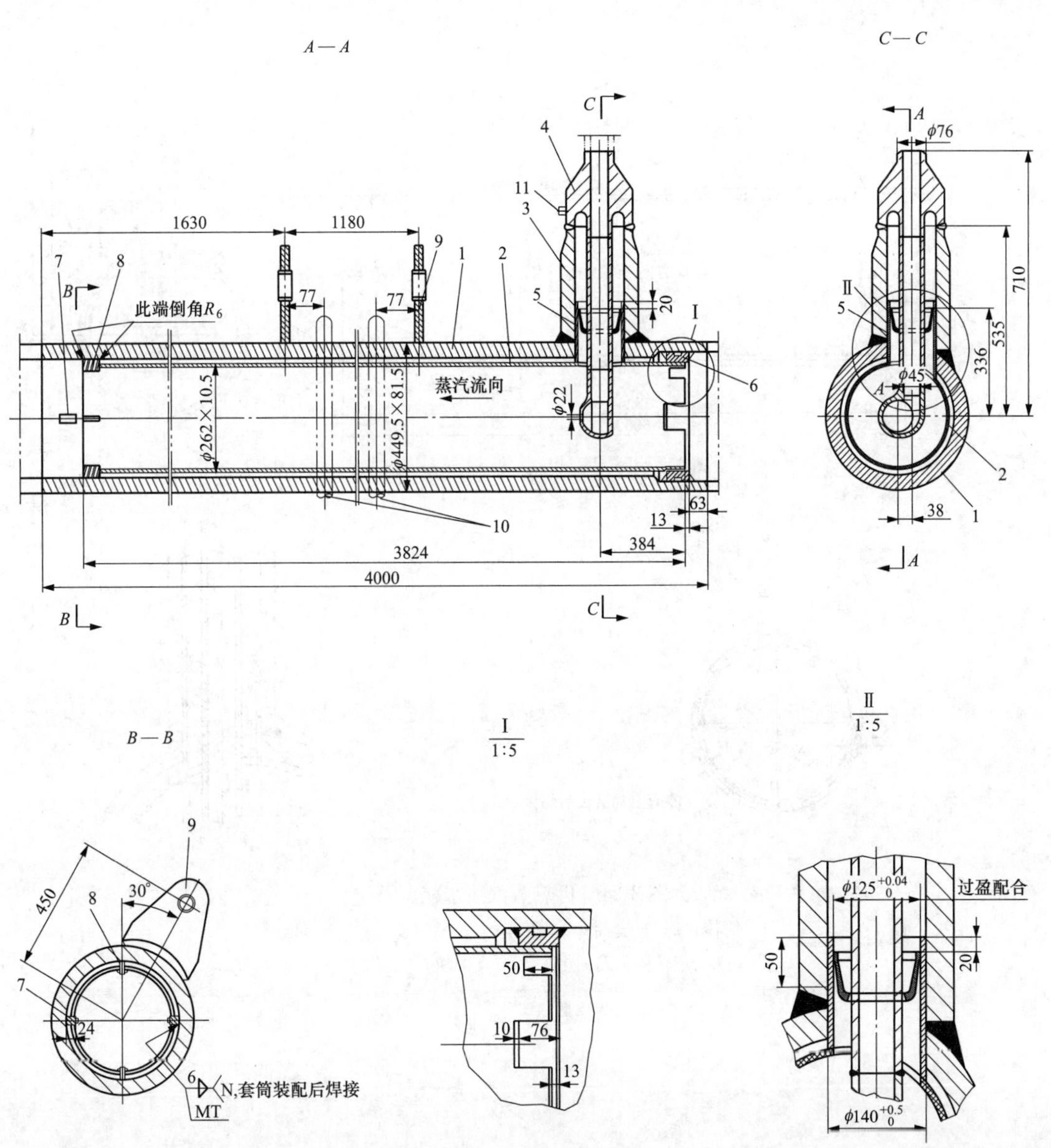

图 3-23 过热蒸汽二级喷水减温器

1—筒体；2—直套筒；3—管座；4—喷嘴装置；5—套筒；6—定位圈；7—挡块；8—支撑块；9—吊耳；10—U形吊杆；11—指示块

挡块和支撑块组成。筒体规格为ϕ711.2×22mm，材料为A672B70CL32（相当于20G），长度为6000mm，两端分别与蒸汽管焊接；直套筒规格为ϕ637×8mm，材料为SA-106C，长度为5824mm，直套筒由定位圈、挡块和支撑块固定在筒体内；喷嘴装置由固定座、入口管、喷头、隔板及指示块组成，喷头材料为ZG230-450，孔径为ϕ22，喷嘴装置通过固定座焊在管座上，指示块中心线应与筒体中心线平行。

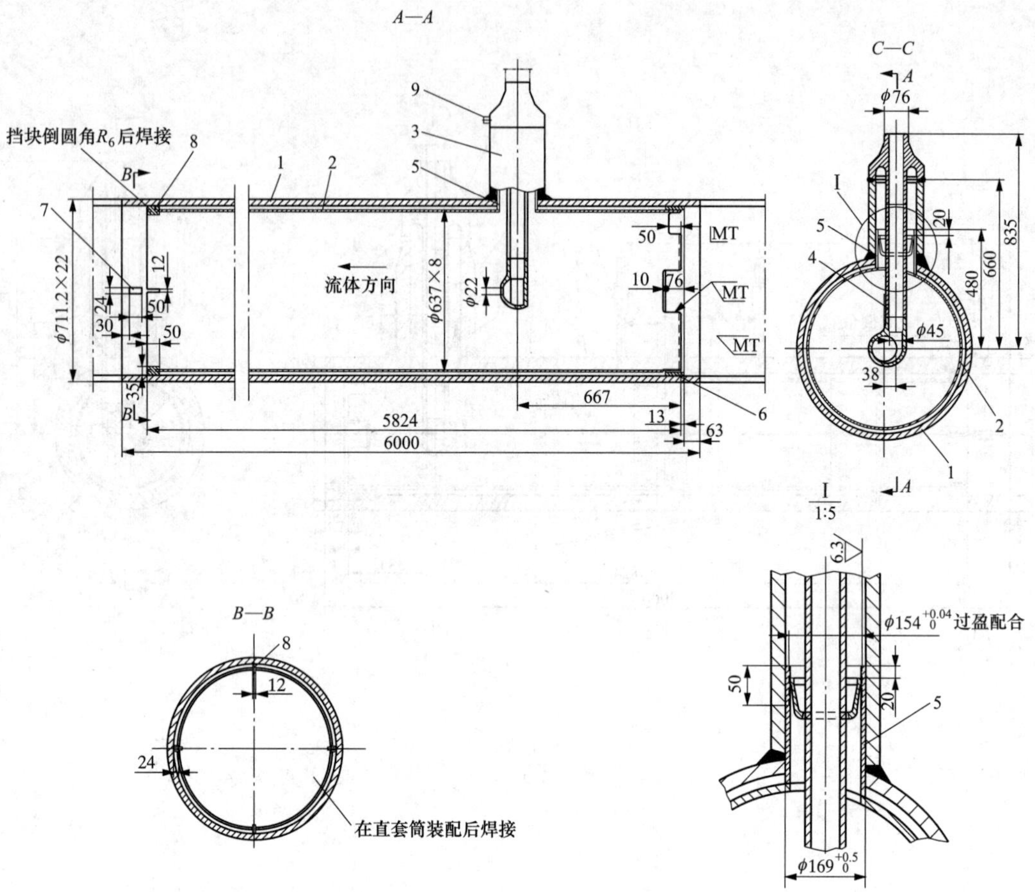

图 3-24　再热蒸汽喷水减温器

1—筒体；2—直套筒；3—管座；4—喷嘴装置；5—套筒；6—定位圈；7—挡块；8—支撑块；9—指示块

第四章

超临界锅炉材料与锅炉阀门

在电站锅炉的发展过程中，材料和阀门是影响锅炉发展的关键因素。为了不断研发新的安全高效锅炉，各国对锅炉材料和锅炉阀门进行了广泛的研究，在研发新型耐热钢和高效阀门方面有了很大进展，有力推动了超临界锅炉的发展。

第一节　超（超）临界锅炉的材料

随着锅炉蒸汽压力及温度的提高，对耐热钢提出了更高的要求，不仅要求材质具有优异的热强性能，而且要具有良好的热稳定性（抗高温腐蚀性能和抗高温氧化性能）、良好的焊接性能和加工性能等。超（超）临界锅炉温度较低的设备与亚临界锅炉所用材料相同，而高温设备（例如高温过热器和高温再热器）必须采用新材料。超临界锅炉的新材料是在原耐热钢的基础上，主要采用固溶强化、弥散强化、位错强化、碳化物的沉淀强化、热处理强化、细晶强化等复合强化途径形成的，这些新材料既有很好的耐高温性能，又有较好的综合性能，是超（超）临界锅炉的理想材料。

一、超（超）临界锅炉关键承压部件用钢要求

锅炉主要的高温承压部件（水冷壁、高温过热器、高温再热器、集箱及管道等）的工作环境不同，对钢材的要求也不相同。

1. 水冷壁用钢要求

水冷壁用钢一般应具有一定的室温和高温强度，良好的抗疲劳、抗烟气腐蚀、耐磨损性能，并具有良好的加工性能和焊接性能。通常超（超）临界锅炉都采用膜式水冷壁，由于膜式水冷壁不易在安装和检修现场进行热处理，故所选用钢材的焊接性至关重要，应在焊前不预热、焊后不热处理的条件下，满足焊后热影响区硬度不大于 360HV10、焊缝硬度不大于 400HV10 的有关规定，以保证使用的安全性。

2. 过热器和再热器用钢要求

随着过热蒸汽参数的提高及中间再热系统的采用，蒸汽过热和再热的吸热量大大增加。因此，过热器和再热器受热面在锅炉总受热面中占了很大的比例，必须布置在更高的烟气温度区域，其工作条件是锅炉受热面积中最恶劣的，其所用钢材在满足持久强度和蠕变强度要求的同时，还要满足管子外壁抗烟气腐蚀、抗飞灰冲蚀、管子内壁抗蒸汽氧化，并具有良好

的冷加工和焊接性能。

3. 集箱与管道用钢要求

虽然大部分集箱与管道布置在炉外，没有烟气加热及腐蚀问题，但管壁温度与管内介质温度相近。因此，集箱与管道所用钢材不仅要具有足够高的持久强度、蠕变强度、抗疲劳和抗蒸汽氧化性能，而且要具有良好的加工和焊接性能。

由于铁素体热强钢的热膨胀系数小、导热率高，在较高的启停速率下，不会造成集箱和管道等厚壁部件严重的热疲劳损坏，并且具有良好的加工和焊接性能，所以铁素体热强钢是水冷壁、过热器、再热器及集箱的首选钢材。只有在特殊情况下，才选择使用奥氏体不锈钢材料。

二、超（超）临界锅炉用钢的研发

超（超）临界锅炉新材料可分为铁素体钢（包括珠光体、贝氏体和马氏体及其两相钢）和奥氏体钢两大类。奥氏体钢比铁素体钢具有更高的热强性和抗氧化性能，但膨胀系数大、导热性能差、抗应力腐蚀能力低、工艺性差，热疲劳和低周疲劳（特别是厚壁件）性能也比不上铁素体钢，且成本高。因此，在具体使用时必须根据实际情况科学合理选择。

（一）新型铁素体钢研发

铁素体钢的发展分为两条主线。第一条主线是纵向发展，将主要耐热合金元素 Cr（铬）从 2.25Cr 提高到 12Cr；第二条主线是横向发展，通过添加 V（钒）、Nb（铌）、Mo（钼）等合金元素，使金属材料的高温持久强度从 35MPa 级向 60MPa 级、100MPa 级、140MPa 级、180MPa 级发展。铁素体耐热钢研发经历了 Mo 系、Cr-Mo 系、Cr-Mo-V 系、Cr-W-V 系的历程。

1. 2-3Cr 系列钢

2-3Cr 系列钢主要是 2.25Cr-1Mo 钢，例如，12Cr2MoG（中国）、T22 和 P22（美国）、STBA24 和 STPA24（日本）、10GrMo910（德国）。这些钢在火力发电厂锅炉中作为承压部件材料已得到大量应用，特别是低温过热器、再热器以及水冷壁，在集箱和管道中应用也比较普遍。但是，在 538～566℃蒸汽参数下工作时，上述材料最大的不足是其高温蠕变断裂强度低，使得高温元件的壁厚增加，增加了成本和工艺复杂性，也降低了机组的调节灵活性。为了提高这些材料的高温性能，各国进行研究和试验，研发出了许多新钢种。

T23 钢是在 T22 钢的基础上吸收了钢 102 的优点研发出的新钢种，T23 钢在 600℃时的强度比 T22 钢高 93%，与钢 102 相当，但由于 C（碳）含量降低，加工性能和焊接性能优于钢 102。T24 钢也是在 T22 钢的基础上研发出的新钢种，与 T22 钢的化学成分比较，增加了 V（钒）、Ti（钛）、B（硼）含量，减少了 C 含量，降低了焊接热影响区的硬度。壁厚小于或等于 8mm 的 T23 钢和 T24 钢在一定的焊接工艺条件下，可以不进行焊前预热和焊后热处理，焊缝和热影响区的硬度均低于 350HV10。因此，T23 钢和 T24 钢是超（超）临界锅炉高温段水冷壁的最佳材料，也可应用于过（再）热器管及集箱（或管道）。

2. 9Cr 系列钢

9Cr-1Mo 钢在 20 世纪 60 年代起就得到应用，20 世纪 80 年代美国在此基础上成功地开发出 T91 钢，用于内壁温小于或等于 610℃、外壁温小于或等于 630℃的过热器和再热器管（同钢种大口径管牌号为 P91 钢，用于制造小于或等于 610℃的集箱和管道）。T91 钢和 P91 钢的综合性能可部分替代 TP304H，有明显的经济效益。日本和欧洲对 T91 钢又加以改良，使其具有更高的蠕变断裂强度、断裂韧性、抗热腐蚀性、可加工性和可焊性。改进后的T91钢，不仅提高了使用温度，而且由于其强度的提高，在同样的工作压力下可以减少管壁厚度。

T92钢是在T91钢的基础上经过改良研发的新钢种，与T91钢相比，T92钢加入了1.5%～2.0%的W（钨），减少了0.5%的Mo以调整铁素体和奥氏体之间的平衡，并且加入了微量的合金元素B。由于W的固溶强化和铌Nb、V的碳化物的弥散强化作用，T92钢具有优异的高温强度和蠕变性能。

E911钢是由欧洲煤炭钢铁协会开发出的一种新型铁素体耐热钢，其成分及性能与T92钢相似，也是在P91钢基础上添加W、B元素，利用W、Mo复合固溶强化，同时B能够起到填充晶间空位，强化晶界的作用，且B还能形成碳硼化合物，稳定碳化物沉淀强化效果，从而提高了钢的热强性。

T92钢和E911钢600℃时许用应力比P91高30%，在高温下（600℃及以上）可以有效地减小结构的设计壁厚，降低结构的整体重量，达到了TP347的水平，属于新一代高Cr马氏体热强钢，是可以替代奥氏体钢的候选材料，适用于金属内壁温小于或等于620℃、外壁温小于或等于650℃的过热器和再热器，蒸汽温度小于或等于630℃的集箱。

3.12Cr系列钢

德国研发的F12（X20CrMoV121）钢和F11（X20CrMoWV121）钢属于12%Cr钢，主要用于壁温达610℃的过热器和壁温达650℃的再热器，由于F12钢和F11钢含碳量高，焊接性较差，其应用受到一定限制。日本住友公司在X20CrMoV121钢的基础上，成功研制出了焊接性、高温强度和高温抗腐蚀性均优良的HCM12A钢。HCM12A钢的研发经历了X20CrMoV121→HCM12→HCM12A的演化过程，是在X20CrMoV121钢的基础上改进的12%Cr钢，添加了2%W、0.07%Nb和1%Cu，固溶强化和析出强化效果明显，600℃和650℃的许用应力分别比F12钢提高113%和168%，具有更高的热强性和耐蚀性，比F12钢的焊接性和高温强度有所提高，尤其是由于含C量的减少，使焊接冷裂敏感性有了改善，HCM12A钢适用于金属壁温小于或等于650℃的过热器、再热器，金属壁温小于或等于621℃蒸汽管道或集箱。

NF12钢是欧盟在T91钢化学成分的基础上添加了一定的Co（钴）含量并提高了Cr的含量而形成的12%Cr耐热钢，因为合金元素含量的变化，其热处理工艺与T91钢不同，通过正火加回火的热处理工艺可以获得固溶强化、板条马氏体强化、界面强化、位错强化和析出强化等复合强化效果，从而获得高持久强度，可用于蒸汽参数为650℃过热器和再热器。

SAVE12钢是日本在12Cr-W-Co钢的基础上提高W的含量和降低C的含量以提高蠕变断裂强度，增加Co的含量可以避免δ铁素体的形成。SAVE12钢是新研发的钢种，可用于蒸汽温度小于或等于650℃的过热器和再热器。

（二）奥氏体钢的研发

铁素体钢的发展主要是以提高钢的高温蠕变强度为目的，奥氏体钢则主要以降低成本、提高抗蒸汽氧化和抗高温烟气热腐蚀能力为发展方向。奥氏体钢分为15Cr不锈钢、18Cr不锈钢、20～25Cr不锈钢和高Cr不锈钢四类，在锅炉高温部件用钢中常用的是18%Cr和20%～25%Cr不锈钢。常用的18Cr不锈钢有TP304H、TP347H、SUPER304H、TP347HFG等；常用的20～25Cr不锈钢有HR3C、NF709等。

1. TP304H 钢和 TP347H 钢

TP304H 钢和 TP347H 钢均为 18Cr 系列奥氏体不锈钢，由于它们具有良好的高温综合力学性能和良好的可焊接性，所以被广泛地应用于火力发电厂的高温高压部件上。但这两种材料抗高温蒸汽腐蚀的性能较差，在长期运行过程中均会产生蒸汽氧化及氧化皮脱落问题，极大地影响了火力发电厂的安全经济运行，氧化速度随温度升高而加快，在 590～620℃之间氧化速度增长较快，TP347H 钢的抗氧化性能优于 TP304H 钢，但这两种材料在高温下容易造成内壁氧化皮脱落而堵管（特别是 U 形管屏中）。

2. SUPER304H 钢

SUPER304H 钢为 18Cr 系列奥氏体不锈钢，由日本住友金属株式会社和三菱重工开发的钢种，是在 TP304H 钢的基础上，通过降低 Mn 含量上限，加入约 3%的 Cu、0.45%Nb 和一定量的 N（氮），使该钢在服役条件下产生微细弥散富铜相沉淀于奥氏体内，该富铜相与 NbC、NbN、NbCrN 和 $M_{23}C_6$一起产生极佳的强化效应。其拉伸性能高于常规的 18-8 不锈钢，而塑性与 TP347H 钢相当，许用应力较 TP347H 钢高 20%，650℃的抗蒸汽氧化性能大大优于 TP304H 钢和 TP347H 钢，耐腐蚀性能优于 TP304H 钢，略逊于 TP347H 钢。

3. TP347HFG 钢

TP347HFG（Fine-grain）钢为 18Cr 系列奥氏体不锈钢，是在 TP347H 钢基础上改进工艺得到的新钢种，晶粒细化到 8 级以上，从而具备更优良的抗高温蒸汽腐蚀性能。TP347HFG 钢的化学组成和 TP347H 钢没有差别，但细晶强化效果明显，NbC 固溶更加充分，细小弥散分布的 MX 型碳化物的强化效果，使得材料具有良好抗高温蠕变和抗高温疲劳的性能；晶粒细化以后有利于 Cr 穿过晶界向表面扩散形成致密的 Cr_2O_3 保护层而防止被蒸汽氧化。

4. HR3C 钢

HR3C 钢为 20-25Cr 系列奥氏体不锈钢，是日本住友公司开发的耐热钢。HR3C 钢含有较高的 Cr，抗蒸汽氧化性能和抗高温腐蚀性能要优于常规的 18Cr-8Ni 不锈钢，并且具有较高的高温强度、较好的加工性和焊接性。通过对 HR3C 钢时效得到沉淀析出物分析，沉积于晶界的主要是碳化物 $M_{23}C_6$，而晶内则是 $M_{23}C_6$碳化物和 NbCrN 氮化物。NbCrN 氮化物非常细小，其长大速度相当慢，即使经长时间的时效也相当稳定。固溶 N 和微细的 NbCrN 氮化物强化了 HR3C 钢，使其具有优良的持久强度。

5. NF709 钢

NF709 钢为 20-25Cr 系列奥氏体不锈钢，是新日铁公司在原有的 20Cr-25Ni 钢基础上严格控制杂质，对成分做了进一步完善改进，添加了 Nb、Ti、B 和 N，改进了生产流程获得的细小的晶粒的新钢种。金相组织为正常的奥氏体组织，在晶界有稀疏的 TiN 分散其中。NF709 钢在 700℃时 10 万 h 的持久强度达 88MPa，10 万 h 持久强度在 730℃时仍达到 69MPa；抗氧化性和耐腐蚀性是 17-14CuMo 钢的 3 倍，焊接性能与常规的 18Cr-8Ni 不锈钢（如 TP347 钢）相同；焊缝接头的持久强度也与母材相同。其热膨胀系数比 TP347H 钢低 10%～20%，在高温高压下耐水蒸气腐蚀性能比 TP347H 钢和 17-CuMo 钢好。在 NF709 钢中提升了 Cr、Ni 含量，增强了钢的奥氏体稳定性，阻止了金属间化合物形成，提高了抗蒸汽氧化性及高温抗腐蚀性，广泛应用于烟气和蒸汽腐蚀较为严重的部位。

综上所述，世界各国在新钢种的研发方面取得了可喜的成绩，许多新型耐热钢正在研发中，为超（超）临界机组的发展创造了条件；我国新钢种的研发较晚，正在实施引进、消化和吸收政策，已取得了很好的效果。

三、超（超）临界锅炉常用材料

超（超）临界锅炉选用材料时，首先考虑安全性，同时兼顾经济性。高温过（再）热器必须选用耐高温材料，温度较低设备与亚临界锅炉所用材料相同。下面对超（超）临锅炉常用钢材作一介绍，锅炉常用钢材的化学成分见表 4-1，锅炉常用钢管的力学性能见表 4-2，锅炉常用钢管的应用范围及与其他国家相近钢牌号见表 4-3。

1. 20G

20G 是最常用的锅炉钢管用钢，化学成分和力学性能与 20 号钢的板材基本相同。该钢有一定的常温和中高温强度，含碳量较低，有较佳的塑性和韧性，其冷热成型和焊接性能良好。20G 主要用于制造小口径壁温小于或等于 460℃的受热面管子和大口径壁温小于或等于 430℃的蒸汽管道、集箱，以及介质温度小于或等于 450℃的管路附件等。由于碳钢在 450℃以上长期运行将产生石墨化，所以作为受热面管子的长期最高使用温度要限制在 450℃以下。该钢在这一温度范围，其强度能满足过热器和蒸汽管道的要求，且具有良好的塑性韧性、焊接性能、冷（热）加工性能和抗氧化性能，亚临界以下的锅炉应用较广，超临界锅炉给水系统中也有些设备采用（如低温省煤器）。20G 与德国的 st45.8 钢、日本的 STB410 钢、美国的 SA-106B 钢和 SA-210A-1 钢属于同一类型的钢。

2. 25MnG 和 20MnG

25MnG 和 20MnG 是锅炉小口径管常用的碳锰钢，属珠光体型热强钢。其化学成分简单，除 C、Mn 含量较高外，其余与 20G 相近，故其屈服强度较 20G 高约 20%左右，而塑性和韧性则与 20G 相当。该钢的生产工艺简单，冷热加工性能好。用其代替 20G，可以减薄壁厚，降低材料用量，还可以改善锅炉的传热状况。其使用部位和使用温度与 20G 基本相同，主要用于壁温小于或等于 460℃的水冷壁、省煤器、低温过热器等部件，或壁温小于或等于 430℃的蒸汽管道和集箱（一般在亚临界以下的锅炉采用，超临界锅炉也有些设备采用）。20MnG 与欧盟的 P235GH 钢、日本的 STB410 钢、美国的 SA-106B 钢和 SA-210A-1 钢属于同一类型的钢；25MnG 与欧盟的 P265GH 钢、日本的 STB510 钢、美国的 SA-2106C 钢和 SA-106C 钢属于同一类型的钢。

3. 15MoG

15MoG 是锅炉小口径管常用的碳钼钢，属珠光体型热强钢。其化学成分简单，但含有 Mo，故在保持与碳钢相同的工艺性能的情况下，其热强性能优于碳钢。因其性能良好，价格便宜，得到世界各国的广泛采用。但该钢在高温下长期运行有石墨化倾向，故其使用温度应控制在 510℃以下，在冶炼时应限制 Al（铝）的加入量以控制并延缓其石墨化进程。此钢管主要用于壁温小于或等于 480℃的低温过（再）热器，或壁温小于或等于 450℃的蒸汽管道和集箱。15MoG 与欧盟的 16Mo3 钢、德国的 15Mo3 钢、日本的 STBA12/STPA13 钢、美国的 T1/P1 钢属于同一类型的钢。

4. 20MoG

20MoG 是锅炉小口径管常用的碳钼钢，属珠光体型热强钢。其化学成分简单，但含有 Mo，故在保持与碳钢相同的工艺性能的情况下，其热强性能优于碳钢。但该钢在高温下长期运行也有石墨化倾向，故其使用温度应控制在 510℃以下并防止超温，在冶炼时应限制 Al

表 4-1　**锅炉常用钢材的化学成分**

钢类	序号	牌号（GB/T 5310—2017）	化学成分（质量百分数，%）															
			C	Si	Mn	Cr	Mo	V	Ti	B	Ni	Al	Cu	Nb	N	W	P	S
																	不大于	
优质碳素结构钢	1	20G	0.17～0.23	0.17～0.37	0.35～0.65	—	—	—	—	—	—	≤0.015	—	—	—	—	0.025	0.015
	2	20MnG	0.17～0.23	0.17～0.37	0.70～1.00	—	—	—	—	—	—	—	—	—	—	—	0.025	0.015
	3	25MnG	0.22～0.27	0.17～0.37	0.70～1.00	—	—	—	—	—	—	—	—	—	—	—	0.025	0.015
合金结构钢（铁素体钢）	4	15MoG	0.12～0.20	0.17～0.37	0.40～0.80	—	0.25～0.35	—	—	—	—	—	—	—	—	—	0.025	0.015
	5	20MoG	0.15～0.25	0.17～0.37	0，40～0.80	—	0.44～0.65	—	—	—	—	—	—	—	—	—	0.025	0.015
	6	12CrMoG	0.08～0.15	0.17～0.37	0.40～0.70	0.40～0.70	0.40～0.55	—	—	—	—	—	—	—	—	—	0.025	0.015
	7	15CrMoG	0.12～0.18	0.17～0.37	0.40～0.70	0.80～1.10	0.40～0.55	—	—	—	—	—	—	—	—	—	0.025	0.015
	8	12Cr2MoG	0.08～0.15	≤0.50	0.40～0.60	2.00～2.50	0.90～1.13	—	—	—	—	—	—	—	—	—	0.025	0.015
	9	12Cr1MoVG	0.08～0.15	0.17～0.37	0.40～0.70	0.90～1.20	0.25～0.35	0.15～0.30	—	—	—	—	—	—	—	—	0.025	0.010
	10	12Cr2MoWVTiB	0.08～0.15	0.45～0.75	0.45～0.65	1.60～2.10	0.50～0.65	0.28～0.42	0.08～0.18	0.0020～0.0080	—	—	—	—	—	0.30～0.55	0.025	0.015
	11	07Cr2MoW2VNbB	0.04～0.10	≤0.50	0.10～0.60	1.90～2.60	0.05～0.30	0.20～0.30	—	0.0005～0.0060	—	≤0.030	—	0.02～0.08	≤0.030	1.45～1.75	0.025	0.010
	12	12Cr3MoVSiTiB	0.09～0.15	0.60～0.90	0.50～0.80	2.50～3.00	1.00～1.20	0.25～0.35	0.22～0.38	0.0050～0.0110	—	—	—	—	—	—	0.025	0.015

续表

钢类	序号	牌号（GB/T 5310—2017）	化学成分（质量百分数，%）														
			C	Si	Mn	Cr	Mo	V	Ti	B	Ni	Al	Cu	Nb	N	W	P 不大于	S 不大于
合金结构钢（铁素体钢）	13	15Ni1MnMoNbCu	0.10～0.17	0.25～0.50	0.80～1.20	—	0.25～0.50	—	—	—	1.00～1.30	≤0.050	0.05～0.08	0.015～0.045	≤0.020	—	0.025	0.015
	14	10Cr9Mo1VNbN	0.08～0.12	0.20～0.50	0.30～0.60	8.00～9.50	0.85～1.05	0.18～0.25	—	—	≤0.40	≤0.020	—	0.06～0.10	0.030～0.070	—	0.020	0.010
	15	10Cr9MoW2VNbBN	0.07～0.13	≤0.50	0.30～0.60	8.50～9.50	0.30～0.60	0.15～0.25	—	0.0010～0.0060	≤0.40	≤0.020	—	0.04～0.09	0.030～0.070	1.50～2.00	0.020	0.010
	16	10Cr11MoW2VNbCu1BN	0.07～0.14	≤0.50	≤0.70	10.00～11.50	0.25～0.60	0.15～0.30	—	0.0005～0.0050	≤0.50	≤0.020	0.30～1.70	0.04～0.10	0.040～0.100	1.50～2.00	0.020	0.010
	17	11Cr9Mo1W1VNbBN	0.09～0.13	0.10～0.50	0.30～0.60	8.50～9.50	0.90～1.10	0.18～0.25	—	0.0003～0.0060	≤0.40	≤0.020	—	0.06～0.10	0.040～0.090	0.90～1.10	0.020	0.010
不锈钢（奥氏体钢）	18	07Cr19Ni10	0.04～0.10	≤0.75	≤2.00	18.00～20.00	—	—	—	—	8.00～11.00	—	—	—	—	—	0.030	0.015
	19	10Cr18Ni9NbCu3BN	0.07～0.13	≤0.30	≤1.00	17.00～19.00	—	—	—	0.0010～0.0100	7.50～10.50	0.003～0.030	2.50～3.50	0.30～0.60	0.050～0.120	—	0.030	0.010
	20	07Cr25Ni21	0.04～0.10	≤0.75	≤2.00	24.00～26.00	—	—	—	—	19.00～22.00	—	—	—	—	—	0.030	0.015
	21	07Cr25Ni21NbN	0.04～0.10	≤0.75	≤2.00	24.00～26.00	—	—	—		19.00～20.00	—	—	0.20～0.60	0.150～0.350	—	0.030	0.015
	22	07Cr19Ni11Ti	0.04～0.10	≤0.75	≤2.00	17.00～20.00	—	—	4C～0.60		9.00～13.00	—	—	—	—	—	0.030	0.015
	23	07Cr18Ni11Nb	0.04～0.10	≤0.75	≤2.00	17.00～19.00	—	—	—	—	9.00～13.00	—	—	8C～1.10	—	—	0.030	0.015
	24	08Cr18Ni11NbFG	0.06～0.10	≤0.75	≤2.00	17.00～19.00	—	—	—	—	10.00～12.00	—	—	8C～1.10	—	—	0.030	0.015

注 摘自 GB/T 5310—2017《高压锅炉用无缝钢管》。

表 4-2 锅炉常用钢管的力学性能

序号	牌号 (GB/T 5310—2017)	拉伸性能				冲击吸收能量 (J)		硬度		
		抗拉强度 R_m (MPa)	下屈服强度或规定塑性延伸强度 R_{eL} 或 $R_{p0.2}$ (MPa)	断后伸长率 A (%)		纵向	横向	HBW	HV	HRC 或 HRB
				纵向	横向					
			不小于							
1	20G	410～550	245	24	22	40	27	120～160	120～160	—
2	20MnG	415～560	240	22	20	40	27	125～170	125～170	—
3	25MnG	485～640	275	20	18	40	27	130～180	130～180	—
4	15MoG	450～600	270	22	20	40	27	125～180	125～180	—
5	20MoG	415～665	220	22	20	40	27	125～180	125～180	—
6	12CrMoG	410～560	205	21	19	40	27	125～170	125～170	—
7	15CrMoG	440～640	295	21	19	40	27	125～170	125～170	—
8	12Cr2MoG	450～600	280	22	20	40	27	125～180	125～180	—
9	12Cr1MoVG	470～640	255	21	19	40	27	135～195	135～195	—
10	12Cr2MoWVTiB	540～735	345	18	—	40	—	160～220	160～230	85～97HRB
11	07Cr2MoW2VNbB	≥510	400	22	18	40	27	150～220	150～230	80～97HRB
12	12Cr3MoVSiTiB	610～805	440	16	—	40	—	180～250	180～265	≤25HRC
13	15Ni1MnMoNbCu	620～780	440	19	17	40	27	185～255	185～270	≤25HRC
14	10Cr9Mo1VNbN	≥585	415	20	16	40	27	185～250	185～265	≤25HRC
15	10Cr9MoW2VNbBN	≥620	440	20	16	40	27	185～250	185～265	≤25HRC
16	10Cr11MoW2VNbCu1BN	≥620	400	20	16	40	27	185～250	185～265	≤25HRC
17	11Cr9Mo1W1VNbBN	≥620	440	20	16	40	27	185～250	185～265	≤25HRC
18	07Cr19Ni10	≥515	205	35	—	—	—	140～192	150～200	75～90HRB
19	10Cr18Ni9NbCu3BN	≥590	235	35	—	—	—	150～219	160～230	80～95HRB
20	07Cr25Ni21	≥515	205	35	—	—	—	140～192	150～200	75～90HRB
21	07Cr25Ni21NbN	≥655	295	30	—	—	—	175～256	—	85～100HRB
22	07Cr19Ni11Ti	≥515	205	35	—	—	—	140～192	150～200	75～90HRB
23	07Cr18Ni11Nb	≥520	205	35	—	—	—	140～192	150～200	75～90HRB
24	08Cr18Ni11NbFG	≥550	205	35	—	—	—	140～192	150～200	75～90HRB

注 摘自 GB/T 5310—2017《高压锅炉用无缝钢管》。

表 4-3 锅炉常用钢的应用范围及与其他国家相近钢牌号

序号	钢号与技术条件	主要应用范围	类似钢牌号
1	20G (GB/T 5310—2017、 NB/T 47019.3—2011)	壁温≤430℃的蒸汽管道和集箱，壁温≤460℃的受热面管子	美国（ASTM）：SA-210A-1、SA-106B； 日本（JIS）：STB410； 欧盟（EN）：P235GH； 国际（ISO）：PH26； 德国（DIN）：C22、CK22 · St45.8； 法国（NF）：TU48C、XC18； 苏联（ГОСТ）CT20
2	20MnG (GB/T 5310—2017、 NB/T 47019.3—2011)	壁温≤430℃的蒸汽管道和集箱，壁温≤460℃的受热面管子	美国（ASTM）：SA-210A-1、SA-106B； 日本（JIS）：STB410； 欧盟（EN）：P235GH； 国际（ISO）：PH26
3	25MnG (GB/T 5310—2017、 NB/T 47019.3—2011)	壁温≤430℃的蒸汽管道和集箱，壁温≤460℃的受热面管子	美国（ASTM）：SA-210C、SA-106C； 日本（JIS）：STB510； 欧盟（EN）：P265GH； 国际（ISO）：PH29
4	15MoG (GB/T 5310—2017、 NB/T 47019.3—2011)	壁温≤450℃的蒸汽管道和集箱，壁温≤480℃的受热面管子	美国（ASTM）：T/P1； 日本（JIS）：STBA12/STPA13； 欧盟（EN）：16Mo3； 国际（ISO）：16Mo3； 德国（DIN）：15Mo3
5	20MoG (GB/T 5310—2017、 NB/T 47019.3—2011)	壁温≤450℃的蒸汽管道和集箱，壁温≤480℃的受热面管子	美国（ASTM）：T1a
6	12CrMoG (GB/T 5310—2017、 NB/T 47019.3 2011)	壁温≤520℃的蒸汽管道和集箱，壁温≤550℃的受热面管子	美国（ASTM）：T2/P2； 日本（JIS）：STBA20； 欧盟（EN）：13CrMo4-5； 国际（ISO）：13CrMo4-5； 德国（DIN）：13CrMo44； 法国（NF）：15CD2； 前苏联（ГОСТ）12MX
7	15CrMoG (GB/T 5310—2017、 NB/T 47019.3—2011)	壁温≤520℃的蒸汽管道和集箱，壁温≤550℃的受热面管子	美国（ASTM）：T12/P12； 日本（JIS）：STBA22； 欧盟（EN）：13CrMo5-5； 苏联（ГОСТ）15MX
8	12Cr2MoG (GB/T 5310—2017、 NB/T 47019.3—2011)	壁温≤580℃的受热面管子，壁温≤570℃的蒸汽管道和集箱	美国（ASTM）：T22/P22； 日本（JIS）：STBA24、STPA24； 欧盟（EN）：10CrMo9-10； 国际（ISO）：10CrMo9-10； 德国（DIN）：10CrMo910
9	12Cr1MoVG (GB/T 5310—2017、 NB/T 47019.3—2011)	壁温≤580℃的受热面管子，壁温≤560℃的蒸汽管道和集箱	德国（DIN）：12CrMoV42； 苏联（ГОСТ）：12X1MФ

续表

序号	钢号与技术条件	主要应用范围	类似钢牌号
10	12Cr2MoWVTiB（GB/T 5310—2017、NB/T 47019.3—2011）	壁温≤575℃的受热面管子	
11	07Cr2MoW2VNbB（GB/T 5310—2017、NB/T 47019.3—2011）	壁温≤575℃的受热面管子，壁温≤570℃的蒸汽管道和集箱	美国（ASTM）：T23/P23； 日本（JIS）：STBA23； 欧盟（EN）：7CrWVMoNb9-6； 日本住友：HCM2S
12	12Cr3MoVSiTiB（GB/T 5310—2017、NB/T 47019.3—2011）	壁温≤575℃的受热面管子	
13	15Ni1MnMoNbCu（GB/T 5310—2017、NB/T 47019.3—2011）	壁温≤450℃的集箱汽包、压力容器等	美国（ASMT）：T36/P36、F36； 欧盟（EN）：15NiCuMoNb5-6-4； 德国（DIN）：15NiCuMoNb5； V&M公司：WB36
14	10Cr9Mo1VNbN（GB/T 5310—2017、NB/T 47019.3—2011）	内壁温≤610℃、外壁温≤630℃的过（再）热器管子，壁温≤610℃的蒸汽管道和集箱	美国（ASME）：T91/P91； 日本（JIS）：STBA26； 欧盟（EN）：X10CrMoVNb9-1； 国际（ISO）：X10CrMoVNb9-1； 法国（NFA-49213）：TUZ10CDVNb09.01
15	10Cr9MoW2VNbBN（GB/T 5310—2017、NB/T 47019.3—2011）	内壁温≤620℃、外壁温≤650℃的过（再）热器管子，壁温≤630℃的蒸汽管道和集箱	美国（ASME）：T92/P92； 日本（JIS）：STPA29； 欧盟（EN）：X10CrWMoVNb9-2； 日本新日铁公司：NF616
16	10Cr11MoW2VNbCu1BN（GB/T 5310—2017、NB/T 47019.3—2011）	壁温≤650℃的过（再）热器管子，壁温≤621℃的蒸汽管道和集箱	美国（ASME）：T122/P122； 日本住友公司：HCM12A； 日本通产经济省：SUS410J3TB（单相钢）、SUS410J3DTB（单相钢）
17	11Cr9Mo1W1VNbBN（GB/T 5310—2017、NB/T 47019.3—2011）	内壁温≤620℃、外壁温≤650℃的过（再）热器管子，壁温≤630℃的蒸汽管道和集箱	美国（ASME）：T911/P911； 日本（JIS）：STPA29； 欧盟（EN）：X11CrMoWVNb9-1-1； 欧洲煤炭钢铁协会：E911
18	07Cr19Ni10（GB/T 5310—2017、NB/T 47019.3—2011）	烟气侧壁温≤670℃的过（再）热器管子	美国（ASME）：TP304H； 日本（JIS）：SUS304HTB； 欧盟（EN）：X6CrNi18-10； 国际（ISO）：X7CrNi18-9
19	10Cr18Ni9NbCu3BN（GB/T 5310—2017、NB/T 47019.3—2011）	烟气侧壁温≤705℃的过（再）热器管子	美国（ASME　SA-213）：S30432； 日本（JIS）：SUS304JIHTB； 日本住友公司 Super304H； 德国 SMST 公司：DMV304HCu
20	07Cr25Ni21NbN（GB/T 5310—2017、NB/T 47019.3—2011）	烟气侧壁温≤730℃的过（再）热器管子	美国（ASME）：TP310HCbN； 日本（JIS）：SUS310JITB； 日本住友公司 HR3C； 德国 SMST 公司：DMV310N

续表

序号	钢号与技术条件	主要应用范围	类似钢牌号
21	07Cr19Ni11Ti (GB/T 5310—2017、NB/T 47019.3—2011)	烟气侧壁温≤670℃的过（再）热器管子	美国（ASME）：TP321H；日本（JIS）：SUS321HTB；欧盟（EN）：X6CrNiTi18-10；国际（ISO）：X7CrNiTi18-9；苏联（ГОСТ）：12X18H12T
22	07Cr18Ni11Nb (GB/T 5310—2017、NB/T 47019.3—2011)	烟气侧壁温≤670℃的过（再）热器管子	美国（ASME）：TP347H；日本（JIS）：SUS347HTB；欧盟（EN）：X7CrNiNb18-10；国际（ISO）：X7CrNiNb18-10；苏联（ГОСТ）：08X18H12Б
23	08Cr18Ni11NbFG (GB/T 5310—2017、NB/T 47019.3—2011)	烟气侧壁温≤700℃的过（再）热器管子	美国（ASME）：TP347HFG
24	0Cr17Ni12Mo2 (GB/T 13296—2007)	烟气侧壁温≤670℃的过（再）热器管子	美国（ASME）：TP316H；日本（JIS）：SUS316HTB

注　钢号与技术条件可参见 GB/T 5310—2017《高压锅炉用无缝钢管》、NB/T 47019.3—2011《锅炉、热交换器用管订货技术条件　第 3 部分：规定高温性能的非合金钢和合金钢》、GB/T 13296—2007《锅炉、热交换器用不锈钢无缝钢管》。

（铝）的加入量以控制并延缓其石墨化进程。此钢管主要用于壁温小于或等于 480℃的低温过（再）热器，或壁温小于或等于 450℃的蒸汽管道和集箱。20MoG 与日本的 STPA13 钢、美国的 T1a 钢属于同一类型的钢。

5. 15CrMoG 和 12CrMoG

15CrMoG 和 12CrMoG 正火＋回火后的组织为铁素体＋珠光体，有时有少量贝氏体。在 500～550℃具有较高的热强性，当温度超过 550℃时，其热强性显著降低，当其在 500～550℃长期运行时，不产生石墨化，但会产生碳化物球化及合金元素的再分配，这些均导致钢的热强性降低，钢在 450℃时抗松弛性能好。其制管和焊接等工艺性能良好。主要用于 520℃以下的高、中压蒸汽导管和集箱，管壁温度在 550℃以下的受热面管等。12CrMoG 与日本的 STBA20 钢及美国的 T2/P2 钢属于同一类型的钢；15CrMoG 与德国的 13CrMo44 钢、欧盟的 13CrMo4-5 钢、日本的 STBA22 钢及美国的 T12/P12 钢属于同一类型的钢。

6. 12Cr2MoG

12Cr2MoG 是很成熟的低合金热强钢。正火＋回火后的组织为铁素体＋贝氏体、铁素体＋珠光体或铁素体＋贝氏体＋珠光体；淬火＋回火后的组织为贝氏体、铁素体＋贝氏体、铁素体＋贝氏体＋珠光体或铁素体＋珠光体。若进行等温退火，组织为铁素体＋珠光体。12Cr2MoG 的热强性能比较高，同一温度下的持久强度和许用应力甚至比 9Cr-1Mo 钢还要高，因此，其在火电、核电和压力容器上都得到广泛的应用，但其经济性不如 12Cr1MoV 钢。该钢对热处理不敏感，有较高的持久塑性和良好的焊接性能，主要用于金属壁温在 580℃以下的受热面管和金属壁温不超过 570℃的蒸汽管道及集箱。12Cr2MoG 与德国的 10CrMo910 钢、欧盟的 10CrMo9-10 钢、日本的 STBA24/STPA24 钢及美国的 T22/P22 钢属于同一类型的钢。

7. 12Cr1MoVG

12Cr1MoVG的化学成分简单，总合金含量在2%以下，为低碳、低合金的珠光体型热强钢。12Cr1MoVG中加入少量的V，可降低Cr、Mo元素由铁素体向碳化物中转移的速度，提高钢的组织稳定性和热强性，弥散分布的V的碳化物可以强化铁素体基体。正火+回火后的组织为铁素体+贝氏体、铁素体+珠光体或铁素体+贝氏体+珠光体；淬火+回火后的组织为贝氏体、铁素体+贝氏体、铁素体+贝氏体+珠光体或铁素体+珠光体。在580℃时仍具有高的热强性和抗氧化性能，并具有高的持久塑性。冷加工性能和焊接性能较好，但对热处理规范敏感性较大，常出现冲击吸收能量不均匀现象。在500～700℃回火时具有回火脆性现象；长期在高温下运行，会出现珠光体球化以及合金元素向碳化物转移现象，使热强性能下降。12Cr1MoVG的合金元素总量只有2.25Cr-1Mo钢的一半，但在580℃时10万h的持久强度却比后者高40%；而且其生产工艺简单，焊接性能良好，只要严格热处理工艺，就能得到满意的性能。电站实际运行表明：12Cr1MoV主蒸汽管道在540℃安全运行10万h后，仍可继续使用。12Cr1MoVG主要用于壁温小于或等于580℃的受热面管子和壁温小于或等于560℃的集箱或蒸汽管道。12Cr1MoVG与德国的13CrMoV42钢、苏联的12X1MΦ钢属于同一类型的钢。

8. 12Cr2MoWVTiB（G102）钢和12Cr3MoVSiTiB（Ⅱ11）钢

12Cr2MoWVTiB（G102）钢和12Cr3MoVSiTiB（Ⅱ11）钢是我国20世纪60年代自行开发、研制的低碳、低合金（多元少量）的贝氏体型热强钢。正火+回火后的组织为贝氏体，具有良好的综合力学性能、工艺性能和相当高的持久强度，组织稳定性高，在620℃经过5000h时效后，力学性能无明显变化。但易出现混晶组织，且蒸汽侧氧化较严重。原计划12Cr2MoWVTiB（G102）钢和12Cr3MoVSiTiB（Ⅱ11）钢要用于金属壁温为600～620℃的过热器管和再热器管，但实际应用中壁温超过600℃时，该钢种发生严重蠕变和脱皮现象，目前主要用于金属壁温小于或等于575℃的过热器管和再热器管。

9. 07Cr2MoW2VNbB钢

07Cr2MoW2VNbB钢是日本住友金属株式会社在我国G102（12Cr2MoWVTiB）钢的基础上，将C含量从0.08%～0.15%降低至0.04%～0.10%，Mo含量从0.50%～0.65%降低至0.05%～0.30%、W含量从0.30%～0.55%提高至1.45%～1.75%，并形成以W为主的W-Mo复合固溶强化，加入微量Nb和N形成碳氮化物弥散沉淀强化，而研制成功的低碳低合金贝氏体型耐热钢。日本住友金属株式会社将其命名为HCM2S。正火+回火后的组织为贝氏体，具有良好的综合力学性能、工艺性能和相当高的持久强度，组织稳定性高，在580℃下长期服役具有良好的综合力学性能、相当高的持久强度（580℃10万h持久强度不小于101MPa），高温烟气的腐蚀与抗蒸汽氧化性能与12Cr2MoG相近。该钢焊接时产生再热裂纹敏感性较高，因此焊接前需预热，焊后要热处理。原计划07Cr2MoW2VNbB钢要用于金属壁温为600～620℃的过热器管和再热器管，但实际应用中壁温超过600℃时，该钢种发生严重蠕变和脱皮现象，目前主要用于金属壁温小于或等于575℃的过热器管和再热器管，以及金属壁温小于或等于570℃的集箱和蒸汽管道。07Cr2MoW2VNbB钢与欧盟的7CrWVMoNb9-6钢、日本的STA23钢及美国的T23/P23钢属于同一类型的钢。

10. 15Ni1MnMoNbCu钢

15Ni1MnMoNbCu钢是由V&M公司研发生产的一种Ni-Cu-Mo型低合金钢，命名为

WB36。该钢的特点是具有较高的强度和良好的焊接性能，室温抗拉强度可达610MPa以上，屈服强度大于或等于440MPa，主要用于火力发电厂工作温度在小于或等于450℃的集箱、给水管道和汽包，其与碳素结构钢相比，可以减少壁厚15%～35%。由于钢中含有铜，提高了钢的抗腐蚀性能，但钢中含铜时具有红脆性，为了避免在热成型过程中的脆性，将Cu/Ni比控制在0.5左右。该材料要求焊后立即进行热处理，对现场施工要求严格，工作效率低，特别不利于大批量施工作业。一般直径为ϕ200～ϕ660，壁厚在20～90mm之间。15Ni1MnMoNbCu钢与欧盟的15NiCuMoNb5-6-4钢、美国的T36/P36钢及德国的15NiCuMoNb5钢属于同一类型的钢。

11. 10Cr9Mo1VNbN钢

10Cr9Mo1VNbN钢是由美国橡胶岭国家试验室研制开发的、用于核电高温受压部件的材料，该钢是在T9（9Cr-1Mo）钢的基础上，在限制碳含量上下限并且更加严格控制P和S等残余元素含量的同时，添加了微量的N（0.030%～0.070%）、微量的强碳化物形成元素V（0.18%～0.25%）和Nb（0.06%～0.10%），以达到细化晶粒的目的，从而形成的马氏体型耐热合金钢，命名为SA-213T91。因其含铬量（9%）较高，其抗氧化性、抗腐蚀性、高温强度及非石墨化倾向均优于低合金钢，元素钼（1%）主要提高高温强度，并抑制铬钢的热脆倾向；与T9钢相比，改善了焊接性能和热疲劳性能，其在600℃的持久强度是后者的3倍，且保持了T9（9Cr-1Mo）钢优良的抗高温腐蚀性能；与奥氏体不锈钢相比，膨胀系数小、热传导性能好，并有较高的持久强度。故其具有较好的综合力学性能，且时效前后的组织和性能稳定，具有良好的焊接性能和工艺性能，较高的持久强度及抗氧化性。主要用于内壁温小于或等于610℃，外壁温小于或等于630℃的过（再）热器管，或壁温小于或等于610℃蒸汽管道和集箱。10Cr9Mo1VNbN钢与欧盟的X10CrMoVNb9-1钢、日本的STBA26钢及美国的T91/P91钢属于同一类型的钢。

12. 10Cr9MoW2VNbBN钢

10Cr9MoW2VNbBN钢是日本新日铁在T91钢的基础上，对成分做了进一步完善改进，采用复合多元的强化手段，将Mo含量从0.85%～1.05%降至0.30%～0.60%，加入1.50%～2.00%的W，并形成以W为主的W-Mo复合固溶强化，加入N形成间隙固溶强化，加入V、Nb和N形成碳氮化物弥散沉淀强化以及加入微量的B（0.001%～0.006%）形成B的晶界强化，而研制开发的马氏体型耐热合金钢，命名为NF616。10Cr9MoW2VNbBN钢与T91钢一样，具有比奥氏体钢更为优良的热膨胀系数和导热系数，其具有极好的持久强度、高的许用应力、良好的韧性和可焊性，持久强度（许用应力）较T91钢更高，在650℃的持久强度（许用应力）为T91钢的1.6倍，且具有较好的抗蒸汽氧化性能和焊接性能。10Cr9MoW2VNbBN钢管性能优良，使用温度可达650℃。可部分替代TP304H和TP347H奥氏体不锈钢管，焊接时应采用低的线能量，严格执行焊接工艺，焊后尽快进行热处理，应避免或减少异种钢接头，改善钢管的运行性能，主要用于内壁温小于或等于620℃、外壁温小于或等于650℃的过（再）热器管，以及壁温小于或等于630℃的蒸汽管道和集箱。10Cr9MoW2VNbBN钢与欧盟的X10CrWMoVNb9-2钢、日本的STPA29钢及美国的T92/P92钢属于同一类型的钢。

13. 10Cr11MoW2VNbCu钢

10Cr11MoW2VNbCu钢是日本住友金属株式会社以德国X20CrMoV121钢为基础，降低了X20CrMoV121钢的C含量，在钢中加入1%的W和少量的Nb，形成的W-Mo复合固溶强化和更加稳定的细小碳化铌弥散沉淀强化；在提高组织稳定性和高温强度的基础上，进一步提高W含量至2%左右，降低Mo含量至0.25%～0.60%、加入1%左右的Cu和微量N、B，形成以W为主的W-Mo复合固溶强化、氮的间隙固溶强化、铜相和碳氮化物的弥散沉淀强化等研制而成的12%Cr低碳合金耐热钢，命名为HCM12A。10Cr11MoW2VNbCu钢属马氏体耐热钢，与T92/P92钢相比，提高了Cr含量，增加了Cu，提高了W含量，降低了Mo含量，其他元素含量与T92/P92钢几乎相同。10Cr11MoW2VNbCu钢属马氏体耐热钢，正火+回火后为回火马氏体，持久强度高于T91/P91钢、低于T92/P92钢，抗蒸汽氧化及高温烟气腐蚀性能与T92/P92钢相当，焊接时应采用低的线能量，严格执行焊接工艺，焊后应尽快进行热处理。主要用于壁温小于或等于650℃的过（再）热器管，以及壁温小于或等于621℃的蒸汽管道和集箱，该钢在600～650℃的锅炉过热器和再热器上可部分代替TP304H钢和TP347H钢，具有良好的经济价值。10Cr11MoW2VNbCu钢与美国的T122/P122钢属于同一类型的钢。

14. 11Cr9Mo1W1NbBN钢

11Cr9Mo1W1NbBN钢是由欧洲煤炭钢铁协会开发出的一种新型铁素体耐热钢，其成分及性能与T92钢相似，也是在P91钢的基础上添加W、B元素，利用W、Mo复合固溶强化，同时B能够起到填充晶间空位，强化晶界，且B还能形成碳硼化合物，稳定碳化物沉淀强化效果，从而提高了钢的热强性，欧洲煤炭钢铁协会将其命名E911。11Cr9Mo1W1NbBN钢属马氏体耐热钢，正火+回火后为回火马氏体，610℃以下持久强度强度高于T91/P91钢，低于T92/P92钢；抗蒸汽氧化及高温烟气腐蚀性能与T92/P92钢相当；焊接性能与T92/P92钢相同。主要用于内壁温小于或等于620℃、外壁温小于或等于650℃的过（再）热器管，以及壁温小于或等于630℃的蒸汽管道和集箱。11Cr9Mo1W1NbBN钢与美国的T911/P911钢、欧盟的X11CrMoWVNb9-1-1钢属于同一类型的钢。

15. 07Cr19Ni10钢

07Cr19Ni10钢是美国研发的成熟钢种，命名为TP304H。该钢为18Cr-8Ni型奥氏体耐热钢，具有良好的组织稳定性、较高的持久强度和抗氧化性能，同时具有良好的弯管和焊接工艺性能等；但对晶间腐蚀和应力腐蚀较为敏感，且由于合金元素较多，容易产生加工硬化，使切削加工较难进行，且热膨胀系数高，导热性差。主要用于烟气温度小于或等于670℃的过（再）热器管。07Cr19Ni10钢与美国的TP304H钢、欧盟的X6CrNi18-10钢和日本的SUS304HTB钢属于同一类型的钢。

16. 07Cr18Ni11Nb钢

07Cr18Ni11Nb钢是美国研发的成熟钢种，命名为TP347H。该钢是用Nb（铌）稳定的18Cr-8Ni型奥氏体耐热钢，持久强度高于TP304H钢，抗蒸汽氧化及高温烟气腐蚀性能与TP304H钢相当，冷变形能力和焊接性能良好，晶粒度不粗于3级，经内壁喷丸的管子抗氧化性能优异。主要用于烟气温度小于或等于670℃的过（再）热器管。07Cr18Ni11Nb钢与美国的TP347H钢、欧盟的X7CrNiNb18-10钢和日本的SUS347HTB钢属于同一类型的钢。

17. 11Cr18Ni9NbCu3BN钢

11Cr18Ni9NbCu3BN钢是由日本住友金属株式会社和三菱重工在TP304H钢的基

础上，通过降低Mn含量上限，加入约3%的Cu、约0.45%的Nb和微量的N，使该钢在服役期运行时产生非常细小而弥散的富铜相沉淀于奥氏体母相内，起到沉淀强化的作用，从而得到很高的许用应力的一种新型的奥氏体不锈钢，命名为SUPER304H钢。该钢的焊接性能良好、持久强度（许用应力）高、组织稳定性好，有较好的抗蒸汽氧化性能，有很好的耐蚀性。在600～700℃，其10万h的持久强度（许用应力）为TP347H钢的1.3倍以上。该钢是超临界机组锅炉中高温过热器和再热器钢管的重要材料，主要用于烟气侧壁温小于或等于705℃的过（再）热器管。11Cr18Ni9NbCu3BN钢与美国的S30432钢、德国SNST公司的DMV304HCu钢和日本的SUS304JIHTB钢属于同一类型的钢。

18. 08Cr18Ni11NbFG钢

08Cr18Ni11NbFG钢针对TP347H钢在热循环作用下内壁会产生氧化层剥落，在弯管处产生阻塞导致过热和失效的问题进行了改进，利用微细铌碳化物（NbC）的溶解和沉淀机理，采用较高固溶处理温度的热处理工艺，使得TP347H钢的晶粒大大地细化，室温、高温力学性能与TP347H钢基本相同，该钢的焊接性能、加工性能、抗疲劳性能、抗晶间腐蚀性能和抗氧化性明显优于TP347H钢，美国ASMESA213规范将其命名为TP347HFG钢。主要用于烟气侧壁温小于或等于700℃的过（再）热器管。

19. 07Cr26Ni21NbN钢

07Cr26Ni21NbN钢是日本住友金属株式会社研制开发的高Cr、Ni含量的奥氏体不锈钢，在该钢中加入了很多的Cr、Ni，较多的Nb和N，该钢的抗拉强度高于常规的18Cr-8Ni不锈钢，持久强度和许用应力远高于常规的18Cr-8Ni不锈钢以及TP310钢，高温耐热抗腐蚀能力大大优于含Cr较少的钢，且抗蒸汽氧化性能极优，日本住友金属株式会社将其命名为HR3C。主要用于烟气侧壁温小于或等于730℃的过（再）热器管。07Cr26Ni21NbN钢与美国的TP310HCbN钢和日本的SUS310JIHTB钢属于同一类型的钢。

20. 07Cr19Ni11Ti钢

07Cr19Ni11Ti钢是用Ti稳定的18Cr-8Ni型奥氏体耐热钢，600℃以上的持久强度低于TP304H钢和TP347H钢，抗蒸汽氧化及高温烟气腐蚀性能与TP304H钢和TP347H钢相当，冷变形能力、焊接性能良好。晶粒度不粗于3级。主要用于烟气侧壁温小于或等于670℃的过（再）热器管。07Cr19Ni11Ti钢与美国的TP321H钢、日本的SUS321HTB钢和欧盟的X6CrNiTi18-10钢属于同一类型的钢。

21. NF709钢

NF709钢是日本新日铁在常规奥氏体不锈钢基础上，严格控制杂质，对成分做了进一步完善改进，采用复合一多元的强化手段研制而成的、专用于超临界机组锅炉的新型奥氏体不锈钢。在该钢中，将Ni的含量提高到25%左右、Cr提高到20%左右、加入1.50%的Mo、0.30%的Nb、0.10%的Ti、N（0.006%）和微量的B（0.003%）。由于上述元素的作用，NF709钢在700℃ 10万h的持久强度达88MPa，抗氧化性和耐蚀性是17-14CuMo钢的3倍，焊接性能与常规的18Cr-8Ni不锈钢（如TP347H钢和TP310S钢）相同，焊接接头的持久强度也与母材相同。日本将NF709钢命名为SUS310J2TB钢。主要用于制造烟气侧壁温小于或等于730℃的过（再）热器管。

第二节　350MW 热电联产机组锅炉主要高温耐热材料的焊接

锅炉汽水设备的主要高温耐热材料有 WB36、SA-210C、SA-106C、15CrMo（SA-213T12）、12Cr1MoV、T91、P91 及 TP347H，由于这些材料中加入了不同的元素，在提高金属材料高温强度和高温抗氧化性能的同时，金属材料的焊接性能也发生变化，使现场焊接施工难度增加。为了保证施工过程的焊接质量，必须根据不同的金属材料制定相应的焊接工艺并严格执行，下面对该炉所用主要高温耐热材料的焊接工艺作一简要介绍。

一、WB36 钢的焊接

WB36 钢用于大管径给水管道，管道焊接均采用 WS+DS 的方法，即钨极氩弧焊打底，手工电弧焊填充和盖面的方法组合焊接。WB36 钢的焊接工艺见表 4-4。

表 4-4　　15NiCuMoNb5（WB36）钢的焊接工艺

<table>
<tr><td>预热</td><td colspan="7">氩弧焊时预热温度为 150～200℃，电弧焊时预热温度为 200～350℃</td></tr>
<tr><td rowspan="6">焊接</td><td rowspan="2">氩弧焊打底</td><td colspan="3">焊接电源</td><td colspan="3">直流正接</td></tr>
<tr><td colspan="3">焊丝</td><td colspan="3">ER80S-G（进口）、TIG-J70（国产）</td></tr>
<tr><td rowspan="4">手工电弧焊</td><td colspan="3">焊条</td><td colspan="2">焊接电源</td><td>烘干</td></tr>
<tr><td colspan="3">ER89018-G（进口）、E7015-D2（J707）</td><td colspan="2">直流反接</td><td>按焊条说明书要求烘干</td></tr>
<tr><td colspan="3">焊条直径（mm）</td><td colspan="2">3.2</td><td>4.0</td></tr>
<tr><td colspan="3">焊接电流（A）</td><td colspan="2">110～140</td><td>120～150</td></tr>
<tr><td rowspan="3">焊后热处理</td><td>温度（℃）</td><td colspan="6">580～600</td></tr>
<tr><td>壁厚（mm）</td><td>≤12.5</td><td>12.5～25</td><td>25～37.5</td><td>37.5～50</td><td>50～75</td><td>75～100</td></tr>
<tr><td>恒温时间（h）</td><td>1.5</td><td>2</td><td>2.5</td><td>3</td><td>4</td><td>5</td></tr>
<tr><td>备注</td><td colspan="7">（1）焊前必须严格清理焊件及其坡口表面的铁锈、油污、水等。
（2）施焊过程中，层间温度控制在 150～300℃。
（3）根部对口间隙一般为 2.5～3mm。
（4）热处理时，在 300℃以下可不控制升（降）温速度。在 300℃以上时应按以下原则控制升（降）温速度：
1）当壁厚小于 100mm 时，焊接热处理升（降）温速度为每小时 6250/δ℃（δ 为焊件厚度，单位为 mm），且最高不超 300℃；
2）当壁厚大于 100mm 时，焊接热处理升（降）温速度为 60℃/h</td></tr>
</table>

（一）焊接前必须预热

WB36 钢种含 Cu 较高，虽然能提高抗腐蚀性，但是 Cu 含量的提高会出现红脆性，给焊接工作造成了较大的困难。尽管在该钢中加入了比 Cu 含量多 50%的 Ni 来消除红脆性，在焊接过程中，一旦出现偏析，产生热裂纹的可能性还是存在的；另外，由于含碳量较高，存在冷裂倾向。为了防止焊接裂纹，焊接前必须预热。氩弧焊时预热温度为 150～200℃，电弧焊时预热温度为 200～350℃。

（二）坡口与对口尺寸

坡口为双 V 形，对口间隙为 3～4mm，错口值小于或等于 1mm，偏斜度小于或等于 2mm。

（三）焊接

1. 对口质量检查

坡口内外两侧 100～200mm 内清理干净，不能有铁锈、油垢和其他污物。

2. 焊接材料的要求

施焊前，要核对使用的各种焊材牌号和规格，必要时要查对复验报告；焊丝要清理干净，尤其是表面的镀铜；焊条使用前要烘干，烘干温度为 300～350℃，烘干时间为 2h。烘干时不能骤冷骤热，避免焊条药皮龟裂或脱落；焊条使用时，应放在保温筒内，随用随取；该种焊条药皮属铁粉低氢钾型，电流可以调到上限，以提高焊接效率，但必须注意，填充第一道焊接时不能把打底层击穿。

3. 焊接注意事项

WB36 有一定的裂纹敏感性，焊接时不能在母材上起弧，更不能在母材上焊接支撑和支架；每层焊完，必须把熔渣清理干净，尤其是两侧沟槽中的熔渣。

氩弧焊打底，焊缝厚度应大于 3mm；填充层焊缝厚度小于或等于焊条直径加 2mm；单道焊缝宽度小于或等于焊条直径的 5 倍；焊口一旦开始焊接，必须连续焊完，不能间隔时间过长，尤其打底焊缝预热后马上施焊。盖面前要仔细检查焊缝是否出现裂纹和其他表露缺陷。层间温度控制在 150～400℃。

（四）焊后热处理

焊后热处理采用高温回火热处理方式。所谓回火就是将钢加热到 A_{c1}（下临界点）以下的某一温度，保温以后以适当的方式冷却到室温的一种热处理方式。回火的主要目的是减少或消除淬火应力，保证相应的组织转变，提高钢的韧性和塑性，使硬度、强度、塑性和韧性得到适当的配合。焊接后可直接进行热处理，也可延时进行热处理。为了检验热处理方案是否合理，焊口质量是否达到要求，热处理的焊口按规定应检查硬度值。

二、SA-210C 钢和 SA-106C 钢的焊接

SA-210C 钢和 SA-106C 钢具有良好的焊接性能，在实际生产中涉及材料的焊接。同种材料焊接时，薄壁管采用手工钨极氩弧焊（GTAW）对接接头，厚壁管采用手工钨极氩弧焊（GTAW）打底＋手工电弧焊（SMAW）盖面对接接头，焊接坡口（单侧）均为 35°±1°。SA-210C 钢和 SA-106C 钢的焊接工艺见表 4-5。

表 4-5　SA-210C 钢和 SA-106C 钢的焊接工艺

<table>
<tr><td>预热</td><td colspan="9">管材壁厚不小于 26mm 焊接时需预热至 150～200℃，板材厚度不小于 34mm 焊接时需预热至 150～200℃，壁厚不小于 15mm 的管子环境温度在零下焊接时也要预热至 100～200℃</td></tr>
<tr><td rowspan="7">焊接</td><td rowspan="5">手工电弧焊</td><td>焊条</td><td colspan="2">焊条型号</td><td colspan="2">焊接电源</td><td colspan="3">烘干</td></tr>
<tr><td>J507</td><td colspan="2">E5015</td><td colspan="2">直流反接</td><td colspan="3">350℃左右烘干 1h</td></tr>
<tr><td>J506</td><td colspan="2">E5016</td><td colspan="2">交流或直流反接</td><td colspan="3">350℃左右烘干 1h</td></tr>
<tr><td>焊条直径（mm）</td><td>2.0</td><td colspan="2">2.5</td><td colspan="2">3.2</td><td>4.0</td><td>5.0</td></tr>
<tr><td>焊接电流（A）</td><td>40～70</td><td colspan="2">60～90</td><td colspan="2">90～120</td><td>140～180</td><td>170～210</td></tr>
<tr><td rowspan="2">氩弧焊</td><td>焊接电源</td><td colspan="7">直流正接</td></tr>
<tr><td>焊丝</td><td colspan="7">TIG-J50</td></tr>
</table>

续表

焊后热处理	温度（℃）	600～650					
	壁厚（mm）	≤12.5	12.5～25	25～37.5	37.5～50	50～75	75～100
	恒温时间（h）	—	—	1.5	2	2.25	2.5
	壁厚大于 30mm 的钢管及壁厚大于 32mm 的容器，焊后需要进行热处理						
备注	（1）焊前必须严格清理焊件及其坡口表面的铁锈、油污、水分等。 （2）当采用钨极氩弧焊时，预热温度可按下限温度降低 50℃。 （3）施焊过程中，层间温度应不低于预热温度的下限，且不高于 400℃						

三、15CrMo 钢的焊接

15CrMo 钢用于锅炉水冷壁、低温过（再）热器受热面和低温过（再）热器集箱，当壁厚小于 10mm（且 $\phi \leqslant 108$mm）时，采用氩弧焊或低氢焊条焊接，可不进行焊后热处理。壁厚大于 10mm 的管子，管道焊接均采用钨极氩弧焊打底，手工电弧焊填充和盖面的方法组合焊接，并且焊后应进行热处理。15CrMo 钢的焊接工艺见表 4-6。

表 4-6　　15CrMo 钢的焊接工艺

预热	管子壁厚不小于 10mm 且管径不大于 108mm 焊接时需预热至 150～250℃，小径薄壁管一般可不预热						
焊接	氩弧焊	焊接电源	直流正接				
		焊丝	TIG-R30				
	手工电弧焊	焊条	焊条型号		焊接电源		烘干
		R307	E5515-B2		直流反接		350℃左右烘干 1h
		焊条直径（mm）	2.0	2.5	3.2	4.0	5.0
		焊接电流（A）	40～70	60～90	90～120	140～180	170～210

焊后热处理	温度（℃）	650～700					
	壁厚 δ（mm）	≤12.5	12.5～25	25～37.5	37.5～50	50～75	75～100
	恒温时间（h）	0.5	1	1.5	2	2.25	2.5
	对壁厚不大于 10mm、管径不大于 108mm 的管子，如采用氩弧焊或低氩型焊条，焊前预热和焊后缓冷的情况下可免作焊后热处理						
备注	（1）焊前必须严格清理焊件及其坡口表面的铁锈、油污、水等。 （2）采用钨极氩弧焊打底时，预热温度可按下限温度降低 50℃。 （3）施焊过程中，层间温度应不低于预热温度下限，且不高于 400℃。 （4）热处理过程的升、降温速度规定如下： 1）≤250×（25/δ）℃/h，且≤300℃/h； 2）降温过程中，温度在 300℃以下可不控制						

四、12Cr1MoV 钢的焊接

12Cr1MoV 钢的合金元素量不高而含碳量比 15CrMo 钢低，其工艺性能良好，特别是加入少量的钒，使其焊接性能较好。根据规定，壁厚小于 8mm、直径小于 108mm 的 12Cr1MoV 钢管采用氩弧焊时，可不进行焊后热处理，但应焊前预热并焊后适当缓慢冷却。

由于 12Cr1MoV 钢的淬硬敏感性较大，易在焊缝及热影响区出现淬硬组织，在接头刚性及应力较大时，易产生冷裂纹，若焊缝较长，构件刚性较大，对于厚壁管采用手工钨极氩弧焊（TIG）打底、手工电弧焊（SMAW）填充和盖面的焊接工艺方法，并且焊后应进行热处理。12Cr1MoV 的焊接工艺见表 4-7。

表 4-7　　12Cr1MoV 钢的焊接工艺

<table>
<tr><td>预热</td><td colspan="7">管子壁厚不小于 8mm 焊接时需预热至 200～300℃，小径薄壁管一般可不预热</td></tr>
<tr><td rowspan="6">焊接</td><td rowspan="2">氩弧焊</td><td>焊接电源</td><td colspan="5">直流正接</td></tr>
<tr><td>焊丝</td><td colspan="5">TIG-R31</td></tr>
<tr><td rowspan="4">手工电弧焊</td><td>焊条</td><td colspan="2">焊条型号</td><td colspan="2">焊接电源</td><td>烘干</td></tr>
<tr><td>R317</td><td colspan="2">E5515-B2-V</td><td colspan="2">直流反接</td><td>350℃左右烘干 1h</td></tr>
<tr><td>焊条直径（mm）</td><td>2.0</td><td>2.5</td><td>3.2</td><td>4.0</td><td>5.0</td></tr>
<tr><td>焊接电流（A）</td><td>40～70</td><td>60～90</td><td>90～120</td><td>140～180</td><td>170～210</td></tr>
<tr><td rowspan="4">焊后热处理</td><td>温度（℃）</td><td colspan="6">720～750</td></tr>
<tr><td>壁厚（mm）</td><td>≤12.5</td><td>12.5～25</td><td>25～37.5</td><td>37.5～50</td><td>50～75</td><td>75～100</td></tr>
<tr><td>恒温时间（h）</td><td>0.5</td><td>1</td><td>1.5</td><td>2</td><td>3</td><td>4</td></tr>
<tr><td colspan="7">对壁厚不大于 8mm、管径不大于 108mm 的管子，如采用氩弧焊或低氢型焊条，焊前预热和焊后缓冷的情况下可免作焊后热处理</td></tr>
<tr><td>备注</td><td colspan="7">（1）焊前必须严格清理焊件及其坡口表面的铁锈、油污、水等。
（2）当采用氩弧焊打底时，预热温度可按下限温度降低 50℃。
（3）施焊过程中，层间温度应不低于预热温度下限，且不高于 400℃。
（4）热处理过程的升、降温速度规定如下：≤250×（25/δ）℃/h，且≤300℃/h，降温过程中，温度在 300℃以下可不控制</td></tr>
</table>

五、T91（P91）钢的焊接

T91（P91）钢可采用手工焊、气体保护钨极或熔化极自动焊，同种钢焊接可用日制 CM-9Cb 手工焊条，与奥氏体不锈钢焊接可用 Ni 基焊材。该钢无再热裂纹倾向，却有冷裂倾向。小口径薄壁管焊前可不预热，厚壁管焊前 200℃预热可防止冷裂。焊后热处理时，加热至 750℃保温时间大于 1h，以消除应力，T91（P91）钢的焊接工艺见表 4-8。

表 4-8　　T91（P91）钢的焊接工艺

<table>
<tr><td>预热</td><td colspan="7">焊前必须预热至 250～300℃</td></tr>
<tr><td rowspan="6">焊接</td><td rowspan="2">氩弧焊</td><td>焊接电源</td><td colspan="5">直流正接</td></tr>
<tr><td>焊丝</td><td colspan="5">CM-9ST（日）、C9MV-1G（德）、TIG-R71</td></tr>
<tr><td rowspan="4">手工电弧焊</td><td>焊条</td><td colspan="3">焊接电源</td><td colspan="2">烘干</td></tr>
<tr><td>CM-9Cb（日）、
E1-9Mo-15（R707）</td><td colspan="3">直流反接</td><td colspan="2">350℃左右烘干 1h</td></tr>
<tr><td>焊条直径（mm）</td><td>2.0</td><td>2.5</td><td>3.2</td><td>4.0</td><td>5.0</td></tr>
<tr><td>焊接电流（A）</td><td></td><td>75～100</td><td>100～130</td><td>135～180</td><td></td></tr>
</table>

续表

焊后热处理	温度（℃）	730～780					
	壁厚（mm）	≤12.5	12.5～25	25～37.5	37.5～50	50～75	75～100
	恒温时间（h）	0.5	1	1.5	2	3	4
	T91、P91 在焊后热处理前，必须将焊接接头自然冷却至 100～150℃再进行热处理						
备注	(1) 焊前必须严格清理焊件及其坡口表面的铁锈、油污、水等。 (2) 采用氩弧焊打底时，预热温度可按下限温度降低 50℃。 (3) 施焊过程中，层间温度应不低于预热温度下限，且不得高于 350℃。 (4) 根部对口间隙一般为 2.5～3mm。 (5) 热处理过程的升、降温速度规定如下： 1) ≤250×（25/δ）℃/h，且≤300℃/h。 2) 降温过程中，温度在 300℃以下可不控制。大径管升温速度不得大于 150℃/h，小径管不得大于 220℃/h。 (6) 管子焊接过程中根部要进行充氩气保护						

六、TP347H 钢的焊接

TP347H 钢焊接性能良好，同种钢焊接时，手工焊焊条用奥 102、奥 107、奥 137 或 E347-15（美国牌号）；氩弧焊焊丝用 18-8Ti 等；若与铁素体类材料进行异种钢焊接，采用 ERNiCr3 或 ENiCrFe-3 型号焊丝或焊条。焊前不需要预热，但应保持层间温度不高于 150℃，焊后不需要热处理。TP347H 钢的焊接工艺见表 4-9。

表 4-9　　TP347H 钢的焊接工艺

预热	不需要预热			
焊接	氩弧焊	焊接电源	直流正接	
		焊丝	H1Cr19Ni9Nb	
	手工氩弧焊	焊丝	焊接电源	层间温度（℃）
		H1Cr19Ni9Nb	直流正接	150
		焊丝直径（mm）	2.5	
		焊接电流（A）	70～100	
备注	(1) 焊前必须严格清理焊件及其坡口表面的铁锈、油污、水等。 (2) 施焊过程中，层间温度控制在不高于 150℃。 (3) 根部对口间隙一般为 2.5～3mm。 (4) 管子焊接过程中根部要进行充氩气保护。 (5) 焊后不做热处理，焊后冷却速度要大一些			

七、异种钢的焊接

由于锅炉要采用多种材料，异种钢的连接不可避免，例如不同部位的高温过（再）热器根据管内蒸汽温度及管外烟气温度使用不同的材料。对于性能相似的两种材料可以直接焊接，对于性能相差较大的两种材料必须用过渡管连接两种材料。下面根据锅炉的用钢情况，介绍 15CrMo 钢与 SA-210C 钢、12Cr1MoV 钢与 15CrMo 钢、T91 钢与 12Cr1MoV 钢、T91 钢与 TP347H 钢的异种钢焊接工艺，见表 4-10～表 4-13。

表 4-10　　　　15CrMo 钢与 SA-210C 钢的焊接工艺

<table>
<tr><td>预热</td><td colspan="11">壁厚不小于 10mm 时需预热至 150～250℃，小径薄壁管一般可不预热</td></tr>
<tr><td rowspan="7">焊接</td><td rowspan="2">氩弧焊</td><td>焊接电源</td><td colspan="9">直流正接</td></tr>
<tr><td>焊丝</td><td colspan="9">TIG-J50</td></tr>
<tr><td rowspan="5">手工电弧焊</td><td>焊条</td><td>焊条型号</td><td>焊接电源</td><td>烘干</td></tr>
<tr><td>J507</td><td>E5015</td><td>直流反接</td><td>350℃左右烘干 1h</td></tr>
<tr><td>J506</td><td>E5016</td><td>交流或直流反接</td><td>350℃左右烘干 1h</td></tr>
<tr><td>焊条直径（mm）</td><td>2.0</td><td>2.5</td><td>3.2</td><td>4.0</td><td>5.0</td></tr>
<tr><td>焊接电流（A）</td><td>40～70</td><td>60～90</td><td>90～120</td><td>140～180</td><td>170～210</td></tr>
<tr><td rowspan="4">焊后热处理</td><td>温度（℃）</td><td colspan="6">650～700</td></tr>
<tr><td>壁厚（mm）</td><td>≤12.5</td><td>12.5～25</td><td>25～37.5</td><td>37.5～50</td><td>50～75</td><td>75～100</td></tr>
<tr><td>恒温时间（h）</td><td>0.5</td><td>1</td><td>1.5</td><td>2</td><td>2.25</td><td>2.5</td></tr>
<tr><td colspan="7">对壁厚不大于 10mm、管径不大于 108mm 的管子，如采用氩弧焊或低氩型焊条，焊前预热和焊后缓冷的情况下可免作焊后热处理</td></tr>
<tr><td>备注</td><td colspan="7">（1）焊前必须严格清理焊件及其坡口表面的铁锈、油污、水等。
（2）采用钨极氩弧焊打底时，预热温度可按下限温度降低 50℃。
（3）施焊过程中，层间温度应不低于预热温度下限，且不高于 400℃。
（4）热处理过程的升、降温速度规定如下：
1）≤250×（25/δ）℃/h，且≤300℃/h；
2）降温过程中，温度在 300℃以下可不控制</td></tr>
</table>

表 4-11　　　　12Cr1MoV 钢与 15CrMo 钢的焊接工艺

<table>
<tr><td>预热</td><td colspan="7">管子壁厚不小于 6mm 时需预热至 200～300℃，小径薄壁管一般可不预热</td></tr>
<tr><td rowspan="6">焊接</td><td rowspan="2">氩弧焊</td><td>焊接电源</td><td colspan="5">直流正接</td></tr>
<tr><td>焊丝</td><td colspan="5">TIG-R30</td></tr>
<tr><td rowspan="4">手工电弧焊</td><td>焊条</td><td>焊条型号</td><td>焊接电源</td><td>烘干</td></tr>
<tr><td>R307</td><td>E5515-B2</td><td>直流反接</td><td>350℃左右烘干 1h</td></tr>
<tr><td>焊条直径（mm）</td><td>2.0</td><td>2.5</td><td>3.2</td><td>4.0</td><td>5.0</td></tr>
<tr><td>焊接电流（A）</td><td>40～70</td><td>60～90</td><td>90～120</td><td>140～180</td><td>170～210</td></tr>
<tr><td rowspan="4">焊后热处理</td><td>温度（℃）</td><td colspan="6">650～700</td></tr>
<tr><td>壁厚（mm）</td><td>≤12.5</td><td>12.5～25</td><td>25～37.5</td><td>37.5～50</td><td>50～75</td><td>75～100</td></tr>
<tr><td>恒温时间（h）</td><td>0.5</td><td>1</td><td>1.5</td><td>2</td><td>3</td><td>4</td></tr>
<tr><td colspan="7">对壁厚不大于 8mm、管径不大于 108mm 的管子，如采用氩弧焊或低氢型焊条，焊前预热和焊后缓冷的情况下可免作焊后热处理</td></tr>
<tr><td>备注</td><td colspan="7">（1）焊前必须严格清理焊件及其坡口表面的铁锈、油污、水等。
（2）当采用氩弧焊打底时，预热温度可按下限温度降低 50℃。
（3）施焊过程中，层间温度应不低于预热温度下限，且不高于 400℃。
（4）热处理过程的升、降温速度规定如下：
1）≤250×（25/δ）℃/h，且≤300℃/h；
2）降温过程中，温度在 300℃以下可不控制</td></tr>
</table>

表 4-12　　T91 钢与 12Cr1MoV 钢的焊接工艺

<table>
<tr><td>预热</td><td colspan="61">焊前必须预热至 250～300℃</td></tr>
<tr><td rowspan="6">焊接</td><td rowspan="2">氩弧焊</td><td colspan="10">焊接电源</td><td colspan="50">直流正接</td></tr>
<tr><td colspan="10">焊丝</td><td colspan="50">TIG-R40</td></tr>
<tr><td rowspan="4">手工电弧焊</td><td colspan="10">焊条</td><td colspan="17">焊条型号</td><td colspan="17">焊接电源</td><td colspan="16">烘干</td></tr>
<tr><td colspan="10">R407</td><td colspan="17">E6015-B3</td><td colspan="17">直流反接</td><td colspan="16">350℃左右烘干 1h</td></tr>
<tr><td colspan="10">焊条直径（mm）</td><td colspan="10">2.0</td><td colspan="10">2.5</td><td colspan="10">3.2</td><td colspan="10">4.0</td><td colspan="10">5.0</td></tr>
<tr><td colspan="10">焊接电流（A）</td><td colspan="10"></td><td colspan="10">60～90</td><td colspan="10">90～120</td><td colspan="10">140～180</td><td colspan="10">170～210</td></tr>
<tr><td rowspan="4">焊后热处理</td><td>温度（℃）</td><td colspan="60">750～770</td></tr>
<tr><td>壁厚（mm）</td><td colspan="10">≤12.5</td><td colspan="10">12.5～25</td><td colspan="10">25～37.5</td><td colspan="10">37.5～50</td><td colspan="10">50～75</td><td colspan="10">75～100</td></tr>
<tr><td>恒温时间（h）</td><td colspan="10">0.5</td><td colspan="10">1</td><td colspan="10">1.5</td><td colspan="10">2</td><td colspan="10">3</td><td colspan="10">4</td></tr>
<tr><td colspan="61">在焊后热处理前，必须将焊接接头自然冷却至 100～150℃以下，再进行热处理</td></tr>
<tr><td>备注</td><td colspan="61">（1）焊前必须严格清理焊件及其坡口表面的铁锈、油污、水等。
（2）采用氩弧焊打底时，预热温度可按下限温度降低 50℃。
（3）施焊过程中，层间温度应不低于预热温度下限。
（4）根部对口间隙一般为 1.5～2.5mm。
（5）热处理过程的升、降温速度规定如下：
1）≤250×（25/δ）℃/h，且≤300℃/h；
2）降温过程中，温度在 300℃以下可不控制。
（6）管子焊接过程中要进行充氩气保护</td></tr>
</table>

表 4-13　　T91 钢与 TP347H 钢的焊接工艺

<table>
<tr><td>预热</td><td colspan="4">焊前对 T91 钢侧预热至 150℃</td></tr>
<tr><td rowspan="6">焊接</td><td rowspan="2">氩弧焊</td><td>焊接电源</td><td colspan="2">直流正接</td></tr>
<tr><td>焊丝</td><td colspan="2">选用镍基 ERNiCrCoMo-1 焊丝</td></tr>
<tr><td rowspan="4">手工氩弧焊</td><td>焊丝</td><td>焊接电源</td><td>层间温度（℃）</td></tr>
<tr><td>镍基 ERNiCrCoMo-1 焊丝</td><td>直流正接</td><td>150</td></tr>
<tr><td>焊丝直径（mm）</td><td colspan="2">2.5</td></tr>
<tr><td>焊接电流（A）</td><td colspan="2">70～100</td></tr>
<tr><td rowspan="4">焊后热处理</td><td>温度（℃）</td><td colspan="3">730～750</td></tr>
<tr><td>壁厚（mm）</td><td colspan="3">≤12.5</td></tr>
<tr><td>恒温时间（h）</td><td colspan="3">0.5</td></tr>
<tr><td colspan="4">经过焊接工艺评定，焊接中严格控制层间温度，根部充氩气良好时可以不做焊后热处理</td></tr>
<tr><td>备注</td><td colspan="4">（1）焊前必须严格清理焊件及其坡口表面的铁锈、油污、水等。
（2）施焊过程中，层间温度控制在 150℃。
（3）根部对口间隙一般为 2.5～3mm。
（4）如需热处理时热处理过程的升、降温速度规定如下：
1）≤250×（25/δ）℃/h，且≤300℃/h；
2）降温过程中，温度在 300℃以下可不控制。
（5）管子焊接过程中根部要进行充氩气保护</td></tr>
</table>

第三节 锅炉阀门

锅炉阀门是锅炉管道的重要附件，主要用来接通（或切断）流通介质的通路、改变介质的流动方向、调节介质的流量和压力，以适应锅炉运行工况变化的需要。阀门的体系有两种，一种是以德国为代表的以常温下（德国是120℃，我国是100℃）的许用工作压力为基准的公称压力体系（PN系列）；另一种是以美国为代表的以某个温度下的许用工作压力为基准，即温度压力体系（Class系列）。美国的温度压力体系中，除150psi（1.0342MPa）以260℃为基准外，其他各级均以850°F（454.4℃）为基准。因此，两种体系不能随便按照压力换算公式来变换公称压力和温度压力等级，我国两个体系均在使用。

一、阀门的基本参数

阀门的基本参数包括公称直径、公称压力、适用介质、工作-温度额定值，这些参数是阀门设计和选用的依据。

1. 公称直径

公称直径（也称公称口径、公称通径）是指阀门与管路连接处通道的名义直径，它表示阀门规格的大小，是阀门最主要的尺寸参数，用于识别管道或阀门端部的连接标志，不一定与阀门的内径相同。Class系列阀门的公称直径用英制英寸（in）表示，表示方法为NPS后接数字（英寸）；PN系列阀门的公称直径用公制毫米（mm）表示，表示方法为DN后接数字。

2. 公称压力

公称压力是指阀门的名义压力，它是阀门在基准温度下允许的最大工作压力。公称压力表示阀门承压能力的大小，是阀门最主要的性能参数。阀门的最大工作压力可根据阀门的公称压力和阀门材料查得。PN系列阀门公称压力的表示方法为PN后接数字（巴，bar），如PN2.5、PN6、PN10、PN16、PN25、PN40、PN63、PN100、PN160、PN320、PN400；Class系列阀门公称压力的表示方法为Class后接数字（磅/平方英寸，psi），如Class150、Class300、Class600、Class900、Class1500、Class2500、Class4500。

PN系列阀门和Class系列阀门各自的基准不同，虽然不能随便按照压力换算公式来变换公称压力和温度压力等级，但某些等级存在一定的对应关系，见表4-14。

表4-14　　PN系列和Class系列的对应关系

PN系列	PN20	PN50	PN110	PN150	PN260	PN420	PN760
Class系列	Class150	Class300	Class600	Class900	Class1500	Class2500	Class4500

阀门的工作压力是指阀门在工作状态下的压力，它与阀门的材料和介质温度有关。阀门的强度试验压力是指对阀门进行水压强度试验用的压力，为公称压力的1.5倍。阀门的密封试验压力不同于强度试验压力，密封试验压力通常为公称压力的1.1倍，试验介质是水。

3. 适用介质

阀门的工作介质可以是各种各样的，有些介质具有很强的腐蚀性，因此对阀门的材料提出了不同的要求。按照选用材料和结构形式不同，各种型号的阀门都有一定的适用介质范围，在设计和选用阀门时也应给予考虑，管路中常见的介质有如下几类。

（1）气体介质：空气、水蒸气、氨、氮氢气、煤气、石油气和天然气等。

（2）液体介质：水、氨液、石油及硝酸、醋酸等腐蚀性介质。

（3）含固体介质：含有固体颗粒或悬浮物的气体或液体介质。

（4）特殊介质：剧毒性介质，易燃、易爆介质，液态金属及含有放射性物质的介质等。

4. 压力-温度额定值

阀门的压力-温度额定值是在指定温度下用表压表示的最大允许工作压力。当温度升高时，最大允许工作压力随之降低。压力-温度额定值数据是在不同工作温度和工作压力下正确选用法兰、阀门及管件的主要依据，也是工程设计和生产制造中的基本参数。

5. 阀门的结构长度

阀门的结构长度是指阀门与管道连接的两个端面（或中心线）之间的距离，用 L 表示，单位为 mm，见图 4-1。

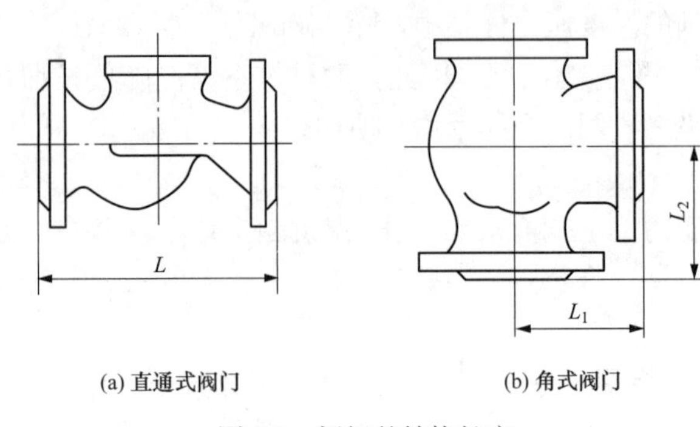

(a) 直通式阀门　(b) 角式阀门

图 4-1　阀门的结构长度

二、常用阀门

火力发电厂常用阀门的分类方法较多，主要根据阀门的各种特性进行分类。按用途和作用分类，可分成截断阀类（闸阀、截止阀、球阀、旋塞阀、蝶阀、隔膜阀等）、止回阀类、调节阀类（调节阀、节流阀、减压阀）、分流阀类（分配阀、三通阀、四通阀、疏水阀等）、安全阀类、多用途组合阀（截止止回阀、截止止回安全阀等）及其他特殊专用阀类。按主要技术参数（压力、口径、温度）分类：按压力可分为低压阀（≤PN16、Class150）、中压阀（PN25～PN64、Class300～Class400）、高压阀（PN100～PN800、Class600～Class4500）；按口径可分为小口径阀（≤DN40、≤NPS1.5）、中口径阀（DN50～DN300、NPS2～NPS12）、大口径阀（DN350～DN1200、NPS14～NPS48）、特大口径阀（＞DN1200、＞NPS48）；按介质温度可分为高温阀（＞450℃）、中温阀（120～450℃）、常温阀（－29～120℃）、低温阀（小于－29℃）。按连接方式分类，分为法兰连接阀门、焊接连接阀门、螺纹连接阀门、对夹连接阀门、卡套连接阀门、夹箍连接阀门。按阀体材料分类，分为金属材料阀门、非金属材料阀门、非金属衬里的金属阀门。按驱动方式分类，分为手动阀门、电动阀门、气动阀门、液动阀门、气液联动阀门。

阀门的通用分类法是按阀门的原理、作用及结构进行分类，这种分类方法是目前国内外最常用的分类方法。按阀门的通用分类法可将阀门分成闸阀、截止阀、节流阀、蝶阀、止回阀、旋塞阀、球阀、隔膜阀、安全阀、调节阀、减压阀等。

（一）闸阀

闸阀的启闭件是闸板，闸板的运动方向与流体方向相垂直，闸阀只能作全开和全关，不能作调节和节流。闸阀的阀体与阀盖采用法兰连接（或自密封连接），阀体截面形状主要取决于公称压力。低压阀呈扁平状；高中压阀呈椭圆形或圆形。闸阀结构示意如图 4-2 所示。

1. 闸阀的特点

当阀门部分开启时，在闸板背面产生涡流，易引起闸板的侵蚀和振动，也易损坏阀座密封面，修理困难。闸阀通常适用于不需要经常启闭，而且保持闸板全开或全闭的工况，不适用于作为调节或节流使用，一般用于口径 DN≥50mm 的系统中。闸阀的流动力较小、启闭扭矩小，一般不受介质流向的限制；但流量调节性能差、启闭时间长，一般不能用于含大量杂质的介质。

2. 闸阀的分类

闸阀根据闸板结构分为楔式闸阀和平行式闸阀。

（1）楔式闸阀。楔式闸阀的闸板密封面与闸板垂直中心线有一定倾角，称为楔半角，防止温度变化时闸板卡死，一般角度为 2°52″或 5°，介质温度越高，通径越大，楔半角就越大。

1）楔式刚性单闸板。楔式刚性单闸板结构简单，尺寸小，使用较为可靠，应用于常温和中温的各种压力，楔角加工精度高，加工维修较为困难；启闭过程中密封面易发生擦伤，温度变化时闸板易卡住。

2）楔式弹性单闸板。楔式弹性单闸板中部开有环状槽或由两块闸板焊接而成，中间为空；结构简单，密封面可靠，能自行补偿由于异常负荷引起的阀体变形，防止闸板卡住；应用于各种压力和温度的中、小口径及启闭频繁场所。

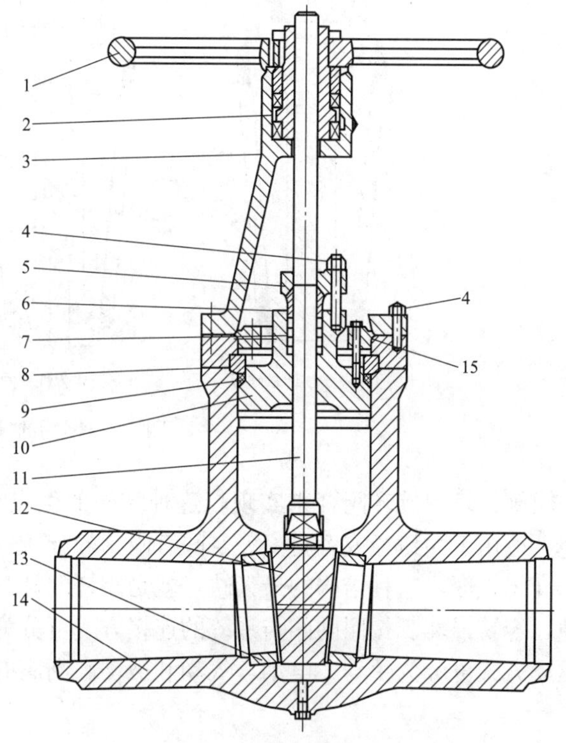

图 4-2 闸阀结构示意图

1—手轮；2—阀杆螺母；3—支架；4—螺柱与螺母；5—填料压板；6—填料压套；7—填料；8—四开环；9—密封圈；10—阀盖；11—阀杆；12—闸板；13—阀座；14—阀体；15—螺栓

3）楔式弹性双闸板。楔式弹性双闸板由两块圆板组成，用球面顶心铰接成楔形闸板，楔角可以靠顶心自动调整，见图 4-3。温度变化时不易卡住，也不易产生擦伤现象；但结构复杂、零件较多、闸板易脱落。应用于水和蒸气介质，不适用于黏性介质。

（2）平行式闸阀。平行式闸阀闸板的两个密封面平行，阀座密封面垂直于管道中心线。平行式闸阀分为平行式单闸板和平行式双闸板。

1）平行式单闸板。平行式单闸板不能依靠其自身达到强制密封，必须采用固定或浮动的软质阀座。结构简单，制造容易，磨损较小，密封性好，但体形高，不能强制密封。适用于中低压、大中口径，介质为油类或天然气。

2）平行式双闸板。平行式双闸板分为自动密封式和撑开式。自动密封式是依靠介质的压力把闸板推向出口侧阀座密封面，达到单面密封的目的。闸板间加弹簧实现在关闭时的密封，密封面易被擦伤和磨损，较少采用。撑开式是用顶楔把两块闸板撑开，压紧在阀座密封面上，达到强制密封。

另外，闸阀按阀杆的螺纹位置划分，可分为明杆闸阀和暗杆闸阀两种。明杆闸阀是阀杆螺母在阀杆或支架上，开闭闸板时，用旋转阀杆螺母来实现阀杆的升降，这种结构开闭程度明显，对阀杆的润滑有利，故被广泛选用。暗杆闸阀是阀杆螺母在阀体内与介质直接接触，

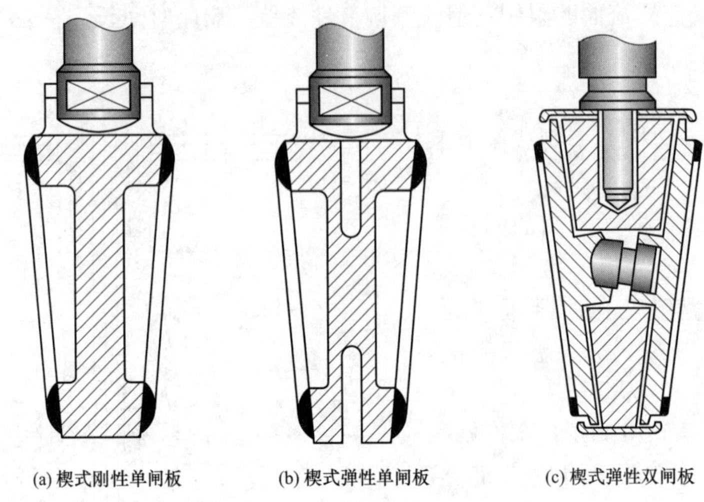

图 4-3 闸阀的楔式闸板

开闭闸板时用旋转阀杆来实现，这种结构的优点是闸阀的总高度保持不变，因此安装空间小，适用于大口径或者对安装空间有限制的场所。使用暗杆闸阀都必须装开闭指示器，以指示开闭程度，这种结构的最大缺点就是阀杆的螺纹不仅无法润滑，而且长年直接受介质的侵蚀，容易损坏。按照闸阀与系统的连接方式可分为法兰连接、螺纹连接和焊接。按照闸阀的驱动方式可分为手动、电动、气动和液动。闸阀的分类见图 4-4。

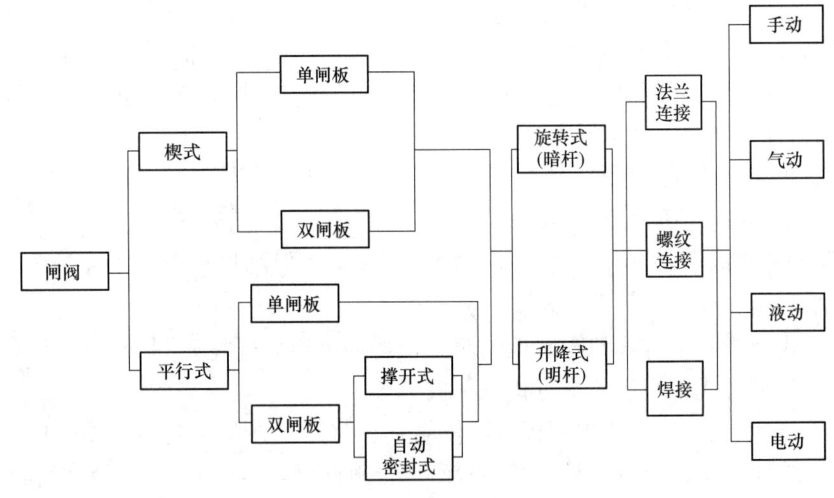

图 4-4 闸阀的分类

3. 闸阀的优点和缺点

闸阀的优点：①流动阻力小；②开闭所需外力较小；③介质的流向不受限制；④全开时，密封面受工作介质的冲蚀比截止阀小；⑤体形比较简单，铸造工艺性较好。

闸阀的缺点：①外形尺寸和开启高度都较大，安装所需空间较大；②开闭过程中，密封面间有相对摩擦，容易引起擦伤现象；③闸阀一般都有两个密封面，给加工、研磨和维修增加了一些困难。

（二）截止阀

截止阀是使用最广泛的一种阀门，截止阀的闭合原理是依靠阀杆压力使阀瓣密封面与阀座密封面紧密贴合，阻止介质流通。截止阀在开闭过程中密封面之间摩擦力小，比较耐用，开启高度不大，制造容易，维修方便，不仅适用于中低压，而且适用于高压。截止阀只许介质单向流动，安装时有方向性。它的结构长度大于闸阀，同时流动阻力大，长期运行时，密封可靠性不强。截止阀启闭力矩很大，一般只能用于中小口径管道（公称直径不大于200mm）。

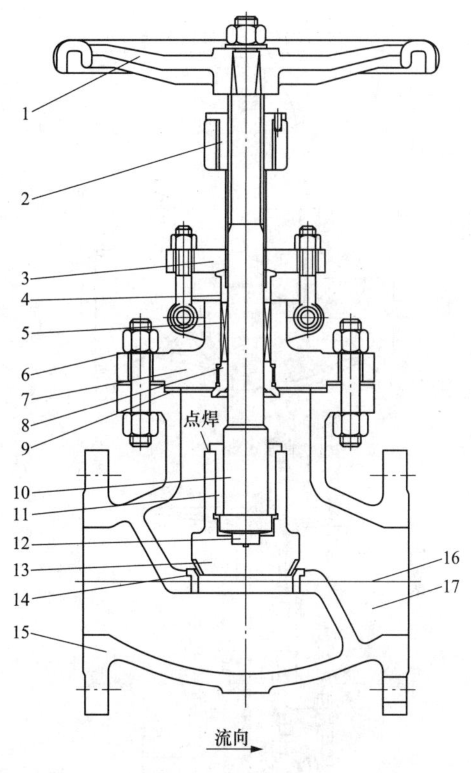

图 4-5 截止阀结构

1—手轮；2—阀杆螺母；3—填料压板；4—填料压套；5—填料；6—螺栓与螺母；7—阀盖；8—上密封座；9—垫片；10—阀杆；11—阀瓣压盖；12—垫块；13—阀瓣；14—阀座；15—阀体；16—流道中心线；17—流道

1. 截止阀的结构

截止阀由阀体、阀瓣、阀盖、阀杆等组成，见图 4-5。阀体、阀盖为承压件，阀瓣、阀杆为内件。截止阀的启闭件是塞形阀瓣，密封面呈平面或锥面，阀瓣沿流体的中心线作直线运动。阀杆的运动形式有升降杆式（阀杆升降，手轮不升降）和升降旋转杆式（手轮与阀杆一起旋转升降，螺母设在阀体上）两种。截止阀在管路中主要用于切断介质，也可用于非精确的流量调节。

2. 截止阀的分类

根据截止阀的结构可分为直通式、直流式、直角式和柱塞式 4 种，见图 4-6。

（1）直通式截止阀。直通式截止阀是最常见的结构，介质进出口通道在同一方向上呈180°，但其流体的阻力最大。

（2）直流式截止阀。直流式（Y 形）截止阀阀体的流道与主流道成一斜线，这样流动状态的破坏程度比常规截止阀要小，因而通过阀门的压力损失也较常规截止阀小。多用于含固体颗粒或黏度大的流体。

（3）直角式截止阀。直角式截止阀流体只需改变一次方向，使通过此阀门的压力降比常规结构的截止阀小。阀体多采用锻造，适用于较小通径、较高压力的情况。

（4）柱塞式截止阀。柱塞式截止阀是常规截止阀的变型。该阀门主要用于“开”或者“关”，但是备有特制形式的柱塞或特殊的套环，也可以用于调节流量。

上述 4 种截止阀阀杆分为上螺纹阀杆和下螺纹阀杆。上螺纹阀杆截止阀的阀杆螺纹在壳体的外面，不与工作介质直接接触，阀杆螺纹不受介质腐蚀，便于润滑，操作省力。下螺纹阀杆截止阀的阀杆螺纹在阀体内部，与工作介质直接接触，阀杆螺纹易受介质侵蚀，且无法

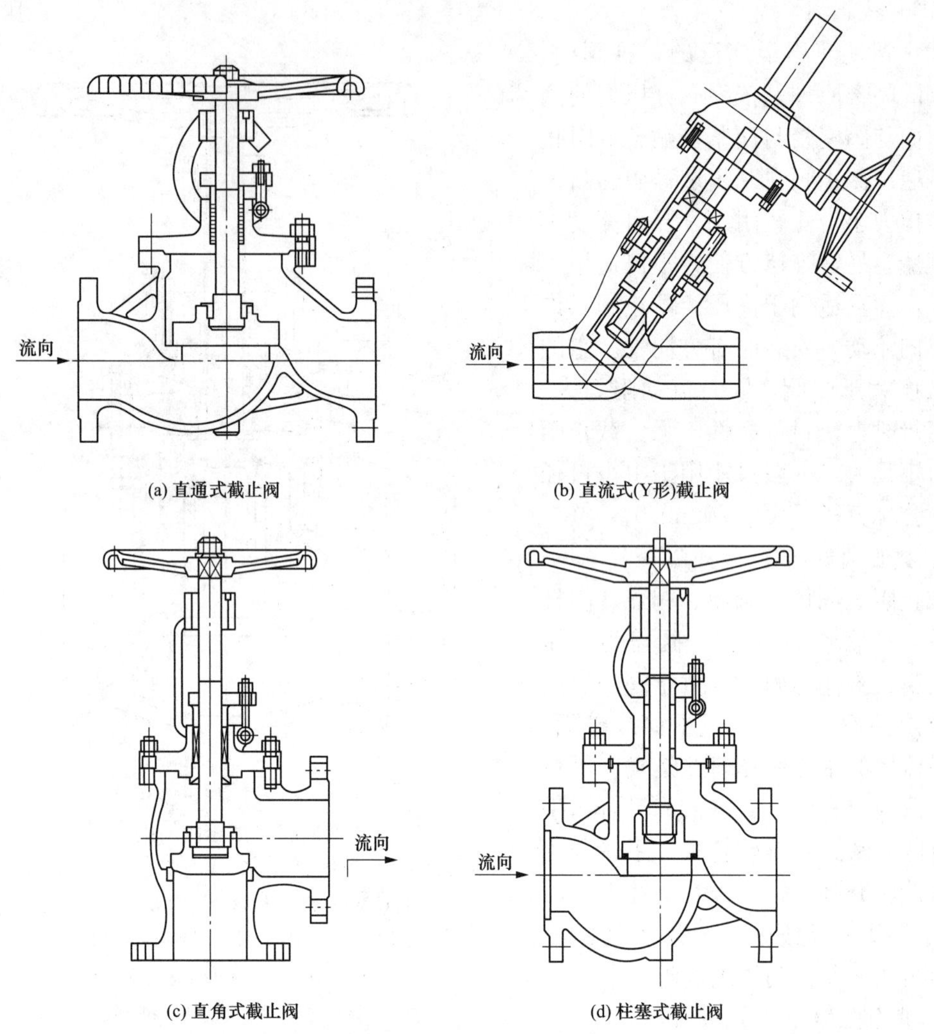

(a) 直通式截止阀　(b) 直流式(Y形)截止阀
(c) 直角式截止阀　(d) 柱塞式截止阀

图 4-6　截止阀的种类

润滑，多用在公称直径较小且介质工作温度不高的场合，大部分用于仪表阀和取样阀。按照截止阀与系统的连接方式可分为法兰连接、螺纹连接和焊接。按照截止阀的驱动方式可分为手动、电动、气动和液动。截止阀的分类见图 4-7。

（三）节流阀

节流阀是通过改变通道截面积来调节介质的流量和压力，属于非精确的调节阀，一般采用手动操作控制。

1. 节流阀的结构

节流阀与截止阀的结构基本相同，只是阀瓣的形状不同，截止阀的阀瓣为盘形，节流阀的阀瓣多为圆锥流线型，通过改变通道的截面积来调节介质的流量与压力。介质在节流阀瓣和阀座之间流速很大，以致使这些零件表面很快损坏（即所谓汽蚀现象）。为了尽量减少汽蚀，阀瓣采用耐汽蚀材料（合金钢制造），并制成顶尖角为 140°～180°的流线型圆锥体，使阀瓣能有较大的开启高度。

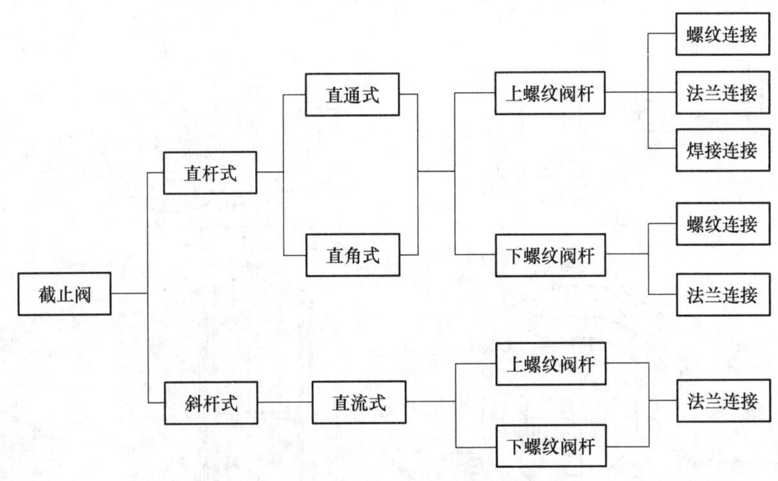

图 4-7 截止阀的分类

2. 节流阀的分类

节流阀按通道方式可分为直通式和角式两种；按启闭件的形状分为针形、沟形和窗形 3 种形式，见图 4-8。当阀瓣在不同高度时，阀瓣与阀座的环形道路面积相应变化，从而得到需要的压力或流量。

（四）蝶阀

蝶阀又叫翻板阀，是一种结构简单的调节阀，同时也可用于低压管道介质的开关控制。蝶阀是发展最快的阀门品种之一，蝶阀的适用范围非常广泛，逐步向高温、高压、大口径、高密封性以及多功能方向发展，其可靠性及其他性能指标均达到了较高水平，并部分取代截止阀、闸阀和球阀。

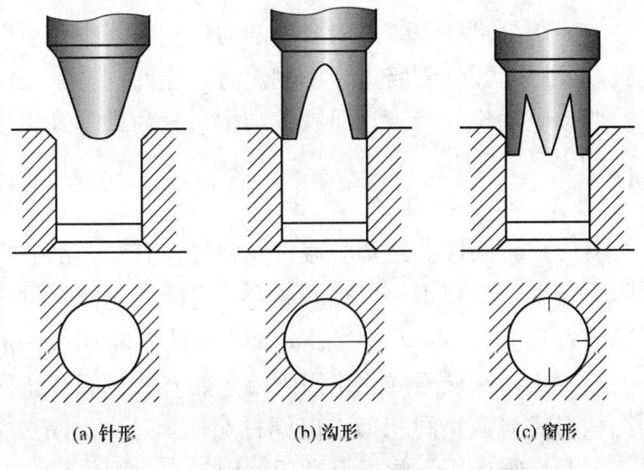

图 4-8 节流阀阀瓣

1. 蝶阀的结构

蝶阀的阀瓣（或蝶板）为圆盘，通过阀瓣围绕阀轴旋转实现开启与关闭，在管道上起到切断和节流的作用。蝶阀的启闭件是蝶板在阀体内绕其自身的轴线旋转，从而达到启闭或调节的目的，见图 4-9。蝶阀的蝶板安装于管道的直径方向，在蝶阀阀体圆柱形通道内，圆盘形蝶板绕轴线旋转（旋转角度在 0～90°之间），旋转到 90°时，阀门则处于全开状态。

2. 蝶阀的分类

蝶阀的分类方法很多，可按密封面材质、工作压力、工作温度和连接方式分类，最常用的是按蝶阀密封结构形式分类。按蝶阀密封结构形式分为同心密封蝶阀、单偏心密封蝶阀、双偏心密封蝶阀、三偏心密封蝶阀。

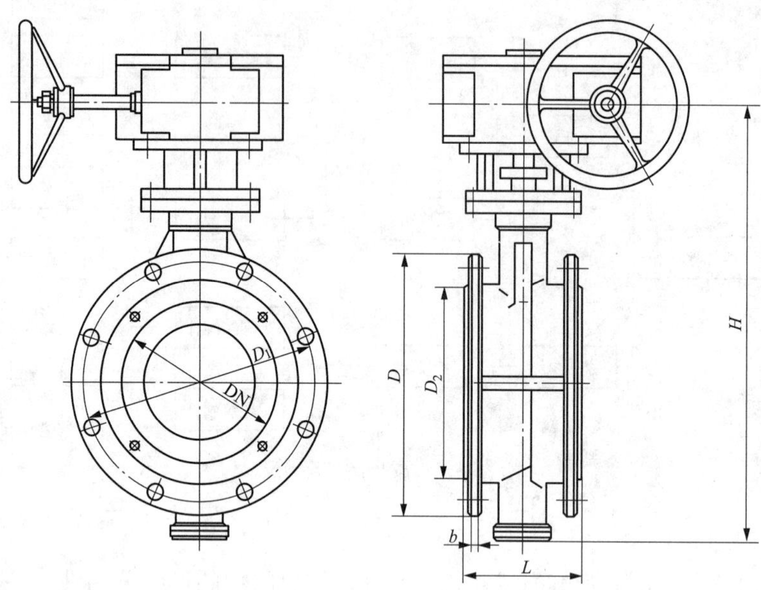

图 4-9　蝶阀结构图

（五）止回阀

止回阀是借助于管路中介质的力防止管路中介质倒流。当管路中介质正向流动时，止回阀自动开启，而当管路中介质倒流时，止回阀自动关闭。其主要作用是防止介质倒流或防止泵及驱动电动机反转。止回阀按结构可分为升降式止回阀、旋启式止回阀及蝶式止回阀等几种类型，见图 4-10。

1. 升降式止回阀

升降式止回阀的结构与截止阀相似，其阀瓣沿着导向轴套作升降运动，动作可靠，但流动阻力较大，适用于小口径的场合。升降式止回阀可分为直通式和立式两种。直通式升降止回阀一般只能安装在水平管路，而立式升降止回阀一般安装在垂直管路。

截止止回阀属升降式止回阀，是兼有截止阀和止回阀功能的多功能阀门，见图 4-11。它的结构形式与截止阀相似，但阀杆与阀瓣不是固定连接。当阀杆下降将阀瓣紧压在阀座上时，起截止阀作用；阀杆上升后，则起止回阀作用。在同时需要安装截止阀和止回阀的管道上，或在安装位置受到限制的场所，使用截止止回阀可节约安装费用和空间位置。

2. 旋启式止回阀

旋启式止回阀的阀瓣绕转轴作旋转运动。其流动阻力一般小于升降式止回阀，适用于较大口径的场合。旋启式止回阀根据阀瓣的数目可分为单瓣旋启式、双瓣旋启式及多瓣旋启式三种。单瓣旋启式止回阀一般适用于中等口径，大口径管路选用单瓣旋启式止回阀时，为减少水锤压力，最好采用能减小水锤压力的缓闭止回阀；双瓣旋启式止回阀适用于大中口径管路，双瓣旋启式止回阀体积小、质量轻，是一种发展较快的止回阀；多瓣旋启式止回阀适用于大口径管路。

3. 蝶式止回阀

蝶式止回阀的结构类似于蝶阀，蝶式止回阀结构简单，根据管路情况，既可以垂直安装

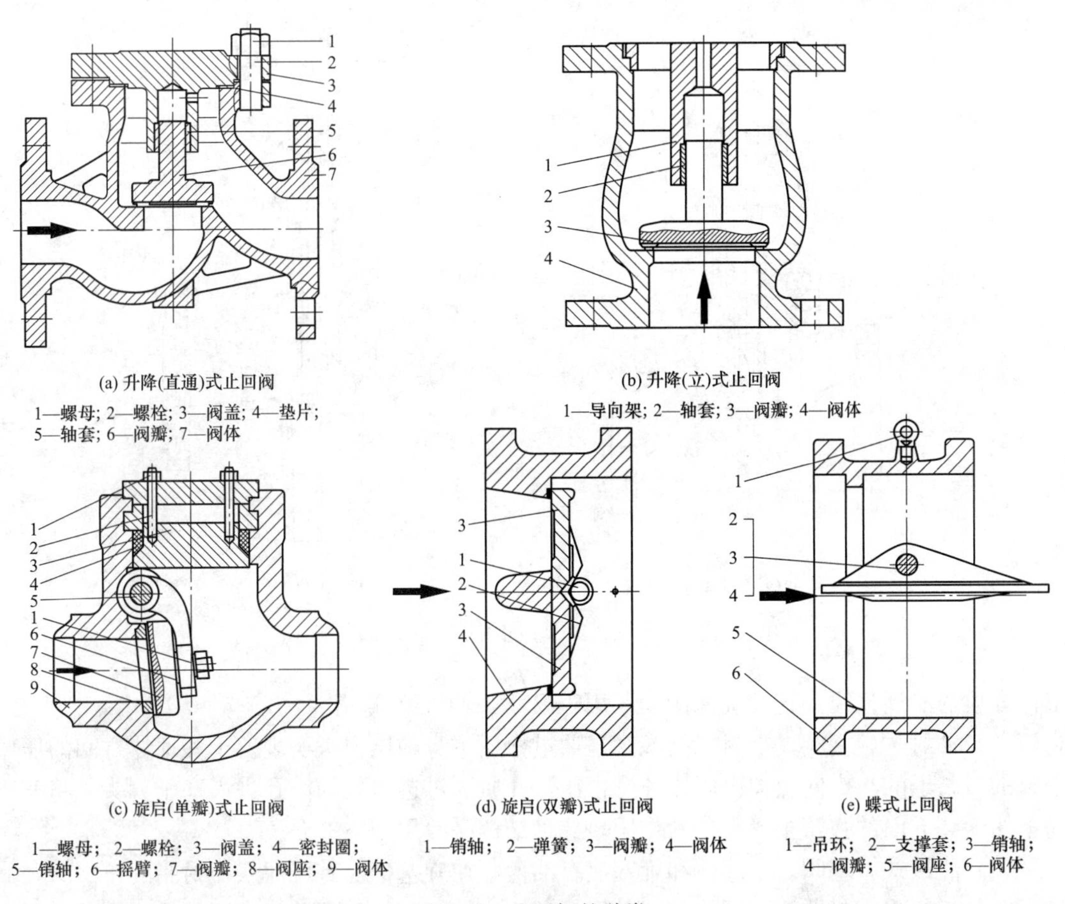

图 4-10 止回阀的种类

又可水平安装。安装方式也较灵活，既可做成对夹式，又可做成法兰连接。蝶式止回阀质量轻，体积小，流动阻力相对较小，水锤压力也较小。但由于本身结构原因，只适用于低中压管路。

（六）旋塞阀

旋塞阀是将关闭件旋转 90°，使阀塞上的通道口与阀体上的通道口相通或分开，实现开启或关闭的一种阀门。旋塞阀阀塞的形状可成圆柱形或圆锥形，在圆柱形阀塞中，通道一般成矩形；而在锥形阀塞中，通道成梯形。适用于介质的切断、接通以及分流，有时也可用于节流。旋塞阀是应用较早的阀门，种类多，应用广，有不同的分类方法。

1. 按结构形式分类

旋塞阀按结构形式可分为紧定式旋塞阀、填料式旋塞阀、自封式旋塞阀和注油式旋塞阀 4 种。

(1) 紧定式旋塞阀。紧定式旋塞阀带填料，塞子与塞体密封面的压紧依靠拧紧下面的螺母来实现。结构简单，零件少，加工量小，成本低。密封等级不高，一般用于压力小于或等于 0.6MPa 的管道。

(2) 填料式旋塞阀。填料式旋塞阀是通过压紧填料来实现塞子和塞体密封的。由于有填料，所以密封性能较好。通常这种旋塞阀有填料压盖，塞子不用伸出阀体，因而减少了一个

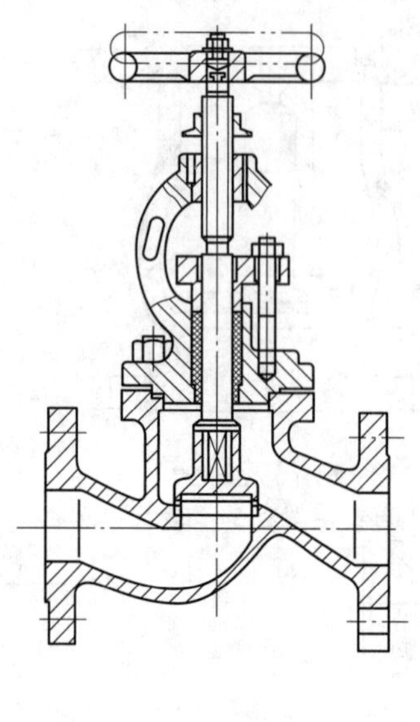

(a) 升降直通式

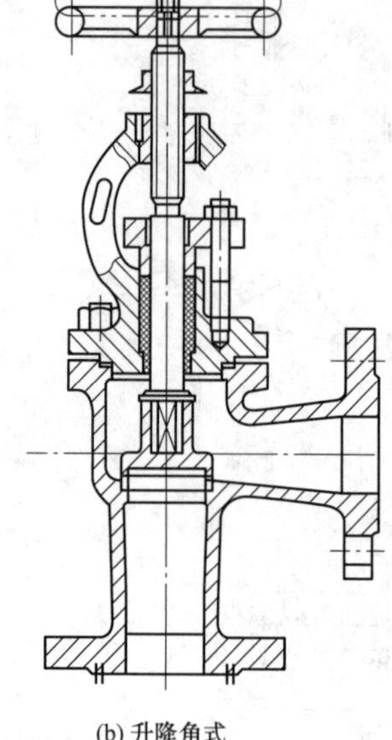

(b) 升降角式

图 4-11　截止止回阀

工作介质的泄漏途径。这种旋塞阀大量用于 PN≤1MPa 的管道。

（3）自封式旋塞阀。自封式旋塞阀是通过介质本身的压力来实现塞子和塞体之间的压紧密封的。塞子的小头向上伸出阀体外受常压，介质通过进口处的小孔进入塞子大头，将塞子向上压紧，下面的弹簧主要起预紧作用，此种结构一般用于空气介质。

（4）油封式旋塞阀。在阀体和旋塞上有油槽，在旋塞柄上有可注入密封脂的止回阀，靠注入密封脂加强密封性能。阀体和阀盖采用螺栓连接，阀体和阀盖间有调整垫，调整垫既要保证阀体与阀盖之间无泄漏，又要保证旋塞和阀体间的密封性能。随着旋塞阀的应用范围不断扩大，出现了带有强制润滑的油封式旋塞阀。油封式旋塞阀密封性能好，开闭省力，并能有效防止密封面损伤。

2. 按用途分类

旋塞阀按用途分为软密封旋塞阀、油润滑硬密封旋塞阀、提升式旋塞阀、三通和四通式旋塞阀。

（1）软密封旋塞阀。旋塞为圆锥形或圆柱形，全衬或部分衬软质材料。软密封旋塞阀常用于腐蚀性、剧毒及高危害介质等苛刻环境，可有效防止介质泄漏。

（2）油润滑硬密封旋塞阀。特制的润滑脂从塞体顶部注入阀体锥孔与塞体之间，形成油膜以减小阀门启闭力矩，提高密封性和使用寿命。其工作压力可达 64MPa，最高工作温度可达 325℃，最大口径可达 600mm。

（3）提升式旋塞阀。提升式旋塞阀有多种结构形式，提升式旋塞阀按密封面的材料分为软密封和硬密封两种。其基本原理：阀门开关时，先将旋塞上升以减少与阀体密封面的摩擦力，并转动旋塞 90°，使旋塞轻松动作；然后将旋塞下降至原位，确保阀体密封面接触，达到良好密封，见图 4-12。提升式旋塞阀分为软密封提升式旋塞阀和硬密封提升式旋塞阀。

（4）三通和四通式旋塞阀。三通和四通式旋塞阀用于改变介质流动方向或进行介质分配的管道。

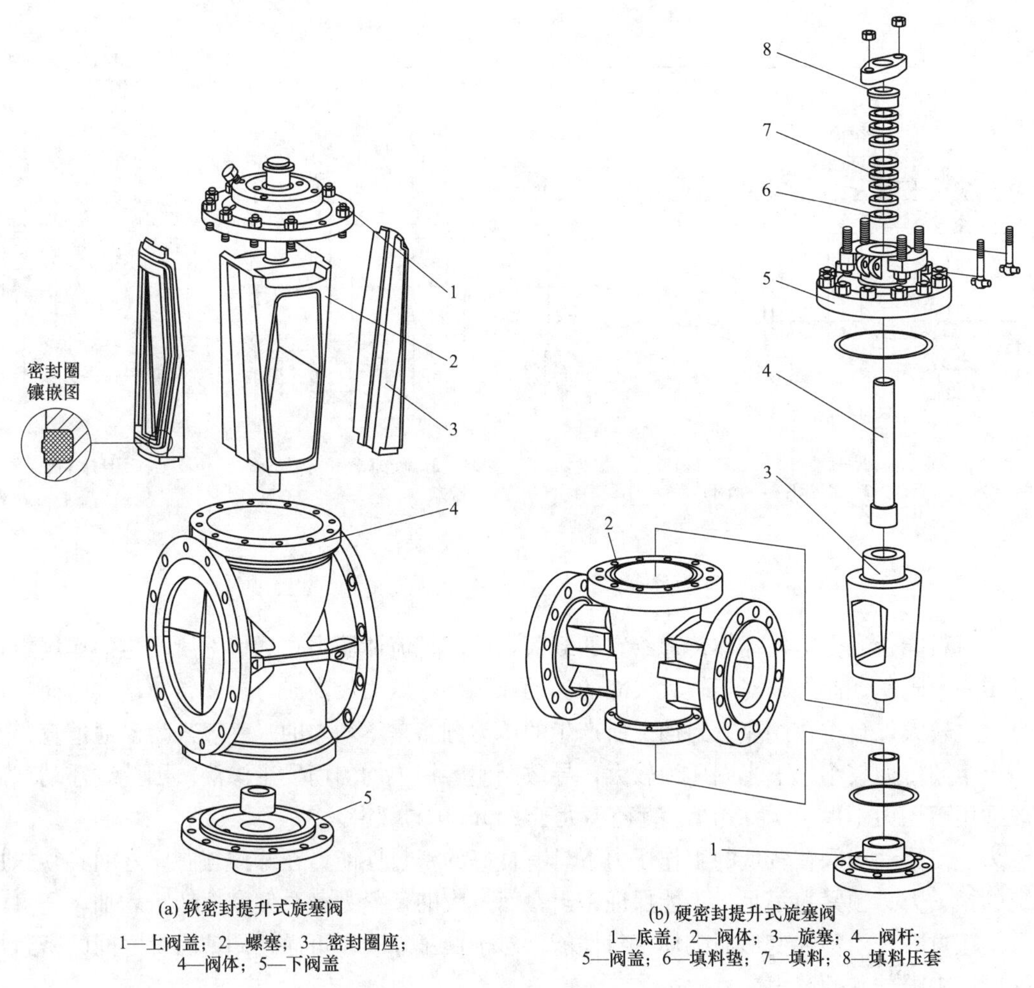

(a) 软密封提升式旋塞阀

1—上阀盖；2—螺塞；3—密封圈座；4—阀体；5—下阀盖

(b) 硬密封提升式旋塞阀

1—底盖；2—阀体；3—旋塞；4—阀杆；5—阀盖；6—填料垫；7—填料；8—填料压套

图 4-12 提升式旋塞阀

（七）球阀

球阀是由旋塞阀演变而来，球阀与旋塞阀有相同的启闭动作，不同的是阀芯旋转体不是塞子而是球体。当球体旋转 90°时，在进、出口处应全部呈现球面，球阀在管路中主要用来做切断、分配和改变介质的流动方向。球阀主要由阀体、阀座、球体、阀杆、手柄（或其他驱动装置）组成。球阀按结构形式可分成浮动球球阀、固定球球阀和弹性球球阀，见图 4-13。

1. 浮动球球阀

浮动球球阀特点是球体无支撑轴，球体由阀门进、出口两端的阀座予以支撑，阀杆与球体为活动连接。这种球阀的球体被两阀座夹持其中而呈“浮动状态”，手柄借助阀杆使球体在两阀座之间自由旋转。当球体的流道孔与阀门通道孔对准时，球阀呈开启状态，流体畅通，阀门的流动阻力很小。当球体转动 90℃时，球体的流道孔与阀门通道孔相垂直，球阀处于关闭状态，球体在流体压力的作用下，被推向阀门出口端（简称阀后）阀座，使之压紧并保证密封。

浮动球阀的主要优点：结构简单、制造方便、成本低廉、工作可靠。浮动球阀的密封性能与流体压力有关，在其他条件相同的情况下，一般来说压力越高越容易密封。但是，应考

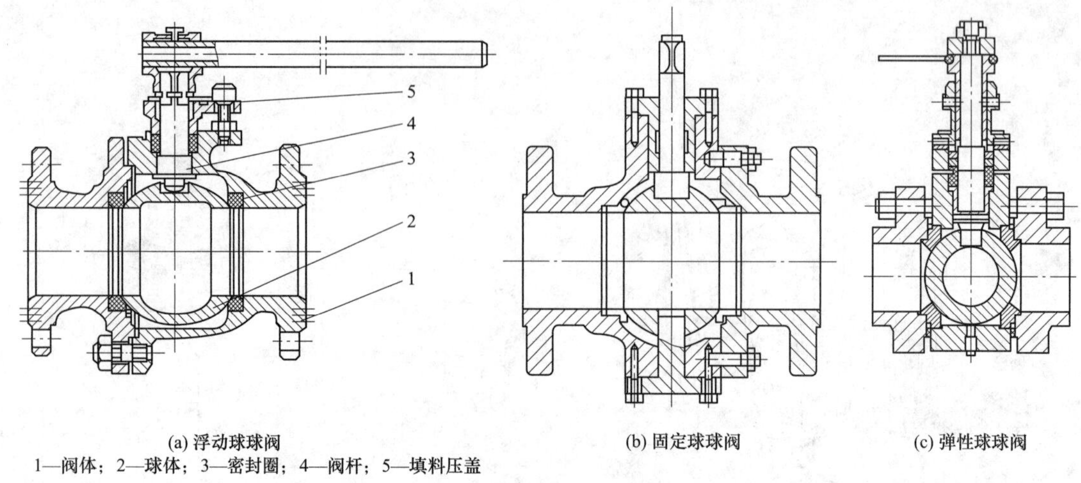

(a) 浮动球球阀　(b) 固定球球阀　(c) 弹性球球阀

1—阀体；2—球体；3—密封圈；4—阀杆；5—填料压盖

图 4-13　球阀的种类

虑阀座材料能否经受得住球体传递给它的载荷，原因是流体压力在球体上所产生的作用力将全部传递给阀座。此外，对于较大尺寸的浮动球阀，当压力较高时，操作转矩增大，而且球体自重也较大，自重在阀座密封面上所产生的压力分布是不均匀的，一般来说沿通道直径水平面上半圈压力较小，下半圈压力较大，导致阀座磨损不均匀而发生渗漏。因此，浮动球阀一般适用于压力不大于 1.0MPa、直径不大于 200mm 的管道。

为了使浮动球阀在较低的工作压力下具有良好的密封性能，在球体与阀座之间必须施加一定的预紧力。预紧力不足，不能保证密封；而过大的预紧力又会使摩擦转矩增加，还可能导致阀座材料产生塑性变形而破坏密封性能。对于低压球阀，可通过调整法兰之间的密封垫片的厚度来限制其预紧力。

2. 固定球球阀

球阀的球体是固定的，受压后不产生移动。固定球球阀都带有浮动阀座，受介质压力后，阀座产生移动，使密封圈紧压在球体上，以保证密封。通常在球体的上、下轴上装有轴承，操作扭距小，适用于高压和大口径的阀门。近年来又出现了油封球阀，即在密封面间压入特制的润滑油，以形成一层油膜，既增强了密封性，又减少了操作扭矩，更适用于高压大口径的球阀。

3. 弹性球球阀

球阀的球体是有弹性的，如果球体和阀座密封圈都采用金属材料制造，密封比压很大，依靠介质本身的压力已达不到密封的要求，必须施加外力。弹性球体是在球体内壁的下端开一条弹性槽而获得弹性。当关闭通道时，用阀杆的楔形头使球体涨开与阀座压紧达到密封。在转动球体之前先松开楔形头，球体随之恢复原形，使球体与阀座之间出现很小的间隙，可以减少密封面的摩擦和操作扭矩。这种阀门适用于高温高压介质。

（八）隔膜阀

隔膜阀是一种特殊形式的截断阀，它的启闭件是一块用软质材料制成的隔膜，把阀体内腔与阀盖内腔及驱动部件隔开。隔膜阀的阀体和阀盖内装有一挠性隔膜或组合隔膜，其关闭件是与隔膜相连接的一种压缩装置。其优点是其操纵机构与介质通路隔开，不但保证了工作介质的纯净，同时也防止管路中介质冲击操纵机构工作部件的可能性。此外，阀杆处不需要采用任何形式的单独密封。隔膜阀的工作温度通常受隔膜和阀体衬里所使用材料的限制，它的工作温度范围为－50～175℃。隔膜阀结构简单，由阀体、膜片和阀头组合件三个主要部件构成，易于快速拆卸和维修，更换隔膜可以在现场及短时间内完成。

1. 隔膜阀的特点

隔膜阀的阀体材料采用铸铁、铸钢或铸造不锈钢，并衬以各种耐腐蚀或耐磨材料，隔膜材料为橡胶或聚四氟乙烯。衬里的隔膜耐腐蚀性能强，适用于强酸、强碱等强腐蚀性介质。隔膜阀的结构简单、流动阻力小、流通能力较同规格的其他类型阀门大；无泄漏，能用于高黏度及有悬浮颗粒介质。隔膜把介质与阀杆上腔隔离，因此没有填料介质也不会外漏。但是，由于隔膜和衬里材料的限制，耐压性、耐温性较差，一般只适用于1.6MPa公称压力和150℃以下的环境。

隔膜阀的流量特性接近快开特性，在60%行程前近似为线性，60%后的流量变化不大。气动形式的隔膜阀还可附装反馈信号、限位器及定位器等装置，以适应自动控制、程序控制或调节流量的需要。隔膜材料常用天然橡胶、氯丁橡胶、丁橡胶、丁晴橡胶、异丁橡胶、氟化橡胶和聚氟乙丙烯塑料等。

2. 隔膜阀的分类

隔膜阀按结构形式可分为屋脊式、截止式和闸板式三种类型，见图4-14。屋脊式隔膜阀也称突缘式，是最基本的一类，从图4-14中可以看出，为了防止腐蚀，阀体内装有衬里。截止式隔膜阀结构形状与截止阀相似，这种形式的阀门，流动阻力比屋脊式大，但密封面积大，密封性能好，可用于真空度高的管路。闸板式隔膜阀结构形式与闸阀相似，流动阻力最小，适合于输送黏性物料。

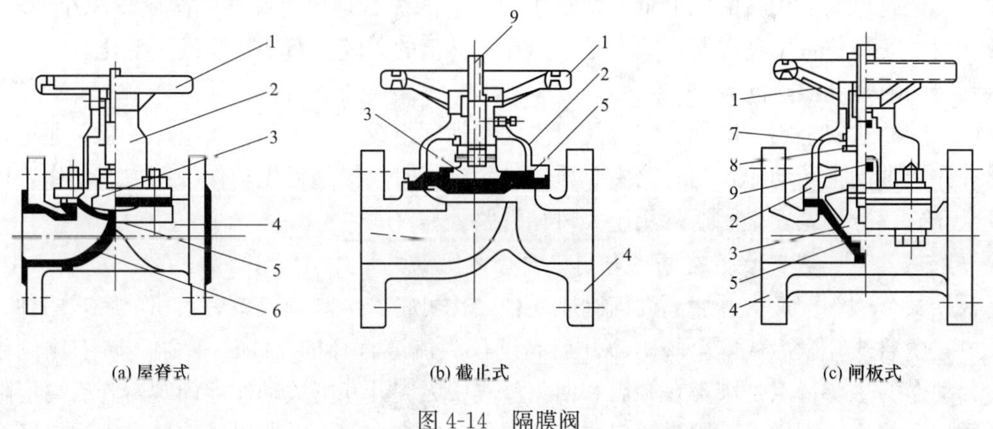

图4-14 隔膜阀

1—手轮；2—阀盖；3—压闭圆板；4—阀体；5—隔膜；6—衬里；7—轴承；8—阀杆螺母；9—阀杆

(九) 安全阀

安全阀是启闭件在外力作用下处于常闭状态，当设备或管道内的介质压力升高超过规定值时，通过向系统外排放介质来防止管道或设备内介质压力超过规定数值的特殊阀门。安全阀属于自动阀类，主要用于锅炉、压力容器和管道上，控制压力不超过规定值，对人身安全和设备运行起重要保护作用。安全阀是保证锅炉安全运行的重要设备，必须经过压力试验合格后才能使用。安全阀的种类很多，分类方法有以下三种。

1. 按安全阀结构分类

根据安全阀的结构可分为重锤（杠杆）式安全阀、弹簧式安全阀和脉冲式安全阀，见图4-15。

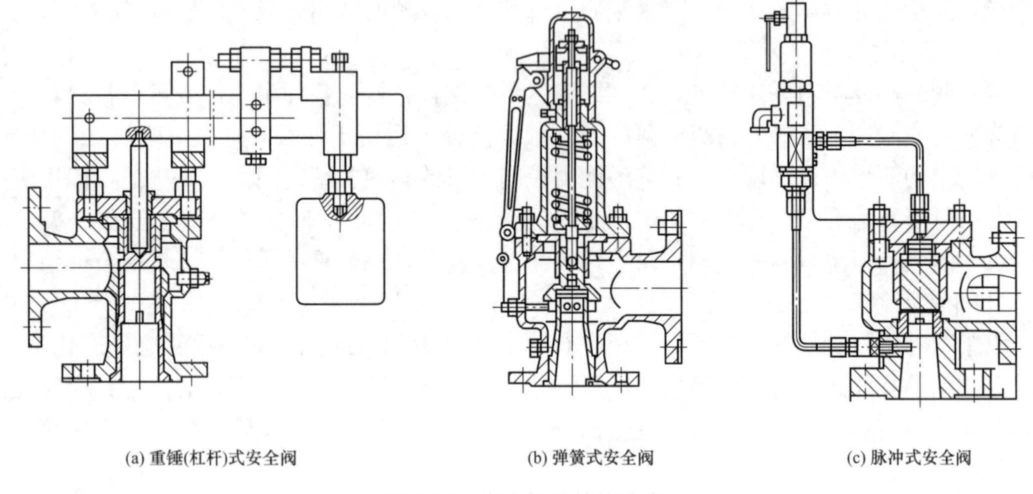

图 4-15　安全阀的结构分类

（1）重锤（杠杆）式安全阀。重锤（杠杆）式安全阀是用杠杆和重锤来平衡阀瓣的压力。重锤式安全阀靠移动重锤的位置或改变重锤的重量来调整压力。它的优点在于结构简单；缺点是比较笨重，回座力低。这种结构的安全阀只能用于固定的设备上。

（2）弹簧式安全阀。弹簧式安全阀是利用压缩弹簧的力来平衡阀瓣的压力并使之密封。弹簧式安全阀靠调节弹簧的压缩量来调整压力。它的优点是比重锤式安全阀体积小、轻便，灵敏度高，安装位置不受限制；缺点是作用在阀杆上的力随弹簧变形而发生变化，同时必须注意弹簧的隔热和散热问题。

（3）脉冲式安全阀。脉冲式安全阀由主阀和辅阀组成，主阀和辅阀连在一起，通过辅阀的脉冲作用带动主阀动作，当管路中介质超过额定值时，辅阀首先动作带动主阀动作，排放出多余介质。脉冲式安全阀通常用于大口径管路上。

2. 按安全阀阀瓣最大开启高度与阀座通径之比分类

根据安全阀阀瓣最大开启高度与阀座通径之比可将安全阀分成微启式和全启式两种。

（1）微启式。微启式安全阀阀瓣开启高度仅为流道直径的1/40～1/20，属于比例作用式。其动作的主要特点是阀瓣在开启和回座过程中无突开和突关动作，即阀瓣开启高度随进口介质压力的增大而增大。因为微启式安全阀的开启高度较小，所以排放量小于同口径全启式安全阀的排放量，又因为其下阀体的容积比较小，进、出口通径一样大，使被保护系统的压力不会因安全阀的开启和回座动作而引起剧烈的变化。所以，微启式安全阀仅适用于热水锅炉，若将微启式安全阀装在蒸汽锅炉上，则安全阀开启后，锅炉压力还会继续升高，其保护作用不能发挥出来，这是不安全的。

（2）全启式。全启式安全阀阀瓣开启高度等于或大于流道直径的1/4，为突开作用式。其主要特点是在压力升高不多的情况下，阀瓣突然急速开启排放介质，具有动作灵敏、排放量大和回座迅速等优点。另外，全启式安全阀下阀体的容积比微启式安全阀下阀体的容积大，其出口通径也比进口通径大一个数量级，这样就满足了当安全阀排放时蒸汽体积膨胀的需要，因此，全启式安全阀适用于蒸汽锅炉。若将全启式安全阀装在热水锅炉上，当安全阀开启或回座时，极易产生水冲击。

3. 按阀体构造分类

根据安全阀阀体构造可分为全封闭式、半封闭式和敞开式。全封闭式是指排放介质时不向外泄漏，而全部通过排泄管放掉；半封闭式是指排放介质时，一部分通过排泄管排放，另一部分从阀盖与阀杆配合处向外泄漏；敞开式是指排放介质时，不引到外面，直接由阀瓣上方排泄。

（十）调节阀

在工业自动化过程控制领域中，通过接受调节阀的输出信号，借助动力操作去改变介质流量、压力、温度、液位等工艺参数的装置叫控制元件。控制元件由执行机构和调节阀组成，执行机构起推动作用，调节阀起调节的作用。从流体力学观点看，调节阀相当于一个局部阻力可变的节流元件，能适应不同使用条件和工况变化的需要，在电厂系统中得到广泛的应用，例如锅炉主给水系统、旁路系统、减温水系统等，调节阀性能的好坏直接影响着整个系统的运行。

1. 执行机构

调节阀的执行机构按照驱动方式分为气动、电动及液动三种。气动执行机构具有结构简单、动作可靠、性能稳定、价格低、维护方便、防火防爆等优点，在许多控制系统中获得了广泛的应用。电动执行机构虽然不利于防火防爆，但其适用性较强、输出转矩范围广、控制方便，且信号传输速度快，便于远距离传输，体积小，动作可靠，维修方便，价格便宜。液动执行机构的推力最大，调节精度高，动作速度快，运行平稳，但由于设备体积大、工艺复杂、防火难度大，所以目前使用不多。

执行机构不论是何种类型，其输出力都用于驱动调节阀，为了使调节阀正常工作，配用的执行机构要能产生足够的输出力来克服各种阻力，保证调节阀正常动作，应根据工艺使用环境要求，选择相应的执行机构。例如，对于现场有防爆要求时，应选用气动执行机构。如果没有防爆要求，则气动或电动执行机构都可选用，但从节能方面考虑，应尽量选用电动执行机构。对于要求调节精度高、动作速度快和运行平稳的工况，应选用液动执行机构。

2. 调节阀的结构

调节阀主要由阀盖、阀体、阀瓣、阀座、填料及压板等部件组成，调节阀按行程特点可分为直行程和角行程两种。

(1) 直行程调节阀。直行程调节阀通过阀杆带动阀芯运动，直行程调节阀包括直通单座阀、直通双座阀、套筒阀、三通阀、角形阀、多级降压调节阀、隔膜阀等。

1) 直通单座阀。直通单座阀有一个阀芯和一个阀座，见图 4-16，阀杆与阀芯连接，当执行机构作直线位移时，通过阀杆带动阀芯移动。上盖板用于压紧填料，上阀盖与阀体用螺栓连接，用于阀杆和阀芯的中心定位。阀座与上阀盖一起，用于保证阀芯与阀座的中心定位，并在阀芯移动时，改变流体的流通面积，从而改变操纵变量，实现调节流体流量的功能。直通单座阀只有一个阀芯和一个阀座，是一种最常见的调节阀。该阀有以下特点：①泄漏量小，容易实现严格的密封和切断；②允许压差小；③流通能力小；④由于流体介质对阀芯的推力大，即不平衡力大，不宜在高压差、大口径的管道应用，为了降低阀芯所受到不平衡力的影响，可采用大推力的执行机构。

2）直通双座阀。直通双座阀有两个阀芯和两个阀座，见图 4-17，流体从图 4-17 所示的左侧流入，经两个阀芯和阀座后，汇合到右侧流出。由于上阀芯所受向上推力和下阀芯所受向下推力基本平衡，因此，整个阀芯所受不平衡力小。该阀有以下特点：①所受不平衡力小，允许的压降大；②流通能力大，与相同口径的其他控制阀比较，双座阀可流过更多流体，同口径双座阀流通能力比单座阀流通能力大 20%～50%；③正体阀和反体阀的改装方便。由于双座阀采用顶底双导向，只需将阀芯和阀座反过来安装就能将正体阀改为反体阀或反体阀改为正体阀；④双座阀的上、下阀芯不能同时保证关闭，泄漏量较大，双座阀的阀芯和阀座采用不同材料时，由于材料线膨胀量不同，造成的泄漏量会更大；⑤阀内流路复杂，受到高压流体的冲刷较严重，并在高压差时造成流体的闪蒸和空化，加重了流体对阀体的冲刷。因此，双座阀不适用于高压差的场所使用。

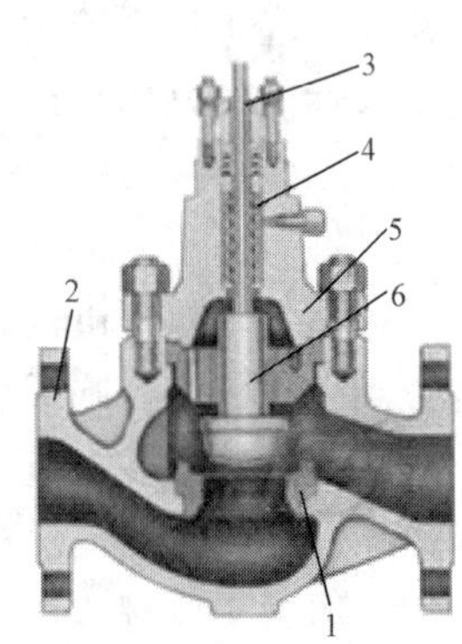

图 4-16　直通单座阀

1—阀座；2—阀体；3—阀杆；4—填料；5—上阀盖；6—阀芯

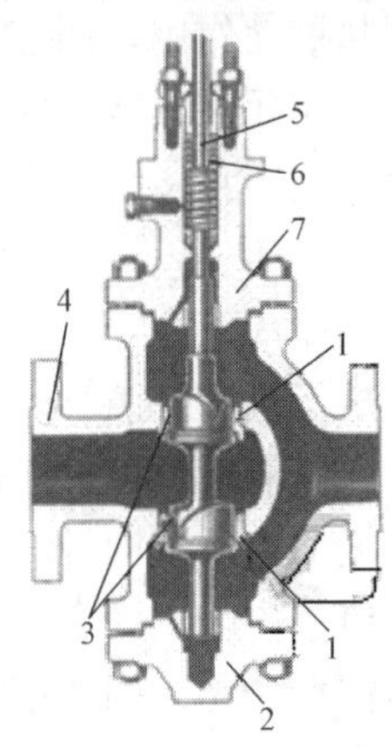

图 4-17　直通双座阀

1—阀座；2—下阀体；3—阀芯；4—阀体；5—阀杆；6—压兰填料；7—上阀盖

由于带平衡的套筒阀能够消除大部分静态不平衡力，双座阀的优点已不明显，而它的泄漏量大的缺点更为显现，因此，在工业生产过程中，原来采用双座阀的场合，可用带平衡结构的套筒阀代替。

3）套筒阀。套筒阀的套筒与阀瓣为间隙配合，套筒上开有多个节流窗口，窗口的形状决定了调节阀的流量特性，窗口的面积大小影响调节阀的流量系数，见图 4-18。阀座采用自对中无螺纹卡入式结构，阀座上的圆锥密封面与阀瓣上的圆锥密封面相配合形成切断密封副，保证阀瓣压紧在阀座上时阀门严密关断。阀座直径的大小影响调节阀的流量系数。阀瓣上平行于轴向有对称分布的平衡孔，使阀瓣上下端面的腔室连通，这样阀内介质作用在阀瓣轴向上的力大部分相互抵消，介质在阀杆上产生的不平衡力就非常小。套筒阀有以下特点：①采用平衡型阀芯，不平衡力小，允许压差大，操作稳定；②阀芯导向面大，可改善由涡流和冲击引起的振荡；③比普通的单、双座调节阀噪声降低 10dB 左右；④结构简单，装拆维修方便；⑤由于套筒与阀芯之间有石墨活塞环密封，长期运行后，密封环的磨损使套筒阀的泄漏量比单座阀大；⑥更换不同套筒，可获得不同流量系数和不同流量特性；⑦套筒上开有平衡孔，使阀芯上所受不平衡力大为减小，同时具有阻尼作用，有利于阀门的稳定运行。

4）三通阀。三通阀按流体的流动方式分为合流阀和分流阀两类。合流阀有两个入口，合流后从一个出口流出；分流阀有一个流体入口，经分流成两股流体从两个出口流出，见图 4-19，三通阀采用阀笼结构，带平衡孔，采用阀笼导向可大大降低不平衡力。合流三通阀的结构与分流三通阀的结构类似。三通阀的特点是：

a. 有两个阀芯和阀座，结构与双座阀类似，但三通阀中，一个阀芯与阀座间的流通面积增加时，另一个阀芯与阀座间的流通面积减少；而双座阀中，两个阀芯和阀座间的流通面积是同时增加或减少的。

b. 三通阀的气动开启和气动关闭只能通过选择执行机构的正作用和反作用来实现；而双座阀的气动开启和气动关闭的改变可直接将阀体或阀芯与阀座反装来实现。

c. 三通阀也可用于旁路控制的场合。

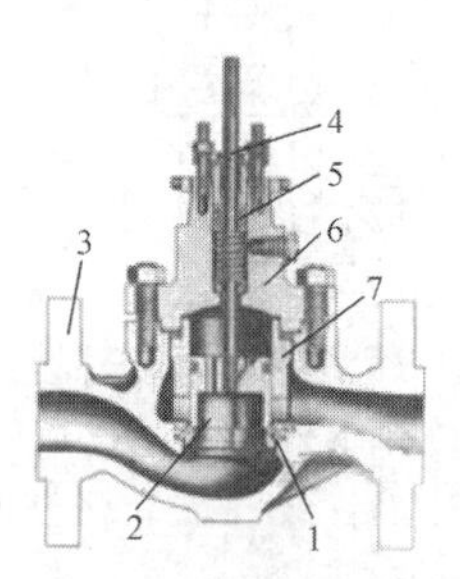

图 4-18 套筒阀

1—阀座；2—阀芯；3—阀体；4—阀杆；5—填料；6—上阀盖；7—阀笼

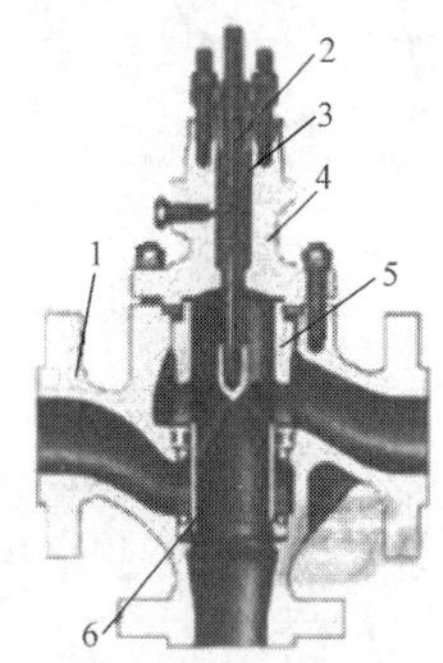

图 4-19 三通阀

1—阀体；2—阀杆；3—压兰填料；4—上阀盖；5—阀笼；6—阀芯

5）角形阀。角形阀适用于要求直角连接的场合，可节省一个直角弯管和安装空间。角形阀的流体一般从底部流入，从阀侧面流出，流体中的悬浮物或颗粒不易在阀内沉积，可避免堵塞，具有自净能力，便于维护和清洗，但对阀芯的冲刷较大。为降低不平衡力和改善阀芯的冲刷，可采用带平衡孔的套筒式结构，见图 4-20。角形阀的阻力小，可降低阀两端压降，具有一定的节能效果。

6）多级降压调节阀。随着工业技术的不断进步，实际生产中出现的高温、高压等特殊工况对调节阀也提出了更高的要求。特别是应用于高压差场合的调节阀，由于流速很高，经常在内部节流件部位出现冲刷腐蚀，同时还伴有由空化现象引起的汽蚀、噪声和振动等，给安全生产带来重大隐患。一般认为当调节阀入口与出口压差 $\Delta p > 2.5$MPa 时，流体介质在阀内部进入节流部位时压力骤然下降，在通流截面面积最小处压力降至最低，当这一压力低于当前温度下流体的饱和蒸汽压时，部分液体会出现汽化，形成大量微小的气泡，当流体流过节流口压力回升时，这些气泡又发生破裂回到液态，对阀体和阀芯等部件产生冲击并带来噪声、振动等。因此，研发出了各种不同类型的抗汽蚀多级降压调节阀，常见的多级降压调节阀有串级式调节阀、多层套筒式调节阀和迷宫式调节阀三类，三类阀门都是通过改变结构将总的压差进行分段多级降压，使每一级压降小于产生空化的临界压差，从而有效避免了汽蚀等危害的发生。

a. 串级式调节阀。串级式调节阀结构如图 4-21 所示，这种结构把原本一个整体的节流区域分成多个分节流区域互相串联，从而使较大的压差转换为多个较小的压差，使每一次的降压范围都控制在饱和蒸汽压以上，使空化现象不再出现。

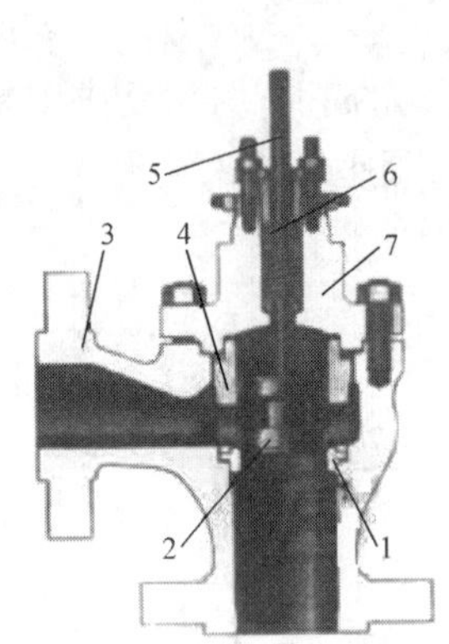

图 4-20　角形阀

1—阀座；2—阀芯；3—阀体；4—阀笼；5—阀杆；6—填料门；7—上阀盖

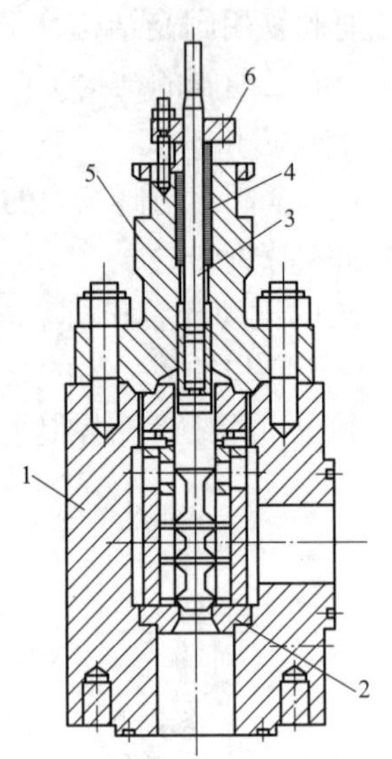

图 4-21　串级式调节阀结构

1—阀体；2—阀座；3—阀杆；4—填料；5—阀盖；6—压盖

串级式调节阀多用于液体介质工作的调节，这种阀门的特点是启闭过程中能够减轻持续压差，每一级节流口的动作均滞后于上一级节流口，可以使在启闭过程时作用于阀口的持续高压逐级减轻，分担了第一级节流口的压力；流动阻力较小，可以胜任流体清洁度不高，甚至固液两相流的场合；串级式阀芯一般进行碳化钨喷涂硬化处理，抗冲刷和抗汽蚀性能良好；制造过程与其他多级降压调节阀相比工艺较为简单，加工方便，制造成本也较为低廉；串级式调节阀一般降压级数有限，多为 3～4 级，不能应用于压差过高的场合。

b. 多层套筒式调节阀。多层套筒式调节阀结构见图 4-22，其特征是阀芯节流件由数层加工有小孔的套筒构成，每层套筒之间都留有一定的间隙，使流体流经套筒时得以缓冲，从而将流体速度控制在一定范围内。这种阀门的特点是降压级数可以设计得较大，降压能力与串级式相比较强，能够胜任高压差的场合；多层套筒式结构既能满足较高的压降要求，同时又能在工作时保证较大的流量；抗汽蚀性能良好，用于液体介质时，流体由最外侧套筒流向最内侧，液体介质在套筒中逐级降压以减轻空化汽蚀现象的发生，并且流体最终从内侧套筒上的小孔中喷射至中心阀腔区域，使气泡在套筒中心部位破裂，不直接对阀门金属表面产生伤害；抗噪声和抗振动性能良好，用于气体介质时由套筒内侧向外流动，靠外侧套筒的孔径和间隙与内侧相比均有所扩大，使气体介质在逐级降压过程中不断膨胀，可以有效地降低噪声及振动带来的危害；套筒加工过程比较复杂，成本较高，但安装与维护简便，易于更换。

c. 迷宫式调节阀。迷宫式调节阀结构见图 4-23，其核心节流部分由多个开有迷宫式沟槽的金属盘片叠加而成。流体流经迷宫流道中经过多次碰撞转折，消耗能量，在逐级降压的同时，流速也得到了控制。这种阀门一般用于高温和高压降的特殊场合，工作介质多为过热蒸汽，也能用于液体介质，该阀门的特点是迷宫流道的拐弯级数就是迷宫式调节阀的降压级数，一般可达十几到二十几级，因此迷宫式调节阀降压能力很强，具有良好的抗汽蚀冲刷及消声减振性能，多级拐弯迷宫式流道可以有效地控制流体流速，避免空化、噪声及振动等不良现象的发生；使用不同形式的迷宫盘片进行组合，迷宫式调节阀可以达到不同的流量特性调节曲线；迷宫式盘片制造精度要求很高，一般由司太立合金堆焊，有较长的使用寿命；安装与维护比较简便，盘片易更换；迷宫式流道对流体介质的清洁度要求较高，否则迷宫流道容易发生堵塞。

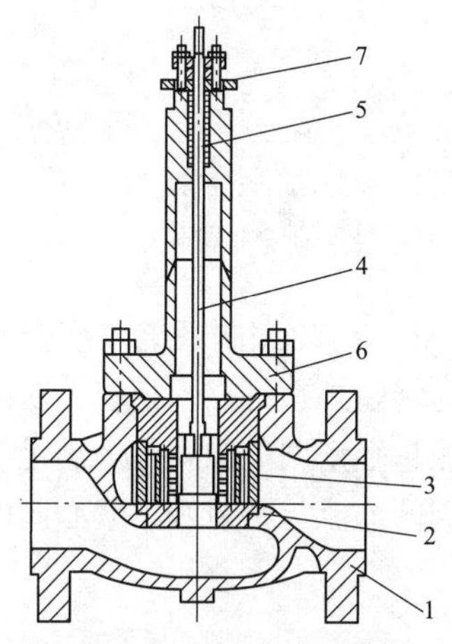

图 4-22　多层套筒式调节阀结构

1—阀体；2—阀座；3—多层套筒阀芯；4—阀杆；5—填料；6—阀盖；7—压盖

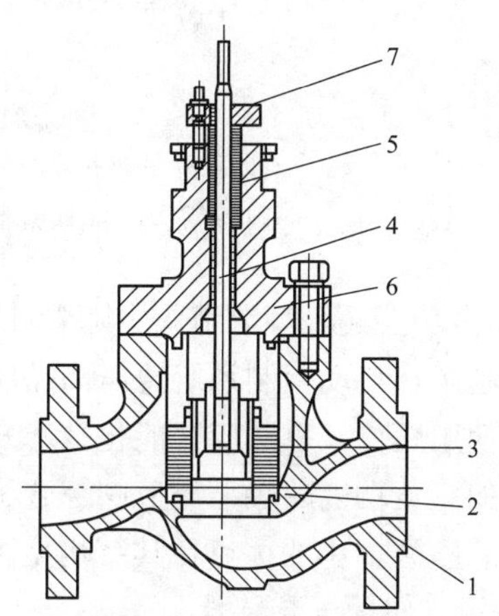

图 4-23　迷宫式调节阀结构

1—阀体；2—阀座；3—迷宫式阀芯；4—阀杆；5—填料；6—阀盖；7—压盖

7）隔膜阀。隔膜阀已在前面作过介绍，这里不再重复。隔膜阀作为调节阀时，因隔膜的材质特性，它的复现性不高，有较大回差，流量特性近似快开特性，即在 60%行程内呈现线性特性，超过 60%行程后，流量变化很小。隔膜阀的流量特性（近似快开）差，控制精度低，可调范围小，一般只在介质为有害物质且参数较低时采用。

（2）角行程调节阀。角行程调节阀的阀芯与阀杆一起做垂直于阀杆的旋转运动。角行程调节阀包括蝶阀、球阀、偏心旋转调节阀、全功能超轻型调节阀。蝶阀和球阀已在前面作了介绍，这里不再重复，下面重点对偏心旋转调节阀和全功能超轻型调节阀作一介绍。

1）偏心旋转调节阀。偏心旋转调节阀是一种结构新颖、流动阻力小的直通型阀体结构，阀芯的回转中心不与旋转轴同心，可减小阀座磨损，延长使用寿命；阀芯后部设有一个导流翼，有利于流体稳定流动，具有优良的稳定性。同时，还有流量大、可调范围广等特点。偏心旋转调节阀与同口径单、双座阀相比，有较大的流通能力，但重量只有其 1/3 左右。偏转阀采用旋转运动，提高了填料密封性，同时具有较大的输出力，因此阀的泄漏较小，刚度较大，在额定压差下能可靠地工作。因为偏心旋转调节阀阀芯、阀杆只作旋转运动，所以该阀开关（转动）时所承受摩擦力很小，当阀芯和阀座相接触关闭时，阀芯柔臂在执行机构推力作用下产生微小弹性变形及弹性涨紧力，使阀芯与阀座接触更加紧密牢固。因此，偏心旋转阀泄漏量很小。同时关闭阀门所需的推力与球阀、蝶阀相比要小，偏心旋转调节阀的结构见图 4-24。

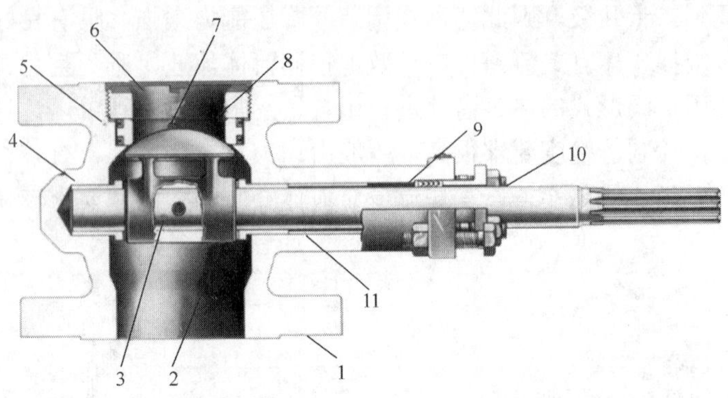

图 4-24　偏心旋转调节阀的结构

1—阀体；2—止推垫圈；3—锥形膨胀销；4—轴承；5—面密封；6—挡圈；7—阀塞（芯）；8—阀座环；9—填料；10—阀轴（杆）；11—轴承止推器

2）全功能超轻型调节阀。随着计算机技术的迅猛发展，自动控制系统对配套设备的要求越来越高，自动控制系统急需高品质的阀门，高品质的阀门必须可靠、超轻、功能全、适用广、使用简便，以适应智能化技术发展的需要，全功能超轻型调节阀就是为满足上述需求而设计的。全功能超轻型调节阀综合了蝶阀的超薄、球阀的节流与密封好、偏心阀的转动摩擦小和芯座磨损小的优点，其结构见图 4-25。

3. 调节阀的流量特性

调节阀的流量特性是指流过调节阀的流体相对流量与调节阀相对开度之间的关系，即

$$Q/Q_{max}=f(l/L)$$

式中　Q/Q_{max}——相对流量，即调节阀在某一开度的流量与最大流量之比；

l/L——相对开度，即调节阀某一开度的行程与全开时行程之比。

从流体力学的观点看，调节阀是一个局部阻力可以变化的节流元件。对于不可压缩的流体，由伯努利方程可推导出调节阀的流量方程式为

$$Q=\frac{A}{\sqrt{\zeta}}\sqrt{\frac{2}{\rho}(p_1-p_2)}=\frac{\pi D^2}{4\sqrt{\zeta}}\sqrt{\frac{2}{\rho}(p_1-p_2)}$$

式中　Q——流体流经阀的流量，m^3/s；

A——阀所连接管道的截面面积，m^2；

ζ——阀的阻力系数；

ρ——流体的密度，kg/m^3；

p_1、p_2——进口端和出口端的压力，MPa；

D——阀的公称通径，mm。

由上式可见，当 A 一定，(p_1-p_2) 不变时，则流量仅随阻力系数变化。阻力系数主要与流通面积（即阀的开度）有关，也与流体的性质和流动状态有关。调节阀阻力系数的变化是通过阀芯行程的改变来实现的，即改变阀门开度，也就改变了阻力系数，从而达到调节流量的目的。阀开得越大，ζ 就越小，则通过的流量就越大。

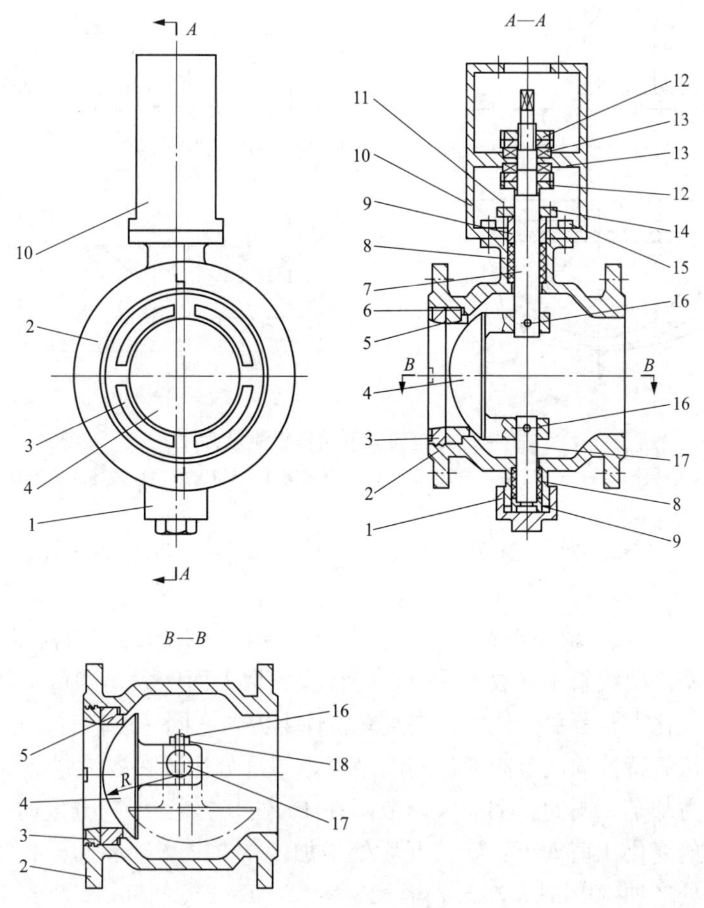

图 4-25 全功能超轻型调节阀的结构

1—螺纹底盖；2—阀体；3—压盘；4—球芯；5—阀座；6—垫片；7—上阀杆；8—填料；9—填料压盖；10—日型支架；11—双头螺栓；12—圆螺母；13—推力轴承；14—填料压板；15—六角螺栓；16—圆锥销；17—下阀杆；18—六角螺母

一般说来，改变调节阀的阀芯与阀座之间的节流面积，便可控制流量。但实际上由于各种因素的影响，在节流面积变化的同时，还会引起阀前后压差的变化，从而使流量也发生变化。为了便于分析，先假定阀前后压差固定，然后再引申到实际情况。因此，流量特性有理想流量特性和工作流量特性之分。

（1）理想流量特性。调节阀在阀前后压差不变的情况下的流量特性为调节阀的理想流量特性。调节阀的理想流量特性仅由阀芯的形状所决定，典型的理想流量特性有直线流量特性、等百分比（对数）流量特性、快开流量特性和抛物线流量特性，如图 4-26 所示。

1）直线流量特性。调节阀的相对流量与相对开度成直线关系，即单位位移变化所引起的流量变化是常数。在小开度时，流量相对变化值大，灵敏度高，不易控制，甚至发生振荡；在大开度时，流量相对变化值小，调节缓慢。直线阀的流量放大系数在任何一点上都是相同的，但其对流量的控制力却是不同的。控制力是指阀门开度改变时，相对流量的改变比值。例如，调节阀在 10%、50%、80%开度时，分别增加 10%开度，相对流量的变化比值

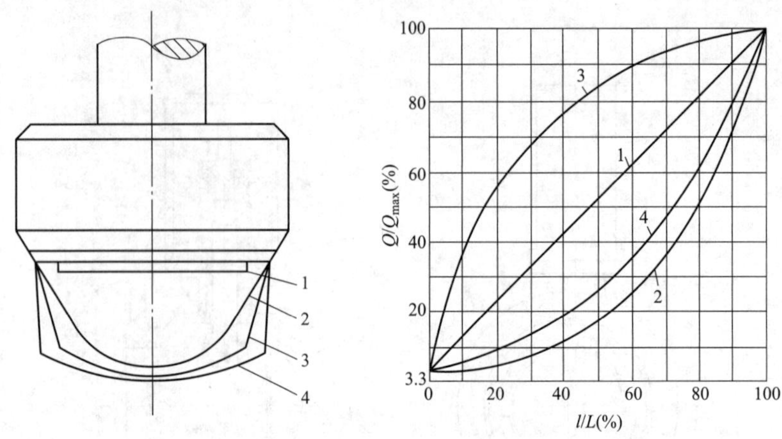

图 4-26　直通调节阀理想流量特性

1—直线流量特性；2—等百分比流量特性；3—快开流量特性；4—抛物线流量特性

为［（20－10）/10］×100％＝100％、［（60－50）/50］×100％＝20％、［（90－80）/80］×100％＝12.5％。

2）等百分比（对数）流量特性。单位相对行程变化所引起的相对流量变化与此点的相对流量成正比关系。曲线斜率（放大系数）随行程的增大而增大。流量小时，流量变化小；流量大时，流量变化大。等百分比特性在直线特性下方，在同一位移时，直线流量特性的调节阀比等百分比流量特性的调节阀通过的流量大。等百分比阀在各流量点的放大系数不同，但对流量的控制力却是相同的。例如，调节阀在 10％、50％、80％开度时，分别增加 10％开度，相对流量的变化比值如下：10％开度处增加 10％时，（6.58％－4.68％）/4.68％≈41％；50％开度处增加 10％时，（25.7％－18.2％）/18.2％≈41％；80％开度处增加 10％时，（71.2％－50.6％）/50.6％≈41％。

3）快开流量特性。调节阀在开度较小时就有较大流量，随开度的增大，流量很快就达到最大，故称为快开流量特性。快开流量特性的阀芯是平板形的，适用于迅速启闭的切断阀或双位控制系统。

4）抛物线流量特性。抛物线流量特性的调节阀的相对流量与相对开度的二次方成比例关系，介于直线和对数曲线之间，使用较少。

各种阀门都有自己特定的流量特性，如隔膜阀的流量特性接近于快开特性，蝶阀的流量特性接近于等百分比特性。选择阀门时应该注意各种阀门的流量特性。对隔膜阀和蝶阀，由于它的结构特点，不可能用改变阀芯的曲面形状来改变其特性。因此，要改善其流量特性，只能通过改变阀门定位器反馈凸轮的外形来实现。

（2）工作流量特性。在实际使用时，调节阀总是与具有阻力的管道及设备等相连接，即使能保持供、回水压差不变，也不能始终保持调节阀前后的压差恒定。调节阀的工作流量特性就是指调节阀在前后压差随负荷变化的工作条件下，相对流量与相对开度之间的关系。其特性需根据具体情况经试验后获得。

4. 调节阀的可调比

调节阀的可调比就是调节阀所能控制的最大流量与最小流量之比。可调比也称可调范

围，用 R 来表示，即

$$R=\frac{Q_{max}}{Q_{min}}$$

最小流量 Q_{min} 和泄漏量的含义不同。最小流量是指可调流量的下限值，它一般为最大流量 Q_{max} 的 2%～4%，而泄漏量是阀全关时泄漏的量，它仅为最大流量的 0.1%～0.01%。

（1）理想可调比。当调节阀的压差一定时，可调比称为理想可调比，即

$$R=\frac{Q_{max}}{Q_{min}}=\frac{C_{max}}{C_{min}}$$

也就是说，理想可调比等于最大流量系数 C_{max} 与最小流量系数 C_{min} 之比，它反映了调节阀调节能力的大小，是由结构设计所决定的。一般总是希望可调比大一些好，但由于阀芯结构设计及加工方面的限制，C_{min} 不能太小，我国规定在设计中理想可调比统一取 30。

（2）实际可调比。调节阀在实际工作时总是与管路系统相连（串联或并联），随着管路系统的阻力变化，调节阀的可调比也会产生相应的变化，这时的可调比就称为实际可调比。

5. 调节阀的流通能力

由于各国引用标准不同，调节阀流通能力的定义方法也不同。

（1）国际电工委员会对流通能力的定义。给定行程下，阀两端压差为 1×10^5 Pa 时，温度为 5～40℃的水，每小时流经调节阀的立方米数，用 K_v 表示。

我国统一执行法定计量单位后采用国际电工委员会对流通能力的定义。

（2）美国对流通能力的定义。给定行程下，阀两端压差为 1psi（0.00689MPa）时，温度为 60℉（15.56℃）的水，每分钟流经调节阀的美制加仑数，用 C_v 表示。

两种流通能力的定义方法不同，但意义相同，换算关系为

$$C_v=1.67K_v$$

（十一）减压阀

减压阀是通过调节系统将进口压力减至某一需要的出口压力，并依靠介质本身的能量，使出口压力自动保持稳定的阀门。从流体力学的观点看，减压阀是一个局部阻力可以变化的节流元件，即通过改变节流面积，使流速及流体的动能改变，造成相应的压力损失，从而达到减压的目的。然后依靠调节系统使阀后压力的波动与弹簧力相平衡，确保阀后压力在一定的误差范围内保持恒定。

减压阀按驱动机构形式可分为薄膜式、弹簧薄膜式、活塞式、杠杆式和波纹管式；按阀座数目可分为单座式和双座式；按阀瓣的位置不同可分为正作用式和反作用式；按作用方式可分为自动式或它动式。自动式减压阀是通过启闭件（阀瓣）的节流作用，将阀门进口端的压力降至某一个需要的出口压力，并在阀门进口端压力及流量发生变化时，能利用自身介质的能量，自动地调节流量，保持出口端压力基本稳定的阀门。它动式减压阀是将压力的变化转化为电信号，再通过电信号去控制执行机构使阀门动作，保持出口压力基本稳定在调定值的阀门。

电厂最常用的减压阀是吹灰减压阀，要求减压阀后的压力稳定在某一恒定值，确保吹灰效果。选用减压阀时应遵循以下原则：

（1）减压阀进口压力的波动应控制在进口压力给定值的80%～105%，如超过该范围，减压阀的性能会受影响。

（2）通常减压阀的阀后压力 p_c 应小于阀前压力 p_1 的0.5倍，即 $p_c<0.5p_1$。减压阀的每一挡弹簧只在一定的出口压力范围内适用，超出范围应更换弹簧。

（3）在介质工作温度比较高的场合，一般选用先导活塞式减压阀或先导波纹管式减压阀。

（4）介质为空气或水（液体）时，一般选用直接作用薄膜式减压阀。

（5）介质为蒸汽时，宜选用先导活塞式减压阀或先导波纹管式减压阀。

（6）为了操作、调整和维修方便，减压阀一般应安装在水平管道上。

三、超临界参数阀门

超临界机组是当今世界火力发电的发展趋势，材料的研究是关键。超临界火电机组阀门与亚临界机组阀门的类型基本相同，但在技术参数、材质及可靠性能等方面提出了更高的要求，超临界机组的高温高压阀门必须解决材料、设计、焊接、加工、检验和质量保证等问题。超临界参数阀门是指压力大于22.064MPa的蒸汽阀门或温度大于374.15℃且工作压力大于22.064MPa的饱和水阀门。

（一）阀体类型

超临界的阀体有两种类型，一种是整体或分体锻造式，另一种是整体铸造式。锻造式阀体其材料内在致密度较高，质量相对较好，但需要具备大型的锻造设备，制造成本高；铸造式阀体其材料内在缺陷较多，质量控制相对复杂，需要严格的工艺和先进的检测手段，但设备投资费用小，制造成本低。对于超超临界主蒸汽阀门（27.5MPa/605℃），国际上没有相应的铸造材料标准，只有采用F92钢的锻造结构。对超临界主蒸汽阀门（27MPa/574℃），ASTM（美国材料实验协会）已经有F91锻造材料和C12A铸造材料标准，其阀体可以采用锻造也可以采用铸造结构。对于超临界机组的主给水阀门，虽然压力高，但温度较低，不属于超临界参数阀门，阀体可以采用锻造，也可采用铸造结构，阀体材料多数采用WB36。

（二）超临界参数阀门的材料

超临界火电机组阀门与亚临界机组阀门相比，对材质的要求更高，超临界参数火电机组阀门壳体材料见表4-15，主要零件材料见表4-16。

表4-15　超临界参数火电机组阀门壳体材料

零件类型	标准代号及名称	推荐材料牌号	适用温度（℃）
阀门承压壳体材料	JB/T 12000—2014《火电超临界及超超临界参数阀门用承压锻钢件技术条件》	F22Class3	≤595
	JB/T 12000—2014	F91	≤650
	JB/T 12000—2014	F92	≤650①
	JB/T 12000—2014	F36（WB36）	≤480
	JB/T 5263—2015《电站阀门铸钢件技术条件》、ASTM A217—2014《高温承压件用马氏体不锈钢和合金钢铸件标准规范》	WC9	≤595
	JB/T 5263—2015、ASTM A217—2014	C12A	≤650

① 大于620℃时，管道适用最大外径为88.9mm。

表 4-16 超临界参数阀门主要零件材料

零件类型	标准代号及名称	推荐材料牌号	适用温度（℃）
阀杆材料	ASTM A565—2010《高温用马氏体不锈钢棒材、锻件和锻件坯的标准规范》	616HT	≤650
	ASTM A638—2010《高温用沉积硬化铁基超耐热不锈钢棒材、锻件及锻坯标准规范》	660	≤700
	ASTM A182—2015《高温用锻制或轧制合金钢和不锈钢法兰、锻制管件、阀门和部件》	F6aCLass2	≤450
	ASTM A182—2015	F6aCLass3	≤480
自紧密封金属圈材料	ASTM A182—2015	F304	≤816
	ASTM A182—2015	F316	≤816
	NB/T 47014—2011《承压设备焊接工艺评定》	06Cr19Ni10	≤816
	NB/T 47014—2011	06Cr17Ni12Mo2	≤816
螺栓/螺母材料	ASTM A193—2017《高温或高压设备和其他特殊目的应用的合金钢和不锈钢螺栓的标准规格》/ASTM A194—2018《用于高压或高温服务的螺栓用碳钢、合金钢和不锈钢螺母的标准规范》	B16/8M	≤593
	ASTM A193—2017/ASTM A194—2018	B16/4	≤593
	ASTM A193—2017/ASTM A194—2018	B16/7	≤593
	GB/T 9125—2010《管法兰连接用紧固件》	25Cr2Mo1VA/42CrMoA	≤550

超（超）临界参数阀门主体材料选用 F22、WC9、F91、C12A 及 F92。F22 和 WC9 属 2.25Cr1Mo 钢，F22 为锻件，WC9 为铸件；F91 和 C12A 属 9Cr1MoV 钢，F91 为锻件，C12A 为铸件；F92 为锻件，属 9Cr2WV 钢；F36（WB36）属于 Ni-Mo-Cu 型的低合金高强度钢，由德国研发，加入了 Nb 使晶粒得到细化获得强化效果，加入了 Cu 又使其获得了沉淀效果，具有很好的机械强度，与碳钢相比，其壁厚可以减少一半，综合成本大幅降低，通常用于超临界锅炉给水阀门。

第四节 350MW 热电联产机组锅炉阀门

目前，国产超临界参数阀门的研发已取得重大突破，但还需要在实践中证明其可靠性。因此，350MW 热电联产机组锅炉的阀门除水压堵阀为国产设备外，其余阀门均为进口设备。安全阀为美国康索里德型系列阀门，闸阀、截止止回阀和截止阀均采用加拿大威兰有限公司的产品，溢流调节阀（341 阀）由艾默生有限公司生产，调节阀选用 COPES-VULCAN（美国）和 Fisher 阀门，仪表工艺阀采用安贝德有限公司阀门，水压试验堵阀采用青岛电站阀门有限公司设备。

一、安全阀和PCV阀

锅炉装有8个美国康索里德1700型系列安全阀，分别安装在以下部位：分离器出口蒸汽集箱装有两个安全阀，型号为1753WD；高温过热器出口集箱装有一个安全阀，型号为1733WH；低温再热器入口集箱装有3个安全阀，型号为1705RRWB；高温再热器出口集箱装有两个安全阀，型号为1765WH。另外，为了防止过热器安全阀频繁动作，高温过热器出口集箱还装有一个3547W（V）型压力控制阀（PCV阀），压力控制阀的整定压力低于过热器安全阀的压力整定值。各安全阀及PCV阀的参数见表4-17。

（一）安全阀

安全阀入口与集箱的管座焊接，出口与排汽管通过法兰连接。

1. 康索里德1700型系列安全阀的结构

各安全阀的参数不同，但结构相同，安全阀的外形与结构见图4-27和图4-28。

2. 康索里德1700型系列安全阀的特点

美国康索里德安全阀独特的设计使其具有良好的性能，主要体现在以下几方面。

（1）安全阀整定精确。安全阀采用了上调整环、下调节环和重叠套环三组可调节部件，使安全阀整定更加精确。

上调整环的功能是使阀门迅速达到全开度。减小启闭压力时，调整环向上逆时针转动，一次5～10个槽口；加大启闭压力时，调整环向下顺时针转动，一次5～10个槽口。这个位置也决定了阀门从全开到关的转折点。上调整环位置较低，可以使阀门保持较长时间的全开度状态，并且降压时间也较长。理想的做法是使上调整环的定位造成阀门停留在全开位置的时间尽可能短。

下调节环的功能是减少阀门微启时间。如有缓漏或阀门无法打开则应缓慢向上移动下调节环，一次一个槽口，直到消除缓漏。下调节环最理想的位置是不产生缓漏也无嗡嗡声的最低位。

重叠套环的功能是调节回座比压差（可将回座比压差调至3%），也能辅助调节启闭压力（重叠套环下移可减小启闭压力，上移可加大启闭压力）。

（2）采用可调节背压辅助回座。安全阀采用可调节背压辅助回座，使回座比压差降低到3%。

（3）采用特殊阀瓣。阀瓣的热适应性好，阀瓣密封边缘在高温下能够保持良好柔性，热量分布均匀，避免因喷嘴内外温度梯度导致膨胀不均匀引起泄漏，使正常工作值提高到95%整定值。

（4）采用360°环形承压带。阀杆与阀瓣接触部分采用球面设计，接触部位在阀瓣承压腔最低点以上1/3R（R为球面半径）处，为一360°环形承压带，这种结构设计具有一定的调心功能，使密封面承压均匀，确保起跳前和回座后密封状态稳定。

（5）采用阀瓣环和阀瓣压环。阀瓣环可以正确调整阀瓣的位置，使阀瓣保持0.22～0.50mm的晃量，有助于阀瓣回座时自动对心，避免产生泄漏。

阀瓣压环上的环槽可以有效地防止由于高温、高压蒸汽的作用造成阀瓣和阀瓣环在导承内的转动，减少零件间的摩擦。

表 4-17　　安全阀及 PCV 阀的参数

阀门名称	型号	数量	规格 (in)	阀体材料	整定压力 [MPa (psi)]	设计温度 [℃ (℉)]	排放量 [t/h (lb/h)]	启闭压差 (额定压力的百分数,%)	排放反力 (lb)	喉部面积 (in^2)	质量 (kg)
分离器出口安全阀	1753WD	1	3×8	WC6	30.86 (4475)	421 (790)	456 (1005189)	4	19537	3.341	272
	1753WD	1	3×8	WC6	31.13 (4514)	421 (790)	464 (1023751)	6	19742	3.341	272
过热器出口安全阀	1733WH	1	2.5×6	C12A	30.73 (4456)	576 (1069)	195 (429188)	4	14084	2.545	215
过热器出口PCV 阀	3547W (V)	1	2.5×4	F91	26.72 (3875)	576 (1069)	154 (339452)	3	11447	1.770	261
再热器入口安全阀	1705RRWB	1	6×8	WCC	5.11 (741)	346 (655)	277 (611363)	4	17635	19.290	347
	1705RRWB	1	6×8	WCC	5.18 (752)	346 (655)	281 (620627)	4	17866	19.290	347
	1705RRWB	1	6×8	WCC	5.26 (763)	346 (655)	285 (629171)	4	18137	19.290	347
再热器出口安全阀	1765WH	1	4×6	C12A	4.77 (692)	579 (1074)	78 (171394)	4	5877	7.070	216
	1765WH	1	4×6	C12A	4.92 (713)	579 (1074)	80 (176491)	4	6061	7.070	216

注　1. 锅炉最大连续蒸发量（MCR）为 1098t/h，分离器出口安全阀、过热器出口安全阀及过热器出口 PCV 阀的排放量 Q=456+464+195+154=1267（t/h），Q/MCR=1267/1098=115.39%。

2. 锅炉再热蒸汽最大流量 Q_1 为 897t/h，再热器入口安全阀和再热器出口安全阀的排放量 Q_2=277+281+285+78+80=1001（t/h），Q_2/Q_1=1001/897=111.6%。

3. 过热器出口 PCV 阀控制器型号为 3539VX（V），控制站型号为 2537（V）。

4. 1psi=6.895kPa，1in=25.4mm，1lb=0.454kg。

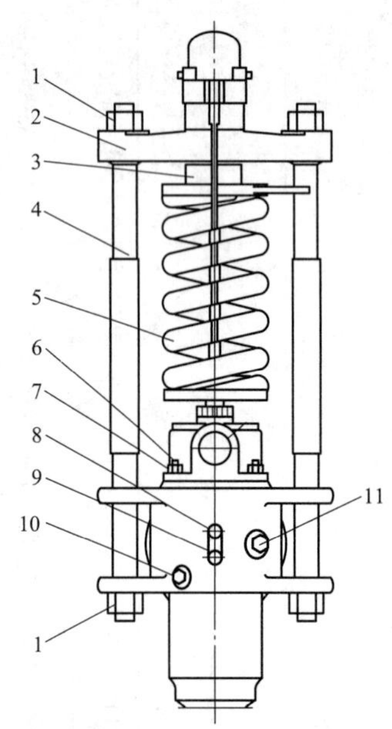

图 4-27　安全阀的外形

1—轭杆螺母；2—轭架；3—推力轴承壳；4—轭杆；5—弹簧；6—盖板双头螺栓；7—盖板双头螺母；8—上调节环销；9—下调节环销；10—疏水口；11—维修孔

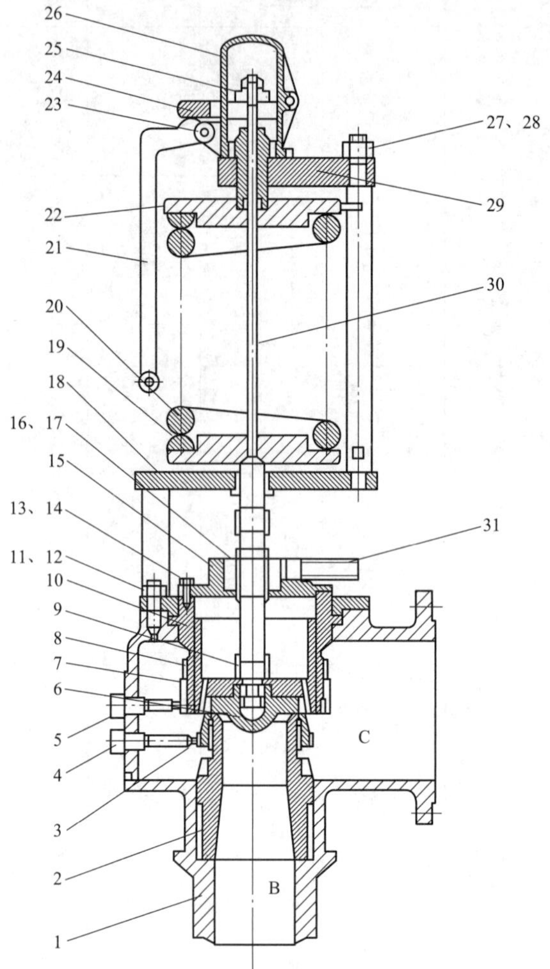

图 4-28　安全阀的结构

1—阀体；2—阀座；3—下调整环；4—下调整环销；5—上调整环销；6—阀瓣；7—阀瓣压环；8—上调整环；9—阀瓣环；10—导向座；11、13—双头螺栓；12、14—螺母；15—汽封盖；16—重叠套环；17—重叠套环销；18—隔热器；19—下弹簧座；20—弹簧；21—扳手；22—上弹簧座；23—圆肩销；24—拨叉；25—背帽；26—顶盖；27—轭杆螺母；28—轭杆；29—支座；30—阀杆；31—管子

（6）采用开度止动环。康索里德是唯一被 ASME 认可通过调节开度止动环改变阀门排量的安全阀制造厂，利用简单的调节手段可以避免大口径阀门用于小排量时容易出现的阀门频跳现象。

（7）采用旁杆设计。安全阀采用旁杆设计可避免热应力对阀门整定压力的影响，且维修拆装简便。

3. 安全阀常见故障现象及处理

（1）频跳。频跳是一种金属敲击声或非常明显的颤动噪声。频跳可在阀门起座后立即发生或回座之前发生。前者表明蒸汽流量不足或背压过高；后者是因为回座太短，上调整环位置设置不当。一旦发生频跳，必须立即消除，否则将会对阀门密封面造成难以修复的损伤。

（2）缓漏。缓漏是指阀门在起跳前出现第一次蒸汽排放。缓漏决不允许与回座比压差等同，但是1%（即在达到阀门起跳压力的99%时）的缓漏是允许的。过大的缓漏可能表明下调整环位置设置不当，可通过逆时针旋转该环，一次上调一齿，直至缓漏消除。

（3）阀门挂起。阀门挂起是在阀门起跳后并明显回座到一定程度但无法关闭的现象，这表明下调整环位置太高或阀门内部有机械影响所致。如果通过调整环无法消除阀门挂起现象，则需要通过解体阀门寻找原因。

（二）PCV 阀

PCV 阀是一种配有控制器和控制台的电控气动减压球阀，其整定压力略低于弹簧式安全阀的整定压力，以便在弹簧式安全阀动作之前控制系统压力，防止安全阀频繁动作。

1. PCV 阀控制系统

PCV 阀控制系统由型号为 3547W（V）的电动球阀、型号为 3539VX（V）的控制器、型号为 2537（V）的控制台、气体传动装置及辅助设备组成，见图 4-29。通过控制器和控制台既可以对 PCV 阀进行手动操作，也可自动操作。3539VX（V）型控制器由 1 个压力传感器（波尔登管）、1 个继电器和外壳组成，功能是确定调节阀的定值。2537（V）型控制台由选择器开关、两个指示灯和外壳组成，功能是用于选择 PCV 阀手动、自动或关闭。气体传动装置由 1 个双向作用的气体传动器、2 个三通电磁阀、1 个 DPST 旋转开关和 1 个安装传动器的分线盒组成，功能是驱动阀门。

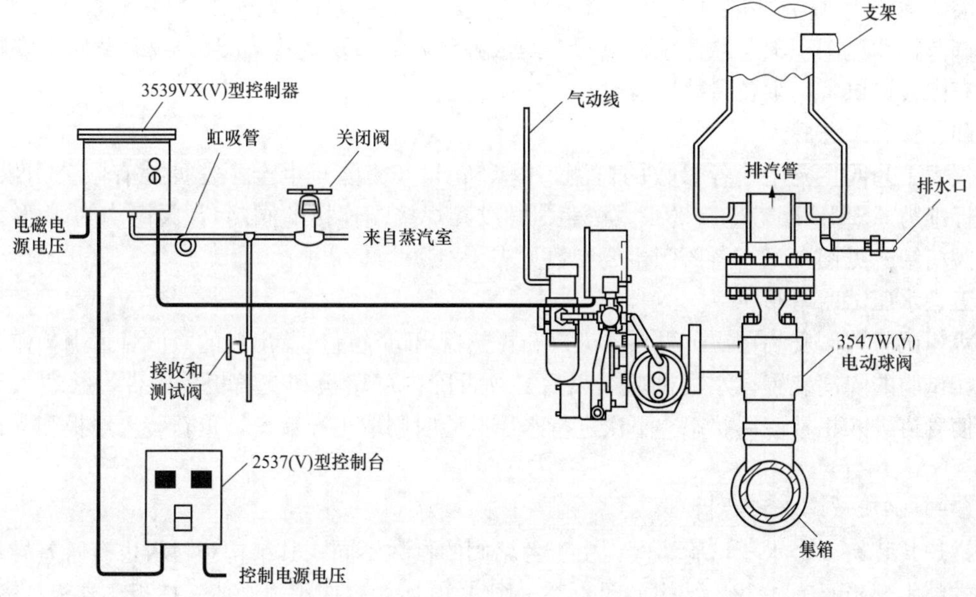

图 4-29 PCV 阀控制系统

2. PCV 阀的结构

PCV 阀为一球阀，入口与过热器出口集箱的管座焊接，出口与排汽管通过法兰连接，PCV 阀的结构见图 4-30。

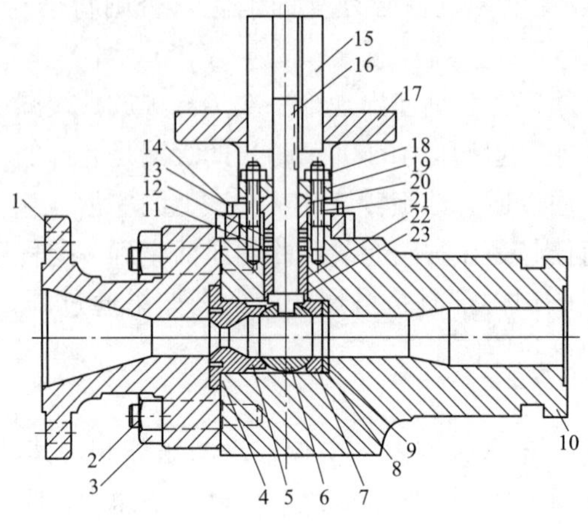

图 4-30　PCV 阀的结构

1—排气接头；2—阀体双头螺栓；3—阀体螺栓螺母；4—垫圈；5、12—密封；6—球体；7—球体及阀座加载组件；8—垫片；9—垫圈；10—阀体；11—密封制动环；13—止动垫圈；14—帽螺钉；15—驱动衬套；16—阀杆；17—定位架；18—密封压盖螺母；19—密封压盖法兰；20—密封压盖；21—密封压盖螺栓；22—阀杆螺母；23—轴承垫圈

二、闸阀、截止止回阀和截止阀

锅炉闸阀、截止止回阀和截止阀由加拿大威兰有限公司供货，执行标准为 ASME B16. 34—2017《法兰、螺纹和焊接端连接的阀门》。各阀门的主要参数见表 4-18 和表 4-19。

三、调节阀

溢流调节阀（341 阀）由艾默生有限公司供货，主要参数见表 4-20，外形尺寸、阀芯结构及调节特性见图 4-31。减温水调节阀、给水旁路调节阀及暖管（384）线调节阀由安达克工程有限公司供货，主要参数见表 4-20。

四、仪表工艺阀

仪表工艺阀主要用于各参数的监测，由 Conval（美国）生产，安贝德有限公司供货，执行标准为 ASME B16. 34—2017《法兰、螺纹和焊接端连接的阀门》，阀门均为 Y 形截止阀，阀门结构见图 4-32，各阀门主要参数见表 4-21。

五、水压试验堵阀

水压试验堵阀安装在锅炉再热器进口、再热器出口及过热器出口的蒸汽管道上，作为静态水压试验的隔离装置。水压试验结束后必须拆除内部堵板和支撑板等内件，并装入导流套，使管道进入正常使用状态。下次进行水压试验时则取出导流套，重新装入堵板和支板等内件。

（一）水压试验堵阀结构

锅炉共装有 3 个水压试验堵阀，由于各堵阀的参数不同，其结构和材料也有所差异。各堵阀的技术规范见表 4-22，结构如图 4-33～图 4-35 所示。堵阀由阀体、堵板、支板、螺杆、四分环、支撑板、阀盖和导流套等组成。阀体为整体锻造（或铸造），选用与配管化学成分

表 4-18 闸阀与止回阀参数

序号	阀门名称	数量	设计压力(psi)	设计温度(℉)	配管材料及规格(mm)	阀门型号	公称通径(mm)	阀座流道直径(mm)	阀体材料	阀盖材料	阀瓣材料	阀座材料	阀杆材料	密封材料	备注
1	贮水箱至过热器二级减温水止回阀	2	4125	630	12Cr1MoVG $\phi51\times10$	11/2″B07-5036W-06TS	DN40	28.575	F22	F22	Stellite 6	Stellite 6		Graphite	见图 2-4
2	贮水箱至过热器二级减温水电动闸阀	1	4125	630	12Cr1MoVG $\phi51\times10$	11/2″B07-4054W-05TS	DN40	28.575	F11	F11	Stellite 6	Stellite 6	410 SS	Graphite	见图 2-4
3	贮水箱 341 溢流水管电动闸阀	2	4200	630	SA-106C $\phi194\times28$	6″B14-4054P-02TS	DN150	125	A105	A105	Stellite 6	Stellite 6	410 SS	Graphite	见图 2-4
4	省煤器出口至暖管系统 384 线止回阀	1	4550	630	20G $\phi51\times9$	11/2″B07-9036W-02TS	DN40	28.575	A105	A105	Stellite 6	Stellite 6		Graphite	见图 2-4
5	给水管道电动主闸阀	1	4930	549	WB36 $\phi406.4\times40$	16″E20-4054K-02TS	DN400	278	WCB+WB36	A105	Stellite 6	Stellite 6	410 SS	Graphite	见图 2-3
6	给水管道止回阀	1	4930	549	WB36 $\phi406.4\times40$	16″E20-4114P-02TS	DN400	278	A105+WB36	A105	Stellite 6	Stellite 6	N. A.	Graphite	见图 2-3
7	给水旁路电动闸阀	2	4930	549	WB36 $\phi219\times23$	8″E15-4054P-02TS	DN200	148	A105+WB36	A105	Stellite 6	Stellite 6	410 SS	Graphite	见图 2-3
8	过热器喷减温水电动总闸阀	1	4930	549	SA-106C $\phi168\times25$	6″B14-4054P-02TS	DN150	118	A105	A105	Stellite 6	Stellite 6	410 SS	Graphite	见图 2-3

续表

序号	阀门名称	数量	设计压力（psi）	设计温度（°F）	配管材料及规格（mm）	阀门型号	公称通径（mm）	阀座流道直径（mm）	阀体材料	阀盖材料	阀瓣材料	阀座材料	阀杆材料	密封材料	备注
9	过热器一级喷水调节阀前电动闸阀	2	4930	549	20G $\phi 76\times14$	2″B08-4054W-02TS	DN50	41	A105	A105	Stellite 6	Stellite 6	410 SS	Graphite	见图 2-3
10	过热器二级喷水调节阀前电动闸阀	2	4930	549	SA-106C $\phi 108\times18$	4″B12-4054P-02TS	DN100	65	A105	A105	Stellite 6	Stellite 6	410 SS	Graphite	见图 2-3
11	过热器一级喷水电动截止止回阀	2	4930/ 4025	549/ 912	20G/ 12Cr1MoVG $\phi 76\times14$	2″A08-9086Z-06TS	DN50	41	F22	F22	Stellite 6	Stellite 6	410 SS	Graphite	见图 2-3
12	过热器二级喷水电动截止止回阀	2	4930 /3975	549/ 996	SA-106C/ 12Cr1MoVG $\phi 108\times18$/ $\phi 108\times22$	4″A12-5084P-06US	DN100	64	F22	F22	Stellite 6	Stellite 6	616 HT	Graphite	见图 2-3
13	再热器喷水调节阀前电动闸阀	1	1965	374	20G $\phi 76\times7.5$	2″B08-3054W-02TS	DN50	50	A105	A105	Stellite 6	Stellite 6	410 SS	Graphite	见图 2-3
14	再热器喷水调节阀后电动截止止回阀	1	1965	374	20G $\phi 76\times7.5$	2″B08-8086Z-02TS	DN50	50	A105	A105	Stellite 6	Stellite 6	410 SS	Graphite	见图 2-3

表 4-19　　截止阀参数

序号	阀门名称	数量	设计压力 (psi)	设计温度 (℉)	配管材料及规格 (mm)	阀门型号	公称通径 (mm)	阀座流道直径 (mm)	阀体材料	阀盖材料	阀瓣材料	阀座材料	阀杆材料	密封材料	备注
1	分离器蒸汽出口管道放气电动截止阀	1	4125	790	12Cr1MoVG ϕ42×6.5	11/2″B07-9076Z-06TS	DN35	29.75	F22	F22	Stellite 6	Stellite 6	410 SS	Graphite	见图 2-4
2	分离器蒸汽出口管充氮、放气截止阀	2	4125	790	12Cr1MoVG ϕ42×6.5	11/2″B07-9076Z-06TS	DN35	29.75	F22	F22	Stellite 6	Stellite 6	410 SS	Graphite	见图 2-4
3	贮水箱水位变送器截止阀	6	4125	790	12Cr1MoVG ϕ42×10	11/2″B07-9076Z-06TS	DN35	29.75	F22	F22	Stellite 6	Stellite 6	410 SS	Graphite	见图 2-4
4	贮水箱排水管道酸洗截止阀	2	4200	630	SA-106C ϕ108×16	4″B12-4074P-02TS	DN100	64.5	A105	A105	Stellite 6	Stellite 6	410 SS	Graphite	见图 2-4
5	341 管道疏水截止阀	4	4200	630	20G ϕ51×9	11/2″B07-9076Z-02TS	DN35	29.75	A105	A105	Stellite 6	Stellite 6	410 SS	Graphite	见图 2-4
6	341 管道反冲洗截止阀	2	4200	630	20G ϕ51×9	11/2″B07-9076Z-02TS	DN35	29.75	A105	A105	Stellite 6	Stellite 6	410 SS	Graphite	见图 2-4
7	包墙下集箱疏水电动截止阀	10	4125	815	12Cr1MoVG ϕ51×8	11/2″B07-9076Z-06TS	DN35	29.75	F22	F22	Stellite 6	Stellite 6	410 SS	Graphite	见图 2-5
8	一级过热器入口集箱疏水电动截止阀	2	4025	837	12Cr1MoVG ϕ51×8	11/2″B07-9076Z-06TS	DN35	29.75	F22	F22	Stellite 6	Stellite 6	410 SS	Graphite	见图 2-5
9	省煤器入口集箱疏水电动截止阀	1	4475	700	20G ϕ76×14	2″B08-9076Z-02TS	DN50	42.875	A105	A105	Stellite 6	Stellite 6	410 SS	Graphite	见图 2-3
10	省煤器入口集箱疏水手动截止阀	1	4475	700	20G ϕ76×14	2″B08-9076Z-02TS	DN50	42.875	A105	A105	Stellite 6	Stellite 6	410 SS	Graphite	见图 2-3

续表

序号	阀门名称	数量	设计压力（psi）	设计温度（℉）	配管材料及规格（mm）	阀门型号	公称通径（mm）	阀座流道直径（mm）	阀体材料	阀盖材料	阀瓣材料	阀座材料	阀杆材料	密封材料	备注
11	集中下降管疏水电动截止阀	1	4475	630	20G $\phi76\times14$	2″B08-9076Z-02TS	DN50	42.875	A105	A105	Stellite 6	Stellite 6	410 SS	Graphite	见图 2-3
12	集中下降管疏水手动截止阀	1	4475	630	20G $\phi76\times14$	2″B08-9076Z-02TS	DN50	42.875	A105	A105	Stellite 6	Stellite 6	410 SS	Graphite	见图 2-3
13	后墙水冷壁（拉稀管）入口集箱疏水电动截止阀	2	4175	885	12Cr1MoVG $\phi51\times8$	11/2″B07-9076Z-06TS	DN35	29.75	F22	F22	Stellite 6	Stellite 6	410 SS	Graphite	见图 2-3
14	水平烟道前侧包墙疏水电动截止阀	2	4225	870	12Cr1MoVG $\phi51\times8$	11/2″B07-9076Z-06TS	DN35	29.75	F22	F22	Stellite 6	Stellite 6	410 SS	Graphite	见图 2-3
15	水冷壁中间过渡集箱疏水电动截止阀	8	4475	780	12Cr1MoVG $\phi51\times8$	11/2″B07-9076Z-06TS	DN35	29.75	F22	F22	Stellite 6	Stellite 6	410 SS	Graphite	见图 2-3
16	省煤器出口充氮截止阀	2	4475	800	12Cr1MoVG $\phi51\times8$	11/2″B07-9076Z-06TS	DN35	29.75	F22	F22	Stellite 6	Stellite 6	410 SS	Graphite	见图 2-3
17	省煤器出口放气电动截止阀	1	4475	800	12Cr1MoVG $\phi51\times8$	11/2″B07-9076Z-06TS	DN35	29.75	F22	F22	Stellite 6	Stellite 6	410 SS	Graphite	见图 2-3
18	隔墙上集箱充氮截止阀	2	4125	815	12Cr1MoVG $\phi42\times6.5$	11/2″B07-9076Z-06TS	DN35	29.75	F22	F22	Stellite 6	Stellite 6	410 SS	Graphite	见图 2-5
19	隔墙上集箱放气电动截止阀	1	4125	815	12Cr1MoVG $\phi42\times6.5$	11/2″B07-9076Z-06TS	DN35	29.75	F22	F22	Stellite 6	Stellite 6	410 SS	Graphite	见图 2-5
20	水冷壁出口混合集箱充氮截止阀	2	4175	885	12Cr1MoVG $\phi42\times6.5$	11/2″B07-9076Z-06TS	DN35	29.75	F22	F22	Stellite 6	Stellite 6	410 SS	Graphite	见图 2-3
21	水冷壁出口混合集箱放气电动截止阀	1	4175	885	12Cr1MoVG $\phi42\times6.5$	11/2″B07-9076Z-06TS	DN35	29.75	F22	F22	Stellite 6	Stellite 6	410 SS	Graphite	见图 2-3

续表

序号	阀门名称	数量	设计压力（psi）	设计温度（℉）	配管材料及规格（mm）	阀门型号	公称通径（mm）	阀座流道直径（mm）	阀体材料	阀盖材料	阀瓣材料	阀座材料	阀杆材料	密封材料	备注
22	省煤器入口酸洗截止阀	2	4475	700	SA-106C ϕ108×16	4″B12-4074P-02TS	DN100	64.5	A105	A105	Stellite 6	Stellite 6	410 SS	Graphite	见图 2-3
23	后屏过热器入口集箱疏水电动截止阀	2	3975	888	12Cr1MoVG ϕ51×9	11/2″B07-9076Z-06TS	DN35	29.75	F22	F22	Stellite 6	Stellite 6	410 SS	Graphite	见图 2-5
24	后屏过热器出口集箱放气截止阀	1	3975	996	12Cr1MoVG ϕ42×8.5	11/2″B07-5076Z-06TS	DN35	29.75	F22	F22	Stellite 6	Stellite 6	410 SS	Graphite	见图 2-5
25	前屏过热器出口集箱充氮截止阀	2	3925	1085	SA-213T91 ϕ42×8	11/2″B07-9076Z-34US	DN35	29.75	F91	F91	Stellite 6	Stellite 6	616HT	Graphite	见图 2-5
26	低温过热器出口集箱充氮截止阀	2	4025	912	12Cr1MoVG ϕ42×8.5	11/2″B07-9076Z-06TS	DN35	29.75	F22	F22	Stellite 6	Stellite 6	410 SS	Graphite	见图 2-5
27	前屏过热器出口集箱疏水电动截止阀	1	3925	1085	SA-213T91 ϕ51×9	11/2″B07-9076Z-34US	DN35	29.75	F91	F91	Stellite 6	Stellite 6	616 HT	Graphite	见图 2-5
28	前屏过热器出口集箱及管道疏水电动截止阀	2	3925	1085	SA-213T91 ϕ51×9	11/2″B07-9076Z-34US	DN35	29.75	F91	F91	Stellite 6	Stellite 6	616 HT	Graphite	见图 2-5
29	低温过热器出口集箱放气电动截止阀	1	4025	912	12Cr1MoVG ϕ42×8.5	11/2″B07-9076Z-06TS	DN35	29.75	F22	F22	Stellite 6	Stellite 6	410 SS	Graphite	见图 2-5
30	前屏过热器出口集箱放气电动截止阀	1	3925	1085	SA-213T9 1 ϕ42×8	11/2″B07-9076Z-34US	DN35	29.75	F91	F91	Stellite 6	Stellite 6	616 HT	Graphite	见图 2-5

续表

序号	阀门名称	数量	设计压力（psi）	设计温度（℉）	配管材料及规格（mm）	阀门型号	公称通径（mm）	阀座流道直径（mm）	阀体材料	阀盖材料	阀瓣材料	阀座材料	阀杆材料	密封材料	备注
31	前屏过热器入口集箱疏水电动截止阀	2	3950	951	12Cr1MoVG $\phi51\times9$	11/2″B07-9076Z-06TS	DN35	29.75	F22	F22	Stellite 6	Stellite 6	410 SS	Graphite	见图 2-5
32	后屏过热器出口集箱放气电动截止阀	1	3975	996	12Cr1MoVG $\phi42\times8.5$	11/2″B07-5076Z-06TS	DN35	29.75	F22	F22	Stellite 6	Stellite 6	410 SS	Graphite	见图 2-5
33	前屏过热器入口集箱疏水电动截止阀	2	3950	951	12Cr1MoVG $\phi51\times9$	11/2″B07-9076Z-06TS	DN35	29.75	F22	F22	Stellite 6	Stellite 6	410 SS	Graphite	见图 2-5
34	过热器喷水管路疏水电动截止阀	2	4930	549	20G $\phi51\times9$	11/2″B07-9076Z-02TS	DN35	29.75	A105	A105	Stellite 6	Stellite 6	410 SS	Graphite	见图 2-5
35	前屏过热器出口集箱反冲洗截止阀	1	3925	1085	SA-213T91 $\phi51\times9$	11/2″B07-9076Z-34US	DN35	29.75	F91	F91	Stellite 6	Stellite 6	616 HT	Graphite	见图 2-5
36	前屏过热器出口压力测点截止阀	10	3875	1069	SA-213T91 $\phi25\times5$	1/2″B03-9076Z-34US	DN10	12.7	F91	F91	Stellite 6	Stellite 6	616 HT	Graphite	见图 2-5
37	前屏过热器出口蒸汽取样截止阀	2	3875	1069	SA-213T91 $\phi25\times5$	1/2″B03-9076Z-34US	DN10	12.7	F316H	F316H	Stellite 6	Stellite 6	616 HT	Graphite	见图 2-5
38	低温再热器入口管道疏水电动截止阀	2	850	655	20G $\phi51\times5$	11/2″B07-8076Z-02TS	DN35	29.75	A105	A105	Stellite 6	Stellite 6	410 SS	Graphite	见图 2-6
39	低温再热器入口集箱疏水电动截止阀	2	850	700	20G $\phi51\times5$	11/2″B07-8076Z-02TS	DN35	29.75	A105	A105	Stellite 6	Stellite 6	410 SS	Graphite	见图 2-6

续表

序号	阀门名称	数量	设计压力 (psi)	设计温度 (℉)	配管材料及规格 (mm)	阀门型号	公称通径 (mm)	阀座流道直径 (mm)	阀体材料	阀盖材料	阀瓣材料	阀座材料	阀杆材料	密封材料	备注
40	高温再热器出口集箱疏水电动截止阀	2	850	1081	SA-213T91 $\phi51\times5$	11/2″B07-8076Z-34US	DN35	29.75	F91	F91	Stellite 6	Stellite 6	616 HT	Graphite	见图 2-6
41	高温再热器出口管道疏水电动截止阀	2	850	1074	SA-213T91 $\phi51\times5$	11/2″B07-8076Z-34US	DN35	29.75	F91	F91	Stellite 6	Stellite 6	616 HT	Graphite	见图 2-6
42	再热器喷水管路疏水电动截止阀	1	1965	374	20G $\phi28\times4$	1″B05-8076Z-02TS	DN25	22	A105	A105	Stellite 6	Stellite 6	410 SS	Graphite	见图 2-6
43	再热器喷水管路疏水电动截止阀	1	1965	374	20G $\phi28\times4$	1″B05-8076Z-02TS	DN25	22	A105	A105	Stellite 6	Stellite 6	410 SS	Graphite	见图 2-6
44	高温再热器出口集箱放气电动截止阀	1	850	1081	SA-213T91 $\phi42\times5$	11/2″B07-8076Z-34US	DN35	29.75	F91	F91	Stellite 6	Stellite 6	616 HT	Graphite	见图 2-6
45	高温再热器出口集箱放气、充氮截止阀	2	850	1081	SA-213T91 $\phi42\times5$	11/2″B07-8076Z-34US	DN35	29.75	F91	F91	Stellite 6	Stellite 6	616 HT	Graphite	见图 2-6
46	高温再热器出口蒸汽取样截止阀	2	850	1074	SA-213T91 $\phi25\times5$	1/2″B03-8076Z-34US	DN10	12.7	F91	F91	Stellite 6	Stellite 6	616 HT	Graphite	见图 2-6
47	高温再热器出口管道压力测点截止阀	7	850	1074	SA-213T91 $\phi25\times5$	1/2″B03-8076Z-34US	DN10	12.7	F91	F91	Stellite 6	Stellite 6	616 HT	Graphite	见图 2-6

表 4-20　　调节阀主要参数

阀门名称	过热器一级喷水调节阀	过热器二级喷水调节阀	再热器喷水调节阀	给水旁路调节阀	暖管（384）线调节阀	贮水箱（341）线调节阀
阀门数量	2	2	1	1	1	2
最大关闭压差（MPa）	27.64	27.92	12	16	7	16.55（2400 psi）
配管材料/规格（mm）	20G、ϕ76×14	SA-210C、ϕ108×18	20G、ϕ76×7.5	WB36、ϕ219×23	20G、ϕ51×9	SA-106C、ϕ194×28
设计压力（MPa）	34	34	13.55	34	31.4	29（4200 psi）
设计温度（℃）	287	287	190	287	332	332
阀门制造厂家	COPES-VULCAN(美国)	COPES-VULCAN(美国)	COPES-VULCAN(美国)	COPES-VULCAN(美国)	COPES-VULCAN(美国)	Fisher(日本)
阀门型号	1.5″(38mm)、CL2500、WC6、BW、SD	2″(50mm)、CL2500、WC6、BW、SD	1.5″(38mm)、CL1500、WCB、BW、SD	6″(150mm)、CL2500、WC6、BW、SD	1″(25mm)、CL2500、WC6、BW、SD	8″(200mm)-EHAD-585C-DVC6000
阀体材质/型式	WC6/	WC6/	WCB/	WC6/	WC6/	WC6/角形
阀座材质	400 不锈钢	400 不锈钢	400 不锈钢	400 不锈钢	400 不锈钢	17-4PH SST
阀盖型式/材质	螺栓/WC6	螺栓/WC6	螺栓/WCB	螺栓/WC6	螺栓/WC6	标准/WC9
阀杆材质	400/47 SST	400/47 SST	400/47 SST	400/70 SST	400/47 SST	316 SST
阀芯型式	LOW FLOW PLUG	PLUG THROTTLE	CASCADE	CAV-B9	LOW FLOW PLUG	平衡式
流量特性	CASCADE，MEDIUM	修正抛物线	CASCADE，MEDIUM	CAV-B9	CASCADE，MEDIUM	等百分比
可控最小 C_v 值	0.14	0.3	0.039	2	0.12	22.9
可控最大 C_v 值	9.9	17.4	8.2	161	8.2	584
最大流量时阀门开度（%）	79	82	68	87	54	75
阀门全行程开/关时间（s）	<20	<20	<20	<20	<20	<20
备注	见图 2-3	见图 2-3	见图 2-3	见图 2-3	见图 2-4	见图 2-4

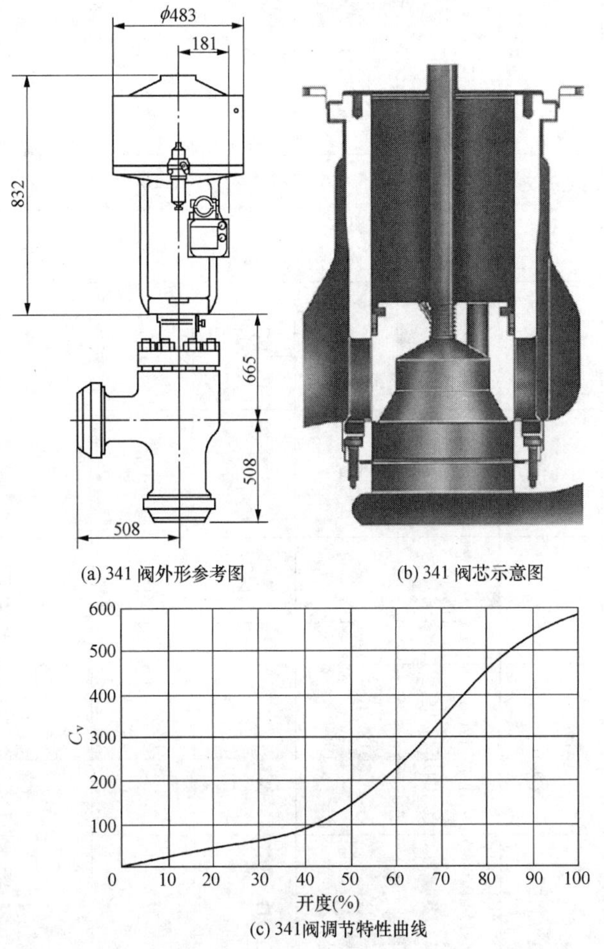

图 4-31 溢流调节阀（341 阀）

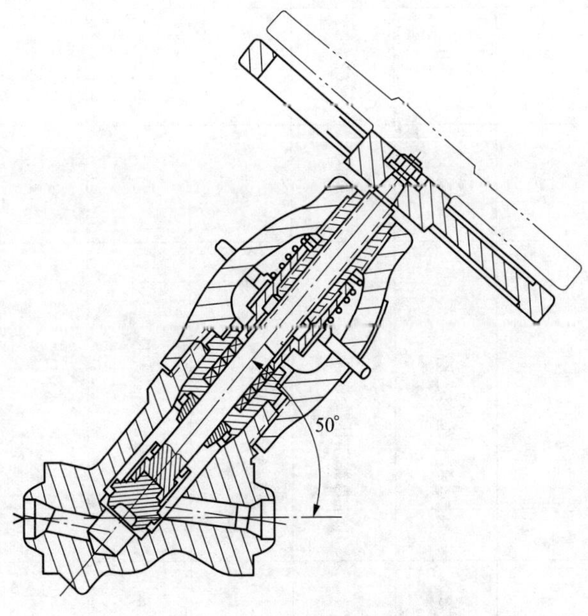

图 4-32 仪表工艺阀结构

表 4-21　　仪表工艺阀主要参数

序号	阀门位置	数量	设计压力(psi)	设计温度(℉)	配管材料及规格（mm）	阀门型号	公称通径(mm)	阀座流道直径(mm)	阀体材料	阀盖材料	备注
1	分离器引出管；贮水箱压力和压差	6	4125	790	12Cr1MoVG $\phi25\times5$	0.5012G4 CJ-F223D	DN15	12.7	SA-182 F22	SA479-410	见图 2-4
2	贮水箱疏水出口水质分析	2	4200	630	20G $\phi25\times5$	0.5012G4 CJ-1053D	DN15	12.7	SA-105	SA479-410	见图 2-4
3	贮水箱水位变送器	6	4125	790	12Cr1MoVG $\phi28\times4$	0.75-12G5 CJ-F223D	DN20	12.7	SA-182 F22	SA479-410	见图 2-4
4	过滤器差压变送器	4	4200	630	20G $\phi25\times5$	0.5012G4 CJ-1053D	DN15	12.7	SA-105	SA479-410	见图 2-4
5	省煤器进口压力测点	7	4475	700	20G $\phi25\times5$	0.5012G4 CJ-1053D	DN15	12.7	SA-105	SA479-410	见图 2-3
6	给水取样点	2	4475	700	20G $\phi25\times5$	0.5012G4 CJ-1053D	DN15	12.7	SA-105	SA479-410	见图 2-3
7	省煤器出口压力测点（下降管）	2	4475	630	20G $\phi25\times5$	0.50-12G4 CJ-1053D	DN15	12.7	SA-105	SA479-410	见图 2-3
8	水冷壁进口集箱压力测点	2	4475	630	20G $\phi25\times5$	0.5012G4 CJ-1053D	DN15	12.7	SA-105	SA479-410	见图 2-3
9	下降管压力测点	2	4475	630	20G $\phi25\times5$	0.50-12G4 CJ-1053D	DN15	12.7	SA-105	SA479-410	见图 2-3

续表

序号	阀门位置	数量	设计压力(psi)	设计温度(℉)	配管材料及规格(mm)	阀门型号	公称通径(mm)	阀座流道直径(mm)	阀体材料	阀盖材料	备注
10	下降管过滤器差压测点	4	4475	630	20G $\phi 25\times 5$	0.5012G4 CJ-1053D	DN15	12.7	SA-105	SA479-410	见图 2-3
11	水冷壁出口混合集箱压力测点	4	4175	885	12Cr1MoVG $\phi 25\times 5$	0.5012G4 CJ-F223D	DN15	12.7	SA-182 F22	SA479-410	见图 2-3
12	水冷壁中间过渡集箱压力测点	8	4475	780	12Cr1MoVG $\phi 25\times 5$	0.5012G4 CJ-F223D	DN15	12.7	SA-182 F22	SA479-410	见图 2-3
13	隔墙上集箱压力测点	2	4125	815	12Cr1MoVG $\phi 25\times 5$	0.5012G4 CJ-F223D	DN15	12.7	SA-182 F22	SA479-410	见图 2-5
14	给水流量测量	12	4930	549	20G $\phi 28\times 4$	0.7512G5 CJ-1053D	DN15	12.7	SA-105	SA479-410	见图 2-3
15	一级过热器至屏式过热器连接管压力测点	4	4025	888	12Cr1MoVG $\phi 25\times 5$	0.5012G4 CJ-F223D	DN15	12.7	SA-182 F22	SA479-410	见图 2-5
16	屏式过热器至二级过热器连接管压力测点	4	3975	951	12Cr1MoVG $\phi 25\times 5$	0.5013G5 CJ-F223C	DN20	12.7	SA-182 F22	SA479-410	见图 2-5
17	一级、二级喷水管路流量测量	32	4930	549	20G $\phi 25\times 5$	0.5012G4 CJ-1053D	DN15	12.7	SA-105	SA479-410	见图 2-3
18	喷水管路压力测量	2	4930	549	20G $\phi 25\times 5$	0.5012G4 CJ-1053D	DN15	12.7	SA-105	SA479-410	见图 2-3

及性能相近的材料，阀门两端加工成U形坡口与配管直接对焊，无需焊中间过渡段，直通无缩径，单面平面密封，阀体密封面堆焊奥氏体不锈钢，堵板上装有O形橡胶密封圈；中腔采用压力自紧密封结构，水压试验或运行时，均能借介质压力压紧密封圈达到可靠密封，并且压力越高，密封越可靠；密封面堆焊防锈、抗冲蚀材料，以确保重复使用时的密封效果。

表4-22　　各堵阀的技术规范

名称	再热器入口堵阀	再热器出口堵阀	过热器出口堵阀
型号	SD61H-600Lb	SD61H-900Lb	SD61H-3500Lb
公称直径（mm）	DN700	DN700	DN300
设计压力（MPa）	5.86	5.86	26.7
设计温度（℃）	350	580	580
配管尺寸（mm）	ϕ711.2×24 （A672B70CL32）	ID685.8×30 （SA-335P91）	ID317.5×65/ ID318×57（A335P91）

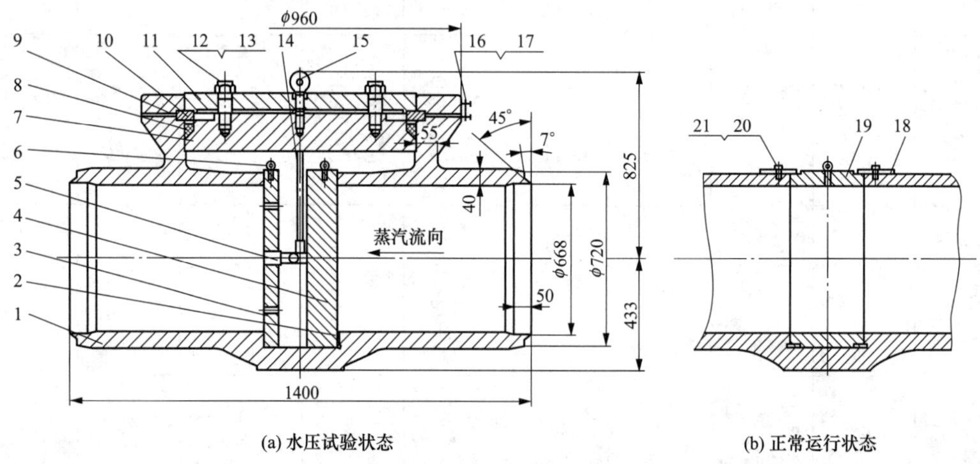

再热器入口堵阀明细

序号	名称	数量	材料	序号	名称	数量	材料	序号	名称	数量	材料
1	阀体	1	WCB	8	密封圈	1	RSM+1Cr18Ni9Ti	15	螺钉M30	2	25
2	密封圈ϕ680×7	1	橡胶Ⅰ—2	9	垫环	1	20	16	铭牌32×80	1	LY3
3	支板	1	WCB	10	四开环	1	38CrMoAlA	17	铆钉2×4	4	T3
4	堵板	1	WCB	11	支撑板	1	WCB	18	压板	2	25
5	螺杆	1	45	12	螺栓M30×90	6	35	19	导流套	1	WCB
6	螺钉M10	3	25	13	螺母M30	6	25	20	螺柱M12×30	2	35
7	阀盖	1	WCB	14	扳手33	1	35	21	螺母M21	2	25

图4-33　再热器入口堵阀结构

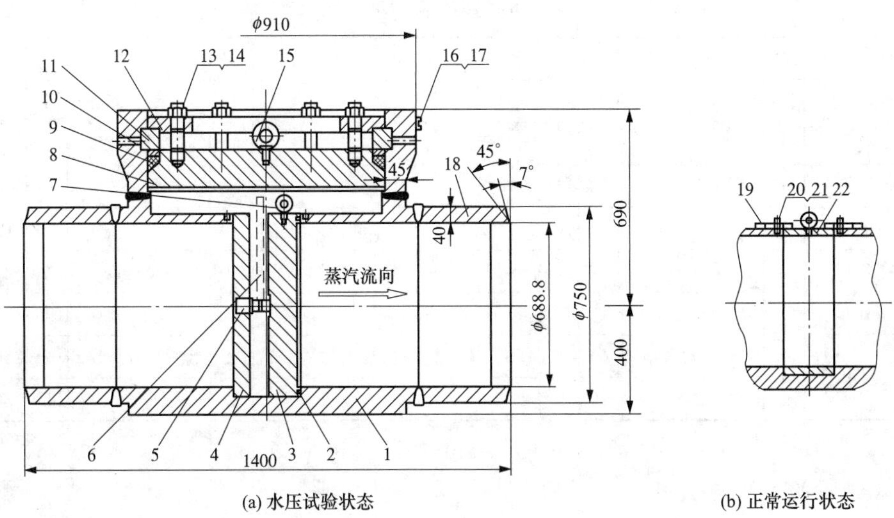

(a) 水压试验状态　　(b) 正常运行状态

再热器出口堵阀明细

序号	名称	数量	材料	序号	名称	数量	材料	序号	名称	数量	材料
1	阀体	1	WCB	9	密封圈	1	柔性石墨+1Cr18Ni9Ti	16	铭牌 32×80	1	LY3
2	O形圈 φ690×7	1	橡胶Ⅰ—2					17	铆钉 2×4	4	T3
3	堵板	1	WCB	10	垫环	1	38CrMoAlA	18	过渡段	2	F91
4	支板	1	WCB	11	四开环	1	F91	19	压板	2	1Cr18Ni9Ti
5	螺杆	1	45	12	支撑板	1	WC9	20	螺柱 M12×40	2	1Cr18Ni9Ti
6	单头扳手 41	1	35	13	螺柱 M30×140	6	1Cr18Ni9Ti	21	螺母 M12	2	1Cr18Ni9Ti
7	吊环螺钉 M12	3	25	14	螺母 M30	6	1Cr18Ni9Ti	22	导流套	1	C12A
8	阀盖	1	F91	15	吊环螺钉 M20	1	25				

图 4-34 再热器出口堵阀结构

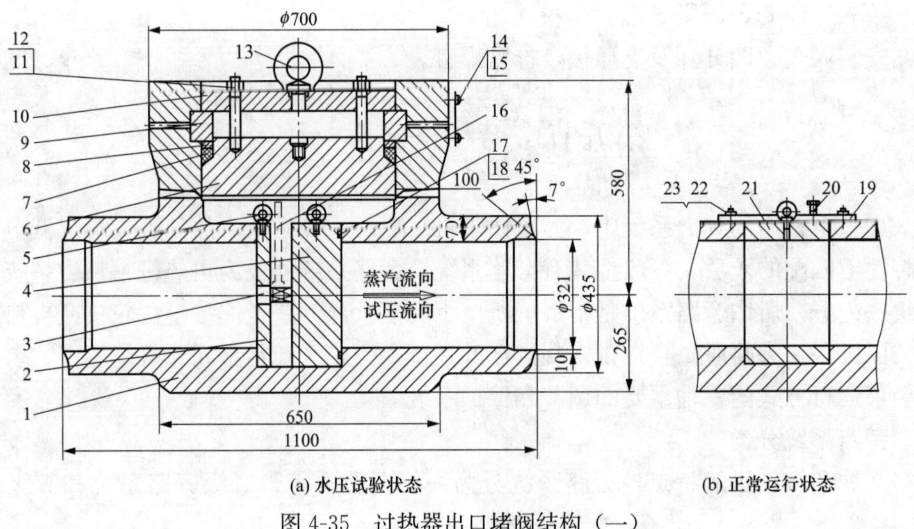

(a) 水压试验状态　　(b) 正常运行状态

图 4-35 过热器出口堵阀结构（一）

过热器堵阀明细

序号	名称	数量	材料	序号	名称	数量	材料	序号	名称	数量	材料
1	阀体	1	F91	8	垫环	1	38CrMoAlA	16	扳手 65	1	35
2	支板	1	25	9	四开环	1	F91	17	O 形圈 ϕ330×7	1	橡胶Ⅰ—2
3	螺杆	1	45	10	支撑板	1	12Cr1MoV	18	O 形圈 ϕ330×7	1	橡胶Ⅰ—2
4	堵板	1	25	11	螺柱 M24×170	8	25Cr2MoVA	19	压板	2	12Cr1MoV
5	螺钉 M12	3	45	12	螺母 M24	8	25Cr2MoVA	20	螺柱 M16×65	2	1Cr18Ni9Ti
6	阀盖	1	F91	13	螺钉 M36	1	25	21	导流套	1	F91
7	密封圈	1	柔性石墨＋1Cr18Ni9Ti	14	铭牌 32×80	1	L2Y	22	螺柱 M12×30	2	25Cr2MoVA
				15	铆钉 3×6	4	T2	23	螺母 M12	2	25Cr2MoVA

图 4-35　过热器出口堵阀结构（二）

（二）堵阀的安装与使用

堵阀安装焊接时必须按照阀体上的流向箭头方向安装，该箭头方向为工作介质实际流向。

1. 水压前安装堵板

（1）做好安全措施后，拆下阀盖及导流套，检查 O 形圈是否完好，并把 O 形圈嵌入堵板结合面槽中。

（2）把螺杆拧入支板端面，将堵板和支板吊入堵阀内，不要碰伤 O 形圈，保证支板有一定的自由度。

（3）堵板支板就位后，用扳手拧紧支板上端的球面螺杆对堵板进行预紧。

（4）依次装好阀盖、四开环及支撑板，拧紧螺钉。

2. 水压试验完毕后堵板的拆除

（1）系统已降压放水并做好安全措施后，松开螺钉，拆下阀盖。

（2）把螺杆拧入支板端面，取出堵板及支板等，并将这些部件装入原包装箱内妥善保管，以备下次使用。

（3）装入导流套，压紧导流套压板。

（4）安装阀盖、四开环及支撑板，拧紧螺钉。

第五节　旁路系统

在大型火电机组的热力系统中，为了便于机组启动、停运及事故处理，解决低负荷运行时机炉特性不匹配的矛盾，一般都装有旁路系统，旁路系统已成为再热机组热力系统中的一个重要组成部分。所谓旁路系统是指锅炉所产生的蒸汽部分或全部绕过汽轮机或再热器，通过减温减压设备（旁路阀）直接排入凝汽器的系统。旁路系统是单元式机组启停、事故处理及特殊要求运行方式的一种重要的调节和保护系统。

一、旁路系统分类

根据锅炉和汽轮机的特点，旁路系统分为一级旁路系统、二级旁路系统和三级旁路系统，见图 4-36。

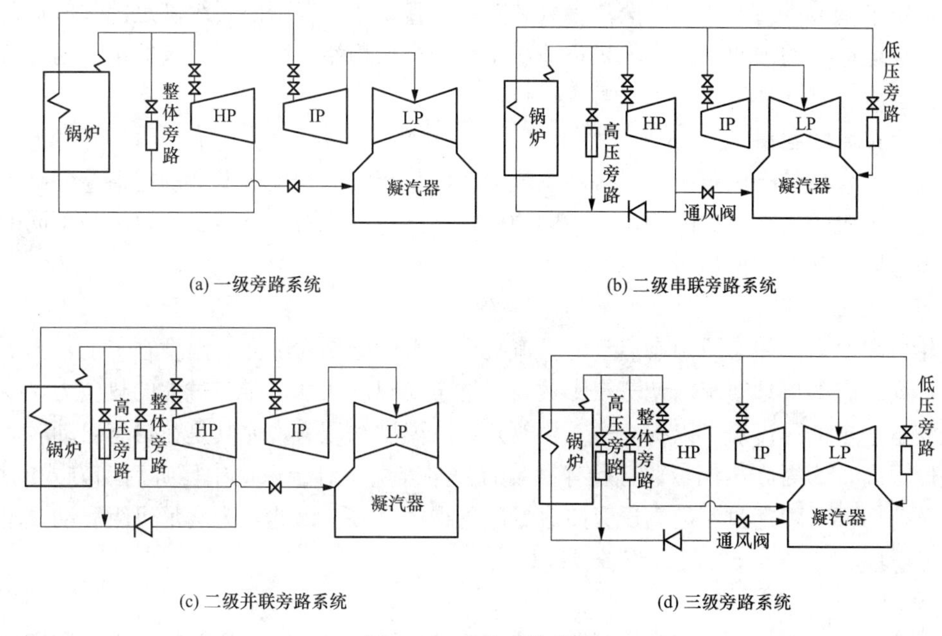

(a) 一级旁路系统

(b) 二级串联旁路系统

(c) 二级并联旁路系统

(d) 三级旁路系统

图 4-36　旁路系统种类

（一）一级旁路系统（整体旁路系统）

采用一级旁路系统时，主蒸汽绕过整个汽轮机，经减压减温后直接进入凝汽器。优点是系统简单，操作控制方便，投资少。但是，采用这种系统难以满足汽轮机滑参数启动的要求，特别是热态启动时，很难满足对再热蒸汽温度的要求。如果再热器的材质较好或其布置在烟气低温区，并严格控制再热器的入口烟气温度，可以采用一级旁路系统。

（二）二级旁路系统

二级旁路系统分为串联和并联两种。

1. 二级串联旁路系统

二级串联旁路系统由高压旁路和低压旁路组成。采用二级串联旁路系统时，主蒸汽绕过高压缸，经减压减温后进入再热器（称为高压旁路系统），蒸汽从再热器出来后继续绕过中压缸，经减压减温后进入凝汽器（称为低压旁路系统）。这种高低压两级串联的旁路系统既可满足机组冷态、热态启动要求，又能保护再热器，因此，多数机组采用二级串联旁路系统。二级串联旁路系统又分为具有安全阀功能和不具有安全阀功能的两种类型。不具有安全阀功能的二级串联旁路系统容量小于锅炉容量，出口另设安全阀；具有安全阀功能的二级串联旁路系统的容量大于锅炉容量，出口不需另设安全阀。因为旁路系统调节阀兼有调节、溢流和安全阀三种功能，所以又称“三用阀”。

2. 二级并联旁路系统

二级并联旁路系统由高压旁路和整体旁路组成，高压旁路容量设计为 10%～17%额定蒸发量，其目的是机组启动时保护再热器，整体旁路容量设计为 20%～30%额定蒸发量，其目的是将各运行工况（启动、电网甩负荷、事故）下多余蒸汽排入凝汽器，锅炉超压时可减少安全阀动作次数。

（三）三级旁路系统

三级旁路系统是在二级旁路系统的基础上再并联一级旁路系统。机组启动过程中，用二级旁路系统来调节进入汽轮机的蒸汽参数和蒸汽流量；用一级旁路系统满足锅炉低负荷时能维持机组稳定运行的需要。当汽轮机负荷小于锅炉最低稳燃负荷时，多余的蒸汽通过整体旁路系统排至凝汽器，从而保持锅炉可靠运行。

二、旁路系统容量

旁路系统容量是指额定参数时旁路系统的通流量与锅炉额定蒸发量的比值，旁路系统的容量应能满足机炉运行方式的要求，不同的机炉及运行方式对旁路容量的要求是不同的，一般重点考虑以下几个方面。

1. 机组启动

汽轮机在冷态、热态或温态启动时，汽缸金属温度分别在不同的温度水平上，为了满足汽轮机不同状态的启动要求，使蒸汽参数与汽缸金属温度匹配，避免过大的热应力，要求旁路系统满足一定的通流量，以提高主（再热）蒸汽温度和压力。尤其是在热态启动时，汽缸金属温度很高，为提高蒸汽参数必须有很大的旁路容量。对于采用中压缸启动方式的机组，为保证负荷切换时稳定过渡，高压旁路容量应选得大一些。因此，为满足机组启动要求，旁路系统容量应在30%～50%额定蒸发量以上。

2. 锅炉最低稳定负荷

对于停机不停炉的运行工况，旁路系统应能排放锅炉最低稳定负荷的蒸汽量。在自然循环锅炉中，负荷降低，水冷壁中工质流量减小，其最低负荷受到水循环被破坏的限制；对于直流炉，为了保证锅炉蒸发受热面、过热器和再热器受热面必要的冷却，锅炉最低负荷对旁路也有一定的要求。为了满足锅炉最低负荷要求，旁路系统容量一般按30%额定蒸发量进行设计。

3. 机组甩负荷

汽轮机甩负荷以后，可以选择不同的运行方式，如停机即停炉、停机不停炉、带厂用电运行或汽轮机维持空转等。若要求锅炉过热器安全阀不动作，则旁路系统的容量应足够大，通常设置为100%的高压旁路；若允许锅炉过热器安全阀瞬时动作，则旁路容量主要按锅炉最低稳燃负荷考虑，可选择30%～50%。

另外，在选择低压旁路时，应考虑对再热器流动状态的干扰尽可能小，并保持凝汽器工况稳定。当汽轮机甩负荷时，如不希望再热器安全阀动作，则低压旁路的容量应为100%；若再热器安全阀允许瞬间开启，则低压旁路的容量可取60%～70%。

三、350MW热电联产机组旁路系统

根据锅炉和汽轮机的特性及机组的启动要求，350MW热电联产机组采用二级串联旁路系统，旁路系统的容量为40%MCR。高压旁路由1个高压旁路阀、1个高压旁路喷水阀和1个高压旁路喷水隔离阀组成；低压旁路由1个低压旁路阀、1个低压旁路喷水阀和1个低压旁路喷水隔离阀组成。旁路系统主要由阀门和执行机构两部分组成，执行机构有液（油）动、气动和电动三种。液动执行机构的特点是动作迅速、开启时间短（一般为1～2s），但系统较复杂，运行费用和维护工作量大；执行机构布置在高温管道区时，必须采取有效的防火措施。电动执行机构特点是运行灵活，设备投资少，工作可靠性高且维修较简单；但是，电动执行机构力矩小，动作时间长（一般需40s），只能在机组启动、停运和事故处理时起调节作用，不能作为具有安全阀功能的旁路系统。气动执行机构介于液动执行机构和电动执行机构之间，同时具备两种系统的优点，动作时间能满足锅炉安全阀的需求，又没有液动执行机构的复杂系统和维护工作量，动作时间一般为 2～3s，由于系统不用可燃工质，因而没有火灾隐患。由于锅炉安全阀的排放量大于锅炉的蒸发量，旁路系统的主要功能是在机组启停和故障状态下调节流量和减温降压，无安全阀功能，故采用电动执行机构即可满足要求。旁路系统参数见表 4-23。

表 4-23 旁路系统参数

<table>
<tr><th colspan="2">技术参数名称</th><th>单位</th><th>标准工况</th><th>冷态启动</th><th>温态启动</th><th>热态启动</th><th>极热态启动</th></tr>
<tr><td rowspan="8">高压蒸汽旁路阀</td><td>入口蒸汽压力</td><td>MPa</td><td>24.2</td><td>6.04</td><td>7.04</td><td>8.04</td><td>14</td></tr>
<tr><td>入口蒸汽温度</td><td>℃</td><td>566</td><td>383</td><td>433</td><td>483</td><td>533</td></tr>
<tr><td>入口蒸汽流量</td><td>t/h</td><td>450</td><td>116</td><td>116</td><td>116</td><td>125</td></tr>
<tr><td>出口蒸汽压力</td><td>MPa</td><td>4.40</td><td>1.02</td><td>1.02</td><td>1.02</td><td>1.02</td></tr>
<tr><td>出口蒸汽温度</td><td>℃</td><td>315</td><td>约 240</td><td>约 280</td><td>约 300</td><td>约 325</td></tr>
<tr><td>出口蒸汽流量</td><td>t/h</td><td>534</td><td>126</td><td>126</td><td>129</td><td>142</td></tr>
<tr><td>入口/出口管道设计压力</td><td>MPa</td><td colspan="5">25.4/5.1</td></tr>
<tr><td>入口/出口管道设计温度</td><td>℃</td><td colspan="5">576/335</td></tr>
<tr><td rowspan="5">高压喷水调节阀</td><td>计算压力</td><td>MPa</td><td>35.0</td><td>15.0</td><td>15.0</td><td>15.0</td><td>15.0</td></tr>
<tr><td>计算温度</td><td>℃</td><td>110</td><td>110</td><td>110</td><td>110</td><td>110</td></tr>
<tr><td>计算流量</td><td>t/h</td><td>84.3</td><td>10.2</td><td>10.8</td><td>13.7</td><td>17.7</td></tr>
<tr><td>减温水管道设计压力</td><td>MPa</td><td colspan="5">34</td></tr>
<tr><td>减温水管道设计温度</td><td>℃</td><td colspan="5">290</td></tr>
<tr><td rowspan="8">低压蒸汽旁路阀</td><td>入口蒸汽压力</td><td>MPa</td><td>4.05</td><td>1.01</td><td>1.00</td><td>1.00</td><td>0.99</td></tr>
<tr><td>入口蒸汽温度</td><td>℃</td><td>566</td><td>363</td><td>413</td><td>463</td><td>513</td></tr>
<tr><td>入口蒸汽流量</td><td>t/h</td><td>534</td><td>126</td><td>126</td><td>129</td><td>142</td></tr>
<tr><td>出口蒸汽压力</td><td>MPa</td><td>0.6</td><td>0.6</td><td>0.6</td><td>0.6</td><td>0.6</td></tr>
<tr><td>出口蒸汽温度</td><td>℃</td><td>160</td><td>160</td><td>160</td><td>160</td><td>160</td></tr>
<tr><td>出口蒸汽流量</td><td>t/h</td><td>709</td><td>147</td><td>153</td><td>162</td><td>184</td></tr>
<tr><td>入口/出口管道设计压力</td><td>MPa</td><td colspan="5">5.1/1.1</td></tr>
<tr><td>入口/出口管道设计温度</td><td>℃</td><td colspan="5">574/160</td></tr>
<tr><td rowspan="5">低压喷水调节阀</td><td>计算压力</td><td>MPa</td><td>3.5</td><td>3.5</td><td>3.5</td><td>3.5</td><td>3.5</td></tr>
<tr><td>计算温度</td><td>℃</td><td>49.1</td><td>49.1</td><td>49.1</td><td>49.1</td><td>49.1</td></tr>
<tr><td>计算流量</td><td>t/h</td><td>175</td><td>21</td><td>26</td><td>32</td><td>41</td></tr>
<tr><td>减温水管道设计压力</td><td>MPa</td><td colspan="5">4.0</td></tr>
<tr><td>减温水管道设计温度</td><td>℃</td><td colspan="5">65</td></tr>
</table>

（一）旁路系统功能

1. 改善机组的启动性能

机组在各种启动工况（冷态、温态、热态和极热态）时，投入旁路系统控制锅炉蒸汽温度，使之与汽轮机金属温度较快地相匹配，从而缩短机组启动时间和减少蒸汽向空排放量，减少汽轮机寿命损耗，实现机组的最佳启动性能。

2. 具有锅炉超压安全保护的功能

在机组滑压运行或负荷急剧变化的情况下，锅炉超压时，高压旁路开启，减少 PCV 阀和安全阀起跳，并按照机组主蒸汽压力进行自动调节，直至其恢复正常值。

3. 能适应机组定压和滑压两种运行方式

当汽轮机负荷低于锅炉最低稳燃负荷时，通过旁路系统的调节，允许机组稳定在低负荷状态下运行。

4. 实现带厂用电或空转运行

当电网出现故障导致电气主开关跳闸或汽轮机跳闸时，旁路系统快速动作，使机组能随时恢复正常运行，重新并网。

5. 保护再热器

在机组启动或甩负荷时，可保护布置在锅炉烟气温度较高区的再热器，以防烧坏。

6. 防止汽轮机调节汽阀、喷嘴及动叶片受到固体颗粒侵蚀

机组启动时，使蒸汽中的固体小颗粒通过旁路系统进入凝汽器，防止汽轮机调节汽阀、喷嘴及动叶片受到固体颗粒侵蚀。

（二）旁路系统组成

旁路系统由高压旁路和低压旁路串联而成。当机组正常运行时，从锅炉主蒸汽管道来的蒸汽经过汽轮机高压缸、中压缸及低压缸做功后进入凝汽器，旁路系统的各阀门均处于关闭状态；当机组启停或运行异常时，旁路系统的各阀门根据运行需要进行调节，确保机组安全。

1. 高压旁路系统

高压旁路系统由 1 个高压旁路阀、1 个高压旁路喷水阀、1 个高压旁路喷水隔离阀及管道组成，高压旁路系统各阀门的主要参数见表 4-24。

（1）高压旁路阀。高压旁路阀为角式阀门，兼有减温、减压、调节、截止的作用。主蒸汽由上部入口管道引入阀内，经过阀座与阀芯至阀出口，蒸汽由于缩放作用而减压，减温水从环形管、分配管及沿圆周布置的 3 个减温水喷嘴进入，与高温蒸汽充分混合，高温蒸汽被减温后进入阀后管道。高压旁路阀结构如图 4-37 所示。

（2）高压旁路喷水阀。高压旁路喷水阀为角式阀门，主要功能是根据高压旁路阀的开度调节减温水量，其结构见图 4-38。

（3）高压旁路喷水隔离阀。高压旁路喷水隔离阀为角式阀门，主要功能是对减温水起隔离作用，防止高压旁路喷水阀关闭时减温水漏入高压旁路阀。高压旁路喷水隔离阀的结构见图 4-39。

2. 低压旁路系统

低压旁路系统与高压旁路系统相似，由 1 个低压旁路阀、1 个低压旁路喷水阀、1 个低压旁路喷水隔离阀及其管道组成。低压旁路系统各阀门的主要参数见表 4-25。

（1）低压旁路阀。低压旁路阀与高压旁路阀相似，为角式阀门，兼有减温、减压、调节、截止的作用。蒸汽由上部入口管道引入阀内，经过阀座与阀芯至阀出口，蒸汽由于缩放作用而减压，减温水从下部减温水喷嘴进入，高温蒸汽被减温后进入阀后连接管道。低压旁路阀结构如图 4-40 所示。

（2）低压旁路喷水阀。低压旁路喷水阀为直通式阀门，主要功能是根据低压旁路阀的开度调节减温水量，其结构见图 4-41。

表 4-24 高压旁路系统各阀门的主要参数

序号	项目	高压旁路阀	高压旁路喷水阀	高压旁路喷水隔离阀
1	阀门生产商	德国 BOPP REUTHER	德国 BOPP REUTHER	德国 BOPP REUTHER
2	阀门型号	DCE 4.112.300/500.112	WRE 20.100/100.112	WAE 30.100/100.112
3	阀门类型	角式节流阀	角式调节阀	角式截止阀
4	入口管材料	SA-182MGRF91	WB36	WB36
5	出口管材料	SA-387MGr.22Cl.2	WB36	WB36
6	入口管规格（mm）	ID 235×44	DN100	DN100
7	出口管规格（mm）	ID 508×17.5	DN100	DN100
8	设计入口压力（MPa）	25.4	36	36
9	设计出口压力（MPa）	5.66	36	36
10	设计入口温度（℃）	576	200	200
11	设计出口温度（℃）	350	200	200
12	入口试验压力（MPa）	38.1	54	54
13	出口试验压力（MPa）	8.49	54	54
14	减压降温级数	3（其中：1级可控，2级不可控）	4	1
15	阀芯/阀杆形式	提起笼式节流阀		抛物线
16	阀芯/阀杆的负荷	先导阀	不平衡	不平衡
17	流动方向	流关	流关	流开
18	阀座直径（mm）	112	20	30
19	阀门行程（mm）	90	50	60
20	阀门特性	线性	线性	—
21	控制范围	0.1～25	0.1～30	—
22	阀杆密封类型	压紧填料	压紧填料	压紧填料
23	阀杆密封材料	石墨	石墨	石墨
24	阀盖形式	法兰密封	自密封	自密封
25	阀盖密封材料	石墨	石墨	石墨
26	密封类型	垫片	垫片	垫片
27	最大入口蒸汽量（t/h）	575	—	—
28	最大喷水量（t/h）	101.09	101.09	101.09
29	执行机构制造商	德国 SIPOS	德国 SIPOS	德国 SIPOS
30	执行机构型号	2SA555	2SB553	2SA503+LE50.1
31	执行机构失电后状态	保持	保持	保持
32	执行机构计算系数	1.2	1.5	1.2
33	执行机构开关时间（s）	23	18	15
34	执行机构最大推力（kN）	64	11.5	23
35	阀门结构长度（mm）	384+1127.5	190+210	190+210
36	高度（含执行器，mm）	3227.7	1445	1450

注 流关指介质流动与阀开方向相反，流开指介质流动方向与阀开方向相同。

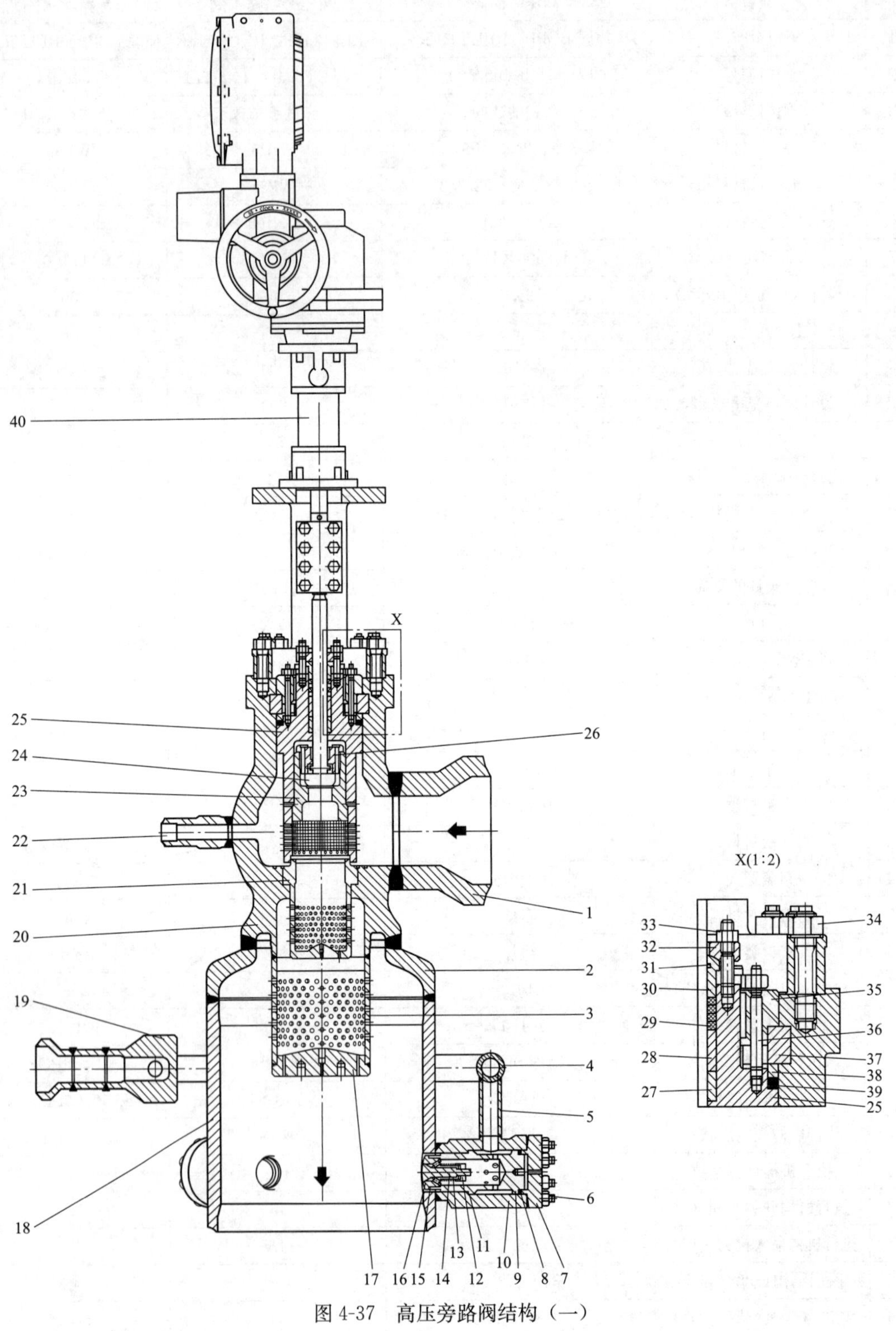

图 4-37　高压旁路阀结构（一）

高压旁路阀明细

序号	名称	数量	材 料
1	入口	1	SA-182MGRF91
2	过渡段	1	SA-182MGRF91
3	降压阀笼	1	SA-335MGRP91
4	环形管	1	SA-335MGRP22
5	分配管	3	SA-335MGRP22
6	螺栓	24	21CrMoV5-7
7	压盖	3	SA-182MGRF22CL3
8	密封	3	GRAFOIL
9	喷射装置	3	X39CrMo17-1
10	连接喷嘴	3	SA-182MGRF22CL3
11	平垫片	3	GRAFIT/1.4401
12	夹紧套筒	3	X39CrMo17-1
13	弹簧	3	FDSiCr
14	阀杆	3	X39CrMo17-1
15	定位器	3	X5CrNi18-10
16	压力喷嘴	3	X39CrMo17-1
17	阀笼底盘	1	SA-182MGRF91
18	出口	1	SA-335MGRP22
19	分配器	1	SA-182MGRF12CL2
20	阀体	1	SA-182MGRF91
21	阀座	1	SA-182MGRF91
22	喷嘴	1	SA-182MGRF91
23	阀芯	1	X19CrMoNbVN11-1
24	阀杆	1	X19CrMoNbVN11-1
25	压盖	1	SA-182MGRF91
26	夹紧环	1	X19CrMoNbVN11-1
27	底部轴封	1	X20CrMoV11-1
28	隔离套筒	1	X39CrMo17-1
29	填料环	4	ROTATHERM
30	夹紧套筒	1	NiCu30ALF88
31	填料绳	0.3m	REIN-GRAFIT
32	填料法兰	1	16Mo3
33	螺栓	4	21CrMoV5-7
34	螺栓	10	21CrMoV5-7
35	固定环	1	10CrMo910
36	螺栓	8	X19CrMoNbVN11-1
37	开口环	1	SA-182MGRF91
38	环	1	SA-182MGRF91
39	密封	1	REIN-GRAFIT
40	执行机构	1	

图 4-37 高压旁路阀结构（二）

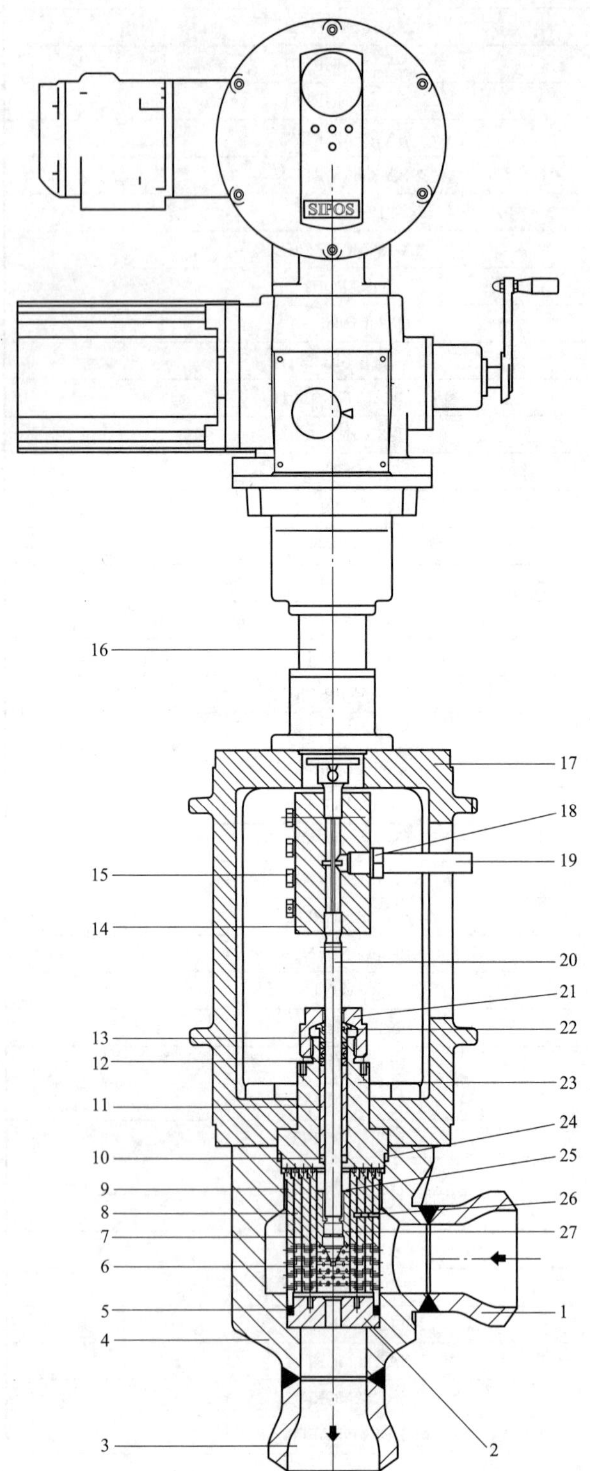

高压旁路喷水阀明细

序号	名称	数量	材料
1	入口	1	15NiCuMoNb5
2	阀座	1	X39CrMo17-1
3	出口	1	15NiCuMoNb5
4	阀体	1	15NiCuMoNb5
5	密封	1	GRAFOIL
6	1 节流台	1	X39CrMo17-1
7	2 节流台	1	X39CrMo17-1
8	3 节流台	1	X39CrMo17-1
9	4 节流台	1	X39CrMo17-1
10	座圈	1	X39CrMo17-1
11	隔离套	1	X39CrMo17-1
12	填料环	4	ROTATHERM
13	卷边套筒	1	NiCu30ALF88
14	联轴器	1	S235JR
15	螺栓	8	8.8
16	执行机构	1	
17	支架	1	GP240GH+QT
18	六角螺母	1	A2-70
19	防扭装置	1	X20Cr13
20	阀杆	1	X39CrMo17-1
21	压紧螺母	1	X39CrMo17-1
22	填料绳	0.1m	REIN-GRAFIT
23	阀盖	1	15NiCuMoNb5
24	密封	1	GRAFOIL
25	销	1	A4-70
26	销	1	X6CrNiMoTI17-12-2
27	导轴衬	1	X39CrMo17-1

图 4-38　高压旁路喷水阀结构

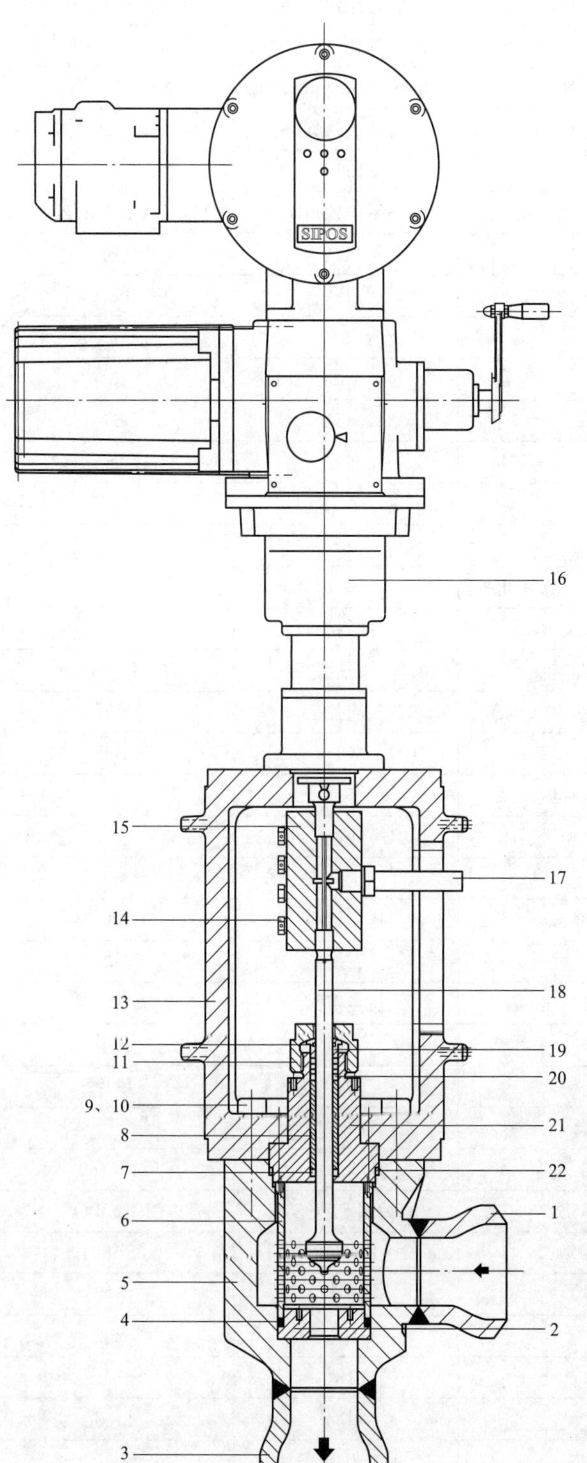

高压旁路喷水隔离阀明细

序号	名称	数量	材料
1	入口	1	15NiCuMoNb5
2	阀座	1	X39CrMo17-1
3	出口	1	15NiCuMoNb5
4	密封	1	柔性石墨
5	阀体	1	15NiCuMoNb5
6	节流台	1	X39CrMo17-1
7	座圈	1	X39CrMo17-1
8	隔离套	1	X39CrMo17-1
9	凹头螺栓	10	42CrMo4
10	锁紧垫圈	10	弹簧钢
11	压紧螺母	1	X39CrMo17-1
12	填料绳	0.068m	REIN-GRAFIT
13	支架	1	GP240GH+QT
14	螺栓	8	8.8
15	联轴器	1	S235JR
16	执行机构	1	
17	防扭装置	1	X20Cr13
18	阀杆	1	X39CrMo17-1
19	卷边套筒	1	NiCu30ALF88
20	填料环	4	ROTATHERM
21	阀盖	1	15NiCuMoNb5
22	密封	1	柔性石墨

图 4-39 高压旁路喷水隔离阀的结构

表 4-25　　　　　　　　　低压旁路系统各阀门的主要参数

序号	内容	低压旁路阀	低压旁路喷水阀	低压旁路喷水隔离阀
1	阀门生产商	德国 BOPP　REUTHER	德国 BOPP REUTHER	德国 BOPP　REUTHER
2	阀门型号	DCE 4. 320. 550/1000. 312	WRD 63. 200/200. 312	WAD100. 200/200. 312
3	阀门类型	角式节流阀	直通式调节阀	直通式截止阀
4	入口管材料	SA-182MGr. F91	SA-106Gr. B	SA-106Gr. B
5	出口管材料	SA-387MGr. 22Cl. 2	SA-106Gr. B	SA-106Gr. B
6	入口管规格（mm）	ID 495×20	TBA	TBA
7	出口管规格（mm）	ID 1020×12	TBA	TBA
8	设计入口压力（MPa）	5. 5	5	5
9	设计出口压力（MPa）	1. 1	5	5
10	设计入口温度（℃）	595	65	65
11	设计出口温度（℃）	—	65	65
12	入口试验压力（MPa）	8. 25	7. 5	7. 5
13	出口试验压力（MPa）	1. 65	7. 5	7. 5
14	减压降温级数	3（其中：1 级可控，2 级不可控）	1	—
15	阀芯/阀杆形式	提起笼式节流阀	抛物线	抛物线
16	阀芯/阀杆的负荷	先导阀	不平衡	不平衡
17	流动方向	流关	流关	流开
18	阀座直径（mm）	320	63	100
19	阀门行程（mm）	230	50	65
20	阀门特性	线性	线性	—
21	控制范围	0. 1～25	0. 1～30	—
22	阀杆密封类型	压紧填料	压紧填料	压紧填料
23	阀杆密封材料	石墨	石墨	石墨
24	阀盖形式	法兰密封	法兰密封	法兰密封
25	阀盖密封材料	石墨	石墨	石墨
26	密封类型	垫片	垫片	垫片
27	最大入口蒸汽量（t/h）	676	—	—
28	最大喷水量（t/h）	215. 16	215. 160	215. 160
29	执行机构制造商	德国 SIPOS	德国 SIPOS	德国 SIPOS
30	执行机构型号	2SB555	2SB552	2SA504
31	执行机构失电后状态	保持	保持	保持
32	执行机构计算系数	1. 2	1. 2	1. 2
33	执行机构开关时间（s）	59	18	17
34	执行机构最大推力（kN）	128	11. 5	11. 5
35	阀门结构长度（mm）	558+1589	750	750
36	高度（含执行器，mm）	4589	1575	1563

注　ID 为内径。

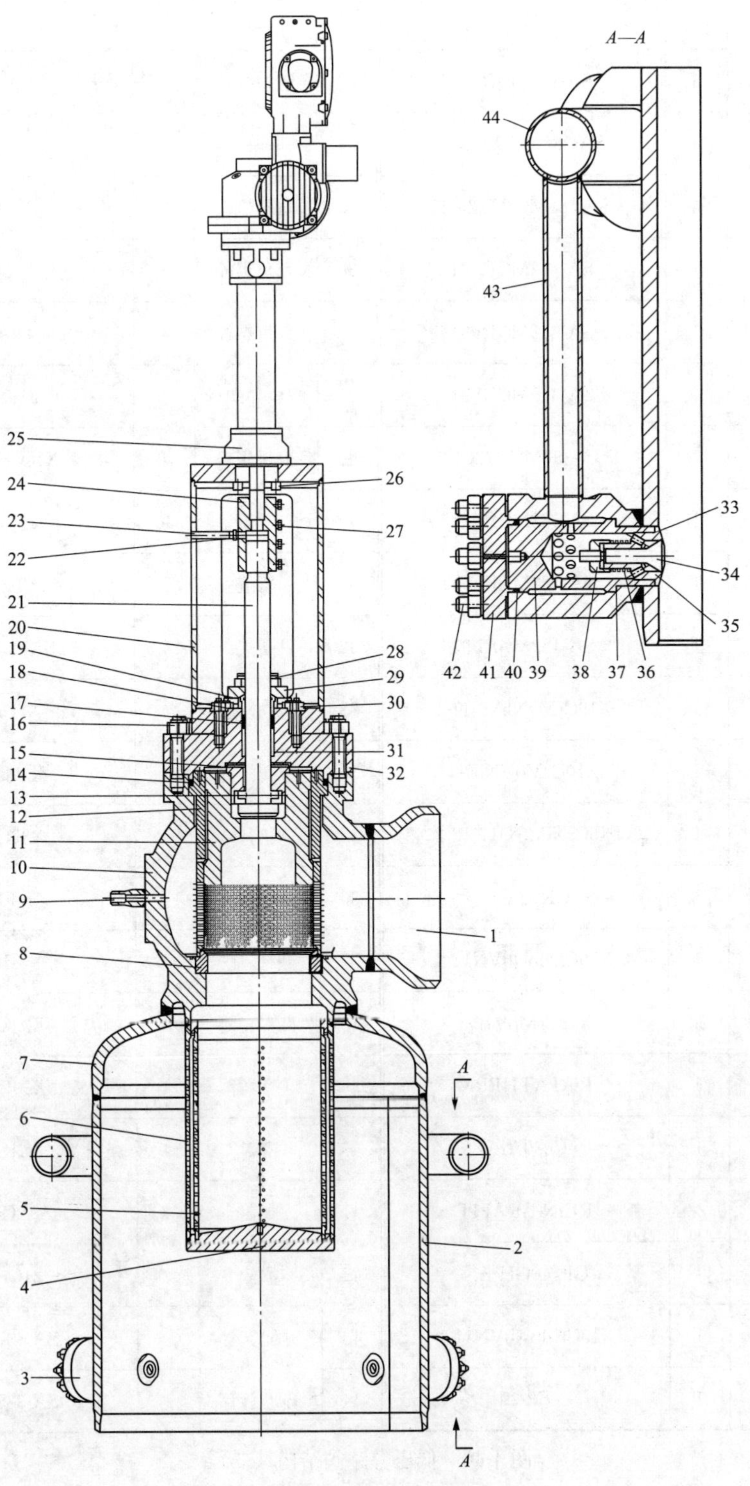

图 4-40 低压旁路阀结构（一）

低压旁路阀明细

序号	名称	数量	材料	序号	名称	数量	材料
1	入口	1	SA-182MGRF91	23	防扭装置	1	X20Cr13
2	出口	1	SA-387MGR22CL2	24	联轴器	1	S235JR
3	连接喷嘴	4	SA-182MGRF22CL3	25	执行机构	1	
4	阀笼底盘	1	SA-182MGRF91	26	六角螺栓	12	10.9
5	降压阀笼 1	1	SA-335MGRP91	27	六角螺栓	4	8.8
6	降压阀笼 2	1	SA-335MGRP91	28	螺栓和螺母	4	21CrMoV5-7
7	过渡段	1	SA-387MGR22CL2	29	填料压盖	1	X10CrMoVNb9-1
8	阀座	1	SA-182MGRF91	30	螺栓	10	21CrMoV5-7
9	喷嘴	1	SA-182MGRF91	31	压盖	1	STELLITE6
10	阀体	1	SA-182MGRF91	32	阀盖	1	SA-182MGRF91
11	插塞	1	X19CrMoNbVN11-1	33	防松板	4	X5CrNi18-10
12	过滤器	1	X10CrMoVNb9-1	34	阀杆	4	X39CrMo17-1
13	缸销	1	X6CrNiMoTi17-12-2	35	喷嘴体	4	X39CrMo17-1
14	密封	1	GRAFOIL	36	弹簧	4	FDSiCr
15	锁紧环	1	X19CrMoNbVN11-1	37	平垫片	4	GRAFIT
16	螺栓和螺母	20	X22CrMoV12-1	38	夹紧套筒	4	X39CrMo17-1
17	填料环	4	ROTATHERM	39	喷射管	4	X39CrMo17-1
18	卷边套筒	1	NiCu30ALF88	40	密封	4	GRAFOIL
19	填料绳	0.28m	REIN-GRAFIT	41	阀盖	4	10CrMo910
20	支架	1	GP240GH+N	42	螺栓	40	21CrMoV5-7
21	阀杆	1	X19CrMoNbVN11-1	43	分配支管	4	SA-335MGRP22
22	六角螺栓	1	A2-70	44	环形总管	1	SA-335MGRP22

图 4-40　低压旁路阀结构（二）

（3）低压旁路喷水隔离阀。低压旁路喷水隔离阀为直通式阀门，主要功能对减温水起隔离作用，其结构见图 4-42。

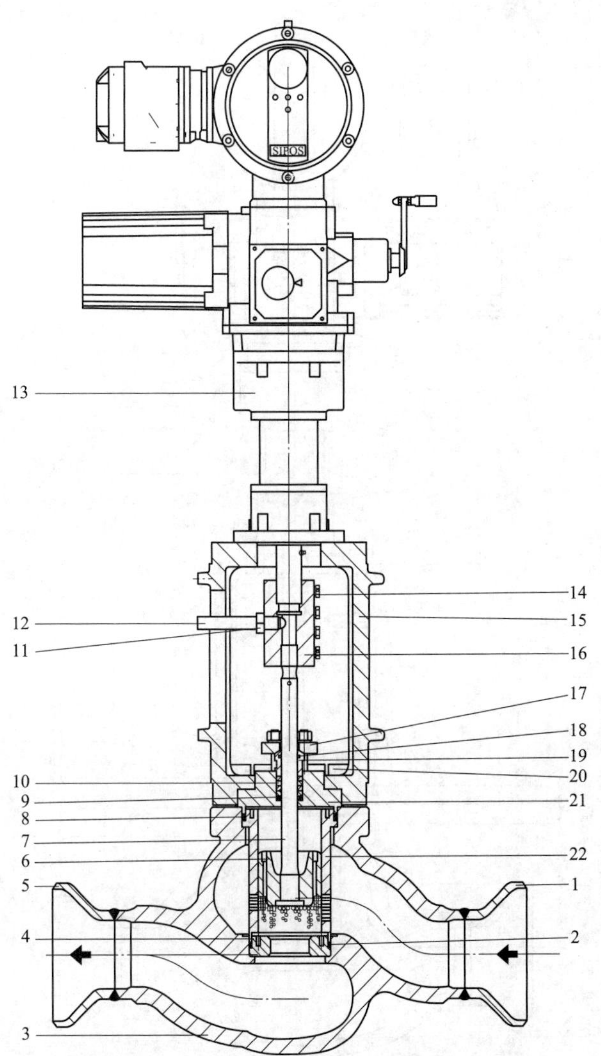

低压旁路喷水阀明细

序号	名称	数量	材料	序号	名称	数量	材料
1	入口	1	15NiCuMoNb5	12	防扭装置	1	X20Cr13
2	密封	1	GRAFOIL	13	执行机构	1	
3	阀体	1	15NiCuMoNb5	14	螺栓	4	8.8
4	节流台	1	X39CrMo17-1	15	支架	1	GP240GH+QT
5	出口	1	15NiCuMoNb5	16	联轴器	1	S235JR
6	导轴衬	1	X39CrMo17-1	17	压紧螺母	1	X39CrMo17-1
7	阀杆	1	X39CrMo17-1	18	填料绳	0.1m	REIN-GRAFIT
8	密封	1	GRAFOIL	19	卷边套筒	1	NiCu30ALF88
9	座圈	1	X39CrMo17-1	20	凹头螺栓	10	42CrMo4
10	填料环	4	ROTATHERM	21	阀盖	1	15NiCuMoNb5
11	六角螺母	1	A2-70	22	过滤器	1	X10CrMoVNb9-1

图 4-41 低压旁路喷水阀结构

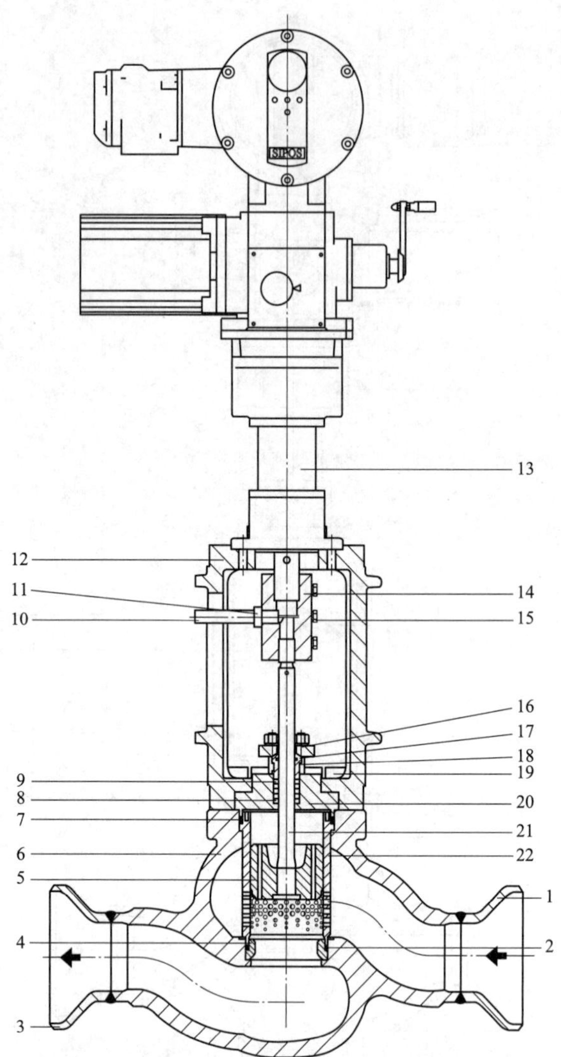

低压旁路喷水隔离阀明细

序号	名称	数量	材料	序号	名称	数量	材料
1	入口	1	15NiCuMoNb5	12	支架	1	GP240GH＋QT
2	密封	1	柔性石墨	13	执行机构	1	
3	出口	1	15NiCuMoNb5	14	联轴器	1	S235JR
4	节流台	1	X39CrMo17-1	15	螺栓	4	8.8
5	导轴衬	1	X39CrMo17-1	16	压紧螺母	1	X39CrMo17-1
6	阀体	1	15NiCuMoNb5	17	填料绳	0.068m	REIN-GRAFIT
7	密封	1	柔性石墨	18	卷边套筒	1	NiCu30ALF88
8	座圈	1	X39CrMo17-1	19	凹头螺栓	10	42CrMo4
9	填料环	4	ROTATHERM	20	阀盖	1	15NiCuMoNb5
10	防扭装置	1	X20Cr13	21	阀杆	1	X39CrMo17-1
11	六角螺母	1	A2-70	22	过滤器	1	X10CrMoVNb9-1

图 4-42　低压旁路喷水隔离阀结构

（三）旁路系统的运行

1. 旁路系统的控制功能

（1）高压旁路的控制功能。高压旁路喷水阀根据高压旁路阀后的压力和温度进行调节，同时接受高压旁路开度和主蒸汽压力的修正，在高压旁路阀未开的情况下高压旁路喷水阀处于强关状态。高压旁路的控制功能如下：

1）主蒸汽压力达高限时，快速开启高压旁路阀，防止锅炉超压。

2）当压力增长速率超过第一值时，高压旁路阀调节开启，超过第二值时快速开启，保证主蒸汽压力变化平稳。

3）接到汽轮机跳闸或发电机解列信号时，高压旁路阀迅速开启。

4）高压旁路阀后的蒸汽温度达高限时，快速关闭高压旁路阀。

（2）低压旁路的控制功能。低压旁路最终是要将蒸汽排入凝汽器，但当凝汽器故障时，必须立即切断向凝汽器的排汽。低压旁路阀喷水阀根据低压旁路阀后的压力和蒸汽温度进行调节，在低压旁路阀未开的情况下低压旁路阀喷水隔离阀处于强关状态。低压旁路的控制功能如下：

1）根据汽轮机调节级压力，来维持再热蒸汽的压力与机组负荷匹配。

2）再热蒸汽升压率超过规定值时，快速开启低压旁路阀，维持再热蒸汽压力平稳。

3）凝汽器压力达高限（即真空低）时，快速关闭低压旁路阀，保护凝汽器。

4）凝汽器温度达高限时，快速关闭低压旁路阀，保护凝汽器。

5）凝汽器水位达高限时，快速关闭低压旁路阀，保护凝汽器。

6）低压旁路减温水压力低时，迅速关闭低压旁路阀。

2. 旁路系统的运行方式

（1）高压旁路的运行方式。高压旁路的运行方式有4种，分别为“启动模式”“定压模式”“跟随模式”“停机模式”。在机组启动过程中，高压旁路分别经历“启动模式”“定压模式”和“跟随模式”，如图4-43所示；在机组正常运行过程中，高压旁路处于“跟随模式”；在机组停运过程中，高压旁路为“停机模式”。

1）机组启动过程中高压旁路的运行方式。操作员选择“启动模式”或来自DCS的“锅炉点火”信号激活高压旁路进入“启动模式”。高压旁路在“启动模式”下，旁路压力设定有3种状态，分别为“最小压力模式”（Min pressure）、“升压模式”（pressure Ramp）和“启动模式”（Restart）。当旁路压力设定处于“最小压力模式”（Min pressure）或“升压模式”（pressure Ramp）时，高压旁路就产生“启动模式”信号。

在锅炉升压时，如果发生锅炉燃烧不稳定，压力下降，高压旁路阀将关闭，锅炉升压中断，重新激活“启动模式”（Restart）；在“启动模式”（Restart）下，压力设定一直跟随主蒸汽压力，经调整锅炉燃烧稳定后，主蒸汽压力开始增大，重新开启高压旁路阀，压力仍小于汽轮机的冲转压力 p_{syne}，压力设定继续处于“升压模式”（pressure Ramp）；若大于汽轮机的冲转压力 p_{syne}，“启动模式”自动解除，机组旁路自动进入“定压模式”。

当锅炉点火时，主蒸汽压力低于最小设定值，压力设定处于“最小压力模式”（Min pressure），高压旁路系统要有少量蒸汽，以防止再热器干烧，高压旁路阀保持最小开度 $Y_{min}=10\%$，该最小开度直至主蒸汽压力达到最小设定值 p_{min} 为止，并维持压力最小设定值 p_{min}；然后，高压旁路阀的开度随着锅炉燃烧量的增加而开大，直到预先设定的开度值 Y_{ramp}

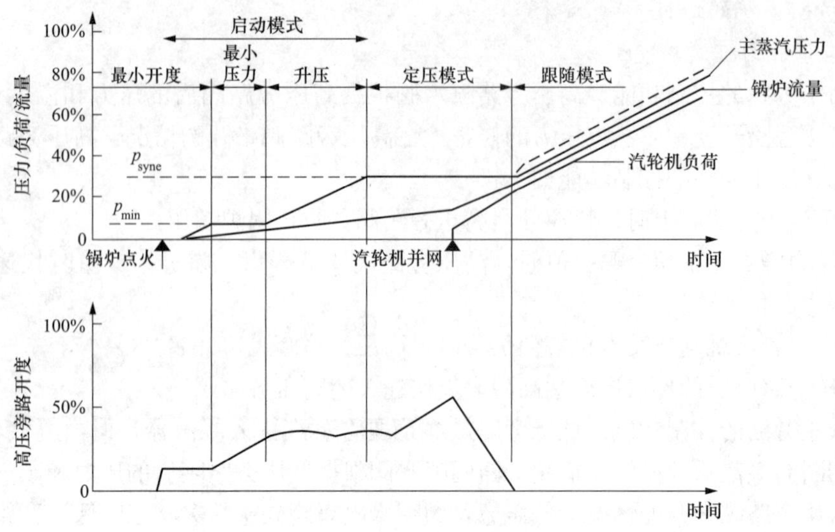

图 4-43　高压旁路启动曲线

=30%，并维持这个开度；随着锅炉燃烧量的继续增加，主蒸汽压力上升到大于最小设定值 p_{min}时进入“升压模式”（pressure Ramp），高压旁路阀继续维持设定的开度值 $Y_{ramp}=30\%$，直到汽轮机的冲转压力 p_{syne}，“启动模式”自动解除，机组旁路自动进入“定压模式”，随着汽轮机高压调节阀的开度增大，高压旁路阀逐渐关小维持主蒸汽压力为 p_{min}，直至全关。一旦高压旁路阀全关，高压旁路系统即自动转入“跟随模式”，处于热备用状态。

2）机组正常运行过程中高压旁路的运行方式。机组正常运行过程中，高压缸接收全部蒸汽，高压旁路阀是关闭状态，处于“跟随模式”；此时，旁路压力设定在“自动”，各保护投入，高压旁路压力设定值为实际主蒸汽压力加 0.5MPa。

3）机组停运过程中高压旁路的运行方式。当机组计划停运时，检查高压旁路阀在“自动”且 DEH 的“高压缸带负荷”（HP Turbine loaded）信号存在，机组处于正常运行状态。操作员选择“停机模式”，高压旁路压力设定跟随主蒸汽压力，锅炉压力一旦增大，高压旁路阀就会开启。汽轮机打闸或手动开启高压旁路阀，“停机模式”自动解除，机组旁路自动进入“定压模式”；随着锅炉燃料量的逐渐减少，高压旁路阀也逐渐关小；当锅炉灭火后，高压旁路阀关闭，旁路压力设定自动切到“跟随模式”。

（2）低压旁路的运行方式。根据机组启动状态确定冲转前再热蒸汽的压力，低压旁路阀在再热蒸汽压力小于低旁压力最小设定值 p_{min}时一直处于关闭状态，把低旁压力设定为“自动”，在“自动”方式下，低压旁路压力设定值由汽轮机中压缸第一级压力产生，低压旁路阀的开度根据低压旁路压力设定值和再热蒸汽实际压力的比较通过比例积分获得，同时受低压旁路最大压力 $p_{max}=0.5$MPa 限制；机组带负荷后，为了维持再热蒸汽压力与机组负荷匹配，低压旁路阀逐渐关小，达到一定负荷高压旁路阀关闭后低压旁路阀也全关。

（3）旁路的切换。经 5%初负荷暖机后，开始由中压缸进汽转入高压缸进汽，这种进汽方式的切换也就是旁路的切换过程。旁路切换过程的操作如下：

1）继续增大中压调节阀及高压旁路阀的开度，使之处于全开状态，当中压调节阀接近全开时，紧急排放阀关闭；与此同时减小低压旁路阀的开度，使再热蒸汽压力保持在一定的范围。

2）开启高压调节阀使主蒸汽进入高压缸，关闭高压缸通风阀，开启高压排汽止回阀；增大高压调节阀的开度，继续升负荷，主蒸汽压力维持在设定值，此时高压旁路阀开度逐渐减小。

3）中压调节阀全开，低压旁路阀全关，中压缸启动方式完成，高压调节阀控制进汽。为防止高压缸末级叶片过热，尽可能快地增大高压调节阀的开度，使进入高压缸的蒸汽流量与进入中、低压缸的蒸汽流量相等。

旁路的切换结束点的负荷值直接影响锅炉和汽轮机在启动过程中的稳定性。为了避免高压缸末级叶片过热，必须保证高压缸有足够的流量，应尽可能增大高压调节阀的开度，故负荷要在很短时间内从5%初负荷升至旁路切换结束点的负荷。若切换点负荷太高，锅炉燃烧率变化跟不上，造成主蒸汽压力偏低，手动干预锅炉燃烧率，则容易造成主蒸汽压力过大，超过高压旁路的压力设定值使高压旁路阀一直处于开启状态；但切换点负荷也不能过低，原因是高压缸的进汽受限，要求高压缸进汽温度与低压缸金属温度之间的偏差要控制在一定的范围内，高压缸排汽压力必须高于再热蒸汽压力的设定值，避免出现高压缸小流量高背压而导致高压缸末级叶片过热，同时保证高压排汽止回阀能顺利打开；否则，会因高压排汽止回阀不能开启而导致中压缸启动失败。

第五章

锅炉燃烧设备与燃烧产物达标排放

煤粉锅炉的作用是使燃料燃烧放热，并将热量传给工质，以产生一定压力和温度的蒸汽。燃烧设备是使燃料着火燃烧将其化学能释放出来的设备和场所，主要包括燃烧器、炉膛和点火油枪。

煤粉和空气由燃烧器送入炉膛，并形成一定的气流结构在炉膛内悬浮燃烧。煤粉在炉内燃烧时，将煤粉的化学能转化成热能，并产生各种气体（烟气）和灰渣。灰渣在燃烧形成的高温下处于熔化状态，较细的灰粒随烟气上升，向炉膛水冷壁和炉膛内布置的受热面（如墙式过热器、屏式过热器）传递热量（主要是辐射热），到达炉膛出口时已经凝固或者成为不太黏的灰粒，这些随烟气流动的细灰颗粒称为飞灰（占总灰渣量的85%～90%）；较大的灰颗粒不能随烟气上升而逐渐沉降，并逐渐冷却和凝固，落入炉膛下部，由排、输渣装置将炉渣从炉内排出并输送至指定的场所，这些落入炉膛下部的灰渣称为炉渣（占总灰渣量的10%～15%），这种锅炉称为固态排渣煤粉炉。

煤粉锅炉排出的烟气中，除了含有大量飞灰颗粒外，还含有大量的氮氧化物 NO_x、硫氧化物 SO_x 等，这些产物对大气污染非常严重。为了防止环境污染，必须对锅炉燃烧产物中的有害成分进行有效处理，使燃烧产物中的有害成分达到规定的排放标准后合理排放，目前烟气中严格控制的有害成分主要为粉尘、二氧化硫及氮氧化物。1991 年国家首次制定了火力发电厂大气污染物排放标准，1996 年、2003 年和 2011 年分别进行了修订，地方政府根据当地情况制定了相应的烟气排放标准，要求燃煤电厂实现超低排放。燃煤电厂超低排放标准是烟尘小于 5mg/m^3、二氧化硫小于 35mg/m^3、氮氧化物小于 50mg/m^3。

第一节　煤粉锅炉燃烧设备

煤粉锅炉燃烧设备由煤粉燃烧器、炉膛（燃烧室）和点火装置三部分组成，随着锅炉容量的增大，对锅炉安全运行的要求不断提高，火焰检测装置已成为监控煤粉炉燃烧工况的重要设备。

一、煤粉燃烧器

煤粉燃烧器的作用是将制粉系统输送来的煤粉和空气混合物（一次风）及燃烧所需的二次风以一定的比例、温度和速度，通过特定的位置送入炉膛，在悬浮状态下实现稳定着火和完全燃烧，保证锅炉安全经济运行。煤粉燃烧器按其出口流动特性可分为直流式和旋流式两类。

（一）直流式燃烧器

直流式燃烧器由一组圆形、矩形或多边形的喷口所构成，煤粉和空气分别由不同喷口喷进炉膛。由于流过的介质不同，可分为一次风喷口、二次风喷口和三次风喷口。直流式燃烧器一般布置在炉膛的四角，其出口气流为直流射流，其几何轴线同切于炉膛中心的假想圆，形成四角布置切圆燃烧方式。直流式燃烧器切圆燃烧时，煤粉气流的着火主要依靠邻角火焰射流的相互点燃，各个角上燃烧器喷出的煤粉气流进入炉膛后迅速被点燃而着火。直流式燃烧器在设计中可根据燃烧煤种采用一次风喷口相对集中的狭长形一次风喷口以增大着火周界、加大二次风与一次风喷口间距离，使二次风推迟混入等措施，因此，直流式燃烧器对煤种的适应范围较广。

1. 直流式燃烧器的结构及特点

直流式燃烧器单个喷口喷出的射流如图 5-1 所示，自由射流从喷口喷出后，在紊流扩散的作用下，射流边界上的流体与周围静止介质间发生动量交换（燃烧时还有质量交换和热量交换），将一部分周围介质卷入射流中，并随同射流一起流动，因而使射流的横断面积扩大、流量增加。由于周围静止介质的掺入，射流边层的流动速度逐渐滞缓下来，而不能维持初速度 w_0 。在射流中心还未被周围介质混入的地方，仍然保持初速度 w_0， 这个三角形区域称为等速核心区。而维持流速等于初速度 w_0 的边界称为射流的内边界。射流与周围介质的边界面（即流动速度 $w_x=0$）称为射流的外边界。内、外边界之间是由射流本身被拖慢的部分以及卷吸进来被射流带走的周围介质组成的紊流边界层。紊流射流内、外边界线可近视看成直线。

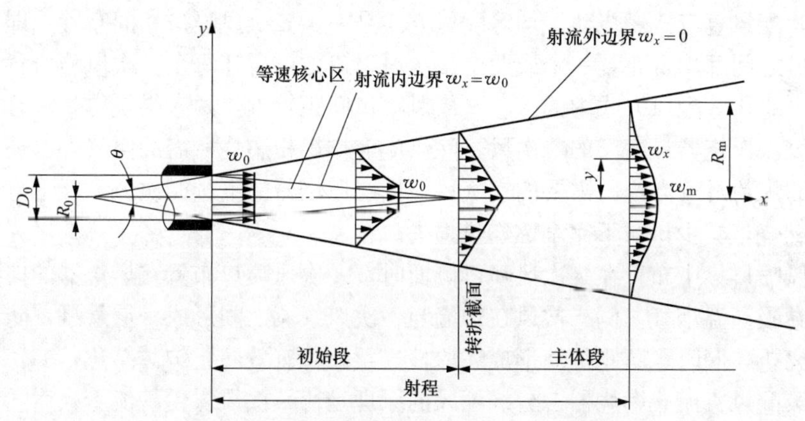

图 5-1　直流式燃烧器单个喷口喷出的射流

射流从喷口喷出后，仅在边界层处有静止介质混入，随着射流继续向前运动，一方面向外扩张卷吸更多的周围介质进入边界层；另一方面边界层又向中心扩展而缩小核心区。射流流过的距离越大，边界层就越厚，而核心区就越小。至某一距离，核心区消失，只有射流中心轴线上一点的速度还保持初速度 w_0， 该截面称为射流的转折截面。转折截面以后的射流，中心速度也开始衰减，该段称为射流的主体段；转折截面之前的射流段称为初始段。

射流外边界线的交角 θ 称为扩散角，扩散角 θ 的大小与射流喷口截面的形状和喷口速度分布均匀程度有关。一般圆型自由射流扩散角约为28°。

从上述分析可知，射流的轴线速度 w_m 沿射流运动方向的变化反映了射流在周围介质中的穿透能力，用射程表示。射程是指当截面上的 w_m 降到某一数值时（即保持一定的余速），该截面与喷口的距离，这种射程既与喷口直径和紊流系数有关，又与初速度 w_0 有关。喷口的直径和初速度越大，气流射程随之增大。为了更加清楚地表述直流射流的射程，用直流射流的初始动量来表示，即

$$J_0 = \rho F_0 w_0^2$$

式中　J_0——初始动量，kg·m/s²；

ρ——气流密度，kg/m³；

F_0——喷口面积，m²；

w_0——初速度，m/s。

射流初始动量越大，射程越大。

对于矩形喷口，喷口的高宽比对射流的特性有很大影响，当出口截面积和初速度不变时，高宽比越大，喷口的周界也越大，射流的外边界面也增加，因而卷吸周围介质的能力增大，卷吸量增多，使得射流轴线速度衰减加快、射程缩短。气流射程越大，其穿透能力也越大。气流射程是确定燃烧器功率、炉膛尺寸和组织炉内燃烧的重要依据。

2. 直流式燃烧器的配风方式

根据煤种的不同，直流式燃烧器的一次风喷口和空气喷口有各种不同的布置方式。将空气喷口布置在煤粉喷口的上部、下部、侧边、中间或四周，都是为了能使煤粉与空气有效混合、稳定地着火、完全燃烧和避免炉内结渣。直流式燃烧器根据二次风喷口的布置分为均等配风和分级配风两种。

（1）均等配风直流式燃烧器。均等配风方式是一、二次风喷口相间布置，即在相邻的两个一次风喷口之间都均等布置一个或两个二次风喷口，或者在每个一次风喷口背火侧均等布置二次风喷口。均等配风方式中的一、二次风喷口间距较近，两者很快得到混合，一般适合于烟煤和褐煤。燃烧器最高层的二次风，除供应上排煤粉燃烧所需的空气外，还可以补充炉膛内未燃尽的煤粉继续燃烧所需要的空气；最低层燃烧器的下排二次风，能把分离出来的煤粉托起继续燃烧，减少机械不完全燃烧热损失。

当二次风喷口集中布置在一次风喷口侧面时，一次风喷口布置在燃烧器的向火侧，有利于煤粉气流卷吸高温烟气。侧二次风在炉墙与一次风气流之间形成一层气幕，防止煤粉气流贴壁和煤粉离析，同时也防止炉墙形成还原性气氛，可有效防止炉膛结焦。

（2）分级配风直流式燃烧器。分级配风的原理是待一次风煤粉气流着火后送入一部分二次风，使着火的煤粉气流燃烧继续扩展，然后再高速喷入二次风与着火燃烧的煤粉气流强烈混合，以加强后期气流扰动，增大焦炭周围的氧气浓度，提高扩散速度，加快燃烧，促进残余焦炭燃尽，以达到完全燃烧。因此，在分级配风方式中，将一次风喷口集中布置在一起，二次风喷口和一次风喷口间保持一定的距离，以此来控制一、二次风间的混合。煤的挥发分越小，灰分越高，一、二次风喷口间的距离就越大，使两者的混合晚些。其特点是高宽比较大，使煤粉射流截面的周介增大，增加了一次风气流与热烟气的接触面积，提高了煤粉气流卷吸高温烟气的能力；增强了煤粉气流的穿透能力（刚性），减少了气流的偏斜；煤粉浓度集中，火焰中心温度升高。这种布置方式适合于无烟煤和低质烟煤。

分级配风直流式燃烧器的一次风喷口集中布置在一起后，二次风喷口又可分成上、中、下二次风。上、中二次风位于集中布置的一次风喷口上方，是煤粉燃烧、燃尽所需氧气和强化混合过程所需气流扰动的主要来源，两者的风量接近相等，上二次风一般有5°～15°的向下倾角以便压住火焰，保持火焰中心的稳定，防止火焰中心过分上移，影响炉膛出口烟气温度。下二次风位于集中布置的一次风喷口下方，其作用是分段送入空气，保证燃烧器下部煤粉火焰的燃烧；托住煤粉气流中分离出来的粉粒使其继续燃烧，减少灰渣中机械不完全燃烧损失；托住火焰，防止火焰下冲。因此，下二次风一般水平布置，并且风量较小，通常占总二次风量的15%～20%，但应保持足够高的风速。

3. 直流式燃烧器的布置及炉内空气动力工况

直流式燃烧器主要用于切向布置，切向布置的燃烧器的几何轴线与炉膛中心的假想圆相切，一次风粉混合物和二次风气流高速喷入炉内，卷吸高温烟气着火燃烧，在炉膛中央形成一个稳定的强烈旋转的低压火焰区。低压区从上、下两方回流卷吸大量的炉内介质，使空气、燃料和燃烧产物强烈混合，形成良好的燃烧条件。另外，炉膛内气流的旋转运动使每个燃烧器喷出的气流将高温烟气吹向相邻燃烧器火炬的根部，形成有利的着火条件。切向燃烧中燃烧器的布置方法较多，例如：单切圆布置、双（多）切圆布置、两角对冲（另外两角相切布置）、八角（或六角）切圆布置等，最常用的是四角切圆布置。在切向燃烧的锅炉中，影响直流式燃烧器工作的主要因素是假想切圆直径的大小和射流的射程等。

（1）假想切圆直径的大小对直流式燃烧器工作的影响。在切向燃烧的锅炉中，多层直流式燃烧器喷口排成一竖列布置在炉膛四角，每层射流喷口的几何中心线都与位于炉膛中央的一个或多个同心的水平假想圆相切，通常固态排渣炉直流式燃烧器的一次风假想切圆直径为600～1200mm，假想切圆大小应根据煤质选取，煤的挥发分越高，假想切圆越小。由于燃烧器为多层布置，上层气流不断地被卷吸到下层气流中，直流式燃烧器喷出的射流受周围介质和邻角喷口射流的影响，使炉内的实际切圆直径总是大于假想切圆直径，一般实际切圆直径为假想切圆直径的8～10倍。假想切圆大小只与直流式燃烧器安装位置有关，安装完毕后不会改变；实际切圆大小除了与直流式燃烧器安装位置有关外，还与炉内运行环境有关；但是，假想切圆可定性地反映出实际切圆对锅炉燃烧的影响。

当切圆直径较大时，上游邻角火焰向下游煤粉气流的根部靠近，煤粉的着火条件较好，这时炉内气流旋转强烈，气流扰动大，使后期燃烧阶段可燃物与空气流的混合加强，有利于煤粉的燃尽。但是，切圆直径过大，会带来下述问题：火焰容易贴墙，引起结渣；着火过于靠近喷口，容易烧坏喷口；火焰旋转强烈时产生的旋转动量矩大，同时因为高温火焰的黏度很大，到达炉膛出口处，残余旋转较大，这将使炉膛出口烟气温度分布不均匀程度加大，引起较大的热偏差，导致过热器结渣或超温。因此，在大容量锅炉上为了减轻气流的残余旋转和气流偏斜，假想切圆直径有减小的趋势，同时，适当增加炉膛高度或采用燃烧器顶部消旋二次风（一次风和下部二次风正切圆布置，顶部二次风反切圆布置），对减弱气流的残余旋转，减轻炉膛出口的热偏差有一定的作用，但不可能完全消除。切圆直径也不能过小，否则容易出现对角气流对撞，火焰推迟，四角火焰的“自点燃”作用减弱，燃烧不稳定，燃烧不完全，炉膛出口烟气温度升高，影响锅炉安全运行。

（2）射流的射程对直流式燃烧器工作的影响。射流的射程大小及均匀程度都对直流式燃烧器的正常工作有很大影响。

1）射流的射程大小影响。射流的射程越大，穿透能力越强，射流不易偏斜，实际切圆减小，气流卷吸能力差，着火推迟，但不易结焦；射流的射程越小，穿透能力越弱，射流容易偏斜，实际切圆增大，气流卷吸能增强，有利于着火燃烧，但容易引起火焰贴壁而产生结焦。

2）射程的均匀程度影响。射程的均匀程度对直流式燃烧器工作的影响极大，特别是同一层燃烧器射流的射程应基本相同。当同一层燃烧器射流的射程相差较大时，将使实际切圆偏离炉膛中心，造成炉膛内火焰偏移，不仅使炉内温度分布产生严重偏差，而且容易造成炉膛结焦和水冷壁高温腐蚀。由于射程与燃烧器的出口截面和初速度有关，而同一层燃烧器的出口截面相同，只要初速度相同就可使同一层各燃烧器的射程均匀。为了确保同一层各燃烧器出口射流的初速度相等，一次风管都装有节流装置，通过调整节流装置的开度调节一次风管内一次风流量和压力。

（二）旋流式燃烧器

旋流式燃烧器是利用旋流装置使气流产生旋转，形成旋转射流。煤粉气流或热空气通过旋流装置时发生旋转，从喷口射出后即形成旋转射流。利用旋转射流，使气流强烈混合，形成有利于着火的高温烟气回流区。射出喷口的旋转射流在气流中心形成回流区，这个回流区叫内回流区。内回流区卷吸炉内的高温烟气来加热煤粉气流，当煤粉气流拥有了一定热量并达到着火温度后就开始着火，火焰从内回流区的内边缘向外传播。与此同时，在旋转气流的外围也形成回流区，这个回流区叫外回流区。外回流区也卷吸高温烟气来加热空气和煤粉气流。由于气流的旋转，二次风与一次风的混合比较强烈，使燃烧连续进行，不断发展，直至燃尽。

1. 旋流式燃烧器的流动结构及特点

旋流式燃烧器的出口气流是绕燃烧器轴线旋转的，称为旋转射流，它是通过各种形式的旋流器产生的。气流在出燃烧器之前，在圆管中作螺旋运动，当它一旦离开燃烧器时，由于离心力的作用，不仅具有轴向速度，而且还具有一个使气流扩散的切向速度，如果没有外力的作用，它应沿螺旋线的切线方向运动，形成辐射状的环形气流，理想流线如图 5-2（a）所示。实际气流喷出后，要进行紊流扩散，并从内、外两侧卷吸周围介质，实际流线如图 5-2（b）所示。

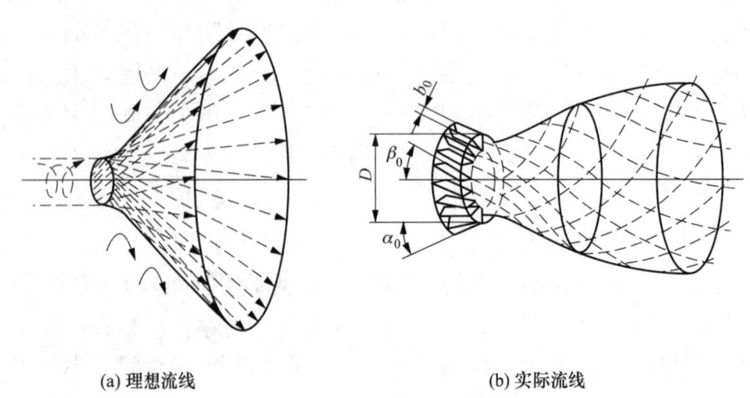

图 5-2 旋转射流的流线

α_0—叶轮锥半角；β_0—叶片倾斜角；b_0—环形通道宽度；D—环形通道出口处的外直径

不同旋转强度的旋转射流会出现 3 种流动状态，即封闭气流、全扩散气流和开放气流，见图 5-3。其中全扩散气流在锅炉炉膛中会形成气流贴墙，这种现象在锅炉技术中常称“飞边”，见图 5-3（b）；旋流燃烧器出口气流一般均为开放气流，见图 5-3（c）。

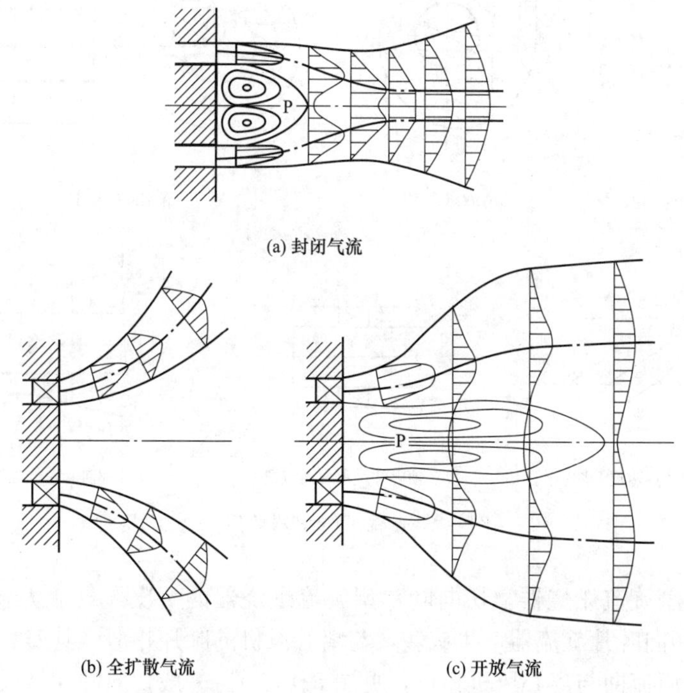

(a) 封闭气流

(b) 全扩散气流　　(c) 开放气流

图 5-3　旋转气流的运动形式

注：P 为回流区。

具有旋转射流的旋流式燃烧器的特点：由于旋转射流的扩散角大，中心的回流区可以卷吸高温烟气加热煤粉气流的根部（外回流也有类似作用），所以使着火稳定性增加；但由于燃烧器出口的二次风与一次风混合较早，所以使着火所需热量增大而又对着火不利；早期混合强烈，后期混合较弱；射程短，具有粗而短的火焰。由此可见，旋流式燃烧器适用于挥发分较高的煤种，如烟煤和褐煤。

2. 旋流式燃烧器的形式

旋流式燃烧器是利用旋流装置使气流产生旋转运动的，一般以所采用的旋流器的名称来命名。煤粉炉上所用的旋流燃烧器有蜗壳型和叶片型两大类，在此基础上结合低氮燃烧技术，设计出了许多新型旋流式燃烧器。

（1）蜗壳型旋流燃烧器。气流是通过蜗壳旋流器产生旋转运动。其中又分单蜗壳型和双蜗壳型两种，见图 5-4（a）和图 5-4（b）。蜗壳型旋流燃烧器的实际调节作用很小，煤种适应性较差，另外，燃烧器出口煤粉和沿圆周分布的不均匀性较大，且燃烧阻力也较大，现在已经很少采用。

（2）叶片型旋流燃烧器。叶片型旋流燃烧器的一次风气流为直流或弱旋射流，二次风气流通过叶片产生旋转。一般叶片做成可调式，以便调节气流的旋流强度。叶片型旋流燃烧器按叶片安装角度（或介质流过叶片）的方向分为切向叶片型及轴向叶片型两种。

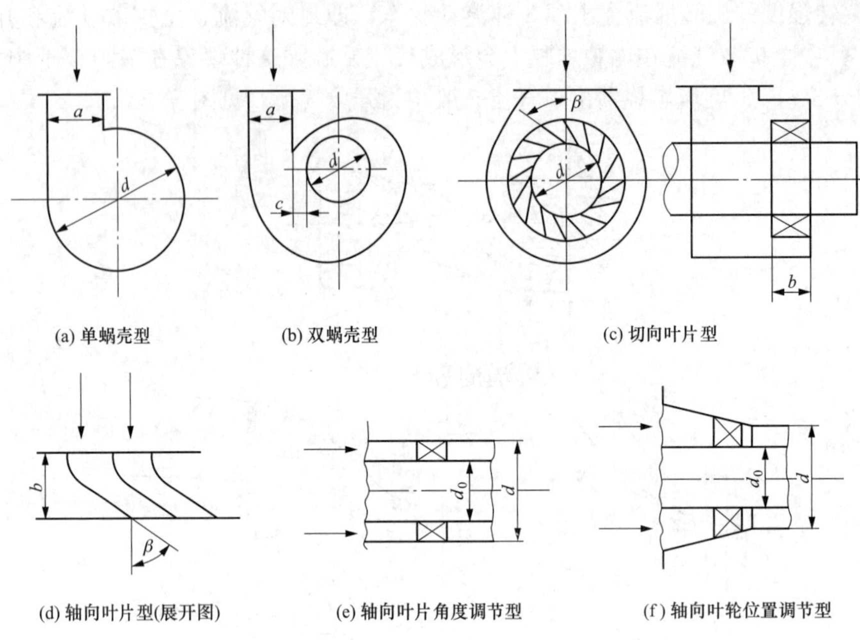

图 5-4　旋流式燃烧器的形式

1）切向叶片型旋流燃烧器。切向叶片型旋流燃烧器的一次风气流为直流或弱旋射流，二次风气流通过切向叶片旋流器产生旋转，与离心风机的叶片相似（其安装角以燃烧器的轴线为基点），但介质流向与离心风机相反，见图 5-4（c）。一般切向叶片做成可调式，改变叶片的倾斜角即可调节气流的旋流强度，叶片倾角可取 30°～45°，随着煤的挥发分增加，倾斜角也应加大。

2）轴向叶片型旋流燃烧器。轴向叶片型旋流燃烧器是将若干个导叶直接安装在二次风管和一次风管构成的二次风环形通道内，导叶沿圆周方向均匀分布，设计成流线型，与轴流风机的叶片相似（其安装角以燃烧器的轴线为基点），轴向叶片型旋流燃烧器的旋转气流阻力小、平稳（与切向叶片型旋流燃烧器相比较），见图 5-4（d）。为了便于调节轴向叶片型旋流燃烧器二次风的旋流强度，将轴向叶片型旋流燃烧器分为轴向叶片角度调节型和轴向叶轮位置调节型两种。

a. 轴向叶片角度调节型旋流燃烧器。安装在二次风管外的调节装置将每个安装叶片的轴连在一起，在调节装置上装有拉杆，轴向移动拉杆便可调节叶片的倾斜角 β，调节气流的旋流强度，见图 5-4（e）。叶片的倾斜角 β 对出口气流的流动结构有很大影响，倾斜角增大，则气流扩散角也增大，回流的烟气量增多，且回流区的长度也增长，这对燃料的着火是很有利的；但叶片的倾斜角 β 过大时，不仅造成回流区缩短，还会导致“飞边”、烧坏喷口、燃烧器阻力增大等问题。一般取 β=50°～60°为宜。

b. 轴向叶轮位置调节型旋流燃烧器。轴向叶轮位置调节型旋流燃烧器是将轴向叶片固定在一个环锥形叶轮内，环锥形叶轮位于二次风通道内，可沿轴向移动；二次风通道设计成一环锥形套筒，内装环锥形叶轮，当二次风气流轴向流经叶片时便产生旋转，见图 5-4（f）。叶轮上装有拉杆，轴向移动拉杆便可调节叶轮在二次风道内的位置。当叶轮移至顶部，环锥形叶轮与环锥形套筒贴紧时，二次风全部流经叶轮，这时旋流强度最大；当叶轮拉出时，环锥形叶轮与环锥形套筒之间形成一个锥状的环形通道，部分二次风经此流入，成为不带旋转的直流风，使气流总的旋流强度降低。调节叶轮位置，便可改变直流风和旋流风的比例，从而达到调节二次风出口气流旋流强度的目的。

3. 旋流强度及其对燃烧器工作的影响

（1）旋流强度。旋流式燃烧器出口气流的结构特性是组织煤粉气流着火和燃烧的关键，而气流的结构主要决定于气流的旋流强度。旋转射流的旋流强度 n 定义为旋转气流对旋流燃烧器轴线的切向旋转动量矩 M 与轴向动量 K 和定性尺寸 L 乘积的比值，其计算式为

$$n=\frac{M}{LK}$$

不同形式的旋流燃烧器其旋流强度的计算方法不同，但各种旋流装置的旋流强度只与旋流装置的结构尺寸有关。因此，可用旋流装置的结构尺寸来表示旋流燃烧器出口处旋转气流的旋流强度，同时也表明了旋流装置结构参数对旋流强度的影响。

（2）旋流强度的调节。不同燃料着火的难易程度是不一样的，着火温度高的燃料如无烟煤，需要的着火热量就多些；而像褐煤等着火温度低的燃料，需要的着火热量就少些。由于电厂燃用的煤种不是固定不变的，这就要求燃烧器对煤种的变化应有一定的适应能力。为此，旋流燃烧器大多做成旋流强度可以调节的形式。旋流燃烧器主要采用以下三种方法来调节旋流强度。

1）调节气流入口截面流通面积。蜗壳型旋流燃烧器用这种方法调节旋流强度，具体方法是在蜗壳旋流装置入口处加装舌形挡板，改变挡板的位置，就可以改变旋转气流平均旋转半径，舌形挡板关小时旋流强度增加。

2）调节旋流装置中叶片的倾角（β）。切向叶片型旋流燃烧器和轴向叶片角度调节型旋流燃烧器用这种方法调节旋流强度，具体方法是改变叶片型旋流器中叶片的倾角 β，β 增加时旋流强度增加。

3）调节直流风和旋流风的比例。轴向叶轮位置调节型旋流燃烧器用这种方法调节旋流强度，具体方法是改变轴向叶轮位置调节型旋流燃烧器叶轮的轴向位置，使直流风和旋流风的比例发生变化，旋流风的比例增加时旋流强度增加。

（3）旋流强度对燃烧器工作的影响。随着燃烧器旋流强度的改变，燃烧器出口气流的流动结构（回流区、气流的射程和扩散角等）也相应发生变化，而这些变化直接影响燃料的着火和燃烧过程。

1）回流区。由于气流的旋转，在离开燃烧器出口的一定距离内，有一个轴向速度为负值的回流区。中心回流将高温烟气抽吸至火焰根部，它是燃料着火热量的主要来源。根据燃料着火难易的程度，要求的回流区大小也不一样。一般来讲，对于开放式气流，随着旋流强度的增加，回流量增加，回流区长度先增加后缩短。为保证煤粉的稳定着火，除回流烟气的数量外，回流区的长度（回流区界限）也有一定的意义。因为它表明回流能伸到热烟气中多深，所以直接影响回流烟气的温度水平。若旋流强度过低，则回流量和回流区长度都小，只能从低温区回流少量烟气；若旋流强度过高，虽然回流量增加，但回流区长度却缩短，同时旋流燃烧器阻力也增加很多。所以，旋流强度必须选择适当。

2）气流的射程。各种旋流燃烧器所产生的旋转气流，其射程都随旋流强度的增加而缩短。气流的射程决定了火焰的长度。在锅炉炉膛中，燃烧器出口气流受到炉膛空间的限制，

如果火焰过分长，就会撞击对面的水冷壁，引起局部过热和结渣；如果过分短，火焰就不能均匀地充满炉膛。这两种情况都降低了受热面的利用程度。因为燃烧器气流的射程与燃烧器的功率和炉膛尺寸是密切相关的，所以在锅炉和燃烧器的设计和运行中都要考虑气流射程的影响。

3）扩散角。对于开放式旋转气流，燃烧器出口附近气流外边界所形成的扩散角（锥角）随旋流强度增加而增加。就是说，随着旋流强度的增加，将形成一个较大的外边界面，会与更多的外部烟气进行热量交换，提高了气流本身的温度水平，有利于着火过程的发展。

综上所述，旋流强度是表征旋流燃烧器特征的一个重要指标，它决定了旋流燃烧器气流的射程、扩散角和回流区等流动特性。从而对炉膛尺寸、燃烧器布置和运行以及燃料的着火燃烧等有直接的影响。在燃烧器的设计和运行中旋流强度必须选择适当。

4. 旋流式燃烧器的布置及炉内空气动力工况

旋流式燃烧器主要用于墙式布置，墙式布置分为前墙布置和两面墙布置，大容量锅炉一般采用两面墙布置，两面墙布置可分为两面墙对冲布置和两面墙错开布置。

燃烧器前墙布置时，炉内空气动力特性如图 5-5（a）所示。从每个燃烧器喷口射出的气流最初都是各自独立地扩展，而后汇集到炉内总气流。射流在向后墙运动的过程中抽吸周围的炉烟，进行着火和燃烧。前墙布置的缺点是：炉膛内火焰扰动较小，一、二次风的后期混合较差；死滞旋涡区大，炉内气流充满程度不好；燃烧器容量不能过大，否则由于射程增大，气流冲击后墙水冷壁，容易引起结渣。

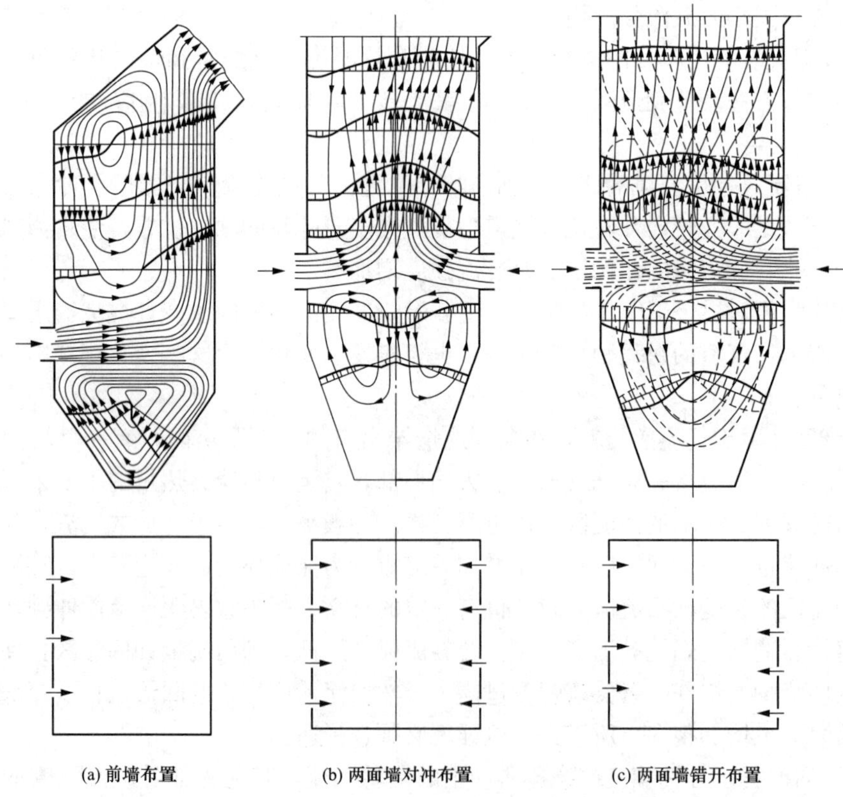

图 5-5　旋流式燃烧器前墙和两面墙布置炉内空气动力特性

燃烧器两面墙布置时，可布置于前后墙或两侧墙。当两侧墙上的燃烧器迎面对冲布置时，炉内空气动力特性如图 5-5（b）所示。两方气流在炉膛中间相互撞击后，大部分气流向炉膛上方运动，少部分气流下冲到冷灰斗内，当两面墙燃烧器功率不对称时，炉内火焰将偏向一方炉墙，有可能引起结渣。当两侧墙上的燃烧器错开布置时，炉内空气动力特性如图 5-5（c）所示。炽热火炬相互穿插，改善了炉内的充满程度。两面墙布置的缺点是低负荷和切换磨煤机停运部分燃烧器时，沿炉膛宽度方向容易产生温度不均；没有布置燃烧器两面墙的中部水冷壁热负荷较高。

旋流燃烧器前墙布置或两面墙布置时，为了保证每个旋流燃烧器的火焰能够充分自由扩展，形成燃烧所需要的气流结构，避免相邻燃烧器气流的相互干扰，相邻燃烧器间应有一定的距离。为了避免气流冲墙发生结渣，邻墙的燃烧器与水冷壁之间、下层燃烧器与冷灰斗上缘之间也应保持足够的距离。当一面墙上布置有两个以上的旋流燃烧器时，为了防止炉内火焰的偏斜，使炉内各受热面的热负荷趋于均匀，同时为避免相邻燃烧器气流的相互干扰，不使气流的动能相互抵消，相邻燃烧器出口主气流的旋转方向应彼此对称，反向旋转。

（三）燃烧方式

燃烧方式可分为切向燃烧、墙式燃烧和双拱燃烧三种，直流式燃烧器多用于切向燃烧和双拱燃烧；旋流式燃烧器则多用于墙式燃烧（弱旋流燃烧器也可用于双拱燃烧）。有的锅炉还装有独立的三次风喷口、分级风喷口、燃尽风喷口和乏气喷口。

1. 切向燃烧

切向燃烧是指燃烧器的一、二次风采用多层直流式喷口排成一竖列布置在炉膛四角，每层射流喷口的几何中心线都与位于炉膛中央的一个或多个同心的水平假想圆相切（极限条件下，假想圆直径可以为零，称为四角对冲燃烧）；各层射流的旋转方向可以相同，也可以是上层射流旋转方向与下层射流旋转方向相反；因为这些气流交会时发生强烈的混合，有助于相互点火稳燃，并形成旋转上升火焰，所以，又称“角式燃烧”或“四角切圆燃烧”，如图 5-6（a）所示。切向燃烧的特点是喷口射流速度相对较高，一、二次风早期混合较迟，后期混合相对较强，炉膛充满度较好。

2. 墙式燃烧

墙式燃烧是指在炉膛前墙或两面墙水平布置多个旋流式燃烧器，各燃烧器的一、二次风通过环形喷口旋转射入炉膛，形成的火炬转折向上。大容量锅炉常在炉膛前、后墙对冲或交错布置 2～4 层旋流燃烧器，如图 5-6（b）所示，这种墙式燃烧又称“对冲燃烧”。其特点是依靠燃烧器旋转气流中心负压产生的高温烟气回流维持煤粉射流的着火和稳定燃烧，并形成各自基本独立的火炬，一、二次风的早期混合相对较强，只有上、下、左、右相邻燃烧器的火炬之间才可能具有相互支持的作用。

燃烧器前墙布置时，由于磨煤机可以布置于炉前，因而煤粉管路短且长度比较均匀。这样使分配到各燃烧器的煤粉和空气较均匀些，沿炉膛宽度方向烟气温度偏差较小，并且前墙布置时对炉膛截面没有特殊的要求，因此炉膛本体设计布置方便。但是，由于炉膛较大，整个炉膛内火焰的扰动较小，一、二次风的后期混合较差，死滞旋涡区大，炉内气流充满程度不好。

燃烧器布置在两面墙上，当两面墙上的燃烧器迎面对冲布置时，两方气流在炉室中间相互撞击后，气流的大部分向炉膛上方运动（也有少部分气流下冲到冷灰斗内）；当两面墙上

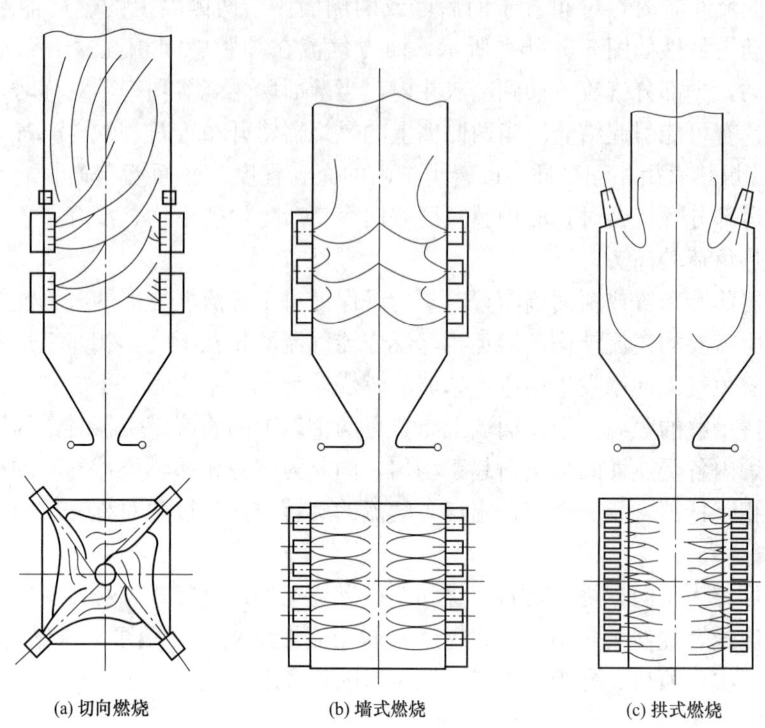

图 5-6　三种常用的煤粉燃烧方式示意

的燃烧器迎面交错布置时，炽热的火焰相互穿插；上述两种情况均可改善炉膛的充满程度。但是，在低负荷和切换磨煤机停运部分燃烧器时，炉内的火焰将偏向一方炉墙，容易产生温度不均，有可能结渣。在设计和运行中应当予以完善和采取相应的措施。

为了提高炉膛的利用率，应注意改善炉膛的充满程度。在锅炉容量相同的情况下，采用数量多、功率小的燃烧器将使炉膛中的火炬充满更趋完善，火焰分布更趋均匀。因为燃烧器的功率小，射流的射程及宽度也小，即使射流中有不均匀现象，也能很快得到消除。它将影响到炉膛的截面形状、尺寸，甚至高度，还影响到对流烟道中的烟气和工质流速等，必须相互协调，综合考虑。

3. 双拱燃烧

双拱燃烧是指采用直流缝隙式、套筒式或弱旋流式燃烧器成排布置在炉膛前墙的炉拱上，煤粉火焰向下射入炉膛后，在中心转折向上形成 U 形火炬，故也称“下射式燃烧”。当燃烧器同时布置在前、后墙的炉拱上时，则形成 W 形火炬，称“双拱燃烧”或“W 形火焰燃烧”，如图 5-6（c）所示。双拱燃烧方式是大容量锅炉燃烧难燃煤种（无烟煤、贫煤）时常采用的一种燃烧方式。

燃烧方式的选择主要取决于煤的着火特性，对煤的着火特性通常采用煤粉气流着火温度指标（IT）来判别。由于干燥无灰基挥发分（V_{daf}）与 IT 存在一定的相关性，所以也可根据 V_{daf} 做出判别，而对于 $V_{daf}<25\%$ 的煤种，常需要实测 IT 以作判别。煤粉气流的着火温度 IT $<$ 700℃（通常 $V_{daf}>25\%$）的煤种，宜采用切向燃烧或墙式燃烧方式；煤粉气流的着火温度 IT $>$ 800℃（通常 $V_{daf}<10\%$）的煤种，宜采用双拱燃烧方式；煤粉气流的着火温度

IT = 700～800℃（通常 V_{daf} =15%～20% ）的煤种，宜优先采用切向燃烧或墙式燃烧方式，为了保证燃烧效果，燃烧器区水冷壁表面可适当敷设围燃带。

（四）煤粉锅炉的大气污染与燃烧技术

由于煤粉锅炉以煤为燃料，煤的含氮量比油和燃气多，燃烧时产生的 NO_x 对大气污染就成为一个很重要的问题。试验表明，煤中有 15%～20%氮分在燃烧时转换为 NO_x，对环境造成了严重污染。通过对煤粉锅炉进行试验，采用两级燃烧的方式对降低 NO_x 的生成量最为有效，它使 NO_x 的排出量减少 30%～50%。

两级燃烧也称“偏离化学当量燃烧”，将一部分小于化学当量的空气引入燃烧器，而其余空气由二次风喷口引入，这样可降低燃烧区域的过量氧量，减少 NO_x 的生成量。或将燃烧器设计成有两个进风口，减少一次点火区的进风量，使每个燃烧器产生两级燃烧条件，而又不使炉膛水冷壁上产生风量不足的现象。试验表明，采用此种方法燃烧既减少 NO_x 的产生，又减轻了炉膛结渣，使锅炉保持一定的可靠性及可用率。

切向燃烧的炉内温度场的分布比较均匀，火焰尖峰温度较低，火焰行程较长，与墙式燃烧相比，在同样过量空气系数下，切向燃烧时 NO_x 及 SO_x 生成量均较少。墙式燃烧方式通过一些改进，在燃烧器内采用分隔风室，及用一台磨煤机供应炉膛宽度方向上的一排燃烧器，这样使炉膛宽度方向上热输入分布均匀，每排，甚至整层燃烧器的风量都可单独控制，使 NO_x 的排出量大大减少。双拱燃烧方式用于难燃煤种，炉膛温度较高，NO_x 的排出量较大。

二、炉膛

炉膛是燃料和空气发生连续燃烧反应直至燃尽的有限空间，炉膛密闭，只有燃料及空气入口、烟气出口和排渣口与外界相通。大型电站锅炉的炉膛形状多为高大的立方体，由蒸发受热面管子（部分可能是过热器或再热器管子）组成的气密性炉壁构成。燃料燃烧反应生成的炽热火焰和燃烧产物向炉壁及布置在炉内的管屏受热面传递热量，使炉膛出口烟气温度降到设计规定的温度。炉膛应有足够的空间以满足燃烧与传热的需要，同时还应具有合理的形状以适应燃烧器的布置。炉膛的设计必须与燃烧方式及燃料的特性相匹配，特别要防止炉内结渣。

（一）炉膛轮廓尺寸与相关参数

大容量锅炉炉膛都是用膜式水冷壁及蒸汽管排围成的。炉膛轮廓尺寸都按水冷（或汽冷）壁管中心线计量，如图 5-7 所示。

1. 炉膛轮廓尺寸

不同炉形的炉膛轮廓尺寸各有差异，现对各种炉形的主要轮廓尺寸说明如下：

H——炉膛高度，对Π形炉为从炉底排渣喉口至炉膛顶棚管中心线的距离，对塔式炉为从炉底排渣喉口至炉膛出口的距离。

W—— 炉膛宽度，左右侧墙水冷壁管中心线间距离。

D——炉膛深度，前后墙水冷壁管中心线间距离。

H_L ——（双拱燃烧）下炉膛高度，从炉底排渣喉口至拱顶上折点的垂直距离。

H_u ——（双拱燃烧）上炉膛高度，从拱顶上折点至炉膛顶棚管中心线的垂直距离。

D_L ——（双拱燃烧）下炉膛深度。

D_u ——（双拱燃烧）上炉膛深度。

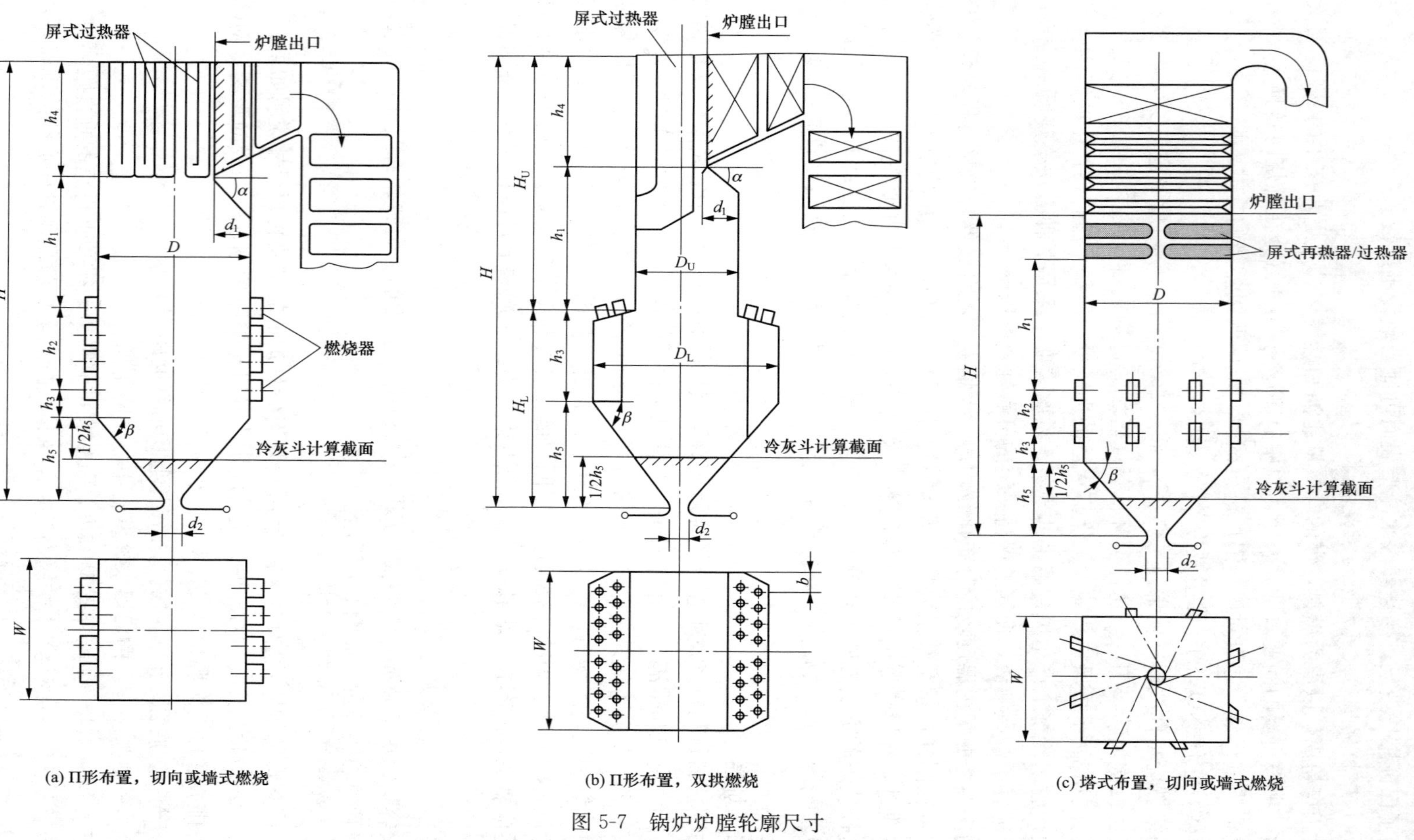

(a) Π形布置，切向或墙式燃烧

(b) Π形布置，双拱燃烧

(c) 塔式布置，切向或墙式燃烧

图 5-7　锅炉炉膛轮廓尺寸

注：炉膛范围内的屏式受热面，各屏板间的水平净距离应大于 457mm。

h_1 ——燃尽区高度，对Π形炉为最上层燃烧器一次风煤粉喷口（如配套贮仓式制粉系统，而乏气喷口在最上层一次风喷口之上，则为最上层乏气喷口）中心线至折焰角尖端（如有直管段，即为其上折点）的垂直距离（屏式受热面一般不宜低于折焰角尖端过多），见图 5-7（a）；对于双拱式燃烧炉膛可取为拱顶上折点至折焰角尖端的垂直距离，见图 5-7（b）；对于塔式炉则为上层一次风喷口或乏气喷口至炉内水平管束最下层管中心线的垂直距离，见图 5-7（c）。

h_2 ——最上层燃烧器煤粉喷口（或乏气喷口）与最下层燃烧器煤粉喷口中心线之间的垂直距离。

h_3 ——最下层燃烧器煤粉喷口中心线与冷灰斗上折点的垂直距离；双拱式燃烧炉膛为拱顶上折点至冷灰斗上折点的垂直距离。

h_4 ——Π形炉折焰角尖端（如有直段，即为其上折点）至顶棚管中心线的垂直距离。

h_5 ——冷灰斗高度，即排渣喉口至冷灰斗上折点的垂直距离。

d_1 ——折焰角深度，即 Π形炉从折焰角尖端至后墙水冷壁中心线的水平距离。

d_2 ——排渣喉口净深度。

b——炉膛横断面炉墙切角形成的小直角边尺寸，见图 5-7（b）。

α——折焰角下倾角。

β——冷灰斗斜坡与水平面夹角。

2. 炉膛有效容积

炉膛有效容积是根据炉膛的轮廓尺寸计算的，不同情况下炉膛的轮廓尺寸按以下原则确定。

（1）对于Π形布置的锅炉，炉膛出口（断面）的确定方法：从炉膛后墙折焰角尖端垂直向上直至顶棚管形成的假想平面，如图 5-7（a）、图 5-7（b）所示。布置在上述假想平面以内（即炉膛侧）的屏式受热面的屏板净间距平均值应大于或等于 457mm；如小于 457mm，则该屏区应从炉膛有效容积中剔除。例如，当布置在上述假想平面前的屏（一般称为“后屏”）之间平均净间距小于 457mm 时，炉膛出口相应移到该屏区之前，如图 5-8 所示。

若上述假想平面后的屏式受热面屏板净间距平均大于或等于 457mm，则此时炉膛出口可以沿烟流方向后移到出现管子横向净间距小于 457mm 的断面，但最远不得超过炉膛后墙水冷壁管中心线向上延伸形成的断面，如图 5-9 所示。

（2）对于塔式布置的锅炉，炉膛出口为沿烟气行程遇到的受热面水平方向管间净距离小于 457mm 的第一排管子中心线构成的水平假想平面，如图 5-7（c）所示。

（3）炉膛底部冷灰斗区有效容积只计上半高度，冷灰斗的下半高度区域被认为是对燃烧无用的呆滞区(但有助于降低炉渣温度)，如图 5-7 所示。

（4）炉膛的四角设计带有较大的切角［切角三角形的小边长 $b \geqslant \sqrt{W \times D_L}/10$，见图 5-7（b）］时，其炉膛的有效容积应按切角壁面包裹的实际体积计算。

3. 炉膛断面积（F_C）

炉膛断面积特指炉膛空间在燃烧器区的横断面面积，即

$$F_C = W \times D$$

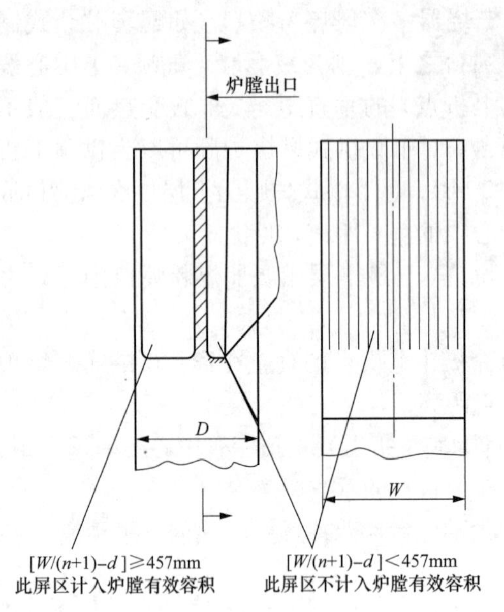

图 5-8　炉膛出口因后屏净间距过小而前移示例

n—管屏数；d—管外径

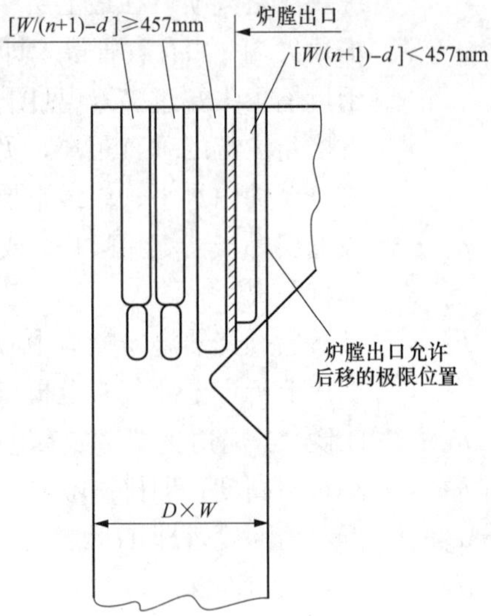

图 5-9　炉膛出口允许后移示例

对于双拱炉膛，$D=D_L$。

炉膛的四角设计有较大的切角（切角三角形的小边长 $b \geqslant \sqrt{W \times D}/10$）时，上式应扣除切角面积。

4. 燃烧器区炉壁面积（F_B）

燃烧器区炉壁面积是燃烧器区（即假想的燃烧中心区）四周炉膛辐射吸热壁面面积，即

$$F_B = 2 \times (W + D) \times (h_2 + 3)$$

其中，（h_2+3）表示燃烧器区域高度 h_2 增加 3m。燃烧器区炉膛的四角如设计有较大的切角（切角三角形的小边长 $b \geqslant \sqrt{W \times D}/10$）时，上式中的“$2\times(W+D)$”项应按实际炉膛横断面周长计算。

燃烧器区水冷壁表面如局部敷有围燃带，上式计算视同未敷。

5. 炉膛燃尽区容积（V_m）

炉膛燃尽区容积相应于燃尽高度 h_1 范围内的炉膛容积。切向及墙式燃烧为

$$V_m = W \times D \times h_1$$

双拱燃烧为

$$V_m = W \times D_L \times h_1$$

计算中，炉膛折焰角占据的容积无需扣除。

（二）炉膛特征参数

根据锅炉输入热功率和炉膛轮廓尺寸计算确定的一组特征参数简称炉膛特征参数。在同容量机组条件下，炉膛特征参数随燃料特性和燃烧方式的不同而呈现比较有规律的变化，某些炉膛特征参数值也随锅炉容量有所改变。故对于新（扩）建锅炉的设计，在机组容量及燃烧方式选定的前提下，可以根据设计燃料的特性，从已知的典型特征参数组群中选用适宜值，从而确定出合理的炉膛轮廓尺寸。

1. 各种燃烧方式的炉膛特征参数

炉膛特征参数从不同角度反映出锅炉的特性，不同燃烧方式的煤粉燃烧炉膛特征参数也不相同，表 5-1 表示不同燃烧方式的煤粉燃烧炉膛特征参数。

表 5-1　　煤粉燃烧炉膛特征参数

炉膛特征参数	切向燃烧、墙式燃烧	双拱燃烧
炉膛容积放热强度 q_V (BMCR，kW/m^3)	√	
下炉膛容积放热强度 $q_{V,L}$ (BMCR，kW/m^3)		√
炉膛断面放热强度 q_F (BMCR，MW/m^2)	√	√
燃烧器区壁面放热强度 q_B (BMCR，MW/m^2)	√	
燃尽区容积放热强度 q_m (BMCR，kW/m^3)	√	√
最上层煤粉喷口到折焰角尖端的垂直距离 h_1(m)	√	

炉膛各特征参数与锅炉输入热功率及炉膛轮廓尺寸参数有关。锅炉输入热功率是锅炉设计计算的燃煤量与设计煤种收到基低位发热量的乘积，即

$$P=B(1-q_4/100)\times Q_{net,V,ar}$$

式中　P——锅炉输入热功率，MW；

B——锅炉设计燃煤量，kg/s；

q_4——固体未完全燃烧热损失，%；

$Q_{net,V,ar}$——设计燃煤收到基低位发热量，MJ/kg。

(1) 炉膛容积放热强度（炉膛容积热负荷 q_V）。炉膛容积放热强度是锅炉输入热功率与炉膛有效容积的比值，即

$$q_V=(P/V)\times 10^3$$

对于双拱燃烧炉膛，采用下炉膛放热容积强度 $q_{V,L}$ 作为辅助特征参数，其计算式为

$$q_{V,L}=(P/V_L)\times 10^3$$

式中　V_L——双拱燃烧锅炉下炉膛的有效容积，相对应图 5-7（b）中（$H_L-0.5h_5$）高度范围内的炉膛容积，m^3。

(2) 炉膛断面放热强度（炉膛断面热负荷 q_F）。炉膛断面放热强度是锅炉输入热功率与炉膛燃烧器区横断面积的比值，即

$$q_F=(P/F_C)$$

(3) 燃烧器区壁面放热强度（燃烧器区壁面热负荷q_B）。燃烧器区壁面放热强度是锅炉输入热功率与燃烧器区炉壁面积的比值，即

$$q_B=(P/F_B)$$

双拱燃烧炉膛不计 q_B。

(4) 燃尽区容积放热强度（燃尽区容积热负荷 q_m）。燃尽区容积放热强度是锅炉输入热功率与燃尽区炉膛容积的比值，即

$$q_m=(P/V_m)\times 10^3$$

q_m 的物理意义基本反映了最上层喷口喷出的煤粉在炉内的最短可能停留时间 τ。q_m 越小，则停留时间越长，该层煤粉射流的燃尽越能得到保证，也有利于降低屏区入口局部烟气温度，避免炉膛结渣。

（5）燃尽区高度（h_1）。h_1 表征了上层喷口的煤粉在炉内的最短可能停留时间，而燃尽区容积放热强度 q_m 考虑了断面因素的影响，可以较准确地反映出最上层喷口的煤粉在炉内最短可能停留时间的另一种方式，两者的换算关系是

$$h_1 = q_F / q_m$$

确定 h_1 是为了保证煤粉燃尽，并使炉膛出口烟气温度降到适宜程度，防止炉膛出口结焦。

2．不同燃烧方式炉膛特征参数的选取

不同燃烧方式炉膛特征参数的选取有所差异，下面对切向燃烧方式、墙式燃烧方式和双拱燃烧方式的炉膛特征参数选取分别进行说明。

（1）切向燃烧炉膛特征参数的选取。切向燃烧炉膛特征参数一般选取炉膛容积放热强度、炉膛断面放热强度、燃烧器区壁面放热强度和燃尽区容积放热强度，燃尽区容积放热强度也可代之以最上层煤粉喷口至折焰角尖端的垂直距离 h_1。

采用切向燃烧方式的 300、600MW 和 1000MW 容量级机组锅炉，燃用烟煤（含贫、瘦煤）时，其炉膛轮廓特征参数限值（上限值、下限值或可用值）的推荐范围见表 5-2。

表 5-2　切向燃烧方式炉膛特征参数限值的推荐范围

设计煤质	IT＜700℃（V_{daf}＞25%）					
锅炉布置方式	Π形			塔式		
机组额定电功率（MW）	300	600	1000	300	600	1000
q_V 上限值（BMCR，kW/m^3）	90～105	80～95	65～85	—	75～90	60～75
q_F 可用值（BMCR，MW/m^2）	4.2～4.8	4.0～5.0	4.0～5.0	—	4.3～5.2	4.3～5.2
q_B 上限值②（BMCR，MW/m^2）	1.2～1.8	1.2～1.8	1.2～1.8	—	1.0～1.5	1.0～1.5
q_m 上限值①（BMCR，kW/m^3）	200～260			200～240		
h_1 下限值①（m）	18～20	20～24	22～27	—	22～26	26～30
设计煤质	IT＞700℃（V_{daf}≤25%）					
锅炉布置方式	Π形			塔式		
机组额定电功率（MW）	300	600	1000	300	600	1000
q_V 上限值（BMCR，kW/m^3）	85～100	75～90	65～80	—	80～95	70～80
q_F 可用值（BMCR，MW/m^2）	4.2～5	4.4～5.2	4.5～5.0	—	4.4～5.2	4.8～5.2
q_B 上限值②（BMCR，MW/m^2）	1.4～2.0	1.4～2.0	1.4～2.0	—	1.2～1.8	1.3～1.8
q_m 上限值①（BMCR，kW/m^3）	200～260			200～240		
h_1 下限值①（m）	18～22	20～26	24～28	—	23～27	27～31

① q_m 和 h_1 两种特征参数可以任选其一。

② 对于高硫煤应当降低燃烧区壁面热负荷。

（2）墙式燃烧炉膛特征参数的选取。墙式对冲燃烧方式与切向燃烧方式的炉膛特征参数相同，包括炉膛容积放热强度、炉膛断面放热强度、燃烧器区壁面放热强度和燃尽区容积放热强度，燃尽区容积放热强度也可代之以最上层煤粉喷口至折焰角尖端的垂直距离 h_1。

墙式对冲燃烧方式的 300、600MW 和 1000MW 容量级机组锅炉，其炉膛特征参数限值（可用值、上限值或下限值）的推荐范围见表 5-3。

表 5-3 墙式对冲燃烧方式炉膛特征参数限值的推荐范围

设计煤质	IT<700℃（V_{daf}>25%）			IT<700℃（V_{daf}>20%）		
机组额定电功率（MW）	300	600	1000	300	600	1000
q_V 上限值（BMCR，kW/m³）	90～105①	80～95①	65～85	95～110	85～100	75～90
q_F 可用值（BMCR，MW/m²）	4.2～4.8②	4.0～5.8②	4.0～5.0	4.5～5.0	4.6～5.0	4.6～5.2
q_B 上限值③（BMCR，MW/m²）	1.2～1.7	1.3～1.8	1.2～2.0	1.3～2.0	1.4～2.0	1.5～2.0
q_m 上限值④（BMCR，kW/m³）	200～260			220～280		
h_1 下限值④（m）	18～20⑤	18～22①	22～24	18～22	19～23	22～24

① 褐煤锅炉宜选用 73～85（300MW）和 60～70（600MW）。

② 褐煤锅炉宜选用 3.6～3.8（300MW）和 3.8～4.1（600MW）。

③ 对于高硫煤，应当降低燃烧器区壁面热负荷。

④ q_m 和 h_1 两种特征参数可以任选其一。

⑤ 褐煤锅炉宜选用 19～23（300MW）和 21～25（600MW）。

（3）双拱燃烧炉膛特征参数的选取。双拱燃烧方式与切向燃烧方式及墙式对冲燃烧方式的炉膛特征参数有所不同，主要包括炉膛容积放热强度、下炉膛容积放热强度、下炉膛断面放热强度和燃尽区容积放热强度，燃尽区容积放热强度也可代之以最上层煤粉喷口至折焰角尖端的垂直距离 h_1。

双拱燃烧锅炉目前运行的最大机组容量为 600MW，燃煤最低 V_{daf} 只有 8%～10%，优化得出的炉膛特征参数限值（上限值或可用值）的推荐范围见表 5-4。

表 5-4 双拱燃烧炉膛特征参数限值的推荐范围

设计煤质	300MW	600MW
q_V（BMCR）上限值（kW/m³）	90～105	80～95
$q_{V,L}$（BMCR）上限值（kW/m³）	190～230	220～250
$q_{F,L}$（BMCR）可用值（MW/m²）	2.2～3.0	2.5～3.3
q_m（BMCR）上限值（kW/m³）	240～320	
h_1 下限值（m）	15～20	20～23

注 1. 表中的数值适用于 V_{daf}≤10%的煤质。

2. q_m 和 h_1 两种特征参数可以任选其一。

三、点火装置

锅炉启动时必须及时点燃主燃料，通常把点燃主燃料的设备称为点火装置。随着自动化水平的逐步提高，点火装置不断完善。目前，煤粉锅炉的点火装置主要有两种：一种是用辅助燃料点燃煤粉，也就是传统的油枪点火；另一种是直接点燃煤粉，也就是等离子点火。两种点火方式各有优势，应根据具体情况选择。

（一）油枪点火装置

油枪点火装置是利用辅助燃料（燃油）点燃煤粉，其特点是结构简单，安全可靠，是锅炉常用的点火装置。油枪点火装置由点火器和油枪组成。

1. 点火器

大型锅炉的点火器采用电气引燃，电气引燃有电阻丝点火、电弧点火和电火花点火等。

电阻丝点火器设备简单、结构紧凑，但电阻丝易氧化烧损，一般仅在燃油锅炉使用；电弧点火器可获得较大的功率，但因电压低不易击穿污染层起弧，且烧蚀严重，设备体积大，逐渐被电火花点火器取代；电火花点火器是利用两电极之间5000～8000V高电压下产生的电火花放电，点燃燃料，这种点火器在煤粉炉中应用较广。电火花点火器中最常用的是高频电压电火花点火器和高能电火花点火器。

（1）高频电压电火花点火器。高频电压电火花点火器的原理见图5-10，电源电压经高频升压变压器T1升压至2500V，此时电火花塞S1被击穿，在LC1组成的振荡回路中产生100kHz的高频振荡，并经高频变压器T2升压至约20000V。在高压作用下放电头TD2击穿，产生高频电压电火花，在放电瞬间，通过扼流圈L1向放电头引入大功率电能，使放电头具有数千瓦的功率。

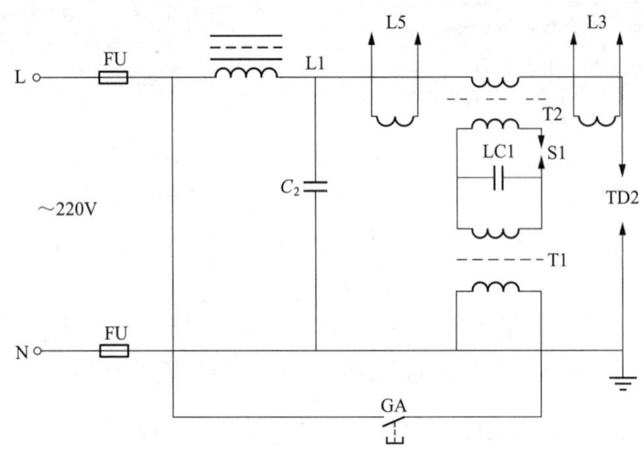

图5-10　高频电压电火花点火器的原理图

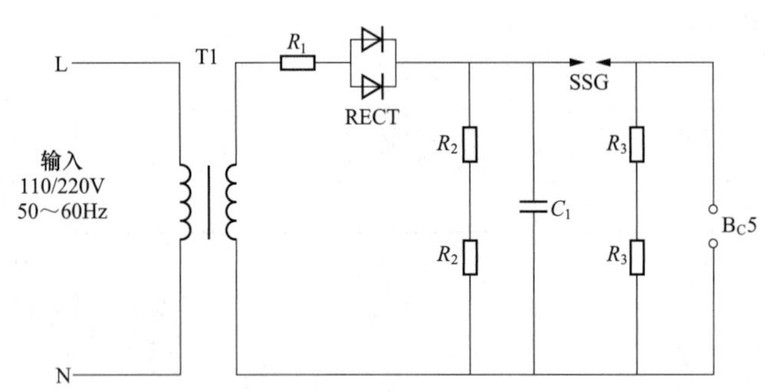

图5-11　高能电火花点火变压器的原理图

T1—变压器；R_1—电阻（20kΩ、30W）；R_2—电阻（2MΩ、1W）；R_3—电阻（1MΩ、1W）；C_1—电容（8μF、2kV）；SSG—密封火花间隙；B_C5—引出线端子；RECT—整流器

（2）高能电火花点火器。高能电火花点火器由高能点火变压器和点火电嘴组成，利用点火变压器的充放电功能，点火电嘴两极间的半导体面上形成能量很大的火花，点燃燃料。

高能电火花点火变压器的原理见图5-11，变压器T1的输入侧为110/220V、50～60Hz，输出侧可达2150V，由整流器供给2000V的直流电对电容器充电，由R_1控制充电率。当电容器两端升压至足够高时，密封火花间隙SSG被击穿，R_3回路接通，并且在点火电嘴两极间产生漏电电流，使半导体元件温度升高。由于半导体材料具有负的电阻温度特性，故其电阻减小，在短时间内通过很大的电流，在半导体面上产生能量很大的电火花点燃燃料。

半导体点火嘴的结构见图5-12，在点火电嘴的中心电极与侧电极间是具有负的电阻温度特性的半导体材料，即随着温度上升电阻呈指数关系减小。

2. 油枪

煤粉炉的油枪也叫点火燃烧器，油枪的主要作用是把油雾化成微滴以增加油和空气的接触表面，使油雾保持一定的雾化角和流量密度分布，促进油雾和空气的混合，强化燃烧过程和提高燃烧效率。因此，提高雾化质量是油枪的关键，油枪的雾化方式有压力雾化和蒸汽雾化两种。

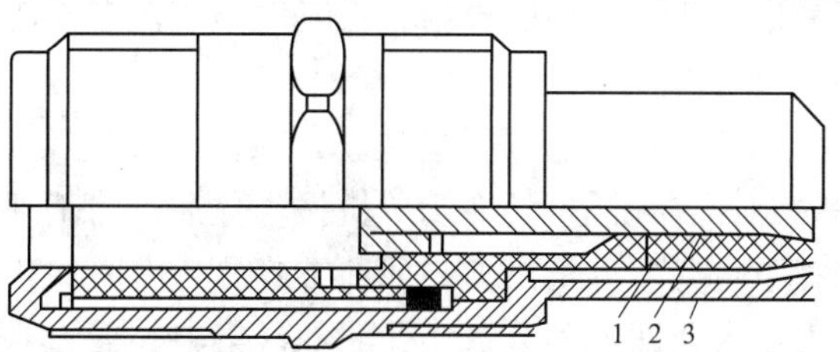

图 5-12 半导体点火嘴的结构

1—半导体元件；2—中心电极；3—侧电极

(1) 压力雾化油枪。压力雾化油枪分为无回油压力雾化油枪和有回油压力雾化油枪，两者的基本原理与结构相同，主要区别是后者可通过控制回油的大小来调节油枪出力。

1) 无回油压力雾化油枪。无回油压力雾化油枪又称为简单机械雾化油枪，其结构见图5-13，主要由雾化片、旋流片和分油嘴组成。油在一定压力下经分油嘴的几个小孔汇合到一环形槽中，然后经过旋流片的切向槽进入旋流片中心的旋涡室，产生高速旋转运动，使油获得很大的旋转能量。油经中心孔喷出后在离心力的作用下克服表面张力，被破碎成油滴，并形成具有一定雾化角的圆锥雾化炬，完成了油的雾化。雾化后油滴的平均直径在 100μm 以下。简单机械雾化油枪依靠改变进油压力调节喷油量，压力越高，喷油量越大，雾化效果越好。当进油压力太高时，将增加油泵电耗，加速雾化片的磨损，使油系统的制造和运行比较

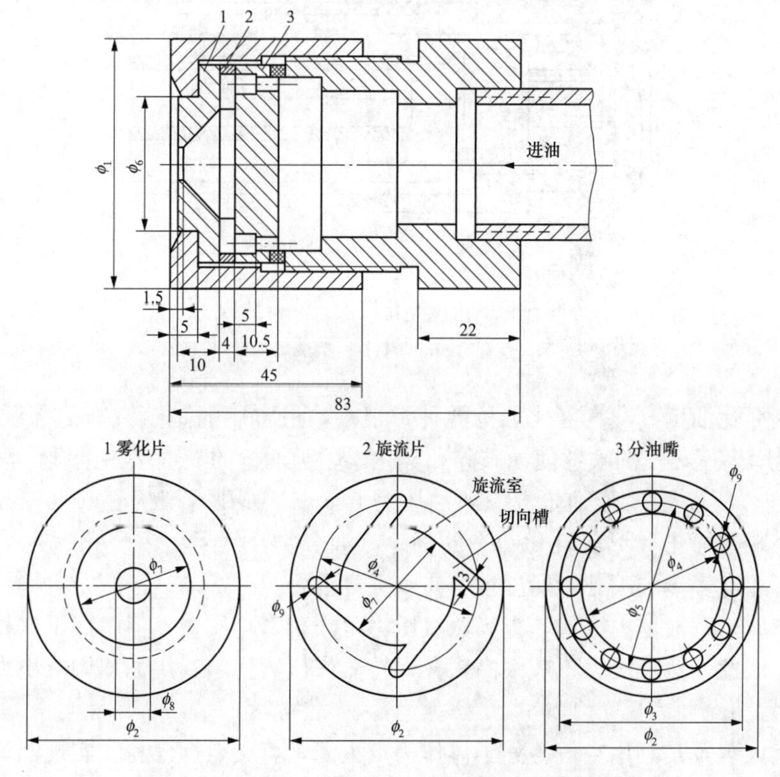

图 5-13 简单机械雾化油枪结构

1—雾化片；2—旋流片；3—分油嘴（分流片）

困难。因此，这种油枪出力一般不调节，它的特点是比较简单，煤粉炉的点火装置多采用这种油枪。

2）有回油压力雾化油枪。有回油压力雾化油枪又称为机械雾化回油式油枪，其结构见图5-14，这种油枪是在简单机械雾化油枪的基础上发展而来的，其特点是在保证雾化质量的前提下可调节油枪出力。回油方式分为内回油和外回油两种，国内多采用内回油。内回油又分集中大孔回油和分散小孔回油。集中大孔回油是在旋流室背面分油嘴的中心开有一较大的孔作为回油孔；分散小孔回油是在分油嘴的某一圆周上开有几个小孔作为回油孔。这种油枪的出力较大，一般用在燃油炉中。

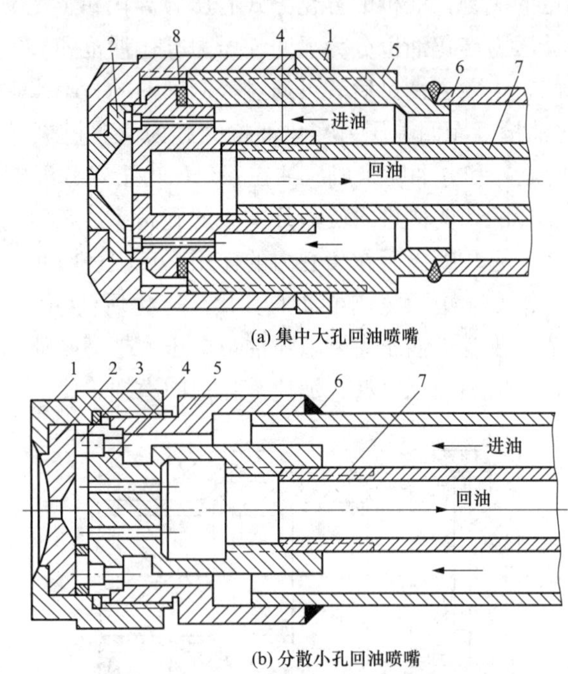

图5-14　机械雾化回油式油枪结构

1—压紧螺母；2—雾化片；3—旋流片；4—分油嘴；5—喷嘴座；6—进油管；7—回油管；8—垫片

（2）蒸汽雾化油枪。蒸汽雾化油枪的种类很多，最常用的是蒸汽雾化Y形油枪，见图5-15。它是利用高速蒸汽的喷射使油破碎和雾化。因为油枪的喷嘴头由油孔、汽孔和混合孔构成Y形排列，所以称Y形油枪。一般油压为0.5～2.0MPa，汽压为0.6～1.0MPa。油、汽进入混合孔相互撞击，形成乳化状态的油、汽混合物，然后由混合孔喷入炉内雾化成油滴。由于喷头上有多个油喷孔，所以很容易和空气混合。

Y形油枪属于双液体内混式，提高蒸汽压力可改善雾化质量，但增加了汽耗量，并且可能将火吹灭。因此，蒸汽压力不应太高，并保持蒸汽压力稳定，用油压调节出力。

（二）等离子点火装置

等离子点火装置是利用空气等离子体作为点火源，直接点燃煤粉，实现锅炉无油启动和助燃的系统，等离子点火装置由等离子发生器和辅助系统组成。

1. 等离子发生器

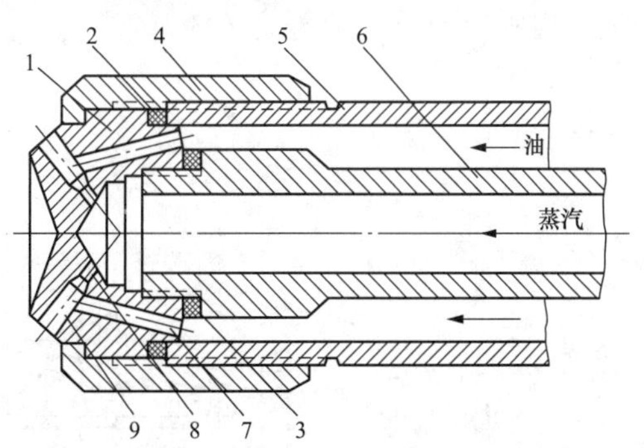

图 5-15 蒸汽雾化 Y 形油枪

1—喷嘴头；2、3—垫片；4—压紧螺母；5—外管；6—内管；7—油孔；8—汽孔；9—混合孔

气体被加热到足够高的温度或其他原因，外层电子摆脱原子核的束缚成为自由电子，电子离开原子核，这个过程就叫做“电离”，电离后物质就变成了由带正电的原子核和带负电的电子；由于原子核和电子的正负电荷总量相等，整体呈电中性，所以就叫等离子体。等离子体是不同于固体、液体和气体的物质第四态，是一种很好的导电体，与电磁场存在极强的耦合作用。在地球上，等离子体物质远比固体、液体、气体物质少。在宇宙中，等离子体是物质存在的主要形式，占宇宙中物质总量的99%以上，如恒星以及地球周围的电离层等，都是等离子体。等离子体温度分别用电子温度和离子温度表示，两者若相等，则称为热等离子体；两者若不相等，则称冷等离子体（只有电子的温度很高）。在一个大气压以上时，碰撞频繁，两类粒子的平均动能（即温度）很容易达到平衡，称为热等离子体或平衡等离子体；在低气压条件下，碰撞很少，电子从电场得到的能量不容易传给其他粒子，此时电子温度高于气体温度，称为冷等离子体或非平衡等离子体。

等离子体发生器是用人工方法获得等离子体的装置。人工产生的等离子体有的只能持续很短时间（10s 左右），例如采用爆炸法、激波法等；有的能持续较长时间（几分钟至几十小时），例如采用直流弧光放电法、交流工频放电法、高频感应放电法、低气压放电法和燃烧法，前四种利用电学手段获得，而燃烧则利用化学手段获得。可根据实际需要选择获得等离子体的合适方法，在工业领域应用较多的为电弧、高频感应、低气压等离子体发生器三类，它们的放电特性分别属于弧光放电、高频感应弧光放电和辉光放电，火力发电厂点火装置为电弧等离子体发生器。

（1）等离子发生器的原理。利用直流电流在空气介质气压为 0.01～0.03MPa 的条件下接触引弧，并在强磁场控制下获得稳定功率的直流空气等离子体，该等离子体在专门设计的燃烧器的中心燃烧筒中形成温度 $T>5000$K 的温度梯度极大的局部高温区；另外，等离子体内含有大量化学活性的粒子，如原子（C、H、O）、原子团（OH、H_2、O_2）、离子（O^{2-}、H^{2-}、OH^-、O^-、H^+）和电子等，可加速热化学转换；这些都为点燃煤粉创造了良好条件。

（2）等离子发生器的本体结构。火力发电厂点火装置常采用的为电弧等离子体发生器，该发生器为强磁场控制下的空气载体等离子发生器，由线圈、阴极、阳极组成，见图 5-16。其中阴极和阳极由高导电率、高导热率及抗氧化的特殊材料制成，它们均采用水冷方式冷却，以承受高温电弧冲击。线圈在 250℃高温情况下具有抗 2000V 直流高电压击穿能力，电源采用全波整流并具有恒能性能，在冷却水及压缩空气满足条件后，首先设定电源的输出工作电流为 300～400A，当阴极在直线电动机的推动下，与阳极接触后，电源按设定的工作电流工作；当输出电流达到工作电流后，直线电动机推动阴极向后移动；当阴极离开阳极的瞬间，电弧建立起来；当阴极达到规定的放电间距后，在空气动力和磁场的作用下，装置产生稳定的电弧放电，生成等离子体。

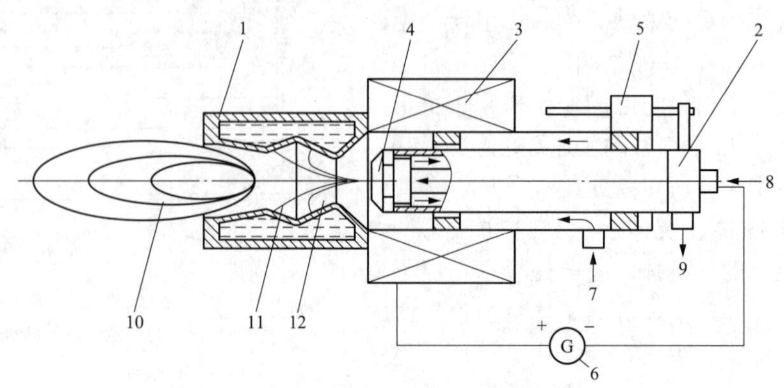

图 5-16　等离子发生器工作原理

1—阳极；2—阴极；3—线圈；4—可更换阴极头；5—直线电动机；6—电源；7—压缩空气进口；8—进水口；9—出水口；10—等离子体；11—电弧；12—放电腔

2. 等离子发生器的辅助系统

等离子点火装置的辅助系统包括等离子体电源系统、冷炉制粉系统、等离子体载体工质（空气）系统、等离子体冷却水系统和控制系统，其作用是确保等离子发生器安全可靠地工作。

（1）等离子体电源系统。等离子体发生器使用的是直流电源，由交直流转换装置等设备组成，可产生维持等离子体电弧稳定的直流电源。

（2）冷炉制粉系统。锅炉冷态启动时，为了提高一次风的温度，通常在原制粉系统上增加冷风加热设备（冷风蒸汽加热器或冷风燃油加热器）或引自邻炉热风，加热煤粉，以便于着火。

（3）等离子体载体工质（空气）系统。载体工质（空气）是等离子体电弧的介质，等离子体电弧形成后，需要载体工质（空气）以一定的流速将电弧从阳极吹出，才能形成可利用的电弧。因此，等离子体点火系统需要配备载体工质（空气）系统。为了确保等离子体发生器的运行稳定性，要求载体工质（空气）是洁净无油、干燥、压力稳定的空气。

（4）等离子体冷却水系统。等离子体电弧形成后，弧柱温度一般在5000K 以上，因此对于形成电弧的等离子体发生器的阴极、阳极以及线圈必须通过水冷的方式进行冷却。为了保证良好的冷却效果，需要冷却水以高的流速冲刷阳极和阴极，冷却水温度不能高于 40℃，否则会影响到阴极和阳极的运行寿命。因此，需要保证等离子体发生器前后冷却水压力差不低于设计要求。为防止阳极和阴极的腐蚀，其冷却水采用除盐水。

（5）控制系统。等离子体点火控制系统有两种控制方式，一种是以主控 PLC（可编程逻辑控制器）为控制中心，分别用通信的方式将整流柜、控制 PLC 以及触摸屏连接，由触摸屏作为人机接口来完成所有的操作，其中重要的保护信号等以硬接线的方式进入 DCS（分散控制系统）。另一种方式是将等离子体点火系统的操作纳入 DCS 系统，两者之间通过硬接线的方式进行连接。在 DCS 系统的画面上，可以实时显示等离子体点火系统的各项参数，并可进行操作、控制，人机界面清晰，方便运行人员控制。

3. 等离子体燃烧器

等离子体燃烧器是指借助等离子点火装置产生的等离子体来点燃煤粉的煤粉燃烧器，由等离子点火装置和煤粉燃烧器组成（见图 5-17），与普通的煤粉燃烧器相比，等离子体燃烧器在煤粉进入的初始阶段就用等离子体将煤粉点燃，并将火焰在燃烧器内逐级放大，属内燃型燃烧器，可在炉膛内无火焰的情况下直接点燃煤粉，实现锅炉的无油启动和低负荷的无油助燃。由于等离子体燃烧器在点火和助燃时，等离子体发生器产生的等离子体将燃烧器内的煤粉点燃，在此过程中必须注意以下两点：一是要有足够的点火能量，确保燃烧稳定；二是燃烧器内部燃烧不能太强烈，防止烧坏燃烧器和燃烧器内结渣。因此，等离子体燃烧器通常采用浓淡分离式，浓煤粉从燃烧器中心流过，在点火区由等离子体点燃，并引燃周围的煤粉；稀煤粉沿燃烧器四周流过，可有效防止烧坏燃烧器和燃烧器内结渣。

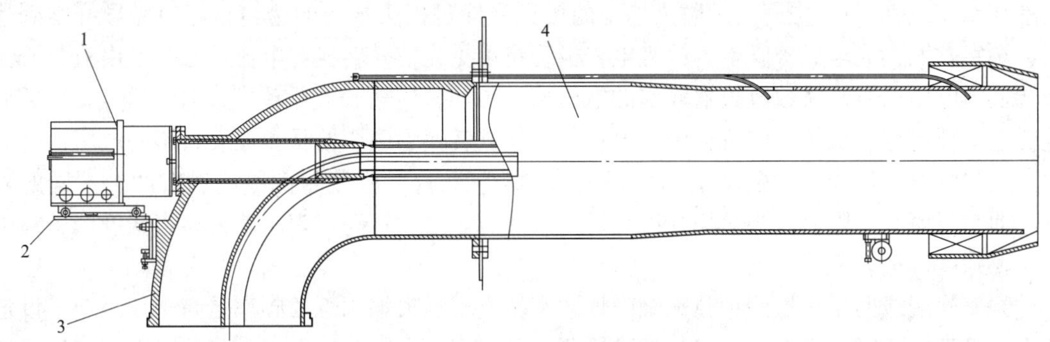

图 5-17　等离子燃烧器

1—等离子体发生器；2—支架；3—弯头；4—等离子体燃烧器本体

四、火焰检测器

火焰检测器是检测燃烧室或燃烧器火焰强度的装置，是燃烧器自动运行的重要设备之一。火焰检测器主要由探头和信号处理器两部分组成，输出为表示火焰强度的模拟量信号、表示有无火焰的开关量信号和表示火焰强度的视频信号。火焰检测器是锅炉安全运行的重要设备，现代锅炉都安装有火焰检测器，以便对点火装置的点火工况、燃烧器的着火工况及整个炉膛的燃烧工况进行自动检测。

1. 炉内的火焰特性

锅炉使用的主要燃料有煤、油和可燃气体等，这些燃料在燃烧过程中会发出可见光、红外线、紫外线等。不同燃料发出三种光线的强度各不相同：煤粉火焰除有不发光的 CO_2 和水蒸气等三原子气体外，还有部分灼热发光的焦炭粒子和灰粒等，它们有较强的可见光和一定数量的紫外线，而且火焰的形状会随负荷的变动而有明显的变化；可燃气体火焰中含有大量透明的 CO_2 和水蒸气等三原子气体，主要是不发光火焰，但还包含有较强的紫外线和一定数量的可见光，天然气火焰的紫外线主要产生在火焰根部的初始燃烧区；油火焰中除了部分 CO_2 和水蒸气外，还悬浮着大量发光的炭黑粒子，它也有丰富的紫外线和可见光。在实际应用中，要根据燃烧火焰的特点选用合适的火焰检测器。

2. 火焰检测器的种类

火焰检测器根据其感光元件可以分为紫外光、可见光、红外光三种，每一种类型因为其感光元件的不同，具有不同的特性。

(1) 紫外光火焰检测器。紫外光火焰检测器采用紫外光敏管作为传感元件，其光谱范围在0.006～0.4μm之间。紫外光敏管是一种固态脉冲器件，其发出的信号是自身脉冲频率与紫外辐射频率成正比例的随机脉冲。紫外光敏管有两个电极，一般加交流高电压。当辐射到电极上的紫外光线足够强时，电极间就产生“雪崩”脉冲电流，其频率与紫外光线强度有关，最高达几千赫兹。灭火时则无脉冲。

紫外光火焰检测器的优点是报警灵敏度高，在锅炉低负荷运行的过程中，火焰呈现明显的闪动或发暗，紫外线强度大大减弱，就会导致检测器出现误报的情况。而且由于紫外线光会被油雾、水蒸气、煤尘等吸收，所以在配风失调或是低负荷的情况下，不建议使用紫外光火焰检测器。

(2) 可见光火焰检测器。可见光火焰检测器采用光电二极管作为传感元件，其光谱响应范围在0.33～0.7μm之间。炉膛火焰中的可见光穿过探头端部的透镜，经由光导纤维到达探头小室，照到光电二极管上。该光电二极管将可见光信号转换为电流信号，经由对数放大器转换为电压信号。对数放大器输出的电压信号再经过传输放大器转换成电流信号。然后通过屏蔽电缆传输至机箱。在机箱中，电流信号又被转换为电压信号。代表火焰的电压信号分别被送到频率检测线路、强度检测线路和故障检测线路。强度检测线路设有两个不同的限值，即上限值和下限值。当火焰强度超过上限值时，强度灯亮，表示着火；当强度低于下限值时，强度灯灭，表示灭火。

频率检测线路用来检测炉膛火焰闪烁频率，它根据火焰闪烁的频率是高于还是低于设定频率，可正确判断炉膛有无火焰。故障检测线路也有两个限值，在正常的情况下，其值保持在上、下限值之间。一旦机箱的信号输入回路出现故障，则上述电压信号立刻偏离正常范围，从而发出故障报警信号。

可见光火焰检测器的特点类似人眼睛的光谱响应。由于采用的光导纤维可以任意移动，使得探头不必直接对准火焰，所以有利于延长探头的工作寿命，是目前使用比较广泛的一种火焰检测器。

(3) 红外光火焰检测器。红外光火焰检测器采用硫化铅或硫化镉光敏电阻作为传感元件，其光谱响应范围在0.7～3.2μm之间。燃烧器火焰的一次燃烧区域所产生的红外辐射，经由光导纤维送到探头，通过探头中的光敏电阻转换成电信号，再由放大器放大。该火焰信号由屏蔽电缆送到机箱，通过频率响应开关和一个放大器后，再同一个参考电压（可调）进行比较。

红外光的辐射波长较长，不易被烟、灰尘等吸收，因此，红外光火焰检测器运行比较稳定，对探头的安装位置也不会很苛刻，在目前火力发电厂锅炉中使用也是非常广泛的。

第二节　350MW热电联产机组锅炉燃烧设备

350MW热电联产机组锅炉为平衡通风、固态排渣、全钢构架、半露天布置的Π形锅炉。采用正压直吹式制粉系统，配备3台双进双出钢球磨煤机。燃烧方式为前后墙对冲墙式燃烧，配置B&W公司生产的低NO_x双调风旋流燃烧器、乏气喷口及燃尽风喷口（OFA），同时还配置了油枪点火装置。

一、燃烧器

锅炉装有24个HPAX-ED型煤粉燃烧器，分三层布置在炉膛的前墙和后墙，标高为18395、21895、25395mm，其中12个燃烧器的二次风顺时针旋转，另12个燃烧器的二次风逆时针旋转。每一层的8个燃烧器都由同一台磨煤机供粉。这样的设计布置，使得在锅炉启停时，或者有磨煤机停运时，沿炉膛宽度方向烟气温度偏差基本不受影响。但也带来一个问题，就是一台磨煤机向8个燃烧器供粉，煤粉管道的长度偏差较大，阻力不同，分配到各燃烧器的煤粉和气流的均匀性受到影响，在试运时要根据试验情况调整一次风管道上的节流装置，使各一次风管道的流动阻力均匀。第一层燃烧器与第三层燃烧器的二次风出口气流的旋转方向采用相同的布置，第二层的则相反，这样在3台磨煤机全部投入运行、所有的24个燃烧器全部参与炉内燃烧时，提高了炉内气流的充满程度，增加了整个炉膛内火焰的扰动，强化了燃烧。相邻的两个燃烧器的二次风出口气流旋转方向对称、反向旋转，因此相邻的两个燃烧器的出口主气流的旋转方向是彼此对称、反向旋转的（见本章第一节旋流燃烧器布置部分）。从一次风管来的风粉混合物在燃烧器入口弯头处进行浓淡分离，分离出来的浓相风粉混合物进入煤粉燃烧器燃烧，分离出来的淡相风粉混合物经乏气喷口送入左、右侧炉墙的乏气喷口燃烧，乏气喷口与煤粉燃烧器相对应，每台炉共24个乏气喷口，左、右侧墙各12个，分3层布置在左、右侧墙中间热负荷较集中的区域，有效避免了由于燃烧器对冲布置带来的两侧墙水冷壁中部热负荷偏高可能造成的结渣和腐蚀。在前、后墙最上层燃烧器上方6m处布置了8个双通道燃尽风喷口（OFA），前后墙各4个，标高为32595mm，见图5-18。

每个煤粉燃烧器均配备一套助燃油枪点火装置，锅炉短时助燃时投入助燃油枪点火装置，24套助燃油枪点火装置按锅炉BMCR所需热量的20%设计。在A磨煤机对应的前后墙下层8个煤粉燃烧器内各装有一套启动油枪点火装置，在锅炉启动点火时可投入少油点火油枪。为了保证锅炉启动时乏气能及时着火燃烧，与A磨煤机对应的下层8个乏气喷口内各装有一个乏气油枪点火装置。

（一）HPAX-ED型煤粉燃烧器

HPAX-ED型煤粉燃烧器有3个同心的环形喷口，见图5-19。中心为一次风喷口，一次风喷口内的风粉混合物是不旋转的直流射流，一次风量占总风量的15%～20%；由内向外依次是内层二次风喷口和外层二次风喷口，内层二次风喷口和外层二次风喷口的进风量（二次风量）占总风量的80%～85%；内层二次风喷口和外层二次风喷口的进风量均可调整，内层二次风喷口的进风量通过改变轴向叶片角度调节，外层二次风喷口的进风量通过改变切向叶片角度调节。

1. 空气分级

煤粉燃烧器的二次风分内、外两层送入炉内，内层二次风是从调风器内套筒和一次风粉管道构成的内二次风通道进入燃烧器，通道内装有8个轴向可调叶片，轴向叶片和滑环之间用曲柄和连杆连接，滑环由燃烧器外盖板上的两个手动驱动装置控制，当旋转驱动装置使拉杆向外移动时，8个轴向叶片开启角度减小，拉杆向里移动时轴向叶片开启角度增大，通过改变轴向叶片的开启角度可以改变内层二次风的旋流强度，内二次风轴向叶片的最大开度为70°，最小开度为20°，调节范围为20°～70°，可调叶片的初始设定角度为30°，在试运行期间根据锅炉燃烧状况最终确定叶片的角度；在通道的入口装有一个内层二次风调风盘，调

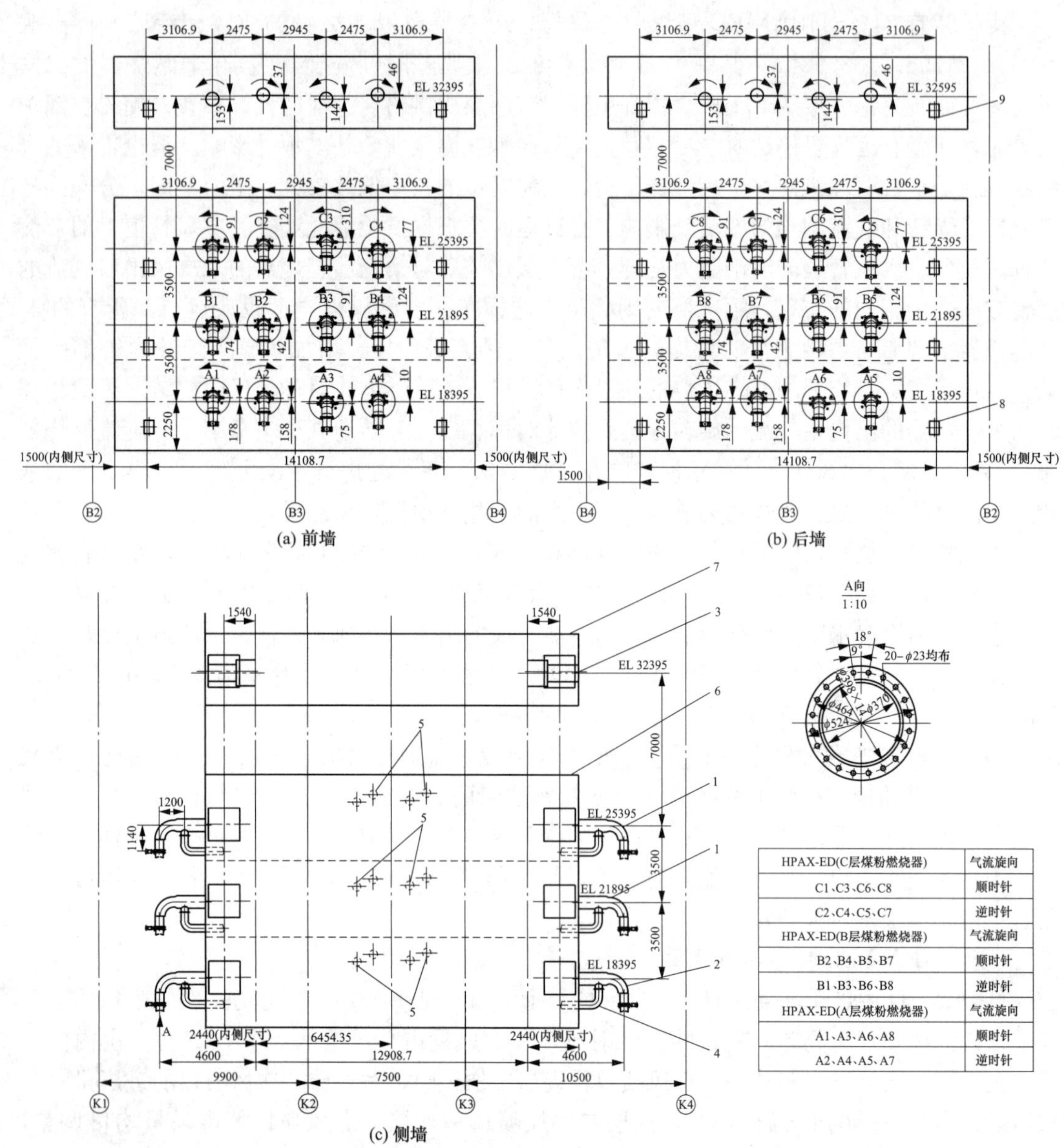

HPAX-ED(C层煤粉燃烧器)	气流旋向
C1、C3、C6、C8	顺时针
C2、C4、C5、C7	逆时针
HPAX-ED(B层煤粉燃烧器)	气流旋向
B2、B4、B5、B7	顺时针
B1、B3、B6、B8	逆时针
HPAX-ED(A层煤粉燃烧器)	气流旋向
A1、A3、A6、A8	顺时针
A2、A4、A5、A7	逆时针

图 5-18　燃烧器的布置

1—HPAX-ED 煤粉燃烧器；2—HPAX-ED 带少油点火油枪的煤粉燃烧器；3—燃尽风喷口（OFA）；4—乏气管道；5—乏气喷口；6—大风箱；7—燃尽风风箱；8—燃烧器风箱人孔；9—燃尽风风箱人孔

风盘通过连杆与风箱外的内层二次风调风盘调节装置相连，调节调风盘的位置可改变内层二次风的风量，调风盘手动驱动装置的全行程约为 200mm，初始运行位置设定在 100mm。外层二次风通过外层调风器进入到燃烧器，外层调风器可使外层二次风具有很高的旋流强度，它由 12 片切向叶片组成，切向叶片装在由前板和后板构成的骨架上，叶片之间通过环向传动连杆、传动板相互连接。当调节轴转动时，带动 12 片叶片同步转动。调节轴与长连杆连接，最后由装在燃烧器盖板上的驱动装置来调节长连杆并带动切向叶片转动。外调风器初始

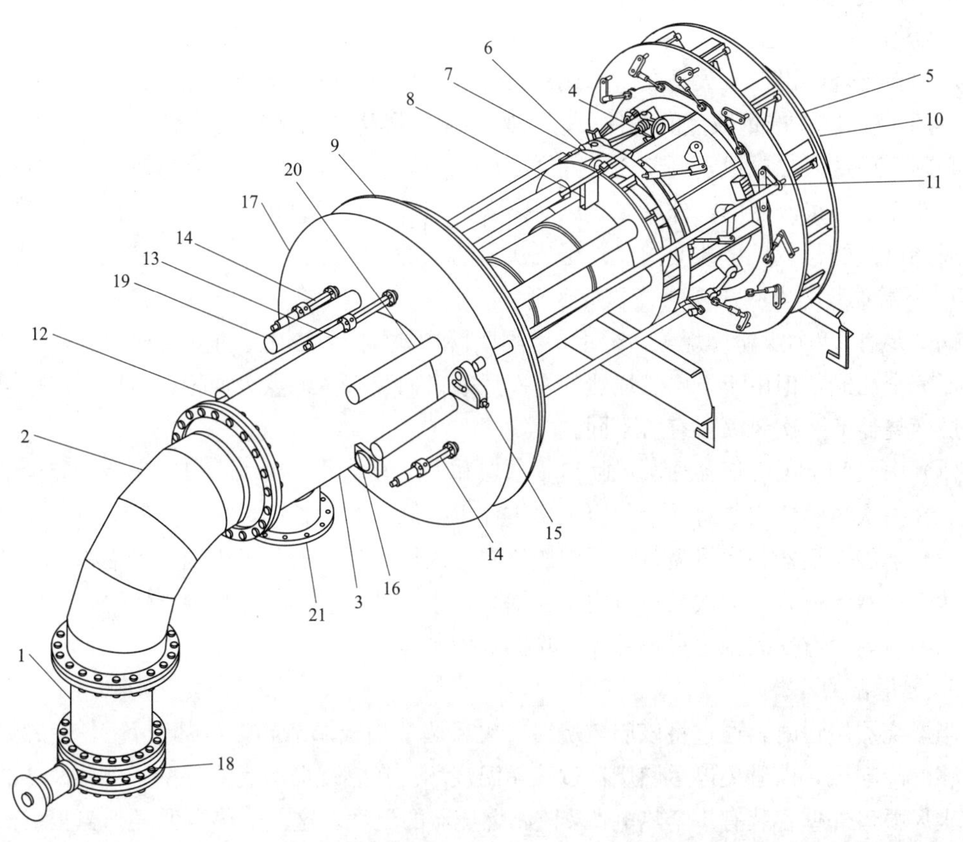

图 5-19 HPAX-ED 型煤粉燃烧器

1—偏导管；2—入口弯头；3—煤粉管道；4—轴向叶片支撑套筒；5—外层二次风调风器；6—轴向叶片推拉环；7—内层二次风调风盘；8—内层二次风调风盘操作杆；9—燃烧器盖板；10—密封套筒；11—支撑滚轮；12—高能点火器；13—内层二次风调风盘调节装置；14—内层二次风叶片调节装置；15—外层二次风叶片调节装置；16—窥视孔；17—外盖板；18—手动插板门；19—油火焰检测器孔；20—煤火焰检测器孔；21—乏气管

设定角度为 35°，在试运行期间根据锅炉燃烧状况最终确定叶片的角度。

2. 低 NO_x 燃烧

锅炉运行时，一次风煤粉气流进入煤粉燃烧器的入口弯头前先通过一段偏心异径管加速，大多数煤粉由于离心力作用沿弯头外侧内壁流动，在气流进入一次风浓缩装置之后，使50%的一次风和10%～15%的煤粉分离出来经乏气管引到侧墙乏气喷口直接喷入炉膛燃烧，此温度较低，可有效抑制 NO_x 的生成；其余的50%一次风和85%～90%的煤粉由燃烧器一次风喷口喷入炉内燃烧，在一次风喷口内风粉得到扩散，紧靠一次风喷口内壁为高浓度区，中心区为低浓度区。浓缩后一次风的煤粉浓度提高，为严重缺氧燃烧，不仅有利于煤粉的着火与稳燃（降低了煤粉着火所需的着火热），而且可有效抑制 NO_x 的生成。一次风中的煤粉着火后，首先与数量较少的内二次风混合实现低氧燃烧，从而减少了燃料型 NO_x 的生成量，然后再与数量和刚性相对较大的外二次风混合进一步燃尽。煤粉燃烧的过程历时较长，燃烧区域内的温度水平整体降低，因而减少了热力型 NO_x 的生成量，即使形成部分 NO_x

也有可能在缺氧环境下还原成 N_2。

3. 合理送入二次风

煤粉在燃烧器出口着火是在严重缺氧条件下进行的，虽然有利于煤粉着火并可有效抑制 NO_x 的生成，但在严重缺氧的条件下容易因不完全燃烧损失增加及灰熔点降低而结焦。因此，必须合理送入二次风，调节内、外层二次风的轴向和切向叶片位置可改变内、外层二次风的旋流强度，可改变内、外层二次风对高温烟气的卷吸能力和参与燃烧的位置；调节内层二次风调风盘的位置，可改变内、外层二次风的比例。

4. 下层燃烧器与中上层燃烧器的区别

锅炉装有 24 个煤粉燃烧器，分上层、中层和下层布置在炉膛的前墙和后墙，三层燃烧器外形完全相同，但由于下层燃烧器的一次风喷口内装有少油点火油枪，所以下层燃烧器与中上层燃烧器的一次风喷口有所不同。

(1) 中层和上层燃烧器一次风喷口。中层和上层燃烧器一次风喷口内没有安装少油点火油枪，在一次风喷口内装有一个稳定火焰钝体以控制火焰的长度，见图 5-20。

(2) 下层燃烧器一次风喷口。下层燃烧器一次风喷口内安装了少油点火油枪，少油点火油枪从燃烧器下方装入一次风喷口内，在锅炉点火或助燃时油与煤粉混合燃烧，下层燃烧器一次风喷口内没有安装稳定火焰钝体，见图 5-21。

5. 燃烧器的冷却

当燃烧器停运时，通过将该层燃烧器二次风调节挡板调节到"冷却位置"，使燃烧器获得足够的冷却风，以避免停运燃烧器过热超温烧坏。在燃烧器的套筒外壁、外调风器的后板及一次风喷口外壁各装有 1 个热电偶，监测燃烧器的温度。这 3 个热电偶经外盖板引出到风箱外侧，燃烧器热电偶测得的温度输送到锅炉的集控室，用于仪表记录和报警，所有热电偶测得的壁温不得超过 800℃。

6. 点火装置

煤粉燃烧器配有两种油枪点火装置，油枪点火装置由点火器和油枪两部分组成，点火器为高频电火花点火，油枪为简单机械雾化式。中层和上层煤粉燃烧器的内二次风通道中各装有 1 个助燃油枪点火装置；下层煤粉燃烧器除了在内二次风通道中各装有 1 个助燃油枪点火装置外，还在一次风通道中装有一个启动油枪点火装置。助燃油枪点火装置的出力为 700kg/h，启动油枪点火装置的出力为 250kg/h。

7. 燃烧器外部机构

燃烧器的大部分设备位于风箱内，只有部分监视设备和操作机构安装在风箱外燃烧器盖板上。例如，窥视孔、高能点火装置以及控制调风盘和内、外二次风叶片的驱动装置等均在燃烧器盖板上，以便于操作。

8. 火焰检测装置

每个 HPAX-ED 型煤粉燃烧器安装两套火焰检测装置，分别对燃烧器主火焰及油枪火焰实行"一对一"火焰检测，火焰检测采用具有模糊识别能力的智能型火焰检测器，可避免"偷看"或误判的出现。火焰检测器的输出信号送到燃烧管理及安全保护系统。

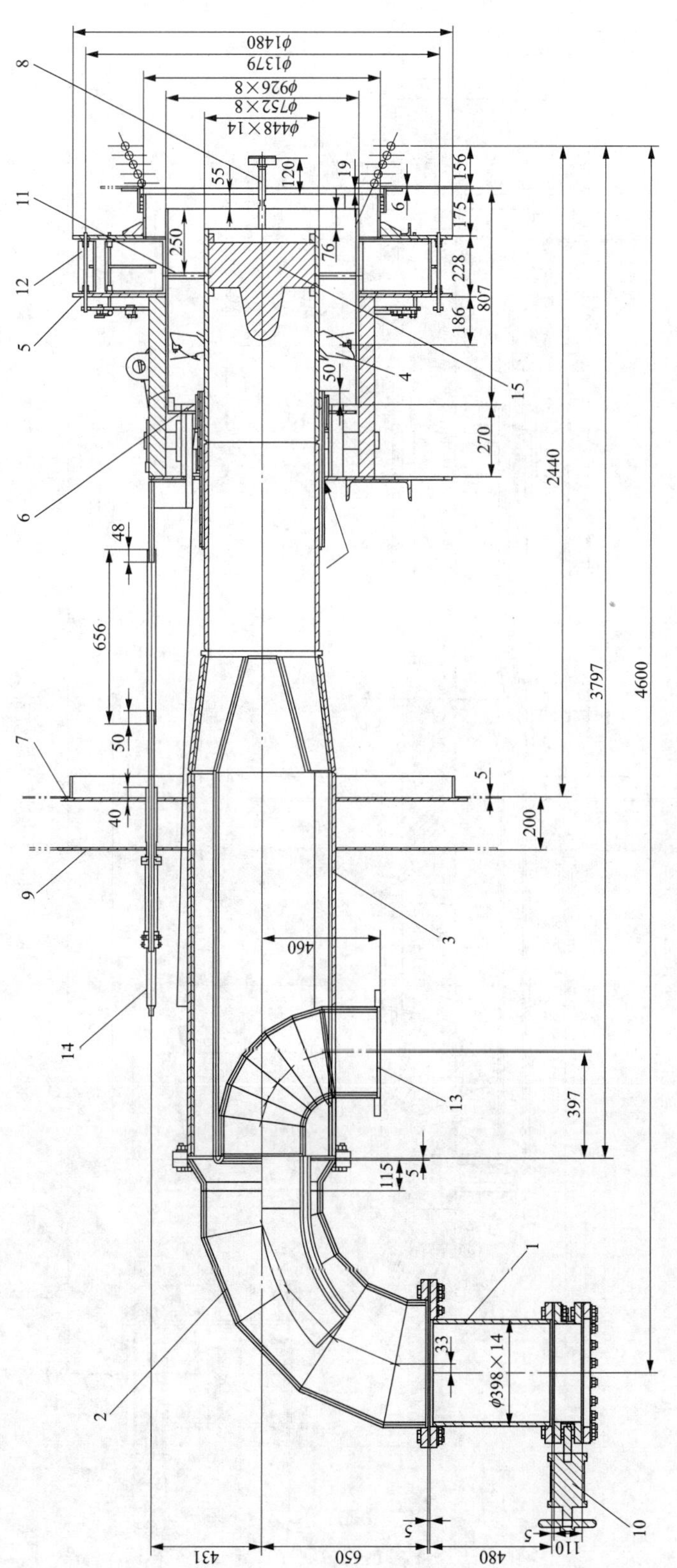

图 5-20　中层和上层煤粉燃烧器结构

1—偏导管；2—入口弯头；3—煤粉管道；4—轴向叶片；5—外层二次风调风器；6—内层二次风调风盘；7—燃烧器盖板；8—高能点火器；9—外盖板；10—手动插板门；11—圆钢；12—切向叶片；13—乏气管；14—内层二次风调风盘调节装置；15—钝体

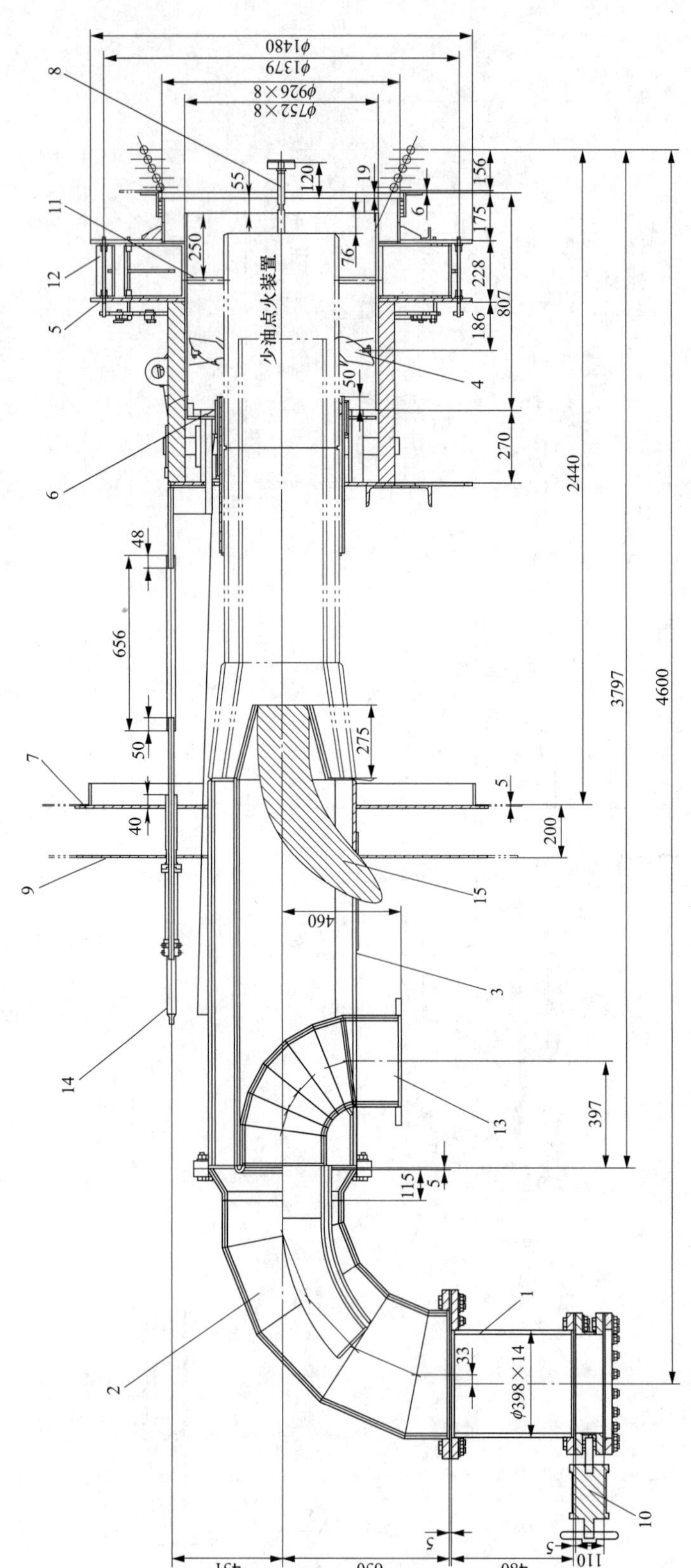

图 5-21　下层煤粉燃烧器结构

1—偏导管；2—人口弯头；3—煤粉管道；4—轴向叶片；5—外层二次风调风器；6—内层二次风调风盘；7—燃烧器盖板；8—高能点火器；9—外盖板；10—手动插板门；11—圆钢；12—切向叶片；13—乏气管；14—内层二次风调风盘调节装置；15—少油点火油枪套筒

（二）乏气喷口

从燃烧器煤粉浓淡分离装置分离出来的淡相风粉混合气流经乏气管道送往乏气喷口，最终在炉内燃烧。每台锅炉装有 24 个乏气喷口与燃烧器相对应，乏气喷口分上、中、下三层安装在炉膛两侧墙，侧墙乏气管道及乏气喷口的位置见图 5-22。乏气喷口为圆形直流喷口，乏气喷口由 1Cr20Ni14Si2 材质制成，外侧装有冷却风套管，喷口允许 30mm 的膨胀滑动，见图 5-22。为了确保锅炉点火时乏气能及时着火，下层 8 个乏气喷口内均装有点火油枪，每个乏气点火油枪出力为 50kg/h。

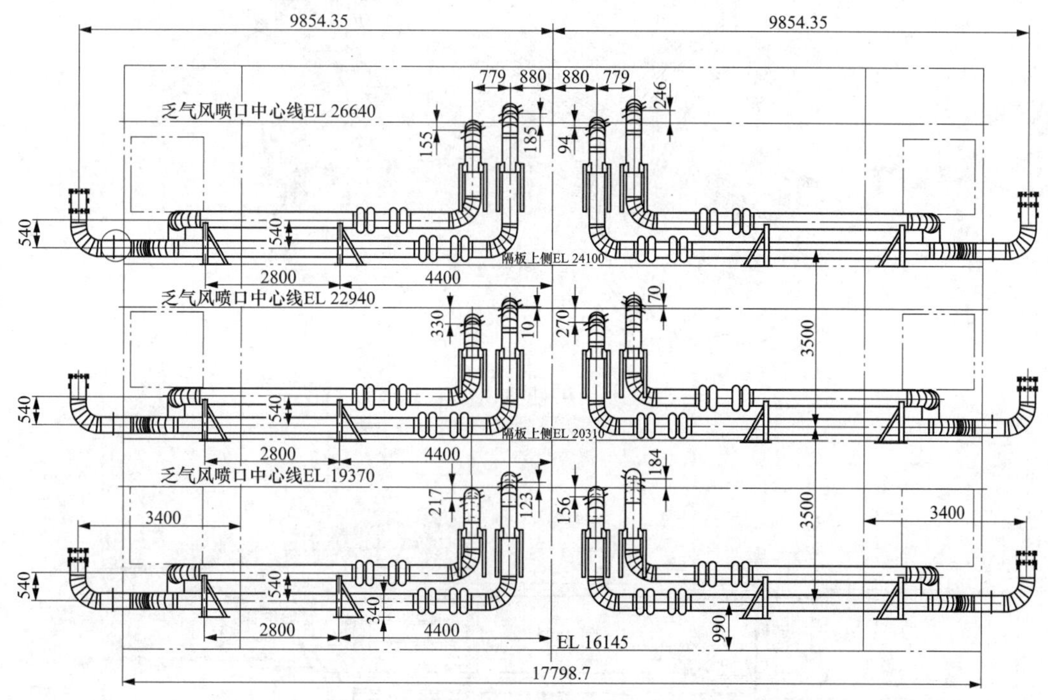

图 5-22 侧墙乏气管道及乏气喷口的布置

（三）燃尽风喷口（OFA）

锅炉装有 8 个双通道 OFA 喷口，前后墙各 4 个，其结构见图 5-23。OFA 喷口是利用空气分级燃烧的原理进一步控制烟气中 NO_x 的生成量，其引入的空气及时地与炉膛内烟气混合，使进入炉膛上部的煤粉完全燃烧。OFA 喷口中心风为直流风，以保持进风的刚度；外环装有可调叶片，产生的旋转气流帮助空气与烟气充分混合，为煤粉的后期燃烧提供必需的氧气，保证煤粉颗粒的充分燃尽，以控制飞灰中的含碳量。

1. 风量控制

每个双通道 OFA 喷口装有一个风量控制调风套筒，在 OFA 喷口盖板上装有驱动装置，通过调节驱动装置改变调风套筒的位置，以调节和均衡进入各 OFA 喷口总风量（调风套筒向前移动时，风门关小），OFA 喷口的调风套筒全行程为 330mm，初始设定位置为全开。二次风通过风箱进入 OFA 喷口之后分为喷口的中心风区和外二次风区，然后通过喷口进入炉膛。

(1) 中心风。中心风为直流风，从喷口中心直接射入炉内形成一股刚性较强的射流与烟

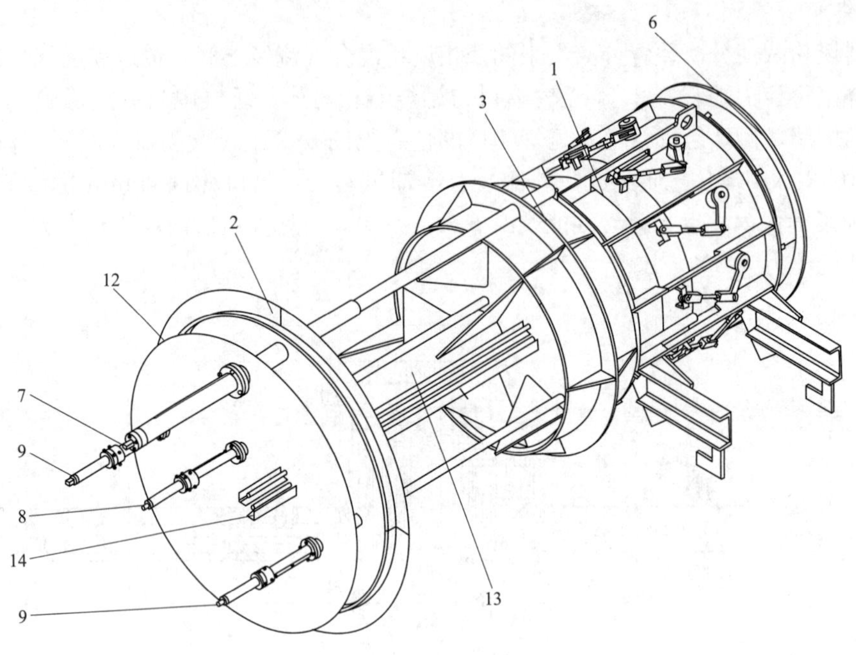

(a) 燃尽风喷口外形图

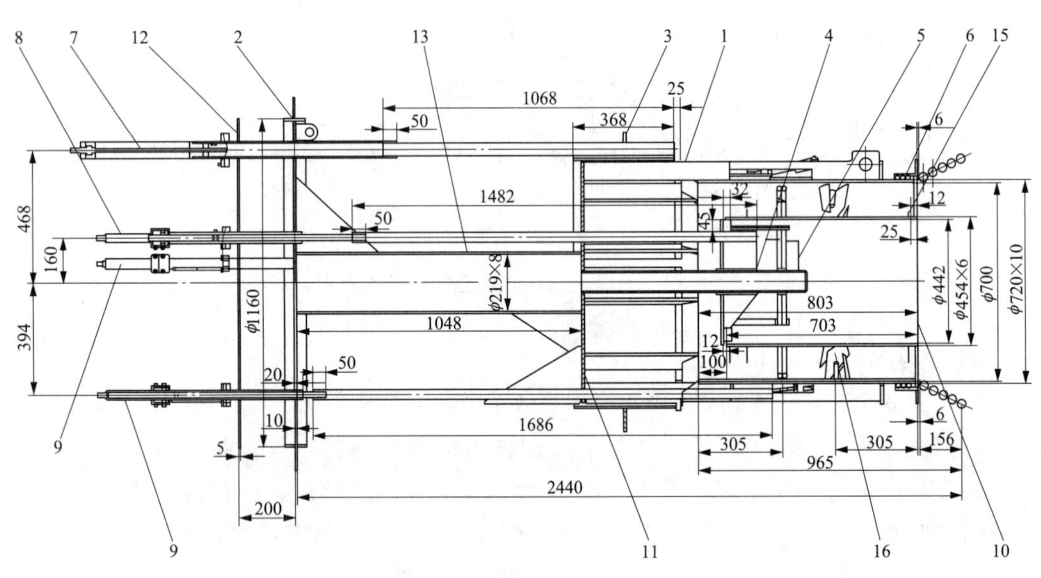

(b) 燃尽风喷口结构图

图 5-23　燃尽风喷口

1—总风调节器；2、12—盖板；3—调风套筒；4—中心风调节盘；5—导向管；6—密封套筒；7—总风调节装置；8—中心风调节装置；9—外层风叶片调节装置；10—内套筒；11—调风器后盖板；13—支撑管；14—监测装置；15—圆钢；16—叶片

气混合。中心风的大小由中心调风盘控制，调风盘的调节驱动装置位于 OFA 喷口盖板上，向前移动中心调风盘，中心风关小，调风盘的行程为 150mm，推荐初始设定位置为全开。

（2）外层风。外层风从中心风喷口外侧的通道进入炉膛，通道内装有10个可调轴向叶片以调节外层风的旋流强度，在OFA喷口盖板上有两个可调旋转叶片驱动装置，向前驱动两个传动杆，叶片角度增大，叶片的开启范围为20°～90°，叶片的初始设定角度为45°。

2. OFA喷口的冷却

当OFA喷口投运时，OFA喷口的调节挡板位于“运行位置”，通过OFA喷口风量较大，OFA喷口冷却条件较好，不会超温；当OFA喷口停运时，将OFA喷口调节挡板调节到“冷却位置”，通过OFA喷口风量较小，OFA喷口冷却条件较差，为了防止停运的OFA喷口超温，必须保证足够的冷却风量，该冷却风量通过试验确定。每个OFA喷口安装两个热电偶，一个安装在中心区套筒靠近炉膛一端，另一个装在外套筒靠近炉膛水冷壁一端，这两个热电偶经OFA喷口外盖板引出到风箱外侧。OFA喷口热电偶测得的温度输送到锅炉的集控室，用于仪表记录和报警，所有热电偶测得的壁温不得超过800℃。

3. OFA喷口外部机构

OFA喷口的调风套筒、中心调风盘以及调风叶片的驱动装置安装在OFA喷口盖板上。

（四）二次风和燃尽风的分配

锅炉的二次风采用环形风箱（见图5-24）供风，环形风箱布置在炉膛周围，由炉膛水冷

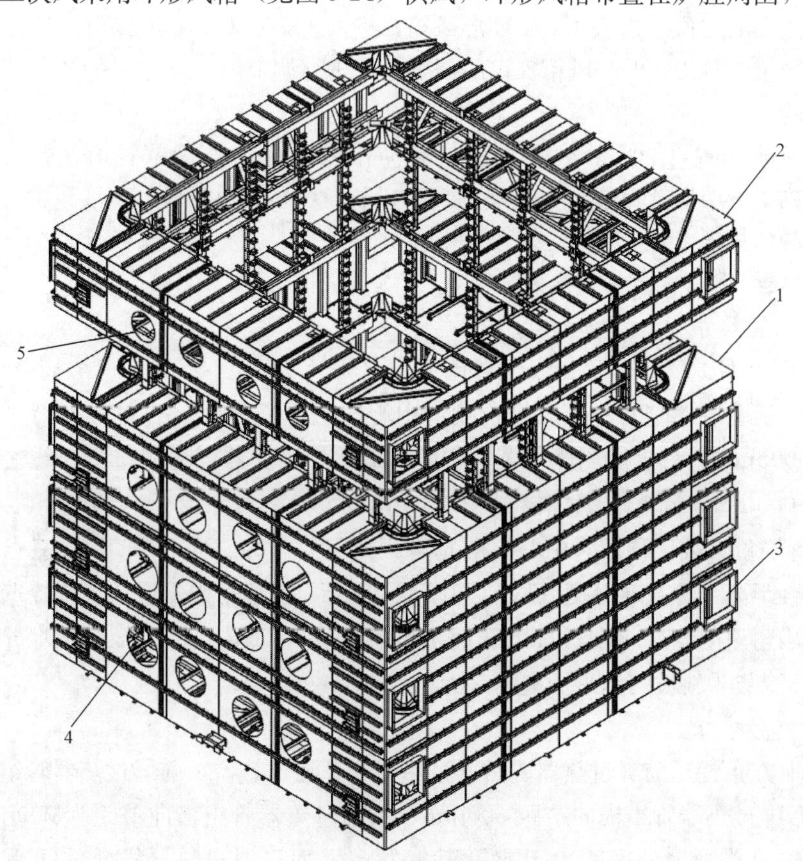

图5-24 环形风箱

1—燃烧器环形风箱；2—燃尽风环形风箱；3—进风口；4—煤粉燃烧器安装孔；5—燃尽风喷口安装孔

壁将风箱与炉膛隔开，这种布置方式不仅有利于配风，而且在锅炉启动初期可快速升高二次风温度，有利于燃烧稳定。环形风箱分两部分布置，一部分与煤粉燃烧器相对应，叫燃烧器环形风箱；另一部分与燃尽风喷口相对应，叫燃尽风环形风箱，二次风通过环形风箱进行合理分配。

1. 二次风的分配

煤粉燃烧器环形风箱的标高为16145～27745mm，外形尺寸为11600mm×17100mm×17800mm（高×宽×长），前后墙部分深为2440mm，侧墙部分深为1500mm。风箱由两层隔板将煤粉燃烧器环形风箱分为3个隔仓，分别对3排燃烧器进行均匀配风。采用分隔仓环形风箱可使风量的调节满足最佳燃烧状态的要求，使每层燃烧器的供风量与进入燃烧器的煤粉量相适应。风量是由风箱入口处二次风道的调节挡板控制的，挡板前装设有插入式测风装置，以精确地测定进入本层燃烧器的风量，当某一层燃烧器及与其相匹配的磨煤机停止运行时，该隔仓的风量调节挡板调整到“冷却”位置（此时的进风量约占该隔仓正常运行时风量的25%左右），以便对停运的燃烧器进行冷却。

2. 燃尽风的分配

燃尽风环形风箱的标高为30695～34195mm，外形尺寸为3300mm×17100mm×17800mm（高×宽×长），前后墙部分深为2440mm，侧墙部分深为1500mm。除主燃烧区二次风外，其余的二次风进入OFA环形风箱，进入OFA风箱的风量由入口处的插入式测风装置进行测量并且由OFA风箱入口的调节挡板进行调节。

二、炉膛

锅炉为Π形布置，炉膛形状呈立方体形，周围布满鳍片水冷壁管子。炉膛下部为冷灰斗，中部布置了三层墙式燃烧器、三层乏气喷口和一层燃尽风喷口，上部布置有前屏过热器和后屏过热器，见图2-2。

（一）炉膛轮廓尺寸与相关参数

1. 炉膛轮廓尺寸

炉膛高度（H）为56000mm，炉膛宽度（W）为14108.7mm，炉膛深度（D）为12908.7mm，最上层燃烧器一次风煤粉喷口中心线至折焰角尖端的垂直距离［燃尽区高度（h_1）］为25005mm，最上层燃烧器煤粉喷口与最下层燃烧器煤粉喷口中心线之间的垂直距离（h_2）为7000mm，最下层燃烧器煤粉喷口中心线与冷灰斗上折点的垂直距离（h_3）为1750mm，折焰角尖端至顶棚管中心线的垂直距离（h_4）为12600mm，排渣喉口至冷灰斗上折点的垂直距离［冷灰斗高度（h_5）］为63470mm，折焰角尖端至后墙水冷壁中心线的水平距离（折焰角深度d_1）为4271mm，排渣喉口净深度（d_2）为1220mm，折焰角下倾角（α）为15°，冷灰斗斜坡与水平面夹角（β）为55°。

2. 炉膛有效容积

炉膛的上方布置了前屏过热器、后屏过热器和高温过热器，前屏过热器管组横向节距为1500mm，后屏过热器管组横向节距600mm，高温过热器管组横向节距为300mm。前屏过热器和后屏过热器管屏的间距大于或等于457mm，而高温过热器管屏的间距小于或等于457mm。因此，炉膛出口相应移到高温过热器之前的截面，经过计算，炉膛容积为8702m^3。

3. 炉膛断面积（F_C 表示）

$$F_C = W \times D = 14.1087 \times 12.9087 = 182.125(m^2)$$

4. 燃烧器区炉壁面积（F_B）

$$F_B = 2 \times (W + D) \times (h_2 + 3) = 2 \times (14.1087 + 12.9087) \times (7 + 3) = 540(m^2)$$

5. 炉膛燃尽区容积（V_m）

$$V_m = W \times D \times h_1 = 14.1087 \times 12.9087 \times 25.005 = 4553(m^3)$$

（二）炉膛特征参数

1. 锅炉输入热功率

$$P = B \times (1 - q_4/100) \times Q_{net,\ Var} = 165/3.6 \times (1 - 2.16/100) \times 18.96 = 850.23\ (MW)$$

2. 炉膛容积放热强度（炉膛容积热负荷q_V）

$$q_V = (P/V) \times 10^3 = (850.23/8681) \times 10^3 = 97.94\ (kW/m^3)$$

3. 炉膛断面放热强度（炉膛断面热负荷q_F）

$$q_F = P/F_C = 850.23/182.125 = 4.67\ (kW/m^2)$$

4. 燃烧器区壁面放热强度（燃烧器区壁面热负荷q_B）

$$q_B = P/F_B = 850.23/540 = 1.57\ (kW/m^2)$$

5. 燃尽区容积放热强度（燃尽区容积热负荷q_m）

$$q_m = (P/V_m) \times 10^3 = (850.23/4553) \times 10^3 = 186.74\ (kW/m^3)$$

三、锅炉的点火装置

锅炉根据燃用的煤种和主燃烧器的结构特点采用油枪点火装置，油枪点火装置分为助燃油枪点火装置和启动油枪点火装置两种。油枪点火装置由点火器和油枪两部分组成，点火器为高频电火花点火，油枪为简单机械雾化式。

1. 助燃油枪点火装置

每个 HPAX-ED 型煤粉燃烧器的内二次风通道内都装有一套助燃油枪点火装置，助燃油枪点火装置的出力较大，单个油枪出力为 700kg/h，24 个油枪的总出力是锅炉 BMCR 所需热量的 20%，在燃烧不稳定时起助燃作用。助燃油枪点火装置也可用于锅炉启动，但由于启动时间较长，长期投运助燃油枪点火装置不经济。

2. 启动油枪点火装置

由于锅炉启动时间较长，长期使用助燃油枪点火装置耗油量大，经济性差。为了节约启动油耗，在下层燃烧器内设计了 8 组启动油枪点火装置，每组启动油枪点火装置包括一个主燃烧器启动油枪点火装置和一个乏气燃烧器启动油枪点火装置，分别安装在下层主燃烧器和乏气燃烧器的一次风通道内，与 A 磨煤机相对应。每个主燃烧器启动油枪出力为 250kg/h，主燃烧器启动油枪的布置见图 5-25；每个乏气燃烧器启动油枪出力为 50kg/h，乏气燃烧器启动油枪的布置见图 5-26。启动油枪点火装置在燃烧器内将煤粉点燃，并将火焰在燃烧器内逐级放大，属内燃型燃烧器，在点火过程中要防止燃烧器超温和燃烧器内结焦。正常情况下燃烧器壁温应小于 600℃，最高不能超过 800℃。

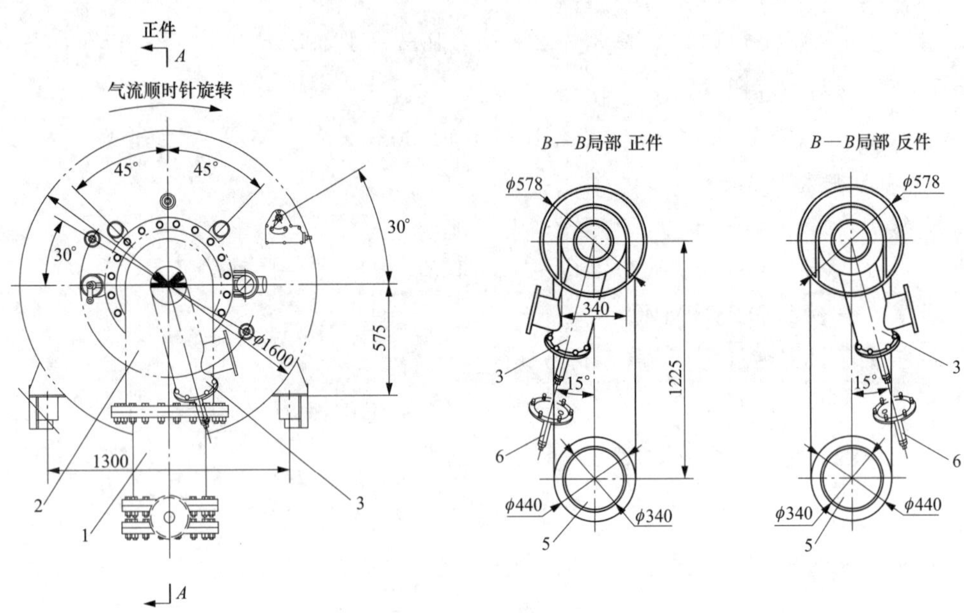

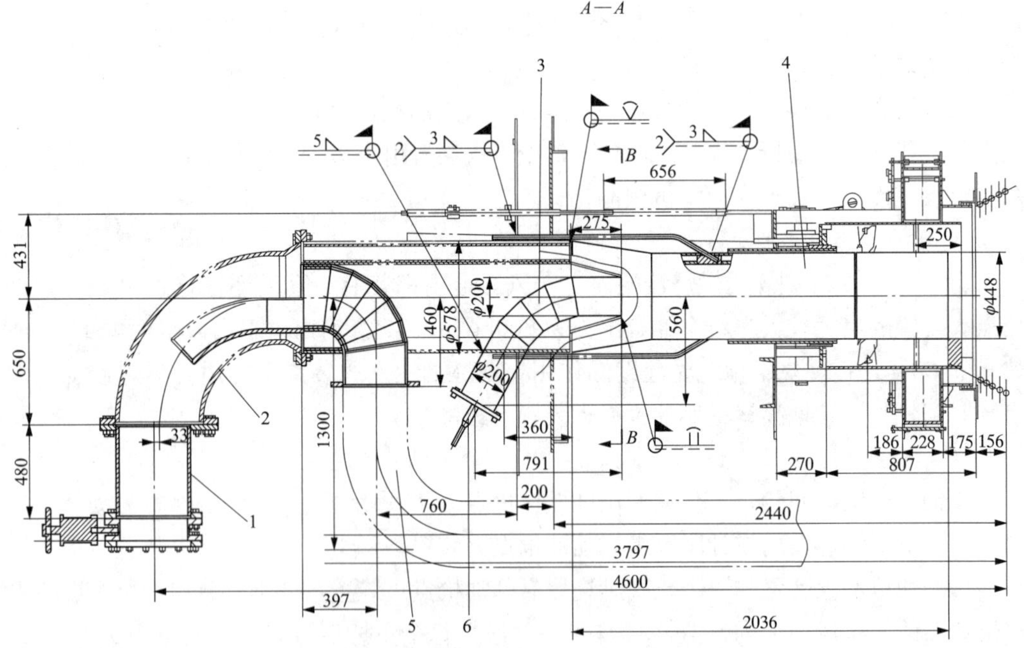

图 5-25　主燃烧器启动油枪的布置

1—偏导管；2—入口弯头；3—点火装置套管；4—煤粉燃烧器；5—乏气管；6—煤粉燃烧器油枪点火装置

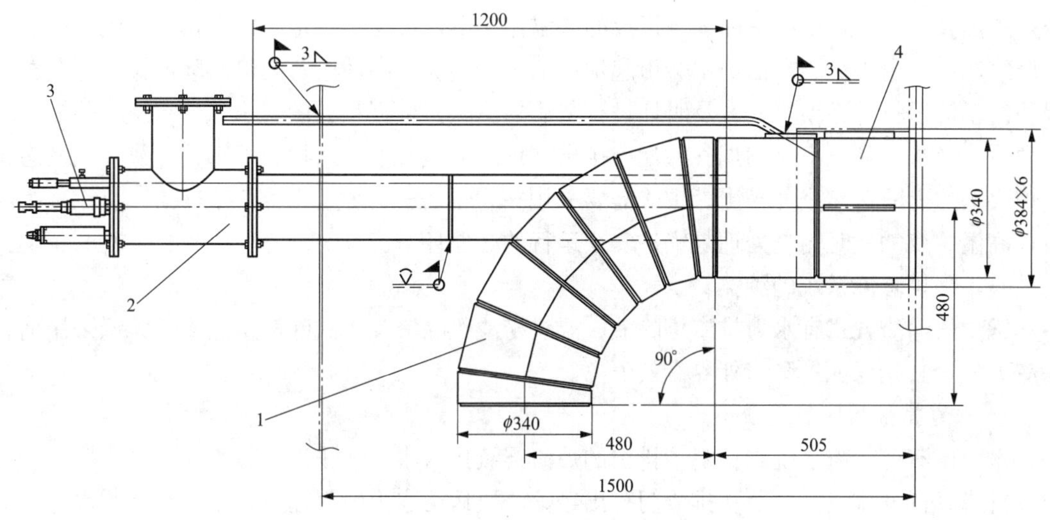

图 5-26 乏气燃烧器启动油枪的布置

1—乏气管；2—点火装置套管；3—乏气点火装置；4—乏气燃烧器

第三节 锅炉除渣系统

锅炉排渣是将煤粉燃烧形成的炉渣排出炉膛，煤粉锅炉按炉渣排出方式分为固态排渣炉和液态排渣炉。固态排渣炉的炉膛周围布置有较多受热面以吸收炉内的热量，炉膛内中心温度为1500～1800℃，离开火焰中心后温度明显下降；因此，燃料中的灰分在火焰中心处于熔化状态，离开火焰中心后变为固态，从炉膛底部排出，固态排渣炉的楔形下倾冷灰斗可对燃烧产生的半熔融状态渣块在坠落过程中加以冷却，同时坠落到斜坡上的灰渣也能滚动或下滑至排渣口。液态排渣炉的炉膛下部水冷壁敷有耐火层，以减少水冷壁的吸热，使炉膛下部温度几乎与炉膛中心温度相近；燃料中的灰分在火焰中心处于熔化状态，离开火焰中心后仍为液态，炉渣离开火焰中心后以液态从炉膛底部排入渣井，液态炉渣在渣井内被冷却水极速冷却而粒化，由排渣机从炉膛底部排出。液态排渣炉适合于灰熔点低而挥发分少的煤种，由于液态排渣炉炉膛温度高，燃烧时 NO_x 排放大，并且调峰能力差，一般很少采用。对于固态排渣煤粉锅炉，飞灰量占灰渣量的80%～90%，炉渣量占灰渣量的20%～10%；对于液态排渣煤粉锅炉，飞灰量占灰渣量的60%～40%，炉渣量占灰渣量的40%～60%。正常情况下，飞灰离开火焰中心后迅速凝结成固体，分布于烟气中随烟气排出；在异常情况下，飞灰离开火焰中心后仍为熔化或半熔化的颗粒，这些熔融灰粒在凝固之前由烟气携带碰撞在炉墙、水冷壁或者高温段过热器上，并黏附于其表面，经冷却凝固而形成焦块，这种现象称为结渣，结渣形成的焦块形态主要是黏稠或熔融的沉淀物，主要出现在锅炉辐射受热面上。炉内结渣的主要危害是降低了炉内受热面的传热能力，结渣严重时会损坏设备。结渣过程通常与燃料性能、炉膛结构及炉内环境有关。为了防止炉内结渣，应根据煤质合理设计炉膛和燃烧器，并确保锅炉在设计参数运行。

煤粉在炉内燃烧的产物为 CO_2、NO_x、SO_x、H_2O、N_2、O_2、CO 等气体及灰渣，灰渣是指燃煤中的矿物质在炉内燃烧形成的高温作用下，经受了一定的物理化学变化后所形成的最终产物。由于灰渣在锅炉中会引起炉内玷污、结渣、腐蚀以及受热面磨损等问题，影响锅炉的正常运行，必须有效、及时地进行灰渣的清除。根据颗粒的大小，可将灰渣分成飞灰和炉渣。飞灰的颗粒小，随烟气从烟囱排出；炉渣的颗粒大，从炉膛下部的冷灰斗或液态排渣炉底部的出渣口和渣井排出。炉渣需要采用一定的方式输送至渣场（或灰渣池），称为除渣，高温炉渣的及时输送处理是锅炉安全运行的必要环节。

一、锅炉除渣系统的种类

锅炉的除渣方式有水力排渣槽除渣、湿式捞渣机除渣和干式除渣机除渣，无论采用何种除渣方式，必须保证炉膛与外界有效隔离。

1. 水力排渣槽除渣系统

水力排渣槽除渣系统是将锅炉排出的炉渣连续排入水封式排渣槽，水封式排渣槽定期排渣。排渣时打开排渣门，渣从排渣门排出经碎渣机后由水力喷射输送至湿灰场或脱水仓，渣浆经过脱水后渣从脱水仓排出，由机械设备运走，分离出的水循环利用。由于水力除渣耗水大，新设计的电厂很少使用。

2. 湿式除渣系统

湿式除渣系统是利用少量的水对炉膛的排渣口形成水封并对炉渣进行冷却和粒化，用刮板捞渣机将炉渣运走。除渣过程：炉渣从炉膛冷灰斗落入渣槽中，渣槽内的水起水封作用并对落入的炉渣冷却和粒化，捞渣机刮板将冷却粒化后的渣送到捞渣槽外的渣仓内，经过脱水后的渣由机械设备运走，分离出的水循环利用。湿式捞渣机除渣的特点是适应性强、耗水小、系统简单，但锅炉掉焦时产生大量水蒸气易引起炉内压力波动，影响锅炉燃烧。

3. 干式除渣系统

干式除渣系统是指依靠炉膛内负压，引入适量受控的环境空气，对灰渣进行冷却的同时利用机械设备将锅炉排出的渣运走。其特点是在除渣过程中不用水，节水效果明显；炉渣中无水分，保持炉渣的优良活性，有利于炉渣的利用；空气和渣直接接触，渣中未完全燃烧的碳在干式除渣机中再次燃烧，燃烧后的热量和热渣中所含的热量由风带入炉膛，减少了锅炉的热量损失，提高了锅炉的效率；即使锅炉结焦，也不会由于掉焦引起炉内压力波动，影响锅炉燃烧。干式除渣系统不仅能输送炉渣，而且提高锅炉效率，得到了广泛应用。

干式除渣系统的工作过程：干渣机连续运行，高温炉渣从炉膛经渣井连续落在干渣机低速运动的输送带上，受控的少量冷空气在炉膛负压作用下逆向进入干渣机内部，使炉渣在输送钢带上完全燃烧并逐渐被风冷却。冷空气与高温炉渣进行充分的热交换，使空气温度升高到 340℃左右（相当于锅炉二次送风温度）进入炉膛，炉渣的温度则降至 100℃左右。

冷却空气量对锅炉进风量的影响一般控制在许用空气过剩系数之内，所以升温后的热空气可输送到炉膛，对锅炉的正常运行不会产生影响。但是，如果锅炉过剩空气系数要求严格，热空气也可以输送到锅炉送风系统，进行再利用。冷却空气量通常要求小于 1%锅炉燃烧总风量；当进入炉膛风温大于 340℃时，冷却风量可增大到 1.5%～2%。

（1）干式除渣系统的组成。干式除渣系统由锅炉渣井、液压关断门、网带式干渣机、碎渣机、渣仓、加湿双轴搅拌机、干灰散装机和布袋式除尘器等设备组成，干式除渣系统的核心设备是干渣机。干式除渣系统采用全密封结构，内部维持负压运行，各设备必须具有良好的密封，各设备的连接见图 5-27。因为冷却空气量对锅炉进风量的影响一般控制在许用过量空气系数之内，所以升温后的热空气可输送到炉膛，有助于锅炉燃烧。

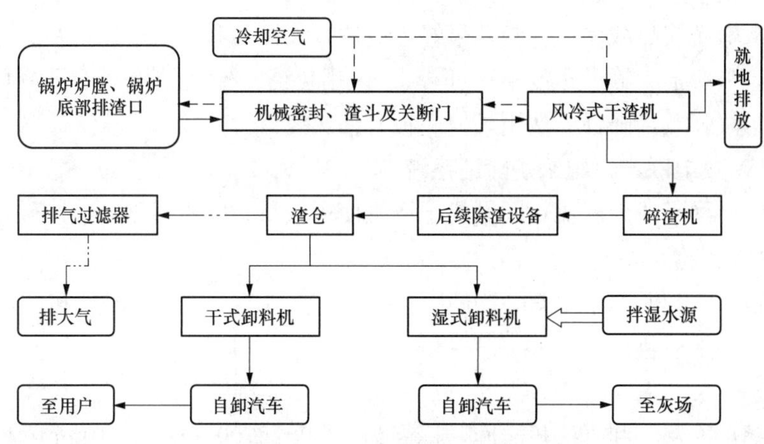

图 5-27 干式除渣系统流程

（2）干渣机。干式除渣系统的主要设备是干渣机，根据干渣机的输送特点可分为网带式、链板式（履带式）、鳞斗式三种形式，网带式为带式驱动，链板式和鳞斗式为链式驱动。

1）网带式干渣机。网带式干渣机由意大利 MAGALDI 公司于 1987 年研发成功并开始应用，输送带由不锈钢网和承载板组成，输送带下部设置链条刮板清扫系统，依靠炉膛负压从干渣机头部及两侧吸入自然风对输送带内热渣进行冷却。网带式干渣机由驱动系统、输送系统、清扫系统、液压张紧系统、输送托辊、进风系统、壳体等组成。

网带式干渣机采用驱动辊和网带摩擦力驱动，传动平稳，磨损小，但过载时易打滑，不适合大倾角输送，一般最大输送角度不超过 35°；底部设置清扫系统可清除设备底部灰渣，但增加了一套系统，多了一个事故点，增加了功耗；承载板节距约为 70mm，透风间隙多，冷却效果好，但漏灰多，清扫系统负载大，磨损大；整个输送带采用耐热不锈钢制作，耐高温性能好，但导热率低，且不锈钢成本高。

2）链板式（履带式）干渣机。链板式（履带式）干渣机是英国克莱德贝尔格曼公司 1995 年研发成功并开始应用，输送带是由圆环链加履带板组成，冷却原理与网带式干渣机基本相同，冷却后的热风也全部进入炉膛，但在干渣机斜升段不设置侧壁风门，链板式干渣机于 2006 年上半年在我国开始使用。

链板式（履带式）干渣机采用驱动轮和链条啮合驱动，传动力大大提高，无打滑问题，适合大倾角、长距离输送，但倾角太大易造成履带板变形，一般最大输送角度不超过 40°；履带具有自清扫功能，不设清扫链条，降低了成本和设备高度，但底部有灰渣残留，在干渣机尾部易堆积；由于采用圆环链传动，履带和链条采用耐热钢，圆环链制造工艺简单成本低，但圆环链易磨损，双链同步性差，输送系统寿命较低；履带板节距为350～400mm，漏渣少，但冷却效果较差。

3）鳞斗式干渣机。鳞斗式干渣机是我国青岛达能公司于2012年研发的新产品，输送带由套筒模锻链和鳞斗组成，冷却方式与网带式干渣机和链板式干渣机有所不同，冷却风不是从干渣机头部引入，而是从干渣机的侧部进入输送带下方，采用全部穿透换热。

鳞斗式干渣机采用驱动轮和套筒模锻链精密啮合驱动，不打滑，出力大，磨损小，同步性高；鳞斗用来输送换热载体，冷却效果好，更适合大倾角和细灰输送；受力合理，可实现更大角度输送，一般最大输送角度不超过45°；采用自清扫输送结构，不设清扫链条，简化了系统，减少了故障点，降低了费用，但底板有细灰残留。

二、350MW热电联产机组锅炉除渣系统

锅炉配有一台网带式干渣机，网带式干渣机使用较早，技术成熟，应用较广。

（一）除渣系统的组成

350MW热电联产机组锅炉除渣系统由渣井、关断门、干渣机、碎渣机、渣仓等设备组成，其核心设备是干渣机。

1. 渣井

渣井位于锅炉冷灰斗和干渣机之间，标高为3600～5700mm，由10mm厚的Q235A钢板制成，内衬200mm的耐火材料，渣井上端与冷灰斗用法兰连接，渣井下端与液压关断门用膨胀节连接，渣井呈锥斗形，容积约为20m^3，可储存锅炉BMCR工况下4h产生的渣量。渣井设有空气预冷进风口，当除渣系统故障时，关闭液压关断门，打开空气预冷进风口对热渣进行强制冷却。

2. 关断门（大渣破碎装置）

关断门位于渣井与干式除渣机之间，标高为2830～3380mm，其功能是预碎炉渣和在事故状态下关闭排渣口，以便对干渣机或下级设备进行检修，每台炉装有2个关断门，以炉膛中心线为中心左、右对称布置。

关断门由壳体、格栅、门板、液压缸及油系统（也可用气动）等组成。壳体由10mm厚的碳钢板制成，上端与渣井用膨胀节连接，下端与干渣机用法兰连接，壳体主要起密封和支承作用；格栅固定在壳体上，为300mm×300mm方孔，其作用是防止大块炉渣落入干渣机造成输送带卡涩；门板位于格栅上方，为摇扇式结构，前端是锯齿形，共有8块，前后各4块对称布置，支承在的壳体上，每个门板由两个液压缸驱动，在正常情况下门板为打开状态，不影响正常排渣；当格栅上堆积大渣块时（通过监视器可以看到），可操作门板对大渣块进行挤压破碎至小于300mm，这有利于提高渣的冷却效果，也有利于碎渣机对渣的破碎。门板全部关闭时可进行干渣机检修，门板动作的动力由液压缸及油系统提供，2个液压关断门以及输送带和清扫链条的张紧装置共用一套油系统。

3. 干渣机

干渣机位于0m的地面，干渣机上方（进口）与液压关断门外壳之间用法兰连接，干渣机出口经碎渣机与渣仓相连，干渣机是干式除渣系统的核心设备。

4. 碎渣机

干渣机出口处有一台碎渣机，其作用是将干渣机排出的炉渣粉碎成25mm以下并送入渣仓。碎渣机额定出力为10t/h，最大出力为30t/h，最大破碎粒径为300mm×300mm×800mm，具有自动回转功能，一旦发生堵塞，可以发出报警信号。

5. 渣仓

渣仓呈圆锥体形，由碳钢板制成，内部装有气化槽防止渣板结，容积为130m^3，渣仓上方有一布袋式除尘器，渣仓下方装有1台出力为100t/h的加湿搅拌机和1台出力为100t/h的干灰散装机，干灰散装机将干灰装入罐车进行综合利用，双轴搅拌机将渣仓内的干渣加湿搅拌后装车运走。

（二）干渣机的结构

干渣机是干式除渣系统的核心设备，最大出力为30t/h，其功能是连续地接受和送出高温炉渣，并在输送过程中使炉渣进一步燃烧和冷却，干渣机由外壳、输送带、清扫链条、驱动装置和张紧装置等组成，干渣机外形及内部结构见图5-28和图5-29。

1. 外壳

干渣机外壳由优质碳素钢板制成，头部与尾部厚10mm，其他部分厚5mm，采用封闭式结构，并用加强筋加固，外壳的功能是起密封和支撑作用。干渣机外壳入口侧与液压关断门用法兰连接，出口侧通过碎渣机与渣仓相连，整个干渣机内部形成一密闭空间与炉膛连通。由于炉渣铺在不锈钢输送带上不直接与外壳接触，外壳的温度一般不超过50℃。

2. 输送带

网带式干渣机的输送带由不锈钢网和不锈钢板组成。不锈钢网为螺旋型编织网结构，左、右旋向不同的相邻螺旋体被串条相连，组成了1条闭合金属输送带；不锈钢板折弯成型，其平面及两侧挡边成鳞状，交叠铺设在网带之上并采用特殊工艺连接，允许任意方向膨胀，顺利通过传动滚筒。因此，将输送带上的不锈钢板称为鳞板。

不锈钢板用不锈钢螺钉和不锈钢锁条固定在不锈钢网带上，常用的固定方式有搭接式和扣接式两种。不锈钢板和不锈钢网的固定方式见图5-30。采用搭接方式时，单片鳞板呈倾斜状通过不锈钢螺钉及锁条固定在网上；采用扣接方式时，鳞板为组焊结构，鳞板主体与网带成平面接触，锁条与鳞板平行。锅炉干渣机输送带为搭接式，厚度为（5+5+18）mm，工作宽度为1200mm，最大出力为30t/h。

3. 清扫链条

由于网带式干渣机无自清扫功能，为了及时将落在干渣机底部的渣清走，在干渣机输送带的下方装有一清扫链条。清扫链条由环链与刮板组成，环链采用耐磨合金钢材料制作，表面进行渗碳处理，耐磨损，使用寿命长。刮板与环链间采用合金钢锻造环及柔性转销连接，连接可靠，拆卸方便。清扫链条靠自重力落在干渣机底板上，驱动装置带动清扫链条运动，刮板贴着底板将渣带走，回链采用托轮承托，既减少磨损，又具有防偏功能。锅炉干渣机清扫链条规格为ϕ18×60mm，刮板长度为1200mm，刮板厚度为10mm，刮板间距为1200mm，链条与刮板用卡环连接。

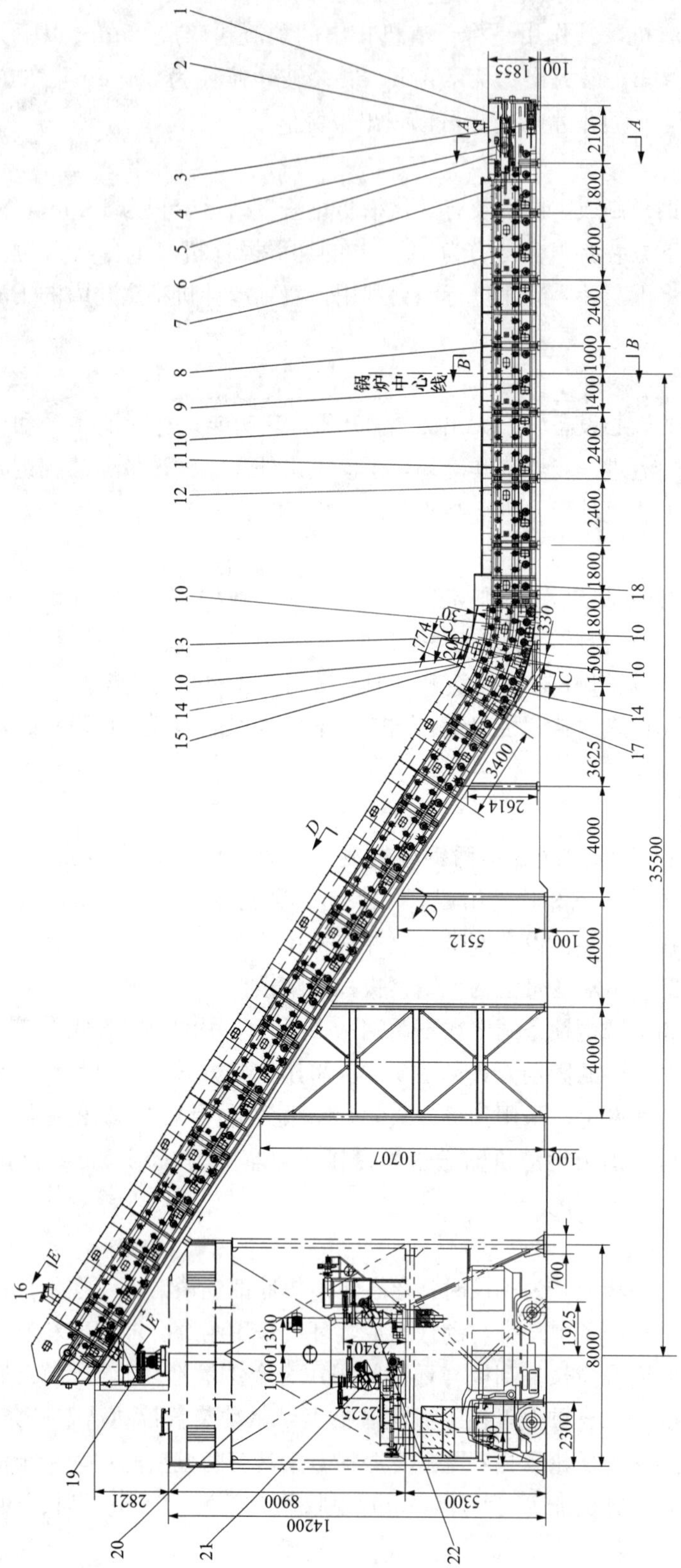

图 5-28　干渣机外形

1—外壳；2—尾部进风口；3—清扫链条张紧端；4—输送链条张紧端；5—输送带；6—液压张紧装置；7—输送带上（长）托辊；8—输送带防跑偏装置；9—输送带下（短）托辊；10—观察孔；11—侧风口；12—清扫链条托轮；13—大渣测量装置；14—清扫链条圆弧段压轮；15—渣温检测装置；16—头部进风口；17—输送带圆弧段压轮；18—清扫链条断链报警装置；19—碎渣机；20—渣仓；21—加湿搅拌机；22—干灰散装机

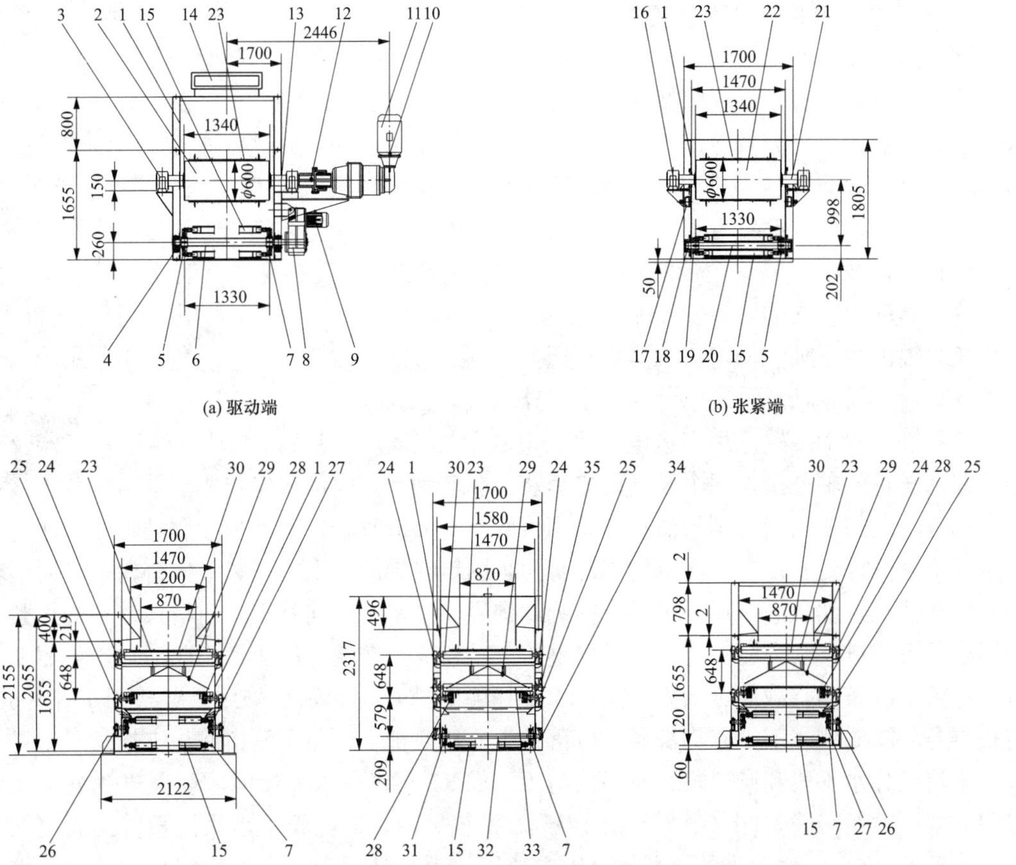

(a) 驱动端

(b) 张紧端

(c) 水平段

(d) 水平与倾斜过渡段

(e) 倾斜段

图 5-29 干渣机内部结构

1—外壳；2—输送带驱动滚筒；3—输送带驱动端轴承；4—清扫链驱动端轴承；5—清扫链驱动轮；6—清扫链驱动轴；7—清扫链；8—清扫链减速器；9—清扫链驱动电动机；10—输送带减速器；11—输送带驱动电动机；12—齿式联轴器；13—输送带驱动轴；14—头部进风口；15—清扫刮板；16—输送带张紧滚筒轴承；17—输送带张紧滚筒；18—清扫链条张紧轮轴承；19—清扫链条张紧链轮；20—清扫链条张紧轴；21—输送带张紧端轴；22—输送带张紧滚筒；23—输送带；24—输送带上托辊轴承；25—输送带下托辊轴承；26—清扫链条托轮轴承；27—清扫链条托轮；28—输送带下托辊；29—挡板；30—输送带上托辊；31—清扫链条压轮；32—清扫链条压轮轴；33—输送带压辊；34—清扫链条压轮轴承；35—输送带压辊轴承

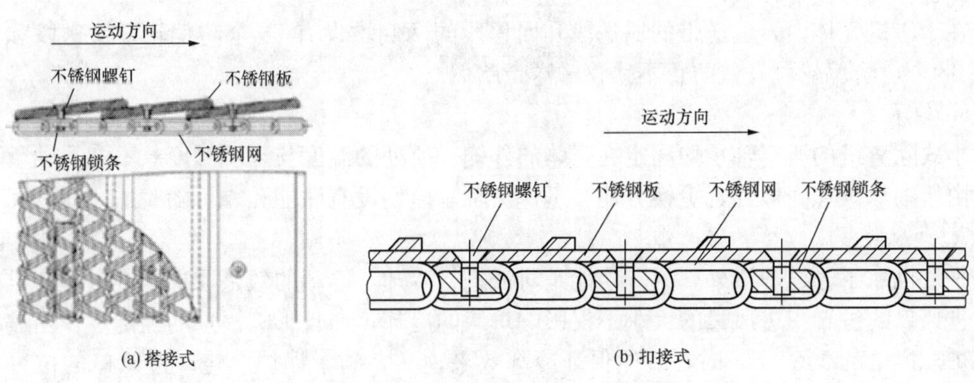

(a) 搭接式

(b) 扣接式

图 5-30 不锈钢板和不锈钢网的固定方式

4. 驱动与支撑以及导向装置

网带式干渣机有两套驱动装置，分别是输送带驱动装置和清扫链驱动装置。

输送带驱动装置采用变频调速电动机，电动机功率为22kW，通过变频器调节输送带运行速度，以对设备出力及冷却效果进行调控。变频调速电动机通过减速器及联轴器与驱动滚筒连接，驱动滚筒直径为600mm，长度为1340mm，驱动滚筒通过两个轴承固定在干渣机外壳上；在干渣机的尾部装有一个张紧滚筒，张紧滚筒的轴承座在液压缸油压的作用下可沿水平方向移动，及时调节输送带的松紧度。输送带套在驱动滚筒及导向滚筒上，靠摩擦力驱动，这种驱动比较均匀，运行平稳；输送带输渣侧（上方）负载大，用80个长托辊支撑，每个长托辊由两个轴承固定在干渣机外壳上；输送带的空载侧（下方）负载小，用158个短托辊支撑，短托辊轴承采用悬臂式固定在外壳上。

清扫链条驱动装置采用定速电动机，电动机功率为5.5kW。电动机通过减速器及联轴器与驱动链轮的轴连接，两个驱动链轮套装在驱动轴上，驱动链轮与驱动轴采用键连接，两个驱动链轮上的驱动齿分别与清扫链条刮板两端的环链咬合传递动力，驱动轴通过两个轴承固定在干渣机外壳上；在干渣机的尾部有两个固定在导向轴上的张紧导向链轮，导向链轮的轴承座在液压缸油压的作用下可沿导向链轮的导向槽水平方向移动，对清扫链条的松紧度进行调整。清扫链条套在驱动链轮及导向链轮上，靠驱动链轮上的驱动齿驱动，这种驱动不易打滑；清扫链条的空载侧（上方）用114个托轮支撑，托轮轴承采用悬臂式固定在外壳上；清扫链条的输渣侧（下方）靠链条自重落在干渣机底板上，由干渣机底板支撑。

干渣机分水平段和倾斜段，倾斜段与水平成33°角，在水平段向倾斜段过渡处采用以下导向方式：输送带输渣侧（上方）由12个短托辊导向，短托辊轴承采用悬臂式固定在外壳上（前后各6个）；输送带的空载侧（下方）用4个长托辊导向，长托辊轴承采用支撑式固定在外壳上。清扫链条的空载侧（上方）用2个导向轮组支撑，每个导向轮组上有两个导向轮，导向轮组轴承采用支撑式固定在外壳上；清扫链条的输渣侧（下方）用4个导向轮组支撑，每个导向轮组上有两个导向轮，导向轮组轴承采用支撑式固定在外壳上。

5. 尾部张紧与防跑偏装置

不论是输送带还是清扫链条必须有一定的紧力，否则会影响干渣机的正常运行，这种紧力由尾部的张紧装置提供。张紧装置采用液压或气动，张紧装置将导向滚筒和导向链轮的轴承座与液压缸或气缸相连，并将轴承座置于导轨上，恒定的张紧力可保证各种工况所需的张紧力，使传动可靠不打滑。

在干渣机壳体内，输送带的输送段和回程段的两侧均设有76个防偏轮，输送段和回程段各38个，防偏轮可有效防止不锈钢输送带跑偏。

6. 轴承

干式除渣机的所有轴承均固定在壳体的外侧，所处的温度与环境温度差不多，轴承不受热，由于轴承设在壳体外，更换方便、迅速。轴承座均设有注油孔，可随时加注润滑油。

7. 调风装置

干渣机除了输送炉渣外，另一功能是对渣进行冷却，冷却的效果取决于进入干渣机的风量和进风口的位置。进风量的大小不仅影响炉渣的冷却，而且影响锅炉的经济性，当进风量为锅炉总风量的1%～2%时，既能保证冷却效果，又有利于锅炉燃烧。进风口的位置也很关键，进风口分为侧风口、头部进风口及尾部进风口。干渣机外壳两侧输送带和清扫链条之间装有34个侧风口，这些进风口可手动调节其开度的大小，对干渣机的进风量进行粗调，使其进风量小于锅炉进风量的1%；干渣机驱动端的外壳上部和干渣机张紧端的外壳上部各装有1个尾部进风口，头部进风口和尾部进风口可以根据锅炉的进风温度及出渣温度进行自动调节，以适应由于锅炉负荷的变化所需要的进风量。运行中从干渣机进入炉膛的风温一般控制在350℃左右，出渣温度小于100℃。

8. 干渣机的保护

干渣机是除渣系统的核心设备，为了确保其安全运行，设有多项保护。主要保护有零速开关保护、输送带及清扫链张力保护、前后应急门保护、渣仓料位高联跳干渣机保护、液压关断门开关不到位保护及PLC“急停”除渣系统保护等。

（三）网带式干除渣系统的故障原因与处理

网带式干除渣系统简单，设备可靠，自动化水平较高，正常情况下能长期安全运行，现将异常情况下可能发生的故障原因及处理方法归纳于表5-5。

表5-5　网带式干除渣系统的故障原因及处理方法

序号	设备	故障现象	故障原因	处理方法
1	网带式干渣机	驱动装置无法启动	（1）电源连接不正确	检查电源连接情况
			（2）热电偶故障	检查热电偶
			（3）电动机故障	检查电动机
		驱动装置启动后立刻停运	（1）转动方向不正确	电源换相
			（2）过载	清理干渣机内部
			（3）电动机短路	更换电动机
			（4）减速箱损坏	修理或更换减速箱
			（5）卸料槽堵塞	清理卸料槽
		电动机启动后干渣机不工作	（1）输送带断裂	修理输送带
			（2）减速机损坏	修理或更换减速机
			（3）联轴器损坏	检查联轴器
		电动机已启动，但零速度开关报警	（1）零速度开关故障	修理或更换零速度开关
			（2）输送带断裂	修理输送带
			（3）输送带打滑	增加张紧力
		输送带打滑	（1）输送带张力不足	检查是否有泄压处并消除
			（2）炉渣堵塞	清除炉渣
		托辊转动不良	（1）润滑不足	加润滑油
			（2）炉渣厚度定值不正确	检查定值并清理炉渣
		轴承磨损	（1）润滑不良	适当加油
			（2）轴封不严	更换轴承
		防跑偏导向轮磨损	输送带方向偏离	对正输送带，更换磨损严重的防跑偏导向轮
2	关断门	关断门沉重	控制压力低	检查控制压力并处理
		关断门不动	压力控制系统故障	检查压力控制系统
		终端无显示	位置传感器故障	检查更换位置传感器

续表

序号	设备	故障现象	故障原因	处理方法
3	碎渣机	出口碎渣块尺寸过大	（1）凸轮或砧面板磨损	更换凸轮或砧面板
			（2）砧面板间隙太大	防逆转砧面板后加垫片
		振动超标	柔性联轴器损坏	更换联轴器
		法兰泄漏	（1）法兰未对正	对正法兰
			（2）法兰垫失效	更换法兰垫
		轴承损坏	（1）润滑不足	正确润滑
			（2）密封不严	更换密封和轴承
			（3）轴套损坏	检查更换轴承与轴套
		填料压盖泄漏	（1）轴套损坏	更换轴套并安装新填料
			（2）密封填料损坏	更换密封填料
			（3）填料压盖润滑不当	检查填料压盖润滑情况

第四节　烟　气　脱　硝

目前，控制燃煤锅炉 NO_x 排放的措施分为两类，一类是低 NO_x 燃烧技术，通过各种技术手段，抑制或还原燃烧过程中生成的 NO_x，来降低 NO_x 排放；另一类是燃烧后烟气脱硝技术。第一类低 NO_x 燃烧技术主要分为低氮燃烧器、空气分级燃烧技术、燃料分级燃烧技术、烟气再循环燃烧技术等；第二类燃烧后烟气脱硝技术主要有选择性催化还原技术（SCR）、选择性非催化还原技术（SNCR）和混合烟气脱硝技术（SNCR/SCR）。这两项技术已在电站锅炉中广泛应用。

一、NO_x 的生成机理

燃煤电站按常规燃烧方式产生的 NO_x 主要包括 NO、NO_2 及微量 N_2O 等，其中 NO 含量超过 90%，NO_2 占 5%～10%，N_2O 量仅占 1%左右。因此，燃煤电站 NO_x 的生成与排放量主要取决于 NO。

煤粉燃烧过程中，理论上 NO_x 生成主要有三种类型，即燃料型、热力型及快速型。燃料型 NO_x 占总 NO_x 的 80%～90%，是各种低 NO_x 燃烧技术控制的主要对象；热力型 NO_x 占总 NO_x 的 10%～20%，主要是由于炉内局部高温造成，也可采用适当措施加以控制；快速型 NO_x 生成量很少，一般不专门控制。

（一）燃料型 NO_x

燃料型 NO_x 是由燃料中的氮化物热分解并与氧化合而生成的 NO_x，燃料中的氮只有一部分转化成 NO_x，用燃料型 NO_x 的转化率表示。燃料型 NO_x 转化率是指燃料燃烧过程中最终生成的 NO 浓度和燃料中氮全部转化成 NO 时的浓度之比，该比值并不是固定值，与煤的特性（如煤的含氮量、挥发分含量、燃料比）及炉内燃烧条件（如燃烧温度和过量空气系数等）有关。

1. 煤的特性对燃料型 NO_x 生成的影响

燃料中氮含量对燃料型 NO_x 生成的影响：燃料中氮含量升高时，燃料型 NO_x 生成量增加，一般煤的含氮量为0.5%～2.5%。燃料中挥发分对燃料型NO_x生成的影响：在一般燃烧条件下，燃料中随挥发分析出氮叫挥发分氮，残留在焦炭中的氮叫焦炭氮，燃料型NO_x有60%～80%来自挥发分氮，20%～40%来自焦炭氮。

2. 过量空气系数对燃料型NO_x生成的影响

过量空气系数降低，NO_x的生成量也降低，这是因为在缺氧状态下，燃料中挥发出来的氮与碳、氢竞争氧，由于氮缺乏竞争能力，而减少了NO_x的形成，研究发现，一般情况下当过量空气系数小于0.7时，燃料型NO_x的转化率接近于零。NO主要生成在挥发分的析出和燃烧阶段，在焦炭燃烧阶段因缺氧而使焦炭处于还原性气氛中，已形成的NO在焦炭表面还原成N_2，这种过程叫做NO_x的还原。

（二）热力型NO_x

热力型NO_x的生成机理是高温下空气中的N_2氧化形成NO与NO_2的总和，其生成速度与燃烧温度、过量空气系数及在高温区的停留时间有关。

1. 燃烧温度的影响

当燃烧温度低于1400℃时，热力型NO_x生成速度较慢；当温度高于1400℃反应明显加快，根据阿累尼乌斯定律，反应速度按指数规律增加，在炉内温度不均匀的情况下，局部高温的地方会生成很多的NO_x，并会对整个炉内的NO_x生成量起决定性影响。

2. 过量空气系数的影响

过量空气系数增加时氧浓度增加，NO_x生成量也增加，当出现15%的过量空气时，NO_x生成量达到最大；当过量空气超过15%时，由于燃料被稀释，燃烧温度下降，反而会导致NO_x生成减少。

3. 在高温区停留时间的影响

在高温区停留时间越长，NO_x越多，这是因为在炉膛燃烧温度下，NO_x的生成反应还未达到平衡，因而NO_x的生成量将随烟气在高温区的停留时间增长而增加。

（三）快速型NO_x

快速型NO_x也称瞬时氮氧化物。燃料中的碳氢化合物在燃料浓度较高区域燃烧时所产生的烃（CH_i）与燃烧空气中的N_2发生反应生成的CN、HCN，CN、HCN继续氧化生成NO_x。快速型NO_x主要产生于碳氢化合物含量较高、氧浓度较低的富燃料区，其形成时间很短并且与温度的关系不大，多发生在内燃机的燃烧过程中，在燃煤锅炉中，其生成量小于总量的5%。

二、低NO_x燃烧技术简介

从燃料型、热力型及快速型NO_x生成可以看出，三种NO_x的生成机理不同，主要表现在氮的来源、生成途径和生成条件各不相同。快速型NO_x生成量很少，一般小于5%；当炉内温度小于1350℃时，几乎没有热力型NO_x生成，只有当燃烧温度超过1600℃时，例如液态排渣炉，其热力型NO_x可达25%～30%。因此，控制燃烧产生的NO_x主要是控制燃料型NO_x生成；同时，要创造条件尽可能使已生成的NO_x还原成氮气。

1. 低过量空气系数燃烧

燃烧过程中尽可能在接近理论空气量的条件下进行，随着烟气中过量氧的减少，可以抑制NO_x的生成，这是一种最简单的降低NO_x排放的方法。一般可降低NO_x排放15%～

20%。但如果炉内氧浓度过低，会造成CO浓度急剧增加，增加化学不完全燃烧热损失，引起飞灰含碳量增加，燃烧效率下降。因此，在锅炉设计和运行时应选取最合理的过量空气系数。

2. 空气分级燃烧

空气分级燃烧的基本原理是将燃料的燃烧过程分为贫氧和富氧两个阶段完成。在第一阶段为贫氧区，将从主燃烧器供入炉膛的空气量减少到总燃烧空气量的70%～75%（相当于理论空气量的80%），使燃料在缺氧的富燃料条件下燃烧。此时第一级燃烧区内过量空气系数$\alpha<1$，因而降低了燃烧区内的燃烧速度和温度水平，不但延迟了燃烧过程，而且在还原性气氛中降低了生成NO_x的反应率，抑制了NO_x在燃烧中的生成量。为了完成全部燃烧过程，完全燃烧所需的其余空气则通过布置在主燃烧器上方的“燃尽风”喷口送入炉膛，与第一级燃烧区在“贫氧燃烧”条件下所产生的烟气混合，在$\alpha>1$的条件下完成全部燃烧过程，第二阶段为富氧区。由于整个燃烧过程所需空气是分两级供入炉内，故称为空气分级燃烧法。这一方法弥补了简单的低过量空气燃烧的缺点。在第一级燃烧区内的过量空气系数越小，抑制NO_x的生成效果越好，但不完全燃烧产物也越多，导致燃烧效率降低、引起结渣和腐蚀的可能性越大。因此，为保证既能减少NO_x的排放，又能保证锅炉燃烧的经济性和可靠性，必须正确组织空气分级燃烧过程。

3. 燃料分级燃烧

在燃烧中已生成的NO遇到烃根CH_i、未完全燃烧产物CO、H_2、C以及$CnHm$时，会发生NO的还原反应生成氮气，反应式为

$$6NO+2CH_2 \longrightarrow 3N_2+2CO_2+2H_2O$$

$$2NO+CH_2 \longrightarrow N_2+CO+H_2O$$

$$2NO+2CnHm+O_2 \longrightarrow N_2+2nCO_2+mH_2O$$

$$2NO+2CO \longrightarrow N_2+2CO_2$$

$$2NO+2C \longrightarrow N_2+2CO$$

$$2NO+2H_2 \longrightarrow N_2+2H_2O$$

利用这一原理，将80%～85%的燃料送入第一级燃烧区，在$\alpha>1$条件下，燃烧并生成NO_x，送入一级燃烧区的燃料称为一次燃料，其余15%～20%的燃料则在主燃烧器的上部送入二级燃烧区，在$\alpha<1$的条件下形成很强的还原性气氛，使得在一级燃烧区中生成的NO_x在二级燃烧区内被还原成氮分子，二级燃烧区又称再燃区，送入二级燃烧区的燃料又称为二次燃料，或称再燃燃料。在再燃区中不仅使得已生成的NO_x得到还原，还抑制了新的NO_x的生成，可使NO_x的排放浓度进一步降低。

在再燃区的上面还需布置“燃尽风”喷口，形成第三级燃烧区（燃尽区），以保证再燃区中生成的未完全燃烧产物的燃尽，采用这种燃料分级的方法可使NO_x的排放浓度降低50%以上。

燃料分级燃烧时所使用的二次燃料可以是和一次燃料相同的燃料（煤粉），也可用碳氢类气体或液体作为二次燃料，二次燃料若选用煤粉，则需采用高挥发分易燃的煤种，而且煤粉细度要求非常高。

采用燃料分级的方法降低NO_x的排放，再燃区十分关键，决定燃料分级燃烧效果的因素有二次燃料的种类、二次燃料的比例、再燃区的过量空气系数、再燃区的温度及烟气在再

燃区的停留时间等。二次燃料为天然气效果最好，油和煤次之；二次燃料的比例控制在10%～20%之间；再燃区的过量空气系数选在0.7～1.0之间；再燃区的温度越高，NO_x的还原反应越充分，NO_x的降低率越高；从理论上讲，烟气在再燃区的停留时间越长，NO_x的还原反应越充分，NO_x的降低率越高，实际应用中考虑到一次燃料喷口及燃尽风喷口的具体布置情况，烟气在再燃区的停留时间控制在0.7～1s之间。

燃料分级燃烧和空气分级燃烧降低NO_x排放的方式不同，空气分级燃烧是抑制NO_x的形成，而燃料分级燃烧则是将生成的NO_x在二级燃烧区内被还原成氮分子。燃料分级燃烧时煤粉炉中的碳燃尽问题和空气分级燃烧时类似，但条件更差，因为燃料分级燃烧时燃尽区内的停留时间更短，所以燃料分级燃烧碳的燃尽率比空气分级燃烧的低。如何选择燃尽区的过量空气系数和更好地利用燃尽风组织好燃尽区内的燃烧过程，对提高碳的燃尽具有重要意义。

4. 烟气再循环

烟气再循环法是通过再循环风机从空气预热器前的烟道内抽取一部分烟气直接送入炉内，或与一次风、二次风混合后送入炉内，这样不但可降低燃烧温度，而且也降低了氧气浓度，进而降低了NO_x的排放浓度。再循环烟气量与不采用烟气再循环时的烟气量之比称为烟气再循环率。

烟气再循环法降低NO_x排放的效果与燃烧温度、燃料种类和烟气再循环率有关，NO_x的降低率随着烟气再循环率的增加而增加；燃烧温度越高，烟气再循环率对NO_x降低率的影响越大。

电站锅炉的烟气再循环率一般控制在10%～20%，NO_x排放可降低25%左右。当采用更高的烟气再循环率时，燃烧会不稳定，未完全燃烧热损失会增加。另外，采用烟气再循环时需加装再循环风机、烟道，还需要场地，增大了投资，系统复杂。

烟气再循环法可在一台锅炉上单独使用，也可和其他低NO_x燃烧技术配合使用，用来降低主燃烧器空气的浓度，也可用来输送二次燃料。

三、低NO_x燃烧器

低NO_x燃烧器是各项低NO_x燃烧技术的综合应用，从NO_x的生成机理看，占NO_x绝大部分的燃料型NO_x是在煤粉的着火阶段生成的。因此，通过特殊设计的燃烧器结构以及通过改变燃烧器的风煤比例，可以将前述的空气分级、燃料分级和烟气再循环降低NO_x技术用于燃烧器，尽可能降低着火区氧的浓度、适当降低着火区的温度，最大限度地抑制NO_x的生成。低NO_x燃烧器不仅能保证煤粉的着火、燃烧和燃尽，而且能有效地抑制NO_x的生成，不同形式的低NO_x燃烧器可使烟气中的NO_x下降30%～60%。因此，低NO_x燃烧器得到广泛的应用，应用最普遍的是空气分级低NO_x燃烧器。

（一）空气分级低NO_x燃烧器原理

空气分级低NO_x燃烧器的设计原则和炉膛分级燃烧相似，就是在燃烧器喷口附近的着火区形成$\alpha<1$的富燃料区。因此，必须合理设计燃烧器二次风与一次风火焰混合的位置，既要防止二次风过早混入一次风而影响对NO_x生成的抑制，又要使适量的二次风及时混入已着火的煤粉气流确保煤粉燃尽。因此，一次风粉混合物中的过量空气系数必须大大地小于1，使燃烧器喷口附近的煤粉最早着火区形成强烈的还原性气氛，有效抑制NO_x生成。同时，二次风应分级送往已经着火的煤粉气流。在煤粉着火的开始阶段，只加入部分二次风，

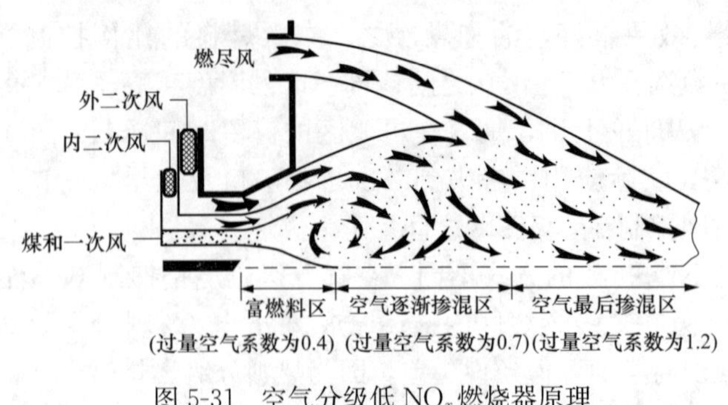

图 5-31　空气分级低 NO_x 燃烧器原理

继续维持一段距离的富燃料燃烧，形成一级燃烧区；另一股二次风则从一级燃烧区的下游送入，形成 $\alpha>1$ 的二次燃烧区（燃尽区），使燃料完全燃烧。为了保证燃料的燃尽，燃尽风从煤粉的燃尽区混入。在燃烧过程中，由于一级燃烧区温度相对较低的还原性气氛进入二级燃烧区，降低了二级燃烧区氧浓度和火焰温度，有利于二级燃烧区抑制 NO_x 进一步生成。空气分级低 NO_x 燃烧器原理见图 5-31。

（二）空气分级低 NO_x 燃烧器的主要种类

根据空气分级低 NO_x 燃烧器原理，各国设计了多种低 NO_x 燃烧器，常用的有空气分级送入低 NO_x 燃烧器、浓淡分离低 NO_x 燃烧器及稳燃体低 NO_x 燃烧器三种。

1. 空气分级送入低 NO_x 燃烧器

空气分级送入低 NO_x 燃烧器是通过特殊设计，将燃烧所需的二次风分级送入燃烧器，通常用于旋流燃烧器。例如：德国斯坦谬勒公司设计的 SM 型低 NO_x 燃烧器、美国巴布科克·威尔科克公司的 DRB 双调风低 NO_x 燃烧器、美国巴布科克-日立公司的 TH-NR 低 NO_x 燃烧器、美国巴布科克·威尔科克公司的 XCL 低 NO_x 燃烧器、美国福斯特惠勒公司的 CF/SF 低 NO_x 燃烧器、德国巴布科克公司的 WS 和 DS 型低 NO_x 燃烧器及美国瑞利斯多克公司的 CCV 型低 NO_x 燃烧器等，这些燃烧器是通过合理结构设计控制二次风与一次风的混合时机，通过空气分级降低 NO_x 的生成。

2. 浓淡分离低 NO_x 燃烧器

浓淡分离低 NO_x 燃烧器是通过特殊设计，将一次风粉混合物进行浓淡分离，这项技术首先应用在四角燃烧的直流燃烧器上，后来旋流燃烧器也开始使用。例如：日本三菱的 PM 型低 NO_x 燃烧器和美国 CE 公司的 WR 型低 NO_x 燃烧器等，这些燃烧器是利用一次风通过燃烧器弯头时的惯性将一次风分成富燃料（浓相）和富氧（稀相）两部分，浓相和稀相既可通过两个不同的喷口喷入炉膛，也可从同一个喷口的不同位置喷入炉膛，通过空气分级降低 NO_x 的生成。

3. 稳燃体低 NO_x 燃烧器

稳燃体低 NO_x 燃烧器是在燃烧器内加装一次风稳燃体，将一次风粉混合物进行浓淡分离，多用于直流燃烧器。例如：清华大学研发的火焰稳定船体低 NO_x 燃烧器，在直流燃烧器喷口附近增设了一个类似于船体的稳燃体，由于煤粉气流经过船体时，气流发生弯曲，在惯性作用下产生风粉分离，形成富燃料（浓相）和富氧（稀相）两部分，通过空气分级降低 NO_x 的生成。

（三）煤粉炉的低 NO_x 燃烧系统

为更好地降低 NO_x 的排放量和减少飞灰含碳量，很多公司将低 NO_x 燃烧器和炉膛低 NO_x 燃烧技术（空气分级、燃料分级和烟气再循环）等组合在一起，构成一个超低 NO_x 燃烧系统。从理论上讲，低 NO_x 燃烧系统可大幅度降低 NO_x 的形成，但是在实际应用中由于

各种低 NO_x 燃烧技术的相互影响，NO_x 降低幅度受到限制，因此应用中要从降低 NO_x 和投资两方面综合考虑。

四、烟气脱硝技术

各种低 NO_x 燃烧技术是降低燃煤锅炉 NO_x 排放值最经济有效的技术措施，但一般情况下低 NO_x 燃烧技术对 NO_x 降低幅度为60%左右，为了满足环保要求，还必须采用燃烧后的烟气处理技术进一步降低烟气中的 NO_x。

（一）烟气脱硝技术的种类

烟气脱硝分为干法和湿法，采用湿法脱硝时必须先将 NO 转化成 NO_2，然后用水吸收，湿法脱硝虽然效率很高，但系统复杂，用水量大且有水的污染，在燃煤锅炉上很少使用。干法脱硝技术包括选择性催化还原技术、选择性非催化还原技术及混合烟气脱硝技术。

1. 选择性催化还原技术（SCR）

SCR 技术是目前应用最多而且最有成效的烟气脱硝技术。SCR 技术是在金属催化剂作用下，以 NH_3 作为还原剂，将 NO_x 还原成 N_2 和 H_2O。NH_3 先与 NO_x 反应，而不和烟气中残余的 O_2 直接反应，因此称这种方法为“选择性”催化还原技术。如果采用 H_2、CO、CH_4 等还原剂，它们在还原 NO_x 的同时会与 O_2 直接作用。SCR 工作原理如图 5-32 所示。主要反应方程式为

$$4NH_3 + 4NO + O_2 \longrightarrow 4N_2 + 6H_2O$$

$$8NH_3 + 6NO_2 \longrightarrow 7N_2 + 12H_2O$$

选择适当的催化剂，上述反应可以在320～400℃的温度范围内有效进行，得到80%～90%的 NO_x 脱除率。

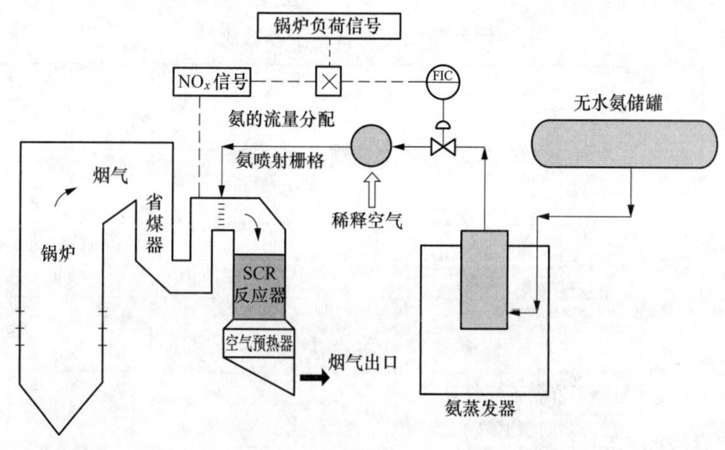

图 5-32 SCR 工作原理

2. 选择性非催化还原技术（SNCR）

选择性催化还原技术的运行成本主要受催化剂寿命的影响较大，有一种不需要催化剂的选择性还原技术比较经济，这就是选择性非催化还原技术。该技术是将 NH_3、尿素等氨基还原剂喷入炉内与 NO_x 进行选择性反应，不用催化剂，其特点是必须将还原剂喷入炉膛温度在850～1100℃的区域，该还原剂迅速热分解成 NH_3，并与烟气中的 NO_x 进行 SNCR 反应生成氮气和水。该方法是以炉膛为反应器，氨基还原剂可选择性地还原烟气中的 NO_x，

基本上不与烟气中的 O_2 直接反应，NH_3 或尿素还原 NO_x 的主要反应如下。

NH_3 为还原剂，则

$$4NH_3 + 4NO + O_2 \longrightarrow 4N_2 + 6H_2O$$

尿素为还原剂，则

$$2NO + CO(NH_2)_2 + 1/2O_2 \longrightarrow 2N_2 + CO_2 + 2H_2O$$

当温度高于 1100℃时，NH_3 则会被氧化为 NO，即

$$4NH_3 + 5O_2 \longrightarrow 4NO + 6H_2O$$

NH_3 的反应最佳温度区为 950～1050℃。当反应温度过高时，由于氨的分解会使 NO_x 还原率降低；反应温度过低时，氨的逃逸增加，也会使 NO_x 还原率降低。NH_3 是高挥发性和有毒物质，氨的逃逸会造成新的环境污染。

SNCR 烟气脱硝技术最主要的缺点是脱硝率低，脱硝效率一般为 25%～50%，受锅炉结构尺寸影响很大，多用作低 NO_x 燃烧技术的补充处理手段。

3. 混合烟气脱硝技术（SNCR/SCR）

混合烟气脱硝技术是把 SNCR 工艺和 SCR 工艺结合起来，进一步脱除 NO_x。它是把 SNCR 工艺的低费用特点同 SCR 工艺的高效率及低氨逃逸率进行有效结合。理论上，SNCR 工艺在脱除部分 NO_x 的同时也为后面的催化法脱硝提供所需要的氨。但是，控制好氨的分布以适应 NO_x 的分布是非常困难的，为了克服这一难点，混合工艺需要在 SCR 反应器中安装一个辅助氨喷射系统。通过试验和调节辅助氨喷射可以改善氨气在反应器中的分布效果。SNCR/SCR 混合工艺的运行特性参数可以达到 40%～80%的脱硝效率，氨气逃逸率为 2～9mg/m^3。三种烟气脱硝技术各有利弊，各主要参数比较见表 5-6。

表 5-6　　三种烟气脱硝技术各主要参数比较

项目	SCR	SNCR	SNCR/SCR
还原剂	尿素或 NH_3	尿素或 NH_3	尿素或 NH_3
反应温度（℃）	320～420	950～1050	前段：950～1050，后段：320～400
催化剂	成分主要为 TiO_2、V_2O_5、WO_3	无	后段加装少量催化剂，成分主要为 TiO_2、V_2O_5、WO_3
脱硝效率（%）	70～90	30～40	40～80
还原剂喷射位置	多选择于省煤器与 SCR 反应器间烟道内	炉膛出口	炉膛出口及烟道
氨气逃逸（mg/m^3）	<2	9	2～9
对下游设备影响	NH_3逃逸较低，对下游影响不明显	NH_3 逃逸较高，对空气预热器脱硫等均有影响	NH_3逃逸较高，对空气预热器脱硫等均有影响
系统压力损失	催化剂会造成压力损失	无	催化剂用量较 SCR 小，产生的压力损失相对较低

（二）催化剂

1. 催化剂选择

SCR 烟气脱硝技术的重要组成部分是反应所用的催化剂，催化剂的成分、结构、寿命

及相关参数直接影响SCR系统的脱硝效率和运行时间，因此，要求催化剂在较低温度下，较宽温度范围内具有较高活性和热稳定性、耐磨损耐冲刷、工作寿命长、成本低。

SCR烟气脱硝广泛使用的是氧化钛基催化剂，载体为TiO_2。催化剂中TiO_2含量为80%～90%；V_2O_5是最重要的活性材料，含量为5%～10%；WO_3或MoO_3是辅助活性材料，占5%～10%。催化剂按成型工艺的不同可分为板式、蜂窝式、波纹式，详见图5-33。

(a) 板式催化剂

(b) 蜂窝式催化剂

(c) 波纹式催化剂

图5-33 典型催化剂示意图

(1) 板式。板式催化剂是以金属板网为骨架，在金属网格板上浸渍催化剂活性成分，采取双侧挤压的方式将活性材料与金属板结合成型，再经干燥焙烧而成。其结构形状与旋转式空气预热器的受热面相似，节距为6.0～7.0mm，开孔率较高（80%～90%），防堵灰能力较强，适合于灰含量高的工作环境。但因其比表面积小（280～350m^2/m^3），需要体积较大。

(2) 蜂窝式。蜂窝式催化剂采用二氧化钛作基材，将活性物质V_2O_5和WO_2混合加湿后挤压成蜂窝状，经干燥焙烧形成的催化剂。蜂窝式催化剂主要用于燃煤锅炉，节距范围为6.9～9.2mm，壁厚不小于0.7mm，比表面积为410～539m^2/m^3，单位体积的催化剂活性高，相同脱硝效率下所用催化剂的体积较小，适合于灰含量低于50g/m^3（标注状态）的工作环境。为增强催化剂迎风端的抗冲蚀磨损能力，上端部10～20mm应采取硬化措施。

(3) 波纹式。波纹式催化剂是把玻璃纤维或者陶瓷纤维加固的TiO_2基板放到催化活性溶液中浸泡，经高温烘干形成的催化剂，非常坚硬。波纹式催化剂孔径相对较小，单位体积的比表面积最大。此外，由于壁厚相对较小，单位体积的催化剂重量低于蜂窝式与板式。在脱硝效率相同的情况下，波纹式催化剂的所需体积最小，一般适用于低灰含量的烟气环境。

2. 催化剂管理

催化剂的活性随着运行时间的增加逐渐降低，NH_3的逃逸率随着运行时间的增加逐渐增大。催化剂使用15000～24000h后，活性通常降低1/3左右，为了达到较高的NO_x控制水平，必须增加氨气注入量，造成较高的氨气逃逸率，通常能到3mg/m^3以上，从而生成大量的硫酸氢氨。此时应更换已到工作寿命的催化剂，使氨气逃逸率水平控制在2mg/m^3以下。通常可以对催化剂进行再生，再生后的催化剂可以恢复一定的脱硝效率。

虽然催化剂自身属于微毒物质，但是在其使用过程中烟气中的重金属可能在催化剂内聚集，这种情况下，使用后失效的SCR催化剂应作为危险物品来处理。

（三）烟气脱硝 SCR 工艺的还原剂选择

烟气脱硝 SCR 工艺的还原剂为氨气，氨气可直接来源于液氨，也可通过尿素间接制备。

1. 以尿素作为还原剂

相比液氨，尿素为无毒无爆炸危险的物质，尿素制氨方法有水解法制氨和热解法制氨。

（1）尿素水解法制氨。尿素水解法制氨系统包括尿素溶解罐、尿素溶液溶解泵、尿素溶液储罐、尿素溶液输送泵、调节计量系统、水解反应器、蒸汽加热系统及控制装置等。尿素仓库里的袋装尿素经人工破袋后，直接倒入斗式提升机，然后由斗提机送进溶解罐里，将尿素溶解成 40%～50%质量浓度的尿素溶液，通过尿素溶液混合泵输送到尿素溶液储罐；用尿素溶液输送泵将尿素溶液送至水解反应器，从锅炉辅助蒸汽系统来的蒸汽在水解反应器中加热尿素溶液，当达到所要求的温度和停留时间时，尿素全部转化生成 SCR 脱硝系统所需的还原剂 NH_3，反应方程式为

$$CO(NH_2)_2 + H_2O = CO_2\uparrow + 2NH_3\uparrow$$

从水解反应器出来的 NH_3、CO_2、H_2O 等气态混合物，与稀释风混合（稀释至 5%体积浓度）进入脱硝氨喷射系统。

（2）尿素热解法制氨。尿素热解法与尿素水解法不同之处是尿素热解系统增加了高流量循环供料系统、绝热分解室（内含喷射器）、电加热装置及控制装置等；减少了水解系统的尿素水解反应器、尿素溶液输送泵等。

尿素仓库里的袋装尿素经人工破袋后，直接倒入斗式提升机，然后由斗提机送进溶解罐里，用除盐水将干尿素溶解成 40%～50%质量浓度的尿素溶液，通过尿素溶液给料泵输送到尿素溶液储罐；尿素溶液经供液泵、调节系统、雾化喷嘴等进入绝热分解室，从锅炉空气预热器抽取的热风经增压风机增压和电加热装置加热后进入绝热分解室。雾化后的尿素液滴在绝热分解室内分解，生成 SCR 脱硝系统所需的还原剂 NH_3，分解产物经氨喷射系统进入烟气脱硝系统。

2. 以液氨作为还原剂

氨为无色气体，有刺激性恶臭味。氨气与空气会形成爆炸性混合物，爆炸极限为 15.7%～27.4%，爆炸极限内的氨与空气混合物遇明火会燃烧和爆炸。氨是有毒物质，会导致人中毒，严重时可致人死亡。氨作为毒性气体，长期使用和储存，且超过一定数量则属于危险化学品重大危险源，其输送、卸料、储存和使用必须严格遵守危险化学品安全管理条例和常用化学危险品储存要求及其他相关的国家标准与法规要求。露天布置液氨贮罐与周围主要道路、厂房、建筑等的防火间距有一定的要求，液氨储存区域占地面积较大。

液氨由供货厂用专用液氨槽车运送到电厂，利用液氨卸料压缩机将液氨由槽车输入液氨贮罐内，用液氨泵将贮罐中的液氨输送到液氨蒸发器内蒸发成氨气，然后与稀释空气在混合器中混合均匀，送到脱硝反应器。氨气系统紧急排放时将氨气排入氨气稀释罐中，经水吸收后排入废水池，再经废水泵送至电厂工业废水处理系统处理。

从目前使用情况看，尿素水解法技术成熟、运行可靠、投资费用较少；尿素热解法制氨的方法最安全，但是其投资及运行总费用较高；液氨的运行及投资费用较低，但是纯氨的储存需要较高的压力，安全性要求较高。

五、350MW供热机组锅炉烟气脱硝

2×350MW供热机组共用一套脱硝还原剂供应系统，该系统安装在脱硝尿素车间内，还原剂的储存量按两台机组满负荷运行5天所需进行设计，脱硝系统以尿素作为还原剂，采用水解法制氨工艺。整个脱硝系统包括还原剂制储系统和SCR反应系统。每台锅炉配置2台SCR反应器，催化剂数按“2+1”布置（2层运行，预留1层备用），SCR反应系统位于锅炉省煤器出口与空气预热器入口之间烟道处。

（一）脱硝系统的性能指标

实际干烟气中NO_x的浓度计算方法为

$$NO_x=\frac{NO}{0.95}\times 2.05$$

式中 NO_x——标准状态，实际干烟气含氧量时，NO_x的浓度，mg/m^3；

NO——实测干烟气中NO体积含量，μL/L；

0.95——按照经验数据选取的NO占NO_x总量的百分数（即NO占95%，NO_2占5%）；

2.05——NO_x由体积含量（μL/L）转换为质量含量（mg/m^3）的转换系数。

修正到标准状态下氧含量为6%时的干烟气中NO_x的浓度计算方法为

$$NO_x'=NO_x\times\frac{21-6}{21-O_2}$$

式中 NO_x'——修正到标准状态下氧含量为6%时的干烟气中NO_x排放浓度，mg/m^3；

O_2——实测干烟气中氧含量，%。

1. 脱硝效率

脱硝效率也称NO_x脱除率（η），其计算方法为

$$\eta=\frac{C_1-C_2}{C_1}\times 100\%$$

式中 C_1——脱硝系统运行时脱硝反应器入口处烟气中NO_x含量，标准状态，mg/m^3；

C_2——脱硝系统运行时脱硝反应器出口处烟气中NO_x含量（标准状态），mg/m^3。

正常运行情况下，即脱硝系统入口烟气中NO_x（标准状态）含量小于或等于320mg/m^3时，则SCR出口NO_x（标准状态）排放浓度小于或等于35mg/m^3，脱硝效率达到89.1%；特殊运行情况下，即脱硝系统入口烟气中NO_x（标准状态）含量小于或等于400mg/m^3时，则SCR出口NO_x（标准状态）排放浓度小于或等于50mg/m^3，脱硝效率达到87.5%。

2. 氨的逃逸率

氨的逃逸率是指脱硝装置（反应器）出口氨的浓度。在锅炉的任何正常负荷范围内，脱硝装置的氨逃逸率不大于2.3mg/m^3（标准状态）。

3. SO_2/SO_3转化率

经过脱硝装置后，烟气中SO_2转化为SO_3的比率为SO_2/SO_3转化率，即

$$x=\frac{SO_3''-SO_3'}{SO_2'}\times 100\%$$

式中 x——SO_2/SO_3转化率，%；

SO_3''——SCR反应器出口6%O_2含量、干烟气条件下SO_3体积含量，μL/L；

SO_3'——SCR反应器入口6%O_2含量、干烟气条件下SO_3体积含量，μL/L；

SO'_2——SCR 反应器入口 6% O_2 含量、干烟气条件下 SO_2 体积含量，μL/L。

锅炉正常情况下，SO_2/SO_3 转化率应小于 1%。

4. 催化剂寿命

催化剂寿命是指催化剂的活性能够满足脱硝系统的脱硝效率、氨的逃逸率等性能指标时催化剂的连续使用时间。催化剂的化学寿命大于 6 年。

5. 脱硝装置可用率

脱硝装置可用率（k）定义为

$$k=\frac{A-B-C-D}{A}\times 100\%$$

式中 A——脱硝装置统计期间可运行小时数；

B——机组处于运行状态，由于 SCR 装置故障而停运的小时数；

C——SCR 装置没有达到 NO_x 脱除率的运行小时数；

D——SCR 装置没有达到氨的逃逸率低于 2.3mg/m^3（标准状态）的运行小时数。脱硝装置的可用率应大于 98%。

6. 压力损失

从脱硝系统入口到出口之间的系统压力损失不大于 1000Pa（设计煤种，100%BMCR 工况，附加催化剂层没安装）；从脱硝系统入口到出口之间的系统压力损失不大于 1300Pa（设计煤种，100%BMCR 工况，附加催化剂层已安装）。

7. 系统连续运行温度

在满足 NO_x 脱除率、氨的逃逸率及 SO_2/SO_3 转化率的性能保证条件下，连续运行烟气温度为 318～420℃。

8. 尿素耗量

锅炉在 30%～100% BMCR 负荷运行，且脱硝装置入口烟气中 NO_x 含量为 400mg/m^3（标准状态）时，每台机组的尿素耗量为 315kg/h。

（二）SCR 反应系统

每台锅炉装有两套 SCR 反应系统，位于锅炉省煤器出口与空气预热器入口之间烟道处平台，反应器以下设有 3 层钢平台，标高分别为 33.77、29.47、24.97m。SCR 反应器垂直布置，每个反应器本体设有 3 层钢梁用于放置和固定催化剂模块，标高分别为 36.40、39.40、42.40m，见图 5-34。SCR 反应系统主要包括烟道、氨气喷射装置、催化剂、氨气/空气混合器及稀释风加热器等。烟气脱硝的喷氨系统见图 5-35。

1. 烟道

SCR 反应系统的烟道是指从锅炉尾部烟道出口至空气预热器入口的烟气通道，氨气喷射装置、催化剂及吹灰器均安装在烟道内。烟道用 Q345 制作，壁厚为 6mm。烟道外侧进行加固和支撑，以防止颤动和振动，烟道内的烟气流速小于 15m/s，烟道转弯和变截面处装有导流板。

2. 氨气喷射装置

SCR 反应器垂直布置，烟气由上向下垂直流动，有利于减少飞灰颗粒对催化剂的磨损。为提高 SCR 系统的运行性能，SCR 顶层催化剂上方的烟气应满足以下条件：入口烟气流速偏差小于 15%，入口烟气流向小于 10°，入口烟气温度偏差小于 10℃；NH_3/NO_x 摩尔比绝对偏差小于 5%。

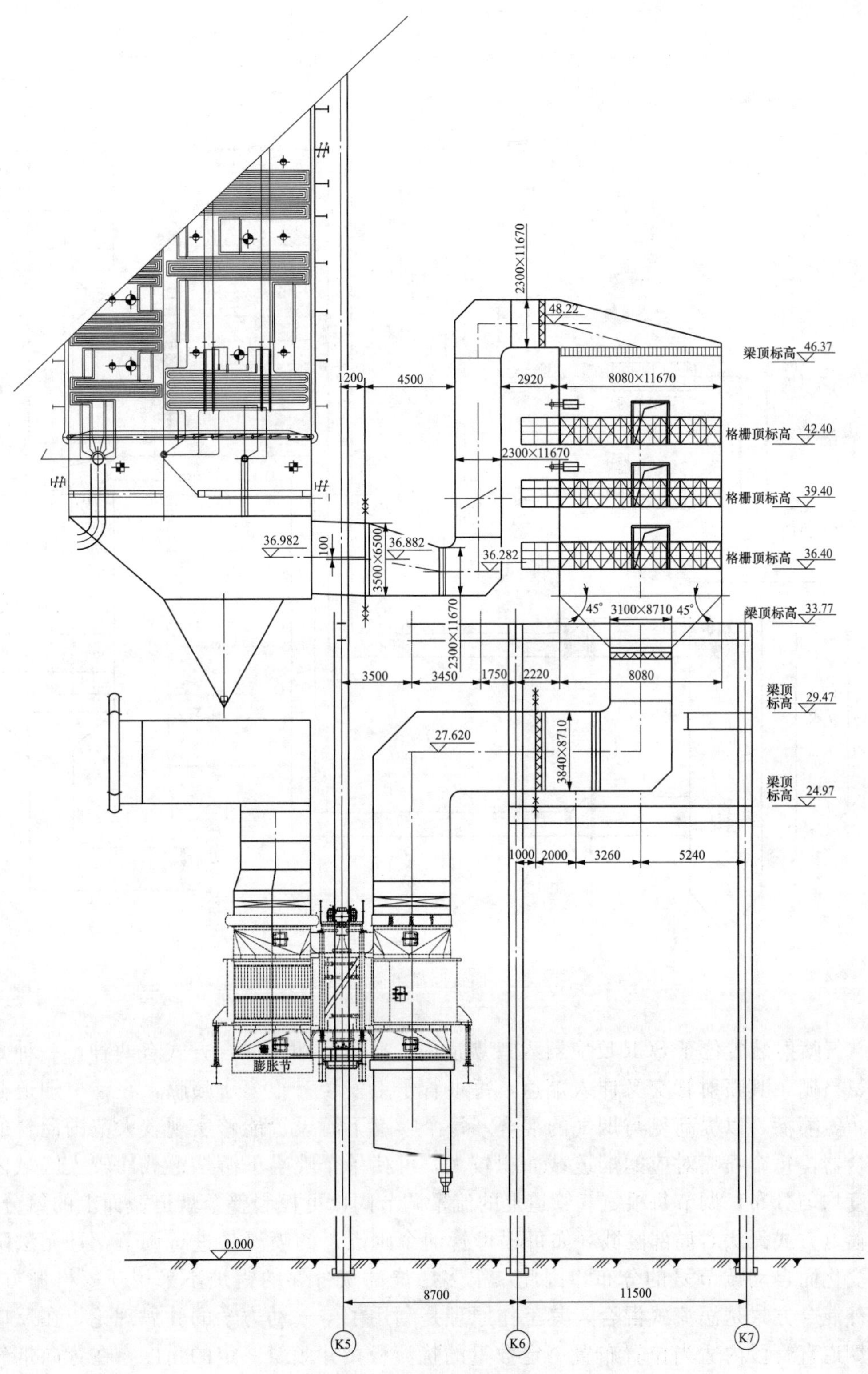

图 5-34 烟气脱硝的总体布置

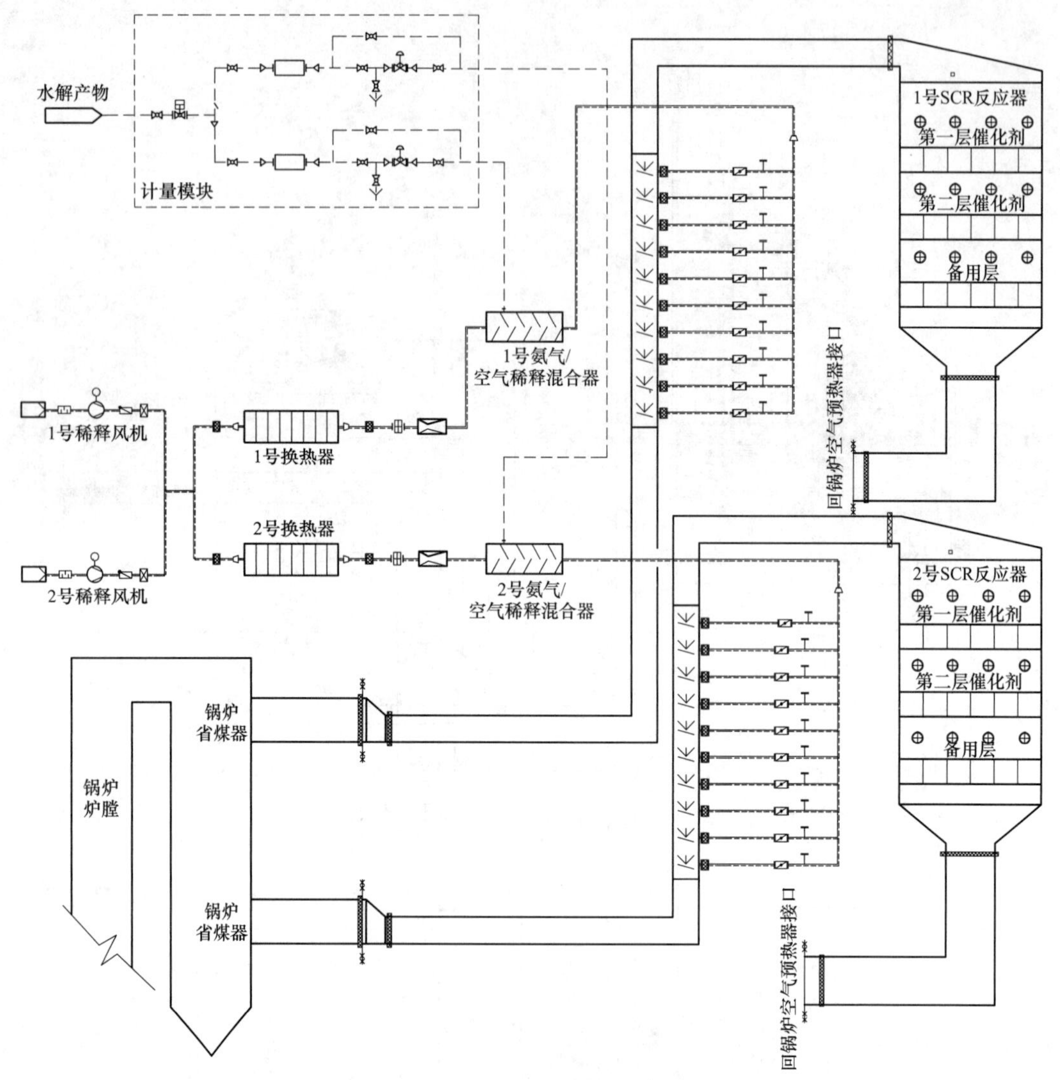

图 5-35　烟气脱硝的喷氨系统

氨气喷射装置位于 SCR 反应器入口烟道内，氨气和烟气混合方式有两种，一种是采用喷氨格栅，其喷射管交叉伸入烟道，每根管子上安装有很多小喷嘴，在整个烟道截面上密布氨喷嘴，以提高氨与烟气的混合，每个喷嘴下游设置能够实现较大范围混合的静态混合器，每个喷嘴对应的烟道截面积较大，可使单个喷嘴下游烟道截面较大区域内的氨浓度均匀分布，调节每根氨气管道上的流量调节阀，可控制整个烟道截面上的氨分布，这种喷氨方式无法对局部区域（如每根母管的个别点）的喷氨量进行调节，且无法随负荷的变化而自动调节氨的分布，因此，很多燃烧高灰分煤的锅炉不采用喷氨格栅方式。另一种混合方式是涡流式混合，其工作原理是利用了空气动力学的驻涡理论，在反应器前的烟道直管段内适当位置布置一定数量的扰流板，并倾斜一定的角度，在背向烟气流动方向的适当位置安装喷氨管道，在烟气流动的作用下，就会在扰流板的背面形成涡流区，这个涡流区在空气动力学上称为驻涡区。涡流区的位置恒定不变，也就是说不论烟气流速如何变化，涡流区的位置基本不变，稀释后的氨气通过管道喷射至驻涡区内，在涡流的强制作用下充分混合，在催化剂入口达到混合均匀的技术要求，其特点是喷嘴较少，具有较强的稳定性，能够降低系统阻力；但烟气混合距离较长，局部 NH_3/NO 摩尔比调节比较困难。本脱硝系统采用涡流式混合技术。

每台 SCR 反应器安装一套氨/烟气混合装置，布置在 SCR 反应器前的垂直烟道内，氨和空气组成的混合气体通过 10 条管道进入位于烟道内扰流板的驻涡区，系统投运时可根据烟道进出口检测出的 NO_x 浓度来调节氨的分配量。

3. 催化剂

催化剂采用蜂窝式 6×8 模块布置，总截面为 11670mm×8080mm，每块催化剂规格 1912mm×974mm×1320mm，催化剂层间净高（两层催化剂支撑梁之间净空）为 3m，以满足以后更换催化剂有适当的安装空间。

催化剂能承受运行温度为 318～420℃，当烟气温度超出运行范围时，会对催化剂活性产生不同程度的影响。烟温超过 420℃时，将会使烟气中 SO_2 在 V_2O_5 的作用下转成 SO_3，腐蚀空气预热器；烟气温度超过 450℃时，催化剂烧结，导致活性降低；因此，温度高于 420℃每次不大于 5h，一年不超过 3 次。烟气温度低于 280℃时，入口烟气中浓度较高的 NH_3 会与 SO_3 反应，生成黏性很强的 NH_4HSO_4，降低还原剂的利用率，并且容易造成空气预热器堵塞及腐蚀。在正常的运行温度范围内，催化剂活性决定于 V_2O_5 的含量，并受到运行温度的影响，通过调整 V_2O_5 的含量，可在相同的催化剂体积下获得不同的脱硝效果。

4. 氨气计量模块

为了确保喷氨准确，装有一氨气计量模块，根据锅炉运行情况及时调整喷氨量。

5. 氨气/空气稀释混合器

为保证注入烟道的氨气与空气混合物的安全，同时考虑到氨气和烟气混合的需要，需要对水解产物进行稀释。为避免稀释风与氨气混合后产生结露现象，稀释风需要采用热风，热风温度高于 200℃。本系统的稀释风取自冷一次风经过催化剂下部的管式加热器加热后送往混合器。

6. 稀释风加热器

稀释风加热器是一管式空气加热器，布置在催化剂下部烟道内，其作用是将稀释风从常温加热到 200℃以上。稀释风加热器由 1 个入口集箱（ϕ420×6mm，材料为 16Mn）、1 个出口集箱（ϕ420×6mm，材料为 16Mn）和 126 根加热管（ϕ45×2.5mm，材料为 16Mn）组成。所有管子均水平布置，加热管分两层顺列布置，每层 63 根。

7. 吹灰系统

为了防止飞灰堵塞催化剂，每层催化剂布置 4 台声波吹灰器，吹灰器布置在反应器的前墙，共装 12 台，每两个吹灰器一组，吹扫周期为 10min，每次吹扫 10s，吹灰介质为压缩空气，压力为 0.5～0.8MPa。

（三）尿素的溶解、储存及水解制氨系统

尿素的溶解、储存及水解制氨系统采用尿素水解法制备脱硝还原剂，两台锅炉的脱硝装置公用一个尿素的溶解、储存及水解制氨系统，所有设备都安装在脱硝尿素车间内，见图 5-36。

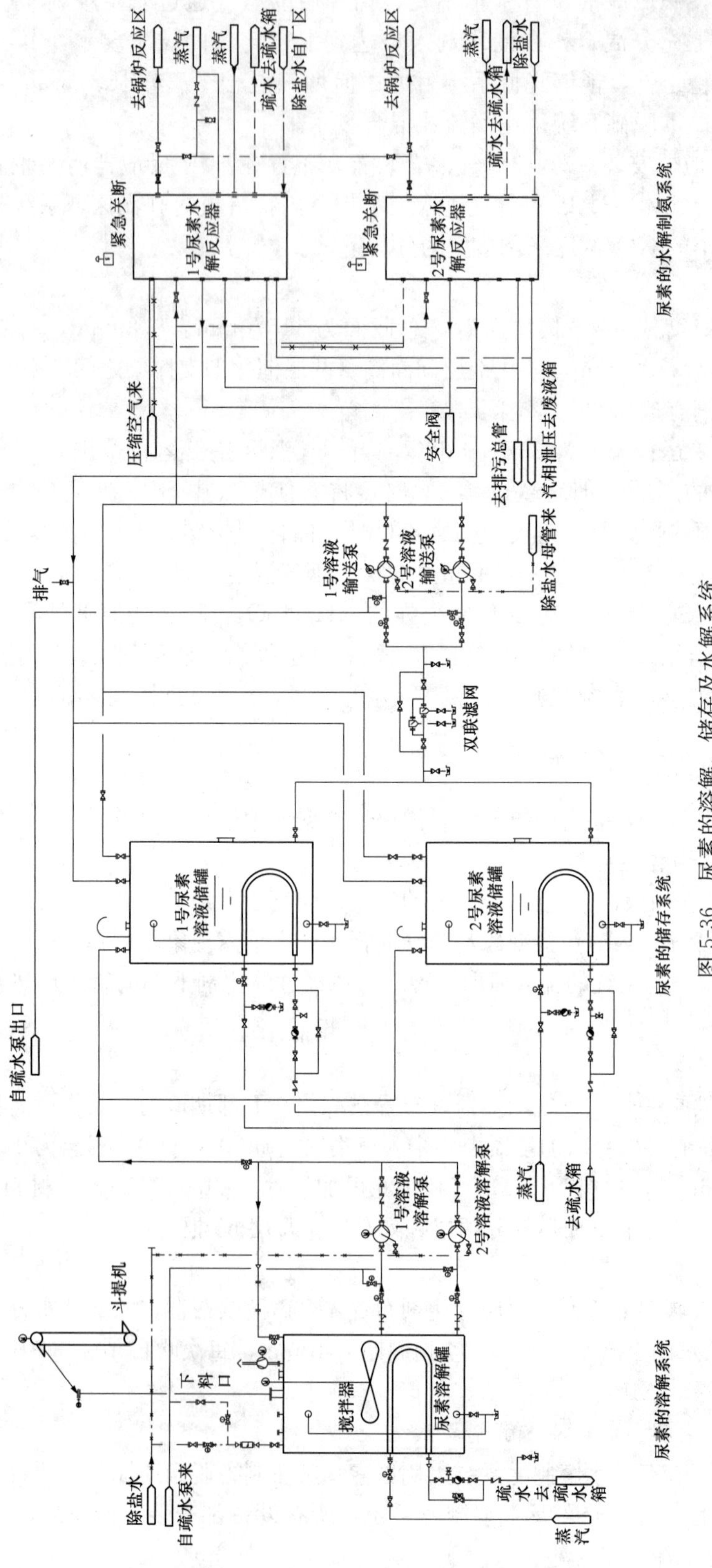

图 5-36　尿素的溶解、储存及水解系统

1. 尿素的溶解系统

尿素的溶解系统包括斗提机、尿素溶解罐、尿素溶液溶解泵、搅拌器。尿素颗粒以袋装形式储存，经过拆袋后，由斗提机输送到溶解罐里，用除盐水将尿素颗粒溶解成40%～60%浓度的尿素溶液，通过尿素溶液溶解泵将一部分溶液送回溶解罐进行循环，另一部分输送到尿素溶液储罐。当尿素溶液温度过低时，投入蒸汽加热系统，防止尿素结晶。

2. 尿素的储存系统

尿素溶液储存在尿素储存罐中，根据需要通过溶液输送泵将尿素溶液送入水解反应器。尿素储罐体装有保温，并且设计有蒸汽加热盘管，保证在极端恶劣工况条件下，溶液温度高于结晶温度。

3. 尿素溶液水解制氨系统

尿素溶液水解制氨系统包括水解反应器、安全阀等，浓度约50%的尿素溶液被输送到尿素水解反应器内，蒸汽通过盘管进入水解反应器加热尿素溶液，使尿素溶液发生水解，冷凝水由疏水箱、疏水泵回收。水解反应器内的尿素溶液浓度可达到40%～50%，气液两相平衡压力为0.6～0.8MPa，温度为150～180℃。水解反应器生产的氨气经过SCR反应系统的计量模块与锅炉热风在氨气-空气混合器处稀释，最后进入氨气-烟气混合系统。为保证注入烟道的氨与空气混合物绝对安全，氨的体积含量应保持在5%左右。

第五节　烟尘污染的控制

燃煤锅炉的烟尘污染是主要的环境污染源之一，燃煤锅炉烟气除尘技术经历了水膜除尘、袋式除尘和电除尘三个阶段，应用较广的除尘方式有电除尘、袋式除尘和电袋除尘。电除尘器的优点是产品技术成熟，投资和维护费用低廉；能充分适应锅炉尾部烟气高温和燃烧异常等特点；易于运行维护；阻力小，压力损失仅200～300Pa。电除尘器的缺点是粉尘的比电阻（比电阻又叫电阻率，是衡量物质导电性能好坏的一个物理量，在数值上等于这种物质的长和截面积为1个单位时的电阻值，比电阻越大，导电性能越差）将影响静电除尘器的效率。袋式除尘器的优点是除尘效率高，出口排放稳定，能够满足环保要求；排放浓度对粉尘的特性不敏感，不受粉尘比电阻的影响；袋式除尘器性能稳定可靠，对负荷变化适应性好，运行管理简便，特别适宜捕集细微而干燥的粉尘，所收的干尘便于处理和回收利用。袋式除尘器的缺点是运行阻力大且上升快（1000～1700Pa），运行费用较高；不适宜高温状态下运行；锅炉内部爆管时容易导致糊袋及滤袋破损。电袋除尘器是电除尘器和布袋除尘器结合的产物，前级为电除尘，可预收烟气中70%～80%以上的烟尘；后级为布袋除尘，拦截收集烟气中剩余量的烟尘。电袋除尘器的优点是除尘效率高，出口排放稳定，与纯布袋除尘器相比，电袋除尘器在运行过程中可以保持较低的运行阻力（800～1200Pa），滤袋的清灰周期大幅度延长，由于前级电除尘区收集了绝大部分的粗颗粒烟尘，可以有效解决烟尘对滤袋的冲刷磨损，延长滤袋的使用寿命，降低维护费用；与电除尘比较，降低了粉尘比电阻对除尘效率的影响。电袋除尘器的缺点是电袋除尘器是由电除尘单元和袋式除尘单元两部分构成，电除尘器采用卧式时，烟气通常为水平流动，但袋式除尘单元烟气是从下往上流动的，两个单元之间气流的流场可能影响袋式除尘单元中滤袋的寿命。

上述三种除尘器在我国广泛应用，每种除尘器都有各自的优点和缺点。经过长期的研究与实践，一些发达国家研发出了低低温电除尘技术，这一技术可大幅度降低粉尘的比电阻，避免反电晕现象（反电晕现象是在电除尘器中沉积在极板表面上的高比电阻粉尘层所产生的局部放电现象），从而提高除尘效率，同时可除去烟气中大部分的 SO_3，该技术在发达国家已广泛应用，随着我国节能减排力度的进一步加大，国内对该技术的应用日益增加。

一、低低温电除尘技术

低低温电除尘技术是通过低温省煤器降低电除尘器入口烟气温度至酸露点温度以下，一般在 90℃左右，使烟气中的大部分 SO_3 在低温省煤器中冷凝形成硫酸雾，黏附在粉尘上并被碱性物质中和，大幅降低粉尘的比电阻，避免反电晕现象，从而提高除尘效率，同时去除大部分的 SO_3，还可降低能耗。

（一）低低温电除尘技术特点

1. 除尘效率高

（1）比电阻下降。低低温电除尘器将烟气温度降低到酸露点以下，由于烟气温度的降低，特别是由于 SO_3 的冷凝，可大幅度降低粉尘的比电阻，避免反电晕现象，从而提高除尘效率。

（2）击穿电压上升。排烟温度降低，使电场击穿电压上升，除尘效率提高。

（3）烟气量降低。由于排烟温度降低，烟气量相应下降，电除尘电场风速降低，比集尘面积增加，有利于粉尘的捕集。

2. 可除去绝大部分 SO_3

烟气温度降至酸露点以下，气态的 SO_3 将转化为液态的硫酸雾。因烟气含尘浓度很高，粉尘总表面积很大，为硫酸雾的凝结附着提供了良好的条件。当粉尘浓度（mg/m^3，标准状态）与硫酸雾浓度（mg/m^3，标准状态）之比大于 100 时，烟气中的 SO_3 去除率可达到 95%以上，SO_3 浓度将低于 $3.57mg/m^3$。

3. 采用低温省煤器节能效果明显

采用低温省煤器后排烟温度降低 30℃，使炉效显著提高。同时，烟气温度降低后，实际烟气量大大减少，使风机及脱硫系统的电耗明显下降。

4. 二次扬尘加剧

粉尘比电阻的降低会削弱阳极板上的粉尘静电黏附力，从而导致二次扬尘现象比常规电除尘器严重，影响除尘性能。常规电除尘器中排放的烟尘主要是未能捕集的一次粒子，而低低温电除尘器排放烟尘中主要是二次扬尘，未采取特别对策的低低温电除尘器的二次扬尘主要由振打再飞散粉尘组成，而未能捕集的一次粒子仅仅占很小一部分。低低温电除尘器如不对二次扬尘采取针对性的措施，烟尘排放量将会超过常规电除尘器，但在采取特别对策后，烟尘排放浓度可大幅降低。

（二）低低温电除尘技术需要解决的问题

1. 防止低温腐蚀

由于烟气温度在低温省煤器中被降低至 90℃左右，低于酸露点，使烟气中的大部分 SO_3 在低温省煤器中凝结，形成具有腐蚀性的硫酸雾。在实际应用中，当锅炉燃用含硫量为 2.5%的燃煤时，灰硫比在 50～100 之间可避免腐蚀，我国对燃煤的含硫量进行严格控制，一般不会造成低温腐蚀。

2. 防止二次扬尘

在低低温电除尘系统中，二次扬尘会对烟尘排放起决定性的作用，应采用防止二次扬尘的措施，防止二次扬尘比较有效的方法是采用移动电极电除尘器。

3. 防止灰斗堵塞

由于温度较低，灰的流动性降低易引起灰斗堵塞，常用的防堵措施是灰斗内壁涂增加光滑度的材料，增加灰斗的卸灰角；在灰斗外壁用蒸汽加热器或电加热器进行有效加热并在灰斗外壁加装保温材料。

4. 防止绝缘子结露

因为烟气温度较低，易引起绝缘子结露爬电甚至破损，所以绝缘子应有防止结露的措施。通常在绝缘子室外壁加装保温材料，并采用热风吹扫措施。

二、旋转电极式电除尘技术

采用低低温电除尘器时，为了防止二次扬尘，可采用旋转电极式电除尘器。旋转电极式电除尘器中，阳极部分采用回转的阳极板和旋转的清灰刷，附着于回转阳极板上的粉尘在尚未达到形成反电晕的厚度时，就被布置在非电场区的旋转清灰刷彻底清除，因此不会产生反电晕现象，最大限度地减少了二次扬尘，大幅提高了电除尘器的除尘效率，降低了烟尘排放浓度，同时降低了对煤种变化的敏感性。旋转电极式电除尘器的主要特征是极板可移动、回转，积灰由下部的刮、刷装置清除，见图 5-37。阳极板被分割成短栅状，由传动链条连接成环状，通过驱动轮的转动带动环状阳极板缓慢地（0.5m/min）移动，带负电的粉尘在集尘

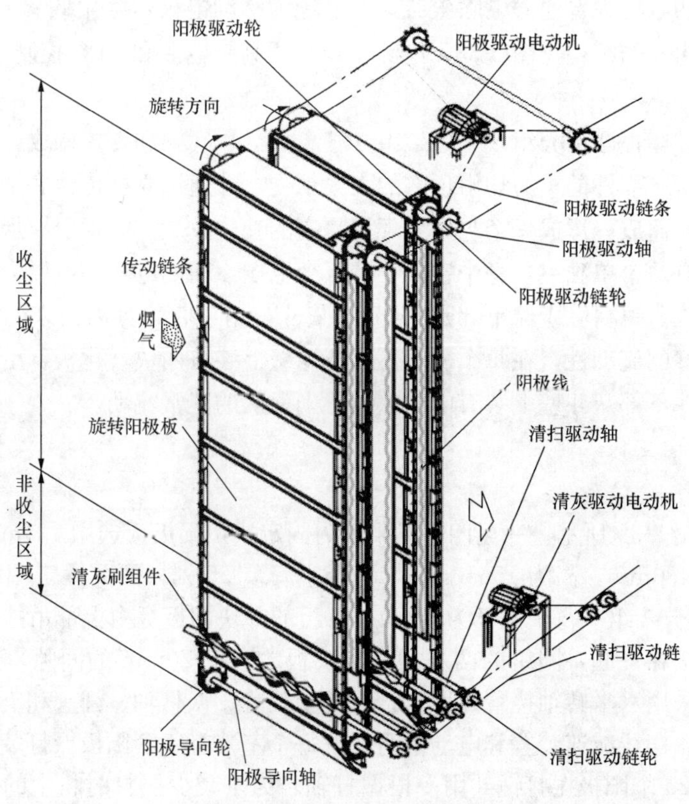

图 5-37 旋转电极式电除尘器

区域内被集尘极（正极）捕捉收集，在阳极板由下部滚轮的反转带动再次进入集尘区域之前，黏附的粉尘被两把夹住阳极板的清灰刷刮落。清灰刷的转动方向与阳极板的移动方向相反，一方面防止粉尘飞散，另一方面将粉尘刮落到灰斗中。通过变频可调节阳极板移动速度和清灰刷的旋转速度，以适应煤种的变化。旋转电极式电除尘技术特点如下：

（1）由于阳极板一直处于旋转状态，因此阳极板能保持永久清洁，避免反电晕，有效地解决了高比电阻粉尘收尘难的问题。

（2）阳极板清灰装置位于除尘器底部的非收尘区域，最大限度地减少了二次扬尘，显著降低了电除尘器出口粉尘浓度。

（3）减少了煤和飞灰成分对除尘性能影响的敏感性，增加了电除尘器对不同煤种的适应性，特别是高比电阻粉尘、黏性粉尘，应用范围比常规电除尘器更广。

（4）可使电除尘器小型化，占地少。

（5）与布袋除尘器相比，阻力损失小，维护费用低，对烟气温度和烟气性质不敏感，并且有着较好的性价比。

（6）在保证除尘性能的前提下，与常规电除尘器相比，投资低，运行费用较低，维护成本与常规电除尘器相当。

三、350MW 热电联产机组锅炉除尘器

350MW 热电联产机组锅炉配置 2 台双室五电场低低温干式静电除尘器，低低温干式静电除尘器的一至四电场为普通静电除尘器，五电场为移动电极，除尘效率大于 99.97%。低低温干式静电除尘器的结构见图 5-38，电除尘器采用高频电源和 PLC 控制系统。

（一）壳体

壳体由框架和墙板两部分组成。框架由立柱、大梁、底梁和支撑构成，是除尘器的受力体系。除尘器内所有部件的重力均由顶部的大梁承受，并通过立柱传给底梁和支座。墙板由钢板和加强筋制作而成，形成一个与外界环境隔离的独立收尘空间，引导烟气通过并实施除尘，每台除尘器有两个单独室，每个室内安装五个电场，前四电场的电极为固定式，第五电场的电极为旋转式。每台除尘器下部是 4×5 个灰斗，用于收集分离出来的灰，为了确保灰斗内的灰具有较好的流动性，在每个灰斗下部灰斗壁上装有两块气化板，由气化风机向气化板连续供气，灰斗下部灰斗壁上装有电加热器，确保灰的正常流动。

（二）阳极（收尘极）

1. 固定阳极

固定阳极如图 5-39 所示。一至四电场阳极为固定式，阳极板选用 1.5mm 厚钢板冷轧成大 C 形，宽度为 480mm，高为 15550mm，每个室安装 25 列，两列固定阳极板之间的距离为 400mm，每列分 4 组（每个电场为一组），每组的 8 块阳极板由上部吊挂、下部撞击杆及中间两道卡子连接在一起，同组的两块相邻阳极板之间有 20mm 的间隙。阳极振打装置安装在阳极下部，采用水平转轴挠臂锤振打，由传动装置、振打轴、锤头和支撑轴承组成。传动装置由行星针轮摆线减速装置和电动机组成，每个室装有 4 套阳极振打装置与四个电场相对应，每个室的 25 个阳极振打锤共用一根振打轴。为了减少振打时粉尘的二次飞扬，相邻的振打锤成 165°角。

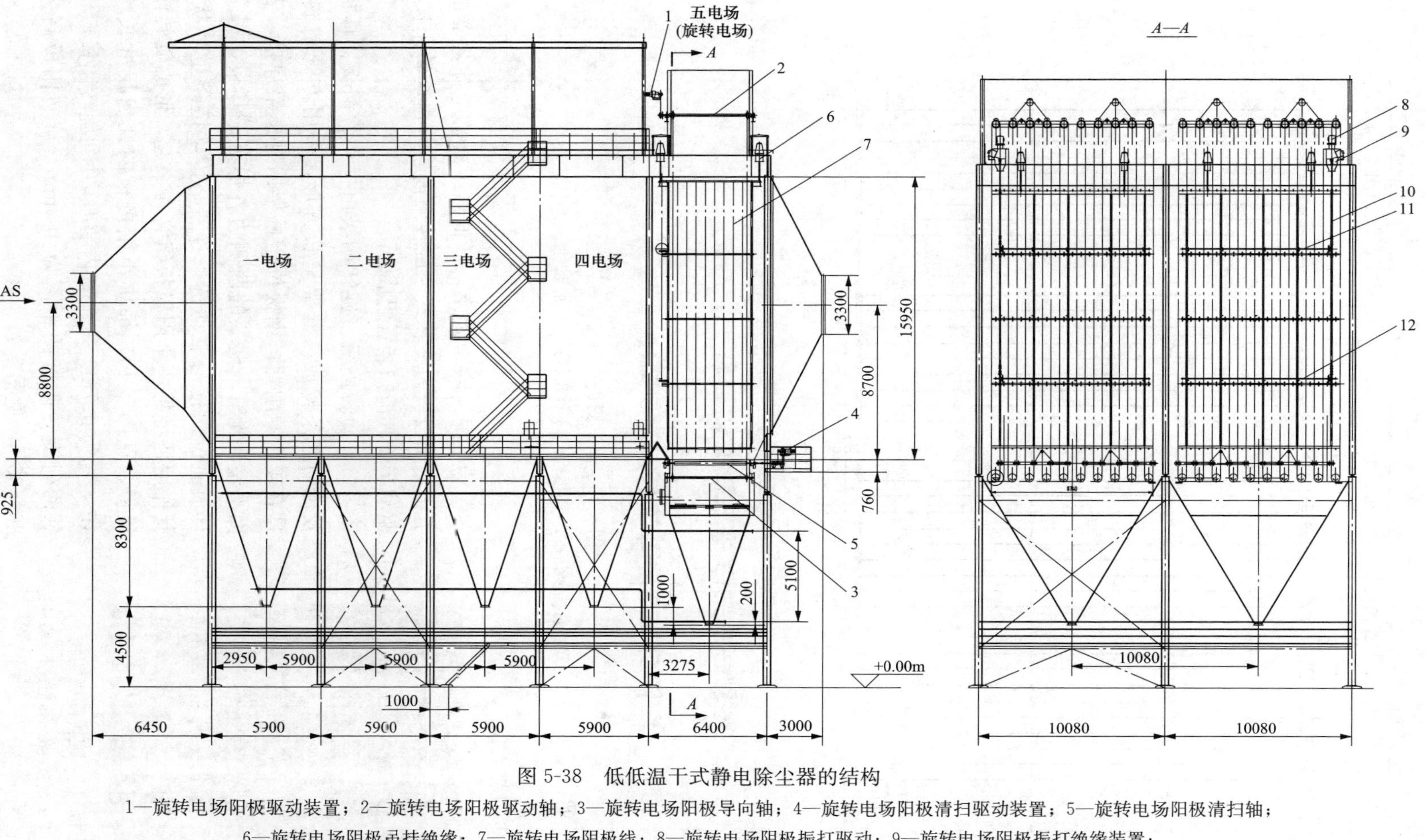

图 5-38 低低温干式静电除尘器的结构

1—旋转电场阳极驱动装置；2—旋转电场阳极驱动轴；3—旋转电场阳极导向轴；4—旋转电场阳极清扫驱动装置；5—旋转电场阳极清扫轴；6—旋转电场阴极吊挂绝缘；7—旋转电场阴极线；8—旋转电场阴极振打驱动；9—旋转电场阴极振打绝缘装置；10—旋转电场阴极振打传动轴；11—旋转电场阴极上部振打装置；12—旋转电场阴极中部振打装置

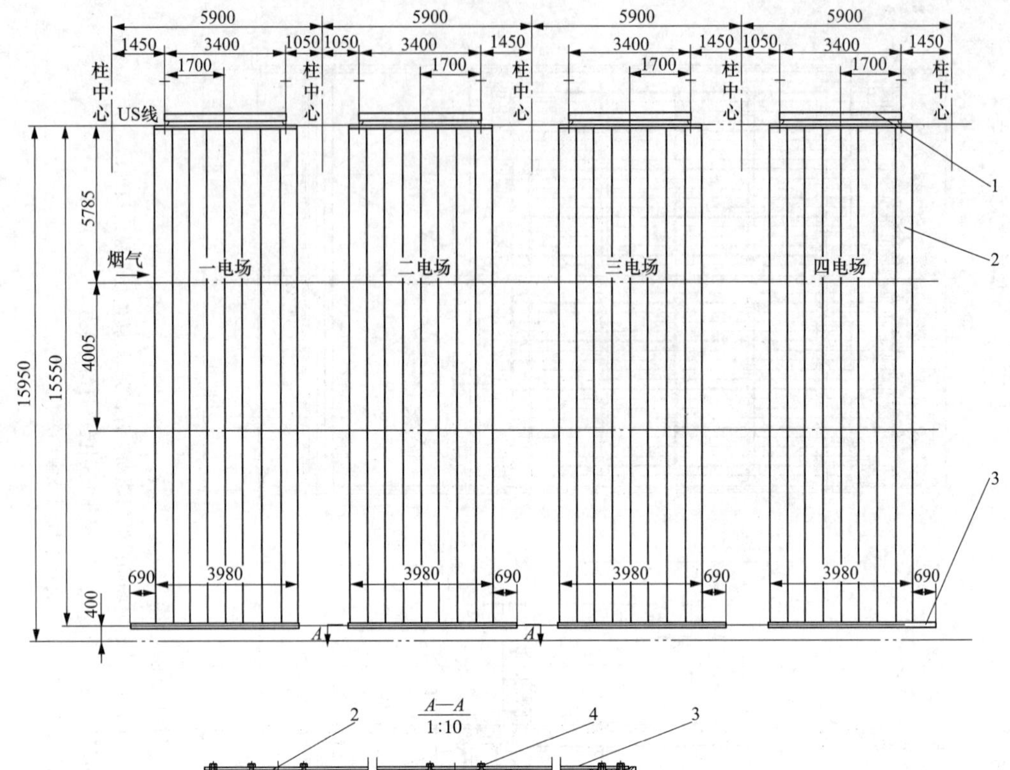

图 5-39　固定阳极

1—阳极悬挂装置；2—阳极板；3—撞击杆；4—固定螺栓

2. 旋转阳极系统

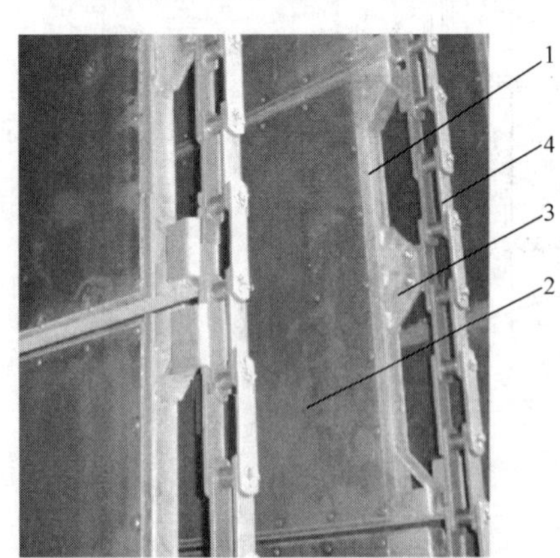

图 5-40　旋转阳极实物

1—框架；2—钢板；3—耳板；4—驱动链条

为了提高除尘效率，低低温干式静电除尘器的五电场阳极板为旋转式，旋转阳极系统由旋转阳极、驱动装置和清扫装置组成。

(1) 旋转阳极。旋转阳极由框架、钢板、耳板及传动链条构成。框架呈长方形，采用方管制成，具有较好的刚性；钢板位于框架内与框架焊接，表面平整、光滑；框架的两侧边各焊有一耳板，每个耳板通过螺栓与驱动链条连接；传动链条呈环状，其作用是将每块小阳极板组合在一起，形成旋转阳极板，见图 5-40。每块小阳极板的几何尺寸长为 4m，高为 0.7m。每个室内装有 20 列旋转阳极，相邻两列旋转阳极的距离为 460mm，旋转阳极高为 20.625m，见图 5-41。

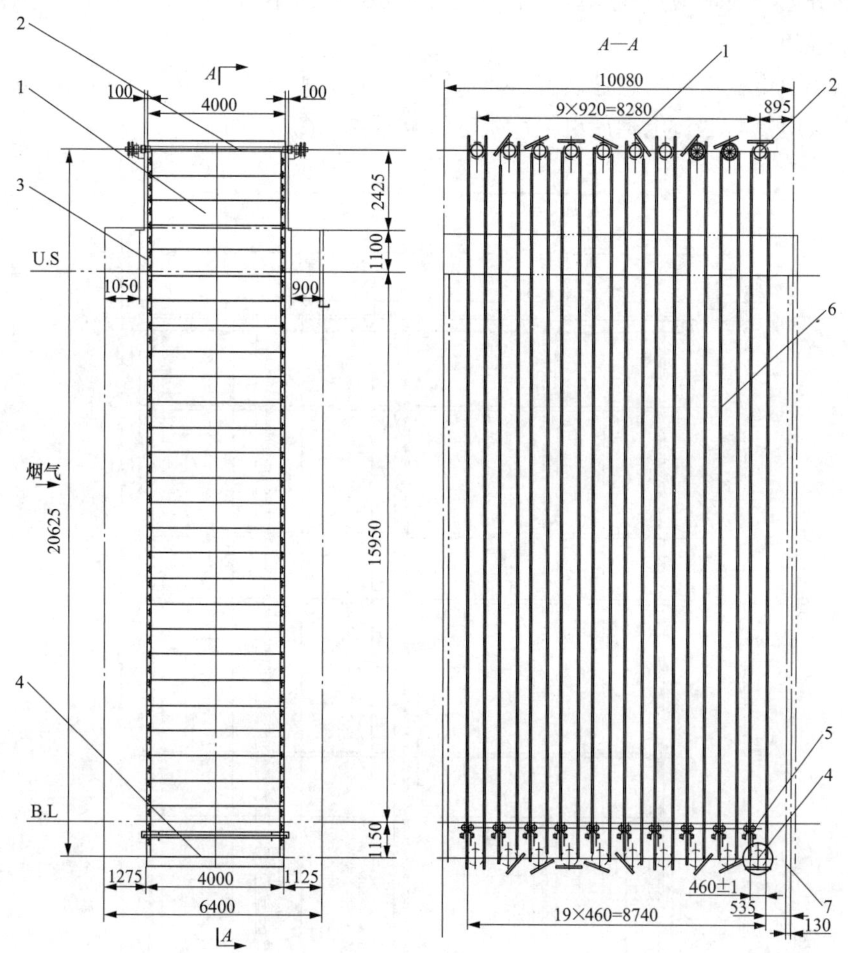

图 5-41 旋转阳极

1—旋转电场小阳极板；2—旋转电场阳极驱动轴；3—旋转阳极传动链条；4—旋转电场阳极导向轴；5—旋转电场阳极清扫轴；6—旋转电场阳极板；7—壳体内壁

(2) 驱动装置。旋转阳极驱动装置由阳极驱动电动机、阳极驱动链条、阳极驱动链轮、阳极驱动轴、阳极驱动轮、传动链条、阳极导向轮及阳极导向轴构成，见图 5-37。阳极驱动电动机通过阳极驱动链条和阳极驱动链轮带动阳极驱动轴转动，阳极驱动轴通过阳极驱动轮和传动链条带动阳极板转动，阳极板下方为阳极导向轴及阳极导向轮，阳极导向轴及阳极导向轮靠自重可上下移动，除起导向作用外还起张紧作用。

(3) 清扫装置。清扫装置由清扫驱动电动机、清扫驱动链、清扫驱动链轮、清扫驱动轴及清扫刷组成，见图 5-37。清扫驱动电动机通过清扫驱动链带动清扫驱动链轮转动，清扫驱动链轮带动清扫驱动轴转动，清扫驱动轴装有螺旋状不锈钢毛刷，清扫驱动轴上的不锈钢毛刷将旋转阳极板上的灰清除后落入灰斗内。

(三) 放电极(阴极)

放电极与阳极对应，前四电场内的放电极对应固定阳极板，五电场放电极对应旋转阳极板，这两部分放电极均为点放电，其结构与布置方式有所不同。

1. 前四电场放电极

前四电场放电极由阴极吊挂装置、阴极固定装置、阴极线及阴极振打装置等组成，作用是与阳极形成电场，通过电晕放电，产生电晕电流，见图 5-42。

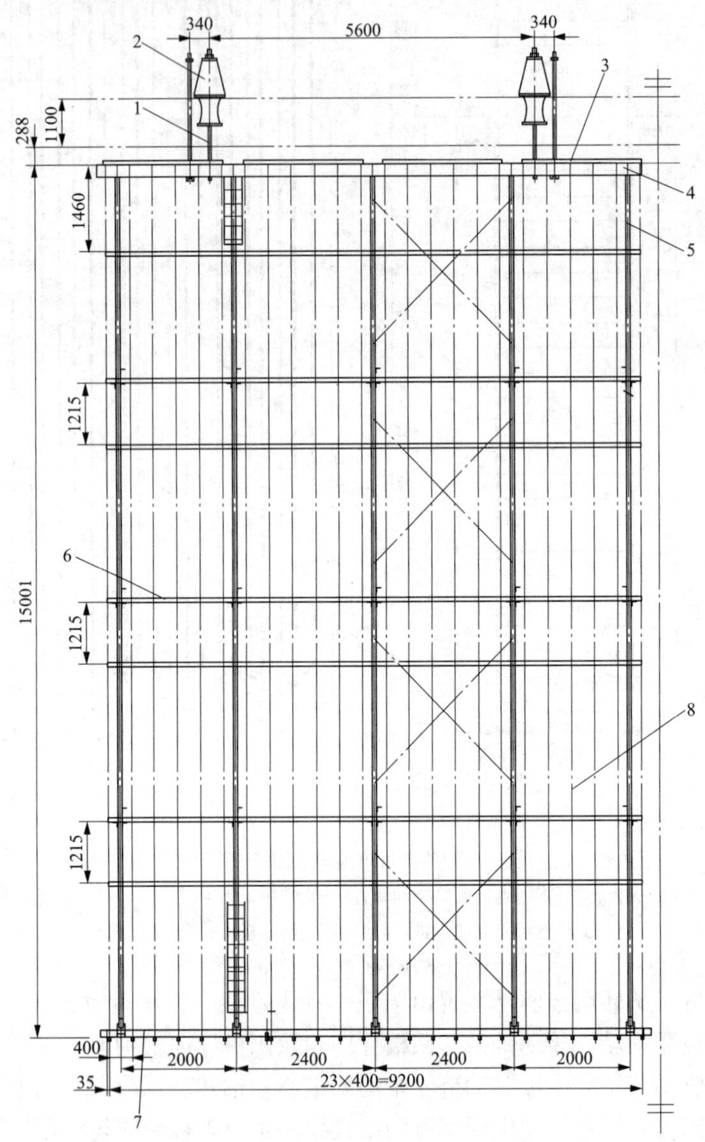

图 5-42　固定电场阴极布置

1—吊杆；2—阴极吊挂；3—上部框部；4—上横梁；5—竖梁；6—中部框架；7—下部框部；8—管状芒刺线

（1）阴极吊挂装置。由于电除尘器工作期间整个阴极荷电，必须将阴极与接地部件绝缘，每个室的每个电场安装有 4 个套管型吊挂装置（其中一个将电源与阴极相连），套管既承受阴极的荷重，又保持对地的绝缘。

（2）阴极固定装置。由于阴极线较长，刚度小，为了防止其在阳极之间摆动，造成短路，必须采用有效固定装置。阴极固定装置由大小框架组成，小框架的作用是将两阳极之间的一组阴极线纵向固定在一起，大框架的作用是将各小框架横向固定在一起。

(3) 阴极线。阴极线采用点放电的管状芒刺线，由不锈钢制成。阴极分为两段，两段阴极之间通过中部框架连接为一体，中部框架除了具有连接和固定阴极的作用外兼有阴极振打杆的作用，每个室的每一电场各有 24 个阴极小框架，相邻两小框架的距离为 400mm，小框架呈长方形，每个小框内装有 8 根阴极线，相邻两阴极线的间距为 500mm，每根阴极线对应一块阳极板。阴极小框架分别位于阳极板之间，24 个阴极小框架均匀布置在一个大框架内。

(4) 阴极振打装置。为了确保阴极线清洁，阴极采用顶部机械振打方式，其振打装置布置在阴极中部和上部，阴极振打装置的结构与阳极振打相似，由传动装置、振打轴、锤头和支撑轴承等组成。阴极中部和上部振打由一台电动机驱动，电动机位于除尘器顶部，电动机通过针轮减速机、瓷绝缘联轴器、竖轴及两根水平轴带动振打锤转动。阴极振打可采用连续振打，原因是阴极振打与阳极振打不同，阳极振打要求粉尘成片落下，必须采用定期振打。

2. 五电场放电极

五电场的阴极线为管状芒刺线，每个室的五电场各有 19 个阴极小框架，相邻两小框架的距离为 460mm。五电场的阴极吊挂装置、阴极固定装置及阴极振打装置与前四电场相似。

第六节 烟 气 脱 硫

煤在锅炉中燃烧产生的烟气中，硫氧化物的含量是环保控制的主要指标之一。煤中的硫可分为黄铁矿硫（FeS_2）、硫酸盐硫（$CaSO_4 \cdot H_2O$、$FeSO_4 \cdot H_2O$）、有机硫（$C_xH_yS_z$）和元素硫四种形态。其中，黄铁矿硫、有机硫及元素硫是可燃硫，可燃硫占煤中硫分的90%以上；硫酸盐硫是不可燃硫，不可燃硫占煤中硫分的 5%～10%，是煤的灰分的组成部分。煤燃烧时所有的可燃硫都会在受热过程中从煤中释放出来被氧化生成 SO_2，在高温条件下，有氧原子存在或在受热面上有催化剂时，一部分 SO_2 会转化成 SO_3（一般情况下，生成的 SO_3 只占 SO_2 的 0.5%～2%，相当于煤中 1%～2%的硫形成 SO_3）。为了防止煤燃烧过程中形成的硫氧化物对大气产生污染，必须采取措施进行脱硫，主要技术措施有燃烧前脱硫、燃烧中脱硫和燃烧后烟气脱硫。

燃烧前脱硫就是对原煤进行脱硫，常用的方法有物理洗选法、化学浸出法、微波法及煤的气化与液化法，这些处理方法难度大、成本高，实际应用中无法实施。燃烧中脱硫就是在燃烧过程中进行脱硫，其原理是燃烧过程中生成的 SO_2 和碱金属氧化物（如 CaO、MgO 等）反应生成硫酸钙或硫酸镁被脱除，最经济有效的办法是将石灰石破碎到合适的粒度喷入炉内作为脱硫剂，这种反应的最佳温度为 800～850℃，超出该温度范围时脱硫效率显著下降，当炉内温度达到 1200℃，已生成的硫酸钙也会分解生成二氧化硫。因此，加入石灰石脱硫不能应用在煤粉炉，只适合于循环流化床锅炉。燃烧后烟气脱硫是指对于燃烧温度高，在燃烧过程中加石灰石无法脱硫，只能对燃烧后的烟气进行脱硫。烟气脱硫可分成干法脱硫和湿法脱硫，湿法烟气脱硫技术适用范围广、对燃料的适应性强、脱硫效率高，是世界上控制燃煤 SO_2 排放应用最广和最有效的技术。其中，由于石灰石-石膏湿法烟气脱硫（FGD）技术的吸收剂来源丰富、成本低廉、效率高、运行可靠、适用范围广、技术成熟、副产物具有经济效益等优势，成为国际上应用最广泛的脱硫技术，占有重要的市场地位，我国燃煤电厂烟气脱硫 90%以上采用石灰石-石膏湿法脱硫，该工艺已成为我国火力发电厂脱硫工艺的主导技术。

一、石灰石-石膏湿法脱硫工艺

（一）石灰石-石膏湿法脱硫原理

以石灰石粉溶于水后呈悬浮液为基础，利用 SO_2 在水中有良好的溶解性和可以进行连锁化学反应这一特点，当烟气进入吸收塔后，在上升过程中，与喷淋下降的石灰石浆液雾滴相碰撞，SO_2 便溶于浆液水滴中，随之落入吸收塔浆池中，此时浆池上部多为亚硫酸（H_2SO_3），呈酸性（pH 值较低）。随着浆液不断循环，SO_2 与补入的石灰石浆液生成亚硫酸钙（$CaSO_3$），同时与浆池中鼓入的空气中氧气进行化学反应，生成二水硫酸钙（$CaSO_4 \cdot 2H_2O$），即脱水石膏。石灰石-石膏湿法脱硫过程中发生的化学反应如下：

（1）吸收反应为

$$SO_2 + H_2O \longrightarrow H_2SO_3$$

$$H_2SO_3 \longrightarrow H^+ + HSO_3^-$$

（2）石灰石溶解反应为

$$CaCO_3 + H^+ + HSO_3^- \longrightarrow Ca^{2+} + SO_3^{2-} + H_2O + CO_2\uparrow$$

（3）氧化反应为

$$SO_3^{2-} + 1/2O_2 \longrightarrow SO_4^{2-}$$

$$HSO_3^- + 1/2O_2 \longrightarrow SO_4^{2-} + H^+$$

（4）中和沉淀反应为

$$Ca^{2+} + SO_3^{2-} + 1/2H_2O \longrightarrow CaSO_3 \cdot 1/2H_2O$$

$$Ca^{2+} + SO_4^{2-} + 2H_2O \longrightarrow CaSO_4 \cdot 2H_2O$$

（5）总反应为

$$SO_2 + 1/2O_2 + 2H_2O + CaCO_3 \longrightarrow CaSO_4 \cdot 2H_2O + CO_2\uparrow$$

SO_2 是一种易溶的酸性气体，进入液相中与水反应生成亚硫酸（H_2SO_3），亚硫酸快速分解成亚硫酸氢根离子（HSO_3^-）和氢离子（H^+）。为了能继续进行 SO_2 的吸收，氢离子 H^+ 必须被中和掉，否则循环浆液的 pH 值就会降低（即浆液的酸度会增加），致使浆液不能再吸收 SO_2。

这种必要的中和反应是由固体石灰石的溶解来完成的，即由 $CaCO_3$、H^+、HSO_3^- 发生反应，生成 Ca^{2+}、SO_3^{2-}、H_2O、CO_2，中和 1mol 的 SO_2 需要 1mol 的碳酸钙吸收剂。另一个主要的烟气脱硫化学反应是亚硫酸根 SO_3^{2-} 和亚硫酸氢根 HSO_3^- 氧化生成硫酸根的反应。在自然氧化中，反应过程中的氧来自烟气中，而在强制氧化中，氧化用氧则是被鼓入到吸收塔浆液中的空气，根据氧化程度的不同，反应产物可以是半水亚硫酸钙（$CaSO_3 \cdot 1/2H_2O$）、亚硫酸钙 $CaSO_3$、硫酸钙半水化合物的固溶体 $CaSO_4 \cdot 1/2H_2O$，通过继续氧化就会生成二水硫酸钙 $CaSO_4 \cdot 2H_2O$，在过饱和条件下，可以促进脱硫石膏结晶，当然也会带来结垢问题（浆液温度低于 60℃时，如能适当控制 $CaSO_4$ 的过饱和度，结垢并不严重）。

（二）石灰石-石膏湿法脱硫工艺流程

基本的石灰石-石膏湿法脱硫工艺流程是将石灰石制成浆液作为吸收剂，由泵送至吸收塔内，在塔内吸收剂与烟气及从塔下部鼓入的空气充分接触混合，烟气中的 SO_2、空气中的

O_2 与浆液中的 $CaCO_3$ 进行氧化反应生成 $CaSO_4$，$CaSO_4$ 达到饱和后，结晶形成石膏浆液。从吸收塔排出的石膏浆液经浓缩、脱水，使其含水量小于 10%，然后送至石膏仓库堆放；脱硫后的烟气经过除雾器除去雾滴后经烟囱排入大气，其流程见图 5-43，这种最基本的湿法烟气脱硫工艺叫单塔单循环。

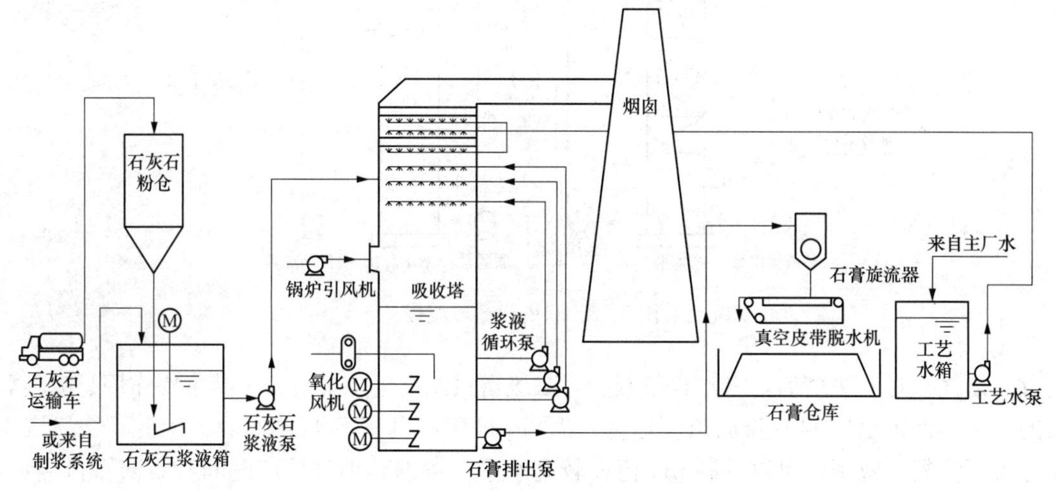

图 5-43 石灰石-石膏湿法脱硫流程

石灰石-石膏湿法脱硫工艺的核心设备是吸收塔，含硫烟气在吸收塔中与石灰石浆液接触，二氧化硫与石灰石反应，生成副产品石膏，使烟气得到净化，单塔单循环吸收塔的脱硫效率为 90%～95%。随着人类环保意识的日益提高，对火力发电厂的烟气排放要求越来越高，如果需要获得更高的脱硫效率，只有提高浆液 pH 值或增加烟气与浆液接触时间。但提高 pH 值不利于反应产物亚硫酸钙的氧化结晶，反而又进一步制约了对 SO_2 的吸收。因此，只能通过增加反应时间来提高脱硫效率，这就使吸收塔的高度不断增加。为了有效解决上述问题，在实践中研发出了单塔双循环烟气脱硫技术和双塔双循环烟气脱硫技术。单塔双循环与双塔双循环技术理念大体一致，都是通过提高部分浆液的 pH 值来提高脱硫效率，利用另一部分浆液进行氧化结晶。因此，单塔双循环烟气脱硫技术和双塔双循环烟气脱硫技术的浆液供应系统、石膏处理系统、公用系统均与传统脱硫一致，只是吸收塔的结构有所区别。

1. 双塔双循环

双塔双循环技术是在烟气通道上建设两座吸收塔，两座吸收塔通过串联运行而增加烟气与浆液的反应时间。双塔双循环流程见图 5-44。一级塔作为预洗塔，用于吸收部分 SO_2 和石膏结晶；二级塔作为补充，吸收一级塔中逃逸的 SO_2。两座吸收塔有独立的循环系统，吸收塔浆池的作用有所不同，一级塔浆池用于石膏结晶，二级塔通过提高 pH 值，获得更高的脱硫效率，本身不排出石膏，通过两个浆池间的小循环系统将反应产物转移至一级塔，由一级塔的排出泵一起输送至石膏处理系统，因吸收塔除雾器定期冲洗会造成浆池液位上升，浆池间小循环还起到调节液位的作用。

当浆液 pH 值为 4.5 时，石膏的氧化效率最高。因此，一级塔浆液需要保持较低 pH 值，以利于石膏氧化结晶，考虑一级塔也吸收一部分 SO_2，一级塔 pH 值控制在 5.2～5.4

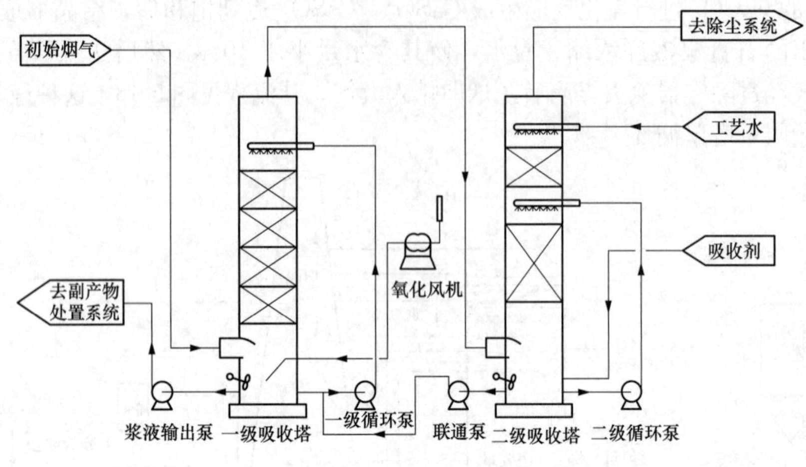

图 5-44　双塔双循环流程

为宜。烟气经过一级塔后，SO_2 含量减少，二级塔只能产生少量石膏，其主要作用是吸收剩余的 SO_2，保证出口 SO_2 排放浓度达标，而高 pH 值有利于 SO_2 的吸收。因此，二级塔不需考虑石膏氧化效率，可以控制 pH 值在较高水平。考虑到烟气反应时间和石灰石供应量，pH 值宜控制在 5.8～6.2，这样可以大大降低浆液循环量。

双塔双循环石灰石-石膏湿法脱硫技术适合于原有脱硫系统的改造。双塔双循环两座吸收塔相互独立，新塔分层制作后吊装，高空作业量少，新塔建设期间，只需做好相关措施，原有脱硫系统仍可继续运行，可以达到不停机改造的要求。

2. 单塔双循环

单塔双循环只有一个吸收塔，吸收塔分为上段和下段，上、下两段分别配置各自独立的浆液循环泵，在吸收塔内设置集液斗收集浆液。为便于浆液循环，在吸收塔外设置了加料槽（AFT），加料槽的作用是储存并向吸收塔上段喷淋层提供浆液。单塔双循环流程见图 5-45。吸收塔内的集液斗将脱硫区分为上、下两个循环回路，下循环回路由浆液池、一级循环泵及一级喷淋层等组成；上循环回路由集液斗、吸收区加料槽、二级循环泵和上喷淋层组成。两级循环分别设有独立的循环浆池和喷淋层，每级循环具有不同的运行参数。单塔双循环也是通过提高部分浆液的 pH 值来提高脱硫效率，利用另一部分浆液进行氧化结晶。从除尘器出来的烟气首先沿切向或垂直方向进入吸收塔下段，与一级喷淋层喷出的浆液接触，并被冷却至饱和温度。一级循环的主要功能是保证亚硫酸钙氧化效果和充足的石膏结晶时间，一级循环浆液一部分来

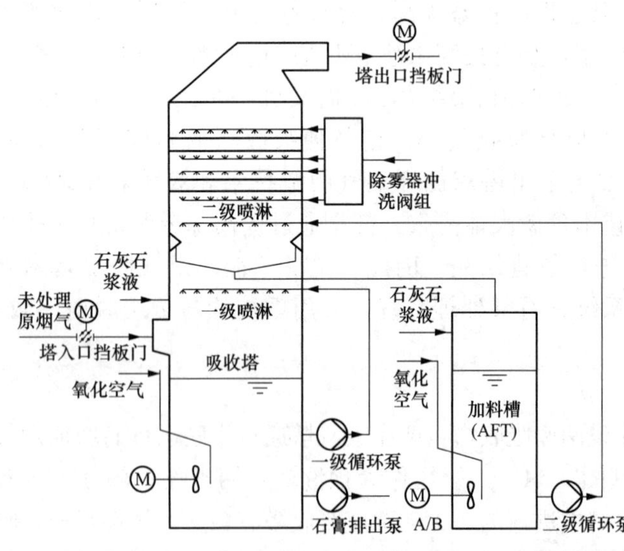

图 5-45　单塔双循环流程

自吸收塔下部反应池，一部分由二级循环浆液来补充，该段循环浆液 pH 值较低，有利于石灰石溶解、亚硫酸氢根氧化为硫酸根及生成二水石膏。经过一级循环的烟气直接进入二级循环，二级循环主要实现脱硫洗涤，不考虑氧化结晶的问题，因此 pH 值可以控制在较高的水平。单塔双循环石灰石-石膏湿法脱硫技术既克服了单塔单循环技术因液气比高、浆池容积大，而导致氧化风机压头高的缺点，也克服了双塔双循环工艺设备占地面积大、系统阻力大和投资高的缺点，在新建机组中广泛应用。

二、350MW 热电联产机组锅炉烟气脱硫

350MW 热电联产机组锅炉脱硫装置采用单塔双循环石灰石-石膏湿法烟气脱硫，两级循环分别设有独立的循环浆池、喷淋层，不设烟气旁路和回转式烟气换热器（GGH），烟囱内部进行了防腐处理，脱硫效率大于 99.4%，以保证烟囱出口 SO_2 排放浓度不大于 25mg/m^3（标准状态）。每台锅炉有各自的烟气系统及氧化吸收系统，吸收剂制备系统、石膏脱水系统和污水处理系统两台炉公用一套。脱硫装置的氧化吸收系统由一座吸收塔和一座 AFT 浆液罐组成。烟气系统见图 5-46。烟气与来自吸收塔内的一级循环喷淋浆液（pH＝ 4.5～5）逆向接触，吸收烟气中的部分 SO_2，烟气继续上升并与来自塔外 AFT 浆液罐的二级喷淋浆液（pH＝5.5～6）接触，吸收烟气中剩余部分的 SO_2。喷淋层共两级，每级喷淋层装有 3 层喷嘴；吸收塔和 AFT 浆液罐各有 3 台浆液循环泵与喷淋层相对应。

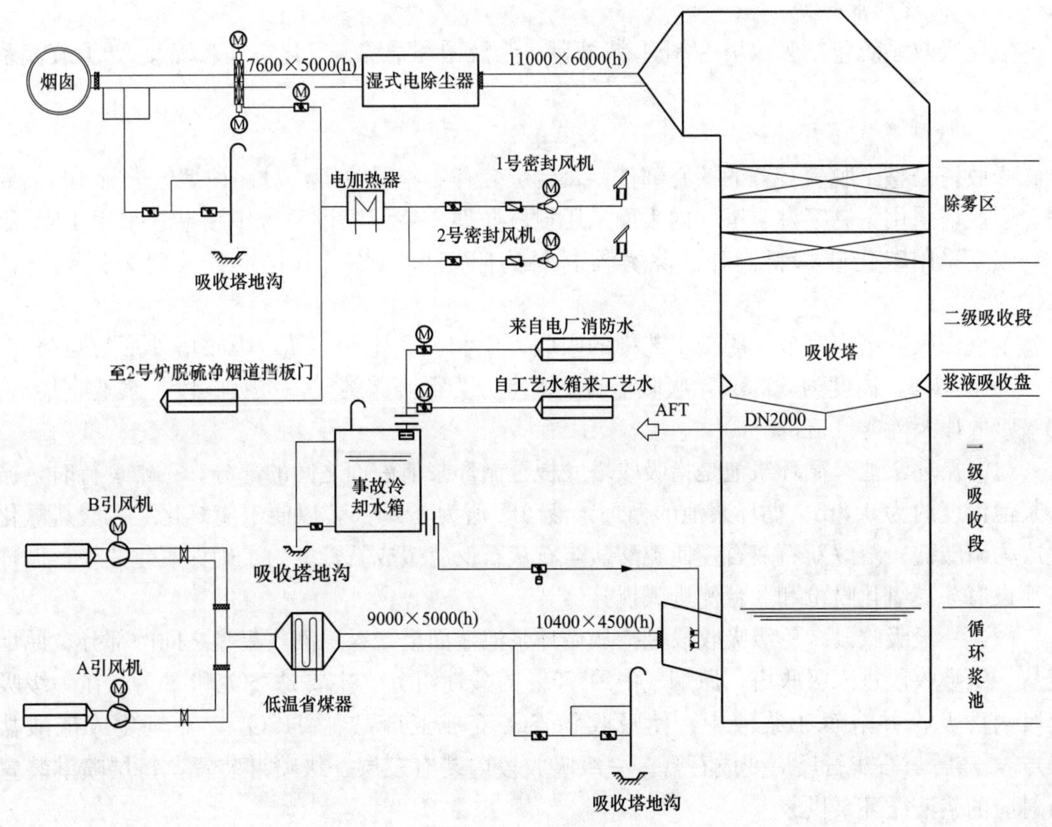

图 5-46 烟气系统

在吸收塔喷淋层的上方，设有两级屋脊式除雾器，以分离烟气向上流动夹带的浆液液滴。分离出的液滴靠重力下降，最终通过吸收塔内二级浆液喷淋层下方的浆液收集盘进入AFT浆液罐。浆液液滴容易附着在除雾器叶片上，必须对除雾器叶片定期进行冲洗，以保证除雾器烟气通道畅通，减小烟气阻力，冲洗水作为吸收塔和AFT浆液罐的补水。在正常运行中必须不断地向氧化吸收系统添加新鲜的石灰石浆液，以补充吸收反应消耗的石灰石，并将产生的副产物（主要是石膏）及时排出，以控制吸收塔和AFT浆液罐内的固体物浓度。同时，鼓入充足的空气，使氧化反应顺利进行。

（一）烟气系统

锅炉烟气从两台引风机出口烟道汇合成一个烟道经低温省煤器冷却后进入吸收塔，烟气首先与一级循环浆液逆流接触，经冷却、洗涤脱除部分SO_2后，通过碗状二级浆液收集盘后，流入二级吸收区，烟气在这里与二级循环喷淋的浆液进一步反应，SO_2几乎被完全脱除。脱硫后的清洁烟气经除雾器除去雾滴后，由吸收塔上侧排出，经湿式电除尘器和烟气挡板后排入烟囱。烟气在吸收塔内脱除SO_2过程中被冷却，并达到绝热饱和温度。

在吸收塔烟气入口处，装有事故喷水装置，事故喷水装置由1个事故冷却水箱和60个事故喷淋喷头组成，喷水来自工艺水和消防水系统，其作用是事故状态下防止烟气温度太高，损坏除雾器。在吸收塔的出入口烟道上设有疏水管，疏水排入吸收塔地沟，见图5-46。

（二）氧化吸收系统

氧化吸收系统包括吸收塔、AFT浆液罐、浆液循环系统、氧化空气系统及AFT旋流系统，见图5-47。

1. 吸收塔

吸收塔是整个脱硫装置的核心部件，每台炉装有1座吸收塔，对锅炉烟气进行100%处理。吸收塔采用钢制喷淋空塔，内表面采用衬胶防腐。浆液喷淋系统中喷淋管采用FRP制作，喷嘴采用碳化硅材料制作。除雾器材料为阻燃聚丙烯。氧化空气喷管采用耐腐蚀FRP管。

烟气在吸收塔内完成了脱硫工艺中的吸收、中和、氧化和结晶，吸收塔外形为圆筒形，直径为13.1m，高度为50.8m，吸收塔自下而上分为循环浆池、一级吸收段、浆液收集盘、二级吸收段及除雾区五部分。

（1）循环浆池。循环浆池是指吸收塔底板至循环浆池液面之间的部分。正常运行时，循环浆池深度约为9.8m。循环浆池的循环浆液pH值为4.5～5，以便于使氧化亚硫酸盐氧化生成为硫酸盐；溶解新石灰石，使硫酸盐与石灰石反应生成石膏。为了确保氧化效果，循环浆池设有3支氧化喷枪和3台侧进式搅拌器。

（2）一级吸收段。一级吸收段是指从循环浆池液面至二级浆液收集盘之间的部分。原烟气从一级吸收段进入吸收塔，原烟气中约75%的酸性组分（主要是SO_2和SO_3）在一级吸收段内被吸收并溶解于浆液中，使吸收物SO_2变成亚硫酸盐HSO_3^-，并氧化成硫酸盐SO_4^{2-}，随后与石灰石反应变成石膏。一级吸收段内装有三层一级喷淋装置，每层喷淋装置由对应的浆液循环泵供浆。

（3）浆液收集盘。浆液收集盘位于一级吸收段与二级吸收段之间，浆液收集盘呈碟环状，作用是将二级循环喷淋浆液收集后输送回AFT浆液罐。

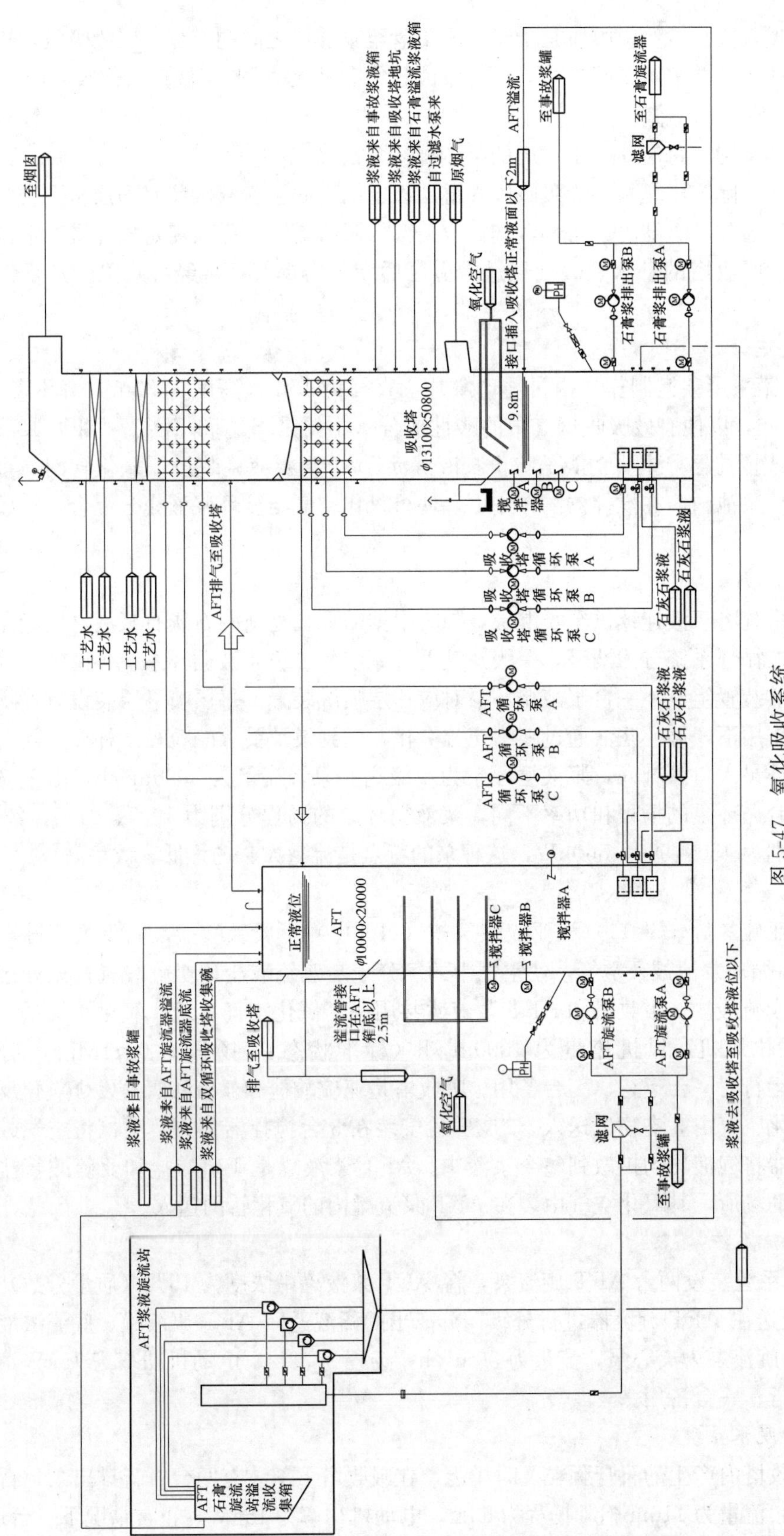

至烟囱
浆液来自事故浆液箱
浆液来自吸收塔地坑
浆液来自石膏溢流浆液箱
自过滤水泵来
原烟气
吸收塔
ϕ13100×50800
氧化空气
接口插入吸收塔正常液面以下2m
9.8m
AFT溢流
至事故浆罐
至石膏旋流器
滤网
石膏浆排出泵B
石膏浆排出泵A
工艺水
工艺水
工艺水
工艺水
AFT排气至吸收塔
搅拌器A
搅拌器B
搅拌器C
吸收塔循环泵A
吸收塔循环泵B
吸收塔循环泵C
石灰石浆液
石灰石浆液
AFT循环泵A
AFT循环泵B
AFT循环泵C
石灰石浆液
石灰石浆液
正常液位
AFT
ϕ10000×20000
搅拌器C
搅拌器B
搅拌器A
溢流管接口在AFT罐底以上2.5m
排气至吸收塔
氧化空气
浆液来自事故浆罐
浆液来自AFT旋流器溢流
浆液来自AFT旋流器底流
浆液来自双循环吸收塔收集碗
AFT旋流泵B
AFT旋流泵A
滤网
至事故浆罐
浆液去吸收塔至吸收塔液位以下
AFT浆液旋流站
AFT石膏旋流站溢流收集箱

图 5-47 氧化吸收系统

（4）二级吸收段。二级吸收段是指浆液收集盘至除雾器之间的部分。二级吸收段进一步吸收烟气的酸性成分并溶解于浆液中，通过浆液收集盘进入 AFT 浆液罐，使吸收的 SO_2 变成亚硫酸盐（HSO_3^-），并氧化成硫酸盐（SO_4^{2-}），再与石灰石反应变成石膏。二级吸收段内装有三层喷淋装置，每层喷嘴由对应的浆液循环泵供浆。

（5）除雾区。除雾区是指二级吸收段喷淋层以上的空间。除雾区装有两层水平安装的屋脊除雾器，烟气通过除雾器时，将小雾滴回收后落入吸收塔，除雾器需定期冲洗，清洗除雾器的冲洗水作为吸收塔的补水，烟气经过除雾区后变为净烟气，再经湿式除尘从烟囱排入大气。

2. AFT 浆液罐

AFT 浆液罐采用碳钢制作，内衬玻璃鳞片，直径为 10m，高度为 20m。循环浆液 pH 值维持在 5.5～6，以便有效吸收烟气中的酸性成分（主要是 SO_2 和 SO_3）。AFT 浆液罐内装有 3 台侧进式搅拌器，主要功能是防止浆液沉淀。AFT 浆液罐装设了氧化管网，将氧化空气注入到循环浆池内，在搅拌器的作用下，使得氧化空气与循环浆液充分混合，完成强制氧化工艺。

3. 浆液循环系统

浆液循环系统将浆液连续供至喷淋层，同时根据需要补充新的石灰石浆液，以确保有效吸收 SO_2。浆液循环系统分为两级，一级浆液循环系统和二级浆液循环系统各由 3 台浆液循环泵和 3 层喷淋装置组成，一台浆液循环泵对应一层喷淋装置。每层喷淋层装设有喷嘴，在浆液循环泵的作用下，循环浆液通过喷嘴充分雾化，达到设计要求的粒径。补充的新石灰石浆液从浆液循环泵入口管补入，浆液循环泵为单级离心泵，流量为 $5000m^3/h$，由于喷淋层高度不同，各台循环泵的扬程和功率不同，浆液循环泵的扬程分别为 19.7、21.5、23.5m，电动机功率分别为 450、500、560kW，这种泵的特点是流量大、扬程低、效率高。

4. 氧化空气系统

为了确保亚硫酸盐（SO_3^{2-}）和亚硫酸氢盐（HSO_3^-）生成硫酸盐，向吸收塔循环浆池和 AFT 浆液罐循环浆池鼓入空气，使空气中的氧分子与亚硫酸盐和亚硫酸氢盐充分接触发生氧化反应生成硫酸盐，吸收塔和 AFT 浆液罐共用一套氧化空气系统，氧化空气系统装有两台离心式氧化风机，风机流量为 $1000m^3/h$（标准状态），扬程为 0.11MPa，功率为 450kW，正常运行时一台运行、一台备用。吸收塔是亚硫酸盐和亚硫酸氢盐发生氧化反应的主要场所，氧化空气由 3 支喷枪送入，3 支喷枪安装在 3 台搅拌器前方，喷枪将空气鼓入吸收塔后由搅拌器将气泡均匀扩散到整个浆液中。AFT 浆液罐是亚硫酸盐和亚硫酸氢盐发生氧化反应的辅助场所，其氧化空气由装在 AFT 浆液罐内的氧化管网送入。

5. AFT 旋流系统

AFT 旋流系统装设两台 AFT 旋流泵，将 AFT 浆液罐中浓度为 15%（质量分数）的石灰石-石膏浆液送往 AFT 旋流器进行分级，分离出的稀液返回 AFT 浆液罐，底流浓液送至吸收塔。AFT 旋流泵为离心泵，流量为 $30m^3/h$，扬程为 32m，电动机功率为 15kW，正常情况下一台运行、一台备用。

（三）石膏脱水系统

为了将吸收塔内产生的石膏颗粒及时排走，在吸收塔下部装有两台石膏排出泵，石膏排出泵为离心泵，流量为 $110m^3/h$，扬程为 55m，电动机功率为 15kW，正常情况下一台运行、一台备用。从石膏排出泵抽出的浆液经过滤网（防止塔内防腐层脱落堵塞旋流器）送到石膏脱水系统，石膏脱水系统采用旋流分离和真空皮带分离二级脱水。脱水系统见图 5-48。

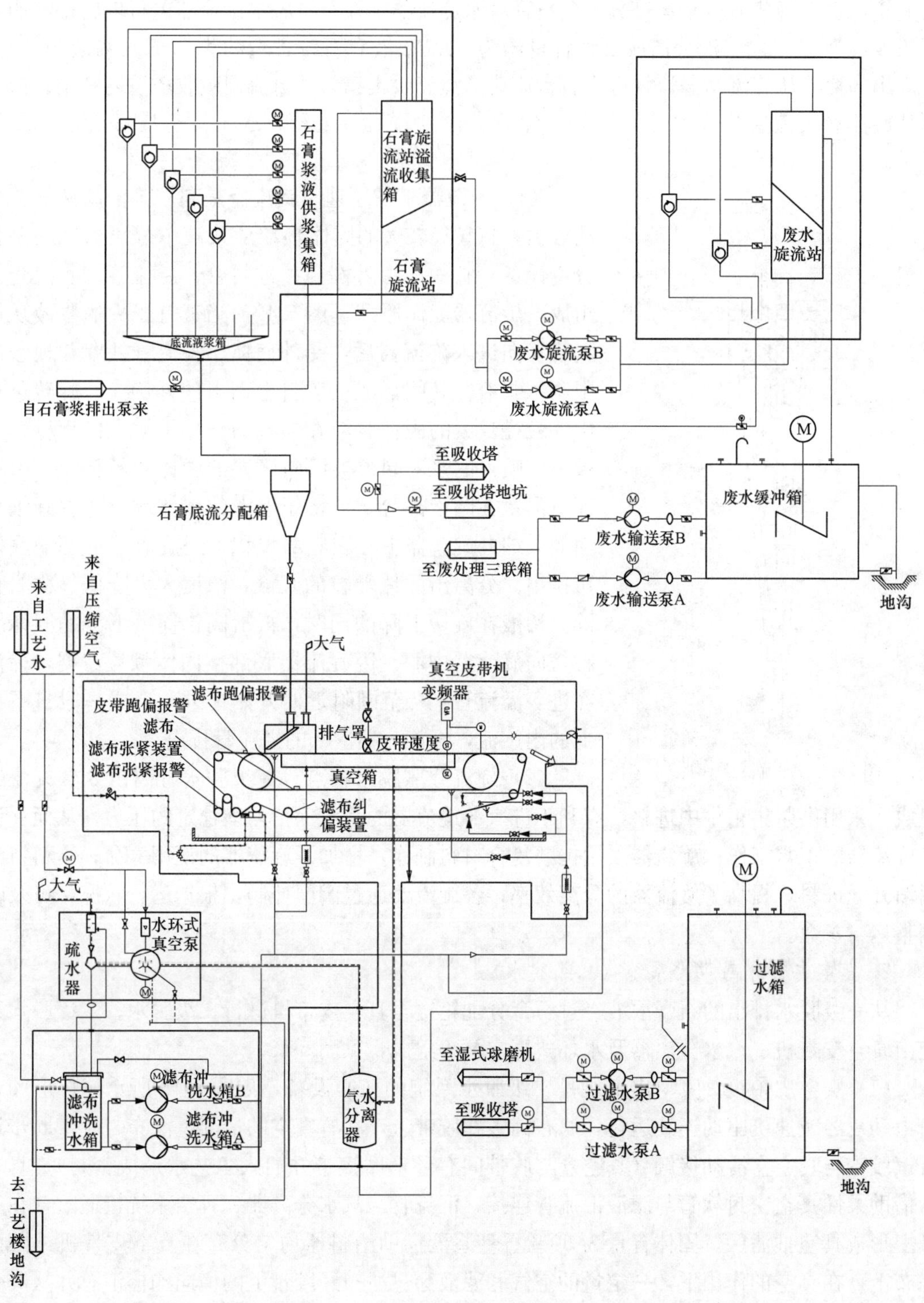

图 5-48　脱水系统

1. 旋流分离脱水系统（一级脱水）

旋流分离脱水的主要设备是旋流器，从石膏排出泵排出的石膏浆液首先进入石膏浆液供浆集箱，由石膏浆液供浆集箱分配到石膏脱水旋流器，在石膏脱水旋流器内将塔内排出的石膏浓度约为15%的浆液分离成石膏含量约为50%浓液和石膏含量约为3.67%稀液两部分。分离出的稀液从旋流站溢流管进入石膏旋流站溢流收集箱，并自流回吸收塔重复利用；浓液则从旋流器底流管排入底流浆液箱，然后自流到石膏分配箱，送至真空皮带机进行二级脱水。

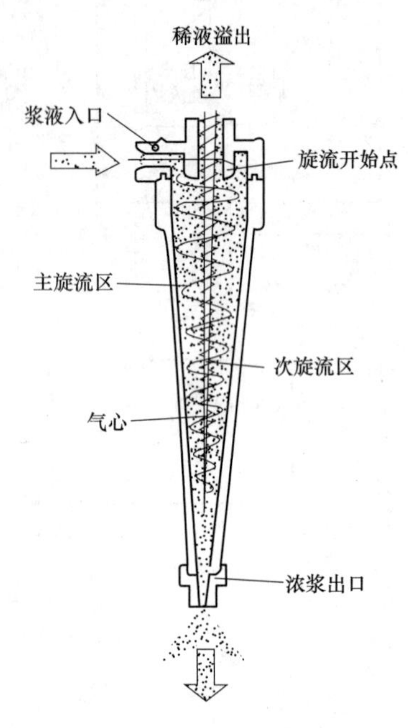

图 5-49　旋流器工作原理

(1) 旋流器工作原理。旋流器是利用浆液高速旋转的离心力，将粒径较大的固体颗粒从浆液中分离出来的一种分离设备。它一般由外圆筒、进料管、溢流管、底流管等组成。旋流器工作原理见图 5-49。当带有压力的浆液从进料管切向进入旋流器后，受外筒体、溢流管外壁和顶盖的限制，浆液在其间形成一股自上而下的外旋流。旋转过程中，粒径较大的固体颗粒在惯性力作用下被甩向筒壁，并被不断喷入的浆液同样被甩向筒壁的固体颗粒挤压，沿壁面下滑；在圆锥部分，被挤压下滑的固体颗粒随着圆锥截面的收缩向旋流器中心和底部聚积，经旋流器下部的底流口排出。分离出固体颗粒的浆液，浓度大大降低，称为稀液。稀液在旋转下降的同时，被沿圆锥筒壁下滑的固体颗粒挤向旋流器中心。因旋流器底部被固体颗粒占据，稀液在进入溢流管半径范围附近便开始上升，形成一股自下而上的内旋流，经旋流器上部的溢流管排出。

(2) 旋流分离脱水特点。一级脱水分离由 8 台旋流器组成，采用供浆集箱集中进料，有利于进入各旋流器的浆液保持均衡稳定的压力，从而保证各旋流器的正常工作；旋流器采用抗磨复合材料制作，增加了旋流器的使用寿命；给料口采用渐开线进料，提高了旋流器的分离效率；各旋流器通过阀门控制，根据运行状况，可及时调整运行参数。

2. 真空皮带分离脱水系统（二级脱水）

从一级脱水排出的石膏浓液经过石膏分配箱送至真空皮带机进行二级脱水。二级脱水系统由真空皮带机、汽水分离器及水环式真空泵等组成，见图 5-48。

(1) 真空皮带机。真空皮带机是二级脱水系统的核心设备，如图 5-48 所示。环形胶带由电动机经减速机驱动连续运行，滤布铺敷在胶带上，在有真空的情况下滤布与胶带同步运行。胶带与真空盒滑动接触（真空盒与胶带间有环形摩擦带并通入工艺水形成密封），真空盒借助柔性真空密封软管与滤液汇流管连接，汇流管与汽水分离器、真空系统接通时，在胶带上形成真空抽滤区。固体含量为 50%石膏浆液借助给料器均匀分布在真空皮带机外圈的滤布上，在真空的作用下，一定量的空气和滤液穿过滤布经胶带上的横向沟槽汇总并从胶带中央纵向的排液孔进入真空盒，固体颗粒被滤布截留形成滤饼；进入真空系统的空气和滤液排入汽水分离器，汽水分离器将滤液和空气进行分离，分离出的滤液借助重力通过管道流入过滤水地坑，而滤出的空气则通过真空泵排至大气。随着胶带移动，已形成的滤饼依次进入滤饼洗涤区、吸干区；最后滤布与胶带分开，将滤饼卸出；卸除滤饼的胶带和滤布经过清洗喷嘴区清洗后获得再生；再经过一组支承辊和纠偏装置后重新进入过滤区。真空皮带机出力为32t/h，脱水面积为40m^2，来料含固体量为50%，电动机功率为15kW。

(2) 汽水分离器。汽水分离器由碳钢焊接而成，内衬橡胶，直径为2400mm，高为2800mm，容积为5m^3。从真空箱抽出的气水混合物沿切向进入汽水分离器筒体内进行离心分离，分离后的气体通过真空泵排大气，分离出的水排入滤液水箱。

(3) 水环式真空泵。水环式真空泵是一种容积泵，由泵体、端盖和偏心叶轮组成，其作用是维持过滤系统的负压。水环式真空泵出力为8000m^3/h，电动机功率为250kW。

（四）废水处理系统

脱硫装置浆液在不断循环过程中，会富集Cl、F和重金属元素V、Ni、Mg等，这些元素会加速脱硫设备的腐蚀，并影响石膏的品质。因此，脱硫装置要排放一定量的废水，保证浆液的品质。吸收塔的石膏浆液通过石膏旋流器浓缩分离后，石膏旋流器分离出来的稀液一部分返回吸收塔循环使用，另一部分进入废水旋流器进一步分离，废水旋流器分离出来的溢流液排至废水缓冲箱，由废水泵输送至脱硫废水处理系统进行处理；废水旋流器分离出来的浓液排至石膏溢流浆液箱循环使用。脱硫废水的处理工艺包括废水处理系统、废水处理加药系统和废水污泥处理系统，废水处理后重复利用。

（五）石灰石浆液制备系统

两台炉公用一套石灰石浆液制备系统，两台炉同时运行时，石灰石最大用量为2×10t/h，石灰石浆液制备系统由石灰石卸料系统和石灰石磨制系统组成，见图5-50。石灰石浆液制备系统的工作过程是根据石灰石浆液的需求启动湿式球磨机和给料机，根据负荷调整给料机的转速，石灰石料仓的石灰石通过称重皮带给料机后与滤液泵来水一起进入湿式球磨机，在湿式球磨机内将石灰石和水制成浆液，通过溢流和连续给料的力量由出料端将浆液排入再循环箱，由再循环泵把浆液送至浆液旋流器进行粗细分离，较粗的石灰石从旋流器底部排出送至湿式球磨机进行重新磨制，较细的合格石灰石从旋流器顶部排出送至石灰石浆液箱或送回再循环箱进行再循环。

1. 石灰石卸料系统

汽车运来的石灰石（粒径小于20mm）卸入石灰石料斗储存，石灰石料斗由碳素钢板焊接而成，容积为38m^3。石灰石由振动给料机送入斗提机后被垂直提升，从斗提机出口将石灰石卸入埋刮板机，由埋刮板机将石灰石送到石灰石仓，石灰石仓的筒体为混凝土内衬16Mn钢板，容积为800m^3，可储存两台机运行3天的石灰石。

2. 石灰石磨制系统

石灰石磨制系统由称重皮带给料机、湿式球磨机、再循环箱、再循环箱与搅拌机、再循环泵及石灰石浆液旋流器等设备组成。

(1) 称重皮带给料机。称重皮带给料机的作用是将石灰石仓的石灰石送到湿式磨煤机入口，其给料量通过变频调节，出力为0～20t/h，皮带速度为0～0.124m/s，皮带宽度为650mm，电动机功率为4kW。

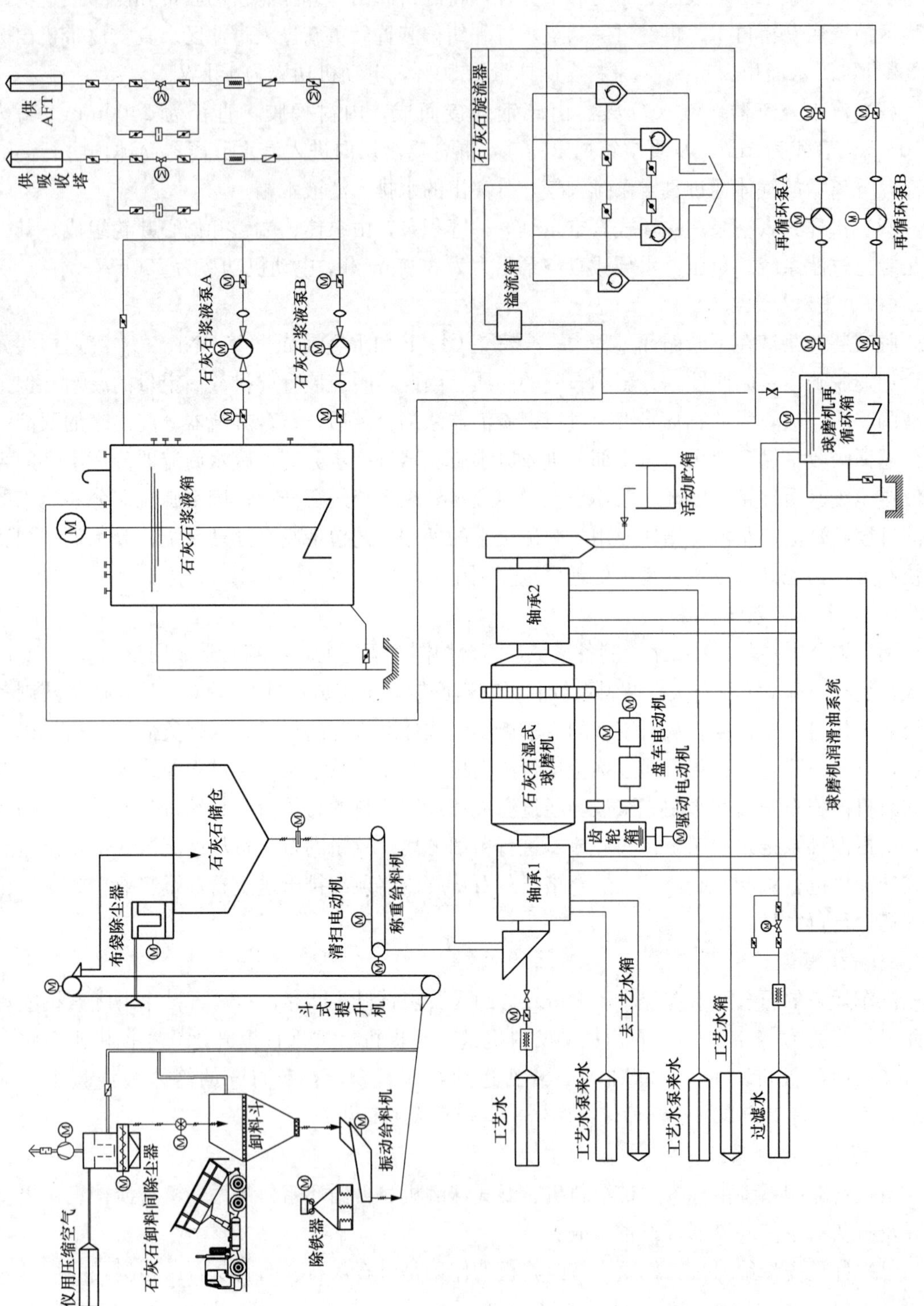

图 5-50　石灰石浆液制备系统

(2) 湿式球磨机。湿式球磨机是石灰石磨制系统的主要设备，出力为18.5t/h。其工作过程是电动机通过减速机带动小齿轮转动，小齿轮与筒体固定的大齿轮相啮合，带动筒体旋转，筒体内装有适量的钢球，钢球在离心力和摩擦力的作用下被提升到一定的高度，然后呈抛落和泻落状态落下，石灰石与水一起由给料管连续地进入筒体内部，被运动的钢球粉碎和研磨，并通过溢流和连续给料的力量由出料端把浆液排出。湿式球磨机由驱动装置、主轴承、筒体和进出料管等组成。

1) 驱动装置。电动机通过减速机带动小齿轮转动，小齿轮与固定在筒体上的大齿轮相啮合，带动筒体旋转，主电动机功率为560kW。另外，还有一套慢速驱动装置，供盘车和维修时使用（当湿式球磨机停运超过8h以上时，筒体内的物料就会结块，启动主驱动前先用慢速驱动装置盘车，以达到松动物料的目的），慢速驱动装置位于主电动机端通过牙嵌离合器与减速器轴相连接，盘车电动机功率为5.5kW，盘车时筒体转速为0.2r/min。

2) 主轴承。湿式球磨机的两端各有一个封闭式自位调心120°轴承，轴瓦采用铅基或锡基巴氏合金，合金下埋有冷却水管。由于轴承负荷较大，装有高低压油系统，在湿式磨煤机启、停时用高压油系统将空心轴顶起，以防空心轴与轴瓦发生摩擦而损坏轴瓦，在正常运行时用低压油系统对轴承进行连续润滑。

3) 筒体。筒体由圆筒和端盖组成，圆筒和进出端盖采用法兰连接，圆筒上开有检修孔以便检修。圆筒外壳为金属钢板内衬有4～6mm橡胶衬板，以防止浆液对筒体的腐蚀，出入口空心轴与端盖整体制造，出入口端盖也衬有橡胶衬板，进料采用自流式，出料通过出口空心轴的反螺旋管进入圆筒筛，进行筛分和卸料。筒体内装有适量的钢球，钢球直径为30～90mm。

(3) 再循环箱与搅拌机。再循环箱用于储存经磨制的石灰石浆液，再循环箱是直径为2.6m高为2m的圆筒，材料为碳钢衬胶。再循环箱搅拌机的作用是防止浆液沉淀，布置方式为顶进式，电动机功率为4kW。

(4) 再循环泵。为了进一步对再循环箱内浆液进行粗细分离，装有两台再循环泵，再循环泵将再循环箱的浆液送到旋流器进行粗细分离，正常情况下一台运行、一台备用，再循环泵流量为140m^3/h，扬程为40m，电动机功率为45kW。

(5) 石灰石浆液旋流器。石灰石浆液旋流器与石膏浆液旋流器的结构与原理相同，其作用是对湿式球磨机出口石灰石浆液进行粗细分离，共有5个石灰石浆液旋流器，总出力为140m^3/h，给料中固体含量为45%，溢流中固体含量为25%的细石灰石从旋流器顶部排出送至石灰石浆液箱或送回再循环箱进行再循环，底流中固体含量为59%的粗石灰石送至湿式球磨机入口进行重新磨制。

（六）吸收剂供应系统

吸收剂供应系统由2个石灰石浆液箱、2个石灰石浆液搅拌器和4台石灰石浆液泵组成，其作用是将石灰石浆液从浆液循环泵入口送往吸收塔和AFT浆液箱。

1. 石灰石浆液箱

石灰石浆液箱的功能是储存磨制合格的石灰石浆液，由碳钢制作内衬玻璃鳞片，容积为240m^3。

2. 石灰石浆液搅拌器

石灰石浆液搅拌器的功能是防止磨制合格的石灰石浆液沉淀，搅拌器为顶进式，电动机功率为7.5kW。

3. 石灰石浆液泵

石灰石浆液泵的功能是将石灰石浆液送到吸收塔和AFT浆液箱，石灰石浆液泵流量为50m³/h，扬程为40m，电动机功率为30kW，浆液浓度为20%～30%。

（七）工艺水和冷却水系统

工艺水的作用是清洗所有输送浆液的管道及设备，工艺水系统包括1个工艺水箱、2台工艺水泵和3台除雾水泵。工艺水箱由碳钢制作并内衬环氧树脂层，容积为180m³；2台工艺水泵采用变频调节，流量为120m³/h，扬程为70m，电动机功率为45kW，正常情况下一台运行、一台备用；共有3台除雾水泵，除雾水泵的流量为120m³/h，扬程为70m，电动机功率为45kW，正常情况下两台运行、一台备用。冷却水系统是向各转动设备的轴承、密封及冷却器供水，冷却水系统与主厂区的工业水系统相连。

（八）排放系统

排放系统的作用是吸收塔检修时，将吸收塔内的浆液排入事故浆液箱储存起来，检修工作结束后再把事故浆液箱内的浆液送回吸收塔继续利用。排放系统由事故浆液箱、事故浆液箱地坑、事故浆液箱搅拌器及事故浆液泵组成。

1. 事故浆液箱

事故浆液箱的功能是临时储存浆液，由碳钢制成内衬玻璃鳞片，事故浆液箱的直径为12m，高为14.5m，容积为1583m³。

2. 事故浆液箱搅拌器

事故浆液箱装有3个侧进式搅拌器，电动机功率为22kW，功能是防止事故浆液箱内浆液沉淀。

3. 事故浆液泵

事故浆液泵的功能是把事故浆液箱内的浆液送回吸收塔内，排放系统中装有一台事故浆液泵，流量为120m³/h，扬程为30m，电动机功率为45kW。

（九）烟气脱硫的设计参数

烟气脱硫的设计参数见表5-7。

表5-7　　烟气脱硫的设计参数

序号	名　称	单位	数　值
1	入口烟气量（标准状态、湿态、实际O_2）	m³/h	1123795
2	入口烟气量（标准状态、干态、实际O_2）	m³/h	1264475
3	入口烟气含氧量（标准状态、干态、实际O_2）	%	5.12
4	入口烟气SO_2（标准状态、干态、6%O_2）	mg/m³	4300
5	入口烟气粉尘含量（标准状态、干态、6%O_2）	mg/m³	20
6	入口烟气温度（低温省煤器不投运）	℃	129.1
7	入口烟气温度（低温省煤器投运）	℃	89
	出口烟气SO_2（标准状态、干态、6%O_2）	mg/m³	<25
8	脱硫效率	%	99.4
9	钙硫比	mol/mol	<1.02

续表

序号	名　称	单位	数　值
10	脱硫装置电耗（单台炉和公用系统）	kW/h	4772
11	脱硫装置电耗（两台炉和公用系统）	kW/h	7664
12	工艺水量（单台炉低温省煤器不投运）	t/h	<85
	工艺水量（单台炉低温省煤器投运）	t/h	<62
13	压缩空气耗量（标准状态，单台炉）	m^3/min	3
14	废水量（单台炉）	t/h	12
15	脱水石膏含水率	%	<10
16	主设备噪声（离设备 1m）	dB	<85
17	FGD 装置寿命	年	30
18	石灰石氧化钙含量	%	47～50
19	石灰石碳酸镁含量	%	≤3
20	石灰石耗量（单台炉设计煤种）	t/h	<10

第七节　湿式电除尘器

湿式电除尘器（WESP）在实现超低排放、控制 $PM_{2.5}$ 和重金属污染方面应用效果良好，可有效防止脱硫脱硝造成的“石膏雨”及“蓝烟”污染。因此，在火力发电厂的烟气处理中得到广泛应用。

一、湿式电除尘器的工作原理及特点

1. 湿式电除尘器的工作原理

湿式电除尘器的工作原理和干式静电除尘器类似，放电极在直流高电压的作用下，将其周围气体电离，使粉尘或雾滴粒子表面荷电，荷电粒子在电场力的作用下向收尘极运动，并沉积在收尘极上，水流从集尘板顶端流下，在集尘板上形成一层均匀稳定的水膜，将集尘板上的颗粒带走，湿式电除尘器经历了荷电、收集和清灰三个阶段，见图 5-51。

湿式电除尘器和干式静电除尘器的主要区别是清灰方式不同，干式电除尘器是通过振打的方式将集尘极上的积灰振落到灰斗，而湿式电除尘器是将冲刷液喷淋至集尘板上形成连续的液膜，随着冲刷液的流动将粉尘冲刷到灰斗中随之排出。

2. 湿式电除尘器的特点

湿式电除尘器主要由进出口烟道、除尘器壳体、导流板、整流格栅、阳极收尘板、阴极线、绝缘箱、冲洗水系统、电源及控制系统组成。湿式电除尘器分为板式和管式两类，板式的集尘极为平板状，水膜形成性好，极板间均布电晕线，主体类似于干式电除尘器，能处理水平或垂直流动的烟气；管式的集尘极一般为多根并列的圆形或多边形金属管，中间分布电晕线，只能处理垂直流动的烟气。湿式电除尘器外壳由普通碳素钢制成，并在内表面加防腐层，安装时要防止防腐层损坏（特别是焊接点和构件连接处）。

常见的清灰方式有自冲刷、喷雾冲刷和液膜冲刷。不管哪类冲刷方式，冲刷液中含有的大量悬浮颗粒物以及酸性物质直接排放会造成二次污染和水资源的浪费，冲洗水一般采用闭

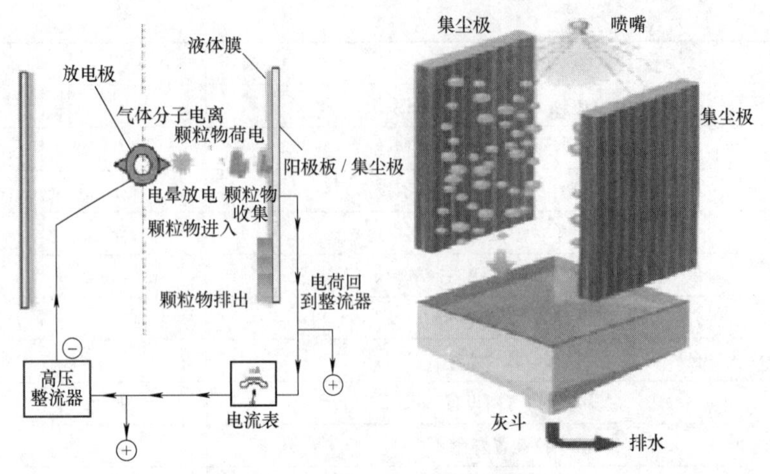

图 5-51　湿式电除尘器工作原理

式循环。湿式电除尘器对粉尘的适应能力强，能达到很高的除尘效率，适用于处理高温、高湿的烟气；没有二次扬尘；能有效去除亚微米级颗粒、SO_3 气溶胶和石膏微液滴，对控制 $PM_{2.5}$、蓝烟和石膏雨效果良好。但是，进入湿式电除尘器烟气的温度必须低于冲刷液的绝热饱和温度，并且湿式电除尘器必须有良好的防腐蚀措施。

二、350MW 热电联产机组锅炉湿式电除尘器

350MW 热电联产机组锅炉装有一台卧式布置的湿式电除尘器，烟气由脱硫塔出口直接水平进入湿式除尘器进口，经导流板、布气换热装置（排管）、电场（双室两电场）和水平机械除雾器从烟囱排大气，见图 5-52。湿式电除尘器由本体、喷淋冲洗水系统、干燥绝缘风系统、排水系统、电气系统及控制系统组成。

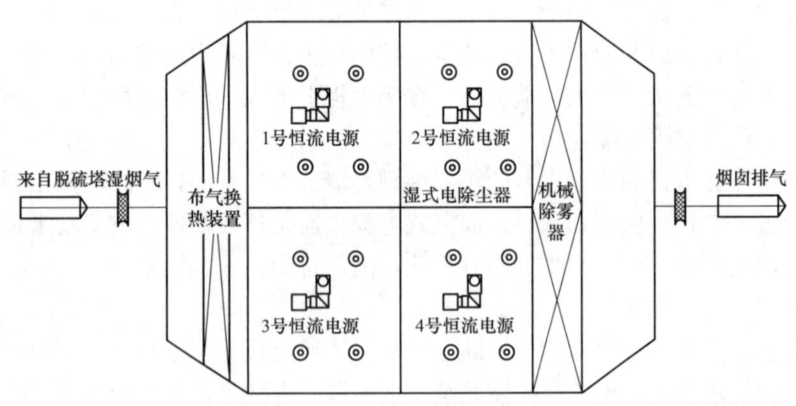

图 5-52　湿式电除尘器的布置

（一）湿式电除尘器本体

湿式电除尘器分为左右两室，每个室内有前后两个电场，分为 4 个分区，外形尺寸为 19.49m×17.1m×18.31m（长×宽×高），湿式电除尘器由壳体、布气换热装置、阳极板、阴极线、机械除雾装置、喷淋冲洗装置等组成，见图 5-53。

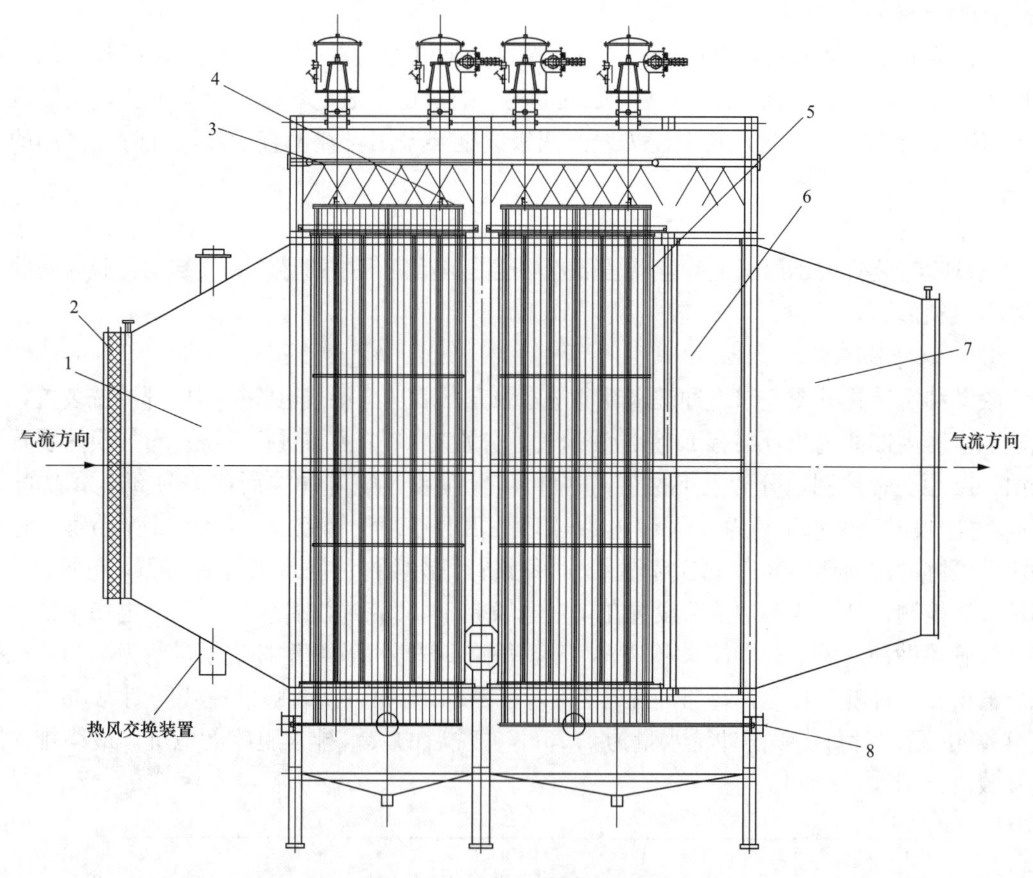

图 5-53 湿式除尘器本体结构

1—进气喇叭口；2—非金属补偿器；3—喷淋系统；4—阴极系统；5—阳极系统；6—机械除雾装置；7—出气喇叭口；8—阴极固定支架

1. 壳体

湿式电除尘器壳体由框架和墙板两部分组成。框架由立柱、大梁、底梁和支撑构成，是除尘器的受力体系。除尘器内所有部件的重力均由顶部的大梁承受，并通过立柱传给底梁和支座。墙板由 5mm 厚的 Q235 钢板内衬 2205 不锈钢和加强筋制作而成，湿式电除尘器出入口喇叭口和下部积灰斗壳体采用玻璃鳞片防腐，形成一个与外界环境隔离的独立收尘空间，引导烟气通过并实施除尘，每台除尘器有两个单独室，每个室内有两个电场，每台湿式电除尘器下部有 2×2 个灰斗，用于收集分离出来的灰水。

2. 布气换热装置

布气换热装置安装在湿式电除尘器进气喇叭口，属管式换热器，作用是冷却湿式电除尘器的入口烟气，加热密封风，并且具有均流烟气的功能。

3. 阳极板

每个室沿宽度方向共布置 27 列阳极板，极间间距为 300mm，阳极板为板式，由导电玻璃钢和 2205 不锈钢制成，板长为 10m，板宽为 0.6m，板厚为 4mm，阳极板采用自然垂直设计，阳极板的作用是捕集荷电粉尘。

4. 阴极线

阴极线固定在阴极线框架内，每个室沿宽度方向共布置 26 列，布置于阳极板之间，极间间距为 300mm，作用是与阳极共同形成电场，通过电晕放电，产生电晕电流。阴极线由 2205 不锈钢制成，形式为双角钢锯齿线。阴极线框架采用自然垂直设计，有防止摆动的上下部拉紧措施。

5. 机械除雾装置

机械除雾装置位于湿式电除尘器尾部，功能是捕捉烟气中的雾滴，其结构与脱硫吸收塔的除雾器相似。

6. 喷淋冲洗装置

喷淋冲洗装置见图 5-54。冲洗水经冲洗水泵升压后送至湿式电除尘器内部冲洗装置，湿式电除尘器内部冲洗装置共有 13 路冲洗水管，分别对 13 个区域进行冲洗。布气换热装置冲洗由一路冲洗管控制，分为上下两层，共计 46 个喷嘴，喷淋冲洗周期约为 8h，每次喷淋 45s，每次喷淋冲洗水量约为 0.72t；电场入口处由两路冲洗管控制，共计 44 个喷嘴，每路冲洗管喷淋冲洗周期为 8h，每次喷淋 45s，每路管每次喷淋冲洗水量约为 0.7t；电场区由 8 路冲洗管控制，其中 4 路冲洗管设置在 4 个电场上部，4 路冲洗管设置在 4 个电场中部，每路冲洗管喷淋冲洗周期为 4h，每次喷淋 45s，每路冲洗管每次喷淋冲洗水量约为 1.5t；机械除雾器由 2 路冲洗管控制，每路冲洗管有 40 个喷嘴，每路冲洗管喷淋冲洗周期为 8h，每次喷淋 45s，每路管每次喷淋冲洗水量为 1.25t。冲洗后的灰水排入脱硫岛地坑，最终排入脱硫吸收塔。

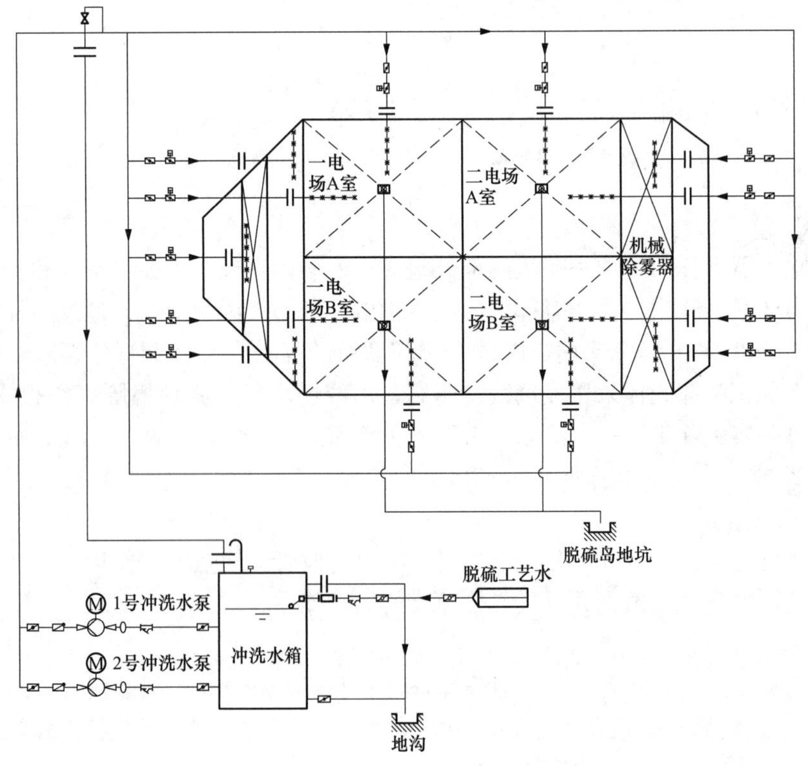

图 5-54 喷淋冲洗装置

（二）密封风系统

密封风系统的主要作用是防止烟气中的雾滴与粉尘粘污湿式电除尘器的绝缘子套管，造成套管表面的电击穿。密封风系统见图 5-55。空气经过密封风机升压经布气换热装置（排管）和电加热器加热，空气温度升至 65～75℃，一路送到顶部高频电源绝缘子室，另一路送到底部阴极固定框架。

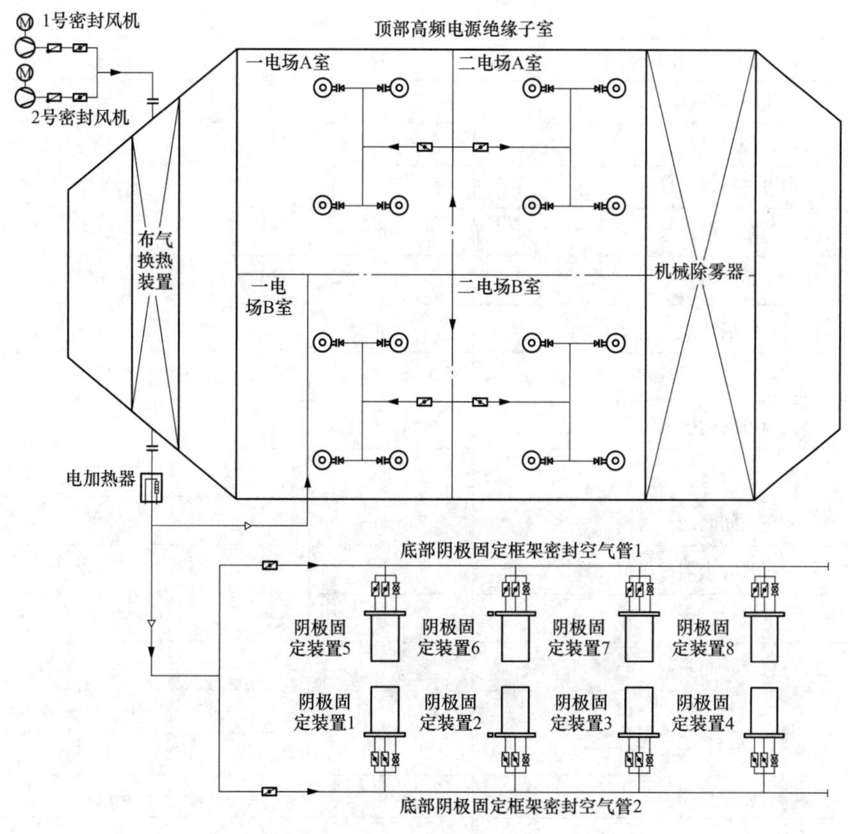

图 5-55　密封风系统

（三）湿式电除尘器主要技术参数

湿式电除尘器主要技术参数见表 5-8。

表 5-8　　湿式电除尘器主要技术参数

参　数	单位	设计煤种	校核煤种
设计烟气量	m^3/s	1798818	
入口烟气温度	℃	60	
入口烟气压力	kPa	1000	
入口粉尘浓度（标准状态、干基）	mg/m^3	30	40
入口雾滴浓度（标准状态、干基）	mg/m^3	75	75
入口雾滴中石膏浓度（标准状态、干基）	mg/m^3	＜25	
入口 SO_3 浓度（标准状态、干基）	mg/m^3	40	40

续表

参　数	单位	设计煤种	校核煤种
出口保证值（粉尘、石膏浓度）（标准状态、干基）	mg/m^3	5	5
出口水雾浓度（标准状态、干基）	mg/m^3	10	10
出口烟气温度	℃	59	59
型号		LHWE-2-2（1872）	
湿式除尘器台数（1 台锅炉）		1	
室数（1 台湿式除尘器）		2	
电场数		2	
阳极板形式及材质		板式、导电玻璃钢＋2205 不锈钢	
阳极板宽	m	0.6	
阳极板长	m	10	
阳极板厚	mm	4	
阴极线形式及材质		双角钢锯齿线、2205 不锈钢	
沿气流方向阴极线间距	mm	150	
通道	个	26	
极间间距	mm	300	
每台湿式除尘器截面积	m^2	168	
烟气速度	m/s	2.97	
气流均布系数		＜0.2	
每台锅炉集尘面积	m^2	7488（不含机械除雾器）	
		9256（含机械除雾器）	
壳体设计压力	kPa	5	
电源台数（1 台锅炉）		4	
恒流高压电源		72kV/1.8A	
冲洗水量（间断使用，1 台锅炉）	t/h	3.6	
压损	Pa	＜200	
整流变压器数量（单台炉）	台	4	
外排废水量（单台炉）	t/h	4.6	
补充水量（单台炉）	t/h	3.6	

第六章

空 气 预 热 器

空气预热器是利用烟气加热空气以提高锅炉热效率的换热设备。在现代发电厂中，由于采用回热循环，给水经各级加热器后，温度较高，因此省煤器后的烟气温度比较高。安装空气预热器后，利用排烟热量加热冷空气，可使排烟温度降低。试验表明，排烟温度每降低10℃，锅炉效率提高1%。烟气经过空气预热器后温度明显降低，使引风机的入口烟气温度降低，改善了引风机的工作条件。

冷空气经过空气预热器被加热到一定温度后送入炉内，提高了炉膛内的温度水平，改善了燃料着火与燃烧条件，炉内的燃料可迅速着火并燃烧完全，使燃料的机械不完全燃烧损失和化学不完全燃烧损失均有所下降，锅炉效率提高；另外，随着炉膛温度提高，炉内辐射传热增加，在一定的蒸发量下，可以减少炉膛的蒸发受热面，降低锅炉的金属耗量。

第一节　空气预热器工作原理

一、空气预热器的分类

空气预热器按传热方式可分为导热式和再生式两大类。常用的导热式空气预热器是管式空气预热器，管式空气预热器的主要传热部件是薄壁钢管，钢管两端焊接在上下管板上，烟气从钢管内沿垂直方向通过预热器，空气从钢管外横向通过预热器，完成热量传导。管式空气预热器的优点是密封性好、传热效率高、易于制造和加工；缺点是体积大、钢管内容易堵灰且不易于清理，烟气进口处管子容易磨损，在大型锅炉中空气预热器受热面积大，锅炉尾部布置困难。因此，大容量锅炉多数采用再生式空气预热器。

常用的再生式空气预热器是旋转式空气预热器，旋转式空气预热器利用烟气和空气交替地通过金属受热面来加热空气。旋转式空气预热器按运动方式可分为受热面转动和风罩转动两种，这两者的区别在于它们的设计转动部位不同，受热面转动式空气预热器是受热面本身在烟气区和空气区之间转动；风罩转动式空气预热的转动部件为风罩，受热面是固定的。

二、受热面转动式空气预热器的工作原理

受热面转动式空气预热器由圆筒形转子、固定的圆筒形外壳和中心驱动装置等组成，见图6-1，圆筒形外壳和烟道及风道都不转动，内部的圆筒形转子是转动的。圆筒形转子由径

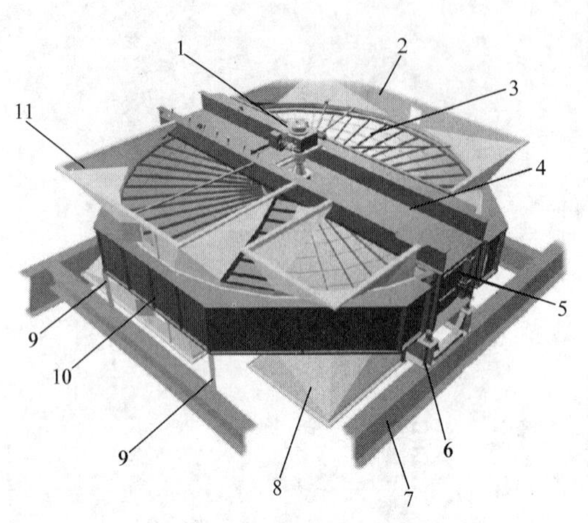

图 6-1　受热面旋转式空气预热器

1—中心驱动装置；2—烟道；3—圆筒形转子；4—顶部结构；5—端柱；6—底梁；7—钢架；8——次风道；9—侧柱；10—固定的圆筒形外壳；11—二次风道

向和环向隔板分成许多扇形通道，扇形通道内装满了波形薄钢板（蓄热板），蓄热板分层安装在圆筒形转子内，外壳的顶板和底板上各有 3 块扇形板将转子与外壳底板之间的空间分为 3 部分，在外壳的顶板和底板上各有 3 个连接通道，一个与烟道相连接，一个与一次风道相连接，一个与二次风道相连接，整个转子由推力轴承来支承，转子在驱动装置的带动下慢速转动，烟气从上方的烟道进入空气预热器，经过空气预热器转子的蓄热板时，将热量传给蓄热板，使蓄热板的温度升高（烟气温度降低，并从空气预热器下方出口烟道排出），蓄热板起蓄热的作用；空气预热器的转子转动时，将烟气加热的蓄热板转到空气侧；空气从空气预热器下方风道进入空气预热器，当空气穿过转子蓄热板时，蓄热板将热量传给空气，空气被加热（蓄热板被冷却），加热后的空气从空气预热器上方的风道排出。在空气预热器运行中，蓄热板不断地由烟气加热，然后由空气冷却，将烟气的热量通过蓄热板传给空气，使空气温度升高，烟气温度降低。

第二节　350MW 热电联产机组空气预热器结构

350MW 热电联产机组锅炉装有两台豪顿华生产的 50％BMCR 容量 29VNT2350 型三分仓转子旋转式空气预热器。空气预热器采用中心驱动，每台空气预热器配备一台主驱动装置和一台辅助驱动装置，驱动装置采用变频方式驱动，驱动装置同时配备可靠的失速报警装置；另外，驱动装置还配备一套手动盘车装置，在紧急情况下和检修时可手动盘车。空气预热器采用了径向、轴向、环向和中心筒密封系统，所有密封装置为固定密封，冷段密封板根据转子热态变形后的形状制成，运行中密封间隙不调整。

锅炉空气预热器主要由转子、轴承、驱动装置、外壳与端柱及侧柱、密封系统、顶部结构、底部结构及三分仓结构等组成。空气预热器结构见图 6-2。

一、转子

转子是空气预热器的核心部件，由驱动轴、中心筒、轮毂、仓隔板及换热元件等组成。空气预热器转子见图 6-3。驱动轴为一变径短轴，通过 8 条特制螺栓固定在中心筒上。中心筒实际上是一空心轴，外径为 910mm，长度为 4020mm；中心筒的上端与驱动轴用螺栓固定，中心筒的下端坐落在顶起板上，中心筒的周围为轮毂。轮毂为一封闭圆柱面，圆柱面内侧通过 24 条主径向隔板固定在中心筒上，主径向隔板向外侧延伸与 24 条主径向仓隔板相焊接，将转子分成 24 个扇区，每个扇区成 15°圆心角。每个扇区又被一条辅助径向隔板分成两个仓隔，整个转子共有 48 条径向仓隔板，将转子分成 48 个仓隔，每个仓隔成 7.5°圆心角；转子沿径向装有 5 圈环向仓隔板，将每个仓隔分成 5 部分，使整个转子分成了 240 个隔仓；

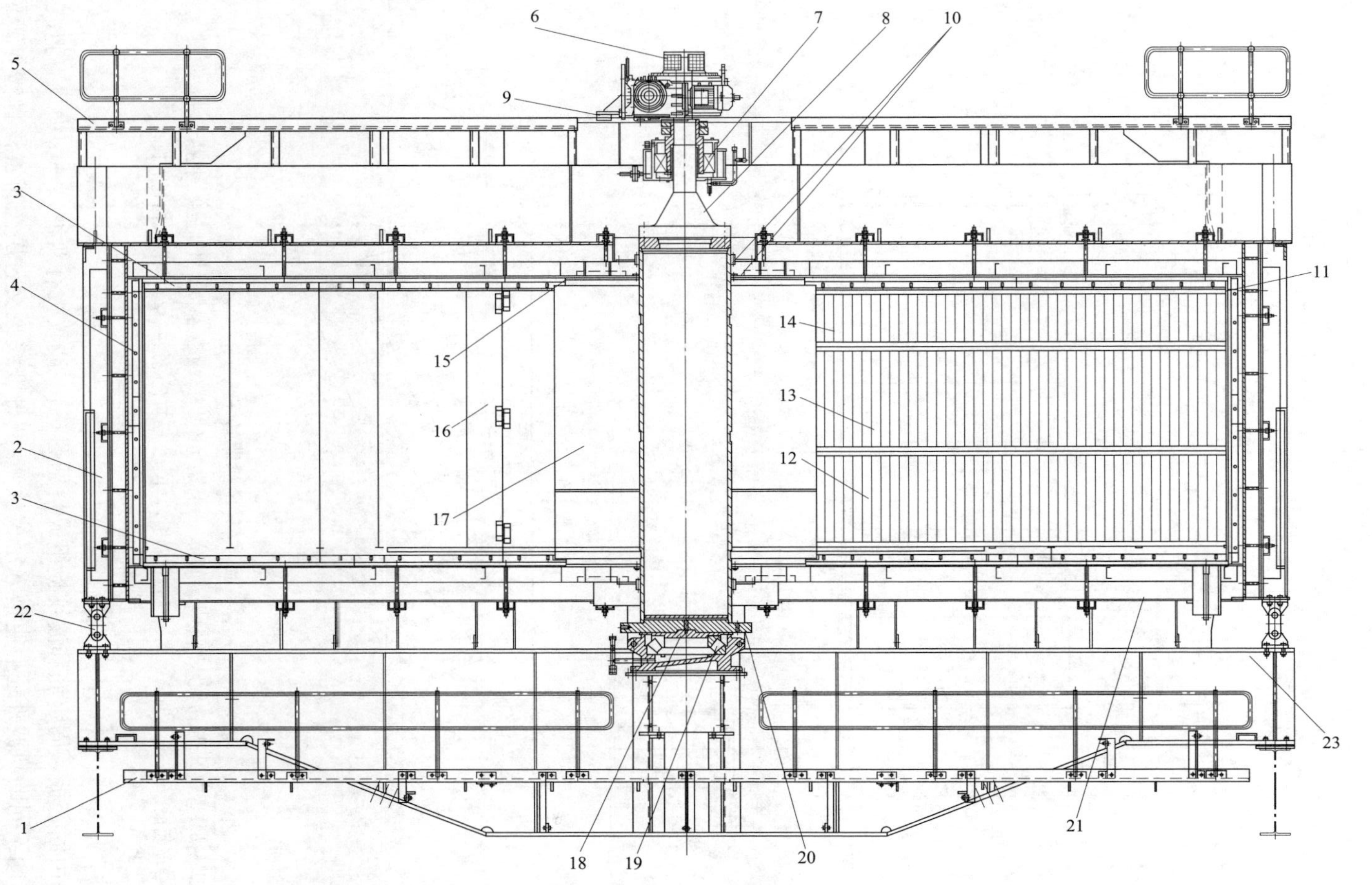

图 6-2 空气预热器结构

1—下部检修平台；2—端柱；3—径向密封；4—轴向密封；5—上部检修平台；6—驱动装置；7—导向轴承；8—驱动轴；9—抗扭矩臂；10—中心筒密封；11—外侧环向密封；12—低温换热元件；13—中温换热元件；14—高温换热元件；15—内侧环向密封；16—轮毂；17—中心筒；18—推力轴承盖板；19—推力轴承；20—顶起板；21—扇形板支板；22—端柱铰链；23—底梁

环向仓隔板的作用是加固转子和支撑换热元件。另外，最外侧的两圈隔仓（2×48）再次被短径向仓隔板一分为二，使得整个转子隔仓数达到336个，这些隔仓内分别装有一组换热元件。

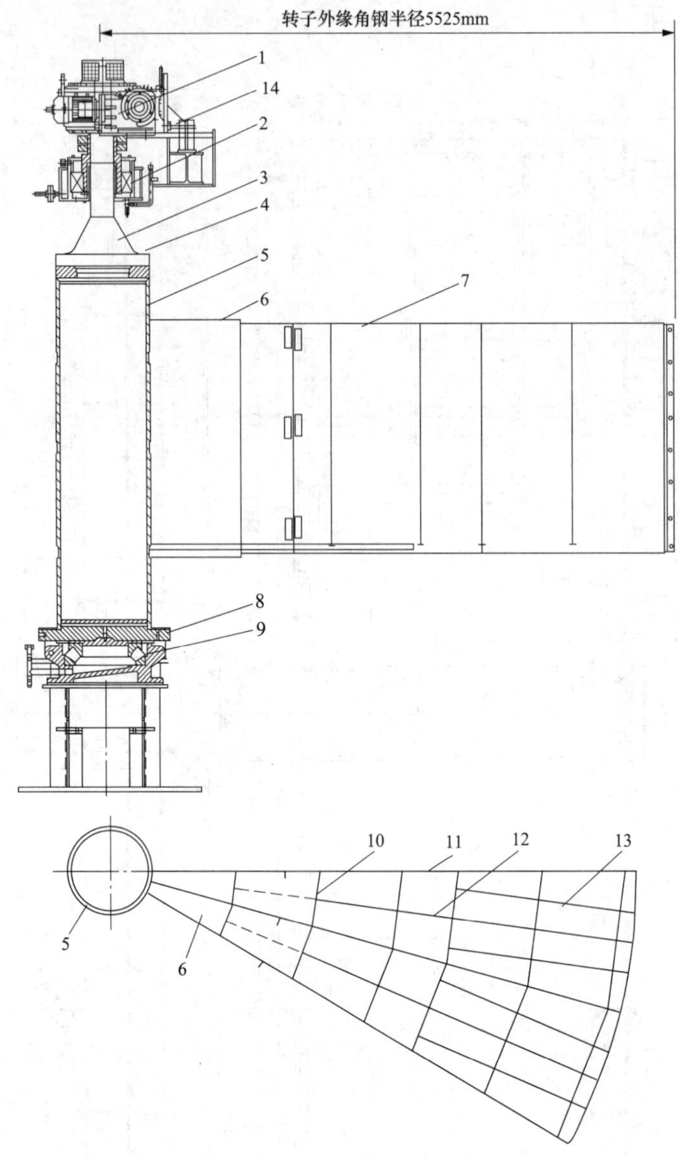

图 6-3　空气预热器转子

1—中心驱动装置；2—导向轴承；3—驱动轴；4—特制螺栓；5—中心筒；6—轮毂；7—换热元件；8—顶起板；9—推力轴承；10—环向仓隔板；11—主径向仓隔板；12—辅助径向仓隔板；13—短径向仓隔板；14—抗扭矩臂

换热元件由固定板、固定筋和波纹板组成，见图6-4。波纹板有两种，一种为只有斜波，另一种除了方向不同的斜波外还有直槽（定位板），两种波纹板交替层叠布置；直槽与转子轴线方向平行布置，以便于落灰；斜波与直槽成30°夹角，使空气或烟气流经换热元件时形成较大的紊流，以改善换热效果。

由于空气预热器转子冷端（即烟气出口端和空气入口端）受温度和燃烧条件的影响易发

生腐蚀，为了方便检修时更换被腐蚀的换热元件，将换热元件分为高温段、中温段和低温段3层布置。高温段波纹板用0.5mm厚的低碳钢制成，高度为350mm；中温段波纹板用0.5mm厚的低碳钢制成，高度为1000mm；为了防止低温腐蚀，低温段波纹板用0.75mm厚的脱碳钢制成，且表面镀0.3mm搪瓷，高度为1000mm。

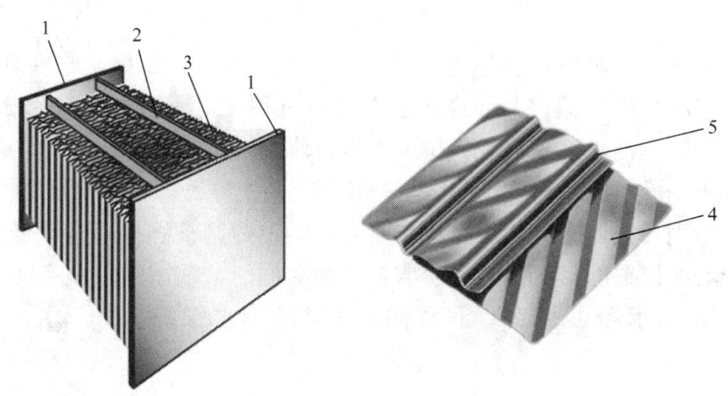

图6-4 空气预热器换热元件

1—固定板；2—固定筋；3—波纹板；4—斜波；5—直波

二、轴承

空气预热器转子由两盘轴承支承和固定，底部轴承为推力轴承，顶部轴承为导向轴承。

1. 底部轴承

底部轴承为自调心球面滚子推力轴承，型号为SKF 29488EM，作用是支撑转子的全部旋转质量，见图6-5。底部轴承的轴承箱固定在轴承座上，轴承座由焊接在两个底梁之间的

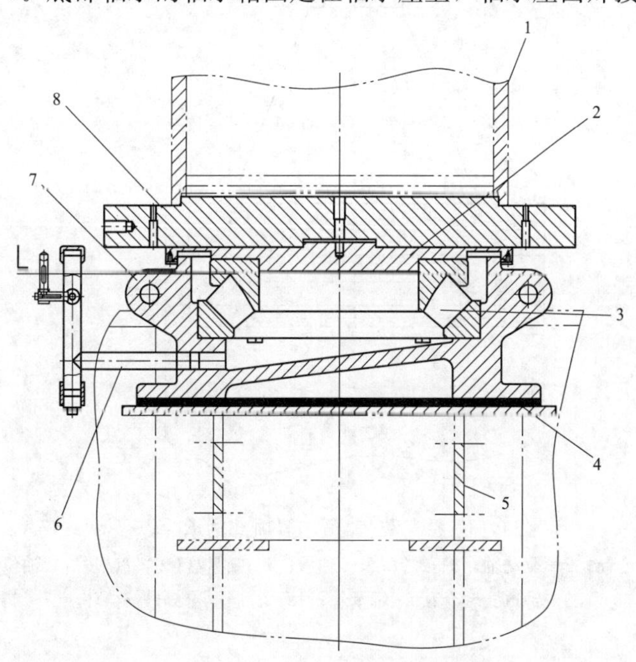

图6-5 空气预热器底部轴承

1—中心筒；2—推力轴承盖板；3—轴承；4—垫片；5—轴承支撑梁；6—注油器；7—轴承箱；8—顶起板

支撑梁和其上固定的台板构成；转子中心筒坐落在轴承盖上方的顶起板上，通过顶起板将转子的全部质量传至底部轴承，又通过支撑梁传给两个底梁。检修时，可用液压千斤将转子顶起，把底部轴承箱沿轨道拉出。底部轴承采用油浴润滑，轴承箱上装有油位计和注油器，轴承箱可装 60L Mobil SHC 639 润滑油。

2. 顶部轴承

顶部轴承为调心滚子轴承，型号为 SKF 23972 CC/W33，作用是与底部轴承将转子定位，承受水平方向的径向载荷，并允许转子在运行过程中沿垂直方向自由膨胀，见图 6-6。顶部轴承安装在钟罩式轴套上，轴套装在转子驱动轴上，并用锁紧盘与之固定，导向轴承和轴套的大部分位于轴承箱内。轴承箱前后两侧各焊有一支撑臂，支撑臂用螺栓分别固定在空气预热器顶部前后钢梁上，通过调节固定在顶部钢梁上的调整螺栓可以改变支撑臂的位置，达到调整转子中心线位置的目的。顶部轴承采用油浴润滑，轴承箱上装有注油器、油位计、呼吸器和放油塞，轴承箱可装 10L 润滑油，配有冷却水系统，冷却水入口温度不得高于 38℃。

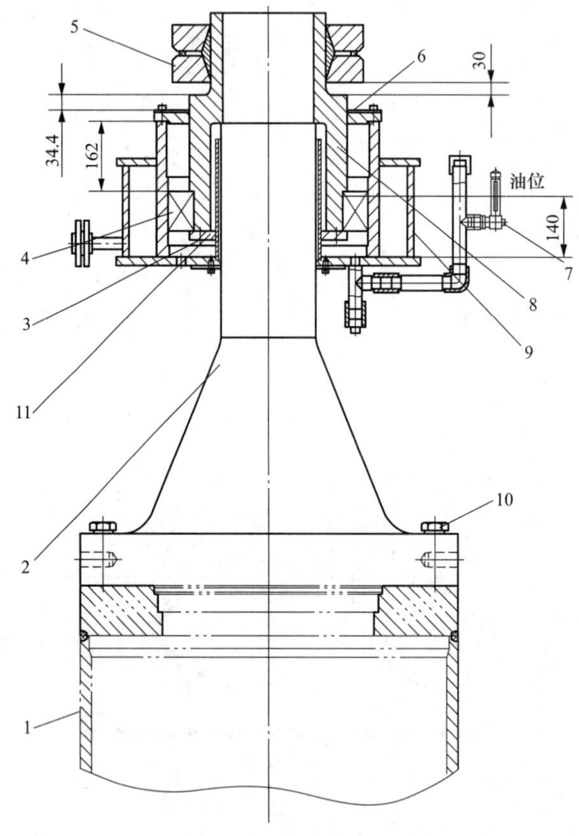

图 6-6　空气预热器顶部轴承

1—中心筒；2—驱动轴；3—螺钉；4—轴承；5—锁紧盘；6—盘根；7—油位计；8—钟罩式轴套；9—轴承箱；10—特制螺栓；11—挡环

三、驱动装置

空气预热器采用中心驱动，驱动装置包括主驱动电动机、辅助驱动电动机、一级减速器和二级减速器，见图6-7。主驱动电动机和辅助驱动电动机各一台，功率为5.5kW，转速为1465r/min，采用变频调节转速；两台驱动电动机分别与一级减速器采用法兰连接，一级减速器的减速比为66.26∶1；一级减速器的输出轴与二级减速器的输入轴之间用联轴器相连，二级减速器的减速比为31.648∶1，二级减速器的输出轴为空心轴套，轴套直接装在驱动轴上并用锁紧盘固定。

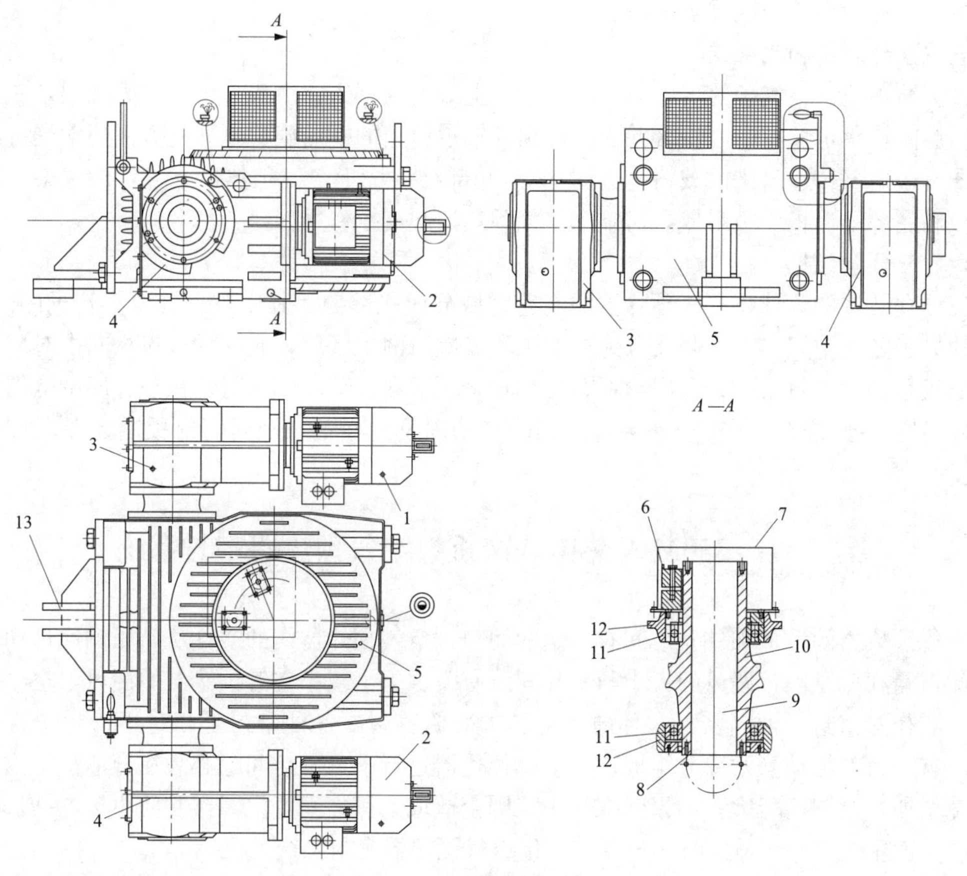

图6-7 空气预热器驱动装置

1—主驱动电动机；2—辅助驱动电动机；3—主驱动一级减速器；4—辅助驱动一级减速器；5—二级减速器；6—锁紧盘；7—防护罩；8—滑套；9—轴；10—轴套；11—轴承；12—二级减速器外壳；13—抗扭矩臂

在驱动装置的二级减速箱一侧装有抗扭矩臂，抗扭矩臂固定在其支座内，可在支座内沿垂直方向上下自由移动，以适应转子与顶部结构的热态膨胀，抗扭矩臂支座固定在空气预热器顶部支撑梁上，驱动装置驱动转子产生的扭矩由抗扭矩臂通过支座传至空气预热器顶部支撑梁上。空气预热器正常运行转速为0.7r/min，水冲洗时转速为0.35r/min。减速器为油浴润滑，每个一级减速器内装有8L润滑油，二级减速器内装有155L润滑油。

四、外壳与端柱及侧柱

外壳与两个端柱安装在转子周围，成正八面体形状（其中：六面为外壳，两个面为端柱），作用是将转子与外界隔离，见图6-1。端柱位于空气预热器的两端，由钢结构制成，对顶部结构、驱动装置和导向轴承起支撑作用；端柱上部与顶部结构的扇形板支板相连，端柱下部与底部结构的扇形板支板相连，每个端柱通过 2 个铰链将载荷直接传递到底梁上；端柱内侧是轴向密封板，轴向密封板与上下扇形板连为一体，轴向密封板与转子外缘的轴向密封片配合形成轴向密封。外壳位于两端柱之间，由低碳钢板制成，外壳与端柱之间用螺栓连接；外壳由 4 根侧柱支撑，每个侧柱通过 1 个铰链将载荷传递到底梁上。端柱和侧柱（端柱是一面，侧柱是一杆）都采用铰链支撑，侧柱铰链沿径向布置，可使空气预热器在冷、热态转化时，沿转子中心向四周自由膨胀。

五、顶部结构和底部结构

顶部结构位于空气预热器上方，将两端柱上端连为一体，组成一中心承力框架，一方面将顶部导向轴承定位在中心位置并支撑由顶部轴承传递的横向载荷，另一方面还承受着由驱动装置抗扭矩臂传递过来的载荷，见图 6-2。底部结构位于空气预热器下方，由底梁、底部扇形板和底部扇形板支板组成，对整个空气预热器起支撑作用。

六、三分仓结构

三分仓结构的设计将空气预热器的流通区域分成三部分。其中，烟气位于转子的一侧，相对的另一侧为空气，空气侧又分为一次风和二次风两个区域，这三种气流之间由对应的三组扇形板和轴向密封板隔开。扇形板布置在转子顶部和底部，内缘对接在顶、底结构的翼板上，外缘则焊接到支撑在转子外壳上的三分仓轴向密封板上；轴向密封板固定在端柱或外壳上。

第三节　350MW 热电联产机组空气预热器密封系统

空气预热器的转子和外壳之间有一定的间隙，空气预热器内的空气从高压侧通过动静部件的间隙漏到低压侧，漏风的大小与密封间隙有关。为了减小空气预热器的漏风，空气预热器采用了径向密封、轴向密封、环向密封和中心筒密封，各种密封是相对于密封位置而言的，所有密封都由动静两部分组成。在空气预热器运行中，密封间隙必须在合适范围内。如果间隙增加，则漏风增大；如果间隙太小，则会造成动静之间产生摩擦并使驱动电动机电流增大。下面主要介绍 350MW 热电联产机组空气预热器密封系统，见图 6-2。

一、径向密封

径向密封是防止空气从扇形密封区高压侧漏入低压侧，造成空气预热器漏风。在转子径向仓隔板的上、下两端都装有密封片，密封片与扇形板形成密封。径向密封片由 1.6mm 厚的考登钢制成，用压板和自锁螺栓固定在转子径向仓隔板上，压板由 6mm 厚的低碳钢制成，见图 6-8。为了调整径向密封片的高低，将固定径向密封片的螺栓孔制成腰形孔。

二、环向密封

环向密封又分为内环向密封和外环向密封。

1. 内环向密封

内环向密封是防止空气从高压侧经转子轮毂的上、下两个端部漏入低压侧，造成空气预热器漏风。内环向密封的方法是在转子轮毂的上、下两端装有内环密封片，使内环密封片与扇形板形成密封。内缘环向密封条用螺栓固定于焊在转子轮毂顶部和底部的固定板上，内缘环向密封条与顶部和底部扇形板一起构成密封，见图 6-9。

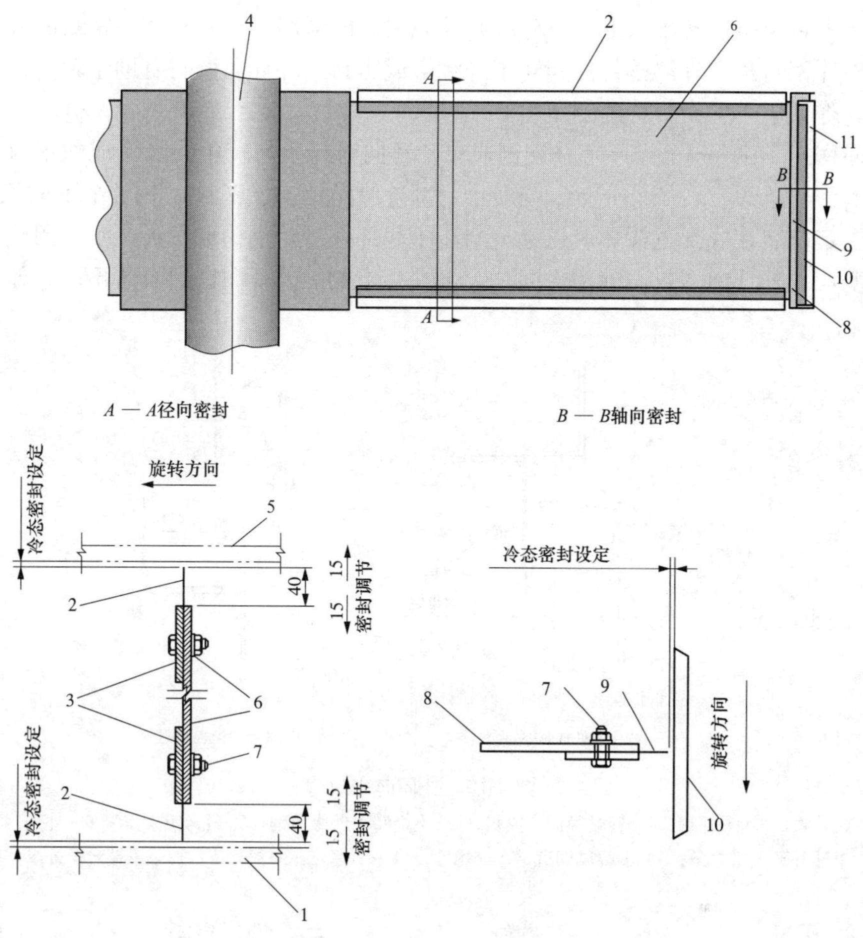

图 6-8 径向密封和轴向密封

1—下部扇形板；2—径向密封片；3—压板；4—中心筒；5—上部扇形板；6—径向仓隔板；7—螺栓；8—径向仓隔板外缘；9—轴向密封片；10 轴向密封板，11 外壳

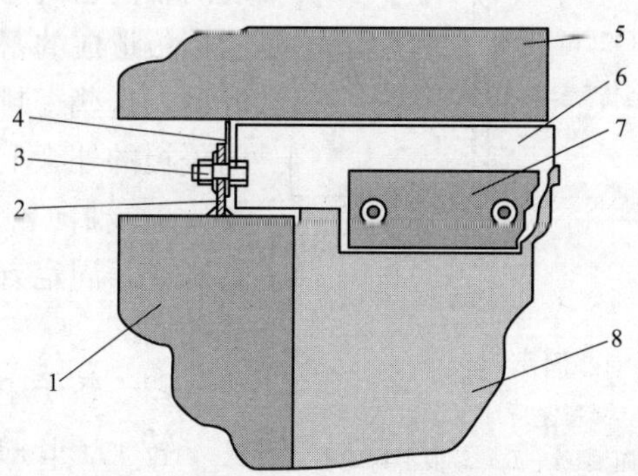

图 6-9 内环向密封

1—轮毂；2—固定板；3—固定螺栓；4—内环密封片；5—扇形板；6—径向密封片；7—径向密封压板；8—径向仓隔板

2. 外环向密封

外环向密封是阻止转子的上、下外缘与外壳之间的旁路气流。外环向密封的方法是在外壳上安装外环密封片，外环密封片与转子外缘形成密封。外环向密封有助于轴向密封，因为外环向密封降低了轴向密封片两侧压差。

外环向密封是由 1.6mm 厚考登钢制成单片环向密封条与转子外缘形成的密封。上端外环向密封的密封条焊在转子外壳上，与转子上部外缘角钢构成密封；下端外环向密封用螺栓以及压板固定安装在底部过渡烟风道上，与转子底部外缘角钢构成密封。空气预热器运行中转子受热变形，外环向密封需预留一间隙，上端和下端的外环向密封有所不同。外环向密封见图 6-10。

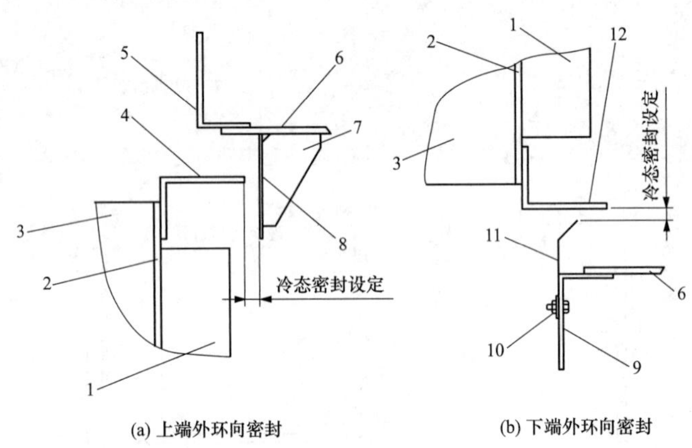

图 6-10　外环向密封

1—轴向密封片；2—转子外缘；3—转子径向仓隔板；4—上端转子外缘角钢；5—上端风烟道；6—外壳；7—支板；8—上端外环向密封条；9—下端风烟道；10—螺栓；11—下端外环向密封条；12—下端转子外缘角钢

三、轴向密封

轴向密封是防止空气从转子外缘与外壳的间隙漏入低压侧，造成空气预热器漏风。轴向密封是转子径向隔板外缘垂直安装的轴向密封片与安装在端柱上的轴向密封挡板形成的密封。轴向密封片为单片直叶型，这些密封片用紧固件固定在转子径向隔板的外缘上，与径向隔板相对应，见图 6-8。轴向密封片由 1.6mm 厚的考登钢制成，固定方式与径向密封片的固定方式相同。

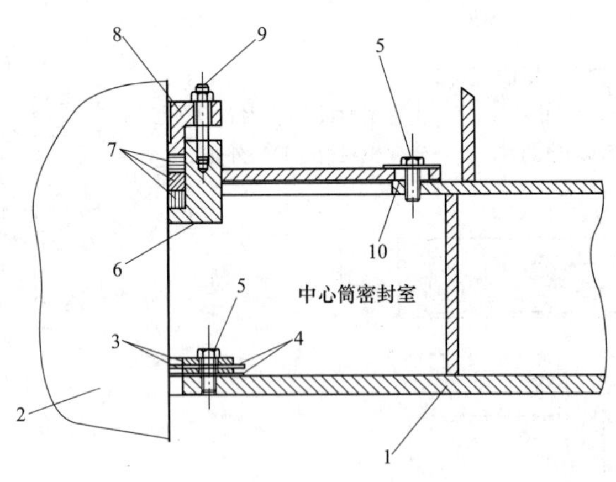

图 6-11　转子中心筒密封

1—扇形板；2—中心筒；3—密封保持环（二分式）；4—密封片（二分式）；5—固定螺栓；6—盘根密封座；7—盘根；8—压盖；9—压盖螺栓；10—垫

四、转子中心筒密封

转子中心筒密封是防止空气从高压侧经转子中心筒与外壳的间隙处漏入大气中，造成空气预热器漏风。中心筒密封为内、外侧双密封布置，见图 6-11。内侧密封是两层 1.6mm 厚考登钢制作的圆环，两个圆环之间用低碳钢保持环固定，内侧密封直接装到扇形板上；为便于更换，内侧密封的密封片和保持环制成二分式，可以直接进行更换和安装。外侧密封为盘根填料密封，盘根密封座的支撑板固定在扇形板的加强板上。盘根填料采用非石棉石墨专用盘根，盘根耐热温度不低于500℃，盘根填料设为3层，截面为15mm×15mm。

在转子中心筒的内、外侧密封之间是一密封室，密封室有一直接通向烟气侧的槽形管道，将漏入密封室的空气排至烟气侧，确保空气不会外漏。

五、旋转式空气预热器的漏风

旋转式空气预热器的主要问题是漏风，漏风的原因有两种：一种是携带漏风，这种漏风是由于旋转式空气预热器的转子在转动过程中将转子内的空气带到烟气侧造成的，由于旋转式空气预热器的转速较低，携带漏风量不到总风量的1%，并且这种漏风对于旋转式空气预热器来讲是不可避免的；另一种漏风是由于旋转式空气预热器的旋转部件与固定部件之间存在间隙，造成空气预热器的漏风，这种漏风主要是指空气预热器的径向、环向和轴向间隙的漏风，上述3种间隙漏风中最大的是径向间隙漏风，环向间隙漏风次之，轴向间隙漏风较小。由于旋转式空气预热器的间隙漏风较大，占总风量的3%～8%。因此，必须及时检查调整空气预热器的密封，降低间隙漏风。在相同间隙时，旋转式空气预热器的冷端比热端漏风大，原因是冷端压差比热端压差大。

六、旋转式空气预热器的间隙调整

为了保证旋转式空气预热器的漏风达到设计要求，在空气预热器检修时，必须合理调整空气预热器的间隙，调整空气预热器的间隙时，应充分考虑空气预热器冷态与热态的变化。热态运行时，由于转子内部的热交换，转子热端温度高，冷端温度低，转子将产生“蘑菇状”变形，转子还会沿轴向膨胀。如果在冷态对空气预热器的间隙进行调整时，没有考虑转子的热态变形，在热态时有些部位的间隙会增大，将会使漏风增加；有些部位间隙会减小，能造成动、静摩擦和卡涩。为了防止上述情况的发生，在冷态对空气预热器的间隙进行调整时，要预留合理间隙，使转子热态变形后获得满意的密封效果。

第四节 350MW热电联产机组空气预热器辅助设备

旋转式空气预热器的换热元件布置得较紧密，气流通道狭窄而又曲折，烟气中的飞灰容易沉积在换热面上造成堵灰，特别是采用烟气脱硝后更加剧了换热面堵灰。换热面堵灰后，使气流阻力增加，风机电流增大，换热效果变差，热风温度降低，加剧换热面的腐蚀，堵灰严重时可能将通道堵死，会直接影响空气预热器和风机的工作。因此，必须采取有效措施防止换热元件堵灰。防止换热元件堵灰的措施是在空气预热器烟气侧转子上、下两端各装有一台半伸缩吹灰器，在空气预热器转子上端装有一套低压水冲洗系统。由于空气预热器换热元件容易沉积可燃物，当可燃物积累到一定程度时，可能造成空气预热器着火，所以空气预热器内装有一套消防水系统。下面主要介绍350MW热电联产机组空气预热器辅助设备。

一、吹灰器

空气预热器上端温度高，不易堵灰，采用PSAR型半伸缩式单枪蒸汽吹灰器；空气预热器下端温度低，较易堵灰，采用AHLW型半伸缩式双枪蒸汽/高压水冲洗吹灰器。蒸汽吹扫是空气预热器正常运行时利用蒸汽对换热面进行定期清扫，高压水冲洗是当空气预热器堵塞严重时利用高压水对换热面进行水冲洗，高压水冲洗既可以离线进行，也可以在线进行。

（一）PSAR 型半伸缩式单枪蒸汽吹灰器

PSAR 型半伸缩式单枪蒸汽吹灰器安装在空气预热器上端烟气侧，动作方式为前进间歇式，后退连续式；前进时装有多个喷嘴的吹灰管从预热器外侧向前移动，逐步吹扫。

1. 吹灰器的结构

PSAR 型半伸缩式单枪蒸汽吹灰器主要由大梁、齿轮箱、行走箱、吹灰外管、喷嘴管、阀门、开阀机构、前部托轮组、炉墙接口箱及电动机等组成。

2. 吹灰器的技术参数

吹灰器蒸汽喷嘴数量为 4 只；吹灰器行程为 1075mm；首步步长为 77mm，其余步长为 35mm，共 30 步；每步停留吹扫时间为 76s，吹灰器总工作时间为 2340s；吹灰器吹扫介质为蒸汽；蒸汽阀前压力为 1.5MPa，吹灰蒸汽压力为 0.93～1.07MPa，吹灰蒸汽温度为 300～350℃，蒸汽流量为 45kg/min。空气预热器的吹扫顺序为先吹烟气出口、后吹烟气入口；吹灰周期为 8h。

（二）AHLW 型半伸缩式双枪蒸汽/高压水冲洗吹灰器

AHLW 型半伸缩式双枪蒸汽/高压水冲洗吹灰器安装在空气预热器下端烟气侧，该吹灰器的动作方式与安装在空气预热器上端的 P5AR 型半伸缩式单枪蒸汽吹灰器相同，除正常吹灰外还能对空气预热器进行高压水冲洗，高压水冲洗既可以在线进行，也可以离线进行。

1. 双枪蒸汽/高压水冲洗吹灰器的结构

AHLW 型半伸缩式双枪蒸汽/高压水冲洗吹灰器的结构与 PSAR 型半伸缩式单枪蒸汽吹灰器不同之处是在半伸缩式单枪蒸汽吹灰器的吹管旁增加了 1 根高压冲洗喷水管，喷水管有 4 个冲洗喷嘴，该喷水管与吹管一起伸缩，喷水管通过高压软管与高压冲洗水管连接。带高压水冲洗的蒸汽吹灰器见图 6-12。

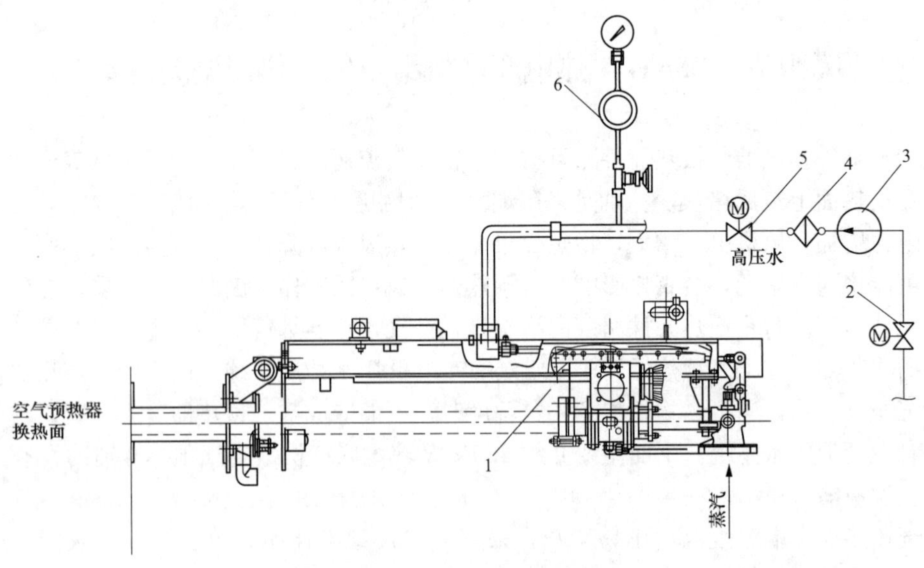

图 6-12　带高压水冲洗的蒸汽吹灰器

1—吹灰器；2—高压冲洗泵入口阀；3—高压冲洗泵；4—滤网；5—高压冲洗泵出口阀；6—压力表

2. 双枪蒸汽/高压水冲洗吹灰器的技术参数

AHLW 型半伸缩式双枪蒸汽/高压水冲洗吹灰器的技术参数与 PSAR 型半伸缩式单枪蒸汽吹灰器相比较，蒸汽部分的技术参数相同；高压水冲洗系统的高压冲洗水泵入口压力为 0.3～0.8MPa，高压冲洗水泵出口压力为 10～30MPa，最大供水量为 125kg/min，在线水冲洗时转子转速为 0.7r/min，离线水冲洗时转子转速为 0.35r/min，在线水冲洗时间为 317min，离线水冲洗时间为 611min，当烟气侧压降上升到换热元件洁净时压降的 1.5 倍时，必须进行高压水冲洗。

二、低压水冲洗系统

在空气预热器上端烟道内装有一套低压水冲洗系统，用于停炉后对空气预热器进行水冲洗，该系统由一个手动截止阀、一个过滤器及冲洗水管组成。冲洗水管由 ϕ133×6mm 的 12Cr1MoV 钢管制成，长度为 4903mm，冲洗水管向下均匀装有 54 个喷嘴，喷嘴间距为 75mm，喷嘴直径为 8mm，供水压力为 0.52MPa，水温为 60℃，喷水量为 860kg/min，当停炉后空气预热器在低速转动时，进行低压水冲洗，水冲洗时间 97min。

三、消防水系统

当可燃物沉积在空气预热器换热面上造成二次燃烧时，必须紧急停炉并投入消防水系统进行灭火。消防水系统安装在空气预热器上端烟道、一次风道及二次风道内，每个烟（风）道内各有一组喷嘴，喷嘴按一定角度通过螺纹连接在一总的弯管上，各喷嘴均设有薄片耐热密封件以防止喷嘴内侵入杂物，当压力高于 0.07MPa 时密封件将自动爆裂。消防水工作压力为 0.38～0.52MPa，烟气侧喷水量为 1766～2066kg/min，二次风侧喷水量为 454～1701kg/min，一次风侧喷水量为 207～242kg/min，空气预热器下方烟道及风道最底部均配有排水系统，以防积水。

空气预热器转子上端的二次风道内装有 5 个火灾监控探头，当监测到空气预热器着火时，将测量到的着火信号送到就地柜内，发出火灾报警信号。

第五节　350MW 热电联产机组空气预热器主要技术参数

空气预热器是锅炉的主要辅助设备，除了空气预热器本体外还有各种配套设备，现对各设备的技术参数作一介绍。

一、空气预热器本体技术参数

空气预热器本体技术参数见表 6-1。

表 6-1　　空气预热器本体技术参数

名　称	单　位	参　数
型号		29VNT2350
型式		三分仓旋转式
生产厂家		豪顿华
数量	台	2
入口烟气温度	℃	383.9

续表

名　称		单　位	参　数
出口烟气温度（修正前/后）		℃	124.7/120
入口一次风温度		℃	27.8
入口二次风温度		℃	22.8
一次风出口温度		℃	336.5
二次风出口温度		℃	356
投运时漏风率		%	5
投运一年后漏风率		%	6
气流布置			烟气向下，空气向上
旋转方向			烟气/二次风/一次风
转子公称直径		mm	11100
转子高度		mm	2950
换热元件传热总表面积（双侧）		m^2	70114
空气预热器本体总重量		t	406
外壳高度		mm	3190
转子正常转速		r/min	0.7
转子低速转速		r/min	0.35
高温段换热元件	材质		低碳钢
	板型		HC
	厚度	mm	0.5
	面积	m^2	2×2×5175
	高度	mm	350
中温段换热元件	材质		低碳钢
	板型		HC
	厚度	mm	0.5
	面积	m^2	2×2×14788
	高度	mm	1000
低温段换热元件	材质		脱碳钢基材镀搪瓷
	板型		HCe
	厚度	mm	0.75（钢）+0.3（搪瓷）
	面积	m^2	2×2×15093
	高度	mm	1000

二、空气预热器驱动装置及轴承的技术参数

空气预热器驱动装置及轴承的技术参数见表6-2。

表 6-2　　空气预热器驱动装置及轴承的技术参数

名　称		单　位	参　数
驱动电动机	数量	个	2
	生产厂家		SIEMENS
	额定功率	kW	5.5
	额定电压	V	380
	额定电流	A	11.9
	额定转速	r/min	1465
一级减速装置	数量	个	2（与电动机对应）
	减速比		66.26：1
	润滑方式		油浴
	润滑油类型		合成油
	润滑油牌号		SHELL OMALA SYNTHETIC
	润滑油黏度		VG220
	润滑油数量	L	8
二级减速装置	数量	个	1
	减速比		31.648：1
	润滑方式		油浴
	润滑油类型		合成油
	润滑油牌号		SHELL OMALA SYNTHETIC
	润滑油黏度		VG320
	润滑油数量	L	155
上轴承	形式		滚柱导向轴承
	型号		SKF 23972 CC/W33
	寿命	h	100000
	润滑方式		油浴
	润滑油类型		合成油
	润滑油牌号		Mobil SHC 639
	润滑油黏度		VG 1000
	润滑油数量	L	10
	冷却方式		水冷却
下轴承	形式		自调心球面滚子推力轴承
	型号		SKF 29488EM
	寿命	h	100000
	润滑方式		油浴
	润滑油数量	L	60
	冷却方式		自然冷却

三、空气预热器吹灰器的技术参数

空气预热器吹灰器的技术参数见表 6-3。

表 6-3　　空气预热器吹灰器的技术参数

名　称	单　位	参　数
型式		PS-AT 型半伸缩式单枪蒸汽吹灰器（上）、 PS-AL 型半伸缩式双枪蒸汽/高压水冲洗吹灰器（下）
生产厂家		上海克莱德贝尔格曼有限公司
数量	个	2
蒸汽阀前压力	MPa	1.5
蒸汽阀前温度	℃	300～350
吹灰压力	MPa	0.93～1.07
蒸汽耗量/单台	kg/min	45
吹扫转速	r/min	0.7
吹扫时间	min	49.64
电动机额定功率	kW	0.35/0.55
电动机额定电压	V	380
电动机额定电流	A	2/1.57
电动机额定转速	r/min	1415/1390

四、空气预热器冲洗水及消防水的技术参数

空气预热器冲洗水及消防水的技术参数见表 6-4。

表 6-4　　空气预热器冲洗水及消防水的技术参数

<table>
<tr><th colspan="2">名　称</th><th>单　位</th><th>参　数</th></tr>
<tr><td rowspan="7">低压水冲洗系统</td><td>介质</td><td></td><td>水</td></tr>
<tr><td>温度</td><td>℃</td><td>60</td></tr>
<tr><td>压力</td><td>MPa</td><td>0.52</td></tr>
<tr><td>水冲洗时转子转速</td><td>r/min</td><td>0.35</td></tr>
<tr><td>每台流量</td><td>kg/min</td><td>860</td></tr>
<tr><td>水冲洗时间</td><td>min</td><td>97</td></tr>
<tr><td>水冲洗间隔</td><td></td><td>根据需要停炉时进行</td></tr>
<tr><td rowspan="9">高压冲洗水泵</td><td>水泵数量</td><td>台</td><td>1</td></tr>
<tr><td>水泵型式</td><td></td><td>柱塞泵</td></tr>
<tr><td>水泵流量</td><td>L/min</td><td>125</td></tr>
<tr><td>水泵出口压力</td><td>MPa</td><td>30</td></tr>
<tr><td>电动机额定功率</td><td>kW</td><td>75</td></tr>
<tr><td>水冲洗间隔</td><td></td><td>烟气侧压降上升至换热元件洁净时
1.5 倍进行高压水冲洗</td></tr>
<tr><td>每台流量</td><td>kg/min</td><td>125</td></tr>
<tr><td>在线/离线水冲洗时转子转速</td><td>r/min</td><td>0.7/ 0.35</td></tr>
<tr><td>在线/离线水冲洗时间</td><td>min</td><td>317/611</td></tr>
</table>

续表

名称		单位	参数
消防水	消防水压力	MPa	0.38～0.52
	二次风侧喷水量	L/min	1454～1701
	烟气侧喷水量	L/min	1766～2066
	一次风侧喷水量	L/min	207～242

五、空气预热器的性能参数

燃用设计煤种时空气预热器的性能参数见表6-5。

表6-5　　燃用设计煤种时空气预热器的性能参数

项目		单位	BMCR	BRL	THA	75%THA	50%THA	30%THA	THO
空气流量	空气预热器进口一次风	kg/s	63.71	62.61	61.19	51.25	40.17	30.60	67.65
	空气预热器进口二次风	kg/s	277.53	270.16	255.05	211.78	155.00	116.17	265.08
	空气预热器出口一次风	kg/s	49.39	48.52	47.11	37.40	26.98	17.82	53.56
	空气预热器出口二次风	kg/s	272.56	265.16	250.23	207.25	150.63	112.13	260.32
	空气预热器一次风漏到烟气	kg/s	12.25	12.15	12.10	11.94	11.52	11.12	12.18
	空气预热器一次风漏到二次风	kg/s	2.07	1.94	1.98	1.91	1.68	1.66	1.91
	空气预热器二次风漏到烟气	kg/s	7.05	6.94	6.79	6.44	6.05	5.70	6.66
	总的空气侧漏到烟气侧	kg/s	19.3	19.09	18.89	18.38	17.57	16.82	18.84
烟气流量	空气预热器进口	kg/s	386.32	376.87	359.03	286.49	209.51	152.86	371.09
	空气预热器出口	kg/s	405.62	395.96	377.92	304.87	227.07	169.68	389.93
空气温度	空气预热器进口一次风温	℃	27.8	27.8	27.8	27.8	27.8	27.8	27.8
	空气预热器进口二次风温	℃	22.8	22.8	22.8	22.8	22.8	22.8	22.8
	空气预热器出口一次风温	℃	336.5	328.8	324.4	308.9	301.1	294.9	297.1
	空气预热器出口二次风温	℃	356.0	347.3	341.3	322.1	309.3	299.3	314.7

续表

项　目		单位	BMCR	BRL	THA	75%THA	50%THA	30%THA	THO
烟气温度	空气预热器进口烟气温度	℃	383.9	374.1	366.7	346.7	329.4	315.0	340.0
	空气预热器出口烟气温度（未修正）	℃	124.7	121.8	119.9	109.7	105.9	122.5	111.4
	空气预热器出口烟气温度（修正）	℃	120.0	117.2	115.3	104.8	100.1	115.2	107.3
空气压降	空气预热器一次风压降	kPa	0.468	0.448	0.425	0.286	0.170	0.090	0.498
	空气预热器二次风压降	kPa	0.932	0.878	0.784	0.538	0.295	0.174	0.816
	一次风与烟气热段压差	kPa	10.462	9.964	9.714	8.967	7.971	7.473	8.967
	二次风与烟气热段压差	kPa	5.480	5.231	4.982	4.484	3.985	3.736	4.484
	燃烧器阻力（一次/二次）	kPa	10.462	9.964	9.714	8.967	7.971	7.473	8.967
空气预热器烟气压降		kPa	1.058	0.996	0.902	0.574	0.317	0.179	0.914
空气预热器热效率		%	91.44	91.53	91.83	91.66	92.8	93.51	90.97

第六节　350MW热电联产机组空气预热器运行与操作

一、空气预热器的运行

（一）空气预热器启动前检查

（1）检查空气预热器工作票结束，内部清理干净，各人孔门关闭严密。

（2）检查空气预热器驱动装置外观完整，驱动电动机和变速箱连接牢固，各驱动电动机安全罩连接牢固，齿轮减速器、导向轴承及支承轴承油位正常，油质合格。

（3）确认空气预热器热端和冷端径向密封以及轴向密封间隙已调整好。

（4）检查空气预热器主电动机和辅助电动机接线完整，接线盒安装牢固，电动机外壳接地线完整并接地良好。

（5）检查空气预热器各清洗和消防水阀门关闭严密，管道、阀门不漏水。

（6）空气预热器着火检测装置、火灾报警装置已投入，控制盘各指示灯显示正常、无报警。

（7）检查空气预热器吹灰系统良好。

（8）确认空气预热器主电动机和辅助电动机绝缘合格后送电。

（9）空气预热器导向轴承冷却水已投入。

（二）空气预热器启动

（1）就地确认空气预热器主电动机与辅电动机具备启动条件，各指示灯信号显示正常，从DCS上启动空气预热器电动机，检查主电动机变频启动运行正常，预热器转向正确，空气预热器运行平稳，声音正常，无卡涩现象，电流在正常范围内无大幅波动。（注意：检修后的空气预热器试转时，主、辅电动机均应在空气预热器完全停转的情况下启动，分别确定转向正确后方可投入事故联锁，防止转向相反，空气预热器转动中产生过大扭矩损坏设备）。

（2）检查空气预热器一、二次风出口挡板和烟气入口挡板联动正常。

（3）将辅助电动机投入备用。

（三）空气预热器停运

（1）停炉后保持空气预热器继续运行，当两台引风机全部停运且空气预热器入口烟气温度小于120℃时，方可停止空气预热器运行。

（2）解除空气预热器主、辅电动机备用，停止空气预热器主电动机运行。

（3）空气预热器停止运行后要加强空气预热器进、出口烟风温度监视，空气预热器着火报警装置在检修未开工前不得退出运行。

（4）空气预热器停运后，导向轴承油温小于40℃时，切断冷却水。

（四）空气预热器运行中的检查与监视

空气预热器运行中要加强各参数的检查与监视。空气预热器正常运行主要参数见表6-6。

表6-6　空气预热器正常运行主要参数

项目	单位	正常值	报警	备注
空气预热器顶部、底部轴承温度	℃	20～50	＞70	＞85跳闸
空气预热器入口烟气温度	℃	320～360	≥398.9	
空气预热器冷端综合温度	℃	＞148	＜148	
空气预热器烟气侧差压	kPa	0.6～1.0	＞1.5	需水冲洗
空气预热器转子转速	r/min	0.7	＜0.56	
		0.35	＜0.28	
空气预热器吹灰器蒸汽压力	MPa	0.93～1.07	＞1.07或＜0.93	停止吹灰
空气预热器吹灰蒸汽温度	℃	300～350	＞350或＜300	

二、空气预热器的主要操作

（一）空气预热器吹灰

正常运行中每8h对空气预热器进行一次蒸汽吹灰，若发现空气预热器进、出口差压增大时，应适当增加吹灰次数；锅炉启动投油助燃时，应对空气预热器进行连续吹灰，吹灰程序如下。

（1）蒸汽吹灰前管路应充分疏水，保证吹灰器阀前蒸汽温度大于300℃。

（2）吹灰蒸汽压力为0.93～1.07MPa。

（3）按程序进行吹灰。

（4）空气预热器吹灰结束后应检查吹灰器提升阀已关闭严密，防止吹灰器漏汽造成换热元件粘灰堵塞。

（二）空气预热器高压水冲洗

当采用蒸汽吹灰无法降低空气预热器的压差时，应采用高压水冲洗。高压水冲洗又分为离线高压水冲洗和在线高压水冲洗，在线高压水冲洗又分为在线非隔离高压水冲洗和在线隔离高压水冲洗。

1. 在线隔离高压水冲洗

在线隔离高压水冲洗是保持锅炉运行，将被冲洗的空气预热器与系统隔离后进行的高压水冲洗。冲洗方法是：

（1）降低锅炉负荷。

（2）用风烟挡板门隔离一台空气预热器。

（3）被隔离空气预热器对应的送风机和引风机停用。

（4）打开底部烟道的排水阀门，保持排放畅通。

（5）检查高压冲洗水源和过滤器正常。

（6）启动高压冲洗水泵进行冲洗。

（7）高压水冲洗持续时间为317min。

（8）如果空气预热器的压降没有显著改善，应重复进行高压水冲洗。

（9）以同样的方式清洗另一台空气预热器。

（10）停止高压水泵。关闭底部烟道的排水孔。

（11）恢复锅炉正常运行，比较冲洗前后空气预热器压差值，对冲洗效果作出评价。

2. 在线非隔离高压水冲洗

在线非隔离高压水冲洗是在空气预热器正常运行时进行高压水冲洗，采用在线非隔离水冲洗的条件是具备有效的排污设施，能够及时有效地将沉积在烟道底部的沉积物清除，机组保持在75%负荷运行。冲洗方法是：

（1）记录通过空气预热器的压降。

（2）检查高压冲洗水水源和过滤器正常。

（3）打开烟道底部的排水口。

（4）启动高压冲洗水泵进行冲洗。

（5）观察高压水冲洗效果，如果高压水冲洗效果不明显，则应通过改变水泵阀门开度相应提高冲洗水的压力，直至得到较好的冲洗效果，冲洗水压力最高为30MPa（压力太低会导致吹扫效果不好，而压力太高会损坏换热元件）。

（6）高压水冲洗持续时间为317min。

（7）记录空气预热器的压降，如果空气预热器的压降没有显著改善，应重复进行冲洗。

（8）停止高压水泵，关闭底部烟道的排水孔。

3. 离线高压水冲洗

离线高压水冲洗是停炉后，对空气预热器进行的高压水冲洗。离线高压水冲洗方法是：

（1）空气预热器驱动电动机的电源已停电，且转子完全停转。

（2）检查换热元件表面的积灰堵塞情况。

（3）检查水冲洗喷嘴的方向，确认喷嘴无堵塞现象。

（4）检查烟风道底部的排水口已打开，冲洗水能有效排放。

（5）将空气预热器调至低速旋转。

（6）冲洗水源供应正常，启动冲洗水泵进行冲洗。

（7）高压水冲洗持续时间为611min，水冲洗时应尽量一次将换热元件表面清洗干净，水冲洗后遗留下的沉积物在空气预热器重新投用后会结成硬块，下次水冲洗就无法将其彻底清除，如发现换热元件一次冲洗不干净，则应再进行一次冲洗。

(8) 清除烟风道内的杂物后关闭各人孔门。

(9) 关闭烟风道底部的排水阀。

(三) 空气预热器的二次燃烧与灭火

正常情况下空气预热器换热元件可保持干净，但锅炉长期烧油或燃烧不完全的情况下会使转子换热元件沉积可燃物，可燃物积累到一定程度会造成空气预热器内发生二次燃烧。为了防止空气预热器损坏，应及时投入消防水进行灭火，灭火程序如下：

(1) 锅炉运行中发生空气预热器着火时，排烟温度不正常急剧升高，应立即停止锅炉运行，停止送风机、引风机和一次风机并关闭所有烟风挡板。

(2) 投入空气预热器的蒸汽吹灰器进行灭火，如无法灭火应投入消防水灭火。

(3) 停炉后应尽量保持空气预热器连续运行；当空气预热器发生卡涩，主电动机和辅助电动机跳闸时，应进行手动连续盘车。

(4) 当空气预热器入口烟气温度、排烟温度、热风温度降到80℃以下，各检查孔不再有烟气和火星冒出后，停止消防水。打开检查孔，确认熄灭后，开启烟道排水门，排尽烟道内的积水，开启烟风挡板进行通风冷却。

(5) 彻底清理受热面积聚的可燃物，检查空气预热器内部设备损坏情况，进行必要的检修工作，并进行空气预热器试运行，运行正常后方可重新启动锅炉。

第七节 350MW热电联产机组空气预热器检修

空气预热器检修时必须做好各项安全措施，并装好转子限位器后方可工作，需要盘动转子时，必须及时拆除转子限位器并置于稳妥的地方，防止转子限位器掉入空气预热器内部缝隙卡住转子；工作人员完全撤出后，必须拆除并取出转子限位器。

一、空气预热器本体的检查与处理

1. 停炉后应对空气预热器本体进行检查

(1) 检查空气预热器内部的腐蚀和磨损痕迹，并记录腐蚀和磨损的程度。

(2) 检查各密封片的摩擦痕迹。

(3) 检查所有内部紧固件的损坏情况。

(4) 检查扇形板和扇形支板之间的泄漏情况。

(5) 检查轴向密封板和端柱之间的密封板无泄漏。

(6) 检查外部保温层，必要时进行修补。

(7) 检查膨胀节无泄漏和破损。

2. 换热元件盒的拆除与回装

换热元件盒损坏后要及时更换，更换时必须使用专用吊索从顶部烟道检修门吊出。

(1) 切断驱动电动机电源。

(2) 打开顶部烟道的换热元件检修门。

(3) 在顶部烟道中心位置安装吊装梁。

(4) 将起吊设备安装在吊装梁上。

(5) 打开空气预热器顶部过渡烟道上的人孔门以便检修人员进入空气预热器内。

(6) 人工盘动转子，使转子的一个分隔仓正好位于吊装梁正下方，人工盘动转子时需临时拆除转子限位器。

(7) 按照要求拆下顶部径向密封片和压板。

(8) 拆除最外环换热元件，将其吊离转子，穿过换热元件检修门后吊到合适位置。对于冷端换热元件为侧抽布置的空气预热器，先将热端及中温端元件盒向上吊离转子，穿过元件维护门后吊到合适的位置，再拆掉空气预热器外壳及外缘环向隔板上的侧抽门，从侧面抽出冷端换热元件盒置于预定位置。

(9) 重复上述 (7) (8) 依次吊装其他隔仓的换热元件。

(10) 若现场未备新的换热元件，则必须均匀对称地拆取旧的换热元件，以免造成转子偏载。

(11) 回装换热元件的程序与拆卸程序相反。

二、空气预热器各密封的检查与处理

空气预热器最大的问题是漏风，空气预热器采用了各种防止漏风的密封措施，检修中必须检查各密封装置，密封损坏时，要及时进行更换。

(一) 径向密封的检查与处理

(1) 安装径向密封设定杆。

(2) 选择某一径向密封条和压板，人工盘动转子直至该密封片对准顶部扇形板边缘。

(3) 转动转子直至密封片对齐密封设定杆。

(4) 人工盘动转子，依次将其余的密封片对准密封设定杆，就位后固定。

(5) 拆除密封标尺。

(6) 确保所有压板和紧固件均已安装并锁紧。

(二) 轴向密封的检查与处理

(1) 轴向密封片的安装和固定是通过位于转子外壳上的轴向密封检修门进行。

(2) 人工盘动转子直到所选密封片对准轴向密封板。

(3) 根据设计要求重新安装固定密封片。

(4) 将密封设定杆安装到适当位置。

(5) 将已安装的密封片对准密封设定杆。

(6) 根据轴向密封设定杆的位置重新固定所有轴向密封片。

(7) 拆除轴向密封设定杆。

(8) 确保所有密封片就位并锁定。

(三) 环向密封及中心筒密封的检查与处理

1. 外缘环向密封的检查与处理

检查外缘环向密封紧固件的松动和腐蚀；检查密封片边缘有无摩擦痕迹，对摩擦严重的部位重新进行调整。

(1) 拆除底部外缘环向密封时，在底部烟风道内搭设脚手架并配设脚手板和安全网等安全设施，以确保操作人员的安全；进入底部烟风道后方可进行底部外缘环向密封的拆除工作，由于底部外缘环向密封为螺栓固定，拆卸时需旋下压板上的螺母，检查螺母和垫板是否腐蚀或磨损，必要时应予以更换，安装时用螺栓固定。

(2) 拆除顶部外缘环向密封时，由于顶部外缘环向密封焊接在转子外壳顶部平板上，必须用割除法拆下旧环向密封，并焊接新密封。

2. 内缘环向密封的检查与处理

检查上、下内缘环向密封条应与顶部和底部径向密封片平齐，异常时必须更换。

(1) 内缘环向密封条固定在转子轮毂顶部和底部的环形固定板上，拆卸密封条时需卸下紧固螺钉和垫圈，操作时可人工盘动转子。

(2) 重新装回密封条时要参照径向密封片的位置进行，并与径向密封片对齐。

（四）转子中心筒密封的检查与处理

中心筒密封为双密封布置，密封片安装在扇形板上，与中心筒构成密封。内侧密封由两个1.6mm厚考登钢制作的圆环组成，两个圆环之间用低碳钢支撑环固定。

(1) 拆卸时先拆外侧盘根填料密封，再拆内侧密封。

(2) 安装时先装内侧密封，再装外侧盘根填料密封。

三、空气预热器驱动装置的拆卸与回装

1. 驱动电动机的拆卸与回装

(1) 切断驱动电动机电源。

(2) 在驱动电动机上安装适当的吊具。

(3) 装上吊索后收紧。

(4) 拆下电动机的紧固件。

(5) 将电动机小心吊起，直至电动机轴上的联轴器半轴脱离。

(6) 将电动机吊至指定地点。

(7) 电动机的回装过程与上述流程相反。注意确保联轴器半轴的位置正确。

2. 一级减速器的拆卸与回装

(1) 按要求拆下电动机。

(2) 在一级减速器装上吊索后收紧。

(3) 拆除固定螺栓，使一级减速器与二级减速器脱离。

(4) 将一级减速器吊至指定地点。

(5) 一级减速器的回装过程与拆卸流程相反。

3. 二次级减速器的拆卸与回装

(1) 按要求拆下驱动电动机。

(2) 按要求拆下一级减速器。

(3) 安装适当的吊具。

(4) 拆下轴端防护罩。

(5) 拆下转子停转报警探头。

(6) 从驱动轴的上端卸下锁紧盘。

(7) 沿垂直向上方向小心、均匀吊起减速器，使抗扭矩臂脱离支座，然后再继续起吊，直至脱离驱动轴，并吊至指定位置。

(8) 减速箱的回装过程与拆卸流程相反。注意核实锁紧盘型号并按照适当步骤安装锁紧盘，拧紧力矩为570N·m。

(9) 锁紧盘安装后，注意装回转子，停转报警装置的所有部件，并调至初始位置。

(10) 回装时，在抗扭矩臂及其支座上涂抗磨材料，确保两侧的间隙正确。

4. 中心驱动装置整体的拆卸与回装

（1）切断所有电动机的电源。

（2）安装适当的吊具。

（3）装上吊环后拉紧吊索。

（4）拆下测速探头防护罩和驱动装置防护罩。

（5）拆下转子停转报警探头。

（6）按照要求将锁紧盘从驱动轴上端卸下。

（7）沿垂直向上方向小心、均匀吊起减速器，使抗扭矩臂脱离其抗扭矩臂支座，然后再继续起吊，直至脱离驱动轴，并吊至指定位置。

（8）减速箱的回装过程与拆卸流程相反，安装时注意核实锁紧盘型号并按照适当步骤安装锁紧盘，拧紧力矩为 570N·m。

（9）锁紧盘安装后，注意装回转子停转报警装置的所有部件并调至初始位置。

（10）回装时，在抗扭矩臂及其支座上涂以抗磨材料，确保两侧的间隙正确。

四、空气预热器轴承的拆卸与回装

1. 顶部导向轴承的拆卸与回装

（1）按照要求拆下转子驱动装置。

（2）在拆卸顶部导向轴承时应在转子和转子外壳之间设置临时支架以防转子倾斜，支架的设置必须确保转子固定在垂直位置。

（3）放掉顶部轴承内的润滑油。

（4）按要求拆卸顶部轴承轴套的锁紧盘。

（5）拆除顶部轴承箱的盖板。

（6）利用轴套上面的拆卸孔小心地将轴套和顶部轴承一起垂直向上吊起。

（7）将上述组件放置到指定地点。

（8）将轴套下端的挡环拆掉，拆下导向轴承。

（9）导向轴承的回装过程与拆卸流程相反。保证轴套轴肩与轴承箱顶部盖板之间的相对距离与图纸一致，核实锁紧盘型号并按照要求安装锁紧盘，拧紧力矩为 470N·m。

2. 底部推力轴承的拆卸与回装

（1）切断驱动电动机电源。

（2）拆去底部轴承两侧的防护网。

（3）将润滑油放出。

（4）拆去底部轴承箱上的测温元件。

（5）拆去顶部内缘环向密封条。

（6）将顶部扇形板正下方的径向密封条拆除。

（7）拆下底部轴承箱的固定螺栓等限位装置。

（8）安装转子顶起装置。

（9）检查液压系统工作正常，将转子顶起（顶起高度不得超过 10mm，以防损坏顶部轴承）。

（10）安装拆卸导轨及其支撑件。

（11）备好牵拉支点。

(12) 准备好牵拉工具。

(13) 将液压千斤顶卸荷，油缸内的油排空。

(14) 将底部轴承箱连同轴承一起小心吊到拆卸导轨上，然后移到指定位置。

(15) 拆下轴承盖板。

(16) 拆卸轴承箱与轴承时应按如下步骤进行：①在轴承底部外圈下的斜面上插入 3 个楔子；②打入楔子以撬开轴承；③拆去顶部内圈，此时可使用吊索拆去外圈和滚子组件。

(17) 底部轴承的回装过程与拆卸流程相反，在轴承箱底部与支撑凳板之间要加设适当高度的调整垫片，回装底部轴承箱的调整垫片时，要保证顶部轴承轴套的轴肩与轴承箱顶部盖板之间的相对距离与设计值保持一致。

(18) 在驱动装置抗扭矩臂和支座间涂以抗磨材料；在转子试转之前要确保其布置正确。

(19) 装回底部轴承箱固定螺栓和限位装置，并按要求将其锁紧。

(20) 装回顶部径向密封片以及内缘环向密封条并按照要求调整好。

(21) 拆除所有辅助拆装设备。

(22) 将底部轴承箱固定在其正确位置后，通过手动盘车至少将转子旋转一周，以确保转子能自由旋转。

(23) 底部轴承检修完毕后注意装回轴承防护网。

五、吹灰器的拆卸与回装

1. 吹灰器的拆卸

(1) 切断驱动电动机的电源。

(2) 切断吹灰器的汽源和冲洗水源。

(3) 脱开蒸汽和冲洗水的接口法兰。

(4) 拆掉接线盒内的接线。

(5) 用适当的吊具将吹灰器吊住以防止滑落。

(6) 脱开吹灰器与空气预热器的连接。

(7) 从支撑门架上拆下吹灰器。

2. 吹灰器的回装

吹灰器的回装与拆卸流程相反，回装时烟道内必须有人将吹灰器枪管接入接口箱体和内部导架，吹灰器装回后，应手动检查吹灰器的伸缩行程，以确保喷嘴和限位开关的设置不变。

六、转子失速报警探头的拆卸与回装

1. 转子失速报警探头的拆卸

(1) 切断转子失速报警装置的电源。

(2) 拆下测速探头防护罩，拧开驱动装置防护罩上失速报警探头的固定螺栓。

(3) 打开就地接线盒，拆下失速报警探头的连线。

2. 转子失速报警探头的回装

转子失速报警探头的回装与拆卸流程相反，回装时调整好探头端部与转子驱动轴端的相对位置。

七、火灾探头的拆卸与回装

火灾探头内装有热电偶，每个探头均可以从空气预热器内整体拆出。如在锅炉运行过程中需要拆出火灾探头，现场人员必须穿戴防护服并注意避开安装孔，以免高温气流灼伤皮肤。为此，拆装时须用压缩空气进行密封。

1. 火灾探头的拆卸

(1) 切断探头电源并拆下探头末端接线盒内的连线。

(2) 打开套管上的压缩空气阀门，确保压缩空气流入探头套管内。

(3) 拆去探头法兰的紧固件。

(4) 从套管内抽出探头，注意不要损坏探头前端的热电偶。

(5) 若不立即回装热电偶，则应用盖板将套管孔堵住。

2. 火灾探头的清理与检查

(1) 用金属丝刷清除探头管内的沉积物（注意不要刷及热电偶）。

(2) 用软毛刷小心对探头的热电偶端进行清理。

(3) 检查热电偶是否腐蚀或损坏。

(4) 通过探头接线端检查热电偶的电阻，如电阻超过 30Ω，证明热电偶已故障。

(5) 检查热电偶的绝缘电阻，如绝缘电阻低，说明热电偶绝缘已损坏。

(6) 更换已损坏的探头。

3. 火灾探头的回装

(1) 在拆除套管法兰盖板之前要确保空气阀门已打开，并有压缩空气通入。

(2) 在探头法兰和套管法兰之间安装隔热垫圈。

(3) 将探头小心插入套管，注意不要损坏探头前端。

(4) 将探头就位固定。

(5) 接好接线盒内的连线。

(6) 装好探头后注意关闭压缩空气阀门。

(7) 启动就地柜，将其恢复至正常工作状态。

八、空气预热器检修结束后必须进行的工作

1. 空气预热器本体

(1) 取出烟风道内的所有工具和维护设备。

(2) 检查所有经过维护的部件安装是否可靠。

(3) 检查并确认转子限位器已经拆除并取出。

(4) 检查所有经维护后的轴承内已加注合格的润滑油。

(5) 通过手动盘车装置将空气预热器转子至少旋转一周，以检查转子是否能自由转动。如转子不能自由旋转，应立即查找原因并进行处理。

(6) 拆除空气预热器内的脚手架。

(7) 确认空气预热器内的所有人员都已撤出，关闭所有人孔门。

(8) 接通驱动电动机电源。

(9) 接通其他电动设备的电源。

(10) 检查吹灰器的蒸汽系统完好。

(11) 检查水冲洗装置和消防设备正常。

(12) 检查转子失速报警装置的工作正常。

(13) 检查火灾监控装置能正常工作。

(14) 检查下部烟风道上的疏排水口关闭。

2. 驱动装置

(1) 检查所有减速器内的油位正常。

(2) 检查一级和二级减速器上的透气口清洁。

(3) 检查驱动装置的抗扭矩臂支座固定可靠，抗扭矩臂在支座内沿垂直方向能自由移动。

(4) 人工盘动驱动装置能自由转动。

(5) 检查电动机的电源正常。

(6) 分别短时启动各电动机，检查其旋转方向。调试和每次重新接线时，必须对每一驱动电动机的旋向分别单独进行检查和确认。检查启动时，必须待一台电动机断电且确保转子完全停转后，方可再启动检查另一台驱动电动机。

3. 吹灰器和高压清洗装置

(1) 注意取出烟道内的所有工具和检修设备。

(2) 手动操作，确保设备能满行程运行而不影响其他构件，取下手柄。

(3) 确保空气预热器内的导向支架连接可靠，并有可靠的防止冲刷和腐蚀措施。

(4) 拆掉空气预热器内的所有临时支架。

(5) 确认所有人员撤出后，关闭所有人孔门。

(6) 接通吹灰器电源。

(7) 检查吹灰器的蒸汽和高压清洗装置的水源供应正常。

第八节 空气预热器积灰与腐蚀

一、空气预热器积灰

空气预热器积灰有两种，一种是松散积灰，另一种是黏聚积灰。松散积灰是由于烟气中含有大量飞灰，当烟气流过空气预热器换热元件时烟气中的飞灰沉积在换热元件上，空气预热器积灰后传热能力变差、阻力升高、漏风增大、风机电耗增加，此时必须对换热元件进行吹灰。黏聚积灰是由于烟气中的酸蒸气或水蒸气在低温换热元件上凝结与灰一起黏聚在换热元件的金属表面。发生黏聚积灰的主要原因是由于空气预热器的冷端换热元件温度较低，当该处的温度低于烟气露点温度时，烟气中的蒸汽就会凝结，与灰一起黏聚在换热元件的金属表面造成黏聚积灰。露点是指蒸汽开始凝结的温度，烟气中水蒸气的露点为40～45℃，当烟气中含有15×10^{-6}～30×10^{-6}的SO_2时，烟气在120～150℃就开始结露，此时很容易发生黏聚积灰。黏聚积灰无法用吹灰器吹扫干净，必须用水冲洗。

二、空气预热器腐蚀

锅炉燃烧的所有燃料都含有硫，燃烧过程中燃料中的大部分硫都转变为二氧化硫，但仍有1%～5%的硫转变为三氧化硫。烟气中三氧化硫的含量取决于许多因素，如燃料中硫的含量、燃烧时的过量空气系数以及对形成三氧化硫起催化作用的物质等，对形成三氧化硫起催化作用的主要物质是五氧化二钒。当锅炉燃油时，油中的钒与氧气反应生成五氧化二钒，会加速三氧化硫的形成；另外，锅炉增加选择性催化还原脱硝系统后，必须注意二氧化硫向三氧化硫的转化率，应控制在1%以下。三氧化硫与烟气中的水蒸气反应生成硫酸蒸汽，硫酸蒸汽对空气预热器腐蚀并不大，但硫酸蒸汽凝结成液体时，在换热元件表面形成一层硫酸膜，对碳钢换热元件的腐蚀较强。在换热元件表面上形成一层连续硫酸膜的最高温度称为烟气的“酸露点”，当换热元件壁温低于露点温度时，硫酸蒸汽就会凝结在壁面上腐蚀换热元件，并不断黏结飞灰，堵塞通道，降低换热元件换热效率和使用寿命，影响空气预热器的安全经济运行。

三、防止空气预热器积灰和腐蚀的措施

（一）防止空气预热器积灰的措施

空气预热器积灰是烟气中的飞灰在换热元件内积累的过程，因此防止空气预热器积灰的有效措施是运行中要定期进行蒸汽吹扫，必要时进行水冲洗。另外，运行中必须控制空气预热器的冷端综合温度，防止烟气结露，加剧积灰。

（二）防止空气预热器腐蚀的措施

当换热元件壁温低于露点温度时，酸液凝结量随壁温的降低而不断增加，换热元件的腐蚀速度也不断加速，通常最大腐蚀率的壁温比露点温度低 20～45℃。为了有效地控制和减缓冷端换热元件的腐蚀，必须控制空气预热器的冷端综合温度。冷端综合温度是空气预热器的出口烟气温度和空气入口温度之和，冷端综合温度越低，空气预热器腐蚀越严重。锅炉运行中，为了防止空气预热器腐蚀，空气预热器的冷端综合温度必须高于某一值（低于该值时，空气预热器腐蚀明显加剧），通常把该值叫做空气预热器的“最低冷端综合温度”，空气预热器的“最低冷端综合温度”可根据锅炉特性和煤质经过计算确定。一般情况下，煤的含硫量低于 1.5%时，“最低冷端综合温度”为 148℃；当锅炉燃烧的煤质发生较大变化时，应重新计算最低冷端综合温度。为了确保空气预热器的冷端综合温度高于“最低冷端综合温度”，通常采用热风再循环和安装暖风器来提高空气预热器的冷端综合温度。

1. 热风再循环

热风再循环是将空气预热器出口的部分热空气引到送风机入口与空气混合后送往空气预热器，这样可以提高空气预热器的入口风温，从而提高空气预热器的冷端综合温度，以减小空气预热器的冷端腐蚀。这种方法在锅炉启动阶段效果明显；但是，锅炉正常运行中不宜采用。

2. 安装暖风器

暖风器实际上是一种蒸汽—空气加热器，它是利用汽轮机的抽气加热空气，提高空气预热器的入口空气温度，从而提高空气预热器的冷端综合温度，以减小空气预热器的冷端腐蚀。暖风器只在冬季投运，投运后可将空气加热到 50℃。

第七章

锅炉主要风机

风机是锅炉的主要辅助设备，它对锅炉的安全经济运行有着重要的作用。煤粉锅炉的主要风机有引风机、送风机、一次风机等。引风机的作用是排出炉膛内燃烧产生的烟气，并使炉膛内维持一定的负压，克服尾部烟道内的压力损失；送风机的作用是向锅炉燃烧提供合适的空气，确保煤粉充分燃烧；一次风机的作用是提供一定压力的一次风，对煤进行干燥并将煤粉送至燃烧器燃烧。这些风机的工作条件不同，实际应用中必须根据工作条件选用风机的类型和参数。

第一节 风机简介

风机是根据流体力学理论设计的，用来提高气体压力的流体机械。它的工作过程是将原动机的机械能转变为被作用气体的能量，从而使气体产生速度和压力。

一、风机的分类

风机的分类方法很多，按工作原理可分为叶片式（又叫透平式）、容积式和喷射式3种。

1. 叶片式

叶片式风机是依靠带叶片的工作轮旋转来输送气体的风机，按其转轴与流体流动方向可分为离心式和轴流式两种型式。

（1）离心式风机。离心式风机是气体沿轴向进入风机后，在叶轮转动产生的离心力作用下获得能量，变成与轴向垂直的方向从出口流出。离心式风机的特点是风压较高，流量较小。

（2）轴流式风机。轴流式风机是气体沿轴向进入风机后，在叶片的作用下获得能量，沿轴向排出，轴流式风机的叶片是机翼型。轴流式风机的特点是流量大、效率高、风压低和体积小。

2. 容积式

容积式风机是通过机械产生的容积变化来实现气体的吸入与排出。容积式风机的特点是风压高，用于风压高的场合。容积式风机分为活塞式和回转式两种。

（1）活塞式风机。活塞式风机是通过活塞在气缸内作往复运动，使活塞与气缸形成的容积不断变化，从而吸入和排出气体。

（2）回转式风机。回转式风机是利用壳内的转子旋转使转子与机壳之间所形成的容积不断地发生变化，从而将气体吸入和排出。回转式风机有罗茨式风机、叶氏式风机和螺杆式风机等。

3. 喷射式

喷射式风机是以高压气体作为工作介质来输送另一种气体的机械，当这两种气体通过喷射式风机时，工作气体的动能减少，被输送的气体动能增加，从而将被输送的气体排出。

二、离心式风机的结构和工作原理

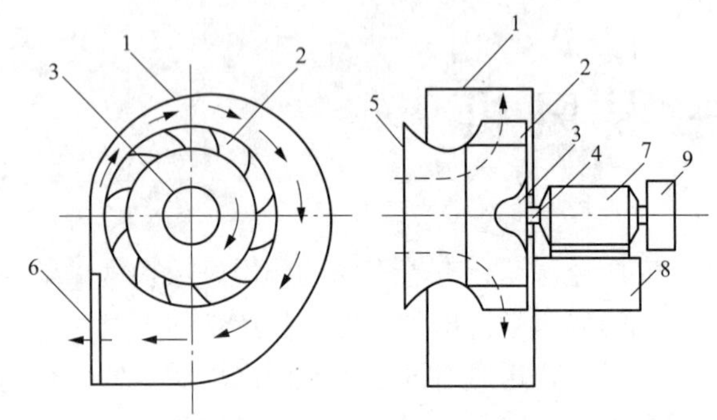

图 7-1 离心式风机的结构

1—机壳；2—叶轮；3—轮毂；4—轴；5—吸气口；6—排气口；7—轴承座；8—机座；9—联轴器

（一）离心式风机的结构

离心式风机由叶轮、螺旋形机壳和轴组成，见图 7-1。

1. 离心式风机的介质吸入方式

离心式风机的介质吸入方式有单吸离心风机和双吸离心风机。单吸离心风机只有一个进风口和一个出风口，叶轮是由前盘、后盘、轮毂、叶片焊接而成；双吸离心风机有两个进风口，一个出风口，叶轮为双叶轮结构，叶轮包括两个前盘和一个中盘，在前盘与中盘间焊有叶片。

（1）单吸离心风机的特点：①传动方式比较灵活，可以采用悬臂式结构；②采用悬臂式结构对轴承要求较高；③根据不同的叶轮设计，可以达到较高的压力；④使用范围较广，适用各种参数工况环境。

（2）双吸离心风机的特点：①必须有一根穿过叶轮的轴，该轴必须支承在两侧的轴承座上；②可以获得较大的风量；③采用双支承结构，运转可靠性高，安全稳定；④多用于大风量的洁净气体。

2. 离心式风机的旋转形式

离心式风机可制成顺转和逆转两种型式：从电动机一端正视，如叶轮按顺时针方向旋转称顺旋风机，以“顺”表示；按逆时针方向旋转称逆旋风机，以“逆”表示。风机的出口位置以机壳的出口角度表示，“顺”“逆”均可制成 0°、45°、90°、135°、180°、225°六种角度。

（二）离心式风机的工作原理

当电动机带动叶轮旋转时，叶片间的气体获得一离心力，使气体从叶片之间的开口处甩出，见图 7-1。被甩出的气体碰到机壳，使机壳内的气体动能增加。机壳为一螺旋线形，空气的过流断面逐渐增大，动能转换成静压能，并在风机出口处达到最大值，气体从风机的出口排出。当气体被甩出时，叶轮中心部分压力降低，气体从风机的吸入口被吸入。叶轮不断旋转，空气在风机的作用下，在管道中不断流动。

三、轴流式风机的结构和工作原理

（一）轴流式风机的结构

1. 轴流式风机的本体结构

轴流式风机由叶轮、导叶和外壳等组成，可分为单级叶轮和双级叶轮两种。因为导叶可以位于叶轮前，也可位于叶轮后，所以轴流式风机根据需要有多种组合型式，见图 7-2。

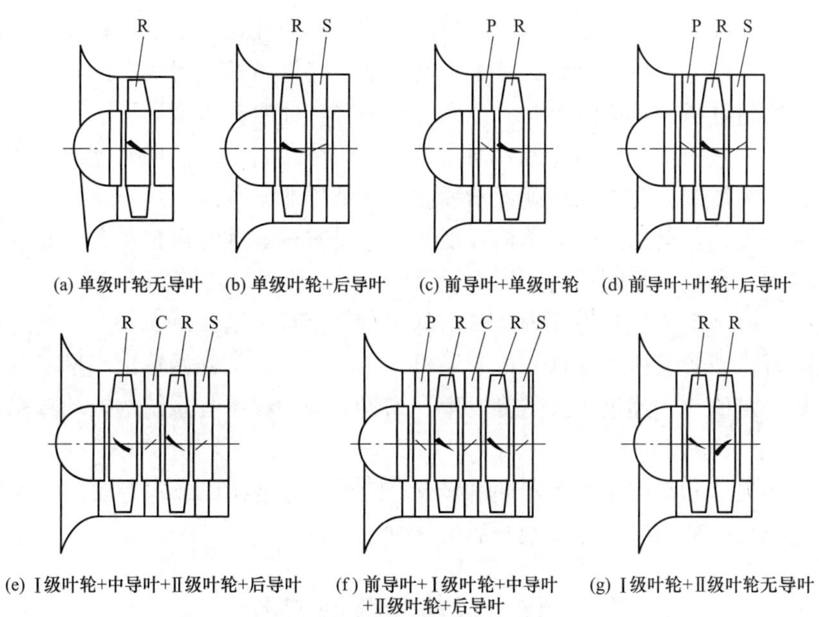

图 7-2 轴流式风机的组合型式

R—叶轮；P—前导叶；C—中间导叶；S—后导叶

2. 轴流式风机的轮毂比

轴流式风机轮毂直径与叶轮外径之比叫做轮毂比，轮毂比对轴流式风机的风压有直接影响。轮毂比低于 0.4 时，为低压（或低轮毂比）型轴流风机；若轮毂比大于 0.71 时，为高压（或大轮毂比）型轴流风机；轮毂比介于 0.4～0.71 时，为中压（或中轮毂比）型轴流风机。

（二）轴流式风机的工作原理

当驱动装置带动叶轮旋转时，气体从进风口轴向沿攻角进入叶轮，在翼（叶片）背上产生一个升力，同时在翼腹上产生一个大小相等、方向相反的作用力，该力使气体排出叶轮呈螺旋形沿轴向向前运动。同时，风机进口处由于压差的作用，气体不断地被吸入。轴流式风机叶片的工作方式与飞机的机翼类似。但是，飞机是将升力向上作用于机翼上并支撑飞机的重量，而轴流式风机是固定机翼，使空气移动。轴流式风机的横截面一般为翼型剖面，叶片与气流的角度或者叶片间距可调整，改变叶片角度或间距就可调节风机的参数。攻角越大，翼型的周界越大，升力也越大，风机的压差就越大，而风量越小；当攻角达到临界值时，气体将离开翼背的型线而发生涡流，导致风机压力大幅度下降而产生失速现象。

轴流式风机中的流体不受离心力的作用，产生的压头远低于离心式风机，故轴流风机一般适用于大流量低扬程的情况。

（三）轴流式风机的特点

轴流式风机与离心风机相比是一种大流量、低压头、效率高的风机。轴流式风机的性能曲线存在一个不稳定的工况区间，一般不用节流调节，否则会引起风机失速与喘振，造成风机的不稳定运行。

失速是指当空气绕流时产生升力，但也产生阻力。因此，有一个参数升阻比，用于研究翼型的空气动力特性。显然，升阻比越大，空气动力特性越好。当翼型的攻角增加时，升阻比增加；当攻角超过某一数值时，升阻比则急剧下降，此时在翼型后形成很大的涡流区，使翼型上下表面的压差减少，升力降低，而阻力增加，称之为失速。风机进入失速后，电耗剧增，而风量和压头锐减。此时风机就像断线的风筝那样非常危险。

喘振亦称为飞动，是指当外界负荷降低时，流量减少，这时风机的压力也降低，但因为管道的容量较大，在这一瞬间，管道压力没有变，因此管道压力瞬间大于风机压力而使风倒流进入风机中。由于倒流使管道压力迅速下降，管道流量也迅速减少，使风机流量为零。由于风机仍在运行，当管道压力降低，低于风机压头时，风机又开始输出流量，只要外界需要的流量小于某一定值，上述过程又重复发生。如果喘振的频率与系统的振动频率合拍时，则产生共振。

因此，旋转失速和喘振是两个不同的概念，旋转失速是叶片结构造成的一种空气动力工况，而喘振是风机性能与装置振荡耦合后的一种表现形式。

第二节　风机负荷调节方式

锅炉运行中负荷是随电网需要变化的，锅炉负荷变化时风机的负荷也要随之变化，风机负荷的调节方式对锅炉的安全经济运行具有十分重要的意义。风机负荷的调节方式有两种：一是改变风机本身的性能曲线，二是改变管路特性曲线。改变风机本身的性能曲线的方法有动叶片调节和变速调节等，改变管路特性曲线的方法有节流调节。

一、离心式风机的调节方式

离心式风机结构简单、运行可靠、设计点效率高，在火力发电厂得到了广泛应用。离心式风机的调节方式有节流调节、入口导流器调节和变速调节。

（一）节流调节

节流调节就是在管路中装设节流挡板，利用改变挡板的开度进行调节，这是最简单且普遍的一种调节方式。节流调节又可分为出口端节流调节和吸入端节流调节两种。

1. 出口端节流调节

出口端节流调节是将节流部件安装在风机出口管路上，其实质是改变出口管路上的流动损失，通过改变管路的特征曲线来改变风机工作点。出口端节流调节的特点是不经济，且只能向小于设计流量的方向调节，实际工作中很少使用。

2. 吸入端节流调节

吸入端节流调节是将节流部件安装在风机入口管路上，通过改变入口管路上节流部件的开度，来改变工质的流量。吸入端节流调节不仅改变管路的特性曲线，同时也改变了风机本身的性能曲线（因工质进入风机前压力已下降，使性能曲线相应发生变化），入口端的节流损失比出口端的节流损失小，入口调节比出口调节经济。

（二）入口导流器调节

导流器的作用是将工质进入风机前产生预旋，减小节流损失，但进口气流角与叶片安装角的不一致，也产生了冲击损失。由于节流损失大于产生的冲击损失，结果是比较经济的，因此离心式风机多数采用入口导流器调节。

离心式风机常用的导流器有轴向导流器、径向导流器和简易导流器。轴向导流器是在风机前安装带有可转动导流叶片的固定轮栅，叶片形状如螺旋桨，见图 7-3（a）。径向导流器是导流叶片呈流线型，并装成径向，见图 7-3（b），这种导流器尺寸较大，流动损失也较大，但操作机构简单。简易导流器经常用于进口装有进气箱的风机，见图 7-3（c），由若干叶片组成，叶片轴心平行于叶轮轴心，这种导流器结构简单，使用方便，但效率较低。

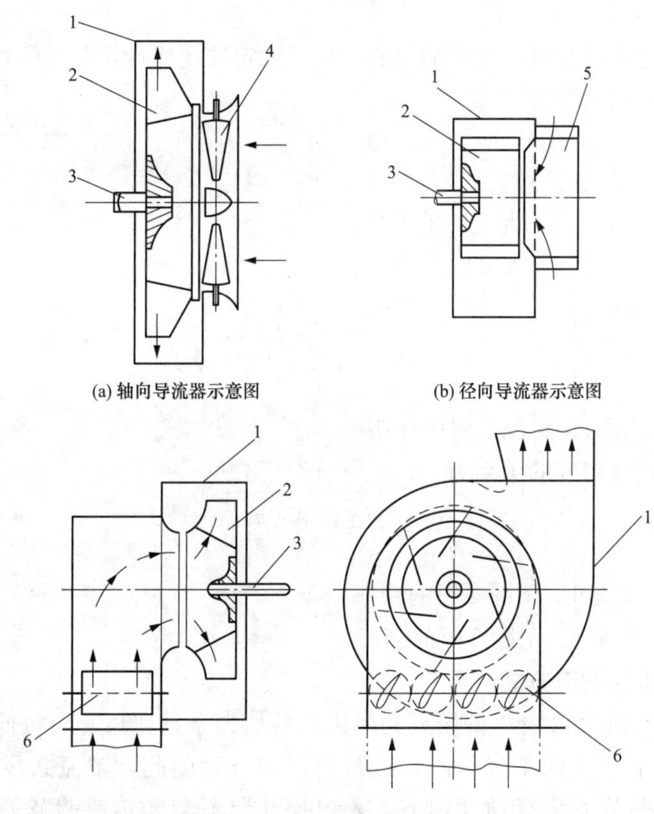

图 7-3　离心风机导流器示意图

1—风机外壳；2—叶轮；3—轴；4—轴向导流器；5—径向导流器；6—简易导流器

（三）变速调节

不论是节流调节还是入口导流器调节，在低负荷时效率很低。为了提高离心式风机在低负荷时的效率，可采用变速调节。变速调节是在管路特性曲线不变时，用改变转速的方法来改变风机的性能曲线，从而改变风机的工作点。变速调节的特点是大大减小了节流损失，经济性高。

1. 变速调节的方式

变速调节的方式有直流电动机调节、异步电动机转子回路中串联可变电阻以改变电动机转速调节、双速电动机调节、固定转速的电动机加液力耦合器调节、风机汽轮机调节、变频器调节。

每种变速调节各有特点：直流电动机价格昂贵，容量小，且需要直流电源，一般只用在试验装置中。异步电动机变速范围不大，而且变速后会影响电动机的效率，也不多用。利用双速电动机调节离心风机转速，配合进口导流器调节风量，可在一定范围内降低功率消耗，有少数电厂使用。液力耦合器变速范围大、效率较高，但结构复杂、成本高，有许多电厂使用。风机汽轮机调速在大型电厂应用较广，这种调速方式虽然投资较大，但技术成熟，调节效果好，可提高机组热效率，综合效益好。变频器调节效果好，系统简单，虽然成本较高，但应用也较广泛。

2. 变速调节的特性

当离心式风机变速调节时，可根据离心式风机的定比定律计算各参数。

（1）流量与转速的关系为

$$\frac{Q_1}{Q_2}=\frac{n_1}{n_2}$$

式中　Q_1、Q_2——工况 1、工况 2 时的流量；

n_1、n_2——工况 1、工况 2 时的转速。

（2）压头与转速的关系为

$$\frac{p_1}{p_2}=\left(\frac{n_1}{n_2}\right)^2$$

式中　p_1、p_2——工况 1、工况 2 时的压头。

（3）功率与转速及密度的关系为

$$\frac{N_1}{N_2}=\left(\frac{n_1}{n_2}\right)^3\times\left(\frac{\rho_1}{\rho_2}\right)$$

式中　N_1、N_2——工况 1、工况 2 时的功率；

ρ_1、ρ_2——工况 1、工况 2 时的密度。

二、轴流式风机的调节方式

轴流式风机是一种大流量、低压头的风机，其压力系数比离心风机低，轴流式风机的性能曲线存在一个不稳定的工况区间，运行时需避开。因此，轴流式风机一般不用节流调节，通常采用的调节方法有动叶调节、入口导叶调节和变转速调节等。轴流式风机的入口导叶调节方法与离心式风机的轴向导流器调节方法相似，这种调节方式虽经济性较差，但调节系统简单可靠，不少电厂的风机使用这种调节方法；轴流式风机的变转速调节与离心式风机的变转速调节方法相似，也有些电厂使用；电厂轴流式风机最常用的调节方法是动叶调节。动叶调节有以下优点：①当负荷变化时，风机保持高效的范围相当广；②在高效率区的上下，都要有相当大的调节范围；风压的性能曲线相当陡，风道阻力变化时风量变化很少；③叶片的每一个角度对应一条性能曲线，叶片角度从最小调到最大，几乎跟风量呈线性关系。

轴流式风机动叶调节均采用液压调节机构与机械调节机构相配合，比较成熟的有德国 KKK 技术和德国 TLT 技术，下面分别对这两种调节方式作一介绍。

（一）KKK 技术动叶调节机构

KKK 技术由德国 KKK 公司研发并应用于轴流风机的动叶调节，我国 20 世纪 90 年代引进该技术。

1. KKK 技术动叶调节机构的组成

KKK 技术动叶调节机构由机械调节机构、液压调节机构和连杆调节机构三部分组成。

(1) 机械调节机构。机械调节机构由轮毂、轮毂套、轮毂盖、动叶片、动叶片轴、曲柄、调节盘及轴承等组成，见图 7-4。轮毂套装在主轴端部，并用锁母固定；轮毂、轮毂套及轮毂盖通过螺栓固定连接在一起；16～22 个叶片轴沿叶轮径向均匀安装在轮毂套内，叶片轴的外端与叶片用 6 个螺栓相连，内端通过曲柄与调节盘相连；调节盘位于叶轮内，其外缘有开口环槽，曲柄滑块安装在调节盘环槽中，调节盘与活塞轴连接。

(2) 液压调节机构。液压调节机构由液压缸和伺服阀（控制头）两部分组成，两部分之间用螺栓连接，见图 7-4。

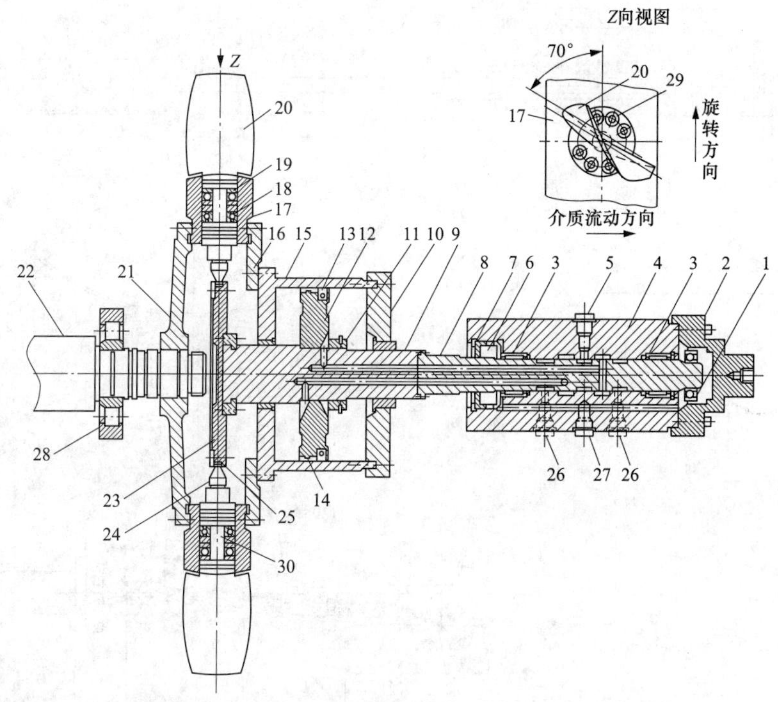

图 7-4 KKK 风机动叶调节机构

1—伺服阀球轴承；2—伺服阀端盖；3—辊针轴承；4—伺服阀外壳；5—进油口；6—密封环；7—锁环；8—伺服阀轴；9—活塞轴；10—液压缸盖；11—止推垫；12—活塞；13—密封；14—导环；15—液压缸筒；16—轮毂盖；17—轮毂套；18—支撑轴承；19—推力轴承；20—动叶片；21—轮毂；22—主轴；23—调节盘；24—曲柄；25—辊子轴承；26—回油口；27—漏油口；28—轴承；29—螺栓；30—动叶片轴

1) 液压缸。液压缸由缸筒、缸盖、活塞、活塞轴及密封等组成，用螺栓固定在轮毂盖上。活塞位于缸筒内，活塞轴与活塞固定在一起，活塞轴穿过缸筒底部和缸盖，一端用螺栓与伺服阀的轴连接，另一端用螺栓与调节盘连接。活塞可在缸筒内沿轴向移动，在活塞轴与缸筒底部、缸盖之间以及活塞与缸筒之间装有密封，以防止压力油泄漏。活塞轴内有两个油通道，一个油通道通往活塞左侧，另一个油通道通往活塞右侧。

2) 伺服阀。伺服阀由轴、轴承、密封装置、外壳及端盖等组成。伺服阀的轴从外壳两端穿出，轴与外壳之间用两列滚针轴承来支承，轴内有两个油通道，这两个油通道与活塞轴的油通道相连通；轴与外壳配合构成一错油门，错油门与轴内油通道是相连通的；外壳上的油口与油管相连接，轴与外壳之间既可轴向移动，又可圆周运动。端盖用螺钉固定在外壳上，端盖一侧的轴头装有一球轴承。端盖外侧与连杆调节机构相连。

（3）连杆调节机构。连杆调节机构由伺服阀连杆、驱动轴、执行器连杆及电动执行器组成，见图 7-5，驱动轴由两盘轴承固定在风机外壳的中分面。驱动轴的内侧端部有一叉杆，叉杆与伺服阀连杆一端用双叉销连接，伺服阀连杆另一端与伺服阀端盖也用双叉销连接；驱动轴的外侧端部有一传动臂，传动臂与执行器连杆用轴销连接，执行器连杆另一端与电动执行器也用轴销连接。当电动执行器转动时，通过执行器连杆、驱动轴及伺服阀连杆带动伺服阀端盖沿伺服阀的轴向移动。

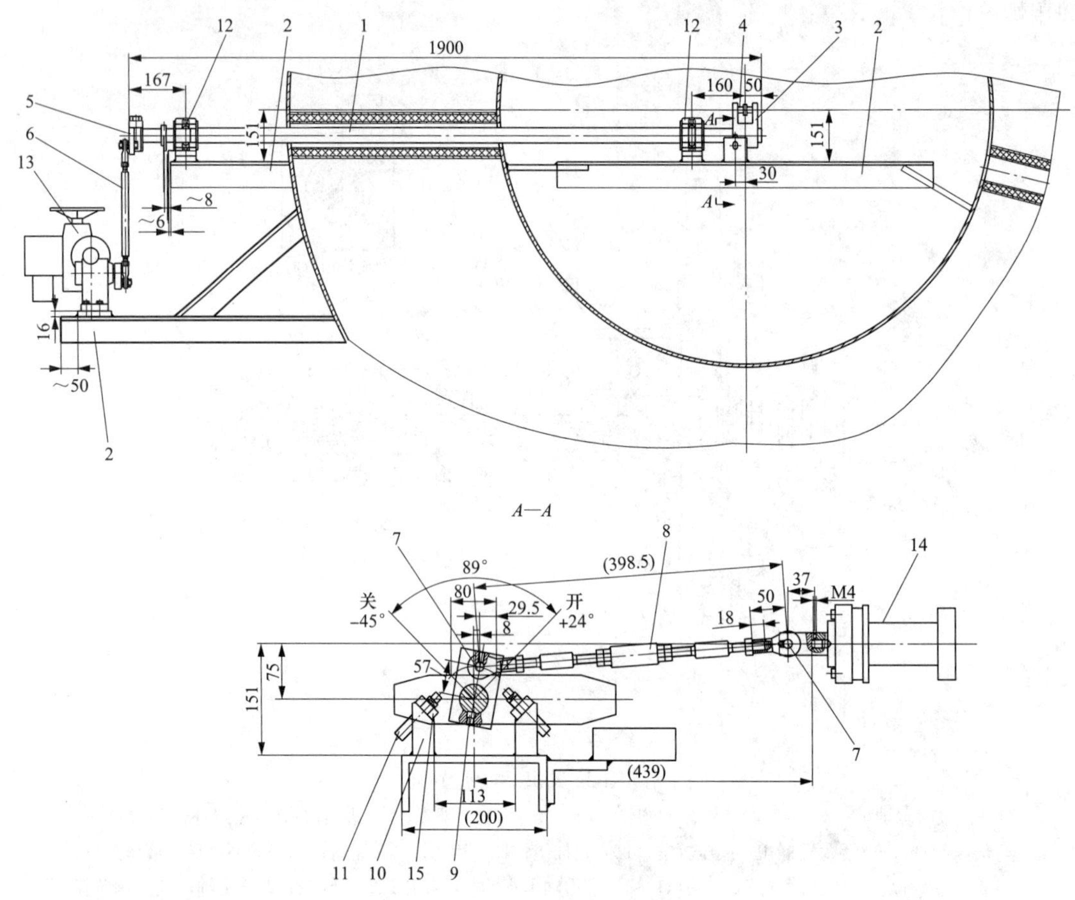

图 7-5　连杆调节机构

1—驱动轴；2—支架；3—叉杆；4—隔环；5—传动臂；6—执行器连杆；7—叉杆销；8—伺服阀连杆；9—键；10—限位块；11—螺柱；12—轴承（6208）；13—电动执行器；14—伺服阀；15—螺母

2. KKK 技术动叶调节机构的运动形式

从上述介绍中可以看出，KKK 技术动叶调节机构中各部件的运动形式各不相同，为了便于介绍 KKK 技术动叶调节机构的工作过程，下面对 KKK 技术动叶调节机构中各部件的运动形式分别进行说明。

（1）连杆调节机构的运动形式。电动执行器作旋转运动，执行器连杆作平面运动，驱动轴作旋转运动，伺服阀连杆作平面运动。

(2) 伺服阀的运动形式。伺服阀的端盖和外壳在连杆带动下可作轴向移动，伺服阀的轴在活塞轴的带动下既旋转又作轴向移动，伺服阀轴和外壳之间的相对位移形成了错油门的开与关。

(3) 液压缸的运动形式。液压缸用螺栓固定在轮毂盖上，液压缸、活塞和活塞轴都随叶轮一起旋转。另外，活塞在油压的作用下，可带动活塞轴作轴向移动。

(4) 机械调节机构的运动形式。机械调节机构都在叶轮内，除了随叶轮旋转外，调节盘可随活塞轴作轴向位移；调节盘轴向移动时，带动曲柄和动叶片以叶片轴为中心转动。

3. KKK技术动叶调节过程

当风机负荷调整时，首先发出调节指令，执行器带动连杆动作。当连杆动作时，带动伺服阀端盖与外壳沿伺服阀的轴向移动。此时，错油门打开，活塞两侧的油口一侧与进油口连通，另一侧与回油口连通，在活塞两侧油压差的作用下，活塞沿轴向移动。当活塞沿轴向移动时，活塞带动液压缸轴沿轴向移动，液压缸轴又推动调节盘沿轴向移动，调节盘带动曲柄转动。当曲柄转动时，通过各动叶片的轴带动各动叶片转动，实现了风机负荷调整。在风机负荷调整的过程中，活塞通过调节盘、曲柄、叶片轴带动叶片调节的同时，活塞带动活塞轴朝着伺服阀端盖移动的方向移动，使错油门关闭，活塞两侧的油压达到平衡，活塞的轴向移动停止，风机由一个状态调整到另一个状态，风机的调整过程结束，动叶片处于新的稳定状态。伺服阀端盖的每一位置都对应一动叶片角度，每一动叶片角度都对应风机的一个运行工况。

(二) TLT技术动叶调节机构

TLT技术动叶调节机构由德国TLT公司研发生产，我国于20世纪末引进该技术。

1. TLT技术动叶调节机构的组成

TLT动叶调节机构由机械调节机构、液压调节机构和连杆调节机构三部分组成。

(1) 机械调节机构。机械调节机构由轮毂、轮毂套、轮毂盖、动叶片、动叶片轴、曲柄及调节环等组成，见图7-6。轮毂套装在主轴端部，并用锁母固定，轮毂、轮毂套及轮毂盖用螺栓固定连接在一起；16个动叶片轴均匀布置在轮毂套内，叶片轴的外端与动叶片用6个螺栓相连，动叶片轴的内端通过曲柄与调节环相连；调节环为开口环槽，叶片轴内端曲柄滑块安装在调节环的环槽中，调节环与液压缸外缘用螺栓连接。

(2) 液压调节机构。TLT技术液压调节机构为一整体。液压调节机构由液压缸、伺服阀及反馈与显示装置等组成，见图7-7。

1) 液压缸。液压缸用螺栓与调节环固定在一起，液压缸内部有一活塞，活塞固定在活塞轴上，活塞轴从液压缸中心穿过，液压缸与活塞以及活塞轴之间均装有密封，活塞轴通过连接法兰固定在轮毂盖上；液压缸的一端有一堵衬，堵衬用螺栓固定在液压缸缸盖上；液压缸的另一端为伺服阀，伺服阀的外壳与活塞轴通过轴承组件连接在一起。活塞轴为空心轴，活塞轴除了有进油孔和回油孔外，活塞轴的中心还装有一根反馈轴。

2) 伺服阀。伺服阀由调节轴、阀杆、阀套和外壳等组成。伺服阀外壳套装在活塞轴上，由安装在活塞轴上伺服阀两端对应位置的两个轴承支承定位，伺服阀外壳不随活塞轴转动。阀杆装在阀套内，阀套装在外壳内，阀杆、阀套及外壳上均加工有错油槽，外壳的错油槽与油系统的供油口和回油口连接，阀杆和阀套位置变化均能引起阀杆和阀套的错油槽移动，使活塞两侧的油压改变，油压改变时推动活塞移动，带动调节环、曲柄及动叶片轴调节动叶片角度。

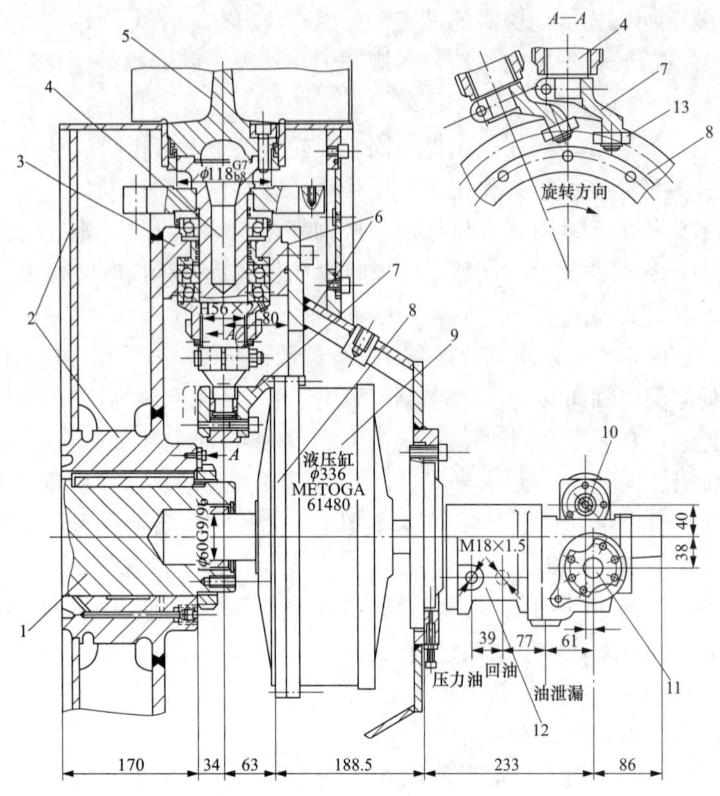

图 7-6　TLT 风机动叶机械调节机构

1—风机轴；2—轮毂；3—轮毂套；4—动叶片轴；5—动叶片；6—轮毂盖；7—曲柄；8—调节环；9—液压缸；10—指示轴；11—调节轴；12—伺服阀；13—滑块

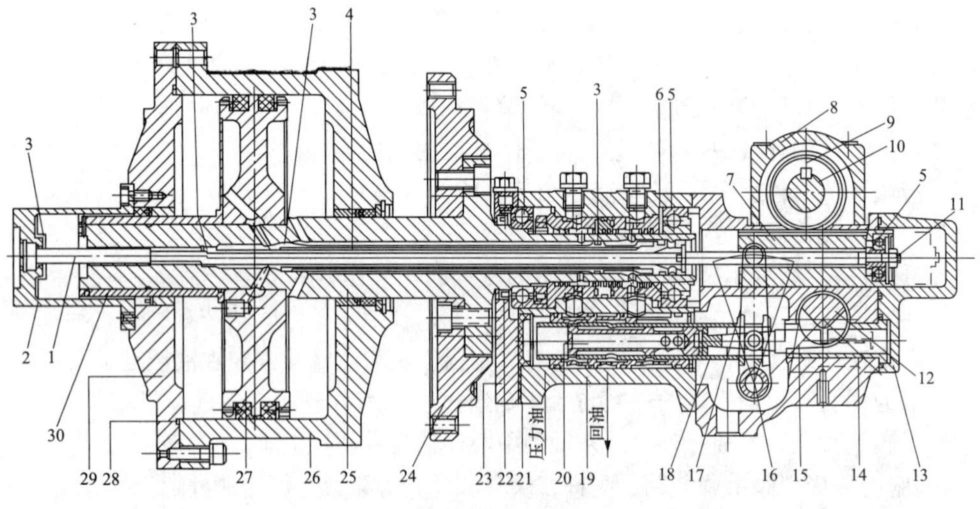

图 7-7　TLT 风机动叶液压调节机构

1—反馈轴；2—堵衬；3—O 形圈；4—导油管；5—轴承；6—轴封；7—导向滑块；8—指示齿轮外壳；9—指示齿轮；10—指示齿轮轴；11—开口销；12—调节轴；13—端盖；14—铜衬；15—伺服阀的阀杆；16—反馈杠杆轴；17—反馈杠杆；18—伺服阀的阀套；19—伺服阀外壳；20—伺服阀内部组件；21—环形皮碗；22—轴向密封；23—伺服阀端盖；24—连接法兰；25—活塞轴；26—液压缸；27—活塞；28—槽环；29—液压缸盖；30—活塞轴套

3）反馈与显示装置。反馈装置由反馈轴、导向滑块、反馈杠杆及反馈杠杆轴等组成。反馈轴位于活塞轴内，一端固定在堵衬上，另一端由安装在导向滑块外侧端部（远离液压缸）的一个球轴承支承；反馈杠杆的一端固定在反馈杠杆轴上，另一端与导向滑块连接，中部与伺服阀的阀套连接，可根据滑块的位置自动调节伺服阀的阀套位置，使伺服阀达到新的平衡。显示装置由指示轴、指示齿轮、指示杆和指示器组成，导向滑块的上方做成齿条形，该齿条与指示齿轮配合，将动叶片的位置显示在指示器上。

（3）连杆调节机构。连杆调节机构由调节杆、电动执行器、指示杆及指示器组成，见图7-8。调节杆和指示杆用轴承固定在风机外壳的中分面，调节杆的一端与电动执行器相连，另一端与调节轴相连，电动执行器转动时通过调节杆带动调节轴转动；指示杆的一端与指示齿轮轴相连，另一端与指示器相连，动叶片的位置通过指示齿轮轴、指示杆及指示器显示出来。为了防止动叶片过调，对动叶片的调节范围从电动执行器和调节轴进行双重限位，限位情况见图 7-8 的剖面图 $A—A$ 和 $B—B$。

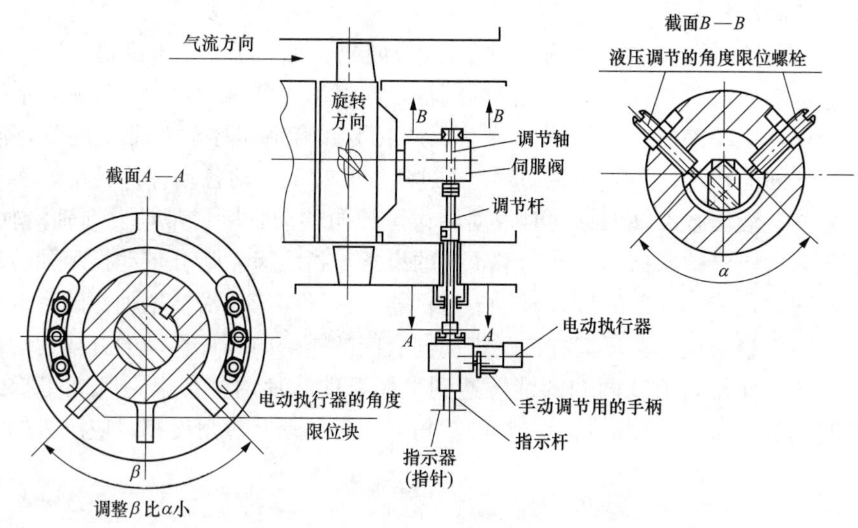

图 7-8 TLT 风机动叶连杆调节机构

2. TLT 技术动叶调节机构的运动形式

从上述介绍中可以看出，TLT 技术动叶调节机构中各部件的运动形式各不相同，为了便于介绍 TLT 技术动叶调节机构的工作过程，下面对 TLT 技术动叶调节机构中各部件的运动形式分别进行说明。

（1）连杆调节机构的运动形式。电动执行器的轴作旋转运动，调节杆随电动执行器的轴作旋转运动并带动调节轴转动；指示杆随指示齿轮轴转动并将动叶片的位置显示于指示器上。

（2）伺服阀的运动形式。伺服阀由安装在活塞轴上的两个轴承支承定位（伺服阀的重力由活塞轴承担），伺服阀端盖和外壳是静止不动的，由调节杆和反馈杆定位（防止旋转）；调节轴与活塞轴垂直布置，调节轴可随调节杆在一定角度范围内转动；伺服阀的阀杆挂在调节轴上，可随调节轴沿活塞轴的方向移动；伺服阀的阀套套装在伺服阀的阀杆上，并挂在反馈杠杆的中部，伺服阀的阀套可随反馈杠杆沿活塞轴的方向移动。

(3) 液压缸的运动形式。活塞轴用螺栓与连接法兰固定在一起(见图7-7),连接法兰用螺栓与轮毂盖固定在一起(见图7-6),液压缸盖用螺栓固定在调节环上。因此,叶轮转动时,液压缸、堵衬、活塞、活塞轴和反馈轴都随叶轮旋转。另外,液压缸、堵衬和反馈轴在油压的作用下,还能沿活塞轴方向作轴向移动。

(4) 机械调节机构的运动形式。机械调节机构都在叶轮内,除了随叶轮旋转外,还有其他运动形式:调节环可随液压缸作轴向位移,带动曲柄和动叶片以动叶片轴为中心转动。

(5) 反馈与显示装置的运动形式。反馈轴的一端固定在堵衬上,随液压缸旋转并作轴向移动;反馈轴的另一端由安装在导向滑块外侧端部的球轴承支承。导向滑块通过轴承与反馈轴联系在一起,随反馈轴沿活塞轴方向轴向移动,同时驱动反馈装置与显示装置。导向滑块上的齿条与指示齿轮啮合带动指示轴转动,指示轴带动指示杆转动,将动叶片的位置显示于指示器上;导向滑块沿活塞轴方向轴向移动时,带动反馈杠杆绕反馈杠杆轴作扇形运动,在运动中反馈杠杆带动伺服阀的阀套轴向运动,使伺服阀的油回路关闭。

3. TLT技术动叶调节过程

当风机负荷调整时,首先发出调节指令,电动执行器带动调节杆转动。当调节杆转动时,带动调节轴转动,调节轴带动伺服阀的阀杆轴向移动。此时,错油门打开,活塞两侧的油压随之而变化,推动液压缸沿活塞轴移动。当液压缸沿轴向移动时带动调节环沿轴向移动,调节环带动曲柄转动;当曲柄转动时,通过各动叶片轴带动各动叶片转动,实现了风机负荷调整。另外,液压缸沿轴向移动时带动堵衬沿轴向移动,堵衬带动反馈轴沿轴向移动,反馈轴带动导向滑块沿轴向移动;导向滑块上的齿条与指示齿轮啮合带动指示轴转动,指示轴带动指示杆转动,将动叶片的位置显示于指示器上;导向滑块沿活塞轴移动时带动反馈杠杆绕反馈杠杆轴作扇形运动,反馈杠杆又带动伺服阀的阀套向阀杆移动的方向运动,使伺服阀的油回路关闭;此时,活塞两侧的油压达到平衡,动叶片调整结束,风机在新工况下工作。伺服阀的阀杆的每一位置都对应一动叶片角度,每一动叶片角度都对应风机的一个运行工况。

第三节　350MW热电联产机组锅炉引风机

因为安装了烟气脱硝和脱硫装置,使烟气的阻力明显升高,所以锅炉选用两台HU25040-221型引风机并列运行,该风机为AP系列动叶可调轴流式通风机。

一、引风机结构

HU25040-221型引风机结构见图7-9,风机工作时,气流在进气室内转向,经过集流和加速,再通过叶轮的做功产生静压能和动压能;后导叶又将气流的螺旋运动转化为轴向运动进入扩压器,并在扩压器内将气体的大部分动能转化成静压能,从而完成风机出力的工作过程。

(一) 介质通道

介质通道由进气箱、机壳、扩压器、膨胀节、活节及管路系统组成(见图7-9),主要作用是支撑、导流、密封及动量和压力能的转换。引风机的进气箱由钢板制造,其作用是使介质在风机的入口处转向,减小阻力损失,一端通过膨胀节与风机外壳相连,另一端通过膨胀节与风道相连;引风机的外壳用钢板制成,为了便于检修,风机外壳做成水平中分式结构。

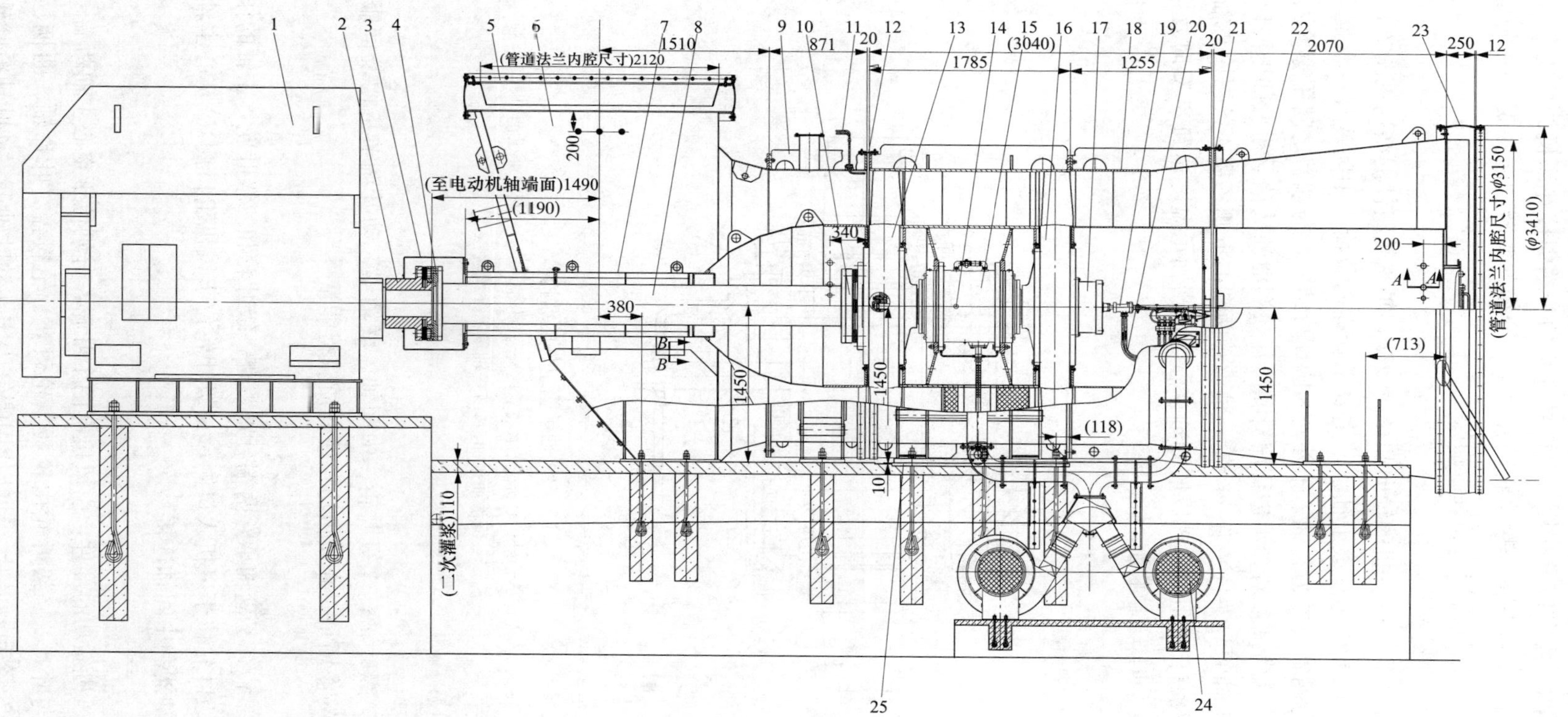

图 7-9 HU25040-221 型引风机结构

1—电动机；2—电动机侧联轴器；3—联轴器护罩；4—隔垫；5—进口膨胀节；6—进气箱；7—轴保护管；8—中间轴；9—机壳前段；10—风机侧联轴器；11—失速报警装置；12—进口活节；13—第一级叶轮；14—振动测量装置；15—轴承箱；16—第二级叶轮；17—液压缸；18—机壳；19—伺服控制装置；20—油管；21—出口活节；22—扩压器；23—出口膨胀节；24—冷却风机；25—台板

在风机的机壳上装有 31 片出口导叶片，出口导叶片的一端焊接在风机的外壳上，另一端焊接在中心套筒上。出口导叶片的作用是将动叶片出口介质的旋转动能变成介质的压力能，以避免由于介质旋转而造成冲击损失和旋流损失。

（二）轴承箱组件

轴承箱组件的作用是承受风机的轴向和径向载荷，轴承箱组件的结构见图 7-10。轴承箱内有三盘滚动轴承，两端为圆柱滚子轴承，主要承受径向载荷；中间装有一盘推力球轴承，主要承受逆气流方向的轴向推力。轴承箱外壳为圆筒形结构，与端盖之间用螺栓固定，轴承箱内通有强制循环的润滑油，对轴承进行润滑和冷却，润滑油从轴承箱上部进油口注入，从下部排油口排出。主轴的两端各装有一叶轮，轴承箱两端的下侧各用 4 条螺栓与轴承箱座的台板连接。轴承箱内装有电阻温度计以监测轴承温度，当轴承温度达到 80℃时发报警信号；当轴承温度达到 100℃时，发跳闸信号。

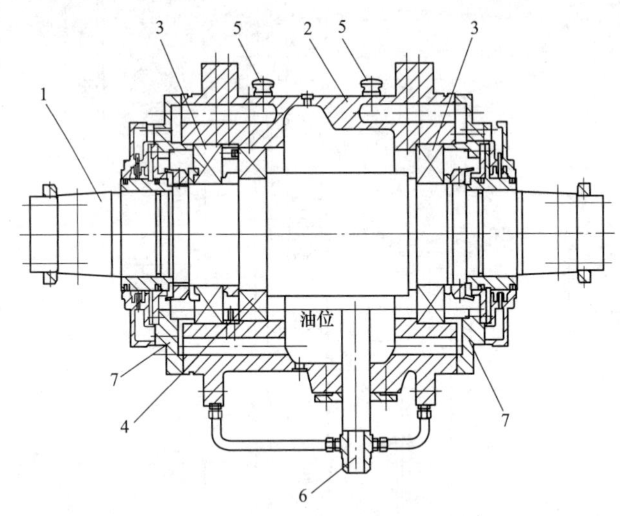

图 7-10　轴承箱组件的结构

1—主轴；2—轴承箱外壳；3—支承轴承；4—推力轴承；5—润滑油供油口；6—润滑油排油口；7—轴承箱外端盖

（三）转子

转子由主轴、一级叶轮、二级叶轮、中间轴、联轴器、动叶调节机构及伺服阀等组成（见图 7-11），主要的作用是对介质做功，使介质获得能量。

1. 主轴

空心主轴的中部装有三盘轴承，两端分别装有一级叶轮和二级叶轮，主轴的作用是安装固定两个叶轮（一级叶轮位于风机入口侧，二级叶轮位于风机出口侧）。空心主轴与电动机轴之间通过弹性联轴器和中间轴连接。

2. 叶轮与叶片

叶轮与叶片是风机做功的部件，引风机有两个叶轮，分别位于空心主轴两端。

（1）二级叶轮与叶片。二级叶轮由轮毂、轮毂套、轮毂盖、叶片轴、曲柄、轴承等组成，二级叶轮装有 22 个可动叶片，动叶片用螺钉固定在动叶轴上，动叶轴沿叶轮外缘径向

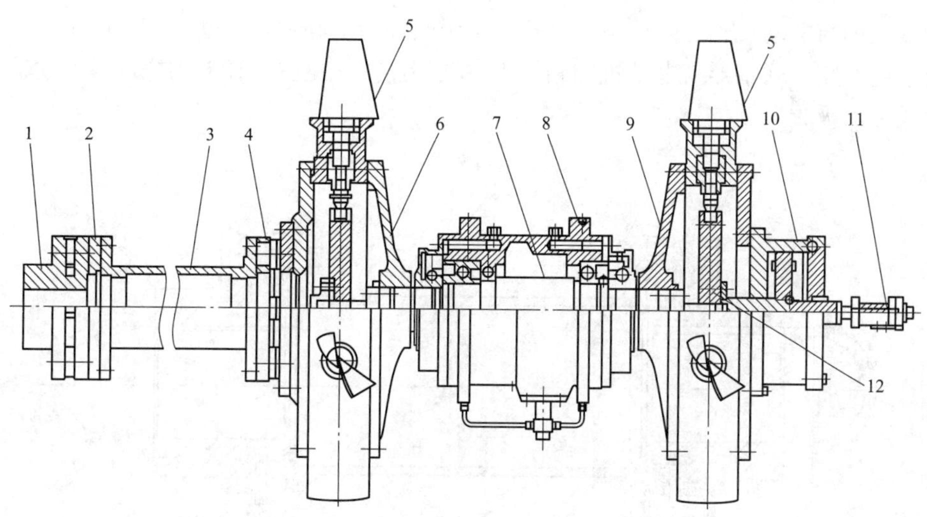

图 7-11 引风机转子

1—电动机端联轴器；2—调整隔垫；3—中间轴；4—风机端联轴器；5—叶片；6—一级叶轮；7—主轴；8—主轴承箱；9—二级叶轮；10—液压缸；11—伺服阀；12—动叶调节机构

装入轮毂内的曲柄滑块上，动叶轴由一导向轴承和一推力轴承固定，见图 7-12。动叶轴承用油脂润滑，润滑油型号为聚乙二醇或 LGMT3 润滑脂。

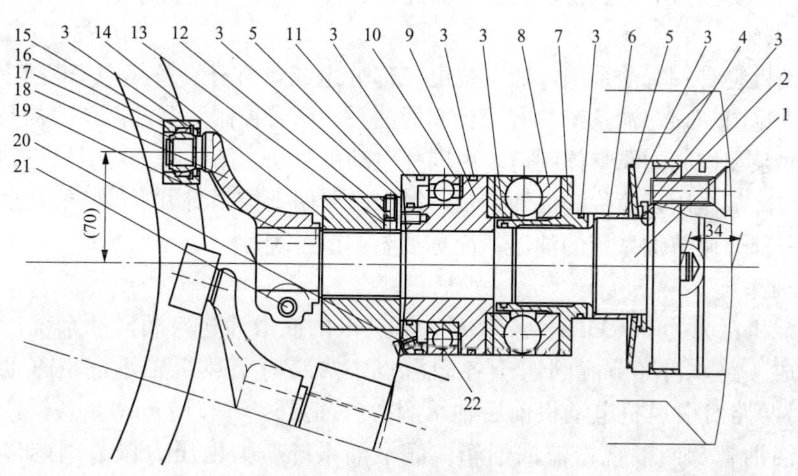

图 7-12 叶片轴

1—叶片；2—支承盘；3—O 形环；4—轴承套；5—弹簧板；6—轴套；7—支承环；8—推力轴承；9—压环；10—球轴承；11—外套；12—螺纹销；13—推力垫；14—螺帽；15—辊子轴承；16—滑动垫；17—锁环；18—曲柄；19—固定装置；20—圆头螺钉；21—六角螺栓；22—导向轴承

(2) 一级叶轮。一级叶轮与二级叶轮的结构相似，不同之处是一级叶轮的轮毂盖通过弹性联轴器与中间轴相连（二级叶轮的轮毂盖与液压缸用螺栓固定）。一级叶轮的调节盘与二级叶轮的调节盘由空心主轴中心孔内的机构相连，实现一级叶轮与二级叶轮的叶片轴同步调节。

3. 中间轴与联轴器

风机主轴与电动机轴之间用中间轴相连，中间轴为空心轴，长度为3870mm，中间轴两端采用刚挠性膜片联轴器与电动机轴和风机主轴相连接，见图7-13。刚挠性膜片联轴器能有效补偿误差，吸收振动。

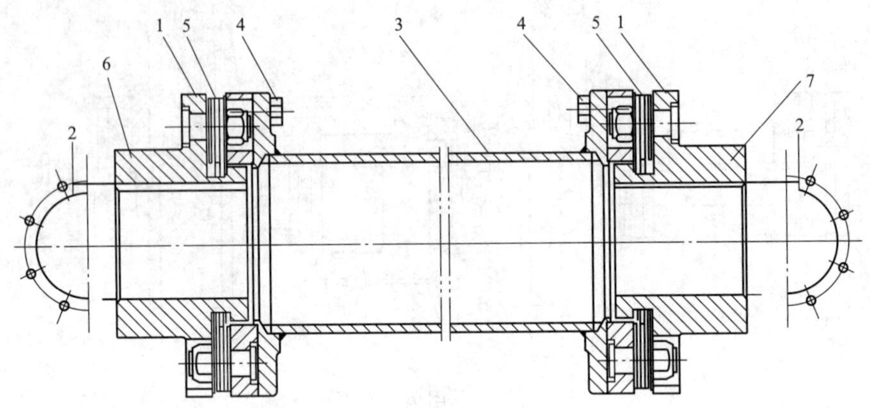

图7-13　中间轴与联轴器

1—联轴器；2—键槽；3—中间轴；4—六角螺栓；5—弹性片；6—电动机轴；7—风机主轴

（四）执行机构

执行机构是用来调节伺服阀的轴向位移，使伺服阀的开度发生变化，从而调节动叶的角度。执行机构主要包括电动执行器、执行器连杆、转动臂、驱动轴及轴承等，见图7-5。

（五）油系统

每台引风机装有一套油系统，油系统由三部分组成，所有设备集中安装于一个箱柜内。引风机油系统见图7-14，油系统共有两台润滑油泵、两台控制油泵及循环冷却泵。为了简化系统，润滑油泵和控制油泵整体制造，由同一电动机驱动。第一部分对引风机轴承和电动机轴承起润滑与冷却作用，简称润滑油系统；第二部分用于控制引风机动叶的角度，简称控制油系统；第三部分调节油系统的油温，简称油温调节系统。

1. 润滑油系统

润滑油泵将压力为0.6MPa、流量为33L/min的润滑油送入润滑油系统，润滑油从过滤器出口分成4路，再经节流阀送至各润滑点，两路对引风机轴承润滑（油量为7.8×2L/min），另两路对引风机电动机前后轴承润滑（油量为6×2L/min），各润滑点的润滑油回油经两根回油管及回油视窗流回油箱。润滑油系统压力由压力调节阀调整，当压力小于或等于0.6MPa时，压力调节阀打开，将泄油送回油箱。润滑油系统中装有两台过滤器，运行中可切换，当过滤器压差大于或等于0.25MPa时，发出过滤器堵塞报警信号，应切换过滤器。为了确保各润滑点的润滑良好，当过滤器出口润滑油压小于或等于0.12MPa时，启动备用油泵；当过滤器出口润滑油压大于或等于0.35MPa时，停止备用油泵。

2. 控制油系统

控制油泵将压力为4.9MPa、流量为55L/min的控制油送入控制油系统，控制油经过滤器后送至伺服阀，对动叶的角度进行调节，控制油的泄油和控制油的回油分别经回油管及回

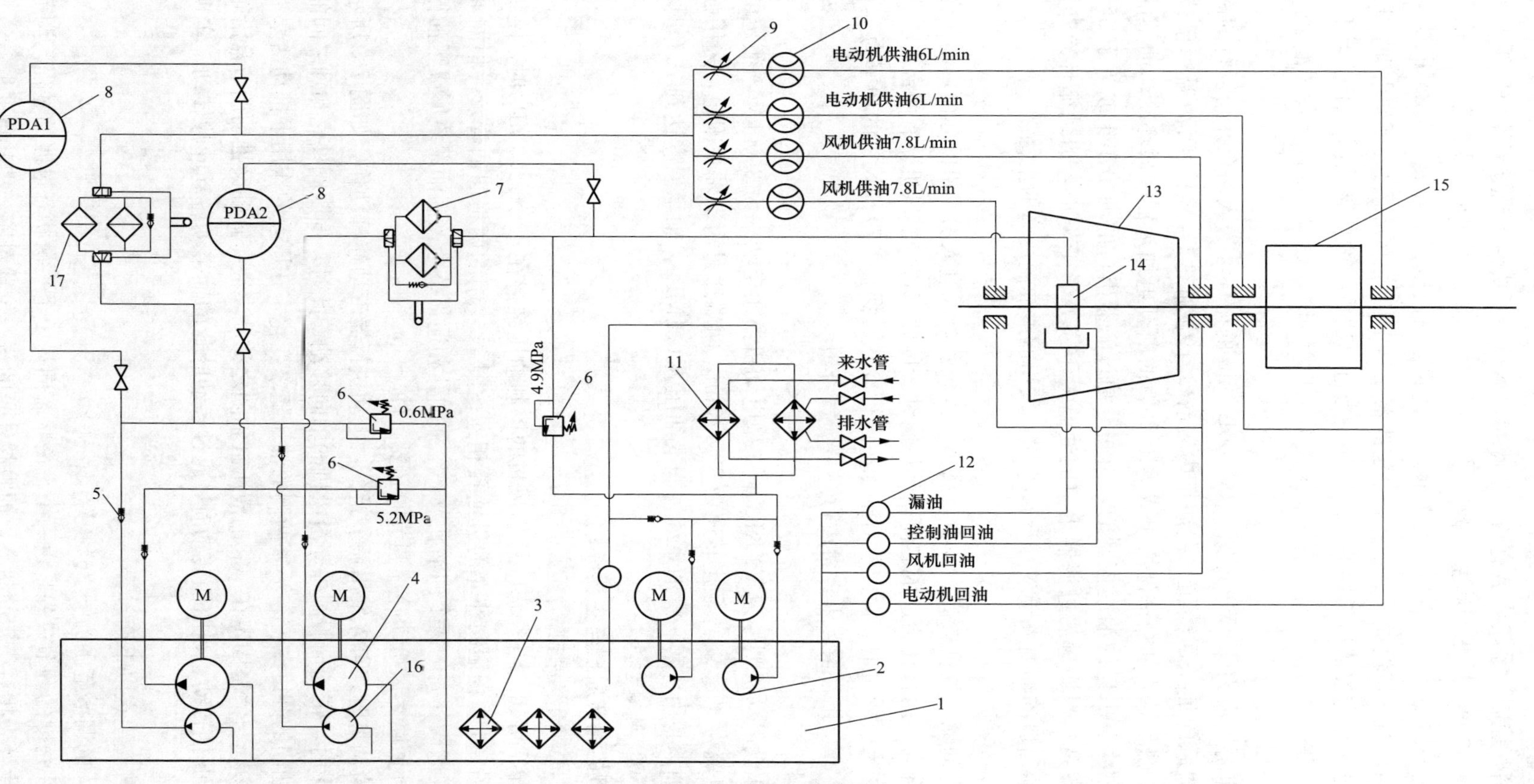

图 7-14 引风机油系统

1—油箱；2—循环油泵；3—电加热器；4—控制油泵；5—单向阀；6—电磁阀；7—控制油过滤器；8—压差控制；9—调节阀；10—油量显示；11—冷油器；12—回油窗；13—引风机；14—伺服控制装置；15—电动机；16—润滑油泵；17—润滑油过滤器

油视窗流回油箱。控制油系统中装有两台过滤器，运行中可切换，当过滤器前后压差大于或等于 0.35MPa 时，发出过滤器堵塞报警信号，应切换过滤器。为了保证控制油压稳定，在控制油系统的过滤器前后各装有压力调节阀，当过滤器前油压大于或等于 5.2MPa 时，过滤器前压力调节阀打开，将泄油送回油箱；当过滤器出口油压大于或等于 4.9MPa 时，压力调节阀打开，将泄油经冷油器后送回油箱。另外，当过滤器出口的控制油压小于或等于 4MPa 时，启动备用油泵；当过滤器出口控制油压大于 4.9MPa 时，延时 30s 停止备用油泵。

3. 油温调节系统

循环冷却泵将压力为 0.6MPa、流量为 100L/min 的循环油送入两台并列运行的冷油器进行冷却，冷却后的油送回油箱。在油箱内装有 3 个电加热器，当油箱油温小于或等于 15℃时接通电加热器，当油箱油温大于或等于 20℃时断开电加热器。循环冷却油泵的启停是根据润滑油过滤器出口的油温控制的，当润滑油过滤器出口的油温小于或等于 35℃时，停止循环冷却油泵；当润滑油过滤器出口的油温大于或等于 45℃时，启动循环冷却油泵；当润滑油过滤器出口的油温大于或等于 55℃时，发出润滑油温度高的报警。

（六）冷却风系统

引风机输送的烟气温度较高，并含有腐蚀气体，若烟气进入引风机的芯筒，不仅会使引风机轴承温度升高，而且还会造成芯筒内部件腐蚀。因此，每台引风机装有两台离心式冷却风机，将空气送入引风机的芯筒内，对轴承箱进行冷却和保护。冷却风机的功率为 7.5kW，转速为 2900r/min，正常情况下一台运行，另一台备用。

（七）电动机

引风机的驱动电动机型号为 YXKK710-6 型电动机，额定功率为 3400kW，额定电压为 6000V，额定电流为 393.4A，额定转速为 995r/min，两端通过滑动轴承固定，采用强制润滑，与引风机轴承共用一套润滑油系统，润滑油压为 0.1MPa，轴承温度达到 75℃时报警，轴承温度达到 80℃时停运。

二、引风机的调节原理与主要参数

（一）引风机的调节原理

从前面的介绍可知，当图 7-14 中引风机的控制油压维持在 4.0～4.9MPa 时，控制油系统的来油管与图 7-4 中伺服阀外壳的进油孔相连；图 7-14 中的两根回油管及一根漏油管分别与图 7-4 中伺服阀外壳的两个回油孔及一个漏油孔相连，整个控制油系统形成了油循环回路，这种油循环回路是风机动叶片调节的必要条件。

引风机负荷调整时，首先发出调节指令，电动执行器带动连杆动作，如图 7-5 所示。当执行器连杆动作时，带动伺服阀外壳沿风机的轴向移动。此时，伺服阀外壳和轴之间的位置发生改变，错油门的开度改变，活塞两侧的油压随之变化，在压差的作用下推动活塞沿轴向移动（见图 7-4），与活塞固定在一起的液压缸轴随之移动，液压缸轴又推动调节盘沿轴向移动，带动 22 个曲柄转动。当曲柄转动时，通过各动叶片的轴带动各动叶片转动，实现了引风机负荷的调整。

动叶片调节应注意以下两点：

（1）动叶片的调节范围为 −36°（关）～ +20°（开）。

（2）动叶片角度的调节过程是由一个平衡状态向另一个平衡状态过渡的过程，调节过程结束后，动叶片处于相对稳定的状态，伺服阀外壳的每一位置对应一动叶角度。

（二）引风机的主要参数

引风机参数是根据锅炉要求设计的，引风机及附属设备参数见表 7-1～表 7-4。

表 7-1　　引风机设计参数

设计参数	单位	低低温省煤器停运			低低温省煤器投运		
		设计煤种（TB）	设计煤种（BMCR）	校核煤种（BMCR）	设计煤种（TB）	设计煤种（BMCR）	校核煤种（BMCR）
运行点		1	2	3	4	5	6
入口流量	m^3/s	218.1	242.4	242.9	266.2	231.6	231.6
入口温度	℃	121	121	120	90	90	90
入口密度	kg/m^3	0.863	0.877	0.878	0.930	0.930	0.930
入口压力	Pa	−6332	−5277	−5309	−5277	−5309	−5309
风机全压	Pa	10531	8776	8811	10531	8776	8811
压缩修正系数		0.9626	0.9688	0.9687	0.9630	0.9688	0.9687
风机效率	%	87.9	89.2	89.2	88.7	89.7	89.4
风机轴功率	kW	3274	2334	2348	3074	2217	2233
风机转速	r/min	990					
当地大气压	Pa	100880					
风机转动惯量	$kg \cdot m^2$	2900					
风机质量	kg	33000					
电动机功率	kW	3400					
电动机电压	kV	6					

注　1. 风机设计点（TestBlock，TB）也称风机选型工况，我国电站风机的选型参数均是按锅炉最大连续出力工况（BMCR）所需的风（烟）量和风（烟）系统计算阻力加上 15%的富裕量确定的，此工况点的风量、风压为风机能力考核点。

2. 风机效率考核点（BMCR）是在锅炉最大连续出力工况时进行风机效率测试考核。

表 7-2　　引风机参数

名称	单位	参数	名称	单位	参数
型号		HU25040-221	风压	Pa	8776
生产厂家		成都电力机械厂	叶轮级数	级	2
型式		动叶可调轴流式	叶片数/级	片	22
入口容积流量	m^3/s	242.2	叶片调节范围	度	−36～+20

表 7-3　　电动机参数

名称	单位	参数	名称	单位	参数
型号		YXKK710-6W	额定电压	V	6000
生产厂家		湘潭电机股份有限公司	额定电流	A	393.4
冷却方式		空冷	额定转速	r/min	995
额定功率	kW	3400			

表 7-4　　　　　　　　　　　　**冷却风机参数**

名称	单位	参数	名称	单位	参数
风机型号		5-29No5A	额定功率	kW	7.5
电动机型号		YES-152S2-2	额定电压	V	380
数量	台	2	额定电流	A	14.4
流量	m^3/h	1930～3860	额定转速	r/min	2900
风压	Pa	3743～2731			

（三）引风机的工作特性曲线

由前面介绍可知，引风机采用调节动叶片的角度的方式来调节风机负荷，以满足锅炉负荷的需求，因此引风机的工作范围较大，并且效率较高。图 7-15 所示为风机制造厂家提供的引风机工作特性曲线。风机运行时，工作点必须在规定的工作区域内，否则会造成风机的不稳定运行。

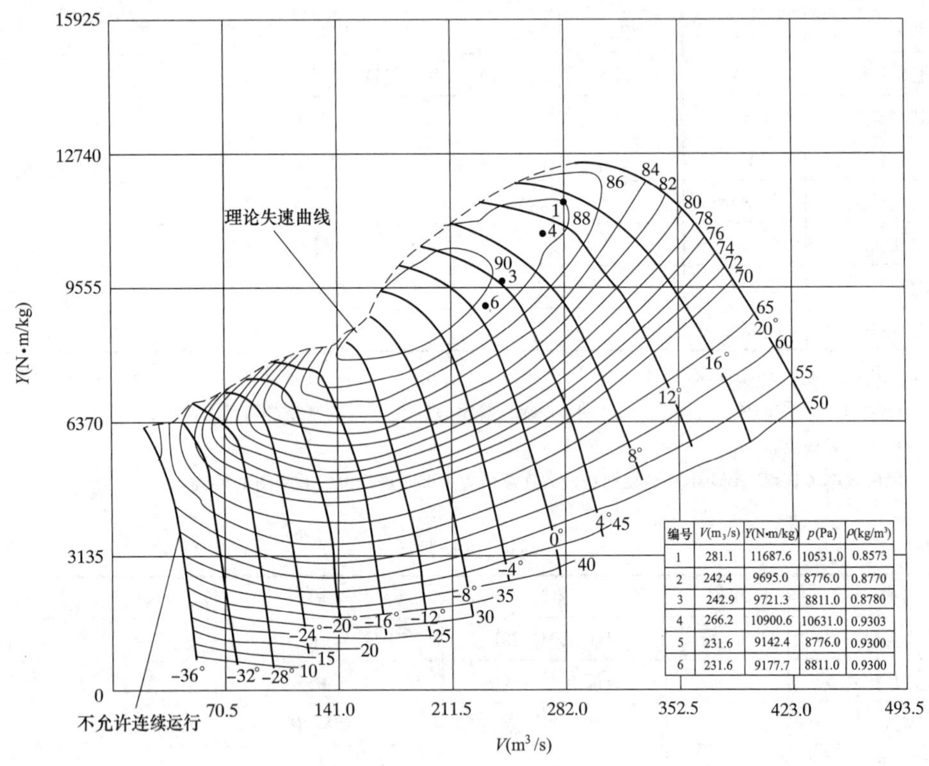

编号	$V(m_3/s)$	Y(N·m/kg)	p(Pa)	$\rho(kg/m^3)$
1	281.1	11687.6	10531.0	0.8573
2	242.4	9695.0	8776.0	0.8770
3	242.9	9721.3	8811.0	0.8780
4	266.2	10900.6	10631.0	0.9303
5	231.6	9142.4	8776.0	0.9300
6	231.6	9177.7	8811.0	0.9300

图 7-15　引风机工作特性曲线

1. 风机工作特性曲线及各符号的含义

（1）横坐标 V 表示风机的流量，m^3/s。

（2）纵坐标 Y 表示风机的比压能（比压能＝风机全压÷介质实际密度×压缩性系数），单位为 N·m/kg。

（3）风机的效率曲线表明各工作点的效率。

（4）不允许连续运行曲线是指风机不能在该曲线附近连续运行。

(5) 风机的理论失速曲线表明风机的工作点不能接近该曲线。

(6) 风机动叶调节角度曲线是动叶在不同角度的性能曲线。

(7) ρ 表示介质的密度，单位为 kg/m^3。

2. 运行中应确保风机安全运行

为了确保风机安全运行，将性能曲线中的失速区储存在计算机中，根据运行情况确定风机运行点的位置，并监测外界压力、静压及烟气温度，把工作点与性能曲线中的失速区进行比较，当工作点接近失速区时，及时调节动叶的开度，使引风机工作在特性曲线允许的区域内。另外，在叶轮前部装有失速测量装置，根据烟气压差判断风机是否工作在失速状态；当风机工作在稳定区域时，烟气压差变动较小；当风机工作在失速区时，烟气压差快速升高，此时发出报警信号。从引风机的性能曲线可以看出，风机运行中应注意以下几点。

(1) 运行中风机的出口压力不能太高。风机的等熵压头越大，风机的工作点越容易接近风机的理论失速曲线。因此，运行中风机的出口压力不能太高。

(2) 运行中风机的动叶片的开度不能太小。风机动叶片的开度不能太小，当风机动叶片开度太小时容易造成风机失速。因此，在两台风机并列运行时，应尽量使两台风机的负荷一致，以免造成动叶片开度较小的风机失速。

(3) 运行中风机的最佳工作范围。风机动叶的开度在$-16°\sim+8°$范围内工作最佳，在此范围内风机的运行比较稳定，并且风机效率较高。

三、引风机运行

(一) 第一台引风机的启动

1. 启动前的准备工作

(1) 引风机安装或检修后首次启动时，应检测动叶与外壳、动叶与轮毂及轮毂与芯筒的间隙，测试动叶的开关功能正常，检查引风机出、入口烟道内无杂物，联锁及仪表正常。

(2) 投入油系统冷却水，启动一台润滑油泵，润滑油压大于或等于 0.12MPa，控制油压大于或等于 4.0MPa，油箱油位正常。

(3) 启动一台轴承冷却风机。

(4) 动叶关至零位。

(5) 关闭引风机入口烟气挡板，打开引风机出口烟气挡板。

(6) 启动对应的空气预热器。

2. 启动引风机

(1) 启动引风机 10s 后，打开入口烟气挡板。

(2) 调节引风机动叶开度。

3. 对风机进行全面检查

(1) 风机各轴承温度小于 70℃，若轴承温度较高，应及时调节各润滑油节流阀或启动备用冷却风机。

(2) 振动速度小于 4.6mm/s。

(3) 气流不稳定范围小于 5kPa。

(4) 电流指示正常。

(5) 过滤器出口油温低于 55℃。

(6) 润滑油过滤器前后压差小于 0.25kPa，控制油过滤器前后压差小于 0.35kPa。

（二）第二台引风机的启动

1. 启动前的准备工作

（1）适当调整已运行引风机的动叶，确保第二台引风机启动后两台引风机并列运行不发生失速。

（2）投入油系统冷却水，启动一台润滑油泵，润滑油压大于或等于 0.12MPa，控制油压大于或等于 4.0MPa，油箱油位正常。

（3）启动一台轴承冷却风机。

（4）动叶关至零位。

（5）关风机入口烟气挡板，开风机出口烟气挡板。

（6）启动对应的空气预热器。

2. 启动引风机

（1）启动引风机 10s 后，打开入口烟气挡板。

（2）调节风机动叶开度，使两台风机动叶开度一致。

3. 对风机进行全面检查

检查内容与第一台风机相同。

（三）引风机正常停运

（1）将准备停运引风机的动叶关至最小，并停运引风机。

（2）60s 后关闭引风机入口烟气挡板，出口烟气挡板根据需要决定。

（3）引风机停运 2h 后停润滑油泵和冷却风机。

（四）引风机故障停运

根据引风机故障的严重程度，引风机故障停运分紧急停运和异常停运。

1. 紧急停运的条件

（1）振速大于 10mm/s（或振幅为 0.23mm）。

（2）对应的空气预热器跳闸。

（3）轴承温度大于 110℃。

发生上述情况时，应自动停运；保护拒动时，应立即手动停运。

2. 异常停运的条件

（1）油箱油位低于极限值。

（2）风机或电动机有撞击声。

（3）对应的送风机跳闸。

发生上述情况时，应根据现场情况决定是否停运引风机。

3. 故障停运后应做好的工作

（1）将动叶关至最小。

（2）关闭引风机出、入口烟气挡板。

（3）2h 后停润滑油泵和冷却风机。

（4）对引风机进行全面检查。

（五）引风机运行调整

（1）引风机必须在特性曲线允许的区域内运行。根据锅炉需要，及时调整风机各参数，调整时保证风机工作点在特性曲线允许的区域以内。只有工作油压正常时，才能操作动叶的开度，动叶从全关至全开需 40s。

（2）运行中尽可能保持两台风机出力平衡。两台风机并列运行时，尽可能保持出力相同。

（3）按时检查风机运行情况。定期检查风机的声音、振动、油温、油位及过滤器前后的压差。

（六）引风机事故处理

运行中引风机发生事故时要及时处理，故障原因及处理方法见表 7-5。

表 7-5　　引风机故障原因及处理方法

序号	故障现象	故障原因	处理方法
1	风机振动大	叶轮有沉积物或剥落现象	清理叶轮并查明原因
		叶轮磨损引起不平衡	根据磨损情况做动平衡
		轴承磨损	更换轴承
		联轴器异常	重新校正联轴器
		地基下沉，地脚螺栓松动	修复地基，紧固地脚螺栓及联轴器
2	轴承温度高	润滑油少	加油
		轴承损坏	更换轴承，检查轴的同心度
		冷却风机堵塞或故障停运	清理或检修冷却风机
3	润滑油温高	加热器设定温度太高	检查调温器
		冷却水未开或开度太小	开大冷却水
		冷却水温高	增加冷却水量
		冷却器污染或堵塞	清理或更换冷却器
		外界热源的影响	油系统与外热源隔离
4	润滑油温低	加热器未投运	检查调温器并投运加热器
		过滤器污染堵塞	切换过滤器，并进行清理
		油系统漏油	封闭漏油点，并检查油箱油位，必要时应加油
5	油压低	过滤器污染堵塞	切换过滤器，并进行清理
		油系统漏油	封闭漏油点，并检查油箱油位，必要时应加油
		油泵故障	切换油泵
		溢流阀失调	更换新的弹簧，并进行调整，直到恢复
		阀门失调或堵塞	校正或清洁阀门
		调压阀故障	清洁或重校调压阀
6	油压高	溢流阀失调	调节溢流阀
7	油脏	过滤器故障或滤网太粗	更换过滤器或更换滤网
		管道或密封不良	更换管道或更换密封
8	油中含水	雨水渗入	采取保护措施
		冷却器泄漏	检修冷却器

续表

序号	故障现象	故障原因	处理方法
9	油位下降	主轴承漏油	更换轴承密封
		油管泄漏	处理或更换油管道
		密封件损坏	更换密封件
10	动叶无法调整	控制油压太低	调整控制油压
		伺服阀的密封件磨损	更换密封件
		叶片轴承卡滞	叶片轴承加油
11	风机有异声	叶轮上有沉积物	清除沉积物
		转子摩擦而失去平衡	检查处理
		轴承磨损严重失去平衡	更换主轴承

四、引风机检修维护

为了保证引风机长期安全稳定运行，必须做好引风机的定期维护保养工作。

（一）引风机运行8000～10000h应进行的工作

1. 对风机本体进行的工作

（1）检查导叶及支撑肋的磨损情况。

（2）清理出、入口烟道。

（3）检查膨胀节是否完好。

（4）换油并清理油系统。

（5）清理冷却风系统。

（6）检查校对动叶片的执行机构完好。

（7）联轴器重新找正。

（8）检查叶轮间隙。

2. 对风机叶片进行的工作

（1）清理叶片污垢及叶柄螺栓的锈蚀。

（2）检查叶片的磨损情况。

（3）检查叶片无破损及裂纹。

3. 对叶片轴承进行的工作

（1）从每个叶轮上拆下两个叶片轴承进行检查，根据检查情况决定其他叶片轴承是否需要拆卸。

（2）检查轴承、滑块及调节盘的磨损情况。

（3）检查润滑脂的状态。

（4）检查叶片轴及曲柄无裂纹。

（5）更换密封件及辅件。

4. 对伺服阀进行的工作

（1）清除油缸油污。

（2）检查磨损情况。

（3）检查油管路。

(4) 更换密封件及辅件。

5. 对风机主轴承与电动机轴承进行的工作

(1) 清除油污。

(2) 检查轴承疲劳和磨损状况。

(3) 更换密封件及辅件。

6. 对调节装置进行的工作

(1) 元件清理。

(2) 检查控制杆、曲柄、限位块及轴承良好。

(二) 引风机大修

引风机大修随机组大修进行，将主要转动部件拆卸后返制造厂大修。

五、引风机拆卸与安装

(一) 引风机拆卸

1. 引风机拆卸前必须具备的条件

(1) 电动机停电。

(2) 引风机有效隔离。

(3) 动叶关至零位。

(4) 出入口挡板执行机构及动叶调节机构均停电。

2. 引风机外壳的拆卸

(1) 拆除引风机外壳上部安装的测量仪表。

(2) 拆除外壳上部的保温材料。

(3) 拆除引风机外壳和芯筒上部的固定螺栓。

(4) 吊起引风机外壳放至适当位置，其总重为5000kg。

3. 引风机动叶片的拆卸

(1) 拆除引风机外壳。

(2) 拆除动叶片的固定螺栓（对称拆卸，防止自转）。

(3) 拆除动叶片。

4. 引风机转子的拆卸

(1) 拆除引风机外壳及动叶片。

(2) 按以下程序拆下伺服阀：

1) 拆除伺服阀外壳上的连接件及油管道；

2) 松开伺服阀与液压缸之间的连接螺栓；

3) 拆下伺服阀。

(3) 拆除扩压器芯筒与后导叶芯筒的连接螺栓，将整流罩上半部分吊出。

(4) 将引风机的中间轴固定，拆下风机侧的半联轴器法兰。

(5) 拆下轴承箱的固定螺栓。

(6) 拆除轴承箱的润滑油管及仪表。

(7) 吊起引风机转子放在支架上（不含叶片，转子质量为8000kg）。

5. 液压缸的拆卸

(1) 将干净的压缩空气送入液压缸，使液压缸轴伸出，此时液压缸控制阀的回油管有油流出，应做好收集油的工作。

（2）将吊环螺栓拧进液压缸螺孔内，用于起吊液压缸。

（3）松开液压缸和叶轮的连接螺栓，松开液压缸。

（4）将干净的压缩空气送入液压缸，使液压缸轴缩入液压缸。

（5）拆下液压缸轴和调节盘的螺栓，拆下两块半环法兰。

（6）将液压缸拆下，放到合适的地方。

6. 调节盘的拆卸

（1）伺服电动机和叶轮中介环已拆除，叶轮与毂盘已脱离。

（2）水平放置叶轮，松开连接调节盘和调节环的螺栓，脱开调节环，然后拆下调节盘。

7. 叶轮的拆卸

（1）叶片、液压缸及调节盘已拆除，将吊环安装在叶轮上。

（2）各专用螺栓均拧到位，连接吊具，拆下轮毂和轮毂套的连接螺栓，卸下叶轮放在支架上，拆下轮毂侧盖板。

8. 叶片轴承的拆卸

（1）从可旋转的支架底部拆卸叶片轴承和调节曲柄。

（2）松开并卸下螺母，拆卸平衡锤、挡圈、碟簧和轴承套，叶片轴承旋转朝上。

（3）拆下挡圈并向外压，拆下球轴承套的压环。

（4）拆卸轴向推力球轴承圈、轴承套和密封件（上述部件极易生锈，拆下后应及时清理干净，或直接浸入油中），叶片轴承损坏时应全部更换。

9. 曲柄的拆卸

（1）从轴颈上拆下开口挡圈，拆下带曲柄轴承的滑块。

（2）从滑块孔拆下开口挡圈，推出滑块轴承。

10. 轴封的拆卸

（1）叶轮已拆卸。

（2）拆下轴承端盖的上半部分。

（3）拆下管状弹簧、定位块及各个密封。

（4）拆下轴承端盖的下半部分。

（5）拆下集油盖螺栓及集油盖。

（6）握住薄片叠环的一端，以螺旋运动方式拔出。

11. 主轴承的拆卸

（1）拆卸主轴承前应先拆下叶轮，并在周围环境清洁的专用场所进行拆卸，拆卸工作中断时，用干净的布料遮盖。

（2）用专用的液压工具拆卸毂盘。

（3）拆下轴承座两侧的端盖和集油环。

（4）拆下轴套。

（5）拆下固定端（单件）轴承盖。

（6）将轴承垂直放置（浮动端向下）。

（7）拔出主轴。

（8）拆下浮动端轴承盖。

（9）拆下浮动端带小滚柱的轴承外圈。

（10）松开并拆下带槽的压紧螺母。

（11）拆下滚柱、角接触球轴承内圈和隔环（注意：在拆卸中，不能用锤直接敲击轴承环）。

（二）引风机的安装

引风机主要部件检修后的安装工序与拆卸工序相反，现对主要安装工序说明如下。

1. 安装必须具备的条件

（1）各部件检查与修理工作已完成。

（2）备件及专用工具已准备好。

2. 主轴承的组装

（1）用干净空气吹扫主轴承孔。

（2）将角接触球轴承内圈、滚柱轴承内圈及推力角环在油中加热至100℃后安装到位（为防止轴承损坏，应严格控制加热，温度不超过200℃）。

（3）将轴承、轴承组件、隔环及（开槽的）螺母紧固后装入主轴。

（4）用螺钉固定轴螺母。

（5）用干净空气吹扫轴承座上各孔（包括供油孔、温度计测孔、液压连接孔等）。

（6）组装浮动端滚柱轴承外圈。

（7）组装滑动端轴承盖。

（8）将轴承座垂直放置，吊起主轴插入轴承座。

（9）安装固定端轴承盖。

（10）将轴承座水平放置，将O形圈装入主轴槽内。

（11）将轴套在油中加热至100℃后推到主轴上。

3. 轴封的组装

（1）将叠层密封环径向轻微张开（不可过度张开，以防止变形），以螺旋运动方式将其插入槽沟中（每槽装两件）。

（2）在油中加热轴套并将轴套装到轴上。

（3）拧紧轴承盖上的集油盖。

（4）推进叠层密封环的同时作径向调整，以克服阻力，并沿轴向轻轻敲击。

（5）拧上轴承端盖的下部螺栓。

（6）从密封圈上拆下管状弹簧，打开挂扣，推送弹簧的一端穿过机腔，并穿过定位扣。

（7）将弹簧合拢成圈扣住，逐步按标志把扇环段密封圈装到轴上，用管状弹簧箍定。

（8）将下部扇环段推进机腔槽，上部扇环段留在轴上（扇环段密封圈顺序不正确将造成主轴承渗油）。

（9）转动轴套上的密封圈，把定位扣放入槽沟。

（10）调整好所有的扇环段。

（11）小心组装轴承端盖。

（12）将轴承端盖拧紧固定在轴承座上。

4. 曲柄的安装

曲柄的安装工序与拆卸工序相反。

5. 叶片轴承的组装

（1）按号码顺序进行装配。

（2）检测轴和轴承座孔的直径符合要求，先装配的叶片轴承应放在旋转安装架一侧。

（3）向轴承套外部加胶合剂后向里推压，确保推进到位，靠近内部轴承套（轴承套不要加润滑剂）。

（4）将叶片轴承旋转向下。

（5）将轴承套挤压进轴向推力球轴承的外环内，带上O形圈，装入座孔中。

（6）将叶片轴承旋转朝上，从外边把叶片轴插入。

（7）把平衡锤套在叶片轴上，按标志对准，紧固螺栓。

（8）按规定组装螺栓。

（9）固定叶片轴，防备脱落和转动。

（10）叶片轴承旋转向下。

（11）把球轴承装入轴承位置并加入润滑脂（各孔所加的润滑脂必须等量）。

（12）加热推力轴承内环，装进压环，带上O形圈，打开轮毂侧润滑孔。

（13）把压环连同O形圈和轴承环装在一起后压入叶片轴，多余的油从润滑孔流出。

（14）堵住润滑孔，安装径向深沟球轴承座圈，注满润滑脂。

（15）安装并固定碟形弹簧。

（16）拧上螺母，用扳手拧紧，用螺钉固定。

（17）把调节弹簧安装到叶片轴上。

（18）安装曲柄，用力矩扳手拧紧防松螺栓。

（19）向下压叶片轴承，检查没有油泄漏。

（20）检查确认各叶片轴均在正确位置。

6. 叶轮、调节盘、液压缸及转子的安装

叶轮、调节盘、液压缸及转子的安装工序与其拆卸工序相反。

7. 动叶片的安装

（1）动叶片必须整套更换，不得单个更换。

（2）动叶片以字母或数字作标志，每套叶片的字母相同，用数字确定其顺序，必须按编号安装。

（3）动叶片应对称安装，防止安装过程中转动。

（4）清理叶片根部、端面和叶片轴。

（5）在螺纹和螺头压紧处加 MoS_2 润滑剂。

（6）用对应口径的力矩扳手拧紧螺栓。

8. 引风机中间轴的安装

安装引风机中间轴时，必须严格按要求进行，以防止风机振动。

（1）水平度要求：主轴水平度误差小于或等于0.02mm，电动机轴的水平度误差小于或等于0.05mm。

（2）由于电动机采用滑动轴承，考虑运转磁力中心的变化，安装时电动机的联轴器端面与中间轴之间应留1mm间隙，防止电动机轴肩挤擦轴承；同时，考虑到中间轴在烟气流过时的膨胀，两联轴器应预拉3.5～4.5mm。

（3）安装电动机侧的联轴器时尽量采用油加热（小于或等于 80℃）方式安装。

（4）由于正常运行中，引风机所处的温度较电动机高，考虑到热膨胀的差异，安装时电动机中心应比风机轴的中心高出 1.5mm，使电动机侧联轴器上张口 0.16～0.21mm，风机侧联轴器下张口 0.16～0.21mm。

（5）膜片联轴器找正时，径向位移小于或等于 0.1mm，角向位移小于或等于 0.25°。

第四节　350MW 热电联产机组锅炉送风机

锅炉采用 GU13830-01 单级动叶可调轴流式送风机。GU13830-01 型送风机与 HU25040-221 型引风机相似，均为 AP 系列动叶可调轴流式通风机；主要区别是送风机出力较小，故采用单级动叶可调轴流式。下面主要介绍送风机与引风机的差异。

一、送风机的结构

GU13830-01 单级动叶可调轴流式送风机与 HU25040-221 双级动叶可调轴流式引风机相似，送风机结构见图 7-16，转子结构见图 7-17。从图 7-11、图 7-17 可看出，送风机与引风机的区别是送风机为单叶轮悬臂式，轮毂套装在主轴（远离电动机）的一端，由轴头螺母固定，送风机叶轮的结构与引风机的二级叶轮相同；由于送风机输送的介质为冷空气，故送风机无冷却风机。

二、送风机的技术参数

送风机参数是根据锅炉要求确定的，送风机及电动机参数见表 7-6～表 7-8。

表 7-6　送风机设计参数

设计参数	单位	设计煤种（TB）	设计煤种（BMCR）	校核煤种（BMCR）
运行点		1	2	3
入口流量	m^3/s	143.7	125	123
入口温度	℃	20	20	20
出口温度	℃	24.5	23.9	23.8
入口密度	kg/m^3	1.2	1.197	1.197
入口压力	Pa	−422	−367	365
风机全压	Pa	4745	4122	4021
压缩修正系数		0.9836	0.9857	0.9860
风机效率	%	88	88	88
风机轴功率	kW	3274	2334	2348
风机转速	r/min	1490		
当地大气压	Pa	100880		
风机转动惯量	$kg \cdot m^2$	240		
电压	kV	6		
电动机功率	kW	800		

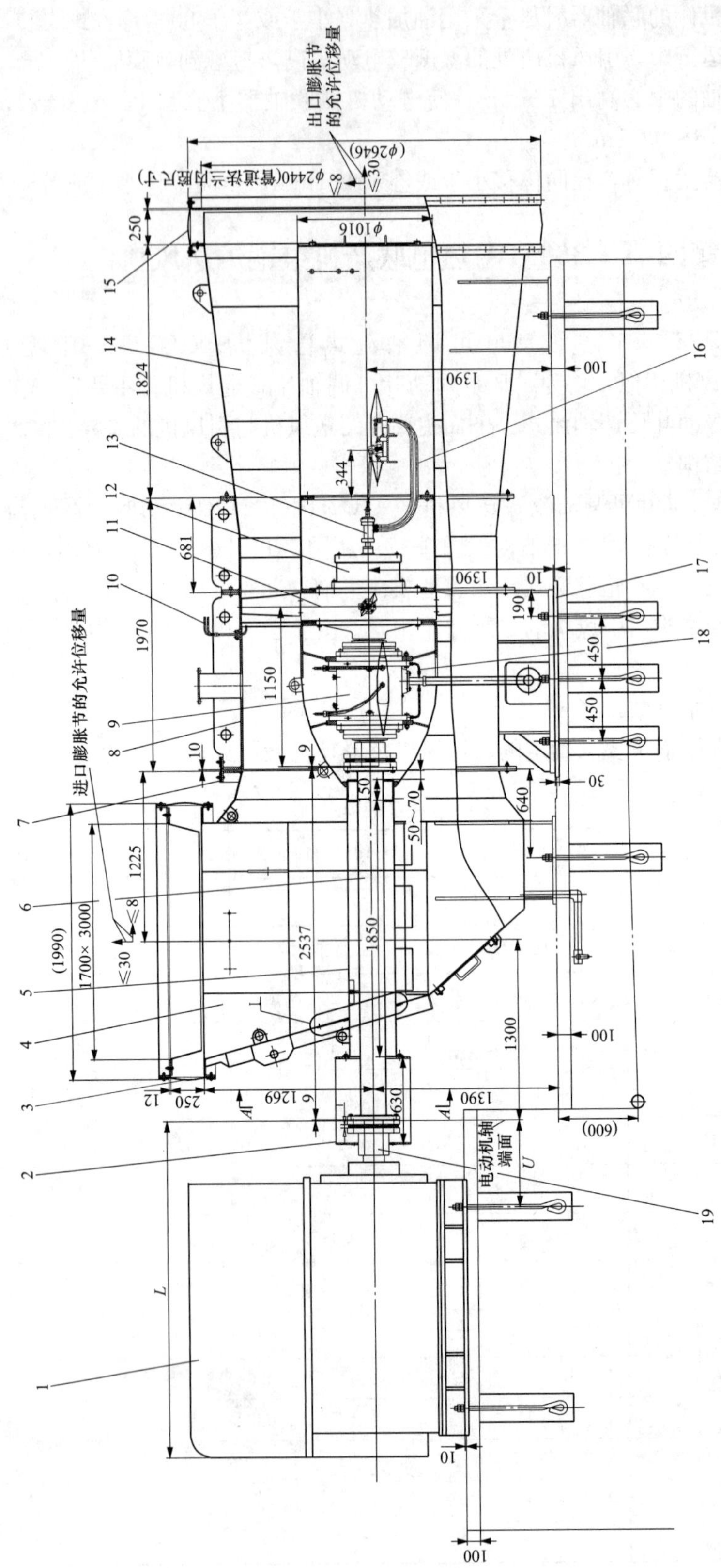

图 7-16　GU13830-01 型送风机结构

1—电动机；2—联轴器护罩；3—进口膨胀节；4—进气箱；5—轴保护管；6—中间轴；7—进口活节；8—机壳；9—轴承箱；10—失速报警装置；11—叶轮；12—液压缸；13—伺服控制装置；14—扩压器；15—出口膨胀节；16—控制油管；17—台板；18—润滑油管；19—膜片联轴器

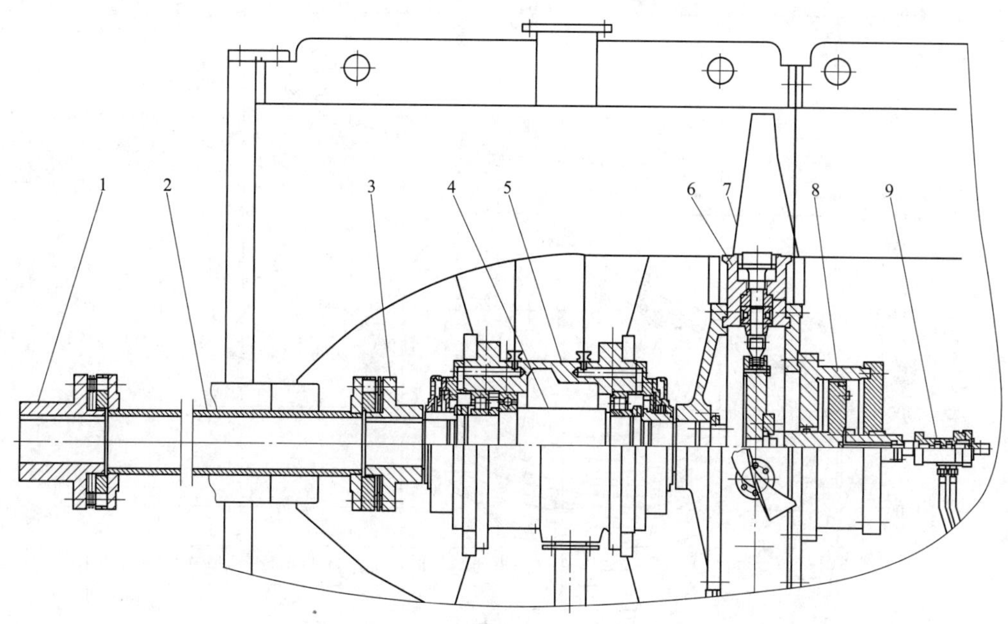

图 7-17 送风机转子结构

1—电动机端联轴器；2—中间轴；3—风机端联轴器；4—主轴；5—主轴承箱；6—叶轮；7—叶片；8—液压缸；9—伺服阀

表 7-7 送风机参数

名称	单位	参数	名称	单位	参数
型号		GU13830-01	风压	kPa	4621
生产厂家		成都电力机械厂	叶轮级数	级	1
型式		动叶可调轴流式	叶片数	片	22
入口容积流量	m^3/s	141	叶片调节范围	(°)	−36～20

表 7-8 电动机参数

名称	单位	参数	名称	单位	参数
型号		YXKK500-4W	额定电压	V	6000
生产厂家		湘潭电机股份有限公司	额定电流	A	92.4
冷却方式		空冷	额定转速	r/min	1490
额定功率	kW	800			

三、送风机的特性曲线

图 7-18 所示为风机制造厂家提供的送风机特性曲线。风机运行时，工作点必须在规定的工作区域内，否则会造成风机的不稳定运行。

四、送风机的运行

（一）送风机启动前检查

(1) 送风机检修工作已结束。

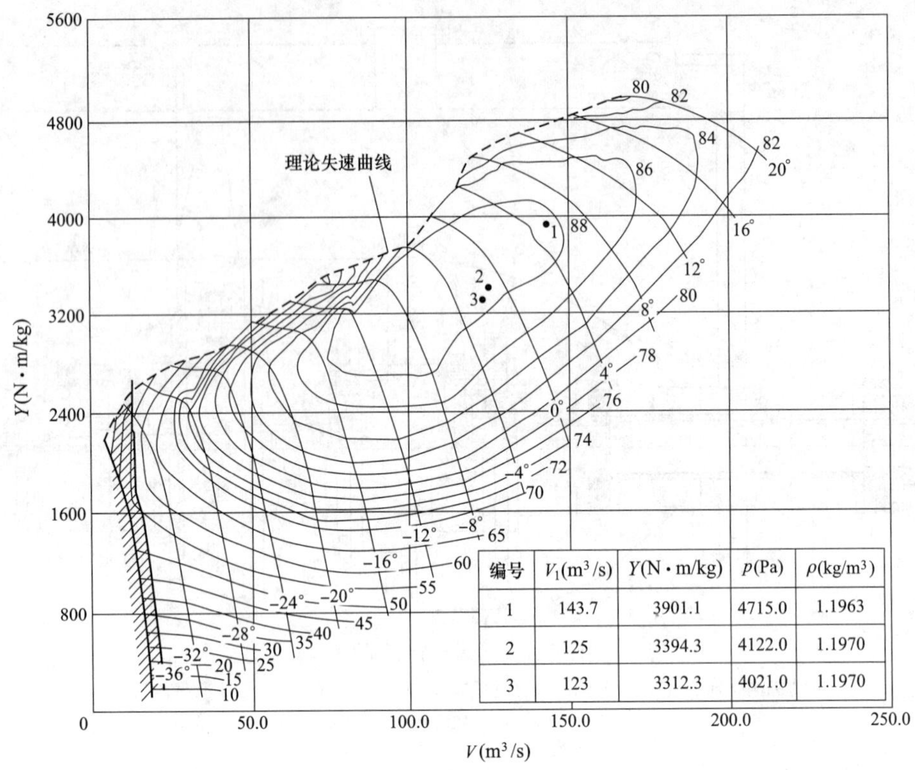

编号	V_1(m³/s)	Y(N · m/kg)	p(Pa)	ρ(kg/m³)
1	143.7	3901.1	4715.0	1.1963
2	125	3394.3	4122.0	1.1970
3	123	3312.3	4021.0	1.1970

图 7-18　送风机特性曲线

（2）检查送风机无缺陷。

（3）检查送风机油系统各热工测点全部恢复完毕，各压力表和压力开关阀门开启。

（4）检查送风机油箱油位在 2/3 位，油质透明，冷油器正常。

（5）检查送风机各油泵及电动机地脚螺栓连接牢固，安全罩完整。

（6）检查送风机油站就地控制盘上开关和信号指示灯指示正确，油泵和电加热器已送电。

（7）检查油站各阀门位置正确，系统无漏油、漏水现象。

（8）检查炉膛、烟道、空气预热器、除尘器内无人工作，烟风道内杂物清理干净，各检查门、人孔门关闭严密。

（9）检查送风机各相关表计正常。

（10）送风机动叶及风烟系统各风门挡板试验正常，执行机构连接牢固，并已送电。

（11）送风机电动机接线完整，接线盒安装牢固，电动机和电缆的接地线完整并接地良好，电动机冷却风道畅通。

（12）检查送风机及电动机地脚螺栓无松动，安全罩连接牢固。

（13）检查送风机及电动机平台的围栏完整，周围杂物清理干净，照明充足。

（14）确认送风机电动机绝缘合格并送电。

（二）送风机启动

送风机既可手动启动，也可程序启动。

1. 手动启动

（1）启动一台送风机润滑油泵，检查润滑和控制油系统运行正常，投入备用油泵联锁。

（2）关闭送风机动叶和出口挡板。

（3）确认送风机启动允许条件满足，启动送风机，开启出口挡板，注意监视送风机的启动电流。

（4）缓慢开启送风机动叶，并注意调整炉膛负压。

（5）全面检查送风机运行正常。

2. 程序启动

程序启动时，送风机及附属设备按程序自动进行。

（1）启动送风机一台润滑油泵，润滑油供油流量正常。

（2）若对侧送风机未运行，则关闭对侧风机的动叶和出口挡板。

（3）将送风机动叶关至最小开度。

（4）关送风机出口挡板。

（5）启动送风机。

（6）延时15s，开送风机出口挡板。

（7）延时20s，调节送风机动叶。

（三）送风机停运

1. 送风机手动停运

（1）解除送风机动叶调节自动。

（2）逐渐关闭送风机动叶。

（3）将送风机动叶减至0%，停运送风机，检查送风机A、B侧出口挡板联动关闭。

（4）风机停运600s后，停运送风机油站。

2. 送风机程序停运

程序停运时，送风机及附属设备按程序自动进行。

（1）关送风机动叶。

（2）停送风机。

（3）关送风机出口挡板。

3. 送风机故障停运

当发生以下情况之一时，送风机将自动跳闸：

（1）送风机轴承温度大于110℃（三取二）。

（2）送风机电动机轴承温度大于90℃。

（3）送风机启动60s后，出口挡板没打开，延时3s。

（4）同侧空气预热器停运，延时15s。

（5）同侧引风机停运。

（6）送风机两台润滑油泵均停运，延时3s。

（7）送风机的两台润滑油泵均运行，润滑油压力小于0.05MPa，延时2s。

（8）送风机轴承振动大于10.0mm/s。

（四）送风机运行监视与调整

（1）送风机运行中应对以下参数加强监视并及时调整，各参数的正常值、报警值及极限值见表7-9。

（2）送风机正常运行工况点应在失速最低线以下，送风机动叶调节机构连接牢固，远控和就地开度一致。

表 7-9　　送风机运行参数

项　目	单位	正常值	报警值	极限值	备　注
送风机前、中、后轴承温度	℃		＞90	＞110	跳风机
送风机电动机轴承温度	℃		＞85	＞95	跳风机
送风机电动机绕组温度	℃		＞120	＞130	跳风机
送风机轴承振动	mm/s		＞4.6	＞10.0	跳风机
送风机油站油箱油位	mm				
送风机油站控制油压	MPa		≤1.0		闭锁动叶，联备用泵
送风机轴承润滑油压	MPa		≤0.1		≤0.05 报警
送风机电动机润滑油压	MPa		≤0.12		≥0.18 报警
送风机轴承润滑油量	L/min		＜3		
送风机油站油温	℃				
送风机油站过滤器出口油温	℃		≥55		
送风机油站滤网差压	MPa		≥0.3		
送风机喘振差压	Pa	5000			

(3) 送风机电流指示正常，没有过流现象。

(4) 送风机油系统无渗漏，冷却水管道无泄漏，冷却水畅通。

(5) 送风机电动机及相应的电缆无过热冒烟现象，现场无绝缘烧焦气味，发现异常应立即查找根源进行处理。

(6) 送风机及电动机运行中无异声，内部无碰磨，轴承温度及振动正常。

(7) 检查油箱油位正常，无乳化和杂质。

(8) 冬季时应采取措施，防止送风机入口滤网结霜。

五、送风机的维护与检修

送风机的维护、故障处理、拆卸及安装与引风机相同，这里不再重复。

第五节　350MW 热电联产机组锅炉一次风机

锅炉配有两台由成都电力机械厂生产的 GI24346 双支撑（F）离心式一次风机，一次风机可通过变频改变风机转速调节负荷，也可通过改变入口挡板（简易入口导流器）开度调整风机负荷。

一、一次风机的结构

一次风机主要由风机壳、叶轮、主轴、轴承、集流器、调节挡板、变频器及电动机等组成，一次风机的结构见图 7-19。

1. 风机壳

风机壳由机壳和进气箱两部分组成，用 Q235A 钢板焊接而成。进气箱的作用是将气流顺利引入叶轮，以减少流动阻力；机壳的作用是将叶轮中排出的气流引向出口，并将气体的动压转变成静压。为了加强机壳和进气箱的刚度，外侧焊有加强扁钢，内侧焊接支撑钢管，

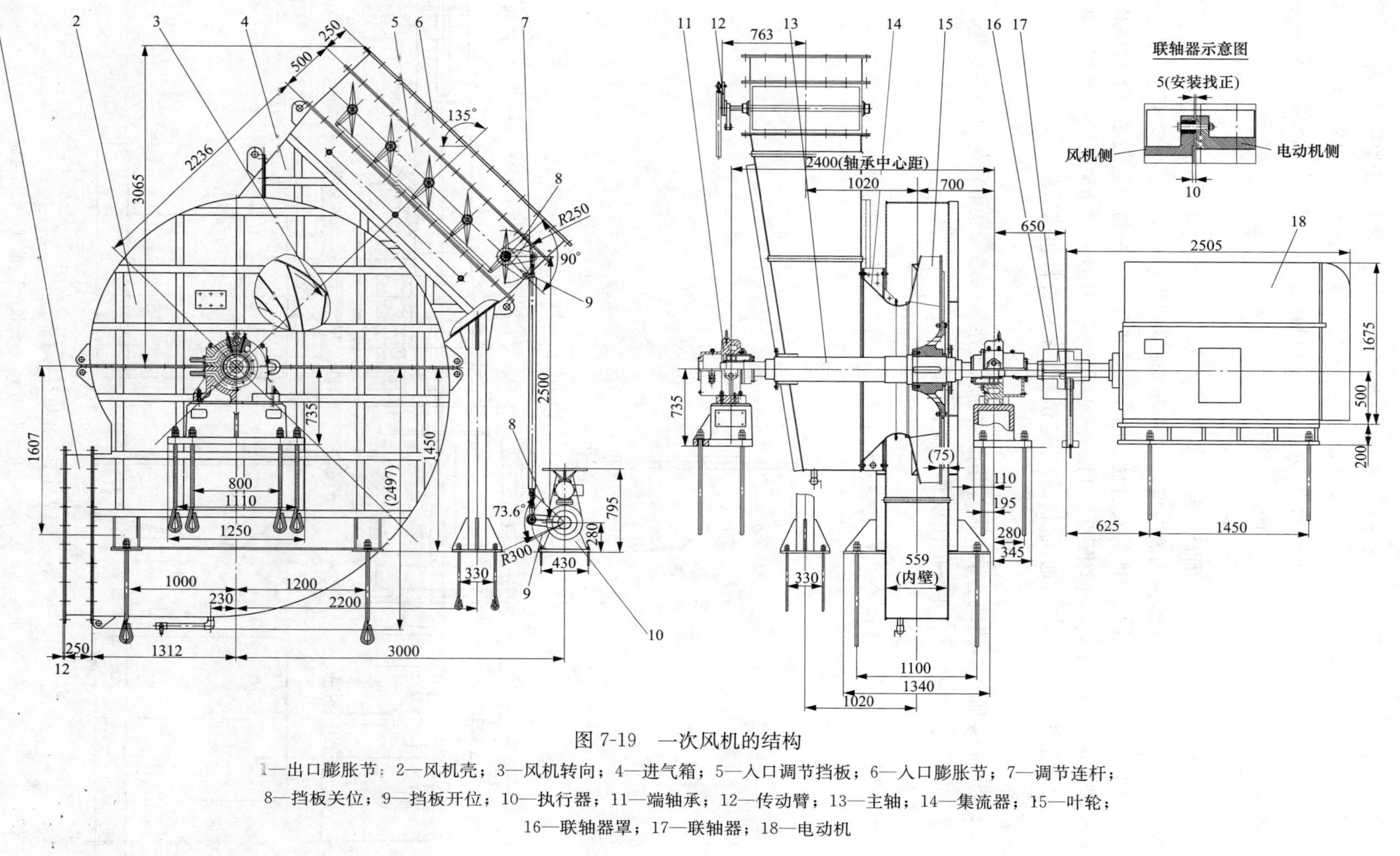

图 7-19 一次风机的结构

1—出口膨胀节；2—风机壳；3—风机转向；4—进气箱；5—入口调节挡板；6—入口膨胀节；7—调节连杆；8—挡板关位；9—挡板开位；10—执行器；11—端轴承；12—传动臂；13—主轴；14—集流器；15—叶轮；16—联轴器罩；17—联轴器；18—电动机

确保风机壳在运输、安装和运行过程中不发生较大的变形。由于风机采用单吸入结构，所以在叶轮入口处装有一个漏斗形集流器，风机壳与集流器之间用螺栓连接。机壳（轴向）两端设有密封，防止气体泄漏。风机进口角度为 135°，出口角度为 0°。风机壳的底部设有排污孔，并配上闸阀或球阀，便于排放壳体内部的杂物。

2. 叶轮

叶轮是风机的核心部件，由前盘、叶片和后盘组成。采用优质的低合金钢板焊接而成。叶轮型式为单吸入式，叶片流道为流线型，这种结构流动损失小、效率高，共有 12 片叶片。前盘的进口端为圆弧形。叶片与前盘及后盘采用焊接方式连接，后盘与轮毂之间通过螺栓固定，轮毂与主轴采用键连接，见图 7-20。叶轮制成后按 JB/T 9101《通风机转子平衡》规定进行平衡校正及按 JB/T 6445《通风机叶轮超速试验》规定进行超速试验。

3. 主轴

一次风机的主轴为整体锻造轴，两端用滚动轴承支承，一端经联轴器与电动机相连。主轴材质为 45 号钢，主轴具有足够的刚度和强度。

4. 轴承

一次风机的整个转子由两个双列滚柱轴承来支承，轴承箱为铸铁结构。一次风机转子见

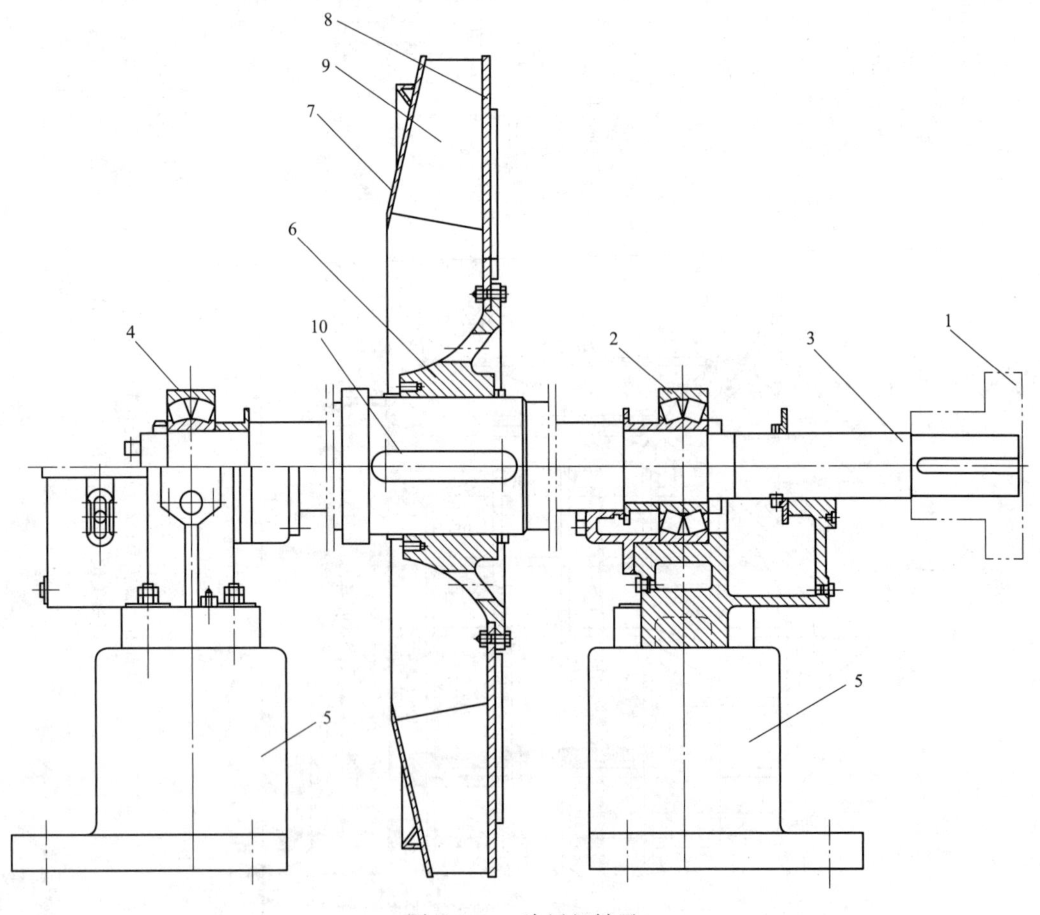

图 7-20　一次风机转子

1—联轴器；2—腰侧轴承；3—主轴；4—端侧轴承；5—轴承座；6—轮毂；7—前盘；8—后盘；9—叶片；10—键

图 7-20。在轴承箱上有油位指示器，腰侧轴承箱两侧均设有油封，防止轴承箱内飞溅的油向外泄漏；端侧轴承箱靠近风机侧设有油封，另一侧为端盖。风机每个轴承均装有测温元件，用于测量轴承温度。轴承采用浸泡式润滑，润滑油型号为 N46 机械油（也可选用 N68 机械油）。轴承箱内通有冷却水，冷却水流量为 1.2m^3/h，水压为 0.2～0.3MPa。

5. 集流器

集流器的作用是将气体均匀充满叶轮的入口断面，并在损失最小的情况下进入叶轮，集流器为圆锥与圆柱组合形，见图 7-21。集流器制成收敛的流线型通道，可将气流均匀地以一定流速导入叶轮，改善了叶轮的内部流动。集流器一端用螺栓固定在风机壳上，另一端插入叶轮内，插入叶轮的长度 b 及与叶轮进口圈的间隙 a 直接影响风机的性能。由于风机叶轮出入口之间有压力差，介质会从出口流向入口形成泄漏；间隙越大，损失越大。所以，风机检修时，要严格控制集流器与叶轮的间隙：a = 4.5～6.5mm，b=13mm。

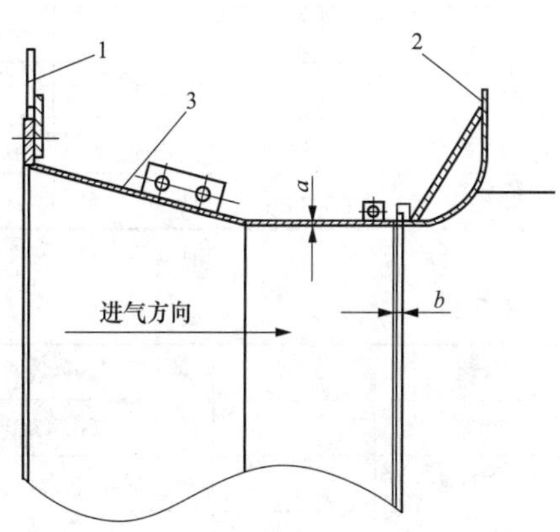

图 7-21 集流器

1—风机壳；2—叶轮；3—集流器

6. 风机挡板

在一次风机的出口和入口均设有挡板，入口挡板为调节挡板，可根据需要适当调节风机负荷，风机负荷主要由变频器调节；出口挡板为关断挡板，不能调节。

7. 变频器

一次风机主要依靠变频器调节负荷，变频器由变压器、功率单元和控制系统组成。

8. 电动机

一次风机由电动机驱动，电动机型号为 YSPKK560-4W，电动机额定功率为 1120kW，额定电压为 6000V，额定电流为 130.3A，额定转速为 1488r/min。

二、一次风机的技术参数

一次风机的参数是根据锅炉要求确定的，一次风机及电动机参数见表 7-10～表 7-13。

表 7-10　　一次风机的设计参数

设计参数	单位	设计煤种（TB）	设计煤种（BMCR）	校核煤种（BMCR）
运行点		1	2	3
入口流量	m^3/s	53.59	40.1	42.7
入口温度	℃	20	20	20
入口密度	kg/m^3	1.1970	1.1970	1.1970
入口全压	Pa		−353.1	−365.7
风机全压	Pa	14720	11970	12860
选型点效率	%	80.7	84.7	84.4
压缩修正系数		0.9518	0.9603	0.9575
风机轴功率	kW	949.4	555.3	635.7
风机工作转速	r/min	1476	1244	1298

续表

设计参数	单位	设计煤种（TB）	设计煤种（BMCR）	校核煤种（BMCR）
电动机额定功率	kW	1120		
电动机同步转速	r/min	1500		
电压	kV	6		
风机转动惯量	kg·m^2	780		
调节力矩	N·m	2500		
当地大气压	Pa	100880		

表 7-11　　一次风机参数

名称	单位	参数	名称	单位	参数
型号		GI24346	调节方式		变频＋入口挡板
生产厂家		成都电力机械厂	入口容积流量	m^3/s	53.59
型式		双支承离心式	风压	kPa	14.72

表 7-12　　一次风机电动机参数

名称	单位	参数	名称	单位	参数
型号		YSPKK560-4W	额定电压	V	6000
生产厂家		湘潭电机股份有限公司	额定电流	A	130.3
额定功率	kW	800	额定转速	r/min	1488

表 7-13　　一次风机变频器技术参数

名称	单位	参数	名称	单位	参数
型号		HIVERT-Y06/154P	额定容量	kW	1120
生产厂家		北京合康亿盛变频科技股份有限公司	额定电压	kV	6.3

三、一次风机的运行

一次风机有变频和工频两种运行方式。变频方式运行是通过改变风机的转速调整风机负荷，工频方式运行是通过改变入口挡板开度调整风机负荷。

（一）一次风机启动前检查

（1）检查与一次风系统相关的制粉系统、炉膛、空气预热器、电袋除尘、烟风道、脱硫塔内部无检修工作，人孔门关闭严密。

（2）检查一次风机各相关表计正常，风烟系统各挡板经传动试验正常，执行机构连接牢固，动力电源已送。

（3）检查一次风机电动机接线完整，接线盒安装牢固，电动机接地线完整并接地良好。

（4）检查一次风机及电动机地脚螺栓无松动，安全罩连接牢固。

（5）检查一次风机及电动机平台的围栏完整，周围杂物清理干净。

（6）检查一次风机轴承冷却水阀门已开启，冷却水畅通，轴承油位正常，油质合格。

(7) 确认一次风机电动机绝缘合格后送电。

(二) 一次风机启动

1. 一次风机工频程序启动

(1) 将一次风机入口调节挡板关至最小。

(2) 关一次风机出口挡板。

(3) 合一次风机开关，延时 10s。

(4) 开一次风机出口挡板，开对应空气预热器的出口一次风挡板。

(5) 开一次风机入口调节挡板。

(6) 启动选中的密封风机。

2. 一次风机变频程序启动

(1) 关一次风机出口挡板。

(2) 启动一次风机变频器，延时 10s。

(3) 合一次风机开关。

(4) 开一次风机出口挡板。

(5) 启动选中的密封风机。

(三) 一次风机运行监视与调整

(1) 一次风机运行中应加强各参数的监视并及时调整，见表 7-14。

表 7-14　　一次风机正常参数监视

项　目	单位	正常值	报警	极限值	备　注
一次风机机械轴承温度	℃		＞70	＞80	延时 10s 跳风机
一次风机电动机轴承温度	℃		＞85	＞95	跳风机
一次风机电动机绕组温度	℃		＞120	＞130	跳风机
一次风机轴承振动	mm/s		＞4.6	＞10.0	跳风机
一次风机出口风压	kPa				
一次风与密封风差压	kPa	＞4	1.2～2.5		

(2) 一次风机采用变频调节，其性能曲线见图 7-22。

(3) 一次风机采用入口导流器调节，其性能曲线见图 7-23。

(四) 一次风机停运

1. 一次风机工频程序停运

(1) 停密封风机。

(2) 关一次风机入口调节挡板。

(3) 断开一次风机开关。

(4) 关一次风机出口挡板。

(5) 关对应空气预热器出口挡板。

2. 一次风机变频程序停运

(1) 停密封风机。

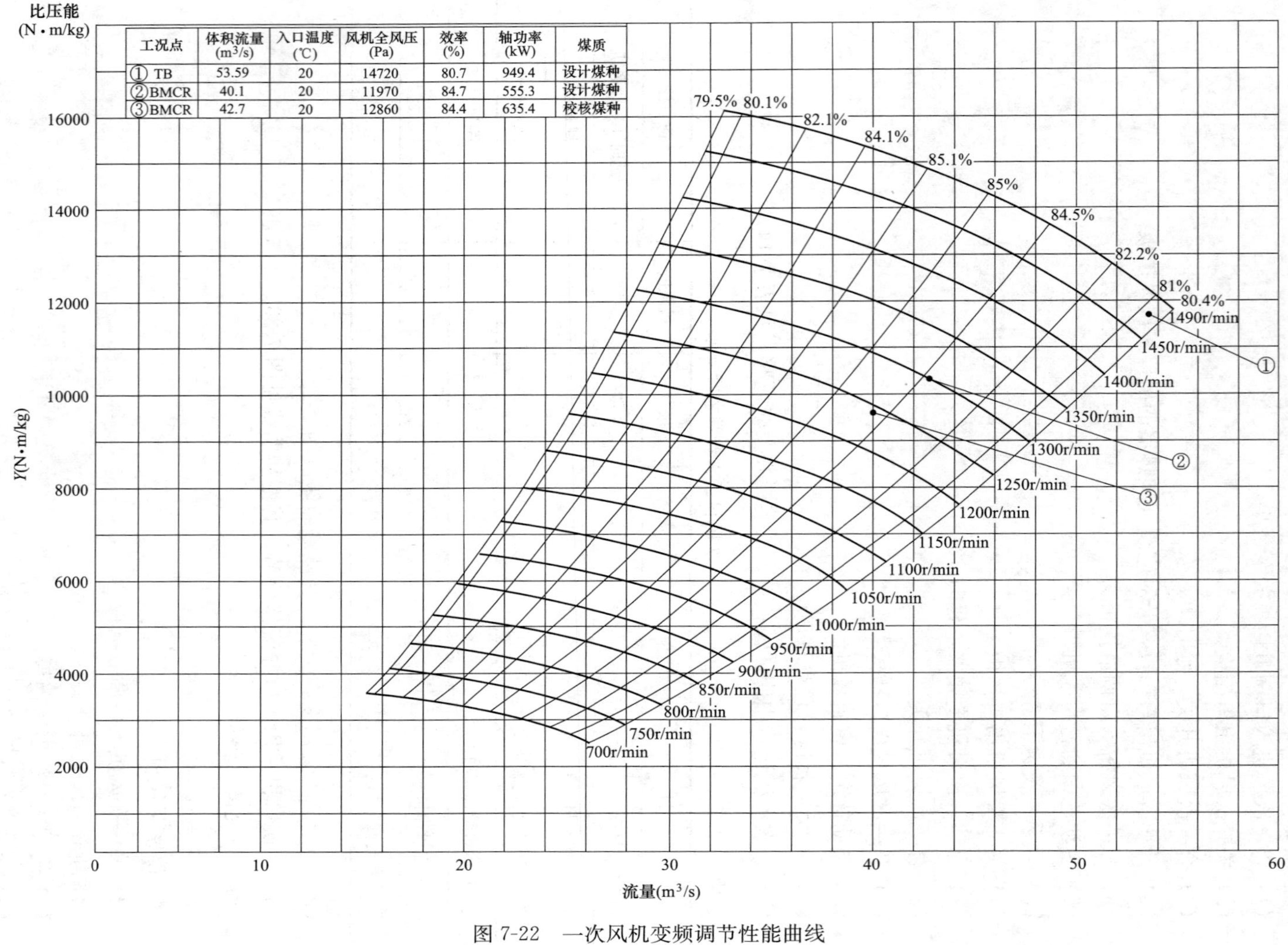

工况点	体积流量 (m^3/s)	入口温度 (℃)	风机全风压 (Pa)	效率 (%)	轴功率 (kW)	煤质
① TB	53.59	20	14720	80.7	949.4	设计煤种
② BMCR	40.1	20	11970	84.7	555.3	设计煤种
③ BMCR	42.7	20	12860	84.4	635.4	校核煤种

图 7-22 一次风机变频调节性能曲线

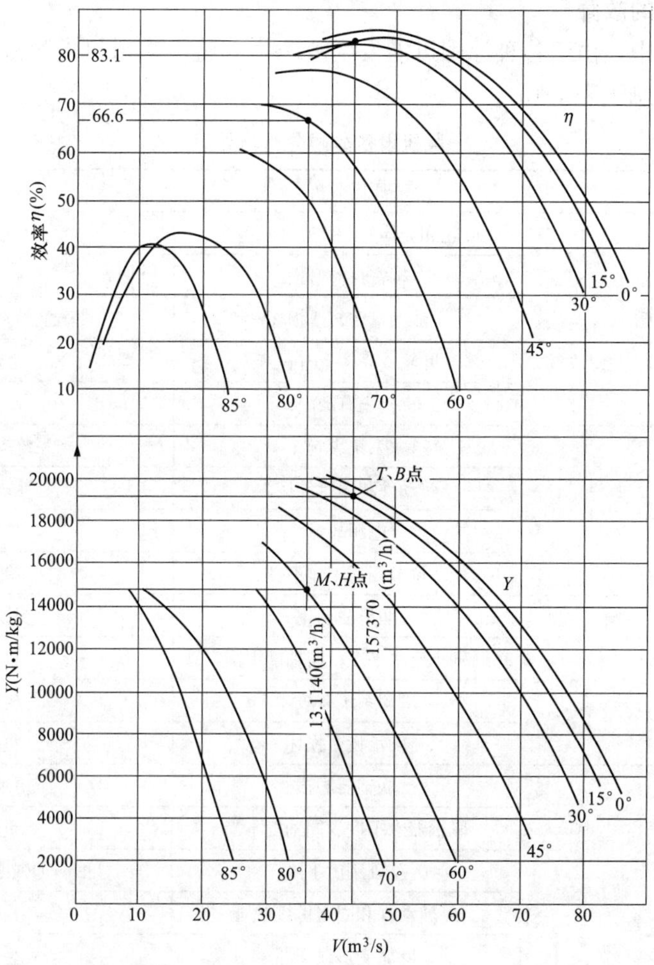

图 7-23 一次风机采用入口导流器调节性能曲线

(2) 置一次风机变频器最小频率。

(3) 停一次风机变频器。

(4) 断开一次风机开关。

(5) 关一次风机出口挡板。

(6) 关对应空气预热器出口挡板。

3. 一次风机故障跳闸条件

一次风机运行中发生以下情况之一时，一次风机自动停运：

(1) MFT 跳闸。

(2) 一次风机轴承温度大于 80℃。

(3) 一次风机电动机轴承温度大于 95℃。

(4) 一次风机出口挡板关闭，延时 3s。

(5) 对应的空气预热器停运，延时 15s。

(6) 一次风机变频状态运行，变频器严重故障。

四、一次风机的故障

一次风机运行中，由于各种原因可能发生故障，现将一次风机发生故障的类型、现象、原因及处理方法汇总于表 7-15。

表 7-15　　一风机设备故障分析与处理

故障情况	原因分析	排除方法
风机性能降低	叶轮和壳体变形、腐蚀和磨损	修整或更换
	轴密封件磨损	替换
	法兰盘密封垫损坏	注入润滑剂或更换密封件
	叶轮或壳体上有积灰	彻底清洁
	仪表有缺陷	更换
电动机过载	系统影响	检查与系统有关的管道和设备
	转动件和固定件接触	修理或更换
	电源故障	检查处理
	调节挡板工作不良	检查处理
轴承过热	润滑油老化	更换润滑油
	轴承座水平度、同轴度不当	重新调整
	冷却系统有故障	检查处理
	轴承疲劳损坏	更换轴承
风机振动	联轴器磨损	更换联轴器
	联轴器水平度、同轴度不当	重新调整
	基础刚度下降	加强或修改基础
	转动件和固定件接触	检查处理
	叶轮变形或损坏	替换叶轮
风机有异常声	轴承磨损	替换轴承
	缺少润滑油	加入适量润滑油
	有涡流或操作不稳定	改进操作条件
	转动件和固定件接触	检查处理
	联轴器损坏	更换联轴器
	有异物进入	清除异物
	叶轮损坏	更换叶轮
调节装置工作不良	连杆、手柄和销子严重锈蚀	加入润滑剂或修理

五、一次风机的检修

1. 一次风机的定期检修工作

一次风机的定期检修工作随机组检修进行，检修内容及方法见表 7-16。

表 7-16　　一次风机的检修工作

序号	检查部位	检查内容	检查方法	处理方法
1	挡板轴承	润滑剂是否老化	目测	更换润滑剂
2	出、入口挡板	腐蚀与磨损	目测	检修或更换

续表

序号	检查部位	检查内容	检查方法	处理方法
3	风机轴承	同轴度与水平度	百分表	调整并记录
		油质	目测	更换
		密封	目测	更换密封
		冷却水孔	目测	清理
		间隙与磨损情况	测量径向、轴向间隙	必要时更换
4	叶轮	腐蚀与磨损	目测	检修或更换
		叶轮与集流器间隙	锥尺测量	调整（4.5～6.5mm）
5	轴	有无附着物	目测	清理
		有无腐蚀	目测	检修或更换
6	轴封	检查磨损情况	目测或测量	必要时更换
7	温度计	有无损坏	目测	必要时更换
8	联轴器	准直度	百分表	调整并记录
		螺栓松动	轻敲法	拧紧螺栓
		尼龙销的磨损	目测	必要时更换
9	风机壳	腐蚀与磨损	目测	检修或更换
10	固定螺栓	松动与损坏	目测	拧紧或更换

2．一次风机定期检修注意事项

（1）轴承扣盖子时，必须先打紧定位销，然后拧螺栓。

（2）必须保证叶轮入口与集流器的间隙，集流器插入叶轮 13mm，叶轮入口与集流器的间隙为 4.5～6.5mm。

（3）确保风机轴与电动机轴在同一轴线上，同轴度误差小于 0.05mm/m。

（4）机壳所有结合面均加密封垫，以防止漏风。

（5）叶轮螺栓止推垫拧紧后，将角部折弯，防止松动。

（6）检修工作结束后，空负荷试转时间不小于 2h。

第八章

锅炉制粉系统及其设备

锅炉制粉系统是燃煤锅炉的重要组成部分，其作用是根据锅炉燃烧的需求，磨制出合格的煤粉用于燃烧，以保证锅炉的安全经济运行。锅炉制粉系统由磨煤机、分离器、给煤机、密封风机及其连接管等组成，锅炉制粉系统的关键设备是磨煤机。

第一节　锅炉制粉系统和磨煤机的分类及特点

一、锅炉制粉系统的分类及特点

锅炉制粉系统可分为直吹式和中间储仓式两种。直吹式制粉系统是指煤经磨煤机磨成煤粉后直接吹入炉膛燃烧；中间储仓式制粉系统是指经磨煤机磨好的煤粉先储存在煤粉仓中，然后根据锅炉负荷需要，由给粉机将煤粉仓中的煤粉送入炉膛中燃烧。中间储仓式制粉系统比直吹式制粉系统增加了旋风分离器、输粉机、煤粉仓及给粉机等设备，直吹式和中间储仓式制粉系统的特点见表 8-1。

表 8-1　　直吹式和中间储仓式制粉系统的特点

序号	直吹式制粉系统	中间储仓式制粉系统
1	直吹式制粉系统结构简单，设备部件少，输粉管道短，流动阻力小，因此，直吹式制粉系统运行电耗较小	中间储仓式制粉系统设备多，系统复杂，输粉管道长，流动阻力大，且制粉系统为负压运行，漏风量较大，因此，运行电耗较大
2	磨煤机出力必须随锅炉负荷变化而变化，难于保证制粉设备在最经济的条件下运行	磨煤机出力不受锅炉负荷的限制，磨煤机可在本身的经济负荷下运行
3	直吹式制粉系统的工作可靠性差，当一套制粉系统故障时，就必须减小锅炉负荷，降低了锅炉机组的可靠性。为了提高锅炉的可靠性，要有较多的裕量储备	中间储仓式制粉系统工作可靠性高，磨煤机的工作对锅炉运行的影响较小，且相邻锅炉间可相互送粉，供粉的可靠性增加，因而制粉系统储备系数可小些
4	钢材消耗少，占地面积少，投资少	钢材消耗大，占地面积大，投资高
5	爆炸的危险性小	爆炸的危险性较直吹式系统大

直吹式制粉系统中，根据磨煤机所处的压力条件可分为正压直吹系统和负压直吹系统。负压直吹式制粉系统中，排粉风机装在磨煤机之后，整个系统在负压下运行。这种系统的最

大优点是磨煤机处于负压，煤粉不会向外泄漏，对环境污染小；由于燃烧所需煤粉全部经过排粉机，造成排粉机叶片磨损严重，降低了风机效率，电耗大，需经常检修，系统运行可靠性低，目前已很少应用。正压直吹式制粉系统的一次风机布置在磨煤机之前，风机输送的是干净空气，不存在煤粉磨损叶片的问题。磨煤机处在一次风机造成的正压状态下工作，不会有冷空气漏入，对保证磨煤机干燥出力有利。为防止煤粉外泄、污染环境，或煤粉窜入磨煤机的滑动部分，系统中专门设有密封风机，以高压空气对其进行密封和隔离。

正压直吹系统根据一次风机设置的不同（工作温度的不同），可分为热一次风机正压直吹式制粉系统和冷一次风机正压直吹式制粉系统。热一次风机正压直吹式制粉系统的一次风机布置在空气预热器与磨煤机之间，输送的是经空气预热器加热的热空气。由于热一次风机正压直吹式制粉系统的空气温度高、比容大，所以比输送同样质量冷空气的风机体积大、电耗高，且风机运行效率低，还存在高温侵蚀。从回转式空气预热器来的热空气中还会携带有飞灰颗粒，对风机叶轮和机壳产生磨损，降低了运行可靠性。冷一次风机正压直吹式制粉系统中，一次风机布置在空气预热器的入口，输送的是干净的冷空气，解决了热一次风机体积大、电耗高、风机存在高温侵蚀和磨损的问题，风机运行效率和运行可靠性大大提高，因此，大容量机组的锅炉一般采用冷一次风机正压直吹式制粉系统。

350MW 热电联产机组锅炉采用风冷一次风机正压直吹式制粉系统（见图 8-1），每台炉配 3 台低速双进双出钢球磨煤机、6 台称重给煤机、6 个分离器及两台离心式密封风机。

二、磨煤机的分类及特点

磨煤机是将煤块破碎并磨成煤粉的机械，它是煤粉炉制粉系统的核心设备。煤在磨煤机中被磨制成煤粉，主要是通过压碎、击碎和研碎三种方式进行。其中，压碎过程最省能量，研碎过程最费能量，各种磨煤机在制粉过程中都兼有上述的两种或三种方式，但以何种为主则视磨煤机的类型而定。按磨煤部件的工作转速可将磨煤机分为低速磨煤机、中速磨煤机和高速磨煤机三种类型。

（一）低速磨煤机

低速磨煤机为滚筒式钢球磨煤机，简称钢球磨或球磨机，它的磨煤部分是一个转动的圆柱形的滚筒，滚筒内装有许多钢球。滚筒由电动机经减速装置驱动，以很低的转速（15～25r/min）旋转。滚筒内壁装有锰钢衬板，衬板表面呈波浪形（或其他形状），使钢球在滚筒旋转时不会沿壁滑下，而能被带到一定高度再落下。滚筒两端是架在轴承上的空心轴颈。工作时滚筒内从高处落下的钢球撞击和挤压煤块，将煤块磨制成煤粉，然后由通入滚筒内的热风将煤烘干后送入分离器，经分离器分离后，较细的合格煤粉被送入煤粉仓或直接送入煤粉燃烧器，较粗的煤粉返回滚筒内重新磨制。滚筒式钢球磨煤机分为单进单出钢球磨煤机和双进双出钢球磨煤机两种，单进单出钢球磨煤机的历史比较悠久，双进双出钢球磨煤机是在单进单出钢球磨煤机的基础上研发的一种新型低速磨煤机。

滚筒式钢球磨煤机笨重庞大，电耗高，噪声大；但对煤种的适应范围广，可以磨制各种不同的煤，特别适宜于磨制硬质无烟煤；运行可靠，检修维护工作量小。

（二）中速磨煤机

中速磨煤机转速为 50～300r/min，目前国内采用的中速磨煤机有辊-盘式中速磨、辊-碗式中速磨、辊-环式中速磨和球-环式中速磨 4 种。中速磨煤机由两组相对运动的碾磨部件组成，电动机通过减速机带动磨盘转动，原煤经喂料器从进料口落在磨盘中央，同时热风从

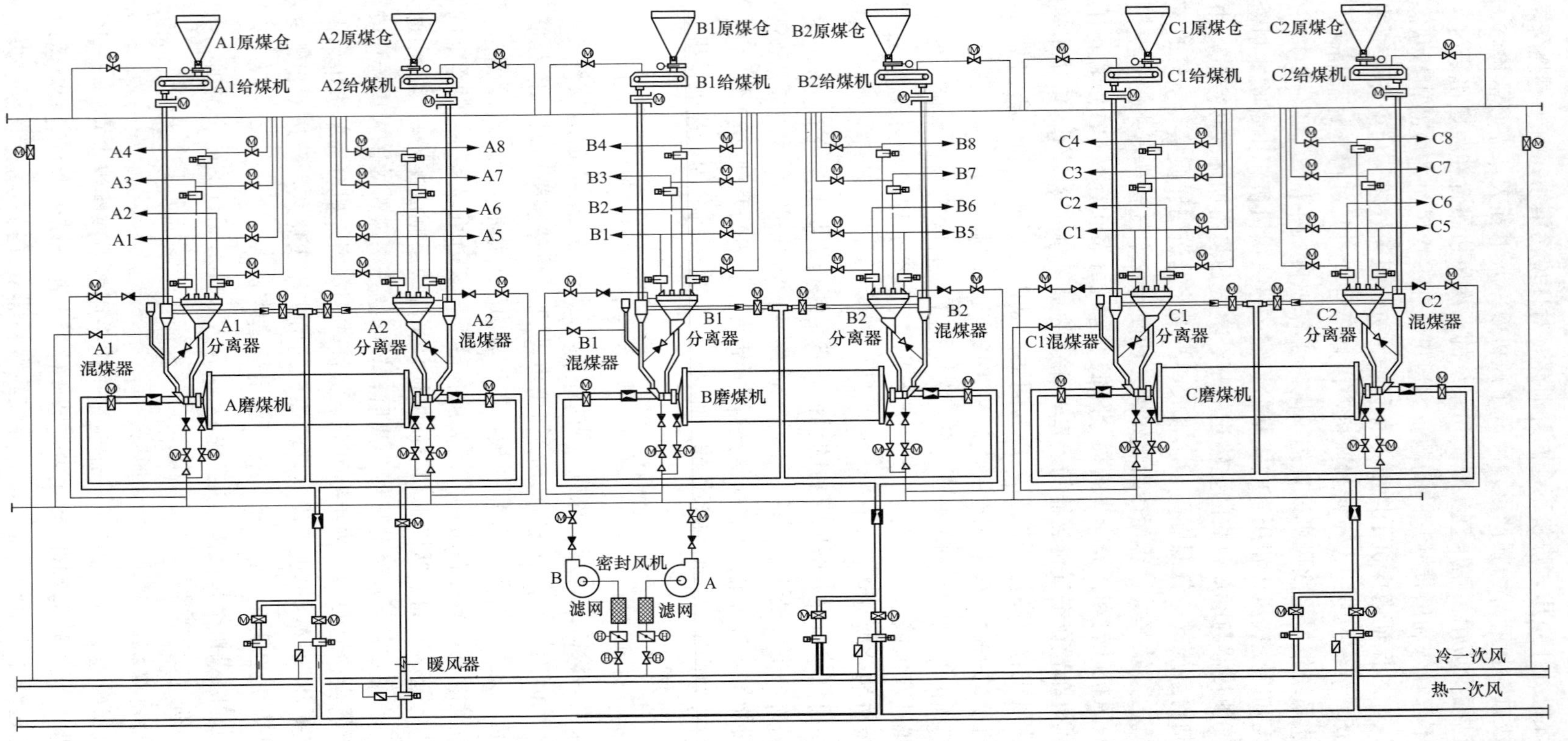
A1原煤仓
A1给煤机
A2原煤仓
A2给煤机
B1原煤仓
B1给煤机
B2原煤仓
B2给煤机
C1原煤仓
C1给煤机
C2原煤仓
C2给煤机
A4
A3
A2
A1
A8
A7
A6
A5
B4
B3
B2
B1
B8
B7
B6
B5
C4
C3
C2
C1
C8
C7
C6
C5
A1 分离器
A2 分离器
B1 分离器
B2 分离器
C1 分离器
C2 分离器
A1 混煤器
A2 混煤器
B1 混煤器
B2 混煤器
C1混煤器
C2 混煤器
A磨煤机
B磨煤机
C磨煤机
密封风机
B
A
滤网
滤网
暖风器
冷一次风
热一次风

图 8-1　锅炉制粉系统

进风口进入磨煤机内。碾磨部件在弹簧力、液压力或其他外力作用下，将原煤挤压和碾磨，最终破碎成煤粉。通过碾磨部件旋转，把破碎的煤粉甩到风环室，流经风环室的热空气将这些煤粉带到磨煤机上部的煤粉分离器，过粗的煤粉被分离下来重新再磨。在这个过程中，热风还伴随着对煤粉的干燥。在磨煤过程中，同时被甩到风环室的还有原煤中夹带的少量石块和铁器等杂物，它们最后落入杂物箱，被定期排出。在磨制过程中，通过调节热风温度，可满足煤中不同含水量的要求；通过调整分离器转速（或挡板角度），满足不同细度要求。

中速磨煤机与低速钢球磨相比较，具有设备紧凑、占地小、电耗省（为钢球磨煤机的50%～75%）、噪声小、运行控制比较方便等显著优点；但结构和制造较复杂，维修费用较大，而且不适宜磨制较硬和含水量高的煤种，一般只适用于烟煤和贫煤。

1. 辊-盘式中速磨

辊-盘式中速磨又称平盘磨，其碾磨部件由2～3个锥形辊子和圆形平盘组成，辊子轴线与平盘成15°夹角，见图8-2。为了防止原煤在旋转平盘上未经碾磨就甩到风环室，在平盘外缘设有挡圈，挡圈还使平盘上保持适当煤层厚度，以提高碾磨效果。

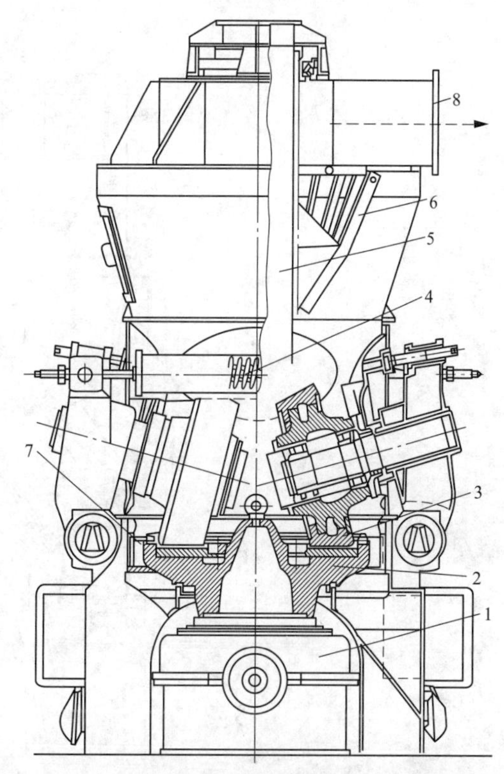

图8-2　辊-盘式中速磨

1—减速器；2—磨盘；3—磨辊；4—加压弹簧；5—进煤管；6—分离器；7—风环；8—风粉混合物出口管

2. 辊-碗式中速磨

辊-碗式中速磨又称碗式磨，碗式磨的碾磨部件是辊筒和碗形磨盘，采用液压或弹簧加载，早期制造的碗式磨钢碗较深，随着出力的提高，现在多采用浅碗形或斜盘形钢碗，见图8-3。

碗式磨有RP磨煤机和HP磨煤机两种，HP磨煤机是RP磨煤机的改进型，故RP磨煤机和HP磨煤机的结构基本相似。主要区别为RP磨煤机采用的传动装置是蜗轮蜗杆，磨辊长度大、直径小；HP磨煤机的传动装置采用伞形齿轮，传动力矩大，而且磨辊长。

3. 辊-环式中速磨

辊-环式中速磨的碾磨部件是3个凸形辊子和1个具有凹形槽道的磨环。辊子尺寸大，且边缘近于球状；辊子轴线固定，这些都促使磨煤出力高于其他中速磨煤机；磨辊采用滚柱销与加载架连接，磨辊可在12°～15°范围之间摆动，使辊子在工作中能良好地适应料层厚度、入料粒度和碾磨件的磨损所带来的变化；加载力是垂直拉力加载，作用力均布，这些能确保磨煤机出力平稳，振动小，碾磨件磨损均匀，对“三块”自排能力强。此外，辊-环式中速磨煤机的碾磨压力是通过弹簧和3根拉紧钢丝绳直接传递到基础上，故可以在轻型机壳条件下对碾磨部件施加高压，更易大型化，见图8-4。

辊-环式中速磨有MPS磨煤机和ZGM磨煤机两种，MPS磨煤机是德国DBW公司20

世纪50年代开发的产品，我国于1985年引进该产品的制造技术，并通过开发形成了ZGM系列磨煤机。

4. 球-环式中速磨

球-环式中速磨又称中速球磨或E型磨，此磨煤机好似一个大型无保持架的推力轴承，约10个钢球夹在上、下磨环之间，它们上下配合的剖面图形犹如字母“E”，故又称E型磨，见图8-5。下磨环由垂直的主轴带动旋转，上磨环不转，但是可以上下移动并由气缸或弹簧对其施加压力，随着下磨环的转动，钢球可以在磨环之间自由滚动，磨煤时不断改变旋转轴线位置，在整个工作寿命中钢球始终保持球的圆度，以保证磨煤性能不变，使磨煤机出力不会因钢球磨损而减少。

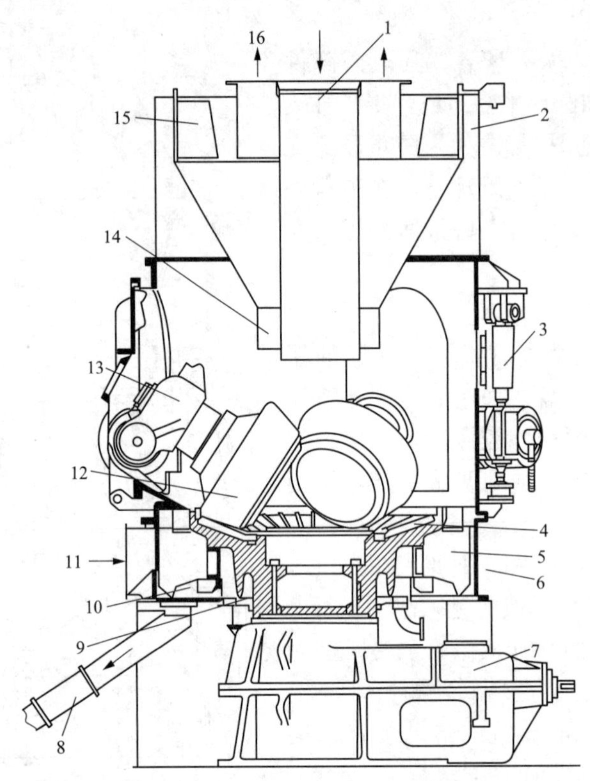

图8-3　辊-碗式中速磨

1—进煤管；2—分离器；3—液压缸；4—磨盘与衬板；5—风室；6—风室导流片；7—减速器；8—排矸管；9—密封；10—清扫器；11—进风口；12—磨辊；13—磨辊臂；14—粗粉返回管；15—分离器折向挡板；16—风粉混合物出口管

（三）高速磨煤机

高速磨煤机由高速转子和磨壳组成，常见的有风扇磨煤机和锤击磨煤机等，通常转速为500～1500r/min，锤击磨煤机国内应用较少，主要采用风扇磨煤机。

风扇磨煤机是火力发电厂燃用烟煤和褐煤时锅炉直吹式制粉系统的主体设备，风扇磨煤机的构造类同风机，带有8～10个叶片的叶轮以750～1500r/min高速旋转；与风机不同之处是这些叶片是采用锰钢制成，又称冲击板；机壳上装有可拆换的耐磨护板，又称护甲。风扇磨煤机运行时，原煤随干燥剂进入磨煤机，被冲击板和叶轮框架击碎，煤粒又被溅到机壳

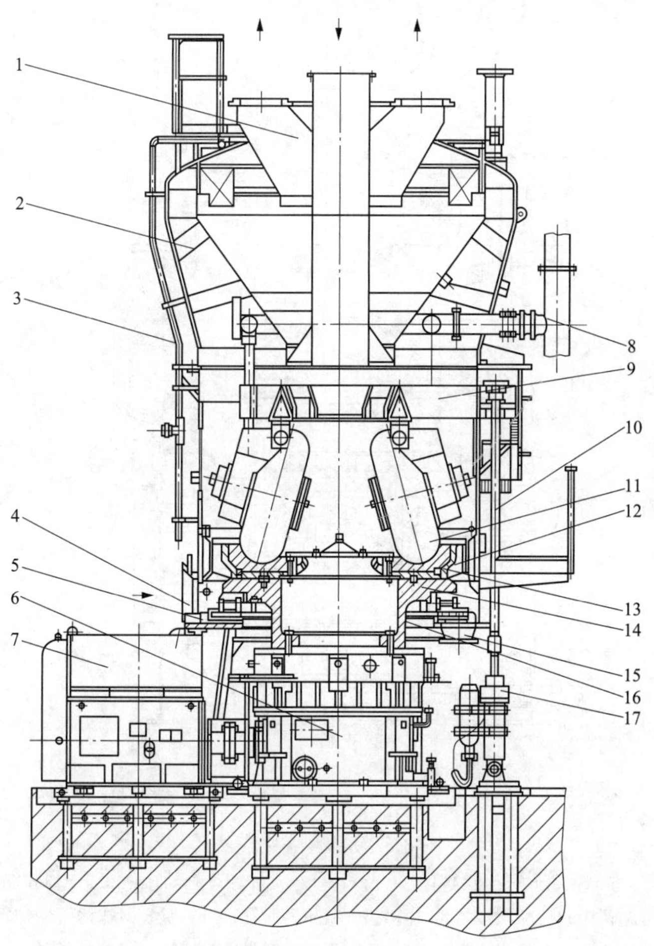

图 8-4 辊-环式中速磨

1—煤粉分配箱；2—分离器；3—防爆蒸汽管道；4—进风口；5—清扫器；6—减速器；7—电动机；8—密封风管；9—压架；10—拉杆；11—磨辊；12—喷嘴；13—磨盘；14—转动盘；15—排矸管；16—密封环；17—加载油缸和蓄能器

的护甲上进一步击碎，合格的煤粉经分离器被干燥剂带出，过粗的煤粉又落回风扇磨煤机中重新磨碎，整个煤的破碎方式以撞击为主，见图 8-6。

风扇磨煤机具有结构简单、制造方便、占地面积小、金属耗量少及投资低等优点；因为风扇磨煤机集干燥、破碎、输送三种功能于一身，所以可少用一台风机；风扇磨煤机中的煤粒大多处于悬浮状态，通风和干燥能力强；所采用的干燥剂可由热炉烟气、冷炉烟气和热空气混合组成，运行中可根据燃煤水分，调节这三种介质的比例，控制方便灵活，干燥剂具有良好的防爆作用。风扇磨煤机的缺点是运行中冲击板磨损大，寿命短；此外，风扇磨煤机磨煤系统存在较严重漏风问题。风扇磨煤机最适合磨制高水分褐煤，同时也可用于磨制一些较软烟煤。

各种类型的磨煤机均有各自的特点和对煤种的适应范围。选择磨煤机时，必须根据所燃用的煤种及采用制粉系统的类型来进行综合考虑，还要充分考虑设备运行的可靠性和经济性，各种磨煤机性能特点见表 8-2。

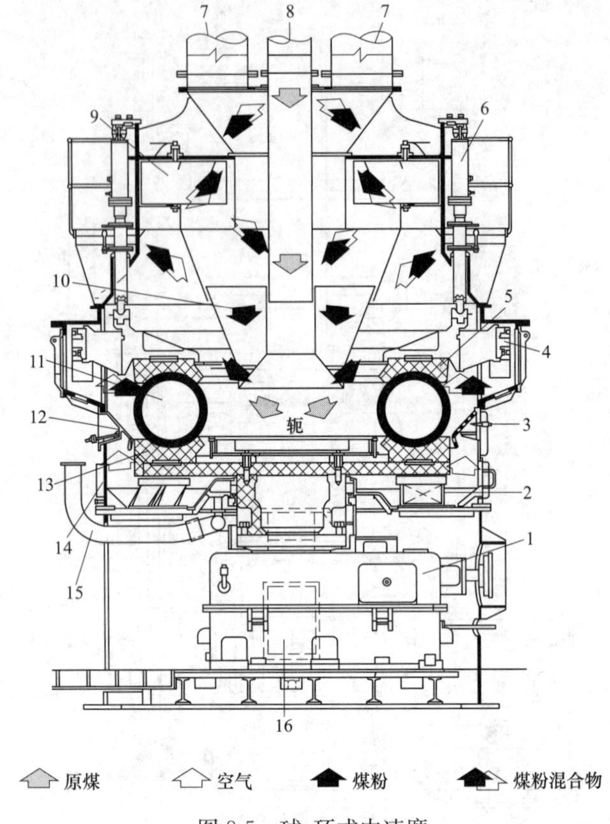

图 8-5　球-环式中速磨

1—减速器；2—犁式刮刀；3—进风口；4—导杆；5—上磨环；6—加压缸；7—风粉混合物出口管；8—进煤管；9—分离器可调叶片；10—粗粉返回管；11—空心钢球；12—安全门；13—下磨环（旋转）；14—活门；15—密封风连接管；16—储矸室

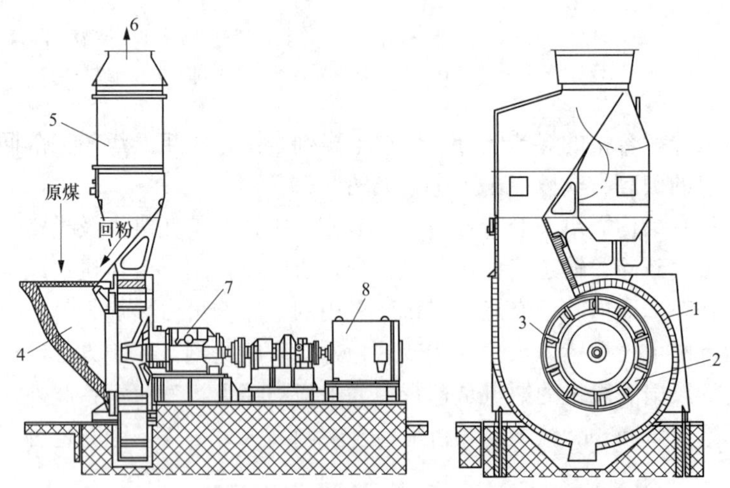

图 8-6　风扇磨煤机（高速磨煤机）

1—蜗壳状护甲；2—叶轮；3—冲击板；4—进煤口；5—分离器；6—风粉混合物出口；7—轴承箱；8—电动机

表 8-2　　各种磨煤机性能特点

序号	项目	低速磨煤机		中速磨煤机			高速磨煤机
		普通钢球磨煤机	双进双出钢球磨煤机	辊-盘（辊-碗）磨煤机	辊-环磨煤机	球-环磨煤机	风扇磨煤机
1	阻力（kPa）	2.0～3.0	2.0～3.0	3.5～5.5	5.0～7.5	5.0～7.5	2.16～2.56
2	磨煤电耗（kWh/t）	15～20（烟煤） 20～25（无烟煤）	20～25（烟煤） 25～29（无烟煤）	8～11	6～8	8～12	—
3	通风电耗（kWh/t）	8～15	10～19	12	14～15	14～16	—
4	制粉电耗（kWh/t）	22～35（烟煤） 30～40（无烟煤）	30～44（烟煤） 35～48（无烟煤）	20～23	20～23	22～28	13～15
5	磨耗（g/t）	100～150	100～150	15～20	10～15	15～20	15～30
6	研磨件寿命	1～2 年	1～2 年	4000～15000h	4000～15000h	5000～20000h	800～3000h
7	煤粉细度 R_{90}（%）	4～25	4～25	8～25	15～35	10～25	25～50
8	检修维护工作量	系统部件多，故障相对较多	系统部件少，故障较少，维护量小	维护工作量较大	更换磨辊工作量大	维护工作量较大	更换叶轮工作量大
9	煤种适应性	无烟煤、低挥发分贫煤	无烟煤、低挥发分贫煤、磨损指数高的烟煤	高挥发分贫煤和烟煤，表面水分小于 19%的褐煤	高挥发分贫煤和烟煤，表面水分小于 19%的褐煤	高挥发分贫煤和烟煤，表面水分小于 19%的褐煤	褐煤

第二节　双进双出钢球磨煤机

双进双出钢球磨煤机具有烘干、制粉、选粉、送粉等功能，通常用于直吹式制粉系统，制造双进双出钢球磨煤机有代表性的厂家是法国的 Alston、美国的 Foster Wheeler 和瑞士的 Svedala，我国于 20 世纪 80 年代由上海重型机器厂和沈阳重型机器厂从法国的 Alston 引进双进双出钢球磨煤机的生产技术。双进双出钢球磨煤机具有连续作业率高、维修方便、出力和煤粉细度稳定、储存能力大、响应迅速、运行灵活、风煤比较低、适用煤种广、不易受异物影响等优点，适合研磨各种硬度和磨蚀性强的煤种。

一、双进双出钢球磨煤机工作原理

双进双出钢球磨煤机包括两个对称的研磨回路（见图 8-7），其磨煤原理是原煤通过自动控制称重给煤机从料斗卸入磨煤机混煤箱内，经旁路风预干燥后通过落煤管落到螺旋输送器内，靠螺旋输送器的旋转运动将煤送入旋转的筒体内。磨煤机由主电动机经减速器及开式齿轮传动带动筒体旋转，在筒体内装有一定量钢球，筒体旋转时利用自身筒体内壁装的波浪形衬板将钢球提升到一定高度，钢球在自由泻落和抛落过程中对煤进行撞击和摩擦，将煤研磨成煤粉。热一次风在进入磨煤机前被分成两路：其中一路为旁路风，旁路风有两个作用，一是在混煤箱内与原煤混合对煤进行预干燥，二是保持在煤粉管道中拥有足够的输送煤的风速；另一路为入磨风（或称为负荷风），进入磨煤机筒体内，输送并干燥筒体内的煤粉。风粉混合物通过螺旋输送器的中心管与套筒之间的环形通道送出磨煤机进入分离器，分离器内装有可调整煤粉细度的叶片，可根据要求调整煤粉细度。不合格的粗粒煤粉经返煤管返回到磨煤机内，与原煤混合在一起重新进行研磨。经分离器分离后合格煤粉送至燃烧器。

双进双出钢球磨煤机的两个回路是对称布置且彼此独立的，具体操作时可使用其中一个或同时使用两个回路。在低负荷运行状态下，可实现半磨运行。双进双出钢球磨煤机与单进单出钢球磨煤机相比较，筒体内煤的分布合理，能进一步提高单机出力。风粉气流在筒体内碰撞后急剧转向，使粗粉得以分离，同一通道内气流方向相反，扰动强烈，有利于粗粉分离，见图 8-8。

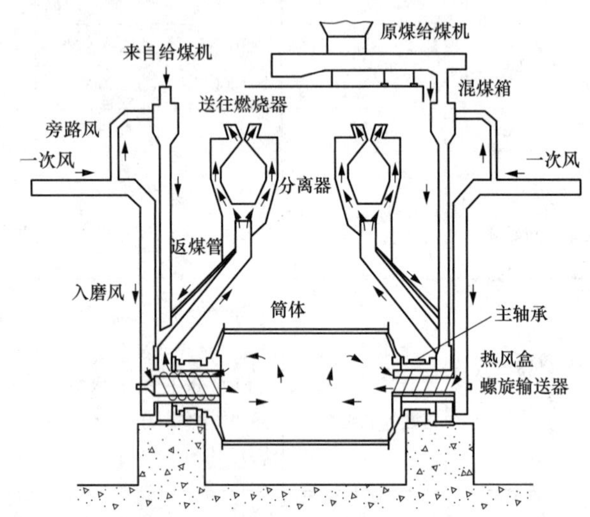

图 8-7　双进双出钢球磨煤机风粉流程

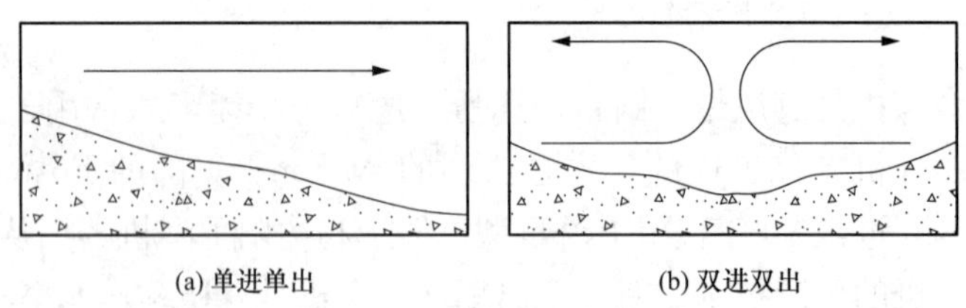

图 8-8　煤在筒体内的分布与风粉在筒体内的流动

二、双进双出钢球磨煤机结构

双进双出钢球磨煤机主要由滚筒、螺旋输送器、主轴承、驱动装置、混煤箱、加球装置、隔声罩等组成（见图 8-9）。

（一）筒体

筒体由圆筒、两个端盖及两个铸造中空轴组成，圆筒用钢板卷制焊接而成，端盖焊接在

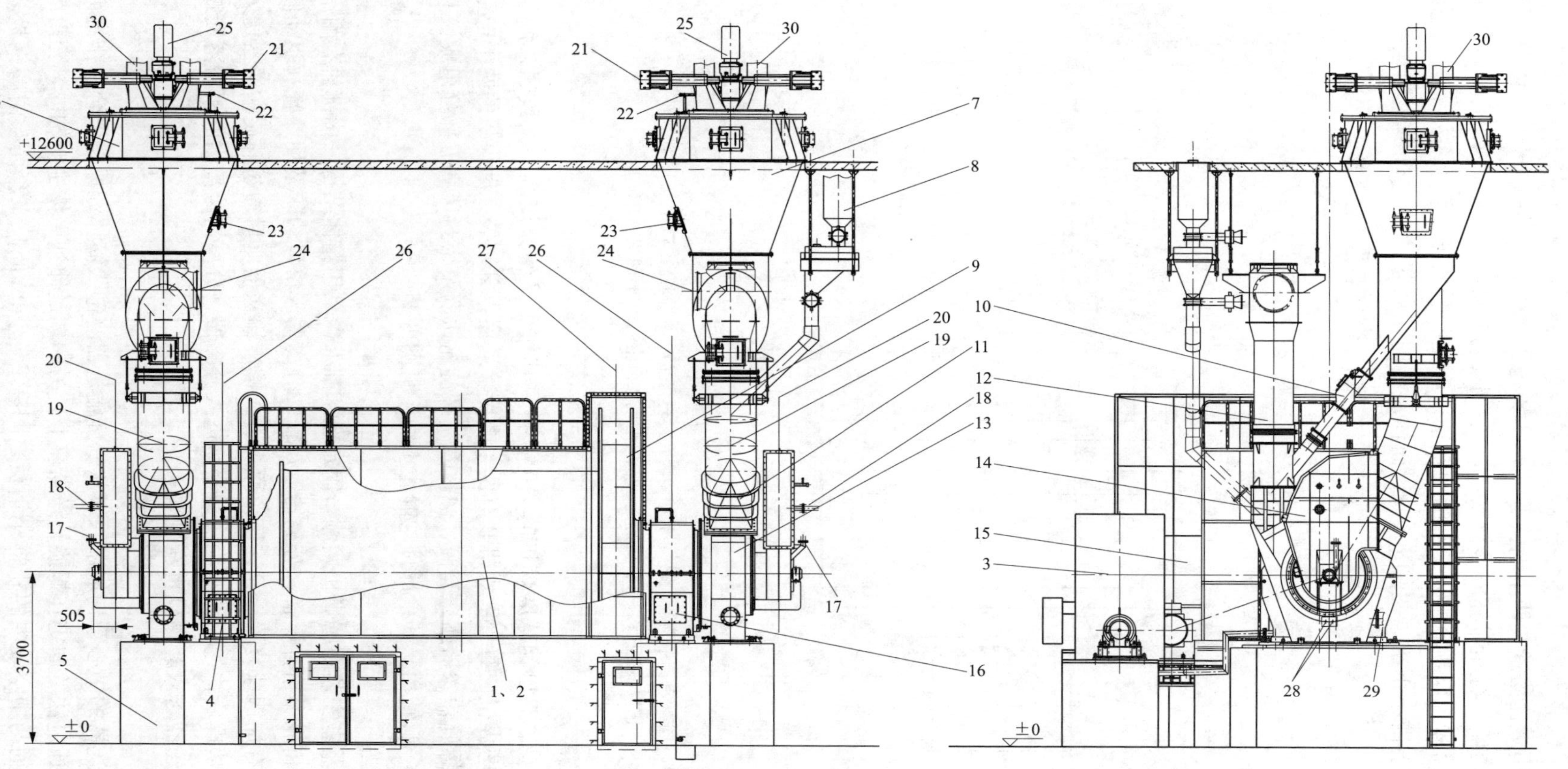

图 8-9　双进双出钢球磨煤机结构

1—滚筒；2—衬瓦；3—驱动装置；4—主轴承（A）；5—基础及预埋件；6—分离器（A）；7—分离器（B）；8—加球装置；9—大齿轮罩；
10—返煤管；11—分离器连接管；12—混煤箱；13—螺旋输送器（A）；14—螺旋输送器（B）；15—隔声罩；16—主轴承（B）；
17—螺旋输送器轴密封；18—消防蒸汽；19—分离器中心线；20—热风盒中心线；21—分离器出口煤粉管气动闸阀；22—分离器旋转装置密封风；
23—检修门；24—旁路风入口；25—旋转分离器电动机；26—主轴承中心线；27—大齿轮中心线；28—煤位压差检测装置；
29—中空轴密封风；30—出口煤粉管道

圆筒两端，中空轴用螺栓固定在两个端盖上（见图 8-10），中空轴支撑在两个球面调心巴氏合金轴承上。筒体内侧衬有非对称波形衬板，每块衬板通过两个螺栓与筒体固定，以便于安装与拆卸。为防止筒体内煤颗粒进入旋转的中空轴内，在两个端盖内孔上各焊有 30 块按螺旋状布置的长方形止推小钢板（见图 8-10），筒体旋转时可将进入中空轴的煤颗粒推回筒体内。

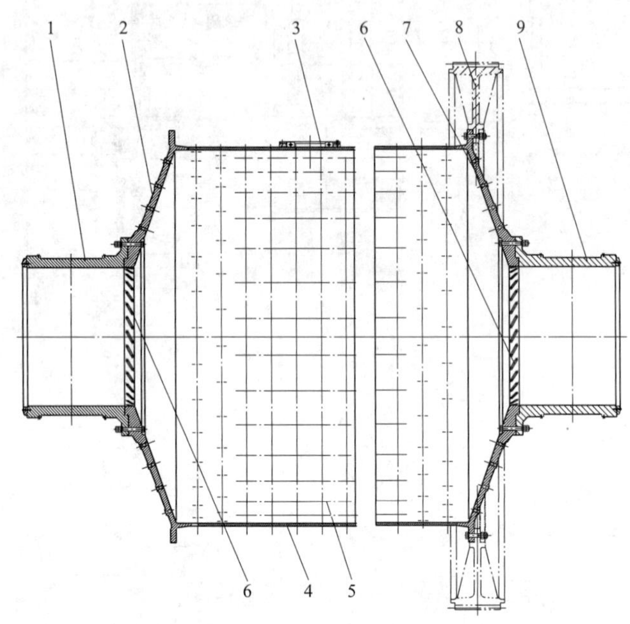

图 8-10　磨煤机筒体

1—非驱动侧中空轴；2—非驱动侧端盖；3—磨门；4—圆筒；5—衬板；6—止推小钢板；7—驱动侧端盖；8—驱动大齿轮；9—驱动侧中空轴

（二）螺旋输送器

螺旋输送器是双进双出钢球磨煤机的关键设备，其作用是将原煤和一次风送入磨煤机内，并将煤粉送出磨煤机。每台磨煤机装有两个螺旋输送器，分别装在磨煤机的两个中空轴内。螺旋输送器由螺旋输送器座、套筒、热风盒、螺旋输送器及密封风盒五部分组成，其中螺旋输送器随筒体一起转动，其余部件均静止不动，见图 8-11。

1. 螺旋输送器座

两个螺旋输送器座安装在磨煤机两侧，固定在基础上，采用箱体结构，内部衬有耐磨衬板。螺旋输送器座和混煤箱排煤管、分离器返煤管、分离器入口风粉管及加球管（驱动侧的螺旋输送器座上装有加钢球装置）相连接。原煤进入螺旋输送器座后通过螺旋输送器送入磨煤机，风粉混合物从螺旋输送器经螺旋输送器座进入分离器，分离器分离出的粗粉落回螺旋输送器座经螺旋输送器送入磨煤机重新研磨。

2. 套筒

套筒与螺旋输送器的中心管构成了原煤从螺旋输送器座进入筒体和风粉混合物排出筒体的通道。套筒一端通过法兰固定在螺旋输送器座上，另一端延伸到筒体中空轴内，套筒内侧衬有耐磨钢板，套筒与中空轴内的止推小钢板之间有 2～3mm 间隙。套筒与耐磨钢板之间

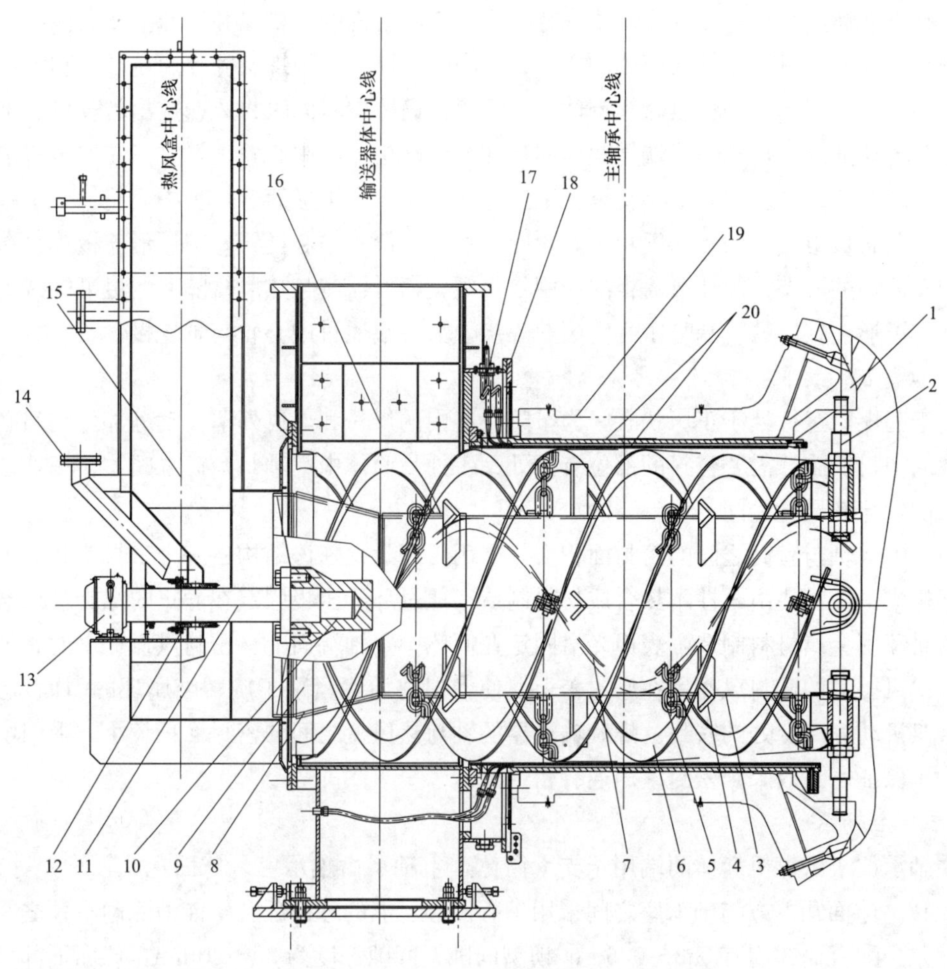

图 8-11 螺旋输送器

1—筒体端盖衬板；2—支撑杆；3—中心管；4—定位夹；5—拉链；6—螺旋叶片；7—止推螺旋叶片；8—锥形筒；9—肋板；10—中心轮；11—轴；12—堵料密封；13—滚珠轴承；14—密封风管；15—热风盒；16—螺旋输送器座；17 压差测量管；18—密封盒，19—中空轴；20—套筒

装有煤位压差测量管，煤位压差测量管装在套筒的顶端和底端。

3. 热风盒

热风盒安装在螺旋输送器座外侧，通过螺栓与螺旋输送器座连接，热风盒中的一次风通过螺旋输送器的中心管进入筒体内。螺旋输送器的轴穿过热风盒由安装在热风盒上的轴承座固定，因此安装热风盒时必须保证螺旋输送器座与中心筒及中空轴的轴线同心。

4. 螺旋输送器

螺旋输送器位于中空轴内，螺旋输送器内侧由 4 根支撑杆定位固定，支撑杆一端固定在筒体端盖衬板凹窝内，另一端通过螺母固定在螺旋输送器中心管上；螺旋输送器外侧通过装有轴承的轴支承在热风盒外侧轴承座上，螺旋输送器随磨煤机筒体一起转动。螺旋输送器由中心管、螺旋叶片、止推螺旋叶片和轴组成。中心管为一圆筒和锥形连接段的组合体，在其内侧焊有止推螺旋叶片，可以将筒体旋转时进入中心管内的少量煤和钢球推回筒体内，中心管内侧是一次风从热风盒进入筒体的通道；中心管外侧由 4 根螺旋叶片通过拉链和定位夹固定在中心管上，其作用是将热煤和钢球送进磨煤机筒体内，同时将风粉送出磨煤机。轴是支承中心管转动的部件，轴的一端用螺栓固定在锥形连接段的中心轮上，另一端安装有滚珠轴承，由固定在热风盒上的轴承座支承。锥形连接段由一个锥形筒、一个中心轮、一个圆环形盖板和四条肋板组成，四条肋板将中心轮固定在锥形筒的中心位置，圆环形盖板焊接在锥形筒外侧靠近轴的一端，圆环形盖板的作用是将螺旋输送器座与热风盒隔离，尽可能减少热风的泄漏，锥形连接段的一端与中心管圆筒焊接，另一端通过中心轮与轴连接。

5. 动静部件之间的密封

由于磨煤机运行处于正压状态，为了防止磨内的煤粉和热风外漏，动静部件之间必须采取有效的密封措施，需要密封的部位有两处，一处是筒体中空轴与套筒之间，另一处是螺旋输送器的轴与热风盒之间。

筒体中空轴与套筒之间的密封面积大，采用了密封盒，该结构由一个密封垫和一个钢制密封环构成，密封垫由柔性耐热合成材料制造，通过环形压板固定在静止的螺旋输送器套筒上，密封环用金属材料制造，表面光滑固定在筒体中空轴端面上。密封风机提供的高于磨煤机内一次风压力的密封风作用在密封盖上，使密封垫始终紧贴于旋转金属环的斜面位置上，实现磨煤机动静结合处的密封。螺旋输送器的轴与热风盒之间的密封面积较小，采用填料密封。为了保证密封效果，密封室内通有密封风。

（三）主轴承

主轴承位于磨煤机筒体两端用于支承筒体，主轴承由轴承座、球面瓦、轴承盖等组成，见图 8-12。球面瓦下方与轴承座之间采用了有调心功能的球面配合，能消除两轴颈之间的不同心偏差。配合面四周有 0.3～0.6mm 楔型间隙，间隙深度为 30～80mm，球面下部接触角小于 45°。球面瓦上方与中空轴配合的部分浇铸了一层巴氏合金，球面瓦上设有测温热电阻及冷却水接口，分别用于检测轴瓦温度及对轴瓦进行冷却。主轴承采取高、低压联合润滑结构，高压油被送到中空轴与球面瓦之间，使筒体浮起来；低压油被输送到中空轴上面，喷淋到中空轴上对其进行润滑和冷却。

（四）驱动装置

磨煤机驱动装置由主驱动和慢驱动装置构成，主驱动用于磨煤机的正常运行，慢驱动用于磨煤机的维护检修。慢驱动操作时，磨煤机以额定速度的 1/125 进行慢速旋转。短时间停机时，不必将磨煤机内的煤粉排空，慢驱动可以带动载有钢球的筒体缓慢旋转，以防止筒体变形。主驱动由主电动机经主减速机驱动小齿轮传动轴，小齿轮与固定在磨煤机筒体上的大齿轮啮合来驱动筒体旋转。慢驱动装置由慢驱动电动机通过减速机，再经过需手动切换的斜齿离合器与主电动机相连，见图 8-13。

为了保证磨煤机安全运行，将大小齿轮用罩壳密封，罩壳内通有密封风，使大小齿轮罩壳内处于微正压，防止空气中的杂质影响大小齿轮的啮合。每台磨煤机装有一台对大小齿轮

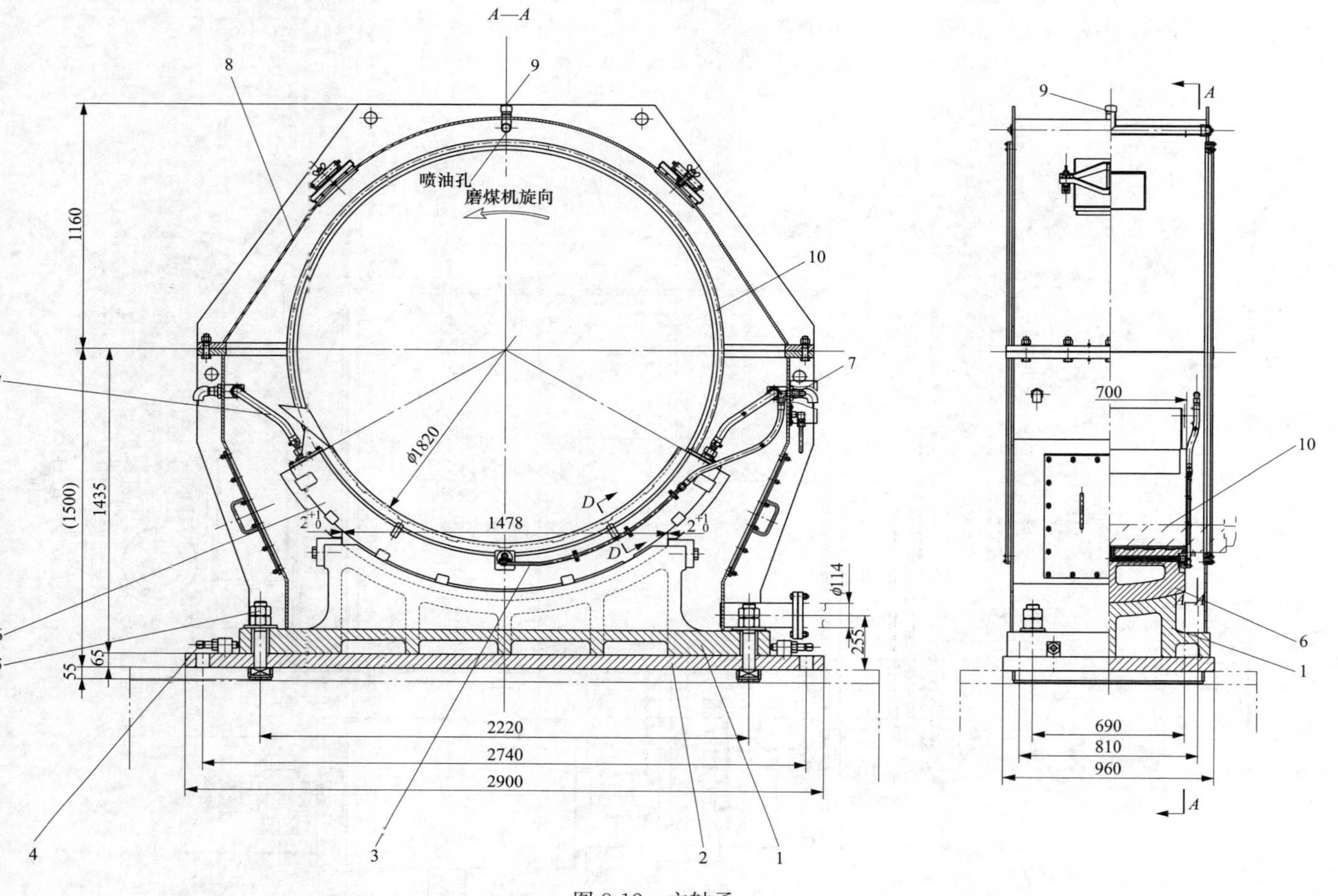

图 8-12 主轴承

1—轴承座；2—底板；3—高压油管；4—调整螺栓；5—固定螺栓；6—球面瓦；7—冷却水管；8—轴承盖；9—低压润滑油管；10—中空轴

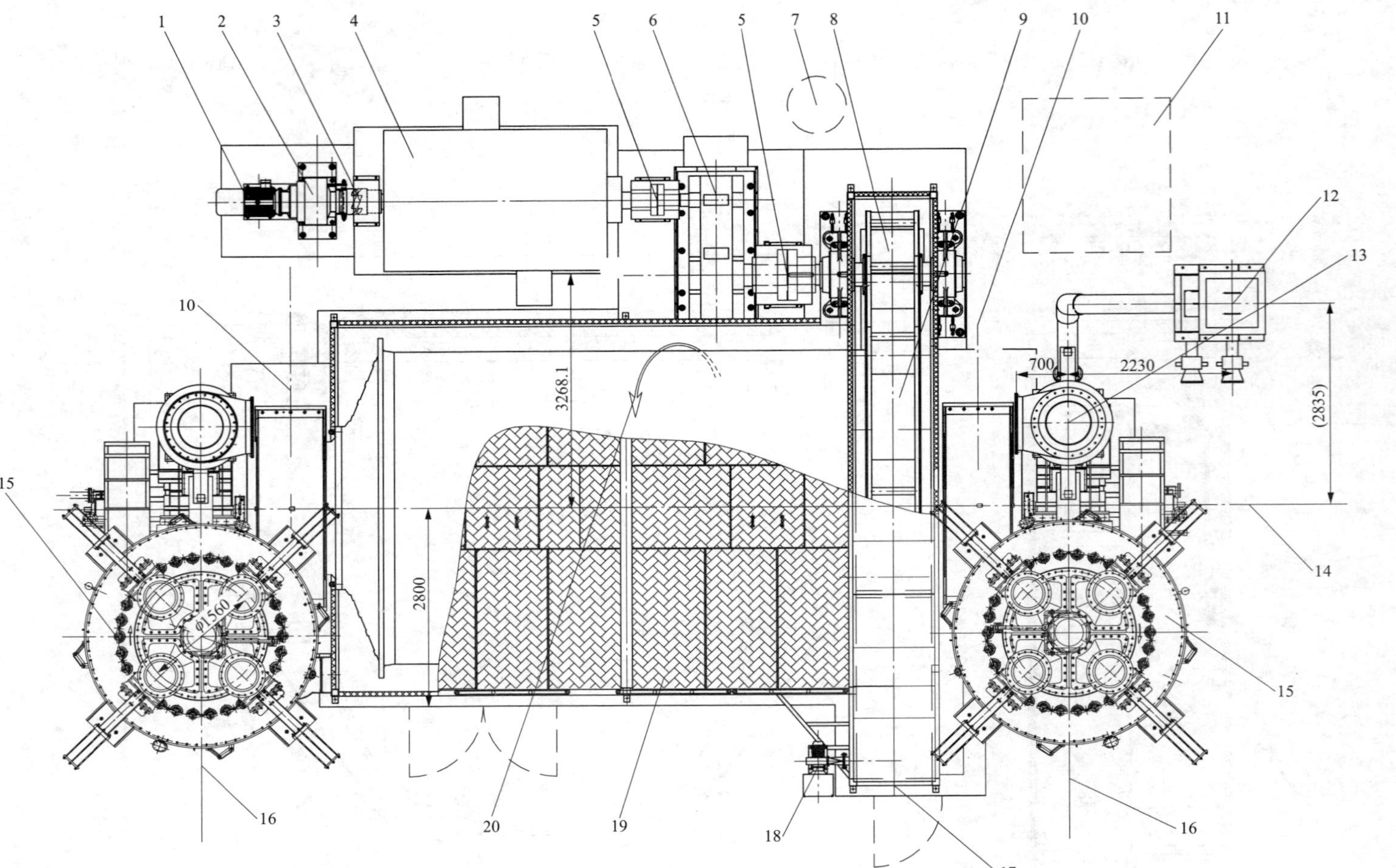

图 8-13　双进双出钢球磨煤机驱动装置

1—慢驱动电动机；2—慢驱动减速器；3—斜齿离合器；4—主驱动电动机；5—主驱动联轴器；6—主驱动减速器；7—大小齿轮喷油装置；8—小齿轮；9—大齿轮；10—主轴承中心线路；11—主轴承润滑油站；12—加球装置；13—混煤箱；14—磨煤机中心线；15—分离器；16—分离器中心线；17—大齿轮中心线；18—大齿轮密封风机；19—滚筒及衬瓦；20—滚筒转向

罩壳供密封风的风机，该风机位于磨煤机大齿轮罩壳上部，该密封风机为CQ3-J型离心风机，风量为800m³/h，风压为590Pa，电动机额定功率为0.37kW，额定电压为380V，额定转速为2900r/min。密封风机入口装有一过滤器，运行中需定期对过滤器进行清理。

（五）混煤箱

每台磨煤机装有两个混煤箱，混煤箱位于给煤机和磨煤机之间的输煤管道上，旁路一次热风与给煤机来的原煤在混煤箱内混合，混煤箱的作用是对原煤进行预烘干，使原煤顺利进入磨煤机。为了防止混煤箱锈蚀，混煤箱的部分钢板采用不锈钢（1Cr18Ni9）制作。

（六）加球装置

加球装置由加球斗、储球罐、上下闸阀及管道组成，每台磨煤机设计了一套加球装置。由于制粉系统为正压运行，为了避免风粉外漏，加钢球时采取了特殊措施，可使磨煤机实现不停机加球。加球时，打开上闸阀，关闭下闸阀，从加球口将钢球倒入储球罐；然后关闭上闸阀，打开下闸阀，钢球通过落球管进入螺旋输送器座与原煤一起由螺旋输送器送入磨内。运行中应及时补加钢球，以保证磨内钢球量始终处于一个基本恒定值，使磨煤机发挥最佳的磨粉能力。

（七）隔声罩

为了有效降低磨煤机产生的噪声，在磨煤机筒体周围用隔声罩封闭。隔声罩由金属框架、薄钢板、隔声材料等组成。

（八）轴承润滑油系统

磨煤机轴承润滑油系统由高压和低压润滑油系统组成。高压润滑油系统将高压油引入巴氏合金瓦，可将中空轴顶起并形成油膜；低压润滑油系统将油引入主轴承上方，对轴承进行喷淋润滑及冷却。

（九）喷射润滑装置

为了保证磨煤机大小齿轮之间啮合时的润滑，设有一套喷射润滑装置。喷射润滑装置由阀板、喷嘴及油泵等组成，由DCS系统控制，对大小齿轮进行喷雾润滑。喷射循环的周期为20～25min，每次喷油约12s，喷油后继续喷气30s吹扫清洁喷嘴。

（十）煤位测量装置

为了监测磨煤机内的煤量，磨煤机装有电耳测量和压差测量两种煤位测量装置，根据测得的煤量信号来控制给煤机的给煤量。电耳测量装在磨煤机筒体外，根据钢球与筒体的撞击声音测量筒体内的煤量；压差测量装在套筒上下两端，根据上下两端的压差测量筒体内的煤量。电耳测量和压差测量方式是相互独立的，一般情况下，电耳测量装置用于筒体从无煤（空磨）至满负荷期间煤位的监测；压差测量装置通过测得的套筒上下压差监测筒体内煤位（磨煤机正常运转时使用该装置）。

三、双进双出钢球磨煤机系统控制

为了保证双进双出钢球磨煤机的正常运行，磨煤机依靠DCS控制系统控制，主要包括以下几个闭环控制系统。

1. 负荷控制

双进双出钢球磨煤机内的煤量根据压差信号自动调整，磨煤机内的风煤比始终保持恒定，使磨煤机处于经济工况运行，负荷调整不是靠调节给煤机的运行速度，而是调节进入磨煤机的一次风量。根据锅炉的负荷变化，改变磨煤机的一次风挡板开度，就可调节进入磨煤机的一次风量，使磨煤机出口煤粉流量发生变化，以适应锅炉负荷变化的需要。

2. 总风量控制

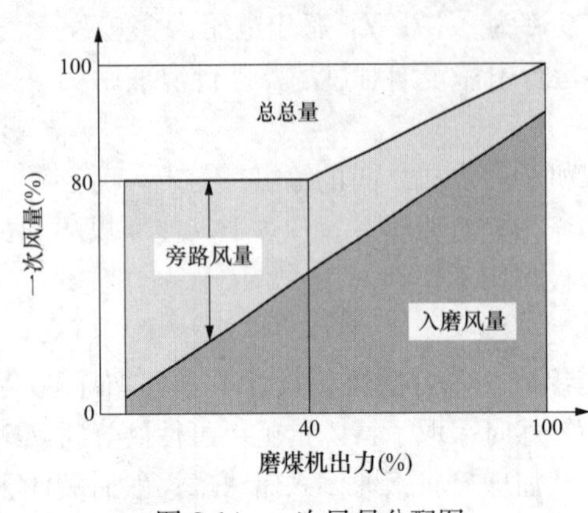

图 8-14　一次风量分配图

磨煤机的总风量是指进入磨煤机筒体的流量和进入混煤箱的旁路风量的总和。进入混煤箱的旁路风，必须在任何煤粉流量的情况下，保证煤粉管道中具有足够的煤粉输送速度；磨煤机的出力是由进入磨煤机筒体内的总风量来控制的。磨煤机运行中，既要根据锅炉的负荷保证一定的出力，又要保证在煤粉管道中拥有足够的煤粉输送速度，就要对总风量、入磨风量及旁路风量进行控制，为了完成这一任务，专门设置了一个调节单元对总风量进行控制，使旁路风量和入磨风量成一定比例，见图 8-14。

3. 一次风温度控制

运行中根据原煤的湿度调节一次风的温度，专门设有一组调节单元直接作用于热风和冷风挡板来调节磨煤机入口一次风温度，保证磨煤机出口煤粉管道中的风粉混合物的温度在规定的范围之内。

4. 磨煤机的一次风压力控制

磨煤机所需的一次风由两台一次风机提供，一次风除了满足调节出力所需的流量，还必须在任意出力下保持一定的压力，一次风压力和流量是通过调节一次风机转速和入口调节挡板实现的。

四、350MW 热电联产机组双进双出钢球磨煤机技术性能参数

1. 磨煤机技术性能参数

磨煤机技术性能参数见表 8-3。

表 8-3　　磨煤机技术性能参数

名称	单位	数值	名称	单位	数值
型号		MGS-4366	型式		双进双出钢球磨煤机
数量	台	3	额定出力	t/h	65
滚筒转速	r/min	16	滚筒直径	mm	4250
滚筒长度	mm	6740	滚筒容积	m^3	95.6
最佳装球量	t	100.4	最大装球量	t	105
装球量范围	t	70～100	钢球耗量	g/t	80
钢球规格	mm	50	钢球材质		中铬铸球
磨煤机最大阻力	Pa	2795	分离器型式		动态+静态双锥结构
分离器出口煤粉均匀性		≥1.1	大齿轮齿数	个	156
大小齿轮模数		40	小齿轮齿数	个	19
主减速机中心距	mm	1080	主减速机速比		7.356
慢驱动减速机传动比		125	慢驱动减速机型号		行星齿轮
慢驱动转速	r/min	0.123			

2. 磨煤机驱动电动机技术性能参数

磨煤机驱动电动机技术性能参数见表 8-4。

表 8-4 磨煤机驱动电动机技术性能参数

名称	单位	数值	名称	单位	数值
主电动机型号		YTM710-6	主电动机额定功率	kW	1900
主电动机额定电压	V	6000	主电动机额定电流	A	233
主电动机额定转速	r/min	980	主电动机轴功率	kW	1657
慢驱动电动机型号		YEJ200L2-6	慢驱动电动机额定功率	kW	22
慢驱动电动机额定电压	V	380	慢驱动电动机额定电流	A	44.6
慢驱动电动机额定转速	r/min	980	轴承型式		滚动

3. 磨煤机润滑油系统性能参数

磨煤机润滑油系统性能参数见表 8-5。

表 8-5 磨煤机润滑油系统性能参数

名称	单位	数值	名称	单位	数值
磨煤机主轴承润滑方式		高低压油润滑	高低压油润滑		N220 工业齿轮油
高压油系统压力	MPa	4～25	高压油系统流量	L/min	2×2.5
低压油系统压力	MPa	0.2～0.6	高压油系统流量	L/min	100
高压油泵数量	台	2	高压油泵压力	MPa	28
高压油泵流量	L/min	2×2.5	低压油泵数量	台	2
低压油泵压力	MPa	0.5	低压油泵流量	L/min	100
大小齿轮润滑方式		气动喷油润滑	气源压力	MPa	0.4～0.8
气动喷油耗气量	L/次	2300	喷油间隔时间	min	20～25
喷油时间	s	20～25	吹扫时间	s	30
主减速机润滑方式		强制润滑	主减速机润滑油		ISO VG320
主减速机润滑油泵数量	台	1	电动机轴承润滑		N46 汽轮机油
分离器轴承润滑		油脂	螺旋输送器润滑		油脂

第三节 给 煤 机

每台磨煤机配有两台耐压式称重给煤机，这种称重给煤机可对送入磨煤机的原煤进行连续自动称重计量并可对煤量进行控制，其称量和控制过程为连续自动进行，不需要操作人员的干预就可以完成设备启停、称重计量及煤量控制等一系列工作。给煤机的工作过程是原煤从原煤仓落到给煤机输送皮带上时，安装在皮带上的称重桥架就会对其进行重量检测（载荷信号），同时装于尾轮的测速传感器对皮带进行速度检测（速度信号），载荷信号和速度信号一同送入积算器中进行处理并在积算器的面板上显示瞬时煤量及累计量。积算器还可将实测的瞬时煤量值与设定煤量值进行比较，并根据偏差大小输出相应的控制信号提供给变频器来改变输送带电动机转速，使给料量与设定值一致，从而完成给煤量的控制。给煤机内设有清扫装置，能有效地将撒落的原煤清扫到出煤口。给煤机内设照明灯，外壳开有多个观察窗，可随时观察机器运转情况。

称重给煤机自身具备较为完善的保护及报警功能，当出现异常或故障时，能及时地发出故障报警信号，并使相关设备停止工作。称重给煤机提供了丰富的接口信号，能将自身的工作状态信息、故障报警信息等传输给 DCS 系统，同时可接收远方控制信号，以实现远方监控。

一、给煤机的结构

给煤机由给煤机本体、进料口闸板门、出料口闸板门、电气控制系统等组成。

（一）给煤机本体

电子称重式给煤机见图 8-15。

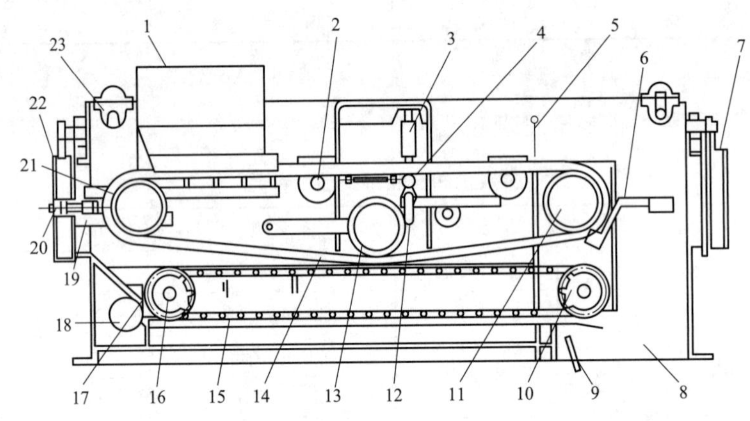

图 8-15　电子称重式给煤机

1—进料口；2—支承托辊；3— 负荷传感器；4—称重托辊；5—断煤信号挡板；6—皮带清洁刮板；7—出料端门；8—出料口；9—堵煤信号挡板；10—驱动链轮；11—驱动滚筒；12—称重校重量块；13—张力滚筒；14—给料皮带；15—清洁刮板链；16—刮板链张紧链轮；17—刮板链张紧螺栓；18—密封空气管；19—张紧滚筒座导轨；20—皮带张紧螺杆；21—张紧滚筒；22—进料端门；23—机内照明灯

1. 给煤机外壳

给煤机的外壳是由钢板拼焊成的密封圆筒形壳体，壳体可承受一定的压力，其两端及侧面设有用于检修的活动检修门，外壳还开有多个观察窗，便于随时观察皮带的运转情况。

2. 皮带输送装置

给煤机皮带输送装置由头部主动滚筒（头轮）、尾部从动滚筒（尾轮）、中间托辊、环形裙边皮带、皮带张紧器等组成。

主动滚筒为包胶滚筒，可防止皮带打滑；主动滚筒轴承为球轴承，具有自动调心功能；主动滚筒驱动电动机采用变频调速，速度由积算器输出的信号来控制。从动滚筒为光面腰鼓形滚筒，有利于对皮带的纠偏。主动滚筒与从动滚筒之间装有支撑托辊和称重托辊，托辊为钢面圆柱形，托辊两端装有向心球轴承，外侧为迷宫式密封圈，以防止粉尘进入轴承。给煤机输送皮带为环形阻燃裙边胶带，既能够承受一定的温度，又能防止煤的抛撒；皮带尾部装有伸缩螺旋张紧器，可调整皮带张力和纠偏。

3. 称重装置

给煤机采用三组称重累计量，即一组主累计量和两组辅累计量。两组辅累计量进行实时在线比对，如发现辅累计量超过允许误差，称重控制器则对称重传感器进行比对判别，确定称重传感器是否故障，并将有故障的一组辅累计量加以隔离，此时给煤机称量工作不中断，系统继续运行，提高了设备运行的可靠性、连续性和计量精度的准确性。

4. 测速传感器

测速传感器用于检测给煤机输送皮带的运转速度，由脉冲发生器和防护外壳组成，测速传感器将脉冲信号提供给积算器，脉冲信号的频率与皮带速度成正比。

5. 清扫装置

为了保证给煤机安全运行和测量准确，给煤机内装有皮带清扫器和底部清扫链。皮带清扫器有头部清扫器（皮带外侧）和尾部清扫器（皮带内侧）两种，可清除粘到皮带内、外两侧的原煤，避免原煤的重复计量和皮带跑偏；头部清扫器刮板为高分子聚乙烯板，尾部清扫器刮板为橡胶板。底部清扫链装在给煤机皮带的下方，在清扫电动机驱动下，可定期将撒落在给煤机底部的原煤清扫到给煤机出口，以防止原煤在机体内堆积。清扫链既可手动操作又可自动运行，自动运行时，只要设定好间隔时间和清扫时间，清扫链就会按照设定的时间运转。清扫链装有故障检测装置，一旦出现故障，清扫链电动机立即停止工作并报警。

6. 其他辅助设备

给煤机内装有照明灯，以便能更清楚地观察给煤机内的运行情况。给煤机出料口装有温度表，用于检测给煤机的温度，给煤机温度超过设定值时发出报警信号。给煤机输送皮带两侧各装有一个防偏开关，当皮带跑偏时，防偏开关动作发出报警信号。给煤机进料口附近装有闸板，用于调节输送带上原煤厚度。给煤机出口装有堵料检测装置，当出口发生堵煤时发出报警信号。

（二）进料口闸板门和出料口闸板门

给煤机进料口和出料口各装有一闸板门，用于将给煤机与煤仓及制粉系统隔离。

（三）电气控制系统

给煤机电气控制系统由电气控制柜（控制箱）、操作箱、闸门控制箱、接线盒、执行器以及它们间连接线缆等组成，积算器通常安装于控制柜中。电气控制系统有就地和远程两种工作模式，就地模式是由操作员在现场进行操作控制，通常用于系统调试和维修；远程模式是通过控制室远程信号对给煤机进行操作控制，用于给煤机的正常运行。电气控制系统可完成以下功能。

1. 流量控制功能

积算器将给煤机送来的载荷信号和速度信号进行处理，计算出瞬时煤量并将这个瞬时煤量值与设定煤量值进行比较，根据偏差大小输出相应的控制信号提供给变频器来改变电动机转速，使给料量与设定值一致。

2. 设备动作控制功能

完成给煤机和清扫链的启停控制以及进料口闸板门和出料口闸板门的开关控制等。

3. 信号联锁功能

接收远程控制信号并将给煤机的运行数据、运行状态信号、故障报警信号提供给DCS。

二、350MW热电联产机组给煤机的技术参数

给煤机的技术参数见表8-6。

表 8-6　　给煤机的技术参数

名称	单位	数值	名称	单位	数值
型号		F57	型式		电子称重式给煤机
额定出力	t/h	5～70	给煤机皮带宽	mm	800
给煤距离	mm	2145	最大出力时带速	m/s	0.5
给煤机计量精度	%	≤±0.5	给煤机控制精度	%	≤±1
壳体承受压力	MPa	≤0.35	主驱动电动机额定功率	kW	4
主驱动电动机额定电压	V	380	主驱动电动机额定电流	A	8.9
主驱动电动机额定转速	r/min	1445	主驱动电动机调节方式		变频调节
清扫电动机额定功率	kW	0.75	清扫电动机额定电压	V	380
清扫电动机额定电流	A	1.80	清扫电动机额定转速	r/min	1440

第四节　制粉系统的其他设备

一、煤粉分离器

煤粉分离器是煤粉锅炉制粉系统的关键设备之一，它的作用是利用离心力、惯性力和重力的作用，将不合格的粗煤粉分离出来，送回磨煤机内重新研磨；另外，可以调节煤粉细度，以便在煤种或干燥剂（量）变化时保证一定的煤粉细度。煤粉分离器的性能直接影响锅炉的安全经济运行。火力发电厂常用的煤粉分离器有静态分离器、动态分离器和动静态组合式分离器。

1. 静态分离器

静态分离器是叶片本身不旋转，通过改变叶片的角度来调节煤粉的细度，有静态径向分离器和静态轴向分离器，见图 8-16。静态分离器由调节挡板、内锥体、外锥体、回粉管、锁气器和圆锥帽等组成。静态轴向分离器与静态径向分离器相比较具有以下特点：虽然通风阻力较大；但由于折向挡板沿轴向布置，因而增大了圆筒空间，分离效果好，改善了煤粉的均匀性，调节幅度较宽，回粉中细粉含量少，提高了制粉系统的出力；所以应用较广。

静态轴向分离器的分离机理分为三级：第一级分离是风粉混合物以 16～18m/s 的速度进入分离器，由于截面积突然增加，风粉混合物的速度降到约 4m/s，此时大颗粒发生重力沉降，加之撞击锥的折向作用使大颗粒煤粉在下锥体内壁附近分离出来；第二级分离是轴向挡板的撞击和折向作用产生的拦截和惯性分离；第三级分离是由于轴向挡板的导流作用，气流在上部空间形成一个旋转流场，大颗粒被甩到四周，小颗粒从中部出口管离开分离器。

2. 动态分离器

动态分离器通过改变转子（叶轮）的转速来调节煤粉的细度，由转子、皮带轮、出/入口管及锁气器等组成，转子内装有 20 个左右的叶片，见图 8-16（c）。

动态分离器的分离机理：风粉混合物从下部进入分离器，由于流通截面扩大，速度降低，一部分粗煤粉依靠重力分离出来；气流继续向上，进入分离器转子区域被转子带动作旋转运动，这时气流中的粗煤粉被离心力抛到壁上沿壁面滑下分离出来；当气流通过转子叶片时，又有一部分粗煤粉被叶片撞击而分离出来。转子的转速越高，气流带出的煤粉越细。另外，为了减少回粉中的细粉量，可在分离器下部加装二次风，二次风沿切向进入分离器，将

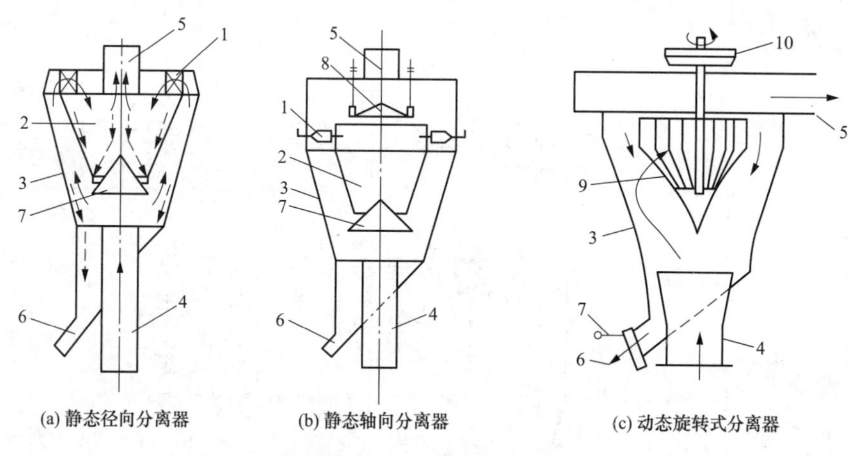

图 8-16 煤粉分离器

1—调节挡板；2—内锥体；3—外锥体；4—入口管；5—出口管；6—回粉管；7—锁气器；8—圆锥帽；9—转子；10—皮带轮

下落的回粉吹起，促使回粉再次分离，并将合格的细粉带走，从而提高磨煤机的出力。

动态分离器的特点：结构比较复杂，磨损严重，检修工作量较大；但结构简单，阻力较小，调节方便而且调节幅度大，因而适应负荷和煤种变化的性能较好，特别适合于直吹式制粉系统。

3. 动静态组合式分离器

动静态组合式分离器是结合制粉系统的特征与现有分离器的机理优化设计而产生的新型组合式分离器。国外这一技术应用比较广泛，沈阳重型机器有限公司从德国 BABCOCK 公司引进了动静态组合式分离器；上海重型机器有限公司结合美国 GE 公司的动态分离器、法国 ALSTOM 的雷蒙静态分离器和德国 BABCOCK 公司的动静态组合式分离器，设计出了新型动静态组合式分离器。这两种动静态组合式分离器结构基本相同，都是在静态分离器的基础上增加了转速可调的动叶片，主要差别是沈阳重型机器有限公司动静态分离器的静叶片是固定不动的，煤粉细度主要靠动叶片的转速来调节；而上海重型机器有限公司动静态分离器的静叶片是可调节的，通过调整静叶片角度来调节进入动叶片的煤粉细度，同时通过调节动叶片的转速来最终调节煤粉的细度。

350MW 热电联机组锅炉制粉系统采用上海重型机器有限公司动静态组合式分离器，每台磨煤机装有两个分离器，分离器位于磨煤机两端的上方。分离器由返煤箱、内外锥体、静态可调叶片、旋转叶轮及驱动装置等组成，见图 8-17。分离器采用双锥结构，分离器内外锥体之间装有调节煤粉细度的静态调节叶片，静态调节叶片共 30 片，其作用是通过改变角度来调节煤粉细度；静态调节叶片可有效调节煤粉细度，但煤粉的均匀性较差，为了确保煤粉均匀，在调节叶片内侧装有旋转叶轮，旋转叶轮由电动机驱动，利用变频调节转速；因此，该分离器除了依靠重力分离和惯性分离外，还采用了离心分离。分离器将从磨煤机来的一次风粉混合物分成细度合格的煤粉和较大颗粒的煤粉，细度合格的煤粉通过分离器向上进入 4 根煤粉管道送至锅炉燃烧；较大颗粒的煤粉通过返煤管与原煤一起进入磨煤机。由于分离器为正压运行，在旋转式分离器的动静部件之间通有密封风以防止煤粉外漏。在分离器出口的煤粉管道上装有气动闸板阀，该气动闸板阀可将分离器与炉膛隔离。

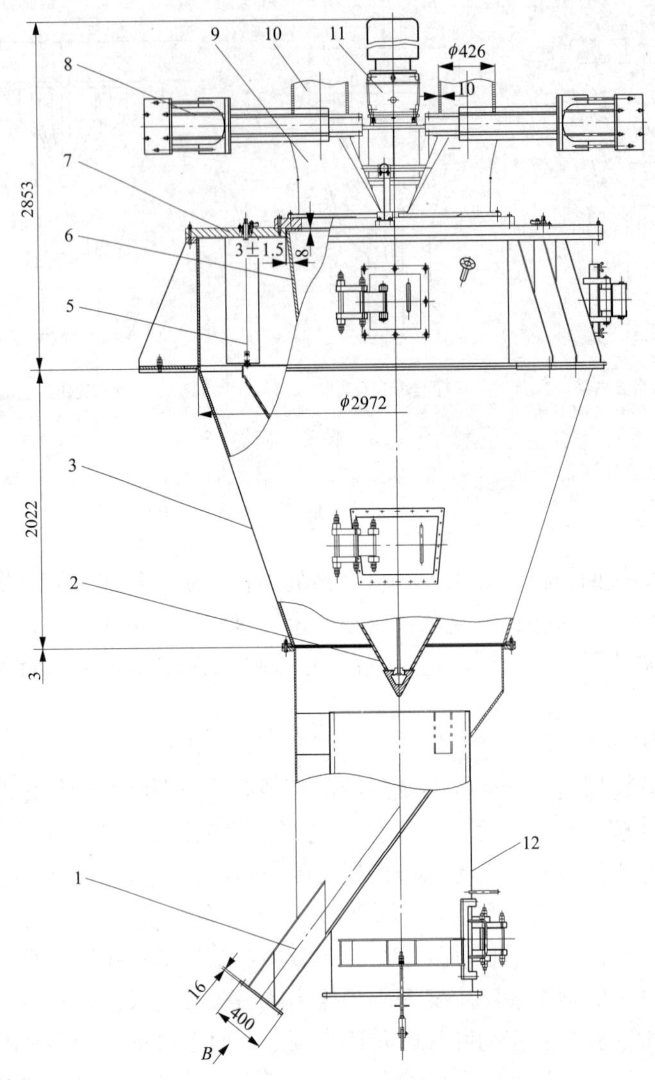

图 8-17　分离器

1—返煤管；2—锥头；3—外锥体；4—内锥体；5—静态可调叶片；6—旋转叶轮；7—顶盖；8—气动闸板阀；9—排出体；10—排出支管；11—驱动装置；12—入口管

二、一次风机

350MW 热电联产机组锅炉配有两台由成都电力机械厂生产的 GI24346 双支撑（F）离心式一次风机，一次风机的作用是向制粉系统提供一次风，对煤粉进行干燥和输送。一次风机的结构与参数见第七章第四节。

三、密封风机

为了防止煤粉泄漏，制粉系统配有两台密封风机，对磨煤机的螺旋输送器和分离器的动静结合部位进行密封，正常情况下一台密封风机运行，另一台备用。密封风机为悬臂式（D式）离心式风机，其结构见图 8-18。风机流量为 35097m^3/h，全风压为 5188Pa，电动机功

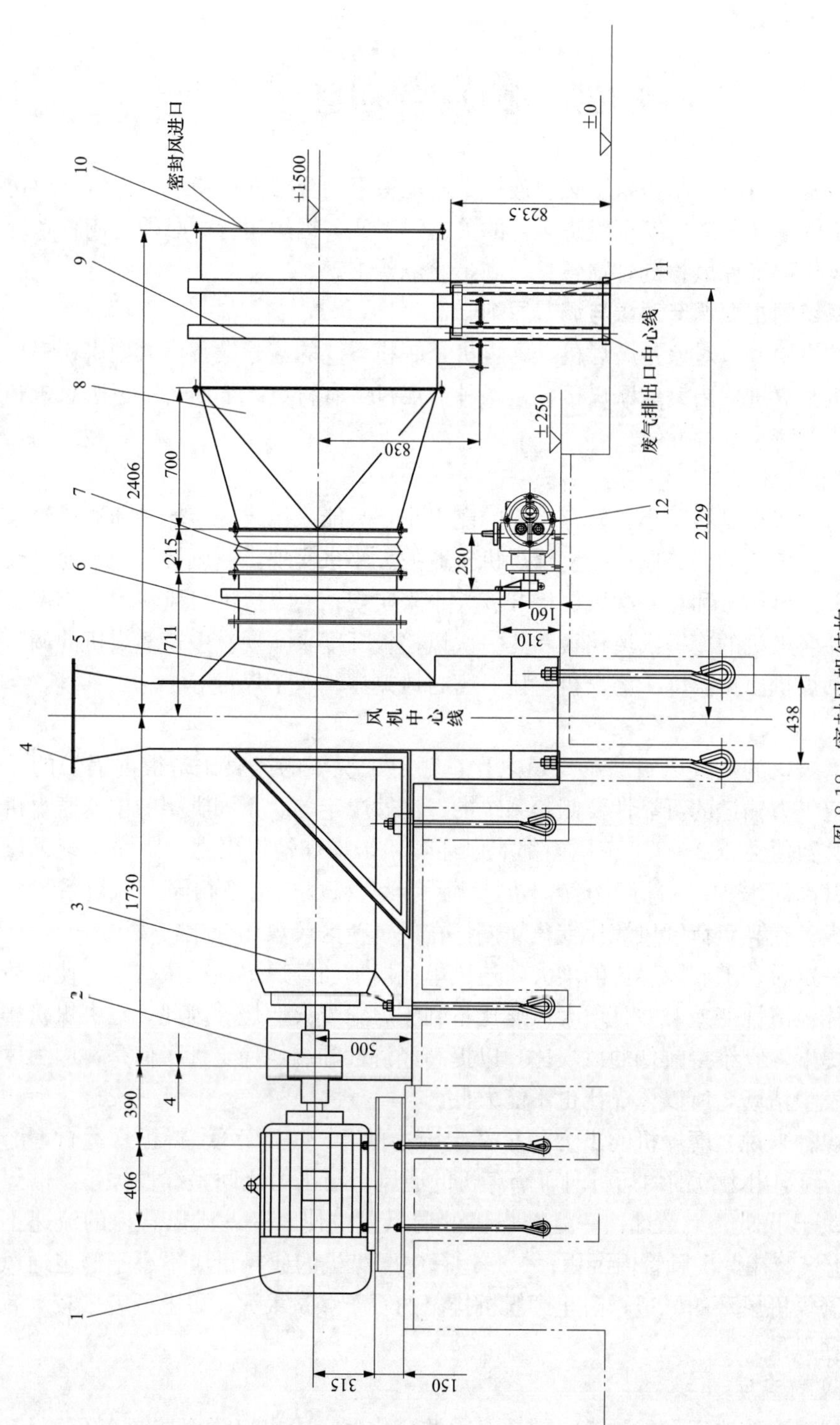

图 8-18　密封风机结构

1—电动机；2—联轴器；3—轴承箱；4—风机出口；5—离心风机；6—风机入口调节挡板；7—折叠式密封；8—过渡连接；9—动力式空气过滤器；10—进口法兰；11—过滤器支架；12—入口调节挡板执行器

率为75kW，电压为380V，转速为984r/min，风机入口装有一入口调节挡板和动力式空气过滤器，过滤器的作用是除去空气中的杂质，过滤器必须定期清理。密封风机结构与一次风机相似，这里不再重复。

第五节　制粉系统的运行

燃煤锅炉正常运行时，制粉系统必须连续不断地将磨制合格的煤粉经一次风管道送到燃烧器，煤粉质量的好坏是锅炉安全经济运行的关键。因此，锅炉运行中必须对制粉系统的各设备进行合理操作，确保风粉混合物各参数满足燃烧要求。

一、制粉系统的主要调节对象与调节原则

制粉系统的主要调节对象是磨煤机，磨煤机是制粉系统的核心设备，大型煤粉锅炉多数采用中速磨煤机和双进双出钢球磨煤机，这两种磨煤机各有特点，下面对中速磨煤机和双进双出钢球磨煤机的特点作一介绍。

（一）中速磨煤机

中速磨煤机的特点是容积小，储存煤粉的能力小，只能采用改变给煤量和通风量来调节磨煤机的出力；给煤量的调节通过改变给煤机转速的大小来实现，通风量的调节通过改变通往磨煤机的冷一次风挡板和热一次风挡板开度大小来实现；磨煤机出口风粉混合物温度的调整通过改变通往磨煤机的冷一次风挡板和热一次风挡板开度来实现。中速磨煤机的调节参数包括风煤比、磨煤机出口温度、磨煤机差压、密封风差压、石子煤量等。

1. 风煤比

风煤比是磨煤机的一次风量与给煤量之比，额定工况下的风煤比是根据锅炉的一次风率、一次风管道气力输送的可靠性及制粉系统的经济性决定的。不同类型的中速磨煤机设计风煤比不同，其数值在1.2～2.2范围内都能保证煤粉干燥和输送出力，制粉系统风煤比随燃煤的挥发分升高而增加。制粉系统在不同负荷下，其风煤比也不相同，制粉系统负荷越低，风煤比越大；在高负荷区风煤比变化缓慢，在低负荷区风煤比变化较快。

在给煤量一定时，随着风煤比的增大，通风单耗增加而磨煤单耗稍微减小，使制粉单耗明显增加，整体经济性变差，并且增大风煤比不利于煤粉着火燃烧。因此，在磨煤机排石子煤量允许的前提下，宜维持较低的风煤比，以提高经济性和燃烧稳定性；但是，因为风煤比太小时，容易发生堵磨，所以风煤比也不能太低。

对于多数煤种来说，磨煤机的出力降至额定出力的40%时仍可维持正常运行，磨煤机在40%～100%额定出力范围内运行时，磨煤机的通风量与出力之间呈线性关系。磨煤机的最小通风量取决于下列两个条件：一是磨煤机的通风量应使水平一次风管内的流速不低于18m/s，以防止煤粉在一次风管内沉积；二是运行中磨煤机的通风量应不小于额定通风量的70%，以保证磨煤机风环的风速，防止磨煤机排出的石子煤量太大。以上两者中较大者就是磨煤机的最小通风量。

2. 磨煤机出口温度

磨煤机出口温度取决于煤的种类，根据煤种的变化磨煤机出口温度控制在65～110℃之间，挥发分越高，磨煤机出口设计温度越低。调节磨煤机出口温度方法有两种：一是调节一次风的入口温度，二是调节风煤比。为了维持风煤比曲线，使制粉系统在经济工况下运行，

应尽量采用改变一次风入口温度的方法调节磨煤机出口温度；只有原煤的水分变化较大时，才用改变风煤比的方法调节磨煤机出口温度。用改变风煤比的方法调节磨煤机出口温度时，应保证磨煤机的通风量大于最小通风量，以防一次风管堵粉。在安全允许的条件下，应尽可能维持磨煤机出口温度在高限运行，以增加磨煤机的磨制能力，提高制粉系统的经济性。

3. 磨煤机差压

磨煤机差压是指一次风室与碾磨区域出口之间的压力降，也就是磨煤机的流动阻力。一般情况应限制磨煤机差压在一定值以下，以确保磨煤机长期稳定运行并降低风机电耗。运行中，磨煤机差压随着给煤量的增加而增加；若给煤量与通风量不变，磨煤机的差压逐渐增加，说明煤层厚度增加，有堵磨的风险，应及时增加通风量，减少给煤量，使磨煤机差压恢复正常。

4. 密封风差压

密封风差压是指密封风压与一次风压的差值，控制密封风差压的目的是使密封风压高于一次风压一个恰当的数值，确保磨煤机安全工作，运行中密封风差压应维持在 2kPa 左右。若密封风差压过低，会造成煤粉外漏污染环境，或煤粉进入磨辊轴承；因此，磨煤机设有密封风差压低保护。若密封风差压过高，不仅使密封风机电耗增加，也使密封风量增多，改变了风煤比，还会改变煤粉细度，从而影响锅炉燃烧。

5. 石子煤量

石子煤是指在中速磨煤机工作过程中从磨煤机中排出的石块、矸石及铁丝等杂质，石子煤中掺混有少量的煤。正常情况下，石子煤的灰分大于 70%，发热量很低（小于 4800kJ/kg）。

中速磨煤机将石子煤排出对提高煤粉质量、降低磨煤能耗、改善系统的磨损条件都有好处，但是石子煤排量过大时，会造成燃料损失。因此，运行中必须加强对石子煤排量进行监督，防止排量失调。石子煤排量与煤质（可磨性系数和杂质含量）、碾磨压力、磨煤面间隙、通风量、磨煤机出力等因素有关。磨煤机出力（给煤量）增加时，石子煤排量增大；煤的可磨性系数降低或灰分含量增加时，石子煤排量增大；磨煤机通风量减少时，风环风速降低，石子煤排量增大；磨煤面间隙增大时，研磨效果变差，石子煤排量增大。

（二）双进双出钢球磨煤机

双进双出钢球磨煤机的特点是筒体容积大，筒体内存有大量的煤粉，可通过改变磨煤机的通风量来调节磨煤机的出力，通风量增加，送粉量随之增加，气流中的煤粉浓度几乎不变，使筒体内的粉位下降，此时自动控制系统增加给煤机的转速，给煤量增大，使筒体内的粉位恢复到原来水平，实现了给煤量和出粉量的平衡。双进双出钢球磨煤机的调节参数包括风煤比、煤位、磨煤机出口风粉混合物温度、一次风压力等。

1. 风煤比

双进双出钢球磨煤机的风煤比表征了双进双出钢球磨煤机携带单位质量的煤粉需要一次风的总风量。风煤比是双进双出钢球磨煤机负荷调节的主要参考数据，运行中应根据磨煤机制造厂提供的磨煤机出力与风煤比的关系曲线调节磨煤机的负荷，磨煤机负荷与风煤比是一一对应的关系。

2. 煤位

双进双出钢球磨煤机的装煤量直接影响风煤比和磨煤机的研磨效果，通过对煤位的调节使磨煤机内的装煤量始终保持在最佳状态，确保磨煤机获得良好的研磨效果。煤位调节的方法是通过电耳或压差测得的煤位分别同噪声设定值和压差设定值进行比较并形成一个给煤机的速度设定值，该设定值通过PI调节器与给煤机的实际转速进行比较并调节给煤机的转速，使磨煤机内的煤位保持在设定值。

在磨煤机的料位测量中，电耳或压差测量煤位的方式可以相互切换。当磨煤机内的煤量很少时，采用电耳测量；当磨煤机内的煤量增加到一定值，且磨煤机运行状态稳定后，应从电耳测量切换到压差测量。当采用电耳测量时，由于磨煤机出力的大小会影响其噪声量，因此必须引入磨煤机的一次风量修正的函数曲线，以补偿由于出力的改变对煤位测量带来的误差；当采用压差测量时，考虑吹扫测量管会对正常的测量结果造成扰动而影响给煤机的正常运行，这时必须将吹扫前煤位输出值进行锁定，待吹扫完毕后再恢复料位测量的正常输出。

3. 磨煤机出口风粉混合物温度

根据燃用煤种的不同，磨煤机出口风粉混合物温度一般控制在65～110℃之间，该温度的保持是通过调整一次风冷风和一次风热风的比例实现的。PI调节器直接作用于冷风挡板，而热风挡板的开度是由冷风挡板的开度决定的。这样既保证了一次风总风量在任意风温状况下是不变的，同时在任意调节冷风挡板的开度时，使热风在额定总一次风量的30%～80%的范围内变化。当原煤的含水量太高时，若热风挡板已开至最大，而磨煤机出口风粉混合物温度还偏低时，应增加旁路风量，并降低给煤量，使磨煤机出口风粉混合物温度达到正常值。

4. 一次风压力

运行中一次风量在满足制粉系统需求的同时，一次风压力应维持在一定范围内。一次风压力是通过调节一次风机入口导流器开度或调节一次风机转速来实现的，一次风压力的设定值是由各台磨煤机入口挡板的开度决定的，同时增加了煤量修正补偿量及最小值限制，设定的一次风压力值同实际的一次风压力通过PI调节器比较后最终作用于一次风机入口导流器(或变频器)，实现对一次风压力的调节。

二、制粉系统的启动

制粉系统的启动必须在锅炉点火并且炉膛温度达到一定值后进行，启动太早容易造成燃烧不稳定，启动太晚不经济。下面以350MW热电联产机组的制粉系统为例进行介绍。

（一）一次风机与密封风机的启动

一次风机可在工频方式启动也可在变频方式下启动，下面分别介绍。

1. 一次风机工频顺序控制启动

（1）关闭一次风机入口导流调节器和密封风机入口调节挡板。

（2）关闭一次风机出口挡板和密封风机出口挡板。

（3）启动一次风机（延时10s）。

（4）打开一次风机出口挡板和对应的空气预热器热一次风出口挡板。

（5）调节一次风机入口导流调节器，使一次风量和一次风压达到正常值。

（6）启动选中的密封风机。

（7）调节密封风机入口调节挡板，使密封风压达到规定值。

2. 一次风机变频启动步序

（1）关闭一次风机出口挡板和密封风机出口挡板。

(2) 开启一次风机入口导流调节器。

(3) 关闭密封风机入口调节挡板。

(4) 开一次风机出口挡板和对应空气预热器热一次风出口挡板。

(5) 合一次风机 6kV 侧断路器。

(6) 将一次风机变频器调到最小频率，启动一次风机变频器（延时 10s）。

(7) 调节一次风机转速，使一次风量和一次风压达到正常值。

(8) 启动选中的密封风机。

(9) 调节密封风机入口调节挡板，使密封风压达到规定值。

(二) 磨煤机和给煤机的启动

(1) 打开给煤机密封风手动门和分离器轴承密封风门。

(2) 启动一台磨煤机润滑油泵，检查润滑油压正常，备用油泵联锁投入。

(3) 启动磨煤机大齿轮密封风机和磨煤机减速机油泵。

(4) 打开分离器出口挡板。

(5) 打开磨煤机密封风门。

(6) 打开磨煤机冷、热风关断门。

(7) 缓慢开启磨煤机两侧容量风挡板至 10%开度。

(8) 开启磨煤机热风、冷风调整挡板，调整该磨煤机入磨风压达 3.5kPa，缓慢提高入磨风温进行暖磨，此时入磨风温不得高于 150℃。

(9) 启动分离器电动机，缓慢调整转速至规定值。

(10) 启动磨煤机高压油泵。

(11) 启动磨煤机电动机，检查高压油泵自动停止。

(12) 开启该磨煤机大齿轮喷淋油装置。

(13) 当磨煤机出口温度达 50℃时，打开给煤机下煤挡板，启动给煤机。

(14) 开启给煤机入口挡板。

(15) 根据负荷需要及时调整两台给煤机给煤量，并逐渐开大热风调节挡板，关小冷风调节挡板，维持分离器出口风粉温度在 110℃左右，不得超过 120℃。

(16) 根据原煤含水多少及一次风管风速高低及时调整旁路风挡板开度。

(17) 待磨煤机两侧料位正常后，将磨煤机料位调节投入自动。

(18) 根据需要投入磨煤机容量风自动调节。

三、制粉系统的停运

制粉系统的停运分为正常停运和故障停运。正常停运是有计划按程序停运；故障停运是在设备故障情况下，为了保护设备使某些设备被迫停运。下面以 350MW 热电联产机组的制粉系统为例进行介绍。

(一) 制粉系统的正常停运

(1) 将磨煤机容量风门从自动控制切为手动控制。

(2) 逐步开大磨煤机冷风调节挡板，关小该磨煤机热风调节挡板，使磨煤机入口风温降至 250℃以下。

(3) 关闭给煤机入口挡板，待给煤机皮带上无煤时，将给煤机转速降至 0r/min，停止给煤机，关闭给煤机下煤挡板。

（4）调整磨煤机旁路风门，开大磨煤机入口冷风调整挡板，进一步关小热风调整挡板，使磨煤机入口风温小于150℃、磨煤机出口风温小于65℃，对该制粉系统进行吹扫。

（5）对磨煤机进行吹扫，吹扫时间应大于5min。

（6）分离器转速降至0，停运分离器。

（7）关闭磨煤机热风调整挡板、冷风调整挡板、混合风挡板。

（8）启动磨煤机高压油泵，停止磨煤机运行。

（9）关闭磨煤机密封风挡板，停运磨煤机喷射润滑装置。

（10）开启磨煤机消防蒸汽，吹扫停运制粉系统内部2min。

（11）逐一打开各一次风管的清扫风门，吹扫2min后关闭，确保管内无积粉。

（12）若3台磨煤机已全部停运，可停密封风机和一次风机。

（二）制粉系统的故障停运

1. 磨煤机的故障停运

发生下列情况之一时，磨煤机将自动跳闸：

（1）MFT动作。

（2）磨煤机润滑油压小于0.08MPa，延时2s。

（3）两台一次风机全停。

（4）磨煤机主轴承温度大于60℃，延时2s。

（5）对应的燃烧器检测不到火焰。

（6）磨煤机主减速机润滑油压小于0.05MPa。

（7）给煤机运行，磨煤机密封风与一次风的压差小于1kPa，延时2s。

2. 给煤机的故障停运

发生下列情况之一时，给煤机将自动跳闸：

（1）MFT动作。

（2）对应的磨煤机停止。

（3）给煤机运行时出口门关闭。

（4）给煤机出口堵煤，延时5s。

设备故障停运时，必须加强对设备的检查监视，做好防止故障扩大的措施。

四、制粉系统的运行监视与调整

锅炉运行中，应根据机组的运行情况加强对制粉系统的监视与调整，确保制粉系统安全稳定运行，满足锅炉运行要求。运行中应根据机组负荷调节制粉系统的出力，并对制粉系统运行中各设备的参数加强监视，350MW热电联产机组制粉系统运行参数见表8-7。

表8-7　350MW热电联产机组制粉系统运行参数

项　目	单位	正常值	报警值	极限值	备注
磨煤机大瓦温度	℃		≥55	≥60	磨煤机跳闸
磨煤机电动机轴承温度	℃		≥90		
磨煤机电动机绕组温度	℃		≥135	≥145	磨煤机跳闸
最高允许入口风温	℃	<350			
磨煤机出口温度控制	℃	100	≥111	≥115℃	通消防蒸汽
磨煤机一次风压力	kPa	8			

续表

项 目	单位	正常值	报警值	极限值	备注
磨煤机密封风与一次风差压	kPa	>4	1.5～2	≤1	延时2s磨煤机跳闸
磨煤机出口风速	m/s	20～25			
磨煤机分配器出口风量偏差	%	不超过±5			
磨煤机分配器出口风粉浓度偏差	%	不超过±10			
煤粉细度 R_{90}	%	7			
煤粉均匀性指数		1.1			
磨煤机润滑油站油箱油位	mm	>250	≤250		
磨煤机润滑油站油箱油温	℃	20～40			
磨煤机润滑油站出口油温	℃		≥55		
磨煤机润滑油站润滑油压	MPa		≤0.12		联备用泵
			≤0.08		磨煤机跳闸
磨煤机主轴承润滑油量	L/min		≤21		
磨煤机润滑油站滤网差压	MPa		≥0.15		
磨煤机主轴承顶起油压	MPa	3～7			
磨煤机减速油站油箱油温	℃		70	80	停减速机
磨煤机减速油站润滑油压	MPa		<0.07	<0.05	停减速油泵
磨煤机减速油站滤网差压	MPa		>0.138		
磨煤机喷射油泵压力	MPa		≤0.4		
密封风机入口滤网差压	kPa	<1.7	≥1.7		清理滤网
密封风机各轴承振动	mm/s	<5.6			
密封风机电动机外壳温度	℃	<80			

五、350MW热电联产机组制粉系统事故处理

以低速双进双出钢球磨煤机为核心的制粉系统运行可靠，设备的维护工作量很小。但是，长期运行也可能发生设备异常，设备异常时要及时发现，正确处理。

（一）落煤管堵塞

1. 现象

（1）给煤机堵煤信号发出报警。

（2）给煤机跳闸。

（3）堵塞端磨煤机出口温度升高，料位下降。

（4）堵塞端风量下降，分离器出口风压、风速下降。

2. 原因

（1）煤太湿，旁路风开度不足。

（2）落煤管电动闸板未全开或未打开。

（3）磨煤机螺旋输煤器损坏。

3. 处理

（1）停止给煤机运行，维持磨煤机单进双出或单进单出运行，及时降低磨煤机入口混合

风温，开大旁路风，对堵塞部位进行吹扫、疏通，吹扫过程中控制分离器出口风粉温度不超 90℃。

(2) 检查各风（煤）挡板，调整一次风压、磨煤机热风门和容量风门时，注意故障给煤机侧磨煤机出口风粉温度变化，防止制粉系统着火和爆燃。

(3) 给煤机堵煤故障长时间不能投入运行或磨煤机螺旋输煤器损坏时，应及时启动备用制粉系统，停止故障磨煤机并检查处理。

(二) 磨煤机出口温度高

1. 现象

(1) 磨煤机单侧或双侧出口温度指示升高。

(2) 料位指示降低。

2. 原因

(1) 给煤机堵煤或皮带打滑。

(2) 磨煤机冷、热风挡板自动控制故障。

(3) 磨煤机内着火。

(4) 原煤仓走空或堵煤。

3. 处理

(1) 若是温度自动控制故障，立即切为手动调整。

(2) 给煤机不下煤时，应及时疏通。

(3) 煤仓走空时，应及时联系上煤。

(4) 给煤机皮带打滑时，应及时检查调整皮带。

(5) 磨煤机内着火时，按磨煤机着火处理。

(三) 磨煤机或给煤机着火

1. 现象

(1) 磨煤机出口、分离器出口风粉温度急剧升高。

(2) 制粉系统风压和差压料位剧烈波动。

(3) 磨煤机筒体或给煤机箱体温度急剧升高。

(4) 制粉系统不严密处向外喷粉、烟或火，并有烧焦异味。

2. 原因

(1) 温度自动调节失灵，制粉系统风粉温度过高。

(2) 系统泄漏。

(3) 原煤中含有易燃易爆物。

(4) 磨煤机紧急停运，磨煤机内存煤自燃。

3. 处理

(1) 给煤机或磨煤机着火时，应关小热风开大冷风；如火情不能消除，应停止给煤机并关闭给煤机出口挡板和入口挡板。

(2) 磨煤机着火严重时，应立即停止磨煤机，关闭与磨煤机有关的挡板，打开消防蒸汽，启动磨煤机慢传装置。

(3) 磨煤机停运后，重点监视磨煤机和给煤机温度变化；若温度异常上升，应及时隔离。

（4）制粉系统发生火灾后，确认火已熄灭且设备无损坏时，方可重新启动。

（四）一次风管堵塞

1. 现象

（1）煤粉浓度升高，风速下降，对应燃烧器检测不到火焰。

（2）如堵塞在风压测点前，则风压指示偏低；如在风压测点后，则风压指示偏高。

（3）磨煤机出力下降，锅炉燃烧不稳。

2. 原因

（1）磨煤机一次风量小或磨煤机料位过高。

（2）分离器出口关断门未全开。

（3）燃烧器喷口结焦。

（4）煤粉较粗，造成一次风管积粉。

（5）磨煤机分离器堵塞。

（6）磨煤机消防蒸汽门不严，一次风管积水。

3. 处理

（1）减少给煤量，开大旁路风门或容量风门进行疏通，同时控制好磨煤机的入口温度和出口温度。

（2）检查各风（粉）挡板。

（3）关闭一次风管的挡板，开启一次风管的清扫风进行吹扫。

（4）停炉时清理燃烧器喷口的结焦。

（五）磨煤机满煤

1. 现象

（1）磨煤机入口风压升高，一次风管压力降低。

（2）磨煤机出口温度下降。

（3）磨煤机料位指示异常，磨煤机噪声减小。

（4）磨煤机电流减小。

（5）磨煤机轴承温度升高。

（6）给煤机堵煤信号报警或跳闸。

2. 原因

（1）给煤量长时间过大，通风量过小。

（2）给煤机转速投自动时，磨煤机料位计指示较实际煤位偏低。

（3）原煤水分过高，干燥出力不足。

（4）系统漏风严重，造成制粉系统通风量不足。

（5）分离器堵塞。

（6）给煤机称重系统故障。

3. 处理

（1）减小给煤量，增加制粉系统通风量，调整磨煤机出口温度至正常范围。

（2）堵煤严重时，立即停止给煤机进行通风。

（3）磨煤机轴承温度不正常升高时，应紧急停止磨煤机。

（4）开启慢传装置进行吹扫疏通。

（六）磨煤机动态分离器堵塞

1. 现象

（1）制粉系统出力下降。

（2）分离器出口风压、风速降低。

2. 原因

（1）锁气器被杂物堵塞。

（2）磨煤机出口温度低，煤粉太湿。

（3）投用蒸汽消防后，系统干燥不彻底。

3. 处理

（1）适当减少给煤量或停止给煤，增加系统风量，此时应注意磨煤机出口温度。

（2）如堵塞严重，经处理无效时，停止磨煤机并检查处理。

（七）给煤机断煤

1. 现象

（1）发出给煤机断煤信号，给煤量下降。

（2）磨煤机声音异常。

（3）磨煤机料位下降，出口温度升高。

2. 原因

（1）原煤仓走空或原煤仓堵塞。

（2）给煤机皮带断或打滑。

（3）给煤机故障。

3. 处理

（1）检查原煤仓煤位，如果原煤仓堵塞，应立即进行疏通；无法疏通时，及时停运磨煤机并处理。

（2）若给煤机皮带断或打滑时，应及时停运磨煤机并处理。

（3）加强燃烧调整，负荷下降较多应及时启动备用磨煤机，如果燃烧不稳及时投油助燃。

第九章

吹灰器和测温探针

锅炉受热面积灰对锅炉的影响很大。炉膛积灰时，不仅使炉膛内受热面的吸热量减小，影响锅炉的蒸发量，而且使炉膛出口烟气温度升高，造成过热器和再热器出口蒸汽温度和管壁温度升高。对流受热面积灰时，不但会降低对流受热面的传热效果，使过热蒸汽温度和再热蒸汽温度降低，而且使锅炉的排烟温度升高，排烟损失增加；对流受热面积灰还会使管束的通风阻力增加，使引送风机的电耗增加，严重时会影响锅炉的出力。由于积灰往往是局部性的，积灰严重时会使过热器和再热器的热偏差增加。若受热面上的积灰不及时清除，任其进行烧结，积灰的强度将逐渐增大，积灰就越来越多，清除就更加困难，在高温区会造成结渣，半熔化状态的灰渣还会引起受热面管子的腐蚀。当炉膛内的结渣达到一定程度时会自行脱落，大量渣脱落过程中会造成炉膛压力的大幅波动，严重时会引起保护动作。

对于燃煤锅炉而言，锅炉高温区域的结渣和低温区域的积灰是不可避免的，因此大容量燃煤锅炉都设计安装了蒸汽吹灰系统，在锅炉受热面的不同区域布置有吹灰器，对锅炉受热面的结渣和积灰进行定期吹扫，保持受热面的清洁，保证锅炉安全经济运行。

350MW 热电联产机组锅炉在炉膛、水平烟道、竖井烟道及空气预热器内均装有蒸汽吹灰器，吹灰蒸汽来自低温过热器出口集箱，蒸汽压力为 26.31MPa，温度为 499℃。另外，为了能够在锅炉启动过程中吹灰，还从辅助蒸汽系统接有备用汽源，吹灰系统如图 9-1 所示。从图 9-1 中可以看出，锅炉装有炉墙吹灰器、水平烟道吹灰器、竖井吹灰器和空气预热器吹灰器共 94 台。其中，炉膛吹灰器共 30 台，均为短吹灰器；烟道吹灰器共 60 台（36 台布置在水平烟道内，24 台布置在竖井烟道内），对称布置在锅炉烟道左右两侧，均为长吹灰器；每台空气预热器在烟气侧上下两端各装一台吹灰器，两台空气预热器共装 4 台吹灰器。

为了防止锅炉启动时再热器超温，在炉膛出口折焰角上方对称安装了两台测温探针，以监视锅炉启动初期经过再热器的烟气温度。

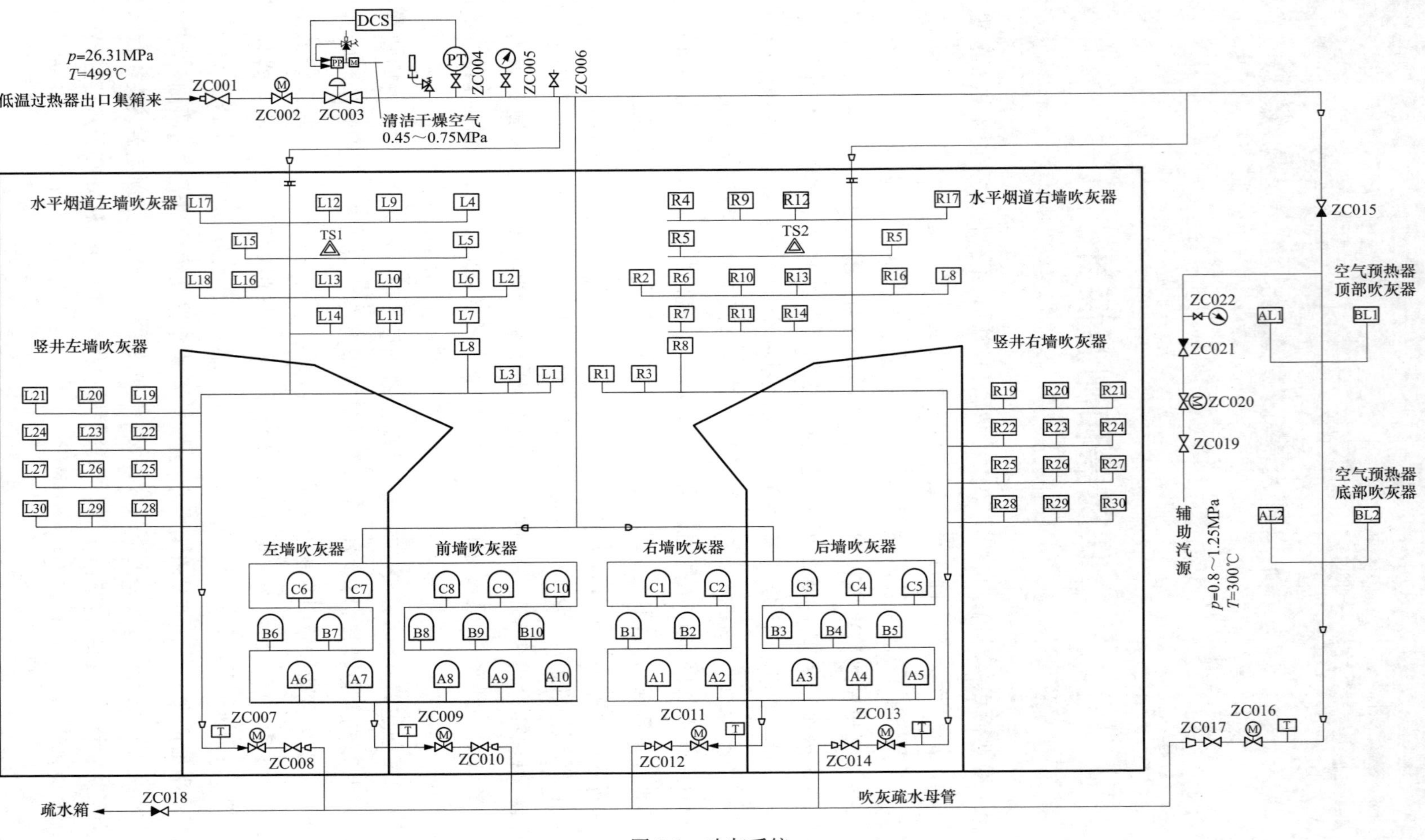
p=26.31MPa
T=499℃
低温过热器出口集箱来
ZC001
ZC002
ZC003
DCS
PT
ZC004
ZC005
ZC006
清洁干燥空气
0.45～0.75MPa
水平烟道左墙吹灰器
水平烟道右墙吹灰器
TS1
TS2
竖井左墙吹灰器
竖井右墙吹灰器
左墙吹灰器
前墙吹灰器
右墙吹灰器
后墙吹灰器
ZC007
ZC008
ZC009
ZC010
ZC011
ZC012
ZC013
ZC014
ZC015
空气预热器
顶部吹灰器
AL1
BL1
ZC022
ZC021
ZC020
ZC019
辅助汽源
p=0.8～1.25MPa
T=300℃
空气预热器
底部吹灰器
AL2
BL2
ZC016
ZC017
吹灰疏水母管
ZC018
疏水箱

图 9-1　吹灰系统

第一节 短吹灰器

短吹灰器布置在炉膛四周水冷壁墙上，其作用是清除炉膛水冷壁的积灰，防止炉膛结渣。每台锅炉装有 30 台 VS-H 型短吹灰器，分 3 层布置在炉膛四周，标高为 25900、36000、40500mm。短吹灰器的核心元件是喷头、吹灰阀门及驱动装置。吹灰时，喷头向前运动，到达吹扫位置后，阀门打开，蒸汽从喷头喷出，按一定的吹扫角度旋转吹扫，喷头旋转完规定的圈数后，吹灰阀门关闭，吹扫介质被切断，喷头退回到墙箱中的初始位置，完成一次吹扫过程。

一、短吹灰器的结构

短吹灰器由机架、内管、螺旋管、喷头、墙箱、吹灰器阀门等组成，见图 9-2。

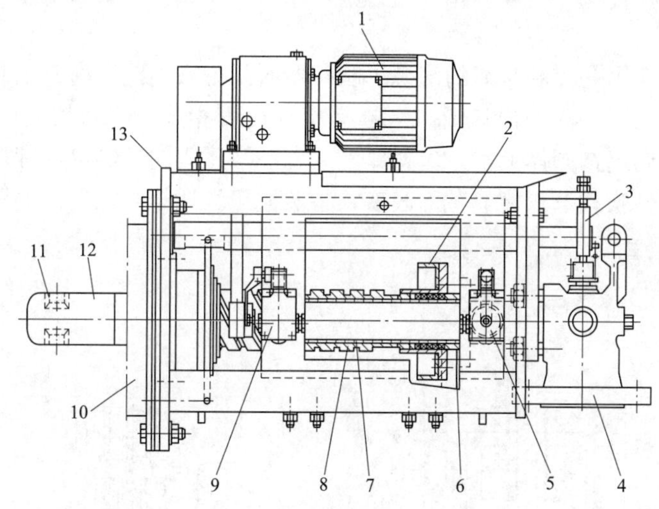

图 9-2 短吹灰器结构

1—电动机；2—凸轮盘；3—阀杆；4—吹灰器阀门；5—后限位开关；6—填料盒；7—内管；8—旋转螺旋管；9—前限位开关；10—墙箱；11—喷箱；12—喷头；13—机架

1. 机架

机架是吹灰器的支承与固定部件，整个吹灰器安装在机架内。机架前端焊有托架，通过托架将吹灰器固定在锅炉水冷壁上；机架末端是阀门连接板，阀门和内管固定在连接板上。

2. 内管、螺旋管及喷头

内管为表面高度抛光的不锈钢管，内管的一端通过连接板与吹灰器阀门出口法兰相连接，内管的另一端插入螺旋管内。

螺旋管套装在内管上，是一根内壁光滑而外壁带螺纹的管子。螺旋管的尾部是密封盒，密封盒内装有密封填料，实现内管与螺旋管的密封，防止吹扫蒸汽泄漏；螺旋管头部与喷头相连。喷头用耐热钢制造，通过丝扣固定在螺旋管前端，喷头上有两个相对的文丘里喷嘴，可以斜吹墙式受热面。吹灰器停用时，喷头退回墙箱内，以免烧坏喷头。

3. 吹灰器驱动装置与开阀机构

吹灰器驱动装置由电动机、齿轮减速箱、链轮、链条、导向螺母和旋转螺旋管等组成。两个限位开关用端子盒连接，限位开关的作用是控制螺旋管的往复运动和吹扫回转。电动机通过齿轮减速箱、链轮及链条带动机架上的导向螺母旋转，导向螺母旋转时带动螺旋管轴向移动（轴向运动时不吹扫），当喷头到达吹扫位置时螺旋管已经完全旋入导向螺母中，导向螺母与螺旋管一起旋转，带动固定在填料盒外壳上的凸轮盘旋转，将开阀机构的一端顶起，另一端压下阀杆，打开阀门，开始吹扫；吹扫结束后，电动机反转，导向螺母反向旋转，凸轮盘复位，阀门关闭，螺旋管轴向移动回到原始位置。

4. 墙箱

墙箱的作用是将吹灰器固定在炉墙上，并且在吹灰孔处形成密封。炉内一般情况下为负压运行，炉内烟气不会外泄。但是，吹灰或炉内负压波动时，烟气可能会从吹灰孔外泄。为了防止烟气从吹灰孔外泄，可在墙箱吹灰孔附近送入压缩空气，起密封作用。

5. 吹灰器阀门

吹灰器阀门的作用是控制吹灰的汽源。吹灰器阀门为截止阀，由铸钢制成，阀门入口通过法兰与蒸汽管道相连，阀门出口通过一连接板与内管相连。吹灰器阀门的结构见图 9-3。平面阀座通过丝扣固定在阀体上，在填料座上装有调节压力的控制盘，旋转控制盘时可使控制盘上、下移动，使吹扫蒸汽流通截面改变，将蒸汽压力调至吹扫所需的压力。

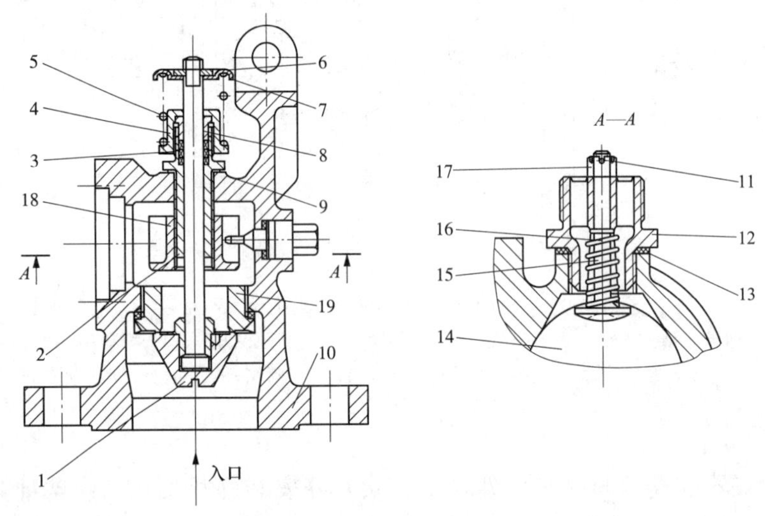

图 9-3　吹灰器阀门的结构

1—阀瓣；2—填料座；3—阀杆填料；4—填料螺母；5—阀门弹簧；6—挡片；7—弹簧压盖；8—填料压盖；9—垫片；10—法兰；11—开口销；12—空气阀体；13—空气阀垫片；14—吹灰器阀门阀体；15—空气阀阀杆；16—空气阀弹簧；17—螺母；18—控制盘；19—平面阀座

在吹灰器阀门阀体侧面有一空气阀，当吹灰器工作时，在蒸汽压力作用下，空气阀自动关闭；当吹灰器停运时，空气阀在弹簧的作用下打开，空气进入吹灰器内管，以防止吹灰器停运时炉内腐蚀性的烟气进入吹灰器。

二、短吹灰器的工作过程

短吹灰器既可以就地操作，也可以远方操作。吹灰时，吹灰器电源接通，齿轮箱通过链轮驱动导向螺母旋转，带动与导向螺母啮合的螺旋管沿内管作相应的轴向运动，将喷头推进炉膛，当喷头到达吹扫位置后，螺旋管全部旋入导向螺母中，与导向螺母一起旋转，同时带动凸轮盘将开阀杠杆一端抬起，另一端则压下阀杆，阀门打开，吹扫开始。当喷头旋转一圈或数圈后吹扫结束，电动机反转，螺旋管和喷头退出，凸轮盘复位脱离开阀杠杆，阀门利用自身的弹簧压力抬起阀杆，将阀门关闭，直到触及后限位开关，喷头退回墙箱内，电动机停转，吹灰工作结束。

三、短吹灰器的技术参数

短吹灰器的技术参数见表 9-1。

表 9-1　　短吹灰器的技术参数

名称	单位	数值	名称	单位	数值
型式		VS-H	数量	台	30
喷嘴蒸汽压力	MPa	0.8～1.5	喷嘴蒸汽温度	℃	350
单台蒸汽耗量	kg/min	55～65	行程	mm	255
内管外径	mm	42.4	内管壁厚	mm	2.6
内管材料		0Cr18Ni9	旋转螺旋管外径	mm	50
旋转螺旋管壁厚	mm	6	喷头外径	mm	63
喷头壁厚	mm	5	喷头材料		ZG25Cr20Ni14Si2
喷嘴数量	个	2	喷嘴直径	mm	22.5
电动机额定功率	kW	0.25	电动机额定电流	A	0.79
电动机额定电压	V	380	电动机额定转速	r/min	1395

四、短吹灰器的润滑

为了确保吹灰器的安全运行，必须对短吹灰器进行定期润滑。短吹灰器的润滑部位有减速箱、链条驱动和旋转螺母，减速箱内的润滑油为中载齿轮油（L-CKC），换油周期为 3 年；链条驱动的润滑油为二硫化钼，每 12 个月清洗润滑一次；旋转螺母的润滑油为润滑脂（UNIREX N3），每 3 个月加一次油。

第二节　长　吹　灰　器

长吹灰器对称布置在锅炉烟道两侧，其作用是清除烟道内各受热面上的积灰，增加各受热面的吸热量。锅炉共装有 60 台长吹灰器，其中，在水平烟道内分 6 层布置 36 台长吹灰器，标高为 51350、52450、54700、56940、59000、61300mm；在竖井烟道内分 4 层布置 24 台长吹灰器，标高为 55300、51750、48400、45000mm。长吹灰器与短吹灰器相似，主要吹灰元件是喷头、吹灰阀门及驱动装置。吹灰时，驱动装置将喷头送入烟道内并打开吹灰阀门，喷头向前作螺旋运动，吹灰器开始吹扫；由于喷头上的两只喷嘴间相距为 180°，故吹扫射流的螺旋线距离只有螺距的一半（双螺旋线）；当喷头到达最前端时，限位开关动作，喷头开始后退并继续吹扫；当喷头退到炉墙处时，吹灰阀门关闭，吹灰器继续后退到墙箱停用位置，电动机停运，吹扫结束。

一、长吹灰器的工作结构

长吹灰器由大梁与前部托轮组、电动机、外管、内管、吹灰器阀门及支吊组成，如图

9-4 所示。

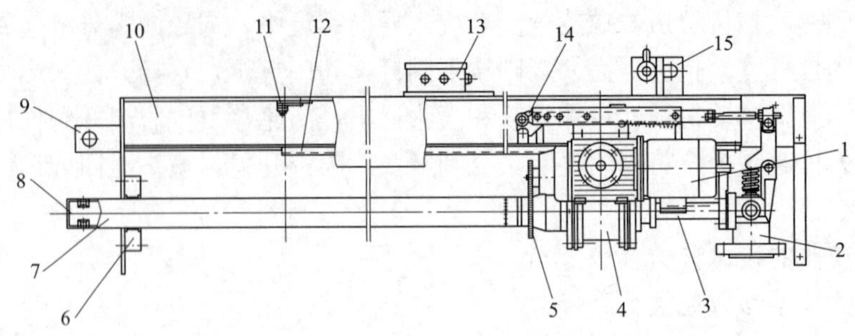

图 9-4　长吹灰器的结构

1—电动机；2—吹灰器阀门；3—内管；4—行走箱；5—链轮；6—前部托轮组；7—外管；8—喷头；9—前端板；10—大梁；11—行程开关；12—齿条；13—接线盒；14—开阀机构；15—支吊

1. 大梁与前部托轮

大梁是一工字钢梁，是行走箱的导轨，对长吹灰器起支承作用。大梁的下方装有一根齿条，该齿条与长吹灰器齿轮箱的齿轮啮合，使双出轴齿轮箱带动外管前后移动。大梁前端装有两个前部托轮，对吹灰管起支撑和引导作用。大梁前端板将吹灰器固定在炉墙上，大梁后端用一根吊杆支吊在锅炉钢架上。

2. 长吹灰器的驱动装置

长吹灰器的驱动装置由电动机、填料箱、驱动齿轮、齿条、行走轮、链条驱动装置等组成，见图 9-5。长吹灰器驱动方式与短吹灰器不同，长吹灰器前进（或后退）时，外管除了作轴向运动外还沿圆周方向旋转。双出轴齿轮箱一端出轴上的驱动齿轮与大梁上的齿条啮合，使双出轴齿轮箱前后（轴向）移动；另一出轴（纵向）通过链轮和链条传动使外管实现旋转运动。

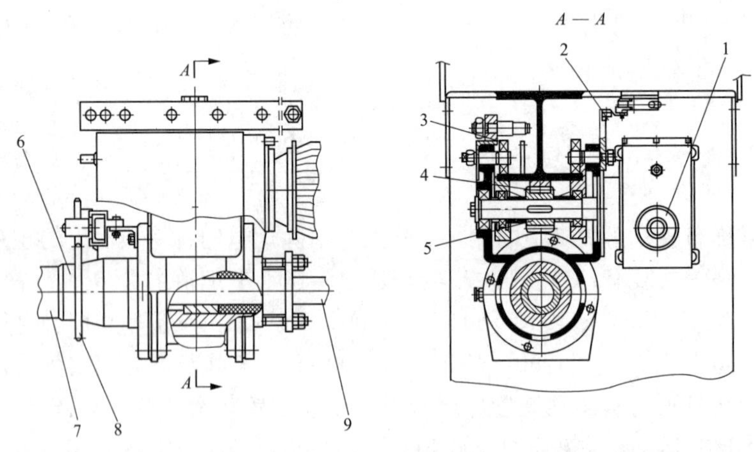

图 9-5　长吹灰器的驱动装置

1—电动机；2—行程开关；3—行走轮；4—齿条；5—驱动齿轮；6—填料箱；7—外管；8—链条驱动装置；9—内管

3. 外管和内管

内管用不锈钢制成，内管后端固定在连接板组件上并与长吹灰器阀门相连，内管前端放置在外管中。外管也用不锈钢制成，前端装有一喷头，喷头上有两个成 180°的文丘里喷嘴；外管套装在内管上，外管前端由前部托轮组支承，外管后端通过填料箱在内管与外管之间形成密封，并且允许内管与外管之间相对运动。

4. 吹灰器阀门及控制机构

长吹灰器阀门的结构与短吹灰器阀门相同。长吹灰器阀门由双出轴齿轮箱来控制，开阀杠杆上的可调撞销与撞叉相配合完成吹灰器阀门的开与关。长吹灰器的阀门与执行机构见图 9-6。

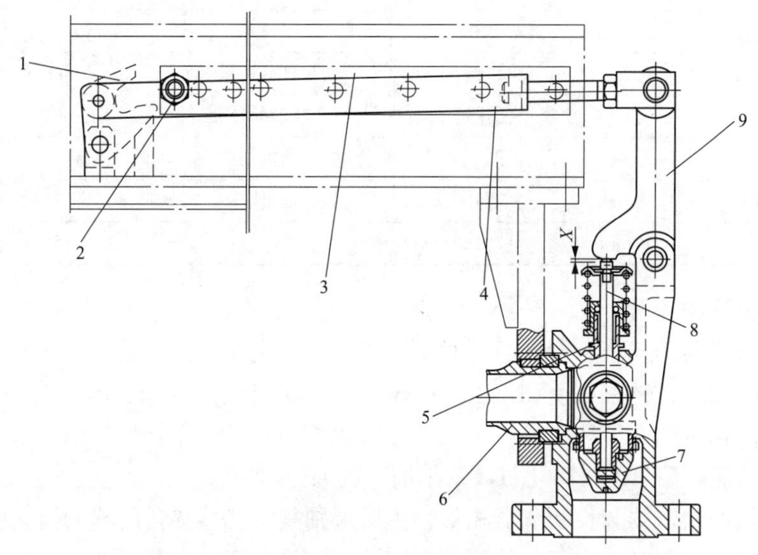

图 9-6 长吹灰器的阀门与执行机构

1—撞叉；2—撞销；3—开阀杠杆；4—控制杠杆；5—阀杆填料；6—内管；7—阀瓣；8—阀杆；9—开阀压杆

5. 电气与控制系统

吹灰器的动力电源和控制电源与吹灰器端子盒用单独插头连接，吹灰器双出轴齿轮箱的往复运动由限位开关控制，限位开关通过控制电缆与端子盒的接口相连。

6. 墙箱

墙箱的作用是将吹灰器固定在炉墙上，并且在吹灰孔处形成密封。长吹灰器墙箱带刮灰板，为穿过炉墙的外管提供密封，防止烟气经吹灰管和墙箱内套管间的环形空间泄漏到大气中。为了确保密封效果，可向墙箱内送入压缩空气，即使烟道内压力波动，也能防止烟气漏入大气。

7. 长吹灰器支吊

长吹灰器较长，必须合理支吊。长吹灰器前端通过前端板固定在墙箱上，后部用一吊杆固定在锅炉钢架上，支吊装置的设计应能适应锅炉的水平和垂直膨胀。

二、长吹灰器的工作过程

吹灰时，电动机通电，吹灰器双出轴齿轮箱向前运动，将吹灰管以螺旋运动形式推入锅炉烟气通道内；当喷嘴进入锅炉烟道后，吹灰器阀门立即打开，开始吹扫，直至喷头到达前部终点；此时吹灰器双出轴齿轮箱触动前端限位开关，电动机反向转动，吹灰器双出轴齿轮箱向后运动，吹灰管继续以螺旋运动形式后退；当喷嘴退到炉墙处时，吹灰器阀门关闭，停止吹扫，吹灰器退回停用位置，电动机断电，吹扫结束。

三、长吹灰器的技术参数

长吹灰器的技术参数见表 9-2。

表 9-2　　　　长吹灰器的技术参数

名称	单位	数值	名称	单位	数值
型式		PS-H	数量	台	60
喷嘴蒸汽压力	MPa	1.0～1.7	喷嘴蒸汽温度	℃	350
单台蒸汽耗量	kg/min	100	行程	mm	7100
吹灰管转速	r/min	24	吹灰管移动速度	mm/min	1440
喷嘴型式		文丘里型	喷嘴数量	个	2
喷嘴喉口直径	mm	22.5/27	电动机功率	kW	0.55
电动机转速	r/min	1400	电动机电压	V	380
行程	mm	7100			

四、长吹灰器的润滑

为了确保吹灰器的安全运行，必须对长吹灰器进行定期润滑。长吹灰器的润滑部位是减速箱、前部托轮轴承、链条驱动和齿条，减速箱内的润滑油为合成极压涡轮涡杆油 680，换油周期为 3 年；轴承的润滑油为润滑脂（UNIREX N3），每 3 年加一次油；链条驱动和齿条的润滑油为润滑脂 TECTYL 506EH，每年加一次油。

空气预热器的吹灰器与长吹灰器相似，主要区别是空气预热器的吹灰器在吹扫过程中外管不旋转，只作轴向移动。空气预热器的吹灰器已在第六章第四节介绍，这里不再重复。

第三节　吹灰器的验收与调试

正常运行情况下，吹灰器的维护工作较少。但是，新装的吹灰器和检修后的吹灰器必须进行严格的验收和调试。下面以短吹灰器为例，对吹灰器的调试和验收作一介绍。

一、机械验收

机械验收应在锅炉停运情况下进行。

（1）吹灰器已停电。

（2）拆下控制箱盖和吹灰器盖。

（3）手动驱动吹灰器向前运动，当螺旋管旋入导向螺母时，螺旋管与导向螺母一起旋转，并自动打开吹灰阀。

（4）检查触发器无卡涩现象；若有卡涩现象，用调整螺栓调节触发器。

（5）继续旋转吹灰器，达到规定的旋转角度。

（6）检查限位开关是否能正确地接触。

（7）反向操作吹灰器，使短吹灰器退出，吹灰阀自动关闭。

（8）当吹灰器完全退出时，检查限位开关是否能正确地接触。

（9）若试验过程正常，装好吹灰器盖和控制箱盖。

二、电气试验

（1）吹灰器送电。

（2）按下启动按钮。

（3）检查吹灰器电动机的旋转方向正确。

三、吹灰压力的调试

在吹灰器投入使用之前，必须对吹灰压力进行调试。

（1）检查吹灰器在停运状态，并且将吹灰总门关闭。

（2）将吹灰器停电。

（3）拆下吹灰阀上空气阀的堵丝。

（4）在空气阀的丝扣上装一压力表。

（5）把吹灰阀的锁销固定好。

（6）向吹灰器供汽，并使吹灰母管压力保持设定值。

（7）将吹灰器向前移动，直到吹灰器阀门打开，记录压力表的吹扫压力并与设定压力值比较。

（8）吹灰器退出，吹灰阀关闭，并关闭吹灰总门。根据吹扫压力与设定压力的差值调整吹灰阀控制盘的位置。

（9）取下吹灰阀的锁销。

（10）调整压力控制盘的位置。

（11）重新固定好锁销。

（12）重复上述（5）～（11），直到吹灰器的压力达到设计值。

（13）拆下压力表，重新装好空气阀的堵丝。

（14）吹灰器送电。

四、试验吹灰器的严密性

在吹灰器投入使用前，必须对吹灰器的严密性进行试验，发现泄漏时，必须进行处理。

（1）若吹灰器阀门的阀杆泄漏，应拧紧底部的黄铜填料螺母，必要时更换密封填料。

（2）检查吹灰器阀门与供汽管的连接处，若吹灰器阀门与供汽管之间泄漏，应重新装垫圈。

（3）检查填料密封，若内管与螺旋管之间的填料密封泄漏，应压紧填料密封盖，在压紧密封盖时，不能太紧，否则会造成电动机过载，必要时更换密封填料。

第四节　吹灰器的运行与维护

每台锅炉装有94台吹灰器，为了便于操作，吹灰器设有程序控制系统，特殊情况下也可进行就地手动操作。

一、吹灰器的运行

1. 吹灰器投运前检查

（1）检查所有吹灰器全部在退出位置。

（2）检查各长吹灰器的吹管无变形，各吹灰器进汽阀无漏汽现象。

（3）检查各吹灰器电气、热控接线完好，进退行程限位开关位置正确。

（4）各吹灰器已送电，DCS画面上状态显示正确。

（5）各吹灰器的表计正常。

（6）检查吹灰系统各疏水电动阀门的状态正常。

（7）蒸汽吹灰手动门开启。

2. 吹灰器运行

（1）在吹灰操作画面上，选择“远方自动”控制方式。

（2）根据需要选择吹灰程序。

（3）确认系统在初始位置（复位）。

（4）按下程序投入按钮，启动吹灰程序。

（5）当程序中断时，应检查中断的原因，处理后重新按下程序投入按钮，程序从中断处继续执行。

（6）吹灰完毕，系统自动回到初始位置。

3. 吹灰系统的运行监视与调整

（1）吹灰系统正常运行时，吹灰蒸汽压力（减压阀后）大于或等于1.5MPa，吹灰蒸汽流量大于或等于4t/h。当吹灰蒸汽压力（减压阀后）小于1.5MPa时，发出报警且禁止长吹灰器投运；当吹灰蒸汽流量小于4t/h时，发出报警，且延时25s长吹灰器退出。

（2）锅炉投油枪助燃期间，对空气预热器进行连续吹灰，防止可燃物聚积在空气预热器上。

（3）启、停机时，应提前将吹灰汽源切换为辅助汽源供汽（切换汽源时，严禁汽源并联运行）；辅助汽源供汽期间，只能对空气预热器吹灰（严禁对炉膛和烟道吹灰）。

（4）当发生MFT时，吹灰程序将自动停止。

（5）检查各吹灰器连接管道、阀门无泄漏现象。

（6）当某一吹灰器进（退）信号不能返回时，“吹灰器超时”报警，应进行就地检查并及时处理。

二、吹灰器的日常维护

（1）锅炉正常运行时，应定期对受热面进行吹灰；吹灰时，始终保持就地有人监视。

（2）吹灰器报警时，立即核对吹灰器运行状态，发现异常及时处理。

（3）吹灰结束后，应及时关闭吹灰汽源电动门，检查吹灰器退出正常。

（4）锅炉运行时，严禁吹灰器在无蒸汽情况下伸入炉内。

（5）运行中应加强监视和就地检查，发现吹灰器没有完全退出时，应及时将吹灰器摇至退出位置，吹灰器退出之前不能中断蒸汽，防止吹灰器被烧坏。

（6）长吹灰器卡涩时，立即关小吹灰汽源调整门，并及时处理。

（7）机组发生事故时，应立即停止吹灰。

（8）锅炉低负荷及燃烧不稳定时，禁止炉膛吹灰。

（9）锅炉吹灰期间，禁止打开检查孔、看火孔，以免烫伤。

（10）锅炉正常吹灰前，校对蒸汽吹灰母管压力DCS画面与就地压力表指示一致。

（11）检查各吹灰器转动部分润滑良好，无卡涩现象。

三、吹灰器的故障处理

在吹灰器工作过程中，可能会出现各种故障，吹灰器故障时不仅会影响吹灰效果，而且有可能吹损锅炉受热面。因此，吹灰器发生故障时要及时发现，正确处理。吹灰器故障的现象、原因及处理方法见表9-3。

表 9-3　　吹灰器故障的现象、原因及处理方法

序号	故障现象	故障原因	处理方法
1	安全阀动作	安全阀设定值调整不当	调整安全阀设定值
		安全阀泄漏量较大或阀芯卡塞	清理卡涩杂物，研磨阀座阀瓣
		减压阀失控	检修自调系统
2	吹灰器卡涩	吹灰器变形	立即将卡涩吹灰器摇至炉外，检查变形情况
		减速齿轮卡住	检查减速齿轮是否卡住，必要时更换齿轮
3	吹灰器附近受热面吹损	吹灰蒸汽压力太高	调节吹灰器的阀门开度
		吹灰蒸汽的湿度太大	提高吹灰蒸汽温度
4	吹灰器不工作	电源故障	检查供电线路
		熔断器损坏	更换熔断器
		接线盒与电动机之间断路	检查接线
		电动机烧坏	试验并修理

第五节　锅炉测温探针

机组在启动初期，再热器内无介质通过，当烟气超过一定值时，可能导致再热器超温。因此，必须严格控制经过再热器的烟气温度，350MW 热电联产机组锅炉在炉膛出口对称装有两台测温探针，用来监视锅炉启动过程中炉膛出口的烟气温度。

一、测温探针结构

测温探针是一内含探测元件的枪管，枪管借助行走箱伸入或退出炉膛以测量沿锅炉宽度的烟气温度。测温探针的进、退及控制方式与长吹灰器相似，由机械和电气控制两部分组成，见图 9-7。

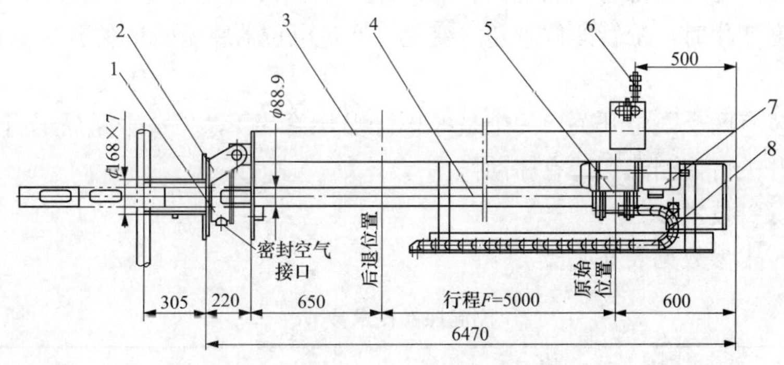

图 9-7　测温探针

1—炉墙接口箱；2—前端支承；3—大梁；4—枪管；5—齿轮箱；6—后支吊；7—电动机；8—电缆

（一）测温探针的机械部分

测温探针的机械部分由大梁、枪管及测量装置、驱动装置、炉墙接口箱（负压）等组成。

1. 大梁

大梁是齿轮箱行走的轨道，大梁上的齿条与齿轮箱上的驱动小齿轮啮合带动齿轮箱移

动。大梁用 H 型钢制成，前端固定在炉墙接口箱上，后端用吊杆挂在锅炉钢架上。

2. 枪管及测量装置

枪管由耐热不锈钢制成，前端固定在前部托轮组上，后端固定在齿轮箱上，枪管头部开有孔，使烟气进入枪管。热电偶安装在枪管内，并与后端接线座相连，补偿导线将信号传送到安装在导轨上的固定接线盒。

3. 驱动装置

驱动装置包括电动机、齿轮箱、滚轮及齿条等，电动机通过齿轮箱的齿轮与大梁上的齿条啮合，实现行走箱的轴向移动，将枪管内的测温元件送入炉内。测温探针的驱动装置与长吹灰器的驱动装置相似，但测温探针在进退过程中只做轴向运动，无旋转运动。

4. 炉墙接口箱（负压）

炉墙接口箱装有刮灰板，刮灰板本身可调，其作用是为枪管提供密封。

（二）测温探针的电气控制系统

测温探针的电气控制系统由控制柜、就地控制箱、热电偶、电位器、限位开关等组成。

1. 控制柜

控制柜是测温探针的控制中枢，空气开关、变压器、接触器、继电器和熔丝等安装在控制箱内。

2. 就地控制箱

就地控制箱安装在测温探针的大梁上，用作测温探针的就地控制。电源指示灯、运行指示灯、故障指示灯、就地/遥控选择开关、前进按钮、后退按钮、停止按钮及停机/复位按钮安装在就地控制箱的箱门上。

3. 热电偶

热电偶位于枪管内，通过补偿导线将信号传送至变送器的输入端。

4. 电位器

电位器的作用是测量枪管（热电偶）的位置，电位器通过电缆与（电阻/电压）变送器相连。电缆长度变化时，枪管的位置随之变化，通过电位器将枪管的位置显示在仪表上。

5. 限位开关

测温探针装有两个限位开关，一个是停止行程开关 SLS，另一个是后退行程开关 RLS，通过两个限位开关可使测温探针有序动作。

二、测温探针技术参数

测温探针技术参数见表 9-4。

表 9-4　　测温探针技术参数

名称	单位	数值	名称	单位	数值
探针行程	m	5	行走速度	m/min	1.44
热电偶型号		WRNK-372 铠装	热电偶外径	mm	6
热电偶材料		镍铬-康铜	枪管外径	mm	88.9
枪管壁厚	mm	4	枪管材料		T91
电动机功率	kW	0.55	电压	V	380

三、测温探针的运行

测温探针运行有就地运行和远程运行两种方式，现以远程运行为例，介绍测温探针的运行。

（1）合上电源，就地控制箱上“电源”指示灯亮。

（2）在就地控制箱上将选择开关设定为遥控操作。

（3）按“前进”按钮，电动机启动，枪管向前运动，“运行”指示灯亮；当测得的温度低于设定的报警温度时，有以下几种情况：

1）后退行程开关 RLS 动作，枪管自动后退；

2）操作人员按下“后退”按钮，枪管不论在什么位置，立即后退；

3）操作人员按下“停止”按钮，枪管不论在什么位置，立即停止运动，测温探针在该位置连续监测该点的温度；

4）操作人员按下“停机/复位”按钮，枪管不论在什么位置，立即后退，直至初始位置。

（4）在远程运行时，在集控室内的仪表显示枪管的位置和该位置的烟气温度。

（5）当枪管向前运行或停止时，按下“后退”按钮，枪管开始后退，直到前进行程开关 SLS 动作，枪管运行自动变为向前运动。

（6）当枪管向后运行或停止时，操作人员按下“前进”按钮，枪管开始向前运行，直到后退行程开关 RLS 动作。

（7）当枪管运行时，操作人员按下“停止”按钮，使枪管在其行程的任意位置立即停止运动，测温探针连续监测该点的温度。

（8）当枪管运行或停止时，按下“停机/复位”按钮，枪管退回至原始位置。

（9）当测温探针监测到炉膛烟气温度达到或超过设定的报警温度时，枪管将自动退回至原始位置，并发出“烟气温度高”报警信号。

第十章

锅炉的水质控制

火电机组热力系统中循环的工质是水和水蒸气，在火力发电厂机组运行中，热力设备中几乎都有水或蒸汽在流动，水质的优劣是影响机组安全经济运行的重要因素。在火力发电厂中，如果汽水品质不符合规定则会引起热力设备的结垢、腐蚀及过热器和汽轮机积盐等危害。

（1）热力设备的结垢。如果进入锅炉的水中含有易于沉积的杂质，运行中锅炉受热面发生结垢时，会影响热传导，降低工质对受热面的冷却效果，导致锅炉受热面过热爆管，从而影响电厂的安全性和经济性。

（2）热力设备的腐蚀。水质不良会引起给水管道、高压加热器、低压加热器、省煤器、水冷壁、过热器和汽轮机凝汽器等的腐蚀，腐蚀不仅造成设备的损坏还会使给水中的杂质增多，又加剧了热力系统的结垢，引起垢下腐蚀，形成恶性循环。

（3）过热器和汽轮机积盐。水质不合格会导致蒸汽品质下降，蒸汽中的杂质沉积在蒸汽的通流部位（如过热器、汽轮机），产生积盐。过热器管内积盐会引起超温、爆管；当汽轮机积盐严重时，会影响汽轮机效率，还有可能损坏设备，造成事故停机。

为了防止热力设备金属的结垢、积盐和腐蚀，必须采用合理的水处理技术确保给水品质。此外，对于新建锅炉还必须进行酸洗和吹管；运行中的锅炉，当受热面的垢量超标时也要及时进行酸洗。

第一节　给　水　处　理

为了减轻或防止锅炉给水对金属材料的腐蚀，减少随给水带入锅炉的腐蚀产物和其他杂质，降低过热器、再热器和汽轮机积盐，必须选择合适的给水处理方式提高给水品质。不同的给水处理方式，规定了给水氢电导率、pH 值、溶解氧及铁、铜等控制指标，其目的是在尽可能降低给水中杂质浓度的前提下，通过控制给水中的这些化学指标，抑制水、汽系统中的一般性腐蚀和流动加速腐蚀（flow accelerated corrosion，FAC）。

锅炉给水分低压给水和高压给水。从凝结水泵到除氧器的给水称低压给水，从给水泵进入锅炉的给水称高压给水。在火力发电厂的给水系统中金属材料主要有碳钢、不锈钢或铜合金。无论给水水质如何，水对金属材料或多或少都有一定的腐蚀作用。如铁生锈、不锈钢晶粒敏化、铜生成铜绿等。如果给水的处理效果差，腐蚀产物都会随给水带入锅炉，并容易沉积在热负荷较高的部位，影响热的传导，轻则缩短锅炉酸洗周期，重则导致锅炉爆管。

对给水进行处理是指向给水加入水处理药剂，改变水的成分及其化学特性，如pH值、氧化还原电位等，以降低给水系统各种金属的综合腐蚀速率。相比较而言，金属在纯净的中性水中的腐蚀速率往往比在弱碱性的水中高。因此，几乎所有的锅炉给水都采用弱碱性处理。

一、锅炉给水的处理方式及原理

随着机组参数和给水水质的提高，锅炉给水处理工艺也在不断发展和完善，目前主要有还原性全挥发处理（锅炉给水加氨和还原剂的处理）、氧化性全挥发处理（锅炉给水只加氨的处理）和加氧处理（锅炉给水加氧的处理）3种处理方式。基本原理都是抑制一般性腐蚀和流动加速腐蚀（在特定的条件下，碳钢在高流速水中发生的快速腐蚀）。

（一）抑制一般性腐蚀

根据不同温度下铁-水体系的V（电位）-pH平衡图（见图10-1），为了保护铁在水溶液中不受腐蚀，就要把水溶液中铁的形态由腐蚀区移到稳定区或钝化区，有以下3种方法可以达到这一目的。

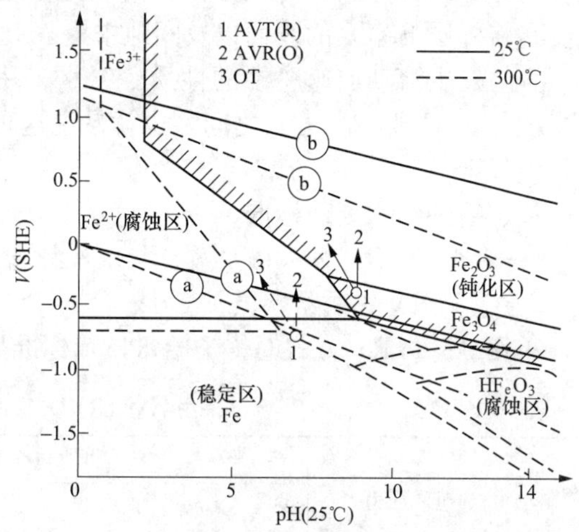

图10-1 不同温度下铁-水体系的V-pH平衡图

1. 还原性全挥发处理

通过热力除氧并加除氧剂进行化学辅助除氧以降低水的氧化还原电位（ORP），使铁的电极电位接近于稳定区，这种处理方法叫还原性全挥发处理，即AVT(R)方式。在AVT(R)方式下，由于降低了ORP，使铁生成稳定的氧化物和氢氧化物，分别是Fe_3O_4和$Fe(OH)_2$。它们的溶解度都较低，在一定程度上能减缓铁受到进一步腐蚀，这是一种阴极保护法。

2. 加氧处理

通过加氧气（或其他氧化剂）的方法提高水的ORP，使铁的电极电位处于α-Fe_2O_3的钝化区，这种处理方法叫加氧处理，即OT方式。在OT方式下，由于提高了ORP，使铁进入钝化区，这时腐蚀产物主要是α-Fe_2O_3和$Fe(OH)_3$，它们的溶解度都很低，能阻止铁受到进一步腐蚀，这是一种阳极保护法。

3. 氧化性全挥发处理

只通过热力除氧（即保证除氧器运行正常），但不再加除氧剂进行化学辅助除氧，使铁的电极电位处于α-Fe_2O_3和Fe_3O_4的混合区，这种处理方法叫氧化性全挥发处理，即AVT(O)方式。在AVT(O)方式下，由于提高ORP的幅度不大，使铁刚进入钝化区，这时腐蚀产物主要是α-Fe_2O_3和Fe_3O_4，它们的溶解度较低，其防腐效果处于OT方式和AVT(R)方式之间。这也是一种偏向于阳极保护法的处理方法。

上述3种给水处理方式都可以抑制水、汽系统铁的一般性腐蚀。对于铜合金而言，氧总是起到加速腐蚀的作用。因此，对于有铜的给水系统，应尽量采用AVT(R)方式运行。不论在含氧量高还是低的水中，pH值在8.8～9.1的范围内，铜的腐蚀速度都是最低的。

（二）抑制流动加速腐蚀

在湍流无氧的条件下钢铁容易发生流动加速腐蚀（FAC），其发生过程：附着在碳钢表面上的磁性氧化铁（Fe_3O_4）保护层被剥离进入湍流的水或蒸汽中，使其保护性降低甚至消除，导致母材快速腐蚀，一直发展到管道腐蚀泄漏。FAC 过程可能十分迅速，壁厚减薄率可高达 5mm/a 以上。在火力发电厂中，金属腐蚀速率取决于给水化学成分、材料组成以及流体的动力学特性等。选择适宜的给水处理方式可以减轻 FAC 的损害，也能使省煤器入口处的铁和铜含量达到较低水平（<2μg/L）。

对双层氧化膜的研究表明，若上层膜是不很紧密的氧化铁，特别是 Fe_3O_4 在 150～200℃条件下，溶解度较高，不耐冲刷。这就是为什么在联氨处理条件下，炉前系统容易发生流动加速腐蚀（FAC）的原因，也是为什么使用联氨处理给水含铁量高，给水系统节流孔板易被 Fe_3O_4 粉末堵塞的原因。给水加氧处理就是为了改善这种条件，采用 OT 方式后，主要是将外层 Fe_3O_4 的表面以及间隙中覆盖上 Fe_2O_3，改变了外层 Fe_3O_4 空隙率高、溶解度高、容易发生流动加速腐蚀的性质。给水采用 AVT(O) 方式所形成的氧化膜的特性介于 OT 方式和 AVT(R) 方式之间，也就是说这种给水处理方式所形成的膜的质量比 OT 方式差，但优于 AVT(R) 方式。

二、锅炉给水处理标准

（一）AVT(R) 方式给水质量标准及特点

1. AVT(R) 方式给水质量标准

采用 AVT(R) 方式时锅炉给水质量标准见表 10-1。

表 10-1　　采用 AVT(R) 方式时锅炉给水质量标准

<table>
<tr><td colspan="2" rowspan="3">锅炉过热蒸汽压力（MPa）</td><td colspan="6">汽包锅炉</td><td colspan="4">直流锅炉</td></tr>
<tr><td>3.8～5.8</td><td>5.9～12.6</td><td colspan="2">12.7～15.6</td><td colspan="2">>15.6</td><td colspan="2">5.9～18.3</td><td colspan="2">>18.3</td></tr>
<tr><td>标准值</td><td>标准值</td><td>标准值</td><td>期望值</td><td>标准值</td><td>期望值</td><td>标准值</td><td>期望值</td><td>标准值</td><td>期望值</td></tr>
<tr><td rowspan="2">氢电导率（25℃，μS/cm）</td><td>有凝结水精处理</td><td>—</td><td>—</td><td>—</td><td>—</td><td>≤0.15</td><td>≤0.10</td><td rowspan="2">≤0.15</td><td rowspan="2">≤0.10</td><td rowspan="2">≤0.10</td><td rowspan="2">≤0.08</td></tr>
<tr><td>无凝结水精处理</td><td>—</td><td>≤0.30</td><td>≤0.30</td><td>≤0.20</td><td>≤0.30</td><td>≤0.20</td></tr>
<tr><td rowspan="2">pH 值（25℃）</td><td>有铜给水系统</td><td>8.8～9.3</td><td>8.8～9.3</td><td>8.8～9.3</td><td>—</td><td>8.8～9.3</td><td>—</td><td>8.8～9.3</td><td>—</td><td>8.8～9.3</td><td>—</td></tr>
<tr><td>无铜给水系统①</td><td>9.2～9.6</td><td>9.2～9.6</td><td>9.0～9.6</td><td>—</td><td>9.2～9.6</td><td>—</td><td>9.2～9.6</td><td>—</td><td>9.2～9.6</td><td>—</td></tr>
<tr><td colspan="2">溶解氧（μg/L）</td><td>≤15</td><td>≤7</td><td>≤7</td><td>—</td><td>≤7</td><td>—</td><td>≤7</td><td>—</td><td>≤7</td><td>—</td></tr>
<tr><td colspan="2">铁（μg/L）</td><td>≤50</td><td>≤30</td><td>≤15</td><td>≤10</td><td>≤10</td><td>≤5</td><td>≤10</td><td>≤5</td><td>≤10</td><td>≤3</td></tr>
<tr><td colspan="2">铜（μg/L）</td><td>≤10</td><td>≤5</td><td>≤5</td><td>≤3</td><td>≤3</td><td>≤2</td><td>≤3</td><td>≤2</td><td>≤2</td><td>≤1</td></tr>
<tr><td colspan="2">钠（μg/L）</td><td>—</td><td>—</td><td>—</td><td>—</td><td>—</td><td>—</td><td>≤3</td><td>≤2</td><td>≤2</td><td>≤1</td></tr>
<tr><td colspan="2">氯离子（μg/L）</td><td>—</td><td>—</td><td>—</td><td>—</td><td>≤2</td><td>≤1</td><td>≤1</td><td>—</td><td>≤1</td><td>—</td></tr>
<tr><td colspan="2">二氧化硅（μg/L）</td><td>—</td><td>—</td><td>—</td><td>—</td><td>≤10</td><td>≤5</td><td>≤10</td><td>≤5</td><td>≤10</td><td>≤5</td></tr>
<tr><td rowspan="2">联氨②（μg/L）</td><td>有铜给水系统</td><td>10～30</td><td>10～30</td><td>10～30</td><td>—</td><td>10～30</td><td>—</td><td>10～30</td><td>—</td><td>10～30</td><td>—</td></tr>
<tr><td>无铜给水系统</td><td><30</td><td><30</td><td><30</td><td>—</td><td><30</td><td>—</td><td><30</td><td>—</td><td><30</td><td>—</td></tr>
<tr><td colspan="2">硬度（μmol/L）</td><td>≤2.0</td><td>—</td><td>—</td><td>—</td><td>—</td><td>—</td><td>—</td><td>—</td><td>—</td><td>—</td></tr>
<tr><td colspan="2">TOCi（μg/L）</td><td><1.0</td><td>≤500</td><td>≤500</td><td>—</td><td>≤200</td><td>—</td><td>≤200</td><td>—</td><td>≤200</td><td>—</td></tr>
</table>

① 对于凝汽器管为铜管和其他换热器管为钢管的机组，给水 pH 值宜控制在 9.1～9.3。

② 对有铜给水系统，应控制除氧器入口联氨的含量。

2. AVT(R) 方式的特点

AVT(R) 方式是在物理除氧后，再加氨和还原剂使给水呈弱碱性的还原处理。在 20 世纪 80 年代以前，在世界范围内几乎所有的锅炉给水处理都采用 AVT(R) 方式。对于有铜系统的机组，兼顾了抑制铜、铁腐蚀的作用。对于无铜系统的机组，通过提高给水的 pH 值抑制铁腐蚀。但是后来试验发现，水质在达到一定的纯度后，加除氧剂只对铜合金有腐蚀抑制作用，对钢铁不但没有好处，有时反而会使给水和湿蒸汽系统发生 FAC。因此，不加还原剂，使给水呈弱氧化性状态，或加氧使水处于氧化性状态，反而会使无铜系统机组给水含铁量减小，使 FAC 现象减轻或被抑制。

对于有铜系统，总是优先采用 AVT(R) 方式；对于无铜系统，如果出现给水的含铁量较高（大于 10μg/L）、高压加热器疏水调节阀门经常卡涩、汽水系统的弯头处有冲刷减薄等现象时，不宜采用 AVT(R) 方式，最好采用 OT 方式 或 AVT(O) 方式 。

（二）AVT(O) 方式给水质量标准及特点

1. AVT(O) 方式给水质量标准

采用 AVT(O) 方式时锅炉给水质量标准见表 10-2。

表 10-2　　采用 AVT(O) 方式时锅炉给水质量标准

锅炉过热蒸汽压力 (MPa)		汽包锅炉						直流锅炉			
		3.8～5.8	5.9～12.6	12.7～15.6		>15.6		5.9～18.3		>18.3	
		标准值	标准值	标准值	期望值	标准值	期望值	标准值	期望值	标准值	期望值
氢电导率 (25℃, μS/cm)	有凝结水精处理	—	—	—	—	≤0.15	≤0.10	≤0.15	≤0.10	≤0.10	≤0.08
	无凝结水精处理	—	≤0.30	≤0.30	≤0.20	≤0.30	≤0.20				
pH 值 (25℃)	无铜给水系统①	9.2～9.6	9.2～9.6	9.2～9.6	—	9.2～9.6	—	9.2～9.6	—	9.2～9.6	—
溶解氧 (μg/L)		≤15	≤10	≤10	—	≤10	—	≤10	—	≤10	—
铁 (μg/L)		≤30	≤20	≤10	≤5	≤10	≤5	≤10	≤5	≤5	≤3
铜 (μg/L)		≤10	≤5	≤3	≤2	≤3	≤2	≤3	≤2	≤2	≤1
钠 (μg/L)		—	—	—	—	—	—	≤3	≤2	≤2	≤1
氯离子 (μg/L)		—	—	—	—	≤2	≤1	≤1	—	≤1	—
二氧化硅 (μg/L)		—	—	—	—	≤10	≤5	≤10	≤5	≤10	≤5
TOCi (μg/L)		—	≤500	≤500	—	≤200	—	≤200	—	≤200	—
硬度 (μmol/L)		≤2.0	—	—	—	—	—	—	—	—	—

① 对于凝汽器管为铜管的无铜给水系统，给水 pH 值宜控制在 9.1～9.3。

2. AVT(O) 方式的特点

20 世纪 80 年代末期，随着人们对环保意识和公共安全卫生意识的逐渐加强，对 AVT(R) 方式所使用的联氨越来越遭到质疑。为此在世界范围内开展两方面的研究，一是开发无毒的新型除氧剂来代替联氨，二是取消除氧剂，改为氧化性处理，即 AVT(O) 方式。后者更符合国际水处理的研究方向，即尽量少向汽水系统中加化学药品，加药越简单越好。

AVT(O) 方式其实就是不加除氧剂的 AVT(R) 方式。在该处理方式下，给水处于弱氧化性的气氛，通常 ORP（氧化还原电位）在 0～80mV 之间。由于 OT 方式对水质要求严格，对于没有凝结水精处理设备或凝结水精处理运行不正常的机组，给水的氢电导率难以保证小于 0.15μS/cm 的要求，就无法采用 OT 方式。而采用 AVT(R) 方式时，给水的含铁量又高，这时可以采用 AVT(O) 方式。这种处理方式通常会使给水的含铁量降低，省煤器管和水冷壁管的结垢速率也相应降低。

因此，除凝汽器外，无其他铜合金材料的机组，锅炉给水处理应优先采用 AVT(O) 方式。如果有凝结水精处理设备，给水的氢电导率能保证小于 0.15μS/cm，最好采用 OT 方式。如果低压给水系统中有铜合金部件，一般不宜采用 AVT(O) 方式，否则会使汽水系统含铜量增高，严重时汽轮机结铜垢。

（三）OT 方式给水质量标准及说明

1. OT 方式给水质量标准

采用 OT 方式时锅炉给水质量标准见表 10-3。

表 10-3　　采用 OT 方式时锅炉给水质量标准

锅炉过热蒸汽压力（MPa）		汽包锅炉		直流锅炉	
		>15.6		>18.3	
		标准值	期望值	标准值	期望值
氢电导率①（25℃，μS/cm）		≤0.15	≤0.10	≤0.10	≤0.08
pH 值（25℃）	中性处理	7.0～8.0	—	8.5～9.3	
	碱性处理	8.5～9.3②	—		
溶解氧③（μg/L）		10～80	20～30	10～150	—
铁（μg/L）		≤10	≤5	<5	≤3
铜（μg/L）		≤3	≤2	<2	≤1
钠（μg/L）		—	—	<2	≤1
二氧化硅（μg/L）		≤10	≤5	<10	≤5
氯离子（μg/L）		≤2	≤1	<1	—
TOCi（μg/L）		≤200	—	<200	—

① 汽包下降管锅水的氢电导率应小于 1.5μS/cm。

② 溶解氧控制在低限时，pH 值宜控制在接近于高限。

③ 汽包下降管锅水的溶解氧含量应小于 10g/L。

2. 采用 OT 方式应具备的条件

（1）水质要求。机组配有凝结水精处理设备，并且能长期稳定运行。经处理的凝结水的氢电导率能长期低于 0.15μS/cm。

（2）材质要求。给水系统不应含有铜合金部件。

（3）监测仪表要求。应配置给水在线氢电导率仪和溶解氧仪。

（4）取样点要求。对于汽包锅炉应加装锅水下降管取样点，并配置锅水在线溶解氧仪和氢电导率仪。

（5）设备要求。安装高（低）压给水加氧管路、阀门及加氧装置，如果采用自动加压氧装置，还应向加氧控制柜引入凝结水流量信号和给水流量信号。

3. 加氧前应做好的准备工作

（1）对加氧系统进行清洗，清洗介质一般采用四氯化碳。

（2）对加氧系统进行严密性试验，试验介质用氮气。

（3）对加氧装置进行调试。

（4）确保加氧期间精处理水的氢电导率小于 0.15μS/cm，争取小于 0.10μS/cm。

（5）对在线化学仪表进行校验，并确定准确无误。

（6）锅炉燃烧工况稳定，机组处于长期运行状态。

三、给水优化处理

给水优化处理是根据汽水系统的材质和给水水质合理选择给水处理方式，使给水系统所涉及的各种材料的综合腐蚀速率最小。其具体步骤如下：

（1）根据汽水系统的材质和给水水质来选择给水处理方式。

（2）采用目前的给水处理方式，如果机组无腐蚀问题，给水的含铁量较小，可按此方式继续运行。

（3）如果采用目前的给水处理方式，机组存在腐蚀问题，或给水的含铁量较高，应通过以下方法选择其他给水处理方式。

1）当机组为无铜系统时，应优先选用 AVT(O) 方式；如果给水氢电导率小于 0.15μS/cm，且精处理系统运行正常，宜转为 OT 方式，否则按原处理方式继续运行。

2）当机组为有铜系统时，应采用 AVT(R) 方式，并进行优化，即确定最佳的化学控制指标使铜铁的含量均处于较低水平，化学指标主要包括 pH 值、溶解氧浓度等；如果给水氢电导率小于 0.15μS/cm，且精处理系统运行正常，还可以进行加氧试验，确定汽水系统的含铜量合格后转为 OT 方式，否则按原处理方式继续运行。

四、给水水质监测及水质劣化时的处理

给水的氢电导率、pH 值和溶解氧是影响锅炉腐蚀的主要因素，必须使用在线表计连续监测。铁、铜含量是对上三项指标以及给水的处理方式的综合反应，可进行定期监测。对于水中的硬度和 TOCi 量，可根据具体情况进行间隔时间更长的定期监测。

当给水水质劣化时，应迅速检查取样是否有代表性，化验结果是否正确，并综合分析系统中水、汽质量的变化，确认无误后，应首先进行必要的化学处理，并立即向有关负责人汇报。负责人应责成有关部门采取措施，使给水质量在规定的时间内恢复到标准值。

（一）采用 AVT(R) 方式和 AVT(O) 方式水处理时水质劣化的处理

采用 AVT(R) 方式和 AVT(O) 方式水处理时，水质劣化分为三级，见表 10-4。一级水质劣化是指有造成腐蚀、结垢、积盐的可能性，应在 72h 内恢复至正常值；二级水质劣化是指肯定会造成腐蚀、结垢、积盐，应在 24h 内恢复至正常值；三级水质劣化是指正在进行快速腐蚀、结垢、积盐，应在 4h 内恢复至正常值，否则停炉。在水质劣化处理过程中，如果在规定的时间内尚不能恢复到正常值，则应采取更高一级的处理方法。

（二）采用 OT 方式水处理时水质劣化的处理

1. 汽包锅炉采用 OT 方式水处理时水质劣化的处理

当给水或汽包下降管锅水氢电导率超过 OT 方式的标准值时，应及时转为 AVT(O) 方式。

表 10-4　采用 AVT(R) 方式和 AVT(O) 方式水处理时，锅炉给水水质异常的处理值

项目		标准值	处理值		
			一级	二级	三级
氢电导率[①]（25℃，μS/cm）	有凝结水精处理	≤0.15	>0.15[②]	>0.20	>0.30
	无凝结水精处理	≤0.30	>0.30	>0.40	>0.65
pH 值（25℃）	有铜给水系统	8.8～9.3	<8.8 或>9.3	—	—
	无铜给水系统	9.2～9.6	<9.2	—	—
溶解氧（μg/L）	AVT(R)	≤7	>7	>20	—
	AVT(O)	≤10	>10	>20	—

① 用海水冷却的机组，当给水氢电导率超标时，应迅速检查凝结水含钠量，如果大于 400μg/L，应紧急停炉。

② 主蒸汽压力大于 18.3MPa 的直流锅炉标准值不大于 0.10μS/cm，一级处理值大于 0.10μS/cm。

2. 直流锅炉采用 OT 方式水处理时水质劣化的处理

直流锅炉采用 OT 方式水处理时，当氢电导率（25℃）达到 0.10～0.2μS/cm 时，立即提高加氨量，调整给水 pH 值到 9.2～9.6，在 24h 内使氢电导率降至 0.10μS/cm 以下；当氢电导率（25℃）大于或等于 0.2μS/cm 时，停止加氧，转为 AVT(O) 方式。

五、350MW 热电联产机组锅炉水质指标

给水品质对于超临界直流锅炉的良好运行是至关重要的，锅炉运行的各个阶段对给水品质的要求有所不同，下面分别说明。

1. 锅炉点火前的给水品质要求

锅炉点火前的给水品质应达到以下要求：pH 值（25℃）为 9.0～9.5，溶解氧小于或等于 100μg/L，铁（Fe）小于或等于 30μg/L，氢电导率（25℃）小于 0.65μS/cm。

2. 锅炉分离器出口蒸汽温度高于 288℃的给水品质要求

锅炉启动过程中分离器出口蒸汽温度高于 288℃时，给水品质应达到以下要求：pH 值（25℃）为 9.0～9.5，溶解氧小于或等于 20μg/L，铁（Fe）小于或等于 30μg/L，氢电导率（25℃）小于或等于 0.50μS/cm。

锅炉点火时，如给水溶解氧大于 10μg/L 及氢电导率大于 0.15μS/cm，将会有潜在的管子内部产生氧腐蚀和腐蚀疲劳。因此，在锅炉启动期间，当分离器出口蒸汽温度小于 288℃时，给水中的溶解氧应小于 100μg/L；而当分离器出口蒸汽温度大于 288℃时，给水中的溶解氧应小于 20μg/L，短时的给水溶解氧在 20～50μg/L 是允许的，不过其在一年中的累计时间不应超过 16h。为了避免受热面内部的氧腐蚀和疲劳破坏，应尽可能保持低的给水溶解氧和氢电导率。同时应尽量缩短给水溶解氧大于 10μg/L 及氢电导率大于 0.15μS/cm 时的启动时间。

3. 锅炉给水处理方式由全挥发处理（AVT）方式转换成加氧处理（OT）方式

锅炉投产时给水处理方式应采用 AVT(O) 方式，锅炉运行一段时间后（约 6 个月），此时氧化层较薄，应及时将锅炉水处理转换成 OT 方式。从 AVT(O) 方式向 OT 方式转换时，给水的氢电导率（25℃）必须小于 0.15μS/cm。

4. 锅炉正常运行时的给水品质要求

锅炉正常运行时，给水品质应达到以下要求：pH 值（25℃）为 8.0～8.5，硬度为 0，

溶解氧为30～150μg/L，铁（Fe）小于或等于5μg/L，铜（Cu）小于或等于2μg/L，总有机物（TOCi）小于或等于100μg/L，二氧化硅小于或等于10μg/L，钠小于或等于2μg/L，氢电导率（25℃）小于或等于0.10μS/cm。

当机组变工况运行或给水系统受到扰动时，给水品质有可能偏离上述要求。管内的结垢和腐蚀程度将随之变化，短时的小幅度偏离是允许的，但应尽量减小偏离的幅度、时间和频率。

第二节 锅炉化学清洗

锅炉化学清洗是防止受热面因腐蚀和结垢引起事故的必要措施，同时也是提高锅炉热效率、改善机组水汽品质的有效措施之一。锅炉化学清洗是指采用一定的清洗工艺，通过化学药剂的水溶液与锅炉汽水系统中的腐蚀产物、沉积物和污染物发生化学反应而使锅炉受热面内表面清洁，并在金属表面形成良好钝化膜的方法。化学清洗有浸泡清洗和循环清洗等方式，循环清洗是锅炉化学清洗最常用的方法。锅炉化学清洗一般的步骤为水冲洗、碱洗、碱洗后水冲洗、酸洗、酸洗后水冲洗、漂洗和钝化、废液处理等（可根据实际情况进行调整）。

一、化学清洗的必要性

1. 新建锅炉的化学清洗

新建锅炉通过化学清洗，可除掉设备在制造过程中形成的氧化皮和在储运、安装过程中生成的腐蚀产物、焊渣以及设备出厂时涂覆的防护剂（如油脂类物质）等各种附着物，同时还可除去在锅炉制造和安装过程中进入或残留在设备内部的杂质，如砂子、尘土、水泥和保温材料的碎渣（它们大多含有二氧化硅）等。实践证明，新建锅炉如果启动前不进行化学清洗，汽水系统内的各种杂质和附着物在锅炉投运后会产生以下几种危害：

（1）直接妨碍炉管管壁的传热或者导致水垢的产生，而使炉管金属过热和损坏。

（2）促使锅炉在运行中发生沉积物下腐蚀，以致使炉管变薄、穿孔而引起爆管。

（3）使锅水的含硅量等水质指标长期不合格，以致蒸汽品质不良，危害汽轮机的正常运行。

新建锅炉启动前进行的化学清洗，不仅有利于锅炉的安全运行，而且还因为它能改善锅炉启动时期的水、汽质量，使之较快达到正常标准，从而大大缩短新机组启动到正常运行的时间。因此，新建锅炉启动前必须进行化学清洗。

2. 运行锅炉的化学清洗

锅炉投运后，即使采取十分完善的水处理技术，汽水品质完全符合标准，但仍然不可避免地会有结垢性物质进入汽水系统，而热力设备运行或停运中也会产生一定的腐蚀产物。这些杂质在炉管内形成沉积物，影响炉管的传热和水汽流动特性，加速炉管的腐蚀和损坏，污染蒸汽，危害机组正常运行。

运行锅炉进行化学清洗主要是根据DL/T 794《火力发电厂锅炉化学清洗导则》中化学清洗条件等因素来决定。但水冷壁管的结垢量低于导则规定结垢量下限的1/2，并且无明显垢下腐蚀的锅炉，可以延迟化学清洗。对于因结垢、腐蚀而造成水冷壁爆管或泄漏的锅炉，即使锅炉运行年限或结垢量尚未达到化学清洗的条件，也应立即进行化学清洗。

为了查明炉管内沉积物的累积程度，通常采用割管检查的方法。因为在锅炉不同部位的炉管中沉积物量有较大的差别，所以应该挑选在最容易发生结垢和腐蚀的地方，进行割管检查。这些地方一般是受热面热负荷最大的部位（如喷燃器附近；对于有燃烧带的锅炉，燃烧带上部距炉膛中心最近处）、冷灰斗和焊口处等。因为炉管的向火侧比背火侧热负荷大得多，产生的沉积物量也多些，炉管的腐蚀、过热和爆管等故障往往发生在其向火侧，所以通常按炉管向火侧沉积物量决定该锅炉是否需要进行化学清洗。

二、锅炉化学清洗范围的确定

因锅炉的类型、参数和清洗种类（新建锅炉启动前的清洗还是运行锅炉的清洗）不同，锅炉化学清洗的范围也有所差别。这是因为在各种不同条件下锅炉汽水系统各部分污染的情况不一样所致。因此，在每次清洗时，首先应决定清洗范围。

1. 新建锅炉化学清洗范围

由于新建锅炉汽水系统的各部分都可能较脏，所以化学清洗的范围较广，一般超高压以上的锅炉，除了要包括锅炉本体的汽水系统外，还应考虑清洗炉前系统（凝汽器→凝结水泵→除氧器→省煤器），过热器和再热器一般不进行化学清洗，通常按照 DL/T 1269《火力发电建设工程机组蒸汽吹管导则》进行蒸汽吹管。

2. 运行锅炉化学清洗范围

运行锅炉化学清洗范围一般只包括锅炉本体的汽水系统，但当过（再）热器垢量超过 $400g/m^3$、发生氧化皮脱落造成爆管事故或氧化皮厚度达到 T/CEC 144—2017《过热器和再热器化学清洗导则》中清洗条件时，也应对过（再）热器进行化学清洗。

三、化学清洗药品与工艺的选择

（一）化学清洗药品的选择

化学清洗剂由清洗主剂、缓蚀剂及清洗助剂等化学药品组成，化学清洗工艺过程中清洗药品的选择和使用是非常关键的。在化学清洗时所用的清洗液中，除了要有起清洗作用的清洗剂外，为了减缓清洗剂对金属的腐蚀，溶液中还加有缓蚀剂，清洗后金属表面钝化需要加钝化剂，此外为了提高清洗效果还要添加必要的清洗助剂。清洗剂选用的技术要求：①清洗剂对污垢要有很强的清除能力，反应快、除垢彻底；②符合 DL/T 794《火力发电厂锅炉化学清洗导则》和 DL/T 957《火力发电厂凝汽器化学清洗及成膜导则》中对被清洗设备金属腐蚀的控制要求；③清洗综合成本低、废液处理能够达到符合国家相关法规的要求。

化学清洗剂可分为酸性清洗剂（酸性清洗剂可分为无机酸清洗剂和有机酸清洗剂）、碱性清洗剂、络合清洗剂、黏泥菌藻清洗剂和其他清洗助剂等。清洗剂的选择是清洗工作成败关键的一环，它直接影响设备的清洗效果、除垢率、腐蚀速率以及工艺条件和经济效果等。必须考虑清洗剂对化学清洗范围内各设备、部件等金属材料的适应性，以及对沉积物的清洗效果。要根据设备结构类型、材质、垢的成分组成及垢量的多少等情况认真选择，并通过试验（在保证清洗效果和缓蚀效果的前提下，综合考虑其经济性及环保要求等因素）来确定。待化学清洗剂选定后，再根据选定的清洗剂确定具体的清洗工艺条件。

缓蚀剂选择与清洗剂的种类和浓度有关，还与清洗温度和流速有关，因为每种缓蚀剂都有它所适用的温度和流速范围。缓蚀剂抑制腐蚀的能力，一般随清洗液的温度上升和流速增大而降低的。由于影响的因素较多，所以缓蚀剂的选用应通过小型试验来确定。

清洗添加助剂主要有还原剂（联氨、VC、氯化亚锡等）、隐蔽剂（氨、硫脲等）、助溶剂（表面活性剂、氟化氢氨）等。钝化剂主要有联氨、亚硝酸钠、磷酸盐、双氧水等，上述药品要根据其各自的特点，从使用效果、使用条件以及环保、经济性等各方面进行综合比较后选择。

（二）化学清洗方式和工艺条件的选择

1. 清洗方式

化学清洗有浸泡清洗和循环清洗两种方式。通常不采用浸泡方式，而采用循环清洗的方式。

2. 药品浓度

化学清洗剂和清洗助剂等药品浓度，是随沉积物的状况不同而异的，为减小清洗介质对被清洗设备的腐蚀，清洗液的最大浓度应由试验确定，并应通过小型试验选择合适的酸洗缓蚀剂，缓蚀剂等药品浓度应保证腐蚀速度最小为原则。

3. 清洗温度

清洗液的温度对化学清洗效果有很大影响。温度越高，清洗效果越好，但设备的腐蚀速率也随之增加，对于缓蚀剂抑制腐蚀的能力，却随温度的升高而降低，当超过一定温度时甚至可能使其抑制腐蚀的能力完全失效。因此，要根据选择的清洗剂将清洗液的温度控制在合适范围。无机酸的清洗温度一般在40～70℃，柠檬酸的清洗温度为90～95℃，EDTA的清洗控制温度：低温清洗控制温度为80～90℃，高温清洗控制温度为130℃±10℃。

4. 清洗流速

清洗流速不宜过大或过小，应当控制合适的清洗流速。清洗流速大虽然可以使沉积物的溶解速度增快，但过大的流速会使缓蚀剂的缓蚀能力下降，因此清洗流速不能过大；而清洗流速过小，又不能保证清洗液在清洗系统各部分充分均匀流动，导致清洗效果变差。清洗介质的流速应控制在该缓蚀剂所允许的范围内：循环清洗应维持炉管中清洗介质的流速为0.3～0.5m/s（通常不大于1m/s）。允许的最大和最小流速，可通过动态小型试验确定。

5. 清洗时间

清洗时间是指清洗液在清洗系统中循环流动的时间。清洗时间随清洗剂的种类、沉积物成分、沉积量等的不同而异。进行化学清洗时，实际时间要根据化学监督的数据来控制。

6. 清洗系统

清洗系统应根据锅炉的结构特点、清洗工艺、沉积物的状况以及热力系统和现场设备等具体情况来拟定。拟定清洗系统时，应以系统简单，操作方便，临时管道、阀门和设备少，安全可靠等为原则。

（1）应保证清洗液在清洗系统各部分有适当的流速，清洗后废液能排干净。应特别注意设备或管道的弯曲部分和不容易排干净的地方，要避免因这里流速太小而使洗下的不溶性杂质沉积起来。

（2）选择清洗用泵时，要考虑它的扬程和流量，可将整个化学清洗系统分成几个独立的清洗回路，以保证清洗时有一定的清洗流速。

（3）在清洗系统中，应安置附有沉积物的管样和主要材料的试片。它们一般安装在下列地点：监视管段内、省煤器集箱、水冷壁集箱内。监视管段可安装在清洗用临时管道系统的旁路上，它可用来判断清洗终点。

（4）在清洗系统中应装有足够的仪表及取样点，以便测定清洗液的流量、温度、压力以及进行化学监督。

（5）对于不能与清洗液接触的部件，必须根据具体情况采取可靠的隔离措施。

（6）清洗系统中应有引至室外的排氢管，以排除酸洗时产生的氢气，避免引起爆炸事故或者产生气塞而影响清洗。

四、锅炉化学清洗的工艺步骤

（一）水冲洗

水冲洗对于新建锅炉是为了除去安装时脱落的焊渣、尘埃和氧化皮等，对于运行后的锅炉是为了冲去运行中产生的可冲掉的沉积物。此外，水冲洗还可检验清洗系统是否严密。对于有奥氏体钢部件的系统应用含氯量小于 0.2mg/L 的除盐水冲洗。水冲洗时流速应大于 0.6m/s（一般为 0.6～1.5m/s）。

（二）碱洗（碱煮）

碱洗是用碱溶液清洗，碱洗的除油效果较好，但其除锈、除垢和除硅效果较差。要达到除锈、除垢和除硅的效果，必须采用碱煮。碱煮是首先在锅炉内加碱性清洗剂，然后点火升压进行煮炉。这两种方法的使用，应根据锅炉的具体情况而定。

新建设备在酸洗前通常采用碱洗除油，目的是去除锅炉内部的防锈剂和安装沾染的油污等附着物，为下一步酸洗创造有利条件。典型的碱洗除油工艺为 0.2%～0.5%Na_3PO_4＋0.1%～0.2%Na_2HPO_4，因为游离氢氧化钠对奥氏体钢有腐蚀作用，所以在清洗奥氏体钢材质的设备部件时，不能用氢氧化钠。碱性清洗剂用除盐水配制，温度不低于 90～95℃，流速应大于 0.3m/s，循环时间为 8～24h。碱洗结束后，先放尽废液，然后再用除盐水冲洗，至出水 pH 值小于或等于 9.0、水清、无细微颗粒、无油脂为止。

（三）酸洗

酸洗除垢是整个锅炉化学清洗工序中最关键、最重要的环节，除垢效果的好坏关系到化学清洗的成败。

加酸之前必须先加入缓蚀剂进行预缓蚀，并循环均匀，以确保设备安全。清洗添加助剂可改善酸洗效果，缩短清洗时间，在加酸前将清洗添加助剂加入清洗系统。如果清洗液中 $Fe^{3+}>300$mg/L 时，必须加入一定量的还原剂，它能有效地降低设备的腐蚀。循环酸洗应通过合理的回路切换，维持清洗液浓度和温度的均匀，避免清洗系统有死角出现，每个循环回路的流速为 0.2～0.5m/s（通常不大于 1m/s）。开式酸洗应该维持系统内酸液流速为 0.15～0.5m/s（不得大于 1m/s）。

在酸洗过程中，每 0.5h 应该测定一次酸浓度、含铁量、pH 值。清洗中酸浓度降低到一定程度时，应适当补加和调整。当酸洗到既定时间或清洗溶液中 Fe^{2+} 和清洗剂含量无明显变化，同时监视管段内垢已清除干净时，就可结束酸洗。

酸洗时温度要控制在一定范围，清洗时间根据实际清洗的情况来确定，以除垢彻底又不过洗为原则。一般情况下酸洗时间不得超过 10h；当运行炉垢量高时，采用 EDTA-Na 清洗时间可延长至 20h。必须控制腐蚀总量不得大于 $80g/m^2$。

（四）酸洗后水冲洗

酸洗后水冲洗的目的是清除系统内的酸洗液，提高 pH 值。由于酸洗过程中已经将垢和锈层除去，金属表面又处于活化的状态，所以对水冲洗的要求较高。首先冲洗时间要求越短越好，尽量减少被冲洗表面二次锈的产生；其次冲洗水的流量尽可能高。一方面通过提高管内的流速，将管壁上不溶解的沉渣冲洗掉；另一方面可节约冲洗用水，并使水冲洗尽快合格。

为防止活化后的金属表面产生二次锈蚀，酸洗结束后，不宜采用将酸直接排空再上水的方法进行冲洗，以防止空气进入炉内引起金属腐蚀，而应用除盐水排挤酸液并进行冲洗。为了提高冲洗效果，应尽可能提高冲洗流速。酸液排除后在冲洗液中加一些还原剂 EVC-Na，在水冲洗后期也可加入少量柠檬酸以防止产生二次锈蚀，当冲洗至排水 pH 值 5～6、总铁离子浓度小于 50mg/L，水质清澈为止。冲洗合格后立即建立整体大循环，并用氨水将 pH 值调至 9.0 以上。

（五）漂洗和钝化

1. 漂洗

漂洗目的是去除被洗表面在酸洗后水冲洗时可能产生的二次浮锈，并将系统中的游离铁离子络合掩蔽，为钝化过程打好基础。

化学清洗中漂洗方法主要有柠檬酸漂洗和磷酸、多聚磷酸盐漂洗。柠檬酸漂洗是采用 0.2%～0.3%的柠檬酸，用氨水调节 pH 值为 3.5～4，并加入少量（0.05%～0.1%）的缓蚀剂进行漂洗，漂洗温度一般为 75～85℃，漂洗时间一般为 2～3h。磷酸、聚磷酸盐漂洗是采用 0.15%～0.25%磷酸加 0.2%～0.3%三聚磷酸钠，并加少量（0.05%～0.1%）缓蚀剂，在 pH 值 2.5～3.5 条件下进行漂洗，漂洗温度控制在 40～50℃，漂洗时间为 2～3h。

漂洗液中总铁量应小于 300mg/L，若超过该值，应用热的除盐水更换部分漂洗液至总铁量小于 300mg/L，为钝化处理创造有利条件。清洗系统温度升至工艺要求温度后加药漂洗。漂洗过程中应检测漂洗液的 pH 值和总铁离子浓度，总铁离子浓度要求不超过 300mg/L。

2. 钝化

钝化是在金属表面上生成保护膜，防止金属表面暴露在大气中发生腐蚀。目前，钝化常用的方法有 5 种。

（1）磷酸三钠钝化法。磷酸三钠钝化法是用除盐水配制浓度为 1%～2%的 $Na_3PO_4 \cdot 12H_2O$，钝化温度控制在 80～90℃，钝化时间为 8～24h。

（2）联氨钝化法。联氨钝化法是用除盐水配制浓度为 300～500mg/L 的联氨溶液，用氨水调整 pH 值为 9.5～10.0（或 NH_3 含量在 10～20mg/L），钝化温度控制在 90～100℃，循环时间为 24～30h。生成的保护膜为灰黑色或棕褐色。

（3）过氧化氢（双氧水）钝化法。过氧化氢（双氧水）钝化法是采用 0.3%～0.5%的 H_2O_2，用氨水调整 pH 值为 9.5～10，钝化温度控制在 50～60℃，循环时间为 4～6h。双氧水钝化具有钝化温度低，时间短，钝化液无毒、环保无害，钝化效果好等优点，但要注意双氧水和柠檬酸两者不能共用，使用双氧水钝化前不能采用柠檬酸进行漂洗，而要采用 0.15%Na_3PO_4＋0.2%$Na_5P_3O_{10}$＋酸洗缓蚀剂（0.05%～0.1%），pH 值为 3 左右，维持温度为 40～50℃，漂洗 1～2h 的漂洗工艺。

（4）甲酮肟或乙醛肟钝化法。甲酮肟或乙醛肟钝化法是采用 500～800mg/L 甲酮肟或乙醛肟溶液，用氨水调整 pH 值大于或等于 10.5，钝化温度控制在 90～95℃，循环时间为 12～24h。

（5）多聚磷酸钠钝化。多聚磷酸钠钝化是采用 H_3PO_4（0.15%～0.25%）＋$Na_5P_3O_{10}$（0.2%～0.3%），pH 值为 2.5～3.5，钝化温度控制在 40～50℃，流速为 0.2～1m/s，漂洗

时间为1h左右。氨水调整pH值为9.5～10，再升温至80～90℃，循环时间为1～2h。

（六）清洗后的锅炉保养

锅炉清洗后如20天内不能投入运行，应按照DL/T 956《火力发电厂停（备）用热力设备防锈蚀导则》或DL/T 957《火力发电厂凝汽器化学清洗及成膜导则》中相关内容，采取保护措施。

（七）清洗废液的处理

锅炉化学清洗废液（无论酸洗液、碱洗液、钝化液）必须进行严格处理，符合国家和地方环保标准的规定，严禁超标排放。

五、超临界锅炉的化学清洗

超临界机组结构复杂，设备材质种类较多，设备造价高，对锅炉化学清洗质量的要求高，化学清洗剂的选择尤为重要，所选用的清洗剂必须有很好的溶垢性能，且不得含有易产生晶间腐蚀的敏感离子Cl^-、F^-、S^{2+}，科学合理地选择清洗介质和清洗工艺是超临界机组化学清洗的关键和安全运行的保证。锅炉化学清洗前必须进行应力腐蚀和晶间腐蚀的试验，鉴定该清洗介质对钢材的腐蚀程度。

有机酸清洗剂对金属的腐蚀倾向较小，但有机酸对垢的溶解速度较慢，清洗所需的时间较长、清洗费用较高。锅炉化学清洗中常用的有机酸清洗剂主要有柠檬酸、EDTA、羟基乙酸、甲酸、乙酸（醋酸）等。

1. 柠檬酸清洗剂

柠檬酸分子式为$H_3C_6H_5O_7$，是一种有机酸，柠檬酸清洗剂有以下特点：

（1）对金属腐蚀性小，不会引起设备的应力腐蚀，它能够络合Fe^{3+}，削弱Fe^{3+}对于金属腐蚀的促进作用。

（2）柠檬酸可以溶解氧化铁和氧化铜，生成柠檬酸铁、柠檬酸铜的络合物，由于柠檬酸本身与Fe_3O_4反应缓慢，与Fe_2O_3反应所生成的柠檬酸铁溶解度较小，易产生沉淀，所以在使用柠檬酸清洗时，要用氨水将清洗液的pH值调节到3.5～4.0，使其氨化，转化为柠檬酸铵（$NH_4H_2C_6H_5O_7$），柠檬酸铵可以和铁离子生成溶解度很大的柠檬酸亚铁铵和柠檬酸铁铵的络合物，清洗效果较好，但柠檬酸清洗剂对于钙、镁、硅垢的清洗效果较差。

（3）柠檬酸清洗常用浓度为2%～6%，温度控制在90～95℃。清洗流速应大于0.3m/s，不得超过1.5m/s，清洗时间为5h左右。

（4）柠檬酸清洗中，当清洗液中的铁离子浓度太大，pH>4时，可能生成柠檬酸铁的沉淀，影响清洗的效果。因此，要控制清洗液的pH值在3.5～4.0，并且铁离子浓度应小于0.5%。

（5）酸洗过程结束后，应当用热水将其顶排出系统，防止在金属表面附着反应残留物。

2. EDTA清洗剂

EDTA（乙二胺四乙酸）清洗剂的分子式为$C_{10}H_{16}N_2O_8$，EDTA清洗剂有以下特点：

（1）EDTA在不同的pH值的情况下存在不同的形态，对金属有不同的络合清洗、钝化能力，在清洗过程中要控制pH值，达到清洗、钝化一步完成的目的。

（2）EDTA对铁垢、铜垢、钙镁垢都有较强的清除能力，形成易溶的络合物，对金属腐蚀小。清洗后，金属表面生成良好的防腐保护膜，可以清洗和钝化一步完成。

3. 羟基乙酸清洗剂

羟基乙酸（也称为乙醇酸）的分子式为 $CH_2(OH)COOH$，是最简单的乙醇酸，羟基乙酸有以下特点：

(1) 羟基乙酸是无色容易潮解的晶体，相对密度为 1.49，熔点为 79～80℃，沸点为 100℃，溶于水和极性溶剂。羟基乙酸分子中比乙酸多了一个羟基，因此其水溶性比乙酸好，酸性也比乙酸强，属于有机强酸。

(2) 单纯的羟基乙酸清洗液对氧化铁的清洗效果不显著，采用混合清洗剂即 2%羟基乙酸＋1%甲酸，温度控制在 80～100℃，动态循环清洗，可取得理想的清洗效果。

(3) 羟基乙酸清洗适用范围广，对设备腐蚀性很低，清洗时不会产生沉淀物、危险性小、安全性高。

六、清洗实例

（一）用柠檬酸对新建超临界锅炉进行化学清洗

某新建机组为超临界、一次中间再热、三缸四排汽、单轴、凝汽式汽轮机，锅炉为超临界参数直流炉，机组额定功率为 350MW，过（再）热蒸汽温度为 571℃。安装完毕后，用柠檬酸对锅炉进行化学清洗，其系统图见图 10-2。

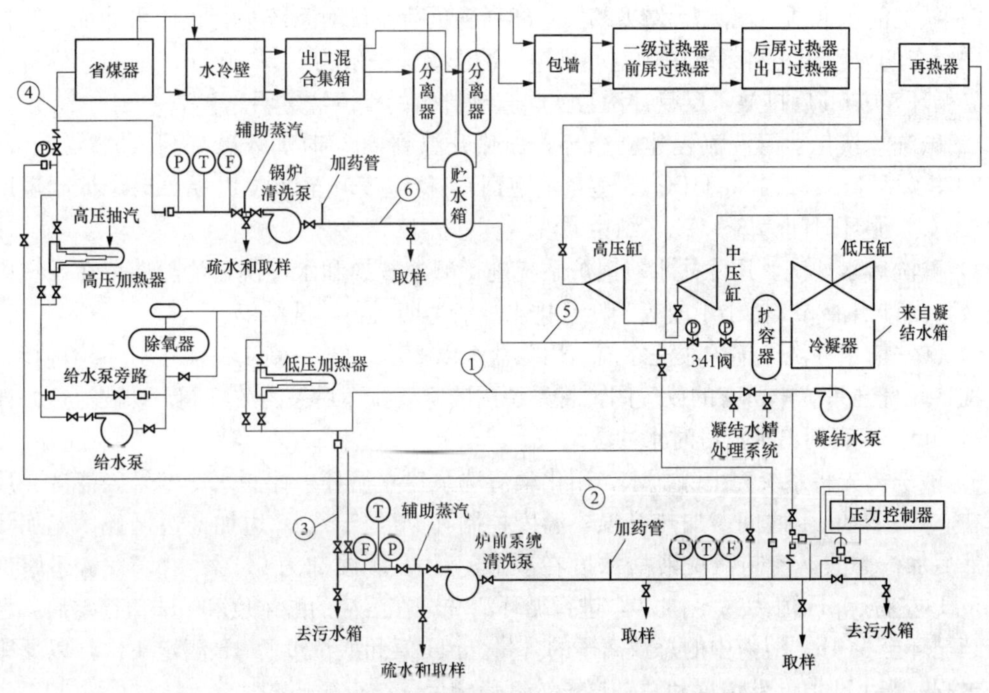

图 10-2 用柠檬酸对锅炉进行化学清洗系统图

①～⑥—管道编号

1. 清洗范围及工艺

(1) 炉前系统（包括冷凝器水箱、凝结水泵、低压加热器、除氧器、给水旁路、高压加热器、省煤器等）采用碱洗。

(2) 锅炉本体（包括水冷壁、省煤器及锅炉启动系统）采用柠檬酸酸洗（包括酸洗前后的碱洗与钝化）。

(3) 过热器和再热器按照 DL/T 1269《火力发电建设工程机组蒸汽吹管导则》进行蒸汽吹管。

2. 清洗步骤

(1) 炉前系统碱洗。

1) 水冲洗。用除盐水对炉前系统进行大流量水冲洗，在疏放水处定期取样，直到出水澄清无杂物为止。在水冲洗前，凝结水泵入口必须装设过滤器。此外，炉前系统的各分支管路也要清洗到。冲洗流速为 0.5～1.5m/s。

2) 碱洗。水冲洗结束后，进行 12h 循环碱洗。碱液配方：2%磷酸三钠、0.1%磷酸氢二钠、0.05%湿润剂和适量消泡剂；配液水采用除盐水；碱洗温度为 50～60℃。碱洗结束后，排净系统内碱液，上水冲洗，至排水 pH 值小于 9 结束。

(2) 锅炉本体酸洗。

1) 过热器进行保护。锅炉水冷壁、省煤器及启动系统的化学清洗前，不参加化学清洗的设备和管道必须全部可靠隔离和加装堵板。过热器灌满用除盐水配置的氨、联氨保护液（pH=9～10，联氨质量浓度为 200～300mg/L），直到过热器排气门出水为止。再热器进行可靠隔离。

2) 碱洗前水冲洗。用除盐水以 25%～33%满负荷流量对系统进行正向水冲洗，并打开系统中所有的放气阀，将系统中的空气排净。冲洗流速一般为 0.5～1.5m/s。按化学清洗流程建立循环，0.5h 后排放，反复冲洗数次，直到排出的水澄清透明。

3) 碱洗。按化学清洗流程建立循环，加热升温到 60℃时加入碱洗药（0.2%～0.5% Na_3PO_4、0.1%～0.2% Na_2HPO_4、适量消泡剂），待温度升至 80℃开始计时，控制温度在 85℃±5℃，循环时间为 8～12h，结束碱洗。

4) 碱洗后水冲洗。用除盐水对锅炉系统进行碱液置换和水冲洗，清除残留在系统内的碱洗液，当排出液 pH 值小于或等于 9 且排水澄清透明时，冲洗结束。

5) 酸洗前水冲洗。锅炉酸洗之前，用除盐水以 25%～33%满负荷流量对系统进行正向水冲洗，并打开系统中所有的放气阀，将系统中的空气排净后关闭放气阀。冲洗流速一般为 0.5～1.5m/s，直到出水清澄时水冲洗结束。

6) 酸洗。先将系统充上除盐水，用化学清洗泵建立循环，控制水冷壁管内清洗介质的流速在 0.5～1.2m/s 之间。加热升温，温度控制在 90℃±5℃，边加药边循环，先加缓蚀剂，然后加柠檬酸，控制清洗液酸浓度在 3%～6%、缓蚀剂为 0.3%～0.5%、还原剂为 800mg/L 左右、pH 值为 3.5～4.0，进行循环清洗。在溶液的酸浓度和 pH 值稳定后，酸液应继续循环至少 4h，溶液中的总铁离子的含量、pH 值和酸浓度每 1h 测定 1 次，以便跟踪酸洗过程。当 pH 值、酸浓度和总铁离子浓度稳定后，结束循环酸洗。

7) 酸洗后水冲洗。采用大流量置换的方式用除盐水将酸洗液顶出。在冲洗时要对冲洗水进行加热，使冲洗水温度尽可能地升高。取样分析冲洗水样，当总铁离子含量小于 50mg/L、pH 值为 4.0～4.5、电导率小于 50μS/cm、温度不低于 50℃时，结束冲洗。

8) 漂洗。水冲洗结束后系统继续循环，并向系统内添加一定量的缓蚀剂和柠檬酸，浓度分别为 0.05%～0.1%和 0.2%，控制 pH 值在 3.5～4.0，总铁离子含量小于 30mg/L，温度为 65℃±5℃，漂洗时间为 2h（漂洗液中铁离子浓度应小于 30mg/L，大于此值时，应用热的除盐水进行置换冲洗，当出水中的铁离子小于此值后，方可进行钝化）。

9）钝化。漂洗结束后，立即向系统内加氨，调整 pH 值在 9.5～10.5 范围，温度控制在 90～95℃，加复合二甲基酮肟；控制浓度为 0.1%，循环 10h 后进行钝化液排放，清洗结束。

3. 清洗效果检查及评价

锅炉清洗工作结束后需对清洗效果进行检查和评价，具体方法与内容见 DL/T 794《火力发电厂锅炉化学清洗导则》的规定。

（二）用 EDTA 对新建超临界锅炉进行化学清洗

安装完毕后，用 EDTA 对锅炉进行化学清洗，其系统图见图 10-3。

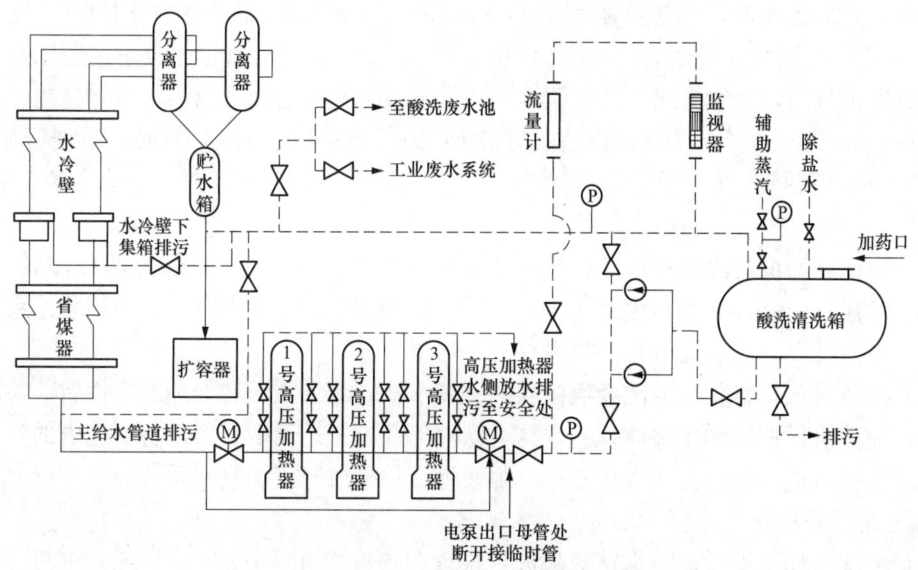

图 10-3 用 EDTA 对锅炉进行化学清洗系统图

1. 清洗范围及工艺

（1）采用 EDTA 钠盐清洗，清洗液加热采用锅炉点火方式进行，使用清洗泵作为循环动力。

（2）清洗范围包括高压加热器、高压给水管道、省煤器、水冷壁、启动系统。

（3）清洗方式：水冲洗→碱洗→碱洗废液排放→水冲洗→EDTA 清洗及钝化→EDTA 清洗废液排放，清洗与钝化一步完成。

（4）清洗介质：碱洗介质为磷酸三钠与磷酸氢二钠，酸洗介质为 EDTA 二钠盐。

2. 清洗流程步骤

（1）清洗流程：酸洗清洗箱→临时管→清洗水泵→给水泵出口母管→高压加热器及其旁路→高压给水管道→省煤器→水冷壁→汽水分离器→贮水箱→酸洗清洗箱。

（2）过热器充液保护。过热器充保护液（pH 值为 9～10.5、联氨质量浓度为 200～300mg/L），注水过程中打开过热器各放气阀，并逐个检查，当空气门出水时依次关闭，所有空气门全部关闭后过热器注水保护结束。

（3）碱洗前水冲洗。按化学清洗流程建立循环，半小时后排放，反复冲洗数次，直到排出的水澄清透明时结束。

(4) 碱洗。碱液配方为0.4%Na_3PO_4+0.2%Na_2HPO_4+0.02%清洁剂，碱洗温度为85℃±5℃，按化学清洗流程建立循环，8～12h后结束碱洗。

(5) 碱洗后水冲洗。碱洗废液排放完毕后进行水冲洗，冲洗方法与前面的步骤相同，锅炉冲洗至pH值小于9、水质澄清透明时结束。

(6) EDTA清洗。EDTA清洗液成分为4%～6%EDTA钠盐、0.3%～0.5%缓蚀剂、0.3%还原剂（联氨），温度为110～130℃，时间为6～8h。

1）建立热力系统循环回路，维持贮水箱正常水位，打开启动分离器向空排气门。

2）锅炉点火，控制温升速度在2℃/min以下，当温度升至65℃左右时，维持水温在65℃左右，先加缓蚀剂，控制浓度为0.3%～0.5%，循环均匀后再添加EDTA，控制浓度为4%～6%，并添加氢氧化钠，调整pH值在5.0～5.5之间，同时加入适量还原剂。关闭启动分离器排气门，持续升温，控制贮水箱正常水位，监视启动分离器水位并控制启动分离器表压在0.25～0.35MPa（不允许超过0.35MPa）。当温度达到110℃时，酸洗开始计时，达到120℃时，维持温度，循环清洗6h后，当EDTA残余浓度和全铁离子浓度基本平衡时，结束清洗。

(7) 钝化。清洗阶段结束后，仍按清洗阶段的方式运行，从清洗箱加药口加氢氧化钠，调整pH值至9.0～9.5，维持温度为120～130℃，开始计时，钝化4～6h。钝化结束后，炉膛熄火，停清洗泵。然后通过各路放水点进行热炉放水。

(8) 废液排放。将化学清洗废液排入酸洗废水池，经加碱中和处理至中性后，喷洒排放至煤场；冲洗阶段冲洗水主要成分为铁锈、铁渣以及施工过程中残留设备管道内的污泥、细沙土等杂质，可通过沉降方式大量除去，因而可直接排放至工业废水系统。

3. 清洗结果检查及评价

锅炉清洗工作结束后需对清洗效果进行检查和评价，具体方法与内容见DL/T 794《火力发电厂锅炉化学清洗导则》的规定。

第三节　锅炉蒸汽吹管

为了清除制造、储存和安装过程中残留在过热器、再热器及管道中的各种杂物（如焊渣、氧化锈皮、砂子等），在启动投运前必须对新安装锅炉的过热器、再热器及蒸汽管道进行蒸汽吹扫，将其内部各种杂质吹扫干净，并通过临时管路排汽口随蒸汽排出，以保证运行期间的蒸汽品质，防止机组运行中过热器、再热器爆管和汽轮机通流部分损伤，提高机组的安全性和经济性，蒸汽吹管流程见图10-4。蒸汽吹管要重复多次，直到排放的蒸汽清洁程度达到吹扫标准的要求为止。

一、蒸汽吹管的设计

为了安全地进行蒸汽吹管，吹管前应制定完整的蒸汽吹管方案。吹管压力和流量的选择要确保蒸汽吹管能力大于锅炉满负荷时蒸汽对管道内杂物的携带能力。吹管能力可以用吹管系数K表示，蒸汽吹管时必须保证各处的吹管系数均大于1。

$$K=\frac{D_b^2\nu_b}{D_o^2\nu_o}$$

式中　K——吹管系数；

D_b——吹管工况蒸汽流量，t/h；

ν_b——吹管工况蒸汽比体积，m^3/kg；

D_o——锅炉最大连续蒸发量工况蒸汽流量，t/h；

ν_o——锅炉最大连续蒸发量工况蒸汽比体积，m^3/kg。

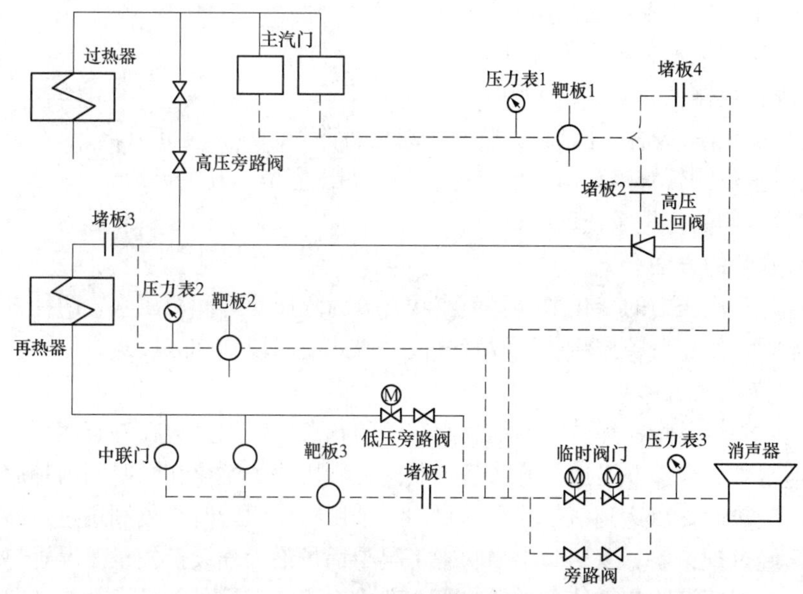

图 10-4 蒸汽吹管流程

临时管道的截面尺寸应根据所需的吹管压力和流量来确定，其截面尺寸应大于被吹扫管道的截面尺寸。临时管道的布置要充分考虑人员和设备的安全，不加保温的管道要远离可燃物，排汽口不能对着人和设备，管道的支吊和固定要具备足够的强度，能承受排汽时产生的巨大推力，并且不能限制管道的膨胀。在排汽口附近应装设一只临时吹管控制阀（如电动闸阀）来控制蒸汽吹管，控制阀的执行机构应能保证控制阀快开和快关，全开和全关都应控制在 1min 内。为了防止临时吹管控制阀因故障不能关闭，使锅炉快速大幅度降压而引起锅炉损坏，应再串联一只紧急关断阀。为了减轻吹管时对管道的热冲击，应在临时吹管控制阀旁装设一只小旁路阀，用于吹管前的暖管。在排汽管内（或被吹扫管末端的临时排汽处）装设靶板（通常是抛光的钢板、铝板或铜板），通过检查靶板上冲击斑痕的尺寸和数量来检验吹管是否合格。采用分段吹管时，应考虑在必要的部位，如汽轮机进口和再热器进口安装堵板。在锅炉再热器吹管前，主蒸汽管道和再热蒸汽冷段管道必须经过蒸汽吹扫，以防管道中的杂物进入再热器，造成管子堵塞而引起爆管。

二、蒸汽吹管前应具备的条件

蒸汽吹管之前必须具备下列条件：

（1）启动前的检查均已完成并合格。

（2）油枪和需使用的煤粉燃烧器冷态调试合格，可以投运。

（3）燃烧控制系统可投运。

（4）各风机可投运。

（5）锅炉的压力、温度和水位仪表已投运。

（6）锅炉的安全阀已安装并可用。

（7）锅炉的联锁保护系统可用。

（8）给水泵可投运。

（9）凝结水箱和给水精处理系统可用。

（10）红外烟温监测系统已投运。

（11）锅炉所有疏水和放气系统可用。

（12）空气预热器的吹灰系统可用。

（13）锅炉的化学清洗工作结束，临时系统已拆除，系统恢复正常。

（14）临时蒸汽吹管管路和阀门已装好，并且调试完毕，开关灵活。

（15）汽轮机侧的防护系统已装好。

三、蒸汽吹管的方法

根据吹管时蒸汽压力的变化情况将蒸汽吹管分为降压吹管和稳压吹管两种方法。根据过热器和再热器吹管的先后顺序将蒸汽吹管分成一段式、两段式和三段式。

（一）降压蒸汽吹管法

降压蒸汽吹管法是指锅炉吹管的控制阀在关闭状态，锅炉点火在湿态运行，当锅炉达到规定参数时，锅炉熄火，并迅速打开吹管控制阀，利用锅炉蓄热在短时间内释放大量蒸汽吹扫金属管道及受热面，以达到清洁管束的目的。采用降压吹管时，可利用过热器的压差判断其吹管系数，经过理论验算及试验，当吹管工况与锅炉最大连续蒸发量工况过热器压差之比大于1.4时，可保证被吹扫系统各处的吹管系数均大于1。下面介绍三段式（即分三个阶段进行吹管）降压蒸汽吹管法。

1. 过热器和主蒸汽管道吹管

第一阶段的吹管范围包括过热器和主蒸汽管道，在汽轮机主汽阀前加堵板，并安装临时管道。第一次吹管前，应彻底检查临时管线及其支吊架是否安装牢固，确保未保温的蒸汽吹管管线附近没有可燃物、蒸汽排放口区域没有任何设备和人员。

按要求启动辅机并点火升参数，在正式吹管之前，应先使用0.7MPa的压力进行试吹，以进一步证实临时管道的完好性。然后逐步升压，直至达到吹管压力（6.25MPa）。临时吹管控制阀打开之前，必须满足下列条件。

（1）所有过热器壁温测点显示温度均已超过饱和温度42℃以上，以确保过热器管中的水已被蒸干。

（2）临时吹管控制阀的旁路阀已打开暖管。

（3）锅炉及蒸汽管道上的疏水阀已按要求开启，保证管线中没有冷凝水（管道中的任何积水都会引起严重水击，造成管道破坏）。

（4）锅炉分离器处的蒸汽压力达到所要求的吹管压力。

（5）人员已远离吹管排汽口现场。

上述要求满足后，锅炉燃烧器应熄火。打开临时吹管控制阀，开始蒸汽吹管。在吹管期间，要密切监视贮水箱的水位，由于压力的快速下降，水位先是上升，然后由于大量水的蒸发，水位又下降。为了防止吹管时蒸汽将水带进过热器，吹管前允许水位低于正常水位。为了防止锅炉金属中产生过大的应力，当分离器压力降至使饱和温度下降42℃时，应终止吹管。每一次吹管前都要检查临时管线和阀门。重复以上过程，直至管道内部已经清洁（靶板检验合格)，则这一阶段的吹管工作结束。

2. 再热器冷段管道吹管

在第一阶段吹管合格后，改变临时管道的连接，在再热器入口加装堵板，开始进行第二阶段的吹管，吹管范围包括过热器、主蒸汽管道和再热器冷段管道。第二阶段的吹管程序同第一阶段的吹管程序一样，但注意吹管压力必须低于再热器冷段管道的设计压力。如果再热器冷段管道已经过彻底的机械清理或化学清洗，并经检查，确认其清洁满足要求时，则这一阶段的吹管工作可以省略。

3. 再热器和再热器热段管道吹管

在第二阶段吹管合格后，改变临时管道的连接，拆除再热器入口的堵板，在汽轮机中压主汽阀前加装堵板，然后开始进行第三阶段的吹管，吹管范围包括过热器、主蒸汽管道、再热器冷段管道、再热器和再热器热段管道。第三阶段的吹管程序同第一阶段的吹管程序一样。但注意吹管压力必须低于再热器的设计压力。

以上三段式吹管可以根据具体情况合并成两段式吹管或一段式吹管。例如第一阶段和第二阶段可以合并；如在再热器吹管之前，再热器冷段已经过彻底的机械清理或化学清洗，则第二阶段和第三阶段可以合并。还可将上述三个阶段的吹管合并成一段式吹管，就是将过热器系统和再热器系统用临时管路串联起来一步完成吹管过程，此时为了防止过热器系统中的杂质进入再热器，应在再热器入口前安装可靠的集粒器。

(二) 稳压蒸汽吹管法

稳压蒸汽吹管法是在吹管控制阀保持全开或一定开度的情况下，逐渐增加锅炉的燃烧率，直至转干态运行，然后保持锅炉的蒸汽压力和温度在稳定状态，用不断产生的蒸汽对锅炉受热面及管道进行吹扫。

稳压蒸汽吹管法与降压蒸汽吹管法的区别是在吹管控制阀打开时不允许锅炉压力下降。其方法是缓慢开启临时吹管控制阀，同时增加燃烧强度以维持吹管期间的压力不变，进行一定时间的吹管。在调整燃烧强度的时候，要注意控制过热器和再热器进口处的烟气温度不超限。每次吹管结束后，应减小锅炉的燃烧强度或熄火以降低压力，从而使受热面管和蒸汽管道冷却，这将有助于管子内部的氧化皮脱落。

第十一章

锅炉启停与运行调整

锅炉启动是指锅炉从静止状态转变为运行状态的过程，锅炉停运则是指启动的逆过程。锅炉的启动与停运是锅炉工作状态变化的过程，在此过程中，锅炉的各参数都处在变化之中，各种参数变化的综合结果将对锅炉的安全产生极大影响。例如，在启停过程中，锅炉受热面内工质的流动不正常，有的受热面内工质流量很少，甚至在短时间内没有工质流动，因此这部分受热面不能被工质正常冷却，如果加热速度控制不当，就会造成部分受热面超温；另外，各个部件所处的条件不同，火焰及工质对它们的加热或冷却速度也不同，因而各部件之间或部件本身沿金属壁厚方向产生明显的温差，温差导致设备金属膨胀或收缩不均，而产生热应力，热应力随温差的变化使金属产生疲劳，当热应力超过允许的极限值时，会使部件产生裂纹乃至损坏；还有些在启停过程中产生的问题虽不立即引起明显的设备损坏，却会给设备带来“隐患”，降低设备使用寿命。因此，在锅炉启停过程中必须对锅炉各参数的变化幅度进行严格控制，防止锅炉启停过程中由于各参数变化不当，影响锅炉的安全性。

由于现代大型发电机组一般均为单元机组，所以其启停是整组启停，炉、机、电之间互相联系，互相制约，各环节的操作必须协调一致、互相配合，才能顺利完成。

锅炉运行是指单元机组启动后至停机前这一段时间内锅炉的工作过程。锅炉是单元机组中的一个重要设备，每台锅炉直接向所匹配的单一汽轮机供汽。锅炉运行是一个复杂的动态变化过程，影响锅炉运行的因素很多，这些影响因素的综合作用最终影响到锅炉的参数。锅炉应维持在设计参数下运行，一旦锅炉的参数偏离设计值就会影响锅炉的安全经济运行。

锅炉调整是对影响锅炉运行的各因素进行及时控制，确保锅炉在设计工况下安全经济运行。锅炉调整的具体任务是：

（1）维持蒸发量满足负荷要求。

（2）按照机组运行曲线维持正常蒸汽温度和压力。

（3）保持锅水和蒸汽品质合格。

（4）调整燃烧，减少热损失，提高锅炉热效率。

（5）正确调整烟风系统各参数，降低 NO_x，减少结渣，防止出现空气预热器低温腐蚀。

（6）及时调整机组运行工况，使机组在安全、经济、环保的最佳工况下运行。

第一节 单元机组的启停方式

一、启动方式分类

单元机组的启动方式通常按设备金属温度、蒸汽参数和冲转时进汽方式进行分类。

（一）按设备金属温度分类

对锅炉和汽轮机冷态、热态启动的规定，通常是按停机后的时间或启动前汽轮机的金属温度进行划分。

1. 按停机后的时间划分

按停机后的时间划分方法如下：

（1）停机 7 天后的启动为冷态启动。

（2）停机 48h 后的启动为温态启动。

（3）停机 8h 后的启动为热态启动。

（4）停机 2h 后的启动为极热态启动。

2. 按启动前汽轮机的金属温度划分

按启动前汽轮机的金属温度划分方法如下：

（1）当高压或中压转子金属温度低于 150℃或 180℃时为冷态启动。

（2）当高压或中压转子金属温度介于 181～350℃时为温态启动。

（3）当高压或中压转子金属温度介于 351～450℃时为热态启动。

（4）当高压或中压转子金属温度高于 450℃时为极热态启动。

关于冷态、温态、热态及极热态的划分原则主要是考虑汽轮机转子材料的性能。试验研究表明：转子金属材料的冲击韧性随温度的下降而显著降低，呈现冷脆性，这时即使在较低的应力作用下，转子也有可能发生脆性断裂破坏。热态启动时金属温度已超过转子材料的脆性变形温度，它可以避免产生转子的脆性破坏事故。

（二）按蒸汽参数分类

单元机组的启动方式按蒸汽参数分类可分为额定参数启动和滑参数启动。

1. 额定参数启动

额定参数启动是指从冲转直至机组带额定负荷的整个启动过程中，锅炉应保证自动主汽门前的蒸汽参数（压力和温度）始终为额定值。由于蒸汽经过调速汽门时的节流损失大，调节级后的温度变化剧烈，所以其经济性差，汽轮机的零部件也易受到很大的热冲击，而且各部件受热不均易产生热弯曲（因冲转时部分进汽、流量少等引起），因此，目前单元机组已不采用这种启动方式。

2. 滑参数启动

滑参数启动是指汽轮机自动主汽门前的蒸汽参数（温度和压力）随机组转速或负荷变化而滑升，这种启动方式要求锅炉产生的蒸汽随时适应汽轮机的要求，对喷嘴调节的汽轮机，定速后调速汽门可保持全开位置，并网带初负荷时进行控制阀门的切换（用主汽门冲转），变主汽门控制为调速汽门控制。由于这种启动方式具有经济性好，能均匀加热零部件等优点，故在现代大型机组启动中得到了广泛的应用。按冲转时主汽门前的压力大小，滑参数启动又可分为真空法启动和压力法启动。

（1）真空法启动。真空法启动是指锅炉点火前，把锅炉与汽轮机之间主蒸汽管道上的空气阀、直通疏水阀和过热器及再热器的空气阀全部关闭；然后投盘车和抽气器，待真空能将锅炉蒸汽系统内积水抽入凝汽器（即真空达 40～50kPa 时），锅炉开始点火，产生蒸汽送往汽轮机；蒸汽压力不到 0.1MPa 时，就开始冲转；当汽轮机达额定转速时蒸汽压力为 0.5～1.0MPa；当汽轮机并网带初负荷时，新蒸汽温度为 250℃左右；此后按汽轮机要求，锅炉升温、升压，增加负荷，直到正常运行。由于这种启动方式是用低参数蒸汽暖管、暖机、升速和带负荷，蒸汽温度是从低到高逐渐上升，所以允许通汽流量较大，有利于暖管、暖机，可使过热器和再热器得到充分冷却，促进炉水循环及减小热偏差，也可使锅炉产生的蒸汽得以充分利用，因此比较安全、经济。但由于采用这种启动方式时，汽轮机升速或带负荷决定于锅炉的运行状态，汽轮机的升速率或带负荷率较难控制，而且启动过程中抽真空也比较困难。所以这种启动方式很少采用。

（2）压力法启动。压力法启动是在汽轮机冲转时，主汽门前蒸汽具有一定的压力和温度（压力为 0.8～1.5MPa，温度为 240～250℃）。

压力法启动的特点是抽真空和投盘车时，主汽门和调速汽门是关闭状态；锅炉点火，蒸汽升温、升压，待主汽门前压力达 0.5～1.0MPa 以上时，才开始冲转升速。在这一过程中，为保持蒸汽压力和蒸汽温度稳定，锅炉不宜进行大幅度的燃烧调整。

（三）按冲转时进汽方式分类

按冲转时进汽方式分为中压缸启动和高中压缸启动两类。

1. 中压缸启动

机组启动初期，高压缸不进汽而用中压缸进汽冲转，待汽轮机转速达 2300～2500r/min 时，才开始向高压缸送汽。这种启动方式对控制相对膨胀有利，可以将高压缸的相对膨胀问题排除，高压缸的预热可通过启动前倒暖高压缸提前进行；缺点是操作较复杂、启动时间长。

2. 高中压缸启动

机组启动时，蒸汽同时进入高、中压缸冲动转子。这种启动方式可以使汽缸和转子所受的热冲击减小，加热均匀，启动时间也较短。

二、机组停运方式

单元机组的停运是指机组从带负荷运行状态经过降负荷、发电机解列、汽轮机停转、锅炉熄火及机组降压降温使设备停运的过程，它是单元机组启动的逆过程。根据实际情况，单元机组的停运分为事故停机和正常停机。

（一）事故停机

事故停机是由于机组本身或电力系统设备发生故障，为防止故障扩大，必须尽快把整个机组停运并进行故障处理。事故停机后经过检修，很快就可将机组重新启动。事故停机可能是人为停机，也可能是由于保护动作停机。事故停机时间虽然很短暂，但对系统和整个机组的冲击是较大的。

（二）正常停机

正常停机的目的是机组检修或冷备用，正常停机相对于事故停机有充裕的停机时间。正常停机分为滑参数停机和额定参数停机。

1. 滑参数停机

滑参数停机就是采用调节汽门全开，依靠蒸汽参数的逐渐降低来降低机组负荷，直至所有设备停运。目的是使停机后汽缸金属温度降低到较低的水平，可以尽快停止盘车和油循环，为检修开工创造条件，以缩短整个检修停机时间。

2. 额定参数停机

停机过程中，蒸汽的压力和温度保持额定值，用汽轮机调节汽门控制，以较快的速度减负荷停机，这就是额定参数停机。采用额定参数停机时，汽轮机通流部分蒸汽流量的减少和蒸汽节流降温，使得减负荷时间缩短，停机后汽缸温度能保持在较高的水平。但在大容量机组减负荷过程中，锅炉始终维持额定参数，这给运行调整带来很大困难，同时也造成燃料浪费。当发生非机、炉本体内部缺陷，需要短时间内停机处理时，缺陷处理后要立即恢复运行，机、炉金属温度可以保持较高水平，以便重新启动时节省时间，在这种情况下可采用额定参数停机。

三、滑参数启停方式的主要优点

大容量发电机组多数采用滑参数启停，在滑参数启停的整个过程中，蒸汽参数是滑变的(滑升或滑降)，滑参数启停方式有以下优点。

1. 安全可靠性好

滑参数启动时，整个机组的加热过程是从较低参数开始，因而各部件的受热膨胀比较均匀。对锅炉而言，滑参数启动可使水循环工况得到改善，过热器冷却条件变好。对汽轮机而言，开始启动时进入的是低压、低温蒸汽，其容积流量大，容易充满汽轮机，而且流速也可增大，使汽轮机各部件加热均匀，温升平稳，故热应力不均的情况可以改善，增加了安全可靠性，并可延长设备寿命。

滑参数停机时，由于蒸汽流量大，对汽缸冷却较均匀，使汽轮机热变形和热应力较小。

2. 经济性高

单元机组滑参数启动时，因主蒸汽管道上所有的阀门全开，减少了节流损失，主蒸汽的热能几乎全部用来暖管、暖机；自锅炉点火至发电机并网发电的时间短，可多发电，辅机耗电也相应减少；锅炉不必大量排汽，减少了工质和热量的损失，从而也减少了燃料消耗；叶片可以得到清洗，使汽轮机效率得到提高。

单元机组滑参数停机比额定参数停机经济，凝结水可全部回收，余汽、余热可用来发电。

3. 提高设备的利用率和增加运行调度的灵活性

采用滑参数启动，可缩短启动时间，提前并网发电；采用滑参数停机，余汽、余热可被用来发电，同时加速了汽轮机的冷却过程，可以提前解体，缩短检修工期。提高了设备利用率，增加了运行调度的灵活性。

4. 操作简化并易于程序控制

在滑参数启动过程中，当汽轮机采用全周进汽时，调节汽门处于全开位置，操作调节简单，而且给水加热也可随汽轮机进行滑参数运行，简化了操作。随着计算机技术的应用，整个滑参数启动过程可采用顺序控制系统（SCS），即开环控制系统，它可以完成对机组自动启停的控制。例如，对引风机、送风机、给水泵、盘车装置等辅机的启停进行程序控制，以及对常用阀门和挡板进行遥控等。

5. 改善发电厂的环境条件

由于减少了蒸汽排放所产生的噪声，因而改善了电厂周围的环境。

现代大容量单元机组的启动均采用滑参数启动方式而不采用额定参数启动方式，而单元机组的停运则可根据不同情况和不同要求，选择不同的方式。

第二节　350MW热电联产机组锅炉的启动与停运

350MW热电联产机组锅炉为超临界直流锅炉，直流锅炉与汽包锅炉不同，直流锅炉点火时，为了减少流动的不稳定和保持水冷壁管壁不超温，必须保证炉膛水冷壁管中的流量不低于最小流量值。经计算，炉膛水冷壁管所需的最小流量值为30%BMCR（即329.4t/h）。当锅炉产汽量低于炉膛水冷壁所需的最小流量时，多余的水不允许进入过热器系统，需要在过热器前设置一个启动系统将多余的水分离出来排掉。超临界直流锅炉启动系统的主要作用就是在锅炉启动、低负荷运行（蒸汽流量低于炉膛所需的最小流量时）及停炉过程中，维持炉膛水冷壁内的最小流量，以保护炉膛水冷壁管，同时满足机组启、停及低负荷运行时对蒸汽流量的要求。

350MW热电联产机组锅炉采用内置式分离器，无循环泵启动系统，分离器与过热器之间无隔绝阀门，启动系统按全压设计。锅炉的启动系统由立式布置的汽水分离器、贮水箱、阀门、管道及附件等组成，见图11-1。当锅炉负荷在本生点以下时，给水经炉膛加热后，工质流入汽水分离器。分离后的热态水通过341管道排入疏水扩容器，通过疏水泵进入冷凝器；分离出的蒸汽进入过热蒸汽系统；启动过程中，贮水箱的水位由341阀控制，水可由水位控制管道（341）流入疏水扩容器和疏水箱。当锅炉负荷达到本生点以上时，启动系统进入热备用状态，锅炉转入直流运行状态。

机组启动时按设备的金属温度可将锅炉的启动分为冷态启动、温态启动、热态启动和极热态启动。无论在何种状态下、以何种方式启动锅炉，都应严格遵照相关规程和严格控制升温和升压速度。

锅炉停运是启动的逆过程，锅炉的停运方式在很大程度上取决于停运的原因和停运后的计划安排，根据实际情况，锅炉的停运分事故停炉和正常停炉。

一、锅炉冷态启动

锅炉冷态启动包括启动前的各项检查和准备工作、锅炉上水、冷态清洗、建立炉水循环、炉膛吹扫、锅炉点火、锅炉升参数、汽轮机冲转发电机并网带初负荷、分离器湿态转干态运行及机组升负荷。

（一）启动前的检查和准备工作

冷态启动是在机组刚安装好或检修以后进行的启动。启动前的检查和准备工作直接关系到启动工作能否安全顺利进行。检查和准备的目的是使设备和系统处于最佳启动状态，以达到随时可投运的条件。

1. 锅炉膨胀系统设施检查

锅炉启动前应对锅炉膨胀系统进行彻底的检查，确保没有任何东西会阻碍设备沿预定方向的自由膨胀。原因是锅炉的膨胀受阻，将会导致严重的设备损坏和人员伤害。应拆除所有的临时脚手架、斜拉撑和拉条，清除膨胀节和炉底除渣设备中的所有杂物，检查所有的吊杆

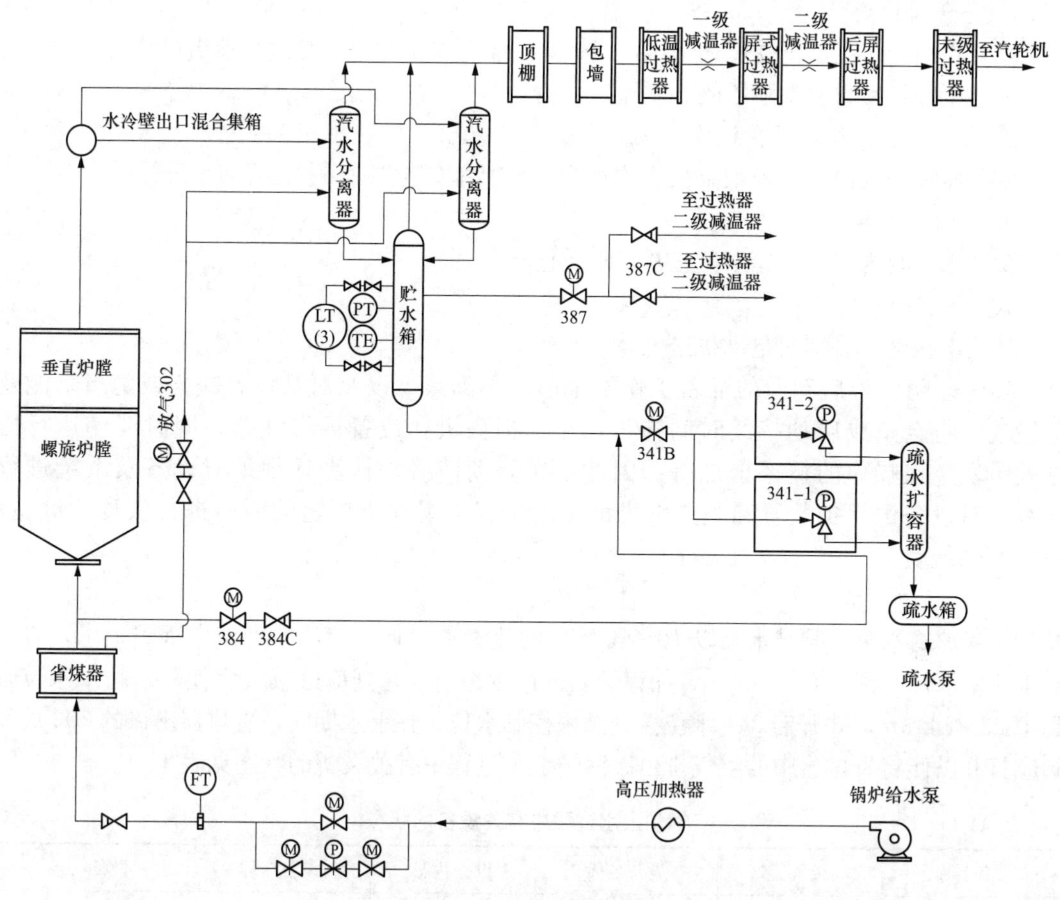

图 11-1　锅炉的启动系统

是否已承载，独立支吊的蒸汽管道、烟道、风道和风箱的荷载不应加到锅炉上。锅炉启动前，膨胀指示器必须安装好。

2. 烟风系统检查

锅炉烟风道内的可燃物、脚手架、斜拉撑和拉条等已清除，并将所有的门孔关闭。

3. 设备标定

锅炉启动前，必须对所有的仪器仪表、指示器、记录器和控制系统进行标定。因为启动过程中，运行人员必须对温度、压力和流量等参数进行监视和控制。

4. 保温检查

按设计要求对受压件和非受压件进行合理的保温，以防人员烫伤和减少散热损失。

5. 烟风挡板检查

锅炉启动前，所有的烟风挡板应具备投运条件，杂物已去除、执行机构已安装并调试好、膨胀间隙合适、挡板的实际开度已标识、轴承已润滑且不装保温、调温烟气挡板的最小开度已调整好。

6. 弹簧吊架检查

锅炉点火前，每个恒力弹簧和可变弹簧上的限位块必须去掉。锅炉升温过程中要检查（必要时还应调整）弹簧吊架，确保指示正确。

7. 安全阀检查

安全阀用于防止锅炉受压件超压，锅炉除了装有安全阀外，在过热器出口装设了1只动力驱动泄压阀，动力驱动泄压阀必须随时可用。

8. 吹灰器和红外烟温在线监测系统检查

吹灰器和炉膛出口红外烟温在线监测系统已正确安装并具备投运条件。

9. 供水情况检查

除盐水充足合格，水箱水位正常，水质化验合格。

10. 供电情况检查

厂用电投运，各辅机电动机送电。

实践证明，若启动前的准备工作不全面、不细致，以及对某设备缺陷或隐患未能及时发现，将会造成启动持续时间拖长，启动损失大，设备可靠性差，同时还使运行操作人员发生误操作的概率增加等。因此，在启动前必须认真仔细地对设备及系统进行检查，对设备的保护装置和主要辅机都要按照有关规程所规定的内容进行认真的试验，确保其性能良好。

（二）锅炉上水

用锅炉给水泵或凝结水泵以10％BMCR的流量通过低负荷给水旁路向锅炉上水，直到贮水箱中水位升到0.6～10.6m。如锅炉要进行冷态清洗，则应继续上水使贮水箱中水位升到10.3～14.3m，并开启341水位控制阀来控制水位。在上水期间，省煤器出口的302放气阀应打开以便将省煤器中的空气排出。锅炉上水过程中有关设备的状态见表11-1。

表11-1　锅炉上水过程中有关设备的状态

设备名称	设备状态	设备名称	设备状态	设备名称	设备状态
302阀	开启	384阀	关闭	过热器减温器	停运
341B阀	开启	387阀	关闭	锅炉燃烧器	停运
341-1阀	关闭	给水泵	投运	汽轮机旁路	关闭
341-2阀	关闭				

注　当贮水箱中水位到达高水位区间时，341-1阀开启。

为了避免上水时在锅炉内产生过大的热应力，冷态启动时，上水水温应大于21℃；在汽轮机冲转前30min，给水温度必须高于121℃（温态启动和热态启动时，给水温度一开始就必须高于121℃，以防在省煤器进口集箱产生过大的热应力）。上水时还应控制上水速度，以免引起水击。

（三）锅炉冷态清洗

锅炉上水完成后，关闭302阀。将给水泵流量增至30％BMCR对锅炉进行冷态清洗。给水经省煤器、炉膛水冷壁和水冷壁出口混合集箱到分离器和贮水箱，再经341疏水管线排至疏水扩容器。冷态清洗应尽可能采用大的流量以缩短清洗时间。冷态清洗时，当贮水箱出口水中含铁量大于500mg/L时，应将水直接排入地沟；当水中含铁量小于500mg/L时，再进行回收。进行冷态循环清洗直到贮水箱出口水中含铁量小于30mg/L时结束。只有冷态清洗水质合格后，锅炉才能点火。锅炉冷态清洗过程中有关设备的状态见表11-2。

表 11-2 锅炉冷态清洗过程中有关设备的状态

设备名称	设备状态	设备名称	设备状态	设备名称	设备状态
302 阀	关闭	384 阀	关闭	过热器减温器	停运
341B 阀	开启	387 阀	关闭	锅炉燃烧器	停运
341-1 阀	开启	给水泵	投运	汽轮机旁路	关闭
341-2 阀	开启				

注 用 341-1 阀和 341-2 阀控制贮水箱水位。

（四）建立炉水循环

冷态清洗完成后，给水泵以不低于 30％BMCR 流量（329400kg/h）经过高压加热器后进入省煤器。在这期间，贮水箱水位由水位控制阀 341-1 来控制，控制阀 341-2 关闭。炉水循环过程中有关设备的状态见表 11-3。

表 11-3 炉水循环过程中有关设备的状态

设备名称	设备状态	设备名称	设备状态	设备名称	设备状态
302 阀	关闭	384 阀	关闭	过热器减温器	停运
341B 阀	开启	387 阀	关闭	锅炉燃烧器	停运
341-1 阀	开启	给水泵	投运	汽轮机旁路	关闭
341-2 阀	关闭				

注 用 341-1 阀控制贮水箱水位。

（五）锅炉炉膛吹扫

炉内爆炸通常需要三个条件：一是要有可燃物聚集，二是可燃物与空气有合适的混合比例，三是有充足的热源。锅炉最容易发生爆炸的地方是炉膛，在下列情况下可能具备爆炸的条件：

（1）燃料或空气短时中断使火焰丧失。

（2）燃料进入炉膛后没有被点燃。

（3）燃料漏进停运的炉膛。

（4）燃烧不完全。

（5）在燃烧器点火时没有彻底吹扫炉膛和烟风道。

为了防止炉内发生爆炸，锅炉点火前必须对炉膛进行吹扫。锅炉所需的最低吹扫风量至少是满负荷总风量的 30％，最少的吹扫时间不少于 5min。炉膛吹扫时应按规程依次启动空气预热器、引风机、送风机，调整送风机、引风机，使炉膛压力和风量符合吹扫要求。

（六）锅炉点火

锅炉点火前应满足以下条件：

（1）所有的门孔已关闭。

（2）炉底除灰渣系统处于备用状态。

（3）点火系统已处于备用状态。

（4）各辅机的润滑和冷却系统已投运，压缩空气系统正常。

（5）各安全联锁装置已处于工作状态，且联锁保护正确。所有有关的控制系统投运，各种测量、指示仪表显示正确。

（6）红外烟温在线监测系统已投入运行，各吹灰器退出炉外，处于备用状态。

（7）火焰检测冷却风机投运正常，炉膛火焰工业电视装置完好齐全。

（8）炉膛吹扫已完成且总风量大于30%BMCR风量。

（9）省煤器进口给水水质满足下列要求：pH值（25℃）为9.0～9.5，溶解氧（O_2）小于或等于100μg/L，铁（Fe）小于或等于30μg/L，联胺（N_2H_4）为0μg/L，阳离子导电率（25℃）小于0.65μS/cm，且流量大于30%BMCR。锅炉点火时有关设备的状态见表11-4。

表11-4　　锅炉点火时有关设备的状态

设备名称	设备状态	设备名称	设备状态	设备名称	设备状态
302阀	关闭	384阀	关闭	过热器减温器	停运
341B阀	开启	387阀	关闭	锅炉燃烧器	投运
341-1阀	开启	给水泵	投运	汽轮机旁路	关闭
341-2阀	关闭				

注　用341-1阀控制贮水箱水位。

（七）锅炉升参数

锅炉点火后，水冷壁中的水被加热，形成气泡，产生汽水膨胀，导致水冷壁中的水被快速排到贮水箱，使贮水箱水位迅速升高，为防贮水箱满水，此时两个341高水位控制阀应快速打开，以便将水排出系统。但为了避免水位过分降低，341阀的控制动作要编程，按前快后慢的开启方式开启。这是启动系统运行中最关键的控制点。锅炉汽水膨胀过程中有关设备的状态见表11-5。

表11-5　　锅炉汽水膨胀过程中有关设备的状态

设备名称	设备状态	设备名称	设备状态	设备名称	设备状态
302阀	关闭	384阀	关闭	过热器减温器	停运
341B阀	开启	387阀	关闭	锅炉燃烧器	投运
341-1阀	开启	给水泵	投运	汽轮机旁路	关闭
341-2阀	开启				

注　用341-1阀和341-2阀控制贮水箱水位。

汽水膨胀后，按冷态启动曲线升温和升压（参见图11-2）。当满足汽轮机冲转所要求的温度和压力后汽轮机冲转。锅炉升温和升压期间，应注意下列事项。

（1）当分离器的压力达到0.21MPa，并有强汽流从放气阀喷出时，表明系统内的全部空气已被蒸汽所代替，关闭有关的放气阀。

（2）当分离器出口蒸汽温度达到288℃时，省煤器进口的给水水质必须达到以下要求：pH值（25℃）为9.0～9.5，溶解氧（O_2）小于或等于20μg/L，铁（Fe）小于或等于30μg/L，联胺（N_2H_4）为0μg/L，阳离子导电率（25℃）小于0.65μS/cm。

（3）冷态启动时，每个水冷壁回路出口的介质温度变化率应小于111℃/h，温度变化率太大将导致管子和密封板损坏。

（4）启动过程中应严密监视锅炉设备的热膨胀情况，发现异常应立即停止升温、升压，并采取相应措施予以消除。

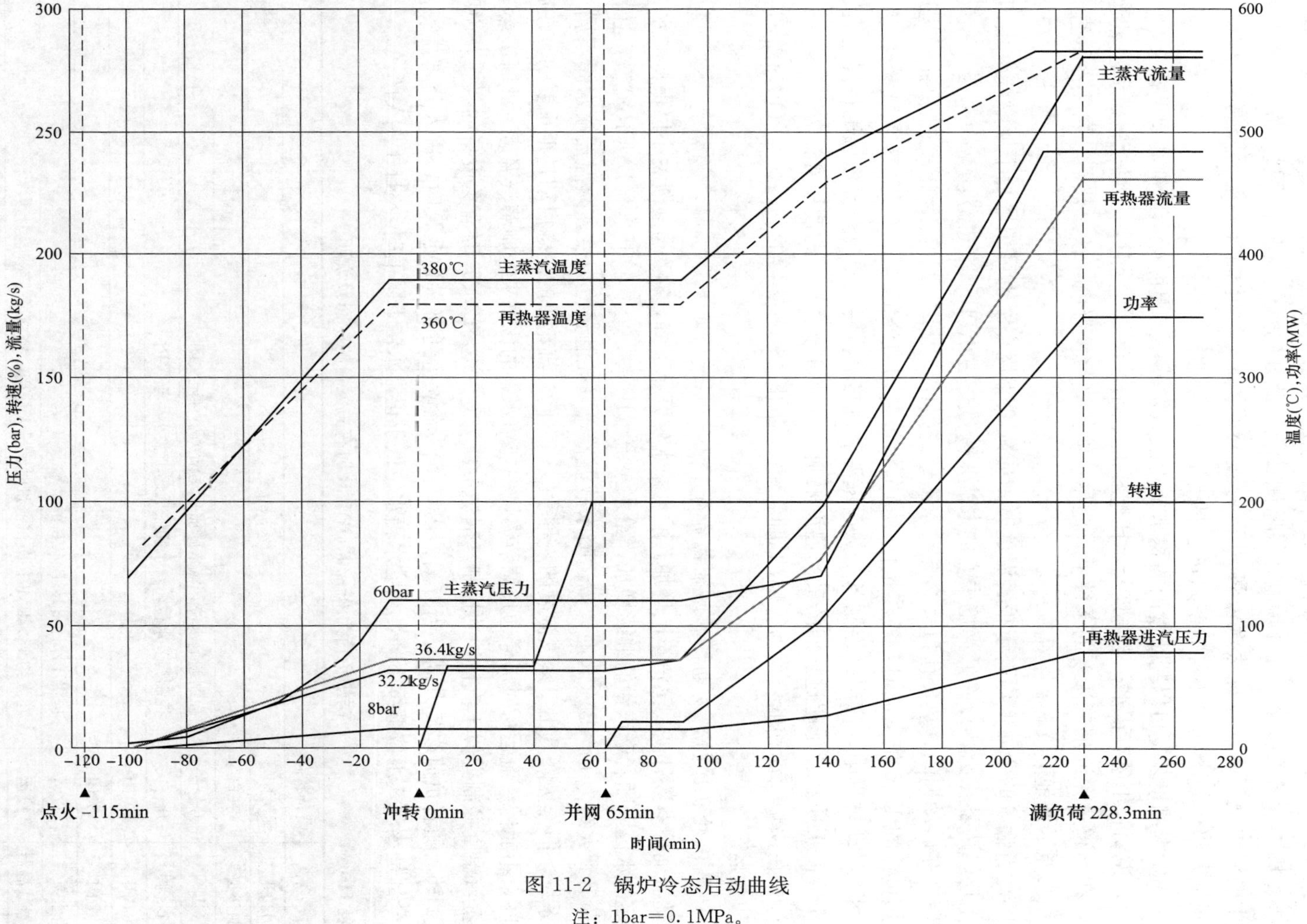

图 11-2　锅炉冷态启动曲线

注：1bar=0.1MPa。

（5）在蒸汽流量低于10%BMCR的低负荷运行期间，过热器管和再热器管中没有足够的蒸气流动来冷却，特别是在不可疏水的垂直管组中，存于管子里的积水将阻碍蒸汽的流动。因此，必须控制进入过热器和再热器管组的烟气温度不超过它们的金属设计壁温。锅炉在末级过热器管组后装设了红外烟温在线监测系统，此处的烟气温度不超过510℃。只有当管子中的积水全部蒸发掉且蒸汽流量大于10%BMCR时，上述烟气温度的限制才能取消，然后根据各级过热器和再热器的壁温热电偶指示来调整烟气温度。

利用壁温测量装置可以判断管内的积水是否已蒸发掉，当温度指示比饱和温度高出11～17℃时，说明管中还有积水；当温度指示比饱和温度高出42℃以上时，表明管中积水已蒸干。因此，在不超过允许烟气温度的条件下，应尽可能提高烟气温度，使过热器和再热器垂直管中的积水能尽快地蒸发掉。

（6）当管子的金属壁温高于报警温度时，应降低燃烧率。也可用增加下层燃烧器出力，减小上层燃烧器出力，以降低火焰中心的办法来降低炉膛出口的烟气温度。

（7）在启动期间，热负荷过大会导致水冷壁的损坏，因此一般应限制瞬态热负荷不超过稳态热负荷的1.15倍。同时，应尽量使热负荷沿炉宽均匀分布。

（8）启动过程中，应严格控制各受热面壁温和过热蒸汽温度及再热蒸汽温度在规定值以内，不应使工质和管子超过它们的最高温度限制，否则将缩短管子的使用寿命。

（9）在锅炉启动和低负荷运行烧油期间，为了防止空气预热器的黏污，空气预热器的吹灰器应投运。

（八）汽轮机冲转，发电机并网带初负荷

随着锅炉参数升高，蒸汽量的增加，贮水箱水位开始下降，341阀逐渐关小以保持贮水箱中一定的水位。随着产汽量的继续增加，给水泵流量应保持在不小于30%BMCR流量，在锅炉负荷升到大约为15%BMCR时，投运喷水减温器，以控制蒸汽温度。减温器喷水阀不属于启动系统，但作为降低出口蒸汽温度的一种手段，它们对汽轮机的冷态启动是很重要的。在启动期间，不能像直流运行时那样通过调节燃烧率与给水量的比例来控制蒸汽温度，此时的燃烧率和蒸汽温度控制类似于汽包炉的控制。锅炉负荷为0～30%BMCR时有关设备的状态及说明见表11-6。随着负荷逐步升高，当分离器出口蒸汽流量达到30%BMCR时，进入分离器的介质将全部是蒸汽，水位继续下降，当贮水箱水位低于正常水位下限值时，341-1阀关闭。

表11-6　锅炉负荷为0～30%BMCR时有关设备的状态及说明

设备名称	设备状态	说　明
302阀	关闭	
341B阀	开启	
341-1阀	开→关	控制调节水位，汽水膨胀后逐渐关小直至关闭
341-2阀	开→关	控制调节水位，汽水膨胀后逐渐关小直至关闭
384阀	关闭	
387阀	关闭	
给水泵	投运	提供不小于30%BMCR的给水
过热器减温器	投运	在大约15%BMCR蒸汽流量时，投入使用，控制过热蒸汽温度
锅炉燃烧器	投运	随过热器和再热器蒸汽流量的增加，燃烧率增加
汽轮机旁路	开启	开启并控制主蒸汽压力。当汽轮机冲转后，旁路阀根据压力变化关小来控制主蒸汽压力

当锅炉出口蒸汽参数满足汽轮机冲转条件后，汽轮机开始冲转。汽轮机的冲转参数：主蒸汽温度为380℃，压力为6.0MPa；再热蒸汽温度为360℃，压力约为0.8MPa。汽轮机冲转后，按汽轮机要求，进行升速、并网和带初负荷。

（九）分离器从湿态转干态，锅炉直流运行及机组升负荷

当过热器出口主蒸汽流量达到最低直流负荷（约30%BMCR）时，锅炉进入直流运行模式，341B、341-1、341-2阀关闭。在此期间水位如有升高，可通过开启341B、341-1阀来控制水位。当负荷达到35%BMCR时，341B、341-1阀关闭；当锅炉负荷大于40%BMCR时，384暖管系统控制阀将打开，用省煤器出口的少量热水来加热341阀，使启动系统处于热备用状态。此时387阀开始控制水箱水位。锅炉直流运行时有关设备的状态及说明见表11-7。锅炉进入直流运行状态后，机组按规定的负荷变化率增加负荷直到满负荷。

表11-7　锅炉直流运行时有关设备的状态及说明

设备名称	设备状态	说　明
302阀	关闭	
341B阀	关闭	当负荷达到35%BMCR时，341B阀关闭
341-1阀	关闭	
341-2阀	关闭	
384阀	开启	负荷大于40%BMCR时，384阀开启，向341管线提供暖管热水
387阀	关/开	根据需要开启，将贮水箱中多余的水排到过热器二级减温器
给水泵	投运	给水泵流量随负荷升高而增大，并与燃料配合控制过热蒸汽温度
过热器减温器	投运	总减温水维持在主蒸汽流量的5%
锅炉燃烧器	投运	燃烧率随负荷及蒸汽温度调节要求变化
汽轮机旁路	关闭	

二、锅炉温态、热态和极热态启动

锅炉温态和热态启动的基本操作过程类似于锅炉冷态启动，应按相应的启动曲线进行。温态、热态和极热态启动时，锅炉内存有热水，蒸汽管道与锅炉内都有余压和余温。升温、升压与暖管等在已有的压力温度水平上进行。

1. 温态启动

停炉时间在10～72h之间的启动称为温态启动。温态启动应按锅炉温态启动曲线进行，见图11-3。点火时，锅炉的压力可能在1～4MPa，低于启动曲线中汽轮机冲转压力。实际的启动压力取决于机组停运时间和停炉方式。温态启动程序与冷态启动程序基本一样，不同之处是：

（1）给水清洗过程可取消。

（2）锅炉一点火，汽轮机旁路就可以投运。

2. 热态启动

停炉时间在10h以内的启动称为热态启动。热态启动应按热态启动曲线进行，见图11-4。点火时，锅炉的压力可能在4～6MPa，低于启动曲线中汽轮机冲转压力。实际的启动压力取决于机组停运时间和停炉方式。热态启动程序与温态启动程序基本一样。

3. 极热态启动

锅炉跳闸后马上启动称为极热态启动。如果锅炉在30%BMCR以上的负荷跳闸，则主蒸汽压力必须首先降到汽轮机冲转压力以下，再根据极热态启动曲线逐步升温升压启动，见图11-5。极热态启动程序与温态启动程序基本一样，极热态启动时应注意下列事项：

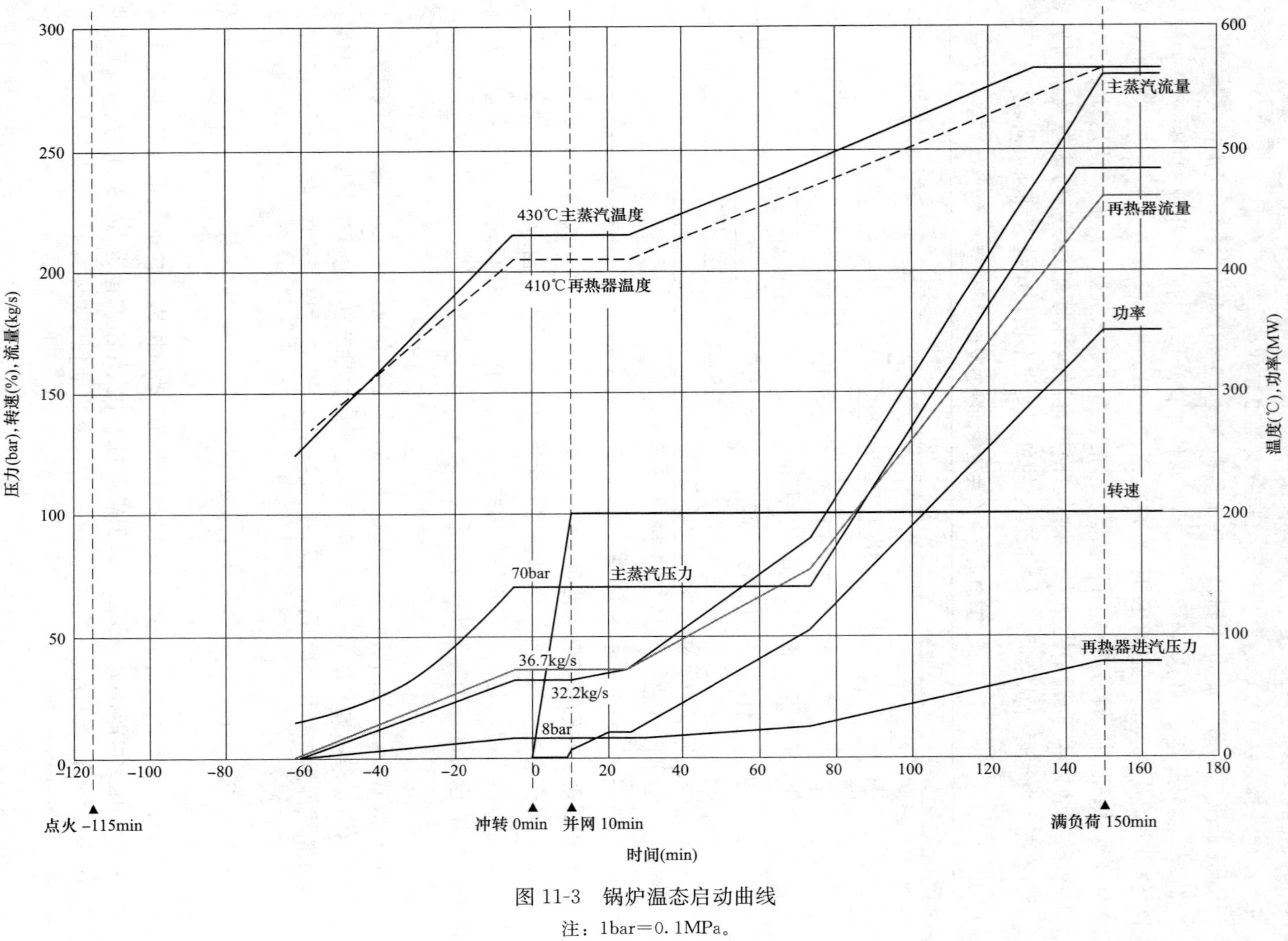

图 11-3　锅炉温态启动曲线

注：1bar=0.1MPa。

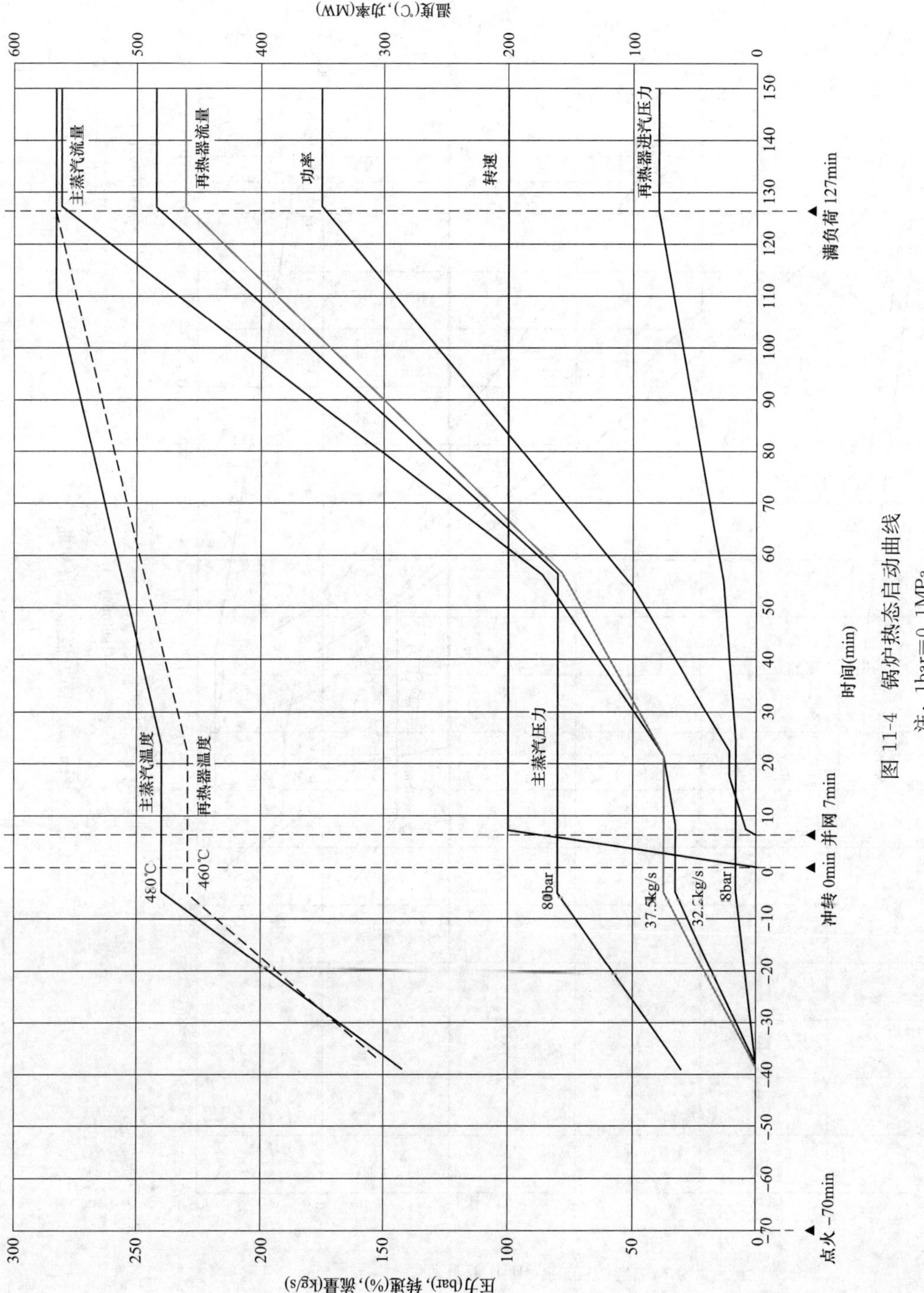

图 11-4　锅炉热态启动曲线

注：1bar=0.1MPa。

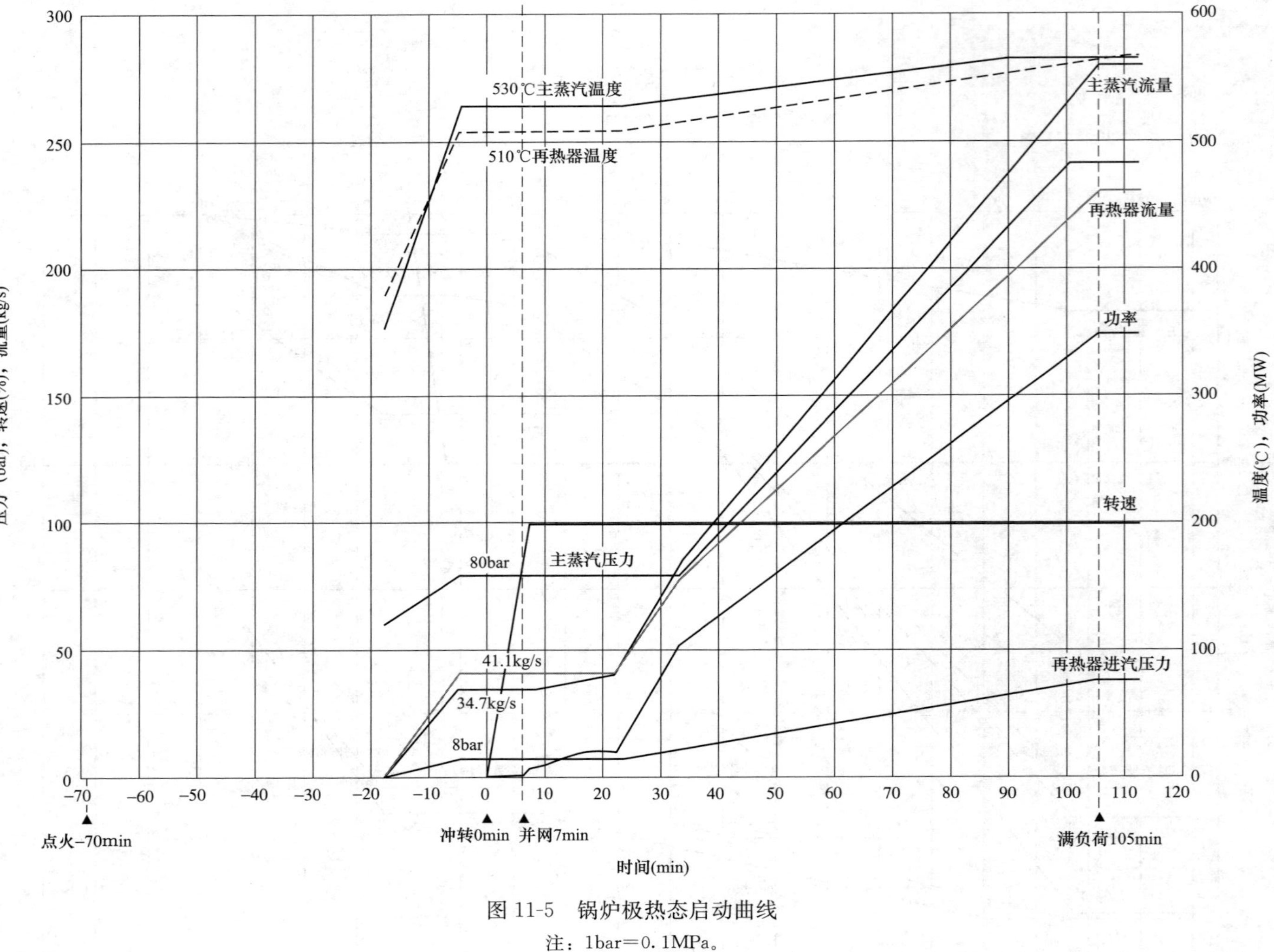

图 11-5　锅炉极热态启动曲线

注：1bar=0. 1MPa。

(1) 在锅炉主燃料跳闸停运后，炉膛应马上进行吹扫，如果在燃烧器点火之前吹扫风停止，则炉膛必须重新吹扫。

(2) 如果锅炉在高压时跳闸，则锅炉蒸汽的压力必须先降到定-滑-定曲线的下限压力（约7.95MPa）才能重新启动，可以使用汽轮机旁路来降压，降压时要控制水冷壁出口的介质温度变化率不超出规定值。

(3) 为了防止不可控制的氧气进入凝结水系统，必须维持或尽快地建立凝汽器的真空。

三、超临界锅炉启动特点

超临界锅炉具有良好的经济性和可靠性、启动速度较快等优点。超临界锅炉和亚临界汽包炉相比存在着较大的差别，超临界锅炉启动过程是一个由湿态向干态转换的过程，这个过程需要平稳顺利地过渡，否则会引起湿态和干态交替转换，造成工况的较大变化，不仅会延误锅炉启动时间，严重时还会威胁机组安全，因此，锅炉启动时湿态和干态的转换是超临界锅炉启动过程中重要的一环。

根据锅炉的运行方式和参数可将超临界锅炉启动分为锅炉启动及低负荷运行（湿态）、亚临界直流运行（湿态）和超临界直流运行（干态）3个阶段。

（一）锅炉启动及低负荷运行（湿态）阶段

不同容量的锅炉其湿态运行转干态运行的负荷有所不同，一般在25%～35%BMCR之间，在湿态情况下，其运行方式与强制循环汽包炉是基本相同的。汽水分离器及贮水箱就相当于汽包炉的汽包，由于两者容积相差甚远，使贮水箱的水位变化速度更快，贮水箱的水经341阀直接排放至锅炉疏水扩容器、除氧器、凝汽器。

1. 工质膨胀

工质膨胀产生于启动初期，是直流锅炉启动过程中必然存在的，因为充水后的点火初期，总要经历一个由水变成蒸汽的体积膨胀过程，水冷壁中的水开始受热达到饱和温度产生蒸汽，此时蒸汽会携带大量的水进入分离器，造成贮水箱水位快速升高，锅炉有较大排放量，此过程较短，一般在几十秒之内，具体数值及产生时间与锅炉点火前蒸汽压力、蒸汽温度、锅水温度、投入油枪的数量等有关。此时要及时排水，同时减少给水流量，在工质膨胀阶段，应保持燃料量的稳定。

2. 虚假水位

在锅炉低负荷运行阶段，出现蒸汽压力突然下降的情况较多，蒸汽压力突然下降将造成虚假水位，应对虚假水位有思想准备，及时增加给水以满足蒸发量的需要，加强燃烧调整，防止蒸汽压力波动。运行中汽轮机调节汽门或高压旁路阀突然开大、安全阀动作、机组并网、切缸等都可能造成蒸汽压力突然下降，造成虚假水位，这一点与汽包炉基本相同。

3. 给水主旁路切换

随着蒸汽参数的提高和锅炉负荷的增加，给水旁路已不能满足要求，必须及时从给水旁路切换至主给水管路。切换过程要匀速稳定，保持锅炉负荷稳定，省煤器入口有足够流量，贮水箱水位稳定。

4. 投入制粉系统

随着负荷的增加应及时投入制粉系统，投入煤粉后负荷会升得很快，贮水箱水位波动很大，要及时调整。

（二）亚临界直流运行阶段

在负荷大于25%～35%BMCR以上时，锅炉在亚临界压力以下运行，此时水冷壁出口已全部成为蒸汽，汽水分离器退出运行处于热备用状态，锅炉进入直流运行状态，给水控制与蒸汽温度调节和前一阶段控制方式有较大的不同，给水不再控制分离器水位而是和燃料一起协调配合控制蒸汽温度（即控制燃水比）。如果燃水比保持一定，则过热蒸汽温度基本能保持稳定；反之，燃水比发生变化，会造成过热蒸汽温度发生变化。因此，在直流锅炉中蒸汽温度调节主要是通过给水量和燃料量的调整来进行。汽水分离器出口蒸汽温度是微过热蒸汽，这个区域的蒸汽温度变化可以直接反映出燃料量和给水蒸发量的匹配程度，以及过热蒸汽温度的变化趋势。

（三）超临界直流运行阶段

在机组负荷达75%BMCR左右时转入超临界状态。从理论上讲，机组参数经过临界点时存在一大比热区，蒸汽参数变化较大，但实际运行情况基本无明显变化。主要原因是锅炉的蓄热减缓了蒸汽参数变化，而且自动控制方式下参数的自动调节在一定程度上弥补了蒸汽参数变化。因此，超临界直流运行阶段和亚临界直流运行阶段无明显区别。

四、锅炉停运

锅炉停运分正常停炉和事故停炉。

1. 正常停炉

正常停炉是按预先计划进行停炉，正常停炉又分为额定参数停炉和滑参数停炉。若停炉后锅炉进行检修，采用滑参数停炉；若停炉后锅炉进行备用，采用额定参数停炉。不论额定参数停炉还是滑参数停炉，都应做好以下工作：

（1）当蒸汽流量低于10%BMCR时，末级过热器管组出口的烟气温度必须低于510℃。

（2）过热器和再热器的管壁金属温度不应超过其报警温度值。

（3）水冷壁出口介质的温度变化率对应规定值。

（4）按汽轮机要求进行降参数和减负荷。

（5）停止燃料供给后应立即进行炉膛吹扫，在重新点火前应再进行一次吹扫。

如果停炉后不计划安排进行锅炉受压件或烟气侧的设备检修和检查时，炉膛吹扫完成后，停运所有风机，关闭所有烟风道挡板，减少锅炉的散热；如果进行锅炉受压件或烟气侧的设备检修和检查时，炉膛吹扫完成后继续利用引风机和送风机对炉内进行通风，将锅炉尽快冷却下来，冷却速率的大小取决于通风量的大小。

2. 事故停炉

事故停炉是指设备发生故障，威胁到设备或人身安全，必须尽快将锅炉停止运行。事故停炉又分为自动事故停炉和人为事故停炉，自动事故停炉是由于发生设备故障，使MFT保护动作而造成的停炉；人为事故停炉是由于发生异常情况，人为触动MFT保护而使锅炉停运。

当MFT动作时，锅炉所有的燃料输入都立即停止，并开始炉膛吹扫。同时，关闭汽轮机主汽阀、关闭所有的减温水阀和吹灰供汽阀，送风机和引风机将继续运行。如果MFT动作时炉膛通风量大于吹扫风量，可逐渐降低通风量到吹扫风量进行熄火后的吹扫；如果MFT动作时炉膛通风量小于吹扫风量，则应先保持该通风量5min，然后逐渐增大通风量到吹扫风量进行熄火后的吹扫。当故障消除后，锅炉重新点火前必须对炉膛进行再吹扫。

第三节 超临界锅炉的调节特点和运行特性

锅炉是一个复杂的调节对象，它的特点是被调对象多（例如：蒸汽流量、蒸汽压力、蒸汽温度、水位等）、调节参数多（例如：燃料量、给水量、风量等）、扰动因素多（例如：燃料品质和数量、炉内燃烧工况、机组负荷、锅炉辅机启停等）。锅炉运行特性是指锅炉各种状态参数之间的运行关系和变化规律。锅炉运行特性包括静态特性和动态特性。锅炉在正常运行中，各种状态参数的变化是绝对的，稳定不变是相对的。因为锅炉经常受到各种内外因素的干扰，往往在一个动态过程尚未结束时，又产生了另一个动态过程。锅炉运行的任务就是使各种状态参数不论静态过程还是动态过程都在允许的安全经济范围内波动，要完成这一任务，必须采取有效的调节手段。锅炉运行调节可分为自动调节和人工调节两种，高参数大容量锅炉广泛采用高效的自动调节，以确保静态与动态过程中各种状态参数在允许范围内。超临界锅炉与亚临界汽包炉相比较，超临界锅炉有其独特的调节特点和运行特性。

一、超临界锅炉的调节特点

超临界参数锅炉与亚临界汽包锅炉在自动控制方面有所不同，理论上认为，在水的状态参数达到临界点时，水的汽化会在一瞬间完成，即在临界点时饱和水和饱和蒸汽之间不再有汽、水共存的二相区存在。由于在临界参数下汽和水的密度相等，在超临界压力下无法维持自然循环，所以超临界锅炉必须是直流锅炉。超临界锅炉与亚临界汽包锅炉的结构和工艺过程有着显著不同，其控制方面具有以下特点：

（1）锅炉启动系统首先要建立启动压力和启动流量，保证给水能连续通过省煤器和水冷壁，尤其要保证水冷壁的良好冷却和水动力的稳定性。同时，系统回收锅炉启动初期排出的热水、汽水混合物、饱和蒸汽以及过热度不足的过热蒸汽，以实现工质和热量的回收。

（2）超临界直流炉没有汽包环节，给水经加热、蒸发和过热是一次性连续完成的，随着运行工况不同，锅炉将运行在亚临界或超临界压力下，蒸发点会自发地在一个或多个加热区段内移动，汽水之间没有一个明确的分界点。这要求控制系统更为严格保持各种比值的关系（如给水量/蒸汽量、燃料量/给水量及喷水量/给水量等）。

（3）由于超临界锅炉没有汽包，锅炉的蓄热能力显著减小，负荷调节的灵敏性好，可实现快速启停和调节负荷，但蒸汽压力对负荷变动反应灵敏，保持蒸汽压力稳定比较困难。

锅炉蓄热能力是指蒸汽压力变化时锅炉存储或释放热量的能力。锅炉的蓄热在工质和金属受热面中，其蓄热量为工质中的蓄热量和受热面金属蓄热量之和。因此，锅炉的蓄热能力与锅炉的参数、形式和结构有关。因为自然循环锅炉装有汽包和下降管，为了降低上升管的阻力采用直径较大、管壁较厚的管子作为水冷壁，使自然循环锅炉的金属用量比直流锅炉多10%～15%，而且还使自然循环锅炉的水容积比直流锅炉大得多。所以，自然循环锅炉的蓄热能力比直流锅炉大得多。实测数据表明，相同出力的自然循环锅炉的蓄热能力是直流锅炉的2～3倍。因为超临界锅炉为直流锅炉，所以其蓄热能力较小，但超临界锅炉的压力较高，使蓄热能力有所增加。锅炉蓄热能力越大，越有利于负荷稳定和调整，可提高机组的抗扰动能力，有利于机组运行；但是，当机组进行负荷调整时，增加了调整的惯性，不利于机组调整。

（4）汽包炉的汽包在运行中除作为汽水分离器外，还作为燃水比失调的缓冲器。当燃水比失去平衡时，利用汽包中的存水和空间容积暂时维持锅炉的工质平衡关系，以保持各段受热面积不变。而超临界锅炉的加热、蒸发和过热是一次完成的，这使得汽轮机与锅炉之间具有强烈的耦合特性，整个受控对象是一个多输入、多输出的多变量系统。

（5）强烈的非线性是超临界机组又一主要特征。超临界机组在大范围的变负荷运行中，运行压力在10～25MPa之间，在超临界和亚临界两种工况下运行，在亚临界运行工况下，工质经过加热、蒸发和过热三个阶段；在超临界运行工况下，汽水的密度相同，水在临界点瞬间转化为蒸汽。超临界运行方式和亚临界运行方式具有完全不同的控制特性，超临界状态的锅炉是一种特性复杂多变的被控对象，随着机组负荷的变化，锅炉的动态特性参数也随之大幅度变化。由于超临界直流炉的强非线性，常规的控制策略难以达到良好的控制效果。所以需要大量采用变参数PID和变结构控制策略，以保证在各个负荷点上控制系统具有良好的效果。

二、超临界锅炉的运行特性

超临界锅炉相对于亚临界汽包炉有两个明显的特点，一是参数提高，由亚临界提高至超临界；二是只能采用直流运行方式。正是由于这两个特点，使得超临界锅炉的运行特性具有特殊性。

（一）静态特性

锅炉在各个工况的稳定状态下，各种状态参数都有确定的数值，称为静态特性。例如，不同的燃料量就有相应的蒸汽流量、相应的受热面吸热量、相应的蒸汽温度与蒸汽压力等，这些都是锅炉的静态特性。

超临界锅炉各级受热面串联连接，水的加热、汽化与蒸汽过热三个阶段的分界点在受热面中的位置不固定，随工况而变化。因此，形成了超临界锅炉不同于汽包锅炉的静态特性。汽包锅炉运行时，通过调整燃料量保证蒸汽压力，通过调整给水量保证水位，通过调节喷水量保证蒸汽温度；超临界锅炉运行时，各参数互相影响，无法进行单一调整，必须相互配合，综合调整。

1. 过热蒸汽温度静态特性

对于超临界（再热）锅炉，在建立热量平衡的稳定工况下，以给水为基准的过热蒸汽总焓升可按下式计算，即

$$h''_{gr}-h_{gs}=\frac{\eta BQ_r(1-r_{zr})}{G}$$

式中　h''_{gr}、h_{gs}——过热器出口焓、给水焓，kJ/kg；

η——锅炉效率，%；

B——锅炉燃料量，kg/s；

Q_r——锅炉输入热量，kJ/kg；

r_{zr}——再热器相对吸热量，$r_{zr}=\frac{Q_{zrr}}{(\eta Q_r)}$；

Q_{zrr}——再热器吸热量，kJ/kg；

G——给水流量（等于蒸汽流量），kg/s。

从上式可以看出，当燃料发热量、锅炉热效率、给水焓及燃水比不变时，直流锅炉主蒸汽焓（温度）保持不变，影响直流锅炉过热蒸汽温度的直接因素有燃水比、燃料发热量、锅

炉效率、给水温度。对于直流再热锅炉，不同工况下，锅炉辐射吸热量与对流吸热量的份额会发生改变，为维持主蒸汽温度不变，对不同负荷下的燃水比应进行适当修正。另外，锅炉尾部烟气挡板开度变化时，再热器的相对吸热量也会变化，将影响主蒸汽温度。

2. 再热蒸汽温度静态特性

对于超临界（再热）锅炉，在再热蒸汽温度稳定工况下，再热器出口焓值按下式计算，即

$$h''_{zr}-h'_{zr}=\frac{\eta BQ_{r}r_{zr}}{dG}$$

式中 h''_{zr}、h'_{zr}——再热器出口、进口焓值，kJ/kg；

d——再热蒸汽流量占主蒸汽流量的份额。

从上式可看出：在任何负荷下，当燃料量与给水量成比例变化时，即可保证再热蒸汽温度为额定值。这个结论与主蒸汽温度调节是一致的。另外，锅炉尾部烟气挡板开度变化时，再热器的相对吸热量也会变化，将影响再热蒸汽温度。影响再热蒸汽温度的因素还有煤的发热量、过量空气系数、受热面结焦、运行方式等。

3. 蒸汽压力静态特性

直流锅炉压力是由系统的质量平衡、热量平衡以及工质流动压降等因素决定的，与燃料量、给水流量及汽轮机负荷有关。

（二）动态特性

锅炉从一个工况变到另一个工况的过程中，各种状态参数随着时间而变化，最终到达一个新的稳定状态，各种状态参数在变工况时随着时间变化的方向、历程和速度等称为锅炉的动态特性。

由于超临界锅炉水的加热、汽化与蒸汽过热三个阶段的分界点在受热面中的位置不固定，随工况而变化，并且蓄热能力小。所以形成了超临界锅炉不同于亚临界汽包锅炉的动态特性。当锅炉的燃料量、给水量、汽轮机调节阀开度变化时会直接影响主蒸汽流量、主蒸汽压力和主蒸汽温度，见图 11-6。

1. 燃料量

在其他条件不变的情况下，燃料量增加，蒸发量在短暂延迟后先上升，后下降，最后稳定下来与给水量保持平衡。其原因是，在变化之初，由于热负荷增加，热水段逐步缩短；蒸发段将蒸发出更多的饱和蒸汽，使过热蒸汽流量增大，其长度也逐步缩短，当蒸发段和热水段的长度减少到使过热蒸汽流量重新与给水量相等时，即不再变化。在这段时间内，由于蒸发量始终大于给水量，锅炉内部的工质储存量不断减少（一部分水容积渐渐被蒸汽容积所取代）。

燃料量增加，过热段加长，过热蒸汽温度升高，但在初始阶段，由于蒸发量与燃烧放热量近乎按比例变化，再加上管壁金属储热所起的延缓作用，所以过热蒸汽温度要经过一定时滞后才逐渐变化。如果燃料量增加的速度和幅度都很急剧，有可能使锅炉瞬间排出大量蒸汽。在这种情况下，蒸汽温度将首先下降，然后再逐渐上升。蒸汽压力在短暂延迟后逐渐上升，最后稳定在原来的水平，见图 11-6（a）。

2. 给水量

在其他条件不变的情况下，给水量增加。由于壁面热负荷未变化，故热水段延长，蒸汽

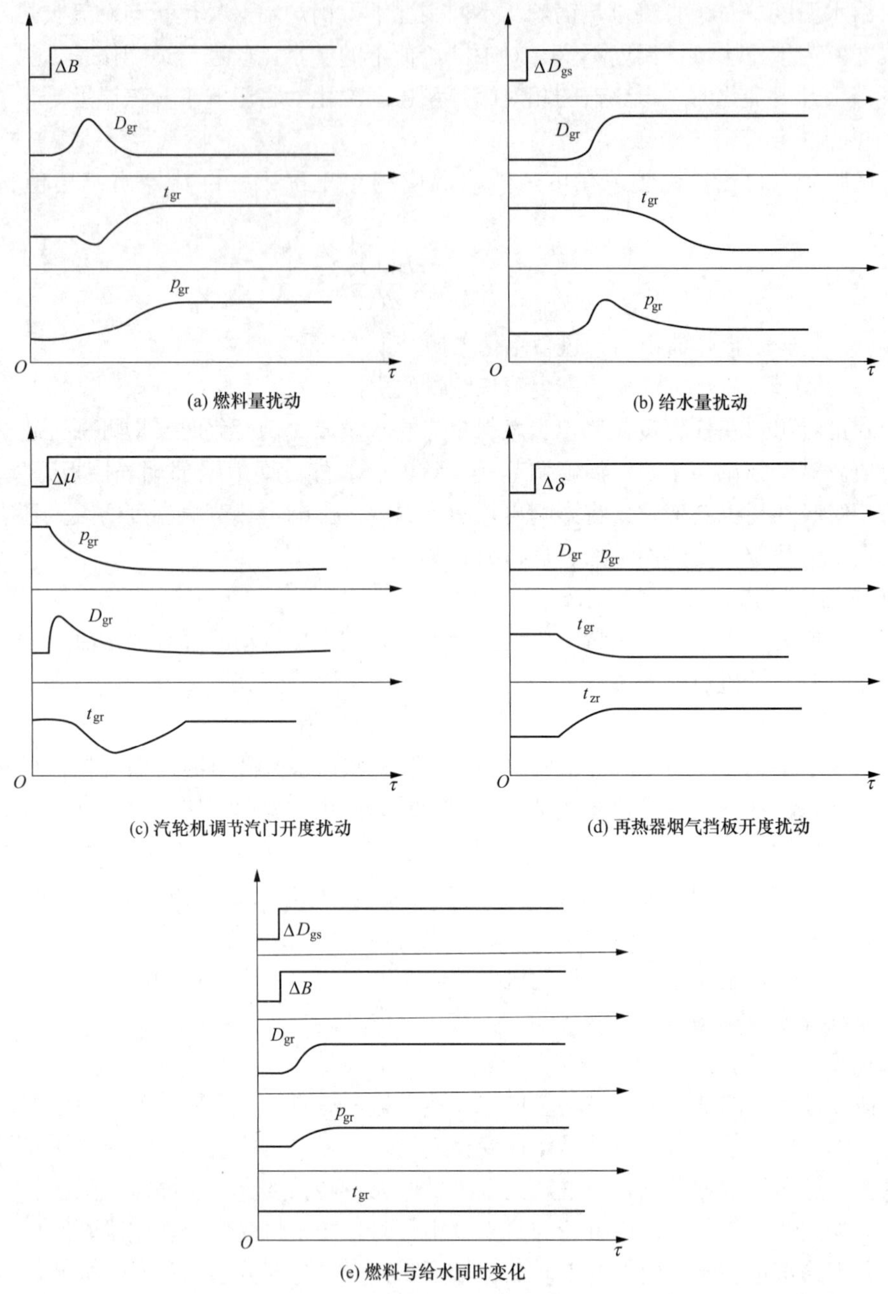

图 11-6　超临界锅炉动态特性

ΔB—燃料增加量；ΔD_{gs}—给水增加量；$\Delta\mu$—汽轮机调节汽门开度增加量；$\Delta\delta$—再热器烟气挡板开度增加量；D_{gr}—过热蒸汽流量；t_{gr}—过热蒸汽温度；p_{gr}—过热蒸汽压力；t_{zr}—再热蒸汽温度

流量逐渐增大到扰动后的给水流量。过渡过程中，由于蒸汽流量小于给水流量，所以工质储存量不断增加。随着蒸汽流量的逐渐增大和过热段的减小，出口过热蒸汽温度渐渐降低，但在蒸汽温度降低时金属放出储热，对蒸汽温度变化有一定的减缓作用。蒸汽压力则随着蒸汽流量的增大而逐渐升高。值得一提的是，虽然蒸汽流量增加，但由于燃料量并未增加，故稳定后工质的总吸热量并未变化，只是单位工质吸热量减小（出口蒸汽温度降低）而已。

当给水量扰动时，蒸发量、蒸汽温度和蒸汽压力的变化都存在时滞。这是因为从扰动开始，给水自入口流动到原热水段末端时需要一定的时间，因而蒸发量产生时滞，蒸发量时滞又引起蒸汽压力和蒸汽温度的时滞，见图 11-6（b）。

3. 调节汽门开度

在其他条件不变的情况下，若调节汽门突然开大，蒸汽流量立即增加，蒸汽压力下降。汽压没有像蒸汽流量那样急剧变化。这是由于当蒸汽压力下降时，饱和温度下降，锅炉工质“闪蒸”、金属释放储热，产生附加蒸发量，抑制蒸汽压力下降。随后，蒸汽流量因蒸汽压力降低而逐渐减少，最终与给水量相等，保持平衡，同时蒸汽压力降低速度也趋缓，最后达到一稳定值，见图 11-6（c）。

4. 烟气挡板开度

锅炉尾部竖井烟道下方装有烟气挡板，用于调整再热蒸汽的温度。当再热器烟气挡板打开或过热器烟气挡板关闭时，通过再热器的烟气量增加，再热蒸汽温度升高，过热蒸汽温度降低，蒸汽压力和蒸汽流量不变，见图 11-6（d）。

5. 燃料与给水同时变化

单一的燃料或给水改变时会造成蒸汽温度发生变化，当燃料和给水同时按比例改变时，其动态特性是燃料和给水单一改变时的叠加，见图 11-6（e）。在这种情况下，过热蒸汽温度和再热蒸汽温度维持不变，而过热蒸汽流量和压力随之增加，然后迅速稳定在一个新的水平上。燃料与给水成比例同时改变的特性可以满足外界负荷变化的要求，也是超临界直流锅炉运行中严格控制燃水比的原因。

从上述的分析可以看出：

（1）单独改变燃料量或给水流量时，在动态过程中蒸汽温度、蒸汽压力、蒸汽流量都有显著变化，尤其是蒸汽温度的变化更加突出。因此，变负荷过程中，给水量必须与燃料量保持适当比例协调动作。

（2）负荷扰动时，蒸汽压力的变化没有迟延，且变化幅度较大，这是因为超临界锅炉蓄热能力小的缘故。

（3）过热蒸汽温度对燃料量和给水量扰动都有很大迟延，为了稳定蒸汽温度，必须有提前反应燃料量和给水量扰动的蒸汽温度信号。一般选择汽水分离器出口蒸汽温度作为中间点温度，以此作为燃水比校正依据。燃水比变化后，中间点蒸汽温度变化的迟延比过热蒸汽温度变化的迟延要小很多，这对于稳定过热蒸汽温度，提高锅炉调节品质非常重要。

第四节 超临界锅炉蒸汽参数调整

从超临界锅炉的调节特点和运行特性分析可知，超临界锅炉蒸汽参数的调节可以归纳为蒸汽压力和蒸汽温度的调节，因为蒸汽压力的调节实际上就可使锅炉的蒸发量与汽轮机负荷相匹配，所以调节锅炉压力就是调节锅炉负荷。为了准确合理调节锅炉的蒸汽参数必须正确选择调节信号和调节手段。主调节信号也就是被调参数（或被调量），超临界锅炉的被调参数就是蒸汽温度和蒸汽压力。但是，仅把锅炉出口的蒸汽温度和蒸汽压力这两个被调量作为主调节信号将会使调节质量很差，不能保证它们维持在规定值。因此，除了主调节信号外，还必须选择一些辅助信号。

由于超临界锅炉的加热、蒸发和过热各个区段在动态特性上是紧密联系的，所以可把整个锅炉作为一个调节段处理，蒸汽参数调节的主要任务是使燃料输入的热量与蒸汽输出的热量相配合，也就是控制燃料量、给水量以及两者的比例。另外，超临界锅炉出口和汽水通道所有中间截面的工质温度值的变化是互相联系的，必须保证中间点的温度，才能较好地稳定出口蒸汽温度。因此，在进行超临界锅炉的蒸汽温度调节时，必须选择适当的中间点蒸汽温度作为主调节信号。

一、蒸汽参数的调节原理

锅炉的运行必须保证汽轮机进汽流量、蒸汽温度及蒸汽压力的稳定。由超临界锅炉的运行特性分析可知，锅炉蒸汽参数的稳定主要取决于汽轮机功率与锅炉蒸发量的平衡以及燃料与给水的平衡。第一个平衡是稳住压力，第二个平衡是稳住蒸汽温度。但是，由于超临界锅炉的加热、蒸发和过热三个区段之间无固定的分界线，使蒸汽温度、蒸汽压力及蒸汽流量之间互相依赖，紧密相关，一个调节手段不只影响一个被调参数。因此，实际上蒸汽压力和蒸汽温度这两个被调参数的调节不能分开，它们只不过是一个调节过程的两个方面。除了超临界锅炉被调参数的相关性外，还在于超临界锅炉的蓄热能力小，运行工况一旦被扰动，蒸汽参数变化很快，很敏感。这就需要采取合理的调节手段。

1. 蒸汽压力

蒸汽压力调节任务是保持锅炉出口和汽轮机所需蒸汽流量相等，只要保持住这一平衡，过热蒸汽压力就能稳定在要求值。因此，压力的变动是由汽轮机负荷或锅炉出力的变动所引起的，压力的变化反映了机、炉之间的不相适应。由于超临界锅炉的蒸发量与给水量相等，只有给水量改变时才引起蒸发量的变化。所以超临界锅炉的出力首先应由给水量来保证，然后用燃料量调整其他参数。

2. 过热蒸汽温度

在超临界锅炉运行过程中，过热蒸汽温度随给水温度、燃料品质、炉膛过量空气系数以及受热面的结渣情况的变化在较大范围内波动。过热蒸汽温度过高或过低对锅炉和汽轮机的安全经济运行都有严重的影响，通常要求锅炉负荷在75%～100%范围内过热蒸汽温度保持额定值。

在稳定工况下，由超临界锅炉过热蒸汽温度静态特性可知，当锅炉效率、燃料的发热量、给水焓及竖井烟道尾部烟气挡板开度不变时，过热蒸汽温度由燃料量与给水量的比例决定。因此，超临界锅炉过热蒸汽温度调节主要是通过给水量和燃料量的调整来进行。由于在锅炉的实际运行中，要保证燃料与给水比值的精确非常困难，这就需要在采用燃料与给水比值进行粗调蒸汽温度的同时，利用汽水通道上安装的喷水作为过热蒸汽温度细调的调节手段。另外，为了维持锅炉出口蒸汽温度的稳定，在过热区段中间部分装一温度测点（如分离器出口），将该处的温度固定在相应的数值上，该处的温度称之为中间点温度。

3. 再热蒸汽温度

由于再热器内蒸汽的压力较低，内侧放热系数较小，质量流速也较低，使再热器管壁的冷却条件较差，所以再热蒸汽温度的调节十分重要。

在再热蒸汽温度稳定工况下，由超临界锅炉再热蒸汽温度静态特性可知，当锅炉效率、燃料的发热量、给水焓及竖井烟道尾部烟气挡板开度不变时，再热蒸汽温度由燃料量与给水量的比例决定。因此，超临界锅炉再热蒸汽温度调节与过热蒸汽温度的调节方法相同，主要是调节燃水比。由于在锅炉的实际运行中，要保证燃料与给水比值的精确很困难，同时考虑再热蒸汽采用喷水调节不经济，调节再热蒸汽温度采用燃料与给水比值进行粗调蒸汽温度的同时，利用竖井烟道尾部烟气挡板开度变化，改变经过再热器的烟气流量的方法作为再热蒸汽温度细调的手段。

二、超临界锅炉蒸汽温度调节

在超临界火电机组控制中，蒸汽温度是一个很重要的被控参数，规定了额定蒸汽温度值，并要求在运行中不能有过大的偏差，一般误差范围在＋5～－10℃。若超出规定值，将影响机组的安全经济运行。

蒸汽温度过高，会使锅炉受热面及蒸汽管道金属材料的蠕变速度加快，影响使用寿命。当蒸汽温度过高超过允许值时，还会使汽轮机的汽缸、主汽门、调节汽门、前几级喷嘴和叶片等部件的机械强度降低，热应力和热变形增大，将导致设备的损坏或寿命缩短。

蒸汽温度过低将会使机组热效率降低，汽耗率增大。蒸汽温度过低还会使汽轮机末几级叶片的蒸汽湿度增大，这不仅使汽轮机内效率降低，而且造成汽轮机末几级的浸蚀加剧。蒸汽温度大幅度的快速下降会使汽轮机金属部件产生过大的热应力、热变形，甚至会发生动静部件的摩擦，更为严重时会导致汽轮机水击事故的发生，造成通流部分和推力轴承的损坏，对机组的安全运行十分不利。过热蒸汽温度和再热蒸汽温度变化过大，除使管材及有关部件产生蠕变和疲劳损坏外，还将引起汽轮机胀差的变化，产生机组的振动，危及机组的安全运行。正常运行时，应维持高温过热器出口蒸汽温度在571℃±5℃，再热器出口温度在569℃±5℃；并且控制受热面沿程各段工质温度、金属壁温不超规定值。

（一）过热蒸汽温度的调整

1. 影响超临界锅炉过热蒸汽温度的主要因素

影响超临界锅炉过热蒸汽温度的因素很多，从超临界锅炉过热蒸汽温度的运行特性可以看出，主要影响因素有燃水比、给水温度、过量空气系数、火焰中心高度和受热面结渣程度等。

2. 超临界锅炉过热蒸汽温度的调节

超临界锅炉过热蒸汽温度的调节是以改变燃水比为主，以改变喷水量为辅。

（1）改变燃水比调节过热蒸汽温度。改变燃水比调节过热蒸汽温度也叫做粗调。对于超临界锅炉，控制主蒸汽温度的关键在于控制锅炉的燃水比，而燃水比是否合适需要通过中间点温度来判定。在过热蒸汽温度调节中，中间点温度实际与锅炉负荷有关，中间点温度与锅炉负荷存在一定的函数关系，那么锅炉的燃水比按中间点温度来调节，中间点至过热器出口区段的过热蒸汽温度变化主要依靠喷水减温调节，喷水减温只是一个暂时措施，要保持蒸汽温度稳定的关键是要保持固定的燃水比。通常将内置式分离器的出口温度作为超临界压力直流锅炉中间点温度，这样设计有以下几方面的好处。

1）能快速反应出燃料量的变化。当燃料量增加时，水冷壁最先吸收燃烧释放出的辐射热，分离器出口温度的变化比依靠吸收对流热量的过热器快得多。

2）中间点选在减温器之前，基本上不受减温水流量变化的影响，即使发生减温水量大幅度变化，中间点温度送出的调节信号仍能保证正确的调节方向。

3）当锅炉负荷大于30%BMCR时，分离器呈干态，分离器出口处于过热状态，这样在分离器干态运行的整个范围内，中间点具有一定的过热度，而且该点靠近开始过热的点。从超临界锅炉蒸汽温度控制的运行特性可知，过热蒸汽温度控制点离工质开始过热点越近，蒸汽温度控制时滞越小。

根据中间点温度可以控制燃料与给水的比例。在运行中，当负荷变化时，如燃水比控制得不准确，中间点温度就会偏离设定值。中间点温度的偏差信号指示运行人员或计算机及时调节燃水比，消除中间点温度的偏差。如能控制好中间点温度就能较方便地控制其后各点的蒸汽温度值。但需要强调的是，中间点温度的设定值与锅炉特性和负荷有关，而不是一个固定值，需综合考虑后进行修正。

(2) 改变喷水量调节过热蒸汽温度。改变喷水量调节过热蒸汽温度也叫细调。考虑实际运行中锅炉负荷的变化，以及给水温度、燃料品质、炉膛过量空气系数以及受热面结渣等因素的变化，对过热蒸汽温度均有影响，因此在实际运行中要保证燃水比的精确值也是不容易的，这就迫使除了采用燃水比作为粗调的调节手段外，还必须在蒸汽管道设置喷水减温器作为细调的调节手段。

一般情况下，超临界锅炉的过热蒸汽温度调节方法是采用燃水比进行粗调，两级喷水减温进行细调。其中第一级喷水减温器装在前屏过热器与后屏过热器之间，消除前屏过热器中产生的热偏差；第二级喷水减温器装在后屏过热器与高温过热器之间，维持过热器出口蒸汽温度在额定值。

（二）再热蒸汽温度的调节

为了提高发电机组的热效率，超临界锅炉均采用中间再热，以提高进入中压缸的蒸汽温度。影响再热器出口蒸汽温度的因素很多，如机组负荷的大小、火焰中心位置的高低、各受热面积灰的多少、燃料和给水的配比等。

1. 再热蒸汽温度调节的特点

(1) 再热蒸汽压力低于过热蒸汽压力，一般为过热蒸汽压力的 1/4～1/5。由于再热蒸汽压力低，再热蒸汽的定压比热较过热蒸汽小，这样在等量的蒸汽和改变相同的吸热量的条件下，再热蒸汽温度的变化就比过热蒸汽温度变化大。因此，当工况变化时，再热蒸汽温度的变化就比较敏感，且变化幅度也比过热蒸汽大。反之，在调节再热蒸汽温度时，其调节也较灵敏。

(2) 再热器进口蒸汽状况决定于汽轮机高压缸的排汽参数，而高压缸排汽参数随汽轮机的运行方式、负荷大小及工况变化而变化。当汽轮机负荷降低时，再热器入口蒸汽温度也相应降低，要维持再热器的额定出口蒸汽温度，则其调温幅度增大。由于再热蒸汽温度调节机构的调节幅度受到限制，则维持再热蒸汽温度的负荷范围受到限制。

(3) 再热蒸汽温度调节不宜采用喷水减温方法，否则机组运行经济性下降。再热器置于汽轮机的高压缸与中压缸之间。再热器采用喷水减温时，喷入的水蒸发加热成中压蒸汽，使汽轮机的中、低压缸的蒸汽流量增加，即增加了中、低压缸的输出功率。如果机组总功率不变，势必要减少高压缸的功率。由于中压蒸汽做功的热效率低，所以使整个机组的循环热效率降低。因此，正常情况下再热蒸汽温度不用喷水调节，而是利用烟气侧调节，通常采用分隔烟道法。为了在事故状态下，使再热器不被过热烧坏，在再热器进口处设置事故喷水减温装置，当再热器进口蒸汽温度采用烟气侧调节无法使蒸汽温度降低时，则要用事故喷水来保护再热器管壁不超温，以保证再热器的安全。

(4) 再热蒸汽压力低，再热蒸汽放热系数低于过热蒸汽，在同样蒸汽流量和吸热条件下，再热器管壁温度高于过热器管壁温度，因此，在运行中要严格控制再热器的管壁温度。

2. 再热蒸汽温度的调节方法

再热蒸汽温度的调节方法也是通过改变燃水比进行粗调。由于再热蒸汽采用喷水调节会降低机组循环效率，所以采用调节竖井烟道尾部烟气挡板开度改变经过再热器烟气量的方法作为再热蒸汽温度细调的手段。正常运行期间，再热蒸汽温度由布置在尾部烟道中的烟气挡板调节，负荷越高，再热器侧烟道挡板开度越小。两个烟道的挡板（过热器侧与再热器侧）以相反的方向动作，过热器侧挡板与再热器侧挡板开度之和为 110%，且挡板开度维持在 30%～70%之间，以免开度过低导致挡板振动。当再热蒸汽温度升高时，关小再热器侧烟道挡板以增加再热器烟道阻力，减少通过再热器烟道烟气量，降低再热蒸汽温度；同时，开大过热器侧烟道挡板，降低过热器烟道阻力，减少通过再热器对流受热面的烟气量，以降低再热器出口蒸汽温度。

由于烟气挡板系统的响应有一定的滞后性，在瞬变状态或紧急情况时，可以投布置在高温再热器进口管道上的减温器喷水减温。锅炉低负荷运行时要尽量避免使用减温水，防止减温水不能及时蒸发造成受热面积水。用减温水调节再热蒸汽温度时，要监视减温器后的温度，必须保持 20℃以上的过热度，防止再热器积水。

三、超临界锅炉蒸汽压力调节

超临界锅炉主蒸汽压力的调节是通过保持锅炉蒸发量（给水量）与汽轮机的进汽量之间的平衡来实现。当两者保持平衡时，锅炉的主蒸汽压力保持稳定不变；当两者平衡遭到破坏时，锅炉的主蒸汽压力也会随之发生波动。超临界锅炉汽压调节的任务就是通过有效的方法使锅炉负荷与汽轮机的进汽量之间保持平衡。影响锅炉蒸发量与汽轮机进汽量的因素是各种扰动，分为内部扰动与外部扰动。外扰是指外部负荷的正常增减及事故情况下的甩负荷，它具体反映在汽轮机所需蒸汽量的变化上。内扰是指锅炉机组本身的因素引起的参数变化。如果蒸汽压力与蒸汽流量的变化方向相反，此时就是外扰的影响；如果蒸汽压力与蒸汽流量的变化方向一致时，这通常是内扰的影响。

（一）超临界锅炉主蒸汽压力的特点

对于汽包锅炉，锅炉出力的变更是依靠对燃料的调节（改变燃料量）实现的，由于汽包有一定储水容积，与给水量无直接关系，而给水量按汽包水位变化进行调节。但超临界锅炉为直流锅炉，其产汽量直接由给水量来定，炉膛内放热量的变化并不直接引起锅炉出力的变化，只有变动给水量才会引起锅炉蒸发量的变化。因此，超临界直流锅炉的出力首先应当由给水量保证，然后对燃料量进行相应的调节，以保持其他参数。因为当调节给水量以保持压力稳定时，必然引起过热蒸汽温度的变化，因而在调压过程中，必须校正过热蒸汽温度。所以，在调节蒸汽压力的过程中，用给水量调节蒸汽压力；用给水与燃料配合调节蒸汽温度。

1. 蒸汽压力与蒸汽温度同时降低

当发生外扰时（如外界加负荷），在燃料量、喷水量和给水泵转速不变的情况下，蒸汽压力、蒸汽温度都会降低。此时虽然给水泵转速未变，但泵的前、后压差减小，使给水量自行增加。外扰反应最快的是蒸汽压力，其次才是蒸汽温度的变化，而且蒸汽温度变化幅度较小。此时的温度调节应与蒸汽压力调节同时进行，在增大给水量的同时，按比例增大燃料量，保持适当的燃水比，以保持中间点温度的稳定。

当发生内扰时（如燃料量减小），在其他条件不变的情况下也会引起蒸汽压力、蒸汽温度降低。内扰时蒸汽压力变化幅度小，恢复迅速；蒸汽温度变化幅度则较大，在调节之前不能自行恢复。

2. 蒸汽压力上升、蒸汽温度下降

一般情况下，蒸汽压力上升而蒸汽温度下降是给水量增加的结果。如果给水阀开度未变，则有可能是给水压力升高使给水量增加。更应注意的是，当给水压力上升时，不但给水量增加，而且喷水量也自动增大。因此，应同时减小给水量和喷水量，才能恢复蒸汽压力和蒸汽温度。

（二）主蒸汽压力调节

超临界锅炉压力调节方法是根据需要同时调节给水量和燃料量，用给水调节蒸汽压力，用燃料量调节蒸汽温度并使蒸汽压力尽快稳定。由于超临界机组的自动化水平较高，机组运行中一般采用机炉协调控制实现主蒸汽压力调节，也可通过锅炉跟踪汽轮机或手动方式调节主蒸汽压力。

第五节 锅炉燃烧调整

锅炉燃烧调整的任务是维持蒸汽压力、温度在正常范围内；着火和燃烧稳定，燃烧中心适当，火焰分布均匀，燃烧完全；确保锅炉经济运行；减少污染物，实现达标排放。超临界直流锅炉燃烧调节和亚临界汽包炉相似，但是超临界直流锅炉燃料量调节与给水量紧密相关，燃烧调整时必须考虑给水量配合进行调整。

一、影响燃烧的因素

影响燃烧的因素有煤质、煤粉细度、煤粉浓度、锅炉负荷、一二次风的配合及一次风煤粉气流初温等。

1. 煤质

煤中挥发分是影响燃烧的主要因素，挥发分高，着火容易，燃尽程度高，但易结渣；相反，挥发分低，燃烧稳定性差，燃尽程度下降，经济性差。煤的发热量低，燃料消耗量增加，制粉系统出力变大，一次风速需增加，对着火和燃尽都不利。煤中水分增加，燃烧困难，燃尽也差，同时烟气量增加，热损失增大，并且会降低制粉系统出力，易堵管，对锅炉尾部受热面的安全也有影响。煤中灰分增加，燃烧困难，易发生结渣和磨损等安全问题，对炉内空气动力场有较大影响。

2. 煤粉细度

颗粒细，燃烧好，但需要消耗制粉系统能量；煤粉粗，着火及燃尽困难，同时燃烧过程延长，使炉膛出口烟气温度升高，对受热面不利。另外，颗粒大易贴墙，造成壁面的还原性气氛，引起水冷壁结渣，带来安全问题。因此，应控制合适的煤粉细度。

3. 煤粉浓度

一次风煤粉浓度对着火稳定性影响很大，煤粉浓度过大或过小都不利于燃烧，运行中应维持在最佳浓度值。

4. 锅炉负荷

负荷降低，燃烧稳定性变差，低到一定程度，燃烧不稳，需投油助燃。另外，负荷降低，燃烧效率降低，经济性变差。

5. 一、二次风配合

一次风提供着火所需空气，二次风提供后期燃烧空气。二次风过早或过晚与一次风混合都会影响燃烧，应选择合理的时机。另外，一、二次风应保持适当比例。

6. 一次风初温

提高煤粉气流初温，可稳定着火，对燃烧过程有利。但一次风初温升高受系统和煤种的限制，一次风初温过高，易发生提前着火，烧坏一次风管道和燃烧器。

二、负荷与煤质变化时的燃烧调整原则

1. 不同负荷下的燃烧调整

（1）高负荷时，燃烧稳定，但易结渣，易超温，应使火焰位置居中，避免偏斜，均匀分配风粉，增大一次风率，使着火点靠后，适当降低过量空气系数，降低排烟损失。

（2）低负荷时，燃烧不稳，可适当加大过量空气系数，降低一次风率，增加煤粉细度，集中投运燃烧器，保证下层燃烧器投运以利于稳燃，适当降低炉膛负压以减少漏风，提高炉膛温度。

2. 煤质变化时的燃烧调整

挥发分低的煤种难着火，应采取较小的一次风率和风速，增大煤粉浓度，增加煤粉细度；挥发分高的煤种着火容易，可适当降低二次风率，多投燃烧器以分散热负荷。

三、燃烧调整内容

燃烧调整主要是调节燃料量和风量满足负荷需求，确保蒸汽温度和蒸汽压力合格并实现达标排放。在燃烧调整中，为了保证燃烧效果应及时调节风量和炉膛负压，同时要防止结渣以保证锅炉安全运行，为了确保蒸汽温度稳定必须相应调节给水量和燃料量。

（一）燃料量的调节

1. 负荷正常变化时的燃烧调整

负荷的变化不大时，通过改变制粉系统的出力来满足需要。增负荷时，先开大磨煤机进口风量挡板，再增加给煤量，同时增加二次风量；降负荷时，先减给煤量，再减少通风量。对于双进双出钢球磨，无论负荷如何，磨煤机内的风煤比保持不变。因此，要改变磨煤机的出力，首先调整通风量，其次才调给煤量，可使系统对负荷做出快速响应。

2. 负荷大幅变化时的燃烧调整

当锅炉负荷大幅变化时，应通过启停制粉系统进行调整，并及时调节其他制粉系统的参数与锅炉负荷相适应。

3. 燃烧器运行方式

低负荷时要少投燃烧器，采用较高给煤机转速，保持较高的煤粉浓度。因为在低负荷运行时，炉膛的热负荷低，容易灭火，首先应考虑燃烧的稳定性，其次才是经济性。为了防止灭火，除在燃烧器出口保持较高的煤粉浓度之外，还可适当降低炉膛负压，调整好各燃烧器的风煤配合，避免风速过大的波动。必要时，可投入油枪助燃，以稳定火焰。投、停燃烧器一般可参考以下原则：

（1）只有在为了稳定燃烧以及适应锅炉负荷和保证锅炉参数的情况下才投停燃烧器，这时经济性方面的考虑是次要的。

（2）停上投下，可降低火焰中心，有利于煤粉燃尽。

（3）需要对燃烧器进行切换时，应先投入备用的燃烧器，待运行正常后再停用运行的燃烧器，以防止中断和减弱燃烧。

（4）在投、停或切换燃烧器时，必须全面考虑对燃烧、蒸汽温度等方面的影响，不可随意进行。在投、停燃烧器或改变燃烧器的负荷（即改变其来粉）的过程中，应同时注意其风量与煤量的配合。

（二）风量和炉膛负压调节

1. 风量调节

风量调节是锅炉运行中一个重要的调节项目，它是使燃烧稳定和完全的一个重要因素。风量随着燃料量的改变而变化，风量调节时应根据氧量或过量空气系数进行，氧量或过量空气系数的关系为 $\alpha=21/(21-O_2)$，α 的大小对锅炉燃烧有很大影响。α 过小，燃烧不完全，易产生还原性气氛，引起结渣和高温腐蚀；如 α 过大，则易引起 NO_x 超标，且烟气量大，电耗及排烟损失增大。因此，运行中应保持最佳过量空气系数。

（1）风量调节原则。总风量为一、二次风及漏风之和，风量调节的主要依据是炉膛出口氧量，同时参考飞灰可燃物含量、烟气中 CO 含量、火焰颜色、火焰位置和火焰形状等。正常的风量调节方法是增负荷时，先增风量，再增燃料；降负荷时，先降燃料，再降风量。锅炉的总风量大于燃料完全燃烧时所需要的风量，确保锅炉安全并减少燃烧不完全损失。机组调峰时，负荷变化幅度较大，并且负荷变化速度较快，为防止蒸汽压力大幅波动，也可先增燃料，再紧接着增风量。低负荷时，由于 α 较大，所以增负荷时，也可先增燃料后增空气量。

（2）风量调节方法。调节风量的具体方法是首先调节各燃烧器的二次风挡板，当二次风压变化时应及时调节送风机的参数，以满足锅炉负荷要求。在调节二次风量的同时，应根据入炉煤质及机组负荷情况及时对一、二次风量比例进行调节，确保炉内良好的燃烧工况，使火焰中心位置合适，火焰无偏斜、贴墙现象，有良好的火焰充满度，维持转向室出口处两侧烟气温度差小于 30℃，最大不超过 50℃。

（3）合理调节燃尽风。由于锅炉采用低 NO_x 燃烧技术的分级燃烧，主燃烧区域为缺氧燃烧，以降低 NO_x 的生成量，燃尽风可保证燃烧完全。不同负荷下燃尽风占二次风的比例不同，高负荷时，炉膛温度高，为了抑制 NO_x 的生成量，可增加燃尽风占二次风的比例；低负荷时，炉膛温度较低，为了稳定锅炉燃烧，可适当降低燃尽风占二次风的比例；煤质差时也应减小燃尽风占二次风的比例，以保证主燃烧区域的稳定燃烧。

2. 炉膛负压调节

炉膛负压是反映燃烧工况稳定的重要参数，正常运行时炉膛负压应保持 －40～－100Pa。在燃烧产生烟气及其排除的过程中，如果排出炉膛的烟气量等于燃烧产生的烟气量，则进出炉膛的物质保持平衡，此时炉膛负压就相对保持不变。若上述两个量有一个量发生变化，则平衡就会遭到破坏，炉膛负压就发生波动。运行中即使在送风量、引风量保持不变的情况下，燃烧工况也总有小量的变动。炉膛负压是反映锅炉燃烧的重要指标，当炉膛负压异常波动时，应首先检查炉内的燃烧情况，根据燃烧情况进行相应调整。

（三）防止锅炉结渣

锅炉结渣的本质是当温度高于灰熔点的烟气冲刷受热面时，烟气中熔融的灰渣黏附到受热面上而形成结渣。结渣是一个复杂的物理、化学和动力学过程，它除了与煤质密切相关外，还受锅炉结构、燃烧器型式及布置、炉膛温度水平、烟气气氛和炉内动力工况等因素的影响。

锅炉结渣可分为炉渣沉结型和高温结合沉结型两种。炉渣沉结型通常发生在水冷壁、凝渣管、屏式过热器等辐射受热面上，这主要是由于煤中灰分的熔点温度低，煤灰熔化型结渣。它与灰分的成分、结渣指数、焦结性、接触表面温度、撞击方向等因素有关，这种结渣发展很快，对锅炉的安全经济运行有较大影响。高温结合沉结型多发生在屏式过热器、对流过热器以及高温再热器的受热面上，其特点是烟气温度已低于灰的变形温度，但由于灰分中的碱金属（主要钠、钾）与灰中其他元素形成低熔点的硫酸盐沉结或烧结在受热面上，这种结渣发展较慢，比较坚硬，难以清除，主要影响传热效果。

1. 锅炉结渣原因

锅炉结渣的原因主要由煤种特性及燃烧工况而定。

（1）煤种特性对结渣的影响。煤种特性对结渣的影响主要体现在煤中灰熔点的高低，灰熔点是用试验的方法测定，我国采用角锥法，将灰制成底边长为7mm、高度为20mm的三角形锥体，在半还原性气氛下逐步加热，根据灰锥的变形情况，得出灰锥不同状态的三个温度：变形温度 t_1、软化温度 t_2、熔化温度 t_3。变形温度是指灰锥顶点变圆或开始倾斜的温度；软化温度是指灰锥顶部弯至锥底或萎缩成球形时的温度；熔化温度是指灰锥呈液态，并能沿平面流动时的温度。另一种测量方法是美国采用的角锥法，也是在半还原性气氛下进行加热，根据灰锥的变形情况，得出灰锥不同状态变化时的温度：变形温度 t_1、软化温度 t_2（此时灰锥高度等于灰锥底宽）、半球温度 t_{2h}（此时灰锥高度等于1/2灰锥底宽）、熔化温度 t_3。

各种煤灰的熔点一般在1100～1600℃。经验表明：当 $t_2>1350$℃时，炉内结渣的可能性不大；当 $t_2<1350$℃时，炉内就有可能结渣。

不同的煤种有不同的灰熔点，同一种煤种其灰熔点也不是固定不变的，这与灰的成分及灰所处的周围气氛有关。灰的成分对灰熔点影响很大，煤灰的成分按其化学性质可分为酸性氧化物和碱性氧化物两种。酸性氧化物包括 SiO_2、Al_2O_3 和 TiO_3，碱性氧化物有 Fe_2O_3、CaO、MgO、Na_2O 和 K_2O。灰中这些氧化物在纯净状态下熔点都很高，而且发生相变的温度是恒定不变的。但是，多种成分组成共晶体后其熔化温度要比纯净氧化物低得多，而且其熔点不固定，从单个成分开始熔化到所有成分全部熔化是一个温度区间。

一般情况下，灰中酸性成分增加，灰熔点升高，当酸性成分超过80%时，灰就很难熔解；灰中碱性金属氧化物增加，特别是碱土金属氧化物含量增加，灰熔点下降。通常用结渣指数说明煤灰的结渣特性。由于煤灰中各种组成成分熔点不同，所以可以用灰中的主要成分来判断煤灰的结渣情况，把煤灰分为烟煤型灰和褐煤型灰两种，它是按煤灰中的 Fe_2O_3 与（$CaO+MgO$）的比值来划分的。$Fe_2O_3/(CaO+MgO)>1$ 的煤灰为烟煤型灰；而 $Fe_2O_3/(CaO+MgO)<1$，同时（$CaO+MgO$）$>20\%$的煤灰为褐煤型灰。不同类型的灰其结渣指数的计算方法也不相同。

1）烟煤型灰用碱酸比来计算其结渣指数 R_s，即

$$R_s=B/A\times S_d$$

式中　B/A——煤灰的碱、酸比；

S_d——煤中硫分干燥基含量。

当 $R_s<0.6$ 时，为不结渣煤；当 $R_s=0.6\sim2.0$ 时，为中等程度结渣煤；当 $R_s=2.0\sim2.6$ 时，为强结渣煤；当 $R_s>2.6$ 时，为严重结渣煤。

2）褐煤型灰用温度特性法来计算其结渣指数 R_t，即

$$R_t=\frac{t_{2,\max}+4t_{1,\min}}{5}$$

式中　$t_{2,\max}$——在氧化、还原气氛中测得的最高半球形软化温度，℃；

$t_{1,\min}$——在氧化、还原气氛中测得的最低开始变形温度，℃。

当 $R_t>1343$℃时，为不结渣煤；当 $R_t=1149\sim1343$℃时，为中等程度结渣煤；当 $R_t<1149$℃时，为严重结渣煤。

灰中的含铁量对灰熔点有较大影响。在氧化性气氛中，铁可能以 Fe_2O_3 存在，这时含铁量的增加对灰熔点影响较小；在还原性气氛或半还原性气氛中，Fe_2O_3 还原成 FeO，并可能与其他氧化物生成复合化合物，这样灰熔点会随灰中含铁量的增加而迅速降低。

（2）燃烧工况对锅炉结渣的影响。锅炉在设计工况下运行不会结渣，当锅炉运行偏离设计工况时容易造成锅炉结渣。例如炉膛的漏风，使火焰中心上移；煤粉太粗，使火焰中心上移；配风不合理，过量空气系数小，燃烧区形成还原性气氛，使灰熔点降低；燃烧区域过量空气系数过大，使炉膛温度过高等；都可能造成锅炉结渣。

2. 锅炉结渣的危害

当炉内结渣时会直接影响锅炉的安全经济运行。

（1）锅炉效率下降。受热面结渣时，工质的吸热量减少，烟气温度升高，排烟损失增加。当燃烧器的喷口结渣时，气流偏斜，使不完全燃烧损失增加。因此，结渣后会降低锅炉的效率。

（2）锅炉的出力降低。水冷壁结渣时，水冷壁的传热不良，直接影响锅炉的蒸发量；由于炉膛出口烟气温度升高，使过热蒸汽温度和再热蒸汽温度升高，锅炉出力受到限制。

（3）造成锅炉事故。当水冷壁结渣时，各部分的受热不均匀会引起膨胀不均匀，结渣还会引起水冷壁腐蚀而减薄；当大块焦落下时，会砸烂水冷壁；这都会造成水冷壁损坏。当燃烧器出口结渣时，使炉内的空气动力工况遭到破坏，不完全燃烧损失增加，还可能烧坏燃烧器。

3. 结渣的过程

在炉膛中心的高温区内，灰呈液态或软化状态随烟气流动，当这些灰接触到受热面仍为液态时，这些液态的灰就可能黏结到受热面上结渣。半辐射式过热器的结渣是从积灰开始的，由于灰的导热性很差，使灰的温度升高，当受热面积灰后粗糙度增加，使软化的灰容易黏附，因而在积灰的表面很容易黏附一层软化的渣粒，形成第一渣层。第一层渣结上以后，渣的外表面温度继续升高，很容易结上第二层渣。如此下去外表面的温度越来越高，渣越结越厚，当渣的温度达到熔化温度时，熔渣会流到邻近的管子上面，扩大了结渣的范围，因而结渣的过程是一个自动加剧的过程。

显而易见，形成结渣的条件是温度太高和灰熔点太低。当锅炉超负荷运行时，炉内温度过高；火焰偏斜，高温火焰靠近水冷壁；由于炉底漏风等原因使炉内火焰中心上移，炉膛出口温度升高等；都会引起结渣。另外，炉内空气量不足，燃料与空气混合不充分会使炉内形成还原性气体一氧化碳，使灰的熔点降低，加剧了结渣。

4. 结渣的预防

煤灰的熔点对锅炉结渣的影响主要通过合理设计解决。另外，从锅炉运行和维护方面可采取以下措施：

（1）运行中应堵塞炉膛的漏风，尽量使用下层的磨煤机，防止火焰中心上移，造成炉膛出口结渣。

（2）定期检查各燃烧器，以防一次风堵管，造成火焰偏斜而结渣。

（3）要保证煤粉的细度，以防煤粉太粗使火焰中心上移而结渣。

（4）运行中应定期对受热面进行吹灰。

（5）若发现结渣时，应及时清除。

（6）合理调整二次风，确保过量空气系数适当，以防燃烧区形成还原性气氛。

第六节 超临界机组协调控制

随着科学技术的迅速发展，发电机组的自动化控制水平不断提高，目前单元机组普遍采用协调控制。单元机组的协调控制系统（coordinated control system，CCS）是根据机、炉的运行状态和控制要求，选择适应机组运行的控制方式。具体要求就是在整个负荷变化范围内要求机组有良好的负荷适应能力，机组主要运行参数在负荷变化过程中保持相对稳定，保证机组在整个负荷变化范围内有较高的效率，即锅炉、汽轮机和主要辅机（送风机、引风机、一次风机、给煤机、给水泵等）参数保持较小范围的波动且能快速适应机组负荷变动。超临界机组协调控制与亚临界机组协调控制无本质区别，但由于超临界锅炉与亚临界锅炉相比具有明显的特点（见本章第三节），使超临界机组协调控制系统的要求更高，难度更大。

单元机组协调控制的任务有三项：

（1）保证机组输出功率迅速满足电网的要求。

（2）迅速协调锅炉、汽轮机之间的能量供求关系，使输入机组的热能尽快与机组的输出功率相适应。

（3）在各种运行工况下，确保机组安全稳定运行。

一、单元机组负荷控制的基本方式

单元机组负荷控制主要由其协调控制系统来完成和实现，为保证负荷控制指标和机组的安全性，应设计多种运行方式，除取决于锅炉的动态特性、燃料的种类和供给方式外，还与单元机组的蒸汽压力运行方式有关。不同的机组在不同的阶段，协调控制系统运行的方式可能不同，但基本的组成方式有以下几种。

1. 炉跟机负荷控制方式

炉跟机负荷控制方式是用调节汽轮机调节汽门开度来改变单元机组的发电功率，用调节锅炉给水来维持机前压力，负荷控制系统由汽轮机调功系统和锅炉调压系统构成，其工作原理如图 11-7 所示。

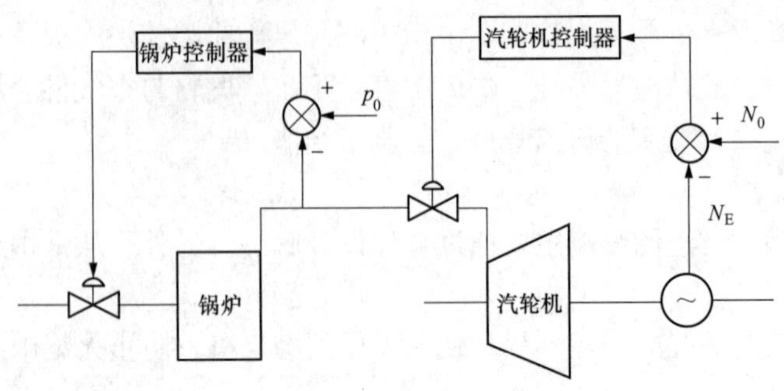

(a) 炉跟机负荷控制方式系统原理图

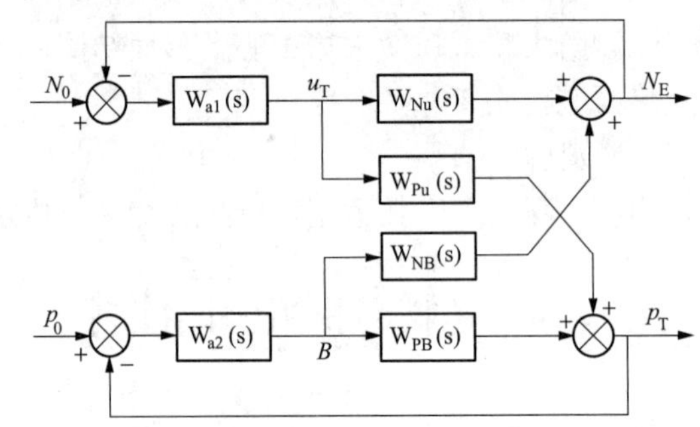

(b) 炉跟机负荷控制方式系统原理方框图

图 11-7　炉跟机负荷控制方式工作原理

W_{a1}（s）—汽轮机调节器；W_{a2}（s）—锅炉调节器；N_0—功率定值信号；
p_0—机前压力定值信号；N_E—实发功率；p_T—机前压力；
W_{Nu}（s）—实发功率对调节阀开度的传递函数；W_{Pu}（s）—机前压力对调节阀开度的传递函数；
W_{NB}（s）—实发功率对锅炉燃料量 B 的传递函数；W_{PB}（s）—机前压力对锅炉燃料量 B 的传递函数；
u_T—汽轮机调节汽门开度

由图 11-7 可见，系统中用汽轮机调节器W_{a1}（s）来调节功率输出，当功率指令N_0发生变化时，汽轮机调节器通过改变调节汽门的开度 μ_T来改变汽轮机的进汽量，使发电机输出功率迅速满足电网的负荷要求。汽轮机调节汽门开度的改变将使机前压力发生变化，于是用锅炉调节器改变燃料量来尽快恢复机前压力。在燃料量调节的同时，锅炉其他调节系统也相应地改变送风量、引风量、给水量等。

这种控制方式的负荷适应性较好，适用于带变动负荷的调频机组。在负荷变化的起始阶段，主要靠汽轮机调节汽门的动态过开释放锅炉的蓄热量，以快速适应负荷要求，但这样必然会引起机前压力波动，如果负荷变化过大，机前压力波动太大，将影响锅炉的安全运行。在通常情况下，炉跟机负荷控制方式适用于汽轮机故障时，汽轮机出力受到限制，机组带上最大可能出力，汽轮机功率调节用手动进行，通过锅炉调压系统来维持机前压力稳定。

2. 机跟炉负荷控制方式

机跟炉负荷控制方式由汽轮机调压系统和锅炉调功系统组成，其工作原理见图 11-8 所示。当功率指令N_0改变时，锅炉调节器W_{a2}（s）调节燃料量 B，同时锅炉的送风量、引风量、给水量等也相应变化。等到机前压力p_T变化后，汽轮机调节器$W_{a1}(s)$才去调整调节汽门的开度，使机组的输出功率等于功率指令。从以上分析可以看出，汽轮机调压系统能较快地消除各种扰动因素引起的蒸汽压力偏差，使其机前压力保持稳定。在负荷变化过程中，锅炉并不利用蓄热量，而是根据功率偏差大小，先调节锅炉的燃烧率，待蒸汽压力变化后，才逐渐增大机组的功率输出。因此，机跟炉负荷控制方式的负荷适应能力差，仅适用于带基本负荷的单元机组。

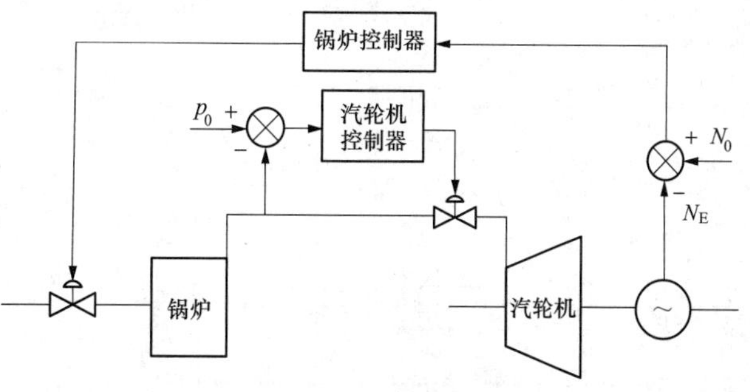

(a) 机根炉负荷控制方式系统原理图

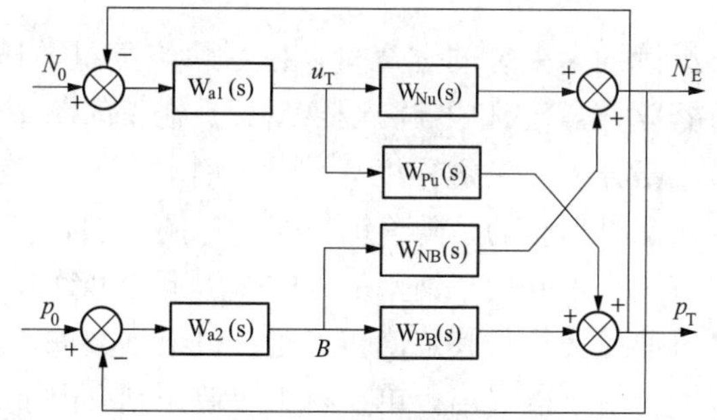

(b) 机根炉负荷控制方式系统方框图

图 11-8 机跟炉负荷控制方式工作原理

在通常情况下，机跟炉负荷控制方式适用于锅炉故障时，锅炉出力小于汽轮机出力，机组带上最大可能出力时，锅炉功率调节手动，通过汽轮机调压系统来维持机前压力稳定。此时汽轮机调压系统能较好地维持机前压力，有利于机组的稳定运行，减少运行人员的操作，这种运行方式在实际中运用较多，特别适用于以下情况：

(1) 在机组启动期间，采用这种方式可以使机组运行参数稳定，为机组稳定运行创造条件。

(2) 当机组由于锅炉辅机故障发生 RunBack(RB) 时，协调控制系统自动切换在机跟炉控制方式，即锅炉控制系统手动（开环）追降负荷至预定值，汽轮机调压系统维持当时的主蒸汽压力，不仅可使负荷快速降至预定值，还能保证各运行参数的稳定，特别是蒸汽品质及汽水系统的稳定。

3. 机炉协调控制方式

炉跟机和机跟炉两类负荷控制方式各有优缺点，炉跟机方式适应负荷快，但机前压力波动大，不利于机组的稳定运行；机跟炉方式能较好地稳定机前压力，然而其负荷响应速度过慢，两者均不能圆满地完成单元机组负荷控制任务。于是出现了以前馈-反馈复合控制为基础的单元机组协调控制。协调控制综合了机跟炉和炉跟机负荷控制系统的优点，克服了各自的缺点，将锅炉和汽轮机作为有机的整体进行系统设计，其控制性能优于炉跟机和机跟炉方式。单元机组协调控制的基本方案很多，这里仅介绍采用负荷指令信号间接平衡的以炉跟机为基础协调控制方式的工作原理，见图 11-9。

功率偏差和蒸汽压力偏差信号同时送到汽轮机调节器$W_{a1}(s)$和锅炉调节器$W_{a2}(s)$，在稳定工况下，机组的实发功率N_E等于功率定值N_0，机前压力p_T等于压力定值p_0。当增加负荷时，将出现一个正的功率偏差信号（N_0-N_E），该信号通过汽轮机调节器$W_{a1}(s)$去开

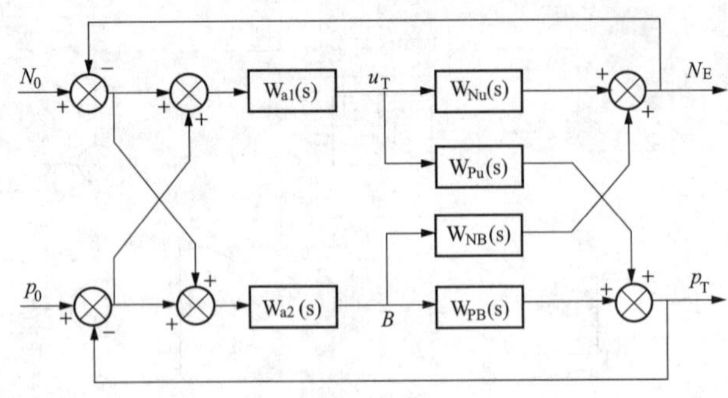

图 11-9　机炉协调控制方式系统原理

大汽轮机调节阀门，增加机组的实发功率。同时，此信号也作用到锅炉调节器W_{a2}（s）入口，增加燃料量，以多产生蒸汽。随着调节汽阀开度μ_T的增大，机前压力p_T将立即随之下降，尽管此时锅炉已经开始增大燃烧率，但由于燃料量与机前压力通道存在较大惯性，所以负荷扰动出现初期仍会有正的压力偏差（p_0-p_T）出现，该信号以正向作用于锅炉调节器W_{a2}(s)，继续加大锅炉的燃烧量，以尽快恢复机前压力。同时，此信号按反方向作用于汽轮机调节器W_{a1}（s）入口，调节器W_{a1}（s）在正向功率偏差和反方向压力偏差的共同作用下，会使调节汽门开大到一定程度后停止动作，但此时汽轮机的实发功率尚未到达给定值，因此，这种状态是暂时的。随着锅炉燃料量的增加，机前压力逐渐恢复，压力偏差逐渐减小，汽轮机调节阀在正的功率偏差信号的作用下会继续开大，以提高机组的实发功率，直至使实发功率和机前压力均与其定值相等时，机组重又进入新的稳定状态。

从以上分析可以看出，单元机组协调控制有以下几个特点：

（1）在机组适应负荷变化的过程中，协调方式允许蒸汽压力有一定幅度的波动，以便充分利用锅炉的蓄热量，使机组较快地适应电网的负荷要求；但在利用锅炉蓄热上又有一定的限度，不使机前压力产生过大偏差。因此，机组协调控制方式既能使机组较快地适应负荷，又能确保蒸汽压力波动在允许范围以内。

（2）协调控制方案中，锅炉调节器引入了功率偏差作为前馈调节信号，使燃烧率能迅速改变，克服锅炉的惯性，使机组功率能较快地达到功率定值。

（3）协调控制方案的性能优于机跟炉和炉跟机负荷控制方案，但系统结构复杂，调试工作量大，要求机组主、辅设备性能良好，各个自动调节子系统均能可靠投入运行。

二、超临界机组控制方式

根据机组运行工况，超临界机组控制方式有机炉协调控制方式（CCS）、锅炉跟随汽轮机控制方式（BF）、汽轮机跟随锅炉控制方式（TF）和机、炉手动控制方式（BASE），机组正常运行时以 CCS 方式为主，特殊情况下采用其他运行方式，现以某 350MW 超临界机组的控制为例作简要说明。

手动方式是锅炉主控和汽轮机主控均切为手动运行，即由运行人员手动控制机组负荷及主蒸汽压力，包括调整燃料量和汽轮机调节汽门开度（如果 DEH 投入功率回路，则设定 DEH 的功率定值）。锅炉跟随汽轮机是汽轮机主控切为手动运行，控制负荷；而锅炉主控自动运行，控制主蒸汽压力。在锅炉跟随汽轮机方式下机组负荷响应速度很快，但主蒸汽压力波动较大。汽轮机跟随锅炉是锅炉主控切手动运行，控制负荷；而汽轮机主控自动运行，控制主蒸汽压力。在汽轮机跟随锅炉方式下主蒸汽压力比较稳定，但由于锅炉的热惯性及迟滞性大，机组负荷响应速度较慢，很难达到 AGC 性能考核的要求。机炉协调控制方式采用以锅炉跟随为基础的协调控制方式，锅炉主控在自动运行，调节主蒸汽压力；汽轮机主控在自动运行，调节机组负荷。在机炉协调控制方式下，能在快速响应负荷指令的同时，保持主蒸汽压力的稳定。

（一）负荷指令生成回路

超临界机组与常规单元机组相同，在非CCS方式下，机组负荷指令跟踪发电机实际功率。在CCS方式下，目标负荷由负荷调度命令设定（AGC方式）或运行人员在CRT手动设定（非AGC方式），经增/减闭锁、速率限制及高/低限幅后形成机组负荷指令。在变负荷时，将变负荷速率设为4.5MW/min（大于AGC考核要求的变动速率，1% P_e，即3.5MW/min，其中 P_e 为额定负荷），同时为了满足AGC性能考核对调节响应时间的要求，并充分利用锅炉的蓄热，在变负荷初始8s内，将变负荷速率设为30MW/min。负荷指令生成回路见图11-10。

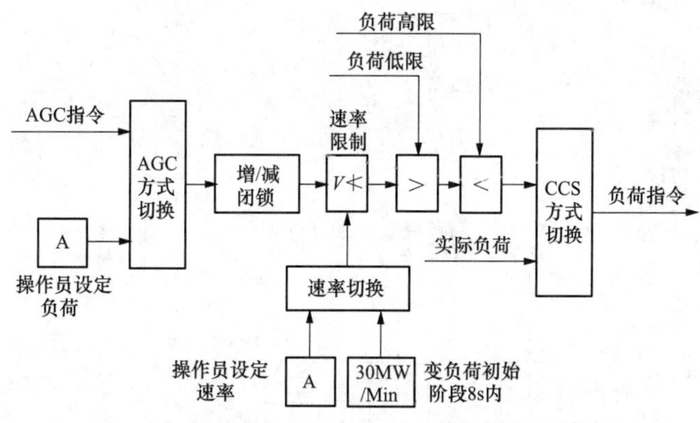

图11-10　负荷指令生成回路

（二）压力指令生成回路

单元机组滑压运行的最大优势是使机组的调峰运行具有灵活性和安全性。但是，考虑机组运行的经济性，则应根据机组不同的负荷工况，合理地选择定压和滑压运行方式，一般情况下单元机组协调控制系统设计有定压和滑压两种运行方式，定压和滑压之间可实现无扰切换，运行人员可以通过切换按钮选择定、滑压运行方式。

在滑压方式下，压力定值是负荷指令的函数，运行人员可以通过设置滑压偏置，对滑压设定值进行调整；在定压方式下，运行人员可直接设置压力设定值。压力定值经速率限制及三阶惯性环节后形成实际压力指令。压力指令生成回路见图11-11。

（三）锅炉主控

为确保超临界机组的能量平衡和物质平衡，锅炉主控系统采用以并行前馈为主、变参数PID控制器反馈调节的纠偏及自平衡作用为辅的锅炉主控控制方案。

1. 并行前馈控制

静态前馈和动态前馈组成了并行前馈控制回路的前馈信号，锅炉主控前馈信号主要包括负荷指令静态前馈（FF1）、负荷指令微分前馈（FF2）、主蒸汽压力设定值微分前馈（FF3）、主蒸汽压力偏差微分前馈（FF4）、目标负荷与负荷指令偏差前馈（FF5）和DEB微分前馈（FF6），见图11-12。

（1）负荷指令静态前馈（FF1）。机组负荷指令通过函数模块得出对应燃料量作为锅炉主控输出的主要部分，这是维持机炉能量平衡的基准燃料。为了适应煤质变化的要求，采用热值校正回路增加其准确性，即在该前馈上乘以一比例系数，该比例系数为当前稳态负荷下

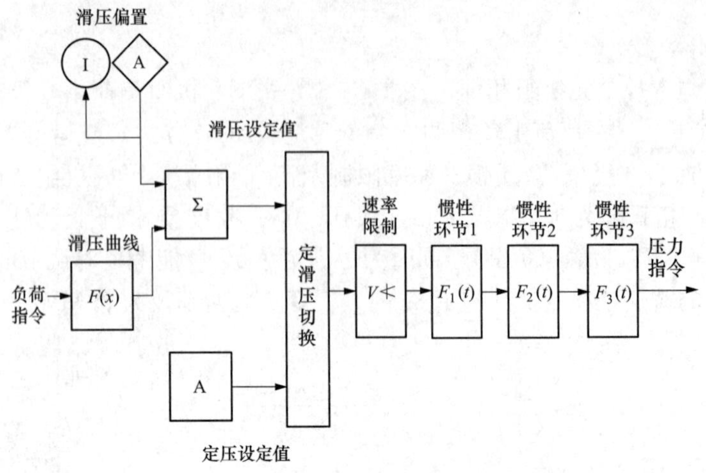

图 11-11　压力指令生成回路

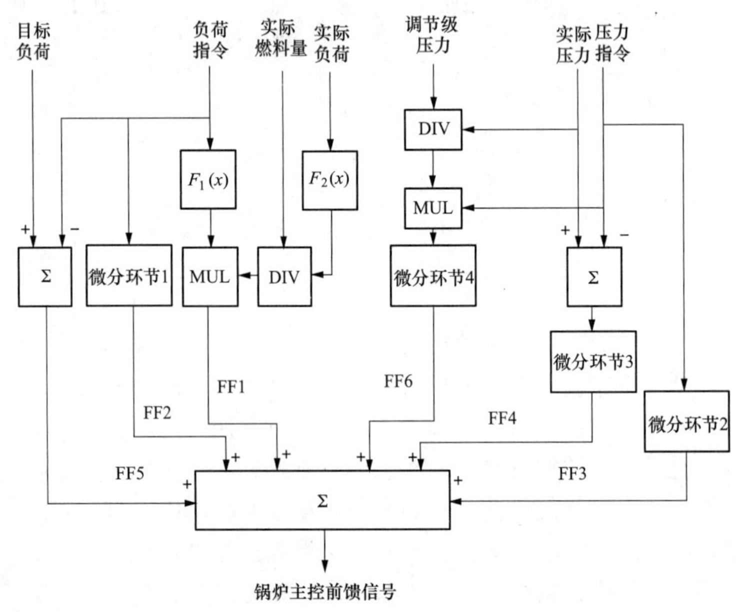

图 11-12　锅炉主控前馈信号形成回路

实际燃料量与实际负荷对应的理论燃料量的比值。

(2) 负荷指令微分前馈（FF2）。在变负荷过程中，实现锅炉燃料量的超前调节，使锅炉燃烧快速响应机组负荷需求；在变负荷结束后，锅炉燃料量略有减少，从而避免机组主蒸汽压力过调，使锅炉燃烧快速地稳定下来。这样可以提高主蒸汽压力的动态响应能力，加强燃烧，保证主蒸汽压力的平稳和锅炉蓄热能力的恢复。

(3) 主蒸汽压力设定值微分前馈（FF3）。主蒸汽压力设定值微分前馈作为压力设定值对锅炉燃烧的动态补偿信号，可加快主蒸汽压力设定值变化时的调整作用。在滑压运行时投入，保证在滑压阶段主蒸汽压力能更好地跟随滑压曲线的变化。

(4) 主蒸汽压力偏差微分前馈（FF4）。主蒸汽压力偏差反映了机、炉能量平衡情况，当主蒸汽压力偏差发生变化时，经函数运算回路计算出应加入前馈的燃料量，对机、炉能量不平衡工况提前进行调节，快速抑制压力偏差的变化趋势，防止主蒸汽压力发生超调。

（5）目标负荷与负荷指令偏差前馈（FF5）。目标负荷与负荷指令偏差前馈作为负荷偏差的“加速”回路，在负荷变化时，预加入一定的燃料量，加强燃烧，以补偿锅炉所释放的蓄热，当负荷指令达到目标负荷时，自动取消该前馈作用。

（6）DEB 微分前馈（FF6）。在协调变负荷时，加入直接能量平衡（direct energy balance，DEB）微分前馈，该前馈是由调节级压力 p_1 乘以主蒸汽压力设定值 p_{TS}，经微分作用并除以实际主蒸汽压力 p_T，表示汽轮机向锅炉索求能量的需求信号，在动态中加强燃烧指令，以加快锅炉对汽轮机能量需求变化的响应。

当负荷指令与实际负荷之间产生的偏差造成汽轮机对锅炉能量需求发生改变时，上述前馈能提前改变燃料进入量，加强燃烧，有效克服超临界锅炉的迟延性和惯性，及时补充锅炉释放的蓄热，提高机组的负荷响应速率，并保持主蒸汽参数的稳定。

2. 变参数 PID 控制

为了进一步提高系统的调节性能，满足变负荷时锅炉响应速度快、稳态调节过程主要参数相对稳定和波动小的要求，需要在锅炉主控的比例增益与积分增益中采用变参数 PID 控制，即根据不同负荷水平，由机组负荷指令通过函数模块得出锅炉主控 PID 控制器的比例增益和积分增益（积分时间的倒数，单位为 min），并由负荷变化率、主蒸汽压力偏差对比例增益和积分增益进行一定修正。在变负荷过程中，比例积分作用基本上不参与调节，由前馈决定锅炉主控输出；在变负荷结束 5min 后，比例积分作用才参与调节，根据主蒸汽压力偏差，调节锅炉主控输出。锅炉主控变参数信号生成回路见图 11-13。

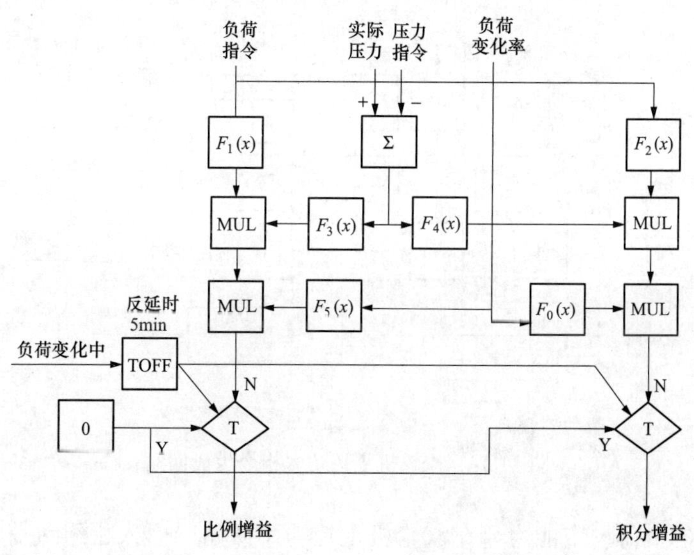

图 11-13 锅炉主控变参数信号生成回路

锅炉主控输出为燃料量指令，锅炉主控投自动时，根据压力偏差经 PID 调节加前馈作用输出；锅炉主控切手动时，由运行人员手动设定锅炉主控输出；当燃料主控在手动状态时，锅炉主控输出实际燃料量。

（四）汽轮机主控

汽轮机主控指令的自动输入端由来自功率回路（CCS 方式）和压力回路（TF 方式）的控制指令两路信号进行切换。机组运行在 CCS 方式时，汽轮机主控指令由功率指令与实际功率偏差经 PID 控制器调节给出。进入汽轮机主控的功率指令主要由以下三部分组成。

1. 负荷指令及其微分作用分量

负荷指令加上负荷指令的微分经两阶惯性环节输出，惯性时间由负荷指令经函数模块输出，并通过负荷变化率进行修正。由于锅炉热惯性大，而汽轮机调节汽门动作迅速，导致变负荷时主蒸汽压力的较大波动。为了适应超临界机组炉慢、机快的工作特性，在保证负荷响应速度的前提下，加入此惯性环节，可以减小主蒸汽压力的波动。

2. 一次调频分量

当频率偏差超过调节死区后，汽轮机调节汽门需要快速动作以消除频差，保证供电质量，因此将该分量直接叠加到进入汽轮机主控的功率指令上去。

3. 主蒸汽压力拉回回路分量

主蒸汽压力偏差信号经过一个死区非线性环节反向加到汽轮机功率指令回路。如果偏差超出死区，输出将起作用，限制汽轮机主控指令的变化，即限制利用锅炉蓄热，维持机前压力的稳定。主蒸汽压力偏差对汽轮机主控指令的限制作用，兼顾了压力控制和功率控制，该作用虽然会在一定程度上限制机组的负荷响应速度，但可以缓解快速变负荷时主蒸汽压力的急剧变化。汽轮机主控功率指令生成回路见图 11-14。

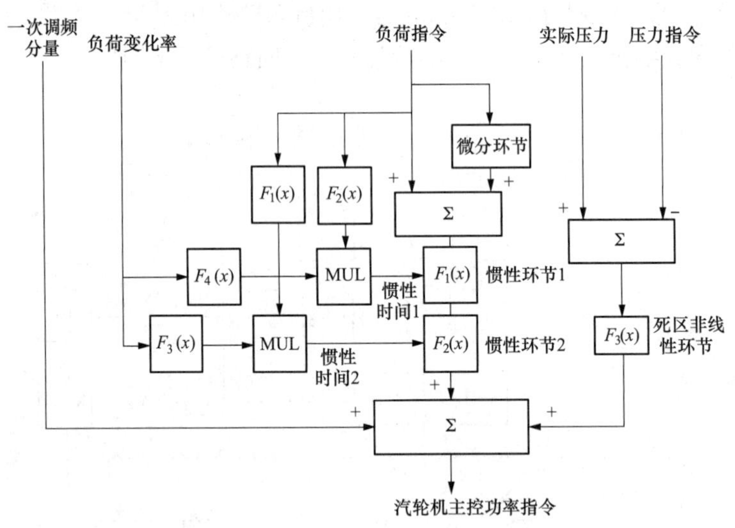

图 11-14　汽轮机主控功率指令生成回路

为提高机组的负荷响应能力，在汽轮机主控功率回路中引入机组负荷指令作为前馈信号。机组运行在 TF 方式时，汽轮机主控指令由实际主蒸汽压力和主蒸汽压力设定值的偏差经 PID 控制器调节给出；机组运行在锅炉跟随汽轮机控制（BF）方式或机炉手动控制（BASE）方式时，汽轮机主控指令不接受自动控制信号，由运行人员在汽轮机主控器上手动设定，或者在 DEH 侧控制机组负荷。当 DEH 系统处于非远控负荷控制方式时，汽轮机主控跟踪 DEH 系统送来的汽轮机负荷参考信号。

第十二章

锅炉安全监察

随着电力工业的发展，火电机组的容量越来越大，参数越来越高，对机组运行的安全性要求也越来越高，一旦机组发生故障，将给发电企业造成巨大的损失。据统计，火电机组的故障中锅炉事故占到65%左右，锅炉事故中多数是由于锅炉承压部件泄漏造成的。因此，锅炉承压部件的安全是火电机组安全运行的关键。影响承压部件安全的主要因素有受热面磨损使管壁减薄、受热面腐蚀使管壁减薄和受热面超温使金属过热失效等。为了防止锅炉承压部件发生故障，必须根据锅炉具体情况，分析锅炉受热面磨损减薄、受热面腐蚀减薄和受热面金属过热失效的机理，采取有效的预防措施，确保锅炉安全运行。

第一节　锅炉受热面磨损

燃煤锅炉在煤粉燃烧时，烟气中含有大量的飞灰颗粒，在烟气换热过程中飞灰颗粒会对受热面产生磨损，锅炉受热面发生磨损对锅炉运行的经济性和安全性有很大的影响。不同位置的受热面，其磨损程度各有差异，锅炉受热面的局部过快磨损会造成锅炉的频繁爆管泄漏，危害很大。在对流受热面烟气流速高的烟气走廊区和飞灰浓度大的区域都可能发生受热面的局部磨损，从被磨损管子的周界来看，磨损程度也是不均匀的。因此，必须了解飞灰磨损的规律和防止（或减轻）飞灰磨损的办法，才能有效避免由于受热面磨损造成的锅炉故障。

一、飞灰磨损的机理

在燃煤锅炉中，烟气流经对流受热面时，具有一定动能的飞灰粒子冲击受热面管壁，每次冲击都可能从管壁上削去极其微小数量的金属屑，由于飞灰的不断冲击，管壁将被越削越薄，这就是飞灰磨损的过程。飞灰在冲击管壁时，一般有垂直冲击和斜向冲击两种情况。垂直冲击造成的磨损称为冲击磨损，冲击磨损的结果使正对气流方向的壁面上出现明显的麻点。斜向冲击时的冲击力可分为法向分力和切向分力。法向分力引起冲击磨损，切向分力则引起切削磨损，两者的大小决定于冲击角度，当冲击角度为30°～50°时，磨损最严重。由于受热面的各根管子在烟道中所处的位置各不相同，导致飞灰对各管磨损程度的差异，容易发生磨损的部位主要在温度较低（小于850℃）的烟气转向区、烟气走廊区和烟气涡流区。

二、影响飞灰磨损的因素

影响飞灰磨损的因素很多，它们之间的关系可用下式表示，即

$$T = C\eta k\omega^3\tau$$

式中　T——管壁表面单位面积磨损量，g/m^2；

C——考虑飞灰磨损的系数，与飞灰性质及管束结构特性有关；

η——飞灰撞击管壁的概率，与灰粒所受的惯性力及气流阻力有关；

k——烟气中的飞灰浓度，g/m^3；

ω——飞灰速度，一般可认为等于烟气的流速，m/s；

τ——冲刷时间，h。

从上式可知，影响飞灰磨损的主要因素有飞灰速度、飞灰浓度、灰粒特性、管束结构特性和运行工况等。

1. 飞灰速度

管壁的磨损量与烟气流速的3次方成正比，因此，锅炉运行中保持合理的烟气流速可以有效地减轻飞灰对受热面的磨损。但是烟气流速降低，会造成烟气侧对流放热系数降低，并增加积灰与堵灰的可能性，因此应全面考虑磨损、积灰和传热情况，确定最经济、最安全的烟气流速。

在某些情况下，由于积灰、堵灰等原因形成狭窄通道称为烟气走廊，在这些区域，烟气流速特别高，有时比平均流速大3～4倍，因而磨损量较平均情况要增加数十倍。

2. 飞灰浓度

飞灰浓度越大，灰粒对管壁的冲击次数越多，磨损也就越严重。烟道转弯烟气外侧的飞灰浓度一般较其他地方大，因而该处的管子磨损情况通常较严重。此外，对于燃用高灰分煤种的锅炉，受热面的磨损情况也会比较严重。

3. 灰粒特性

灰粒越粗、越硬，磨损越严重。具有锐利棱角的灰粒比球形灰粒造成的磨损要严重。低温受热面的烟气温度较低，灰粒较硬，因而它的磨损情况大于高温受热面。燃烧工况恶化时，飞灰中的含碳量增加，磨损量也会加大。

4. 管束结构特性

烟气纵向流过管束时，由于灰粒冲击管壁的可能性大大减少，因而磨损情况比横向流过时要轻得多。当烟气横向流过时，错列管束的磨损要大于顺列管束。

5. 运行工况

锅炉大负荷运行时，燃料消耗量与空气量都较大，烟气中飞灰浓度与烟气流速都增加，磨损加剧；炉膛与烟道漏风增加时，烟气流速增大，磨损加剧；锅炉蒸汽吹灰时，蒸汽携带飞灰冲刷受热面，也会加剧受热面的磨损。

三、减轻飞灰磨损的措施

为了减轻飞灰磨损，主要从以下两个方面考虑。一方面应从受热面设计和布置加以改进：合理设计各受热面的烟气流速，尽量降低狭窄通道区域的烟气流速，在管子易磨损处（如受热面穿墙、弯头及吹灰器附近）加装防磨装置，省煤器采用螺旋鳍片管或肋片管，采用耐高温防磨涂料对烟气侧磨损部位进行喷涂等。另一方面从运行调整着手：控制合理的过量空气系数，减少锅炉各处的漏风以降低烟气流速，加强燃烧调整工作，避免不完全燃烧的发生，适当降低一次风风速，采用较低、合理的过量空气系数运行，尽量消除炉墙漏风和炉内过大的负压运行，以避免增大尾部烟气流速；合理调整煤粉细度，掺烧其他可磨性好的煤种，使锅炉在较细的煤粉细度下运行，从而减轻磨损；合理控制吹灰次数和吹灰蒸汽的压力等。

第二节 锅炉腐蚀

锅炉是由各种金属材料制成的，金属材料的腐蚀是经常发生的，研究锅炉的腐蚀机理就是要创造一定的条件，尽可能地减缓锅炉金属部件的腐蚀，确保锅炉在服役期内安全运行。锅炉部件在不同温度下发生腐蚀的机理各不相同，因此可将锅炉腐蚀分为高温腐蚀和低温腐蚀。

一、锅炉高温腐蚀

锅炉高温腐蚀是指锅炉运行中受热面管道外部的烟气腐蚀和管道内部的水汽腐蚀。由于锅炉设备的结构和材料复杂，运行方式和使用燃料的差别较大，烟气侧和水汽侧腐蚀随运行环境的不同会呈现出较大的差异，高温腐蚀是影响发电机组安全经济运行的主要因素，已成为目前锅炉运行技术中关注的焦点。

（一）烟气侧高温腐蚀

火力发电厂锅炉的水冷器、过热器和再热器烟气侧存在的高温腐蚀与工作环境的温度、气体成分、煤质成分和煤粒的运动状况等因素有关，具有腐蚀速度快、腐蚀区域相对集中以及突发性的特点。高温腐蚀主要是煤中硫和氯的腐蚀，硫腐蚀主要是以硫酸盐为主要成分的熔盐腐蚀及硫氧化物造成的气态腐蚀；氯腐蚀主要是以 HCl 造成的气态腐蚀。烟气侧高温腐蚀还与低熔点的沉积物有关，沉积物的熔点均在 400～900℃范围内，这也是锅炉“四大管道”烟气侧的工作温度范围，当燃料中存在这些成分时就会促进锅炉受热面的高温腐蚀。

1. 烟气侧高温腐蚀种类

烟气侧高温腐蚀主要有硫酸盐型和硫化物型两种。此外，炉内 SO_3、H_2S 和 HCl 等气体也会对水冷壁产生高温腐蚀。

（1）硫腐蚀。锅炉燃料普遍含 S，在燃烧过程中 S 几乎都氧化成 SO_2，其中有 6%～7% 的 SO_2 进一步氧化成 SO_3。在高温状态下，SO_2 和 SO_3 均呈气态。由于 SO_2 不易和高温水蒸气结合，对锅炉受热面的危害不大，但 SO_3 能与水蒸气结合生成 H_2SO_4，对受热面有较强的腐蚀作用。SO_3 生成量与锅炉结构、燃烧室容积热强度、过量空气系数及燃料品种等有关。锅炉型式不同，煤的燃烧率不同，生成 SO_2 和 SO_3 的量也不同。烟气中的氧是生成 SO_2 和 SO_3 的基本条件，含氧量越高，SO_3 生成量越多。此外，管壁温度对 SO_3 的形成也有影响，而且烟气中的飞灰对 SO_2 的氧化能起催化作用，在 700～800℃温度范围内尤为强烈。硫腐蚀可分为硫化物型腐蚀、硫酸盐型腐蚀和硫化氢气体腐蚀。

1）硫化物型高温腐蚀。当管壁附近氧量不够，存在着还原性气氛，并出现有 H_2S 气体时，就会产生硫化物腐蚀。这种腐蚀过程可以分三步来说明：

第一步，燃料中的黄铁矿（FeS_2）随灰粒和未燃尽煤粉一起冲到管壁上，受热分解出自由原子硫和硫化亚铁，当管壁附近存在 H_2S 和 SO_2 时也可能生成原子硫［S］。

$$FeS_2 \rightarrow FeS + [S]$$

$$2H_2S + SO_2 \rightarrow 2H_2O + 3[S]$$

第二步，在还原性气氛中，由于缺氧，原子硫有可能单独存在，当管壁温度达 350℃

时，就会发生如下反应，即

$$Fe+[S] \rightarrow FeS$$

第三步，硫化亚铁进行缓慢氧化生成黑色磁性氧化铁 Fe_3O_4，这一过程使管壁受到腐蚀，反应式为

$$3FeS+5O_2 \rightarrow Fe_3O_4+3SO_2$$

发生硫化物型高温腐蚀的管子，表面的结垢物中有硫化铁和磁性氧化铁，这类腐蚀主要发生在火焰冲刷管壁的情况下。其腐蚀过程是：当燃料中的黄铁矿随灰粒和未燃尽的煤粉一起黏到管壁上时，受热分解出游离状态的硫和硫化亚铁，在还原性气体中游离态硫可单独存在，当管壁温度高达350℃及以上时游离态硫和铁会生成硫化亚铁，而硫化亚铁可进一步氧化成磁性氧化铁，从而使金属管壁受到腐蚀。在硫化亚铁氧化成磁性氧化铁的过程中还会生成二氧化硫和三氧化硫，而它们同碱金属氧化物作用将生成硫酸盐。实际上硫化物型与硫酸盐高温腐蚀是同时发生的。

2）硫酸盐型高温腐蚀。硫酸盐型高温腐蚀是指金属材料由于高温环境因素反应在其表面沉积物形成熔融盐膜而加速腐蚀的现象。通常引起高温腐蚀的硫酸盐是 M_2SO_4、$M_2S_2O_7$。分子式中的 M 代表碱金属 Na、K，其腐蚀过程如下：

a. 碱金属氧化物与周围烟气中的 SO_3 气体发生反应生成硫酸盐，即

$$Na_2O+SO_3 \rightarrow Na_2SO_4$$

$$K_2O+SO_3 \rightarrow K_2SO_4$$

b. 硫酸盐层增厚，热阻加大，表面温度升高，灰渣融化，黏结的飞灰形成疏松的渣层。硫酸盐融化时会放出 SO_3，向内向外扩散。

c. 硫酸盐释放的 SO_3 及烟气中的 SO_3 会穿过疏松的渣层向内扩散，与金属保护膜 Fe_2O_3 发生如下反应，即

$$3K_2SO_4+Fe_2O_3+3SO_3 \rightarrow 2K_3Fe(SO_4)_3$$

$$3Na_2SO_4+Fe_2O_3+3SO_3 \rightarrow 2Na_3Fe(SO_4)_3$$

管壁的 Fe_2O_3 保护层被破坏，而 $K_3Fe(SO_4)$ 和 $Na_3Fe(SO_4)_3$ 会融化，与铁反应产生腐蚀，反应方程式为

$$10Fe+2Na_3Fe(SO_4)_3 \rightarrow 3Fe_3O_4+3FeS+3Na_2SO_4$$

$$10Fe+2K_3Fe(SO_4)_3 \rightarrow 3Fe_3O_4+3FeS+3K_2SO_4$$

此反应生成的 Na_2SO_4 和 K_2SO_4 循环作用而使腐蚀不断重复进行。

另外，附着层中的碱性焦硫酸盐由于熔点低，在正常壁温下也呈熔融状态。当它与 Fe_2O_3 反应时，会形成反应速度更快的熔盐型腐蚀。焦硫酸盐与 Fe_2O_3 更容易发生反应，当将管壁表面的 Fe_2O_3 氧化保护膜破坏之后，还会继续与管子金属发生腐蚀反应，最终导致整个腐蚀反应越来越严重。焦硫酸盐与氧化铁保护膜的反应方程式为

$$3Na_2S_2O_7+Fe_2O_3 \rightarrow 2Na_3Fe(SO_4)_3$$

$$3K_2S_2O_7+Fe_2O_3 \rightarrow 2K_3Fe(SO_4)_3$$

d. 运行中外层灰渣因吹灰或灰渣过厚而脱落，使 $Na_3Fe(SO_4)_3$、$K_3Fe(SO_4)_3$ 等暴露在高温火焰辐射下发生分解反应为

$$2Na_3Fe(SO_4)_3 \rightarrow 3Na_2SO_4+Fe_2O_3+3SO_3\uparrow$$

$$2K_3Fe(SO_4)_3 \rightarrow 3K_2SO_4+Fe_2O_3+3SO_3\uparrow$$

生成新的碱类金属硫酸盐层，在 SO_3 作用下不断使管壁受到腐蚀。

发生硫酸盐高温腐蚀的管子表面有大量的硫酸盐和复合硫酸盐，其形成过程：在壁温为310～420℃时管壁被氧化，使受热面管壁外形成一层氧化铁和极细的灰粒污染层，在高温火焰的作用下，灰中的碱土金属氧化物升华，靠扩散作用到达管壁并冷凝在壁面上，与周围烟气中的三氧化硫化合生成硫酸盐，管壁上的硫酸盐与飞灰中的氧化铁在烟气中生成复合硫酸盐，复合硫酸盐在550～710℃范围内分解出三氧化硫而成为正硫酸盐，液态的复合硫酸盐对管壁有强烈的腐蚀作用，尤其在650～700℃时腐蚀最强烈。因此，虽然化学反应经过很多中间过程，有些物质生成又耗去，耗去又生成，整个过程实质上是铁被不断氧化（腐蚀）的过程。

3）硫化氢气体腐蚀。当炉内燃烧过程组织不良造成局部供氧不足时会产生大量的 H_2S 气体。H_2S 除能促进硫化物型腐蚀外，还会对管壁直接产生腐蚀作用，是水冷壁管腐蚀的另一主要因素。其腐蚀反应为

$$H_2S + Fe \rightarrow FeS + H_2$$

$$H_2S + FeO \rightarrow FeS + H_2O$$

生成的硫化亚铁又进一步氧化形成氧化亚铁。硫化亚铁与氧化亚铁的混合物是多孔性的，不起保护作用，可使腐蚀继续进行。

（2）氯化物型腐蚀。燃用高氯化物燃料时，炉内会发生氯化物型腐蚀。燃煤中的氯在燃烧过程中是以 NaCl 的形式释放出来的，NaCl 易与 H_2O、SO_2、SO_3 反应，生成 Na_2SO_4 和 HCl 气体，在炉内造成氯化氢腐蚀。反应过程为

$$2NaCl + H_2O \rightarrow Na_2O + 2HCl$$

$$NaCl + H_2O \rightarrow NaOH + HCl$$

$$2NaCl + H_2O + SO_2 \rightarrow Na_2SO_3 + 2HCl$$

$$2NaCl + H_2O + SO_3 \rightarrow Na_2SO_4 + 2HCl$$

$$2NaCl + H_2S \rightarrow Na_2S + 2HCl$$

$$2NaCl + H_2O + SiO_2 \rightarrow Na_2SiO_3 + 2HCl$$

上述反应在炉膛温度下是可能发生的，这些反应释放出来的氯化氢是活性很强的气态腐蚀介质，在高温条件下会积极参与对 Fe、FeO、Fe_3O_4 和 Fe_2O_3 的腐蚀。试验表明，氯化物型腐蚀在400～600℃时最快。受热面表面氧化铁腐蚀过程为

$$Fe + 2HCl \rightarrow FeCl_2 + H_2$$

$$2Fe + 6HCl \rightarrow 2FeCl_3 + 3H_2$$

$$4FeCl_3 + 3O_2 \rightarrow 2Fe_2O_3 + 6Cl_2$$

$$4FeCl_2 + 3O_2 \rightarrow 2Fe_2O_3 + 4Cl_2$$

$$Fe_2O_3 + 6HCl \rightarrow 2FeCl_3 + 3H_2O$$

$$4FeCl_2 + O_2 \rightarrow 2FeCl_3 + 2FeOCl$$

$$4FeOCl + O_2 \rightarrow 2Fe_2O_3 + 2Cl_2$$

$$FeO + 2HCl \rightarrow FeCl_2 + H_2O$$

$$Fe_3O_4 + 2HCl + CO \rightarrow 2FeO + FeCl_2 + H_2O + CO_2$$

以上一系列化学反应表明，氯化氢的存在可以使金属表面的保护膜（FeO、Fe_3O_4、Fe_2O_3）遭到破坏，从而加大了气态腐蚀介质 Cl_2、O_2、SO_x 及 HCl 等向基体界面的传递速

率而直接腐蚀基体金属。除此之外，由于生成的 $FeCl_2$ 具有较低的熔点（303℃）和高的蒸汽压（1670Pa），所以在炉管表面温度下极易挥发，因而使保护膜层中产生空隙，使之变得疏松，大大降低了活性气态腐蚀介质向基体金属界面的传递阻力，同时使腐蚀产物更易脱落，加速了金属的腐蚀进程。另外，氯的腐蚀是重复的，从下述反应式中可以看到，有些反应中还生成了氧化性很强的 Cl_2，这些氯可以和铁及 $FeCl_2$ 继续发生反应，即

$$2Fe + 3Cl_2 \rightarrow 2FeCl_3$$

$$2FeCl_2 + Cl_2 \rightarrow 2FeCl_3$$

生成的 $FeCl_3$ 在一定条件下又可以重复上述的反应而生成 Cl_2，在这种循环中，不断对铁及其化合物造成腐蚀，高温氯腐蚀具有重复性的特征，只要有 HCl 和 Cl_2 不断补充，腐蚀反应就会一直进行下去。

氯与氯化物除了对铁及其氧化物腐蚀外，还可在高温条件下对 Cr_2O_3 保护膜造成腐蚀，即

$$2Cr_2O_3 + 4Cl_2 \rightarrow 4CrOCl_2 + O_2$$

$$Cr_2O_3 + 4HCl + H_2 \rightarrow 2CrCl_2 + 3H_2O$$

$$2Cr_2O_3 + 8NaCl + 5O_2 \rightarrow 4Na_2CrO_4 + 4Cl_2$$

$$4CrCl_2 + 3O_2 \rightarrow 2Cr_2O_3 + 4Cl_2$$

而这种腐蚀也是重复的。同时氯的存在对 Ni 合金也会造成腐蚀，当温度大于 550℃时，氯化物的挥发也相当剧烈，使腐蚀呈线性高速发展。这些可能是造成合金钢受热管腐蚀的重要原因之一。当有硫化物共存时，氯化物的影响会更大。可见，当氯化物和硫化物共存时并借助于 O_2 和 H_2O，不仅可以加速硫酸盐的生成，也有利于 HCl 和 Cl_2 的形成，这就更加加速了高温腐蚀的进程。

$$2NaCl + SO_3 + H_2O \rightarrow Na_2SO_4 + 2HCl$$

$$2NaCl + SO_2 + O_2 \rightarrow Na_2SO_4 + Cl_2$$

$$4NaCl + 2SO_2 + 2H_2O + O_2 \rightarrow 2Na_2SO_4 + 4HCl$$

研究发现，煤中所含的氯在锅炉管的高温腐蚀中起着很重要的作用，当煤中含氯量达到一定值时，它的作用远远超过了硫的腐蚀。锅炉设计时也以煤中氯含量 0.3%左右作为其考虑高温腐蚀的参考值。

氯化物型腐蚀发生的条件：一是有足够高浓度的 HCl 存在，一般应大于或等于 0.35%；二是近壁处是还原性气氛，存在 CO 和 H_2。氯化物型腐蚀单独存在的可能性不大，主要是 HCl 作为一种破坏氧化膜的腐蚀性气体，起到加速其他类型腐蚀的作用（受热面处为氧化性气氛可减轻氯化物型腐蚀）。

（3）钒（V）腐蚀。锅炉点火油中的 V、Na、S 等元素，燃烧后会生成 V_2O_5、Na_2O、SO_2 等物质。V 是引起油灰腐蚀的主要成分，当 V 与其他元素化合时，形成了低熔点化合物。这些化合物沉淀于过热器和再热器及其紧固件的表面，呈熔融态时破坏管壁表面具有保护性的氧化膜，加快腐蚀速率。

V 的化合物对锅炉的高温腐蚀过程起着重要的作用，腐蚀的程度取决于高温油灰的成分，特别是油灰中的 V、Na 化合物的含量。Na 被认为是与钒反应生成低熔点化合物的主要元素。钠钒酸盐化合物在 534℃就能熔化。在高温下所有的钒化合物均呈熔融状态，钒化合物中含碱金属时可促进腐蚀，加入硫后会进一步促进腐蚀。虽然燃料中 V 的浓度相当低，

但V在油灰中会出现浓缩，V的浓缩与锅炉运行操作、设计及燃料中其他成分有关。

2. 影响烟气侧高温腐蚀的主要因素

(1) 煤质。煤中含硫是造成锅炉受热面腐蚀的根本原因。煤的硫含量越高，腐蚀现象越严重。不仅在水冷壁、过热器和再热器等高温受热面上形成高温腐蚀，在省煤器和空气预热器等低温受热面上的低温腐蚀现象也十分严重。煤中的硫在燃烧过程中生成 SO_2，其中少量 SO_2 转化成 SO_3，其转化率与下列因素有关。

1) 火焰温度越高，生成的 SO_3 越多。

2) 当炉内过量空气系数增大时，SO_3 的转化率和绝对值都将增加。

3) 当高温烟气流过积灰的受热面时，在灰中 V_2O_5 催化作用下，烟气中部分 SO_2 被转化为 SO_3，转化率随 SO_2 数量、火焰温度及烟气中氧量的增加而增大。

4) 灰中碱金属氧化物 Na_2O、K_2O 在高温火焰作用下会产生升华现象，其升华成分与烟气中的 SO_3 结合在一起，凝聚在受热面上，形成易熔的硫酸盐 Na_2SO_4、K_2SO_4 等，构成易黏附灰垢的温床，当金属壁温高于600℃时，呈熔融状态的 Na_2SO_4 和 K_2SO_4 会侵蚀管壁生成钾、钠和铁的复合硫酸盐（K_2FeSO_4、Na_2FeSO_4），这是造成受热面腐蚀的主要原因。

(2) 管壁附近烟气成分。引起水冷壁管腐蚀的一个主要原因是烟气中存在腐蚀性气体。由于燃烧器附近的火焰温度可达1400～1600℃，使煤中的矿物成分被挥发出来，这一区域烟气中 NaOH、SO_2、HCl、H_2S 等腐蚀性气体成分较多；同时水冷壁附近的烟气还处于还原性气氛，还原性气氛导致了灰熔点温度的下降和灰沉积过程加快，从而引起受热面的腐蚀。烟气中形成硫化氢的数量与煤在燃烧时缺氧程度有很大关系。燃烧器供氧不足时，会使水冷壁附近出现大量硫化氢。当过量空气系数小于1.0时，硫化氢含量急剧增加。另外，当水冷壁附近因煤粉浓度过高，导致空气量不足而出现还原性气氛时，硫化氢含量也会猛烈增加。硫化氢可与金属铁直接发生反应生成硫化亚铁，而硫化亚铁又可进一步氧化形成氧化亚铁。这层硫化亚铁和氧化亚铁本身是多孔性的，不起保护作用，可以使腐蚀继续进行下去，造成水冷壁管的强烈腐蚀。

(3) 管壁温度。随着机组容量的不断增大，温度和压力不断升高，水冷壁管外壁温度也随之升高。对于贫煤机组来说，锅炉的断面热负荷和容积热负荷都相对较大，这就使水冷壁管壁处于较高管壁温度。在300～500℃范围内，管壁外表面温度每升高50℃，腐蚀程度则增加一倍。

(4) 火焰冲刷和磨损同时作用产生高温腐蚀。金属产生严重的烟气腐蚀是由于金属表面的保护膜周期性或经常性地遭到破坏，而保护膜的损坏可能是由于磨损、腐蚀，以及温度和烟气介质成分显著变化等引起，其中未燃尽煤粉的磨损作用很大。当未燃尽的火焰流冲刷水冷壁管时，由于煤粉具有尖锐棱角，所以有很大的磨损作用，这种磨损将加速水冷壁保护层的损坏，烟气介质急剧地与纯金属发生反应。这种腐蚀和磨损相结合的过程，会大大加剧金属管子的损坏。

3. 防止烟气侧高温腐蚀的措施

(1) 调整燃烧并控制煤粉细度。加强一次风煤粉气流的调整，尽可能使各燃烧器煤粉流量相等，保证燃烧器出口气流的煤粉浓度均匀分布；控制煤粉细度，以降低腐蚀和磨损。

(2) 控制燃料中的硫和氯含量。控制燃料中的硫和氯含量可降低腐蚀速率，保证燃料品质是控制腐蚀速率的第一道关口，应严格控制煤中硫和氯含量。

（3）改善燃烧区的还原气氛。合理配风并强化炉内气流的混合，采用增加侧边风（贴壁风）技术，在水冷壁附近形成氧化气氛，以保持燃烧区的氧量合理分配，避免水冷壁附近出现还原性气氛。

（4）避免出现受热面超温。机组运行中要严格控制烟气温度、蒸汽温度和金属壁温，发现异常要及时调整，特别是运行工况变化时做好调整工作，控制火焰中心的温度，避免出现受热面壁温过高，减轻高温腐蚀。

（5）采用低氧燃烧技术。减少锅炉燃烧室空气量的供给，使燃料中的硫在炉膛中与氧接触时生成的二氧化硫转化为三氧化硫的转化率降低，三氧化硫浓度降低可减轻高温腐蚀。但是，燃烧室空气量不能太低，否则会造成锅炉缺氧燃烧，产生还原性气氛，加剧受热面腐蚀。

（6）提高受热面抗腐蚀能力。对受热面管进行热喷涂，也可对水冷壁管进行表面补焊或改用抗腐蚀性能好的铁素体合金钢管或复合钢管，提高受热面的抗腐蚀性能。目前，常用的防护技术有喷涂技术和表面渗铝技术。

1）喷涂技术。喷涂技术是在易发生腐蚀或磨损的受热表面均匀喷涂一层防腐（磨）材料，以确保受热面安全工作。喷涂技术尽管是被动预防，但非常有效，常用的喷涂材料有NiCr、FeCr等。另外，还有通过添加陶瓷相的金属复合涂层，使涂层具有很高的强度和较好的耐冲蚀性能。所以，可以通过提高涂层的硬度、强度、弹性模量和化学稳定性，来提高抵抗外界冲蚀磨损的性能。常用的喷涂技术有电弧喷涂和超声速火焰喷涂，电弧喷涂技术是用电弧发出的热量将金属丝熔化，用压缩空气将熔化金属雾化并喷射到工件上。超声速火焰喷涂是通过高压燃料气体与氧气燃烧产生超声速火焰而实现喷涂，适用于喷涂金属陶瓷、金属及合金涂层。

2）渗铝技术。钢材渗铝是20世纪发展起来的表面防护方法之一，渗铝钢耐高温氧化、耐腐蚀，因而在锅炉构件中得到了广泛的应用。国内普遍采用液体渗铝（即热浸渗铝）法，热浸渗铝是将表面洁净的钢铁件放入一定温度的熔融铝液中，由于热扩散作用，钢铁件的铁与铝发生反应扩散，生成一层铝-铁金属化合物。将钢铁件从铝液中取出后，钢铁表面即形成一层与钢铁基体结合良好的渗铝覆层。该覆层由两部分组成，靠近钢铁体的一层为铝-铁金属化合物，外表面一层为与铝液成分相同的铝层。经过热扩散处理后，部件的耐热和耐蚀性能可明显提高。若在铝液中加入一定量的硅、锌、稀土、钛等元素，可进一步提高渗铝层的抗蚀性。铝和氧有非常强的亲和力，很容易形成氧化物膜，在铝铁合金中铝含量大于8%时，在高温氧化性气氛下，铝与氧形成的薄膜是致密、无孔和连续的，具有良好的物理和化学稳定性，能隔绝氧和某些有害气体的侵蚀，阻止氧或其他介质与基体金属发生反应，对基体金属有极强的保护能力。因此，渗铝管在高温空气、高温气体、高温S等介质中有较好的抗氧化和耐腐蚀性。此外，渗铝后表面硬度大大提高，具有良好的耐磨性。

（二）水汽侧高温腐蚀

1. 水汽腐蚀

当过热蒸汽超过450℃时，水蒸气可直接与铁发生反应生成铁的氧化物Fe_3O_4，即

$$3Fe + 4H_2O \rightarrow Fe_3O_4 + 4H_2\uparrow$$

温度超过570℃以上时，发生的反应为

$$Fe + H_2O \rightarrow FeO + H_2 \uparrow$$

$$3FeO + H_2O \rightarrow Fe_3O_4 + H_2 \uparrow$$

以上反应都是化学反应，均为化学腐蚀。高温水蒸气氧化是金属腐蚀的一种特殊形式。

我国火力发电行业发展迅速，超（超）临界机组将成为主力机组。超临界工况下水蒸气对锅炉金属材料有着更强的腐蚀性，水汽侧高温腐蚀已成为目前超（超）临界机组研究的重点问题。

防止水汽腐蚀的方法有消除倾斜角度较小的蒸发段；确保水循环正常；对于温度较高的过热器，应采用耐热、耐腐蚀性能较好的合金钢或不锈钢材质等。

2. 高温氧化皮的问题

随着机组参数的提高，对金属材质提出了更高的要求，电站超临界锅炉高温受热面采用了大量的新型铁素体材料和奥氏体不锈钢材料，在超临界条件下，锅炉受热面管会发生蒸汽侧氧化，形成氧化皮。

金属高温氧化形成的氧化层的绝热作用会引起金属超温，剥落的氧化物颗粒会造成汽轮机前级叶片和喷嘴等的冲蚀，以及汽门卡涩等。其中剥离的氧化皮阻塞汽流造成锅炉过热器、再热器管超温爆管，已成为全球范围内锅炉炉管失效的第二位主要起因。

（1）氧化皮的生成原因。炉管表面氧化皮的生成是金属在高温水汽中发生氧化的结果。当温度超过570℃时，铁表面的氧化膜由 Fe_2O_3、Fe_3O_4、FeO 三层组成（FeO 在最内层），其中 FeO 层的占比较大。因为 FeO 致密性差，所以破坏了整个氧化膜的稳定性。事实上，当温度超过450℃时，由于热应力等因素的作用，生成的 Fe_3O_4 不能形成致密的保护膜，使水蒸气和铁不断发生反应。当管壁温度达到570℃以上时，反应生成物为 FeO，且反应速度更快，随着时间的推移，炉管表面形成大量的氧化皮。

（2）氧化皮剥落的条件。

1）氧化层达到一定厚度（不锈钢为0.1mm，铬钼钢为0.2～0.5mm）。

2）温度变化幅度大、速度快、频度大。由于母材与氧化层之间热胀系数的差异，所以当垢层达到一定厚度后，在温度发生变化尤其是发生反复或剧烈的变化时，氧化皮很容易从金属本体剥离。

（3）氧化皮产生的危害。锅炉高温受热面氧化皮的危害主要有：

1）损伤汽轮机。随着锅炉的运行，再热器与过热器中剥离的氧化皮会进入汽轮机的通流部分，氧化皮会对汽轮机喷嘴及叶片进行不停的撞击，造成汽轮机叶片和喷嘴较大的损伤。

2）局部过热、超温爆管。脱落的氧化皮会造成通流部分堵塞，会引起局部温度过高而出现爆管现象。管内氧化皮的堆积造成有效的流通面积减少，流动阻力相应地增加，当达到一定的堆积数量时，会造成管壁大幅超温而引起爆管。

3）堵塞阀门及细小管道。剥落的氧化皮若沉积于汽轮机主汽门阀芯和阀座之间，会造成主汽门关闭不严，致使汽轮机超速，对机组的安全运行构成威胁；脱落的氧化皮容易堵塞疏水管、疏水阀门、止回门等，使系统产生潜在隐患。

4）高温受热面氧化皮也会对锅炉内部的汽水水质产生一定影响，降低汽水品质，会促进炉内垢下腐蚀的发生。

（4）氧化皮防止措施。

1）严格控制锅炉水质，采用合理的水处理方式，并严格执行化学监督的标准。

2）运行中避免蒸汽和金属温度超温、运行过程中出现大幅度的负荷波动，保证蒸汽温度缓慢平稳变化，防止温度骤升骤降。

3）启、停炉时，严格控制启、停炉速度。要注意锅炉启停时，避免温度、压力波动过大，停炉过程应避免进行强制快速冷却；锅炉启动过程中，在汽轮机冲转前，应利用旁路系统进行低压大流量的蒸汽吹扫。

4）正确选材及优化设计是解决氧化皮脱落最根本的措施，同时做好氧化皮定期检测工作并及时清理。

3. 垢下腐蚀

当锅炉受热面管内表面附着有沉积物时，其下面会发生严重的腐蚀，这种腐蚀通常称为垢下腐蚀。由于垢的导热性能很差，导致管壁温度急剧升高。当温度升高到一定程度，将会超出金属的承受极限，则会因温度过高而产生蠕变，导致金属强度降低。

锅炉在恶劣的工作状况下，发生垢下腐蚀的位置易出现鼓包、穿孔、破裂等现象，很容易引起锅炉爆管、泄漏等严重后果。

垢下腐蚀一般发生在热负荷高的部位，是大容量高参数锅炉常见的腐蚀方式。通常认为垢下腐蚀为电化学腐蚀，这种腐蚀的危害是首先结垢阻碍管壁与锅水正常的热交换，使金属温度升高；其次渗透到垢下的锅水被蒸干，引起垢下的化学成分与锅水主体成分有显著的差异，垢下的 pH 值往往差别最大，会引起酸性或碱性腐蚀。

（1）酸性腐蚀：由于反应发生在沉积物下面，生成的 H_2 受到沉积物的阻碍，这些氢有一部分会扩散到金属内部，与碳钢中的渗碳体发生反应，因而造成碳钢脱碳，金相组织受到破坏。并且反应物 CH_4 会在金属内部产生压力，使金属组织形成裂纹、使金属变脆。这种由于腐蚀反应中产生的氢渗入到金属内部造成的腐蚀也称为氢脆。即使管壁没有减薄也会造成爆管事故，因此氢脆会造成非常严重的后果。

（2）碱性腐蚀：当锅水中存在游离的氢氧化钠时，沉积物以下的锅水因发生高温浓缩 pH 值升高，当锅水 pH 值超过 13 时，会直接将钢材外部的氧化物保护膜（钝化膜）溶解，导致金属直接与锅水和沉积物相接触，由于锅水属于电解质溶液且此时锅水的浓度很高，电化学腐蚀更加严重。这种腐蚀使金属沉积物下面产生凹凸不平、大小不一的腐蚀坑，坑下金属的金相组织和机械性能没有变化，仍然保持金属的延性（这种腐蚀又称为延性腐蚀）。当腐蚀到达一定程度时，管壁减薄，会引起鼓包或爆管。

4. 应力腐蚀

应力腐蚀是金属材料在拉应力和腐蚀介质共同作用下产生的腐蚀。在所有的材料中，不锈钢最容易发生应力腐蚀。由于过热器管一般为合金钢或不锈钢，所以过热器容易发生应力腐蚀。这里所谓腐蚀介质主要是指含氯离子和硫酸根离子的介质。应力腐蚀可分为应力腐蚀破裂和应力腐蚀疲劳两大类。

（1）应力腐蚀破裂。金属材料在超过该金属应力屈服点拉应力和腐蚀介质共同作用下产生的腐蚀损坏叫做应力腐蚀破裂。应力腐蚀破裂的拉应力是物理因素，产生拉应力的主要来源有金属部件在制造安装过程中产生的残余应力、设备在运行过程中产生的工作应力、温度变化时产生的热应力。应力腐蚀破裂的腐蚀介质是化学因素，如奥氏体不锈钢在浓度为几毫克/升的氯离子溶液中就会发生应力腐蚀破裂。应力腐蚀破裂常发生在高参数锅炉的过热器和再热器等奥氏体不锈钢部件上。

(2) 应力腐蚀疲劳。金属在交变循环的应力（方向变化或周期应力）和腐蚀介质共同作用下产生腐蚀损坏叫做应力腐蚀疲劳。通常产生疲劳破坏的应力低于屈服点，并且是在施加这一应力许多周期之后发生。这是由于锅炉材料在交变应力的作用下，表面的保护膜被破坏，产生蚀孔等使应力集中，并诱发裂纹。

5. 晶间腐蚀

不锈钢在腐蚀介质作用下，在晶粒之间产生的一种腐蚀现象称为晶间腐蚀。晶间腐蚀是一种常见的局部腐蚀，腐蚀沿着金属或合金晶粒边界或它的临近区域发展，这种腐蚀使晶粒间的结合力大大削弱。超临界锅炉大量使用不锈钢，不锈钢具有良好的耐高温性能，但在腐蚀介质作用下容易发生晶间腐蚀。当产生晶间腐蚀的不锈钢受到应力作用时，沿晶界断裂，强度几乎完全消失，这是不锈钢的一种最危险的破坏形式。防止不锈钢发生晶间腐蚀的方法有降低或消除有害杂质（如降低 C、N、S 等的含量）、加入能形成稳定碳化物的元素或晶界吸附元素（如在不锈钢中加 Ti、Nb 或 B）、采用适当的热处理工艺。

二、锅炉低温腐蚀

低温腐蚀是指硫酸蒸汽凝结在尾部受热面上而发生的腐蚀，这种腐蚀也称硫酸腐蚀。低温腐蚀主要发生在空气预热器的冷端。一旦受热面发生低温腐蚀，就可能导致受热面泄漏，致使大量空气漏人烟气中，既增大排烟热损失，降低锅炉效率，又加大引风机负荷，增大风机电耗；同时还会出现低温积灰，降低锅炉出力；腐蚀严重时，可能导致大量受热面更换，造成巨大的经济损失。

（一）低温腐蚀的机理

燃料中的硫分在燃烧后生成 SO_2，其中一部分 SO_2 又会进一步氧化生成 SO_3，SO_3 与烟气中的水蒸气化合形成硫酸蒸汽。当受热面的金属壁温低于硫酸蒸汽的露点温度时，烟气中的硫酸蒸汽便会凝结在受热面上，并对受热面金属产生腐蚀。同时呈液态的硫酸也更容易与烟气中的飞灰粘在一起，使得腐蚀进一步加剧。

蒸汽开始凝结时的温度称为露点温度，烟气中水蒸气的露点温度称为水露点，烟气中硫酸蒸汽的露点温度称为酸露点，通常把酸露点叫做烟气的露点。

烟气对受热面的低温腐蚀程度与酸露点有关，酸露点越高，腐蚀范围越广，腐蚀也越严重。通常烟气酸露点按照下面的公式计算，即

$$t_{ld}=\frac{\beta\times\sqrt[3]{S_{ar,zs}}}{1.05^{\alpha_{fh}\cdot A_{ar,zs}}}+t_{st}$$

式中 t_{ld}——烟气的酸露点，℃；

β——与炉膛出口的过量空气系数有关的系数；

$S_{ar.zs}$——燃料收到基折算硫分，%；

α_{fh}——飞灰系数；

$A_{ar,zs}$——燃料收到基折算灰分，%；

t_{sl}——按烟气中水蒸气的分压力计算的水露点，℃。

水露点取决于水蒸气在烟气中的分压力，一般为 30～60℃，即使燃煤的水分很高时，烟气的水露点也不会超过 66℃，锅炉正常运行时尾部受热面的壁温总是大于水露点，不易结露。烟气中含有硫酸蒸汽，烟气露点将大大上升，如烟气中只要有 0.005%左右的硫酸蒸

汽含量，烟气露点即可高达130～150℃。烟气中硫酸蒸汽含量主要与烟气中SO_3含量有关，SO_3的形成主要有以下两种方式。

（1）在燃烧反应中，燃料中的硫分在炉膛燃烧区先形成SO_2，部分再同火焰中的原子状态氧［O］反应，生成SO_3，即

$$SO_2 + [O] \rightarrow SO_3$$

炉膛中的火焰温度越高，越容易生成原子氧，原子氧越多，烟气中SO_3的转化率相应提高。

（2）烟气流过对流受热面时，会遇到一些催化剂（主要是灰中的V_2O_5和Fe_2O_3，催化剂的催化能力与温度有关，当壁温为500～600℃时催化能力最强，在催化剂的作用下与烟气中的过剩氧结合，在过热器区生成较多的SO_3，即

$$2SO_2 + O_2 \rightarrow 2SO_3$$

除了上述两种SO_3生成形式外，燃煤中的硫酸盐在燃烧时也会分解出一部分SO_3。

（二）低温腐蚀的危害

空气预热器受热面发生低温腐蚀时，不仅使传热元件的金属被锈蚀掉造成漏风，而且还因其表面粗糙不平和具有黏性产物使飞灰发生黏结，这些低温黏结灰及疏松的腐蚀产物使通流截面减小，引起烟气及空气之间的传热恶化，导致排烟温度升高，空气预热不足以及送风机、引风机电耗增大。

旋转式空气预热器发生严重堵塞时，表现为风压出现摆动，炉膛负压难以维持，随后摆幅逐渐加大，其摆动周期与空气预热器转动周期相吻合，呈现周期性变化，严重时导致风机发生喘振或无调节余量，影响燃烧自动装置的投入，影响机组的安全经济运行。空气预热器堵灰后，热风温度下降，风、烟系统阻力上升，一次风、二次风正压侧和烟气负压侧的差压增大，增加了空气预热器的漏风，影响锅炉带满负荷能力。

（三）影响低温腐蚀的因素

1. 燃料含硫量

烟气中的SO_3含量是影响低温腐蚀的主要因素，烟气中SO_3的生成量几乎与燃料的含硫量成正比。

2. 过量空气系数

过量氧的存在是SO_2氧化为SO_3的基本条件。因此，过量空气系数越大，过剩氧越多，生成的SO_3也越多。当过量空气系数降到1.05时，烟气中SO_3生成量显著减少，其含量接近或小于危害浓度。当过量空气系数小于1.1（含氧量小于2%）时，烟气露点急剧下降。因此，低氧燃烧是防止低温腐蚀的有效措施。

3. 燃烧工况

燃烧工况对低温腐蚀有重要影响。火焰温度的变化是其中的一个重要因素。火焰温度越高，原子氧的浓度越大，生成的SO_3越多。采用烟气再循环，将部分低温烟气引入炉膛，可减轻低温腐蚀。燃料和空气的混合情况对SO_3的生成量也有一定的影响。在一般情况下，混合的越均匀，SO_3的生成量越少。特别是在平均过量空气系数比较低时，更是如此。这时，如果混合的不均匀，炉膛内某些地方可能缺氧，产生不完全燃烧；而另一些地方则可能空气量显著过剩，将生成大量SO_3。如果燃烧不好，勉强将过量空气系数降低，不仅使锅炉效率降低，还会造成其他一些危害，因此必须合理组织燃烧。

4. 硫酸浓度及管壁温度

研究表明，低温腐蚀的速度与管壁上凝结下来的硫酸浓度、酸量以及管壁温度有关。凝结的酸量越多，腐蚀速度越快。腐蚀速度随金属壁温变化而变化，金属壁温在水蒸气露点和硫酸蒸汽露点附近时，腐蚀速度比较大，因此，金属壁温应尽可能避免在水蒸气露点和硫酸蒸汽露点附近运行。

（四）减轻和防止低温腐蚀的措施

减轻和防止低温腐蚀的途径有两条：一是尽量设法减少烟气中的三氧化硫，以降低烟气的露点和减少硫酸的凝结量，使腐蚀减轻；二是提高空气预热器冷端的壁温，使之在高于烟气露点下运行。

1. 适当提高受热面壁面温度

提高壁温最常用的方法是提高入口空气温度，通常在燃用高硫燃料的锅炉中加装暖风器或采用热风再循环。采用热风再循环方式时，一般只宜将进口风温提高到 50～65℃，否则，不仅会使排烟温度过高，而且还将使送风机耗电量显著增加，造成锅炉运行经济性的下降。暖风器通常是利用汽轮机低压抽汽来加热冷空气的热交换器，凝结的水可送回给水系统。采用暖风器后，虽然因排烟温度升高而降低了锅炉热效率，但由于利用了低压抽汽，因而提高了整个热力系统的经济性。

需要指出的是，提高金属壁面温度虽然能降低腐蚀，但也降低了传热温差，使得金属耗量增加，增大了制造成本，需要综合考虑。

2. 控制燃煤的含硫量

加强入厂煤含硫量的控制，从源头上减少高硫煤进入炉膛，同时加强煤场管理，对不同含硫量的煤进行混、配，防止高硫煤集中进入锅炉，以减少 SO_3 的生成。

3. 低温受热面采用耐腐蚀材料

由于预热器的腐蚀最先发生在低温段，所以在低温段选用耐腐蚀材料不仅可以有效防止腐蚀的发生和蔓延，而且对空气预热器的总体造价和传热性能也不会造成很大的影响。

（1）采用低合金耐腐蚀钢。在空气预热器低温段使用低合金耐腐蚀钢，将会大大地降低低温腐蚀的速度，研究表明，低合金耐腐蚀钢的耐腐蚀能力是一般碳钢的两倍以上。

（2）采用镀搪瓷传热元件。由于搪瓷材料有极高的耐腐蚀能力，因此以金属为母材的镀搪瓷材料在耐腐蚀及传热方面均能满足空气预热器的需要，而且镀搪瓷表明光滑，不利于硫酸的凝结和积灰，能有效地防止腐蚀和堵灰。但镀搪瓷材料的工艺要求较高，搪瓷表面完整性或均匀性不好的镀搪瓷板在烟气中会发生复杂的电化学反应，加剧母材的腐蚀并引起镀搪瓷表面的脱落。

4. 降低过量空气系数和减少漏风

烟气中的过量氧会增大 SO_3 的生成量，无论是送入炉膛的助燃空气还是烟道的漏风，对 SO_3 的生成量都有影响。因为在烟气流程中，只要有过剩氧的存在，SO_2 仍能继续变为 SO_3。因此，为防止低温腐蚀应尽可能采用较低的过量空气系数和减少烟道的漏风，降低过量空气系数还可以提高锅炉效率，但前提是应保证燃料的完全燃烧。

5. 控制炉内温度水平

通过控制炉内火焰温度也能有效地降低燃烧过程中 SO_3 转化率，运行中经常采用分级配风的燃烧方式来降低燃烧温度，对于设计有烟气再循环的锅炉，烟气再循环不仅降低了燃烧温度，而且惰性气体也对 SO_3 的转化起到了抑制作用，能有效地防止低温腐蚀。

6. 加强吹灰和冲洗

由于低温腐蚀往往和积灰相互作用，所以加强吹灰，保持受热面的清洁，对于防止低温腐蚀也相当重要。在蒸汽吹灰过程中，一定要确保疏水系统正常，并保证吹灰蒸汽的热力参数，避免吹灰蒸汽在受热面的凝结以加剧腐蚀。另外，吹灰一般选择在锅炉的高负荷工况下进行。对于吹灰无法除去的积灰，可以在停炉期间采用水冲洗的方式解决。水冲洗一般在空气预热器堵灰情况加剧、空气预热器阻力大大增加时才进行，过多的水冲洗也将对受热面造成损害，在水冲洗结束后，应将空气预热器受热面烘干。

第三节　锅炉停用保护

锅炉正常运行中，对汽水品质要求很高，并且热力系统与外界隔绝，锅炉设备虽然长期工作在高温高压介质中，但金属可以安全运行。锅炉设备处于停用检修或备用状态时，虽然处于正常环境下，但由于锅炉设备内部有水存在，空气侵入锅炉设备系统内部后将会发生严重腐蚀，这种腐蚀称为停用腐蚀，锅炉设备停用腐蚀是氧和水（湿分）在金属表面同时存在而产生的。锅炉停用腐蚀实际上是氧腐蚀，可以造成短期内停用设备金属表面的大面积破坏，还可能加剧热力设备运行时的腐蚀，增加单位面积上的结垢量，缩短化学清洗的周期，从而影响传热效率，严重时会导致爆管，对锅炉的危害极大，必须采取有效措施防止或减缓停用腐蚀，通常将所采取的防止锅炉停用腐蚀的有效措施称为锅炉停用保护。

一、锅炉停用腐蚀的原因

锅炉停用腐蚀的根本原因是由于氧和水同时存在，当锅炉停用放水后，外界空气必然会大量进入系统内部，设备金属的内表面上往往因受潮而附着一层薄水膜，空气中的氧会溶解在水膜中，使水膜中饱含溶解氧，很容易引起金属的腐蚀。若停用后未将系统内的水排放或者因有的部位水无法放尽，使一些金属表面仍被水浸润着，则同样会因大量空气中的氧溶解在这些水中，使金属遭到溶解氧腐蚀。

当停用设备金属表面上有沉积物（或水渣）时，停用期间的腐蚀过程会进行得更快。这是因为，有些沉积物（或水渣）具有吸收空气中湿分的能力，沉积物（或水渣）本身也常含有一些水，故沉积物（或水渣）下面的金属表面上仍然会有水膜。而且，在未被沉积物（或水渣）覆盖的金属表面上或者沉积物的孔隙、裂隙处的金属表面上，水的含氧量较高（空气中的氧含量扩散进来）；沉积物下的金属表面上，水的含氧量较低。这使金属表面产生了电化学不均匀性，溶解氧浓度大的地方，电极电位高而成为阴极；溶解氧浓度小的地方，电极电位较低而成为阳极，在这里金属便遭到腐蚀。此外，沉积物中有些盐类物质还会溶解在金属表面的水膜中，使水膜中的含盐量增加，因而也能加速溶解氧的腐蚀。因此，在沉积物（或水渣）的下面最容易发生停用腐蚀。

二、锅炉停用保护的必要性

停用腐蚀可以造成短期内停用锅炉设备金属表面的大面积破坏，当停运机组启动时，大量腐蚀产物就转入锅内水中，使锅内水中的含铁量增大，这会加剧锅炉炉管中沉积物的形成过程，从而影响传热效率，严重时会导致爆管。停用时腐蚀金属表面上产生的沉积物及所造成的金属表面的粗糙状态，会成为运行中腐蚀的促进因素，加剧热力设备运行时的腐蚀，缩短锅炉化学清洗的周期。停用腐蚀不仅会缩短设备的使用寿命，而且影响机组的安全经济运行，因此必须对停运锅炉设备进行有效的保护。

三、锅炉停用保护的基本方法

锅炉停用保护的方法多种多样，但是每种方法都有特定的要求及适用范围，在执行DL/T 956《火力发电厂停（备）用热力设备防锈蚀导则》的相关要求时一定要根据锅炉结构，锅炉停用目的、停用时间及防腐要求等选择，有时选择锅炉停用保护时几种方法一起使用。不论采用何种方法，必须进行必要的试验，确保停运保护的效果，同时必须满足对环境保护的要求。

（一）停炉保护方法的选择原则

（1）机组热力设备停用保护方法选择的基本原则是机组的参数和类型，给水、锅水处理方式，停（备）用时间的长短和性质，现场条件、可操作性、环保性和经济性。

（2）采用的保护方法不应影响机组启动、正常运行时汽水品质和机组正常运行热力系统所形成的保护膜。

（3）机组停用保护方法应与机组运行所采用的给水处理工艺兼容，不应影响凝结水精处理设备的正常投运。

（4）当采用新型有机胺、缓蚀剂进行停用保护时，应经过试验确定药品浓度和工艺参数，避免由于药品过量或分解产物腐蚀和污染热力设备。

（5）要考虑保护设备的外界温度、冻结因素和大气条件，例如海滨电厂的盐雾环境等环境因素。

（6）所采用的保护方法不影响热力设备的检修工作和检修人员的安全。

（二）停炉保护常用方法

目前国内外普遍采用的停用保护措施，按照其作用原理，大体上可分为三类，第一类是阻止空气进入热力设备水汽系统内部，这类方法有充氮法、保持蒸汽压力法等。第二类是降低热力设备汽水系统内部的湿度，其实质是防止金属表面的凝结水膜形成电池腐蚀。这类方法有烘干法、干燥剂法等。第三类是使用缓蚀剂（包括气相缓蚀剂和高温成膜缓蚀剂等），或加碱化剂、调整溶液的pH值，使金属表面形成保护膜，减缓金属表面的腐蚀；或使用除氧剂，除去水中的溶解氧，使腐蚀减轻。所用药剂有气相缓蚀剂、高温成膜缓蚀剂、氨、联胺等。这类方法的实质是阻滞电池腐蚀的阳极和阴极形成，其中高温成膜缓蚀剂法（如十八胺）是目前国内应用较多的停用保护方法。

1. 热炉放水余热烘干法

锅炉停运后，压力降至规定值时，迅速放尽锅内存水，利用炉膛余热烘干锅炉受热面，直至炉内空气相对湿度降到60%以下。为保证烘干效果，还可采取如下措施：

（1）真空抽湿。放干水后立即对锅炉抽真空，加快锅内湿气的排出。

（2）热风烘干。热炉放水后，为补充炉膛余热的不足，可利用运行的临炉进行热风烘干。

2. 正压吹干保护法

当热炉放水余热烘干法不能保证锅炉内湿度满足要求，或者现场条件不适合采用热炉放水余热烘干法时，可采用从锅炉外部正压吹风的方式去除炉内湿气，保证锅炉内相对湿度满足停炉保护要求。常用的正压吹干方法有两种。

（1）干风吹干。将常温空气通过除湿设备除去湿分，充入热力系统中，以降低热力设备中的相对湿度。

（2）热风吹干。使用专用装置，将脱水、脱油、滤尘的热压缩空气经锅炉适当的部位吹入，然后从适当部位排出，将锅炉受热面吹干，达到干燥保护的目的。

3. 气相缓蚀剂法

（1）锅炉停运后，热炉放水余热烘干锅炉，使炉内空气相对湿度小于90%。

（2）气化了的气相缓蚀剂从锅炉底部的放水管或疏水管充入，使其自下而上逐渐充满锅炉。

（3）充入气相缓蚀剂时，利用凝汽器真空系统或辅助抽气措施对过热器和再热器进行抽气，并使抽气量和进气量基本一致。

（4）用不低于50℃的热风，经气化器旁路先对充气管路进行暖管，以免气相缓蚀剂遇冷析出，造成堵管。当充气管路温度达到50℃时，停止暖管并将热风导入气化器，使气相缓蚀剂气化后充入锅炉。

（5）当炉内气相缓蚀剂含量达到控制标准时，停止充入气相缓蚀剂并迅速封闭锅炉。

4. 氨-联氨钝化烘干法

给水采用AVT(R)处理工艺的机组，停机前4h，利用给水、锅水加药系统，向给水、锅水加氨和联氨，提高pH值和联氨浓度，在高温下形成保护膜，然后热炉放水，余热烘干。

（1）汽包锅炉。

1）停炉前6～8h，锅水停止加药。

2）停机前4h，有铜给水系统维持凝结水或给水氨加入量，使省煤器入口给水pH值为9.1～9.3；无铜给水系统提高凝结水或给水氨加入量，使省煤器入口给水pH值为9.6～10.5。加大给水和凝结水联氨的加入量，使省煤器入口给水联氨浓度为0.5～10mg/L。

3）停机前4h，锅水改加浓联氨，使锅水联氨浓度达到200～400mg/L。停炉过程中，在汽包压力降至4.0MPa时保持2h。然后继续降压，按规定放尽锅内存水，余热烘干锅炉。

（2）直流锅炉。

在锅炉停炉冷却到分离器压力为4.0MPa时，加大给水和凝结水氨、联氨加入量：无铜系统给水pH值为9.6～10.5，有铜系统给水pH值为9.1～9.3；除氧器入口给水联氨浓度为0.5～10mg/L，省煤器入口给水联氨控制浓度（根据保护时间长短控制浓度）范围为200～500mg/L。然后继续降压，按规定放尽锅内存水，余热烘干锅炉。

5. 氨水碱化烘干法

给水采用加氨处理［AVT(O)］和加氧处理（OT）工艺的机组，在机组停机前4h，停止给水加氧，加大给水氨的加入量，提高系统pH值至9.6～10.5，然后热炉放水，余热烘干。

（1）汽包锅炉停机前4h，锅水停止加药。

（2）给水采用AVT(O)处理工艺的机组，在停机前4h，打开凝结水精除盐设备旁路，停运凝结水精除盐设备，加大凝结水泵出口氨的加入量，提高省煤器入口给水的pH值至9.6～10.5，并停机。当凝结水泵出口加氨量不能满足要求时，可启动给水泵入口加氨泵加氨。根据机组停机时间的长短确定停机前的pH值，停机时间长，则pH值宜按高限值控制。

（3）给水采用OT处理工艺的机组，在停机前4h，停止给水加氧，打开凝结水精除盐设备旁路，停运凝结水精除盐设备，加大凝结水泵出口氨的加入量，提高省煤器入口给水的pH

值至 9.6～10.5，并停机。当凝结水泵出口加氨量不能满足要求时，可启动给水泵入口加氨泵加氨。根据机组停机时间的长短确定停机前的 pH 值，停机时间长，则 pH 值按高限值控制。

(4) 锅炉需要放水时，按规定放尽锅内存水，烘干锅炉。

(5) 锅炉放水结束后，宜启动凝汽器真空系统，利用启动一、二级旁路对过热器和再热器抽真空 4～6h。

(6) 其他热力设备和系统同样在热态下放水。

(7) 当水汽循环系统和设备不需要放水时，也可充满 pH 值为 9.6～10.5 的除盐水。

6. 充氮法

充氮保护的原理是隔绝空气。锅炉充氮保护有氮气覆盖法（锅炉停运后不放水，用氮气来覆盖汽空间）和氮气密封法（锅炉停运后必须放水，用氮气来密封水汽空间）。

(1) 锅炉停炉不放水时充氮方法。

1) 短期停炉充氮方法。

a. 机组停机前 4h，锅水停止加磷酸盐和氢氧化钠，停止给水加氧，无铜给水系统适当提高凝结水精处理出口加氨量，使给水的 pH 值在 9.4～9.6，有铜给水系统给水维持运行水质。

b. 锅炉停炉后不换水，维持运行水质，当过热器出口压力降至 0.5MPa 时，关闭锅炉受热面所有疏水门、放水门和空气门，打开锅炉受热面充氮门充入氮气，在锅炉冷却和保护过程中，维持氮气压力为 0.03～0.05MPa。

c. 在停炉过程中，当锅炉压力降至 0.5MPa 时，开始向锅炉充氮。在充氮过程中，可以排干锅炉内积水，也可以不排水，但在锅炉冷却和保护过程中，应维持氮气压力在0.03～0.05MPa 范围内。

2) 给水采用 AVT(R) 处理工艺的机组中、长期停炉充氮方法。

a. 停机前 6～8h，汽包锅炉锅水停止加氢氧化钠。

b. 锅炉停运后，维持凝结水泵和给水泵运行，提高凝结水及给水联氨的加药量，使省煤器入口给水联氨含量在 0.5～10mg/L，无铜给水系统 pH 值至 9.6～10.5，有铜给水系统 pH 值至 9.1～9.3，用给水更换锅水并冷却。

c. 当锅炉汽包压力降至 4MPa 时，利用锅水加药系统向锅水加入浓联氨，并使锅水联氨浓度达到 5～10mg/L。

d. 在锅炉压降至 0.5MPa 时，关闭锅炉受热面所有疏水门、放水门和空气门，打开锅炉受热面充氮门充入氮气，在锅炉冷却和保护过程中，维持氮气压力为 0.03～0.05MPa。

3) 给水采用 AVT(O) 或 OT 处理工艺的机组中、长期停炉充氮方法。

a. 停机前 4h，汽包锅炉锅水停止加磷酸盐和氢氧化钠，给水停止加氧，打开凝结水精除盐设备旁路，停运凝结水精除盐设备，加大凝结水泵出口氨的加入量，提高省煤器入口给水的 pH 值至 9.6～10.5。当凝结水泵出口加氨量不能满足要求时，可启动给水泵入口加氨泵加氨。

b. 锅炉停运后，用高 pH 值给水置换锅水并冷却。

c. 当锅炉压力降至 0.5MPa 时，停止换水，关闭锅炉受热面所有疏水门、放水门和空气门，打开锅炉受热面充氮门充入氮气，在锅炉冷却和保护过程中，维持氮气压力为 0.03～0.05MPa。

(2) 锅炉停炉需要放水时充氮方法。

a. 停机前 4h，锅水停止加磷酸盐和氢氧化钠，给水停止加氧，旁路凝结水精除盐设备。

b. 无铜给水系统，停机前 4h，提高凝结水和给水加氨量使省煤器入口给水 pH 值在

9.6～10.5；有铜给水系统维持给水正常运行水质。

c. 锅炉停运后，用给水置换锅水并冷却。

d. 当锅炉压力降至0.5MPa时停止换水，打开锅炉受热面充氮门充入氮气，在保证氮气压力在0.01～0.03MPa的前提下，微开放水门或疏水门，用氮气置换锅水和疏水。

e. 当锅水、疏水排尽后，检测排气氮气纯度，大于98%后关闭所有疏水门和放水门。

f. 保护过程中维持氮气压力在0.01～0.03MPa范围内。

7. 氨和氨-联氨保护液法

(1) 锅炉停运后，压力降至锅炉规定放水压力时开启空气门、排汽门、疏水门和放水门，放尽锅内存水。

(2) 在除氧器、凝汽器或专用疏水箱中配置好氨水或氨-联氨保护液，氨水法用除盐水加氨调整pH值大于10.5，对应氨含量为200～300mg/L的保护液；氨-联氨法用除盐水配制联氨含量至200～300mg/L，用氨水调整pH值至10.0～10.5的保护液。

(3) 用专用保护液输送泵或电动给水泵将保护液先从过热器、再热器疏水管，减温水管或反冲洗管充入过热器、再热器，过热器、再热器空气门见保护液后关闭，由过热器充入的保护液量应是过热器容积的1.5～2.0倍。

(4) 过热器内充满保护液后，再经省煤器放水门、锅炉反冲洗或锅炉正常上水系统，向锅炉水冷系统充保护液，直至充满锅炉，即汽包锅炉汽包水位至最高可见水位，空气门见保护液；直流锅炉分离器水位至最高可见水位，最高处空气门见保护液。

8. 成膜胺法

(1) 汽包锅炉保护方法。

1) 汽包锅炉保护方法：停炉前4h，退出凝结水精除盐设备，控制给水pH在9.5～10.0运行（注意pH值控制范围应按照药剂的使用说明），在机组滑参数停机过程中，主蒸汽温度降至500℃以下时，利用专门的加药泵向热力系统加入成膜胺。在使用成膜胺过程中，如果出现异常停机，应立即停止加药，并充分冲洗系统。

2) 成膜胺加药后，应保持有足够的给水流量和循环时间，以防止成膜胺在局部发生沉积。

3) 锅炉停运后，按规定放尽锅内存水。

(2) 直流锅炉保护方法。

1) 直流锅炉保护方法：停炉前4h，控制给水pH值为9.2～9.6。机组滑参数停机过程中，主蒸汽温度降至500℃以下时，利用给水加药泵或专门的加药泵向热力系统加入成膜胺。在使用成膜胺过程中，如果出现异常停机，应立即停止加药，并充分冲洗系统。

2) 成膜胺加药后，应保持有足够的给水流量和循环时间，以防止成膜胺在局部发生沉积。

3) 锅炉停运后，按规定放尽锅内存水。

(3) 特别注意事项。

1) 给水采用加氧处理的机组不应使用成膜胺保护法。

2) 确定使用成膜胺前，应充分考虑成膜胺及其分解产物对机组运行水汽品质、精处理树脂可能造成影响。

3) 有凝结水精除盐的机组，开始加成膜胺前，凝结水精除盐设备应退出运行；实施成膜胺保护后，机组启动时，只有确认凝结水中不含成膜胺成分后，方可投运凝结水精除盐设备。

4）实施成膜胺保护前，应将在线化学仪表隔离。

5）实施成膜胺保护过程中，每30min监测一次水汽的pH值、电导率和氢电导率，每1h测定一次水汽中的铁含量。

6）实施成膜胺保护过程中，应保证锅水或分离器出水pH值大于9.0，如果预计成膜胺会造成pH值降低时，汽包锅炉应提前向锅水加入适量的氢氧化钠，直流锅炉应提前加大给水加氨量，提高pH值至9.2～9.6。

7）实施成膜胺保护时，停机和启动过程中给水、锅水、蒸汽的氢电导率会出现异常升高现象。

8）实施成膜胺保护时，停机和启动过程中热力系统含铁量有时会升高，可能会发生热力系统取样和仪表管堵塞现象，因此成膜胺加完后，加药箱应立即用除盐水冲洗，并继续运行加药泵30～60min，充分冲洗加药管道。

9）热力系统使用成膜胺保护后，应该确认凝结水不含成膜胺，才能作为发电机冷却水的补充水。

10）使用成膜胺保护后，应放空凝汽器热井。

第四节 防止锅炉受热面超温

锅炉受热面管子及蒸汽管道用钢都有相应的额定温度。低于这一温度时，这些钢材可以按其设计使用寿命安全运行；高于这一温度时，这些钢材将在其设计使用寿命内失效损坏，损坏的程度取决于超温幅度和超温时间。

一、超温和过热

超温是指金属超过其额定温度运行。这里所指的额定温度是金属管子的设计运行温度或火力发电厂规定的额定运行温度，而不是钢材的最高使用温度，金属管子的额定温度要比其最高使用温度低。衡量管子是否超温运行就是以额定温度为准，超温分长期超温和短期超温。短期超温是金属在较短时间内超过额定温度运行，长期超温是金属长期地处于比额定温度高的温度下运行，两者之间并无严格的时间分界，只是一种相对概念。

过热与超温的含义相同，两者的区别是超温指运行而言，过热指爆管而言。过热是超温的结果，超温是过热的原因。过热也分长期过热和短期过热两种。由于过热与爆管现象紧密相连，因而长期过热是指金属长时间处于超温状态在应力的作用下导致管子爆破，其超温的幅度比较小，并且通常不超过钢的临界点A_{c1}点温度。短期过热则相反，管子金属在短时期内由于温度升高而在应力作用下爆破，其超温幅度较高，通常超过钢的临界点A_{c1}点温度，因而会出现相变。长期过热是缓慢的过程，长期地由于蠕变变形而使管子爆破；而短期过热则是突发的过程，管子金属在很高的超温温度下受内部介质的压力作用而很快爆裂。长期过热和短期过热之间也同样无严格的时间分界，也是根据爆破的现象和本质以及超温幅度的不同而划分的一种相对概念。

二、过热爆管分析

（一）长期过热爆管

长期过热爆管是在超温幅度不太大的情况下，管子金属在应力作用下发生蠕变（管径胀粗），直到破裂的过程。因此爆破口的形貌、爆管前管径的胀粗及爆破管的组织变化等都有蠕变断裂的特征。

1. 长期过热爆管的特征

长期过热爆管宏观形貌特征是破口不太大，破口的断裂面粗糙而不平整，破口边缘是钝边，破口附近有平行于破口管子的轴向裂纹。由于长期处于高温下运行，所以在长期过热的破口外表面上有一层较厚的氧化皮，这些氧化皮较脆，容易脱落。

2. 长期过热爆管的过程

管子在高温下运行时，所受的应力主要是由介质内压力所造成的切向应力，在这种切向应力的作用下，使管径胀粗。当受热面管子在正常设计应力作用下并在额定温度下运行时，管子以 $1\times10^{-5}\%/h$ 的蠕变速度发生正常的径向蠕变。当受热面管子处于超温而长期过热时，由于运行温度提高，即使管子所受应力不变，管子也会加快蠕变速度而发生管径胀粗，蠕变速度的加快程度与超温幅度有关。随着超温运行时间的增加，管径越胀越粗，慢慢地在各处产生晶间裂纹；晶间裂纹的继续积聚并扩大就成为宏观轴向裂纹，最后开裂爆管。

3. 长期过热爆管的组织变化

在高温、应力长期作用下，钢的组织将逐渐发生变化。由于组织的不稳定性将引起钢的性能的变化，特别是对钢的热强性、松弛稳定性等性能都会带来不利的影响。以珠光体钢为例，珠光体耐热钢在高温长期工作条件下常见的组织不稳定现象有石墨化和珠光体球化。

（1）石墨化。钢在高温、应力长期作用下，由于珠光体内渗碳体分解为游离石墨的现象称为石墨化。发生石墨化时，钢脆化、强度与塑性降低。

（2）珠光体球化。低合金珠光体型耐热钢在高温和应力长期作用下，珠光体组织中片状渗碳体逐渐自发地趋向形成球状渗碳体，并慢慢聚集长大，这种现象称为珠光体球化。影响球化的主要因素是温度、时间和化学成分。

随着金属材料工作温度的升高和工作时间的增加，钢材的组织性能会持续变差，达到一定程度时可导致爆管事故。

（二）短期过热爆管

短期过热爆管是在超温幅度较大的情况下，金属管子在很短的时间内就发生爆破。因此，短期过热爆管多数发生在炉膛内直接与火焰接触的受热面。

与长期过热爆管宏观形貌特征相比较，短期过热爆管宏观形貌特征是爆管后爆口张开较大，呈喇叭状；破口边缘锐利，减薄较多，破口的断裂面比较光滑，呈撕裂状，破口附近管子胀粗较大；短期过热爆管的管子外壁一般呈蓝黑色；破口附近没有平行于破口管子轴向的裂纹。

短期过热爆管的过程及组织变化与长期过热爆管的过程及组织变化相似，不再重述。

三、超温对锅炉钢管寿命的影响

在应力不变的条件下，可用下面的拉尔森-米列尔近似方程来估算金属在不同温度下的“寿命”。

$$T(C+\lg\tau)=\text{常数}$$

式中　T——以热力温度计算的金属温度，K；

C——对于给定材料为一常数；

τ——蠕变断裂时间，h。

从上式可以看出，超温幅度越大，金属管子损坏越快。拉尔森－米列尔公式的估算，对锅炉管道的超温运行来说，是比较近似的，而且这个公式有一定的使用温度范围，要求超温运行的温度不应超过所用钢号的A_{c1}点，因为超过A_{c1}点，钢材就发生了相变，公式中C值就会发生改变，公式也就不适用了。另外，式中未计管子在运行中超温次数频繁时的温度波动对钢的耐热性降低的影响。

四、锅炉管子超温的监视

从前面的分析可知，锅炉管子超温运行对锅炉的危害很大，必须及时调整。调整管子温度时，必须准确掌握各管子的实时温度，以此作为调整管子温度的依据。由于锅炉同一受热面各管子在锅炉内所处的条件各有差异，应该对每根管的温度都进行监视，这样才能准确反映真实情况，但测量系统庞大，成本高。实际应用中选择部分有代表性的管子作为监视对象，这对监视管子的选取提出了较高的要求，通常根据锅炉形式、燃烧方式和管子的布置选择监视对象。350MW 热电联产机组锅炉根据监视设备的工作条件，共装有 24 种（合计 470 个）壁温测点，具体的位置和数量见图 12-1～图 12-3 及表 12-1。

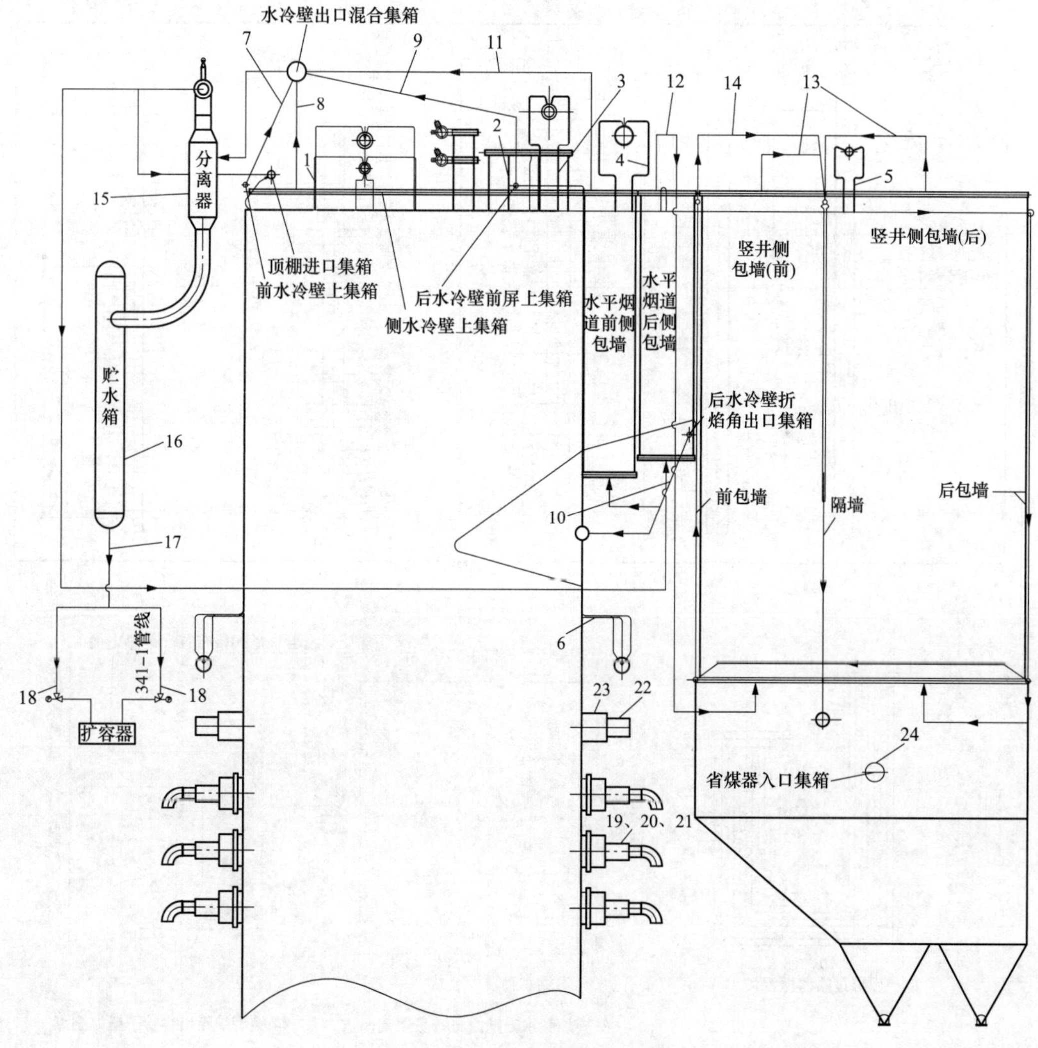

图 12-1 锅炉壁温测点示意图

注：序号 1～24 表示各壁温测点的位置，见表 12-1。

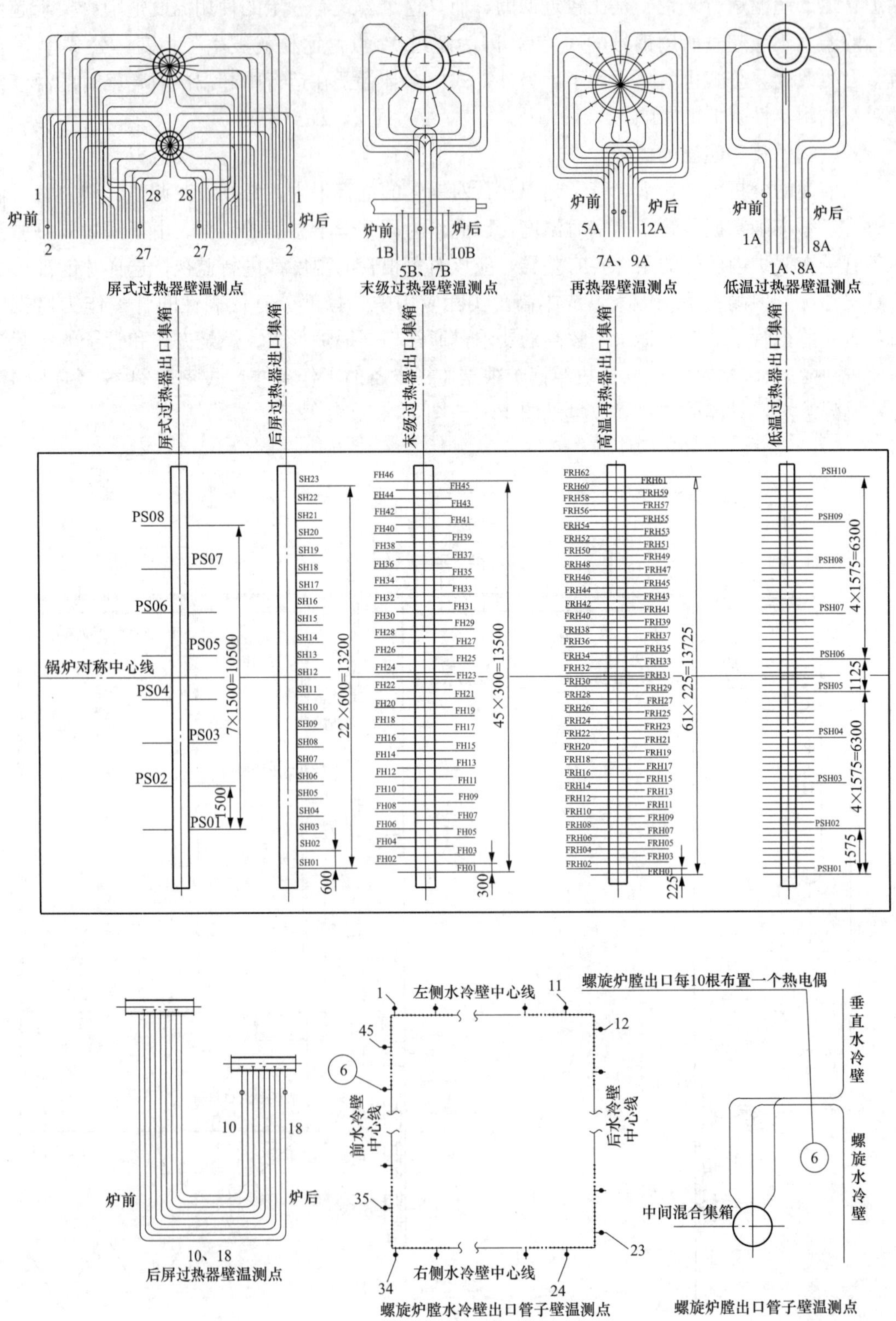

1 炉前 2 28 27 28 27 1 炉后 2
屏式过热器壁温测点

炉前 炉后 1B 10B 5B、7B
末级过热器壁温测点

炉前 炉后 5A 12A 7A、9A
再热器壁温测点

炉前 炉后 1A 8A 1A、8A
低温过热器壁温测点

屏式过热器出口集箱
后屏过热器进口集箱
末级过热器出口集箱
高温再热器出口集箱
低温过热器出口集箱

锅炉对称中心线

PS08 PS07 PS06 PS05 PS04 PS03 PS02 PS01
7×1500=10500
1500

SH23 SH22 SH21 SH20 SH19 SH18 SH17 SH16 SH15 SH14 SH13 SH12 SH11 SH10 SH09 SH08 SH07 SH06 SH05 SH04 SH03 SH02 SH01
22×600=13200
600

FH46 FH45 FH44 FH43 FH42 FH41 FH40 FH39 FH38 FH37 FH36 FH35 FH34 FH33 FH32 FH31 FH30 FH29 FH28 FH27 FH26 FH25 FH24 FH23 FH22 FH21 FH20 FH19 FH18 FH17 FH16 FH15 FH14 FH13 FH12 FH11 FH10 FH09 FH08 FH07 FH06 FH05 FH04 FH03 FH02 FH01
45×300=13500
300

FRH62 FRH61 FRH60 FRH59 FRH58 FRH57 FRH56 FRH55 FRH54 FRH53 FRH52 FRH51 FRH50 FRH49 FRH48 FRH47 FRH46 FRH45 FRH44 FRH43 FRH42 FRH41 FRH40 FRH39 FRH38 FRH37 FRH36 FRH35 FRH34 FRH33 FRH32 FRH31 FRH30 FRH29 FRH28 FRH27 FRH26 FRH25 FRH24 FRH23 FRH22 FRH21 FRH20 FRH19 FRH18 FRH17 FRH16 FRH15 FRH14 FRH13 FRH12 FRH11 FRH10 FRH09 FRH08 FRH07 FRH06 FRH05 FRH04 FRH03 FRH02 FRH01
61×225=13725
225

PSH10 PSH09 PSH08 PSH07 PSH06 PSH05 PSH04 PSH03 PSH02 PSH01
4×1575=6300
1125
4×1575=6300
1575

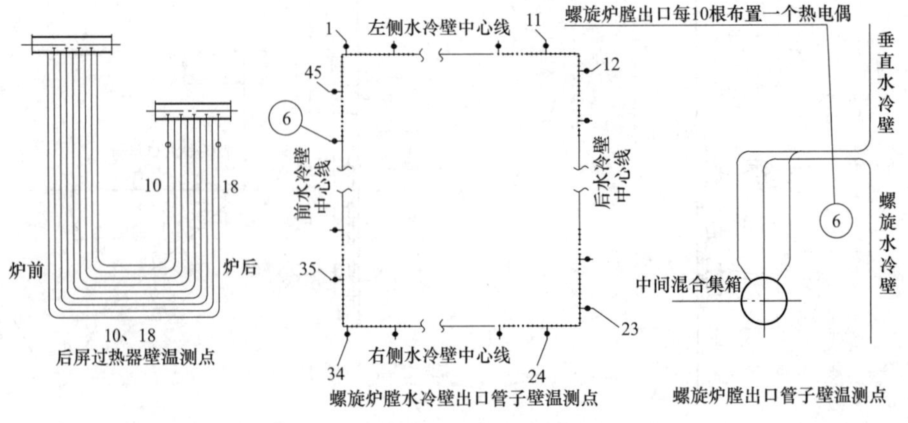

图 12-2　锅炉承压设备壁温测点布置图

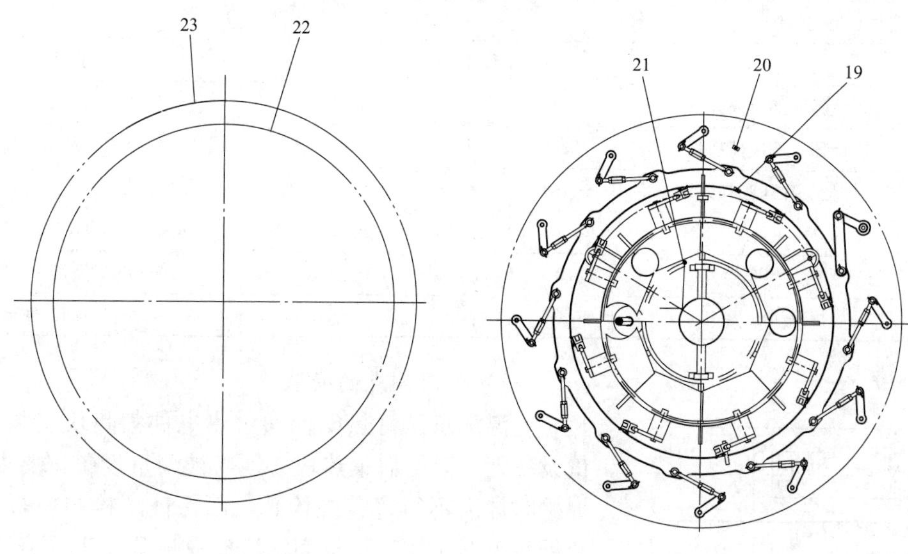

图 12-3 锅炉燃烧器壁温测点布置图

表 12-1 锅炉温度监测对象

编号	种类名称	数量	设备规格	设备材料	说明
1	屏式过热器管组	16	ϕ51	SA-213T91	每屏 2 个测点
2	后屏式过热器管组	46	ϕ51	SA-213T91	每屏 2 个测点
3	出口过热器管组	92	ϕ51	SA-213T91	每屏 2 个测点
4	出口再热器管组	124	ϕ51	SA-213T91	每屏 2 个测点
5	低温过热器出口管组	20	ϕ51	12Cr1MoVG	每屏 2 个测点
6	水冷壁螺旋管出口管子	45	ϕ32	15CrMoG	每 10 根布置 1 个测点
7	前水冷壁引出管	5	ϕ133	15CrMoG	每 2 根布置 1 个测点
8	左、右侧水冷壁引出管	2×5	ϕ133	15CrMoG	每 2 根布置 1 个测点
9	后墙水冷壁引出管	4	ϕ133	15CrMoG	每 2 根布置 1 个测点
10	折焰角出口集箱连接管	4	ϕ133	15CrMoG	每 2 根布置 1 个测点
11	水平烟道水冷壁左右侧包墙连接管	2	ϕ133	15CrMoG	左右各 1 个测点
12	水平烟道汽冷左右侧包墙连接管	2	ϕ133	15CrMoG	左右各 1 个测点
13	尾部左右侧包墙出口连接管	2×4	ϕ133	15CrMoG	每 2 根布置 1 个测点
14	前包墙出口连接管	4	ϕ133	15CrMoG	每 2 根布置 1 个测点
15	分离器	2	ϕ744	SA-213T91	每个分离器布置 1 个测点
16	贮水箱	2	ϕ744	SA-213T91	一个贮水箱布置 2 个测点
17	贮水箱疏水（341）管线	1	ϕ245	SA-106C	
18	贮水箱疏水（341-1）管线	1	ϕ194	SA-106C	
	贮水箱疏水（341-2）管线	1	ϕ194	SA-106C	

续表

编号	种类名称	数量	设备规格	设备材料	说明
19	燃烧器喉部套筒外壁	24	ϕ934	1Cr20Ni14Si2	每个燃烧器1个测点
20	燃烧器外调风器后板	24	平板	1Cr20Ni14Si2	每个燃烧器1个测点
21	燃烧器一次风喷口外壁	16	ϕ448	ZG8Cr26Ni4Mn3N	中层和上层每个燃烧器1个测点
22	OFA喷口中心区套筒	8	ϕ454	1Cr20Ni14Si2	每个OFA燃烧器1个测点
23	OFA喷口外套筒外壁	8	ϕ720	1Cr20Ni14Si2	每个OFA燃烧器1个测点
24	省煤器进口集箱	1	ϕ325	SA-106C	安装在烟道外部

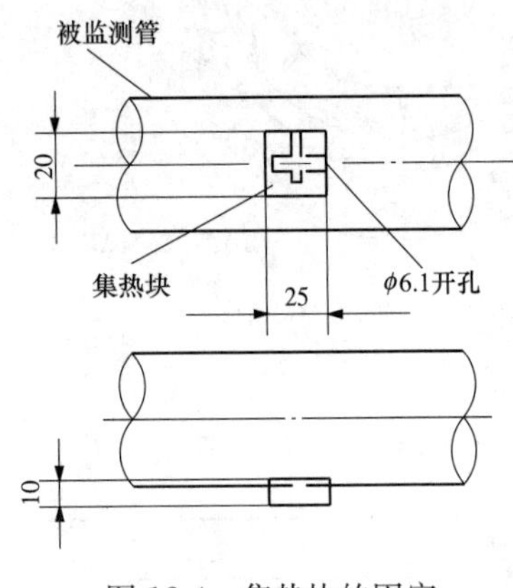

图12-4　集热块的固定

（一）壁温测点的安装

壁温测点是将热电偶通过热电偶集热块安装在被测量设备上，热电偶集热块必须与被测量设备按要求焊接，焊接时焊肉不得遮盖螺栓孔，以保证螺栓与座板的正常装配，见图12-4，这样固定可准确测得管壁温度。

（二）壁温测点的报警值

各设备的工作环境不同，其壁温测点的报警值也不相同，燃烧器及OFA喷口壁温测点的报警值为800℃，各级过热器在不同负荷下的报警值见表12-2，再热器在不同负荷下的报警值见表12-3。

表12-2　各级过热器在不同负荷下的报警值　℃

锅炉出口压力（MPa）			25.4	25.33	25.2	17.55	11.8	9.59	7.94	24.94
工况			BMCR	BRL	THA	75%THA	50%THA	40%THA	30%BMCR	THO
管组	管子号	集热块材料								
前屏	2、27	SA-231T22	559	559	560	589	607	613	620	556
后屏	10	SA-231T22	556	557	557	589	612	616	619	556
后屏	18	SA-231T22	575	575	576	609	621	621	621	575
高温过热器	5B、7B	SA-231T22	596	597	598	621	621	621	621	596
低温过热器	1A	12Cr1MoV	532	533	534	563	567	570	573	533
低温过热器	8A	12Cr1MoV	534	534	535	565	569	571	574	535

表12-3　再热器在不同负荷下的报警值　℃

再热器出口压力（MPa）			4.033	3.888	3.727	2.753	1.833	1.435	1.184	3.906
工况			BMCR	BRL	THA	75%THA	50%THA	40%THA	30%BMCR	THO
管组	管子号	集热块材料								
再热器	7A	SA-231T22	617	618	619	621	621	621	621	619
再热器	9A	SA-231T22	620	620	621	621	621	621	621	621